U0352426

典型工程爆破新技术

浙江省爆破行业协会　编

北　京
冶　金　工　业　出　版　社
2023

内 容 提 要

本书共收录了文章、论文69篇，涵盖露天爆破、地下爆破、水下爆破、拆除爆破、特种爆破、废旧炮弹销毁和爆破安全评估及爆破安全监理等。全书介绍了20年来浙江省爆破企业完成的以典型工程为背景的专利、样板工程和科技进步奖等成果，全面总结了浙江省爆破领域先进的工程爆破技术和施工管理经验，充分反映了浙江省爆破行业的科技创新和规范发展，是浙江省涉爆企业和爆破工作者取得的丰硕创新成果的集中体现。全书内容详实、案例丰富，可为类似爆破工程实施提供很好的借鉴和指导。

本书可供爆破领域的技术人员及相关教学、科研和管理人员等参考。

图书在版编目(CIP)数据

典型工程爆破新技术/浙江省爆破行业协会编.—北京：冶金工业出版社，2023.12

ISBN 978-7-5024-9697-5

Ⅰ.①典… Ⅱ.①浙… Ⅲ.①爆破技术—文集 Ⅳ.①TB41-53

中国国家版本馆CIP数据核字(2023)第233899号

典型工程爆破新技术

出版发行	冶金工业出版社	**电　　话**	(010)64027926
地　　址	北京市东城区嵩祝院北巷39号	**邮　　编**	100009
网　　址	www.mip1953.com	**电子信箱**	service@mip1953.com

责任编辑　杨盈园　王梦梦　美术编辑　彭子赫　版式设计　郑小利

责任校对　王永欣　责任印制　窦　唯

北京捷迅佳彩印刷有限公司印刷

2023年12月第1版，2023年12月第1次印刷

710mm×1000mm　1/16；63.75印张；1246千字；1004页

定价199.00元

投稿电话　(010)64027932　投稿信箱　tougao@cnmip.com.cn

营销中心电话　(010)64044283

冶金工业出版社天猫旗舰店　yjgycbs.tmall.com

(本书如有印装质量问题，本社营销中心负责退换)

《典型工程爆破新技术》
编　委　会

序　一

在工程爆破领域中，应用现代科技手段和技术理念，提高爆破效率、降低爆破成本、减小爆破有害效应对环境的影响，实现爆破作业的安全、环保、高效，对我国工程爆破行业的发展具有重要意义。

20年来，浙江省爆破行业协会充分发挥了桥梁纽带作用，在学术交流、岗位培训、行业自律、标准化建设、人才队伍培养等方面做了大量卓有成效的工作，成绩斐然。有力地推动了浙江省爆破行业的科技进步和创新发展。

《典型工程爆破新技术》全面回顾了浙江省工程爆破的发展历程和历史成就，系统梳理总结了20年来全省具有代表性的爆破工程，在爆破设计、施工、安全防护等方面先进的理念、创新的方法、信息化管理和丰富的实践经验，在工程实践中激发奋进的力量，在科技创新中汲取智慧和营养，不断提升爆破行业科技、安全和管理水平，实现安全、高效、环保的爆破作业，为类似爆破工程的顺利实施提供很好的借鉴和指导。

浙江省实施爆破安全评估、监理工作较早，在不断摸索中积累了丰富的管理经验，为爆破项目的安全、顺利实施发挥了重要的作用，也为爆破安全评估、监理规范的编写奠定了坚实基础。

新征程，新起点。工程爆破不断地往精细化、智能化方向发展，爆破器材及装备的进步、数字、智能化爆破技术必将进一步推动行业的新时代发展，为工程爆破的科技进步与高质量发展带来新的契机和动力。

希望浙江省爆破行业协会不忘初心，砥砺前行，以实干求突破、以创新谋发展，为爆破行业高质量健康发展作出新的更大的贡献！

中国爆破行业协会名誉会长
中 国 工 程 院 院 士

2023 年 11 月 18 日

序　二

工程爆破技术是国民经济建设与国防工程建设不可或缺的重要支撑技术，广泛应用于矿山开采、水利水电、城市建设、交通运输、爆炸加工和地震勘探等工程领域。

20年来，浙江省爆破企业完成了诸多具有重大影响力的典型工程爆破项目，涉及岩土爆破、地下爆破、水下爆破、拆除爆破、废旧炮弹销毁等领域，广大工程爆破作业人员在设计理论、起爆技术、安全控制等方面开展了系列科学研究和探索，并将其应用到工程实践中不断提升爆破水平，取得了丰硕的科技创新成果。浙江省爆破行业20年来的辉煌发展历程，既为浙江省经济社会发展做出了重要贡献，也为中国爆破行业的健康、可持续发展发挥了积极作用。

“精细爆破”自提出以来，得到了广大从业人员的普遍认可与推广，并不断在理论研究和工程实践中丰富和完善，成为工程爆破行业的发展方向。当前，党中央、国务院正在全面推进川藏铁路、沿江高铁和城市更新等重大战略工程，这为爆破行业带来了新的机遇和挑战。为此，我们必须进一步重视科技创新的源动力作用，主动面向国家重大战略需求和经济主战场，进一步探索和实践精细爆破，努力实现从“知其然到知其所以然”的科技进步，从“爆破作业到爆破作品”的高质量跨越。

希望浙江省爆破行业协会继续发挥“领头羊”作用，引导会员单位不断推进技术创新和管理创新，共同推进中国爆破行业的科技进步，推动中国爆破行业的高质量发展！

中国爆破行业协会会长

中国工程院院士 谢先启

2023年11月18日

前　言

“七山一水两分田”用来形容浙江省地形的概貌非常贴切。改革开放后浙江省的公路、水利、铁路、市政等基本建设如火如荼。进入21世纪以后，浙江省的经济发展再度步入发展高潮，而工程爆破在工程建设领域中发挥了重要作用，由此于2003年成立了浙江省工程爆破协会。21世纪初，浙江省在中小型露天采石场率先开展中深孔爆破开采技术应用，露天矿山安全生产状况得到了明显改善，作业效率大幅提升、爆破事故逐年下降。2006年中深孔爆破开采技术在全国推广，取得了明显的经济效益和社会效益。随着浙江省城市化进程的不断推进和经济的快速发展，给浙江省爆破行业带来了新的挑战和机遇，也提出了新的要求。

2023年，中国爆破行业高质量发展调研会（杭州）成功召开，是贯彻落实党中央决策部署的具体举措和生动实践，爆破行业高质量建康发展稳步推进之时，迎来了浙江省爆破行业协会成立二十周年。

20年来，浙江省爆破行业协会在省自然资源厅、地质勘查局、公安厅、应急管理厅、民政厅、人社厅、经信厅等政府有关部门的关心和指导下，在全体会员单位大力支持和共同努力下，充分发挥了桥梁和纽带的作用，广泛开展爆破行业的学术交流与合作，努力促进浙江省爆破行业的科技进步和创新发展。积极为行业主管部门和会员单位服务，推进社会组织管理工作的创新，加强行业标准化建设，切实提高爆破作业单位的技术水平、管理水平和从业人员的整体素质，确保爆破作业本质安全和社会公共安全，有力推动了浙江省爆破行业健康有序发展。为促进爆破行业的规范发展、建设平安浙江及经济建设和社会和谐作出了积极的贡献。

本书收录了集中反映浙江省爆破行业20年来的发展历程和创新成果的文章、论文等共计69篇，内容涵盖了工程爆破的各个领域。全书介绍了浙江省爆破企业20年来完成的在工程爆破领域有重大影响、具有代表性的典型工程爆破中采用新技术、获专利、样板工程及获得科技进步奖的科学研究成果，总结了浙江省工程爆破领域丰富的施工管理经验、创新技术。

典型工程中有环境极为复杂，采用逐孔起爆、预裂爆破等技术有效降低爆破振动、减少爆破有害效应的岩土爆破。如大昌建设集团有限公司施工的一次使用213 t炸药复杂环境大区深孔台阶爆破技术，加大了单次爆破规模，减少爆破次数，通过精心设计、精细施工，高质高效安全地完成了工程项目，减少了“民扰”和“扰民”问题，有效保障了公民生命财产安全和社会公共安全，为复杂环境条件下实施精细爆破提供了新的思路和新的途径。

典型工程中有高耸建（构）筑物的拆除爆破，通过制定切实可行、有针对性的爆破设计施工方案，组织省内外专家论证方案，并提供科学依据和技术支撑。通过集思广益，优化爆破设计施工方案，从源头上保证了拆除爆破安全顺利实施。

典型工程中也包括销毁实施案例，并从中提炼总结出丰富的实践经验。在省市两级公安机关治安部门关心和支持下，2022年协会发布了全国首个团体标准《爆炸物品销毁作业安全技术规范》（T/ZJBP 0001—2022），凝聚了监管部门、行业专家、作业单位及从事爆炸物品销毁作业工作者的智慧和力量，为浙江省爆炸物品销毁作业的安全实施提供科学依据和技术支撑，进一步规范了全省爆炸物品销毁作业的安全管理工作，同时为全国爆炸物品销毁作业的安全实施提供借鉴，对保障社会公共安全具有积极影响和深远意义。

安全是所有工程爆破的必要前提，安全评估与安全监理是指导爆破工程实施的重要手段和安全保障。书中还有浙江省实行爆破安全评估、监理工作20年来的发展历程、实践总结与探讨。2004年浙江省在全国率先实行爆破作业项目安全评估与安全监理工作，爆破安全评估与爆破设计施工、爆破安全监理同样是工程爆破中有效地预防爆破事故发生必不可少的工作。爆破安全评估是对工程爆破存在的危险进行识别、定性、定量的分析，以提高工程安全的可靠性，同样起到在设计上优化爆破参数、细化针对性的安全措施，实现爆破作业的本质安全，控制爆破有害效应的作用，为建设单位、爆破设计施工单位提供决策参考，为主管审批部门提供技术支撑。而爆破安全监理则进一步规范了爆破作业行为，为爆破作业项目的顺利安全实施提供了保障。爆破安全评估与监理工作对爆破作业安全管理发挥了重要的积极作用，有效防范和遏制了爆破作业安全事故的发生。

借本书出版的机会，向长期以来关心支持浙江省爆破行业发展的中国爆破行业协会、各省市爆破协会和以汪旭光院士、谢先启院士为代表的行业专家学者致以衷心的感谢！

鉴于时间紧迫和水平所限，书中不足之处，恳请广大读者指正。

中国爆破行业协会副会长
浙江省爆破行业协会理事长

2023 年 11 月 18 日

目　　录

第一部分　岩土爆破

一、露天爆破

二、地下爆破

三、水下岩土爆破

第二部分　拆除爆破

一、建筑物、构筑物拆除

二、水下构筑物拆除

第三部分 特种爆破及废旧炮弹销毁

第四部分 爆破安全评估、监理

第一部分

岩土爆破

YANTU BAOPO

一、露天爆破

舟山绿色石化基地8400万立方米岩石爆破工程

工程名称：舟山市岱山县大小鱼山岛成陆工程一、二期矿山开采爆破工程
工程地点：舟山市岱山县鱼山岛
完成单位：大昌建设集团有限公司
完成时间：2015年9月15日~2018年12月30日
项目主持人及参加人员：管志强　张中雷　王林桂　胡文苗　杨中树　雷鹏灿　丁银贵　许垅清　何勇芳　余　舟　李厚龙　孙钰杰　葛　坤　尹作良　潘江华　李昌豹　李经镇　黄静开　陈　源　赵建才　侯建伟　余斌杰　管　文　邵海明　孙雨豪　陈亚建　冯新华　周汉斌　焦　锋　李辰发　徐雪原　苏　翔
撰 稿 人：孙钰杰

1　工程概况及环境状况

舟山绿色石化基地8400万立方米岩石爆破工程是石化基地建设的先锋工程，爆破石料用于石化基地陆域回填、海堤填筑、水下抛石等项目标段，为整个基地提供建设用地和建设需求，在国内属开采量最大、施工强度最高、施工难度最大的离岛超大型岩石爆破工程。

项目分两期开采，二期工程与一期工程的山体相连，是一期岩石爆破工程的扩展和延伸，如图1所示。一期工程由11个独立开采区组成，2015年9月15日开工，2017年5月10日竣工，爆破工程量3407万立方米；二期包括11个开采区，2017年5月1日开工，2018年12月30日竣工，爆破工程量5068万立方米。爆破分区如图2所示。

1.1　地形、地质条件

矿区为发育单一的火山碎屑岩，岩性为流纹质含角砾玻屑熔结凝灰岩，呈青

灰色，塑变结构，假流动构造。主要组分为塑变玻屑，其次为晶屑、角砾。

图1 一、二期位置关系

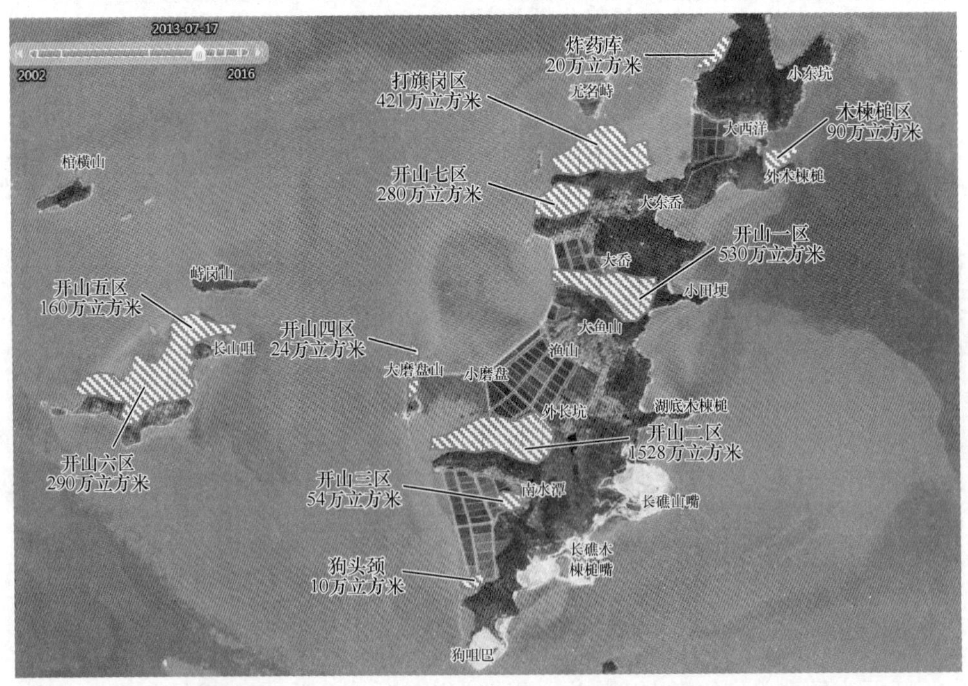

(a)

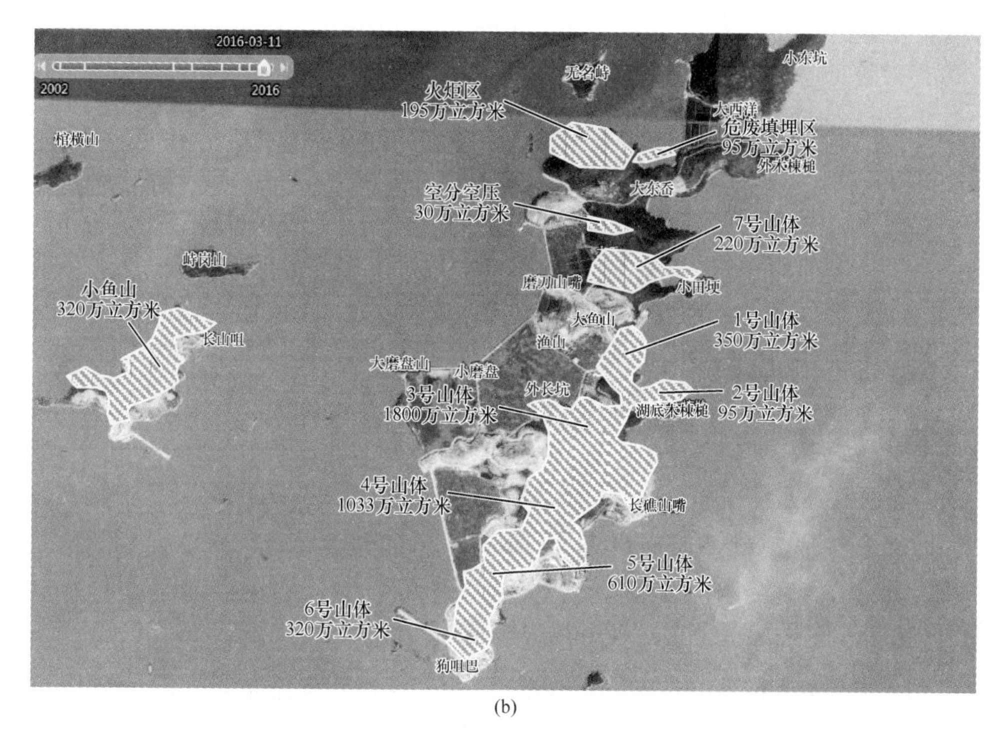

(b)

图 2　8400 万立方米岩石爆破分区及工程量分布

（a）一期工程；（b）二期工程

岩屑成分主要为含角砾玻屑熔结凝灰岩、玻屑凝灰岩、英安玢岩、安山岩、粉砂岩、蚀变岩等，含量 20%~25%，粒度一般在 5~50 mm，个别超过 100 mm，多呈棱角状。

区内岩体构造简单，未见断层；发育节理较少，节理对矿体的破坏影响小，总体较完整。

1.2　周边环境状况

（1）东侧邻近舟山绿色石化基地二期成陆区，场地内施工人员和设备密集。

（2）开采前期，西侧分布有集中临建区、工业厂房和施工场地，距工业厂房最近 75 m，距大体积混凝土施工作业最近 80 m。开采中后期，石化装置逐步运行，与爆破开采交叉作业，对爆破安全提出了更加严格的要求。

（3）南侧距鱼山岛客运交通码头最近 45 m，西南侧紧邻在建的滚装码头和堤坝，距码头栈桥和堤坝最近 150 m。

（4）北侧距大桥连接线施工场地最近 157 m。

周边环境总体状况，如图 3 所示。

(a)

(b)

图3 开采期周边环境状况
(a) 开采初期；(b) 开采中后期

2 工程特点、难点

2.1 离岛施工，交通不便，物资保障困难

鱼山岛为悬水孤岛，交通极为不便，生产、生活物资需海运上岛，受风浪、雾、潮汐影响大，物资保障困难。尤其是爆破器材的供应，其保障能力将直接影响工程进度。

2.2 矿山开采工程量大，施工工期紧，施工强度高

矿山总开采量8400万立方米，工期39个月，稳产阶段日穿爆量和挖运量12万~15万立方米，日炸药消耗量40~50 t，稳产期长，施工强度高。

2.3 石料用途多种，规格要求多样，级配控制要求严格

下游石料需求单位多，用途多种，包括石碴垫层、水下抛石、陆域堆载预压等，规格多样，石料级配控制要求严格。

2.4 开采区跨度长、爆破点多面广，需统筹协调供需平衡

开采区横跨大、小鱼山岛，长度达6 km，规模大、范围广，高峰期7~8个山体同步开采，施工资源投入多；爆破石料“一供多需”，需统筹协调上下游供需平衡。

2.5 开采区周边环境复杂，须严格控制爆破有害效应

开采区靠近多家施工单位临建区，西侧毗邻同步建设中的绿色石化土建、炼化装置安装区域，对爆破振动、爆破飞散物、爆破扬尘等有害效应须严格控制。

3　爆破方案选择及设计原则

3.1　爆破方案选择

综合考虑工程特点、施工环境及工期等因素，确定采用公路开拓运输系统，多采区平行作业，自上而下分台阶开采，液压挖掘机挖装—自卸汽车运输—推土机推排的施工工艺。台阶推进采用钻孔爆破法施工，采用露天台阶毫秒延时深孔爆破，临近重要保护对象时则采用复杂环境深孔爆破，临近永久边坡处山体采用预裂爆破技术。

3.2　爆破方案设计原则

（1）爆破周边环境复杂，需制定科学合理的爆破方案对周边环境进行保护。
（2）临近边坡应实施保护性爆破，采取预裂爆破一次成型技术。
（3）爆破规模大、强度高，需做好爆破有害效应的控制和监测。

4　爆破参数设计

4.1　深孔爆破

炸药单耗0.30~0.35 kg/m³，炮孔直径115 mm，乳化炸药药卷直径90 mm、70 mm和32 mm。详见表1。爆破参数根据台阶高度、地质条件及钻孔倾角等变化适时调整。

表1　深孔爆破参数

序号	爆破参数	单位	一期量值	二期量值
1	正常生产台阶高度 H	m	15	13
2	钻孔倾角 α	(°)	75~90	75~90
3	超深 h	m	1.0~1.5	1.0~1.5
4	孔深 L	m	16.0~17.0	14.0~15.0
5	底盘抵抗线 W	m	4.0~4.5	3.5~4.0
6	孔距 a	m	5.5~6.0	5.0~5.5
7	排距 b	m	3.5~4.0	3.0~3.5
8	单孔装药量 Q	kg	100~115	75~86
9	填塞长度 L_2	m	4.5~5.0	4.0~4.5

4.2　复杂环境深孔爆破

炮孔直径90~115 mm，药卷直径ϕ70 mm、ϕ90 mm。详见表2。爆破参数根

据台阶高度、地质条件及钻孔倾角等变化适时调整。

表2 复杂环境深孔爆破参数

序号	爆破参数	单位	一期量值	二期量值
1	正常生产台阶高度 H	m	15	13
2	钻孔倾角 α	(°)	75~90	75~90
3	超深 h	m	1.0~1.5	1.0~1.5
4	孔深 L	m	16.0~17.0	14.0~15.0
5	底盘抵抗线 W	m	3.5~4.5	3.5~4.0
6	孔距 a	m	5.5~6.0	5.0~5.5
7	排距 b	m	3.5~4.0	3.0~3.5
8	单孔装药量 Q	kg	85~100	60~70
9	填塞长度 L_2	m	5.0~5.5	4.5~5.0

4.3 预裂爆破

孔径90~115 mm，药径32 mm。正常段线装药密度0.5 kg/m，间隔20 cm；孔底2~3 m为加强段；顶部3~4 m为减弱段，间隔30 cm。堵塞1.5~2 m。详见表3。

表3 预裂爆破参数

序号	爆破参数	单位	一期量值	二期量值
1	边坡台阶高度 H	m	15	13
2	钻孔倾角 α	(°)	34~53	34~53
3	超深 h	m	0.7	0.5
4	孔距 a	m	1.0~1.2	1.0~1.2
5	线装药密度 q	kg/m	0.4~0.5	0.4~0.5
6	填塞长度 L_2	m	1.5~2.0	1.5~2.0

5 爆破安全设计

爆破产生的有害效应有爆破振动、爆破飞散物、爆破冲击波、粉尘、有害气体等，根据保护对象类型及与爆区的距离不同，对其产生危害的爆破有害效应也不同，本工程爆破有害效应主要是爆破振动。

舟山绿色石化基地在历时39个月的高强度爆破作业过程中，由大昌建设集团及武汉大学科研团队重点对高耸塔类、中心控制室等敏感石化设施的爆破振动进行了持续监测，提出了石化设施爆破振动安全允许振速建议标准，用于指导现场施工。石化设施爆破振动安全允许振速建议标准见表4。

施工期间，石化设施运行正常，爆破振动未造成石化设施及相关精密仪器停运或损坏。

表4　石化设施爆破振动安全允许振速建议标准

序号	保护对象名称	爆破振动安全允许振速标准/$cm \cdot s^{-1}$
1	控制室精密设备	0.6
2	塔类结构	1.0
3	中心控制室	2.0
4	管廊架混凝土基础	3.0

6　爆破施工

工程地处悬水孤岛，具有离岛施工、规模大、强度高、石料规格多样、爆破有害效应控制严格等特点，在国内无类似工程经验可以借鉴。为确保工程安全、高效、按期完工，在爆破施工过程中，多次优化施工组织方案，针对施工中的难点与多所大专院校、科研院所组织专项课题研究，取得科研成果及时反馈用于指导现场施工，取得了良好的应用效果。

6.1　爆破器材保障措施

6.1.1　建成90 t民用爆炸物品储存库

施工高峰期，炸药日消耗量40~50 t，爆破器材充足供应是确保工程高效快速推进的重要前提。为解决爆破器材供应问题，经充分论证，在鱼山岛西北角建设了民用爆炸物品储存库，建成后的民用爆炸物品储存库可实现工业炸药储量90 t，工业雷管储量5.8万发，是当时浙江省最大的移动式民用爆炸物品储存库，如图4所示。

鱼山民用爆炸物品储存库投运后，从根本上解决了爆破器材供应难、保障不足问题，保证了爆破作业连续性。

6.1.2　采用乳化炸药现场混装技术

为解决在裂隙发育区实施人工装药效果差、高峰期人工装药效率低等问题，适时采用乳化炸药现场混装技术（图5）。采用乳化炸药现场混装技术，有效降低了工人劳动强度，改善了爆破效果，提高了综合作业效率。

图 4　鱼山民用爆炸物品储存库

图 5　BCJ-3 型混装车

6.2　优化开拓运输系统

舟山绿色石化基地 8400 万立方米岩石爆破工程是一个以钻爆为中心，以运输为纽带的大型生产系统，开拓系统是否合理，将直接影响整个系统的生产能力、效率和效益。

原开拓道路未形成有效连接，设计生产能力约 1500 万立方米/年，无法满足下游单位的用料需求和石化基地整体建设进度需求。通过测点布线，借助 CAD、3Dmax 等软件优化道路，使得每个开山区形成相对独立、多向、多出口的环形开拓系统，矿山整体产能提升 66.7%。优化后的开拓系统如图 6 所示。

图 6　优化后的开拓系统

开拓系统优化后，道路通行能力得到本质提升，施工强度显著提高，设计产能提升约 65%，再得益于爆破器材的充足供应及乳化炸药现场混装技术，爆破产能连续数月突破 300 万立方米，更以单月 332 万立方米的施工强度创造了国内类似工程记录，满足了下游用料需求及各开山区交地时间要求，充分保障了绿色石化基地的建设需求。爆破产能如图 7 所示。

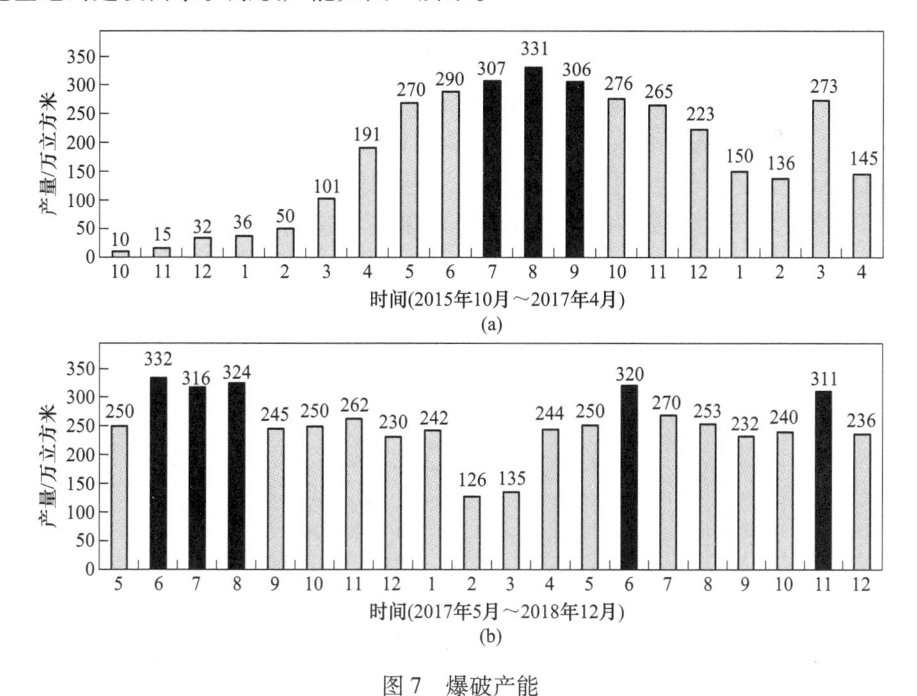

图 7　爆破产能

（a）一期工程；（b）二期工程

6.3　基于天然块度的爆破块度预测技术

6.3.1　提出考虑天然块度的爆破块度预测方法

在小粒径块度方面，爆破参数主控；在中、大粒径方面，结构面起主要作用，对应的预测公式如下：

$$\begin{cases} R_x = K_x\left(\dfrac{\rho_e D^2}{2(\gamma+1)}\left(\dfrac{a}{b}\right)^{2\gamma} / [\sigma_d]\right)^{\frac{1}{\alpha}} r_0 \\ R_x = K_x A^{\theta}\left(\dfrac{\rho_e D^2}{2(\gamma+1)}\left(\dfrac{a}{b}\right)^{2\gamma} / [\sigma_d]\right)^{\frac{r_0}{r}} \end{cases} \tag{1}$$

式中　R_x——粒径小于 x mm 块度分布半径；

r_0——炮孔半径；

K_x——系数，由试验筛分结果来确定。上半式采用分区的表达方式预测爆破小粒径，下半式预测爆破中、大粒径；级配预测系数通过若干次筛分试验确定；小级配料中，取值为 0.6~1.0；中、大级配料中，取值为 1.5~3。

6.3.2　提出岩体爆破块度的 LS-DYNA/DDA 耦合仿真技术

分别建立小级配爆破块度预测模型、纯 DDA 计算模型和 LS-DYNA/DDA 耦合仿真模型，并进行数值模拟计算对比，结果发现：采用 LS-DYNA/DDA 耦合的模拟方法与实测值最为接近，单纯的 DDA 方法次之，基于连续介质的模拟方法误差最大。同时，从计算效率的角度，LS-DYNA/DDA 耦合的模拟方法相比于单纯的 DDA 方法有了明显的提高，其集中了连续介质模拟方法稳定高效以及非连续介质在块体运动的准确性等方面的优点，具有一定的先进性。不同方法计算对比如图 8 所示。

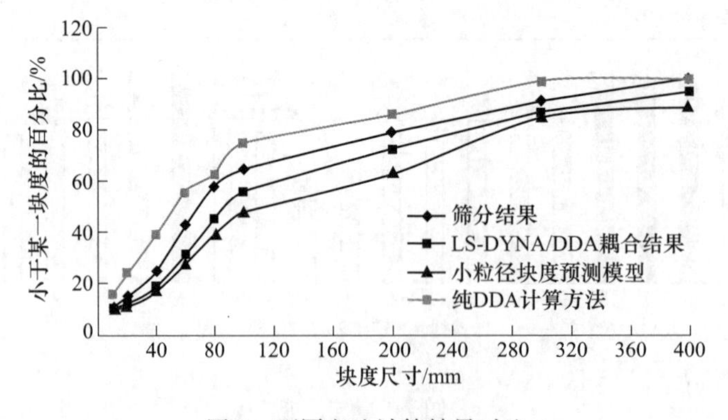

图 8　不同方法计算结果对比

6.4　基于无人机航测技术的生产调度系统

项目施工工期短，开采范围广、强度高，单靠人力现场调度无法有效解决石料供需平衡与开采生产管理两方面的问题，基于无人机航测速度快、效率高、三维可视化好的优势，研发了无人机生产调度指挥系统，极大提高了施工效率和管理水平。

6.4.1　石料供需平衡调度

（1）石料供需平衡的规划设计。利用无人机航测区域大、效率高的优势，动态掌握回填、需料区域的施工动态，分析石料需求计划、开采强度、石料规格等方面的要求。

（2）石料供需平衡的快速计量。基于无人机航测数据及配套 Pix4D 软件，利用其便捷的面积计算功能，进行开采区移山造地和回填区填海造地进度的管理，有利于早期规划及现场施工安排；利用其体积计算功能框选一定的范围，获取该范围内的方量，进行不同开采区域剩余山体的计量与分析，适时优化调整供料计划，确保供料强度、人工造地进度要求，保证开采石料的加权平均运距短。

（3）石料供需平衡的调度管理。利用无人机航测数据，掌握不同的石料开采区域的石料供需平衡偏差情况，及时下达调度指令纠偏。如果供料大于需料，现场临时堆放石料多，则压制爆破开采工作面，导致区域难以按时爆破至设计标高提供建设用地；需料大于供料，石料供给不足，不利于设计陆域的形成，导致围垦造地上的建设施工推迟。

6.4.2　多规格石高强度开采生产管理

（1）复杂开拓运输系统的规划与设计。基于开采区域的三维数字化建模技术及其配套 Pix4D 软件，可进行长度、面积、体积的快速测量，定量地获取采场工作线长度及位置、施工工作面大小、石料开采工程量等矿山开采设计所需的技术参数，进行可视化的复杂开拓运输系统的规划与设计，从而合理划分爆破区域、配置施工设备。

（2）多规格石开采计划编制。采区地表三维模型和工程地质资料相结合，进行供料区域与供料质量的设计，即根据爆破岩体的裂隙发育程度等地质参数确定拟爆破的规格石种类，地质匹配有利于提高爆破质量、降低爆破成本，同时兼顾石料调配运距合理。

（3）调度指挥与专家远程诊断。基于矿山的整体三维密集点云，建立矿山的数字表面模型，再进行数据局部优化，建立矿山及其周边区域的实景模型，可进行矿山现场实景巡查，全面准确地掌握矿山生产执行情况，发现差异，分析原因下达调度指令。

6.5 敏感石化设施的爆破振动控制技术

现行规范未明确敏感型石化设施的爆破振动安全控制标准。采用与抗震设计类比、动力有限元数值模拟和现场监测等方法手段，提出了舟山绿色石化基地石化设施爆破振动安全控制建议标准，弥补了现行规范的空白。结合运用复合消能爆破减振技术，有效控制了建基面爆破振动，减小了常规台阶爆破超深，有效降低了施工成本，确保了施工质量。

6.5.1 提出敏感石化设施的爆破振动安全控制建议标准

根据《中国地震动参数区划图》（GB 18306—2015），舟山石化基地抗震设防烈度为Ⅶ度，设计基本地震加速度为 0.10g，设计地震分组为第一组，建筑场地类别为Ⅲ类。对于舟山石化基地的石化设施而言，其动力响应还与结构的主频率和结构特性等因素相关，还需根据此基本烈度，采取动力有限元法推求石化设施的动力响应，并对石化设施实施长期跟踪监测，继而提出相应的爆破振动安全控制建议标准。见表 5。

表 5　敏感型石化设施爆破振动安全控制建议标准

序号	石化设施名称	安全允许质点振动速度/cm · s^{-1}	
		10 Hz<f<50 Hz	f>50 Hz
1	控制室精密设备	0.6~0.7	0.7~0.9
2	塔类结构	1.0~1.5	2.0~3.0
3	中心控制室	2.0~2.5	2.5~3.0
4	管廊等混凝土基础	3.0~4.0	4.0~5.0

6.5.2 复合消能爆破减振技术

爆破期间，团队开展了数十次复合消能生产对比试验，效果分析如图 9 所示。从图中看出，复合消能区 PPV 明显小于常规区。结合数次试验结果，对台

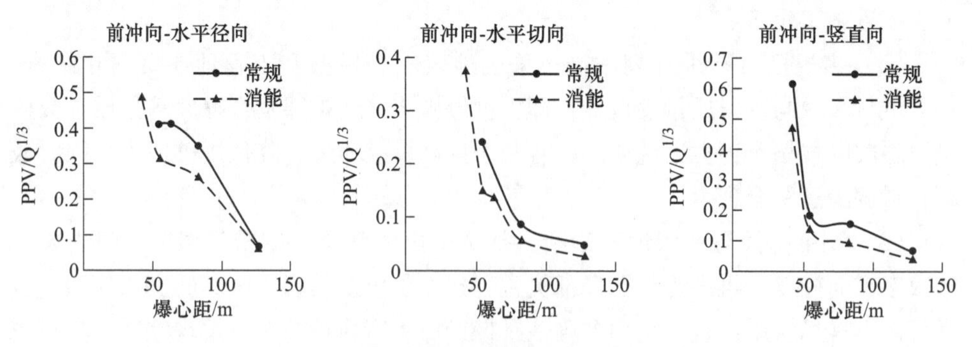

图 9　典型试验区 PPV 曲线

阶高度 5~7 m 的台阶爆破，在爆区前方下一平台，建基面复合消能爆破诱发振动水平小于常规爆破诱发振动，且建基面复合消能爆破诱发振动衰减速度更快，减振效果明显。

7　爆破效果与监测成果

在历时 39 个月的高强度爆破作业过程中，大昌建设集团及武汉大学科研团队对高耸塔类、中心控制室等敏感石化设施的爆破振动进行了持续监测，获取 495 组有效爆破振动数据，研究成果及时反馈，用于指导现场施工，爆破振动典型波形如图 10 所示。

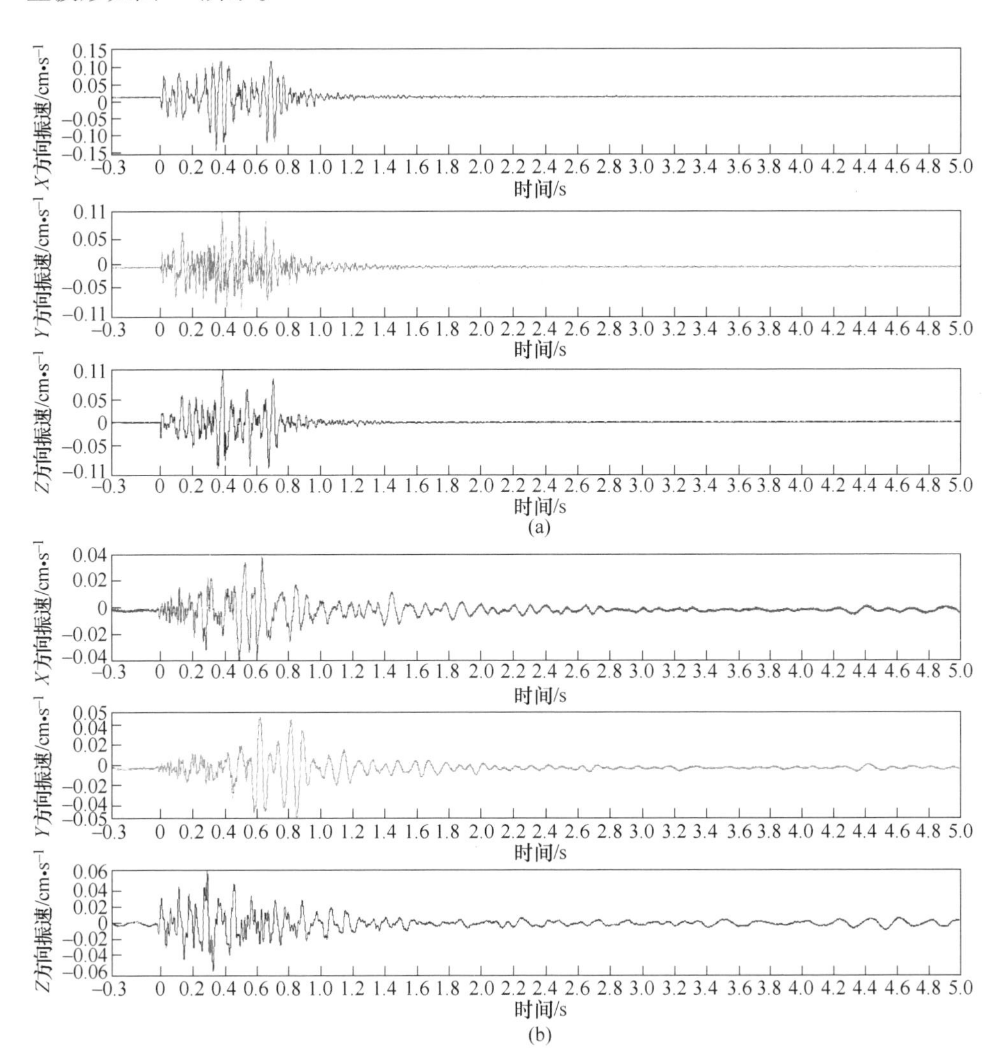

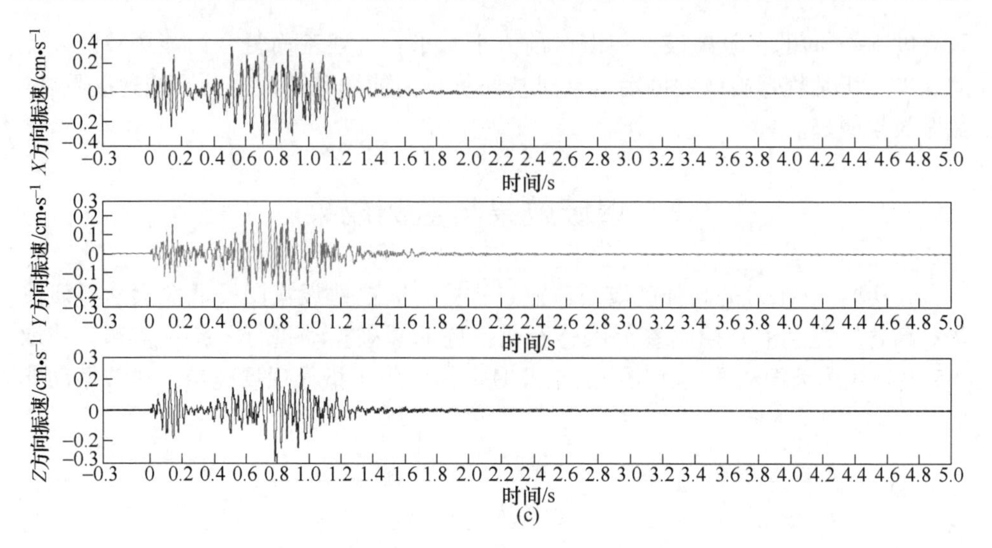

图 10　敏感石化设施的爆破振动监测波形图

（a）塔类基础；（b）中心控制室；（c）管廊基础

8　经验与体会

（1）对于孤岛型高强度爆破施工项目，必须统筹协调、超前谋划，提前考虑气候对爆破器材供应的影响，为高强度爆破作业提供充足的资源保障。

（2）大规模爆破施工点多面广，单靠人力现场调度无法有效解决生产管理问题。应用基于航测技术的无人机调度指挥系统，实现对矿区的全覆盖监控和可视化管理，合理调配规格石料，维持石料供需平衡，提高现场施工效率和管理水平。

（3）针对多规格石料开采、级配要求严格的爆破项目，推荐采用基于天然块度的爆破块度级配控制技术，为现场爆破作业提供了良好的指导。

（4）邻近石化设施爆破，其爆破振动安全允许振速标准的选取可参考本文提出的敏感石化设施的爆破振动安全控制指标。

（5）在复杂环境下实施爆破，可应用复合消能爆破减振技术，有效控制建基面爆破振动，减小对周边环境的影响。

工程获奖情况介绍

该工程获中国爆破行业协会首个“部级样板工程”（2018 年）。“舟山绿色石化基地矿山开采爆破工程无人机调度指挥系统研究”“基于岩体天然块度的爆破级配控制关键技术”项目获中国爆破行业协会科学技术进步奖一等奖2项（2019年）。“聚能高效爆破技术”“舟山绿色石化基地复杂条件矿山开采爆破振动控制技术”项目获中国爆破行业协会科学技术进步奖二等奖2项（2020年）。“舟山绿色石化基地爆破作业现场安全管控关键技术”“三维数字化爆破块度测量与预报技术研究及应用”项目获中国爆破行业协会科学技术进步奖三等奖2项（2019年、2020年）。获得发明专利6项、发表论文9篇。

深孔台阶爆破技术在多粒径石料开采中的应用

工程名称：温州市瓯飞工程专供料场施工Ⅰ标
工程地点：浙江省温州市洞头区
完成单位：中国水利水电第十二工程局有限公司
完成时间：2012 年 8 月 17 日（未完工）
项目主持人及参加人员：毛　宇　黄　灿　赵定魁
撰 稿 人：黄　灿
撰稿人联系电话：13780152620

1　工 程 概 况

1.1　工程位置与开采规模

温州市瓯飞一期围垦工程位于温州市瓯江、飞云江河口间平直岸滩，围垦面积 8853.32 万平方米。为确保瓯飞一期围垦工程石料供应，在洞头区霓屿街道设立了专供料场，料场开采区域面积为 1 km^2，合同开采量 8275 万吨。

1.2　地形地质与周边环境

1.2.1　地形地质

料场位于洞头区霓屿岛，岩石为深灰色流纹质晶屑凝灰岩，中风化。矿区内岩体褶皱和断裂构造发育，构造形态主要为节理，目前可见有四组。矿石干燥状态平均抗压强度 90 MPa，饱和状态平均抗压强度 79 MPa，软化系数 0.85~0.91。

1.2.2　周边环境

爆区周边环境复杂，北侧 300 m 为 77 省道料场矿；东侧 180 m 为炮儿头教堂、257 m 为炮儿头村；东北侧 220 m 为西岙海苔加工厂房，280 m 为西岙民房；西侧有朗等、下朗等多个村庄；西北侧约 210 m 处有一废弃军营；霓正公路自矿区中部横穿。周边住宅以多层砖混结构楼房为主，对爆破振动、噪声、冲击波、爆破扬尘极为敏感。

1.3　工程特点

（1）爆区周围环境复杂、爆破有害效应控制要求高。

（2）通过爆破技术调整使得不同规格石料比率与需求计划匹配难度大。

（3）爆破开采装料施工强度高，开采作业面多、相互交叉作业、赶潮装船集中，安全管理难度大。

1.4　施工要求

合同石料供应总量约8275万吨，合同工期为96个月。开采供应石料包括抛石、大块石、石碴、垫层碎石及混凝土级配碎石。石碴粒径不大于12 cm，含泥量小于15%；抛石粒径为12~35 cm、含泥量及5 kg以下石块含量小于10%；大块石单块重不小于100 kg，粒径不小于35 cm。

2　爆破方案选择

根据工程特点和要求，结合周围环境条件，经方案比较论证，采用深孔台阶爆破技术，永久边坡采用预裂爆破技术控制成型。采用自上而下分台阶、分区段的方式进行，顶部设计开采高程+283.2 m，底部设计开采高程+10 m，台阶高度为15 m。

2.1　工艺设计原则

（1）针对岩石特点、地质条件、供料粒径等因素实行动态设计，对采区实行动态调整、对深孔台阶爆破参数进行差异化设计，以满足不同规格石料需求。

（2）采用崩塌爆破工艺，增大填塞长度，适当增大下部装药段的线装药密度，确保爆破能量能够推开下部岩石，使上部岩石自由塌落，减少爆破对上部岩体的破碎，提高大块径石料开采比率。

（3）采用毫秒延时逐孔起爆方法，控制爆破振动、飞石、空气冲击波和噪声等有害效应，确保爆区周围人员及待保护建（构）筑物设施的安全。

2.2　多粒径石料开采方法

2.2.1　*石碴开采方案*

石碴粒径要求不大于12 cm。石碴开采爆破参数为：爆孔直径115 mm，抵抗线3~4 m，孔排距4 m×3 m，堵孔长度5~6 m，炸药单耗0.3~0.32 kg/m^3，排数4~5排。炸药采用ϕ90 mm的2号岩石乳化炸药，毫秒延时起爆方法，可有效控制单段起爆药量，降低爆破振动及冲击波影响，确保施工安全。

2.2.2　*抛石开采方案*

抛石主要粒径范围为12~35 cm。抛石开采爆破参数为：炮孔直径115 mm，抵抗线 3~4 m，孔排距（4~4.5）m×(3~3.5）m，堵孔长度 5~6 m，炸药单耗 0.3 kg/m³左右，排数 3~4 排。采用 ϕ90 mm 的 2 号岩石乳化炸药，毫秒延时起爆方法，降低单响药量，确保爆破后的岩体松散并自然坍落，有效地控制爆破飞石、降低振动效应和冲击波，确保施工安全。

2.2.3 大块石开采方案

大块石粒径要求不小于 35 cm。根据增大填塞长度，并确保下部装药能够推开底部岩石，使上部岩石自由坍落，以提高石料开采大块率的思路，通过数次爆破试验确定，大块石开采爆破参数为：炮孔直径 115 mm，抵抗线 3~4 m，孔排距（5~5.5）m×(4~4.5）m，排数 2~3 排，堵孔长度 6~8 m，单耗 0.22~0.27 kg/m³。

3 爆破参数设计

3.1 石碴开采参数

采用深孔台阶毫秒延时挤压爆破，非电导爆管雷管复式起爆网路。爆破参数见表 1。

表 1 石碴开采爆破参数

高差 /m	钻孔角 /(°)	孔径 /mm	超深 /m	最小抵抗线 /m	孔排距 /m×m	填塞长度 /m	单耗 /kg · m^{-3}	排数
15	90	115	1	3	4×3	5~6	0.32	4×5

3.2 抛石开采参数

采用深孔台阶毫秒延时挤压爆破，非电导爆管雷管复式起爆网路。爆破参数见表 2。

表 2 抛石开采爆破参数

高差 /m	钻孔角 /(°)	孔径 /mm	超深 /m	最小抵抗线 /m	孔排距 /m×m	填塞长度 /m	单耗 /kg · m^{-3}	排数
15	90	115	1	3	4.5×3.5	5~6	0.30	3~4

3.3 大块石开采参数

采用深孔台阶毫秒延时挤压爆破，非电导爆管雷管复式起爆网路。爆破参数见表 3。

表 3 大块石开采爆破参数

高差 /m	钻孔角 /(°)	孔径 /mm	超深 /m	最小抵抗线 /m	孔排距 /m×m	填塞长度 /m	单耗 /kg · m^{-3}	排数
15	90	115	1	3	5.5×4	6~8	0.26	2~3

3.4 边坡开挖参数

布置缓冲孔保护预裂面岩面的完整性，孔距控制在2.0~2.5 m，缓冲孔距预裂炮孔1.5~2.0 m，与前排孔平行布置，装药量为主爆孔的60%~70%。采用导爆索加塑料导爆管雷管起爆网路，导爆索串联，空气间隔不耦合装药。爆破参数见表4。

表 4 边坡开挖爆破参数

高差 /m	钻孔角 /(°)	孔径 /mm	药卷直径 /m	线装药密度 /g · m^{-1}	孔距 /m	最小抵抗线 /m	填塞 /m	超深 /m
15	57	90	32	350~400	1	1.5	1.5	1

3.5 起爆网路

采用孔内、孔外延时非电导爆管雷管毫秒延时起爆网路（图1），连接导爆管时注意爆破抛掷方向和控制每一段起爆药量。一次爆破规模控制在5 t以内，最大段药量控制在200 kg以内。

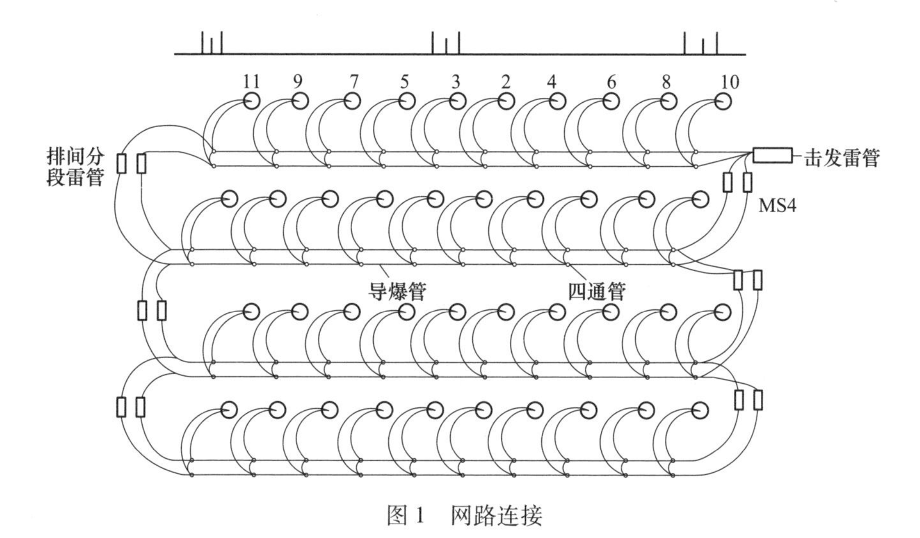

图1 网路连接

4 爆破安全设计

4.1 爆破飞石

爆破时产生的个别飞石是爆破事故中造成人员伤亡的主要原因，爆破产生的个别飞石的最大距离由式（1）确定：

$$R_f = (40/2.54) \times D \tag{1}$$

式中 R_f——飞石的飞散距离，m；

D——炮孔直径，cm。

本工程爆破时，D 值最大取 11.5 cm；D=11.5 cm，得 R_f=181 m。根据《爆破安全规程》，个别飞散物的最小安全允许距离不小于 200 m，实际爆破作业时，确定爆破飞石安全半径为 200 m。

4.2 爆破振动

为防止爆破振动造成影响，在开挖过程中，每次爆破都需进行爆破振动的控制，通过限制爆破的最大单响药量，使爆破区附近其他建筑物的质点最大振动速度值控制在安全允许值内。本矿山爆区距离最近保护建筑物的距离为 180 m，该爆破区域的最大单响药量由式（2）估算：

$$Q = R^3 \times \left(\frac{v}{K}\right)^{\frac{3}{\alpha}} \tag{2}$$

式中 Q——单次允许最大单响药量，kg；

R——爆破振动安全允许距离，m；

v——保护对象所在地面质点振动速度，cm/s，根据《爆破安全规程》（GB 6722—2014）确定，附近的房屋、厂房为砖混及钢筋混凝土结构，取 2.0 cm/s；

K，α——与爆破点至保护对象间的地形、地质条件有关的系数和衰减指数。根据本工程的情况，K 值取 130，α 值取 1.3。

求得：Q=382 kg

施工方案中最大单响药量控制在 200 kg 以内，符合要求。

5　爆破施工

5.1　爆破施工工艺流程

5.1.1　布孔设计

孔位应根据设计由现场技术人员进行布孔、测量、放样，具体要求准、正、平、直、齐。应注意前排药包临空面的薄弱部位，前排药包若局部抵抗线变小或有裂隙通过炮孔，会使飞石距离增大。前排布孔时，应避免这种情况发生。

5.1.2　钻孔操作

利用挖机清理岩体表面破碎体，过程应按测量给定的点位进行钻机定位、穿孔作业。在打孔过程中可采取覆盖开孔部位、湿法钻孔等方式进行防尘，减少对环境的污染。

5.1.3　装药起爆

爆破工作面的装药起爆工艺程序如图2所示。

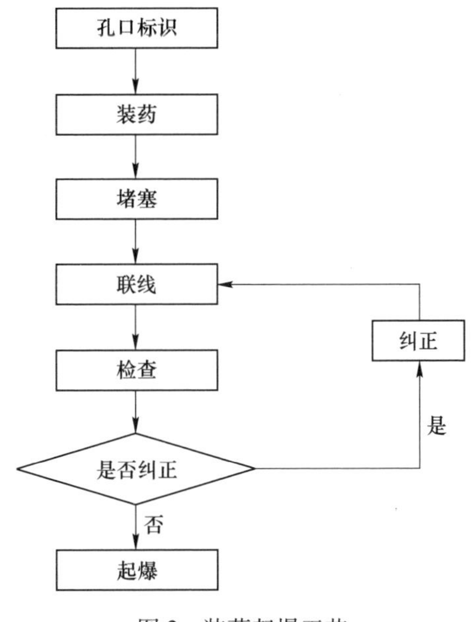

图2　装药起爆工艺

5.2　爆破施工创新点

（1）针对矿区岩石特点、地质条件、石料需求和供料粒径要求等因素实行动态设计、对采区实行动态调整、对爆破方式进行差异化选用的多粒径石料开采爆破技术，提高了施工效率，降低了生产成本，确保了工程建设的顺利进行。

（2）对料场进行岩体块度分区，划分出满足工程开采的爆破块度分区图，提高了多粒径石料开采效率。

（3）采用崩塌爆破技术，增大堵孔长度，增加上部不受爆破影响的岩体，适当增大下部装药段的线装药密度，确保爆破能量能够推开下部岩石，使上部岩石自由坍落，减少爆破对上部岩体的破碎，提高了大块径石料开采比率。

（4）采用深孔台阶微差延时爆破技术，有效控制了爆破振动、飞石、噪声等爆破有害效应。

6　爆破效果与监测成果

矿山开采区 300 m 范围内有多个居民住宅区及工厂，距基督教堂距离仅 180 m，距街道海苔加工厂约 220 m，霓正公路自矿区中部横穿。居民区常住人口以老年人和儿童居多，住宅以多层砖混结构楼房为主，对爆破振动、噪声、冲击波、扬尘极为敏感。

为控制爆破振动和噪声等不利影响，采用微差延时逐孔起爆，控制一次爆破炸药量和最大单响药量，最大单响药量严格控制在 200 kg 以内，有效控制了爆破振动和噪声等有害效应。

对爆破影响区范围的敏感构筑物进行爆破振动监测，各监测点质点振动速度均控制在 0.5 cm/s 范围内，远低于爆破规程中砖混结构爆破振动的相关要求。针对爆破产生的噪声，经第三方检测单位现场检测，爆区周边的噪声昼间低于 60 dB(A)，符合《工业企业厂界环境噪声排放标准》2 类昼间标准。针对施工扬尘，经第三方检测单位现场检测，铲装运部位总尘为 0.73 mg/m^3，符合《工作场所空气中粉尘测定》总粉尘浓度的要求。

7　经验与体会

本矿山工程需要开采供应的石料为围垦用料，通过爆破开采方法可以直接供应的石料种类有石碴、抛石、大块石。各类石料供应根据下游标段的需求进行，随机性较大。为确保施工期各类石料供应满足要求，项目部针对矿区岩石特点、地质条件、供料粒径等因素实行动态设计、对采区实行动态调整、对深孔台阶爆破参数进行差异化选用，实现了精准设计、精细施工。不同种类石料爆破开采参数见表 5。

表5　不同种类石料开采爆破参数

项目	炸药品种	孔排距/m×m	填塞/m	排数	平均单耗/kg·m^{-3}	石料种类
石碴	乳化炸药	4×3	5~6	4~5	0.32	石碴≥95%
抛石	乳化炸药	(4~4.5)×(3~3.5)	5~6	3~4	0.30	抛石>90%
块石	乳化炸药	(5~5.5)×(4~4.5)	6~8	2~3	0.26	大块率>32%

爆破参数对比，石碴开采孔排距最小，炸药单耗高；抛石开采炸药单耗和孔排距相对较小；大块石开采过程中，孔排距和堵塞长度比抛石开采适当增大，排数比其他种类石料开采时适当减少，炸药单耗也最低。

爆破效果方面，石碴开采爆破后细粒径石料比率明显提高，爆堆粒径更加均匀。采用崩塌爆破技术开采大块径石料，石料开采大块率明显提高。爆破过程中通过精确设计、精细化施工，有效控制了爆破振动、噪声、飞石等有害效应对周边环境的影响。

工程获奖情况介绍

该工程获中国爆破行业协会“部级样板工程”（2019年）。“城区大型矿山大块径石料开采爆破技术研究”项目获中国爆破行业协会科学技术进步奖三等奖（2018年）。“城镇区大型建筑石料矿山多粒径石料开采爆破关键技术研究”项目获中国施工企业管理协会科学技术进步奖二等奖（2019年）。“大型建筑石料矿山多粒径石料开采爆破关键技术”项目获浙江省爆破行业协会科学技术进步奖二等奖（2021年）。“大型建筑石料矿山中深孔梯段爆破工法”获部级工法（中国电建，2017年）。“建筑石料矿山大块径石料开采爆破工法”获部级工法（中国爆破行业协会，2018年）。“建筑石料矿山大块径石料开采爆破施工工法”获部级工法（中国电建，2019年）。“大块径石料爆破开采施工工法”获中国水利工程协会水利水电工程建设工法（2019年）。发表论文7篇。

大裂缝多裂隙不良地质条件下硐室爆破施工技术

工程名称：塔罗金矿硐室爆破工程
工程地点：塔吉克斯坦西北部索格德州彭吉肯特市
完成单位：浙江省高能爆破工程有限公司
完成时间：2011 年 11 月 20 日~2012 年 8 月 10 日
项目主持人及参加人员：高胜修 徐冬春 蔡绍礼
撰 稿 人：楼旭东 蒋跃飞 欧阳光 吴 波 张 军

1 工 程 概 况

1.1 工程简介

塔罗金矿坐落于塔吉克斯坦西北部索格德州彭吉肯特市东南方向 18 km 泽拉夫尚山脉南侧。金矿开采始于 1937 年，原采用平洞加盲竖井的地下开采方式。但塔罗金矿在开采过程中，受不良地质影响，不断出现塌陷、滑坡等地质灾害，安全隐患和安全事故增加，为确保矿山安全生产，2011 年起塔罗金矿决定对 1540 高程以上矿体改地下开采为露天开采。

塔罗金矿露天开采首期剥离为 1860 高程以上部分，开采高度 84 m，长度 320 m，宽度 160 m，总开挖方量 168 万立方米。

由于塔罗金矿山体节理裂隙发育，山高坡陡，露天深孔爆破成孔和运输道路修筑非常困难。因此将 1860 水平上部的山体采用硐室爆破分两次进行揭顶。首次爆破为试验炮，方量 45.6 万立方米；第二次爆破为主爆破，方量 122.4 万立方米。

1.2 地质情况

塔罗金矿矿区所在地为高山地区，地形切割形状陡峭，高差在 1300~1944 m。砂页岩和火成岩出露地段地形相对平缓，第四系堆积物覆盖厚度 30~40 m；灰岩出露地段山形陡峭，基岩裸露地表，面积 25%~30%，植被覆盖率低。区域河流为泽拉夫尚河流水系，流经矿区的是其支流辛格河。辛格河为山区河流，6~7 月丰水期流量 30~40 m^3/s，1~2 月枯水期流量 4~5 m^3/s。

硐室爆破区域断层裂隙非常发育。根据当地地质部门描述，该区域分布四五十条大小裂隙，下部裂缝又被上部裂缝切断，裂缝不是直线上通地表，而是呈“S”状连通地表。

1.3　爆区周边环境

爆区北面1600 m为塔罗矿区办公及生活区；北东向下部460 m及以下为正在使用的地采巷道范围，910 m为辛格河；东向及东南向1000 m为辛格村，村内主要为土坯房，质量非常差；西偏南为露天剥离的排土场，为爆破主方向；西向为马吉安河，如图1所示。

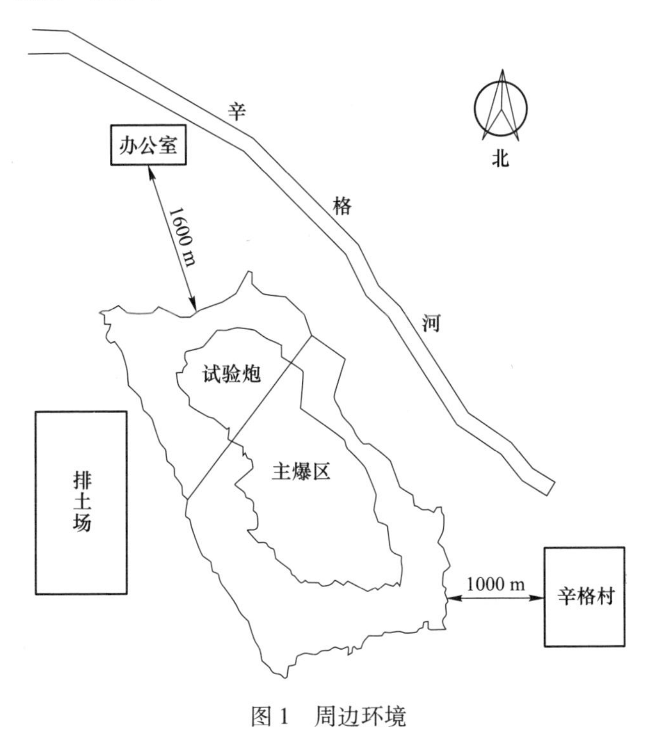

图1　周边环境

2　工程特点及难点

（1）大裂缝多裂隙等不良地质直接影响硐室爆破安全与效果，是爆破成败的关键点。分析和研究大裂缝多裂隙对爆破影响程度和可能产生的后果，并采取相应的有效措施和技术手段，解决大裂缝多裂隙对爆破的影响，保证爆破成功。

（2）对爆碴抛掷方向有严格要求。塔罗金矿为多临空面独立山体，业主要求随周围环境不同，爆破抛掷方向、坍塌数量和堆碴范围各异，尤其是缓坡一侧要求抛掷量多，陡坡一侧抛掷量少，邻近村庄一侧堆碴量必须严格控制，技术要求高。

（3）对爆破有害效应的控制有严格要求。塔罗金矿 1540 水平以上露天开采，下部为地采，在露天剥离的过程中，1540 水平下部还得进行地下开采，并且前期由于地压作用和采空区塌陷使得部分巷道稳定性较差。在离爆区 1000 m 的辛格村，住户非常密集，房屋主要是土坯房，基本没有抗震能力。

（4）需要利用品种有限的起爆器材设置合理的起爆网路。塔罗金矿硐室爆破在国外进行，受爆破器材供应约束，雷管段别无法满足设计要求，为了更好控制单响药量，确保每个药室安全准爆，采用联合复式起爆技术，工艺复杂，操作难度大。

3 爆破方案选择及设计原则

（1）根据爆区周围环境，地形地质条件，设计不同的药包形式，采用不同的爆破作用指数，合理匹配和利用炸药能量，控制各个方向各区段的抛掷坍塌程度和飞散物的距离，控制爆破堆积范围，确保村庄安全。

（2）针对大裂缝不同位置，不同边界条件，爆破前进行了全面整治。采用“封口、填缝、堵洞、隔断”等技术措施对大裂缝进行封闭，确保硐室爆破安全和爆破效果。

（3）在爆破器材不能满足设计要求的条件下，利用现有器材采用电雷管和导爆管雷管设计联合复式起爆网路，降低最大单响药量，并确保爆破网路安全准爆。

4 爆破参数设计

4.1 爆破漏斗参数计算

（1）条形药包爆破压缩圈半径 R_y：

$$R_y = 0.56(\mu l_P/\Delta)^{1/2} \tag{1}$$

式中 μ ——压缩系数，对岩石 $\mu = 10 \sim 20$；

l_P ——条形药包线装药密度（每米药包线装药量），kg/m；

Δ ——条形药包硐室爆破装药密度，对袋装铵油炸药，$\Delta = 0.8 \sim 0.9$ t/m³。

（2）下破裂半径 R：

$$R = W\sqrt{1 + n^2} \quad (\text{m}) \tag{2}$$

（3）上破裂半径 R'：

$$R' = \frac{W}{\sin(\gamma - \theta)} \quad (\mathrm{m}) \tag{3}$$

式中　γ——径向上破裂线的破裂角，取 $\gamma=70°$；

θ——地面自然坡度。

4.2　药包参数

（1）最小抵抗线 W 确定。

最小抵抗线取 15~25 m，最大不超过 30 m。

（2）药包层高 H。

药包层高满足 $W/H=0.6 \sim 0.8$，选取层高为 35~40 m。

（3）药包端间距 a。

1）同排两条形药包端间距：最小抵抗线为 20 m 左右取 4~6 m；毫秒延期起爆时，依据 $a=(1/6 \sim 1/4)(W_1+W_2)$ 选取。

2）同排条形药包端与集中药包间距：毫秒延期起爆时，依据 $a=(0.5 \sim 0.7)W_{集中}$ 选取。

4.3　试验炮爆破设计

4.3.1　爆破方案设计

试验炮采用两层多排毫秒延期起爆技术，以条形药包为主、集中药包为辅的爆破方案。周边以弱松动为主，上层中间和下层中间加大药量，使内部药包推动外部岩石，起到改善爆破效果的作用。

4.3.2　药包布置

最小抵抗线值控制在 22 m 以内，层高为 35 m。

1860 高程：排土场一侧沿等高线平行布置两排条形药室，端部采用集中药包辅助；西北向一侧沿等高线平行布置两排条形药室，端部采用集中药包辅助；沿边坡平行布置一排条形药包；中间三角形区域用集中药包辅助。如图 2 所示。

1895 高程：沿边坡平行布置四条条形药包，每条条形药包端部采用集中药包辅助。如图 3 所示。

4.3.3　爆破作用指数 n 和 K、$f(n)$

（1）爆破作用指数 n

n 取值 0.7~0.82。

1860 高程：前排药包 n 值取小值 0.7，端部集中药包取小值 0.7；第二排药包 $n=0.75$，后排药室 $n=0.85$。

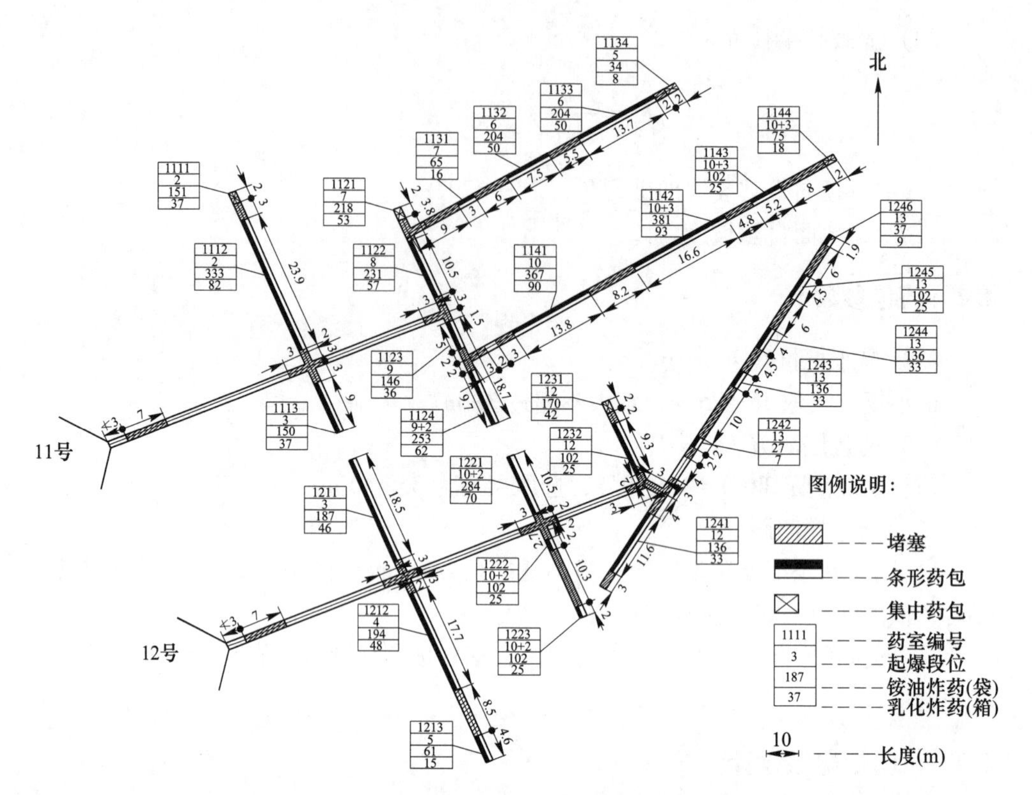

图 2　试验炮 1860 高程导硐布置及起爆段位布置

1895 高程：前后排药包 $n=0.7$，第三排药包 $n=0.75$，端部集中药包 $n=0.7$。

（2）K 、$f(n)$

$f(n)$ 采用鲍列斯科夫公式：$f(n)=0.4+0.6n^3$计算。

K 为标准抛掷爆破单位炸药消耗量，取 1.4 kg/m^3。

4.4　主爆区爆破设计

4.4.1　爆破方案设计

主爆区采用两层多排延时起爆，以条形药包为主、集中药包为辅的抛掷和松动相结合的硐室爆破方案。位于陡坡和邻近村庄一侧采用松动爆破，排土场一侧采用抛掷爆破。

4.4.2　药包布置设计

布置两层药包，层高 40 m。

1860 高程：共布置五排药室，排土场一侧沿等高线平行布置一排条形药室，端部采用集中药包辅助；西南侧沿等高线平行布置一排条形药室，端部采用集中药包辅助。第二排和第四排药包布置使中间的第三排左右两边的抵抗线相等，端

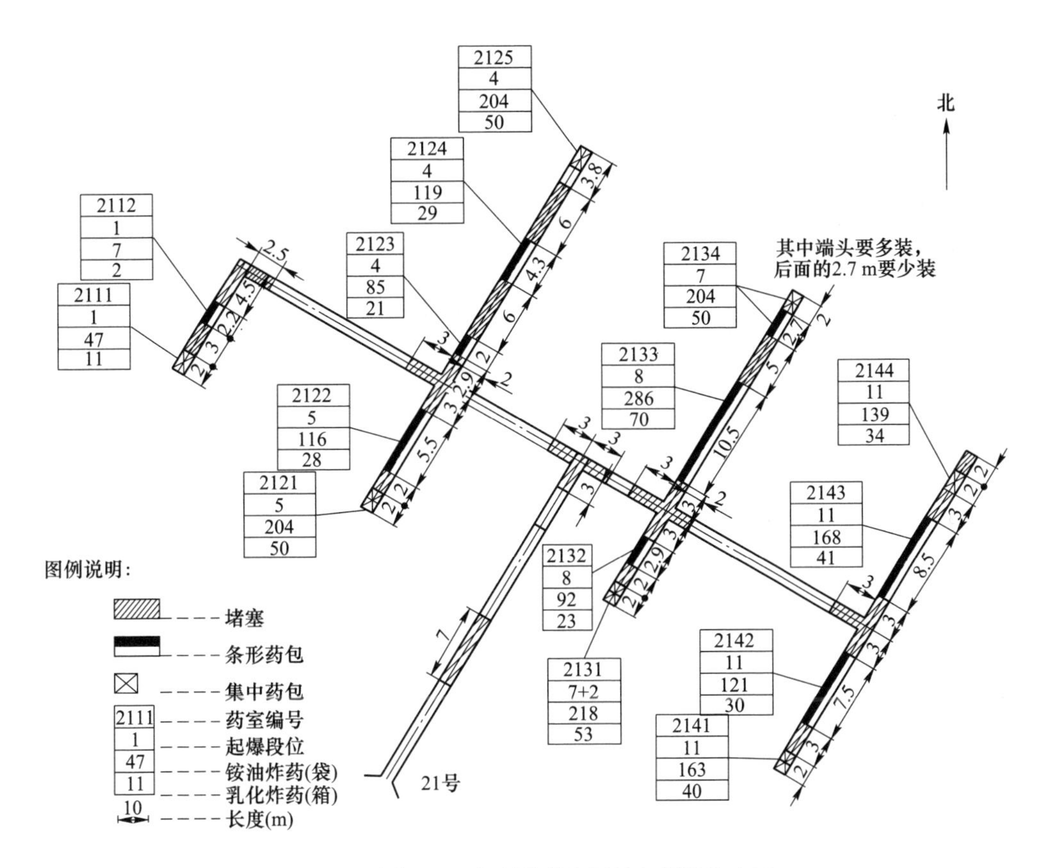

图 3 试验炮 1895 高程导硐布置及起爆段位布置

部采用集中药包辅助。如图 4 所示。

1900 高程：沿等高线平行布置三条条形药包，中间药包布置使得到两边的抵抗线相等，端部采用集中药包辅助。

4.4.3 爆破作用指数 n 和 K、$f(n)$

（1）爆破作用指数 n

n 取值 0.6~1.17。

1860 高程：排土场一侧前排药包 n 值取大值 1.05，第二排 n 值取 1.1，中间一排 n=1.17；陡坡及邻近村庄一侧 n 取小值 0.60~0.68；端部集中药包取小值。

1900 高程：排土场一侧药包 n=0.85，中间一排 n=1.15，陡坡及邻近村庄一侧 n=0.6~0.68，端部 n 取小值。

（2）K、$f(n)$

$f(n)$ 采用鲍列斯科夫公式：$f(n)=0.4+0.6n^3$ 计算。

K 为标准抛掷爆破单位炸药消耗量，本次工程选定 K 为 1.45~1.5 kg/m^3。

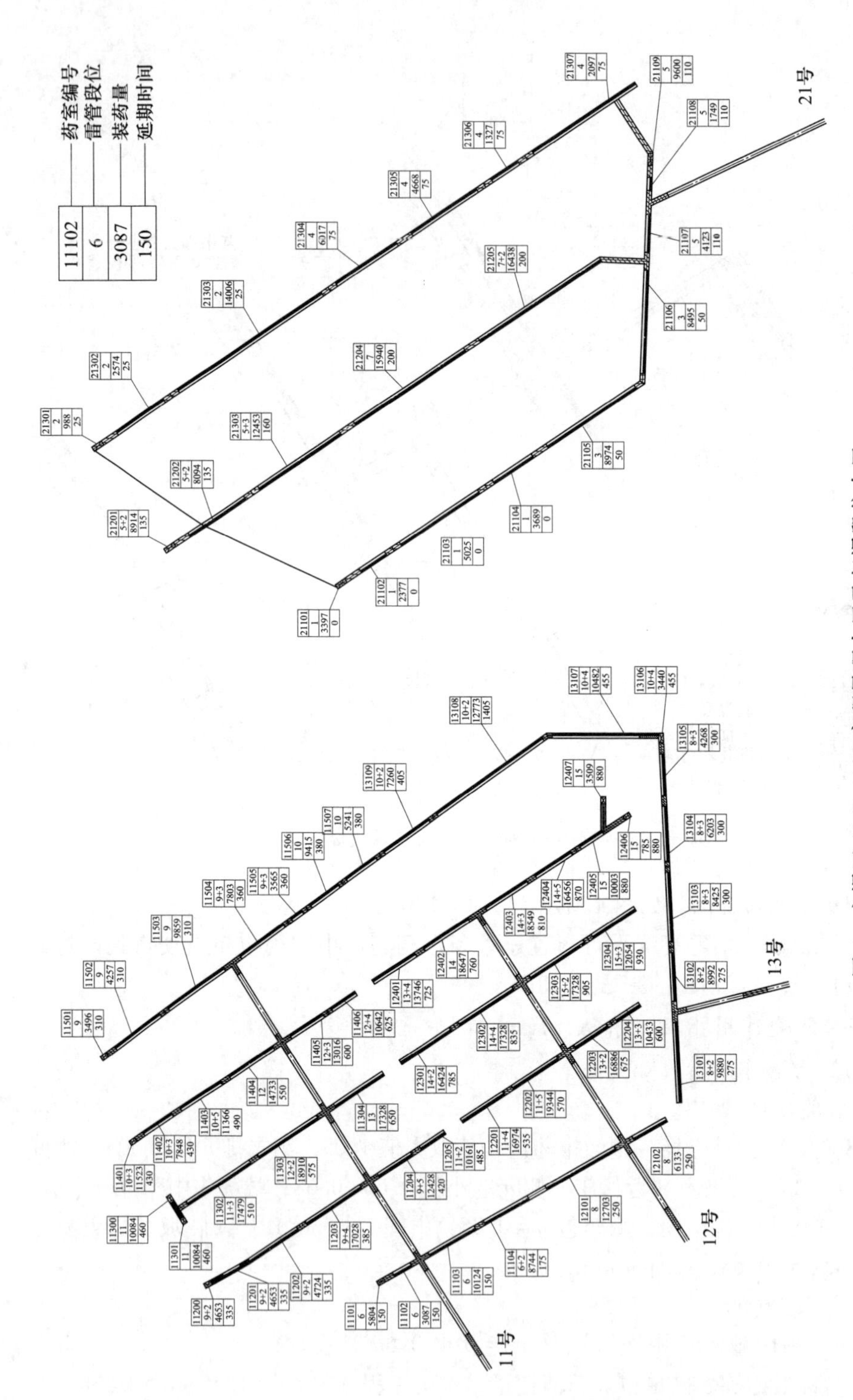

图4 主爆区1860、1900高程导硐布置及起爆段位布置

4.5　导硐设计

（1）主导硐断面的确定。

本工程主导硐的断面尺寸为：高 1.8 m，宽 1.2 m。

（2）药室断面尺寸的确定。

药室断面面积 S 可按式（4）计算：

$$S=(D\cdot l_{P})/(\Delta\cdot 1000) \tag{4}$$

式中　l_P——条形药包线装药密度（每米药包线装药量），kg/m；

Δ——装药密度，对整袋码放的铵油炸药，$\Delta=0.8\ t/m^3$；

D——不耦合系数。

本工程药室的断面尺寸取：高 1.8 m，宽 1.2 m。

4.6　装药量计算

（1）集中药包硐室爆破药量计算公式为：

$$Q=(0.4+0.6n^3)\cdot e\cdot K\cdot W^3\quad(\text{kg}) \tag{5}$$

式中　Q——药包装药量，kg；

K——标准抛掷爆破单位炸药消耗量，kg/m^3；

W——药包最小抵抗线，m；

n——爆破作用指数；

e——炸药换算系数。对于多孔铵油炸药，用于硐室爆破时，取 $e=1$。

（2）条形药包硐室爆破药量计算公式为：

$$Q=e\cdot l_P\cdot L=\frac{0.4+0.6n^3}{0.55(n+1)}\cdot e\cdot K\cdot W^2\cdot L \tag{6}$$

式中　L——条形药包计算装药长度，m；

l_P——条形药包线装药密度（每米药包线装药量），kg/m。

试爆区 1860、1895 高程药量计算分别见表 1、表 2；主爆区 1860、1900 高程药量计算分别见表 3、表 4。

表 1　试爆区 1860 高程药量计算

药室编号	段别	药包类型	最小抵抗线 W/m	药室长度 l/m	爆破指数 n	标准单耗 $K/kg\cdot m^{-3}$	$f(n)$	药室药量 Q/kg
1111	2	集中	19.0	2.0	0.70	1.40	0.65	4450
1112	2	条形	20.0	26.9	0.70	1.40	0.91	9800
1113	3	条形	18.0	15.0	0.70	1.40	0.91	4400
1121	7	集中	20.0	2.0	0.70	1.40	0.80	6400

续表 1

药室编号	段别	药包类型	最小抵抗线 W/m	药室长度 l/m	爆破指数 n	标准单耗 K/kg · m^{-3}	$f(n)$	药室药量 Q/kg
1122	8	条形	22.0	13.5	0.75	1.40	1.05	6800
1123	9	条形	22.0	9.5	0.75	1.40	1.05	4300
1124	9+2	条形	22.0	17.7	0.75	1.40	1.05	7450
1131	7	条形	20.0	5.0	0.75	1.40	0.95	1900
1132	6	条形	20.0	15.7	0.75	1.40	0.95	6000
1133	6	条形	20.0	15.9	0.75	1.40	0.95	6000
1134	5	集中	11.0	2.0	0.70	1.40	0.75	1000
1141	10	条形	22.0	21.3	0.75	1.40	1.05	10800
1142	10+3	条形	22.0	23.2	0.75	1.40	1.05	11200
1143	10+3	条形	20.0	7.8	0.75	1.40	0.95	3000
1144	10+3	集中	15.0	2.0	0.70	1.40	0.65	2200
1211	3	条形	15.0	24.5	0.70	1.40	1.00	5500
1212	4	条形	15.0	25.6	0.70	1.40	1.00	5700
1213	5	条形	15.5	8.2	0.70	1.40	0.91	1800
1221	10+2	条形	22.0	16.5	0.75	1.40	1.05	8350
1222	10+2	集中	22.0	16.5	0.75	1.40	0.95	3000
1223	10+2	集中	22.0	16.5	0.75	1.40	0.95	3000
1231	12	集中	16.4	2.0	0.82	1.40	1.12	5000
1232	12	条形	16.4	10.0	0.82	1.40	1.12	3000
1241	12	条形	15.0	18.6	0.82	1.40	1.02	4000
1242	13	集中	15.0	2.0	0.82	1.40	1.02	800
1243	13	集中	15.0	3.0	0.82	1.40	1.02	4000
1244	13	集中	15.0	4.0	0.82	1.40	1.02	4000
1245	13	集中	15.0	4.5	0.82	1.40	1.02	3000
1246	13	集中	12.0	1.9	0.82	1.40	0.65	1100
合计								137950

表 2　试爆区 1895 高程药量计算

药室编号	段别	药包类型	最小抵抗线 W/m	药室长度 l/m	爆破指数 n	标准单耗 K/kg · m^{-3}	$f(n)$	药室药量 Q/kg
2111	1	集中	13.2	2.0	0.70	1.40	0.60	1380
2112	1	集中	13.2	2.2	0.70	1.40	0.60	200

续表 2

药室编号	段别	药包类型	最小抵抗线 W/m	药室长度 l/m	爆破指数 n	标准单耗 K/kg·m^{-3}	$f(n)$	药室药量 Q/kg
2121	5	集中	21.0	2.0	0.70	1.40	0.65	6000
2122	5	条形	21.0	8.5	0.70	1.40	0.91	3400
2123	4	条形	23.0	11.0	0.70	1.40	0.91	2500
2124	4	条形	23.0	10.3	0.70	1.40	0.91	3500
2125	4	集中	21.0	3.8	0.70	1.40	0.65	6000
2131	7+2	集中	22.0	2.0	0.70	1.40	0.60	6400
2132	8	条形	22.0	5.9	0.75	1.40	0.95	2700
2133	8	条形	22.0	18.2	0.75	1.40	0.95	8400
2134	7	集中	21.0	4.7	0.70	1.40	0.65	6000
2141	11	集中	20.0	2.0	0.70	1.40	0.60	4800
2142	11	条形	20.0	10.5	0.70	1.40	0.85	3570
2143	11	条形	20.0	13.5	0.70	1.40	0.85	4950
2144	11	集中	19.0	2.0	0.70	1.40	0.60	4100
合计								63900

表 3　主爆区 1860 高程药量计算

药室编号	段别	药包类型	最小抵抗线 W/m	药室长度 l/m	爆破指数 n	标准单耗 K/kg·m^{-3}	$f(n)$	药室药量 Q/kg
11101	6	集中	18.3	2.0	0.75	1.45	0.95	5804
11102	6	条形	18.0	8.7	0.85	1.45	1.10	3087
11103	6	条形	21.5	20.0	0.85	1.45	1.10	10124
11104	6+2	条形	20.5	19.0	0.85	1.45	1.10	8744
11200	9+2	集中	14.5	2.0	0.80	1.45	1.03	3126
11201	9+2	条形	16.0	7.3	0.80	1.45	1.04	1936
11202	9+2	条形	17.0	20.1	0.90	1.50	1.20	6982
11203	9+4	条形	24.5	23.6	0.90	1.50	1.20	17028
11204	9+5	条形	25.5	15.9	0.90	1.50	1.20	12428
11205	11+2	条形	25.5	13.0	0.90	1.50	1.20	10161
11300	10+3	集中	22.0	2.0	1.00	1.45	1.45	9264
11301	10+3	集中	22.0	2.0	1.00	1.45	1.45	6176
11302	10+5	条形	22.0	23.2	1.10	1.50	1.56	17479
11303	12+2	条形	22.0	25.1	1.10	1.50	1.56	18910

续表 3

药室编号	段别	药包类型	最小抵抗线 W/m	药室长度 l/m	爆破指数 n	标准单耗 $K/kg \cdot m^{-3}$	$f(n)$	药室药量 Q/kg
11304	13	条形	22.0	23.0	1.10	1.50	1.56	17328
11401	11	集中	23.0	2.0	0.75	1.45	0.95	11523
11402	11	条形	23.0	11.6	0.95	1.50	1.28	7848
11403	11+3	条形	23.0	16.8	0.95	1.50	1.28	11366
11404	12	条形	24.0	20.0	0.95	1.50	1.28	14733
11405	12+3	条形	25.3	15.9	0.95	1.50	1.28	13016
11406	12+4	条形	25.3	13.0	0.95	1.50	1.28	10642
11501	9	集中	16.0	2.0	0.68	1.45	0.85	3496
11502	9	条形	16.0	18.0	0.68	1.45	0.92	4257
11503	9	条形	21.0	24.2	0.68	1.45	0.92	9859
11504	9+3	条形	20.5	20.1	0.68	1.45	0.92	7803
11505	9+3	条形	24.0	6.7	0.68	1.45	0.92	3565
11506	10	条形	28.0	13.0	0.68	1.45	0.92	9415
11507	10	条形	20.5	13.5	0.68	1.45	0.92	5241
小计								261340
12101	8	条形	20.0	29.0	0.85	1.45	1.10	12703
12102	8	条形	20.0	14.0	0.85	1.45	1.10	6133
12201	11+4	条形	26.5	18.9	0.95	1.50	1.28	16974
12202	11+5	条形	27.5	20.0	0.95	1.50	1.28	19344
12203	13+2	条形	29.0	15.7	0.95	1.50	1.28	16886
12204	13+3	条形	29.0	9.7	0.95	1.50	1.28	10433
12301	14+2	条形	22.0	21.8	1.10	1.50	1.56	16424
12302	14+4	条形	22.0	23.0	1.10	1.50	1.56	17328
12303	15+2	条形	22.0	23.0	1.10	1.50	1.56	17328
12304	15+3	条形	22.0	16.0	1.10	1.50	1.56	12054
12401	13+4	条形	26.0	15.9	0.95	1.50	1.28	13746
12402	14	条形	27.0	20.0	0.95	1.50	1.28	18647
12403	14+3	条形	28.0	18.5	0.95	1.50	1.28	18549
12404	14+5	条形	29.0	15.3	0.95	1.50	1.28	16456
12405	15	条形	29.0	9.3	0.95	1.50	1.28	10003
12406	15	集中	8.5	2.0	0.95	1.50	1.37	842
12407	15	集中	14.0	2.0	0.95	1.50	1.37	3764
小计								227616

续表 3

药室编号	段别	药包类型	最小抵抗线 W/m	药室长度 l/m	爆破指数 n	标准单耗 K/kg·m^{-3}	$f(n)$	药室药量 Q/kg
13101	8+2	条形	20.4	25.7	0.68	1.45	0.92	9880
13102	8+2	条形	23.0	18.4	0.68	1.45	0.92	8992
13103	8+3	条形	20.0	22.8	0.68	1.45	0.92	8425
13104	8+3	条形	19.0	18.6	0.68	1.45	0.92	6203
13105	8+3	条形	18.5	13.5	0.68	1.45	0.92	4268
13106	10+4	集中	15.5	2.0	0.68	1.45	0.85	3179
13107	10+4	条形	20.5	27.0	0.68	1.45	0.92	10482
13108	10+2	条形	18.5	40.4	0.68	1.45	0.92	12773
13109	10+2	条形	20.5	18.7	0.68	1.45	0.92	7260
小计								71460
合计								560416

表 4　主爆区 1900 高程药量计算

药室编号	段别	药包类型	最小抵抗线 W/m	药室长度 l/m	爆破指数 n	标准单耗 K/kg·m^{-3}	$f(n)$	药室药量 Q/kg
21101	1	集中	14.5	2.0	0.85	1.45	1.11	3397
21102	1	条形	18.0	6.7	0.85	1.45	1.10	2377
21103	1	条形	15.5	19.1	0.85	1.45	1.10	5025
21104	1	条形	17.5	11.0	0.85	1.45	1.10	3689
21105	3	条形	20.5	19.5	0.85	1.45	1.10	8974
21106	3	条形	19.5	20.4	0.85	1.45	1.10	8495
21107	5	条形	19.5	9.9	0.85	1.45	1.10	4123
21108	5	条形	19.5	4.2	0.85	1.45	1.10	1749
21109	5	集中	20.5	2.0	0.85	1.45	1.11	9600
21201	5+2	集中	20.0	2.0	0.85	1.45	1.11	8914
21202	5+2	条形	20.0	13.0	1.10	1.50	1.56	8094
21203	5+3	条形	20.0	20.0	1.10	1.50	1.56	12453
21204	7	条形	20.0	25.6	1.10	1.50	1.56	15940
21205	7+2	条形	20.0	26.4	1.10	1.50	1.56	16438
21301	2	集中	10.5	2.0	0.68	1.45	0.85	988
21302	2	条形	15.5	11.6	0.68	1.45	0.92	2574
21303	2	条形	21.5	32.8	0.68	1.45	0.92	14006

续表 4

药室编号	段别	药包类型	最小抵抗线 W/m	药室长度 l/m	爆破指数 n	标准单耗 K/kg · m^{-3}	$f(n)$	药室药量 Q/kg
21304	4	条形	20.5	15.5	0.68	1.45	0.92	6017
21305	4	条形	17.5	16.5	0.68	1.45	0.92	4668
21306	4	条形	13.0	8.5	0.68	1.45	0.92	1327
21307	4	条形	10.0	22.7	0.68	1.45	0.92	2097
合计								140946

4.7 装药堵塞设计

4.7.1 装药设计

条形药包按设计的每米实际装药量从里端向外依顺序整齐码放，有主、副起爆体的，装药断面中央压上三根导爆索，在设计的副起爆体位置装乳化炸药，导爆索结放在乳化炸药中间，导爆索结与主导爆索顺向连接，主起爆体放在药室靠近堵塞料一端 3 m 处。

袋装铵油炸药沿药室最小抵抗线方向侧整齐码放，相互密贴，起爆药包乳化炸药置于铵油炸药中间偏上。药室底部积水或潮湿的在药包下部排垫木杆、沙袋或油毛毡，上部用塑料薄膜覆盖。条形和集中装药的药室剖面图如图 5 所示。

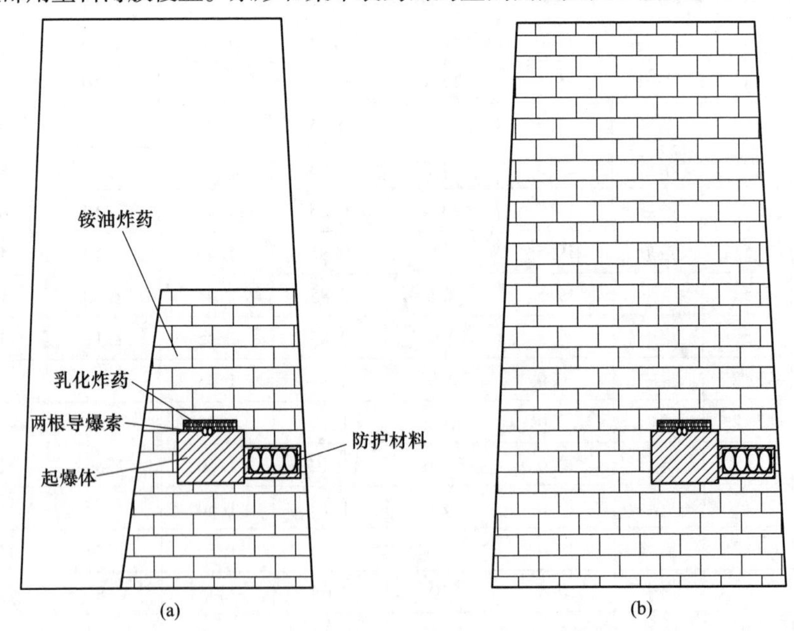

图 5　装药结构

（a）条形药室装药结构示意图；（b）集中药室装药结构示意图

4.7.2　堵塞设计

堵塞位置分分隔药包的堵塞段和药室与主导硐交叉口的堵塞段。分隔药包（即药包与药包之间）的堵塞段的长度根据两个药包的线装药密度和起爆时差而定，中间堵塞 2~3 m。

药包与导硐间的堵塞段首先保证喇叭部位堵塞充实，然后向药室和导硐里各伸进 1~3 m。

对大裂缝采取“封口、填缝、堵洞、隔断”四种措施进行处理。

堵塞料利用开挖导硐和药室时的弃碴，或外挖碎块砂石土。堵塞示意图如图 6 所示。

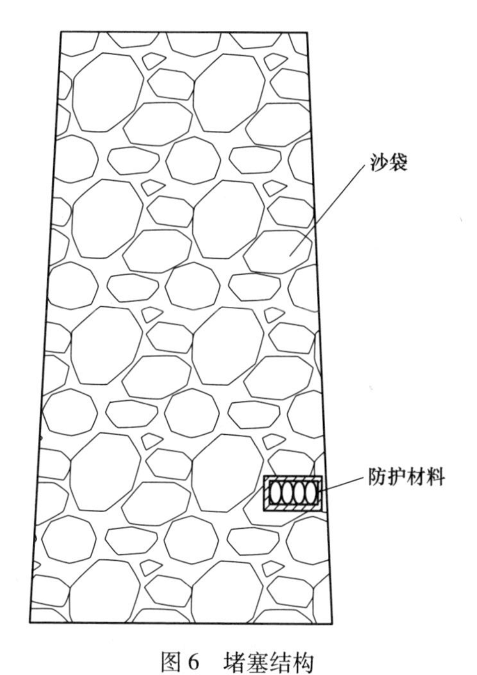

图 6　堵塞结构

4.8　起爆网路设计

起爆网路必须保证每个药包按设计的起爆顺序、起爆延期时间安全准爆。电雷管不能满足延时要求的，可搭接导爆管雷管，当需采用低段位的电雷管联接高段位的导爆管雷管时，在药室内增加一组高段位的电雷管，增加的电雷管延期时间略大于电雷管和导爆管雷管的总延期时间，确保整个起爆网路的可靠性。

各药包之间延期时间选取：同排药包延时时间 50~100 ms，排间药包延期时间 150~300 ms，上下层药包延期时间 200~600 ms。

试验炮爆破总药室 44 个，分成 17 段起爆。

主炮爆破总药室 76 个，分成 33 段起爆。

各药室起爆段别如图 2~图 4 所示。

5　爆破安全设计

5.1　爆破振动

爆破振动公式

$$v_p = K\left(\frac{Q^{1/3}}{R}\right)^{\alpha} \quad (7)$$

式中　v_p——地面振动速度，cm/s；

Q——最大一段起爆药量，kg；该工程取 $Q=25$t。

R——测点至爆破中心的距离，m；

K，α——与爆破方式、装药结构、爆破点至计算点的地形、地质有关的系数及衰减指数，取 $K=150$，$\alpha=1.5$。

本设计控制建筑物最大振速 $v_k<2.0$ cm/s，巷道振速 $v_k<10$ cm/s。

经验算周边保护对象振动速度小于控制的最大振速。

5.2　个别飞石距离计算

硐室爆破飞石距离 R_f 计算公式：

$$R_f = 20n^2WK_f \quad (\text{m}) \quad (8)$$

式中　n——前排药包的爆破作用指数；

W——前排药包的最小抵抗线；

K_f——系数，径向（前方）：$K_f=1.5$；侧向和背向：$K_f=1.0$。

计算得到本期爆破个别飞石最大距离 R_f 见表 5、表 6。

表 5　试验炮个别飞石最大距离

位置	个别飞石最大距离 R_f/m	
	径向（前方）	侧向和背向
1895 高程	361.4	241
1860 高程	194.1	130

表 6　主爆区个别飞石最大距离

位置	个别飞石最大距离 R_f/m	
	径向（前方）	侧向和背向
1860 高程	711	474
1900 高程	444	296

5.3　空气冲击波计算

爆破产生空气冲击波用式（9）进行计算：

$$R_K = KQ^{1/3} \tag{9}$$

式中　R_K——空气冲击波的安全距离，m；

K——安全系数，$n<1$ 时，取 $K=1.2$；

Q——一次爆破总药量，kg。

试验炮：$Q=201850$ kg，得 $R_K=88$ m。

主爆区：$Q=718500$ kg，得 $R_K=108$ m。

6　爆破施工

6.1　爆破组织

本工程成立爆破指挥部，指挥部下设技术组、施工组、起爆组、监测组、后勤组、安全保卫组和应急组，各负其责。

6.2　导硐开挖

导硐严格按设计的尺寸开挖，当导硐深度大于 20 m 时，采用机械通风。硐内采用 36 V 以下低压照明或矿灯照明。进洞后硐口进行支护且支护长度不小于 2 m。

6.3　测量和地质素描

（1）导硐掘进中，利用测量控制导硐中线，每组测点均不得少于 3 个，点间距离不应小于 2 m。导硐掘进的高程和坡度，采用测量仪器设腰线，每组 2~3 个点，每隔 15~20 m 设置 1 组。

（2）导硐药室完工后，按规定提交竣工图，验收复测工作由具备资格的专业测量人员进行，以便准确校核最小抵抗线 W 的实际值，确保爆破设计效果。

（3）导硐开挖过程中，地质工程师对导硐内的地质情况进行素描，做好记录，以作为调整爆破参数的依据。

6.4　裂缝封堵

6.4.1　裂缝情况

根据导硐开挖情况，发现爆破区域内裂缝情况如下：

试爆区：1860 水平：有三十几条大小裂隙。其中，有七条裂隙横穿导硐，宽度 2~6 m；一条大裂隙横穿三条导硐，宽度 4~10 m；三条裂隙斜交导硐，夹角较小，基本与导硐重合；两条裂隙横穿主导硐，宽度 4~6 m。其他小裂隙十几条，宽度 0.5~1 m。

1895 水平：有大小裂隙十多条。其中，有四条大裂隙横穿导硐，宽度 2~4 m；一条大裂隙横穿一条导硐和两条主导硐，宽度约 11 m；一条裂隙横穿主导硐；其他小裂隙若干。

主爆破：1860 水平：七条大裂缝横穿导硐，宽度 1~3 m，一条平行于导硐，边坡面有一条大裂缝延伸至药室边缘，其他小裂缝几十条。有两条大的泥岩软岩带，一条宽度在 32 m 左右，基本位于前排药室抵抗线一侧；一条宽度在 17 m 左右，中间夹杂有硬岩，位于二三排导硐之间，局部穿过药室。

1900 水平：三条大裂缝横穿三条导硐，四条裂缝横穿一条导硐，宽度 1~3 m，其他小裂缝十几条。

6.4.2 裂缝整治

考虑大裂隙对爆破的影响，针对大裂缝不同位置，不同边界条件，对大裂缝在爆破前按如下方案进行全面整治。

6.4.2.1 封口

“封口”就是对穿越导硐或药室的较小裂缝的缝口局部封闭。

（1）缝口封闭：裂缝与药室（导硐）相交时，在药室（导硐）中，当大裂缝数量较少，缝宽较小时，采用缝口封闭方法对缝口进行封闭，封闭深度向缝里 1~2 m。

（2）全洞封闭：当裂缝宽度较小在 3~5 m 内密集出现时，采用封硐措施处理，即将此段改为药室堵塞段，全硐封堵，封闭全部缝口，封堵范围两端延伸 0.5~1 m。

6.4.2.2 填缝

“填缝”就是将裂缝缝宽大于 1.0 m 以上，人可以在缝内作业的，采用“填缝”方法，从里向外用沙袋填塞，填塞长度为裂缝宽度或不少于相邻药包最小抵抗线。

6.4.2.3 堵洞

“堵洞”就是将导硐或药室附近可见的有一定范围的类似溶洞的大裂缝全部堵塞。采用全堵塞方法处理，将沙袋从里向外逐层码实。

6.4.2.4 隔断

“隔断”就是对那些长大裂缝，无法实施全部封堵时，采用隔断封堵方法，外部堵塞不小于 5~7.0 m，中间断开不堵，靠近药室堵 3~5.0 m，保证药包爆轰气体不直接从大裂缝中冲出确保爆破安全。

7 爆破效果与监测成果

7.1 试验炮爆破

7.1.1 爆破情况

试验炮爆破于12月29日上午10时成功实施。试验炮完成石方量45.6万立方米，总装药量201.85 t（其中混装铵油炸药171.6 t，乳化炸药30.25 t）。分成44个药室，17段延时起爆，总延时时间650 ms。

7.1.2 爆堆形状

爆堆形状良好，西北一侧坍塌量较少，达到设计要求；在排土场方向滚落量较多，局部到达1830高程。

爆破最远飞石在100 m以内，三条主导硐口有气体冲出。

通过爆破振动测试数据分析，爆破振动速度远小于设计值，地采巷道内未见掉块，爆区周边建（构）筑物未受到影响。

7.2 主爆区爆破

7.2.1 爆破情况

主爆区爆破于2012年6月20日上午10时成功实施。主爆区完成石方量120.4万立方米，总装药量718.5 t（其中混装铵油炸药632.1 t，乳化炸药86.4 t）。分成76个药室，33段延时起爆，总延时时间880 ms。

7.2.2 爆堆形状

（1）爆堆高程+1906，比爆破前的山体（图7）低35 m左右，爆堆形状较好，如图9所示，图8为主爆区起爆瞬间图。

图7 主爆区起爆前山体现状

图 8　主爆区起爆瞬间

图 9　主爆区爆破后爆堆形状

（2）排土场一侧岩石按照设计的方向抛出、滚落，直线距离 88 m，坡面角度 30°；西南角一侧山沟有部分石头抛入。爆堆顶部较平整，由于爆破方向不同，爆沟明显。排土场一侧抛掷量约占总量的 33%，陡坡一侧坍塌量占 9%，靠近村庄一侧岩碴沿坡面堆积。

（3）岩石破碎充分，大块较少，级配好，便于铲装运输。

7.2.3　飞石控制

爆破最远飞石在 200 m 以内。

7.2.4　爆破振动

（1）巷道内所有测点的振动峰值速度均小于1.1 cm/s，其中最大峰值为1.061 cm/s，对应主振频率为5.435 Hz；详见表7。

（2）辛格村民房所有测点的振动峰值速度均小于0.8 cm/s，其中最大峰值为0.749 cm/s，对应主振频率为5.222 Hz。

通过爆破振动测试数据分析，爆破振动速度远小于设计值，地采巷道内未见掉块，爆区周边建（构）筑物未受到影响。

表7　爆破振动检测数据

仪器编号	爆心距/m	最大单响药量/kg	测点	方向	最大振速/$cm \cdot s^{-1}$	振动主频/Hz
09-gl-02	400	25000	1号测点 +1620分层巷道内	径向	0.712	7.812
				切向	0.719	4.711
				垂向	1.061	5.435
08-gl-07	400	25000	2号测点 +1620分层巷道内	径向	0.019	36.36
				切向	0.672	6.098
				垂向	0.909	3.646
08-gl-06	1200	25000	3号测点 辛格村民房房基	径向	0.451	6.579
				切向	0.749	5.222
				垂向	0.181	2.809
09-gl-03	1300	25000	4号测点 辛格村民房房基	径向	0.289	2.939
				切向	0.316	3.416
				垂向	0.073	5.874
09-gl-04	1300	25000	5号测点 辛格村民房房基	径向	0.334	3.393
				切向	0.165	6.826
				垂向	0.178	2.674
08-gl-01	1400	25000	6号测点 辛格村民房房基	径向	0.202	2.300
				切向	0.287	3.200
				垂向	0.257	2.900

8　经验与体会

（1）塔罗金矿大裂缝、多裂隙条形药包硐室爆破是塔吉克斯坦首次大规模爆破，也是我国在国外首次采用条形药包硐室爆破开采矿山规模最大的爆破，为我国从爆破大国走向爆破强国增加了新成果、新业绩。

（2）塔罗金矿地质条件恶劣，针对大裂缝、大裂隙实际情况，采用“封口、填缝、堵硐、隔断”等有效的整治技术措施，解决了大裂缝、多裂隙不良地质对爆破安全和爆破效果影响，确保爆破安全，爆破效果良好。

（3）塔罗金矿为四周和顶部五面临空的独立山头，根据业主要求，缓坡（排土场）侧多抛，陡坡开采区一侧少抛，靠村庄一侧不抛，对主爆区多面临空山体，采用立体布置法，上层布置三排条形药室，下层布置五排条形药室，下层端头靠近村庄布置一条垂直主药室辅助条形药室，采用一侧抛掷，一侧松动，端头弱松动的爆破方法，并综合利用抵抗线、爆破药包性质指数、能量分配三项控制性技术，实现了对抛掷方向、坍塌数量和堆积范围的控制，爆破获得圆满成功。

（4）本次爆破在塔吉克斯坦进行，受爆破器材供应限制，为了控制单响药量，在雷管段别不足条件下，采用电、非电联合复式起爆网路，既达到控制单响药量的目的，又确保了整个网路全部安全准爆。

（5）通过单响药量控制和爆破振动检测，爆破振动均控制在允许范围之内，对周围村庄没产生不良危害。

工程获奖情况介绍

“硐室爆破系列关键技术研究及国内外应用”项目获中国工程爆破协会科学技术进步奖特等奖（2012 年）。发表论文 1 篇。

复杂环境大区深孔台阶爆破技术

工程名称： 浙江大学舟山校区 213 t 炸药大区深孔爆破工程等三项案例
工程地点： 浙江省舟山市
完成单位： 大昌建设集团有限公司
完成时间： 2010 年 11 月 ~2016 年 2 月
项目主持人及参加人员： 管志强　张中雷　王林桂　陈亚建　冯新华　杨中树　王晓斌　赵清波　李辰发　陈　鹄　许垅清　李厚龙　葛　坤　余　舟　何勇芳　尹作良　焦　锋　周汉斌　程　龙　潘江华　李昌豹　管　文　李　治　李经镇　余斌杰　孙钰杰　侯建伟
撰 稿 人： 李厚龙　孙钰杰

1　复杂环境大区深孔台阶爆破工程特点

（1）爆破施工强度高、单次爆破方量大，可以加快工程施工进度，缩短爆破施工工期，为后续工程施工创造有利条件。

（2）将传统的“多次爆破多个循环”的作业方式改为“一次爆破单个循环”的作业方式，实现了石料的原地堆存，避免了不必要的石料倒运。

（3）单次起爆炮孔排数多、药量大、装药结构多样，须预装药作业，起爆网路复杂，一次爆破施工组织工作量大、技术要求高。

（4）爆破区域多处于城区或大型厂区，周边有居民集中区或重要设施需要保护，爆破有害效应控制要求高，爆破作业必须确保周边环境、设施的安全，要求采用高精度、高可靠性的爆破器材。

（5）施工产生的噪声、安全警戒等会不可避免地扰民，而周边居民对爆破作业的不熟悉及生活质量要求提高，维权意识不断加强，“民扰”问题日益突出。复杂环境大区深孔爆破加大了单次爆破规模、减少了爆破次数，可以减少“扰民”与“民扰”的矛盾，有利于工程的顺利推进。

（6）爆区周边人员、车辆众多，安全警戒需社区及公安、交警、城管等众多部门配合实施，爆破安全警戒工作量大，施工协调难度大。复杂环境大区深孔爆破减少了爆破次数，爆破安全警戒工作量相应减少，有效节省了社会公共资源。

2 爆破设计

2.1 爆破器材的选择

（1）炸药应具备性能稳定且安全环保、爆炸性能好及抗水性强等优点，一般选择2号岩石乳化炸药即能满足施工要求。

（2）起爆器材应选择高精度、高可靠性的雷管或其他起爆器材。为避免重段、跳段，便于最大单段药量的控制，确保爆破效果，在此前的工程案例中均采用高精度导爆管雷管。采用数码电子雷管时，应合理的设计确定雷管的延期时间。

2.2 爆破参数的设计

（1）孔径。复杂环境深孔爆破孔径选择主要取决于钻机类型、台阶高度和岩石性质，一般选择较小炮孔直径，如90 mm、105 mm、115 mm等。

（2）孔深与超深。综合考虑工程的实际情况及工程质量要求，超深1.0~2.0 m。

（3）底盘抵抗线。在保证爆区正向各保护对象安全的前提下，为了改善后排炮孔的自由面条件，宜适当减小底盘抵抗线，取2.5~3.5 m。

（4）布孔方式与孔排距。考虑钻孔施工和起爆网路连接便捷，现场验收、检查方便，一般采用正方形布孔方式。孔网参数为3.6 m×3.6 m、3.8 m×3.8 m、4 m×4 m。

需要特别注意的是，大区深孔台阶爆破炮孔排数多，为减小后排炮孔的夹制作用，防止爆堆内部出现爆而不松，装碴困难的问题，每隔4~5排布置1排加密炮孔，加大对前排爆堆的抛掷力度。

（5）装药结构。一般为连续装药，临近保护对象实施爆破作业时，应适当减小单段药量，可采用分段装药结构。

（6）填塞长度。应注重填塞长度和质量，复杂环境深孔爆破填塞长度不小于底盘抵抗线与装药顶部抵抗线平均值的1.2倍。

（7）炸药单耗。应适当加大炸药单耗，根据历次工程实践，普氏系数$f=8\sim12$的岩石，单耗取0.45~0.6 kg/m^3，爆破效果较为理想。

2.3 爆破网路设计

因为周边环境的复杂性，一般采用逐孔起爆技术，必要时可孔内分段装药、分段起爆，确保周边环境安全。

（1）延时时间选取。采用高精度导爆管雷管时，孔内延时时间400~600 ms；

孔间地表延时时间 25 ms（孔内分段 9 ms）；排间 65 ms。采用数码电子雷管时，可以参考上述延时时间确定。

（2）开口位置选择。应选取临空面好，自由面规整，尽可能避开重要建（构）筑物，便于网路设计与敷设的区域为开口位置。条件允许时尽量中间开口，减少爆破延时时间。

（3）网路可靠性措施。采用导爆管雷管起爆网路时，由于爆区规模大，单排炮孔多的起爆网路，每隔 15~20 个主炮孔应采用排间搭接网路（搭桥），形成复式交叉捆联搭接网路，以提高网路的可靠性。采用数码电子雷管起爆网路时，由于可以进行网路检测，取消了孔外延时雷管，起爆网路不受飞石等爆破有害效应的影响，通过精心施工及网路检查可以确保起爆网路的可靠性。

2.4　安全防护设计

在控制标准内进行爆破参数的设计与施工，并采取相应安全防护措施，可以进一步保证施工安全。

2.4.1　爆破振动控制

爆破施工单位应根据爆区周边环境情况，制定合理的爆破振动控制措施。控制过程包括摸清爆区周边保护对象→确定合理的振动标准→控制最大单段药量（典型炮孔安全校核）→采取有效的减振措施→爆破振动安全监测及分析。

2.4.2　个别飞散物的安全防护

对于个别飞散物防护主要分为主动防护和被动防护。通过详细的资料分析和现场勘查、完善的爆破设计方案以及精细化的施工组织和管理实现主动防护；通过覆盖防护、近体防护及重点对象的保护性防护等措施来实现被动防护。

2.4.3　爆破有害效应监测

根据《爆破安全规程》（GB 6722—2014）的规定：D 级以上爆破工程以及可能引起纠纷的爆破工程，均应进行爆破有害效应监测。

复杂环境大区深孔毫秒延时爆破一般为 A 级爆破，应重视对各种爆破有害效应的控制和监测，便于对爆破效果的评估及在产生纠纷时提供证据。

3　施工组织

复杂环境大区深孔爆破，施工周期短、施工强度高、协调工作量大、施工组织复杂，需要投入大量的人力及精力做到施工组织完整详细且符合实际情况。

施工流程：建立完善的组织指挥体系→爆破审批手续的办理→根据爆破设计及爆区情况订购民爆器材→爆区预处理→爆区清表（平台整理）→布孔、钻孔→爆前准备→装药警戒→装药、填塞→网路连接及检查→爆破警戒（人员清场、交通管制)→爆破指挥部与起爆站→爆破有害效应监测→爆后检查→解除警戒。

3.1 爆区预处理

大区深孔爆破为了便于设计施工，取得良好的爆破效果一般都需要对爆区进行预处理。预处理通常采用机械开挖或者采用小规模爆破的方式。常见的预处理措施主要有以下三个方面：

（1）在爆区形状不规则的部位进行切割，形成规整爆区形状。

（2）爆区前方坡底线进行底根清理或开挖沟槽，为炮孔底部创造补偿空间。

（3）清理临空面上的浮石或松散岩体，便于确定炮孔的实际抵抗线。

3.2 预装药及网路连接

预装药及网路连接作业应严格按设计要求进行，确实需要调整的应由相应级别的技术人员根据实际需要进行调整，并在有关设计资料中注明：

（1）乳化炸药装入炮孔内以后，贮存条件发生变化，预装药时间不宜超过7天。

（2）大区深孔台阶爆破钻孔时间长，炮孔内大多存有大量积水，需要采用高风压吹水处理。一般可以按1台钻机配2~3个装药组每天装10 t炸药的原则配备。

（3）应特别注意填塞材料的准备，以免影响装药进度及填塞质量。

（4）连线应该按照起爆网路设计，从临空面第一排向后逐排连接，每排应由最后响的那个孔后退逐孔连接，应特别注意雷管段别，防止漏连、错连。

3.3 预装药安保

装药及连线期间对爆破作业现场实施24 h安全保卫工作，装药前需沿爆区外围实施封闭，有条件的可以采用现有墙体设施等，也可以临时搭设竹排架。

安保人员应分为保卫组和巡查组两组。保卫组负责爆区入口、爆区周围各警戒岗哨的驻点把守，巡查组负责爆区周边的巡逻检查。也可以安装视频监控对整个施工区域进行安全监控，确保装药连线期间，没有无关人员进入爆区，特别注意防止狗、猫等动物进入爆区破坏网路。

3.4 民爆器材的管理

为了做好现场民爆器材的管理，主要采取以下措施：

（1）提前与民爆器材配送单位沟通协调，制订民爆器材供应计划，确保民爆器材满足需求的同时，避免现场大量集中存放。

（2）做好施工现场的封闭及安保，无关人员禁止入内。

（3）制定民爆器材安全管理规定，现场临时存放的民爆器材由保管员和安全员管理并登记造册，明确每个装药组的起爆器材领用、保管人员，无关人员不得接触民爆器材。

（4）安排专人捡拾炸药包装袋，注意检查包装内是否有遗留炸药及残药，炸药包装袋要集中存放，统一妥善处理。

4　工程实例

复杂环境大区深孔台阶爆破分别在万向石油储运舟山基地油罐区山体爆破工程、浙江海洋学院新校区山体爆破工程、浙江大学舟山校区大区深孔爆破工程三个项目应用，现以浙江大学舟山校区 213 t 炸药大区深孔爆破工程为例。

4.1　工程概况

该工程位于舟山市新城惠民桥牛头山地块，地处城区，周边环境复杂。前期因居民拆迁、政策处理等原因，工程进展缓慢最后被迫停工，无法按期完工。为加快施工进度按时交付建设用地，同时解决常规爆破警戒次数过多，警戒难度大的问题，决定采用复杂环境大区深孔爆破技术一次爆破全部剩余山体。

剩余山体爆破开挖面积约 3.3 万平方米，一次爆破方量约 42 万立方米。实际施工工期 2 个月，其中装药 4.5 天，网路连接及起爆 2 天。共布置主炮孔 47 排，加密孔 8 排，总炮孔数 2389 个，总钻孔米数 36979 m。炸药实际消耗量 213.096 t，使用高精度导爆管雷管 9507 发。共分 2439 段，总延时时间 4687 ms。

本工程地处城区，爆区周边环境十分复杂，爆区东南侧距沧海新村居民小区最近为 180 m，在 15～100 m 范围零星分布着未达成拆迁协议的原惠民桥村村民房屋、祠堂等。爆区南侧距海天大道最近为 60 m（预处理后），距离中石油加油站 137 m（预处理后），海天大道是连接临城新区和定海城区的主要通道之一，车流量大。爆区西侧为三大线及浙江大学舟山校区，距三大线最近为 124 m，距浙江大学舟山校区大楼最近为 204 m。爆区西北侧距舟山海洋教育投资有限公司最近为 130 m，距惠民桥 110 kV 变电站最近为 80 m（预处理后），该变电站担负舟山市行政中心、舟山医院及舟山中学等一级用户的供电任务，是本工程重要的保护对象。爆区北侧距高压线铁塔（110 kV）最近为 70 m。

周边环境如图 1 所示。

4.2　工程特点及难点

（1）爆区周边环境十分复杂，位于爆区北侧的惠民桥 110 kV 变电站及高压线对爆破振动控制提出很高的要求。

图 1　周边环境平面图

（2）一次爆破规模特别大，本次爆破山体方量约 42 万立方米，一次爆破药量 213 t，总炮孔数 2389 个，刷新了浙江海洋学院新校区山体爆破工程所创造的在爆破规模、分段数量方面的全国同类工程纪录。

（3）爆破施工正值连续近两个月的阴雨天气，孔内几乎满水，吹水工作量大大增加。预装药时间长要求炸药及起爆器材具有较高的稳定性及抗水性，装药爆破工期不宜超过 7 天。

（4）爆区由于最初炮孔是按 7 次爆破规划，7 个爆区相接的位置不规则，且山体前后高差大，1 次爆破的网路设计及敷设搭桥工作复杂。

（5）爆区南侧的海天大道是连接新城与定海城区之间的主干道，爆区北侧的变电站为重要设施，因此本次爆破需要政府、公安、交警、电力等多个部门联动，协调工作比较复杂。

（6）装药工作一旦开始必须连续进行，因此必须提前考虑气候因素，避开极端天气，选好装药作业的时间窗口。

4.3　爆破参数设计

考虑到前排炮孔与变电站距离太近，为了控制单段药量，采用小孔径密集炮孔（ϕ102 mm、ϕ105 mm）。为了保证后排的爆破效果，适当增加单孔装药量，后排采用较大孔径炮孔（ϕ115 mm）。为了解决第 1 排部分炮孔底盘抵抗线过大的问题，前排布置部分倾斜炮孔（倾角 80°~90°），其他均为垂直炮孔。每间隔 4 排布置 1 排加密炮孔，即在 2 排主爆孔中间增加 1 排炮孔。

爆破参数汇总见表 1。

表 1　爆破参数汇总

爆破参数	单位	量值
台阶高度 H	m	平均值 17
钻孔直径 D	mm	102、105、115
钻孔倾角 α	(°)	80~90
超深 h	m	1.0
孔深 L	m	7.8~25.7
底盘抵抗线 W	m	4.0
孔网参数（$a\times b$）	m×m	4×4
加密排排距	m	2
设计炸药单耗 q	kg/m^3	0.4~0.5（实际单耗 0.53）
单孔装药量 Q	kg	64~197
填塞长度 L_2	m	4.5~8

4.4　爆破网路设计

开口位置位于爆区中间，采用 V 形顺序起爆。孔内根据孔深及装药结构装 1~3 发 400 ms 高精度导爆管雷管；孔间采用 25 ms 地表延期雷管，开口处左侧每排第一个炮孔采用 17 ms 地表延期雷管，复式起爆网路；排间采用 65 ms 地表延期雷管。

对于分段装药的炮孔，在上部雷管串接 2 发 9 ms 雷管错段。

在爆区开口位置南侧 1/3、2/3 处及北侧中部分别进行排间搭桥。

爆破网路图如图 2 所示。

4.5　爆破安全防护

本工程需要重点校核与控制的爆破有害效应是爆破振动和爆破个别飞散物。

对于爆破个别飞散物主要采取主动防护控制措施，包括控制最大单段药量及前排最小抵抗线，确保填塞长度及填塞质量等。

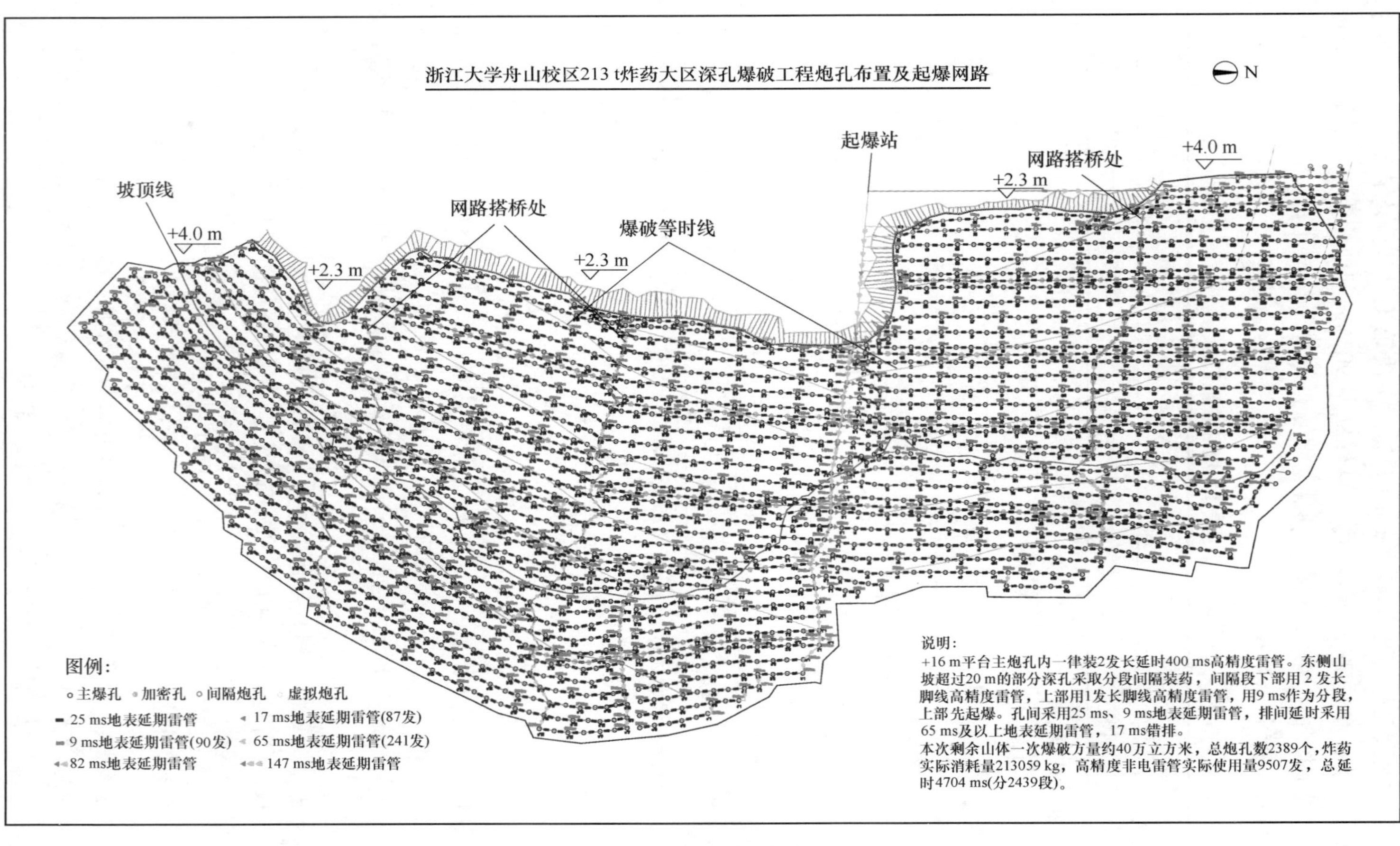

浙江大学舟山校区213 t炸药大区深孔爆破工程炮孔布置及起爆网路
N
起爆站
网路搭桥处
+4.0 m
+2.3 m
坡顶线
+4.0 m
网路搭桥处
+2.3 m
爆破等时线
+2.3 m
图例:
主爆孔 加密孔 间隔炮孔 虚拟炮孔
25 ms地表延期雷管
17 ms地表延期雷管(87发)
9 ms地表延期雷管(90发)
65 ms地表延期雷管(241发)
82 ms地表延期雷管
147 ms地表延期雷管
说明:
+16 m平台主炮孔内一律装2发长延时400 ms高精度雷管。东侧山坡超过20 m的部分深孔采取分段间隔装药，间隔段下部用2发长脚线高精度雷管，上部用1发长脚线高精度雷管，用9 ms作为分段，上部先起爆。孔间采用25 ms、9 ms地表延期雷管，排间延时采用65 ms及以上地表延期雷管，17 ms错排。
本次剩余山体一次爆破方量约40万立方米，总炮孔数2389个，炸药实际消耗量213059 kg，高精度非电雷管实际使用量9507发，总延时4704 ms(分2439段)。

图 2　爆破网路

由于110 kV变电站距离爆区最近，对爆破振动控制要求更高，因此对于110 kV变电站采取了如下爆破振动控制与安全防护措施：

（1）在前期爆破作业中，进行了多次爆破振动测试，测得最大爆破振动达到2.6 cm/s，变电站未出现任何异常情况。经过评估，本次爆破变电站的爆破振动强度不会超过该最大值。

（2）从减振和控制飞石两方面考虑，在起爆网路设计时调整开口位置，使变电站位于爆破最小抵抗线侧向。

（3）在靠近变电站100 m范围内采用ϕ102 mm、ϕ105 mm的炮孔，严格控制单孔药量。

（4）通过爆前预处理，将靠近变电站附近炮孔的抵抗线适当减小，便于爆炸能量的释放，减小爆破地震波的强度。

（5）与有关电力部门协调制定应急预案，确认变电站内安全防护装置的可靠性，在爆破前调整有关设备的负荷并安排人员现场值守，一旦发生跳闸，立即采取措施恢复供电，减少损失。

4.6　爆破预处理

为了保证爆破效果，使爆区形状更加规整，对爆区共进行了4次预处理，如图3所示：

（1）在爆区南部尖部如图3中预处理1所示，预先进行了一次小规模爆破。拉开了主爆区与加油站及海天大道的距离，使南侧爆区长度减小，形状规则，便于网路设计与施工。

（2）在爆区北部前端延伸处如图3中预处理2所示，布置小规模爆破并清

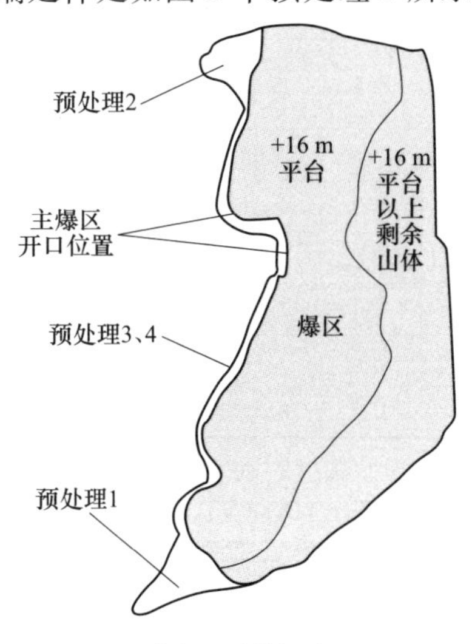

图3　预处理

碴，减少北部总排数，改善了后排爆区的自由面条件，有利于爆破能量的快速释放，控制爆破振动强度。

（3）为了解决主爆区前部平台标高高于主爆区底部标高的问题，在主爆区前部坡底采用浅孔爆破拉槽如图 3 中预处理 3 所示，为炮孔底部创造补偿空间，防止底部岩体爆而不松或最终场地爬坡。

（4）爆区前方自由面上采用液压破碎锤清除浮石及削坡处理如图 3 中预处理 4 所示，改善自由面条件。

4.7　监测成果与爆破效果

4.7.1　监测成果

本次爆破业主聘请了有资质第三方进行了爆破有害效应监测，爆区周边布置振动监测点 10 个、空气冲击波监测点 5 个和粉尘监测点 2 个，监测结果见表 2~表 4。

表 2　爆破振动监测成果

测点编号	测点位置	距爆区边界距离/m	水平径向		竖直向		水平切向	
			峰值速度 $/cm\cdot s^{-1}$	峰值频率/Hz	峰值速度 $/cm\cdot s^{-1}$	峰值频率/Hz	峰值速度 $/cm\cdot s^{-1}$	峰值频率/Hz
1 号	惠民桥变电站	90	2.22	25	2.43	51	1.33	27
2 号	惠民桥变电站	140	0.98	15	0.91	24	0.85	16
3 号	浙江大学舟山校区国际交流中心	280	0.18	16	0.28	28	0.10	15
4 号	浙江大学舟山校区国际交流中心	314	0.10	13	0.20	19	0.10	17
5 号	指挥部办公楼	175	0.93	14	0.78	19	1.74	61
6 号	指挥部门厅	160	2.31	18	1.64	34	1.18	12
7 号	废弃民房	69	2.38	14	5.63	38	2.20	47
8 号	沧海新村	180	1.35	17	1.84	49	1.10	20
9 号	35 kV 高压线塔	80	1.13	17	1.22	15	1.11	16
10 号	110 kV 高压线塔	100	1.47	24	0.94	34	1.17	31

表 3　空气冲击波监测成果

测点编号	1	2	3	4	5
冲击波峰压值/Pa	94.9	98.6	27.7	77.5	36

表 4　爆破粉尘浓度监测成果

测点	距离/m	爆破前 30 min 粉尘浓度/mg · m^{-3}	爆破后 15 min 粉尘浓度/mg · m^{-3}	爆破后 30 min 粉尘浓度/mg · m^{-3}	爆破后 45 min 粉尘浓度/mg · m^{-3}
F1	284	0. 274	0. 278	0. 227	0. 293
F2	335	0. 110	0. 259	0. 166	0. 260

作为重点保护对象的惠民桥 110 kV 变电站附近布置的 1 号振动监测点波形如图 4 所示。

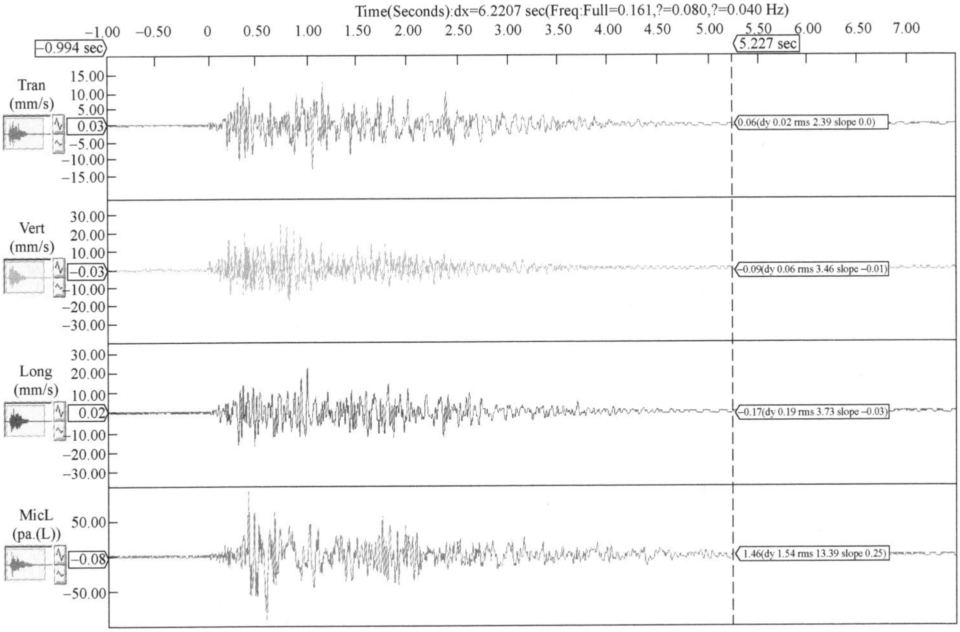

图 4　1 号监测点爆破振动波形

根据检测结果及现场实际情况分析，本次爆破各种类型的爆破有害效应都控制在了设计安全允许范围内：

（1）沧海新村、浙江大学舟山校区、高压线铁塔等建筑物爆破振动速度均控制在《爆破安全规程》（GB 6722—2014）规定的安全允许振速以内。

（2）爆破后，110 kV 输电设备正常运行，无设备损坏。

（3）惠民桥变电站处测得爆破空气冲击波峰压最大值为 98. 6 Pa，远低于《爆破安全规程》（GB 6722—2014）规定的人员和建筑物的安全允许值 2 kPa。

（4）爆破前后粉尘浓度变化不大，粉尘控制良好，对周围环境基本无影响。

（5）离爆区最近的 7 号监测点废弃房屋测得最大振速达 5. 63 cm/s，经检查，房屋无丝毫损坏痕迹，对于类似工程的振动控制可以作为参考。

4.7.2 爆破效果

通过对爆破后现场检查、视频资料以及挖装过程中的爆堆粒径分析，所有炮孔安全准爆无盲炮，基本无冲孔现象，爆区正向爆碴往前抛掷不超过 30 m，爆堆规整。

经爆后检查，惠民桥 110 kV 变电站正常运行，爆区周边保护对象均安然无恙；爆堆清理完毕测量结果显示，场地平整无根底，达到了质量要求，如图 5 所示。

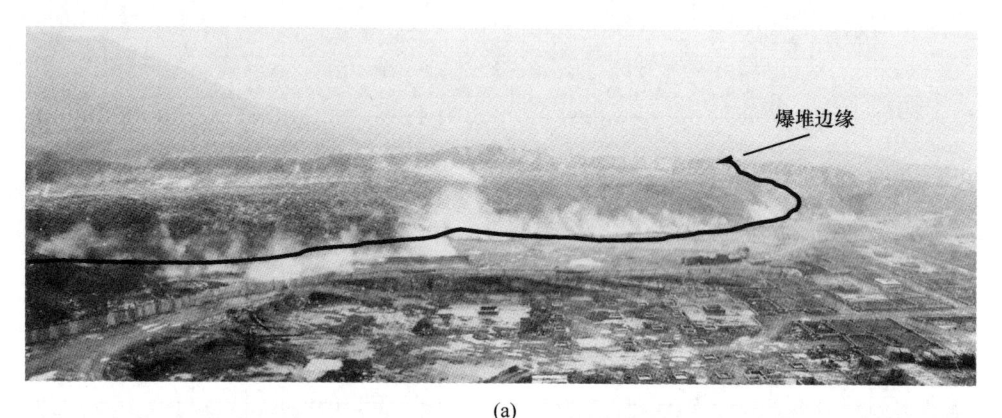

(a)

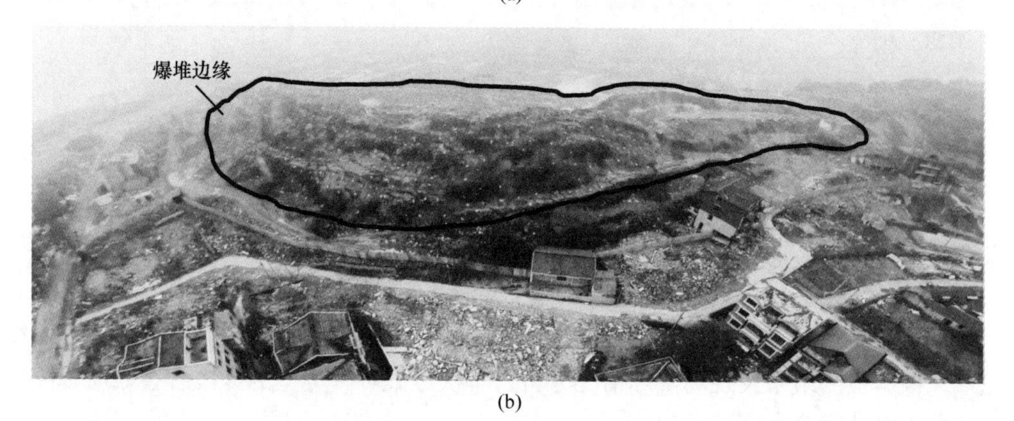

(b)

图 5 爆破效果

（a）爆区正向起爆瞬间；（b）爆区后向起爆瞬间

5 心得与体会

（1）复杂环境大区深孔爆破提高了单次爆破规模，减少了爆破次数，特别适用于爆破安全警戒难度大，民扰问题突出的城区土石方爆破工程。

（2）通过实施复杂环境大区深孔爆破，实现爆碴原地堆存，减少了二次倒运，短时间内高强度施工，有利于集中优势人才、设备，减少闲置，提高劳动力、机械设备的使用效率。

（3）应特别重视爆前的施工准备及爆破作业时的现场组织管理及安全保卫，防止出现民爆物品的流失。

（4）复杂环境大区露天深孔台阶爆破技术，虽然增加了爆破直接成本，但大大缩短了施工工期，在进行方案选择时必须综合考虑安全、经济、技术以及社会等多方面效益。

（5）通过科学设计、精心施工、严格管理可以确保复杂环境大区深孔爆破的顺利实施，取得良好的经济、社会效益。

（6）在施工过程中及爆破时，采用全封闭视频监控、无人机航拍，对于爆破作业期间的安全保卫及爆破效果后评估具有积极意义。

工程获奖情况介绍

“复杂环境大区台阶精确延时爆破技术及地震效应研究”项目获中国工程爆破协会科学技术进步奖一等奖（2012年）；“城区复杂环境213 t炸药大区深孔爆破技术”项目获第233场中国工程科技论坛——爆破新理论、新技术与创新成果暨第十一届中国爆破行业学术会议论文一等奖（2016年）；“复杂环境大区深孔台阶爆破技术”获浙江省第二届工程爆破论坛优秀论文一等奖（浙江省爆破行业协会，2019年）。获得发明专利1项、发表论文3篇。

杭州西湖核心景区边坡开挖精细控制爆破

工程名称： 北山路84号国宾接待中心项目石方爆破工程
工程地点： 杭州市西湖区北山路北侧（北山路84号大院内）
完成单位： 浙江省隧道工程集团有限公司
完成时间： 2015年9月6日~10月24日
项目主持人及参加人员： 项　斌　康三月　陈艳春　彭　宇　叶新建　郭红里　毛陈军　赵敏杰
撰 稿 人： 陈艳春　郭红里　魏晓彦

0 引　　言

复杂城市环境下岩石边坡爆破问题越来越成为阻碍城市发展建设的障碍，其难点不仅在于难以确保控制爆破的施工效果，更主要的是在爆破施工过程中不使爆破振动、飞石、滚石等爆破有害效应威胁市民的生命安全，保护附近民用建筑的结构安全不受损害。

本文在工程实践和相关研究工作的基础上，根据本项目具体工程问题，针对岩质边坡的不同爆破开挖深度，提出了弱松动控制爆破、城镇浅孔爆破相结合的设计方案，方案的核心不仅在于确保爆破的施工质量和效率，更能最大程度地削弱爆破有害效应的影响，降低对周边复杂城市环境造成危害。

1 工 程 概 况

1.1 爆区周边环境

本工程位于杭州市西湖5A级景区内，爆破周边环境及安全控制要求见表1。

表1　爆破周边环境及安全控制要求

保护对象	性质	离爆区中心距离/m	离爆点最近距离/m	安全要求
保俶塔	古塔，砖结构，国家重点文物保护单位	614	569	按国家一级文物控制
抱朴寺	古建筑	194	152	按土坯房、毛石房屋控制

续表 1

保护对象	性质	离爆区中心距离/m	离爆点最近距离/m	安全要求
玛瑙寺	古建筑	130	94	一般古建筑与古迹
新新饭店	古建筑，公共场所	188	146	控制振动，飞石，噪声。按一般民用建筑物控制
秋水山庄	市级文物	188	153	按市级文物控制
葛岭	古道	150	105	控制飞石，噪声
北山路	公共道路	200	155	控制飞石，噪声
西湖	公共场所	267	222	控制飞石，噪声
香格里拉	宾馆	132	99	控制飞石，噪声。按工业和商业建筑物控制
岳王庙	古建筑，国家重点文物保护单位	540	484	控制振动，飞石。按国家一级文物控制
山上游步道	公共场所	150	120	控制飞石，噪声

1.2　工程规模和主要技术经济指标

爆破工程量：房屋的平基爆破：5 万多立方米，最高开挖高度 23 m；建筑物地下室及基槽爆破：约 2 万立方米；20 多个不同标高基坑；边坡光面爆破：3000 m^2。

设计开挖基坑底标高为+16.7 m，在+29.6 m 处设置有一台阶，台阶宽度为 2.0 m。边坡分别为 1：0.3 和 1：0.15。

1.3　工程地质情况

根据本工程勘探报告显示，场地区域地质构造隶属华东平原沉积区中的长江三角洲徐缓沉降区，新构造运动不明显，地震活动微弱，无活动断裂穿越，区域稳定性较好。

根据本工程勘探报告，需爆破区域为凝灰岩，石质坚硬。

2　工程特点及设计原则

2.1　工程特点

本工程位于西湖 5A 级景区内，爆破区附近分布大量名胜古迹，建筑物林立，工程周边环境复杂。施工期又正值风景区旅游高峰期，人员密集且人流量大。为了保证爆破不损伤景区环境、建（构）筑物及不威胁游客的生命财产安全，本爆破工程难点在于爆破方量集中，基坑开挖深度不等，工期短、交叉作业多、投入的设备、人员较多，因此需采用浅孔爆破。

2.2 设计原则

工程位于国家5A级景区核心部位，安全要求高，爆破方案按“最小飞石的目标、多打孔、少装药、弱松动”的原则设计。

（1）采用弱松动城市控制爆破结合机械二次破碎的总体方案，控制爆破振动，不对周边建（构）筑物结构造成损伤等影响。

（2）利用现有低洼处并辅以机械开挖，自由面及最小抵抗线方向指向西面，有利于爆破飞石的控制。

3 钻爆设计

3.1 爆破方案

根据边坡设计要求，本工程采用+29.6 m，+23.0 m两个平台，其中+23.0 m作为临时平台，平台设置如图1所示。爆破分三个步骤，每步的开挖深度控制在10 m以内。根据药量控制，浅孔采用3孔齐爆，深孔逐孔起爆：

（1）对一次开挖深度在4 m以上的深孔爆破区域，采用弱松动城市控制爆破。若宕碴粒径较大，则应进行机械二次破碎，以满足石碴装车运输的要求；复杂环境深孔爆破单次总起爆药量不超过500 kg，单响药量不超过30.78 kg。

（2）对一次开挖深度在1~4 m的浅孔爆破区域，采用城镇浅孔爆破参考同类工程单次总起爆药量不超过200 kg，单响药量不超过10 kg。

（3）为降低振动损害，保证边坡稳定，边坡采用预裂爆破。

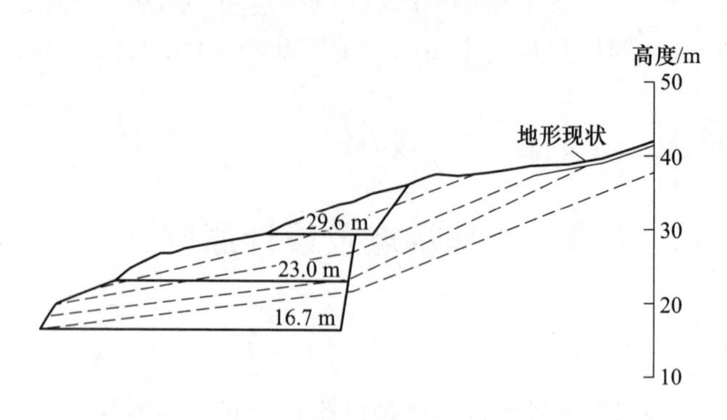

图1　台阶设置

考虑到一般砖房、非抗震的大砌块建筑物较多，爆破振动速率应控制在2 cm/s以内；预裂爆破的半孔痕迹率在85%以上。

3.2　弱松动控制爆破设计

对于台阶高度$H=4\sim10$ m的爆破区域，采用弱松动控制爆破。爆破参数的设计应严格遵循设计原则，针对工程特点，结合相应的理论计算、同类工程类比以及现场爆破试验，在满足爆破效果的前提下，提高控制爆破的施工效果和效率。

3.2.1　爆破参数设计

3.2.1.1　炮孔参数设计

根据现场实际情况，并经过在爆破现场进行多次试爆，弱松动控制爆破采用表2所示的设计参数。设置超钻深度来降低装药中心位置以避免留根底，超深值$h=(0.15\sim0.35)W_d$，本工程暂取0.8 m；对于垂直孔，孔深$L=H+h$；弱松动爆破设计炮孔直径$D=90$ mm；根据规定及工程类比，最小抵抗线$W=(30\sim35)D$；炮孔间距$a=(0.8\sim1.5)W$；炮孔排距$b=(0.8\sim1.0)a$，孔深小于4 m时，根据多打眼，少装药的原则，炮孔排距取值为2.5 m。

表2　弱松动定向控制爆破参数设计

台阶高度 H/m	孔深 L/m	孔距 a/m	排距 b/m	最小抵抗线 W/m	底盘抵抗线 W_d/m	超深 h/m	堵塞长度 ΔL/m
4	4.8	2.5	2.0	2.5	2.0	0.8	3.0
5	5.8	2.5	2.0	2.5	2.0	0.8	3.0
6	6.8	3.0	2.5	3.0	2.5	0.8	3.0
7	7.8	3.0	2.5	3.0	2.5	0.8	3.0
8	8.8	3.0	2.5	3.0	2.5	0.8	3.0
9	9.8	3.0	2.5	3.0	2.5	0.8	3.0
10	10.8	3.0	2.5	3.0	2.5	0.8	3.0

3.2.1.2　炸药单耗

前排钻孔装药量按式（1）计算：

$$Q_1 = W \cdot H \cdot q \cdot a \tag{1}$$

式中　W——最小抵抗线，m；

H——爆破作业台阶高度，m；

q——单位炸药消耗量，kg/m³（参考同类工程，本工程取0.30 kg/m³，施工时，可根据岩性及试爆情况进行调整）；

a——孔距，m。

后排钻孔装药量按式（2）计算：

$$Q_2 = H \cdot q \cdot a \cdot b \tag{2}$$

式中 b——排距，m；

H、a、q 意义同上。

经计算和优化，弱松动定向控制爆破单孔装药量见表3。

表3 弱松动爆破单孔装药量

炮孔深度 L/m	4	5	6	7	8	9	10
单耗 q/kg · m^{-3}	0.38	0.38	0.38	0.38	0.38	0.38	0.38
前排单孔药量 Q_1/kg	11.4	13.78	23.26	26.68	30.10	33.52	36.94
后排单孔药量 Q_2/kg	9.12	11.02	19.38	22.23	25.08	27.93	30.78

3.2.1.3 装药结构

根据爆破施工区的岩石性质、结构面及炸药与岩石波阻抗的匹配情况，以及宕碴及石料的粒径要求，弱松动控制爆破装药结构采用连续装药（图2（a））和非连续装药（图2（b））。本工程根据不同炮孔的孔深及设计装药量，分别采取不同的装药方式，当孔深小于8 m时，炮孔采用连续装药；当孔深大于8 m时，炮孔采用非连续装药，空气间隔与药包长度的比值 $l_{空}/l_{药}$ 应控制在0.14~0.17。每个炮孔内分别设置两个非电导爆管雷管，分别置于炮孔底部和中上部的装药段内。堵塞长度 $\Delta L=1.2W$，据本工程地形条件和孔深，90 mm孔径炮孔堵塞长度不少于3.0 m。

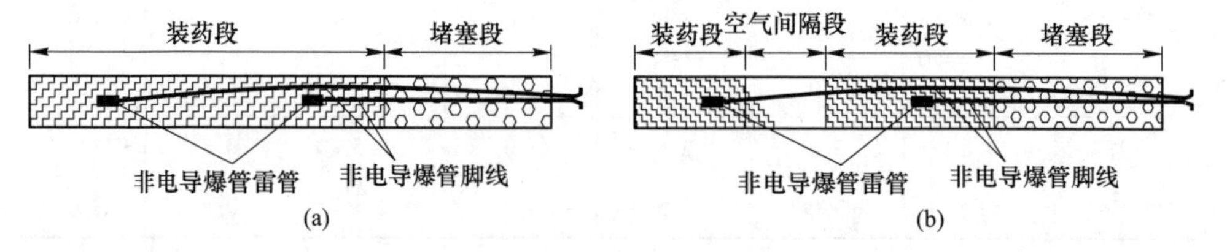

图2 弱松动爆破装药结构

（a）连续装药；（b）非连续装药

3.2.2 炮孔布置及起爆网路

为使炸药均匀地分布于岩体中，控制爆破后宕碴和石料的粒径要求，降低炸药单耗，弱松动控制爆破采用孔外延期和孔内高段位（MS-11段雷管）、孔外低段位（MS-2段雷管）的组合方式。弱松动控制爆破炮孔布置如图3所示。

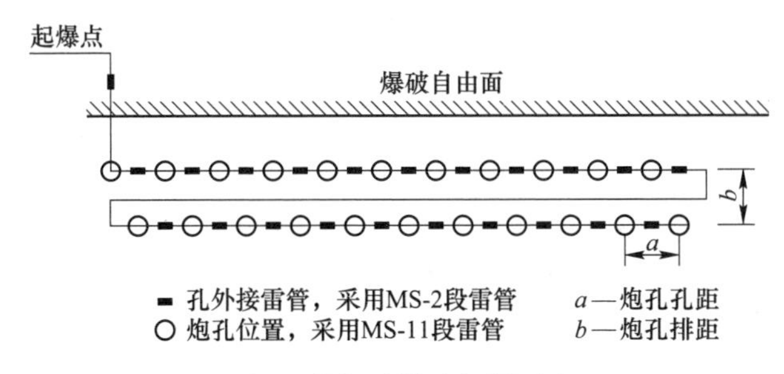

图 3　弱松动爆破起爆网路

3.3　城镇浅孔爆破设计

3.3.1　爆破参数设计

3.3.1.1　炮孔参数设计

对一次开挖台阶深度 $H=1\sim4$ m 的爆破区域，炮孔直径 D 选用 42 mm；最小抵抗线 $W=(25\sim30)D$；炮孔间距 $a=(1.0\sim1.2)W$；炮孔排距 $b=(0.8\sim1.2)a$。

3.3.1.2　单孔装药量

炸药单耗 q 根据工程实际，结合同类工程并根据现场试爆后作适当调整确定；单孔药量根据式（3）确定：

$$Q=q\cdot a\cdot b\cdot l \tag{3}$$

式中　l——孔深，m；

　　其他符号意义同前。

3.3.1.3　装药及堵塞

装药结构采用连续型装药，结构如图 2（a）所示。堵塞长度 ΔL 应超过 1/3 孔深，或大于最小抵抗线。浅孔城市爆破参数设计值见表 4。

表 4　城镇浅孔爆破参数设计值

孔径 D/mm	孔深 l/m	最小抵抗线 W/m	炮孔间距 a/m	炮孔排距 b/m	堵塞长度 ΔL/m	炸药单耗 q/kg·m^{-3}	单孔药量 Q/kg
42	1	1.05	1.1	1	0.7	0.25	0.28
42	2	1.12	1.15	1.1	1.2	0.25	0.63
42	3	1.19	1.2	1.15	1.2	0.2	0.83
42	4	1.26	1.26	1.2	1.4	0.2	1.21

3.3.2　炮孔布置及起爆网路

根据现场实际情况，起爆网路采用孔内延时分段起爆网路。在炮孔内放置不同段别（MS-1～MS-5 段）非电导爆管雷管，通过逐孔起爆实现延时爆破，改善破碎质量。炮孔布置采用梅花形或矩形布孔，采用四通连接件转接导爆管。起爆网路示意图如图 4 所示。

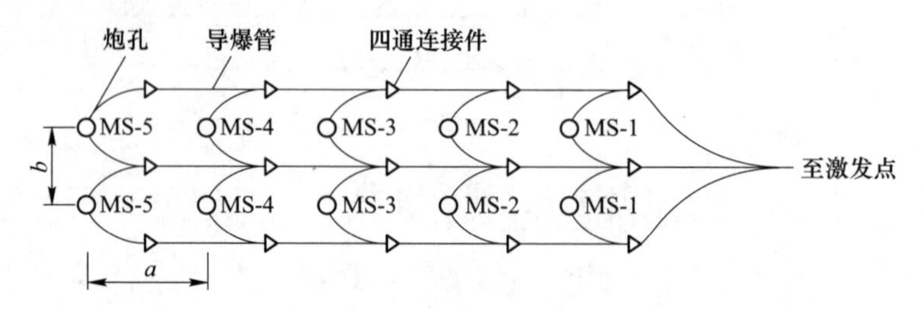

图 4 浅孔城市爆破起爆网路布置

3.4 预裂爆破设计

根据工程特点进行爆破参数设计，本工程边坡处采用预裂爆破，用以降低炮孔产生的爆破应力波和爆轰高压气体对边坡岩体的破坏，保证边坡稳定性。

3.4.1 炮孔参数设计

选择钻孔直径 $D=90$ mm；孔距 $a=(8\sim12)d$，故孔距应为 0.608~0.912 m，本工程取 0.8 m。

3.4.2 单孔装药量设计

结合多次实验爆破，针对几个最主要影响因素，炮孔的线装药密度可根据经验式（4）得出：

$$Q_{线} = 0.036\,[\sigma_{压}]^{0.63}a^{0.67} \tag{4}$$

式中 $\sigma_{压}$——岩体的极限抗压强度，MPa；

a——炮孔间距，mm。

根据本工程的岩石地质参数及设计原则，正常段装药线装药密度 $Q_{线}$取 300~350 g/m。

3.4.3 装药结构

本工程预裂爆破设计采用药卷直径为 32 mm 的 2 号岩石乳化炸药，装药结构采用沿药卷周边流环状间隙的不耦合装药，用竹片和导爆索间隔串联药卷。不耦合系数 M 根据式（5）计算，

$$M = D/d_c \tag{5}$$

式中 D——炮孔直径，mm；

d_c——装药直径，mm。

炮孔底部加强段的装药长度为 1~1.5 m，装药量为正常段 $Q_{线}$的 1~2 倍，本工程取 600~700 g/m；减弱段为堵塞段下 1~1.5 m，装药量是正常段 $Q_{线}$的 2/3，本工程取 200~230 g/m，装药结构示意图如图 5 所示。

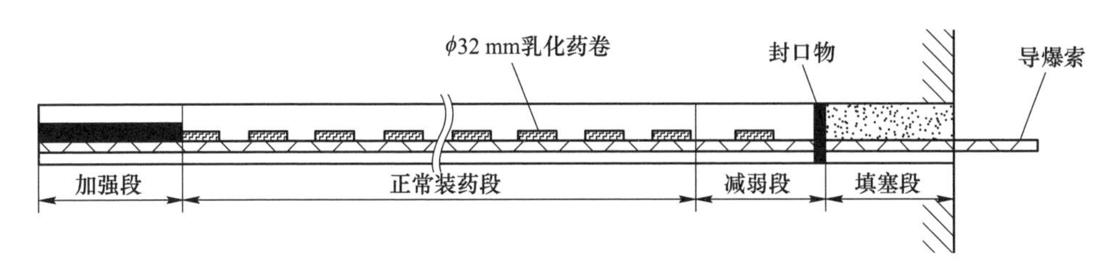

图 5　预裂爆破装药结构

3.5　本项目爆破设计特点

设计中应用的各经验公式，均是建立在大量的现场试验、同类工程实践以及数值分析拟合的基础上的。

（1）针对不同的爆破深度将爆破参数精确化，结合孔内外延时分段起爆手段，是本设计减小爆破振动效应的主要技术措施。

（2）为了有效控制和防护爆破飞石，采用了沙袋和炮被覆盖、加长堵塞长度及搭设排架等安全防护措施。

4　边坡的控制效果和减振监测成果

（1）本工程施工区域地处 5A 级风景名胜区，周边人员密集，施工环境复杂。本次设计采用以弱松动控制爆破为主，辅以城镇控制爆破和预裂爆破的方案，依据不同的爆破工程条件，选择合适爆破参数、起爆网路和装药结构，成功克服了上述难题。

（2）为了保护周边建（构）筑物结构和游客人身安全不受损害，本设计将爆破有害效应中的爆破振动和飞石作为首要考虑因素。通过控制爆破最大单响药量在 30.78 kg 以下，结合减震孔等有效措施（减震孔布置范围见图 6），爆破过程未损伤附近民房结构安全，同时也没有产生飞石等有害效应，满足设计要求。

5　经验与体会

（1）本项目采用了精准控制爆破技术，在世界文化遗产（杭州西湖）核心区，采用减震技术（双排减震沟）和综合防飞石技术（近距离采用覆盖防护技术，后采用隔空防护，远距离采用排架防护）大大降低了爆破振害，有效地控制了爆破个别飞石，受到了监理、业主等单位的好评。

（2）本工法以绿色、环保、人文理念，采用弱松动爆破，控制噪声污染，降低爆破粉尘和保护爆区周边生活、旅游环境，具有较好的环保效益。

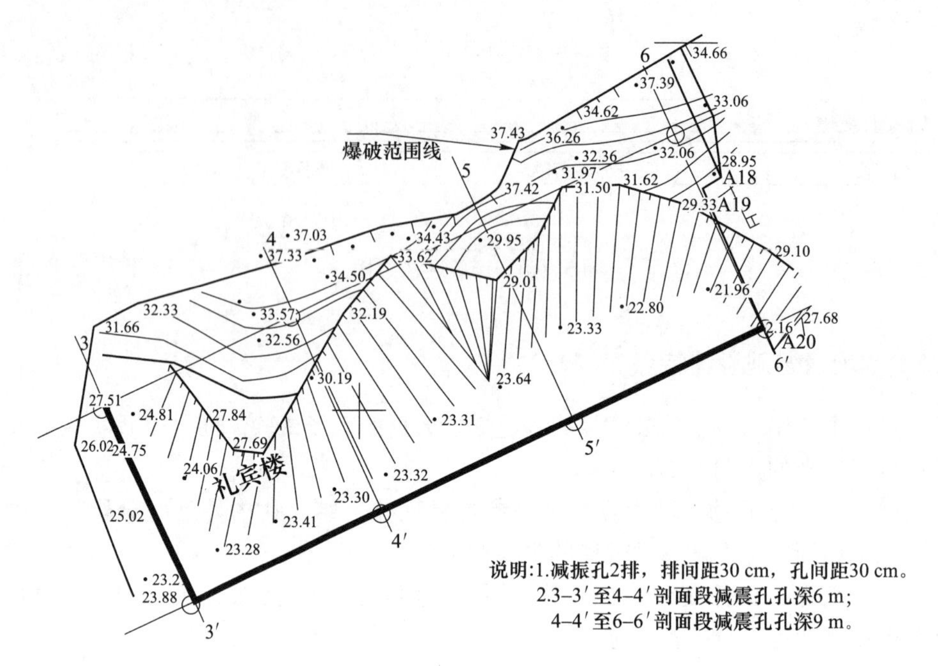

图 6 减震孔布置范围

工程获奖情况介绍

“杭州西湖核心景区基坑开挖精细控制爆破技术”项目获中国爆破行业协会科学技术进步奖二等奖（2016 年）；“复杂环境下弱松动定向精准控制爆破施工工法”获部级工法（中国爆破行业协会，2020 年）；“复杂环境下组合控制爆破的设计与应用”获浙江省第二届工程爆破论坛优秀论文三等奖（浙江省爆破行业协会，2019 年）。发表论文 2 篇。

复杂环境城镇土石方硐室爆破技术

工程名称： 淳安县程高山安居工程硐室爆破土石方工程
工程地点： 杭州市淳安县
完成单位： 浙江振冲岩土工程有限公司
完成时间： 1998 年 12 月~2001 年 1 月
项目主持人及参加人员： 薛培兴　史雅语　刘文泉　吴南屏　张小龙
撰 稿 人： 张小龙　周巧霞　张雪松

1 工 程 概 况

1.1 工程简介

程高山安居工程是国家计委等八部门［1998］1630 号文件批准建设，属国家立项的浙江省 1998 年第三批经济适用房建设项目，是淳安县的重点工程。程高山安居工程前期场平工程总占地面积约 22 万平方米，包括开挖区和填方区两部分。程高山土石方爆破工程即为其中的开挖区爆破工程。

程高山为一形似“火腿”的南北长、东西窄的山体，南北长 480 m，东西最宽处 280 m，最窄处 105 m，最高处黄海高程为 182.84 m，开挖到 110~115.7 m 高程，开挖标高处占地约 70000 m^2，开挖高度 70 m 左右，开挖土石方工程量达 225.9 万立方米，施工工期为 1 年。

1.2 地质条件

程高山山体岩石属火山凝灰熔岩，山体中部靠北有一条东西向断裂破碎带，将山体分为南、北两区，南区岩层从紫红色凝灰质含砾粉砂岩向上为英安质含砾晶屑凝灰岩夹凝灰熔岩、沉凝灰岩，层序明显，岩石成层性好；北区由于断裂发育，岩层被错动，破坏强烈，尤其是加油站西侧，岩石被挤压破碎，并伴有黄铁矿化、褐铁矿化，风化后成松散状。山体岩层总体上向西~北西倾斜，倾角较缓，20°~25°，局部仅为 10°~15°。节理裂隙以层理为主，层理发育是最明显的特征。山体大部分植被发育，满山遍布松树林，残坡积在山体上部广泛覆盖。

1.3 周边环境

程高山爆破周围环境相当复杂：山体北侧 42 m 为淳安—杭州主干道新安东路，路宽 30 m，路北是“教师之家”小区和青溪小区，有六栋七层商住楼，距离爆破区 72 m；西北方向离中巴车站 40 m；西侧距离温馨岛大酒店一排九层建筑 117 m，再往西山顶上建有蠡园酒店、作家楼等高层建筑，楼底标高约 173 m，与程高山的水平距离约 320 m；西南 220 m 外有城区广场（有湖面相隔）；南侧为湖区，720 m 宽，对面为城区建筑楼群；东侧为湖面，400 m 外有居民三层小楼。程高山爆破工程要求施工中不能影响施工区外城区居民的正常生活和生产。如图 1 所示。

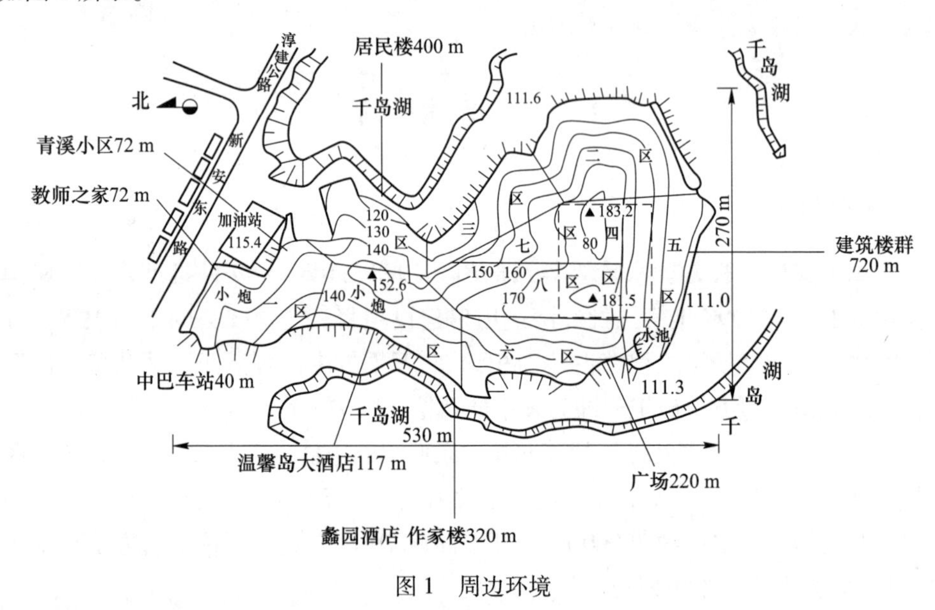

图 1 周边环境

2 工程特点、难点

程高山工程具有工程量大、工期紧、环境复杂、单价低，爆破与装、运填平行作业等特点、难点。为此总体爆破设计方案要考虑：

（1）在城市中进行硐室爆破，安全是首要考虑的问题，必须控制爆破振动、空气冲击波、个别飞石和大量爆堆抛入水中时产生的涌浪。其中涌浪问题在一般硐室爆破中很难遇到。

（2）循环爆破作业面的衔接问题。

（3）每次爆破量及爆破堆积体如何满足机械化高强度装运填要求问题。

（4）既要保证周围建筑物的安全及居民的正常生活，又要保证工程进度要求的问题。

（5）在一个山体多次进行硐室爆破，如何做好爆破交接面的参数设计，解决先爆破山体未运压碴对后续硐室爆破的抵抗线设计的影响等技术难题。

3 爆破方案选择及设计原则

程高山具有工程量大，工期紧、环境复杂等特点，本工程选择以硐室大爆破为主的施工方法，该方案既能满足业主爆破施工进度的要求，又能快速形成运输施工道路与平台。

根据程高山周围环境及安全要求，爆破方案的总体设计原则：采用多次、多层、多排毫秒延时起爆；以条形药包为主、集中药包为辅；爆破区域划分先易后难、爆破规模先小后大。

程高山硐室爆破整体分二期，第一期分三次（一至三区），位于程高山的东侧，第二期分五次（四至八区），位于程高山的南侧、西侧和中间部位，如图 2 所示。

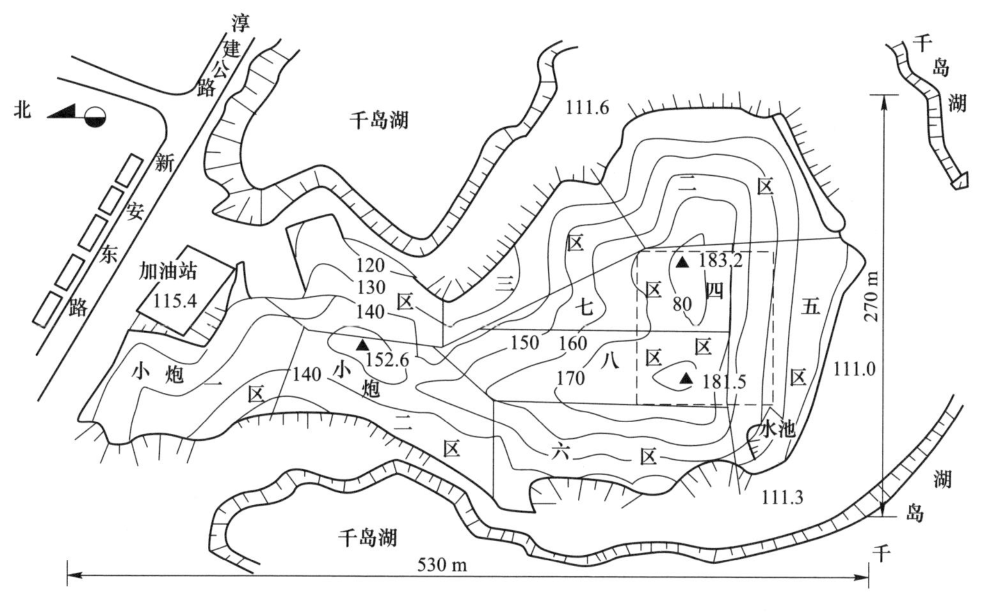

图 2 程高山硐室爆破分区

一区爆破位置在程高山东侧的北段，药包布置为单层三排条形药包。北侧端头部位采用各向抵抗线相等的集中药包。硐室爆破区东北侧的山脚部位用小炮处理。

二区爆破位置在程高山东侧的南段，药包布置为二层三排条形药包。南侧端头部位采用各向抵抗线相等的集中药包。

三区爆破位置在程高山东侧中部，药包为二层二排条形药包，药包的长度和端头处理视一区、二区爆破开挖后的边界情况再作调整处理。

二期硐室爆破仍采用以条形药包为主、集中药包为辅的多排毫秒延时起爆分区硐室爆破方案，采用加强松动爆破的设计参数。二期硐室爆破设计分 5 个分区，其中，在 140 m 标高以上为二期四区，111~140 m 开挖区南侧为五区，西侧为六区，中部分 2 区：北侧为七区，南侧为八区，七区和八区的具体设计视爆区周围开挖的情况而定。每个分区的爆破方量在 20 万平方米左右。每区爆破均采用单层多排药包。

4　爆破参数设计

根据程高山工程的特点，每次硐室爆破以 3~4 排药室为主，在抗高比 $W/H<0.5$ 时布置分层药包。药包以条形药包为主，药室端部一般布置集中药包，两药包之间采用小间隔组合技术，即在端部集中药包与相邻条形药包之间采用小间隔填塞段，以保证端部的爆破安全和爆破效果。

爆破技术参数选取如下。

4.1　最小抵抗线

最小抵抗线 $W=15\sim22$ m。

4.2　抗高比值

抗高比值 W/H（最小抵抗线与药包至地表的高度的比值）：0.57~0.74。

4.3　药包排距 b_r

$$b_r = W/\sin\gamma \tag{1}$$

式中　γ——前排或下层药包的径向上破裂角，(°)，取 $\gamma=65°\sim75°$；

W——后排药包的抵抗线，m。

4.4　装药量 Q 计算

集中药包硐室爆破药量计算公式为：

$$Q = (0.4 + 0.6n^3) \cdot e \cdot K \cdot W^3 \tag{2}$$

式中　Q——药包装药量，kg；

K——标准抛掷爆破单位炸药消耗量，kg/m³；

W——药包最小抵抗线，m；

n——爆破作用指数；

e——炸药换算系数。

条形药包硐室爆破药量计算公式为：

$$Q = e \cdot l_p \cdot L = e \cdot K \cdot \frac{0.4 + 0.6n^3}{0.55(n+1)} \cdot W^2 \cdot L \tag{3}$$

式中　L——条形药包计算装药长度，m；

l_p——条形药包线装药密度（每米药包线装药量），kg/m；

其他参数意义同上。

4.5　起爆网路设计

为了改善爆破效果和降低爆破振动，药包之间实施毫秒延时爆破。本工程选用江西赣州冶金化工厂生产的 MG803—A 型高精度毫秒延期电雷管。

起爆体：为保证起爆的安全性和可靠性，每个条形药室在离端部 1/3 处设置装有雷管的主起爆体，在另一端 1/3 处设置由导爆索起爆的副起爆体。各主起爆体间采用两套独立的电雷管起爆网路，各个药包中主、副起爆体之间及同段各药室之间用双股导爆索串联。

网路联结：两套独立的电爆网路均采用“并串联”，然后将两套网路进行电阻平衡后再并联接主线。整个网路可看作是“复式并串联”网路。

导线选用：支线选用 BV 铜芯塑料线，截面 2.5 mm^2，电阻 7 Ω/km，为方便联接，应选用 2 种颜色；主线选用 BX 铜芯橡胶线，截面 7.0 mm^2，电阻 2.5 Ω/km。

网路总电阻计算：

$$R = R_1 + \frac{1}{2}\left(\frac{m \cdot r}{n} + R_2\right) \tag{4}$$

式中　R——总电阻，Ω；

R_1——主线电阻，Ω；

r——电雷管电阻，$r = 2$ Ω；

m——串联雷管（药室）数；

n——每组并联雷管数，一个药包内两只雷管并联，$n = 2$；

R_2——支路联结线、区域线电阻，Ω。

总电流计算：

$$I = U/R \tag{5}$$

式中　U——起爆电压。

采用高能起爆器，起爆电压不低于1800 V，起爆电雷管数应满足起爆器说明书要求。

各区最小抵抗线范围和平均抗高比值见表1，导硐、药室和填塞长度见表2。

表1　各区最小抵抗线范围和平均抗高比值

区号	最小抵抗线范围/m				平均抗高比（W/H）
	第一排	第二排	第三排	第四排	
一区	9.5~12.6	15.0~18.1	20.0~21.7		0.73
二区	12.0~21.0	15.0~18.9	16.5~19.8	18.0~19.7	0.74
三区	10.1~18.5	14.5~18.5			0.73
四区	15.0~18.0	16.8~18.6	18.1~19.6		0.64
五区	12.5~22.0	12.6~19.9	10.5~22.0		0.63
六区	15.0~22.0	15.5~19.0	16.0~18.1		0.61
七区	14.5~19.5	18.0~19.6	18.0~18.5		0.58
八区	14.5~19.7	14.0~18.8	16.9~18.8	12.7~15.4	0.61

表2　各区导硐、药室和填塞长度

区号	导硐数	主导硐长度/m	药室长度/m	总长度/m	填塞长度/m	（填塞长度/总长度）/%
一区	2	122.9	187.5	310.4	85.0	0.274
二区	3	217.4	449.0	666.4	148.0	0.222
三区	6	225.3	404.0	629.3	208.0	0.331
四区	2	133.5	269.0	402.5	104.0	0.258
五区	3	195.0	403.0	598.0	144.0	0.241
六区	3	174.5	450.0	624.5	152.0	0.243
七区	1	62.7	174.0	236.7	66.0	0.279
八区	2	117.2	273.0	390.2	115.0	0.295
合计	22	1248.5	2609.5	3858.0	1022.0	0.265

5　爆破振动安全控制

爆破地震震级 M：

$$M = \frac{2}{3}\lg(0.01QU) - 2.533 \tag{6}$$

式中　Q——总装药量，kg；

U——炸药比能，取 $U=410000\ kg\cdot m/kg$。

经计算最小次装药量 $Q=55436$ kg 和最大次装药量 $Q=166055$ kg，得 M 值在 3.04~3.36 级。

爆破振动一直是硐室爆破中的主要的有害效应之一。为了在当时的技术条件下将爆破振动有害效应降至最小，在二区爆破实施后，对二区爆破时爆破振动对周边保护物的影响情况进行综合分析后，并根据浙江省地震台网提供的爆破时实测的相应震级数据，对以后的爆破分区、总装药量和最大单段起爆药量进行重新调整控制：由原来的分六区爆破改为分八区爆破；在确保网路准爆的前提下增加药包毫秒延时分段数，将 15 ms 延时系列的雷管段别通过精细安排布置出 24 个延时段别的电雷管和导爆管雷管混合起爆网路，将最大单响起爆药量控制在 6 t 左右。根据浙江省地震台网提供的以后各区的震级资料（表 3）数据分析，这些技术措施有效地减少了爆破振动有害效应，每次爆破时反映出来的震级均未超过 2.9 级。

表 3　各区爆破产生的地震震级

区号	爆破日期	总装药量/kg	分段数	最大单段药量/kg	地震震级
一区	99.05.18	55436	15	6581	2.4
二区	99.06.10	166055	21	13173	3.2
三区	99.06.28	80083	21	5538	2.5
四区	99.08.09	78760	19	5613	2.6
五区	99.09.15	118512	26	6038	2.5
六区	99.08.26	109216	25	5999	2.5
七区	99.12.13	62388	15	6274	2.9
八区	00.01.15	102520	21	6282	2.8

6　硐室爆破的实施

程高山土石方硐室爆破于 1999 年 5 月 18 日进行第一次，到 2000 年 1 月 15 日进行最后一次，一共进行了 8 次硐室爆破，开挖导硐 22 条，总长 3858 m（实际开挖长度 4102.7 m），共使用炸药 772970 kg，最大一次是二区爆破，装药量达 166055 kg，最小一次是一区爆破，装药量也有 55436 kg。8 次硐室大爆破中，100 t 以上的爆破有 4 次。总爆破方量约 203.6 万立方米。各区爆破经济指标见表 4，爆破起爆瞬间和爆堆形态如图 3、图 4 所示。

表4　各区爆破经济指标

区号	爆破方量 /m³	装药量 /kg	最大单段药量 /kg	分段数	导硐长度 /m	单位耗药量 /kg · m⁻³	导硐爆落方量 /m³ · m⁻¹
一区	127000	55436	6581	15	310.4	0.44	409.2
二区	377000	166055	13173	20	666.4	0.44	565.7
三区	263700	80083	5538	21	629.3	0.30	419.0
四区	220800	78760	5613	19	402.5	0.36	548.6
五区	321709	118512	5938	26	598.0	0.37	538.0
六区	344000	109216	5999	25	624.5	0.32	550.8
七区	160000	62388	6274	15	236.7	0.39	676.0
八区	222000	102520	6282	21	390.2	0.46	568.9
合计	2036209	772970			3858.0	0.37	527.8

图3　爆破起爆瞬间

图4　爆破后爆堆形态

7　硐室爆破的效果

从爆破后开挖的情况看，这 8 次爆破均取得较好的爆破效果（图 5），岩石的破碎度和松散度能满足开挖机械的施工要求，正确地选择爆破参数和精细化施工，使各次爆破的有害效应都得到了有效控制，安全达到了预期的要求。

由于程高山硐室爆破得到了淳安县政府各级部门的大力支持，在保证爆破本身的安全外，对每次硐室爆破的安全警戒都作了认真的安排，尽管爆破多达 8 次，但均未发生任何人身和车辆的安全问题。

图 5　场平终了

8　成果与经验

在城镇复杂环境下在同一个山体连续进行 8 次中等规模的硐室爆破，在国内是罕见的。在爆破技术上有以下的成果和经验：

（1）从理论意义上讲，当药包长度与最小抵抗线的比值大于 1 时，才能称为条形药包。但由于毫秒延时分段的需要，采用的条形药包能达到这一要求的不多。实际表明采用条形布置的药包在装药部位的能量分布比较均衡，其爆炸能量分布必然优于集中药包，能显著改善爆破效果。

（2）将最小抵抗线控制在 20 m 左右，排数控制在 3~4 排以内，对爆破安全的控制和爆破破碎效果的改善，施工进度的安排和经济技术指标的提高都是有利的。

（3）条形药包和集中药包小间隔组合技术是硐室端部比较好的药包布置方

式。条形药包可以改善爆破破碎效果，有利于加快开挖进度。端部采用集中药包可以有效地控制侧向抵抗线值和侧向爆堆抛散距离。端部集中药包的装药量计算应引入端头集中药包折算系数 $K_Z=0.5\sim0.7$。

（4）对于抵抗线外有未开挖的爆堆，在计算实际抵抗线时，其爆堆厚度的折算系数应大于0.65。利用后面的硐室爆破药包布置可以改善已爆区的爆堆开挖效果。

（5）在爆破参数选择上，前排药包取 K' 太低，往往造成爆堆松散度和破碎效果差，严重影响开挖进度。比较一区、五区和六区的参数选择，当 $K'=0.65\sim0.75\ kg/m^3$ 时，既能控制爆堆抛散距离和防止出现远距离个别飞石，也能减小爆堆的开挖难度。六区取 $K'=0.55\sim0.6\ kg/m^3$ 是不合理的。

（6）单位耗药量的总量控制，是衡量爆破破碎效果及松散程度的一个重要参数。在程高山工程中，要取得利于机械开挖的爆破效果，单位耗药量不能低于 $0.35\ kg/m^3$。

（7）硐室爆破装药阶段的填塞工作作业条件差、劳动强度高，减少填塞长度有利于施工组织和施工安全。在程高山这样周围环境复杂的情况下我们仍采用较短的填塞长度并保证了硐口无冲出现象，主要是保证了填塞质量。导洞开挖施工人员在了解填塞的布置规律后，有意识地减少导硐交叉部位的断面开挖尺寸，不仅减少了填塞工作量，也有利于提高填塞质量。

（8）爆破涌浪随地形条件、参数选择及水域条件、岸堤边界条件的不同而呈现不同的形态，在水域附近进行硐室爆破，必须考虑爆破涌浪对爆区周围水域、岸堤和陆域的危害，并采取相应防范措施。

（9）端头药包的位置、各方向抵抗线值和参数的确定是控制个别飞石距离、爆堆坍散范围的关键所在，必须充分重视。而加强施工管理和测量控制，确保施工质量又是药包位置正确到位的保证。

（10）装药量的确定在很大程度上取决于岩石的地质特性，因而在施工中要加强工程地质描述，为合理选择爆破参数提供科学依据。

程高山土石方工程硐室爆破的安全、顺利实施，为程高山安居工程起了一个好的开端，也加快了程高山安居工程的开发速度。工程的实践，发挥了硐室爆破成本低、进度快的特点，确保了整个爆破区域的安全、质量和进度要求。

工程获奖情况介绍

该工程被《中国典型爆破工程与技术》收录。“城镇石方硐室爆破技术”项目获中国工程爆破协会科学技术进步奖二等奖（2002年）。发表论文3篇。

爆破振动对露天边坡的稳定性影响分析

工程名称： 定海区金塘镇大浦社区西山岗建筑用石料（凝灰岩）矿
工程地点： 舟山市定海区金塘镇
完成单位： 浙江安盛爆破工程有限公司
完成时间： 2016 年 10 月 ~2020 年 12 月
项目主持人及参加人员： 金　勇　谢凯强　樊建标　张福炀　孟国良
撰 稿 人： 张福炀　谢凯强

1　工程概况及环境状况

1.1　工程简介

定海区金塘镇大浦社区西山岗建筑用石料（凝灰岩）矿位于舟山市金塘岛大浦社区，行政隶属金塘镇大浦口村，矿区交通较为便利。根据矿体赋存状态、矿区地形及矿山目前情况，设计采用山坡露天开采方式，开采顺序采取自上而下分台阶，采矿方法采用露天深孔爆破，多排毫秒延时爆破崩落矿石；挖掘机铲装，汽车运输开拓。采矿许可证核准矿山规模为 263 万立方米/年（680 万吨/年）。本项目在开山开采过程中，遇到破碎带等不利施工地质条件，由于爆破振动极易造成破碎带岩石垮落和边坡失稳，为保证破碎带区域爆破施工安全，通过数值模拟分析、振动理论计算、爆破振动数值监测和爆破参数优化，确定最大单段爆破药量。

1.2　地质条件

1.2.1　水文地质条件

根据定海区金塘镇大浦社区西山岗建筑用石料（凝灰岩）矿地下水的赋存状态、含水介质及埋藏条件，可分为松散岩类孔隙潜水和基岩裂隙水。地下水主要赋存于第四系残坡积层和基岩的风化裂隙和节理中。地下水主要受大气降水的补给，沿裂隙向下径流排泄。矿区最低开采标高高于当地历史最高潮水位+3. 14 m。矿区地处海岛丘陵山坡上，无地表水体，大气降雨时多以地表水流向海洋排泄，少量下渗，自然地形有利于地表水自然排泄。

1.2.2　工程地质条件

定海区金塘镇大浦社区西山岗建筑用石料（凝灰岩）矿矿区内地貌类型为

侵（剥）蚀丘陵。山体走向北东向，山顶最高处位于崩塌段边坡坡顶处，高程为 161.40 m，背部丘陵山坡自然坡度一般 20°~35°，地表植被发育，多为灌木、杂草。矿区内下面基岩为晚侏罗世流纹斑岩，岩性较单一，岩体较破碎~较完整、坚硬，风化程度一般，表部全-强风化厚度 0.50~1.0 m，其下为中风化。在梅雨及台风雨季中由于降雨强度大，持续时间长，对边坡的稳定性影响很大，容易引发崩塌等地质灾害。

1.3 施工工程量及要求

（1）投入矿山的人员和设备配置必须满足矿山年产 680 万吨生产规模的要求，爆破崩落的矿石应形成满足生产需求的三级矿石量。

（2）邻近终了边坡的爆破，要采用光面爆破，确保终了边坡的稳固安全。

1.4 爆区周边环境

矿区西侧毗邻海域，周边 300 m 范围无村庄民房、主干公路及航道通过。矿区东侧有近南北走向的大浦口隧道，最近距离 208 m（距隧道口在 300 m 以上）；东侧 240 m 外山上有一高压线塔基；东南侧 275 m 左右为舟山市皓达预拌混凝土有限公司厂房，约 300 m 处为浙江长丰特钢锻造有限公司厂房；南侧为老矿山宕面，100 m 外有原矿山破碎系统两套，300 m 外有老矿山生产辅助用房、办公室等；矿区北侧 200 m 外有海堤。另矿区南侧区 J7~J8 拐点附近山脊坡面，50~200 m 间有较多坟墓。

北侧边坡削坡产生的界外石料矿总量为 17.61 万立方米，南侧边坡削坡产生的界外石料矿总量为 0.57 万立方米。

2 工程特点、难点

定海区金塘镇大浦社区西山岗建筑用石料（凝灰岩）矿，浙江省国土资源厅核发了采矿许可证，确定生产规模为 263 万立方米/年（680 万吨/年），矿区面积 0.5184 km^2，开采深度+169.13~+5 m，开采矿种为建筑用石料（凝灰岩）。该矿边坡与节理面顺层滑坡，310°~330°∠26°~84°与生产台阶边坡和最终边坡倾向相近，发生过边坡与节理面顺层滑坡的现象。

（1）容易产生爆破飞石。当炮孔穿过断层结构面时，在介质结构的软弱面上易产生飞石，炸药在软弱结构面处爆炸，爆破能量主要作用在软弱带，使本已较破碎的介质变得更加破碎，从而产生冲炮现象，个别飞石的距离可能很远，会带来一系列的安全问题。

（2）容易产生爆破大块。在断层破碎带区域钻孔时容易出现偏孔、滑孔、夹钻现象，使孔距和排距等爆破参数参差不齐而造成大块率过高。

（3）边坡位于破碎带或有滑坡风险的区域，易发生边坡失稳，实施爆破难度大，需采取特殊的爆破技术方案。

3　方案选择

3.1　爆破振动对露天边坡的稳定性影响分析

爆破动载荷作用对边坡岩体的影响是比较复杂的，爆破产生的动力作用对边坡稳定性的影响取决于动载荷的大小及岩体承受载荷的能力。结合极限平衡稳定分析方法中的 Sarma 法对爆破振动作用下边坡的稳定性进行分析。根据爆破振动速度衰减规律公式以及振动速度和加速度之间的相互转换关系，得到任意时刻各个滑块上的等效静载荷，进而分析边坡在动力载荷作用下的极限平衡关系，从而求得爆破药量、爆破距离与安全系数之间的变化关系。

3.1.1　潜在滑面的确定

3.1.1.1　剖面构成与破坏模式

边坡剖面图如图 1 所示，边坡自 170 m 以上为人工边坡，最终坡度约为 55°，

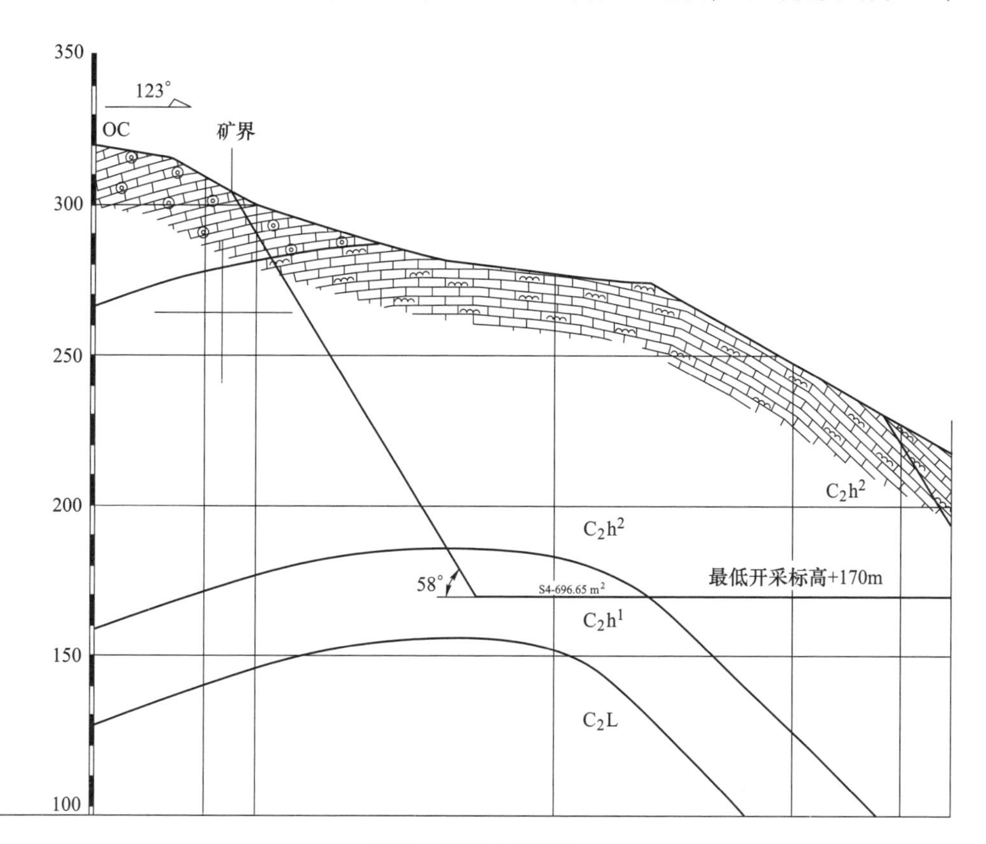

图 1　露天边坡剖面

台阶高度超过 10~15 m，台阶坡面角 70°，地层界限在边坡上出露，对边坡的稳定性有不利影响，边坡的可能破坏模式为地层界限控制下的复合型平面剪切破坏。

3.1.1.2　边坡稳定性计算模型的确立

岩质边坡的破坏主要受岩体结构面、断层等地质因素影响，根据对边坡剖面地层的分析，边坡稳定性计算模型为上部受地层界限控制，下部受剪切破坏控制，剪切破坏面采用理正岩土工程软件进行搜索，寻找最危险剪切破坏面，其搜索模型如图 2 所示，即潜在滑移面计算模型。

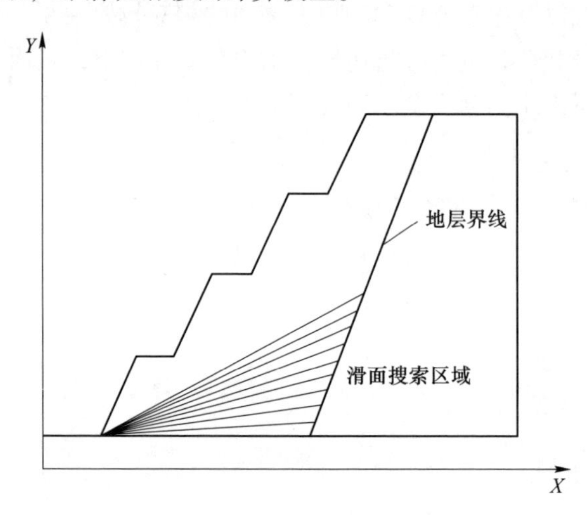

图 2　潜在滑移面计算模型

边坡岩体的各项强度指标是分析计算边坡稳定性的主要参数，是决定边坡岩体稳定性的内在控制因素，根据侏罗系上统劳村组（J3L）、石炭二叠系船山组（CPĈ）、石炭系上统黄龙组（C2h）、老虎洞组（C2L）、下统叶家塘组（C1y）、泥盆石炭系珠藏坞组（Dcz^）钻孔岩性，以及露天采场边坡稳定性研究时地层岩石力学性能试验得出的结果，取边坡岩体相关力学性质见表 1。

表 1　岩体力学参数

岩石名称	容量/$kN \cdot m^{-3}$	黏聚力/MPa	内摩擦角 φ/(°)
灰岩、泥晶灰岩	22.5~24.5	<0.2	39~25

3.1.2　爆破动载荷下边坡稳定性的计算

X、Y、Z 方向质点振动加速度 a 为：

$$a_x = 26749.59 \times (\sqrt[3]{Q}/R)^{1.55} \tag{1}$$

$$a_y = 19778.09 \times (\sqrt[3]{Q}/R)^{1.42} \tag{2}$$

$$a_z = 24987.32 \times (\sqrt[3]{Q}/R)^{1.68} \quad (3)$$

则当质点振动速度为小于 22 cm/s 时，取动载荷折减系数 $\beta_0 = 10$，得到了爆破作用下 X、Y、Z 方向拟静力载荷分别为：

$$F_x = K_x W = 2.73 \times (\sqrt[3]{Q}/R)^{1.55} W \quad (4)$$

$$F_y = K_y W = 2.02 \times (\sqrt[3]{Q}/R)^{1.42} W \quad (5)$$

$$F_z = K_z W = 2.55 \times (\sqrt[3]{Q}/R)^{1.68} W \quad (6)$$

研究表明：爆破振动对顺层边坡稳定性影响时，从动载荷作用于边坡质点的方向来分析，指向滑坡体外侧的水平爆破动载荷、垂直向下爆破动载荷以及与水平方向夹角较大的二者联合爆破荷载作用对边坡稳定性影响较大。结合实验时最小单段爆破药量 72 kg，计算得到了爆破动力作用下距离坡脚 10 m 时各条块水平和竖直方向拟静力荷载，见表 2。

表 2　条块拟静力载荷

爆破药量 Q/kg	爆破距离 R/m	N_i/kN	K_x	K_z	F_x/kN	F_z/kN
72	10	1111.6	0.51	0.41	565.43	458.73
72	10	630.8	0.31	0.24	192.54	149.66
72	10	1481.5	0.21	0.16	308.18	231.59
72	10	1305.2	0.15	0.11	199.70	164.48
72	10	2166.2	0.12	0.09	256.51	184.15
72	10	1312.4	0.10	0.07	124.74	87.92
72	10	2092.3	0.08	0.05	164.04	113.77
72	10	787.9	0.06	0.04	48.57	33.01

通过动载荷折减系数将动载荷折算成等效静载荷，采用 Sarma 对边坡稳定性进行分析，得到边坡在该条件下安全系数 $F_s = 1.17$，安全系数小于露天矿边坡允许的标准安全系数 1.25，边坡处于不稳定状态。同理可以得到不同爆破药量、爆破距离与安全系数的关系，计算结果见表 3 不同爆破药量、爆破距离下的安全系数。

表 3　不同爆破药量、爆破距离下的安全系数

爆破距离 R/m	爆破药量 Q/kg								
	60	70	80	90	100	110	120	130	140
10	1.20	1.17	1.16	1.15	1.13	1.12	1.11	1.10	1.08
20	1.30	1.30	1.29	1.28	1.27	1.26	1.25	1.24	1.24
30	1.36	1.35	1.34	1.34	1.33	1.32	1.31	1.31	1.30

续表 3

爆破距离 R/m	爆破药量 Q/kg								
	60	70	80	90	100	110	120	130	140
40	1.38	1.38	1.38	1.37	1.36	1.36	1.35	1.35	1.34
50	1.40	1.40	1.40	1.39	1.39	1.38	1.38	1.37	1.37
60	1.41	1.41	1.41	1.40	1.40	1.40	1.40	1.39	1.39
70	1.42	1.42	1.42	1.41	1.41	1.41	1.41	1.40	1.40
80	1.43	1.43	1.43	1.42	1.42	1.42	1.42	1.41	1.41
90	1.44	1.44	1.44	1.43	1.43	1.43	1.43	1.42	1.42
100	1.44	1.44	1.44	1.44	1.44	1.44	1.43	1.43	1.43
110	1.45	1.45	1.45	1.44	1.44	1.44	1.43	1.43	1.43
120	1.45	1.45	1.45	1.44	1.44	1.44	1.44	1.44	1.44

3.1.3　爆破振动因素敏感性分析

边坡是矿山开采、岩体开挖后形成的一种特殊岩体形状，其稳定性受岩体结构特征及其物理力学参数、工程活动（爆破振动）、地下水、边坡几何形状、开采深度、服务年限及其他人为因素影响，影响程度及作用机理异常复杂。所谓敏感性是指某一个参量发生改变伴随着另一个参量随之发生改变的特性。本文针对研究内容选取爆破药量以及爆破距离作为敏感性因素，采用单因素敏感性分析，其他因素不变条件下分析边坡的稳定性系数。

不同爆破距离、爆破药量下的安全系数见表 4，以爆破距离为横坐标，对应安全系数为纵坐标，对其结果进行曲线拟合，其拟合结果如图 3 所示，爆破距离与安全系数拟合关系图如图 4 所示。

通过对一定药量下的边坡安全系数与爆破距离进行拟合，分别得到了其拟合方程和相关性系数 R，结果见表 4。通过分析发现，其相关系数 R 均大于 0.8 且接近于 1，属于高度相关。由图 4 爆破距离和安全系数拟合关系图爆破距离和安全系数拟合关系曲线可以看出，当爆破药量一定时，爆破距离和安全系数呈对数增长关系。随着爆破距离的增加，爆破振动强度降低，安全系数逐渐增加，最终趋向稳定于静力条件下的安全系数，表明此时爆破振动对边坡影响较小。

表 4　爆破距离 R 与安全系数 F_s 拟合关系式

爆破药量/kg	关系式	相关性系数 R
60	$f_s=0.0958\ln(R)+1.0097$	0.9545
70	$f_s=0.1047\ln(R)+0.9712$	0.9457
80	$f_s=0.1098\ln(R)+0.9485$	0.9454

续表 4

爆破药量/kg	关系式	相关性系数 R
90	$f_s = 0.1099\ln(R) + 0.9397$	0.9406
100	$f_s = 0.1181\ln(R) + 0.9030$	0.9427
110	$f_s = 0.1233\ln(R) + 0.8791$	0.9497
120	$f_s = 0.1266\ln(R) + 0.8608$	0.9485

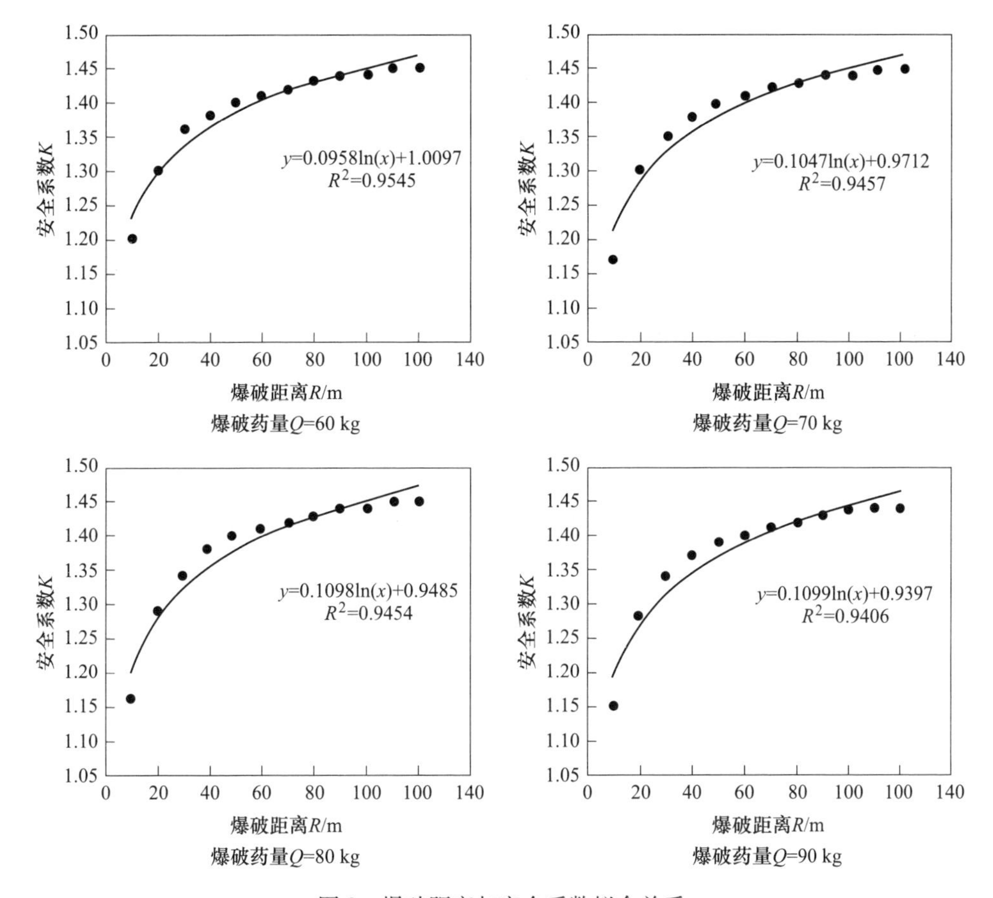

图 3 爆破距离与安全系数拟合关系

爆破药量和爆破距离影响着爆破振动强度，两者共同决定了作用在条块上的爆破动载荷的大小。采用单因素敏感性控制方法分别分析爆破距离一定时，爆破药量和安全系数之间的关系以及爆破药量一定时，爆破药量和安全系数之间的关系以及爆破药量一定时，爆破距离和安全系数的关系。计算结果表明，当爆破距离取定值时，随着最大段药量的增加边坡安全系数降低，最大段爆破药量从 60 kg 增加到 120 kg，而安全系数降低仅约 4.6%，表明此时边坡对爆破药量不敏

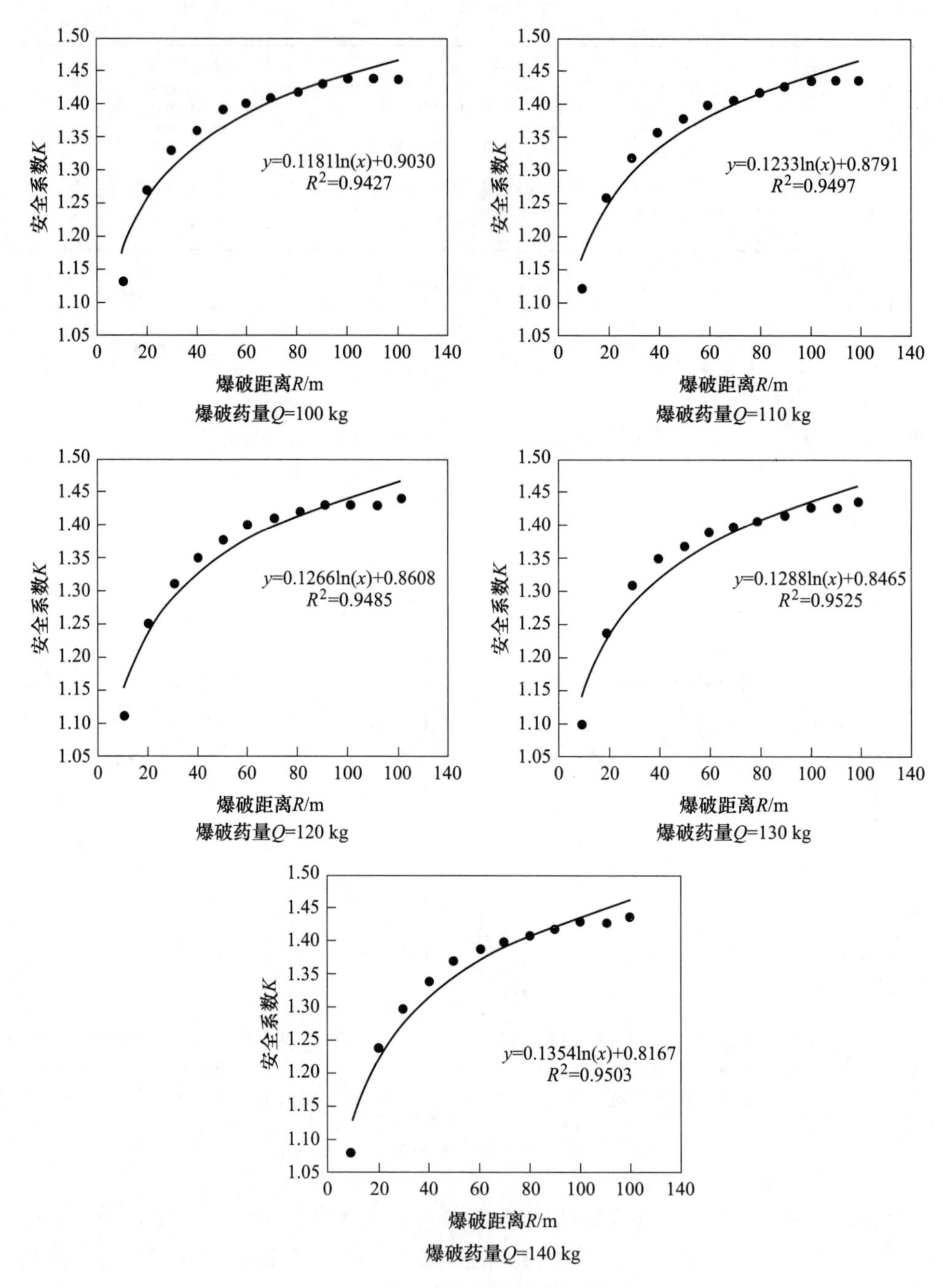

图 4　爆破距离与安全系数拟合关系

感；当爆破药量取定值时，爆破距离从 10 m 增加到 120 m，增幅达 12 倍，安全系数增加了 20%~30%，说明此时边坡对爆破距离敏感。通过上述研究发现，通过对边坡建立爆破距离和爆破药量关系来分析边坡稳定性安全系数关系方法可行，可作为预测爆破振动对边坡稳定性影响的依据。由图 4 爆破距离与安全系数拟合关系图观察可知，当爆破距边坡小于60 m 时，边坡安全系数受爆破距离的影响变化较大，表明此时边坡稳定性对爆破距离比较敏感。当爆破距离大于 60 m 后，边坡安全系数变化趋于平稳，表明此时边坡对爆破距离不敏感。因此在爆破过程中，应重点关注爆破距离小于 60 m 范围内的爆破振动危害，控制最大单响药量小于 120 kg。

3.2　总体思路

通过边坡稳定性分析，在边坡破碎带区域实施控制爆破方案，分别采用预裂爆破、光面爆破和缓冲光面爆破技术并加以方案比选。具体方案如下：

（1）台阶高度为 15 m，孔径为 90 mm、115 mm；炮孔呈梅花形布置、竖直方向钻孔；爆破采用 2 号岩石乳化炸药，毫秒延时起爆网路。

（2）最终边坡采用深孔光面爆破，机械配合修整边坡；光面爆破采用孔径为 90 mm，药卷直径为 32 mm 的 2 号岩石乳化炸药，不耦合装药结构，在主爆区起爆后延时 110 ms 起爆。

（3）大块解小采用机械破碎，使用履带式潜孔钻钻孔，反铲挖掘机挖装，汽车运输的机械化施工方案。

4　爆破参数确定

4.1　深孔爆破参数设计

炮孔布置：对于定海石料（凝灰岩）矿而言，因其部分区域处于破碎带、节理裂隙发育地段，容易引起边坡滑坡之风险，故在定海石料（凝灰岩）矿开挖到边坡处时，边坡处采用缓冲光面爆破。深孔爆破法炮孔布孔方式为梅花形布孔，炮孔布置如图 5 所示。

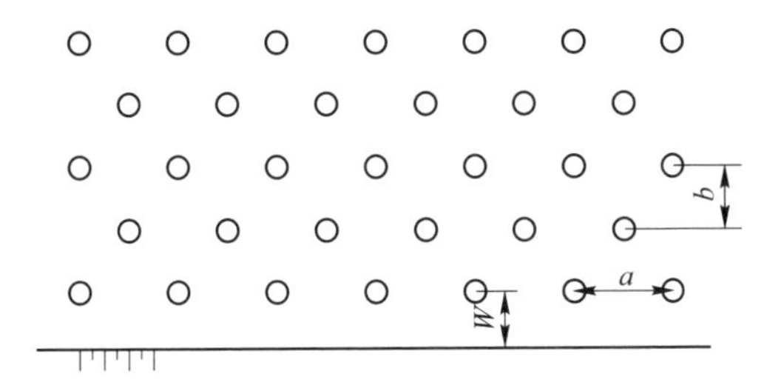

图 5　梅花形布孔

深孔台阶爆破的基本要素如图6所示，其中，H 为台阶高度，l 为孔深，W_1 为前排底盘抵抗线，W 为炮孔最小抵抗线，B 为台阶面上从钻孔中心至坡顶线的安全距离，l_1 为装药长度，l_2 为堵塞长度，h 为超深，b 为排间距，α 为台阶坡面角，深孔（松动）爆破参数见表5。

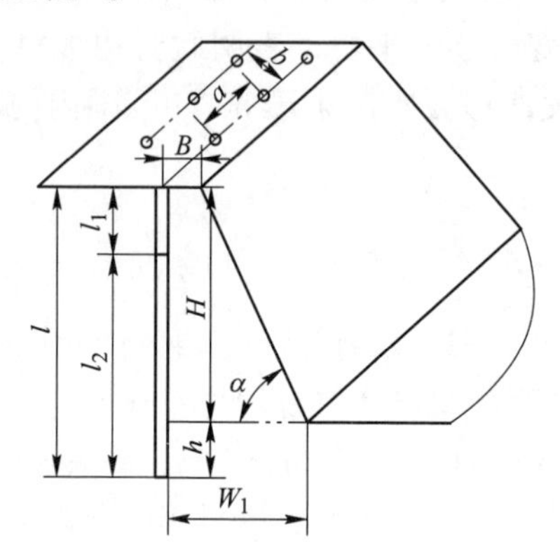

图6 深孔爆破台阶要素

表5 深孔（松动）爆破参数选取

序号	基本参数	单位	数量		备注
1	台阶高度 H	m	15	10~15	
2	孔径 D	mm	115	90	
3	钻孔倾角 α	(°)	90	90	
4	超深 h	m	1.0	1.0	
5	钻孔深度 L	m	16	16	
6	底盘抵抗线 W_1	m	4.0	3.5	
7	孔距 a	m	5.5	4.2	
8	排距 b	m	4.0	3.0	
9	炸药单耗 q	kg/m^3	0.30	0.30	
10	单孔装药量 Q	kg	99	56.7	

采用连续装药结构，药卷直径为 ϕ70 mm（每支药划破）或药卷直径为 ϕ90 mm，每孔装2个起爆雷管，如图7所示。起爆方法采用非电毫秒雷管，起爆器激发起爆。

4.2 起爆网路设计

4.2.1 深孔爆破网路

本工程深孔台阶爆破起爆网路孔内使用MS-11段非电导爆管雷管，孔外孔间

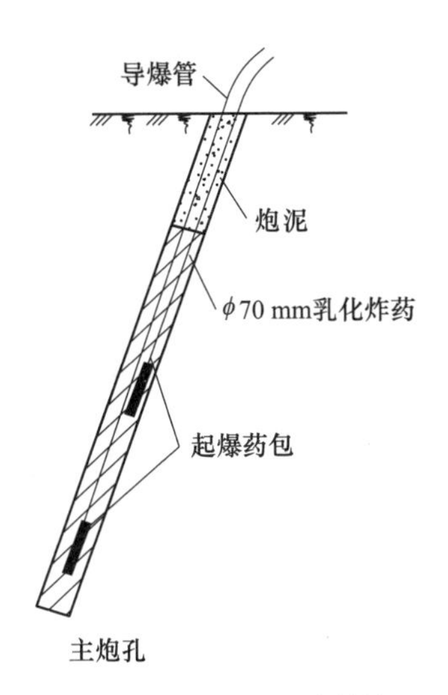

图 7　深孔爆破装药结构

使用 MS-3 非电导爆管雷管延期、排间采用 MS-5 非电导爆管雷管延期。用四通连接导爆管向起爆站引出；在导爆管中插入起爆针，电线连接起爆针，最后用电线引至起爆站，采用爆破专用发爆器起爆。起爆网路示意图如图 8 所示。

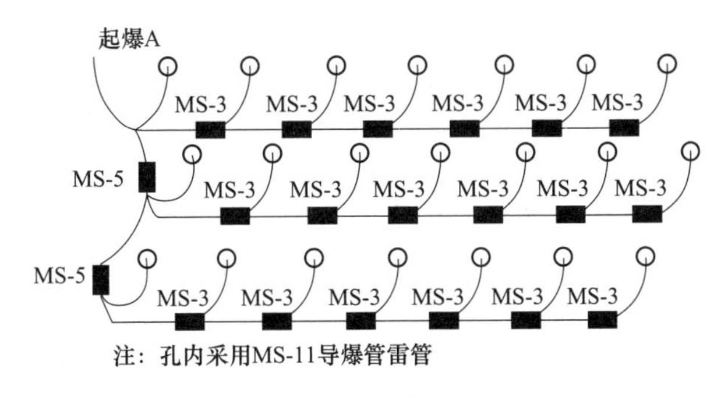

图 8　起爆网路

4.2.2　缓冲光面爆破网路

起爆网路采用非电毫秒雷管孔内、孔外毫秒延时相结合，复式起爆网路，光爆孔与主炮孔起爆顺序为主炮孔先起爆，光爆孔后起爆，光爆孔单段最大爆破药量不超过设计值。

（1）网路联接方式。孔内采用导爆索，孔外采用不同段别的非电毫秒雷管。

（2）毫秒延时间隔时间：

1）主爆孔间隔时间 25～110 ms；

2）光面孔与主爆孔一同起爆时，光面孔滞后于主爆孔，起爆间隔时间在 75～150 ms。

（3）起爆顺序。主炮孔先起爆，光爆孔后起爆。

缓冲光面爆破导爆索联结起爆网路，如图 9 所示。

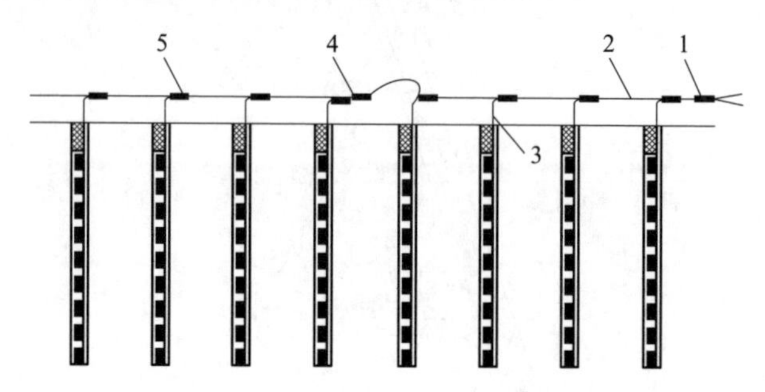

图 9　光面（预裂）爆破导爆索连接起爆网路

1—引爆雷管；2—敷设于地面的导爆索主线；3—由孔内药串引出的导爆索；
4—孔外接力分段雷管；5—孔内引出的导爆索与地面导爆索主线的连接点

5　爆 破 效 果

通过爆破振动监测，在最大段装药量为 108 kg 情况下，1 号监测点（距爆心 160 m）最大爆破振动速度值为 0.450 cm/s（主频为 18.311 Hz），2 号监测点（距爆心 260 m）最大爆破振动速度值为 0.388 cm/s（主频为 18.311 Hz），3 号监测点（距爆心 330 m）最大爆破振动速度值为 0.333 cm/s（主频为 18.311 Hz），均未超过《爆破安全规程》（GB 6722—2014）规定的爆破振动安全允许标准。在最大段装药量为 200 kg 情况下，4 号监测点（距爆心 50 m）最大爆破振动速度值为 10.296 cm/s（主频为 59.814 Hz），5 号监测点（距爆心 100 m）最大爆破振动速度值为 5.44 cm/s（主频为 39.673 Hz），6 号监测点（距爆心 150 m）最大爆破振动速度值为 2.308 cm/s（主频为 37.231 Hz）。对于一般民用建筑而言，在最大段装药量为 200 kg 情况下，距离爆心 100 m 内，建筑物所承受的爆破振动速度均超过《爆破安全规程》（GB 6722—2014）规定的爆破振动安全允许标准。

理论分析得出，当爆破距离大于 40 m，控制单段起爆药量小于 120 kg 时，爆破振动对边坡的稳定性影响控制在允许 10%范围以内。通过爆破后对边坡稳定性进行观察，矿山边坡稳定，为后续安全生产提供基础保障。

6　经验与体会

（1）通过对潜在滑坡体进行分析，借助岩土软件得到了潜在滑坡的可能破坏面，结合极限平衡稳定分析方法中的 Sarma 法，参考类似矿山岩石力学参数，得到边坡的安全系数为 1.47。

（2）在爆破动载荷作用下，通过对爆破药量、爆破距离以及安全系数的分析发现：当爆破药量一定，爆破距离小于 60 m 时，爆破距离对边坡的安全系数影响较大，表明此时边坡稳定性对爆破距离比较敏感。通过对邻帮 20 m 爆破药量对比发现，当最大段爆破药量从 60 kg 增加到 120 kg，增幅达到 2 倍，而安全系数降低仅约 4.6%，表明，此时边坡安全系数对爆破药量不敏感。

（3）通过对爆破作用程度影响分析发现，当爆破距离大于 40 m，控制单段起爆药量小于 120 kg 时，爆破振动对边坡的稳定性影响控制在允许 10% 范围以内。

（4）通过理论分析，可以为施工作业提供指导，减少施工成本，提高生产效率。

工程获奖情况介绍

“降低边坡危害的矿山露天爆破关键技术研究与应用”项目获中国爆破行业协会科学技术进步奖二等奖（2021 年）。

宁波梅山保税港区3400万立方米矿山爆破工程

工程名称： 宁波市北仑区春晓镇干岙茅洋山石料矿爆破开采工程
工程地点： 宁波市北仑区春晓镇
完成单位： 大昌建设集团有限公司
完成时间： 2008年5月5日~2018年8月15日
项目主持人及参加人员： 李辰发　程　龙　陈金华　王　磊　陈卫东　吴嗣兴　虞中华
撰 稿 人： 何勇芳　廖敏敏　孙钰杰

1　工程概况

宁波梅山保税港区3400万立方米矿山爆破工程位于宁波市北仑区春晓镇干岙村，该项目于2007年10月选址，2008年1月经浙江省国土资源厅批准设立，项目分两期实施，两期开采历时10余年，于2018年10月完成竣工验收，转入矿地利用建设水库阶段。该矿山开采高程最高达245 m，最低5 m，最大开采落差达240 m，需治理的边坡面积达20余万平方米，是附近开采高度最高、边坡面积最大、施工难度最大的工程性矿山。

1.1　一期工程

工程于2008年9月5日开工，2014年10月10日竣工，开采总量约为2700万立方米，系当时浙江省规模最大的工程性矿山。开采高度+212~+45 m，台阶高度15 m，宽度6 m，开采形成12级台阶，边坡总面积22万平方米，本工程绿化合同范围为+150~+60 m，后续签补充合同施工范围增加范围至+45 m。如图1所示。

1.2　二期工程

二期开采规模约为624万立方米，开采年限为4年，为浙江省最大的凹陷式开采矿山。开采高度+45~+5 m，剥采比0.002：1（图2）。

图1　一期开采

图2　二期开采

2　项目特点及难点

(1) 历时久。一期工程自 2008 年 9 月 5 日开工，至 2014 年 10 月 10 日竣工；二期工程自 2014 年 12 月 25 日开工，至 2018 年 8 月 10 日完成全部开采，总历时 10 余年。

（2）施工条件恶劣。工程地点临近海域，夏季台风、冬季寒潮，受气候影响大。

（3）施工工序多，管理难度高。本工程含爆破、挖装、运输、边坡治理等内容，且同时施工，施工组织复杂。

（4）开采深度大，边坡面积广。开采范围从+212 m 至+5 m，总开采深度达 207 m，边坡面积 34 万平方米。

（5）出料困难。一期石料运输距离单趟长达 12 km，二期转为凹陷开采，石料运输需重车爬坡出料。

（6）石料一供多需，质量控制严格，粒径规格多样：石料主要供应七姓涂围海造地工程、国际物流仓储中心建设工程、梅山水道抗超强台风渔业避风锚地工程的回填工程、海堤建设及建筑用石料破碎加工。

（7）排水困难。为防止淹矿，二期工程铺设抽水管道、水管通道共 1200 m，使用抽水泵 13 台。

3 爆破方案选择及设计原则

3.1 爆破设计

综合考虑工程特点、施工环境及工期等因素，确定采用公路开拓运输系统，多采区平行作业，自上而下分台阶开采，液压挖掘机挖装—自卸汽车运输—推土机推排的施工工艺。台阶推进采用钻孔爆破法施工，采用露天台阶毫秒延时深孔爆破；临近永久边坡处山体采用预裂爆破技术。

3.2 爆破方案设计原则

（1）采区由露天转凹陷开采，需制定科学合理的施工方法和爆破方案，确保衔接顺畅。

（2）临近边坡应实施保护性爆破，采取预裂一次爆破成型技术。

4 爆破参数设计

根据工程特点，爆破方式主要采用露天深孔台阶毫秒延时爆破，采用梅花形布孔，使用阿特拉斯 ROC460 型及英格索兰 CM-351 型履带式高风压潜孔钻机进行钻孔，孔径 ϕ115 mm，钻孔倾角 75°~90°，孔距 3.5~6 m，排距 3.2~4 m，超深 0.8~1.5 m，堵塞长度 3.5~4.5 m，岩石坚硬系数 f=8~12，炸药单耗初选 0.61 kg/m^3，随着工程进展考虑岩石性质、爆破块度等影响单耗的因素，校准后经统计的实际整体炸药单耗 0.30～0.40 kg/m^3。局部场地整平采用浅孔爆破，使用 YTP-26 型气腿式凿岩机，孔径 ϕ40 mm，孔距 0.7～1.5 m，排距 0.6～1.3 m，超深 0.2～0.5 m，炸药单耗 0.30～0.35 kg/m^3。

为确保最终台阶边坡的稳定性和减振要求，+45 m 以下采用预裂爆破，孔径 ϕ115 mm，炮孔间距 1.2 m，线装药密度 400 g/m；对不能铲装大块矿石采用液压破碎器破碎后再进行铲装。炸药采用 2 号岩石乳化炸药，根据不同类型孔径，分别使用 ϕ90 mm、ϕ70 mm 或 ϕ32 mm 药卷。

5　爆破施工

5.1　炮孔布置

由设计图纸现场确定孔位时，利用 GPS 将设计孔位现场放样，放样前须校核 GPS 的精度，放样过程中注意将仪器立正。

地形地质变化较大时须现场布孔，布孔时充分考虑爆区的岩石特性及地形变化；前排未挖装干净时先布置后排孔，待根底处理完毕后再根据实际情况布置前排孔，布孔时严格按照孔网参数和最小抵抗线的要求，用皮尺进行现场定位布孔。

5.2　炮孔钻凿

钻机移动过程中不能破坏或移动孔位标记物，钻孔前先利用钻头精确定位到孔位标记物上，再利用测角仪进行钻杆角度控制，在孔位和钻孔角度校正完成后开始钻孔。

5.3　边坡施工

边坡坡面绿化，台阶平台内部砌筑排水沟，外部修建挡墙，中间填土绿化，如图 3 所示。

5.4　质量管理

5.4.1　质量管理体系

建立岗位责任制，坚持三级质量管理制度，明确各级工作人员的目标和职责，分工负责，层层落实；推行质量目标管理责任制，以质量为核心，制度为保障，加大对质量管控力度。

5.4.2　材料质量控制

确保采购的爆破器材必须是由具备生产许可证的厂家生产，并保证质量合格。

图 3　边坡复绿

5.4.3　施工质量控制

爆破技术人员时时跟踪每天爆破现场，对炸药用量逐孔记录，逐孔测量，爆破作业过程及边坡治理环节严格监控。

5.5　安全管理

项目规模大、历时久、工期长、参与人员多、危险性大等特点，项目部经常性开展 HSE 体系培训教育工作，比如通过每周例会或者黑板报的形式进行，确保员工掌握 HSE 知识和技能，培养员工的 HSE 意识和行为，真正做到人人参与。同时加强安全教育、培训，以制度化的形式充分调动基层员工对风险评估和风险分析的积极性，对典型事故举一反三地学习并行成 PDCA 循环。施工期间未发生任何安全责任事故。

5.6　进度控制

（1）选派懂管理、懂技术的单位骨干担任项目主要负责人，组建高质量、高效率的各级组织机构，科学地安排施工，使各工序环环相扣，有条不紊地进行。

（2）保证指挥系统通畅。确保顺畅的立指挥系统，定岗、定人，指挥一致、步调一致、工作有序、准确无误地按合同的要求完成工程任务。

（3）加强计划管理，工程任务层层分解。合理制定日、周、月、季进度计划及总进度计划，实行以日保周、周保月、月保季、季保年、年保总工期的办法，严格执行施工进度计划，确实保证各项工程按计划完成。

（4）抓好关键线路、控制节点工期。将总进度目标从总体到细部进行分解，将总进度计划逐层分解至周计划，并每周检查实际进度与计划进度。

（5）加强施工现场管理协调工作。随时做好人、财、物的合理配置和调度到位工作，力求各施工线路资源配置最佳。

（6）做好激励与处罚。全面实行奖惩制度，充分调动广大员工的工作积极性和创造性。对完成计划任务的给予表扬、奖励，对不能完成计划任务的给予批评、经济处罚。

（7）做好资金管理。资金充足是工程正常进行的保障，做好资金收入预测及资金支出预测，将资金收入预测累计结果和支出预测累计结果绘制在图中进行比较，计算出一定时间段内的收入与支出资金差额，即项目应筹措的资金数额。

5.7　文明施工

矿山爆破自身非常特殊，施工过程中灰尘多，扩散范围广，其中道路扬尘占据比例很大，达到70%。还有其他比如钻孔产生粉尘、爆破瞬间产生的粉尘、铲装作业过程爆堆产生的粉尘以及清表作业后裸露地表被风吹产生粉尘等。为了更好地保护施工现场环境，为附近居民以及现场工作人员创造良好的工作环境，针对道路扬尘，落实专人驾驶洒水车洒水，在一些路段可以采用喷洒抑尘剂方式来实现环境保护的目的；而对于钻孔引起的粉尘，钻孔采用湿式作业进行，并为钻机工配备专用防尘口罩。

6　凹陷开采排水措施

本凹陷露天矿山排水系统，采取以排为主，防排结合的办法。

6.1　坡顶截水沟

坡顶截水沟设置在矿界 5 m 以外，浆砌石结构，M15 抹面。截面呈等腰梯形，底宽 0.8 m，高 1 m，沟侧壁坡度 75°。

6.2　台阶排水沟

台阶排水沟通过机械开凿，尺寸 0.5 m×0.4 m。

6.3　道路横坡、道路排水沟

道路旁边设置排水沟，道路排水沟顶宽 1 m，深 0.6 m，底宽 0.6 m。

6.4　大容量集水坑

在超前开拓的矿区底部设置蓄水坑，底宽 15 m，坑底长 20 m，坑上部宽 16.5 m，坑上部长 21.5 m，坑深度 3~5 m。

6.5　浮动水泵船抽水

将工作水泵（主泵、备用水泵）固定在一艘只可上下浮动的船内，通过水管抽至矿区以外。

7　凹陷开采石料外运

综合考虑凹陷地形、工程特点及工期要求，本工程凹陷开采出的石料采取公路运输。相比于山坡露天开采，凹陷开采运输难度相对较大，为保证凹陷开采石料顺利外运，从两方面着手：一方面，对运输道路实施降坡，使道路纵坡不超过 5%；另一方面，采取“大马拉小车”，降低碴土车的实际装载吨位，增加安全系数，提升碴土车爬坡能力。

7.1　开采运输道路展布

经前期开采，矿区已形成+45 m 平台，凹陷开采从+45 m 向下开挖至+5 m，为确保石料顺利运出，需从+45 m 向下开出入沟、段沟扩帮降坡至+5 m 底盘修建运输道路。根据开采规模及行车密度，设计开拓单条运输。结合现场地形情况，运输道路展布有两个方案，方案一沿矿山西侧边帮向下开拓至+5 m 底盘；方案二沿北东侧边帮向下开拓至+5 m 底盘。考虑矿山排水系统，因排水口位于原北部道路（A 线）西南侧山沟，故运输道路采取第二种方案，即沿北东侧边帮向下开拓至+5 m 底盘。

7.2　运输道路参数

凹陷开采相比于山坡露天开采，运输环节最大不同点在于前者是“空车下坡、重车上坡”，运输难度相对较大；后者是“空车上坡、重车下坡”，道路纵坡可达 10%。为保证运输效率及安全，凹陷开采运输道路纵坡应小于山坡露天开采更加合理。

本工程运输道路总长 890 m，平均纵坡 4.4%，路面净宽 16 m，道路等级为Ⅱ级公路。详见参数表 1。

表1　运输道路参数

路段	路段等级	长度/m	高差/m	路面净宽/m	平均纵坡/%	备注
+45 m~+35 m	Ⅱ级	212	10	16	4.72	挖方修建
+35 m~+35 m	Ⅱ级	60	0	16	0	平坡段
+35 m~+25 m	Ⅱ级	166	10	16	6	挖方修建
+25 m~+25 m	Ⅱ级	60	0	16	0	平坡段
+25 m~+15 m	Ⅱ级	166	10	16	6	挖方修建
+15 m~+15 m	Ⅱ级	60	0	16	0	平坡段
+15 m~+5 m	Ⅱ级	166	10	16	6	挖方修建
合计	Ⅱ级	890	40	16	4.5	

8　经验与体会

宁波梅山保税港区3400万立方米矿山爆破工程是梅山岛建设配套工程，矿山由一期山坡露天开采转为二期凹陷露天开采，属浙江省内最大山坡露天矿、凹陷露天矿。工程邻海施工，处三乡五村交界地，具有历时久、开采深度大、边坡面积广、出料及排水困难、质量和环保要求高等特点。

（1）山坡露天开采转凹陷开采，设置合理的排水系统有利于加快施工进度，保证施工安全，降低施工成本。推荐采用防水、排水相结合方法。

（2）凹陷开采石料出运道路应适时降坡，建议坡度不超过5%。

（3）炸药单耗选取时要考虑岩石性质、爆破块度、台阶高度等因素，在初选基准单耗的基础上对单次爆破时所需的单耗进行调整，对于岩石坚硬系数f=8~12的凝灰岩矿，建议选取炸药单耗0.3~0.4 kg/m^3。

（4）对涵盖爆破、挖装、运输及边坡治理内容的大型露天矿，施工单位应统筹规划，统一协调，合理调配资源，提前做好工序衔接，保证整个施工体系高效运转。

该项目运用科技与管理创新，解决了爆破施工中的诸多技术难题，做到了量化设计、精心施工、动态监测和科学管理，实现了“优质、高效、安全、绿色、环保”的精细爆破目标，为今后进行高质量、大规模生产的矿山开采提供了新的经验。

工程获奖情况介绍

该工程获中国爆破行业协会“部级样板工程”（2020 年）。获得发明专利 1 项、发表论文 3 篇。

高陡边坡场地平整及边坡防护施工技术研究

工程名称： 杭州市富阳区循环经济产业园垃圾焚烧厂项目场地平整及边坡防护工程
工程地点： 杭州市富阳区渌渚镇循环经济产业园
完成单位： 浙江安盛爆破工程有限公司
完成时间： 2019年4月2日~10月2日
项目主持人及参加人员： 张　雷　孟国良　杨　帆　章东耀　付亚男　邢　梅
撰 稿 人： 张　雷

1　工程概况及环境状况

1.1　工程简介

工程项目所在地为富阳区渌渚镇循环经济产业园，地理位置优越，交通便捷。中心位置地理坐标：东经119°42′39″，北纬29°52′37″。因杭州市富阳区循环经济产业园垃圾焚烧厂项目的建设工程需要，需对规划区域内的场地及山体进行平整，同时对因场地平整产生的场地外侧边坡进行防护设计，如图1所示。

图1　工程项目全貌照片

该项目涉及市政工程、爆破工程。主要分部分项工程有场地土石方开挖工程、挡墙工程、截排水工程、格构、锚固工程、绿化工程等。工程地貌类型为丘陵区。山脊呈波状起伏，山顶因长期侵蚀剥蚀呈浑圆状，山体海拔高程+58.0~+188.0 m，最大相对高差 130.0 m。该工程项目人工边坡坡脚高程+58.0~+108.0 m，坡顶高程+75.0~+162.0 m，相对高差 3.0~54.0 m。

1.2　工程规模及工期

土方开挖约 25 万立方米，石方开挖约 222.5 万立方米，坡脚排水沟 2135 m，平台排水沟 1501 m，截水沟 675 m，急流槽 608 m，沉淀池 15 个。工期为 6 个月。

1.3　地质条件

1.3.1　地层岩性

场区及周边出露地层为石炭纪晚石炭世黄龙组，场区出露的第四纪地层主要为残坡积层。岩性为灰黄色含碎石粉质黏土，可塑~硬塑，碎石呈棱角状，磨圆度差，无分选，直径一般在 2~15 cm，含量在 10%~25%，成分为强风化流纹质玻屑凝灰岩，厚度一般 0.5~1.5 m，分布于丘陵区表层及山麓缓坡处。

1.3.2　地质构造

工程项目位于富阳复向斜东侧，地层总体呈北东向展布。构造线走向以北东向为主，处于相对稳定的地壳单元；第四纪构造活动以区域性缓慢升降为特征，区域地壳稳定性好。

1.4　爆区周边环境

（1）南侧及东侧 200 m 范围的石斛基地、民房、电力及通信线路等（图 2）。

（2）爆区北侧距离南方水泥输送带廊道约 10 m（图 3）。

（3）西面距离南方水泥运输道路约 120 m（图 4）。

2　工程特点、难点

（1）任务重，工期紧，质量要求高。必须严格执行爆破安全规程和强制性条文，技术规范，团体标准等，集中优势人、材、机，加强科学管理和制定周密进度计划，确保工程优质按期完成。

（2）高陡边坡场地平整及边坡防护爆破区域工作线长，施工机械运输困难。露天作业受天气影响较大，进度控制不易。天气状况良好情况下，加大劳动力和

图2　周边环境卫星地图

技术装备投入，增加爆区，合理组织交叉作业和流水作业，严格控制关键工序的进展。

（3）水泥皮带运输廊道紧邻场地平整开挖区域，最近处距离廊道仅为 1 m。同时，受工业场地限制，皮带廊道下方边坡治理区域水平距离不足，按照原设计方案开挖施工会超红线范围。设计变更后台阶高度由 15 m 变更为 30 m。治理区边坡支护强度提高，施工工艺复杂，施工难度加大。因此设计方案中采用机械开挖方式处理距离廊道 1~10 m 范围内土石方，距离廊道为 10~50 m 范围内石方采用控制爆破方式进行开挖。同时对廊道下方边坡采取钢筋预拉混凝土面板墙+钢筋预拉混凝土支柱+锚网喷支护的联合支护方式进行加固处理。

（4）本工程土方开挖约 25 万立方米，石方开挖约 222.5 万立方米，坡脚排水沟 2135 m，平台排水沟 1501 m，截水沟 675 m，急流槽 608 m，沉淀池 15 个。

图 3　南方水泥输送带廊道

图 4　南方水泥输送带廊道及边坡治理区域

施工工期仅为 6 个月。需要投入大量不用工种，大量钻孔设备、挖运设备等，组织协调工作巨大，需要更加严谨科学的管理组织机构才能完成任务。

3　爆破方案选择

设计拟采用深孔爆破。场平主爆区深孔爆破台阶高度为 15 m，临近皮带廊爆区最终台阶高度为 30 m，采取分层开挖，每层高度 15 m。深孔爆破采用 ϕ115 mm

潜孔钻机钻孔，梅花形布孔、竖直钻孔；为减弱爆破对预留边坡的影响，靠近边坡部位布置缓冲孔，临近设计边坡线 10~20 m，采用控制爆破，利用光面爆破技术，多打孔，少装药，同时预留保护层厚度 30~50 cm 辅以机械修整。到界边坡爆破采取主爆孔+缓冲孔+光爆孔的布置方式，炮孔采用三角形布置，共布置两排主爆孔、两排缓冲孔、一排光爆孔，其中第二排缓冲孔和光爆孔均采用倾斜布置同时适当降低单位炸药消耗量，减少爆破孔网参数；最终台阶坡面采用光面爆破，ϕ90 mm 潜孔钻机钻孔，ϕ32 mm 2 号岩石乳化炸药，使用导爆索引爆。爆破网路采用数码电子雷管起爆网路，精确控制延时时间，确保爆破网路精准可靠。

4　爆破参数设计

爆破参数的确定采用理论计算法、工程类比法与现场试爆相结合，在保证爆破振动速度符合安全规定的前提下，提高爆破施工质量和施工进度。

4.1　主爆区爆破参数设计

表 1 为不同开采高度主要爆破参数。

表 1　不同开采高度主要爆破参数选取

开采高度 /m	超深 /m	炸药单耗 /kg·m^{-3}	炮孔倾角 /(°)	孔深 /m	孔距 /m	排距 /m	单孔装药量 /kg	装药长度 /m	填塞长度 /m
5	1.0	0.35	90	6	3.3	2.7	15	1.5	4.5
6	1.0	0.35	90	7	4	3.1	24	2.5	4.5
7	1.0	0.35	90	8	4.3	3.5	32	3.5	4.5
8	1.0	0.35	90	9	4.6	3.6	44	4.5	4.5
9	1.0	0.35	90	10	4.8	3.8	52	5.4	4.6
10	1.0	0.35	90	11	5	3.9	64	6.5	4.5
11	1.5	0.35	90	12.5	5.2	4.2	79	8.0	4.5
12	1.5	0.35	90	13.5	5.3	4.2	88	8.9	4.6
13	1.5	0.35	90	14.5	5.4	4.2	96	9.8	4.7
14	1.5	0.35	90	15.5	5.5	4.3	108	11.0	4.5
15	1.5	0.35	90	16.5	5.5	4.3	120	11.9	4.6

孔内装乳化炸药，采用连续耦合装药，孔深超过 10 m 的设置 2 个起爆药包，分别放置在药柱上、下部各三分之一的位置，每孔装 2 发起爆雷管；孔深小于 10 m 的装填 1 个起爆药包，放置在药柱中间，装填 1 发起爆雷管；起爆药卷采用二号岩石乳化炸药，药卷直径为 ϕ90 mm，如图 5 所示。表 2 为深孔爆破参数。

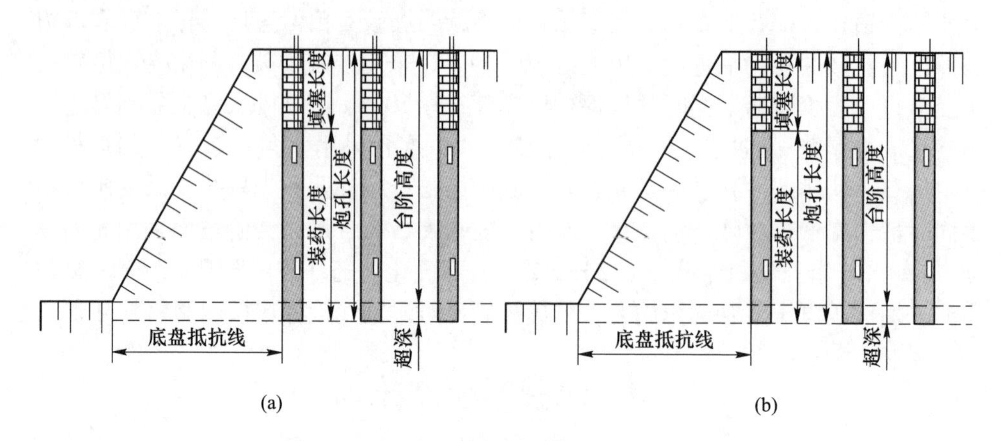

图 5　爆破装药结构

（a）孔深超过 10 m 的炮孔；（b）孔深小于 10 m 的炮孔

表 2　深孔爆破参数汇总

序号	基本参数	单位	炮孔参数	备注
1	台阶高度 H	m	15	
2	孔径 D	mm	115	
3	钻孔倾角 θ	(°)		钻垂直孔
4	超深 h	m	0. 5~1. 5 m	
5	钻孔深度 L	m	15. 5~16. 5	
6	孔间距 a	m	5. 0~5. 5	
7	排间距 b	m	3. 0~3. 5	
8	底盘抵抗线 $W_{底}$	m	4. 0~4. 5	
9	单耗	kg/m^3	0. 30~0. 40	
10	单孔装药量 Q	kg	105	前排
11	单孔装药量 Q	kg	115	后排
12	填塞长度 $L_{堵}$	m	4. 0~4. 5	$L_{堵}>W_{底}$

4. 2　临近设计边坡爆破参数设计

4. 2. 1　炮孔布置

边坡爆破采取主爆孔+缓冲孔+光爆孔的布置方式（图 6），炮孔采用三角形布置，共布置两排主爆孔、两排缓冲孔、一排光爆孔，其中第二排缓冲孔和光爆孔均采用倾斜布置（图 7）。临近最终边坡施工时，为减小爆破振动对边坡的影响，炮孔直径改为 ϕ90 mm。图 8 为炮孔布置示意图。

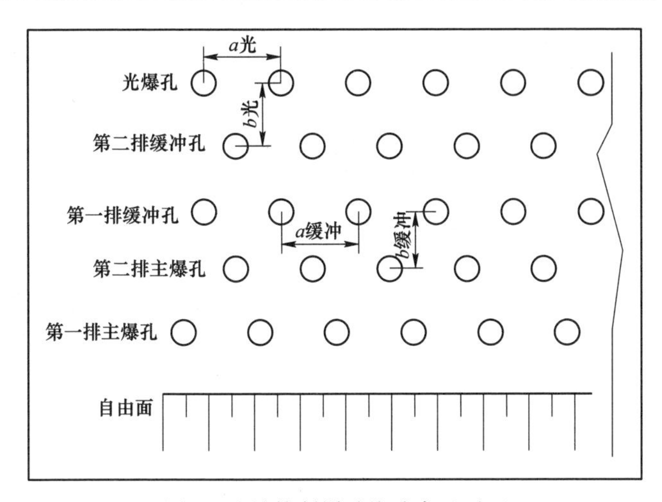

图 6　边坡控制爆破炮孔布置平面

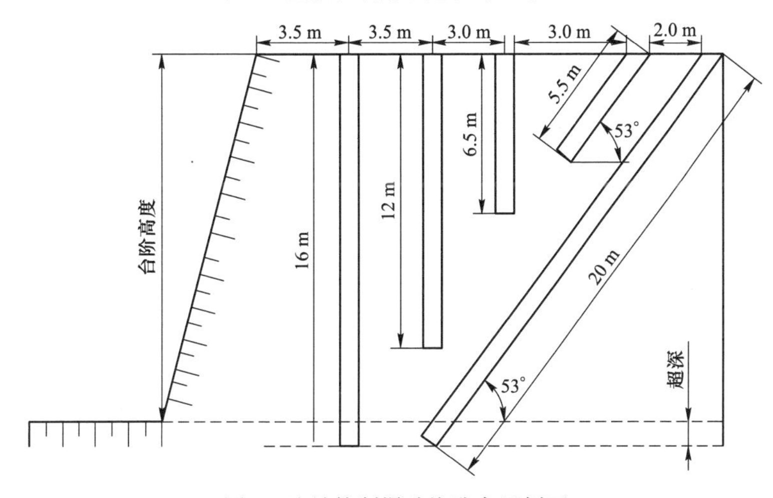

图 7　边坡控制爆破炮孔布置剖面

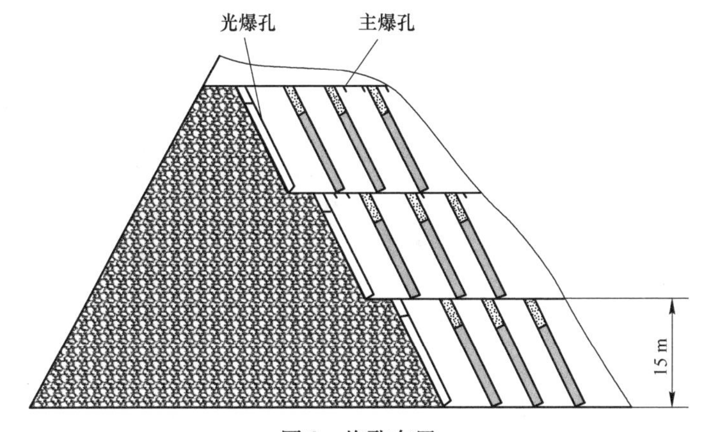

图 8　炮孔布置

4.2.2　缓冲孔爆破参数

缓冲孔爆破参数见表3。

表3　临近设计边坡爆破参数汇总

序号	参数名称	单位	主爆孔		缓冲孔		光爆孔	备注
			第一排	第二排	第一排	第二排		
1	钻孔直径 D	mm	90	90	90	90	90	
2	炸药单耗 q	kg/m^3	0.35	0.35	0.25	0.25	0.25	试爆后进一步调整
3	炮孔倾角 α	(°)	90	90	90	53	53	
4	排距 b	m	3.5	3.7	3.0	3.0	2.0	
5	炮孔间距 a	m	4.1	4.1	3.3	3.3	1.2	
6	不耦合装药系数		1	1	1.3	1.3	2.8	
7	炮孔长度 L	m	16	12	6.5	5.5	20	
8	单孔装药量	kg	75	50	12.5	7.5	9.6	
9	装药长度	m	11.8	7.8	2.5	1.5	18.5	
10	填塞长度	m	4.2	4.2	4	4	1.8	

4.2.3　光面爆破孔爆破参数计算

光面爆破参数见表4。

表4　光面爆破参数

参数	符号	单位	取值范围	备　注
孔深	L	m	同边坡长度超深0.3 m	导爆索 竹片 堵塞段 顶部装药段 中部装药段 底部装药段
孔径	D	mm	90	
孔距	a	m	1.0~1.2	
距前排距	b	m	2.0~2.5	
药卷直径	D	mm	32	
不耦合系数		mm	2.0~5.0	
线装药密度		g/m^3	450~530	
顶部装药密度		g/m^3	265~350	
堵塞长度	L_c	m	$L_{堵}$ ≮1.5 m	
钻孔倾角	α	(°)	同边坡坡度	

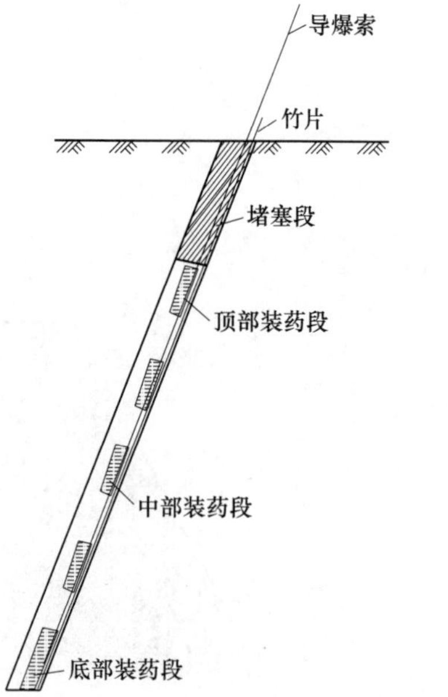

4.2.4 装药结构

4.2.4.1 主爆孔装药结构

光面爆破的主爆孔装药结构与主爆区深孔爆破装药结构相同，均采用连续耦合装药结构，孔内装填铵油炸药，采用直径32 mm的二号岩石乳化炸药作为起爆药包，第一排主爆孔设置2个起爆药包，分别放置在药柱上、下部各三分之一的位置，每孔装2发起爆雷管；第二排主爆孔装填1个起爆药包，放置在药柱中间，装填1发起爆雷管。

4.2.4.2 缓冲孔装药结构

缓冲孔采用连续不耦合装药结构，孔内装填直径70 mm的二号岩石乳化炸药，每个炮孔使用1发起爆雷管。

4.2.4.3 光爆孔装药结构

光爆炮孔采用直径32 mm的二号岩石乳化炸药，药卷质量为300 g。采用不耦合装药结构，装药时将单卷炸药卷固定在竹片上，用导爆索将所有炸药卷串联起来，炸药卷要紧靠导爆索，最后顺往孔内，顶上未装药部分用岩粉填塞，用数码电子雷管在上部减弱段引爆导爆索。

孔底段加强装药，中间正常装药，孔口段减弱装药，见表5。

各段装药长度、装药量及装药结构如图9、图10所示。

表5　光爆孔装药结构参数

序号	名称	装药长度/m	线装药密度/kg·m^{-3}	装药量/kg
1	底部加强段	1.5	1.2	1.8
2	中部正常段	15.5	0.48	7.44
3	上部减弱段	1.5	0.24	0.36
合计		18.5		9.6

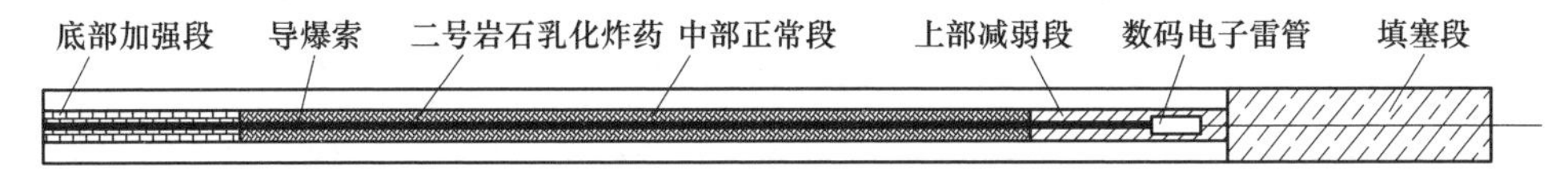

图9　光面爆破装药结构平面

4.3 运输皮带廊道边坡治理区域爆破参数设计

该区域分3个爆区，爆区距离廊道25~50 m范围，采用中深孔爆破，钻孔直径选择为90 mm，爆破参数参照临近设计边坡爆破参数；爆区距离廊道10~25 m，采用浅孔爆破，参数见表6，钻孔直径选择为40 mm；1~10 m开挖区采用机械开挖。

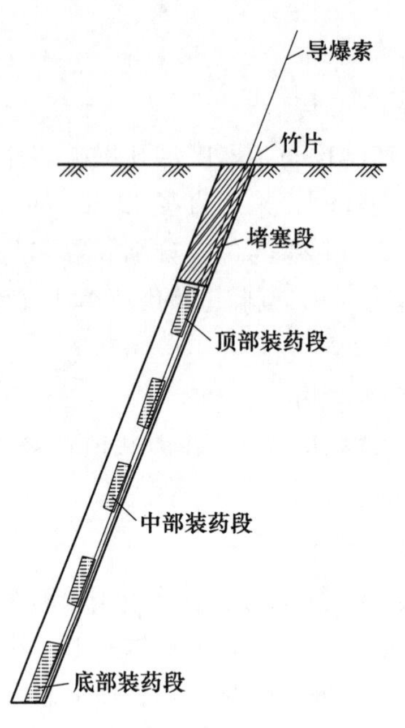

图 10　光面爆破装药结构剖面

表 6　浅孔台阶爆破参数（$D=40$ mm、$q=0.35$ kg/m^3）

台阶高度 H/m	最小抵抗线 W/m	超深 Δh/m	孔距 a/m	排距 b/m	装药长度 L_1/m	填塞长度 L_1/m	单孔装药 Q/kg
1.0	0.6~0.8	0.2	0.7~0.9	0.5~0.7	0.2	1.0	0.2
1.5	0.8~0.9	0.2~0.4	0.9~1.1	0.7~0.9	0.4~0.5	1.1~1.2	0.4~0.5
2.0	0.9~1.0	0.2~0.4	1.0~1.2	0.8~1.0	0.6~0.8	1.4~1.6	0.6~0.8
2.5	1.0~1.2	0.3~0.5	1.0~1.2	0.9~1.1	0.9~1.1	1.6~1.8	0.9~1.1
3.0	1.0~1.2	0.3~0.5	1.1~1.3	0.9~1.1	1.1~1.5	2.0~2.2	1.1~1.5
3.5	1.0~1.2	0.3~0.5	1.2~1.4	1.0~1.2	1.5~2.0	2.0~2.5	1.5~2.0
4.0	1.0~1.2	0.4~0.5	1.3~1.5	1.1~1.3	2.0~2.5	2.0~2.5	2.0~2.5
4.5	1.0~1.2	0.5	1.3~1.5	1.1~1.3	2.4~3.0	2.0~2.5	2.4~3.0

采用电子雷管的延期起爆网路，为确保起爆安全，设计时应遵循“孔间延时小于排间延时”的规律，孔间延时为 17 ms，排间延时为 42 ms。

5　爆破效果与监测成果

现场爆破振动监测数据和现场检查显示，爆破振动有害效应都控制在允许范围内，有效地控制了爆破飞石，爆破振动控制在安全范围内。爆破后边坡稳定性良好，爆堆松散，块度均匀，铲装无根底，易于清碴，达到了预期爆破效果。

6　经验与体会

基于高陡边坡场地平整及边坡防护工程，对节理发育边坡及高边坡稳定性进行了分析。整体采用爆破削坡方式，采取对应的边坡防护措施，对复杂环境条件下的节理发育边坡及高边坡场地平整项目进行了有效防护，通过现场精细管理、精心施工，实现预期边坡治理效果，获评2021年度中国爆破行业协会样板工程。

对于临近高陡边坡区域的爆破，在充分了解爆破区域地质条件、地貌特征的基础上，通过优化爆破参数、精细施工管理等综合措施，可以达到提高爆破质量、保证安全生产的目标。针对本项目的施工难点以及建设单位的工程进度计划安排。对场地平整及边坡防护工程进行了精心设计，最终确定了深孔台阶控制爆破。为实现边坡开挖的稳定，通过设计预留层和合理的排间药量，实现了对边坡的控制爆破。此次爆破通过内部先行爆破创造自由面、临近设计边坡孔加密和减药等综合爆破措施，有效地控制了爆破飞石，爆破振动控制在安全范围内。爆破后边坡稳定性良好，爆堆松散，块度均匀，铲装无根底，达到了预期爆破效果（图11、图12）。

本工程成功实践成果可为类似工程在复杂环境、工期紧张条件下进行合理的爆破参数设计及安全防护措施提供参考。

图11　防护后高陡边坡现状（一）

图 12　防护后高陡边坡现状（二）

工程获奖情况介绍

该工程获中国爆破行业协会“部级样板工程”（2021 年）。

大苏计钼矿 500 万吨/年露天采剥爆破工程

工程名称： 大苏计钼矿 500 万吨/年露天采剥爆破工程
工程地点： 内蒙古自治区卓资县大榆树乡大苏计村
完成单位： 鸿基建设工程有限公司
完成时间： 2019 年 8 月 ~2021 年 8 月
项目主持人及参加人员： 董云龙　林沅棒　董明明　陈怀宇
撰 稿 人： 郑上建

1　工程概况及环境状况

内蒙古中西矿业大苏计钼矿属改扩建工程，开采方式为露天开采，原生产规模 300 万吨/年，扩建后增加为 500 万吨/年。大苏计钼矿位于内蒙古乌兰察布市卓资县大榆树乡，矿区岩体完整性较差，属软化岩石，易受水泡和爆破振动影响。

矿区内主要岩石种类为花岗岩、花岗斑岩，其中，顶底板为花岗岩，含矿体为花岗斑岩，整体为半坚硬-坚硬岩组。但表层风化带、构造破碎带岩体完整性差，属软化岩石，边坡稳定性差，易受水泡和爆破振动影响。

矿区 500 m 范围内无重要建（构）筑物，但露天开采已进行数年，局部已形成边坡，在采剥爆破中边坡对爆破振动要求高。靠帮时对预裂爆破要求高。采场周边环境简单，厂区位于采场西北约 510 m 处。

2　工程特点、难点

（1）矿区岩体完整性较差，属软化岩石，易受水泡和爆破振动影响。

（2）矿区开采已进行数年，局部已形成高边坡，在后续采剥爆破中边坡对爆破振动要求高。

（3）靠帮时对预裂爆破要求高。

3　爆破方案选择及设计原则

3.1　基本要求

（1）爆破施工过程中对周边植被、人员、设施等环境的影响控制在安全允许范围内。

（2）爆破矿岩块度、堆积高度满足装运要求。

（3）边坡控制：稳定、平整、美观。

3.2 爆破设计方案

本工程采用深孔松动控制爆破的方法，设计台阶高度 15 m，采用 140 mm 钻机钻孔、多排微差延时爆破、电铲铲装废石，液压铲铲装矿石的采剥方法，靠帮时采用预裂爆破。在施工过程中通过控制最大单响药量，同时进行爆破测振，确保最终边坡的稳定。

4 爆破参数设计

4.1 主炮孔爆破参数

根据矿山开发利用方案和现场设备配置，深孔爆破参数见表 1。

表 1　主炮孔爆破设计参数汇总

序号	基本参数	单位	数量	备注
1	台阶高度 H	m	15.0	
2	孔径 d	mm	140	主炮孔
3	炸药单耗	kg/m^3	0.52	
4	超深 h	m	1.5	
5	钻孔深度 L	m	$H/\sin\alpha+h$	
6	孔距 a	m	4.0	
7	排距	m	5.0	
8	底盘抵抗线 W	m	6.0	
9	堵塞长度	m	2.5	
10	单孔装药量	kg	171.6	前排炮孔应增加 10% 装药量，单孔药量为 188.76 kg

4.2 预裂孔爆破参数

矿山局部形成了永久边坡，表层岩体破碎，属软化岩石，对爆破振动极敏感，临近最终边帮采用预裂爆破，装药结构形式采用聚能管爆破技术，设计参数见表 2。

表 2　预裂爆破设计参数汇总

序号	基本参数	单位	数量	备注
1	台阶高度 H	m	15	
2	孔径 d_p	mm	90	缓冲孔和光面孔
3	钻孔倾角 α	(°)		按设计坡率确定
4	超深 h	m	0.5	
5	钻孔深度 L_p	m	$(10\sim20)d_p$	
6	孔距 a_p	m	1.2	
7	线装药密度 q_l	kg/m	0.68	依爆破效果调整
8	药卷直径	mm	32	不耦合装药
9	堵塞长度	m	2.1	

5　爆破安全设计

根据爆破振动验算，当最大单响药量为 150~400 kg 时，厂区所在位置爆破振动速度始终处于允许振速值以下，爆破振动不会对厂区建（构）筑物产生影响。临近最终边坡 25 m 时单响最大允许药量为 50 kg。因此，在临近最终边坡进行爆破时，为保证边坡安全，必须采取控制爆破措施，并限制最大单响药量。

爆破采用导爆索加数码电子雷管孔内延时毫秒微差。预裂孔超前于主炮孔起爆，提前的时间为 100~150 ms，但是在岩石含水量较多或在岩石比较松软的情况下，水和细块岩石易充填预裂缝，降低预裂缝的作用，在这种情况下预裂孔可超前主炮孔 50~100 ms 起爆。缓冲孔和主炮孔为逐孔起爆，时差 25 ms，排间 65 ms。

特别需要注意的是，在临近永久高边坡爆破中，当距离为 25 m，最大允许单响药量为 50 kg，即预裂孔单孔药量为 10 kg 时，单响起爆预裂孔数应控制在 5 个以下。当达到 50 m，最大允许单响药量为 400 kg，预裂孔单孔药量为 10 kg 时，单响起爆预裂孔数应控制在 40 个以下。

6　爆 破 施 工

在预裂爆破中，为提高爆破效果，使用了聚能管爆破技术，药卷置于聚能管内，既能确保线装药密度符合设计又能充分利用聚能射流原理切割岩石，使爆破面更平整。

聚能管爆破技术，又称聚能切缝爆破技术，是爆破工程技术人员在总结长期爆破经验的基础上，提出的光面爆破方法，在矿山浅孔、深孔井巷掘进、桥墩拆除、地基拆除等爆破工程中得到了广泛的应用。聚能切缝爆破的原理，在于将炸药爆炸时释放的能量沿着切缝槽穴汇聚成聚能流，在其槽穴口附近产生超高压、超高速的高温射流，使其具有极强穿透能力，对岩石介质产生更为理想的切割效果。

聚能切缝管是利用轴向有切槽的硬质管（通常为 ABS 塑料或 PVC 塑料），将药卷置于管内，再将装有炸药的切缝管放入炮孔中。当炸药引爆时，切槽处的岩石较早受到较大的爆炸载荷作用，导致切槽处径向裂缝的扩展优先于其他区域。

这种方法的优点在于，不需要预先减弱炮孔周边岩石的力学强度，而是利用特殊聚能管在爆轰产物作用下产生的局部应力集中控制特定区域裂缝的扩展，可降低工人劳动强度并产生较好的切割效果。大苏计钼矿预裂爆破中使用了 PVC 聚能管，大大提高了预裂爆破后台阶坡面的平整度，如图 1 所示。

图 1　技术人员进行聚能管预裂爆破施工

7　爆破效果与监测成果

7.1　技术效果

本工程在爆破设计前，首先勘察爆区内岩性、岩组、裂隙发育情况，根据矿岩特性设计孔网参数，指导凿岩，同时记录好爆破参数、矿岩特性等设计要素。爆破作业完成后，统计块度、根底、大块率、爆破振动等结果要素，将设计要素与结果要素建立对应模型，并构建爆破参数-爆破质量数据库，在生产中不断完善数据库，形成设计-反馈机制，为后续爆破设计提供依据。

经过动态优化的爆破设计，适应了采场复杂多变的地质、岩石等条件，爆破后块度均匀（图 2），爆堆集中，易于铲装。

图 2　爆破后块度均匀、大块率低

由于采用了聚能管爆破技术，采场边坡平整，稳定性较好（图 3），有效降低了边坡维护费用。

图 3　采用聚能管爆破技术后形成的平整边坡

7.2　经济效果

大苏计钼矿从 2021 年起，每年可生产钼精矿 11500 t，营业收入 8 亿~10 亿元，利润约 2 亿元，上缴税金约 2 亿元，带动约 1000 人就业。本工程采用多项先进爆破施工及管理技术，保质保量完成了采剥爆破，炸药单耗比原来降低 0.2 kg/m^3，大块率降低约 11%，年创造经济效益可达 900 余万元，取得了良好的经济效益。

8　经验与体会

本工程采用了精细化施工管理措施以及先进的聚能管爆破技术，在露天矿爆破中取得了良好的应用效果，相关技术可在同类矿山，尤其是边坡稳定性要求高的矿山中推广应用，提高爆破质量和边坡安全水平。

随着国内大型露天矿开采深度的增加，边坡安全至关重要，先进的预裂爆破技术应用前景十分广泛。同时应认识到，聚能管爆破技术的机理仍需要进一步揭示，其装药自动化水平较低，未来可在机理研究和自动化装药上重点发展。

工程获奖情况介绍

该工程获中国爆破行业协会“部级样板工程”（2021 年）。

深水条件下深厚软土地基的爆破挤淤处理技术

工程名称：舟山市沥港渔港东防波堤工程
工程地点：舟山市定海区金塘镇
完成单位：浙江省围海建设集团股份有限公司
完成时间：2009年11月25日~2012年6月30日
项目主持人及参加人员：俞元洪 吴良勇 许松节
撰 稿 人：俞元洪 吴良勇

1 工程概况

1.1 工程简介

舟山市沥港渔港建设工程位于舟山市定海区金塘镇西北部，包含防波堤两条，其中东防波堤全长2180 m，采用斜坡式方案，堤心为抛填块石混合料，护面块体采用四脚空心块和大块石，地基处理采用爆炸挤淤方案。

1.2 潮位和工程地质

1.2.1 潮位

工程海域重现期潮位见表1。

表1 沥港设计水位 (m)

站 名	重现期高潮位		重现期低潮位	10%设计高潮位	90%设计低潮位
	50年一遇	2年一遇	50年一遇		
沥港	3.58	2.55	-2.36	2.05	-1.43

1.2.2 工程地质

本工程地基土层可分为8层，自上而下为：

第1层，淤泥质粉质黏土：饱和、流塑，局部为淤泥，韧性软，干强度中。$w=53.8\%$；快剪指标 $C=5.6$ kPa；$\phi=5.3°$。

第2层，淤泥质粉质黏土：饱和，流塑，局部粉土、粉砂夹层较多，韧性软，干强度中。$w=42.0\%$；快剪指标 $C=9.8$ kPa；$\phi=9.5°$。

第3层，砂质粉土：饱和，稍密，局部粉质黏土及淤泥质土，韧性软，干强度低。$w=33.7\%$；快剪指标 $C=10.6$ kPa；$\phi=16.6°$。

第 4 层，粉质黏土夹粉砂（mQ4）：饱和，稍密，夹淤泥质粉质黏土，韧性软，干强度低。$w=32.1\%$；快剪指标 $C=7.5$ kPa；$\phi=17.4°$。

第 5 层，淤泥质黏土：饱和、流塑、局部为黏土，韧性软，干强度高。$w=40.9\%$；快剪指标 $C=13.2$ kPa；$\phi=9.4°$。

第 6 层，黏土：饱和，可塑~硬塑，韧性很硬，干强度硬。$w=26.2\%$；快剪指标 $C=22.3$ kPa；$\phi=22.3°$。

第 7 层，粉质黏土：饱和，可塑，干强度中~高。$w=29.3\%$；快剪指标 $C=21.4$ kPa；$\phi=17.9°$。

第 8 层，全~强风化晶屑溶解凝灰岩：凝灰质结构，块状结构，岩石风化强烈，局部原岩结构破坏，节理、裂隙很发育。

由以上地质资料可知，第 1~5 层土质较软，厚度为 11.0~19.7 m，需要进行处理；第 6~8 层土质强度较高，可作为本工程的持力层。

2 工程特点、难点

2.1 防波堤结构设计

本工程类别为沿海港口一般水工工程，东防波堤堤身结构为爆炸挤淤筑堤，两侧护面为 1 t 块石理砌和 1~2.5 t 四脚空心方块。防波堤堤顶标高 4.20 m，堤顶宽度为 15.80 m，落底高程−11.3~−27.70 m，落底宽度 22.43~44.51 m，其中外侧 DK0+300~DK1+000 段落内有两层平台，其他段落为一层平台。堤身典型设计断面图如图 1 所示，主要参数见表 2。

2.2 工程特点、难点

2.2.1 深水作业

工程地处深水海域，挤淤装药需要较深且距离堤头顶面较远，对装药设备提出更高要求。挖掘机改装静压装药机、汽车吊机改装装药机均满足不了本工程深水装药作业的要求。

2.2.2 地质条件复杂

土质以淤泥质粉质黏土为主，土的物理力学性质差，强度低。装药器上拔时，容易向上回带药包而造成埋药深度不够，导致抛石体不能落底，保证不了爆破挤淤的施工质量，这就要求装药设备改装时需解决药包回带的问题。

2.2.3 软基深厚

本工程爆破挤淤处理软基深厚，置换深度大，装药量大，振动波相应也较大，对周边环境影响也相应增大，从环境上对施工工艺提出了要求。

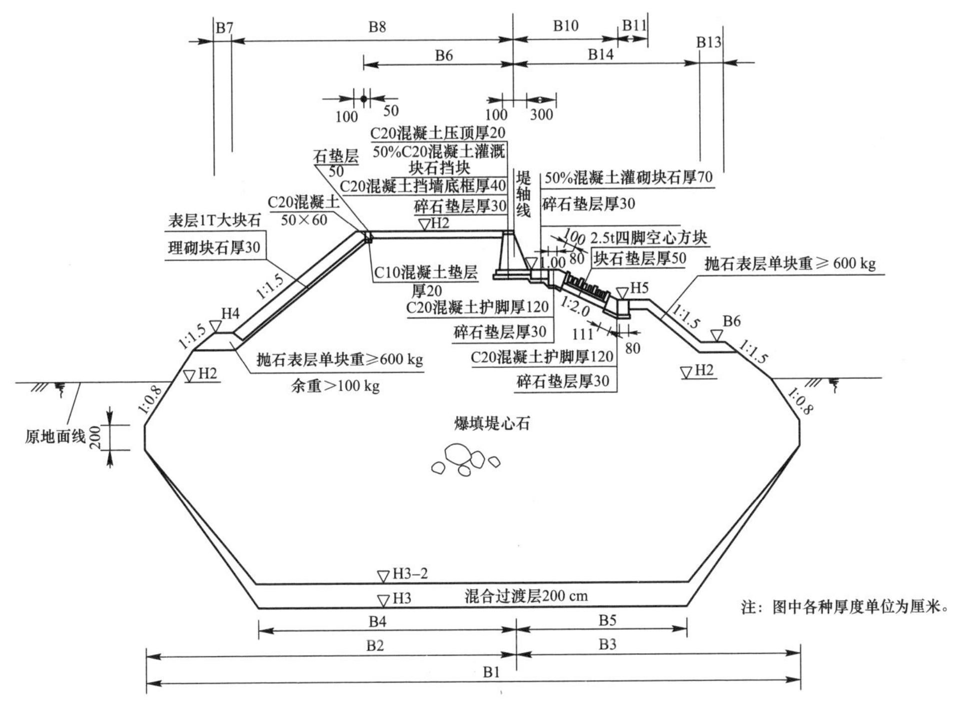

图 1　典型设计断面

表 2　防波堤结构设计参数

桩号	0+150	0+300	0+450	0+550	0+700	0+850	1+000	1+150	1+300	1+450	1+600	1+190	2+050
总宽度 B1	49. 25	65. 48	67. 29	67. 25	61. 62	59. 48	56. 03	49. 27	49. 25	49. 02	49. 09	38. 62	32. 62
内侧 B2	30. 92	37. 01	38. 07	38. 05	35. 42	34. 71	32. 81	30. 94	30. 92	30. 68	30. 79	25. 12	22. 13
外侧 B3	18. 33	28. 47	29. 22	29. 20	26. 20	24. 77	23. 22	18. 33	18. 33	18. 34	18. 30	13. 5	10. 49
顶宽度 B6	14. 80	14. 80	14. 80	14. 80	14. 80	14. 80	14. 80	14. 80	14. 80	14. 80	14. 80	13. 30	13. 30
落底宽度	37. 39	42. 90	44. 42	44. 51	38. 66	39. 78	31. 09	32. 53	30. 59	29. 36	29. 43	22. 43	22. 84
内侧 B4	24. 99	25. 72	26. 60	26. 68	23. 94	24. 86	20. 34	22. 57	21. 59	20. 85	20. 96	17. 03	17. 24
外侧 B5	12. 40	17. 18	17. 82	17. 83	14. 72	14. 92	10. 75	9. 96	9. 0	8. 51	8. 47	5. 40	5. 60
顶面高程 H1	4. 20	4. 20	4. 20	4. 20	4. 20	4. 20	4. 20	4. 20	4. 20	4. 20	4. 20	3. 50	3. 50
泥面高程 H2	−4. 00	−8. 00	−8. 45	−8. 00	−7. 00	−6. 00	−5. 00	−4. 00	−4. 00	−3. 65	−3. 00	−1. 60	−0. 30
落底高程 H3	−17. 10	−26. 70	−27. 70	−27. 70	−25. 70	−24. 10	−22. 10	−19. 60	−20. 60	−21. 10	−21. 10	−17. 70	−11. 30
泥深	13. 10	16. 70	19. 25	19. 70	18. 70	18. 10	17. 10	15. 60	16. 60	17. 45	18. 10	16. 10	11. 00

续表 2

桩号	0+150	0+300	0+450	0+550	0+700	0+850	1+000	1+150	1+300	1+450	1+600	1+190	2+050
内侧平台高程 H4	-0. 20	-4. 00	-4. 00	-4. 00	-3. 20	-1. 50	-1. 50	-0. 20	-0. 20	-0. 20	-0. 20	+1. 30	+1. 80
宽度 B7	2. 00	2. 00	2. 00	2. 00	2. 00	2. 00	2. 00	2. 00	2. 00	2. 00	2. 00	2. 00	1. 50
位置 B8	22. 40	28. 10	28. 10	28. 10	26. 88	24. 35	24. 35	22. 40	22. 40	22. 40	22. 40	17. 60	16. 85
外侧 1 平台高程 H5	-1. 50	-1. 50	-1. 50	-1. 50	-1. 50	-1. 50	-1. 50	-1. 50	-1. 50	-1. 50	-1. 50	+0. 00	+0. 50
宽度 B11	1. 50	3. 00	3. 00	3. 00	3. 00	3. 00	3. 00	1. 50	1. 50	1. 50	1. 50	1. 50	2. 10
位置 B10	10. 53	10. 53	10. 53	10. 53	10. 53	10. 53	10. 53	10. 53	10. 53	10. 53	10. 53	6. 50	5. 25
外侧 2 平台高程 H6		-5. 00	-5. 00	-5. 00	-5. 00	-3. 00	-2. 50						
宽度 B13		2. 30	2. 30	2. 30	2. 30	0. 90	1. 20						
位置 B14		18. 78	18. 78	18. 78	18. 78	15. 78	15. 03						

注：表中数字单位均为 m。

3　爆破挤淤施工

3.1　爆破方案选择

本工程软基处理采用水下爆破挤淤，具体抛填和爆破挤淤推进如图 2 所示。

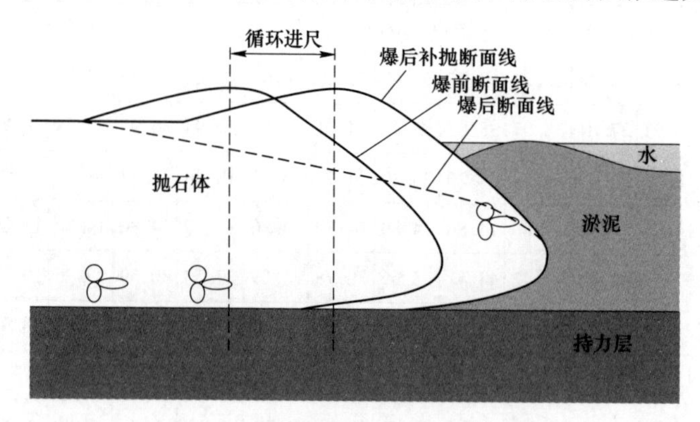

图 2　爆前、爆后及循环抛填断面

3.2　施工工艺流程

深水条件下深厚软土地基爆破挤淤施工具体流程，如图 3 所示。

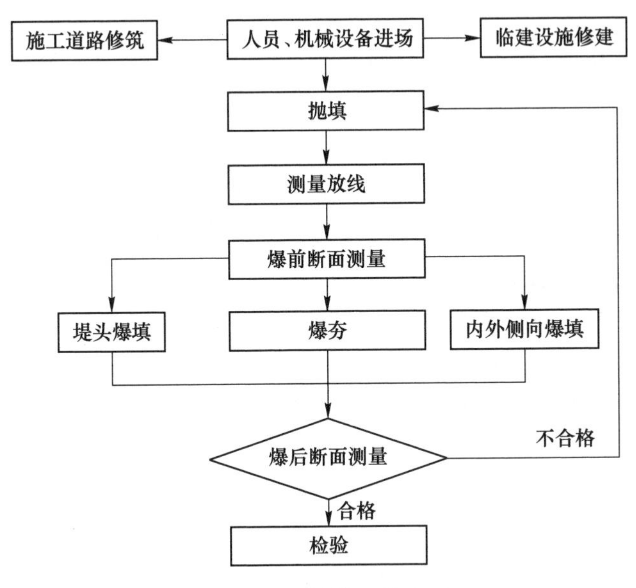

图 3　爆破挤淤工艺流程

3.3　抛填参数控制

抛填参数的设计是爆破挤淤达到设计断面要求的关键因素，爆破挤淤要强调爆炸载荷的作用，同时要保证在挤淤时有充足的石料，并尽可能地防止超出设计断面，因此抛填高程、宽度、进尺等参数的控制尤其关键。根据设计断面形状，抛填采用“堤身先宽后窄”的方法，爆炸处理时包括堤头爆填、侧向爆填和两侧坡脚爆夯的工序施工，其中堤头爆填后水下平台宽度一次到位，而爆后补抛时堤身缩窄以控制方量，尽量减少埋坡工作量，当堤头推进一段距离后进行侧爆，再在两侧坡脚爆夯。根据以往的工程施工经验，堤头爆填的影响距离为 30~40 m，因此侧爆与两侧坡脚爆夯的跟进需滞后堤头 50 m 以上，一次处理长度一般为 40~60 m。坡脚爆夯后，即可进行埋坡和护底块石抛填等工序。抛填中大块石尽量抛在堤身外侧，以防浪冲刷。

3.3.1　抛填高程的控制

根据土工计算原理和堤身设计高度，经过理论分析计算，确定堤身抛填高度。设计原则是：在方便堤面施工、施工期高潮位时堤顶不过水、爆后堤顶不超高的前提下，抛填高度应尽量高，以最大限度地达到挤淤效果；同时要考虑减少平台上多余石方量，综合多方面因素，取抛填高程为+4.0 m。

3.3.2　抛填宽度的控制

在深厚淤泥中平台的形成必须在堤头爆填时一次到位，通过侧爆向两侧拉宽平台的作用是有限的，因此在堤头爆填时就要严格控制抛填的宽度。抛填宽度的计算取决于以下几个因素：断面总的宽度、抛填高程、泥面高程等参数，同时需要兼顾抛填车辆通行。

泥面高程包括挤出的淤泥包，淤泥包的高低对抛填宽度的影响至关重要，同时它本身也受风浪、潮流等因素制约，是个不确定的条件，现场施工时应随时测量它的变化，并根据它的变化对抛填宽度进行相应的调整。

3.3.3　抛填进尺的控制

抛填进尺过短易造成坡上大量重复抛填，进尺太长对堤身落底有影响，应综合考虑实际的地质情况，施工状况和坡上重复抛填情况，决定进尺长度。

根据以上抛填参数控制要求，确定了各设计段的抛填参数，具体见表 3。

表 3　各设计段抛填参数

桩号	爆前堤顶抛填宽度 /m		抛填进尺 /m	爆前堤顶高程 /m	爆后堤顶抛填宽度 /m		爆后堤顶高程 /m
	内侧	外侧			内侧	外侧	
DK0+150	19	11	6	+4.0	16	4	+4.0
DK0+300	21	11	5	+4.0	16	4	+4.0
DK0+450	22	12	5	+4.0	16	4	+4.0
DK0+550	22	12	5	+4.0	16	4	+4.0
DK0+700	20	11	5	+4.0	16	4	+4.0
DK0+850	20	10	5	+4.0	16	4	+4.0
DK1+000	19	10	5	+4.0	16	4	+4.0
DK1+150	19	7	5	+4.0	16	4	+4.0
DK1+300	19	7	5	+4.0	16	4	+4.0
DK1+450	19	7	5	+4.0	16	4	+4.0
DK1+600	19	7	5	+4.0	16	4	+4.0
DK1+900	16	5	6	+3.5	16	4	+3.5
DK2+150	16	5	6	+3.5	16	4	+3.5

4　爆破参数及起爆网路设计

4.1　爆破参数设计

堤头爆填单位长度上药量计算见式（1）。

$$Q_1 = q_0 L_s H_m \tag{1}$$

式中　Q_1——线药量，kg/m；

q_0——爆炸挤淤单位体积淤泥的耗药量，kg/m^3；

L_s——每次推填的循环进尺，m；

H_m——置换淤泥层厚度，m。

影响爆破挤淤单位体积淤泥的耗药量系数 q_0 的因素很多，包括淤泥的物理力学指标、淤泥深度、石料块度情况、覆盖水深、炸药种类等。q_0 的确定需要综合考虑各种影响爆破效果的可能因素，同时借鉴其他类似工程的经验，本工程 q_0 取值范围应在 0.2~0.25。堤头爆破完成后，再进行一次侧爆和一次侧向爆夯，炸药参数根据经验进行取值。经计算，堤头爆破参数见表 4，侧爆参数见表 5，两侧爆夯参数见表 6。

表 4　堤头爆填参数设计

桩号	药包间距/m	单药包重/kg	药包个数/个	堤头两侧药包药量/kg	单炮药量/kg	导爆索用量/m
DK0+150	3	40	14	4×40	720	450
DK0+300	3	50	18	4×50	1100	550
DK0+450	3	50	19	4×50	1150	600
DK0+550	3	50	19	4×50	1150	600
DK0+700	3	50	16	4×50	1000	500
DK0+850	3	50	15	4×50	950	500
DK1+000	3	50	13	4×50	850	450
DK1+150	3	40	13	4×40	680	450
DK1+300	3	40	13	4×40	680	450
DK1+450	3	45	13	4×45	765	450
DK1+600	3	45	13	4×45	765	450
DK1+750	3	45	13	4×45	765	450
DK1+900	3	45	10	4×45	630	350
DK2+150	3	30	8	4×30	360	300

表 5　侧爆参数设计

桩号	单药包质量/kg	药包间距/m	药包距堤轴线距离内、外侧/m	一次爆炸长度/m
DK0+150	40	3	32、20	40~60
DK0+300	50	3	38、30	40~60

续表 5

桩号	单药包质量/kg	药包间距/m	药包距堤轴线距离内、外侧/m	一次爆炸长度/m
DK0+450	50	3	39、30	40~60
DK0+550	50	3	39、30	40~60
DK0+700	50	3	36、27	40~60
DK0+850	50	3	36、26	40~60
DK1+000	50	3	34、24	40~60
DK1+150	40	3	32、20	40~60
DK1+300	40	3	32、20	40~60
DK1+450	45	3	32、20	40~60
DK1+600	45	3	32、20	40~60
DK1+750	45	3	32、20	40~60
DK1+900	45	3	27、15	40~60
DK2+150	30	3	24、12	40~60

表 6　两侧爆夯参数设计

桩号	单药包质量/kg	药包间距/m	药包距堤轴线距离内、外侧/m	一次爆炸长度/m
DK0+150	30	3	23、11	40~60
DK0+300	30	3	29、19	40~60
DK0+450	30	3	29、19	40~60
DK0+550	30	3	29、19	40~60
DK0+700	30	3	27、19	40~60
DK0+850	30	3	25、16	40~60
DK1+000	30	3	25、16	40~60
DK1+150	20	3	23、11	40~60
DK1+300	20	3	23、11	40~60
DK1+450	20	3	23、11	40~60
DK1+600	20	3	23、11	40~60
DK1+750	20	3	23、11	40~60
DK1+900	10	3	18、7	40~60

4.2　起爆网路设计

由于淤泥厚，炸药用量大，为了降低水下爆破时产生的高压冲击波、强烈振动波及高分贝噪声，在本工程中采用导爆管雷管进行毫秒延时起爆，这样在总药量不变的情况下，大大降低了冲击波、振动波和噪声的强度，减少了对周边建筑物和海洋生物的影响。根据每次爆破的总药量，以爆破最小影响范围为基础（由附近建筑物及居民生活决定），确定爆破振动影响区域，再依次确定毫秒延时雷管的段别及单段药量。这样也大大降低了爆破对海洋生物的影响。毫秒延时起爆网路如图4所示。

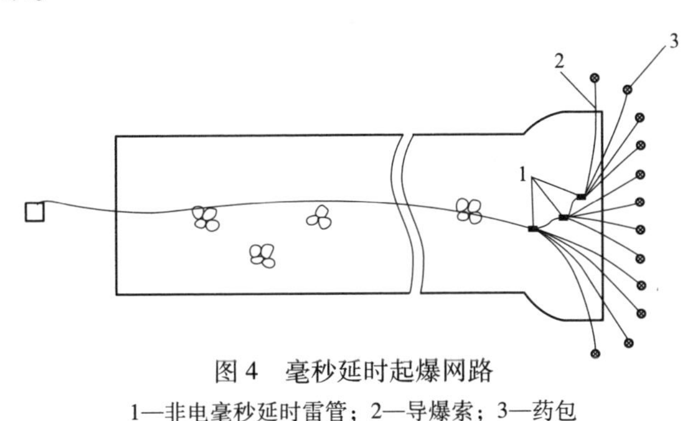

图4　毫秒延时起爆网路

1—非电毫秒延时雷管；2—导爆索；3—药包

5　爆破安全设计

在完成爆破作业、达到工程目的的同时，必须控制爆破可能引起的包括震动、个别飞散物、冲击波、噪声和爆炸产物等各种危害。

5.1　爆破对环境影响的控制要求

5.1.1　爆破振动安全允许距离

《爆破安全规程》（GB 6722—2003）提供了爆破振动安全允许距离的计算为：

$$R=\left(\frac{K}{v}\right)^{\frac{1}{\alpha}}\times Q^{\frac{1}{3}} \tag{2}$$

式中　R——爆破振动安全允许距离，m；

v——保护对象所在地振动安全允许速度，cm/s；

K——介质系数；

Q——一次同时起爆药量，kg，如分段起爆则为最大段的药量；

α——衰减系数。

注：$\rho=Q^{1/3}/R$，则 $v=K\rho^{\alpha}$；K 与 α 是由介质属性、爆破方式、地质地形条件决定的经验参数，根据《爆炸法处理水下地基和基础技术规程》，按表7取用。

表7　K、α 取值

爆区地质	爆破挤淤填石		爆破夯实	
	K	α	K	α
天然岩石地基	400	1.35	280	1.51
抛填强夯地基	500	1.43	530	1.82
抛填石料地基	450	1.65	550	1.85

本工程爆区地质为抛填石料地基，故取 $K=450$、$\alpha=1.65$，根据式（2）可计算出在不同药量、不同安全允许振速下建（构）造物的爆破振动安全允许距离，详见表8。

表8　不同安全允许振速下建（构）造物的安全允许距离

爆破类型	药量/kg	安全允许振速/cm · s^{-1}				
		1.0	2.0	3.0	4.0	7.0
爆破挤淤	300	271	178	139	117	83
爆破挤淤	450	310	204	159	134	95
爆破挤淤	600	342	224	175	147	105
爆破挤淤	800	376	247	193	162	115
爆破挤淤	1000	405	266	208	175	124
爆破挤淤	1200	430	283	221	186	132
爆破挤淤	1500	464	305	238	200	142

5.1.2　个别飞散物

爆炸处理软基筑堤施工时，个别飞散物的距离跟淤泥厚度、覆盖水深及装药量等有关。本工程覆盖水较深，根据类似工程经验，个别飞散物的距离一般不会超过100 m。本工程堤头、堤侧爆炸时最小安全距离取300 m，保证爆破施工安全。

5.1.3　冲击波

本工程由于是在海上爆炸，且药包被埋入深厚软土地基下，故空气冲击波的危害，可以不作考虑。

5.2　减少对环境影响的措施

在完成爆破作业、达到工程目的的同时，必须控制爆破可能引起的各种环境危害，包括振动、个别飞散物、冲击波、噪声、爆炸产物对海洋生物的影响等。随着国家进一步提倡节能环保，如何减少对环境的影响成为目前日益关注的社会问题。为了控制以上环境危害，本工程采用了毫秒延时爆破技术。

6　深水装药设计

6.1　设计原则

采用深水装药器装药，保证装药精度，确保爆破挤淤质量。

6.2　深水装药器设计

如何将炸药置放到深厚软土地基中设计要求的位置关系到爆破挤淤能否成功实施，根据本工程情况，装药设备考虑了4种比选方案：

（1）履带式直插装药设备。采用挖掘机改装，特点是：陆上装药，不受风浪影响；快速，堤头爆破一次循环作业时间1~1.5 h。适用于4~10 m厚度淤泥。

（2）振冲式装药设备。采用起重机配合装药器，特点是：陆上装药，不受风浪影响；堤头爆破一次循环作业时间1.5~2 h。适用于10~30 m厚度淤泥。

（3）吊架式装药设备。采用起重机配合装药吊架，特点是：陆上装药，不受风浪影响；堤头爆破一次循环作业时间约1 h；适用于有覆盖水深，5~10 m淤泥深度。

（4）船式装药设备。将装药设备置于船上，特点是：水上装药，受风浪影响；作业时间较长。适用于4~20 m淤泥深度。

根据本工程水深较大、软基深厚、堤身较宽、地质复杂等工程特点，选择了振冲式装药设备。在现有几种装药设备的基础上，结合水上打桩技术、爆破挤淤装药器技术、水上装药技术，进行设计研发，设计成果如下：

1）首先选择吊装能力大、且作业半径大的履带吊机进行装药吊运，以解决本工程药包较大、埋药位置距离堤头顶面较远的难题；在装药筒上安装振动锤，利用震动力量保障装药器的插拔力度，以解决本工程地质条件复杂难装药、且装药深的难题。本工程选择50 t履带吊机、装药筒、振动器和发电机等设备组成陆上振动成孔装药工艺设备。设备的主要性能指标为：履带吊机臂长30 m，发电机30 kW，振动锤15 kW，装药器长度20 m。

2）装药筒底部采用自动脱落反向门和定位装置，将药包在设计位置定位，阻止了药包的回带，保障埋药深度。装药筒底部为上倾30°的截面，反向门采用略大于套筒30°斜截面的椭圆结构，反向门一端与套筒底部顶点采用铰链连接，另一端与套筒用细铁丝相系。装药器布药时，套筒的30°斜面尖角便于装药器插入淤泥；装药器上拔时，套筒的反向门在淤泥的反向吸附力及淤泥的向下压力作用下克服细铁丝的连接而自动打开，使药包自动脱落。药包定位装置采用一个方轴连接两片定位板，其中一个采用螺丝连接，可以拆除，定位板为限位活动板，只能在水平向上至45°范围内自由旋转，整个定位装置可在套筒药包高度范围内沿轴向自由滑动。药包装入装药器后，药包定位装置安装在药包上方，装药器插入淤泥后，药包定位装置定位板受力上翻至45°，从而减少了定位板在淤泥中的阻力；装药器上拔时，在淤泥的反向吸附力作用下，定位板首先旋转至水平，来自淤泥对定位装置活动板的向下压力，药包定位装置连同药包被定位，随着装药筒不断上升，药包逐步脱出装药筒，后被软土吸附而定位在设计位置。至装药器最底端上升至定位装置高程，将其带回。

3）在装药筒外壁进行刻度标记，以保证装药器插设深度。装药筒底面为刻度起点0，向上以10 cm为最小单位进行标记。装药筒底面以上1.5 m处开炸药装入口，顶面以下0.5 m开导爆索纤绳出口。

深水装药机械如图5所示，装药器如图6所示。

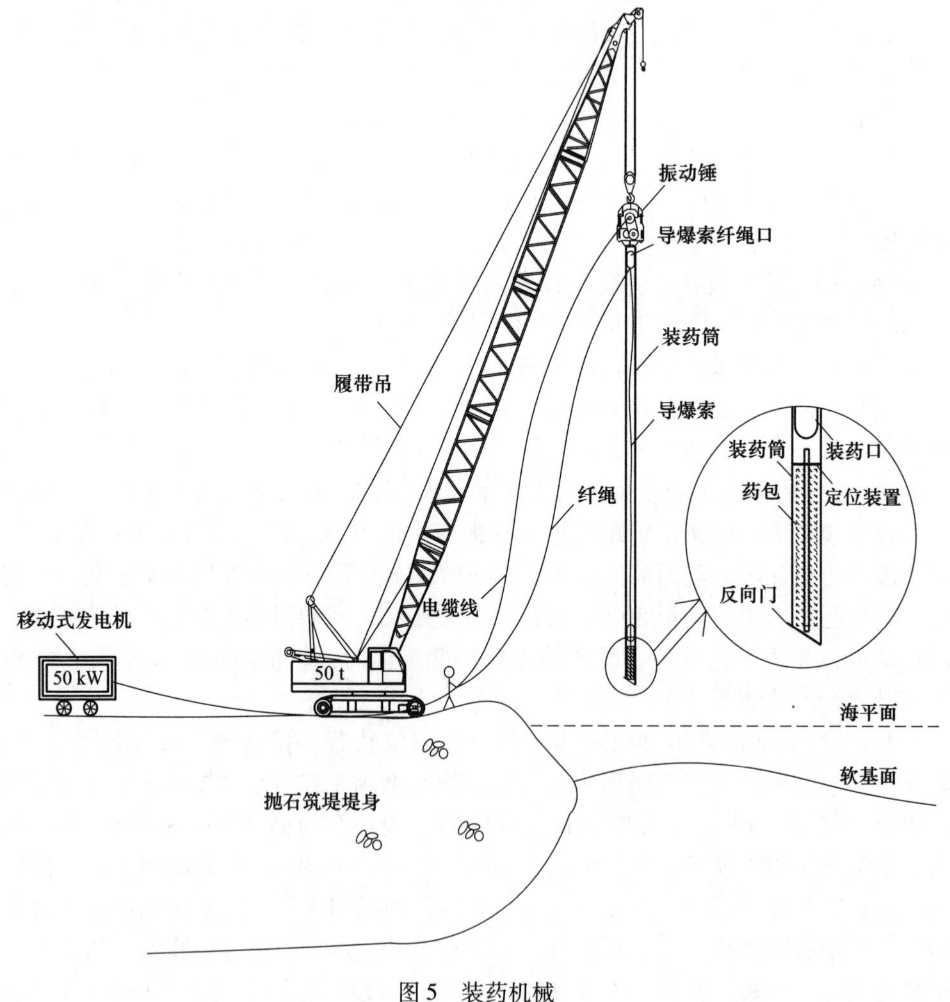

图5　装药机械

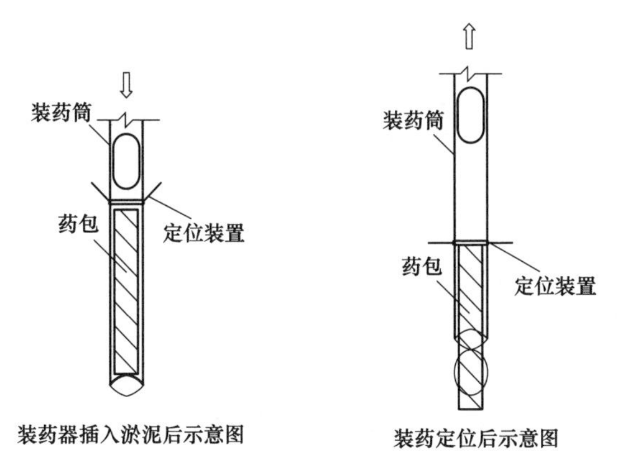

图6　装药器

6.3　深水装药工艺设计

6.3.1　技术工艺流程

深水爆破挤淤装药器装药工艺流程，如图7所示。

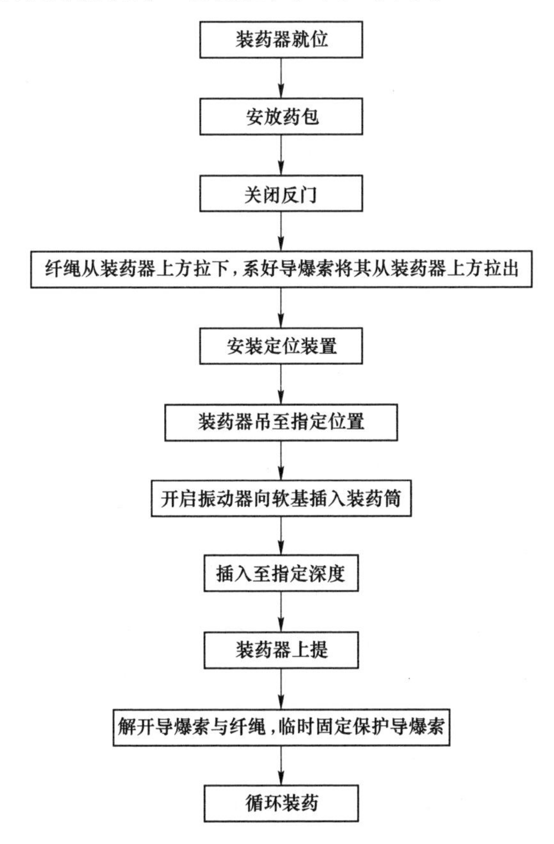

图7　深水爆破挤淤装药器装药工艺流程

6.3.2 主要装药工艺

(1) 药包安放，将炸药从装药口轻放装入，纤绳从装药筒导爆索出口拉下来，系上导爆索，将导爆索从装药筒拉出。

(2) 装药器插入，利用高压水枪对准药包设计位置喷射，吊机驾驶员将装药筒吊至喷水地点，开启振动锤，慢放履带吊吊钩，装药筒开始下沉，当装药器插设至设计深度时，履带吊停止下放吊钩。

装药器插入深度可计算为：

$$H = H_{设} + 1/2H_{药} \tag{3}$$

式中 H——装药器插入深度、即装药筒插设刻度线标高，m；

$H_{药}$——炸药药包高度，m；

$H_{设}$——药包设计埋入深度，m，按表9选取。

表9 药包设计埋入深度

覆盖水深/m	<2	2~4	>4
埋入深度/m	$0.5H_m$	$0.45H_m$	$0.55H_m$

淤泥厚度折算可计算为：

$$H_{mw} = H_m + \left(\frac{\gamma_w}{\gamma_m}\right) H_w \tag{4}$$

式中 H_{mw}—— 计入覆盖深水的折算淤泥厚度，m；

H_m——置换淤泥厚度，含淤泥包隆起高度，m；

H_w——覆盖水深，即泥面以上的水深，m；

γ_w——水重度，kN/m^3；

γ_m——淤泥重度，kN/m^3。

6.3.3 装药

装药器上提，履带吊收缩吊绳，装药器开始上提，装药筒的反向门在淤泥的反向吸附力及淤泥的向下压力作用下克服细铁丝的连接而自动打开，与此同时，定位装置在淤泥的反向吸附力及淤泥的向下压力作用将药包定位。当装药筒全部提出水面时，用钩杆将导爆索拉到堤头，解开纤绳，装药完成，进行下一药包装药。

6.3.4 装药深度验证

可以用导爆索总长减去的露出水面的长度估算验证装药深度，若药包有回带，装药器上提时导爆索及纤绳也会有松弛现象，需对定位装置进行加大处理。

研制后装药器充分利用了现代的机械技术，与常规装药机械装药方法相比具有工艺先进、操作简单、效率高、质量优、造价低、安全可靠等优势，提高了爆破挤淤的质量。经实际测算评估，相对于传统装药机械及装药工艺，其优点如下：

（1）装药深度大，能满足 15 m 以内覆盖水深、30 m 以内各种复杂地质条件的软基爆破挤淤施工，装药器施工作业范围大，作业半径可达 30 m。

（2）装药工艺适用于周围复杂环境施工，埋深加大，可节省装药量，有利于控制爆破振动对周围建筑物的影响，改善施工安全条件，确保爆破质量。

（3）通过对装药器与装药杆连接结构和反向底开门的设计，利用装药器上拔时产生的淤泥的反向吸附力打开反向门，从装药器中自动拖出药包，并由定位装置固定，避免了装药器上拔时容易向上回带药包而造成埋药深度不够等缺点。

（4）装药施工受风浪影响小，装药定位准确，避免了因装药不到位导致的起爆时泥、石、水满天飞既浪费炸药能量又极不安全的现象，起爆时泥水仅在有限范围内轻微翻滚，呈碎雾状，安全可靠。

（5）装药器整体机动灵活，施工操作简单方便，作业人员少，装药时间短，可在 1~2 分钟完成一个药包的装药，大大提高了爆破挤淤施工的工作效率。

7　爆破效果与监测成果

7.1　爆破效果检测

爆破挤淤阶段性完工后委托专业的检测单位进行了钻孔结合物探检测。断面雷达检测成果，如图 8 所示。

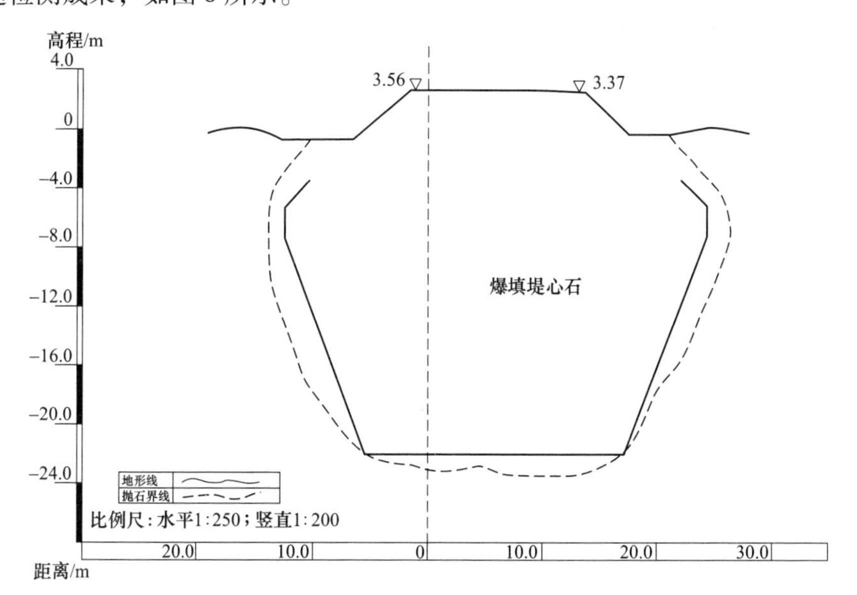

图 8　断面雷达检测成果

对照设计要求，检测报告认为：实际形成断面均达到了设计要求。

7.2　爆破振动检测

爆破振动测试仪器沿爆破点与民房之间近似直线布置，检测结果是：距离最近的民房1100 m垂直方向的振动速度在0.2 cm/s以下，横向和纵向的也在0.1 cm/s左右，此值小于《爆破安全规程》建筑物允许振动值，爆破挤淤对民房是安全的。

8　经验与体会

通过装药工艺改进和工程实践，形成了深水条件下深厚软土地基的爆破挤淤处理技术，最终成功实现处理最大水深10 m左右（涂面高程最低为-8.45 m）、需置换的最大淤泥深度为19.7 m的爆破挤淤软基处理。

本工程在深水条件下深厚软土地基的爆破挤淤处理技术解决了三项难题：一是最大水深10 m以上，大于常规爆破挤淤水深（8 m以内）；二是最大置换厚度19.7 m，超过一般爆破挤淤工程（12 m以内）置换的软基厚度；三是泥质相对复杂，置换的软基中有部分夹层的物理力学性质与淤泥相比较硬，置换较为困难。

针对该技术的成功应用有以下几方面的体会：

（1）深水爆破挤淤，带来的装药难度加大，如何保证装药精度，是确保爆破挤淤质量的关键。改进后的装药设备和工艺适用于周围环境复杂、深水条件下深厚软土地基的爆破挤淤施工。

（2）爆破挤淤两侧淤泥包挤出，对堤身的稳定有利。随着时间的推移淤泥包被冲刷，导致堤身稳定性降低。故爆破挤淤施工后，需及时在两侧淤泥包上抛石以提高堤身稳定性。

（3）深厚软土地基爆破挤淤，炸药用量大，爆破振动也相应较大，采用毫秒延时起爆技术，可以控制爆破振动的危害。

（4）实现装药作业的标准化，缩短了爆破作业周期，减少了作业人员，1个药包装药只需1~2 min，装药作业只需4~5名操作工，提高了爆破作业效率，从而降低工程造价。

（5）通过对装药器反向门和定位装置的改进，使药包准确装填到位，确保爆破质量。

工程获奖情况介绍

“深水围垦爆破挤淤筑堤技术的研发与应用”项目获浙江省科学技术奖三等奖（浙江省人民政府，2013年）。“复杂软基爆破挤淤筑堤施工工法”获国家级工法（住房和城乡建设部，2014年）。发表论文1篇。

精细化过程控制的爆破挤淤施工方法

工程名称： 漳州核电取水南堤爆破挤淤工程

工程地点： 福建省漳州市东山湾内云霄县列屿镇东北侧的刺仔尾

完成单位： 浙江恒荣建设工程有限公司

宁波科宁爆炸技术工程有限公司

完成时间： 2019 年 6 月 11 日~2021 年 9 月 6 日

项目主持人及参加人员： 虞忠华　熊姝霞　叶元寿　李健华　王　健　蒋昭镳

撰 稿 人： 楼周锋　王　健

1　工 程 概 况

漳州核电厂位于福建省漳州市云霄县列屿镇东北侧的刺仔尾，本工程为核电厂 3000 吨级重件码头及配套工程。其中取水南堤总长 1369 m，采用斜坡式结构，堤心石采用 1~500 kg 开山石。取水南堤海域淤泥层厚度为 4~30 m，设计要求置换淤泥厚度 10.0~23.1 m，爆炸挤淤工程量约 140 万立方米。设计典型断面如图 1 所示。

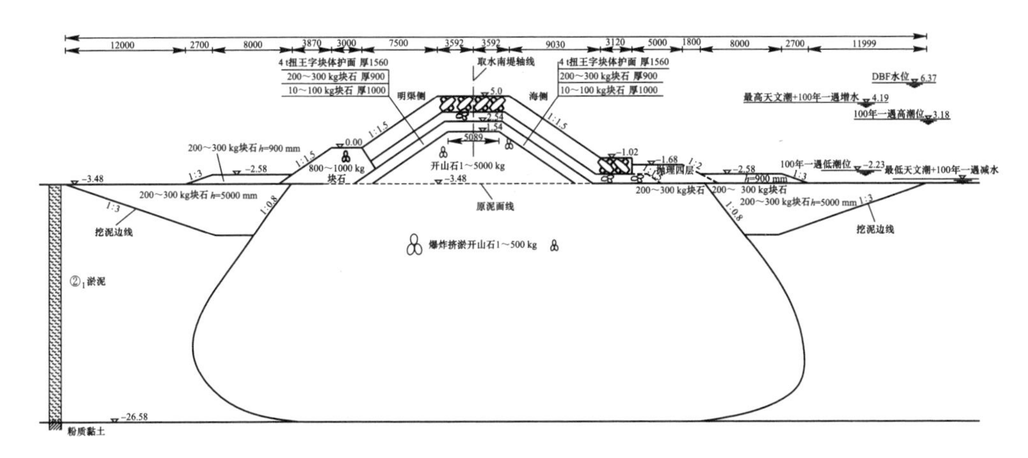

图 1　堤身典型断面

2　施工方法和工程难点

2.1　爆破挤淤施工方法简介

依据设计文件和规范设计爆破施工方案，形成堤身抛填和爆炸设计参数。施工过程如下：

（1）根据项目设计文件和控制点坐标进行测量放线，确定堤身位置。

（2）从岸边开始在堤身位置抛填土石料，形成符合施工设计要求的抛填宽度和高度的堤身。

（3）在堤头前方和侧方一定范围内布设群药包，爆后使堤头和一定范围内堤身下沉。

（4）在下沉的堤身上补抛土石料，形成前端宽后方窄、并逐渐升高的堤顶面。

（5）继续向前抛填推进堤头一定长度（循环进尺），堤头高度和宽度再次达到设计值后，又在堤头前方和侧方一定范围内布设群药包爆破。如此循环，堤身不断延长，直至设计长度。

为提高爆破沉降效果，每次爆破前常在堤头顶面一定范围内临时加高抛填，堤身下沉及成型过程如图 2~图 6 所示。

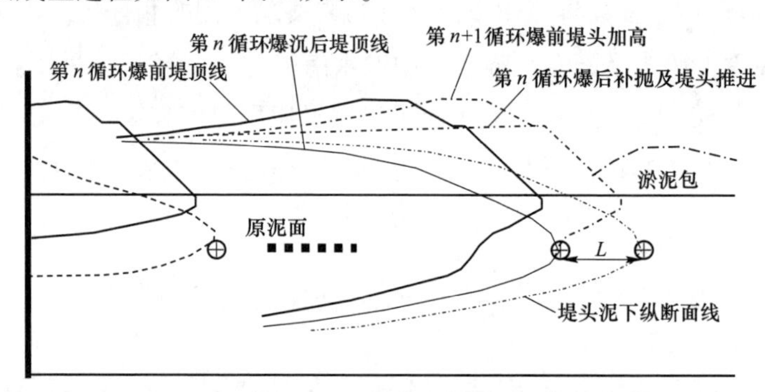

图 2　堤头爆填推进纵断面

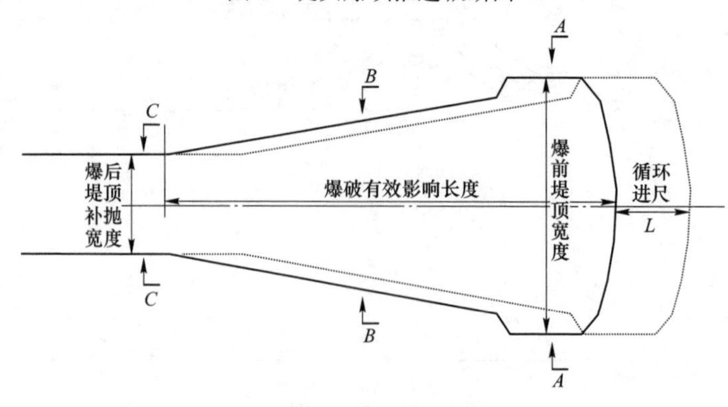

图 3　堤顶、堤头抛填推进平面

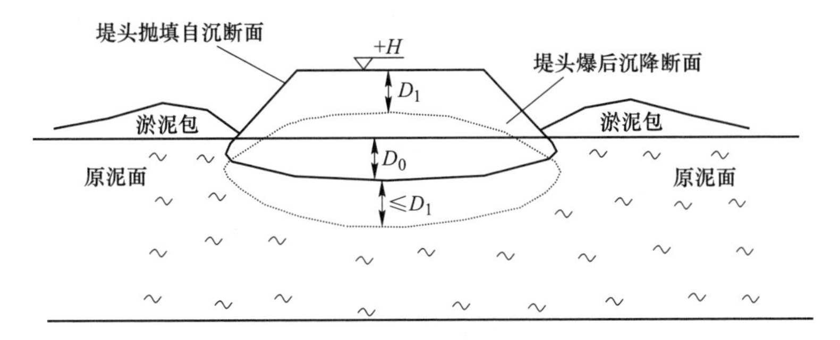

图 4　第一次爆填前后横断面
（A—A 剖面）

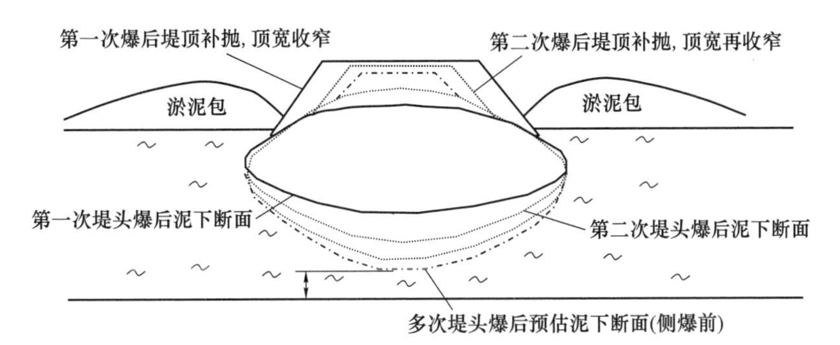

图 5　多次爆炸处理后横断面
（B—B 剖面）

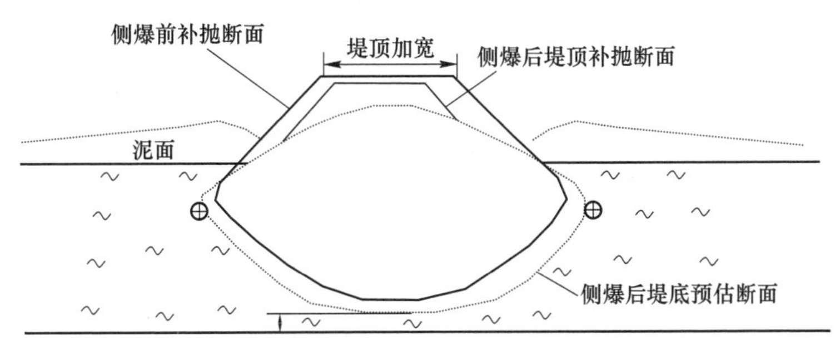

图 6　侧爆处理后断面
（C—C 剖面）

2.2　施工难点

海堤爆炸挤淤施工过程，从抛填、爆炸挤淤，到沉降稳定是一段隐蔽而复杂的动态过程，堤身断面及其密实度无法如土建施工那样通过准确测量来控制，因此存在以下几个难点：

（1）抛填断面和抛填体积的控制。爆炸挤淤的施工过程是堤身经过多次爆炸下沉，逐步达到设计深度的过程。除爆炸使得堤头明显沉降外，堤身抛石堆填过程也是自重挤淤过程，爆破影响范围内的堤身一直处于动态的下沉过程。而堤身沉降速度依赖于软基性能、抛填料性能、抛填速度、爆炸参数和潮位等。当施工人员测得堤身抛填达到设计高程和宽度时，就会进行堤头布药爆破。实际上即使抛填高度达到设计要求，抛填体量也是不同的。若堤身沉降较慢，即使循环抛填量严重不足，堤顶高程也能在一段时间内满足设计要求，这种情况下若安排爆破，则该部位堤底部就可能达不到设计深度。反之，若循环抛填量过多，造成造价偏高。因此每循环均应按照施工设计的宽度和高度抛填堤身外，还需严格控制抛填体积。

（2）炸药量的控制和装药准确到位。堤头爆破的炸药量、埋深、药包间距等参数的设计计算依赖多个经验系数，与淤泥性能、挤淤厚度、抛填料性能、水位等有关，且堤身两侧挤出的淤泥鼓包是变化的，因此不同位置的炸药爆炸参数是不同的，且是动态变化的。炸药量不足或装药埋深不到位均可能引起堤身下沉不够，导致最终海堤后期沉降过大，甚至失稳。

（3）炸药的准爆。软基深处若有个别药包发生拒爆，不仅影响爆炸效果，还不易发现和处理。因此除保证起爆网路的可靠外，还须在药包的加工、起爆器材的保护、装药过程等多方面采取可靠措施。

必须指出的是，如果发生堤身挤淤达不到设计深度和宽度的质量问题，没有好的补救办法，只能在堤侧爆破前适当加大补抛量，或增加侧爆工序，根据经验这种做法难以使泥下断面满足设计要求。为通过竣工验收，还需采取一系列事后补救办法，比如，为使堤脚泥上和泥下轮廓满足设计要求，需要先堆填超量石料（超设计高度起压载挤淤作用），后期挖除多余石料（以满足设计轮廓）；或挖除堤侧淤泥包（多为水上作业）、补抛块石（多为水上作业）；多数情况下还得修改变更设计断面（迁就已成堤身）、加宽镇压平台等。结果往往导致堤身后期沉降大，工程质量差，水上作业工期长，施工费用大量增加。而且水上挖泥卸泥还对环境有重大影响。

所以应该尽可能采取事前和事中控制的方法，确保施工质量和安全。

3 施工技术设计

根据海堤设计断面和《海堤工程爆炸置换法处理软基技术规范》及工程经验，堤身抛填参数和爆炸参数设计如下。

3.1 各堤段的爆填循环进尺 L、堤顶高程和堤顶宽度

循环进尺 L 一般为 4~10 m，根据淤泥的物理力学性能和施工经验确定：

爆炸处理完成后的堤身顶高程一般低于设计的堤芯最终高程，高于最高潮位，考虑到爆后堤顶宽度满足机械车辆的安全运行，即需要有较宽的堤面，所以堤顶不能过高（堤越高则顶宽越窄），一般高于最高潮位 1~3 m。为有利于自重挤淤，堤头的爆前高程会明显高于爆后堤身，但考虑起坡范围和坡率（起坡范围由爆破有效影响范围来确定，一般为 25~50 m；坡率为 6%~8%），一般只比爆后堤顶高 2~4 m。

堤头顶宽 B 按以下公式确定：

$$B = B_m - 2\alpha h \tag{1}$$

式中 B_m——堤头泥面宽度，小于设计断面泥下最大宽度，即要求抛填堤身泥下最大宽度与设计断面的泥下最大宽度接近（略小 1~3 m）；

h——泥上堤身高度；

α——堆石体自然坡率。

在有较宽水下平台的堤身形式时，堤头“先宽后窄”的抛填形状非常明显（图 2）。

3.2 根据抛填堤身的高度、宽度，按下式计算堤头自重挤淤深度 D_0

$$[(2+\pi)C_u + 2\gamma_s D_0 + (4C_u + \gamma_s D_0)D_0/B + 2\gamma_s D_0^3/(3B^2)]/\gamma = h + D_0 \tag{2}$$

式中 C_u——淤泥土的抗剪强度；

B——堤顶宽度；

h——堤顶到泥面的高度；

γ，γ_s——分别为淤泥与抛石体的重度。

3.3 估计堤头爆破下沉平均高度 D_1

$$D_1 = K_1(D - D_0) \tag{3}$$

式中 K_1——经验系数，可取 0.2~0.6；

D——设计挤淤置换总深度。

3.4 根据每循环抛填进尺 L，计算单药包质量

$$Q = K_2 L D_1^2 \quad (\text{kg}) \tag{4}$$

式中 K_2——经验系数，可取 0.2~0.4。

3.5 堤头爆破药包的间距 a 和埋深 d 应满足如下关系

$$a = 1.4 \cdot K_3 \cdot (0.062Q^{1/3}) \tag{5}$$

$$d = K_4 \cdot (D - D_0) \tag{6}$$

式中 Q——单药包质量；

$0.062Q^{1/3}$——球形药包的半径；

K_3，K_4——经验系数，分别可取 8~12 和 0~0.8。

3.6 堤头爆填布设的药包个数 M 应满足如下关系

$$M = M_1 + M_2 \tag{7}$$

式中　M_1——堤头前面所布设的药包的个数；

M_2——堤头两侧所布设的药包的个数。

M_1 和 M_2 应分别满足如下关系：

$$M_1 = \text{int}[K_5(B + B_m)/a] + 1 \tag{8}$$

$$M_2 = 2\text{int}(K_6 L/a) \tag{9}$$

式中　B——堤顶宽度；

B_m——堤身在泥面处的宽度；

K_5，K_6——经验系数，其值分别可取 0.4~0.8 和 1.0~1.5。

根据类似工程的施工经验，选取经验数据，按以上计算方法可得表 1、表 2 施工设计参数。

表 1　堤身抛填参数

断面	抛填进尺/m	爆前堤顶高程/m	爆前堤顶宽度/m		爆后堤顶高程/m	爆后堤顶宽度/m	
			明渠侧	海侧		明渠侧	海侧
ND1-ND1	9	≥+5.0	15.0	25.0	+5.0	9.0	12.0
ND2-ND2	9	≥+5.0	22.0	25.0	+5.0~+3.0	9.0	12.0
ND3-ND3	9	≥+5.0	0.0	28.0	+3.0	0.0	10.0
ND4-ND4	9	≥+5.0	14.0	19.0	+3.0	3.0	3.0
ND5-ND5	8	≥+5.0	15.0	20.0	+3.0	3.0	3.0
ND6-ND6	9	≥+5.0	14.0	19.0	+3.0	3.0	3.0
ND7-ND7	8	≥+5.5	14.0	19.0	+3.0	3.0	3.0
ND8-ND8	7	≥+6.5	17.0	22.0	+3.5	3.0	3.0
ND9-ND9	7	≥+6.5	19.0	24.0	+3.5	3.0	3.0
ND10-ND10	7	≥+6.5	25.0	25.0	+3.5	3.0	3.0
灯桩基础段	7	≥+6.5	26.0	26.0	+3.5	3.0	3.0
ND11-ND11	7	≥+6.5	26.0	26.0	+3.5	3.0	3.0
ND12-ND12	7	≥+6.5	26.0~28.0	26.0~30.0	+3.5	3.0	3.0
ND13-ND13	7	≥+6.5	28.0	30.0	+3.5	3.0	3.0

注：以取水南堤轴线为基准线。

表 2　堤身爆炸参数

区段	单药包质量/kg	药包间距/m	药包个数/个	药包埋深/m	单炮药量/kg
ND1-ND1	21.00~22.50	3.0~3.5	16	≥5.0	336~360
ND2-ND2	21.33~24.00	3.0~3.5	18	≥5.0	384~432
ND3-ND3	24.00~25.71	3.0~3.5	14	≥6.0	336~360
ND4-ND4	24.00~25.71	3.0~3.5	14	≥6.0	336~360
ND5-ND5	30.86~32.57	3.0~3.5	14	≥7.0	432~456
ND6-ND6	24.00~25.71	3.0~3.5	14	≥5.0	336~360
ND7-ND7	24.00~25.71	3.0~3.5	14	≥5.0	336~360
ND8-ND8	36.00~39.43	3.0~3.5	14	≥8.0	504~552
ND9-ND9	39.43~42.86	3.0~3.5	14	≥8.0	552~600
ND10-ND10 灯桩基础段	31.50~36.00	3.0~3.5	16	≥7.0	504~576
	31.50~36.00	3.0~3.5	16	≥7.0	504~576
ND11-ND11	31.50~36.00	3.0~3.5	16	≥7.0	504~576
ND12-ND12	31.50~36.00	3.0~3.5	16	≥7.0	504~576
ND13-ND13	32.00~33.33	3.0~3.5	18	≥7.0	576~600

施工过程中及时通过检测断面、体积平衡分析，抛填参数和爆炸参数均需根据实际情况动态调整。

4　质量和安全控制

针对本工程的施工难点，采取以下质量和安全控制措施，并进行技术改进和创新。

4.1　精细化爆前体积平衡控制

在常规的爆破挤淤施工方法中，一般要求在堤身爆填一定长度（一般 60~100 m）后对爆破影响范围外的堤段进行体积平衡计算，分析堤身断面的大小是否符合设计，这是事后控制。这时候若发现抛填体积不足则只能采取前述的补救措施，完工后的堤身将存在严重的不良后果。

有别于上述常规爆破挤淤的体积平衡。精细化爆前体积平衡控制，是要求在堤头爆破前堤身抛填达到设计的高度和宽度的同时，还要求每循环抛填方量也须达到设计量的 90%以上，才能进行堤头布药爆破。之所以不要求必须达到 100%，是由于堤身断面和挤淤厚度是变化的，而一个循环内统计的抛填量包括了前几个循环范围堤顶的补抛量，并不只在该循环进尺内；另外，10%以内的差距可以在侧爆时调整，差距过大则难以纠正。

本工程采用 FSM（Fill Stone Manager）系统进行堤头管理及体积平衡分析。其控制和计算流程如下：

4.1.1　对每辆抛填车辆进行上堤方量率定

根据施工现场的实际条件，对每辆车进行称量，现场不具备称量条件时，可在正式抛填前对不同车型、不同载重量的车辆分别进行抽样核定，取平均数。对抛填车辆进行标识，便于图像识别。每辆车的抛填方量 V_i 计算公式如下：

$$V_i = \frac{G_i}{\gamma_s} \tag{10}$$

式中　V_i——每辆车率定的最终堤上方量，m^3；

G_i——每辆车的净载重量，t；

γ_s——爆破密实后堤身抛石体的平均密度，取 1.8~2.0 t/m^3，与岩土风化程度有关。

4.1.2　设置车辆图形采集及计量设备，进行堤上抛填方量采集统计

该设备由摄像系统、记录存储系统、供电系统、后期处理软件构成（图 7）。摄像系统应采用带有红外夜视功能的摄像头，安装在容易监控抛填车辆的地方，如堤根处。供电系统在现场有供电条件时，采用交流电供电，不具备供电条件时，可采用“太阳能板发电+储能电池”的供电模式或直接用“蓄电池”供电。后期处理软件，主要是通过对车辆识别，计量实际抛填车数。

图 7　FSM 监控系统

4.1.3　计算单循环进尺实际抛填方量 V_p

$$V_p = \sum_{i=1}^{N} V_i \times n_i \tag{11}$$

式中　N——不同载重车型的总数量；

V_i——每辆车率定的最终上堤方量，m^3；

n_i——每种车型的抛填车数。

4.1.4　计算体积平衡系数 k，决定是否继续加高抛填，促进自沉

当抛填进尺 L、抛填堤顶宽度 B 和高程 H 达到了设计抛填参数时，统计该循环实际抛填方量 V_p，计算体积平衡系数 k：

$$k = \frac{V_p}{V_0} \tag{12}$$

式中　V_0——设计抛填方量，$V_0 = V_s \times L$，m^3；

V_s——抛填断面的设计延米方量，m^3/m；

L——单炮抛填进尺，m。

当 $k>0.9$ 时，按计算药量在堤头或堤侧进行布药爆炸。

当 $k \leqslant 0.9$ 时，即使达到了抛填标高，仍不能进行布药爆破，应继续在爆破影响范围内起坡加高，促使堤头下沉，直至满足 $k>0.9$，再按设计药量在堤头和堤侧进行布药爆炸。起坡范围为堤头爆破的影响长度，一般跟置换淤泥的厚度和性能有关系，淤泥厚度深时，影响长度大，反之影响范围小。

若在爆破影响范围内按较大坡率加高，抛填量仍达不到90%的要求，则须调整爆破参数，如加大药量和埋深等。

4.2　精细化爆前、爆后抛填断面控制

每循环堤头抛填推进长度到达循环进尺后，就不再推进，而改为起坡加高。堤顶高程和堤头宽度达到设计尺寸时，才实施埋药爆破。

每次布药前和爆后，均对爆破影响范围内的堤顶中轴线纵断面进行测量，画出爆前、爆后堤顶剖面线，如图 8 所示。

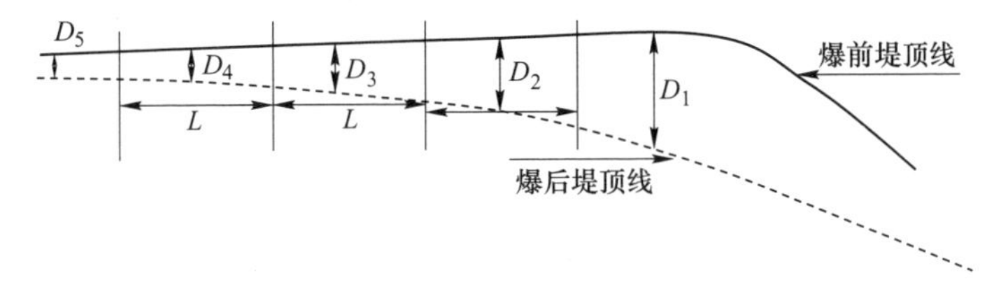

图 8　爆前爆后堤顶纵剖面线

计算各循环长度的堤顶平均爆破沉降量 D_i 和累计下沉量，估计泥下断面，实施爆填断面控制。

总挤淤深度按式（13）计算：

$$D = D_0 + \sum D_i - \lambda H \quad (i = 1 \sim N) \tag{13}$$

式中　H——抛填堤身总厚度，$H = D + h$；

λ——堤身密实系数，通常为 8%～15%。

从每次爆后补抛至下一循环爆破前，堤身仍在逐渐下沉，有的甚至要进行多次加高，这部分下沉量是不能忽略的，但是很难准确测量。还有，爆炸时堤头向前塌滑，导致堤头顶面的下沉量 D_1 要大于堤底面的下沉量。因此直接累计堤顶下沉量扣除密实沉降量作为挤淤深度并不准确，需考虑各循环抛填过程的一定沉降量。

结合体积平衡的分析结论，可估测堤身底部断面，若与设计相近，则认为抛填和爆破过程的控制是合适的，否则应调整抛填或爆破参数。

本工程控制方法如下：

（1）堤头爆破前，用水准仪+GPS RTK 进行堤头爆前纵断面测量。

（2）堤头爆破后，用水准仪+GPS RTK 进行堤头爆后纵断面测量，将爆前、爆后的测量结果在一张图上标注，便于比较和计算，如图 9 所示。

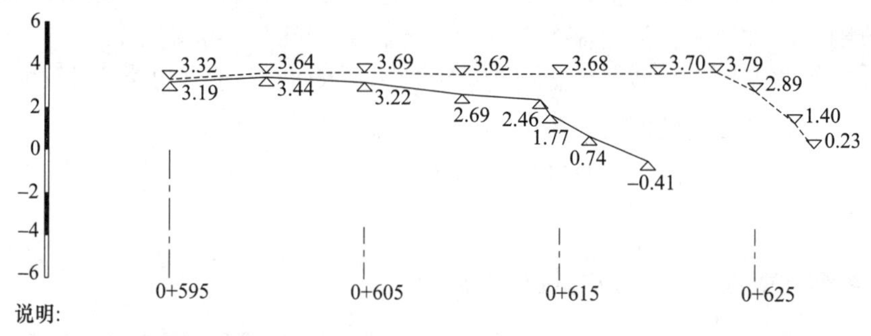

图 9　堤头爆前、爆后纵断面测量（水上）

（3）爆后堤顶补抛后，在适当位置（如堤顶侧边或中心）设置 3～5 个简易的沉降观测点，如安放稳妥的大块石，在块石顶上标记测点；或设置用钢筋做成的简易标尺。在堤身加高和爆破前测量记录抛填过程的自沉量，用内插法计算各循环长度内的平均自沉量，以统计累计沉降量。

（4）爆后横断面测量。在堤头爆后，对堤头爆破影响长度以外（接近于沉降稳定）的堤身及时进行横断面测量，如图 10 所示。结合上述得到的总的挤淤深度及抛填方量，估测已完成的断面，比对设计断面，及时优化调整抛填参数和爆破参数。

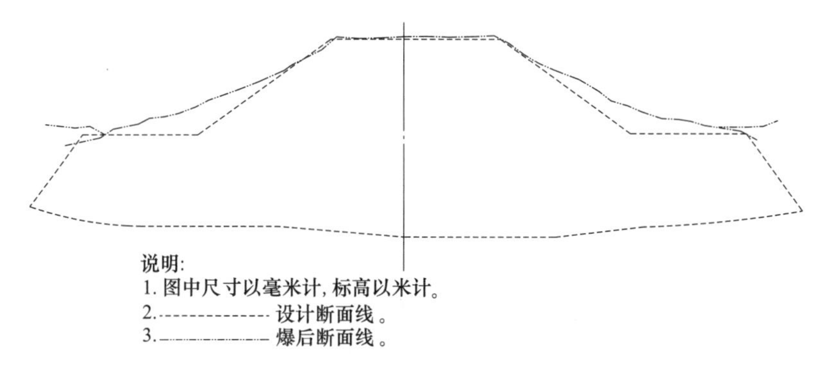

图 10　堤身横断面测量（底部估测）

4.3　精细化药包和传爆器材的制作、布设及保护控制

4.3.1　装药量和埋深的动态优化调整

单药包质量和埋深是保证爆破效果的重要因素之一。药包质量小而埋深过大，则起爆困难；药包质量大，而埋深太浅同样不能得到好的爆破效果，且有安全隐患。

施工过程中堤身两侧淤泥鼓包和高潮位（一般在高潮位起爆）是变化的，因此需根据实际情况（包括地质的变化）对前文爆炸参数设计值进行动态优化调整。

4.3.2　精细化药包加工和传爆器材的保护

可靠保护传爆器材是保证药包安全准爆的关键。在现有主流使用的液压或振冲装药器装药过程中，装药器在黏滞的淤泥中下压和提升，拉扯力（有的还会转动）可能导致起爆（传爆）材料的损坏，这些损坏在水下和淤泥中难于被发现或修复。若导致个别药包拒爆，爆后也难于发现和处理，不仅影响爆破挤淤效果，还留下安全隐患。因此须对传爆器材采取一套事前固定的、程序化的保护方法，避免药包发生拒爆。

药包原则上要包装密实。用装药器直径允许宽度的编织袋将炸药卷按设计质量制作药包，要压实挤紧。

将非电雷管插入 2 m 长的双股细绳的扭结处，用胶布绑扎，保证聚能穴裸露，便于雷管起爆端与炸药紧密接触，保证起爆效果，每个药包要用 2~3 发同段位雷管。

根据泥下装药深度，截取长度大于泥下装药深度 2 m、内径 8 mm 外径 10 mm 塑料软管，其中一端开口长 0.5 m，利用穿线器，预先穿入一根细绳，作为拉入导爆管的导入绳，在现场将导爆管雷管通过导入绳拉入塑料管，并将靠近雷管部分，用胶布绑扎 0.5 m 左右。

用炮签将双股细绳导入炸药包，并将双股细绳与药包紧密绑扎，如图 11 所示。

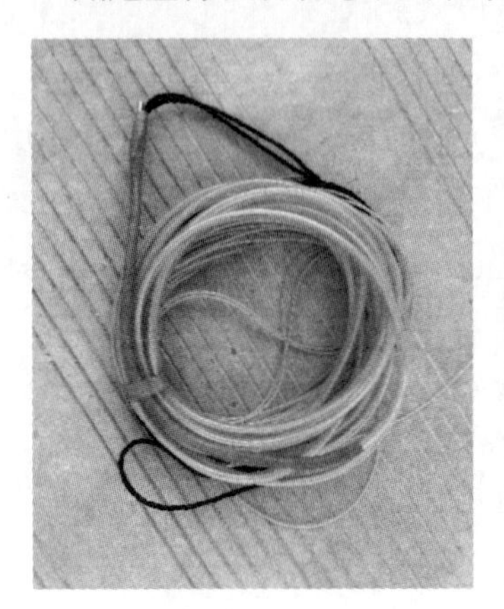
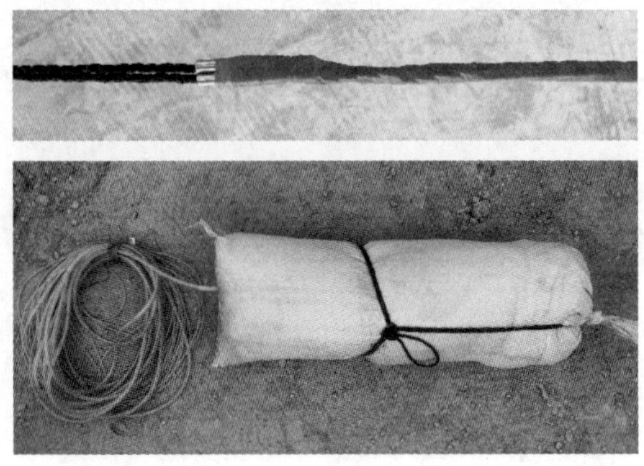

图 11　药包和导爆管雷管的加工和保护

4.3.3　药包埋设位置的控制

本工程爆破挤淤置换淤泥厚达 10~23 m，施工过程淤泥包隆起也会很高，药包埋设深度的控制问题尤显突出。为减弱淤泥对爆破器材和装药器的黏滞作用，设计发明了“主动注水防自旋炸药布药器”（授权号 202110694478.9），如图 12 所示。

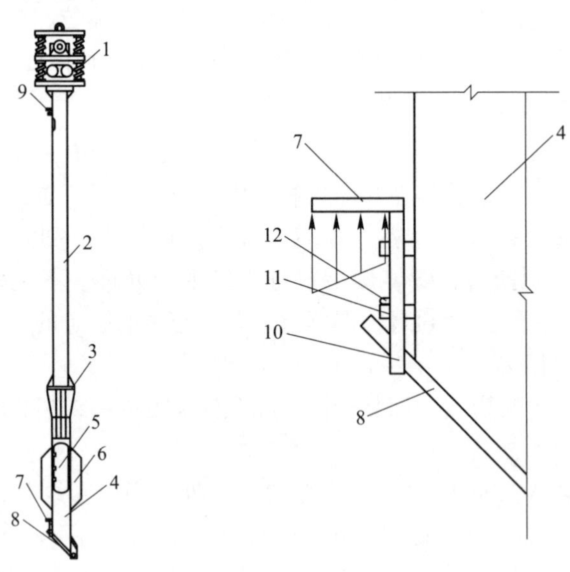

图 12　装药器改进设计

1—振冲器；2—钢管；3—连接法兰；4—装药仓；5—进药仓门；6—防自旋翼板；7—尾阻板；8—底门；9—注水管；10—固定销；11—固定环；12—挡块

该装药器顶端设置振冲器使插入软基更容易，下插时底门固定销被淤泥顶起，上拔装药器时底门被淤泥压下打开，仓内药包随之下滑，由于注水管冲水使药包不致与装药仓粘连，因而不会被带动上浮。防自旋翼板的作用是避免装药器插拔时因淤泥黏滞导致旋转，而损坏导爆管。

装药后，须小心地将传爆导爆管拉向岸边并妥善固定，全部药包埋设完毕后，连接导爆管形成起爆网路。

5　施工过程和成效

5.1　施工过程

施工中堤身形状如图 13~图 16 所示。

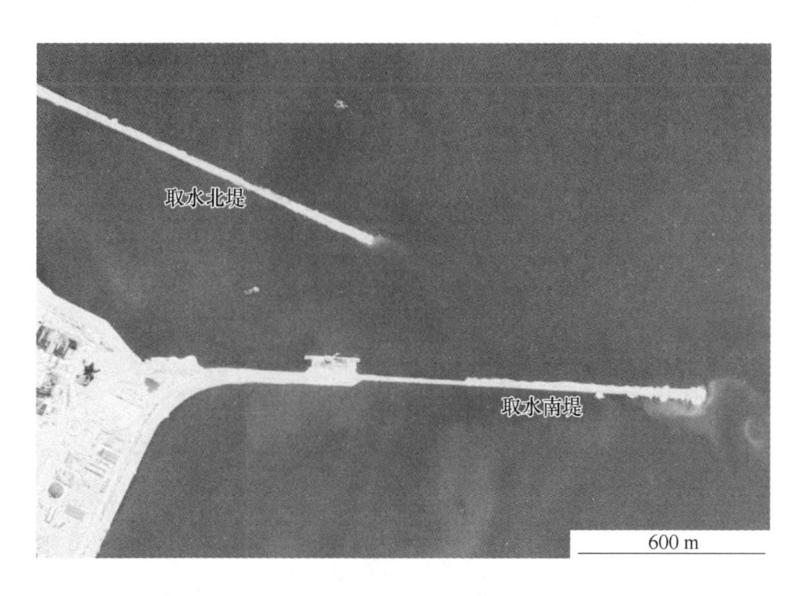

图 13　总平面（卫星图）

5.2　施工效果评价

经第三方对堤身进行钻孔检测，结果显示完全满足设计要求，堤身落底可靠，工后沉降小。

钻孔检测显示最深的堤底面高程为-26.9 m，挤淤厚度为 23.1 m。

图 14　堤头爆前

图 15　堤头起坡加高

图 16　堤头爆后沉降

6 精细化过程控制的爆破挤淤施工方法的创新点

本方法主要包含3个精细化动态控制过程，即3个创新点。

6.1 精细化爆前体积平衡控制

采用FSM（Fill Stone Manager）系统进行堤头抛填管理和上堤方量统计，每循环进行爆前体积平衡控制，且要求平衡系数（统计抛填量除以设计抛填量）须达到90%以上，为形成符合设计要求的断面打好坚实基础。

6.2 精细化爆前、爆后抛填断面控制

爆前、爆后对堤身的纵、横断面（包括淤泥包）进行精准测量，在计算总的挤淤深度时，考虑了各循环抛填过程的堤身自沉量；据此并结合堤身横断面测量和体积平衡结论，估测堤身底部断面，分析挤淤效果，及时优化抛填参数和爆破参数，实施精细化爆前、爆后抛填断面控制，保证堤身断面与设计断面的偏差小于容许值。

6.3 精细化药包和传爆器材的制作、布设及保护控制

根据淤泥鼓包高度和起爆潮位等数据动态调整药量和装药深度，对药包的传爆器材采取一套事前固定的、程序化的保护方法，为减弱淤泥对爆破器材和装药器的黏滞作用，设计发明了“主动注水防自旋炸药布药器”，保证装药到位，杜绝发生盲炮，为达到设计的挤淤效果提供保障。

7 结 语

“精细化过程控制的爆破挤淤施工方法”的核心内容是堤身抛填过程、断面监控过程和泥下药包的布设、保护及起爆过程三方面的精细化控制，该方法以过程控制为核心，属于一种事前控制和事中动态控制的质量管理和保证措施，可明显提高爆炸挤淤效果，减少事后检测的不合格率，能一定程度上降低施工成本、缩短工期、提高施工效率和社会经济效益，对类似工程有很好的借鉴作用，具有良好的推广应用价值。

工程获奖情况介绍

“精细化过程控制的爆破挤淤施工方法”项目获浙江省爆破行业协会科学技术进步奖一等奖（2021年）。

复杂环境预留保护屏障深孔控制爆破技术

工程名称： 舟山中远船务工程有限公司 2 号和 3 号船坞间山体开挖及回填工程/遂昌金矿新游客中心及配套服务设施项目场平工程（一期）
工程地点： 舟山市六横镇/遂昌金矿矿山公园 4A 级景区内
完成单位： 浙江省高能爆破工程有限公司/浙江利化爆破工程有限公司
完成时间： 2008 年 6 月~2009 年 6 月/2016 年 9 月~2017 年 1 月
项目主持人及参加人员： 江天生　蒋跃飞　高胜修　邢帮刘/汪艮忠　俞松旺　周　珉　徐克青　叶　进　华德鹏　朱振振
撰 稿 人： 欧阳光　汪竹平　张　军　顾忠强　张　凯/周　珉

复杂环境爆破是指在爆区边缘 100 m 范围内有居民集中区、大型养殖场或重要设施的环境中，采取控制有害效应措施实施爆破作业。随着城市化建设的发展，浙江省内大量的土石方爆破开挖工程面临着周边环境越来越复杂的困境。如何在复杂环境条件下高效、安全的完成爆破工程，是爆破作业单位所面临的现实问题。

这里列举浙江省内两家爆破作业单位先后完成的两个典型工程案例，可供类似的复杂环境深孔爆破提供借鉴。其中（一）为浙江省高能爆破工程有限公司完成，（二）为浙江利化爆破工程有限公司完成。

（一）

1　工程概况及环境状况

1.1　工程概况

山体爆破工程位于舟山中远船务工程有限公司厂区 2 号与 3 号船坞之间，山体最高处+79 m，南北底长 380 m、东西底宽 230 m，需爆破至+3 m 高程，总工程量为 207 万立方米。山体东西两侧经过前期爆破开挖，已经形成 1∶1~1∶0.6 的边坡，局部最大坡度为 65°，东侧边坡最高处为+79 m，西侧边坡最高处为+65 m。其中西侧边坡表层有破碎带，曾经发生过两次小规模的滑坡掉块现象，为了保证山坡下两侧船坞的生产安全，现已经对西侧山坡全部进行了系统锚固及喷射混凝土支护；东侧山坡也进行了挂铁丝网及覆盖草皮的防护措施。山体岩质主要为结晶凝灰岩，中风化，岩石较硬，节理裂隙较发育。

1.2　周边环境

爆破山体东侧边坡紧邻3号坞通道，通道车辆、人员来往非常繁忙，通道另一侧为3号船坞，距山体20 m，坞内昼夜进行造、修船作业，3号船坞水泵房位于东北侧的通道下；西侧为2号船坞，坡底距300 t龙门吊轨道5 m、距船坞28 m边坡附近放满了修船所需的设备、物资，船坞的变电房修建在山坡上；北面临海120 m处有一正在使用的码头，东北侧25 m处有下坞通道等地下设施；南侧40 m处为分段堆场，如图1所示。

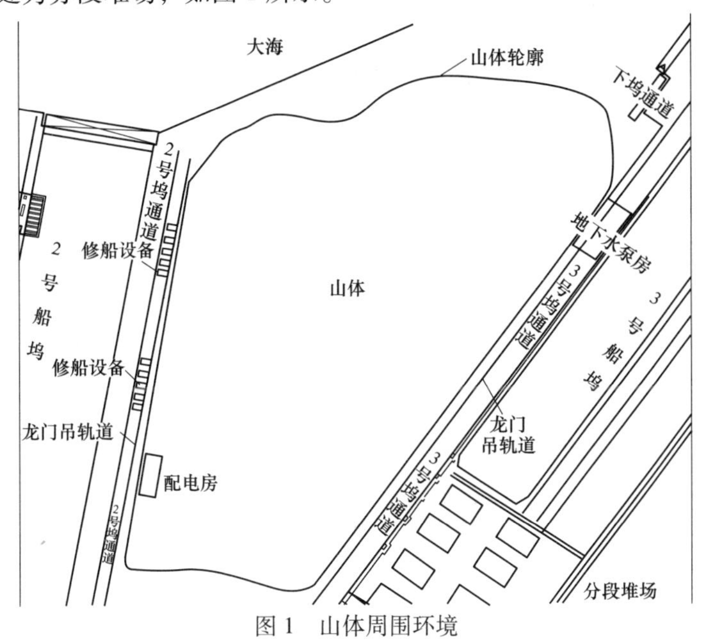

图1　山体周围环境

2　工程特点、难点

本工程周边环境复杂、边坡高、开挖强度大、安全要求高。

（1）工程两侧有正在进行生产的船坞，距离近，作业人员多，爆破安全要求高，爆破振动、爆破飞石、山体滚石等均需严格控制，不宜采用高台阶、大孔径的爆破方式。

（2）开挖山体两侧均为正在生产的船坞，需降低粉尘对生产人员和船底喷漆质量的影响。

（3）山体临近2号船坞的现有边坡存在不稳定因素，在进行山体爆破开挖过程中，需尽量减少爆破对现有边坡的扰动。

（4）在山体开挖过程中，2号和3号船坞都在进行生产，为减少爆破施工对船坞生产的影响，在确保安全及工程进度的前提下应采用一次多点爆破的方式尽量减少爆破警戒次数。

3　爆破方案选择及设计原则

本工程石方开挖爆破周边环境复杂，山体爆破开挖必须控制爆破规模，严禁采用大规模大孔网深孔爆破。

本工程爆破危害控制点为：

（1）爆破振动对 2 号船坞和 3 号船坞已建坞体、设施的危害。

（2）爆破飞石和滚石影响船坞设施及人员的安全。

（3）爆破冲击波危害船坞设施及人员安全。

常规爆区和控制爆区采用台阶式深孔控制爆破技术；岩墙爆区采用深孔弱松动控制爆破并配合机械开挖，马道上立防护栅，坡底搭设双排脚手架防护屏障的施工方法；整体采取一次多点小规模，自上而下分层共 7 层台阶，每层台阶高度约 10 m，南北两侧多台阶同时向中间推进的爆破方案，图 2 所示为同一分层典型断面图。

根据上述危害控制点，将山体划分为三个爆破区域，分别为：常规爆区（后排孔与坡顶线的距离超过 20 m 的爆区）；控制爆区（常规爆区与岩墙爆区之间的爆区）；岩墙爆区（靠近高边坡面 6~10 m 的爆区），如图 3 所示。

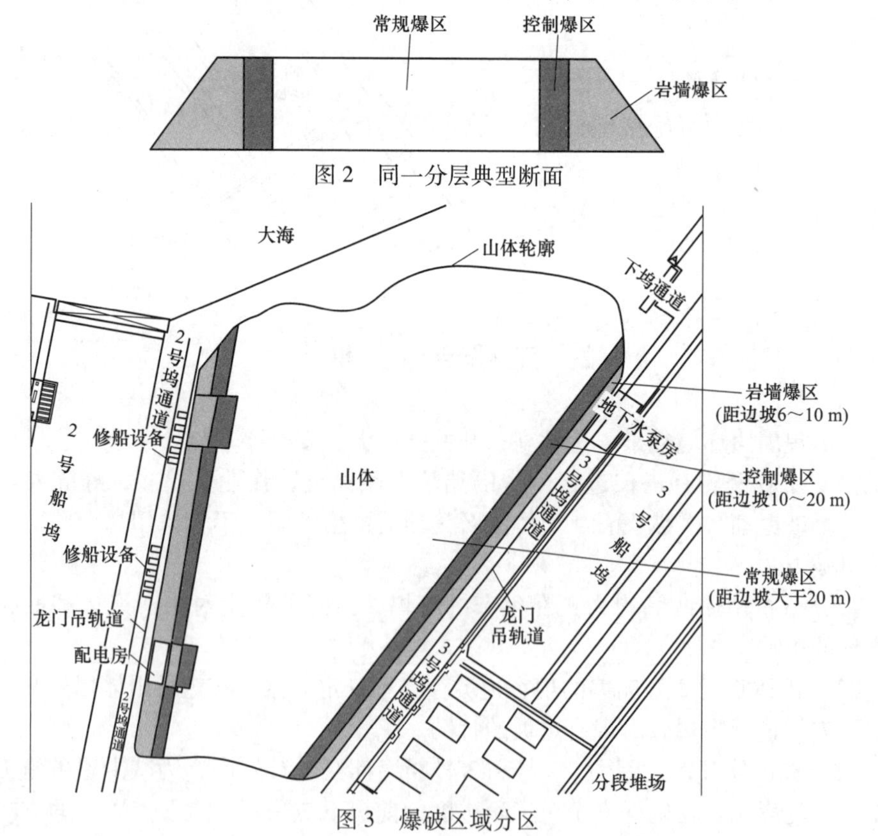

图 2　同一分层典型断面

图 3　爆破区域分区

4　爆破方案设计

山体东西两侧为3号和2号船坞，船坞中均在进行修船和造船，南北两侧均有约200 m范围为空地，为确保爆破安全，深孔爆破抵抗线方向应指向南北侧，即山体爆破开挖由南北两侧向中间推进，让山体东西两侧始终处于爆破方向的侧面及背面。

形成钻孔作业平台后进行大面积爆破开挖，开挖方式采用自上而下分层深孔梯段爆破；由于工期紧，开挖强度高，山体开挖面积大，为确保施工进度要求，上下各梯段层按“台阶式”同时推进，台阶宽度不得小于20 m。每一台阶的东西两侧均留6~10 m的岩墙爆区。当台阶中间控制爆区开挖完毕，且岩墙爆区临空面处的石碴全部清理干净后才可进行岩墙爆区的装药爆破。

在现有马道上立防护栅防止爆破滚石及挖运过程中产生的滚石。在施工过程中要根据实际情况不断对防护栅进行修补，对防护栅前的滚石堆进行处理，确保防护栅的完好。

因爆破受时间限制，每次爆破时同一台阶不同爆破区域、不同台阶不同爆破区域可同时进行爆破，这样既能降低爆破危害，满足爆破受时间限制的要求，又能弥补不可进行大规模爆破的不足，增大爆破工程量，加快施工进度。

4.1　常规爆区爆破参数

（1）孔径：$d=115$ mm；
（2）台阶高度：$H=10$ m；
（3）超深：$h=1.5$ m；
（4）孔深：$L=H+h=11.5$ m；
（5）钻孔倾角：90°；
（6）底盘抵抗线：$W_d=3.5$ m；
（7）孔距：$a=4\sim4.5$ m；
（8）排距：$b=3.5\sim4$ m；
（9）单耗药量：$q=0.4\sim0.45$ kg/m^3；
（10）填塞长度：$l\geqslant1.2W_d=4.2$ m；
（11）布孔型式：梅花形或矩形布孔；
（12）装药结构：连续装药。

选用液压钻机钻孔，1次最多不超过6排。

4.2　控制爆区爆破参数

（1）孔径：$d=89$ mm；

（2）台阶高度：$H=10$ m；

（3）超深：$h=1.5$ m；

（4）孔深：$L=H+h=11.5$ m；

（5）钻孔倾角：90°；

（6）底盘抵抗线：$W_d=3$ m；

（7）孔距：$a=3.5\sim4$ m；

（8）排距：$b=3\sim3.5$ m；

（9）单耗药量：$q=0.35\sim0.4$ kg/m；

（10）填塞长度：$l=(30\sim40)d=3.5\sim4.5$ m；

（11）布孔型式：梅花形布孔；

（12）装药结构：间隔装药。

选用液压钻机钻孔，1 次最多不超过 4 排。

4.3 岩墙爆破参数

当同一分层常规爆破区域与控制爆破区域开挖完成后，爆区东西侧各形成一道岩墙，岩墙处于双临空面状态。对该岩墙采用弱松动深孔控制爆破，爆破自由面方向指向内侧、背离原边坡，岩墙顶部宽度应保证能安全钻凿 3~4 排孔，最大不超过 4 排；采用 $\phi76$ mm 钻机钻孔时岩墙顶部宽度可控制为 6~10 m。

当钻孔为 3 排时，第一排孔按加强松动爆破设计（同常规爆区），第二排孔按松动爆破设计（同控制爆区），第三排孔按弱松动爆破或破裂爆破设计，即保证每排炮孔装药部分与坡面的最短距离不小于 $2.0W_d$，其中 W_d 为第一排孔的底盘抵抗线，填塞长度要保证装药顶部与坡面的水平距离不小于 $1.5W_d$。图 4 为岩墙爆破设计图。

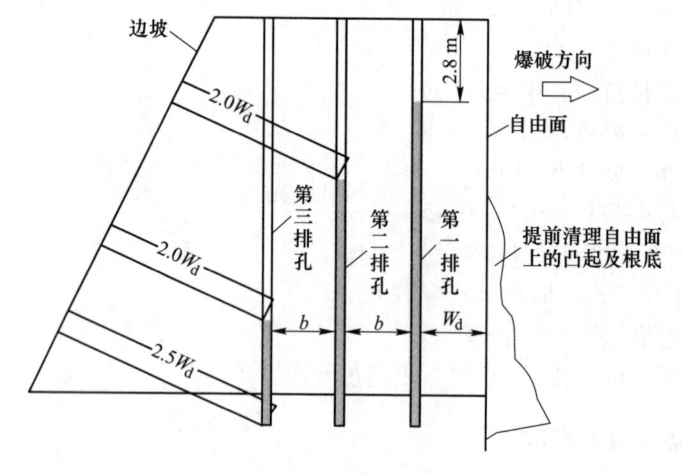

图 4　岩墙爆破设计图

4.4　局部浅孔爆破参数

对于山体局部地区钻机无法到达的边角部位、个别大块及孤石等采用浅孔爆破（图 5）。相关参数如下：

（1）孔径：$\phi=40$ mm；

（2）孔深：$H\leqslant 5$ m；

（3）钻孔倾角：≤90°；

（4）底盘抵抗线：$W\leqslant 1.5$ m；

（5）孔距：$a=1.0\sim 1.5$ m；

（6）排距：$b=0.8\sim 1.2$ m；

（7）炸药单耗：$q=0.3\sim 0.35$ kg/m^3；

（8）堵塞长度：$W\leqslant l\leqslant 1.5$ m；

（9）布孔型式：梅花形布孔；

（10）装药结构：连续装药。

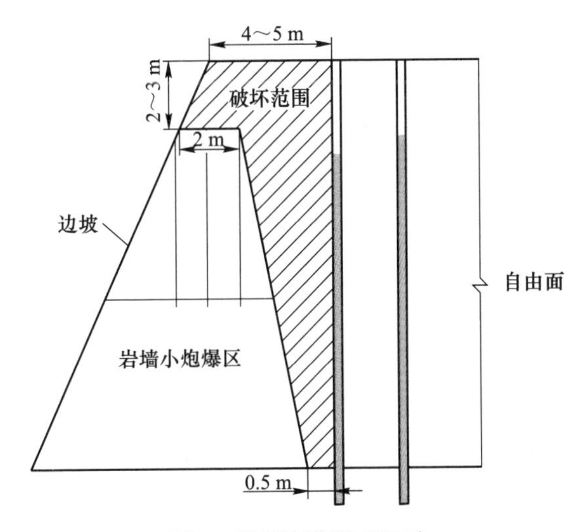

图 5　局部浅孔爆破设计

4.5　爆破网路

采用孔内全部装 MS-12 段雷管，开口处一侧用 MS-2 段雷管接力，剩余孔间用 MS-3 段雷管接力，排间用 MS-5 段雷管接力的中间开口、V 形起爆网路。

根据爆破区域与保护体的距离调整一次齐爆药量，并对起爆网路进行适当调整。岩墙起爆网路如图 6 所示。

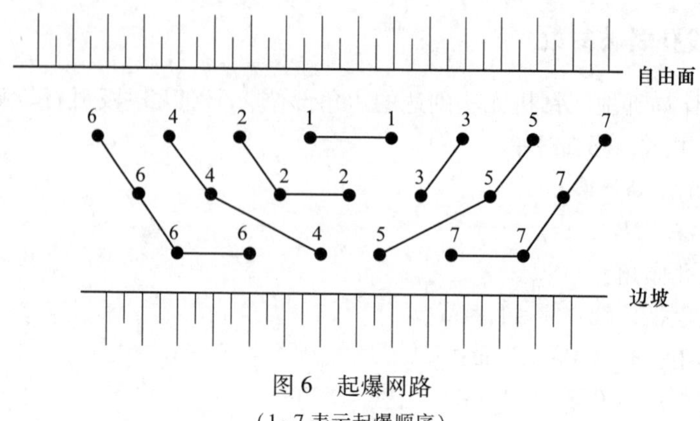

图 6　起爆网路

（1~7 表示起爆顺序）

5　爆破安全设计

5.1　爆破振动

根据爆破安全规程及永跃船厂围堰爆破拆除、中远船厂 1 号和 2 号船坞围堰爆破拆除施工经验，确定坞体安全控制振速控制为 10 cm/s，花岗岩贴面、上体附近构筑物安全控制振速为 5 cm/s。

爆破振动计算公式如下：

$$Q = \left[\left([v]/K \right)^{\frac{1}{\alpha}} R \right]^3 \tag{1}$$

式中　Q——最大单响药量，kg；

$[v]$——保护物的安全允许振速，cm/s；

R——保护物至爆源的距离，m；

K，α——与爆区地形地质有关的系数和衰减系数，$K=150$，$\alpha=1.5$。

爆破开挖时应根据爆心离最近保护建筑的距离控制单响药量，具体参照表 1、表 2。

表 1　对船坞钢筋混凝土坞体不同 *R* 时的最大单响药量（$v=10$ cm/s）

不同爆破距离/m	20	30	40	50	60	70	80	90	100
最大单响药量/kg	35.5	119.6	282	551	953	1512	2258	3215	4411

表 2　花岗岩贴面及钢筋混凝土构筑物不同 *R* 时的最大单响药量（$v=5$ cm/s）

不同爆破距离/m	30	40	50	60	70	80	90	100	110
最大单响药量/kg	29	70	136	236	375	559	796	1092	1454

5.2 爆破飞石

露天深孔台阶爆破，个别爆破飞石采用瑞典经验公式进行校核：

$$R_{\mathrm{Fmax}} = K_{\varphi} D \tag{2}$$

式中　R_{Fmax}——露天深孔爆破飞石安全距离，m；

K_{φ}——安全系数，取 15；

D——炮孔直径，cm，取最大 11.5 cm。

经过计算得：$R_{\mathrm{Fmax}}=172$ m。

上述计算结果表明，爆破时个别飞石的最大飞行距离对船坞会造成危害，应采取相应控制措施，加大安全警戒距离。

5.3 爆破滚石

在进行山体爆破开挖时，由于地形高差的影响，飞石落地后会弹跳一段距离，产生爆破滚石，爆破滚石有可能对船坞及设备造成危害。

爆破滚石按下式进行验算：

$$X = Kh[2\cos^2 a(\tan\alpha + \tan\beta) - 1] \tag{3}$$

式中　h——山坡高差，取 75 m；

α——最小抗线与水平线交角（°），取 30；

β——山坡坡角（°），取 65；

K——系数，一般取 0.5。

计算得：$X=115$ m。

计算结果表明，爆破滚石对船坞影响较大，必须采取防护控制措施，尽量减少产生滚石。

5.4 安全防护措施

由于周围环境复杂，除采用控制爆破的技术外，还需要进行其他有效的安全防护措施，防止爆破危害的发生。

（1）对于岩墙爆破振动的控制主要采用控制单响药量的手段来控制振动速度，确保爆破振动速度不超过安全标准值。

（2）对于岩墙爆破个别飞石的控制主要采取调整爆破方向，严格控制最小抵抗线，加强堵塞长度，机械破碎二次解小，个别部位覆盖沙包等方法控制个别飞石的发生。

（3）对于岩墙爆破滚石的控制除采用科学的爆破设计方案外，在边坡现有的 4 个马道上分别设置防护栅。马道防护栅使用钢管搭设，插入基岩内，同时在底部放置柔性沙包，缓冲较大滚石对防护栅的冲击，上部使用竹笆拦截“飞石”

或“跳石”的危害。

（4）在山体两侧坡底通道边搭设 12 m 高的双层钢管防护屏障。双层钢管架根部深入基岩，底部堆放一定高度和宽度的沙包柔性垫层，既能缓冲大的滚石对防护的冲击，又能增加防护屏障本身的稳定性，柔性垫层上部使用竹笆进行防护，防护示意如图 7 所示。

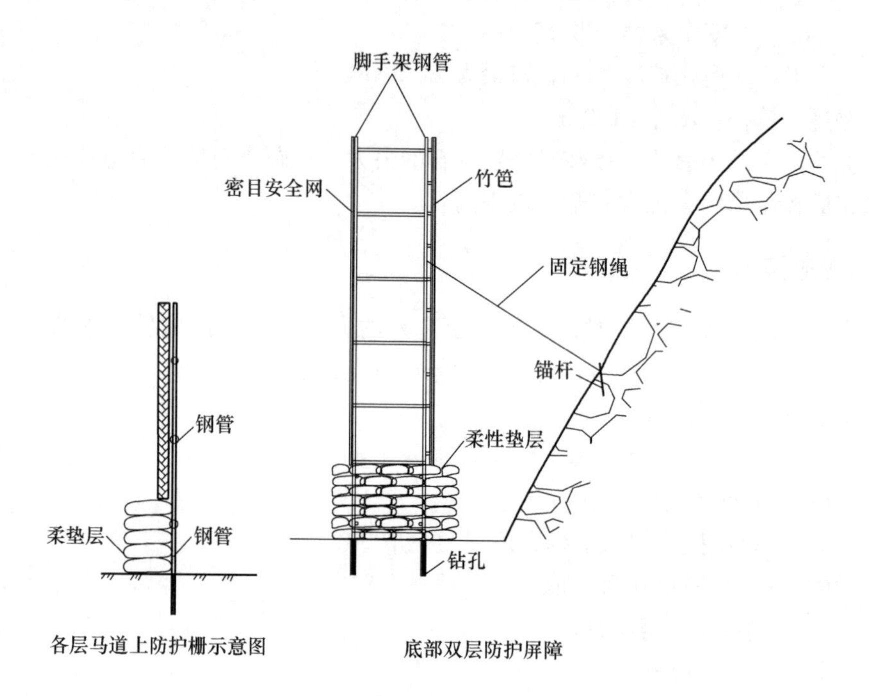

图 7　防护

6 爆破施工

实际施工时将山体爆破分成南北两区，使用不同的爆破方案。

南区分为主爆区和岩墙爆区，主爆区采用深孔爆破技术，岩墙爆区采用控制爆破，控制爆区采用 ϕ76 mm 进行深孔爆破。

北区分为主爆区、控制爆区、岩墙小炮爆区，控制爆区采用 ϕ89 mm 进行深孔爆破，岩墙小炮爆区采用 5 m 台阶小炮分层开挖。

南北两区的主爆区为深孔常规爆破，采用 ϕ115 mm 孔径，台阶高度 10 m，孔距 5 m，排距 3.5 m，炸药单耗 0.4 kg/m^3，梅花形交错布孔，连续耦合装药结构。

6.1 南区控制爆破施工

南区经过主爆区爆破后在靠近 2 号坞的+47 m 高程留有长 18 m，宽 4.5~5 m 的岩墙，边坡倾角为 55°，坡面上喷射素混凝土，边坡底部正对着配电房，此处岩墙爆破必须保证没有滚石落到底部，否则将造成严重的安全事故。

根据岩墙爆区爆破参数设计并结合该岩墙的特点，采用 ϕ76 mm 深孔爆破。孔网参数：钻孔深度为 9.5 m，布置两排炮孔，前排的底盘抵抗线为 2.4~2.5 m，孔距为 2.4~3 m，后排距离坡顶线为 1.5~2 m，孔距为 2.3~2.6 m，两排孔之间排距为 1.6~1.8 m。

装药情况：前排炮孔装药量为 22.8~18 kg，后排孔装药量为 9.6~8 kg。前排堵塞长度为 3.8~5 m，后排孔堵塞长度为 7~7.5 m。

6.2 北区控制爆破施工

北区靠近 2 号坞侧+62 m 高程经过主爆区爆破后留有长 35 m，宽 15 m 控制爆区，需开挖至+55 m 高程，爆区边坡倾角为 50°，坡面为钢筋喷射素混凝土支护。

控制爆区最后一排距离边坡面为 4 m，共布置 4 排炮孔，钻孔深度 $H=8$ m，孔距 $a=3.4$ m，排距 $b=2.8$ m，前三排堵塞长度为 3 m，后排堵塞长度为 3.5 m。

6.3 爆破网路

实际施工爆破网路采用 V 形孔内微差起爆方法，保证每个炮孔在有充分自由面的情况下起爆，根据爆破经验确定延期时差控制在 25~50 ms，既能使先响炮孔有足够的时间从岩体中爆下所担负的岩石，同时能使后响孔获得较好的自由面及更好的破碎块度，并防止后排孔在爆破方向上发生飞石现象。

7　爆破效果与监测成果

南区控制爆破爆破效果：爆破后边坡面上有个别石块剥落，被+34 m 高程的防护栅全部顺利拦截。岩墙经过机械开挖后下降到+40 m 高程局部下降到+39 m 高程。

北区控制爆破爆破效果：爆破后没有发生滚石现象，边坡上部 3 m 高度混凝土层破裂，下部没有变化，岩墙顶部岩石破碎。经机械开挖后顺利将岩墙降低至+59 m 高程，局部降至+57 m 高程。

项目共进行了 38 次振动监测，得到有效数据 76 组。测得船坞、下坞通道、水泵房、坞门的最大振动速度见表 3，均符合业主对振动速度的要求。

表 3　振动监测参数

位置	振动速度/cm · s^{-1}	单响药量/kg	爆心距/m	业主要求/cm · s^{-1}
船坞	2. 44	396	60	10
下坞通道	1. 80	285	45	10
水泵房	1. 94	160	42	5
坞门	0. 81	150	75	5

此外，实践证明马道防护栅及钢管架防护屏障能有效地阻挡个别滚石，滚石未进入船坞，爆破飞石控制在 60 m 范围之内。

8　经验与体会

南北分区采用不同的控制爆破施工方法，能够在防止边坡滚石的情况下，较快、较好地处理边坡岩墙，加快施工进度同时取得较好的经济效益。

通过岩墙爆破的实践有以下体会：

(1) 岩墙深孔爆破成功实施的前提是合理的爆破设计。必须根据现场边坡的地形、地质条件进行布孔，一旦发现有地质夹层、破碎带、孤石等情况一定要及时调整炮孔位置。

(2) 必须合理地控制最后一排炮孔的位置和装药量，使控制爆破区爆破时既能保证不发生滚石，又能使岩墙部分破碎，同时减少小炮爆破的工程量。

(3) 必须及时清理自由面和根底减小夹制作用，减小控制爆破区爆破对后侧边坡的影响。

(4) 浅孔爆破最主要是控制浅孔的排数和装药量，减小爆破对边坡的破坏。

（二）

1　工程概况及环境状况

1.1　概述

因景区升级改造需要，遂昌矿山公园拟对现游客中心向东拓展。为此，需对博物馆、南月台及周边山体进行开挖场平，以扩大新游客中心面积并建设配套的服务设施。本工程需将爆破场平的山体自+540.0 m 开挖至+486.5 m 标高，开挖高度53.5 m，开挖面积0.026 km^2，开挖总方量49.7万立方米，分两期开挖，本次一期开挖量为45.28万立方米，工期为105天。

1.2　工程地质

开挖区域工程地质条件属简单类型。主要有凝灰岩、火山隐爆角砾岩、黑云斜长片麻岩、花岗斑岩、霏细斑岩、霏细岩、闪长岩等，岩石抗压强度为800~1500 kg/cm^2，属坚硬岩类。开挖范围北东侧为片麻岩，表土及风化层为黄土，厚约10 m；南西侧为花岗斑岩，风化层厚约2 m，上部约0.5 m为泥土碎石，下部约1.5 m为半风化岩石。

1.3　爆区周边环境

该工程位于遂昌金矿国家矿山公园（国家4A级景区）内，周边环境十分复杂，附近有遂昌金矿矿山公园有限公司内部的建（构）筑物及设施，主要集中在待开挖山体的西侧、北侧（图8）。东北侧有旅游小火车月台、旅游小火车隧

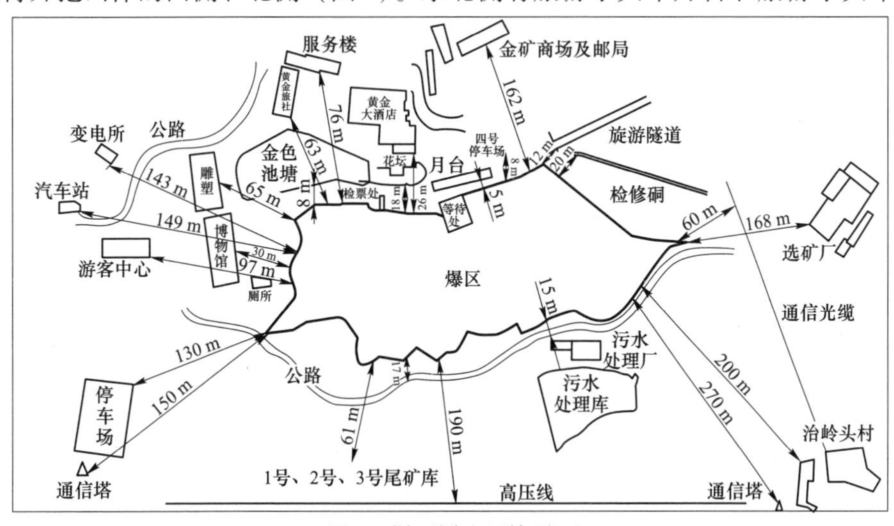

图8　爆区周边环境平面

道、4 号停车场、金矿商场及邮局等，距离分别约为 5 m、12 m、8 m、162 m；北侧有花坛、黄金大酒店等，距离分别约为 18 m、26 m；西北侧有金色池塘、黄金旅社、服务楼等，距离分别约为 8 m、63 m、76 m；西侧有博物馆、雕塑、变电站、汽车停靠站、游客中心等，距离分别约为 30 m、63 m、143 m、149 m、97 m；西南侧有停车场、通信塔等，距离为 130 m、150 m；南侧有公路、10 kV 高压线及 1 号、2 号、3 号尾矿库等，距离分别为 17 m、190 m、61 m；东南侧有遂昌金矿选矿污水处理厂、污水库大坝、选矿厂、通信光缆、通信塔、治岭头村民房等，距离分别约为 15 m、30 m、168 m、60 m、270 m、200 m；东侧有旅游检修便民硐及山体，距离约为 20 m。(图 8)

2　工程特点、难点

根据工程要求，采用复杂环境深孔台阶爆破对山体进行爆破开挖，爆破施工的特点和难点如下：

(1) 爆区周边环境复杂，不能损害周边的建（构）筑物及设施，对爆破有害效应控制要求高。

(2) 爆区附近的博物馆、酒店、商店、游客中心等位置游客众多，周边道路行人众多，安全警戒难度大。

(3) 爆破施工需避开节假日等旅游高峰期，且日爆破次数只能为一次，确保进度有一定的难度。

(4) 为确保污水处理厂正常运行，防止碴石进入污水库，爆破、开挖产生的滚石严禁落入污水处理库。

(5) 爆破施工不能影响景区的正常经营及日常生活。

3　爆破方案选择及设计原则

爆区总体开挖遵循“自上而下、由南向北、分区域、留屏障、多台阶、少排数”的原则分台阶开挖（图 9），首先，采用机械进行+528.5 m 以上削顶整平处理，为钻孔施工提供有利的作业平台；其次，+528.5~+486.5 m 标高间岩石采用分层分台阶顺序开挖（分层高度 42 m，其中第 1 层高 12 m，第 2、3 层高15 m）。

因为待开挖区范围狭窄、山体坡度较陡，且在山体北侧、西侧有需保护的建（构）筑物，所以根据开挖山体最大垂直高度、周边环境条件、地形地质特征及现状限制情况，参考以往类似工程施工的成功经验，选择在靠近被保护物边坡面一侧预留保护屏障，对屏障内侧的山体采用复杂环境深孔爆破的方法。预留的保护屏障可以防止爆碴的侧向逸出，同时又能保持边坡相对稳定，避免坡面岩块受损剥离滚落，既保证了安全，又提高了施工效率。待常规深孔爆破开挖完一个台阶后，进行保护屏障爆破，保护屏障爆破时临空面指向爆区一侧。然后，选

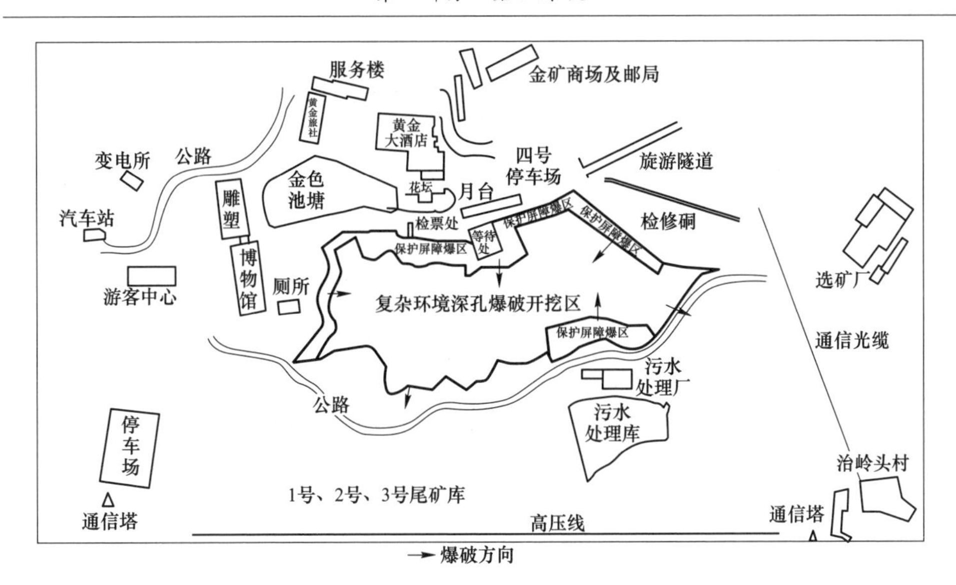

图9　开挖区布置及开挖方向

择合理的孔网参数，控制好装药量和填塞长度，保证填塞质量，防止飞石朝向被保护物方向飞出，再做好防护措施，控制好滚石即可确保工程安全（图10）。

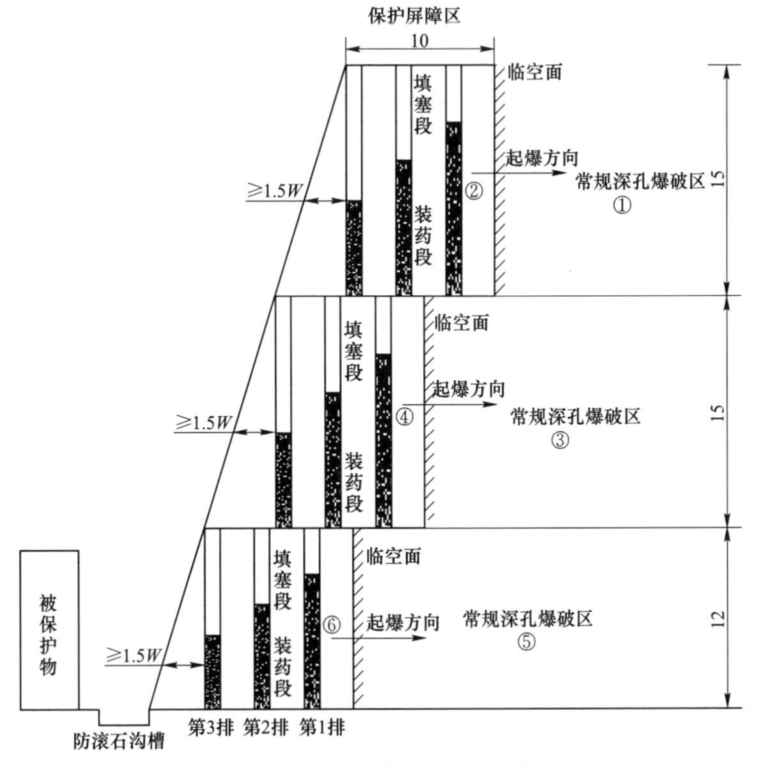

图10　保护屏障爆破施工顺序

（①~⑥为爆破施工顺序）

4　爆破参数设计

4.1　复杂环境深孔爆破参数

（1）台阶高度：$H=12$ m 和 15 m；

（2）超深：$h=(10\sim12)D=0.5\sim1.8$ m，取 $h=0.5\sim1.0$ m；

（3）孔深：$L=H+h=5.5\sim16.0$ m；

（4）单耗：$q=0.3\sim0.4$ kg/m^3；

（5）底盘抵抗线：$W_{底}=(20\sim50)D=1.8\sim4.5$ m，取 $W_{底}=2.5\sim4.0$ m；

（6）孔距：$a=(1.2\sim1.5)W_{底}=3\sim6.0$，取 $a=2.8\sim4.0$ m；

（7）排距：$b=(0.8\sim1.1)a=2.24\sim4.4$，取 $b=2.5\sim3.5$ m；

（8）单孔装药量 $Q=q\cdot a\cdot W\cdot H$；

（9）装药结构：连续耦合装药、分层装药；

（10）堵塞长度：一般取孔深的 2/5～1/2。

为了确保爆破效果和岩石的破碎程度，复杂环境深孔爆破时实施梅花形布孔，采用 90 mm 孔径性能卓越的履带式快速液压潜孔钻机施工和连续耦合装药、分层装药结构。爆破参数见表 4。

表 4　复杂环境深孔区爆破实施参数

台阶高度 H/m	超深 L/m	底盘抵抗线 W/m	孔距 a/m	排距 b/m	装药长度 L_1/m	填塞长度 L_2/m	单孔装药量 Q/kg
5	0.5	2.5	2.5	2.5	2.5	3.0	10
6	0.5	2.5	2.5	2.5	3.5	3.0	13
7	1.0	2.5	3.0	2.5	4.5	3.5	18
8	1.0	2.5	3.0	2.5	5.5	3.5	21
9	1.0	2.8	3.5	2.5	6.0	4.0	28
10	1.0	3.0	3.5	3.0	7.0	4.0	36
11	1.0	3.2	3.5	3.0	8.0	4.0	40
12	1.0	3.2	3.5	3.0	9.0	4.0	44
13	1.0	3.2	3.5	3.2	10	4.0	50
14	1.0	3.5	4.0	3.5	11	4.0	68
15	1.0	3.5	4.0	3.5	12	4.0	73

4.2　保护屏障区域爆破参数

（1）炮孔布置。为了确保爆破效果和岩石的破碎程度，本工程采用梅花形布孔。

（2）孔径。$D=90$ mm；为保证进度采用性能卓越的履带式快速液压潜孔钻机施工。

（3）预留保护屏障厚度。从防止保护屏障爆破时爆堆向边坡侧滚落的要求看，保护屏障的厚度应尽可能减少，但必须保证钻机施工时的安全；故取保护屏障岩顶宽度取 10 m，排数取 3 排。

（4）装药结构。第一排连续耦合装药结构，按强松动爆破装药，第二排连续耦合装药、分层装药结构，按松动爆破装药，第三排连续不耦合装药结构，按弱松动爆破装药。

（5）堵塞长度。第一排按常规要求堵塞，第二排间隔堵塞、适当增加堵塞长度；第三排增加堵塞长度。

保护屏障区域的爆破同样采用梅花形布孔和 90 mm 孔径性能卓越的履带式快速液压潜孔钻机施工，为了保证钻机施工时的安全，设计预留保护屏障厚度为 10 m，取 3 排。保护屏障区域参数见表 5。

表 5　保护屏障区爆破实施参数

参发	台阶高度 H/m					
	12			15		
数排数 n	1	2	3	1	2	3
孔距 a/m	3.5	3.5	3.5	3.5	3.5	3.5
排距 b/m	3.3	3.3	3.3	3.3	3.3	3.3
超深 h/m	0	0	0	0	0	0
孔深 L/m	12	12	12	15	15	15
底盘抵抗线 W/m	3.3	3.3	3.3	3.3	3.3	3.3
单耗 q/kg·m^{-3}	0.35	0.3	0.20	0.35	0.3	0.20
单孔装药量 $Q_{前}$/kg	48	40	28	60	52	35
装药长度 L_1/m	8.0	6.0	5.0	10.0	8.0	7.0
填塞长度 L_2/m	4.0	6.0	7.0	5.0	7.0	8.0

4.3　爆破规模

爆破规模结合周边建（构）筑物和设施的保护要求，一次最大爆破总药量为 2496 kg，为了保证良好的爆破效果和减少爆破振动的影响，复杂环境深孔爆破每次控制在 4 排以内，保护屏障爆破控制在 3 排。

4.4　爆破网路设计

为了控制爆破振动对周边建（构）筑物及设施的影响，采用孔外毫秒延时逐孔起爆网路（图 11），并对山体边缘的炮孔进行延后起爆，确保抵抗线方向指向中间深孔区域，防止大量滚石沿山体滚落。

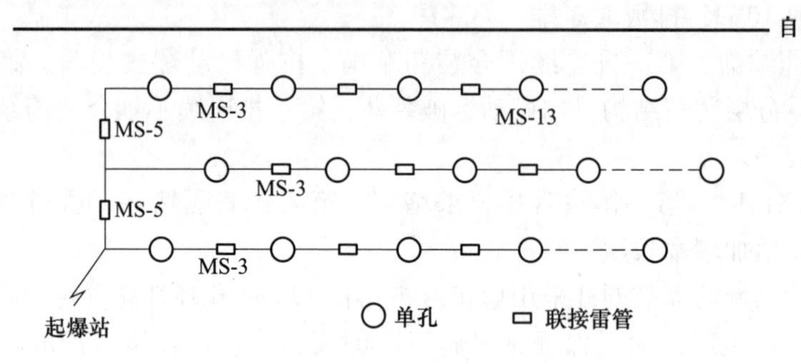

图 11　逐孔起爆网路

5　爆破安全设计

5.1　爆破有害效应校核

5.1.1　个别飞散物的校核

因为个别飞散物可能影响的范围内均有被保护物，所以须采用合理有效的技术措施和防护措施防止被保护物受到影响。因此，根据《爆破手册》个别飞散物安全距离经验公式计算：

$$R_F = (15 \sim 16)D \tag{4}$$

式中　R_F——飞石的飞散距离，m；

D——炮孔直径，cm。

本工程 D 取 9 cm，计算得 $R_F = 144$ m。安全警戒确定为 150 m。

5.1.2　爆破振动校核

因为爆破振动可能影响的范围内保护物众多，所以须采用合理有效的技术措施和防护措施防止被保护物受到爆破振动影响。

根据《爆破安全规程》（GB 6722—2014）中有关规定："一般民用建筑物""工业和商业建筑物""矿山巷道"安全允许振速分别取：$v = 1.5$ cm/s、2.5 cm/s、15.0 cm/s。由《爆破安全规程》（GB 6722—2014）爆破振动安全允许计算公式：

$$v = K \times (Q^{1/3}/R)^{\alpha}$$
$$Q = R^3 (v/K)^{3/\alpha} \tag{5}$$

式中 v——保护对象所在地质点振动安全允许速度，cm/s；

R——爆源至保护对象的距离，m；

K，α——与爆点至保护对象间的地形、地质条件有关的系数和衰减指数，本工程岩石为中硬岩石，取 $K=200$，$\alpha=1.7$；

Q——炸药量，齐发爆破为总药量，延时爆破为最大一段药量，kg。

施工中根据与保护物的不同距离，严格根据表6控制最大单响药量，爆破振动控制在安全允许范围内。

表6 不同距离和爆破振速的安全允许炸药量

R/m	v/cm · s^{-1}		
	1.5	2.5	15
12	—	—	—
15	—	1.47 kg	—
20	—	—	82.8 kg
26	—	7.7 kg	181.8 kg
30	—	11.8 kg	279.3 kg
63	44.5 kg	109.5 kg	2587 kg
76	78 kg	192.3 kg	4542 kg
97	162.3 kg	400 kg	9443 kg
130	390.8 kg	962 kg	22732 kg
143	520 kg	1281 kg	30256 kg
149	588 kg	1449 kg	34227 kg

5.1.3 空气冲击波校核

本工程选用复杂环境深孔台阶爆破，炸药单耗 q 值较低，且采用延时爆破，齐发单响药量较小，堵塞质量及长度均已加强，最小抵抗线方向选择朝向空旷场地方向或背离保护物方向，并预留了保护屏障和进行了安全防护，因此，空气冲击波的危害甚小，影响可忽略不计。

5.2 安全措施

5.2.1 个别飞散物控制措施

（1）开挖区域东面、北面、西面和南面污水处理厂上方岩体开挖时，预留10 m的保护屏障，置后一个台阶开挖。

（2）保证堵塞长度，确保堵塞质量。

（3）按设计参数进行爆破，使得岩石松动而不飞散。

（4）在当次爆区坡底构筑防护土堤，防护土堤的高度不小于2 m，长度两边各超过爆区 10 m 以上，厚度 3 m 以上，并在防护土堤上搭设排架，排架高度 3 m，长度和防护土堤一致。

（5）根据场地的实际情况起爆方向选择空旷的场地。

（6）撤离警戒区内的所有人员和重要设备。

（7）严格按设计的装药量进行装药，不得过量装药。

（8）施爆前对每个炮孔进行测量，根据测得数据进行装药设计，如果抵抗线有变化必须调整装药量。

（9）覆盖防护措施。在每个孔加压 4~5 个沙袋，防止炮孔冲孔。

5.2.2 空气冲击波和噪声的控制措施

爆破噪声是由于爆炸空气冲击波引起，若不采取控制措施，不仅会对爆区附近建筑物产生破坏，对人也可能会产生伤害。

（1）提高炸药的爆炸能量的利用率，减少形成空气冲击波的能量，从而最大限度地降低空气冲击波的强度。

（2）合理选择爆破参数、延时网路和延时间隔时间，保证岩石能充分松动，消除夹制爆破。

（3）保证堵塞长度和堵塞质量，并采用反向起爆，以防止高压气体从炮孔中冲出，避免产生冲孔。

（4）合理选择爆破时间，避免在中午休息时间进行起爆。

5.2.3 有毒炮烟的控制措施

工程位于风景区内，为了确保景区环境，炮烟需严格控制。有毒炮烟的扩散受气象、地形、炸药质量、装药情况的影响。

（1）定期检验炸药的质量，确保炸药在有效期内，不使用过期变质的炸药。

（2）采用防水的乳化炸药，并对有水的炮孔进行吹水后再进行装药，避免炸药受潮、进水产生不完全的爆炸反应。

（3）爆破作业时，观察风向、风速，人员撤离至上风向。

5.2.4 爆破振动的控制措施

（1）采取孔外延时逐孔起爆网路控制爆破振动。

（2）严格控制爆破规模和爆破排数。

（3）采用分层装药结构，控制单孔装药量。

（4）严格根据校核的振动控制值控制最大单响药量，在复杂环境深孔爆区单孔药量不能满足振动控制要求的，进行分台阶施工以控制最大单响药量。

（5）沿爆区与保护物之间的山坡脚开挖一条深 3 m 宽 5 m 的减振沟，该减振沟不仅能削减爆破振动，还能防止个别滚石滚落冲击。

5.2.5 滚石控制措施

（1）采用预留保护屏障的施工方法进行爆破施工。

（2）采用延时爆破技术对山体边缘孔进行延期起爆减少滚石。

（3）在东南面污水处理厂前方堆砌防护土堤，防止滚石冲入厂房内；北面小火车月台前、西面博物馆前开挖防滚石的沟槽，防止滚石进入月台、博物馆。

（4）预留保护屏障的边缘孔进行弱松动爆破，同时增加堵塞长度，提高堵塞质量，减少滚石的产生。

6　爆破施工

本工程属于复杂环境深孔爆破，施工前严格按设计完成防振沟的开挖和防滚石土堤的堆砌工作，爆破施工时重点做好以下几点：

（1）会审施工图纸，编制施工方案和每炮次的施工设计，并进行技术交底。爆破后及时评估和总结当次爆破，适时调整爆破参数。

（2）钻孔前按设计定出孔位。通过测量，根据各孔位的标高计算其孔深，用红油漆将炮孔位置和孔深标注在施工区域内，炮孔标注完后。用钢尺对所标注的炮孔进行校验，确保孔位正确无误。爆破孔与标注的孔位误差不得大于20 cm，预裂孔与标注的孔位误差不得大于5 cm，否则，应重新钻孔，以确保孔位正确。

（3）开孔时钻头要按设计角度对准孔位。先轻轻钻凿，待形成一定孔深时，可加压钻进。钻进过程中要保持钻机平稳，并注意观察钻进过程中的地质变化，做好记录。

（4）钻孔验收应由设计、施工和测量人员共同进行。验收时要对不符合要求的钻孔进行处理，确保达到设计要求。

（5）装药必须保证每一支炸药到位。

（6）在检查装药质量合格后进行堵塞，堵塞材料为沙土或岩屑，严禁使用石块或易燃材料。要切实保证堵塞质量和堵塞长度，严禁堵塞中出现空洞或接触不紧密现象。

7　爆破效果

本工程自2016年10月12日开工，历时100天，爆破66次，开挖方量51.7万立方米，爆破方量42万立方米，共使用炸药99 t，不仅安全顺利的完成爆破施工，还提前了5日工期，超出开挖方量6.42万立方米（原计划45.28万立方米）。通过定量化的设计、精心施工、精细管理、合理协调，爆破施工期间未产生飞石，滚石距离控制在5 m以内，其他爆破有害效应也未对周边所有保护物造成影响，未影响景区正常生产经营及日常生活，未对游客造成任何影响，爆破达到预期的效果，实现了爆破施工安全和周边环境安全的目的。

8 经验与成果

通过该工程的施工总结得出：

（1）在风景区、重要设施等复杂环境附近进行短工期、大方量爆破施工时，采用复杂环境深孔爆破结合预留保护屏障的施工方法，即在靠近边坡一侧预留保护屏障，并在保护屏障内进行复杂环境深孔爆破，保护屏障能有效防止爆堆的逸出，避免了边坡滚石，减小了爆破振动，提高了施工的安全性和效率。

（2）通过选择合理的孔网参数，并采取试爆、重点保护物振动监测及孔外延时逐孔起爆技术等综合措施，保证了爆破振动均控制在安全允许范围内；通过选择合理的抵抗线、起爆、传爆方向，构筑防护土堤、搭设防护排架等综合措施，有效地防止了爆破飞石和滚石。

（3）复杂环境中进行爆破施工，安全警戒是确保安全的重要环节。保证足够的安全距离、配备足够的警戒人员、布置充足的警戒点是完成安全警戒的必备条件。

（4）本工程通过定量化的设计、精心施工、精细管理，每次保护屏障爆破后，保护屏障岩体破而不碎，方便机械开挖，但不产生大块、大量滚石，爆破达到预期的效果，实现了爆破施工安全和周边环境安全的目的。

（5）通过本工程的施工，为今后在城镇、风景区及重要设施附近实施安全、高效、经济的大方量复杂环境深孔爆破提供了宝贵的参考意见。

工程获奖情况介绍

“遂昌金矿新游客中心及配套服务设施项目场平工程复杂环境深孔控制爆破”获浙江省第二届工程爆破论坛优秀论文三等奖（浙江省爆破行业协会，2019 年）。发表论文 2 篇。

不耦合装药下炮孔-空孔距离对预裂爆破效果的影响探究

工程名称： 筑圣新型建材生产项目（一期）
工程地点： 安徽省六安市霍山县
完成单位： 核工业井巷建设集团有限公司
完成时间： 2021 年 3 月~2023 年 2 月
项目主持人及参加人员： 程金明　章彬彬　占汪妹　赵东波　廖述能　郑中华　闫　奇　卞跃锁　谢　超　夏寅初　赵广辉　章家伟
撰 稿 人： 章彬彬　程金明　占汪妹　赵东波　廖述能　郑中华

1　工程概况及环境状况

筑圣新型建材生产项目（一期），需开挖土石方总量约 414.63 万立方米，其中：石方约 396.96 万立方米，土方约 17.67 万立方米。该项目环境复杂，岩性为凝灰岩（坚硬岩石、岩层厚、绵性），地勘报告显示施工范围的中部有北西-南东走向的断层带贯穿，东、南侧均有工厂厂房，最近厂房距施工边界仅 80 m，东、西、北三侧边界外均为生态公益林（山体为主要保护区）（图 1），边界线位置均需预裂爆破，边界线长度约 3 km，施工难度大。难点：需要保证边界线边坡的完整。

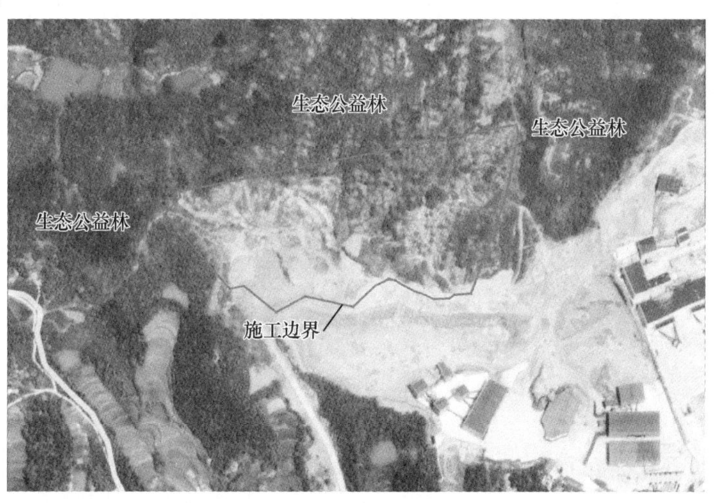

图 1　项目施工周边环境

2　工程特点、难点

本工程的预裂爆破需用电子雷管，且无导爆索用。本工程台阶高度为 12～15 m，按常规间隔装药预裂爆破，每个孔所需雷管数目多，施工上复杂，经济上浪费。

解决方案：采用连续装药，并在预裂炮孔之间隔孔装药，中间留有空孔不装药的方式，利用“空孔效应”的作用原理来提高炸药的利用率，同时获得完整性较好的开挖轮廓面。

3　爆破参数设计

根据施工要求，边坡设计预裂爆破，坡比按 1∶0.3 进行控制，设计边坡控制爆破方法主要采用连续装药间隔空孔的预裂爆破。

3.1　技术要求

（1）预裂爆破施工前，必须详细了解施工区域的地质情况，并做好预裂爆破的参数设计。

（2）先在需要预裂的地方或地形、岩石条件与其类似的其他地方进行生产性试验，获得比较满意的预裂面。

（3）预裂爆破后，地表缝宽一般不小于 1 cm；在开挖轮廓面上，残留炮孔痕迹均匀分布。残留炮孔痕迹保存率，对于节理裂隙不发育的岩体，达到 80%以上；对于节理裂隙较发育和发育的岩体，达到 80%～50%；对于节理裂缝极发育的岩体，达到 50%～10%。

3.2　探究试验与结果

3.2.1　试验设计

根据相关研究，爆破裂隙区有空孔时，可以有效控制裂纹的扩展方向。在上述理论与实践基础上，探究试验设置 3 组（Ⅰ组、Ⅱ组、Ⅲ组）工况试验：Ⅰ组，无空+l=80 mm（l/r=13.33）；Ⅱ组，无空孔+l=100 mm（l/r=16.67）；Ⅲ组，无空孔+l=120 mm（l/r=20.00），如图 2 所示（l 为炮孔-空孔距离，mm；r 为炮孔半径，r=6 mm；l/r 为不同炮孔-空孔距离与炮孔半径的比值）。

3.2.2　试验结果

图 3 为 l=80 mm 时无空孔（a）与有空孔（b）的爆破裂纹扩展图。观察图 3（a），爆破轮廓面不规整，两装药炮孔之间的爆破应力波在两炮孔自由面处反

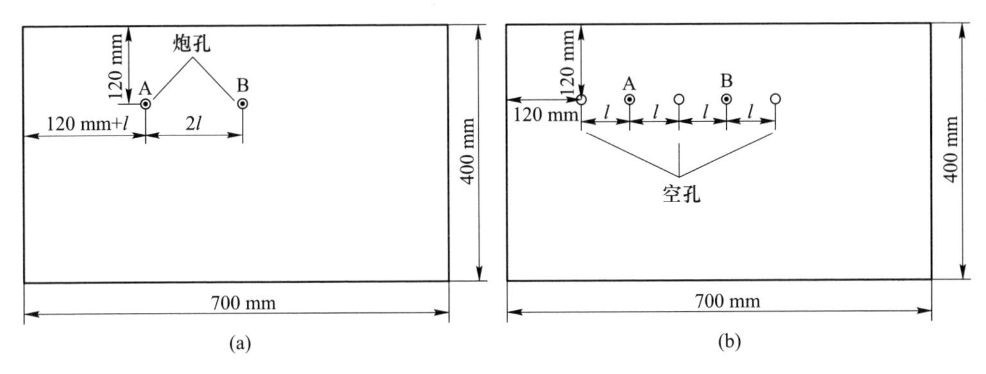

图 2　不耦合装药试验模型
（a）无空孔；（b）有空孔

射叠加，使在炮孔轴线以外形成 1、2、4、5、6 共 5 条裂纹，对主爆区或保护区破坏严重。观察图 3（b），爆破轮廓面不规整，两装药炮孔之间的爆破应力波在空孔及两炮孔自由面处反射叠加，在两炮孔与空孔轴线方向未形成贯通裂纹，在两炮孔与空孔轴线外形成 1、2、3、4、5、6、7 共 7 条裂纹，对主爆区或保护区破坏也较为严重。

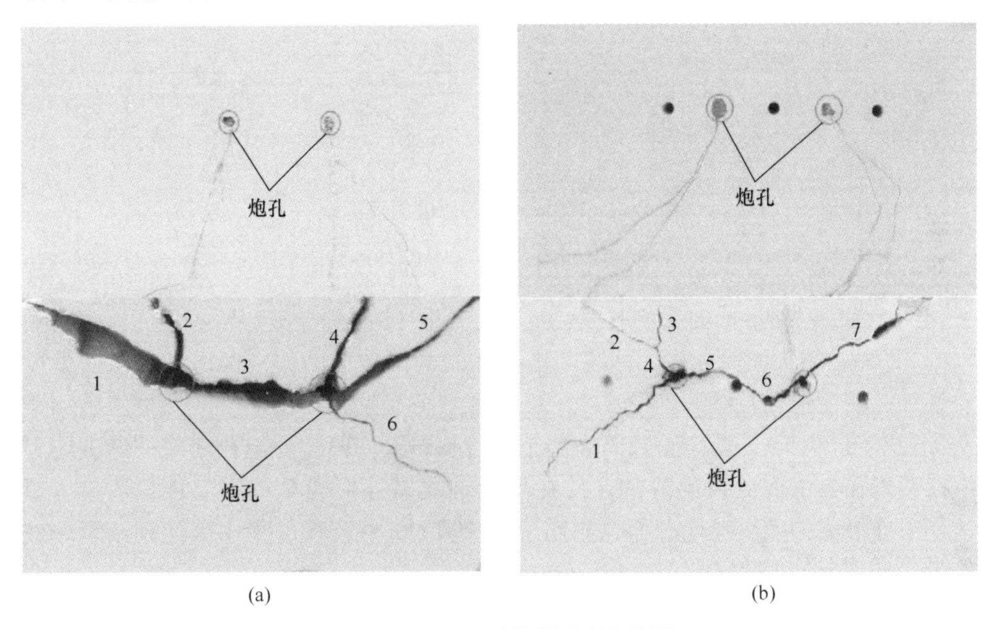

图 3　$l=80$ mm 时的爆破裂纹扩展
（a）无空孔；（b）有空孔

图 4 为 $l=100$ mm 时无空孔（a）与有空孔（b）的爆破裂纹扩展图。观察图 4（a），爆破轮廓面不规整，两装药炮孔之间的爆破应力波在两炮孔自由面处反

射叠加，使在炮孔轴线以外形成1、2、3、4、7共5条裂纹，对主爆区或保护区破坏较为严重。观察图4（b），爆破轮廓面近似平面，两装药炮孔之间的爆破应力波在空孔及两炮孔自由面处反射叠加，在两炮孔与空孔轴线方向形成一条贯通裂纹，在两炮孔与空孔轴线外形成2、7共2条裂纹，对主爆区或保护区破坏较小。相比于$l=80$ mm工况，对主爆区或保护区破坏较小，且爆破轮廓面规整。相比于无空孔情况，空孔的存在有利于良好爆破轮廓面的形成，还能减少对主爆区或保护区破坏作用。

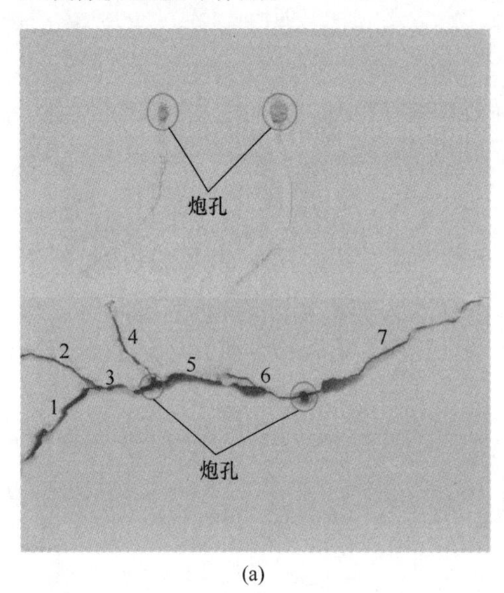

(a)

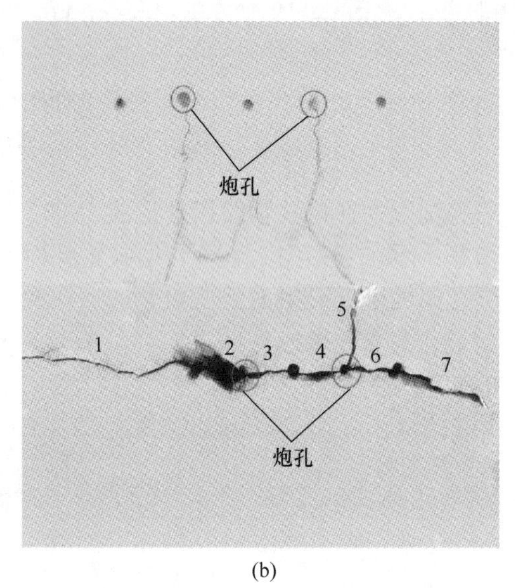

(b)

图4　$l=100$ mm时的爆破裂纹扩展

（a）无空孔；（b）有空孔

图5为$l=120$ mm时无空孔（a）与有空孔（b）的爆破裂纹扩展图。观察图5（a），爆破轮廓面为曲面，两装药炮孔之间的爆破应力波在两炮孔自由面处反射叠加，使在炮孔轴线以外形成1、2、4共3条裂纹，对主爆区或保护区破坏严重。观察图5（b），爆破轮廓面为狭小波涛状裂纹，两装药炮孔之间的爆破应力波在两炮孔自由面处反射叠加，使在炮孔轴线以外形成3、6、7共3条狭小裂纹，未能形成一条贯通轮廓面，相比于$l=100$ mm时工况，本组未达到预裂爆破效果。

根据3组（Ⅰ组、Ⅱ组、Ⅲ组）工况试验情况，合适的炮孔-空孔间距，通过给装药孔爆炸应力波增加反射自由面的途径，达到在炮孔轴线方向形成一条贯通轮廓面且对主爆区或保护区受爆破破坏的程度较小的目的。

鉴于以上探究试验的基础，本项目预裂爆破采用连续装药、中间留有空孔的方式。以下设计均以探究试验为基础进行提高与衍生的成果。

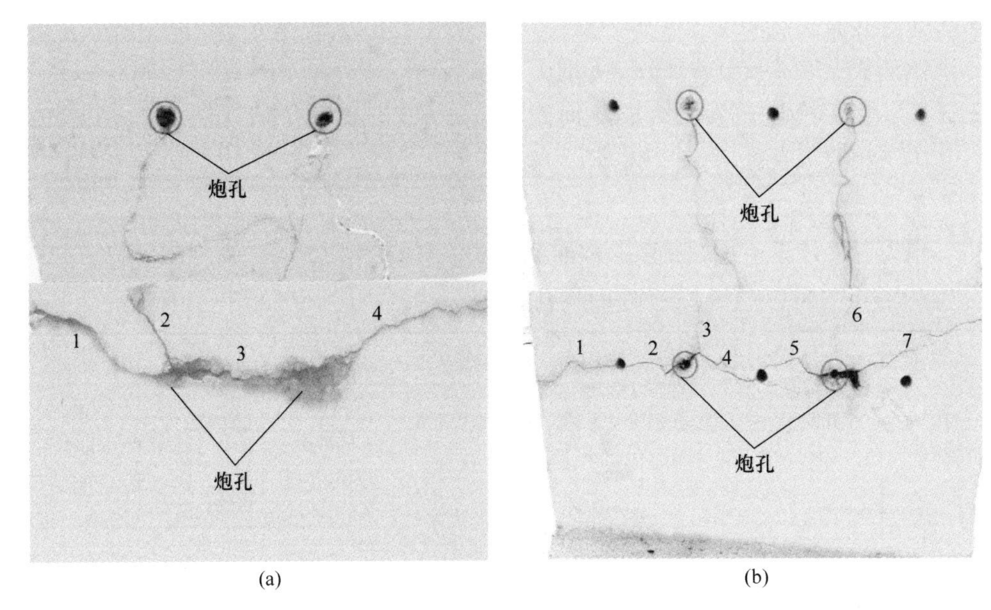

图 5　$l=120$ mm 时的爆破裂纹扩展
（a）无空孔；（b）有空孔

3.3　爆破参数选择

3.3.1　孔径、孔距、药卷直径

孔径根据岩石结构及钻机性能和效率来确定，孔径 d 暂取 90 mm，可根据现场试爆结果，由爆破工程技术人员进行调整。

孔距依据公式 $a=(7\sim12)d$ 计算，$d=90$ mm 时本处取 1.0 m，依实际爆破效果调整。

药卷直径按不耦合系数 $d/d_1>2$ 取值（d_1为药卷直径），本处取 $d_1=32$ mm 的乳化炸药。

3.3.2　孔深、炮孔倾角

预裂爆破孔深应按边坡台阶高度确定，本工程炮孔超深 h 取 0.5 m。炮孔倾角确定按设计边坡坡度。

3.3.3　线装药密度

根据施工经验，取值：当孔径为 90 mm 时，$Q_{线}=0.8\sim1.0$ kg/m。

因孔底挟制作用，炮孔底部应加强装药，本工程底部加强装药段长度为 1 m。底部线装药密度取 $Q_{底}=1.8$ kg/m。

3.3.4　不耦合系数

经计算 90/32=2.8。

3.3.5　填塞长度

填塞长度取 $L=(10\sim15)d$，L 取 1.0 m。

3.3.6　主爆孔与预裂孔之孔底间距

本工程取 1.5 m。

3.3.7　预裂爆破参数

根据以上计算，预裂爆破参数取值见表 1。

表 1　预裂爆破参数表

钻孔直径/mm	钻孔间距/m	药卷直径/mm	不耦合系数	线装药量/kg·m^{-1}	底部加强装药量/kg·m^{-1}	填塞长度/m	与主爆孔孔底间距/m
90	1.0	32	2.8	0.8~1.0	1.80	1.20	1.5

3.4　装药结构

预裂爆破采用不耦合连续装药，分两段，即底部为加强装药，其他为正常连续装药段。为了使预裂缝能沿炮孔连线方向充分成型，不对保留岩体面产生直接冲击，破坏岩面，尽可能将药柱置于炮孔中心。按照本设计确定线装药密度，将 ϕ32 mm 的乳化炸药卷用宽透明胶布连续均匀地捆绑在竹片上，保证起爆药包在孔内处于上方，再送入孔内。填塞时，先用蛇皮袋在顶部装药段的上部填塞，再用岩粉回填。预裂爆破装药结构示意图如图 6 所示。

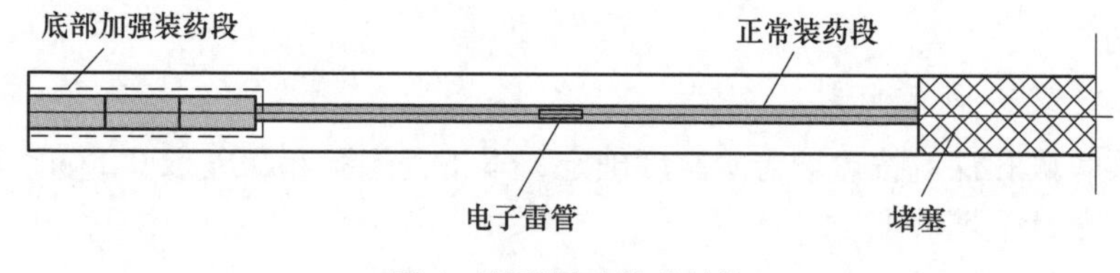

图 6　预裂爆破装药结构

3.5　起爆网路连接

采用电子雷管进行延时，每组延期时间 25 ms 或 50 m，每组装药炮孔数不超过 10 个，如图 7、图 8 所示。以预裂孔先进行爆破，主爆区后爆破为主。

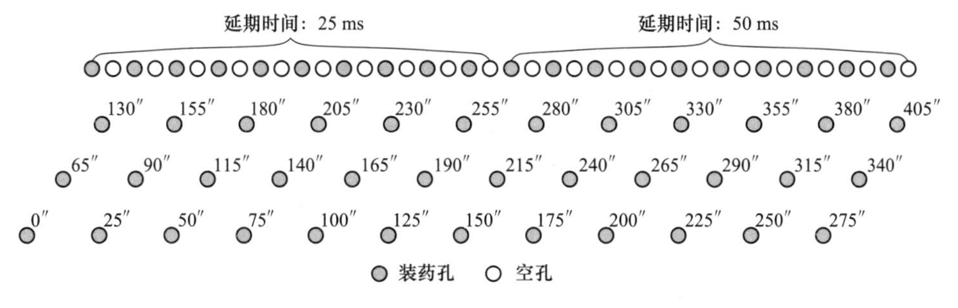

图 7 预裂孔起爆网路延期示意图（25~50 ms）

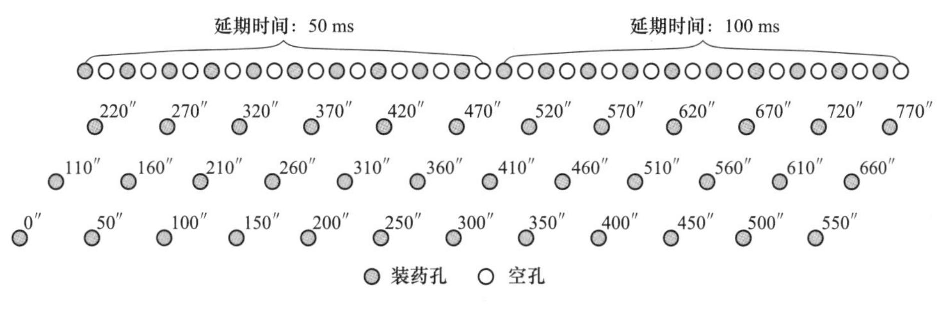

图 8 预裂孔起爆网路延期（50~100 ms）

4 爆破安全设计

4.1 爆破振动计算

爆破引起的质点振动速度公式：

$$v = K \cdot (Q^{1/3}/R)^{\alpha} \tag{1}$$

式中 Q——装药量（齐发爆破时的总药量，毫秒延时爆破时取最大单段装药量），kg；

R——爆破振动安全允许距离，m；

v——介质质点振动安全速度，cm/s；

K，α——与爆破点至保护对象间的地形、地质条件有关的系数和衰减指数，K 取值 160，α 取值 1.5。

本工程周边的主要保护对象为某电厂、民房 1、民房 2，某电厂距离 380 m，民房 1 距离爆区 220 m，民房 2 距离爆区 320 m。《爆破安全规程》允许民房振速为 2.0~2.5 cm/s，允许工业建筑物振速为 3.5~4.5 cm/s。为了建筑物安全，设计取其民用建筑物允许振速为不大于 1.0 cm/s，设计取其某电厂设备允许振速为不大于0.5 cm/s（设计按最严格要求控制）。计算出爆破点距离被保护对象不同距离处的最大一段装药量 $Q=(v/K)^{3/\alpha}\times R^3$，其中：$K$、$\alpha$ 分别取160、1.5。爆破振动安全允许标准见表2，计算结果见表3和表4。

表2 爆破振动安全允许标准

序号	保护对象类别	安全允许质点振动速度 v/cm·s^{-1}		
		$f\leqslant10$ Hz	10 Hz$<f\leqslant50$ Hz	$f>50$ Hz
1	土窑洞、土坯房、毛石房屋	0.15~0.45	0.45~0.9	0.9~1.5
2	一般民用建筑物	1.5~2.0	2.0~2.5	2.5~3.0
3	工业和商业建筑物	2.5~3.5	3.5~4.5	4.2~5.0
4	新浇大体积混凝土（C20）：			
	龄期：初凝~3 d	1.5~2.0	2.0~2.5	2.5~3.0
	龄期：3~7 d	3.0~4.0	4.0~5.0	5.0~7.0
	龄期：7~28 d	7.0~8.0	8.0~10.0	10.0~12

注：1. 表中质点振动速度为三个分量中的最大值，振动频率为主振频率；

2. 频率范围根据现场实测波形确定或按如下数据选取：硐室爆破 f 小于20 Hz，露天深孔爆破 f 在10~60 Hz，露天浅孔爆破 f 在40~100 Hz；地下深孔爆破 f 在30~100 Hz，地下浅孔爆破 f 在60~300 Hz。

表3 爆区与建筑物距离计算爆破单段药量

爆点距离 R/m	100	150	200	250	300	350	400
控制药量 Q/kg	88	297	703	1373	2373	3768	5625

表4 深孔爆破振动速度计算

保护对象名称	爆区与被保护建筑物的距离 R/m	最大段药量 Q/kg	校核振速/cm·s^{-1}	设计安全允许振速/cm·s^{-1}	结论
民房1	220	150	0.60	≤1.0	安全
	320	150	0.35	≤1.0	安全
民房2	320	150	0.35	≤1.0	安全
	420	150	0.23	≤1.0	安全
某电厂设备	380	150	0.27	≤0.5	安全
	480	150	0.19	≤0.5	安全
经测振数据作适当调整					

爆破时，根据爆点距离周边建构筑物的实际距离，结合表4计算最大单段装药量，并按公安部门批准的爆破规模结合测振数据来控制现场的爆破作业。

4.2　爆破个别飞散物

根据 Lungborg 爆破飞石统计规律经验公式：

$$R_f = K_t \cdot q \cdot d \tag{2}$$

式中　R_f——飞石的飞散距离，m；

K_t——为与爆破方式、堵塞长度、地形地质条件有关的系数，取值 1.0~1.5，本次校核取 1.5；

q——单耗，取 0.4 kg/m³；

d——炮孔直径，取 90 mm。

经计算：

$$R_f = 1.5 \times 0.4 \times 90\ \text{m} = 54\ \text{m}$$

若按炮孔直径估算：$R_f = K \cdot d$ 是于亚伦教授在爆破施工手册中推荐公式。式中，K 为系数，$K = 15 \sim 16$，取 $K = 16$；d 为炮孔直径，取 9.0 cm。

$$R_f = K \cdot d = 16 \times 9.0 = 144\ \text{m}$$

为防止爆破个别飞石影响，除采用孔口压砂袋外，还应采取有效防护覆盖等措施，确保爆破个别飞石距离控制在保护对象允许范围内。

4.3　爆破空气冲击波

本工程为露天钻孔爆破，每个炮孔均进行堵塞，且爆破规模较小，空气冲击波可忽略不计。

5　爆 破 施 工

5.1　布孔

根据设计要求布置炮孔孔位，采用测量仪器测出钻孔深度并标注孔口。重点控制角度。炮孔要避免布置在松动、节理发育或岩性变化大的岩面上，如遇到这些情况时，技术人员应进行调整。

5.2　钻孔

采用履带钻机进行凿岩钻孔，钻孔应严格按照设计要求，按照不同区域严格测量地形，确保“孔深、方向和倾斜角度”三大要素符合设计要求。掌握钻孔原则，钻孔完成后要做好标记并对各孔地质、深度、角度进行纪录，钻机移位时，要保护成孔和孔位标记。钻孔结束后应及时将岩粉吹除干净，保证炮孔设计深度并对孔口进行防护。

5.3 验孔

（1）装药之前，爆破技术人员要对各个孔的深度和孔壁进行检查。测深用测绳系上重锤测量；孔内用长炮棍插入检查堵塞与否。检查测量时一定要做好记录。

（2）验孔时，应将孔口周围 0.5 m 范围内的碎石、杂物清除干净，孔口岩壁不稳者，应进行维护。

（3）深孔验收标准：孔深允许误差±0.2 m，间排距允许误差±0.2 m，偏斜度允许误差 2%；发现不合格钻孔应及时处理，未达验收标准不得装药。

（4）爆破工程技术人员在装药前应对第一排各钻孔的最小抵抗线进行测定，对形成反坡或有大裂隙的部位应考虑调整药量或间隔填塞。底盘抵抗线过大的部位，应进行处理，使其符合爆破要求。

（5）孔口抵抗线过小者，应适当加大填塞长度。

5.4 装药

5.4.1 装药警戒

爆炸物品配送到现场，按照公安部《从严管控民用爆炸物品十条规定》实施全程视频监控，由保管员、安全员进行验收，在爆破负责人统一安排下由涉爆人员运送到装药点，划定装药警戒区为爆破区域外延不小于 25 m，警戒区周边采用警示绳围绕，非涉爆人员不得入内。

5.4.2 采用人工装药方法

（1）乳化炸药在装入炮孔前一定要整理顺直，不得有压扁等现象，装药速度不宜过快；搬运爆破器材应轻拿轻放，装药时不应冲撞起爆药包。

（2）放置起爆药包时，雷管脚线要顺直，轻轻拉紧并贴在孔壁一侧，以免脚线死弯而造成芯线折断。

（3）严格按设计要求控制每孔的装药量，并在装药过程中检查装药高度。

（4）装药过程中如发现堵塞时应停止装药并及时处理，在未装入雷管或起爆药包以前，可用木制长杆处理，严禁用钻具处理装药堵塞的炮孔。

（5）装药过程中发现装药量与装药高度不符时，该炮孔可能出现裂缝等，应时检查，报告技术人员，并采取相应措施。

（6）做好装药的原始记录，包括装药的基本情况、出现的问题及处理措施；若遇软弱结构面或层理裂隙发育者应报告爆破项目技术负责人，并由爆破项目技术负责人采取调整装药量或装药结构的措施。

（7）装药作业应进行检查验收，未经检查验收不得开始堵塞作业。

（8）民爆器材运入现场后，现场禁止烟火。未使用完的爆破器材及时退库。

5.5　网路连接

爆破网路连接是一个关键工序，由工程技术人员或有丰富经验的爆破员来操作。要求网路连接人员必须了解起爆网路图、起爆顺序、延时时间和单段最大药量。严格按设计要求敷设爆破网路，由2人同时检查爆破网路，并做好记录，网路连好经检查合格后，要有专人看护、专人警戒。

5.6　起爆

本工程采用专用起爆器起爆。爆破负责人在第二次警报发出3 min之前，再一次确认警戒区内人员、设备均已撤离警戒区，警戒人员到岗后，以倒计时数秒的方式，发出起爆命令，爆破员方可实施起爆。

5.7　爆后检查

起爆5 min后，爆破技术人员、爆破员、安全员按规定的时间进入爆破场地进行检查，当发现危石、盲炮现象时要及时上报爆破项目技术负责人。在上述情况未处理之前，应在现场设危险警戒标志，并设专人警戒。只有经反复检查，确认安全以后，方可解除警戒。

爆破作业完成后，由工程技术人员、爆破员、安全员共同将剩余的火工品清退回库，并签字确认。

5.8　现场爆破器材的管理

（1）爆炸物品必须由持《爆破作业许可证》的人员严格按照《爆破作业安全操作规程》使用。

（2）加工起爆药包时必须由爆破员进行加工，严禁无关人员进入加工场所。

（3）领用爆破器材不得超过当班用量。所需爆破器材由安全员和爆破员共同核定填写领料单，并共同签字，凭此签字的领料单到保管员处领料。当班剩余爆破器材，经核定并由领料人签字后退回，由保管员登记入库。

（4）爆炸物品由民爆物品专营公司负责配送至工地现场，并由专人负责保管，两种性质相抵触的爆破物品必须分类存放。

（5）爆破物品严禁在工地过夜，当天剩余爆破物品必须清退入库。

5.9　民用爆炸物品的管控

根据公安部《从严管控民用爆炸物品十条规定》，强化主要负责人安全责任教育，严格民用爆炸物品流向监控，当班爆破作业结束后，项目技术负责人、爆破员、安全员共同清点、核对、记录剩余民用爆炸物品的品种、数量，交由保管员签字确认，全部清退回库，存档备查；安全管理负责人每周核对一次流向登记记录，主要负责人每月检查一次流向登记制度落实情况，签字确认，存档备查。做好爆破作业现场末端管控，发放、领取民用爆炸物品时，保管员、安全员、爆破员必须同时在场、登记签字；爆破作业时，项目技术负责人、爆破员、安全员必须同时在场，项目技术负责人全面负责爆破作业现场的安全管理，安全员现场监督爆破员按照操作规程装药、填塞、爆破，共同签字确认使用消耗民用爆炸物品的品种、数量。

6 爆破效果与监测成果

经过多次爆破，本项目采用连续装药、中间留有空孔不装药的预裂爆破方式获得了较为完整的轮廓面。根据项目边界要求高、无导爆索用等难点，采用上述方式克服了常规预裂爆破间隔装药的难题，同时中间炮孔不装药，大量节约了电子雷管的使用量，节能可行。施工现场预裂爆破效果如图 9 所示。

另外项目委托第三方进行振动监测，监测结果如图 10、图 11 所示。

图 9 施工现场预裂爆破效果

通道号	通道名称	最大值/cm · s^{-1}	最大值时刻/s	半波主频/Hz	量程/cm · s^{-1}	灵敏度/V · (m/s)$^{-1}$
1	CH1	0.10	0.1359	11.87	38.55	25.94
2	CH2	0.14	0.0610	17.78	38.10	26.25
3	CH3	0.07	0.1312	8.46	39.08	25.59

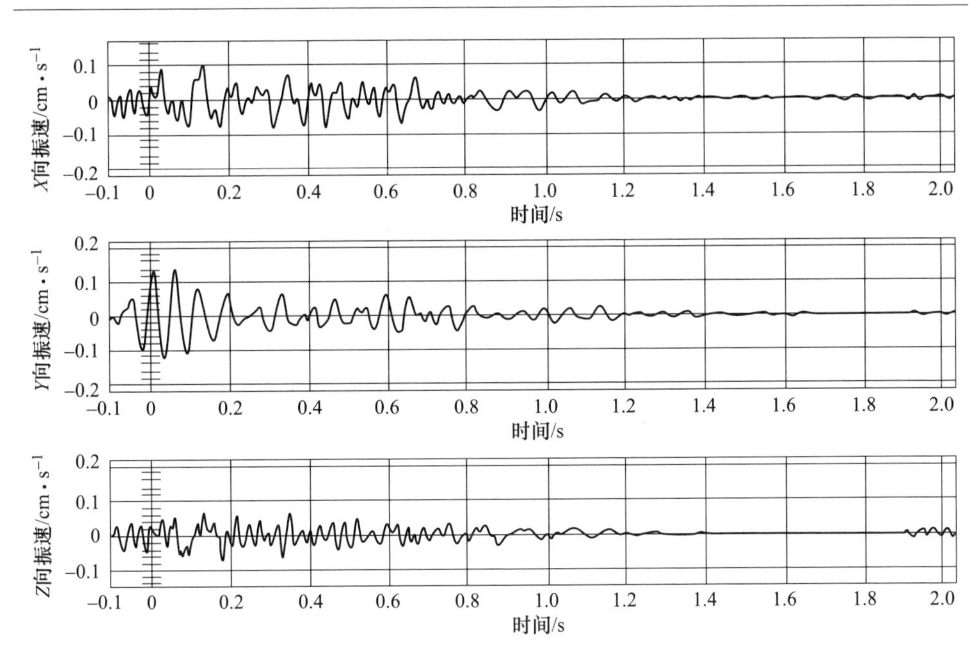

图 10　某电厂监测点爆破振动情况（最大单段药量 138 kg）

通道号	通道名称	最大值/cm·s^{-1}	最大值时刻/s	半波主频/Hz	量程/cm·s^{-1}	灵敏度/V·(m/s)$^{-1}$
1	CH1	0.15	0.6697	14.55	39.26	25.47
2	CH2	0.15	0.6551	22.47	38.97	25.66
3	CH3	0.25	0.1005	37.04	37.13	26.93

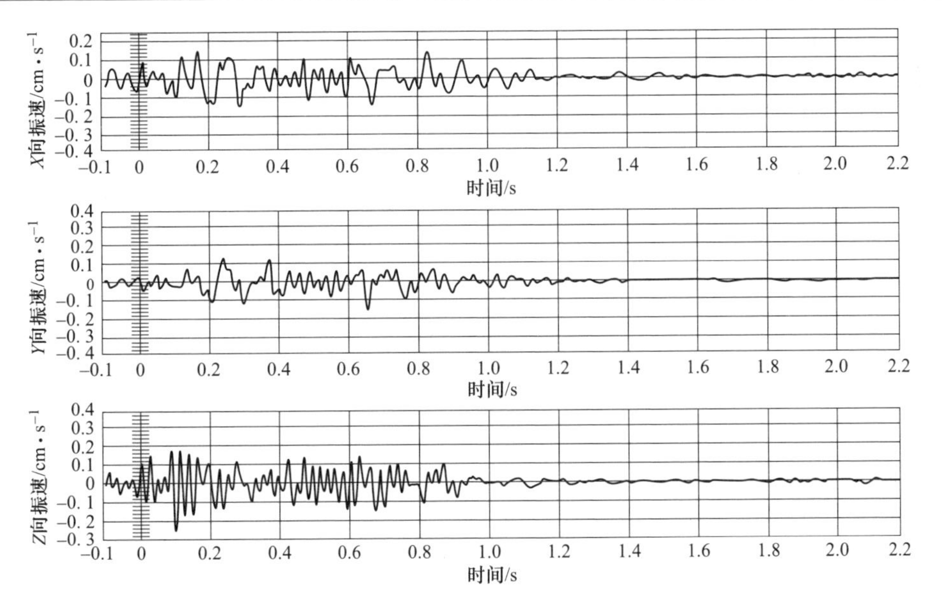

图 11　民房 1 监测点爆破振动情况（最大单段药量 138 kg）

7　经验与体会

经过现场发现难题，通过分析问题，进行探究试验得到解决办法，再用到原来的难题中去。这是个实践—分析探究—实践的过程，这不仅是一个做学问的方法，这也是我们在工程领域解决施工现场重难点的一个重要途径。

另外，本项目在探究与实施过程中，得到了许多数据与相关结论，经过团队人员的共同努力，形成论文成果 2 篇：

（1）“不耦合装药下炮孔-空孔距离对预裂爆破效果的影响探究”，2023 年 2 月《工程爆破》期刊录用。

（2）“小孔排距网路中数码电子雷管的易损因素探究”，2023 年第 2 期（2023 年 4 月）《火工品》期刊出版。

临近既有公路高边坡路堑爆破施工技术

工程名称：329 国道舟山段改建工程（普陀段 K42+600-K49+318 段）
工程地点：舟山市普陀区东港街道
完成单位：浙江公铁建设工程有限公司
完成时间：2016 年 6 月 1 日~2018 年 4 月 20 日
项目主持人及参加人员：刘剑平　张东明　张东光　杨　峥　朱　杰　马浩强
撰 稿 人：赵爱清

1　工 程 概 况

329 国道舟山段改建工程 K42+600-K49+318 段，位于浙江省舟山市普陀区，工作内容：K47+900-K48+530 段路基石方开挖爆破，断面挖方约 60 万立方米。工期要求 22 个月。

1.1　现状公路路基

329 国道现状道路 2006 年建成通车，为双向四车道一级公路，设计速度 80 km/h，路基宽度为 25.5 m，路幅布置如下：

行车道：2×2×3.75 m
左侧路缘带：2×0.5 m
中央分隔带：2.0 m
右侧硬路肩：2×3.0 m（含右侧路缘带 0.5 m）
土路肩：2×0.75 m

1.2　设计路基

主线为整体式路基，路基宽度为 50 m，路幅布置如下：

中央分隔带：2.0 m
左侧路缘带：2×2×0.5 m
行车道：2×3×3.75 m
右侧路缘带：2×2×0.5 m
侧分带：2×2.0 m
辅道：2×9.0 m

土路肩：2×0. 75 m

其中辅道+土路肩范围内（9. 75 m）路幅布置为：0. 5 路缘带+3. 5 m 行车道+3. 5 m 非机动车道+2. 25 m 绿道。

设计线为路基中心线。设计标高为缘石处路面标高。

路拱横坡：行车道、路缘带及硬路肩横坡（在不设超高时）为 2%，辅道及土路肩横坡为 2. 0%。

边坡坡率：挖方边坡坡率视开挖高度、地质构造、岩石风化程度而定，分级高度 10 m，碎落台宽 2 m（一级碎落台宽度 1. 0 m 中包含了边沟外壁宽度），边坡坡率为 1∶0. 5，如图 1 所示。

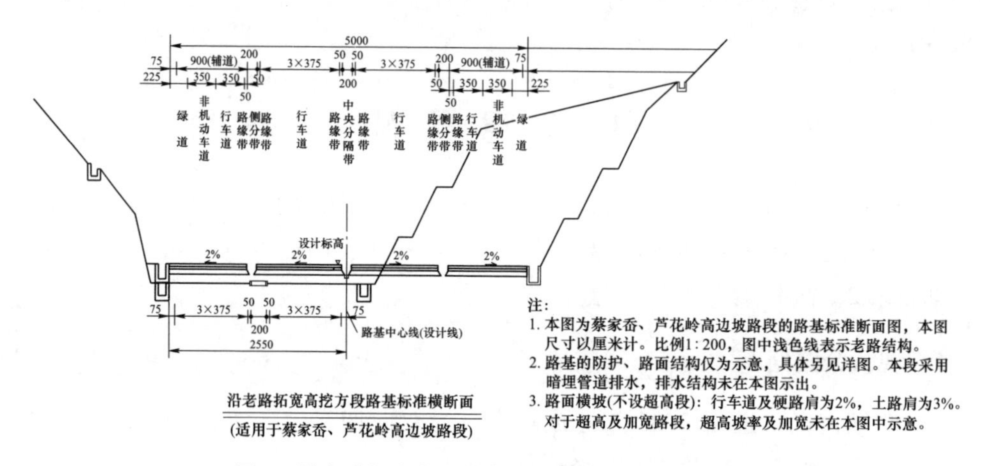

图 1　沿老路拓宽芦花岭高边坡挖方路段标准横断面

2　工 程 地 质

路线出露基岩主要为侏罗系上统西山头组角砾凝灰岩、玻屑凝灰岩和燕山晚期侵入的花岗闪长岩；岩石质地坚硬，抗风化能力强，山坡地表残坡积层普遍较薄，坡麓和沟谷部位松散堆积层较厚，下部中风化岩体，完整性普遍较好。

3　工程特点、难点

3. 1　受既有 329 国道交通流量大影响，施工难度大

既有 329 国道为舟山市通往普陀山风景区唯一通道，交通流量十分密集，特

别是节假日尤为突出。本改建工程由既有双向 4 车道加宽至 8 车道，机动车道加宽施工、非机动车道及人行道施工需要分阶段实施，要求边施工边通车，必须有保证畅通和安全的交通组织措施。

3.2　爆破环境复杂

其中，K48+200 右侧路基开挖段坡顶开挖线距高压线塔基约 20 m，上方有 110 kV 高压线穿过，K48+300 右侧路基开挖段距既有路对面城北加油站约 110 m，距K48+330 路堑开挖坡顶线约 25 m 有庙宇一座。爆破作业环境十分复杂、安全性要求很高。

3.3　路基边坡开挖高度高、边坡陡，安全防护难度大

该段路基边坡最高达 90 余米，坡度 1∶0.5，可谓山高坡陡，施工中稍有不慎，就会有石块掉落，随时威胁过往车辆和行人的安全。安全防护难度大、风险高。

3.4　受台风、季风影响

工程位于东南沿海区域，极易受台风、季风的影响，对工程建设的组织和施工安全带来不利因素，加大了工程建设施工的难度。

拓宽前路基边坡原貌：如图 2、图 3 所示。

图 2　开挖前路基边坡原貌（一）

图 3　开挖前路基边坡原貌（二）

4　爆破方案选择及设计原则

开挖前首先修筑上山道路。由于地形陡峻，展线困难，上山道路坡度很陡，运输道路只能修到第 6 台阶，第 7~9 台阶的石料必须进行二次、甚至三次倒料，方能满足汽车运输要求。采取自上而下台阶式开挖，台阶垂直高度与边坡台阶设计高度相同取 10 m，水平方向自大里程向小里程方向顺序施工。由于 K48+200 路堑开挖坡顶距开挖线约 20 m 有一座 110 kV 高压线铁塔，在 K48+330 路堑开挖坡顶距开挖线约 25 m 有 1 座庙宇，为防止爆破振动损坏铁塔、庙宇及飞石砸坏高压线，距铁塔、庙宇就近的 2 个台阶（即第 9、第 8 台阶长度 45 m 范围）全部采取机械法开挖。

为防止爆破和机械开挖时石块滚落至既有公路路面，在坡脚、坡腰搭设两道防护排架（图 4、图 5）；第 7 台阶以下边坡采用既有边坡外侧预留 4~5 m 的挡墙，中间部位拉槽，采用露天深孔爆破；邻近边坡 4 m 部位预留光爆层，采用光面控制爆破技术；既有边坡外侧的预留挡墙采用破碎锤破碎。

每个台阶的施工顺序：中间部位拉槽清运→边坡光面控制爆破→外侧预留挡墙破碎清运→局部边坡修整（图 6）。

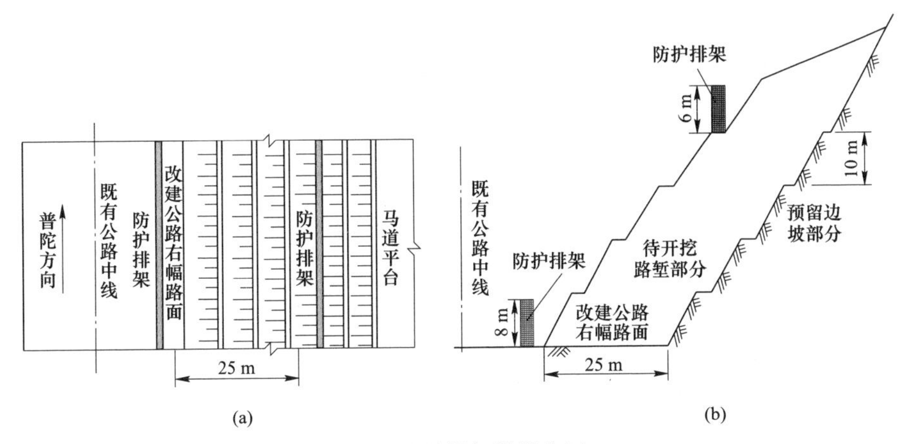

图 4　防护排架搭设位置

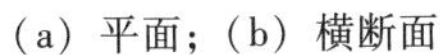

（a）平面；（b）横断面

图 5　路基坡脚防护排架搭设

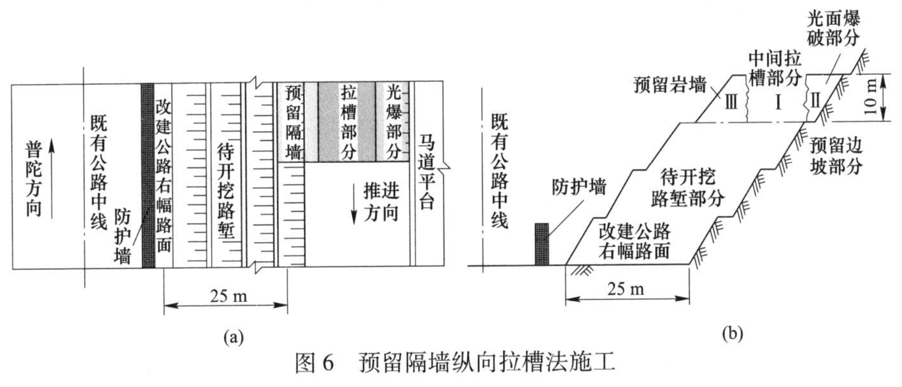

图 6　预留隔墙纵向拉槽法施工

（a）平面；（b）横断面

5 爆破参数设计

5.1 深孔爆破参数设计

5.1.1 孔径、孔距、最小抵抗线、孔深、单耗

台阶高度 10 m，采用潜孔钻钻孔，钻孔直径取 $d=90$ mm，因当地雨水天气多，主爆药全部采用乳化炸药，连续装药结构，导爆管雷管起爆逐孔微差起爆。

（1）布孔方式：炮孔垂直布放，平面布置采用方形；

（2）孔径：$\phi=90$ mm；

（3）钻孔倾角：取 90°；

（4）最小抵抗线 W：正常爆破台阶 W 取 3.5 m，W_1底盘抵抗线取 3.5 m；

（5）孔距 a：$a=3.5$ m，排距 b：$b=3.0$ m（多排孔时）；

（6）台阶高度 H：10 m；

（7）超深 h：取 1.0~1.5 m；

（8）孔深 L：$L=11\sim11.5$ m；

（9）单耗 q：根据以往施工经验，选取单耗 $q=0.39$ kg/m^3，生产前进行试炮，再根据实际调整；

（10）堵塞长度不小于 3.5 m；

（11）单孔装药量 Q：

$$Q = qaW_1H = 0.39 \times 3.5 \times 3.5 \times 10 = 48(\text{kg})$$

5.1.2 单次爆破规模

根据爆破评估方案，单次爆破设计炮孔数 24 个，共 4 排，每排 6 个，爆破方量控制在 3000 m^{3}以下，单次最大用药量控制在 1000 kg 以下，如图 7 所示。

5.1.3 装药结构与填塞方式

采用乳化炸药连续装药结构，起爆药包放在药柱上下各 1/3 处，孔口充填钻孔岩碴，填塞长度 3.5 m。

孔底有水时，首先采用高压风管吹水，然后再进行装药。当水吹不净时，采用吊包方式装药，避免在药包之间产生水隔层导致盲炮残药。

对炮孔的角度、方向进行仔细检查，防止穿孔时角度漂移，造成底部抵抗线过小造成飞石事故。在上方有高压线穿过部位炮孔通过压沙袋措施避免产生飞石。

5.1.4 起爆网路

本设计采用导爆管雷管逐孔起爆网路，排内延时取 $t=50$ ms。孔外采用塑料导爆管及四通将每个炮孔脚线连接成全闭合复式起爆网路，非电毫秒雷管作为起

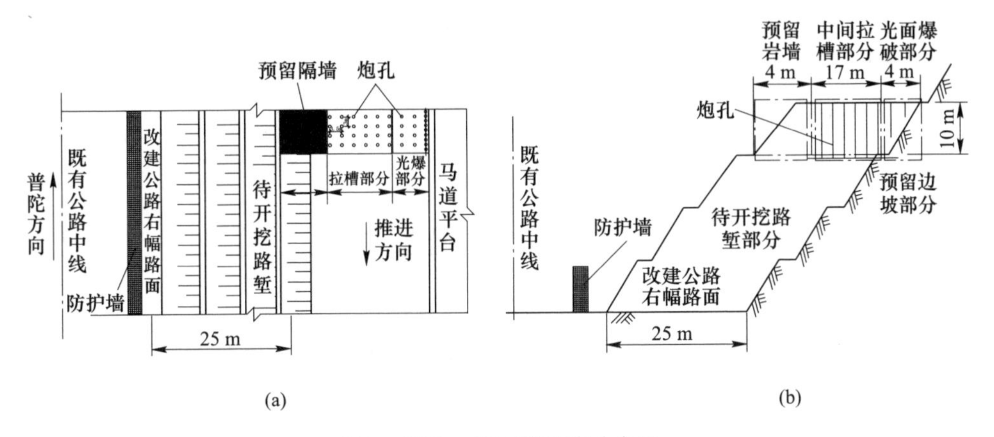

图7　深孔、光面焊破炮孔布置

（a）平面；（b）横断面

爆雷管，起爆器激发起爆。

5.1.5　机械破碎解小

为便于装运，爆破后产生的大块石，全部采用机械破碎。

5.2　光面爆破参数设计

为保证最终边坡的平整度和稳定性，在每级平台中间拉槽后至边坡开挖线预留光爆层 4 m 左右时，采取光面控制爆破技术。

光面爆破方案：采用潜孔钻钻孔，钻孔直径取 $d=90$ mm，孔深 10 m（垂直方向，无超深），炮孔间距 1.0 m，炮孔角度与边坡角度一致，采用乳化炸药、间隔装药结构，导爆索连接导爆管雷管起爆。

5.2.1　光面爆破参数

5.2.1.1　孔径、孔距、药卷直径

本处孔径取 90 mm。

孔距依据公式 $a=(7\sim12)d$（d 为孔径）计算，本处取 1.0 m。

药卷直径按不耦合系数 $d/d_1>2$ 取值（d_1 为药卷直径），本处取 $d_1=32$ mm 的乳化炸药。

5.2.1.2　孔深、炮孔倾斜度

光面爆破孔深同边坡台阶高度（垂直高度，无超深），取 10 m，炮孔倾斜度按边坡设计坡率 1∶0.5~1∶0.75。

5.2.1.3　线装药密度

平均线装药密度取 0.5~0.7 kg/m。

光爆孔装药结构见表1。

表 1 光爆孔装药结构

孔深 /m	导爆索长 /m	底部装药段			正常装药段			顶部减弱段			填塞长度 /m
		长度 /m	线密度 /kg·m⁻¹	药量 /kg	长度 /m	线密度 /kg·m⁻¹	药量 /kg	长度 /m	线密度 /kg·m⁻¹	药量 /kg	
10	11.5	1	1.8	1.8	4	0.8	3.2	3.5	0.4	1.4	1.5

5.2.2 装药结构

光面爆破采用不耦合分段间隔人工装药，分三段：即底部为加强装药段、中间为正常装药段、顶部为减弱装药段。按照设计确定的线装药密度，在底部加强装药段采用 ϕ70 mm 乳化炸药卷，正常装药段、减弱装药段采用 ϕ32 mm 的乳化炸药卷，药卷间隔由密到疏，用电工胶布捆绑在导爆索及竹片上，多人将加工好的药串轻轻抬起，慢慢地放入孔内，使有竹片的一侧靠在保留区的一侧，药串到位后，先用纸团或泡沫在顶部装药段的上部架桥，再用岩粉回填捣实。

5.2.3 起爆网路

主爆孔与光爆孔同时点火分段起爆，先起爆主爆孔，再起爆光爆孔。主炮孔采用导爆管雷管逐孔起爆，光爆孔孔内采用导爆索击发，每个孔内引出的导爆索与主导爆索连接，用导爆管雷管引爆主导爆索击发起爆。

6 安全防护方案

本工程路堑拓宽爆破开挖量主要分布在 K47+900-K48+530 段右侧，横向整体向外拓宽 25 m，台阶分级高度 10 m，最高 9 级，均为高路堑，最高达 90 余米。

（1）由于高路堑在爆破、机械开挖时极易产生滚石，为防止爆破后石块滚落下来损坏既有公路设施，确保既有 329 国道交通、周边建（构）筑物及人员安全，正式施工前，首先对路堑拓宽地段范围临近开挖山体的既有公路右半幅路面进行封闭，在既有公路右侧原路缘带路堑坡脚处、第 4 台阶马道位置搭设上下两道双层防护墙（见图 4、图 5）。

（2）爆破安全警戒方案。起爆时，在 K47+900-K48+530 段爆破区域不小于 200 m 范围，必须采取安全警戒措施。具体措施：在 K47+700、K48+730 处设置临时警戒点，设立安全警示标志和交通封锁标志，对既有公路实行临时交通封锁；附近建筑物内的人员需要全部撤离；主要道口布置安全警戒人员；城北加油站沿既有公路搭设钢管竹片防护栏杆。爆破时间选择在中午或下午某时车流密度较小的时段进行。

7　爆破参数与危害控制

7.1　爆破区域周边环境

爆区南侧：K48+200 路堑坡顶开挖线距约 20 m 有 110 kV 高压线铁塔 1 座，高压线从爆区上方横穿。

爆区东侧：K48+330 路堑开挖坡顶线以东约 25 m 有庙宇 1 座。为确保安全，距庙宇 40 m 以内均采用机械开挖。

爆区东北侧：K48+300 路堑开挖边缘距既有路对面城北加油站约 110 m。

7.2　爆破参数与危害控制

根据被保护对象距爆区距离，被保护对象的安全允许振速，利用经验公式，求出允许最大单响药量，见表 2。

表 2　保护对象最大单响药量

受保护物名称	$R=(K/v)^{1/\alpha}\times Q_{max}^{1/3}$；取值：$K=180$；$\alpha=1.5$			
	距离/m	允许振速/cm · s^{-1}	允许最大单响药量/kg	备注
高压线铁塔	50	$v=3.5$	47	线路 K48+200 右侧
庙宇	58	$v=2.0$	24	线路 K48+330 右侧
城北加油站	110	$v=2.5$	257	线路 K48+620 左侧

据表 2 可知，为确保受保护物安全，实际爆破作业中，采取如下技术措施：

（1）高压线铁塔。据爆区 50 m 以内采用机械开挖，50 m 以外采用控制爆破，且单孔装药量按允许最大单响药量的 80%控制，并采取逐孔起爆模式。

（2）庙宇。据爆区 58 m 以内采用机械开挖，58 m 以外可采用控制爆破，且单响药量须控制在 24 kg 以下，采取逐孔并孔内延时起爆模式。

（3）城北加油站。据爆区较远，采取爆破开挖，爆破振动对其影响较小，采用逐孔或 2 孔一起起爆模式即可。

8　施工要点

（1）拉槽部分严格按爆破设计方案进行精细爆破，确保边坡外侧岩墙厚度，避免爆破时发生岩石崩落和飞石。

（2）爆破临空面清碴要彻底，避免产生压碴爆破，对外侧岩墙产生挤压，造成岩石崩落。

（3）边坡光爆孔不宜超深，应与台阶高度一致，这样可减小对马道的破坏。

对欠挖部分可采用机械修凿。

（4）爆碴挖运：中间拉槽部分爆碴挖运分两个台阶进行，台阶高度 5 m。第一个台阶爆碴挖运完后，开始用破碎锤破碎外侧岩墙，采取边破碎边挖运。待外侧岩墙第一个台阶破碎并挖运完成后，开始挖运下台阶爆碴，再用破碎锤破碎外侧岩墙并挖运。如此循环。有利于机械破碎和施工安全。

（5）专人监管：在爆破、挖运、破碎全过程施工中，派专人进行安全监管，防止发生崩塌、落石等安全事故。

9 爆破效果与监测成果

实践表明，根据本设计施工方案，采取在路基边坡中间拉槽、外侧预留挡墙、光面爆破设计方案及安全防护方案，并通过在施工过程中严格执行和控制，取得了如下效果：

（1）边坡光面爆破半孔率达到 90% 以上，平均径向超挖值控制在 20 cm 以内。

（2）爆破作业中严格按设计方案进行了施工，加之采取了行之有效的边坡防护方案，整个爆破施工过程未发生一起安全事故，保证了既有公路行车及行人安全。

（3）按施工进度计划顺利地完成了爆破任务，确保了工期。

（4）通过振动监测，振动速度均控制在允许范围内，确保了周边建筑物的安全。

（5）爆破效果：

图 8 的边坡坡面光爆孔半空率达到 90%以上，坡面坡率、平整度均在设计允许范围内。

图 8　329 国道舟山（普陀段）芦花岭高路堑边坡爆破效果照片（一）

从图 9、图 10 上俯瞰整个边坡，坡面平顺、美观，各台阶轮廓清晰，被业主单位评为全线光爆样板工程。

图 9　329 国道舟山（普陀段）芦花岭高路堑边坡爆破效果照片（二）

图 10　329 国道舟山（普陀段）芦花岭高路堑边坡爆破效果照片（三）

10　经验与体会

（1）爆破作业是一项实践性很强的活动，爆破方案设计不能照搬照套，要根据具体工程特点、周边环境、岩石特性等要素，进行参数调整、优化，并在作业过程中不断地进行实践和总结，才能取得理想的爆破效果。

（2）要突破传统的理念，敢于实践，敢于创新，才能将爆破行业做大做强。

（3）积累了施工经验，对今后类似既有公路拓宽高边坡爆破开挖具有很好的指导作用。

不耦合装药在黄湾卫生填埋场基坑爆破中的应用

工程名称： 黄湾卫生填埋场生态修复工程单项爆破施工工程
工程地点： 浙江省嘉兴市海宁市黄湾镇
完成单位： 浙江秦核环境建设有限公司
完成时间： 2016 年 10 月 22 日～12 月 2 日
项目主持人及参加人员： 权树恩　陈　磊　陈佳秉　刘金民　权张龙　贺松松　权二东　袁　斌　孙　祥
撰 稿 人： 陈　磊

1　工程概况及环境状况

1.1　工程简介

根据海宁市发展和改革局海发改投【2016】79 号文件批复的海宁市黄湾卫生填埋场生态修复工程由浙江博世华环保科技有限公司以 EPC 模式承建海宁市黄湾卫生填埋场生态修复工程，由于在其建设渗漏液处理系统的 1 号调节池地基及部分其他待建设物是石方基础，机械不能顺利开挖，现委托我单位对该基坑进行爆破开挖。

1.2　工程规模

根据建筑总平面布置图，拟建工程主要包括飞灰填埋库区（库容约 20 万立方米）1 座，调节池 2 座，2 层的辅助车间 2 间，综合水池及地磅房等，总建筑面积约 2350 m^2，场地整平标高为黄海 6.00 m 左右。其中 1 号、2 号调节池基础需要爆破开挖，爆破开挖方量 10500 m^3。

1.3　地形、地质条件

待爆破区域，高差相对较大，开挖高度在 3～12 m，上均有表土覆盖层已剥离。岩性以凝灰岩为主、层阶清楚、次坚硬（f 系数为 8～10），岩石整体性较好，爆破大块率高，较难爆。

根据设计方案及建设单位的要求，基坑不允许欠挖，超挖量也不能超过 15 cm，基坑壁及底部要求平整，要控制基坑爆破对基坑底部及基坑周边保留岩体的扰动。

1.4　施工工期

工期约为30天。

1.5　爆区周边环境情况

海宁市黄湾卫生填埋场生态修复工程位于海宁市黄湾镇（尖山新区）钱江村。经现场踏勘，待爆破基坑无开挖临坡面；13.41 m处内有海宁市杨清净化设备有限公司的砖构办公楼，办公楼东边紧邻一条南北走向、宽约5 m的乡村公路，道路东侧沿路一条南北走向、架高4.5 m、输送电压10 kV的民用高压电线，道路东边距基坑31 m为通航航道六平甲线；南侧10 m为集装箱式地磅房，100 m处为浙江博世华环保科技有限公司黄湾卫生填埋场项目部办公楼；西、北侧200 m内无重要保护对象，整体爆破环境比较复杂（图1~图3），爆破时应严格控制爆破振动与爆破飞石。

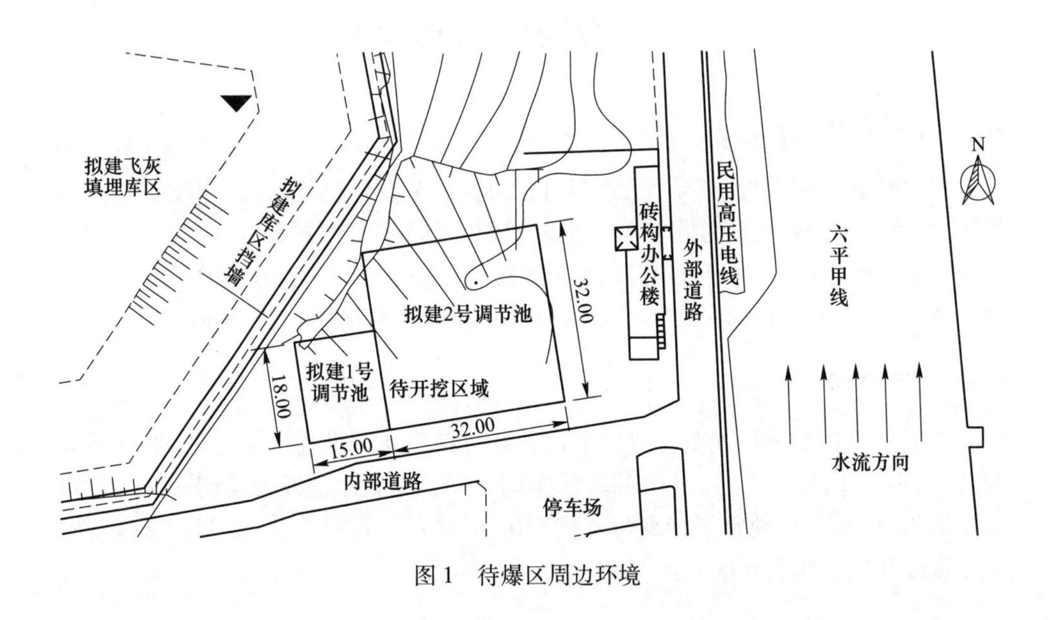

图1　待爆区周边环境

2　工程特点、难点

（1）受侵蚀的强风化岩裂隙节理较为发育，深度超过基坑开挖的深度，对基坑底部保护较为困难；采用机械开挖施工进度慢，而爆破开挖由于裂隙较为发育导致爆破效果差；英安质火山凝灰岩（J3b）岩层存在层理，在爆破振动的影响下后排边坡可能产生塌方。

基坑爆破区域

图2　爆破区域卫星图

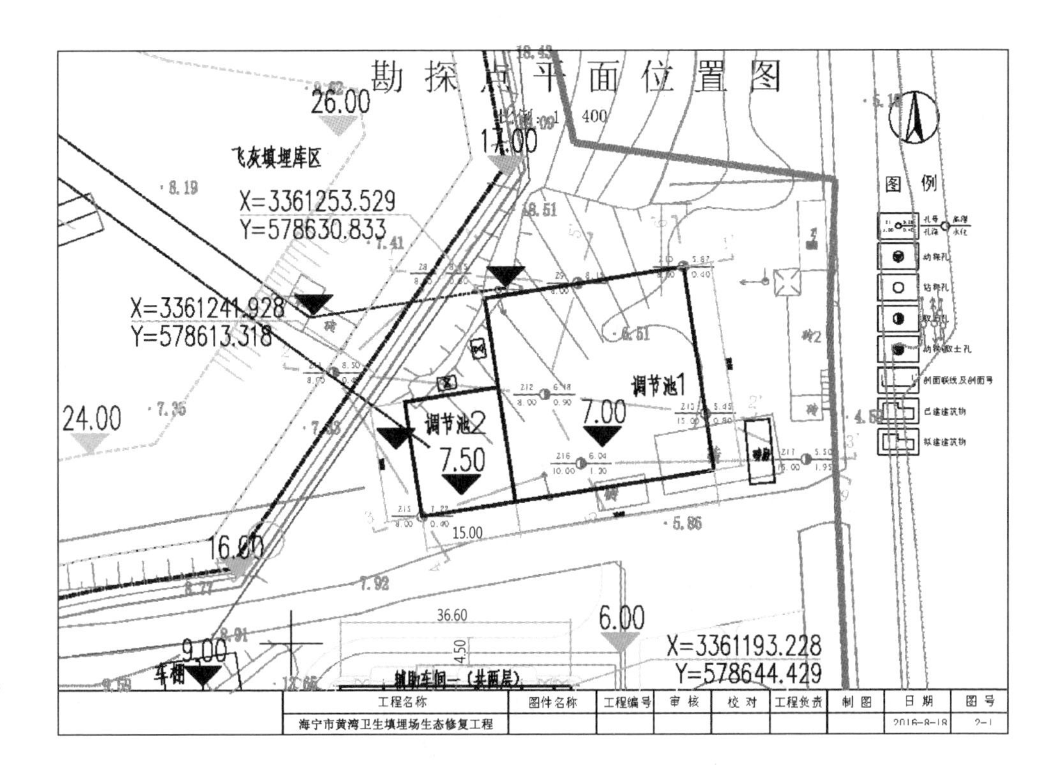
勘探点平面位置图
飞灰填埋库区
26.00
17.00
X=3361253.529
Y=578630.833
X=3361241.928
Y=578613.318
24.00
调节池2
7.50
调节池1
7.00
16.00
15.00
36.60
6.00
X=3361193.228
Y=578644.429
9.00
车棚
图例
动探孔
钻探孔
工程名称
图件名称
工程编号
审核
校对
工程负责
制图
日期
图号
海宁市黄湾卫生填埋场生态修复工程
2016-8-18
2-1

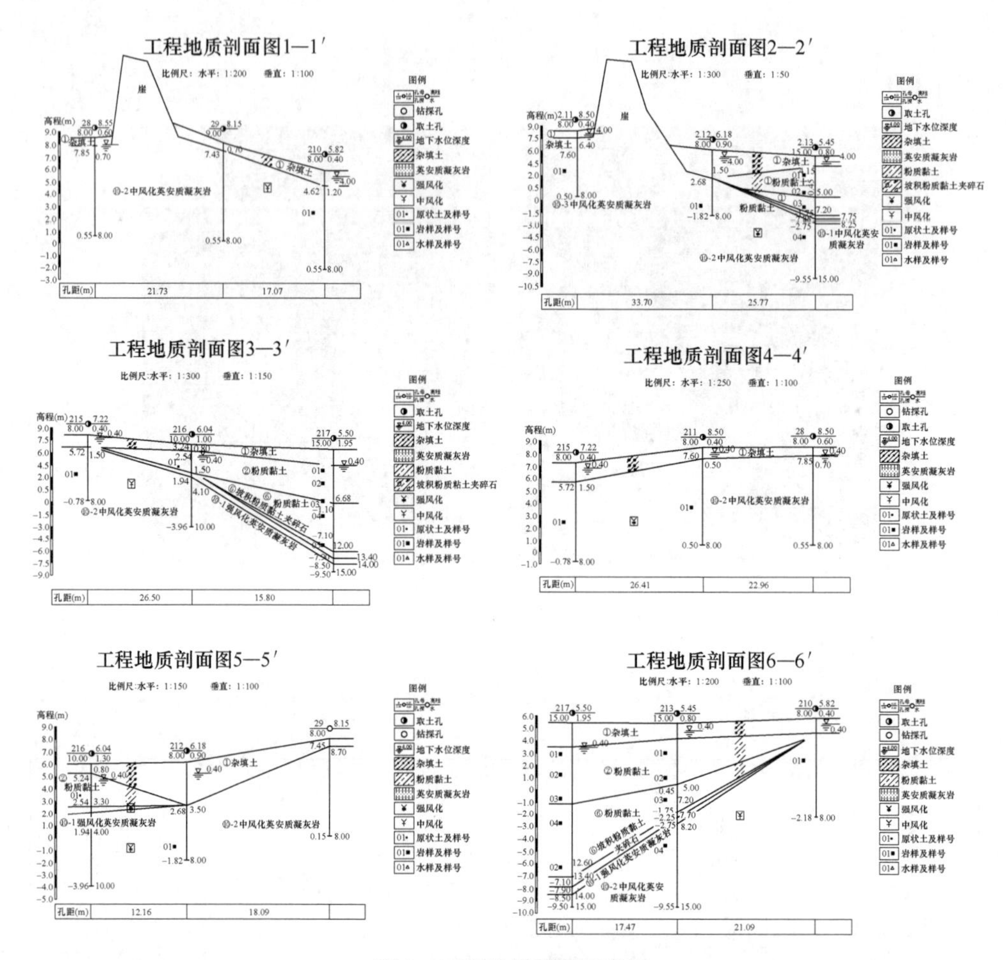

图 3 工程地质剖面示意图

（2）爆破区域地质由受侵蚀的强风化沉积岩过渡为英安质火山凝灰岩（J3b），这就要求每次爆破作业都要根据上一次爆破作业效果并结合地质条件的变化情况对爆破参数进行适当调整，对爆破参数设计要求较高。

（3）基坑上层覆盖层已剥离，剥离后的基坑场地坡度较大，爆破层厚度从 3.0~13.5 m，为穿孔作业带来了很大困难。

（4）待爆破场地没有临空面，工期进度不允许机械开挖形成临空面，所以第一爆对后序爆破作业顺利开展十分重要。

（5）基坑尺寸相对较小，仅能容下 1 台挖掘机作业，在基坑西南仅有 1 条由铁板铺垫的临时道路，对清运工作十分不利，因此要求严格控制大块率和根底。

（6）紧邻基坑东北部为拟建 10 m 高的垃圾填埋场挡墙，基坑边缘东北部岩体将作为挡墙的基础使用，因此必须减少对基坑周边保留岩体的扰动。

3　爆破方案选择及设计原则

为确保爆破效果及施工安全，将爆破有害效应控制在安全范围内，确保周边建筑的结构不受破坏及预留边坡的整体性，保证航道的顺利通航，决定第1次爆破采取多打孔少装药的弱松动爆破方式，结合机械开挖形成临空面，根据小台阶爆破思路，每次爆破采用2排三角形的布孔方式。孔底采用间隔装药和局部加强装药，药柱主体采用不耦合装药，孔口采用空气间隔填塞，预留边坡采用预裂爆破。

4　爆破参数设计

4.1　炮孔参数及装药结构

（1）布孔形式及参数。本工程因工期紧，施工空间狭小，在施工期间直接采用高风压潜孔钻穿孔，钻孔直径 d=115 mm。为保证孔底在同一平面高度，采用一孔一测的方式确保钻孔的精度，炮孔深度3.5~12 m；采用三角形布孔（图4）。

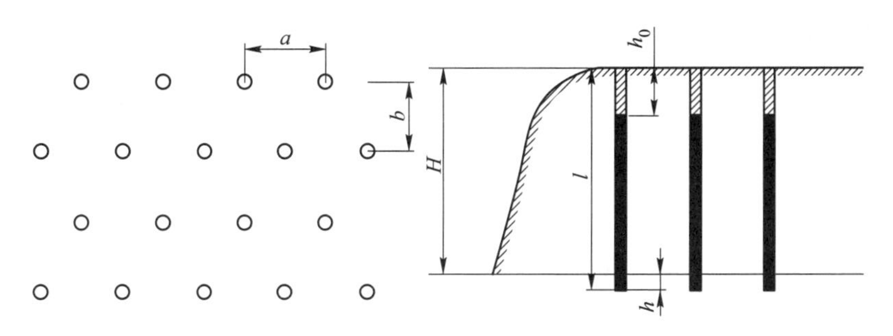

图4　布孔

（2）对于深度小于5 m的炮孔，孔距 a=1.8~2.0 m，排距 b=1.5~1.8 m；钻孔直径 d=115 mm，采用多孔泡沫材料垫底20 cm，吊装2~3支 ϕ70 mm或1~2支 ϕ90 mm 2号岩石乳化炸药，在确保填塞长度不小于3 m的前提下，根据孔深的情况来决定在药柱顶部设置0~1.5 m空气间隔；采用上下2发雷管起爆（图5）。

（3）对于深度不小于5 m的炮孔，孔距 a=2.5~3.0 m，排距 b=2.2~2.5 m；钻孔直径 d=115 mm，采用多孔泡沫材料垫底20 cm，在底部吊装2~6支 ϕ90 mm 2号岩石乳化炸药药卷进行加强装药，之后再吊装1.0~8.0 m的 ϕ70 mm 2号岩石乳化炸药药卷，在确保填塞长度不小于3 m的前提下，根据孔深的情况来决定在药柱顶部设置0.5~2.0 m的空气间隔；采用上下2发雷管起爆（图6）。

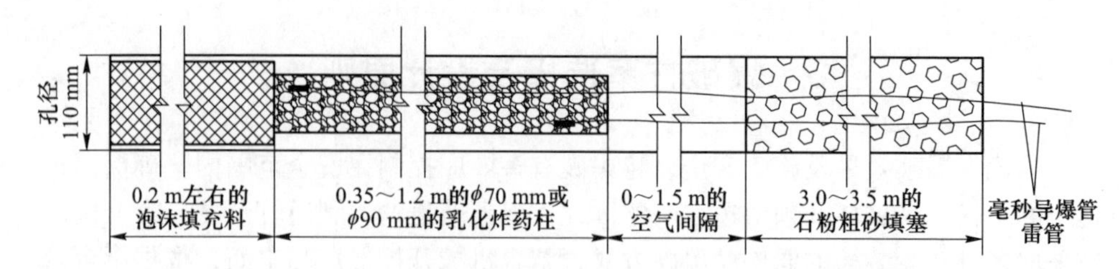

图 5 深度不超过 5 m 炮孔的装药结构

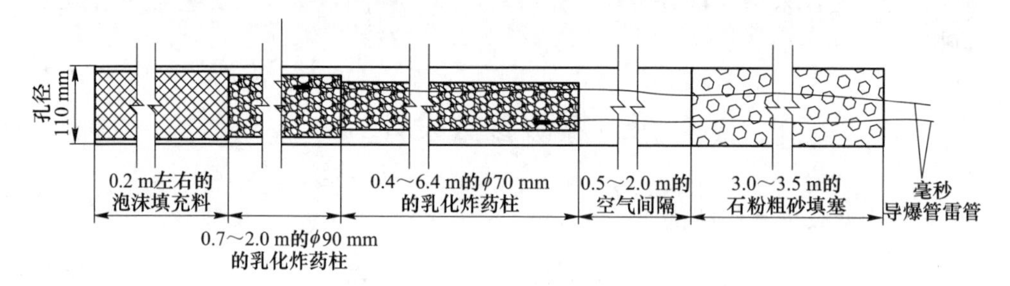

图 6 深度 5 m 以上炮孔的装药结构

4.2 装药量计算

按照类似弱松动爆破工程的炸药单耗（一般为 0.28～0.35 kg/m^3），结合药卷的直径及装药的长度，根据下列公式并结合表 1 中 2 号岩石乳化炸药参数计算装药量。

$$Q = \pi r^2 l \rho \tag{1}$$

式中 Q——单孔装药量，kg；

ρ——药卷密度，g/cm^3；

r——药卷直径，mm；

l——装药长度，m。

经计算，当炮孔深度小于 5 m 时，单孔装药量 3～6 kg，炸药单耗 0.32 kg/m^{3}左右；当炮孔深度不小于 5 m 时，单孔装药量 8～30 kg，炸药单耗 0.30 kg/m^{3}左右。

表 1 2 号岩石乳化炸药参数

药卷直径密度/g · cm^{-3}		质量/kg	药卷长度/cm	线装药密度/kg · m^{-1}	不耦合系数
ϕ70 mm	1.30	2.00	40.0	5.00	1.57
ϕ90 mm	1.30	3.00	35.0	8.57	1.22

4.3 爆破网路

采取一孔一响导爆管雷管起爆网路（图 7），孔内装 MS11 段（460 ms）导爆管雷管，孔间采用 MS3 段（50 ms）导爆管雷管；排间延时采用 MS5 段（110 ms）导爆管雷管。

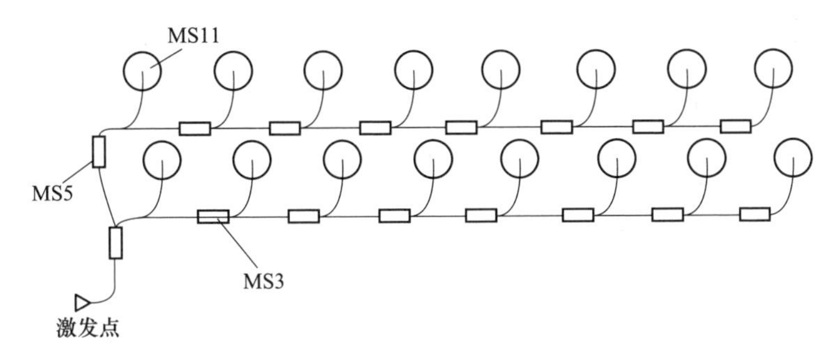

图 7　起爆网路

4.4　预裂爆破参数

炮孔参数：钻孔直径 $d=115$ mm；孔距 $a=(8\sim12)d$，故孔距应为 0.88～1.32 m，本工程取 1.0 m。

（1）单孔装药量。根据本工程的岩石地质参数及设计原则，正常段装药线装药密度 $Q_{线}$ 取 350～400 g/m。

（2）装药结构（见图 8）。采用药卷直径为 ϕ32 mm 的 2 号岩石乳化炸药，装药结构为沿药卷周边留环形间隙的不耦合装药，用 PVC 管捆绑固定药卷和导爆索间隔串联药卷，炮孔底部加强段的装药长度为 1～1.5 m，线装药密度为正常段 $Q_{线}$ 的 1～2 倍，本工程取 700～800 g/m；减弱段长度为 1～1.5 m，装药量是正常段 $Q_{线}$ 的 1/3，本工程取 200 g/m 左右。

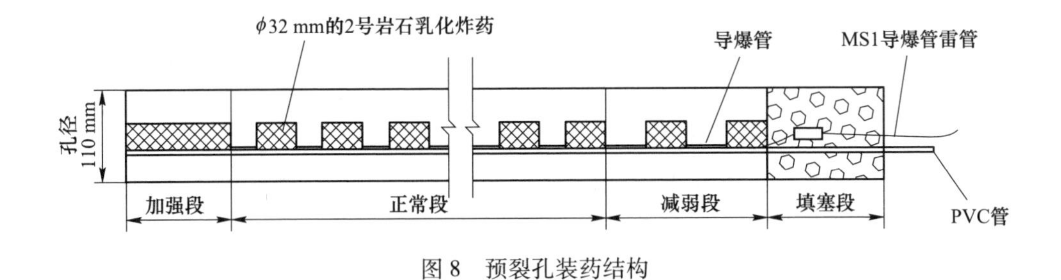

图 8　预裂孔装药结构

（3）爆破网路。孔内药卷由导爆索间隔串联并用 MS1 段（0 ms）延时导爆管雷管引爆，孔外采用簇联。

5　爆破安全设计

5.1　爆破振动速度计算

爆破所引起的振动速度的计算公式为：

$$v = K\left(\frac{Q^{1/3}}{R}\right)^{\alpha} \tag{2}$$

式中　v——质点振动速度，cm/s；

Q——最大一段起爆药量，kg；

R——测点离爆破中心的距离，m；

K，α——地形、地质系数及衰减系数。根据现场地形、地质条件，取 $K=150$，$\alpha=1.5$。

根据我国《爆破安全规程》（GB 6722—2003）的规定，钢筋混凝土结构房屋建筑物的安全振动速度为 4~5 cm/s。

单次最大起爆药量为 30 kg（深孔单孔起爆），距爆破点最近的建筑物为西侧约 30 m 处的民房上式计算得：$v = 2.0$ cm/s 。

爆破振动的计算值 v 略大于爆破安全规程的规定值，可见本次爆破在不采取措施的情况下所引起的振动对民房有影响。

降低振动措施：

以上所计算的 v 爆破振动略大于爆破安全规程的规定值，可见控制本次爆破振动除采用控制单次起爆破药量还需采取其他相应措施来减小爆破振动。本工程设计采取以下：

（1）孔间、排间联合孔内孔外分段延期，严格控制单次起爆药量。

（2）孔内间隔装药，分段起爆。

（3）选择合理爆破参数及最优的爆破开挖方向及自由面方向；本工程开挖以南北为起爆传振方向确保西侧民房在侧面，可减小爆破峰值压力。

（4）为了避免应力波叠加，采取交叉相向起爆法及多起爆点起爆。

（5）减少布孔和钻孔偏差。

（6）合理超深，在孔底部用一空心毛竹，通过试验可减小爆破振动 15%（原理是爆破振动主要来源于炮孔底部）。

（7）采用不耦合装药，减小爆破峰值压力，理论可减小爆破振动 30%。

（8）开挖防振沟，可降低 45%。

结合本工程实际情况，在建（构）筑物和重要设施附近进行爆破，应进行爆破振动安全监测，严格控制爆破振速在 2.0 cm/s 以下。

5.2　个别飞石与防护

本次爆破采用弱松动控制爆破方法，故一般不会产生爆破飞石。为最大限度地降低飞石出现的可能性，保证爆破安全，本工程主要安全措施为：

5.2.1　加强覆盖

为彻底防止爆破飞石，爆破时对所有炮孔均采用加强覆盖，具体做法是：

对每个炮孔用橡胶圈、废旧皮带等防护物进行覆盖防护，然后在上面压松毛两捆，再压放 1~2 个沙袋。

5.2.2　合理的装药和堵塞

为保证炸药均匀作用岩体，多钻孔，装药采用不耦合装药，对大于 4 m 的炮孔采用分段装药，堵塞长度不小于爆破最小抵抗线。

5.2.3　加强防护

对安全重点防范爆区（靠近民房位置）为防止个别飞石，加高防护架，并架设第二层防护。

5.2.4　严格管理、强化监督

爆破设计人审核人必须在场进行监督，确保单孔药量，对第一排炮孔由中级以上作业人员进行装药。

同时，除在装药中要严格校验最小抵抗线，严格控制装药量，还应注意以下三点：

（1）严格按设计进行施工。

（2）保证堵塞长度和堵塞质量。

（3）布孔时避开节理发育的区域。

5.3　爆破空气冲击波

本工程采用深孔弱松动爆破，不考虑冲击波的影响。

5.4　具体安全防护设计

在充分保证填塞质量后，采用三层近体防护措施：

（1）在炮孔上压 1 袋沙包，沙包均匀平躺。

（2）每排炮孔压过沙包后，再覆盖废旧橡胶运输带编制的防护层。

（3）在防护层上对应炮孔的位置再压 2 袋沙包（图 9）。

图 9　炮孔覆盖施工

6　爆 破 施 工

6.1　钻孔

钻孔采用“一孔一布、一孔多测”的方式进行钻孔作业。所谓的“一孔一布”就是在通过审批的设计方案基础上，结合钻孔现场岩石的裂隙发育情况，对炮孔位置进行适当的调整，比如岩石风化比较严重的地方炮孔的数量可能会减少三分一甚至是三分之二，从而保证能够有效的控制爆破飞石。所谓的“一孔多测”是指每一个炮孔在钻孔的过程中对炮孔的角度和深度进行多次测量，角度的测量是防止炮孔的最小抵抗线或者是底盘抵抗线突然出现变化导致爆破飞石，深度的测量是确保钻孔深度在同一水平面上（图 10）。

图 10　爆堆效果（道路上无飞石、孔口无大块）

6.2　出碴

严格把控出碴后台阶底盘处的出碴效果，底盘处的石碴不清理完毕，坚决不进行下一次的爆破作业（图 11）。

图 11　底盘角清理

6.3　严格按爆破方案执行

严格按爆破设计方案执行爆破施工，每次爆破只爆破两排孔，防止因炮孔排数较多，后排因夹制作用产生飞石。

严格按照设计方案中的装药结构进行装药，尤其是孔底的空气间隔和炮孔药柱顶部的空气间隔，由爆破技术负责人和现场爆破技术员亲自完成装药。

6.4　严格落实安全防护措施

确保填塞质量，填塞是采用炮棍捣实时一定要注意力度的把握，切记不可因用力过大破坏炮孔药柱顶部的空气间隔；严格按照设计的要求做好炮孔的覆盖工作。

本工程爆破施工共用非电导爆管雷管 660 发、导爆管 2250 m、炸药 2736 kg。共计爆破了 5 次，其中最大一次炸药使用量为 768 kg。

7　爆破效果与监测成果

爆破过程实现了振感小，无飞石（图 12）；爆破后检查炮孔上部无大块，岩石破碎充分，清碴方便，基坑超欠挖基本控制在 15 cm 之内；局部根底欠挖部位采用挖掘机即可清除，基坑底部十分平整（图 13）；基坑周边需要保护作为挡墙基础的岩石保留完好；邻近路面清洁无尘土，周边建筑物完好。

图 12　爆破后路面飞溅物观察

图 13　爆破效果

（a）爆破瞬间；（b）爆破块度；（c）预裂边坡；（d）基坑边坡

8　经验与体会

（1）装药结构大部分采用不耦合装药结构，一改以往不耦合装药仅作为预裂爆破和光面爆破的装药方式，这为以后的主体爆破方式提供参考经验。

（2）不耦合装药，能够有效减小粉碎区的区域，延长爆生气体的作用时间，提高爆破整体效果，使岩体破碎均匀。

（3）炮孔上部空气间隔部分能够有效地减少孔口大块率，减少爆破飞石，对延长爆生气体的作用时间有一定的作用。

（4）爆破方式采用钻孔直径一致，孔深未严格区分深孔与浅孔，而是根据工程实际情况，因地制宜，一孔一布一孔多测的方式，在保证松动爆破所需单耗的情况下，进行多元化施工。

复杂环境下边坡减弱控制爆破技术

工程名称：筑圣新型建材生产项目（一期爆破作业）
工程地点：安徽省六安市霍山县
完成单位：核工业井巷建设集团有限公司
完成时间：2021 年 3 月～2023 年 2 月
项目主持人及参加人员：程金明　廖述能　章彬彬　占汪妹　赵东波　郑中华
闫　奇　卞跃锁　谢　超　夏寅初　赵广辉　章家伟
撰 稿 人：廖述能　程金明　章彬彬　占汪妹

1　工 程 概 述

1.1　工程概况及周边环境

开挖项目位于安徽六安霍山县，开挖方量 414 万立方米，项目总工期 3 年。边坡线总长度约 5000 m，最大开挖高度 69 m，台阶高度 10～15 m，坡度比为 1∶0.3，爆区西面 180 m 砖混结构民房，南面 78 m 砂石骨料加工设备机组，东面 280 m 火力发电厂（图 1）。东侧边界外即为国家生态公益林，需重点进行边

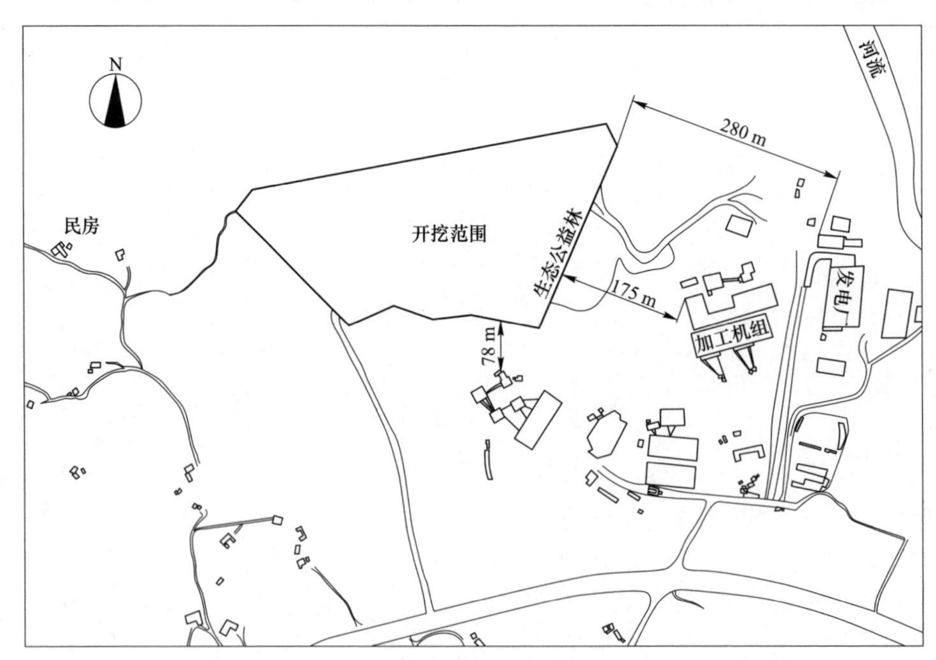

图 1　工程概况

坡稳定性控制，同时为了保障施工进度，采用减弱控制爆破一次开挖成型。

1.2　工程地质

根据普查报告，项目位于北淮阳构造带东段中部，桐柏—霍山拱断束东端，诸佛庵—佛子岭复向斜北侧、霍山—九井中生代火山盆地之西北缘。地层区划属北淮阳地层区。开挖岩体坚硬，其饱和状态下平均抗压强度 50 MPa 以上，饱和吸水率为 0.18%，为致密块状凝灰岩，表层风化严重，易受爆破冲击荷载而垮塌。

2　工 程 难 点

待爆边坡紧邻国家生态公益林，风化程度较高，此处边坡高度 69 m，又靠近发电厂、加工设备机组。本项目的技术难点在于保障工程进度的同时控制好高边坡稳定性。为了实现这一目的，采用减弱控制爆破并在开挖轮廓线上最后一排炮孔末端设置导向空孔，使用数码电子雷管精确控制起爆顺序和间隔时间。

3　爆破方案选择及设计原则

根据开挖边界岩体地质地形条件、当地火工品供应品种、钻孔设备性能和周边环境情况，确定采用分层开挖（图 2），临近边坡采用减弱控制爆破技术，以保证边坡稳定性及有害效应控制在允许范围内。

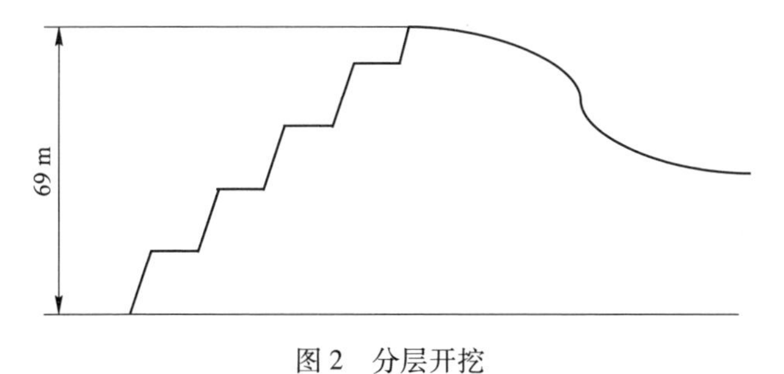

图 2　分层开挖

4　爆破参数设计

4.1　爆破参数的确定

由于东侧开挖边界紧邻生态公益林，设计要求 1∶0.3 的坡度比，根据爆区地质条件和周围环境，考虑风化程度，最后一排炮孔均匀布置在开挖轮廓线内 20 cm 处，若有局部欠挖采用破碎锤修整，与主爆区间隔 2 m，炮孔倾角 75°。为节约设备投资，直接用工地现有的开山 KG430H 型潜孔钻机穿孔，孔径 90 mm，预裂孔间距一般取 7~12 倍炮孔直径，为 0.6~1.1 m，因火工品采购限制，本工程无导爆索，只能采用连续装药结构，决定采用减弱控制爆破，参照预裂孔经验本工程减弱孔孔距 $a=1.5$ m，单段最大药量为 77 kg，具体孔网参数见表 1。

表 1　爆破孔网参数

区域	孔径 /mm	倾角 /(°)	孔深 /m	单孔药量/kg	孔距 /m	排距 /m	超深 /m	线装药密度 /kg · m^{-1}	不耦合系数 /mm · mm^{-1}	填塞长度 /m
主爆区	90	75	16.5	77	5	3	1.5	5.7	1	3
减弱区	90	75	15.5	14	1.5	2	1	1	2.8	1.5

4.2　装药结构

主爆区使用粉状乳化炸药连续耦合装药，布置 1 个起爆药包（电子雷管）放置于炮孔底部 1/3 处。减弱孔因无导爆索使用 ϕ32 mm 的乳化炸药连续不耦合装药，从下到上分成三段：顶部和中部正常装药；考虑炮孔底部岩石夹制作用大，底部 1.5 m 加强装药。将卷状乳化炸药用透明胶带连续均匀地捆绑到竹片上，在底部 1/3、上部 1/3 处各放置 1 发电子雷管，为了控制炮孔壁岩石过度粉碎，药卷放入孔内后调整角度使得竹片贴近孔壁，尽量让药卷位于炮孔中间。填塞时先将塑料袋放置于距孔口 1.5 m 处，再就近用钻孔出来的岩屑回填，装药结构图如图 3 所示。

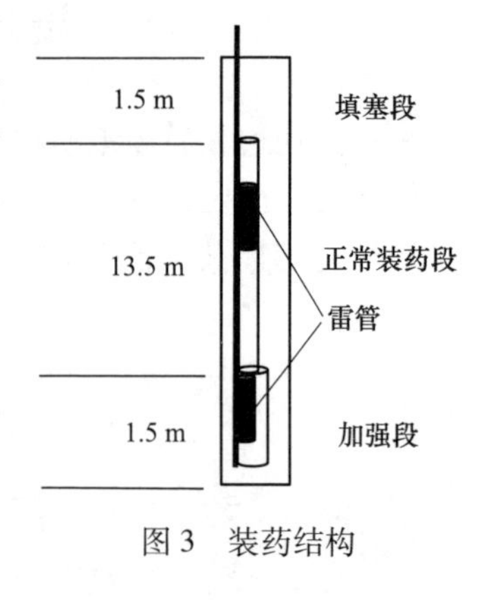

图 3　装药结构

4.3　炮孔布置与起爆网路

主爆区采用梅花形布孔，与减弱孔相距 2 m，减弱孔间距 1.5 m 均匀布置在开挖轮廓线内 20 cm 处，为尽量减小主爆区对保留区的爆破冲击影响，设计减弱区长度大于主爆区，并在两端各设置 1 个空孔，防止裂缝纵向扩散。

主爆区起爆网路采用孔间 13 ms、排间 41 ms 的延期组合实现逐孔起爆；减弱孔先于主爆区起爆并逐孔延期 3 ms。经验算和实际振动监测，能满足发电厂精密仪器安全振速（≤0.6 cm/s）要求，也可以减弱对保留区的破坏，还可以提高一次爆破规模保障施工进度。具体炮孔平面布置和起爆延时设置，如图 4 所示。

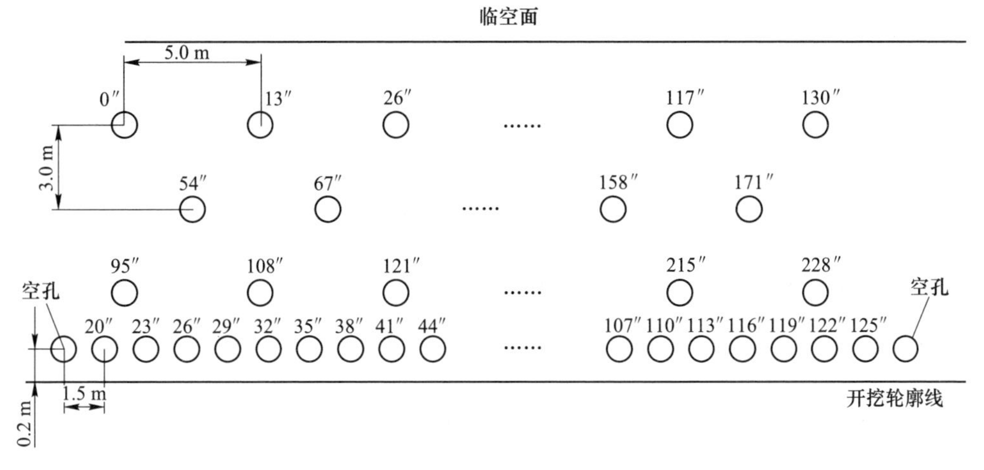

图 4　炮孔布置、起爆延时设置

5　爆破安全设计

5.1　爆破振动安全距离

本工程采用的安全振速和最大单响药量计算公式：

$$v = K\left(\frac{\sqrt[3]{Q}}{R}\right)^{\alpha},\quad Q = \left[(v/K)^{\frac{1}{\alpha}}R\right]^{3} \tag{1}$$

式中　R——爆破振动安全允许距离，m（爆区离砖结构民房最近为 180 m、厂房为 78 m、发电厂 280 m）；

Q——炸药量，齐发爆破为总药量，延时爆破为最大一段药量，kg（本工程最大单段药量为 77 kg）；

v——保护对象所在地质点振动安全允许速度，cm/s；

K，α——与爆破点至计算保护对象间的地形、地质条件有关的系数和衰减指数，取 K 为 170、α 为 1.65。

根据《爆破安全规程》（GB 6722—2014）规定，深孔爆破对工业和商业建筑物的安全振速为 3.5～4.5 cm/s（厂房）；对一般民用建筑物的安全振速为 2.0～2.5 cm/s；运行中的水电及发电厂中心控制室设备的安全振速 0.6～0.7 cm/s（本工程按 0.5 cm/s 进行控制）。

结论：结合表 2 计算结果，本工程爆破对周边构建筑物的振动影响在安全允许范围内。

表 2　爆破振动计算

保护对象	厂房	砖结构民房	发电厂
爆破点至保护对象距离 R/m	78	180	280
最大单响药量 Q/kg	77	77	77
计算的最大振动速度 v_{max}/cm · s^{-1}	1.4	0.35	0.17
允许振动速度 $v_{允许}$/cm · s^{-1}	3.5	2.0	0.6
结论	安全	安全	安全

实际爆破过程中，火力发电厂中心控制室振动监测数据最大为 0.34 cm/s，砂石生产加工机组处振动监测数据最大为 1.8 cm/s，均在安全允许振速范围内。

5.2　空气冲击波的安全距离

本工程属于减弱松动或松动爆破，作用指数 $n<1$，炮孔堵塞长度较长，施工中可以做到爆破自由面方向背离被保护建筑物，爆破冲击波的影响很小。

5.3　个别飞散物安全距离

按照大爆破个别飞石经验公式计算：

$$R_f = 20n^2 WK_f \tag{2}$$

式中　n——爆破作用指数，本工程为松动爆破取 0.8；

W——最小抵抗线，取 3 m；

K_f——安全系数选，1.5。

计算飞石距离：$R_f = 57.6$ m。

根据《爆破安全规程》（GB 6722—2014）13.6.2 规定，深孔台阶爆破个别飞散物安全距离由设计确定，但不小于 200 m，本工程按 200 m 范围划定警戒范围，爆破前清理警戒范围内的人和可移动设备。

6　爆 破 施 工

6.1　减弱控制爆破工艺流程

为确保边坡稳定，临近设计边坡线爆破施工时采用减弱控制爆破，以减少爆破振动对边坡稳定性的影响，保证开挖后的边坡稳定整齐，坡面平整度符合工程要求。施工工艺流程如图 5 所示。

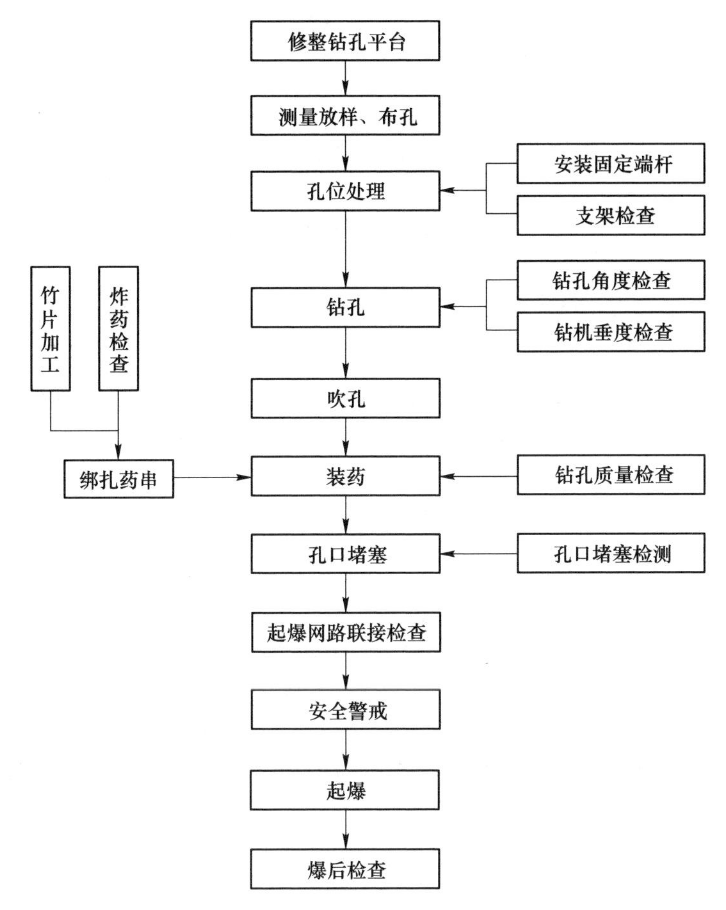

图5　预裂爆破工艺流程

6.2　主要施工步骤

（1）场地平整。采用反铲挖掘机，对爆破场地进行平整，对于突出的岩石，用破碎锤打平。确保爆破施工场地平整度和钻机施工的安全场地面积。

（2）测量放样。采用 RTK 技术进行测量布点，孔位需符合设计要求，标在孔位上，标定编号，深度，角度。

（3）钻孔。采用潜孔钻机钻孔。钻机开孔后，用坡度尺进行校核，确保钻孔和边坡坡度面一致，并且保持炮孔相互平行，钻孔过程中，进行过程跟踪坡度检查，若有偏差及时纠正。

（4）“药串”加工。严格按爆破设计图的线装药密度进行“药串”加工，加工过程中，用塑料绑扎带将药卷与竹片绑扎牢固，防止药卷脱落。

（5）装药。装药之前由爆破员验孔，并对炮孔角度进行复核，合格后方可装药。装药时，竹片紧靠在被保留的岩石一侧。

（6）堵塞。堵塞长度必须满足设计要求。先用草团堵塞至预定位置，然后再用钻孔石屑回填。

（7）网路联接。采用数码电子雷管实现主爆区、减弱区逐孔起爆。

7 爆破效果与监测成果

（1）实测被保护对象点地面振动速度 0. 34 cm/s，低于设计要求的爆破振动允许标准。

（2）半孔率在 85%以上，除节理裂隙带层外的炮孔周围岩石基本无破坏，完全达到设计要求，坡面平整，有效保护了保留区岩体的完整性，提高了边坡稳定性。

（3）由于采用主爆区、减弱区同步逐孔起爆技术，减小了单段药量，控制了爆破振动，使得单次边坡开挖长度不受限制，有力保障了施工进度。

8 经验与体会

（1）数码电子雷管的任意设置延期时间和延时精准实现了主爆区和减弱孔逐孔起爆，既有效降低了爆破振动保障被保护对象的安全，又提高了爆破规模确保了工程进度。

（2）本工程使用的火工品为当地民爆销售企业配送，受导爆索购买限制，临近最终边坡的控制爆破采取连续不耦合装药、加大孔距的技术切实可行。

（3）在减弱孔两端各布置 1 个空孔，起到良好的导向作用，使得减弱孔应力得到有效释放，阻止了预裂缝无序延伸。

（4）本工程实践表明减弱孔延期时间设置 3 ms 时，可有效保护保留区岩体不受主爆区应力波破坏，又能减小单段起爆药量控制爆破振动。

（5）穿孔质量对减弱控制爆破效果影响较大。通过采取穿孔作业前技术交底、配备穿孔角度辅助工具、加强钻孔后的检测验收，提高穿孔精度控制。

控制爆破技术在闹市区基坑开挖工程中的应用

工程名称： 浙江小百花艺术中心地下室岩土爆破工程
工程地点： 杭州市西湖区曙光路
完成单位： 浙江振冲岩土工程有限公司
完成时间： 2012 年 11 月~2014 年 5 月
项目主持人及参加人员： 薛培兴　陈建国　曾　凯　张小龙　赵孝旦　周巧霞　王旭凌　李文坡　姚兴辉
撰 稿 人： 张小龙　周巧霞　郭大胜

1　工程概况及环境状况

浙江小百花艺术中心拟建设一座框架结构剧院，剧院基坑采用控制爆破技术开挖。根据工程地质勘察报告，基坑范围内覆盖岩土层分布依次为杂填土、粉质黏土、强风化凝灰岩、中风化凝灰岩和蚀变凝灰岩等，其中局部有中风化泥质粉砂岩，岩石普氏系数 $f=8\sim12$。地下水主要为受大气降水补给的浅部孔隙潜水，与地表水水力联系密切，地下水位在埋深 0. 10~2. 60 m。

1.1　工程位置与环境

待开挖基坑位于杭州市杭大路南端，曙光路南侧，浙江世贸中心对面，紧邻西湖文化遗产保护区。爆区周边环境为：东侧距文化厅办公楼约 15 m、中信银行 45 m、黄龙饭店 124 m；南侧紧贴宝石山脚，距杭州西湖风景名胜区界桩约12 m；西侧基坑结构外墙距离用地红线仅 3. 8 m，红线为老年大学与本工程之间 5 m 宽道路的中心线，道路中心下埋设有雨水管和污水管，道路西侧为老年大学五层框架结构建筑（桩基础），下设一层地下室，地下室底板面绝对标高 2. 05 m，其距离基坑外边线最近处约 7. 62 m；北侧距曙光路 15 m、离世贸中心 80 m（图 1）。综上所述，老年大学、文化厅大楼、曙光路、西湖文化遗产、护国寺遗址、黄龙洞等建构筑物、文化遗址；已形成的基坑围护、基坑壁、灌注桩等工程设施，是爆破施工中需要重点保护的对象。待开挖基坑设计深度为 28. 8 m（+5. 50 ~ −23. 30 m），爆破开挖岩土 65500 m^3，工期 300 天。

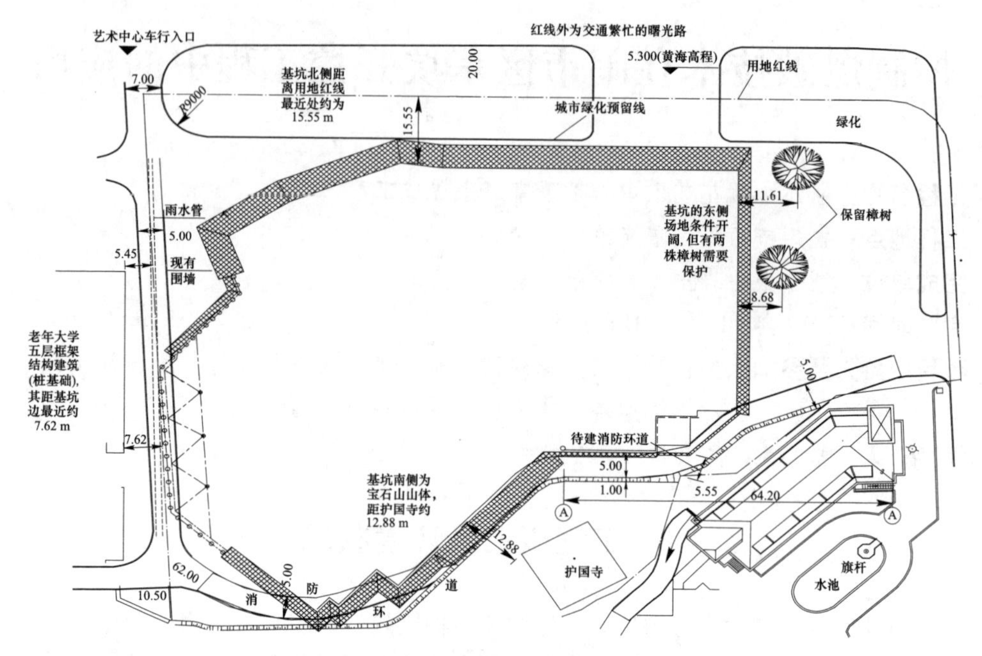

图 1　现场周边环境

1.2　工程特点与难点

(1) 爆破技术措施要求高，安全管理工作难度大。该工程位于闹市区、周围环境特别复杂，社会影响面大，政府部门和业主单位对施工安全、人员安全、社会稳定，提出了严格要求，必须尽量减少爆破次数，尽量减少交通管制。因此，本项目要求每次爆破规模尽量大，又必须严格控制爆破危害的产生。基坑开挖工程属于复杂环境爆破，安全要求很高；

(2) 总体爆破方案必须合理、可行，每次爆破均需精细设计。鉴于基坑开挖内容繁多，受施工场地限制，桩基、支撑梁、维护墙、开挖施工等工序相互交叉，爆破方案设计必须科学、合理、有序。针对每一次爆破，必须做到一炮一设计，细化施工方案，每一炮的技术管控要求落实到现场作业各具体工序，保证现场技术管理人员能充分理解技术设计意图，确保爆破效果符合设计要求。

(3) 科学、高效的施工组织。环境复杂，多工种交差作业。特别是爆破作业时，需要对周围道路进行交通管制。曙光路周围为交通繁忙路段，允许爆破时间窗口仅为 15 min，这就要求爆破前各项准备工作准确、完善，爆破时严格按既定程序实施，爆后要迅速按规定完成安全检查。科学、高效地施工组织，做好内外协调，也是保证工程顺利实施的重要一环。

2　爆破方案选择

剧院基坑开挖涉及具体工程类型较多，主要有基坑、沟槽、孔桩开挖和边坡保护性开挖，爆破方案包括深孔爆破、浅孔爆破和光面爆破。爆破方案具体如下。

2.1　深孔爆破

基坑开挖是本工程主要工程量，为减少爆破次数，主要采用深孔爆破技术，分区分层进行爆破，分层高度不大于 7 m；为减小振动的影响，老年大学和人工挖孔桩部分的基坑边坡采用光面爆破，南侧和北侧边坡采用预裂爆破，减小爆破对边坡岩体的影响，保证坡面平整和边坡稳定。

2.2　浅孔爆破

浅孔爆破包括孔桩、沟槽和设备井开挖。挖孔桩的深度、数量和开挖方式根据基坑底部岩石风化情况确定，土体孔桩采用人工方法开挖、岩石孔桩采用浅孔爆破方法开挖。预计挖孔桩爆破开挖总共 51 根桩，深度为 8～16 m，孔径 800、900 两种；挖孔桩首先进行爆破开挖，待人工挖孔桩全部施工完成后，整个基坑开挖全面展开，在距挖孔桩一定距离（约 30 m）的基坑爆破也可同时进行。

沟槽和小基坑（设备井）开挖采用浅孔爆破技术，支撑梁及围护桩部分岩体预留 3 m 保护层采用机械处理、底板采用预留保护层光面爆破和机械处理相结合的方式进行施工。

3　爆破参数设计

3.1　深孔爆破参数

基坑开挖采用深孔台阶爆破技术，台阶高度（H）：结合实际地形和计划分层高度，取台阶高度为 4.5～7 m；炮孔直径 ϕ76 mm，选用 ϕ50 mm 乳化炸药的参数见表 1，炮孔直径 ϕ90 mm，选用 ϕ70 mm 乳化炸药的参数见表 2。

炮孔直径（d）：d=76 mm(或 90 mm)；

底盘抵抗线（W底）：取 2.0 m(或 2.5 m)；

炮孔间距（a）：$a=m\times W$底=2.2 m(或 2.7 m)；

炮孔排距（b）：$b=0.866\times a$=1.8 m(或 2.3 m)；

炮孔深度（L）：$L=(H+0.5)$=5～7.5 m；

布孔方式：采取梅花形布置，垂直钻孔；

炸药单耗（q）：取 $q=0.30\ kg/m^3$；

单孔最大装药量（Q）：

$Q76=q\times a\times b\times L=0.30\times 2.2\times 1.8\times 7=8.32\ kg$；

$Q90=q\times a\times b\times L=0.30\times 2.7\times 2.3\times 7=13.04\ kg$。

表 1　参数表（孔径 ϕ76 mm，选用 ϕ50 mm 乳化炸药）

孔深/m	a/m	b/m	单耗/kg · m^{-3}	装药量/kg	堵塞长度/m
5	2.0	1.8	0.3	4.3	2.6
6	2.2	1.8	0.3	5.4	3.0
7	2.2	1.8	0.3	6.5	3.6
7.5	2.2	1.8	0.3	7.5	3.6

表 2　参数表（孔径 ϕ90 mm，钻孔主要布置在-5.6 以下，选用 ϕ70 mm 乳化炸药）

孔深/m	a/m	b/m	单耗/kg · m^{-3}	装药量/kg	堵塞长度/m
5	2.7	2.3	0.3	8.4	3.1
6	2.7	2.3	0.3	10.2	3.4
7	2.7	2.3	0.3	12.1	4.0
7.5	2.7	2.3	0.3	13.0	4.0

3.2　浅孔爆破参数

3.2.1　桩井开挖爆破参数

孔桩开挖采用浅孔爆破技术、垂直布孔；在最后一个掘进循环时，炮孔略向外偏斜，以获得较大截面的桩底。桩基爆破单桩布孔如图 2 所示。

钻孔直径 ϕ38 mm，设计循环进尺 0.8 m，分段起爆，平均单耗 3.96 kg/m^3，单响药量控制在 1.2 kg 以内。各孔装药见表 3。

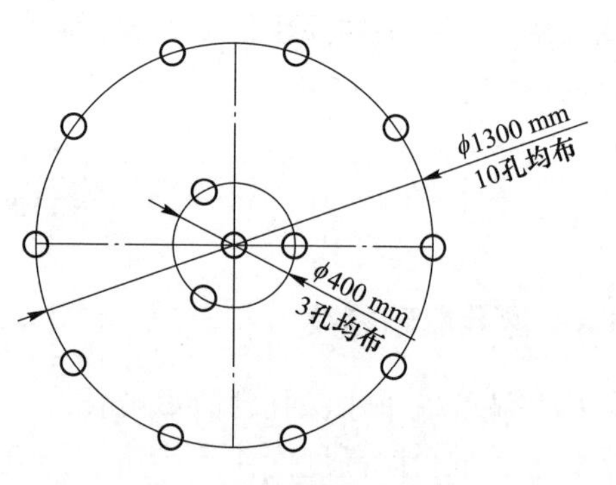

图 2　桩基爆破单桩布孔

表 3　挖孔桩爆破参数

孔位	孔数/个	孔深/m	每孔装药量/g	孔距/mm	装药长度/mm	起爆顺序
中心孔	1	1.0	0	0	0	
辅助孔	3	1.0	400	680	24	Ⅰ
周边孔	10	1.0	300	408	18	Ⅱ

3.2.2　沟槽开挖爆破参数

沟槽和小基坑（设备井）开挖采取浅孔爆破技术，梅花形布置，垂直钻孔；炮孔直径 $d=42$ mm，选用 $\phi32$ mm 乳化炸药，连续装药（图 3）；底盘抵抗线（W 底）取 1.5 m；浅孔爆破参数见表 4。

单孔装药量(Q) $Q=q\times a\times b\times L=0.30\times1.5\times1.2\times(1\sim3)=0.54\sim1.62$ kg；

延米装药量 P 取 1 kg/m；

堵塞长度（S）取 $S\geqslant0.8\sim1.4$ m。

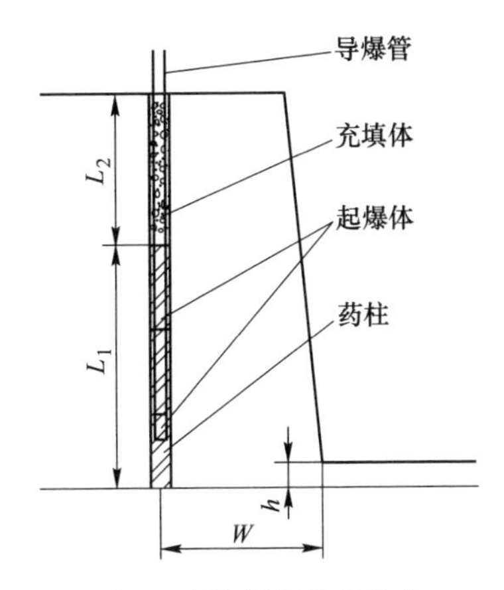

图 3　连续耦合装药结构

表 4　浅孔爆破参数

孔深/m	a/m	b/m	单耗/kg · m^{-3}	装药量/kg	堵塞长度/m
1	0.8	0.6	0.35	0.17	0.8
2	1.2	1.0	0.3	0.72	1.4
3	1.5	1.2	0.3	1.62	1.4

3.3　光面（预裂）爆破参数

光面（预裂）爆破参数见表 5。

表 5　预裂爆破参数

孔径 /mm	孔距 /m	药卷直径 /mm	不耦合系数	线装药量 /kg · m^{-1}	底部线装药量 /kg · m^{-1}	顶部线装药量 /kg · m^{-1}	堵塞长度/m	超深 /m
76	0.8	32	2.38	0.21	0.42	0.10	1.0	0.5

光面（预裂）孔采用不耦合的间隔装药，分三段装药，即：顶部 1.5 m 的减

弱装药段，中间的正常装药段，底部 1 m 的加强装药段。预裂孔内采用 ϕ32 mm 的乳化炸药卷绑扎在导爆索上，同一预裂面采用同段别非电导爆管雷管起爆导爆索。装药结构见预裂孔装药结构示意图 4。

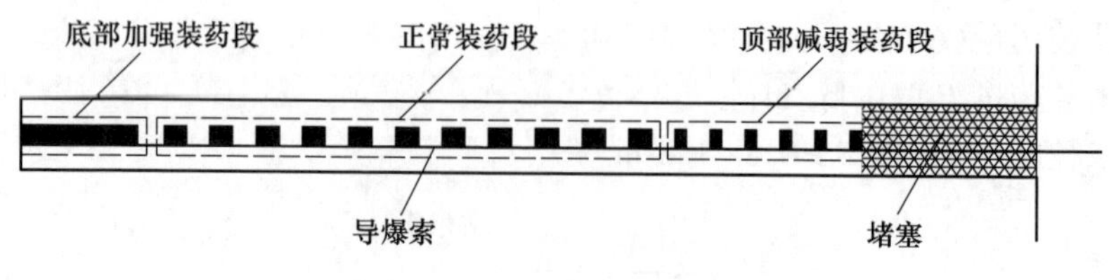

图 4　光面（预裂）孔装药结构

4　起爆网路设计

4.1　深孔与沟槽浅孔起爆网路

深孔、沟槽浅孔台阶爆破起爆网路相同，孔内高段位，孔外低段位，微差间隔时间：25～50 ms，排与排不少于 100 ms，控制单响起爆药量在安全范围内，采用逐孔起爆，网路图具体如图 5 所示。

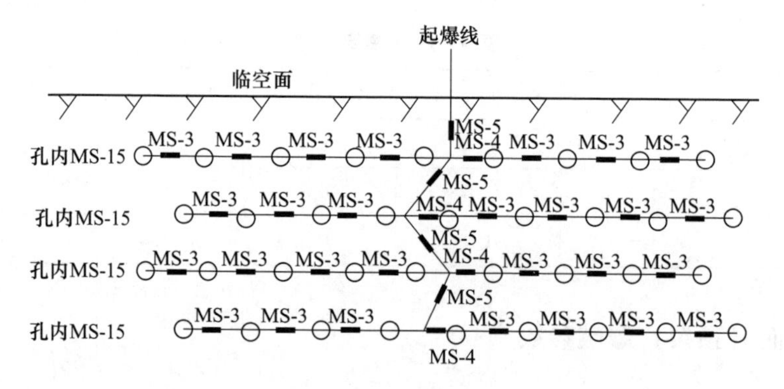

图 5　台阶爆破网路

4.2　孔桩开挖起爆网路

单桩内孔间采用分段延期起爆网路。3 个辅助孔采用 MS-5 段雷管同时起爆，10 个周边孔分别采用 MS-6、MS-7、MS-8 段雷管起爆，最大齐爆药量为 4. 2 kg。单桩内所有炮孔采用“一把抓”的起爆方式，桩与桩之间用毫秒 3 段延期，如图 6 起爆网路示意图所示。

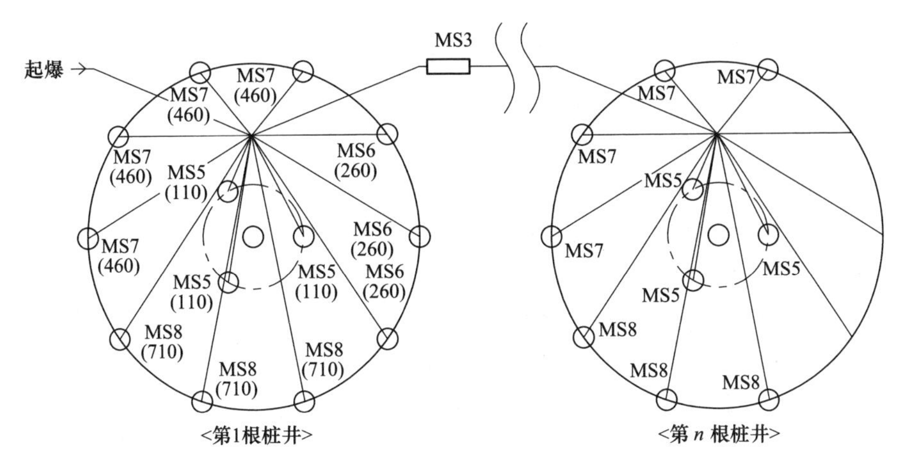

图 6 桩基爆破起爆网路

4.3 光面（预裂）爆破起爆网路

为减少爆破噪声和空气冲击波，孔外地表连接不采用导爆索。孔内采用 MS1 非电雷管绑扎导爆索，孔外采用 MS2 非电雷管串联起爆方式，预裂孔与主爆孔可分开单独爆破，也可同次爆破。当预裂孔与主爆孔同次爆破时，爆破顺序为：预裂孔起爆时间应提前主爆孔第一排起爆时间 50 ms 以上，当采用光面爆破时，光面爆破起爆时间应滞后最后一排主爆孔起爆时间 50 ms 以上。图 7 为光面爆破网路图。

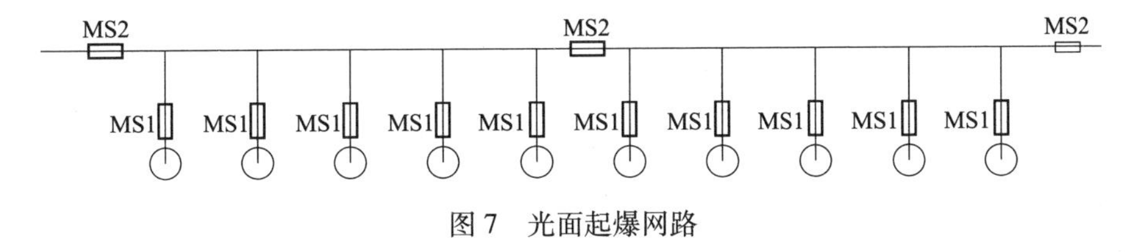

图 7 光面起爆网路

5 爆破安全设计

城镇复杂环境基坑开挖的危害主要包括爆破振动、爆破个别飞散物和空气冲击波及噪声。

5.1 爆破振动安全计算

按式（1）计算。

$$Q = R^3\left(\frac{[v]}{K}\right)^{3/\alpha} \tag{1}$$

式中 v——质点振动速度，cm/s；

Q——最大一段起爆药量，kg；

R——测点至爆破中心的距离，m；

K，α——是与爆破方式、装药结构、爆破点至计算点的地形、地质系数及衰减指数，取 $K=150$，$\alpha=1.8$。

本基坑爆破周边环境极其复杂，周围建筑物较多，房屋多为钢筋混凝土框架结构，质量较好，施工中，根据爆破区离保护对象的远近，确定最大单响药量和爆破规模，最大单响药量以老年大学、文化厅最小安全允许振速 2.0 cm/s 来确定，支撑围护按最小安全允许振速 5.0 cm/s 来确定，使爆破振动控制在安全范围内，每次爆破规模不大于 500 kg。具体见表 6。

表 6 最大单响药量控制

距离 R/m		5	10	15	20	25	30	35	40	45	50
老年大学文化厅	$v=2.0$ cm/s			2.53	6.00	11.72	20.25	32.15	47.99	68.33	93.74
支撑围护	$v=5.0$ cm/s	0.54	4.30	14.51	34.39	67.17	116.1	184.3	275.1	391.8	537.4

5.2 爆破飞石计算

本工程爆破区域的重点是严格控制爆破飞石对周边的影响，个别爆破飞石采用瑞典经验公式进行校核：

$$R_{\text{fmax}} = K_{\varphi} \cdot D \tag{2}$$

式中 R_{fmax}——露天深孔爆破飞石安全距离，m；

K_{φ}——安全系数，取 1.5~1.6；

D——炮孔直径，取 90 mm。

经计算：炮孔直径（90 mm）时 $R_{\text{fmax}}=135\sim144$ m。

为了确保爆区附近的文化厅、中信银行等重要建构筑物、设施的安全，在爆破作业时，需做好以下工作：

（1）合理的装药结构、爆破参数和爆破网路。

（2）做好特殊地形地质条件的处理。

（3）加强炮孔堵塞，保证堵塞质量和长度。

（4）爆破时还应采取飞石控制的技术措施和防护措施。确保飞石全部阻挡，控制在安全范围内，不会对外部的建（构）筑物（高压输电设施）造成损坏。

5.3　爆破空气冲击波及噪声

非裸露爆破，其爆破空气冲击波可忽略不计。

噪声控制措施：

（1）避免夜间施工不干扰人们正常休息。

（2）爆破不选用裸露药包，炮孔填塞密实，防止漏堵，降低爆破空气冲击波。

6　爆破安全防护措施

根据工程特点与周围环境情况，总体采取近体防护和隔离防护。

6.1　近体防护措施

对爆破体用防护材料直接进行覆盖，防止爆破个别飞石飞出，一般采用的材料有沙袋、钢丝网、荆笆、钢板、胶带等。

孔桩近体防护；如孔桩爆破时在离孔口 30 cm 立支架，支架上方覆盖竹笆，竹笆上面压一定重量的沙袋，确保挖孔桩内爆破时，支架不倒，飞石不出孔口。

基坑爆破近体防护：

（1）采用装满砂子的砂袋压在孔口上，每个孔口上压砂袋不少于 3 个。

（2）在爆破作业区域，包括布孔的平台区和台阶立面，搭建钢管脚手架，钢管脚手架上布上双层竹笆，用铁丝绑扎牢固，不留空隙。

（3）在钢管脚手架上覆盖密孔钢丝网一层或密孔塑料网一层（图 8）。

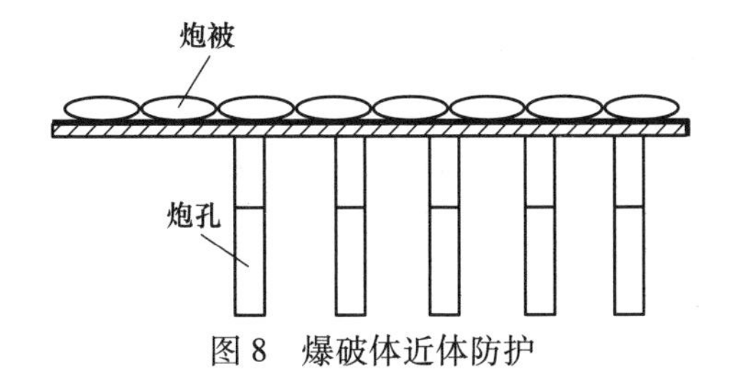

图 8　爆破体近体防护

6.2　隔离防护措施

根据本工程的现场情况及爆破设计，主要防护措施如下：

爆破作业区台阶立面钢管脚手架采用垂直搭建，离爆破作业面保持 3 m 距离，让岩体爆破后有上升和侧推的空间，同时也减少防护材料的损失。水平与垂直钢管脚手架紧密相连。在老年大学东墙，搭设 8～10 m 高的安全防护屏障，安全防护采用双层钢管脚手架搭设，钢管脚手架上敷设毛竹片和渔网等。

7　爆 破 施 工

7.1　爆破施工顺序

先进行挖孔桩施工，为确保工期进度，-10.9 m 以上部分的爆破，在西侧挖孔桩及围护支撑梁处预留 3 m 的保护层不进行爆破，待该部分完工后，再根据施工计划进行爆破。爆破分区：分层进行爆破，具体分层情况见表 7。

表 7　分层爆破情况

区域	工程量/m^3	备注
±0.00～-5.6 m	18000	
-5.6～-10.9 m	15000	
-10.9～-16 m	17000	
-16～-21.5 m	15000	

7.2　爆破施工组织

因工程环境受限、为降低扰民现象，需要加大单次爆破药量，以满足“减少爆破次数、减少交通管制”的管控要求。工程实践中，主要从施工组织管理、精细化设计、施工质量三个方面分部落实，而施工组织管理更是重中之重，实际工作中主要落实以下两个管控系统，并保障系统功能的持续有效。

设立工程项目施工调度系统，全面负责项目内部管理和对外协调工作；实施工作总结、工作任务分发系统管理。每天当班结束，调度负责人召开班组以上人员会议，总结一天工作进展情况，并发布第二天工作计划和要求。

8　爆破效果与体会

8.1　爆破效果

2013 年 4 月 1 日第一次基坑（挖孔桩）爆破，到 2014 年 1 月 3 日进行最后一次爆破，一共进行了近 50 次控制爆破。完成基坑石方爆破和挖孔桩 51 根桩，总工程量近 65500 m^3。

其中最大单次爆破于 2013 年 7 月 16 日实施，总药量 498 kg，最大单响药量 18 kg，爆破成功实施后通过爆破振动测试数据分析，爆破振动速度远小于设计值，爆破飞石，爆区周边建（构）筑物未受到影响。图 9、图 10 为施工场地布置与现场施工图；爆破振动速度检测结果见表 8。

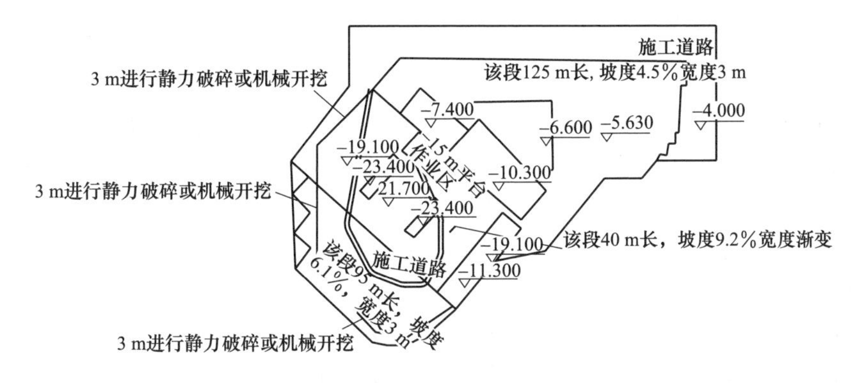

图 9　施工场地布置

图 10　现场施工

表 8　爆破振动速度检测结果

仪器编号	爆心距/m	最大单响药量/kg	测点	方向	最大振速/cm · s^{-1}	振动主频/Hz
HF-J-60	50	18	老年大学 1 号楼东侧	垂直	1.613	16.461
				横向	0.477	14.493
				纵向	0.355	15.810
HF-J-67	45	18	老年大学 1、2 号楼东侧连廊	垂直	1.517	20.513
				横向	1.561	15.038
				纵向	0.590	24.096
HF-J-62	40	18	老年大学 2 号楼东侧	垂直	3.150	98.108
				横向	1.518	27.778
				纵向	1.245	20.305
HF-J-65	70	18	文化厅办公楼（新楼）西北侧	垂直	0.669	15.385
				横向	0.721	28.069
				纵向	0.489	90.909

8.2 施工体会

本工程通过精心设计、认真组织、严格管理，严密防护，合理、动态地优化每一炮的爆破参数，实现了“0”飞石，无爆破危害事故，确保了整个爆破区域及周边环境的安全，质量和进度满足业主要求，技术经济指标先进，取得了良好的经济和社会效益，并得到了省市政府主管部门的一致好评。工程实践体会如下：

（1）精细化的爆破设计是保证工程目标完成的基础。本工程由于环境特别复杂，面对不同区域，不同环境，每一次爆破设计参数均有不同调整并不断优化，通过动态设计，贯彻精细化爆破的理念，确保了每一爆的安全与成功。工程除总体爆破方案外，形成了三十多份单独的针对性设计方案。

（2）严格的施工管理是实现工程目标的保证。针对项目特点，制定了各类安全专项管理方案、应急预案 5 项，工作标准化管控制度 20 多项，有效的保证了工程施工的顺利实施，保护了周围建构筑物安全；本工程严把钻孔关，从测量精准入手，使钻孔偏差小于 0.1 m，保证孔底落在同一水平面，保证钻孔质量；同时通过严格的管理措施，控制装药、堵塞、网路连接等各个施工环节的质量，做到药量准确，堵塞长度及质量符合设计要求，网路连接可靠，从而保证了工程的顺利完成。

（3）严密的安全防护措施是工程安全的保障。本工程由于在闹市，保护对象多，人口密集，飞石危害极大。因此，本工程采取了近体、隔离、阻断等多种防护措施，针对每一次爆破的位置及环境特点，采取了不同的防护措施与手段，如双层还是单层防护罩，炮被防护还是沙袋防护，是开挖减振沟还是减震孔等，同时严把防护施工质量关，实现了“0”飞石。严格控制了飞石和振动的危害。

（4）业主、公安等相关管理部门的共同努力和支持，是爆破顺利实施的关键。由于环境极为复杂，爆破扰民及施工民扰因素多，每次清场及警戒人员过百，加之多数爆破时间窗口都选在黎明时分，沟通、协调工作量极大，在施工期间，业主及相关管理部门为爆破的顺利完成付出了极大的努力。

本工程可以说是杭州地区类似爆破工程的经典，是市中心爆破量最大的爆破工程，是市中心爆破次数最多的爆破工程，是市区爆破开挖基坑最深的爆破工程，是每次爆破警戒动员人员最多的爆破工程，通过各方的努力，做到了零事故，零投诉。该工程的成功经验直接应用到“临安人民医院医技楼地下室基坑爆破工程”“浙江省医学科学院大楼地下室基坑爆破工程”“原北山路 84 号改建基坑爆破工程”，均取得良好的效果。

城市内大面积浅埋坚硬岩石精细爆破应用

工程名称： 台州市路桥区桐屿街道共和安置小区基坑开挖工程
工程地点： 台州市路桥区桐屿街道共和村
完成单位： 浙江省隧道工程集团有限公司
完成时间： 2018 年 7 月 6 日~8 月 30 日
项目主持人及参加人员： 楼晓江　袁彤彤　冯壮雄　张　毅
撰 稿 人： 赵东波（核工业井巷建设集团有限公司）

1　工程概况及环境状况

1.1　工程概况

台州市路桥区桐屿街道共和村安置小区基坑开挖爆破工程场地位于路桥区桐屿街道共和村共和小学的南侧，总用地面积 68033.80 m^2。

根据设计图纸等资料，各幢房屋基础埋深约 3 m，排污管道和化粪池底部最低处黄海高程为+1.7 m，现地表标高是+5.2~+5.9 m，需开挖到+1.7 m 高程，爆破深度为 3.5~4.2 m。本工程爆破开挖面积约为 5 万平方米，爆破工程量约为 20 万立方米。为保证在共和中心小学暑假期间完成全部基坑岩石爆破任务，文保单位要求靠近古崖石刻周边 60 m 范围需采用机械切割凿除。

1.2　工程地质情况

本工程岩石属于普坚石—特坚石。

1.3　工程现状及周边环境

1.3.1　环境条件、地形地貌

爆破场地位于路桥区桐屿街道共和村、共和中心小学的南侧。场地大部区域原为低丘山体，现山体已凿除成为平地，基岩裸露；山体周边区域为老民宅地基（浅基础）和道路；西侧区域为在建飞龙湖城市生活中心（住宅楼、绿化带、景观湖）。

场地位于浙东南海积平原丘陵及岛屿区，拟建场地位于海相平原及低丘两种微地貌单元。

1. 3. 2　周边环境

爆破区域周边环境：北侧距离中心小学教学楼（框架结构）20 m、围墙 10 m，距离社区卫生院 100 m；东侧距居民集中区楼房 30 m；东南侧距离居民集中区楼房 60 m；南侧紧邻古崖石刻，距离居民集中区楼房 60 m；西南侧距离居民集中区楼房 30 m 和村便民服务中心 110 m；西侧紧临古戏台。环境十分复杂。爆破环境卫星示意图和爆区环境实拍图详如图 1 和图 2 所示。

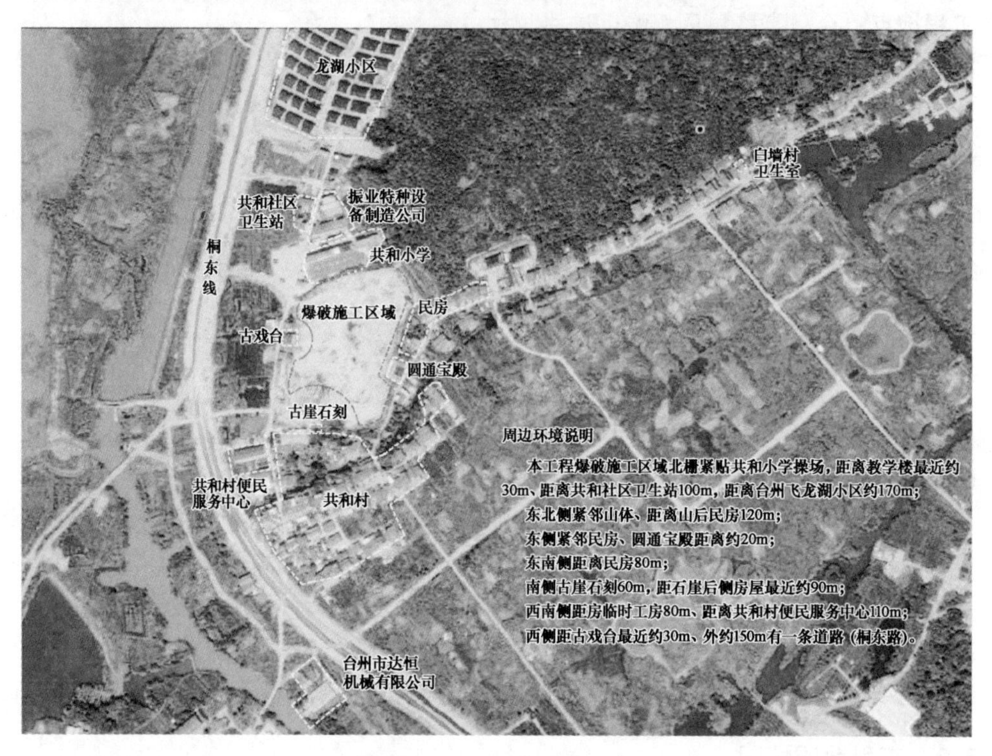

图 1　爆区环境卫星

图2　爆区环境实拍

2　工程特点、难点

2.1　工程特点

（1）本爆破工程为岩石负挖，开挖面积较大、岩石坚硬且开挖深度浅。

（2）爆区周边有中心小学，施工需考虑爆破不影响学校正常上课、生活并保证安全，需要合理安排爆破作业时间。因此，选择暑假期间进行爆破作业，每日计划爆破3~4次，时间为10：00~11：00和15：00~16：00两个时段。

（3）工程周边有古崖石刻、古戏台、学校、卫生院及居民楼房等建（构）筑物，需采用精细爆破做好爆破安全保护，控制爆破飞石和爆破振动。

（4）工程工期短，交叉作业多，投入的设备、人员较多，需加强爆破安全警戒管理，确保施工安全。

2.2　工程难点

（1）浅埋岩石负挖爆破易产生飞石，爆破时需要严格控制最小抵抗线长度、填塞长度和做好安全防护。

（2）爆区距离学校、居民楼、古戏台等保护对象非常近，爆破振动控制难度大；施工时应控制爆破规模，并采取减振措施。

（3）工期紧，任务重。

3　爆破方案选择及设计原则

3.1　安全控制指标

（1）实现“最少”飞石的目标，拟控制爆破飞石在15 m以内，不对周边建（构）筑物造成损坏。

（2）控制爆破振动，不对周边建（构）筑物结构造成损伤等影响。

3.2 爆破方案的选择

（1）爆破方案按“最少”飞石的目标，采用多打孔、少装药的精细设计原则。

（2）考虑到施工工期紧、爆破面积大且爆破深度浅的特点，采用复杂环境深孔爆破与城镇浅孔爆破相结合的原理，选择复杂环境深孔爆破的总体方案。

（3）爆破区域划分：古崖石刻根据文物部门要求，在 60 m 范围内采用机械开挖，60 m 以外采用爆破作业；距古戏台 20 m 范围内采用机械开挖，20 m 以外采用爆破作业；其他开挖区采用爆破作业。

（4）爆破规模：最大单段药量 7.5 kg，一次起爆药量 $Q \leqslant 480$ kg。

3.3 爆破施工方法

（1）因被爆破岩石深度在 3.5~4.2 m 的特点，因场地的长度足够长、平坦，爆区中心距保护物相对较远，首先在爆区中心位置自西往东推进的方向拉槽爆破创造自由面，以便两侧实施台阶爆破。

（2）施工时利用拉槽爆破创造的临空面分别向北、南两个方向推进钻孔爆破施工，对待开挖岩体增加临空面和工作面，两侧的岩体起爆后能量向沟槽方向释放，可起到降低飞石距离及振动的作用。

4 爆破参数设计

4.1 掏槽爆破参数设计（表 1）

（1）孔径：$D=90$ mm；

（2）孔深：$L=4.0 \sim 4.70$ m；

（3）底盘抵抗线：$W=(20 \sim 30)$，$D=1.8 \sim 2.2$ m；

（4）孔距：$a=(0.9 \sim 1.1)W$；

（5）排距：$b=(0.8 \sim 1.0)a$；

（6）单耗：q 取 0.5~0.6 kg/m^3；

（7）单孔装药量：$Q=qabl$；

（8）布孔方式：梅花形；

（9）装药结构：连续柱状装药；

（10）起爆方式：导爆管雷管孔内、外毫秒延时起爆；

（11）堵塞长度：不小于底盘抵抗线与装药顶部抵抗线平均值的 1.2 倍。

表 1　掏槽爆破参数设计

序号	参数	单位	计算公式或取值范围	数量 1	数量 2	数量 3
1	开挖深度 H	m		3.5	4.0	4.2
2	孔径 D	mm	90	90	90	90
3	钻孔倾角 α	(°)	90	90	90	90
4	超深 h	m	0.5	0.5	0.5	0.5
5	钻孔深度 L	m	$L=H/\sin\alpha+h$	4.0	4.5	4.7
6	孔距 a	m	$a=(0.9\sim1.1)W$	1.8	1.8	1.8
7	排距 b	m	$b=(0.8\sim1)a$	1.8	1.8	1.8
8	炸药单耗 q	kg/m^3	0.5~0.6	0.55	0.55	0.55
9	单孔装药量 Q	kg	$Q=a\cdot W_1\cdot q\cdot H$	6.0	7.0	7.5
10	延米装药量 p	kg/m	5.5	5.5	5.5	5.5
11	填塞长度 L_t	m	2.9~3.3	2.9	3.3	3.3

4.2　台阶爆破参数设计（表 2）

（1）孔径：$D=90$ mm；

（2）孔深：$L=4.0\sim4.70$ m；

（3）底盘抵抗线：$W_1=(20\sim30)$，$D=1.8\sim2.2$ m，取 2 m；

（4）孔距：$a=(1.0\sim1.2)W$；

（5）排距：$b=(0.8\sim1.0)a$；

（6）单耗：q 取 0.30~0.38 kg/m^3；

（7）单孔装药量：$Q=qabl$；

（8）布孔方式：梅花形；

（9）装药结构：连续柱状装药；

（10）起爆方式：导爆管雷管孔内、外毫秒延时起爆网路；

（11）堵塞长度：不小于底盘抵抗线与装药顶部抵抗线平均值的 1.2 倍。

表 2　台阶爆破参数设计

序号	参数	单位	计算公式或取值范围	数量 1	数量 2	数量 3
1	开挖深度 H	m		3.5	4.0	4.2
2	孔径 D	mm	90	90	90	90
3	钻孔倾角 α	(°)	90	90	90	90
4	超深 h	m	0.5	0.5	0.5	0.5
5	钻孔深度 L	m	$L=H/\sin\alpha+h$	4.0	4.5	4.7

续表 2

序号	参数	单位	计算公式或取值范围	数量 1	数量 2	数量 3
6	底盘抵抗线 W_1	m	$W_1=(20\sim30)D$	2.5	2.5	2.5
7	孔距 a	m	$a=(1\sim1.3)W_1$	2.0	2.5	2.5
8	排距 b	m	$b=(0.8\sim1)a$	2.0	2.0	2.0
9	炸药单耗 q	kg/m^3	0.3~0.38	0.35	0.35	0.35
10	单孔装药量 Q	kg	$Q=a\cdot W_1\cdot q\cdot H$	6.0	7.0	7.5
11	延米装药量 p	kg/m	4.6	5.5	5.0	5.0
12	填塞长度 L_t	m	4.0~4.5	2.9	3.2	3.2

4.3 起爆网路设计

4.3.1 掏槽爆破起爆网路设计

采用导爆管雷管毫秒延期起爆网路（图 3），孔内装不同段别雷管延时，孔外采用 3 段接力延时，形成 U 形单孔单段起爆网路。

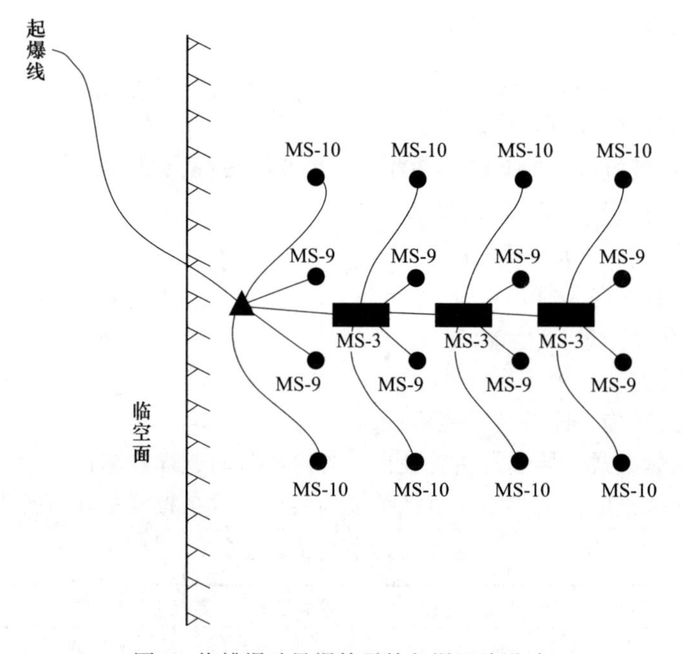

图 3　掏槽爆破导爆管雷管起爆网路设计

4.3.2 台阶爆破导爆管雷管起爆网路设计

台阶起爆网路（图 4）：第一排孔内装双发雷管（MS-10），第二排孔内装双发雷管（MS-11），第三排孔内装双发雷管（MS-12），纵向采用低段（MS-3）接力延时，实现逐孔起爆，最大单段药量 $Q \leqslant 7.5$ kg，一次爆破总药量 $Q \leqslant 480$ kg。

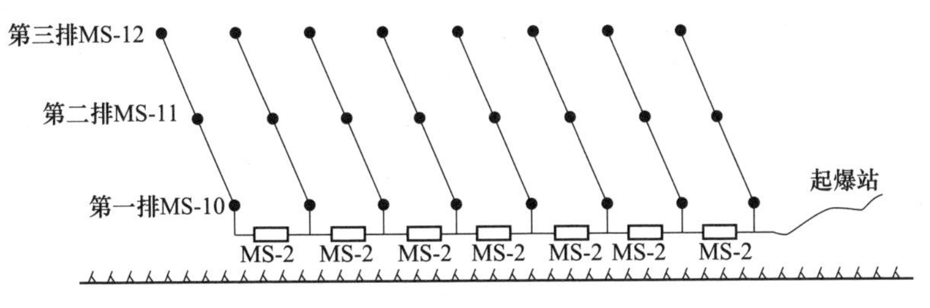

图 4　台阶爆破起爆网路设计

以上参数在实际施工中，爆破效果达到了爆破预期目的。

4.4　施工工期计划

根据飞龙湖管委会、台州市路桥飞龙湖建盛置联投资发展有限公司及浙江省建工集团有限责任公司等相关方提供的资料及沟通确定，爆破深度主要为 3.5~4.2 m，爆破开挖面积约为 5 万平方米，爆破工程量约为 20 万立方米。本方案采用复杂环境深孔爆破作业。主要孔网参数为 2.0 m×2.0 m 作为计算孔数基础，则需钻孔数为 12500 个，合计钻孔延米约为 56000 m，计划每天爆破 4 次，施工工期为 45 天，受夏天天气影响，合计施工工期为 60 日历天。

4.5　爆破规模设计

按项目工期要求及以上工期计算，考虑周边环境因素及施工能力，计划每天爆破 4 次，每次爆破约 60 个，排数控制在四排以内，爆破规模控制在 $Q \leqslant 480$ kg。因爆破区域地处城市内，爆破等级为 B 级。爆破器材计划用量见表 3。

表 3　爆破器材计划用量

品名	炸药（乳化）/t	毫秒导爆管雷管/发	导爆管/发
最大单次爆破药量	0.48	250	150
总量	70	50000	25000

5　爆破安全设计

5.1　爆破安全距离

爆破所引起的振动速度的计算公式为：

$$v = K\left(\frac{Q^{\frac{1}{3}}}{R}\right)^{\alpha} \tag{1}$$

式中　v——保护对象所在地安全允许质点振速，cm/s；

Q——延时爆破为最大单段药量，kg；

R——测点离爆破中心的距离，m；

K，α——与爆破点至保护对象间的地形、地质条件有关的系数和衰减指数。

根据我国《爆破安全规程》（GB 6722—2014）的规定，不同岩性的 K、α 值见表4。

表4　不同岩性的 K、α 值

岩性	K	α
坚硬岩石	50~150	1.3~1.5
中硬岩石	150~250	1.5~1.8
软岩石	250~350	1.8~2.0

根据现场地形、地质条件，取 $K=180$，$\alpha=1.75$。

将上述参数分别代入公式并汇总成表5。

表5　爆破质点振速校核

序号	保护对象名称	距离/m	最大单段药量/kg	允许振动速度/cm · s^{-1}	校核振动速度/cm · s^{-1}
1	小学教学楼	20	7.5	2.0	3.08
2	居民楼房	30	7.5	2.0	1.51
3	中心卫生院	100	7.5	2.0	0.18
4	古崖石刻	60	7.5	3.5	0.45
5	古戏台	20	7.5	2.0	3.08

爆破区域划分设计：古崖石刻根据文物部门要求，在60 m范围内采用机械开挖，60 m以外采用爆破作业；距古戏台20 m范围内采用机械开挖，20 m以外采用爆破作业（靠近古戏台、学校侧钻凿双排8 m深的减振孔，根据以往施工经验，可降振50%）。采取减振措施后，爆破质点振速见表6。

表6　爆破质点振速校核

序号	保护对象名称	距离/m	最大单段药量/kg	允许振动速度/cm · s^{-1}	校核振动速度/cm · s^{-1}	采取措施后的振速/cm · s^{-1}
1	小学教学楼	20	7.5	2.0	3.08	1.6
2	居民楼房	30	7.5	2.0	1.51	1.51
3	中心卫生院	100	7.5	2.0	0.18	0.18
4	古崖石刻	60	7.5	3.5	0.45	0.45
5	古戏台	20	7.5	2.0	3.08	1.6

结论：按设计划分的爆破区块控制爆破规模和采取的减振措施，根据理论计算爆破振动不会对学校等建（构）筑造成结构安全的影响。

5.2　个别飞石与防护

深孔爆破的飞石距离根据经验公式估算：

$$R_{\mathrm{fmax}} = K_{\varphi} D \tag{2}$$

式中　R_{fmax}——飞石的飞散距离，m；

K_{φ}——安全系数，取15~16；

D——炮孔直径，cm，本项目取90 m。

则 $R_{\mathrm{fmax}}=90\times16=154$ m。

设计采取多打孔、少装药（选择合理炸药单耗）的精细爆破施工，同时控制炮孔最小抵抗线长度、加大炮孔堵塞长度、炮孔表面采用炮被覆盖防护加压覆沙袋等措施，采取措施后爆破飞石一般不会太远（会远小于上式公式计算的距离），爆破飞石距离控制在15 m内。

控制爆破产生飞散物的主要措施：

（1）设计合理，炮孔位置测量验收严格，是控制飞散物事故的基础。装药前应认真校核各药包的最小抵抗线长度，如有变化，必须修正孔网参数及单孔装药量。

（2）施工中，避免药包位于岩石软弱夹层及岩石破碎带，以免薄弱面产生爆破飞散物及冲击波。

（3）保证堵塞质量，不但要保证堵塞长度，而且保证堵塞密实度，堵塞物中要避免夹杂碎石。

（4）采用低爆速炸药，毫秒延时起爆等。

（5）针对不同地段，对爆破体采取覆盖或防护措施。每个炮孔在堵塞完成后，在孔口覆盖专用炮被，然后再在炮被上压沙袋。

（6）在爆破区域南侧距离保护体15 m处搭设双排防护排架（图5），以保护民房和古崖石刻，防护排架搭设长度方向以爆破体可视保护物两侧宽于5 m，总计长度约为100 m，高度为6 m；在爆破区域西侧距离古戏台、学校边缘10 m处搭设防护排架并打双排减振孔，以保护古戏台等保护建（构）筑物，防护排架搭设长度方向以爆破体可视保护物两侧宽于5 m，总计长度约为30 m，高度为6 m，减振孔直径100 mm、深度8 m，孔距0.35 m，钻孔数量为185个；在爆破区域东侧距民房10 m处搭设双排防护排架，以保护民房，防护排架搭设长度方向以爆破体可视保护物两侧宽于5 m，总计长度约为40 m、高度为6 m。

5.3　爆破空气冲击波

本项目采取炮孔填塞，填塞长度不小于底盘抵抗线与装药顶部抵抗线平均值

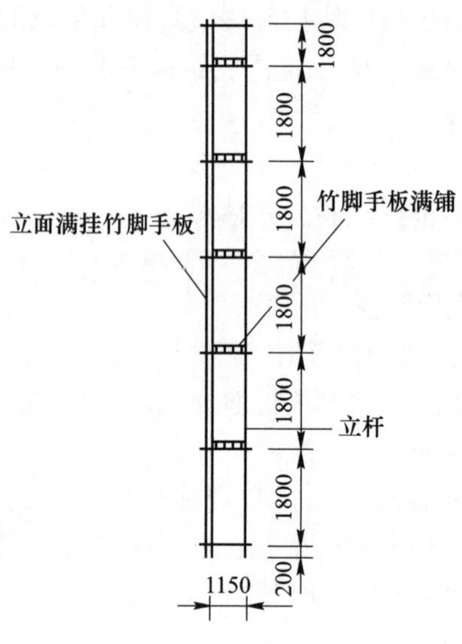

图 5　竹排架防护

的 1. 2 倍。本次设计不对爆破空气冲击波予以验算。

6　技 术 交 底

总体方案经上级主管部门批准后，爆破技术人员以书面文字形式并在现场向有关爆破作业人员进行技术交底。交底主要内容如下。

6. 1　孔网参数与验孔

按照设计参数施工，即孔位误差控制在 5% 以内，角度误差控制在不大于 3°，孔深误差控制在 10 cm 以内。

控制最小抵抗线长度，即最小抵抗线长度不得小于 20 d，不得大于底盘抵抗线长度。

对不合格的炮孔需采取补救措施，使其达到设计要求。

6. 2　装药量与装药结构

按照设计单孔装药量作业，不得随意增减，若需变更，首先报告项目技术负责人。按照设计的起爆网路在各炮孔内装入相应的雷管段别。

采用连续柱状装药结构。

6. 3　炮孔填塞

按照设计的填塞长度填塞，采用破碎的瓜米石作为填塞料，填塞要密实。

6.4　安全防护

按照设计防护，在炮孔表面覆盖双层炮被覆盖，局部压沙袋。

6.5　爆破警戒

按照设计的 6 个警戒岗哨设置警戒点，各警戒点配备 2 名警戒人员，警戒范围不得小于 150 m。

6.6　爆后检查

爆破作业结束后，由爆破技术负责人、起爆组长和有经验的爆破员、安全员对作业区进行认真检查爆破效果，有无盲炮，有无飞石对保护对象破坏等。

爆破后，爆破作业人员、技术人员要详细填写爆破记录。

7　经验与体会

（1）坚决落实按图施工、按报批备案的爆破施工方案施工是保证爆破施工安全顺利进行的强有力保证。

（2）通过划分非爆区（机械开挖区）和控制爆破区对重点保护对象进行保护。在非爆区采用机械开挖，杜绝爆破施工对重点保护对象产生影响；在控制爆破区的爆区中心位置由西往东方向拉槽爆破创造新的自由面，以便两侧实施台阶爆破，实现了降低爆破振动，减少飞石距离，达到了爆破施工安全。

（3）通过采取非常规爆破方法（即孔深 4~4.7 m、炮孔直接 90 mm 的复杂环境钻孔爆破方法）、合理的爆破参数（即底盘抵抗线 $W=22d$，最小抵抗线 $W_1=(20\sim22)d$，填塞长度 $L_2=2.9\sim3.2$ m），并采取覆盖防护等措施，有效缩短工期和对爆破有害效应的控制起到了关键作业。

（4）通过孔内、外毫秒延时形成单孔单段起爆网路，有效控制爆破单段起爆药量，将爆破振动、爆破飞石等爆破危害控制在合理范围内；在重点保护对象与爆区之间设置减振孔，加大削弱了爆破振动对重点保护对象的影响。

（5）爆破监理单位和爆破评估单位的专业性工作是保证爆破施工安全顺利进行的强有力支撑。

（6）完备的事故应急救援预案是确保爆破施工安全顺利进行的强有力后盾。

精细爆破在恶劣环境下处理危岩的应用

工程名称： 温岭市城东街道肖溪村危岩处理爆破工程
工程地点： 城东街道肖溪村
完成单位： 温岭市隧道工程有限公司
完成时间： 2009 年 10 月 8 日～11 月 19 日
项目主持人及参加人员： 李海文　陈怀宇　赵东波　王良顶
撰 稿 人： 李海文

1　概况及环境状况

1.1　工程简介

温岭市城东街道肖溪村村后一处危岩，该处危岩位于肖溪村村后背的山上，悬挂在约成 70°的陡壁上。危岩呈倒三角形，离地高度约 168 m，上口长约 5 m，宽 3.5～5 m，高约 10 m，约有 120 m^3，重约 300 t。该危岩上口已开裂，裂缝宽度为 25～30 cm；表面局部已风化。2009 年 3 月 5 日有一块约 200 kg 的石块脱落，掉下来越过民房（掉落过程中撞击岩石，产生跳跃，从而越过民房），砸在空地上，所以村民强烈要求政府把它处理掉，多次打报告给市政府。现城东街道准备对其进行排除。经委托浙江省地质勘察院对其进行考察、评估，给出处理方案，要求尽快把它处理掉。

由于该危岩自身质量大、离地高度高，滚落冲击能量非常大，危岩体滚落过程中撞击岩石，可能产生跳跃，受山体现状的影响，滚落的方向及位置极不确定。山脚又有大片密集民房，如危岩自由滚落，将造成严重的后果，危险性极大。

1.2　工程规模

温岭市城东街道肖溪村危岩处理爆破量约为 120 m^3，一次起爆完成。

1.3　地形、地质条件

该危岩呈倒三角形，悬挂在约 70°、168 m 高的陡壁上。岩石石质是凝灰岩，整体性较好，表面有部分风化，部分脱落。

1.4　施工工期

本项目合同工期 40 日历天，实际施工工期为 42 日历天（2009 年 10 月 8 日~11 月 19 日）。

1.5　主要技术经济指标

本项目合同造价为 58 万元。

爆破施工时需确保下方民房不受损坏；由于无法修建施工便道，故要求控制石块爆破粒径，爆后石碴要便于人工清理。

1.6　爆区周边环境情况

该危岩下方为村庄，民房密集，有 100 多户住户，400 多人。危岩体山脚边线离民房最近水平距离为 40 m，山脚是村民土地，但地上土层较薄。

同时，该危岩位于 168 m 高的半山腰，周边为 70°的陡壁，施工环境极其恶劣。施工人员上下及防护材料运输困难，施工难度非常大。且危岩体已开裂，施工过程中随时可能滚落，对施工安全极其不利。

危岩体照片如图 1 所示，周边环境照片如图 2 所示。

图 1　危岩体照片

图 2　山脚环境照片

2　工程特点、难点

本工程为危岩处理，对安全要求特别高、要求施工技术水平高、没有施工运输道路、施工难度大、工期紧等特点和难点，具体表现有以下几个方面：

（1）本工程是一个民生工程，与当地老百姓的生活密切相关，如有闪失极可能引发群体性事件，所以必须做到万无一失。

（2）所处环境复杂。

（3）由于危岩体形状不规则，不利于炮孔的布置及炮孔深度的控制，必须根据现场实际情况逐个测量，确保钻孔质量。

（4）由于山脚有密集民房，有 100 多户住户，400 多人，人员撤离工作量大，警戒工作复杂。

3　爆破方案选择及设计原则

3.1　整体施工方案的确定

公司接到温岭市城东街道办事处的邀请后，派专业有经验的人员到现场实地查勘，根据该危岩的裂缝、四周及底下的山体走向等各方面情况进行讨论、研究，结合实际情况及施工经验，最终决定采用浅孔松动控制爆破法施工。

爆破飞石、滚石对房屋的危害为本工程施工的重点，控制危害方法主要有选择合理的爆破参数、单耗、爆破网路、最小抵抗线方向，并设置切实有效的防护措施，如图 6、图 8~图 11 所示。

3.2　施工原则

为了确保施工安全，最大限度地发挥自有技术优势、选定合理的爆破参数、起爆方法、施工组织措施，特制订以下原则：

（1）严格按精细设计且经评估、审批的方案施工，按《爆破安全规程》的规定进行操作，杜绝违章作业。

（2）根据现场实际情况，选择合理的最小抵抗线方向，严格控制飞石方向，并做好滚石防护，杜绝爆破飞石和滚石损坏民房的现象。

（3）为便于人工清碴，选择多打孔，均匀分散装药，以控制爆后岩碴粒径，且可控制滚石的滚动能量。

（4）周密规划、合理安排施工程序，在安全的前提下，安排 2~3 个工序同时施工，做到紧张而有序工作，确保工程进度。

（5）做好装药的安全警戒工作，装药期间非爆破作业人员不得进入施工现场，确保爆破器材安全；爆破警戒时，需彻底清场，不留死角，确保爆破安全。

4　爆破参数设计

因本工程山体坡脚离建筑物较近，环境复杂，故采用浅孔松动控制爆破技术，但考虑爆破后滚石对坡脚建筑物的影响，需将危岩作破碎性爆破，并在施工时加强防护。

4.1　主要爆破参数

（1）钻孔直径（d）：$d=\phi40$ mm；

（2）炮孔深度（L）：$L=4.5$ m（根据实测地形及局部变化现场调整）；

（3）孔距（a）：$a=0.6$ m；

（4）最小抵抗线（W）：$W=0.4$ m；

（5）炸药单耗（q）：$q=0.4$ kg/m^3（考虑爆破后滚石对坡脚建筑物的影响，需将危岩作破碎性爆破，故取 0.4 kg/m^3，施工时可适当调整）。

4.2　单孔装药量计算（Q）

$$
\begin{aligned}
Q &= qWaL \\
&= 0.4 \times 0.4 \times 0.6 \times 4.5 = 0.43(\text{kg})
\end{aligned}
\tag{1}
$$

暂时取单孔装药量为 0. 45 kg，根据现场爆破效果再对孔距、排距、单耗再做适当的调整。

本工程拟钻孔 86 个，则总装药量为 38. 7 kg。

4. 3　填塞长度

采用间隔装药，炮孔填塞要使用细砂和黄泥拌合成的填塞材料填塞，并保证填塞长度不少于 0. 4 m。

4. 4　布孔方式

采取梅花形布孔，在侧面较平的地方打炮孔，炮孔间距 60 cm×40 cm，拟钻孔 86 个，单孔深度为 4. 5 m，总钻孔长度为 387 m。如图 3 所示。

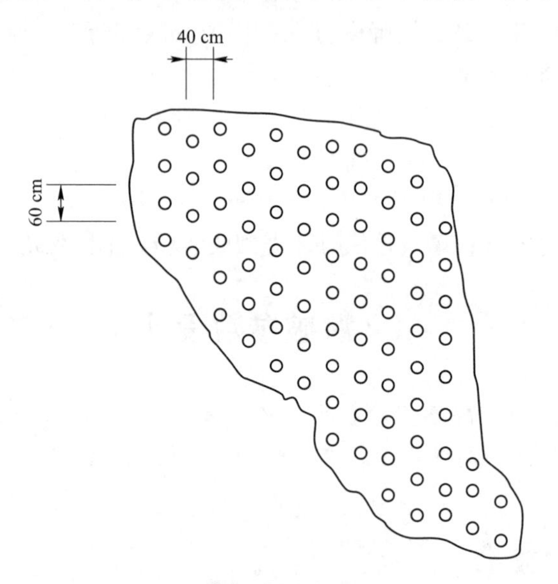

图 3　炮孔布置

4. 5　装药结构

为了控制爆破时的飞石产生，以及爆破后石块尽量的小，并保证块度均匀，要求多打孔少装药，装药采用导爆索间隔装药，装药结构，如图 4 所示。

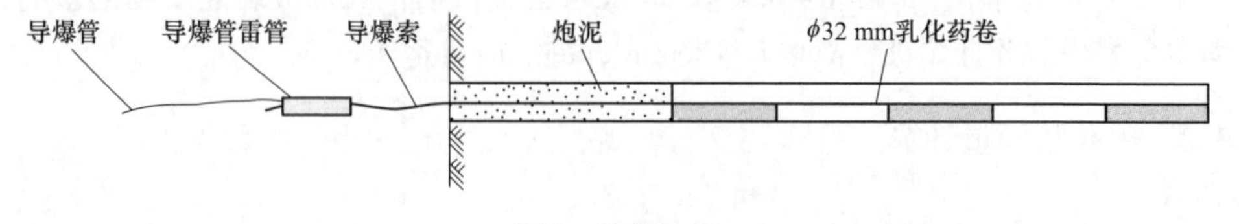

图 4　装药结构

4.6 起爆网路

根据本工程的现场实际情况和周边环境等因素，为确保起爆网路的安全传爆、改善爆破质量，减少爆破冲击波的危害、方便施工操作，本工程采用非电毫秒雷管孔内毫秒延时起爆网路。起爆网路采用塑料导爆管和四通连接，起爆器点火起爆。

为了减少爆破时爆炸的冲击力对防护网的破坏，拟采用分段起爆的方法，把整体的石块分成两部分，先起爆靠近山体的那部分，具体起爆顺序如图 5 所示。

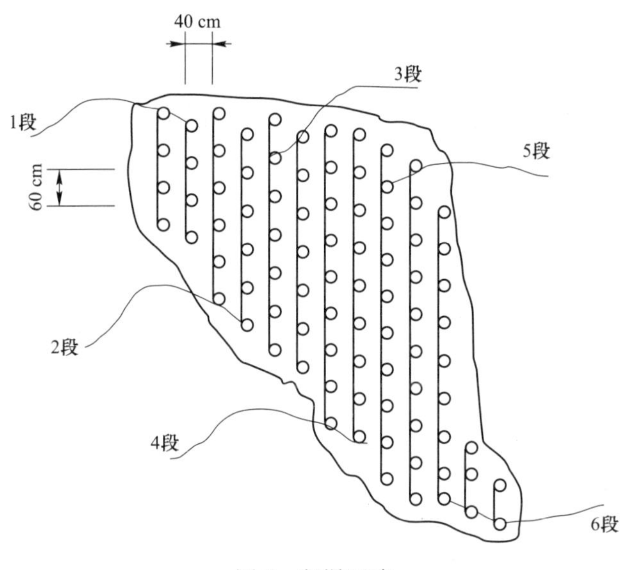

图 5　起爆网路

5　爆破安全设计

5.1 爆破有害效应验算

5.1.1 爆破振动安全距离验算

$$v = K\left(\frac{\sqrt[3]{Q}}{R}\right)^{\alpha} \tag{2}$$

式中　R——观测（计算）点到爆源的距离，m（本工程爆破点离最近民房水平距离为160 m，取 $R=160$ m）；

Q——最大段发药量（取 20 个孔一起起爆，则 $Q=9$ kg）；

v——爆破振动速度，cm/s（因本工程部分民房为毛石结构，故取地震安全速度 $v=1.2$ cm/s）；

K，α——与爆破点地形、地质条件等有关的系数和衰减指数，K 取 200，α

取1.8。

则
$$v = 200 \times (9^{1/3}/160)^{1.8}$$
$$= 0.08(\mathrm{cm/s}) < 1.2(\mathrm{cm/s})$$

故民房是安全的，但必须严格控制最大段发药量不大于10 kg。

5.1.2 爆破冲击波安全距离验算

本工程为露天爆破，民房离爆区最近距离为160 m，且在山下，爆破时，爆破冲击波在空气中的扩散作用，实际上爆破冲击波是很少的，故能保证民房的安全。

5.1.3 爆破个别飞石安全距离验算

个别飞石的飞散距离受地形、风向和风力、堵塞质量、爆破参数等影响。一般按下式计算。

按公式计算爆破飞石距离

$$R_F = (15 \sim 16)d \tag{3}$$

式中 R_F——飞石的飞散距离，m；

d——炮孔直径，cm，此取 $d=4.0$ cm。

故代入式中得 $R_F=(15\sim16)\times4=60\sim64$ m。

理论计算值为64 m，为了确保安全可加强防护措施，在炮孔上方覆盖稻草或麻袋，并在麻袋外罩上钢丝绳网二层（图6），再通过半山腰及山脚的防滚石措施，可控制飞石距离在10 m以内，能保证周边建筑物的安全。

5.2 爆破施工安全技术措施

控制爆破产生飞散物的主要措施：

（1）设计合理，炮孔位置测量验收严格是控制飞散物事故的基础。装药前应认真校核各药包的最小抵抗线，如有变化，必须修正装药量，不准超装药量。

（2）当爆破单位耗药量过高、相应的最小抵抗线过小时，以及药包位置不当（在岩石裂缝、基础接打面上）或堵塞质量不好时，容易产生爆破飞散物。设计施工中，要注意避免药包位于岩石软弱夹层或薄弱面冲出飞散物。慎重对待断层、软弱带、张开裂隙等地质构造，采取间隔堵塞、调整药量、避免过量装药等措施。

（3）严格按设计进行施工；保证堵塞质量，不但要保证堵塞长度，而且保证堵塞密实，堵塞物中要避免夹杂碎石。

（4）在爆破施工，需严格控制飞散物时，应对爆破体采取覆盖或防护措施。

5.3 安全防护设计

由于该危岩位于168 m高的半山腰，且山体陡峭，山脚有密集民房（有100

多户住户，400 多人），安全防护不单要能够控制爆破飞石，而且要控制爆破后的落石危害，尽可能阻止产生初始滚落现象的发生，故本工程联合防护措施，即爆破体兜形防护+爆破体覆盖防护+半山腰防滚石排架+山脚防滚石排架及沙包防护墙。通过以上联合防护措施形成整体防护功能，以确保山脚民房等建筑物的安全。

5.3.1　爆破体兜形防护

为防止爆破体破碎时有飞石溢出，本项目拟采用 $\phi6$ mm 钢丝绳柔性防护网（网眼尺寸为 100 mm×100 mm）将整个爆破体包裹住，柔性防护网采用 $\phi16$ mm 钢丝绳拉接，并用 $\phi50$ mm 钢桩固定在牢固的山体上。为确保安全，可包裹二层柔性防护网。并在柔性防护网与爆破体、柔性防护网与柔性防护网之间填塞稻草或麻袋，以缓冲和减少爆破时产生的冲击力，防止个别飞石溢出，如图 6 所示。

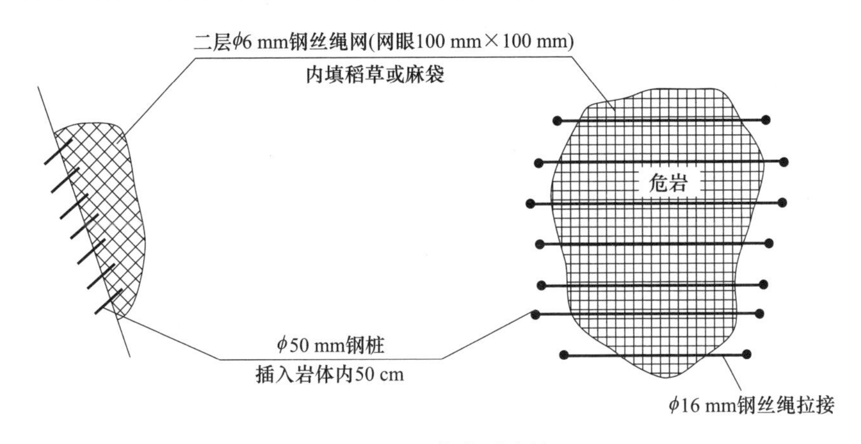

图 6　爆破体兜形防护

另外，为防止爆破体内侧率先起爆时可能使外侧爆破体产生位移或滑落，可在爆破体下方用 $\phi32$ mm 的钢筋进行加固。钢筋间距为 30 cm，插入岩体不得少于50 cm。为增强整体性，将钢筋上口用 $\phi16$ mm 钢筋进行连接，如图 7 所示。

5.3.2　爆破体覆盖防护

覆盖是控制飞石的重要手段，本工程在施工中采用稻草或麻袋覆盖，并在爆破体外面包上二层 $\phi6$ mm 钢丝绳柔性防护网，柔性防护网采用 $\phi16$ mm 钢丝绳拉接，并用 $\phi50$ mm 钢桩固定在山体上，如图 8 所示。

覆盖时要注意做到：爆破进行全表面（包括各临空面）的爆体覆盖，同时注意保护好起爆网路，分段起爆时，防止覆盖物受先爆药包影响，提前滑落、抛散。

5.3.3　滚石防护措施

本次滚石的防护分为两部分，第一对石块正对以下较平缓的半山腰的坡面上

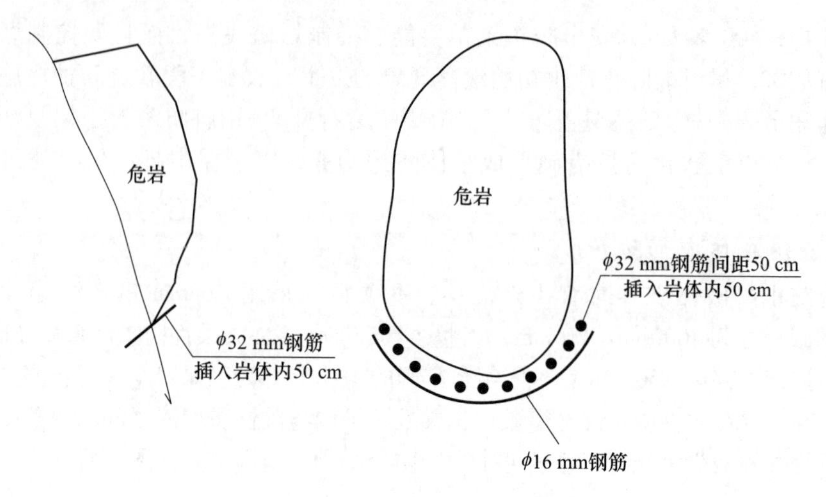

图 7　临时防滑

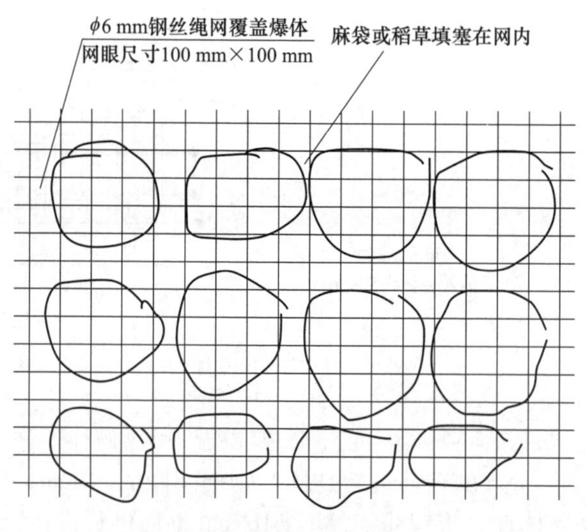

图 8　爆破体覆盖防护

进行阻拦，以减少石块在下落过程中的加速度和冲量；第二在山脚下离房子约30 m处用黄土或沙包堆砌防护墙，或搭设钢管防护架，以缓冲和减少个别突破第一道防护的石块最后下落至地面时的冲击力，并且可以防止石块弹起而跃过防护，伤及民房等建筑物。

5.3.3.1　半山腰防滚石措施

为有效防止爆破体破碎滚落的石块损坏山脚的民房等建筑物，在半山腰平缓处设立两道钢管钢丝绳网防护架，第一道高度为 6 m，第二道高度为 5 m，第一道防护架与第二道防护架的水平距离为 10 m。

方法是在岩石上打 ϕ110 mm 的孔，把 ϕ108 mm 的钢管插在孔内，间距为 50 cm，注意插入孔内的长度不得少于 50 cm；并设置横栏，形成整体；然后每隔 3 m 用 ϕ25 mm 钢丝绳拉结在山体的钢桩地锚上，然后拉紧；外侧再用 ϕ75 mm 钢管斜撑，间距为 3 m；最后在钢管架上满挂 ϕ6 mm 钢丝绳柔性防护网，如图 9 所示。

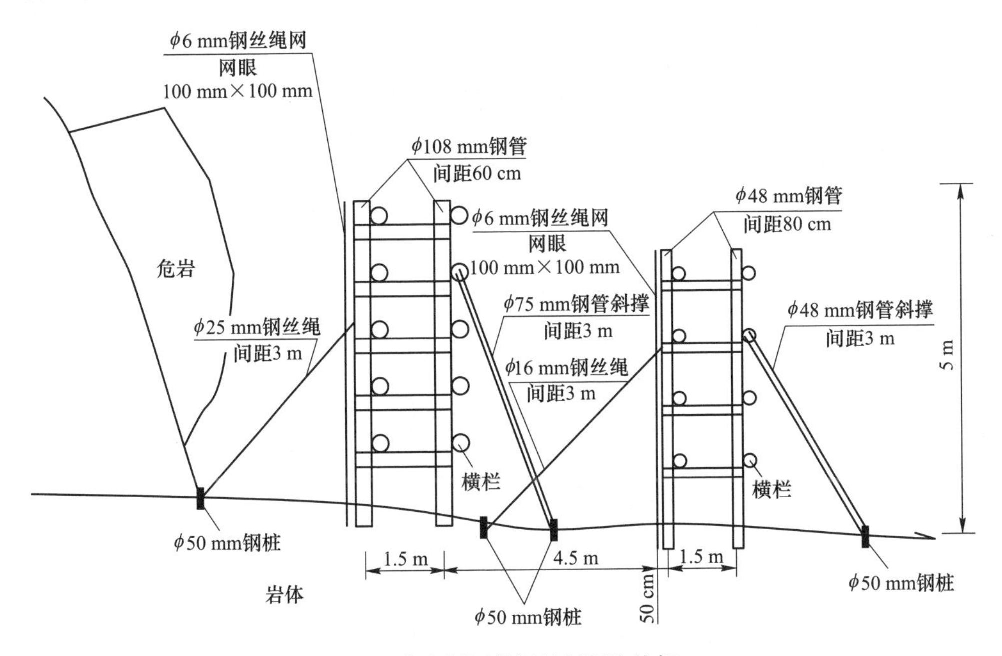

图 9　半山腰钢管钢丝绳网防护架

第二道架子离第一道架子的水平距离为 10 m，所用立柱为 ϕ48 mm 钢管，间距为 80 cm，斜撑为 ϕ48 mm 钢管，间距为 3 m；其他施工方法同第一道。

为了防止爆破后石块因碰撞山体而跃起飞过防护架，可在架子内侧岩石上铺上稻草或废旧轮胎，让石块落下时产生缓冲作用，避免落石撞击山体发生跳跃，确保滚石不越过防护架。

5.3.3.2　山脚防滚石措施

爆破前在离开民房等建筑物 30 m 处搭设防护架，以有效阻挡爆破滚石，保证民房等建筑物的安全。

防护排架采用钢管脚手架搭设，搭设高度不低于 6 m，脚手架上挂毛竹片编织板，毛竹编织板与脚手架间用铁丝扎紧，中间填塞稻草。该防护网由于较高，搭设时一定要注意安全，为满足防护排架的稳定性，在钢管的四周拉上揽风绳，防止被风吹倒，并要再四周挂上危险警告标志，如图 10 所示。

另外，在不便搭设钢管脚手架处，可用沙包堆砌防护墙。沙包防护墙底部宽度不小于 3 m，顶部宽度不小于 1 m，高度不低于 2 m，如图 11 所示。

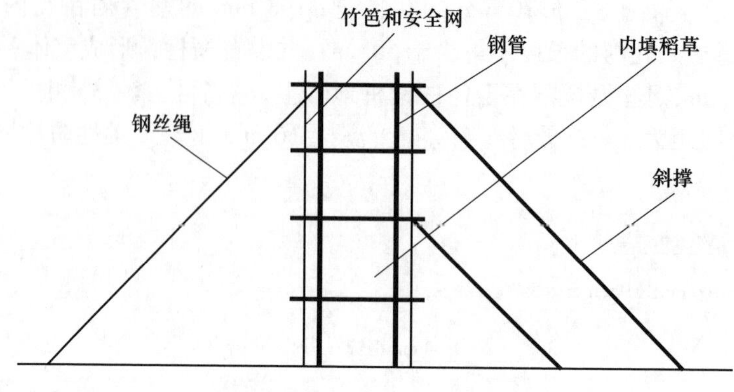

图 10　钢管脚手架防护排架

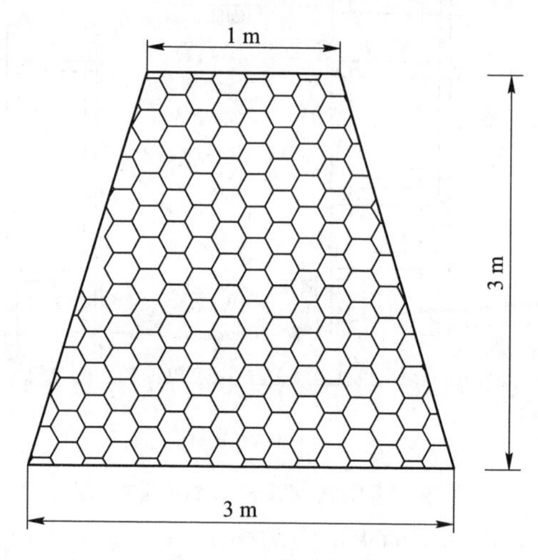

图 11　沙包防护墙

6　爆 破 施 工

6.1　施工总体布置及进度计划

6.1.1　施工准备

施工准备时间按 7 天进行。

6.1.2　临时防滑加固及锚桩安设

此项工作需 3 天完成。

6.1.3　安全防护施工

本项目计划共需搭设安全防护排架长度为 110 m，其中半山腰安全防护排架长 30 m（二道共 60 m），山脚安全防护排架长 50 m，沙包挡土墙 10 m。山脚安全防护排架的搭设可与半山腰安全防护排架同时进行。

半山腰第一道安全防护排架搭设需8天，第二道安全防护排架搭需5天。共需12+8=20天。

沙包防护墙时间为2天，山脚安全防护排架的搭设需8天（由于场地狭窄，需等沙包防护墙堆砌完成后才能施工）。共需8+2=10天。

山脚安全防护排架与半山腰安全防护排架同时进行施工，故此项工作共计：20天。

6.1.4 钻孔

考虑高空作业施工难度，ϕ40 mm钻孔进度指标按米/小时计算，本项目共需钻孔387 m，安排2台风钻同时作业，需5天完成。

6.1.5 装药、爆破

装药、填塞、连线、覆盖时间为1天。

6.1.6 总工期

7+3+20+5+1=36（天）

6.1.7 实际施工进度情况

本项目于2009年10月8日进场开始前期准备工作，2009年10月18日开始临时防滑加固及锚桩安设施工，2009年10月20日开始安全防护排架搭设施工，2009年11月14日开始钻孔，于2009年11月19日完成本项目所有爆破施工任务。实际工期42天，比合同工期延误了2天。

6.2 人员组织和机械配备

根据该工程的施工特点，组织具有丰富经验的施工队伍，精心组织，精心施工，严格按国家《爆破安全规程》（GB 6722—2014）操作，采用新工艺新技术，力求施工质量石方爆破率达100%，优良率80%。投入本工程管理、工程技术及生产人员，具体组织配备如下：

（1）技术组。负责按设计要求确定孔位、孔距；对钻孔质量进行验收，并根据实测数据调整药量及装药结构；提交装药、堵塞分解图、网络连接图；对装药、堵塞、网路施工进行验收、检查。

（2）施工组。负责爆破器材质量验收；按设计技术交底书要求进行钻孔、装药、网路连接、起爆及爆后检查工作。

（3）安全组。负责按设计方案设置防护措施，并进行验收；负责实施现场警戒，检查落实各项安全爆破规程。

（4）器材供应组。负责各种爆破器材、防护材料、施工机具及用料的购买、运输、保管、发放和回收工作。

6.3 劳动力安排计划

本工程劳动力组织计划有其特殊性及专业性，安全程度要求较高，劳动力专业性很强，因此技术工种占的比例高，必要时调整作业时间。

劳动力具体安排见表 1。

表 1 人员配备

序号	名称	人数
1	项目负责人	1
2	爆破工程师	2
3	爆破员	2
4	安全员	1
5	手风钻及潜孔钻操作工	4
6	机修工	2
7	普工	16
8	后勤保障及其他	2
合计		30

以上人员可根据现场实际情况进行调整以满足施工需要。

6.4 机械安排计划

为保证本工程施工的进度，将对本合同工程投入足够的施工机械设备，满足实际施工需要，并在施工过程中，加强对机械设备的维护和保养，确保工程施工的均衡连续性。拟投入本合同工程的主要施工设备及进场计划见表 2。

表 2 机械设备

序号	名称	型号	单位	数量	备注
1	潜孔钻	YQ90	台	1	
2	气腿式风钻	YT-24	台	2	
3	空压机	10 m^3	台	1	

以上机械可根据现场实际情况进行调整以满足施工需要。

6.5 施工方法

6.5.1 搭设防护

进场施工时，先在半山腰及山脚搭设防护，如图 9~图 11 所示。

6.5.2　搭设施工平台

在石块的两侧搭上施工打钻的施工平台，采用钢管搭，钢管在比较陡的地方立架子时，底下应先在岩石上打孔，插上 ϕ25 mm 的钢筋，用水泥浆固定，钢管插在钢筋上。

6.5.3　危岩加固

首先对岩体进行加固，以防施工时的振动造成岩体的走动而垮塌。

具体方法是：在岩体的正立面上用钢丝绳箍住，钢丝绳拉到两侧的山体上，用葫芦、地锚把钢丝绳拉紧并固定。竖向间距约一米一道。以保证石块不会在施工时出现垮塌，保证施工安全。

6.5.4　钻孔、装药

平台搭好后在平台上对石块进行钻眼施工，为了减少爆破时大块石的产生，炮孔要求尽量布置密集，防止爆破的飞石产生，每个炮孔宜少装药。

6.5.5　爆破体的覆盖及兜形防护

在爆破体外面包上二层钢丝绳柔性防护网，防护网采用 ϕ16 mm 钢丝绳拉接，并用 ϕ50 mm 钢桩固定在山体上。

覆盖时要注意做到：爆破进行全表面（包括各临空面）的爆体覆盖，同时注意保护好起爆网路，分段起爆时，防止覆盖物受先爆药包影响，提前滑落、抛散。

同时，将覆盖爆破体的钢丝绳网下口朝有利地形处预先开一个口子，使爆破后破碎石碴从该口子朝预定方向缓缓滑落。

6.5.6　警戒及起爆

本项目警戒范围内民房密集，警戒工作量大，人员撤离难度高，需提前告知当地村民，做好相关宣传工作。并在爆破前一天召开协调会，由城东街道办事处、派出所、村委会牵头，落实相关警戒工作。

当警戒范围内的人员及车辆全部撤离，经现场指挥确认具备安全起爆条件时，由爆破指挥在起爆前 3 min 下达发布准备信号，起爆站开始对起爆器充电，并联接主起爆导线。由指挥部发布起爆信号，起爆站点实施起爆。信号形式：从 5 开始倒计数。

起爆后，15 min 后技术组进入爆破现场检查，确认完全起爆后，或处理完毕，向指挥长汇报后，下达解除信号。

现场施工照片如图 12~图 17 所示。

图 12　现场施工照片 1

图 13　现场施工照片 2

图 14　现场施工照片 3

图 15　现场施工照片 4

图 16 现场施工照片 5

图 17 现场施工照片 6

7 爆破效果与监测成果

从爆破后效果看，爆破方案选择合理、参数设计精准，危岩体破碎程度达到了预期目的，爆破粒径均控制在预期范围内，且未产生爆破飞石，爆后石碴均滚落于设计的防护内，民房未受滚石危险，效果非常好。

关于安全防护设计，施工前的加固措施设置合理，危岩体未发生松动、滑落。爆破时，钢丝绳网覆盖比预期的效果要好，爆破飞石全部控制在防护网内，且爆后石碴均从预先开的口子里、按预期设定的方向缓缓滑落，并堆积在预设的范围内。半山腰的防护措施也达到了预期目的，降低了滚石的冲击能量，未产生跳跃现象。山脚的防护排架相当于是最后一道安全屏障，仅有极个别的滚石突破半山腰的防护排架滚落至山脚防护排架的边缘，但未突破山脚的防护排架。方案所设计的三道防护措施形成了整体，各自发挥作用，达到了预期的联合防护功能，确保民房未受滚石危险，效果非常好。爆破时，在山脚民房处设置了测振仪，爆破振动速度小于0.01 cm/s（未触发）达到了预期目标，从而确保了民房等建筑物的安全。

综上所述，爆破方案选择合理、参数设计精准，爆破飞石、爆后石碴粒径以及滚石得到了良好控制，爆破效果比预期要好；安全防护设计也设置合理，起到了良好的防护功能，确保民房未受滚石危险，超过了设计预期的效果，圆满顺利地完成了该施工任务。

8　经验与体会

本工程为危岩处理爆破工程，施工环境极其恶劣，危险性非常大，我公司在整个工程的管理过程中严把安全质量关，因为任何一丝闪失，都极有可能酿成严重后果。所以每道工序施工前均充分考虑了各种制约因素，编制详细的实施性施工方案。同时，针对本工程施工特点编制了相应的应急预案，以防万一。并派一名具有丰富爆破拆除施工经验的专职人员进行巡回检查，以便及时采取措施，加强防护。

在施工过程中，实际爆破、钻孔工作均按照设计进行。防护、警戒等工作基本上按最终确认方案进行演练、实施。

爆破作业当天，我公司共组织了多名技术员、爆破员、安全员、保管员参与作业。实际装药、堵塞、连网、警戒和起爆工作，基本按照设计方案实施，爆破施工过程安全可靠。现场爆破施工情况记录及时、全面。认真履行了该工程的施工合同。

从结果看，现场爆破效果达到了设计要求，同时，爆破振动、冲击波、飞石、爆后石碴粒径以及滚石得到了良好控制，业主和各有关方面均表示十分满意。特别是当地村民，由村委会代表赵书记在接受温岭电视台记者采访时对施工单位表示了感谢，同时充分肯定了施工单位的施工技术水平。

从本工程的施工中可以看出：危岩爆破处理除选择合理的爆破方案、精准的参数设计外，合理设置有效的安全防护措施也尤为重要。本工程的顺利完工也为类似工程的施工积累了重要经验。

但由于覆盖、防护工作量大，无山上运输道路，且山体陡峭，所需材料全部由人工搬运，高空作业工效低，造成施工工期比合同工期延后了 2 天，以后遇到类似工程应充分考虑。

二、地 下 爆 破

地下工程溶（空）洞处理超前探测和临界区控制爆破技术

工程名称： 太钢峨口铁矿马宗山挂帮矿工程/沪蓉西高速公路土建工程第二十合同段

工程地点： 山西省代县/湖北省巴东县

完成单位： 浙江省隧道工程集团有限公司

完成时间： 2008 年 3 月 1 日~2016 年 7 月 1 日

项目主持人及参加人员： 厉建华 刘 刚 吴立根 张立华 张恩山 舒 辉 艾传明 黄建平

撰 稿 人： 厉建华 吴立根 刘 刚 艾传明 黄建平

1 工程概况及环境状况

由浙江省隧道工程集团有限公司承建的太钢峨口铁矿马宗山挂帮矿工程采用设计、建设、采矿总承包模式，建设总工期 10 年。工程范围为 1840 m 水平以上的南北矿体，开采高度南矿体 1840~2170 m，北矿体 1840~2040 m，开采范围 14~26 号勘探线，沿矿体走向长 600 m。北矿体走向 N82° W，南矿体走向 N115° W，倾角 70°~80°。南矿体地质储量 1146.7×10^4 t，北矿体地质储量 353.3×10^4 t，平均地质品位 19%。采矿方法为无底柱分段崩落法。针对基建开拓工程施工中探明的 2092 m 以上四条分段水平（2140 m、2116 m、2104 m、2092 m）的采空区情况，有针对性地采用回填法，在安全可靠的基础上，有效提高回采率，降低贫化率，其中部分采空区采用该技术。

太钢峨口马宗山铁矿选矿改造工程北西区采场进场公路工程，桩号 K0+000~K15+951，全长 7.98 km，其中隧道长 1551 m，其中在桩号 K8+880~K8+900 处为大型贯穿型采空区。

沪蓉国道主干线湖北省沪蓉西（宜昌至恩施）高速公路土建工程第二十合同段，合同段起止桩号 YK116+860.25~YK120+170.037，其中漆树槽隧道长 1266.5 m，出现大小溶洞 20 余处，其中多处贯穿型溶洞。

对地下溶（空）洞成因及其对地下工程的危害进行系统分析，定义了临界区、安全厚度等概念，提出采用超前探测手段探明地下溶（空）洞，并通过溶（空）洞地下水预处理、先导后扩控制爆破穿越地下溶（空）洞的理论，经过在1个穿越地下溶洞工程项目、2个穿越地下采空区成功实践，取得了较好的经济效益。

2 工程特点、难点

超前地质预报已经广泛应用在隧道施工中，由于溶洞出现的偶然性，会造成很多安全隐患，所以超前地质预报在溶洞处理中显得尤为重要。由于溶洞的不可预知性和复杂性，在隧道掘进过程中，溶洞的处理是隧道施工中一个传统的技术难题。特别是复杂溶洞，处理方式的不当会造成隧道施工效率低下，并常伴随着安全事故，因此在超前地质预报成果的基础上，及时调整爆破开挖工艺流程和爆破参数是地下工程溶（空）洞处理的关键。

本项目难点是溶（空）洞临界区控制爆破参数的选取，在既有安全规程内没有对应溶（空）洞保护安全允许质点振动速度，需与已有构筑物类比，缺乏理论、数据支撑，需要对溶（空）洞参数进行综合分析后类别选择。另外，预留安全厚度的选取也需要爆破设计人员具备极高的理论知识水平和实践经验（图1）。

图1 隧道与溶洞临界区预留安全厚度

3 爆破方案选择及设计原则

地下工程溶（空）洞按其成因分为两类，一类是自然原因形成的，主要有溶（空）洞；一类是人为形成的，主要有地下矿山的采空区。溶（空）洞的存在，因其难以预见和探明，聚集地下水，存在有毒有害气体，破坏地下工程的应力结构等，导致新建地下工程极易发生透水、突泥、瓦斯爆炸、中毒、塌方等安全事故，如处理不当，还可能出现结构破坏、塌陷等质量事故。因此，精准探明溶（空）洞，根据溶（空）洞与新建地下工程的相对位置，提前采取技术措施，实现溶（空）洞临界区精细爆破，对施工中避免安全事故，增加溶（空）洞处理的安全性和可靠性，具有十分重要的意义。

本文在借鉴前人成就的基础上，通过分析总结沪蓉西（宜昌至恩施）高速公路土建工程第二十合同段隧道穿越溶洞、太钢峨口马宗山铁矿选矿及太钢矿业分公司峨口铁矿西部露天转地下工程采空区施工处理中的方法、技术措施和施工经验，形成了地下工程溶（空）洞处理超前探测和临界区控制爆破技术的应用研究成果。

论文主要包括四部分，第一部分针对溶（空）洞形成原因、特点及对邻近地下工程施工的危害进行论述；第二部分主要介绍溶（空）洞预判方法、超前探测技术及其所在的溶（空）洞探测方面的应用，简单介绍了地质素描、超前钻孔、TSP 探测、红外探测等几种超前探测技术，并对溶（空）洞超前地质预报要点、内容进行分析论述；第三部分提出了溶（空）洞临界区、安全厚度等概念，同时提出了不同溶（空）洞跨度与安全厚度值的对应关系、临界区爆破施工控制指标为安全允许质点振动速度。阐述了溶（空）洞地下水的预处理方法、先导后扩施工工法爆破开挖溶洞临界区施工过程中的应用。列举了沪蓉西（宜昌至恩施）高速公路土建工程第二十合同段隧道工程、太钢峨口马宗山铁矿选矿改造工程北西区采场进场公路工程、太钢矿业分公司峨口铁矿西部露天转地下工程溶（空）洞临界区等多个成功应用案例；第四部分对临界区概念的提出和总结。

（1）在采用多种探测手段并综合、评判，基本准确得到溶（空）洞信息的基础上，将从应该采取［减少对溶（空）洞本身结构影响的］措施部位始至溶（空）洞边沿定义为临界区。从新建地下工程与溶（空）洞的位置关系、影响程度，明确了贯穿型溶洞贯通段为临界区，周边型溶洞穿越段为临界区；需要进入采空区时，采矿巷道与采空区贯通段为临界区，周边处理采空区时，周边巷道为临界区等概念。

（2）确定了临界区爆破施工控制指标安全允许质点振动速度 $v_{安}$ 选取方法。从临界区爆破施工对溶（空）洞的破坏影响主要为爆破振动的角度，综合《爆破安全规程》（GB 6722—2014）允许标准，爆破振动速度和结构受损之间的关系，溶（空）洞临界区爆破的保护对象溶（空）洞的保护级别按照新建工程的类型选取安全允许质点振动速度。

（3）明确了溶（空）洞与隧（巷）道间岩层的安全厚度值。综合在不同地质结构基础上的不同研究成果、不同计算方法、不同理论依据，结合我们现场实际施工经验，按照保守可靠的原则，从方便施工控制的角度，明确了溶（空）洞与隧（巷）道间岩层的安全厚度值。

(4) 通过施工实践和理论研究，申报了国家专利《隧道溶洞施工的爆破工艺》等理论成果进行了总结。

4 爆破参数设计

临界区范围的确定及控制爆破主要参数。

溶（空）洞的存在对爆破施工的影响主要表现为泄能作用。在爆破作用范围以内，如果有溶洞、溶（空）洞存在，就有可能会发生泄能作用。由于爆炸气体经过软弱面或软弱带泄入溶（空）时，使爆孔的爆破压力迅速降落，从而导致其他方向的爆破径向裂隙停止继续扩展而影响爆破效果。因此，控制最小抵抗线的大小（孔底至常溶洞或溶（空）洞的距离）显得至关重要。

临界区施工对溶（空）洞的破坏影响主要为爆破振动。减少对溶（空）洞结构的破坏，即要减少爆破振动。减少爆破振动，最主要的方法就是减少最大单段装药量。

4.1 临界区施工对溶（空）洞的振动影响

临界区施工对溶（空）洞的破坏影响主要为爆破振动，地下工程爆破振动判据为保护对象所在地质点峰值振动速度。当正常掘进爆破产生的溶（空）洞区质点振动速度超过溶（空）洞保护允许振动速度时，即需要调整掘进、爆破方式，减少最大装药量或采取其他措施，减少爆破振动对溶（空）洞结构的破坏。

4.2 溶（空）洞保护允许振动速度的确定

国内目前对溶（空）洞保护允许振动速度研究不多。为提高保护等级，有规可循，综合《爆破安全规程》（GB 6722—2014）对保护对象的爆破振动安全允许标准，爆破振动速度和结构受损之间的关系，选用《爆破安全规程》中的爆破振动安全允许标准。在这里，我们将溶（空）洞视为已经建好的一个地下工程，例如，高速公路施工遇到溶洞，我们将溶洞视为一条已经建好的高速公路。溶（空）的爆破安全振动速度对新建工程允许的振动速度大小主要考虑溶（空）洞的跨度、溶（空）洞的高度、溶（空）洞的地质条件、溶（空）洞是否含水等因素的影响。

临界区爆破的保护对象溶（空）洞的保护级别按照新建工程的类型选取；临界区爆破的方式为地下深孔爆破、地下浅孔爆破，爆破振动安全标准及频率，按照《爆破安全规程》（GB 6722—2014）中相应的值选取。

4.3　安全保护最大允许装药量计算公式

$$Q_{安} = [R(v/K)^{1/\alpha}]^3 \tag{1}$$

式中　$Q_{安}$——安全允许最大装药量（齐爆时为总装药量，延迟爆破时为最大一段装药量），kg；

R——观测（计算）点［溶（空）洞保护选取的质点］到爆源的距离，m；

v——地面质点峰值振动速度，在此指安全允许最大振速；

K，α——与爆破点至计算点间的地形、地质条件有关的系数和衰减系数。

《爆破安全规程》（GB 6722—2014）列出了 K、α 的计算选取范围，也可通过类似工程选取或现场试验确定。

当正常掘进最大装药量 $Q>Q_{安}$ 时，即进入临界区，需要调整掘进、爆破方式，减少最大装药量，使得 $Q \leqslant Q_{安}$。

5　爆破安全设计

5.1　安全厚度概念的引入

新建地下工程遇到溶（空）洞时，因为：

（1）地下工程与溶（空）洞贯穿，贯穿厚度的确定。溶（空）洞的存在对爆破施工的影响主要表现为泄能作用。在爆破作用范围以内，如果有溶洞、溶（空）洞存在，就有可能会发生泄能作用。由于爆炸气体经过软弱面或软弱带泄入溶（空）时，使爆孔的爆破压力迅速降落，从而导致其他方向的爆破径向裂隙停止继续扩展而影响爆破效果。因此，控制最小抵抗线的大小（孔底至常溶洞或空洞的距离）显得至关重要。既要控制泄能作用，确保一次贯通，又要保证施工安全。

（2）穿越周边型溶洞，判断是否需要对溶（空）洞采取预处理措施。

（3）采空区周边巷道与采空区距离的选取。

施工中遇到不同类型的溶洞（图 2 和图 3），我们需要引入安全厚度概念。

5.2　溶（空）洞与隧（巷）道间岩层的安全厚度的确定

关于溶（空）洞与隧（巷）道间岩层的安全厚度的确定，国内外的专家学者已经针对岩层的破坏机理做了大量的比较深入的研究。

据不完全统计，隧道与溶洞安全厚度方面，郑颖人、林银飞（1997）将有限

图 2　隧道施工中出现的周边型溶洞

图 3　隧道施工中出现的贯穿型溶洞

厚条法应用到弹塑性分析当中，提出了弹塑性有限厚条法，并将推导出的塑性系数和塑性刚度矩阵应用到了三维围岩弹塑性分析当中。王鹰（2004）结合渝怀铁路中梁山隧道实例，运用断裂力学理论对岩溶区隧道水岩间相互作用机理分析，探讨了岩溶水对岩层稳定性的影响，揭示了存在溶洞的隧道中，岩层在岩溶水的作用下产生破坏与岩层塑性区的贯通是发生岩溶突水的最主要原因。宋战平（2008）对溶洞的失稳机理进行了分析，将隧道受隐伏溶洞影响时顶板、底板岩层失稳问题简化成了梁板的垮塌问题。在实验研究方面，孙钧、侯学渊（1987）采用复变函数法，对双孔圆形硐室的围岩应力进行了分析，对不同侧压系数下的双孔孔边应力进行了研究。邱新旺（2012）采用建立二维溶洞与隧道有限元模型，对岩层安全厚度的主要影响因子黏聚力 C、摩擦角 ψ、重度 γ、弹性模量 E、泊松比 μ、溶洞的跨度 D、高跨比 R 和隧道埋深 H 等进行了分析，建立了溶洞与隧道岩层的安全厚度模型。

地下采空区隔离层安全厚度方面，刘爱华、郑鹏（2007）以洛钼集团栾川三道庄矿为实例，燕恩科、姚国栋、万忠明（2011）以某煤矿为实例，分别采用鲁别涅伊特理论法、厚跨比法、荷载传递线交汇法、结构力学简化梁法、长宽比梁板计算法、普氏拱法和数值模拟计算，计算得出以采空区跨度为主要影响因素的顶板安全厚度。张海燕（2007）通过围岩介质损伤、断裂、失稳的室内精细测试实验和现场探测研究与支持向量机方法耦合进行预测预报，为开采过程中诱发动力灾害的危险源辨识及预警提供定量化依据，同时为工程现场准确及时的预报采空区围岩断裂失稳提供较为可靠的决策依据。

王梦恕（2010）针对预留防涌（防突水、透水）墙的厚度建议值视水压大小可选择为5~8 m，当围岩极度破碎时，厚度还需要加大。

综合在不同地质结构基础上的不同研究成果、不同计算方法、不同理论依据，结合现场实际施工经验，按照保守可靠的原则，从方便施工控制的角度，认为，溶（空）洞跨度是影响安全厚度的最主要因素，溶（空）洞跨度与安全厚度值的对应关系见表1。

表1　安全厚度值

溶（空）洞跨度/m	安全厚度/m	溶（空）洞跨度/m	安全厚度/m
≤5	3	15~20	10
5~10	5	20~25	12
10~15	7	25~30	14

预留安全厚度的选取，因与隧道导硐（巷道）洞径有关。洞径越小预留的厚度可小一些，相反，洞径越大，安全厚度也应加大。

表1是针对临界区施工过程安全控制需要得出的安全厚度值，有关溶（空）洞的永久处理特别是溶洞、采空区地区新建水工隧洞，公路、铁路隧道等地下工程，安全厚度值应按设计要求并结合现场实际情况确定，尤其是溶（空）洞含水、泥等情况时，应适当增加安全厚度系数。

6　爆破施工

在沪蓉西（宜昌至恩施）高速公路土建工程第二十合同段漆树槽隧道施工中，采用先导后扩的方法爆破开挖溶洞临界区段，取得了良好效果。先导后扩法，即往掘进方向先打一个小导硐，然后以导硐为主自由面进行周边扩挖，光面爆破成型。导硐除了起到增加自由面和排除涌水的作用外，同时也起到探测孔的作用，提升了后继爆破方案和溶洞处理的安全可靠程度，同时，由于导硐增加了爆破自由面，能有效减少用药量、减少连接段爆破残留边帮的存在，减少二次处理，大大提高了隧道溶洞段开挖的效率和安全。

6.1　工艺原理和特点

6.1.1　工艺原理

向隧道掘进方向先向前掘进出一个导硐。导硐的位置和大小根据隧道与溶洞的参数来进行设计，主要要保证岩层安全厚度并控制爆破振速。导硐形成后，相当于增加了导硐爆破自由面，把导硐作为爆破主自由面方向，采用浅孔微差把隧道扩挖到位。

6.1.2　工法特点

（1）改变爆破主自由面方向，有效避免爆破反转冲孔等事故的发生，提高了隧道掘进爆破的安全等级。

（2）以导硐为自由面后，采用微差光爆方法能够提高光爆效果，避免了二次清帮处理，节约了成本、提高了爆破效率。

（3）当遇到含水型溶洞时，导硐可以作为引水导硐，增加了溶洞处理的可控性，提高了溶洞处理的安全系数。

6.2　施工工艺流程及操作要点

6.2.1　施工工艺流程

施工工艺流程如图 4 所示。

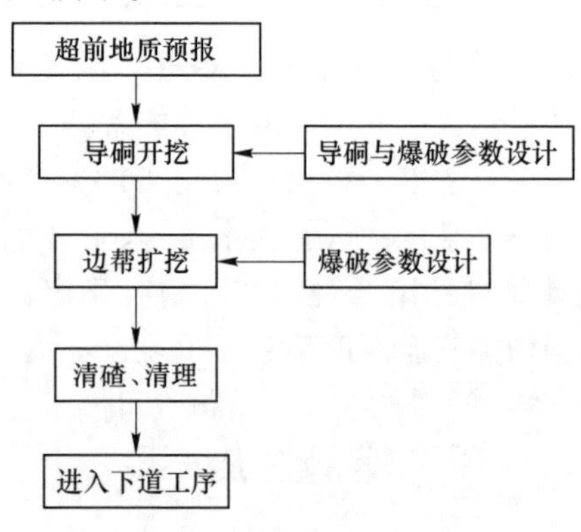

图 4　先导后扩爆破施工工艺流程

6.2.2　操作要点

6.2.2.1　导硐位置与参数设计

根据超前探测结果，得到了溶洞的相关参数数据。根据溶洞与隧道的位置关系，通常把导硐的位置设置在溶洞断面的中部（图 5），以充分利用其作为主自由面。导硐的深度以过渡段的最度为依据，导硐的设计思路是一次爆破就位。而导硐的直径越大越好，但也不能过大，一般保持边帮的厚度在 70 cm 以上，如果太小，不利于后继边帮部分钻孔爆破，很可能产生留帮处理，增加二次处理。

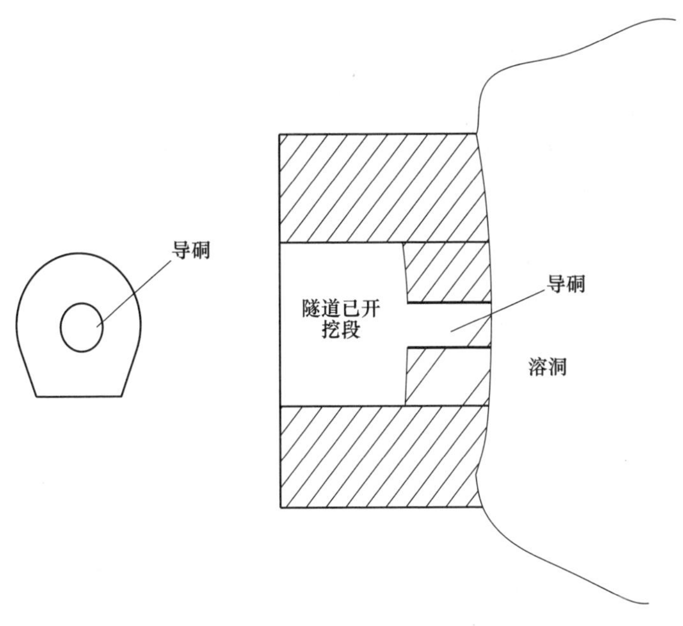

图 5 导硐设计位置

由于隧道与溶洞过渡段一般厚度不会太大，导硐爆破设计采用微差一次成型。利用前进端和溶洞端作为两个自由面，采用孔内延时技术，一次爆破就位。相关爆破参数按下面方法进行设计。

(1) 炮眼的孔深。炮眼的孔深除掏槽眼外，周边眼与辅助眼一般钻到离溶洞边缘处 10~20 cm 处。采用楔形掏槽时，掏槽眼尽量深入导硐中部，以起到最佳爆破效果（图 6）。

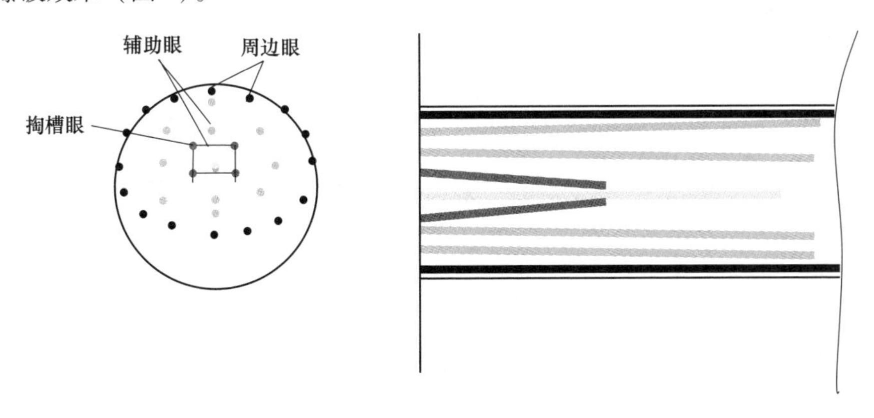

图 6 导硐炮眼布置

（2）导硐炮眼数目。炮眼数目的多少直接影响掘进工作量、爆破效果、进尺、成型的好坏。一般按下式计算炮眼数目，在施工中，根据具体情况再作调整，以达到最佳爆破效果。

炮眼数目 N，按式（2）计算确定：

$$N = q \cdot S/(r\eta) \tag{2}$$

式中 q——炸药单耗量，取Ⅲ级围岩一般取 $q=1.45$ kg/m^3；

S——开挖面积，m^2；

r——每米长度炸药的质量，2 号岩石硝铵炸药 $r=0.78$ kg/m；

η——炮眼装药系数。

（3）每个炮眼的装药量：

$$Q_1 = \eta \cdot L \cdot r \tag{3}$$

式中 η——炮眼装药系数；

L——眼深，mm；

r——每米长度炸药量，kg/m。

由于不需要光爆，周边眼不采用不耦合装药。为了要充分利用自由面，辅助眼、周边眼的装药底部应多装药，而孔口部分由于有掏槽眼，根据药量计算确定，可以留置一定的空腔作为堵塞段。

6.2.2.2 导硐的施工

过渡段预留深度一般在 5 m 以内，在钻孔前准确测画开挖轮廓线，点出掏槽眼和周边眼的位置。炮眼钻孔采用 YT-28 型风动凿岩机，钻孔深度根据设计孔深和角度，每个工作面配 2~3 台风钻同时作业，风钻手按设计划定的区域和炮眼顺序钻孔。出碴则采用原隧道掘进的出碴系统。

6.2.2.3 边帮扩挖

导硐成型后，把导硐作为主自由面，采用微差爆破技术，设置辅助炮孔和光爆孔，边帮部位以底部为缺口先行起爆（1 区），然后是周围辅助孔（2 区），光爆孔（3 区），爆破一次成型，起爆顺序如图 7 所示。

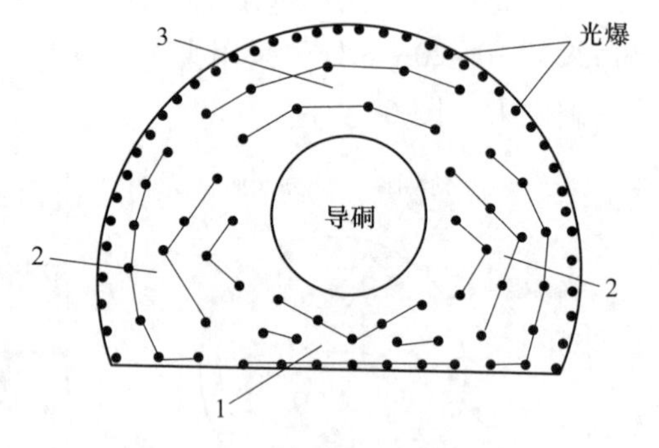

图 7 边帮爆破开挖

6.2.2.4 清碴、清理

清碴按隧道常规方法进行。到临近溶洞段要特别注重开挖安全，专人指挥机械进行清碴。可将碴石反推至溶洞内，但施工时一定要注意施工安全，施工人员与设备要距溶洞边缘 4 m 以上。

先导后扩施工工法爆破开挖溶洞临界区贯通段、贯通段进入溶洞处理如图 8

和图 9 所示，溶洞与隧道临界区段钢结构支护如图 10 所示。

图 8　先导后扩施工工法爆破开挖溶洞临界区贯通段

图 9　先导后扩施工工法爆破开挖溶洞临界区贯通段进入溶洞处理

图 10　溶洞与隧道临界段钢结构支护

7 爆破效果

（1）运用综合超前探测技术能基本准确探明溶（空）洞情况，特别是地质钻孔对于溶洞的进一步探明具有重要作用。不可忽视的是爆破孔钻孔对地质情况的探明作用。

（2）施工中施行控制爆破，做到精细控制，能有效减少施工对溶（空）洞结构的破坏，是实现施工安全和施工目标的关键。控制爆破控制的本质是目标控制（振动、空气冲击波及噪声、个别飞散物），手段控制（实现目标的手段）和过程控制（严格执行，动态调整）。

（3）先导后扩施工工法作为控制爆破的手段得到应用、提升、总结，形成了浙江省交通厅的省级工法《隧道溶洞连接段先导后扩爆破开挖施工工法》。

（4）沪蓉西（宜昌至恩施）高速公路土建工程第二十合同段漆树槽隧道采用先导后扩爆破施工工法，确保了爆破安全，爆破效果好、效率高，避免了大填方的成本投入，同时也节省了工期。

（5）太钢矿业分公司峨口铁矿西部露天转地下工程运用超前探测技术，实行临界区精细爆破，有针对性地采用各形式爆破方法，并采用回填法对2092以上水平采空区处理后，在设计可采储量70.56万吨的情况，回采矿量46.79万吨，回采率66.3%，有效提高了资源利用率，确保了采空区安全处理。

太钢峨口马宗山铁矿选矿改造工程北西区采场进场公路工程隧道掘进中穿越采空区采用了该技术，确保了施工安全，节约了工期，取得良好的经济效益。

8 经验与体会

8.1 经验总结

（1）临界区概念的提出和总结。在采用多种探测手段并综合、评判，基本准确得到溶（空）洞信息的基础上，我们将从应该采取（减少对溶（空）洞本身结构影响的）措施部位始至溶（空）洞边沿定义为临界区。从新建地下工程与溶（空）洞的位置关系、影响程度，明确了贯穿型溶洞贯通段为临界区，周边型溶洞穿越段为临界区；需要进入采空区时，采矿巷道与采空区贯通段为临界区，周边处理采空区时，周边巷道为临界区等概念。

（2）确定了临界区爆破施工控制指标安全允许质点振动速度 $v_{安}$ 选取方法。从临界区爆破施工对溶（空）洞的破坏影响主要为爆破振动的角度，综合《爆破安全规程》（GB 6722—2014）允许标准，爆破振动速度和结构受损之间的关系，溶（空）洞临界区爆破的保护对象溶（空）洞的保护级别按照新建工程的类型选取安全允许质点振动速度 $v_{安}$。

（3）明确了溶（空）洞与隧（巷）道间岩层的安全厚度值。综合在不同地质结构基础上的不同研究成果、不同计算方法、不同理论依据，结合我们现场实际施工经验，按照保守可靠的原则，从方便施工控制的角度，明确了溶（空）洞与隧（巷）道间岩层的安全厚度值。安全厚度值是穿越临界区的重要控制参数。

（4）通过施工实践和理论研究，申报了国家专利《隧道溶洞施工的爆破工艺》。

8.2 需要进一步研究和解决的问题

（1）溶（空）洞保护安全允许质点振动速度 $v_{安}$ 选取时，将溶（空）洞假设为已经建好的一个地下工程。但实际上，$v_{安}$ 受空（溶）洞的几何尺寸、地质条件、充填物情况等一系列条件的影响，有待进一步研究。

（2）公路隧道遇到溶洞时，Ⅳ级、Ⅴ级围岩在有超前小导管、超前管棚强支护条件下的爆破开挖、爆破振动至溶（空）洞的传导受超前支护的阻隔需要进一步研究。

（3）受本文作者技术和施工经验的限制，遇到复杂溶（空）洞，例如有大断层、宽破碎带复杂溶洞时，爆破施工的安全影响需要进一步研究和总结。

（4）预留安全厚度的选取，因与隧道导硐（巷道）洞径有关。洞径越小预留的厚度可小一些，相反，洞径越大，安全厚度也应加大。有关溶（空）洞的永久处理特别是溶洞、采空区地区新建水工隧洞，公路、铁路隧道等地下工程，安全厚度值应按设计要求并结合现场实际情况确定，尤其是溶（空）洞含水、泥等情况时，应适当增加安全厚度系数。

工程获奖情况介绍

“地下工程溶（空）洞处理超前探测和临界区控制爆破技术”项目获中国爆破行业协会科学技术进步奖二等奖（2016 年）。“隧道溶洞连接段先导后扩爆破开挖施工工法”获省级工法（浙江省交通建设行业协会，2014 年）。发表论文 3 篇。

城市电缆隧道穿越闹市区爆破施工技术与爆破有害效应控制

工程名称： 长沙市芙蓉路电缆隧道E标工程
工程地点： 湖南省长沙市
完成单位： 浙江省隧道工程集团有限公司
完成时间： 2000年10月8日~2003年1月30日
项目主持人及参加人员： 厉建华 张立华 王弘琦 舒 辉 魏晓彦
撰 稿 人： 厉建华 舒 辉

1 工程概况及环境状况

湖南省长沙市芙蓉路电缆隧道工程，是一条贯穿长沙市区南北大道的城市地下电缆隧道，也是当时全国最长的城市电缆隧道，位于长沙市最繁华地段——芙蓉中路西侧的非机动车道下，由北向南纵贯长沙市区的芙蓉路（图1）。

图1 长沙市南北大道——芙蓉中路

E标段由芙蓉变人民路口至侯家塘，主隧道长度为1143 m，联络道长度360 m，沿途设有3个措施井，3个出线井和2个安全井。隧道埋深在21~30 m之间，整个工程结构复杂，型式多样（图2）。开挖断面尺寸为洞跨3~7.8 m不等，洞顶高3.44~8.60 m不等；初期支护为100~200 mm厚的喷射素混凝土或钢格栅喷射混凝土，二次支护为250 mm厚的素混凝土或钢筋混凝土。

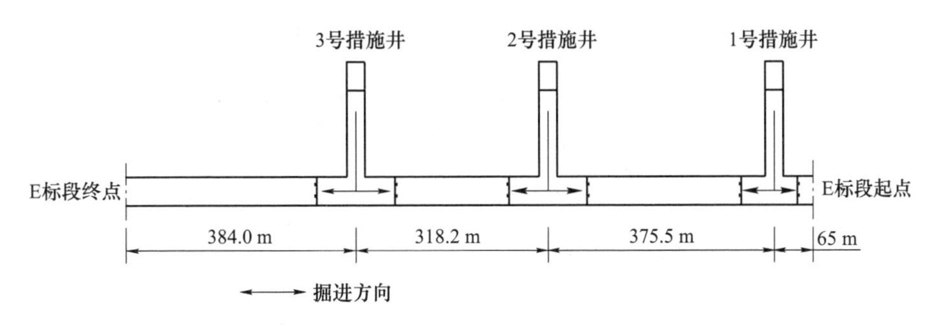

图 2　措施井、主隧道掘进施工

长沙市芙蓉路电缆隧道 E 标段的主隧道开挖断面为三心拱，断面积为 9.62～38 m^2，隧道距地面深度 17～25 m。隧道上部的岩层从上到下分别为杂填土、粉质黏土、圆砾及卵石、第四系残积粉质土、强风化泥质粉砂岩及泥质砾岩、中风化泥质粉砂岩及泥质砾岩。电缆隧道穿过的岩层大部分为中风化粉砂岩，岩石普氏系数 $f=8$，爆破施工只在该岩层中作业。本标段属中等水量区，地下水量相对较丰富，含水层为砂卵石。本工程标段地处长沙市中心，周边建筑物密布，地下管线及沟道纵横交错，施工中必须遵循小进尺、多循环的施工原则，尽量减少爆破引起的危害。

2　工程特点、难点

芙蓉路位于长沙市中心，是贯穿长沙市南北方向的一条交通要道。路面交通相当繁忙，车流人流不断。街道两侧高楼鳞次栉比，各类商业店面紧密相连。仅芙蓉路南段须通过 8 个交通繁忙路口，对电缆隧道施工影响很大。电缆隧道位于芙蓉路的非机动车道及人行道下方，下方埋设有自来水管、电缆沟、通信线路、燃气管和下水道，有些管线是若干年前埋设的并在管网修建时有所改动，情况比较复杂。在这样的施工环境下，采用爆破施工如何保证周边建筑物和地下管线的安全，采取有效措施杜绝房屋、管线、道路、沉降、变形现象，对工程提出了很高的安全施工要求。

本工程地点在长沙市闹市区，电缆隧道的上方位于芙蓉路非机动车道及人行道下方，芙蓉路街道两侧高楼林立，周边需要保护的对象众多，工程开挖采用先开挖竖井作为施工竖井，通过开挖联络道，再开挖电缆隧道。电缆隧道爆破开挖施工形式多样、断面大小各异、隧道埋深不同、地质条件不一，施工难度大、对地面保护对象的沉降变形、爆破振动要求高、闹市区施工环境、文明施工要求高、外围施工干扰大（图 3～图 5）。

图 3　长沙市芙蓉路电缆隧道 E 标段 1 号施工措施井

图 4　长沙市芙蓉路电缆隧道 E 标段 2 号施工措施井

图 5　长沙市芙蓉路电缆隧道 E 标段 3 号施工措施井

3　爆破方案选择及设计原则

本工程地处长沙市中心，周边建筑物密布，地下管线及沟道纵横交错，施工中必须遵循多打眼，少装药的原则，尽量减少爆破引起的有害效应。

为确保钻爆施工的安全，以及防止和减少爆破危害对周围居民生活的影响，对地表建筑设施的破坏，故必须在钻爆作业施工前进行爆破试验，以确定合理爆破参数（单孔装药量 q，炮眼间距 a，最大单段起爆药量 Q，起爆时差等），将爆破危害降至最低限度，同时能保证工程的施工进度要求。爆破试验在 2 号措施井马头门进入联络道 8.0 m 的工作面。

4　爆破参数设计

隧道掘进爆破采用“楔形掏槽、周边光面爆破”的方法施工。隧道钻爆设计使用光面爆破技术，尽量减少爆破对围岩的扰动。

4.1　炮眼直径及装药直径

钻眼选用 YT-27 型凿岩机，钎头直径为 42 mm。辅助、掏槽眼径选用 ϕ32 mm 的标准药卷，周边眼则采用 ϕ22 mm 的非标准小药卷。

4.2　炮眼深度的确定

炮眼深度按照下列原则确定：

对于洞口段，采用浅眼多循环施工，炮眼深度暂定为 1.0 m。

正常掘进后，考虑到施工条件限制与工期紧的要求，炮眼深度按式（1）计算：

$$H = L/t \cdot n_s \cdot n_g \cdot \eta \tag{1}$$

式中　H——炮眼深度，m；

L——隧道长度，m；

t——完成隧道需用的时间，h，$t=6$ h；

n_s——每班循环次数；

n_g——开挖工作面数量；

η——炮眼利用率。

$$H = 1142.7/6 \times 25 \times 1 \times 5 \times 0.85 = 1.80(\text{m})$$

4.3　工作面炮眼布置

主隧道断面的设计为三心圆拱，掘进断面 9.62 m^2，交叉互联硐室及过渡段断面为 11. 39 m^2，根据设计要求必须进行光面爆破，以确保隧道边缘的平整光滑及结构稳定性。采用新奥法施工，根据以往的实践经验及围岩地质条件，隧道采用楔形掏槽，周边眼采用光面爆破掘进方式，交叉互联硐室炮孔布置如图 6 所示。

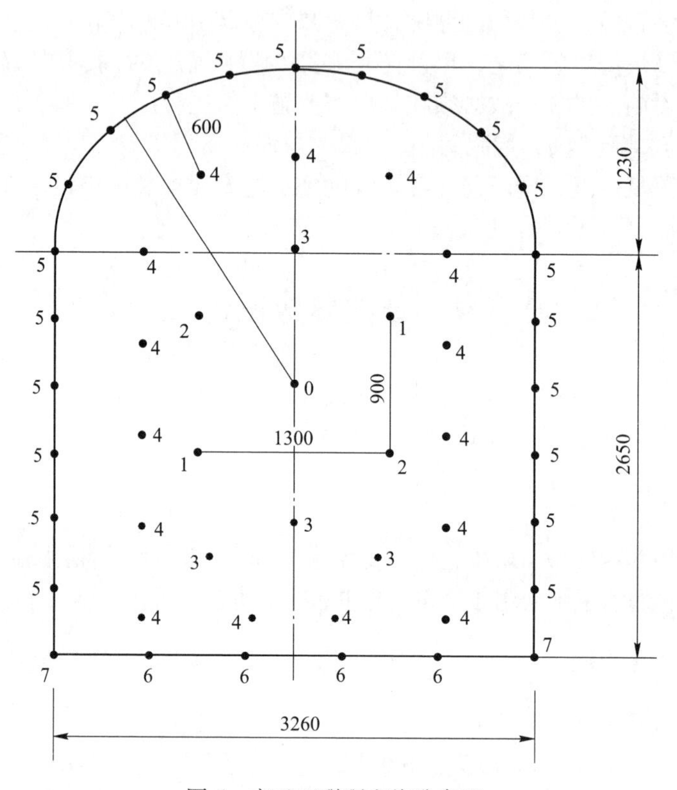

图 6　交叉互联硐室炮孔布置

（1）周边眼。布置在巷道设计轮廓线上，外甩角 4°，以确保眼底落在设计轮廓线上外 100 mm 范围以内，由于围岩为软岩，周边眼间距应取最小值，本设计取周边眼间距为 490 mm，最小抵抗线取 600 mm，则周边眼相对间距 $M=\frac{E}{W}=\frac{490}{600}=0.82$。

（2）辅助眼。交错均匀布置在周边眼与掏槽眼之间，垂直于掘进面打眼。

（3）掏槽眼。掏槽方式采用楔形掏槽，布置在起拱线以下靠近巷道中心部分，眼深 1. 80 m，与工作面尖角呈 73°，掏槽眼对数取 2，每对掏槽眼眼底之间的距离控制在 200 mm。

根据围岩特点合理选择周边眼间距及周边眼的最小抵抗线，辅助炮眼交错均匀布置，周边炮眼与辅助炮眼眼底在同一垂直面上，掏槽眼加深 20 cm。严格控制周边眼装药量，间隔装药，使药量沿炮眼全长均匀分布。选用低密度低爆速、低猛度的炸药，隧道采用 2 号岩石乳化炸药，非电毫秒雷管起爆。电缆隧道主体位于中等风化粉砂岩层中，在掘进过程中根据设计要求和施工条件及施工实际情况，决定采用光面微差爆破，导爆管毫秒微差爆破。

4.4　单位耗药量的计算

单位耗药量按式（2）计算：

$$q = 1.1K_e\sqrt{\frac{f}{S}} \tag{2}$$

式中　K_e——炸药爆力 P(mL) 的校正系数，$K_e = \frac{325}{P}$ $P = 320$（2 号硝铵岩石炸药）；

f——岩石坚固性系数；中风化粉砂岩：$f = 2.5$；

S——巷道断面积，m²；主隧道 $S = 9.62$；联络道 $S = 11.39$。

$$q_1 = 1.1 \times 1.64 \times \sqrt{2.5/9.62} \approx 0.91(\mathrm{kg/m^3})$$

$$q_2 = 1.1 \times 1.64 \times \sqrt{2.5/11.39} \approx 0.85(\mathrm{kg/m^3})$$

4.5　炮眼装药量和装药结构

（1）周边眼采用空气间隔分节装药，如图 7 所示，装药不耦合系数 D 取 2.1（孔径 ϕ42 mm，药径 ϕ22 mm，故 $D = 42/22 = 2$），装药密度取 0.9 kg/m。

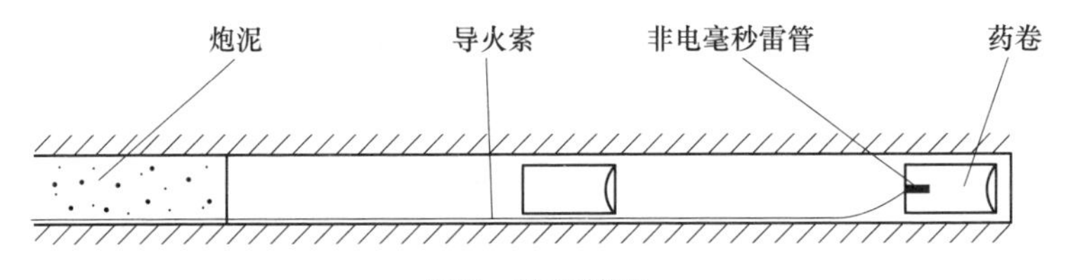

图 7　装药结构

（2）辅助眼及掏槽眼采用常规装药结构，装药系数 0.7。

（3）主隧道和交叉互联硐室爆破参数详见表 1、表 2。

表 1　主隧道爆破参数

编号	炮孔名称	区域	孔数/个	孔深/m	装药量总质量/kg	药卷直径/mm	同段起爆药量/kg
1	掏槽眼	Ⅰ	2	1.8	1.8	ϕ32	1.8
2	掏槽眼	Ⅱ	2	1.8	1.8	ϕ32	1.8

续表 1

编号	炮孔名称	区域	孔数/个	孔深/m	装药量总质量/kg	药卷直径/mm	同段起爆药量/kg
3	辅助眼	Ⅲ	4	1.6	2.4	ϕ32	2.4
4	辅助眼	Ⅳ-Ⅵ	9	1.6	5.4	ϕ32	5.4
5	周边眼	Ⅶ-Ⅷ	17	1.6	5.1	ϕ22	5.1
6	底　眼	Ⅸ	4	1.6	2.4	ϕ32	2.4
7	底角眼	Ⅹ	2	1.6	1.8	ϕ32	1.8
合计			40		20.7		

表 2　交叉互联硐室爆破参数

编号	炮孔名称	区域	孔数/个	孔深/m	装药量总质量/kg	药卷直径/mm	同段起爆药量/kg
1	掏槽眼	Ⅰ	2	1.8	1.8	ϕ32	1.8
2	掏槽眼	Ⅱ	2	1.8	1.8	ϕ32	1.8
3	辅助眼	Ⅲ	4	1.6	2.4	ϕ32	2.4
4	辅助眼	Ⅳ-Ⅶ	15	1.6	9.0	ϕ32	9
5	周边眼	Ⅷ-Ⅹ	21	1.6	6.3	ϕ22	6.3
6	底　眼	Ⅺ	4	1.6	2.4	ϕ32	2.4
7	底角眼	Ⅻ	2	1.6	1.8	ϕ32	1.8
合计			50		25.5		

4.6　起爆方法

为有效控制爆破的各种有害效应，采用导爆管非电毫秒雷管起爆网路的微差爆破方法。雷管应跳段使用，使分段起爆时差大于 100 ms，减少爆破振动波峰迭加。

4.7　起爆顺序

起爆顺序详见炮眼布置图，起爆分段的原因，以一段炸药最大用量控制在爆破震动安全距离允许的范围内。

由于该隧道位于市内繁华地段，上方有大量的民用建筑物，为了确定爆破对地表建筑物的影响，必须通过爆破试验对爆破振速与振动频率进行测定，将爆破振动速度控制在 1.5 cm/s 以下。光面爆破效果如图 8 所示，电缆隧道效果如图 9 所示。

图8　光面爆破效果

图9　电缆隧道效果

5　爆破振动监测

爆破开挖地下隧道，必然产生爆破振动和空气冲击波及噪声等危害。本工程的爆破施工主要在主隧道进行，其最主要的危害是爆破对建筑物的影响。

一般采用萨道夫斯基公式计算爆破振动速度：

$$v = K(Q^{1/3}/R)^{\alpha} \tag{3}$$

式中　v——爆破振动速度，cm/s；

Q——最大起爆药量，kg；

R——爆破中心至建（构）筑物的距离，m；

K——与地质、地形有关的参数；

α——衰减指数。

在本工程的爆破施工中，为确保建（构）筑物的安全，进行了爆破地震效应观测。通过对爆破地震的观测，获得爆破地震的传播规律，得出上述公式中的

K、α 值，以便为爆破设计提供准确的依据。

《爆破安全规程》（GB 6722—1986）中衡量爆破地震效应强弱的物理量是质点振动速度。因此，采用质点振动速度作为观测物理量。根据国内外实测经验，爆破近区垂直振动大于水平振动；爆破远区水平振动大于垂直振动。由于距离较近的建筑物位于主隧道的西侧，因此，测点主要布置在西侧建筑物的连线上，近区测垂直振动，建筑物测水平振动和垂直振动。

根据多年的爆破地震监测经验、隧道开挖的爆破参数和地形地质条件，考虑到震动信号的幅值范围和频率范围，选用的速度传感器为 CD-1（北京测振仪器厂）、891 型（哈尔滨地震所）记录仪器选用 MCS-2A 和 MCS2000 瞬态波态数字存贮仪（武汉水电大学），其技术性能如下。

5.1　CD-1 型速度传感器

可测频率范围　10~500 Hz
最大可测位移　±1 mm
灵敏度　604 mV/(cm · s)

5.2　MCS-2A 瞬态波形数字化存储仪

采样频率　2 K，5 K
测量通道　2 个
放大衰减档　7 个
输入档　2 个（低阻，高阻）
输出档　2 个（模拟，数字）

5.3　MCS2000 瞬态波形记录器

采样频率　2 K，5 K
测量通道　3 个
灵敏度　7 个
输入和输出档　各 1 个

现场记录完毕后，瞬态波形数字存储仪带电保存数据，通过电脑连接通信，采用专用软件处理，并输出所需数据。具体的测试系统如图 10 所示。

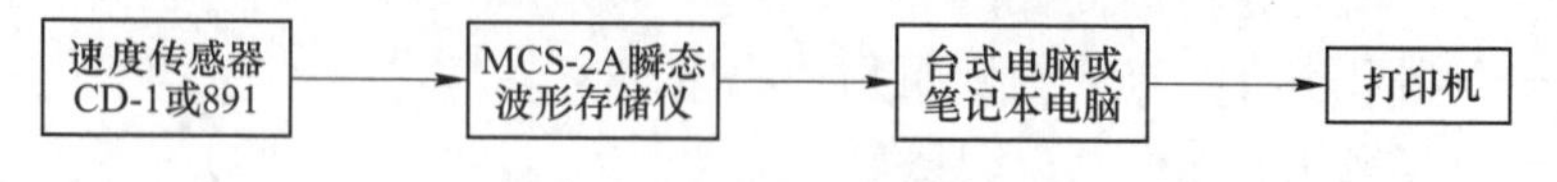

图 10　爆破监测测试系统

整个监测系统在监测前进行了多频率的系统标定，标定的频率分别是 15 Hz、

20 Hz、30 Hz、40 Hz、60 Hz、100 Hz，整个监测工作结束后，监测系统进行了相同的标定，以检查监测仪器的性能和误差。

《爆破安全规程》（GB 6722—1986）中规定的各类建筑物和构筑物所允许的安全振动速度如下：

（1）窑洞、土坯、毛石房屋为1.0 cm/s。

（2）一般砖房，非抗震的大型建筑物为2~3 cm/s。

（3）钢筋混凝土框架房屋为5 cm/s。

芙蓉路E标段西侧的建（构）筑物，以一般砖混结构房为最多，有部分钢筋混凝土框架结构的大型高楼。因此，对居民住宅区建筑物的安全振动速度选取为2 cm/s，而其他地方取为3 cm/s。但是，在试验爆破阶段，建（构）筑物安全振速控制在1.5~2 cm/s之间，通过试爆确定爆破地震波的传播规律，并根据爆区周围建筑物情况和人体的感受，在不违反《爆破安全规程》（GB 6722—1986）的条件下，选取合理的安全振速，既保证施工进度，又尽量避免引起投诉。

根据爆破施工期间的爆破振动监测，根据爆破振动监测结果，所有监测的单段最大药量在≤10 kg，爆破振动速度均小于国家安全标准的值。对于所有监测记录，都进行了频谱分析，其峰值频率范围在25~100 Hz之间。爆破振动的频率是较高的，这有利于减少爆破振动对建（构）物的影响和破坏。

对监测数据通过一元线性回归分析（只取垂直向振速），得出：$v=187.7(Q^{1/3}/R)^{1.7232}$，其相关系数$R=0.8875$，该公式可为类似工程提供借鉴。

通过爆破地震效应监测和爆破参数优化试验，以控制微差爆破最大一段的药量，确定最佳炮孔布置方案，炮孔装药量和起爆顺序。在保证爆破安全的前提下，减少炮孔数量和装药量，提高掘进效率，加快掘进速度，降低掘进成本。

随着隧道施工的推进，地形、地质条件发生变化，实测结果与验算结果会产生一定的误差，因此，有必要对距离比较近的重要危险建筑物进行监测，以获取必要的数据，并修正爆破设计参数，确保爆破施工的安全进行。

对变形相对较大和地表有高大建筑物的重要部位采用人工风镐凿除的方法开挖，对开挖断面较大的地段，采用分部开挖并及时支护，减少开挖过程中对围岩的扰动，确保围岩稳定。

因电缆隧道的开挖，扰动了隧道四周原有围岩的应力平衡，势必对地面建构筑物造成不同程度的影响。采用凿岩爆破法掘进隧道，爆破地震效应亦会对地面建（构）筑物造成安全影响。电缆隧道穿过不同地段的工程地质条件、埋深，周围环境条件等亦不相同，通过监测数据的综合分析，找出影响因素、发生的原因、影响大小，以便采取相应改进措施，保证隧道掘砌和地表建筑物的安全。

6 地面变形监测

6.1 监测的原则

主要监测芙蓉路电缆隧道西侧主隧道 25 m 范围内地面及建筑物的沉降，重点监测主隧道西侧地面建筑物的倾斜变形。

6.2 监测布置

6.2.1 地面沉降监测网

在地下隧洞开挖施工的过程中，洞周围岩土体全产生向洞内的变形或坍塌，从而引起附近地面沉降或相毗邻建筑物的地基的不稳定变形。建立地面沉降监测网就是为了了解和查明这些工程问题。主要工作内容如下。

6.2.1.1 设置沉降观测水准点

根据规范要求选择工作基点，建立沉降监测网，与基点构成闭合环。工作基点的数量以所监测标段内通视情况确定，选择远离沉降带埋设水准基点，一般情况下水准点距观测点的距离不大于 100 m，设置固定观测站定期观测。

6.2.1.2 建立地面沉降监测网

沿主隧道主线系统布置横断面测线，测线间距 30 m。每条横断面测线布置 3 个沉降观测点。对标段内分支隧道布置测线，每测线布置 4 点沉降观测点。对地下电缆隧道西侧距主隧道 25 m 范围内的建筑物、沿隧道走向每 40 m 在重要建筑物的墙端、出线井 20 m 范围内布置沉降观测点，在措施井口及周边布置 6 个沉降观测点。

6.2.1.3 沉降观测的要求

（1）观测精度。一般建筑物沉降观测点相对于后视点高差测定的容差为 ±2 mm，所用的水准点及临时水准点环线闭合差为$\pm\sqrt{2}$ mm。

（2）观测频率：

1）在隧道开挖前观测各测点，作为初次读数。

2）随开挖面推进，30 m 以内每天观测一次，30～50 m 每两天观测一次，50～100 m 每七天观测一次，100 m 以外每十五天观测一次，变形异常时增加观测，直至地表沉降变形稳定为止。

3）对重要地段（如侯家塘立交桥）每天观测一次，当下沉速度每天小于 1 mm 时，每七天观测一次。

6.2.2 建筑物倾斜监测

倾斜监测主要布置在芙蓉路 E 标段西侧沿主隧道轴线上的建筑物。采用

DSZ2 型仪器测定倾斜量，控制标准最大允许容差为2%~3%。

6.2.3 建筑物裂隙监测

建筑物裂隙监测是在地面沉降引起建筑物出现裂缝后进行的有效监测手段。因此在本标段内，在地下电缆隧道开挖前对地面建筑物裂缝进行全面了解调查、记录，对已有的裂缝进行登记编号标注并布置测点进行初始读数监测。在施工开挖期内，定期巡查，尤其注意开挖面附近的地面建筑物出现的新裂缝，对新裂缝及时埋点观测。

6.2.3.1 监测方法

在选定的裂缝两侧设置观测标记度埋设测点，采用测缝计或液晶显示游标卡尺进行测读。

6.2.3.2 监测标准

（1）测读方法。每次不少于3次测读，取平均值，进行成果计算。

（2）监测频率。监测频率与其他监测仪器如收敛计监测频率一致，但当出现新的裂缝或者旧裂缝开裂变化不大于1 mm时，每天监测一次，直到稳定。

6.2.4 监测信息的反馈

监测的目的是为了获得地下电缆隧道在开挖施工过程中，地面地下的人员、设备、建筑物等的安全信息。通过监测，了解地下电缆隧道在开挖过程中，对环境破坏和影响的大小、范围，以及安全度。因此监测后，做好信息反馈是十分重要的。为保证信息反馈快速，采用计算机对监测数据进行资料存储、整理及分析，建立资料管理和信息反馈制度，及时反馈监测结果以指导施工。

6.3 地表及建筑物沉降观测成果

根据各个措施井的现场施工情况，井周均布置了4个观测点以观测井周沉降情况，并于芙蓉路的东边布置了观测基点。观测点布置示意图如图11所示。采用DSZ2型自动安平水准仪、FS1型测微器进行沉降观测。

观测成果：各措施井观测点沉降成果见表3。

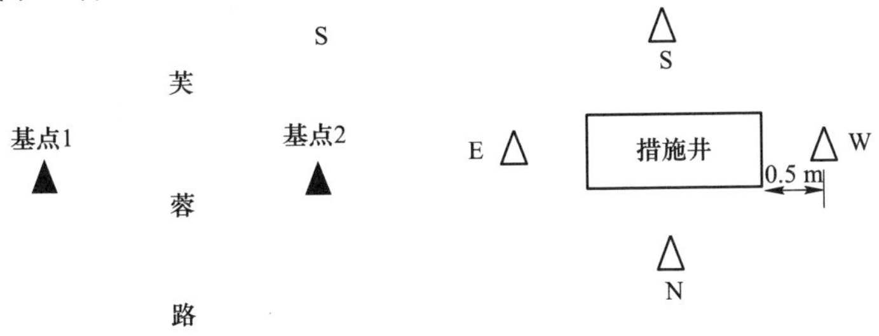

图11　措施井观测点布置

▲—观测基点；△—观测点

措施井各测点过程线图如图 12 和图 13 所示。

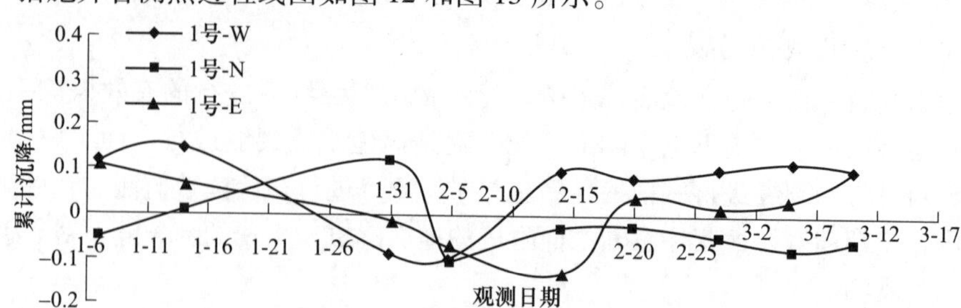

图 12　1 号措施井各测点过程线图

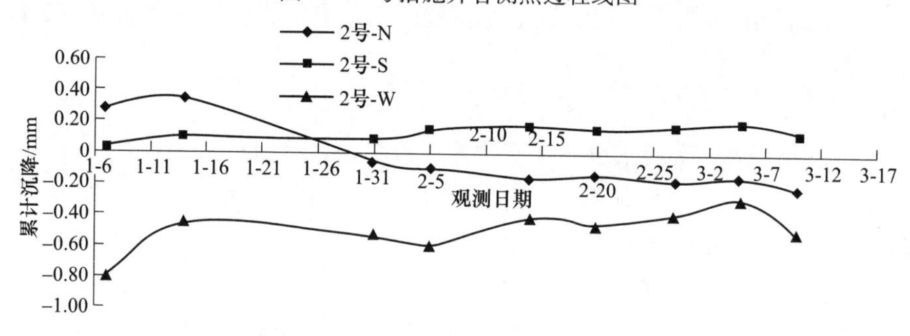

图 13　2 号措施井各测点过程线图

竖井开挖采用人工挖掘，采用边挖边衬，短掘短衬的施工方法，保证井壁的稳定。

从过程线上可以看出，1 号和 2 号措施井的沉降速度很小，从观测过程线可以看出，1 号措施井井口各测点变形不大，这说明周围岩土体比较稳定。从井口各测点每天的观测值看，每天的变形很小，有的还处于仪器精度误差范围内。这其中还包括来往车辆所引起的地面震动而产生的测量误差。各测点变化速率远远小于设计监测标准（1 mm/d）。

从数据上看 2 号措施井井口西边稍有抬高，但数值很小，累积变形最大值为 1. 25 mm，现阶段基本稳定在 0. 4～0. 6 mm，相对前期变小，且变形稳定。变形原因初步推断为可能是井口周边土受到旁边高层楼房挤压力和井口衬砌的支护力共同作用造成，但现已基本稳定。2 号措施井周围其余测点累积下沉值最大为 0. 4 mm。

3 号措施井各测点变形稳定，无异常变化现象。过程线如图 14 所示。

井口测点数据基本无变化。原因是措施井的开挖支护早已到位，周边岩土体稳定。

观测数据表明，措施井的开挖对两井周围岩土体的稳定影响不大，措施井是处于相对稳定的。

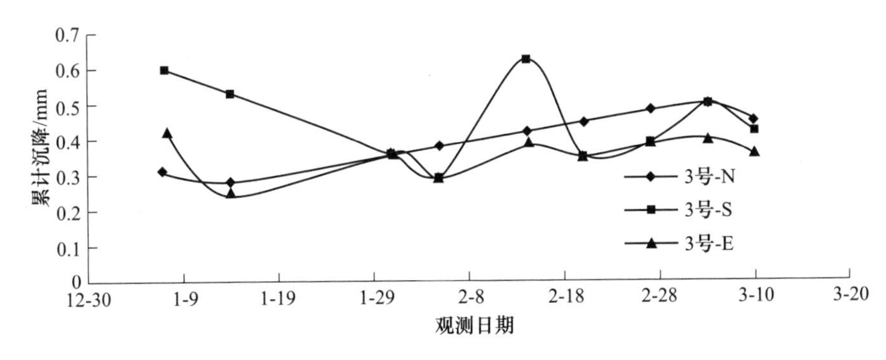

图 14　3 号措施井各测点过程线图

6.3.1　裂缝观测

根据各措施井周围的情况、主隧洞的开挖进度及 E 标段的整体情况，对 2 号措施井旁边省财政厅宿舍楼旁裂缝以及湖南省茶叶公司办公楼旁边裂缝进行了重点观测，其余部分裂缝将根据主隧洞实际开挖进度进行观测。近期观测结果表明，省财政厅高层宿舍楼旁和湖南省茶叶公司办公楼旁裂缝无扩展和裂缝变长现象。

6.3.2　隧洞沿线沉降观测及建筑物观测

本隧道开挖采用钻爆法施工，要求光面爆破施工。根据设计要求，及时采用格栅喷混凝土或挂网喷混凝土作为支护结构。

对于地质条件不好的岩层，采用适当的辅助施工方法。如锚杆支护、钢筋网与混凝土支护、小导管注浆、超前管棚支护法等。同时加强地质状况观察和围岩监测工作，随时掌握地质条件发生的变化，及时调整支护方案。因电缆隧道的开挖，扰动了隧道四周原有围岩的应力平衡，势必对地面建（构）筑物造成不同程度的影响。

由于主隧洞开挖工作面不断向前推进，监测组已在主隧洞上方沿线设置了观测点，并且对测点进行了观测。根据隧洞开挖施工的进度，我们对 E 标段隧洞沿线紧邻措施井的高层建筑物进行观测。主要对 1 号措施井旁边的湖南省茶叶公司大厦、2 号措施井旁边的省财政厅高层宿舍楼等建筑物进行了建筑物的沉降观测，观测成果见表 3。

表 3　观测成果　（mm）

时　间		月份									
		3	4	5	6	7	8	9	10	11	12
测线1号	E1-1 累积变形	-0.14	-0.17	-0.10	-0.17	0.07	-0.25	-0.21	-0.22	0.07	-0.12
	E1-2 累积变形	0.09	-0.15	0.19	-0.06	-0.10	-0.17	0.07	-0.16	-0.01	-0.12
	E1-3 累积变形	0.07	-0.30	-0.11	0.09	0.12	-0.11	0.01	0.13	0.13	0.22

续表 3

时间		月份									
		3	4	5	6	7	8	9	10	11	12
测线2号	E2-1 累积变形	0.05	−0.25	−0.24	−0.17	0.11	−0.03	0.09	−0.26	0.04	0.23
	E2-2 累积变形	−0.15	−0.12	−0.10	−0.16	0.11	−0.01	0.12	−0.24	0.01	0.21
	E2-3 累积变形	−0.20	−0.15	−0.03	0.01	0.04	0.08	0.10	−0.26	−0.03	0.19
测线3号	E3-1 累积变形	0.09	0.05	0.06	−0.02	0.07	−0.12	0.07	−0.23	−0.02	0.20
	E3-2 累积变形	0.05	0.15	0.12	0.13	0.18	0.03	0.19	−0.26	−0.04	0.17
	E3-3 累积变形	0.14	0.12	−0.21	−0.10	−0.06	−0.16	0.11	−0.17	−0.21	0.12
测线4号	E4-1 累积变形	−0.09	−0.11	−0.17	−0.11	−0.13	−0.12	−0.18	−0.11	−0.15	0.21
	E4-2 累积变形	−0.06	0.10	0.02	−0.21	−0.21	−0.27	−0.27	−0.28	−0.14	−0.16
	E4-3 累积变形	0.08	−0.05	0.20	−0.18	−0.11	−0.18	−0.19	−0.18	−0.12	−0.09
测线5号	E5-1 累积变形	−0.01	−0.02	0.16	−0.05	−0.17	−0.21	−0.16	−0.28	−0.11	−0.01
	E5-2 累积变形	−0.06	−0.08	0.24	−0.06	0.01	−0.01	−0.11	−0.14	0.01	0.08
	E5-3 累积变形	−0.08	−0.06	0.21	−0.08	−0.05	−0.07	−0.15	−0.28	−0.02	0.04
测线6号	E6-1 累积变形	0.10	−0.08	0.10	−0.06	0.05	0.02	−0.10	−0.21	0.05	0.07
	E6-2 累积变形	0.21	0.09	0.20	−0.10	−0.15	0.12	−0.1	−0.17	0.07	−0.01
	E6-3 累积变形	0.09	−0.12	−0.09	0.10	−0.08	−0.11	0.12	−0.11	0.01	0.02
测线7号	E7-1 累积变形	−0.21	−0.17	0.02	−0.04	0.05	−0.03	−0.16	−0.01	−0.12	0.09
	E7-2 累积变形	−0.06	−0.12	−0.03	0.05	−0.05	−0.04	0.13	0.13	0.22	0.13
	E7-3 累积变形	−0.21	−0.10	−0.08	0.07	0.11	−0.02	−0.26	0.04	0.23	0.21
测线8号	E8-1 累积变形	−0.08	−0.07	0.07	−0.11	−0.10	0.04	−0.09	−0.11	−0.15	−0.12
	E8-2 累积变形	0.12	0.11	0.14	−0.06	−0.28	0.13	−0.20	−0.28	−0.14	−0.12
	E8-3 累积变形	0.21	−0.17	−0.18	−0.19	−0.18	−0.14	−0.15	−0.18	−0.12	0.07
	E12-3 累积变形	−0.18	−0.05	0.2	−0.18	0.06	0.12	−0.10	0.07	0.11	−0.02

观测数据表明，主隧洞上方（地表）及建筑物沉降值小，变化不大，基本在观测仪器的精度范围内，原因主要是因为隧洞埋深距地表面达 20~30 m，实际施工过程中已根据不同的地层情况和反馈的监测数据进行仔细分析，制定了详细的施工方案，并严格落实执行，在隧洞开挖后及时进行初期支护，对有些重要部位同时完成了二期支护。所以在施工过程中，对隧洞开挖造成的拱顶以上岩土体的少量值沉降难以在地面上得以反映，也是实施地表变形监测的目的所在。

7 经验与体会

长沙市芙蓉路电缆隧道 E 标段地面沿线建筑物密布，路面交通繁忙，在感叹城市高楼林立，道路宽敞的同时，也为闹市区城市地下隧道施工带来新的难题。E 标段电缆隧道爆破施工通过爆破试验及爆破振动监测的结果，优化了爆破设计参数，在爆破施工的全过程全面实施爆破振动监测和地面变形监测（地表及建筑物下沉、建筑物倾斜、建筑物的裂缝），通过各种监测手段获得地下电缆隧道在开挖施工过程中的各类数据，根据监测结果及时调整开挖方法、爆破参数及支护参数，并对爆破施工进行全过程的动态管理，真正做到了信息化指导实际施工。有效地减少了对周边保护对象的安全影响，为避免爆破施工期间引起投诉起到了积极的意义，在推进工程顺利实施的同时，确保了地面建筑物的安全及地面交通畅通，积累了很多闹市区爆破施工的实践经验，为同类工程的爆破施工提供了很好的借鉴。

工程获奖情况介绍

“芙蓉路电缆隧道工程 QC 小组”获全国质量优秀管理 QC 小组。“长沙市芙蓉路电缆隧道工程城市地下隧道爆破地震波研究”项目获浙江省国土资源厅科技成果奖一等奖。该项目曾在湖南日报、湖南卫视、湖南经济报等报道。发表论文 3 篇。

露天转地下挂帮矿开采工程基建开拓设计优化与爆破技术研究

工程名称：太钢峨口铁矿马宗山挂帮矿开采工程
工程地点：山西省代县太钢峨口铁矿
完成单位：浙江省隧道工程集团有限公司
完成时间：2008 年 3 月 1 日~2016 年 7 月 1 日
项目主持人及参加人员：厉建华　吴立根　张恩山　舒　辉　艾传明　黄建平
撰 稿 人：厉建华　吴立根　舒　辉　艾传明　黄建平

1　工程概况及环境状况

由浙江省隧道工程公司承建的太钢峨口铁矿马宗山挂帮矿工程采用设计、建设、采矿总承包模式，建设总工期 10 年。工程范围为 1840 m 水平以上的南北矿体，开采高度南矿体 1840~2170 m，北矿体 1840~2040 m，开采范围 14~26 号勘探线，沿矿体走向长 600 m。北矿体走向 N82° W，南矿体走向 N115° W，倾角 70°~80°。南矿体地质储量 1146.7×10^4 t，北矿体地质储量 353.3×10^4 t，平均地质品位 19%。采矿方法为无底柱分段崩落法。

业主峨口铁矿规模要求：建设期为 1 年，当年生产 60×10^4 t/a 铁矿石；第二年生产规模达到 120×10^4 t/a，生产期 10 年以上。主要技术指标要求：贫化率 10%，回采率 90%。

针对基建开拓工程施工中探明的 2092 m 以上四条分段水平（2140 m、2116 m、2104 m、2092 m）的采空区情况，有针对性地采用回填法，在安全可靠的基础上，有效提高回采率，降低贫化率。

无底柱分段崩落采矿法具有采矿方法结构简单、采切比小、便于使用大型采装设备，实现采掘综合机械化等的优点；但是其具有损失、贫化率较高的缺点。如果不能在出矿中严格控制铁矿石贫化率，将会造成贫化增大，造成资源浪费和成本增加，因此，必须对铁矿石的贫化产生原因进行研究，采取对应的措施，防止废石提前混入，提高铁矿石回收率。

太钢峨口铁矿马宗山挂帮矿如图 1 所示。

图1　太钢峨口铁矿马宗山挂帮矿

2　工程特点、难点

设计建设总承包采矿工程是指通过招、投标的方式，在设计建设总承包模式下进行的合同制采矿作业，设计建设总承包采矿工程的前期开拓系统采用总价合同形式，因此，通过设计优化和变更，采用技术手段在有限的资源内（总价包干）充分挖掘潜力，尤为重要。

本工程设计建设总承包采矿工程设计优化主要分为两个阶段：第一阶段是工程进场后，对采准开拓工程初步设计优化，形成实施性的施工图设计；第二阶段是根据工程特点和现场实际情况，优化采矿设计及爆破设计施工方案，并进一步优化爆破设计参数，进行合理的设计变更。

2.1　采准开拓工程设计优化

（1）根据工程的整体计划，优化设计思路，有效利用总价合同内资源，施工设计中部分开拓调整为续建工程，尽可能加大基建期内采准工程的设计工程量，这样做有利于提前投产并提高三级矿量，具体是将南矿体1840 m水平、1912 m水平主溜井到回风井段的平硐。2020~1840 m回风井调整为续建工程，增加了2116 m水平的穿脉、拉槽等采准工程。

（2）为提高1840 m主运输平硐的运输效率，方便南矿体1840 m水平主溜井到回风井段的平硐。2020~1840 m回风井等续建工程的后续施工，增加了1840 m调车绕道：

1）运矿车辆通过调车绕道后不需掉头直接进振放硐室装矿。

2）后续施工时，出碴可从调车绕道绕行运出，不会影有振放硐室装矿。

（3）根据挂帮矿的特点，修改初步设计溜井布置方式，南北矿体主溜井均直通地表，南矿体主溜井井口设在2128 m水平地表，北矿体主溜井设在1984 m

水平地表。其优点有：

1）南矿体 2128 m，北体 1984 m 以上分段，出矿后可通过地表运输至溜井井口，有利于汽车运输，加大出矿能力。

2）南矿体 2128 m，北矿体 1984 m 以上分段可免设中段溜井。

3）减小了主溜井高度，减少了工程量。

（4）南矿体主溜井在转运平硐 2020 m 水平错开，有利于：

1）减少溜井中心孔一次钻孔深度，提高钻孔精度。

2）南矿体主溜井 2128~2020 m 与 2020~1840 m 错位分段施工平行作业，有利于加快工程进度。溜井贯通后，在 2020 m 水平挂帮，上下接顺。

（5）初步设计中南矿体上部放顶采用井巷中深孔爆破方法，钻孔深度最大达到 27 m(2176~2152 m 水平，高差 24 m)，施工难度很大。施工设计对此进行优化；上层 2176~2164 m 水平采用地表潜孔钻钻孔，中深孔爆破方式放顶，大大降低了井巷钻孔、爆破施工难度，并降低了钻孔、爆破成本。需要的是地表放顶与井巷放顶中应留 1 m 左右的隔层，防止塌孔，且上下应同时爆破。

2.2 回填法处理采空区

（1）2092 m 水平以上 4 个分段未被采空区破坏部分采用原设计的无底柱分段崩落法进行回采。

（2）放顶工程的进一步处理。增加 2152 m 分段水平进入 2140 m 采空区（矿体上盘）边缘，在沿脉巷道中进行斜向中深孔爆破崩落矿体，并增加 2140 m 水平沿脉巷道放顶工程。增加工程实施后，形成完整的覆盖层，满足覆盖量。

（3）2116 m 水平约 8 m 高采空区。采用留矿采矿法进行回采，利用采空区两边切割井作为人行天井兼通风天井，使作业人员进入采空区上部采场作业。

（4）2104 m 水平中部进路端部采空区采用浅眼留矿法中深孔异型布置处理。

（5）参照空场法回采允许暴露空间的原则，2092 m 水平采空区采用回填法开采。回填并采取一定支护手段后，进行进路掘进作业。在进路中布置中深孔，分区爆破，回采出矿。

2.3 提高回采率、降低贫化率

（1）针对可能出现的回采巷道布置、回采结构参数问题。

（2）针对回采巷道、中深孔施工质量问题。

（3）针对回采顺序。

（4）针对回采爆破等影响。

（5）眉线塌落造成的影响。

（6）放矿管理方面。

3　爆破方案选择及设计原则

3.1　出现采空区具体情况

（1）2140 m 及以上水平放顶工程受地面越界开采破坏的影响，其矿体上盘未能全部崩落。

（2）2116 m 水平尾部进路靠上盘部分出现采空区，空高约 8 m 高。

（3）2104 m 水平中部进路端部采空区与 2092 m 水平采空区连通。

（4）2092 m 水平采空区成长条形，宽度较小，顶板大部分不高，低于或接近该部位沿脉巷道顶板。从现场观察看，采空区顶板比较完整，顶板片冒不严重。

3.2　提高回采、降低贫化的措施

（1）采取加强生产勘探、紧跟地质素描、加密铁矿石取样工作，进一步弄清矿体储存条件、矿体边界、矿体构造和品位分布等情况，为开采设计提供详细和可靠的地质资料。

优化采矿设计参数，贯彻大间距、大排距的设计理念。通过增加铁矿石与围岩的距离，增加接触的面积来减少两者的触碰，可以有效降低铁矿石贫化的概率。提高铁矿石开采的效率、扩大产能。进行矿块设计时，正确选择回采结构、中深孔爆破参数，合理布置回采进路和选择切割巷的施工位置。

（2）加强矿山生产原始资料的统计与管理工作，建立台账，准确掌握铁矿石储量和质量的变化情况，根据实际情况设计合理的采、掘布置及矿石回采顺序，时刻遵循“探采并重、探矿超前”的技术方针；编制生产计划时必须注重短期施工与长期生产的有序结合，防止为保证短时间内的利润指标，而盲目的乱采乱挖、采富弃贫、超前回采等造成资源浪费、缩短矿山寿命的行为。

（3）爆破方式的优化可以从爆破手法的优化、炸药的选择等方面优化。除此之外，还可以采用孔口起爆技术，主要是解决在爆破的过程中混入其他杂质的行为，可以提前抑制岩石混入的现象，能够有效隔绝覆盖层与岩石的接触，从而降低铁矿石的贫化率。但是在实际爆破工作中，可以将孔口起爆技术与孔底起爆技术相结合使用，起到的效果是双倍的。

4　爆破参数设计

出矿巷道中深孔爆破后形成的眉线对贫化指标影响极大。爆破后宽大、平整的眉线可以有效降低铁矿石的贫化率。中深孔爆破后眉线一般分为拱形眉线和不规则眉线。

其中拱形眉线的形成是因为回采巷道为保证施工安全，采用三心拱形式的巷道拱形布置的原因造成，在矿体赋存条件较好，且巷道施工、中深孔施工、爆破施工均达到设计要求时，中深孔爆破后，出矿口一般保持巷道掘进形成的三心拱形式，出矿时三心拱的中部的大拱部位铁矿石下溜较快，而三心拱小拱部位铁矿石下溜较慢。爆破后块度较小或粉状矿石溜放到一定程度后，出矿口出现的大块矿石开始堵塞两侧出矿部位，使铁矿石只能从中间或一侧下溜，造成覆盖层、塌落围岩、低品位矿石提前混入，造成铁矿石贫化率增加。针对这种情况，采用在进路扇形炮孔爆破后，使用 YT-28 钻机在三心拱两侧小拱段施工调整炮孔，将三心拱两侧较低的小拱段爆破修整为上部平整面的矩形出矿口，如图 2 所示。

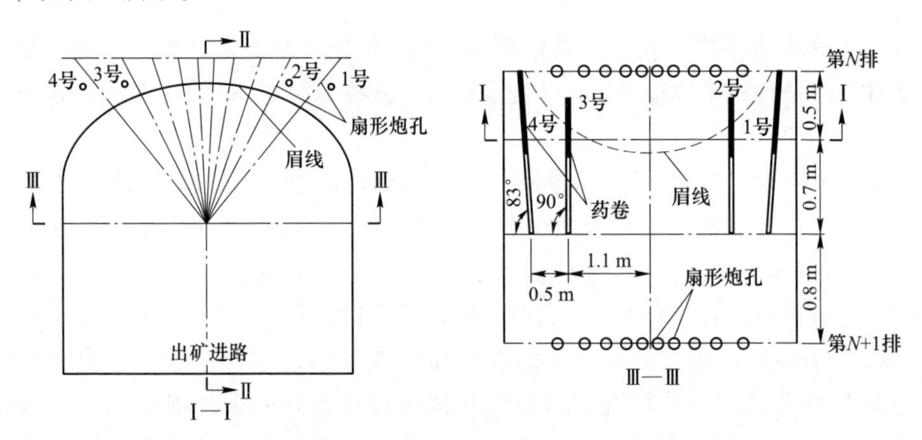

图 2　拱形眉线修整

不规则眉线多形成于矿岩交接带、矿岩节理构造发育、巷道施工、中深孔施工、爆破施工不能达到设计要求的回采巷道部位。产生的形状一般为巷道中部、两侧或一侧的围岩提前掉落，使出矿口不再是个完整的三心拱形状，造成矿石的下落偏离设计预期、严重不可控，从而造成覆盖层、塌落围岩、低品位矿石提前混入，造成铁矿石贫化率增加。针对该种情况，一般采用在出矿口较低处（主要是两侧未塌部位），根据实际情况，使用 YT-28 钻机施工调整炮孔，将不规则的出矿口修整为上部为平整面的矩形出矿口，如图 3 所示。

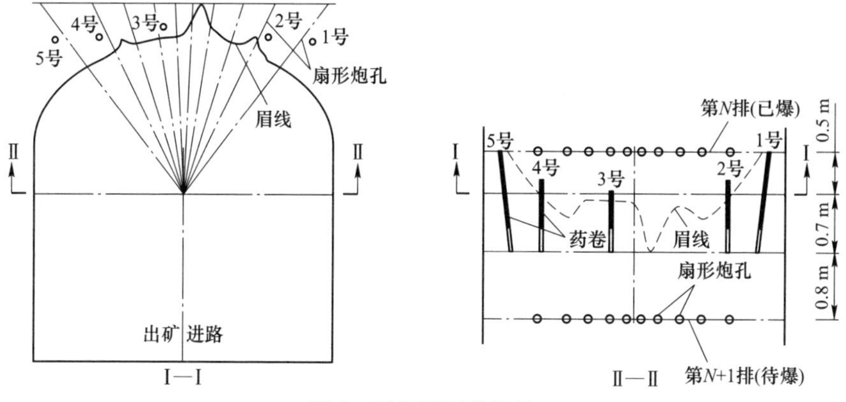

图 3　不规则眉线修整

5　爆破安全设计

回填法处理采空区安全方案：

（1）2092 m 水平以上 4 个分段未被采空区破坏部分采用原设计的无底柱分段崩落法进行回采。

（2）放顶工程的进一步处理。增加 2152 m 分段水平进入 2140 m 采空区（矿体上盘）边缘，在沿脉巷道中进行斜向中深孔爆破崩落矿体，并增加 2140 m 水平沿脉巷道放顶工程。增加工程实施后，形成完整的覆盖层，满足覆盖量。

（3）2116 m 水平约 8 m 高采空区。采用留矿采矿法进行回采，利用采空区两边切割井作为人行天井兼通风天井，使作业人员进入采空区上部采场作业。

（4）2104 m 水平中部进路端部采空区采用浅眼留矿法中深孔异型布置处理。

（5）参照空场法回采允许暴露空间的原则，2092 m 水平采空区采用回填法开采。回填并采取一定支护手段后，进行进路掘进作业。在进路中布置中深孔，分区爆破，回采出矿。

6　爆 破 施 工

采空区处理爆破施工方案。

6.1　2140 m 水平及以上增加放顶工程施工方案

（1）2152 m 分段水平施工方案。从 2140 m 水平未被采空区破坏部位掘进一条斜坡道进入 2152 m 水平后，在采空区上盘边缘外侧，沿矿体走向施工一条巷道，从采空区东侧向西侧布置中深孔，将采空区上盘矿体抛入采空区形成覆盖层。巷道施工的同时，在采空区之间合适位置掘两条短通道探明采空区顶板高度，也可解决通风问题，同时还可在中深孔爆破后观察采空区顶板稳定状况。因采空区的不规整，切割槽须全部贯通采空区，保证中深孔爆破后上盘矿体能抛入采空区。同时，根据探明的采空区高度等情况，合理布置中深孔。中深孔设计的原则是：靠采空区一侧中深孔爆破必须将采空区顶板爆穿，其他孔爆破物才能进入采空区，如需要，还应进行补孔工作。

（2）2140 m 水平增加沿脉巷道放顶工程。2140 m 水平无采空区区域，已按正常无底柱分段崩落法放顶，计划回采 1/3 矿量，留 2/3 矿量在采场内作覆盖层。

6.2　2116 m 水平采空区回采方案

2116 m 水平采空区出现在 13 号、14 号进路靠上盘部位（图 4），为回收矿石且不形成矿柱、影响下水平回采，消除压力区。经方案比较后，认为该处矿石采用浅眼留矿法进行回采为宜。该留矿法是无底柱的，并且利用进路端部出矿，既减少了底部结构的工程量，也可以利用现有铲运机设备出矿。留矿采矿法方案采场结构为：19 m×14 m（长×宽），施工方案为：

（1）利用 12 号、15 号切割井作为留矿法的人行通道，并各掘一条联络道供作业人员进入采场作业。

（2）施工人员从 13 号、14 号进路端部进采场，采矿用 YT-28 凿岩机上向打眼爆破。整个采场分二次爆破，形成一个台阶，然后分台阶推进。每次爆破后利用进路出一部分矿，形成采场内 2.5 m 作业空间即可。

（3）13 号、14 号进路口封闭后，作业人员则从人行天井的联络道进入采场进行打眼放炮。采场内最后一排炮一次性爆破，将顶柱爆掉，与上水平贯穿。此次打眼深度约 3 m。

本采场出矿与 12 号、15 号进路出矿同步，避免顶板废石提前灌入采场，降低废石混入量。

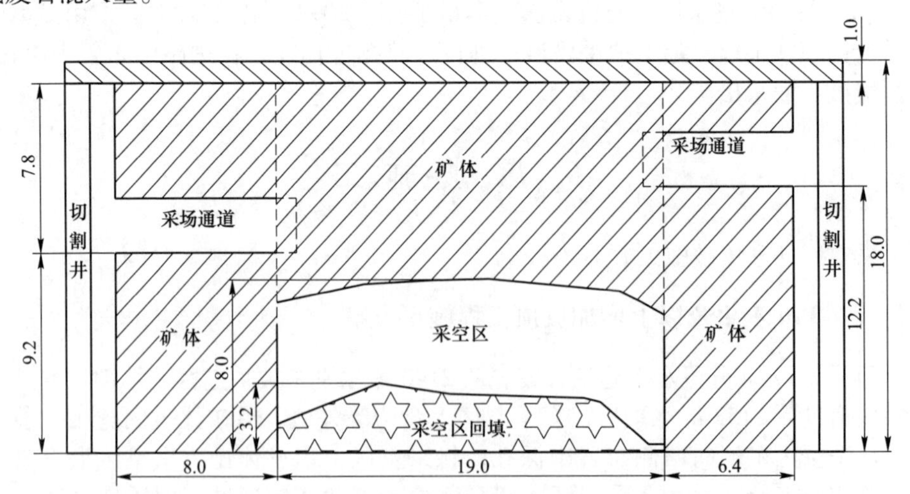

图 4　2116 m 水平 13 号、14 号进路端部采空区浅孔留矿法断面（单位：m）

6.3　2104 m 水平采空区回采方案

（1）4 号、5 号进路段部采空区。该采空区是从 2092 m 水平贯穿上来的，空区顶高约 5 m。因采空区范围不大，顶板高度低，在 4 号、5 号进路空区外正常中深孔作业，利用空区范围外进路压顶的办法处理。

（2）14 号采空区与 2116 m 水平贯穿。该采空区有一斜井向西南方向斜插下去（长度不明）。采空区顶板高约 5 m，由于采空区位于进路上半部分，采空区影响范围不大，利用 13 号、15 号及本进路下半部分打中深孔回采一部分矿石。

6.4　2092 m 水平采空区回采方案

（1）2092 m 水平采空区大多数部位顶板接近或稍高于沿脉巷道底板，空区底部低于巷道底板数米。采空区长度方向与矿体走向基本一致。采空区宽度除两处较宽外，其他均较窄，采幅宽度平均 12 m 左右。从现场观察看，采空区顶板比较完整，两帮较平直，顶板片冒不严重。参照空场法回采的允许暴露空间面积，我们认为在将采空区回填至本水平巷道底板前提下，可以进行进路掘进并施工中深孔。由于对此处采场暴露空间在多大范围内稳定性如何没有一个定量，为确保安全：

1）将 3~18 号进路（共 14 条进路）划分为三个采区：一采区 18~14 号进路，二采区 7~13 号进路，三采区 6~3 号进路。首先爆破一采区进路，待该采区回采完全进入无采空区的稳定区域后才可爆破二采区进路中深孔回采，三采区采用遵循同样的原则；

2）在采空区顺进路方向浇筑混凝土支承墙，防止大面积塌方。

（2）该水平通上水平采空区矿石采取包围法回采。

2104 m 水平中部进路浅眼留矿法处理采空区如图 5 所示，2092 m 采空区临界区精细爆破与采空区贯通如图 6 所示，采空区处理如图 7 所示。

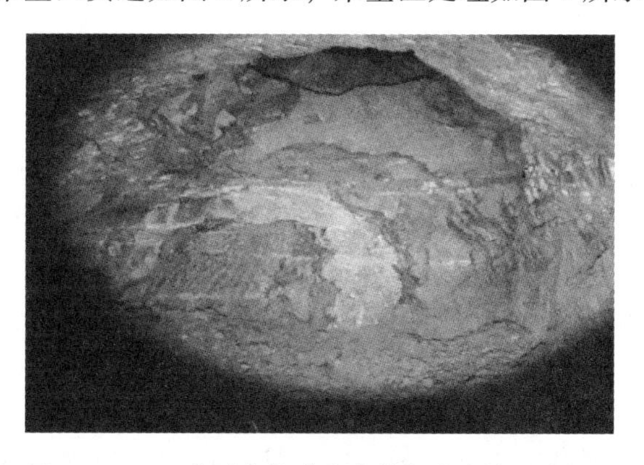

图 5　2104 m 水平中部进路浅眼留矿法处理采空区

图 6　2092 m 采空区临界区精细爆破与采空区贯通

图 7　采空区处理

7　爆 破 效 果

（1）开拓和采准工程掘进时，利用穿脉进行探矿，因矿体赋存状态相对地质资料出现变化，巷道做设计调整，沿脉巷道离矿脉距离始终处于 12～15 m 的范围。

（2）因上部私采乱挖，南矿体最高完整平台标高由 2176 m 为 2104 m，因此取消了 2152 m 水平采准工程，增加 2104 m 水平采准工程，同时 2116 m 水平调整为采准工程，2092 m 调整为开拓工程。

（3）利用拥有潜孔钻机的有利条件，2140 m 以上放顶工程采用上部地表潜孔钻钻孔爆破与巷道中深孔爆破相结合的方法放顶，降低了穿脉中深孔钻孔深度，钻孔深度降低的同时使钻孔总量减少，此方法节约了投资，加快了进度。

（4）采空区处理。前期开拓掘进中，在 2140 m、2116 m、2104 m 分段均遇到了采空区。在对采空区采空情况、地质情况做认真测量、分析的基础上，征得业主同意后，从无底柱分段崩落法采矿方法的特点出发，采用副产矿石回填采空区，回填后采空区上方回采继续进行的办法对采空区进行处理，有效提高了采掘比，在采空区矿石损失的不利条件下，最大限度地利用了前面已施工的采准工程和矿产资源，取得了良好的经济效益和社会效益。

8 经验与体会

通过太钢峨口铁矿马宗山挂帮矿工程前期开拓系统建设实践，总结认为：采矿工程前期开拓系统化的过程就是从可行性和优越性两个主要方面着手，采用技术手段提高工程经济、技术指标的过程；设计化的目的就是要节约投资、缩短工期、增加利润、降低施工难度、处理解决各类新出现问题、为投产后提高产量打下基础。

采用回填法对 2092 m 以上水平采空区处理后，在设计可采储量 70.56 万吨的情况下，回采矿量 46.79 万吨，回采率 66.3%，有效提高了资源利用率。通过本工程的实践，采空区的处理应根据采空区的实际情况，在保证安全的前提下采用回填法并有针对性地采用各形式爆破方法，能大大提高回采率。

无底柱分段崩落法矿石回采中，铁矿石贫化率指标是反映回采效果的主要指标之一。降低贫化率，从而提高生产经济效益是生产企业所面临的一个严峻的课题。分析铁矿石贫化率产生的原因，并针对铁矿石贫化产生的不同情况采取有效的改善措施，对降低铁矿石的贫化率、节约利用铁矿石资源具有十分重要的意义。随着科学技术的发展和进步，贫化率控制的体系也会越来越完善。

工程获奖情况介绍

“采矿总承包模式下基建开拓的爆破设计优化”项目获中国爆破行业协会科学技术进步奖二等奖（2016 年）。“竖井平巷双通道地下硐室浅孔崩落爆破开挖施工工法”获部级工法（中国爆破行业协会，2018 年）。“采用反井钻机开凿矿山天井施工工法”获部级工法（中国有色金属建设协会，2017 年）。“大断面软弱围岩隧道预留中柱单台阶施工工法”获省级工法（浙江省交通建设行业协会，2014 年）。发表论文 5 篇。

大型滑坡体小断面排水廊道控制爆破技术

工程名称：青田县祯埠镇锦水村下个寮特大型滑坡灾害防治工程排水廊道爆破工程
工程地点：青田县祯埠镇锦水村下个寮
完成单位：淳安千岛湖子龙土石方工程有限公司
完成时间：2020 年 12 月 15 日~2021 年 11 月 25 日
项目主持人及参加人员：吕跃奇　翁永明　张纯杰　方胜利
撰 稿 人：吕跃奇

1　工程概况及环境状况

1.1　工程简介、工程规模

1.1.1　工程简介

浙江省丽水市青田县祯埠镇锦水村下个寮特大型滑坡灾害体位于丽水市青田县腊口镇和祯埠镇交界处的锦水村，直距北西侧丽水市区约 15 km、腊口镇 4.4 km、青田县城约 37 km，距祯埠镇约 5.8 km。滑坡坡脚为大溪河，大溪河另外一侧为 G330 国道，铁路在滑坡体坡脚以上约 15 m 处沿河依山而行，交通较为不便（图 1）。

由于该滑坡体地下水位较高，为了尽可能地降低滑体中的地下水位，以提高滑坡体摩擦阻力，减缓滑坡趋势，根据设计，设置地下排水工程进行排水，地下排水工程采用排水廊道+顶部设置泄水孔模式（图 2）。

1.1.2　工程规模

本爆破工程的主要内容为：排水廊道的掘进开挖，设计断面为 3 m×3 m，其中边直墙高 1.5 m，顶拱半径 1.5 m。包括 1 号排水廊道，全长 350 m，设计纵坡 8%；2 号排水廊道全长 455 m，里程 1K0+000~1K0+100 段设计纵坡 10%；里程 1K0+100~1K0+270 段设计纵坡 2%；里程 1K0+270~1K0+455 段设计纵坡 10%；勘探平硐延伸段全长 150 m，设计纵坡 8%；3 号排水廊道，全长 455 m，设计纵坡 3%；共计需开挖廊道约 1410 m。

图 1　滑坡体概况

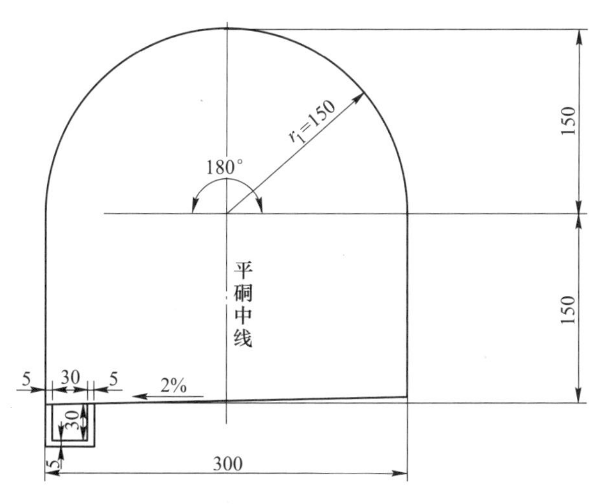

图 2　排水廊道硐径示意图

1.2　地形、地质条件

1.2.1　地形地貌

滑坡区属剥蚀低山地貌，地形上总体呈现西北低东南高的特点，地势起伏较大，山坡自然坡度35°~60°，地面高程35~540 m，相对高差130~400 m。受地质构造的影响明显，在流水侵蚀和强烈风化剥蚀作用下，地面岩石切割十分破碎。

滑坡区总体地形呈“凸-平-陡”的形态变化。滑坡体两侧与中部发育有天然冲沟，其中部主冲沟，深5~10 m，宽5~25 m，纵贯滑坡体。滑坡前缘，呈外凸状，自然坡度在30°~36°之间，局部可达45°。

1.2.2　地质条件

滑坡区地层主要为：第四系覆盖层和下白垩系流纹质晶（玻）屑熔结凝灰岩、火山碎屑岩。区域地层岩性为下白垩统西山头组流纹质晶玻屑熔结凝灰岩，在其之上有一套沉积岩夹层，岩性为凝灰岩夹粉砂岩、泥岩及组合，地层走向北东，倾向北西，倾角15°~20°。各廊道进口段为凝灰岩强~中风化中，裂隙发育，岩体破碎，地下水较发育，围岩级别Ⅳ~Ⅴ级；其余部分均在凝灰岩中~微风化的滑床中，岩体完整，围岩级别Ⅱ~Ⅲ级。详见表1。

表1　排水廊道围岩参数表

序号	内容	单位	数量
1	Ⅱ类围岩	m^3	3882.6
2	Ⅲ类围岩	m^3	5817.6
3	Ⅳ类围岩	m^3	620.4
4	Ⅴ类围岩	m^3	3923.46
5	合计		14244.06

1.3　主要技术经济指标

本项目廊道挖长1476 m，开挖方量14245 m^3，累计使用炸药37488 kg，雷管25400发，导爆管2500 m。共实施爆破755次。

1.4　爆区周边环境情况

本工程北面、东面和南面均为大面积山体，北面和西面为一条130~150 m宽的大溪河，大溪河的北侧和西侧为G330国道（温寿线），距待爆点最近约200 m，沿温寿线内侧埋设有一条国防光缆线，距工程最近的待开挖3号排水廊道距离约210 m。沿本工程山脚原为金温铁路货运线（有遗弃的电缆线），由于受本工程地灾隐患的影响，政府有关部门前期已将该铁路线南移，穿过新开通的雷草山隧道，据金温铁路线提供数据及路线图测量，金温货运线雷草山隧道距本工程1号待开挖廊道底最近点约610 m，主要影响铁路隧道结构，如图3所示。

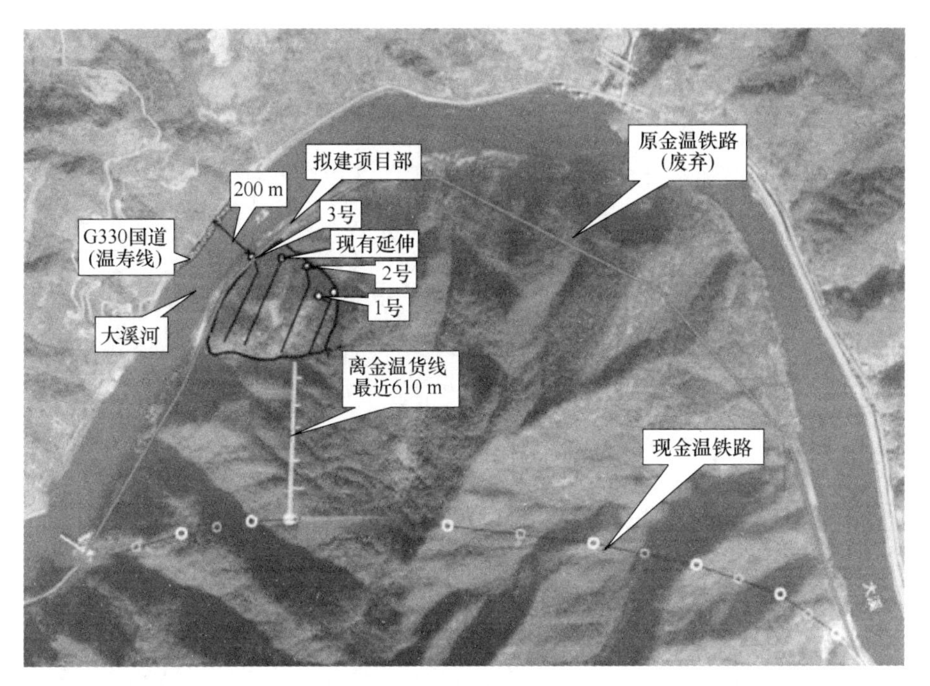

图3　爆破周边环境示意图

2　工程特点及难点

2.1　工程特点

2.1.1　滑坡存在持续性位移

在爆破工程开始前三年通过中铁第四勘察设计院集团有限公司的自动化监测分析，位移主要是：

（1）山体表层位移。山体表层年均位移 E 向变形最大值为-62.1 mm，N 向变形最大值为 66.1 mm，Z 向变形最大值为-28.1 mm。

（2）深层水平位移，年均监测变形量最大部位为 30 mm（图4）。

（3）结构裂缝。在自动化监测阶段，明洞外护墙裂缝发育明显大于明洞内裂缝。在所有结构裂缝监测点中，明洞外裂缝最大 28.5 mm，明洞内裂缝最大 19.4 mm。

（4）后缘土体裂缝（图5）。自动化监测阶段过程中，后缘土体裂缝持续增加，变化量较大，其中监测点变化量最大处为 110.0 mm。后缘土体裂缝呈现中部变形较大，两侧变形较小的特点。

图4　原有勘查廊道受滑坡体挤压裂缝图

图5　滑坡体后缘裂缝实景图

2.1.2　爆破作业与特殊地质结构的关系

本工程廊道走向分布在裂缝、滑带土附近或者穿过滑带土：1号廊道在滑床上，与后缘裂缝的水平距离 30～60 m；2 号廊道在滑体下面距滑带土 5～20 m；现有勘查廊道在滑体下面距滑带土 10～16 m；3 号廊道进口在原金温铁路线下面穿过滑体，穿过滑体处滑带土厚约 1 m，其他地段在滑体下面距滑带土 5～20 m。如图 6 所示。

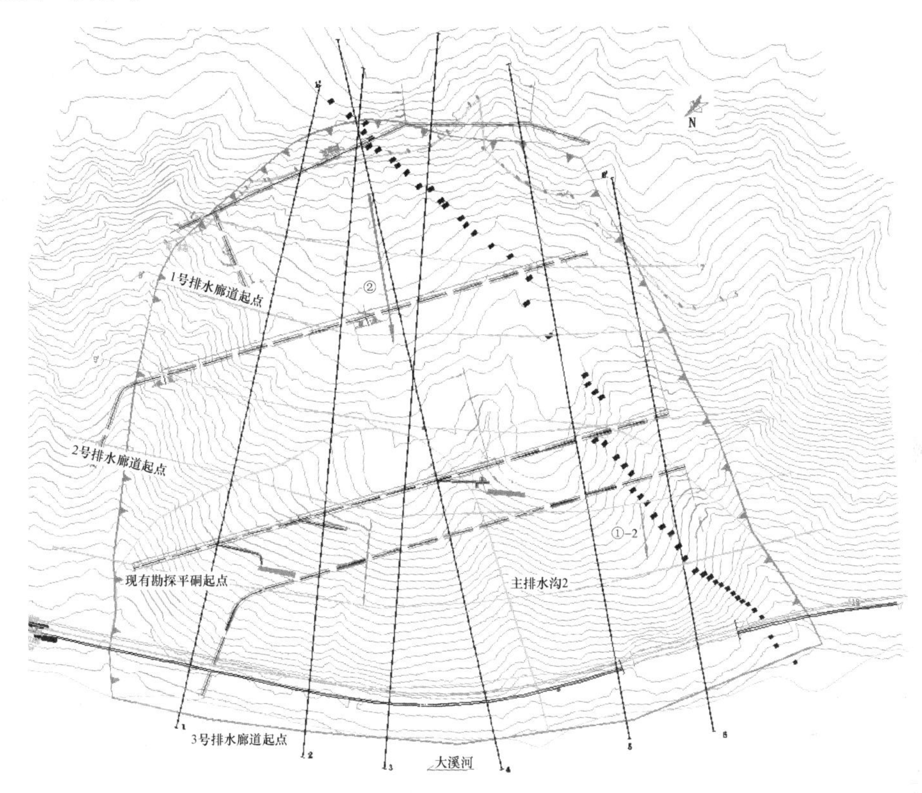

图 6　排水廊道在滑坡体的平面布置图

2.2　工程难点

2.2.1　小断面廊道爆破施工难点

在小断面廊道施工，自由面小，围岩夹制作用大，循环进尺短，炸药单耗大，易出现欠挖现象，影响廊道工程施工的质量。作业空间狭窄，钻爆施工及出碴效率低，对设备和管线路布置要求高。

2.2.2　特殊地质条件对爆破的影响

廊道围岩性质变化多。本滑坡体软弱夹层包括三类：

（1）一类是原生沉积形成，在一定范围内延伸分布较稳定，主要存在凝灰岩强风化和中风化界面。

（2）二类是由层间错动产生的碎屑碎块形成，多具有分布不连续和尖灭的特征，受区域构造影响，滑坡区层间错动软弱夹层较发育。

（3）三类是次生软弱夹层，是近地表处，沿卸荷张开节理裂隙面风化形成。这些都会影响爆破的效果。

滑坡区水文地质复杂，主要为第四系松散土层孔隙潜水和基岩裂隙水。且滑坡体后缘及中部地下水通过大气降水补给，滑坡构造强烈，岩体较破碎，渗流性较好。根据观测，滑坡体范围在非连续降雨期间，基本没有地表径流，绝大多数降水入渗到坡体内。在爆破施工过程中，廊道内出水点多，对爆破施工也有不小的影响。

2.2.3　爆破振动对滑坡体的影响和控制

排水廊道分布在滑坡体后缘和下方，有穿越滑带土的情况，其他走向与滑带土基本平行关系，距离滑带土最近 5 m。廊道爆破点多，爆破次数也多，对滑带土和滑坡体内部软弱夹层易造成持续不可逆的扰动，需控制一次爆破量，减少爆破振动对滑坡体的影响。爆破完成后要对隧道及时进行衬砌支护，并且在施工过程中时刻掌握滑坡体监测情况，做到安全可靠。

2.2.4　铁路设施以及铁路运行管理对爆破的影响

本工程为涉铁爆破，有很多铁路管理方面的规定，从安全协议的签订到施工期间涉铁的振动监测都要符合铁路安全管理要求。

3　开挖设计原则及方案选择

3.1　开挖设计原则

工程廊道口明洞段主要为破碎岩石、软岩及较软岩，为减少爆破对周边的影响，采用机械开挖。廊道洞身均设计采用新奥法施工，并严格遵循“弱爆破、短进尺、强支护、早封闭、勤测量”的基本原则。

3.2　开挖方案选择

本工程廊道洞径较小，Ⅱ ~ Ⅲ级围岩段设计采用全断面爆破开挖，Ⅳ ~ Ⅴ级围岩段设计采用正台阶法施工，施工中根据实际情况调整开挖方案和支护参数。

钻孔作业采用自制凿岩台车人工钻孔，根据选择的不同类型施工方法，先布置好掏槽孔，然后根据围岩特点合理选择周边孔间距及周边孔的最小抵抗线，辅助炮孔交错均匀布置，周边炮孔与辅助炮孔孔底在同一垂直面上，掏槽炮孔加深 20 ~ 30 cm。

采用非电毫秒（或半秒）雷管延期雷管控制爆破技术，廊道周边采用光面爆破，以尽可能减轻爆破时对围岩的扰动，维护围岩自身稳定性，并达到良好的轮廓成形。

采用小型扒碴机输送至运输车的方式出碴。

4　爆破参数设计

4.1　爆破器材选择

根据施工中常用爆破器材，选用以下爆炸物品作为本廊道施工的爆破器材：塑料导爆管、1~11 段非电毫秒（或半秒）延期雷管、乳化炸药和导爆索。

4.2　装药结构

周边孔采用不耦合装药结构，掏槽孔、辅助孔采用耦合装药结构。

4.3　起爆方式

非电毫秒（或半秒）延期雷管采用非电起爆方式，孔内分段毫秒延期控制爆破。

4.4　炮孔布置及爆破参数设计

廊道爆破采用微震控制爆破，通过控制炸药单耗实现降低爆破震动强度，减少对爆破施工区段的影响，采用光面爆破技术控制廊道围岩的超挖和爆破对围岩的破坏，充分利用围岩自有强度维持廊道的稳定性，以有效地控制地表沉降。

4.5　循环进尺和炮孔数目

4.5.1　循环进尺

可以按计划下达的任务要求确定。

根据以下公式计算：

$$L = l_0/(t \times N_m \times N_s \times \eta) = l/\eta \qquad (1)$$

式中　L——炮孔深度，m；

l_0——廊道掘进全长，4 个廊道全长 1476 m；

t——每月的有效工作日，取 25 天；

N_m——完成掘进的月数，根据主合同工期；

N_s——每天工作的台班数，结合掘进施工工艺，每个爆破作业点取≤3 台班，按 4 个爆破作业点计；

η——炮孔利用率，取 80%；

l——每循环计划进尺，m。

考虑围岩类别情况，结合施工进度，一般Ⅱ~Ⅲ类围岩选择循环进尺 2.0 m，Ⅳ~Ⅴ类围岩循环进尺 1.5 m。

4.5.2　炮孔数目

根据公式

$$N = 3.3 \times (fS^2)^{1/3} \tag{2}$$

式中　N——炮孔数目，个；

f——普氏系数；

S——廊道断面积，m^2。

通过该公式计算炮孔数目后适当调整确定断面的炮孔数量，共 31 个。

4.6　爆破参数设计

4.6.1　Ⅱ~Ⅲ级围岩钻爆

Ⅱ~Ⅲ级围岩爆破开挖形式为全断面法，根据设计图纸及工程量清单计算，廊道开挖断面面积为 8.82 m^3。

4.6.1.1　炮孔深度与循环进尺

廊道开挖炮孔深度 2.4 m，循环进尺为 2.0 m。

4.6.1.2　炮孔直径

本设计选用手持式风动凿岩机，炮孔直径 $d=42$ mm。

4.6.1.3　炮孔布置

（1）掏槽孔。采用楔形掏槽，掏槽孔比辅助孔和周边孔深 10~20 cm。

（2）周边孔。周边孔沿廊道开挖轮廓线布置，炮孔间距 $E=60$ cm。根据 $m=E/W$，$m=0.688$，则对于光面爆破取 $W=60$ cm。

（3）辅助孔。辅助孔本设计取 $a=60$ cm、$b=60$ cm。

4.6.1.4　爆破参数表

Ⅱ~Ⅲ级围岩爆破参数见表 2。

表 2　Ⅱ~Ⅲ级围岩爆破参数表

炮孔名称	孔深/m	孔数/个	装药结构	单孔药量/kg	总药量/kg	孔距/m	雷管段别
掏槽孔	2.6	4	连续装药	2.4	9.6	0.6	1，3
辅助孔	2.4	10	连续装药	1.7	17.0	0.6	5
周边孔	2.2	11	间隔装药	1.5	16.5	0.6	7，11
底板孔	2.4	6	连续装药	1.8	10.8	0.5	9，11
合计	—	31	—	—	54.0	—	—
开挖面积	8.82 m^2						
炸药单耗	2.31 kg/m^3						
进尺	2.0 m						
全断面面积 8.82 m^2，总炮孔数量 31 孔，总装药量 54.0 kg，每循环进尺 2.0 m，循环方量 17.64 m^3							

4.6.2 Ⅳ～Ⅴ级围岩钻爆

由于本工程廊道面积较小，Ⅳ～Ⅴ级围岩尽量也采用全断面开挖法，岩石破碎不能全断面开挖的采用上下台阶法，根据设计图纸及工程量清单计算，廊道开挖断面面积为12.08 m^3。

4.6.2.1 炮孔深度与循环进尺

廊道开挖炮孔深度不大于1.9 m，循环进尺为1.5 m。

4.6.2.2 炮孔直径

炮孔直径 $d=42$ mm。

4.6.2.3 炮孔布置

（1）掏槽孔。采用复式楔形掏槽。

（2）周边孔。周边孔沿廊道开挖轮廓线布置。炮孔间距 $E=500$ mm，$m=E/W$，$m=0.625$，则对于光面爆破取 $W=60\sim80$ cm。周边孔采用导爆索将药卷串联间隔装药结构。

（3）辅助孔。辅助孔的间距 a、排距 b 须大于或等于周边孔的最小抵抗线 W，而且 a、b 的取值与炮孔的单孔装药量有关。本设计取 $a=80\sim100$ cm、$b=80$ cm。

4.6.2.4 单孔装药量

（1）掏槽孔。上下台阶掏槽孔的单孔装药量见表3。

（2）周边孔。上下台阶掏槽孔的单孔装药量见表3。

（3）辅助孔。上下台阶掏槽孔的单孔装药量见表3。

4.6.2.5 炮孔填塞

填塞采用分层捣实法进行，不得有空隙或间断。各炮孔须填塞足够长度的炮泥，除周边孔根据光面爆破，其他各炮孔填塞炮泥的长度不得小于40 cm。

4.6.2.6 爆破参数表

Ⅳ～Ⅴ的围岩爆破参数见表3。

表3　Ⅳ～Ⅴ级围岩爆破参数表

台阶	炮孔名称	孔深/m	孔数/个	装药结构	单孔药量/kg	总药量/kg	孔距/m	雷管段别
上台阶	掏槽孔	2.1	4	连续装药	1.3	5.2	0.6	1，3
	辅助孔	1.9	2	连续装药	1.2	2.4	0.6	5
	周边孔	1.9	6	间隔装药	0.5	3.0	0.6	9
	底板孔	1.9	4	连续装药	1.1	4.4	0.6	7，11
	合计	—	16	—	—	15.0	—	—

续表 3

台阶	炮孔名称	孔深 /m	孔数 /个	装药结构	单孔药量 /kg	总药量 /kg	孔距 /m	雷管段别
上台阶	开挖面积	5.3 m^2						
	炸药单耗	1.95 kg/m^3						
	进　尺	1.5 m						
下台阶	掏槽孔	1.9	2	连续装药	1.0	2.0	0.8	1
	辅助孔	1.9	6	连续装药	1.0	6.0	0.8	3，5
	周边孔	1.9	4	间隔装药	0.5	2.0	0.65	7
	底板孔	1.9	6	连续装药	1.0	6.0	0.65	9，11
	合计	—	18	—	—	16.0	—	—
	开挖面积	6.8 m^2						
	炸药单耗	1.57 kg/m^3						
	进尺	1.5 m						
全断面面积 12.08 m^2（上台阶 5.3 m^3，下台阶 6.8 m^3），总炮孔数量 34 孔，总装药量 31 kg，预计每循环进尺 1.5 m，循环方量 18.12 m^3								

注：1. 爆破参数根据洞型尺寸适当调整。

2. 所有爆破参数表中炮孔数目依据开挖面积不同适当进行调整，所有爆破参数根据现场实际断面及开挖情况可作适当调整。

3. 施工中根据施工工序不同分隔施工时应按照施工要求确定各炮孔数量及装药量。

4.6.3　一次起爆总药量及一次齐爆最大药量

4.6.3.1　一次起爆总药量

最大为Ⅱ~Ⅲ类围岩全断面开挖时的装药量（开挖面积 8.82 m^2），总药量为 54.0 kg。

4.6.3.2　同段雷管一次齐爆最大药量

最大为Ⅱ~Ⅲ类围岩全断面开挖时的装药量，同段齐爆 10 个辅助孔，齐爆药量 17.0 kg。Ⅳ~Ⅴ级围岩上台阶爆破辅助孔合计齐爆药量 5.2 kg，下台阶爆破的辅助孔和底孔齐爆药量合计均为 6.0 kg。

4.6.4　廊道爆破施工图

廊道爆破施工图如图 7~图 12 所示。

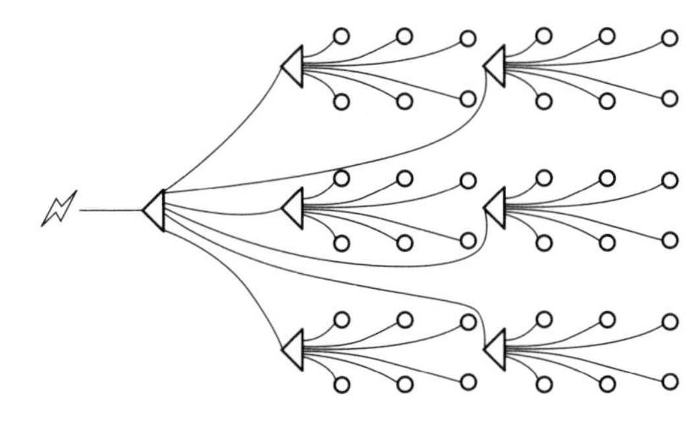

图 7　导爆管簇联起爆网路

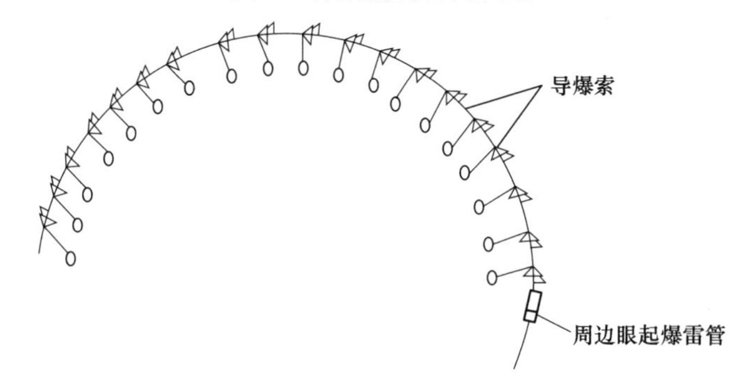

图 8　周边孔导爆索起爆网路

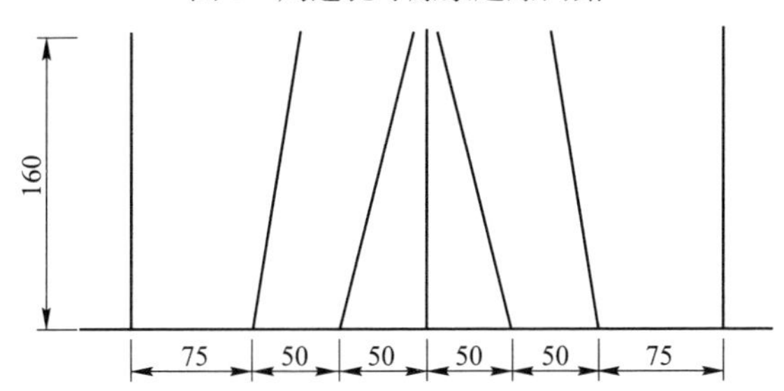

图 9　掏槽孔布置（单位：mm）

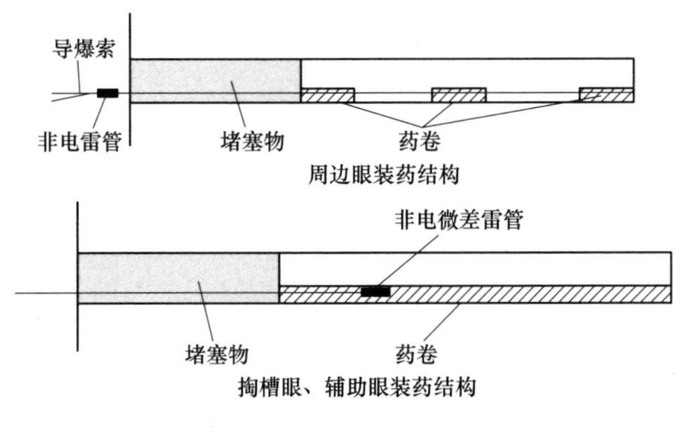

图 10　装药结构

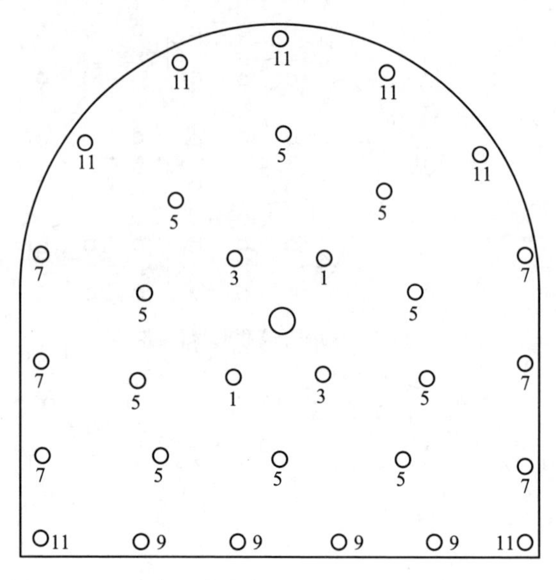

图 11　Ⅱ～Ⅲ类围岩全断面爆破开挖炮孔布置示意图

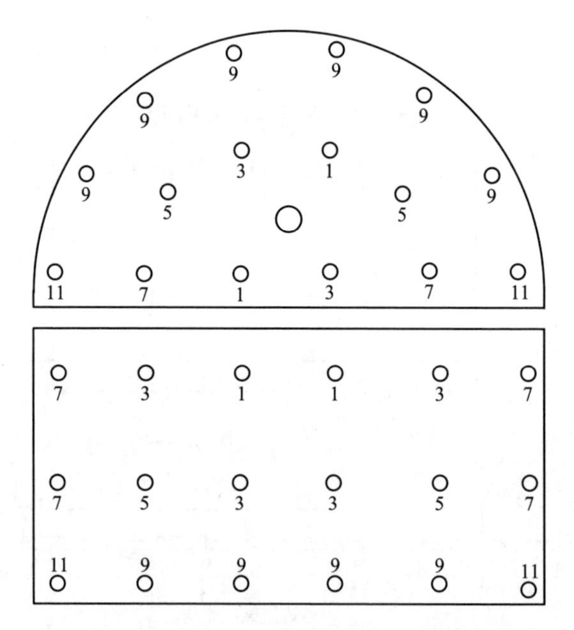

图 12　Ⅳ、Ⅴ级围岩上台阶爆破开挖炮孔布置示意图

5　爆破安全设计

爆破工程的不安全因素主要有：空气冲击波、爆破有害气体、爆破飞石、爆破振动、早爆、盲炮以及塌方、冒顶等。每种不安全因素有其特点、影响范围和

影响强度，均须根据现场情况，采取相应的安全措施。

5.1　本工程的铁路爆破振动控制标准值确定

本工程为廊道工程，爆破安全主要是控制爆破振动，按照《爆破安全规程》控制标准：民房建筑1.5 cm/s，电力线塔基2.5 cm/s，其他（民工宿舍、办公用房、设备机房等）为2 cm/s 。

另据《铁路工程爆破振动安全技术规范》（送审稿）针对隧道、桥梁、路基和接触网等防护对象也给出了安全允许标准。

对于本工程，参考上述规范控制标准，并结合铁路既有线的工程振动控制经验，对不同类型铁路保护对象结构安全爆破振动控制指标的从严选取，该工程爆破振动速度控制值见表4。

表4　爆破振动速度控制值

序号	建（构）筑物类型	振速控制值/$cm \cdot s^{-1}$	0.7倍折减后振速控制值/$cm \cdot s^{-1}$
1	有砟轨道（路基）	5	3.5
2	铁路隧道结构	7	4.9
3	铁路桥梁结构	4	2.8
4	接触网支柱基座	5	3.5

5.2　最大段允许装药量控制

最大段允许用药量以允许爆破振动速度来控制，由萨道夫斯基公式进行计算

$$R = Q^{1/3} \times (K/v)^{1/\alpha}$$

式中　Q——最大一段允许用药量，kg；

v——振动带安全控制标准，按照招标文件和爆破安全规程标准控制；

R——爆源中心到振速控制点距离，m；

K——与爆破技术、地震波传播途径介质的性质有关的系数；

α——爆破振动衰减指数。

根据本工程岩石硬度，暂取$K=180$，$\alpha=1.6$。

5.3　爆破振动、空气冲击波、爆破有害气体与爆破飞石

5.3.1　爆破振动计算

廊道控制同段雷管齐爆最大药量为$Q_{max}=17.0$ kg(Ⅱ~Ⅲ级围岩)。

(1) 对民房等建筑物影响的爆破振动计算。

$v = K(Q^{1/3}/R)^{\alpha}$　取$K = 180$　$\alpha = 1.6$　$R = 200$m

$v = 180 \times (17.0^{1/3}/200)^{1.6} = 0.17$(cm/s) $<$ 1.5(cm/s)(安全振动速度)

（2）对附近电力线及基础影响的爆破振动计算。

$v = K(Q^{1/3}/R)^{\alpha}$ 取 $K = 180$ $\alpha = 1.6$ $R = 60\text{m}$

$v = 180 \times (17.0^{1/3}/60)^{1.6} = 1.17(\text{cm/s}) < 2.5(\text{cm/s})$（安全振动速度）

（3）对临时办公房（项目部）、设备机房影响的爆破振动计算。

$v = K(Q^{1/3}/R)^{\alpha}$ 取 $K = 180$ $\alpha = 1.6$ $R = 50\text{m}$

$v = 180 \times (17.0^{1/3}/180)^{1.6} = 0.2(\text{cm/s}) < 2(\text{cm/s})$（安全振动速度）

（4）对金温铁路隧道及路基影响的爆破振动计算。

$v = K(Q^{1/3}/R)^{\alpha}$ 取 $K = 180$ $\alpha = 1.6$ $R = 610\text{m}$

$v = 180 \times (17.0^{1/3}/610)^{1.6} = 0.03(\text{cm/s}) < 3.0(\text{cm/s})$（安全振动速度）

综上所述，由于本工程Ⅱ～Ⅲ级围岩爆破最大齐爆药量为 17.0 kg，均小于周边建筑物允许的最大齐爆药量，因此，本工程施工，对周边建筑物、重要设施等的振动影响较小，不会造成爆破振动破坏。

5.3.2 爆破冲击波超压的影响

由于廊道施工方向为水平，而廊道洞室爆破均在地下，因此超压冲击波对洞口周围建筑不会造成影响。

5.3.3 爆破飞石安全距离

廊道爆破时，在做好防护的时候，个别飞石对人员安全距离设定为 200 m，廊道内对设备安全距离设定为 100 m（指非机动设备）。

由于隧道洞口均朝向北面，距南面的金温货线约 1000 m，能满足飞石对金温货线安全距离要求。

5.3.4 控制爆破振动、冲击波、飞石的措施

廊道爆破产生的空气冲击波沿廊道传播时，比沿地面半无限空间的传播衰减要慢，故要求的安全距离也更大。爆破产生的有害气体也必须通过通风管道或廊道才能排出。爆破飞石的飞行方向无法准确预测，飞行距离难以准确计算，会给爆区附近的人员及设备造成严重威胁，特别是二次破碎爆破造成的事故更多，因此必须加以严格控制和防范。爆破产生个别飞石的距离与爆破参数、填塞质量等因素有关。主要采取以下措施：

（1）廊道爆破时，所有人员撤离到离爆破点 200 m 外避车道内或直接撤离至洞外避炮。

（2）进洞阶段，沿洞口向外的爆破冲击波和飞石强度较大。要特别注意对洞口附近人员、建筑物和设施的防护，在洞内悬挂胶帘，洞外布置防护挡墙。

（3）爆后必须进行充分通风，保持爆破作业场所通风良好，完成前人员不得进洞。

（4）采取控制爆破技术缩小危险区，合理确定爆破参数，特别注意最小抵

抗线的实际长度和方向，避免出现大的施工误差。

（5）将可移动设备撤出飞石影响区域。

6　爆破施工

6.1　通过试爆优化爆破参数

本工程试爆安排在隧道进口，在正式爆破施工前选择最不利位置进行试爆。试爆前和试爆后，均协调金温铁道公司设备管理单位相关人员，现场检查既有铁路设备情况，做好记录，建立档案。比对爆前和爆后铁路设备的变化情况，如变化超出监测预警值，则暂停试爆，分析原因，优化调整爆破参数后再行试爆。每次爆破后都要组织人员对隧道进行检查，比对铁路设备变化情况。

试爆必须在铁路封锁点内作业，根据试爆结果再行确定下一步的施工作业是否需要在铁路封锁点施工。试爆3次，取振动监测中间值，根据试爆振动监测，从而验证振速计算 K 、α 取值的正确性。试爆按照设计爆破药量进行，振速按照2 cm/s控制（表5）。

表5　试爆参数

金温里程	开挖部位	进尺	最小净距/m	振速控制/cm·s^{-1}	试爆计划时间
K135+049~K137+853.5	隧道进口	2 m	960	2	爆破施工前

试爆设置爆破振动预警值，控制值2.0 cm/s，当爆破振动达到控制值时，应适当减小单段装药量及单次爆破药量，实际操作具体以试爆结果为准（表6）。

表6　爆破振动表

隧道名称	爆破里程	距爆区距离/m	一次起爆规模/kg	最大单响药量/kg	爆破振动速度/cm·s^{-1}		
					控制值	计算值	实测值
雷草山隧道	K135+049~K137+853.5	960	24.0	17.0	2	0.01	0

根据试爆结果，按设计的爆破参数进行爆破施工，满足对本工程主要振动保护对象金温铁路的安全要求。

6.2　严格落实爆破操作，实现控制爆破效果

6.2.1　钻孔

钻孔采用简易平台，YT-28风钻打孔。先按爆破设计图绘出开挖断面的中心

线和轮廓线，标出所有钻孔位置，钻孔必须做到“准、平、直、齐”四要素，钻孔完毕后用高压风吹清炮孔泥碴。

6.2.2 装药、起爆

按爆破设计确定的装药量自上而下进行装药，周边孔采用间隔装药，其他孔采用连续装药方式，雷管必须对号分段布置。要定人、定位、定段别。

起爆网路采取导爆管毫秒延期雷管、簇联的起爆方式。

网路联好后，要有专人负责检查，按起爆流程，做好爆破警戒，确认无误后，方准起爆。

6.2.3 软弱围岩、破碎带控制爆破施工

对软弱围岩、破碎带，光爆孔的开孔位置应内移 5~15 cm，当遇到倾角较小而层间厚度又较薄的水平层围岩时，应适当调整炮孔位置：坚硬围岩须布置在周边轮廓上。

局部地质较差时，难以形成光面时，在光爆孔间设导向孔或将光爆孔钻成带小槽口的炮孔，利于裂缝贯通形成光面。此时适当加大炮孔间距而其他参数保持不变。

爆破后仔细检查围岩情况，对不稳定帮顶及时处理，防止发生事故。

7 爆破效果与监测成果

7.1 爆破效果

本项目总共实施 755 次爆破，未出现早爆、盲炮及其他爆破事故。

工程各次爆破后基本能形成规则的、圆顺的、接近于设计要求的轮廓，围岩自稳能力较好。同时，由于爆破对围岩的扰动小，有效地减少了坍塌现象。

本工程各次爆破后能很好地控制隧道超欠挖，大大节约工程成本。

7.2 爆破施工监测

7.2.1 监测设计

（1）爆破振动监测。为控制爆破振动对既有铁路的影响，爆破时对铁路设施进行爆破振动监测，采用合理的监测方法在爆破施工期间全过程收集既有铁路振动数据，并加以记录和控制。每次对既有铁路线的监测传感器（三向）不少于3个，安装在既有铁路面向廊道施工方向路基 1 m 的位置，传感器间距 5~10 m，传感器的安装状态与标定状态一致（水泡居中），安装要牢靠。

（2）滑坡体位移监测。根据青田县祯埠镇锦水村下个寮特大型滑坡变形特点和威胁对象，下个寮特大型滑坡灾害治理工程的监测采用以自动化监测与人工

校核为组合的监测手段。形成主要有地表位移监测、深部位移监测、地面宏观巡视、地下水监测、后缘裂缝监测、滑带土监测和视频监测（图13）。

图13　滑坡体监测站图

监测断面的方向与滑坡移动方向大致相同，并设在滑动岩土体具有代表性的剖面上，设站地区在监测期间不受邻近施工的影响；监测线的长度要大于边坡变形区的范围，以便建立监测线控制点；监测线上的测点须有一定的密度，测点重点布置在最有可能发生滑移、坡体变形量大、影响最大的部位，并根据勘查、监测数据进行调整；施工期间，监测站的控制点要设在边坡变形范围以外。

7.2.2　监测成果及分析

（1）爆破振动监测。本项目爆破振动监测均未测得爆破振动数据，从测振结果看爆破对金温铁路没有产生有害效应。

原因分析有：爆破单响药量小；爆破作业点距离金温铁路较远；整个滑坡体内存在较多的地质破碎带，是爆破振动急剧衰减的重要因素。

（2）滑坡体位移监测。爆破施工期间，综合对下个寮滑坡的移动速度、野外稳定性评价和滑坡发育阶段划分等滑坡特征的对比、分析，推断对下个寮滑坡处于由基本稳定状态向潜在不稳定状态转变、由蠕动变形向等速变形转变的阶段，滑坡整体当前处于基本稳定，前缘局部处于欠稳定状态，在外部极端条件下（如连降强暴雨）有局部失稳、滑塌的可能。

在现有勘查平硐延伸段爆破施工时，通过对洞内监测发现裂缝变化较为明显，勘查孔出现较为明显的裂纹及塌孔现象。施工采取减小进尺，降低爆破药量的方式进行施工。

根据监测数据分析，自 2020 年 7 月 25 日截至 2021 年 9 月 19 日，表层水平（2D）累计位移最大值棱镜（0-2）：55. 53 mm，竖向（H）累计位移最大值棱镜（1-5）：25. 15 mm。自 2020 年 9 月 1 日截至 2021 年 9 月 19 日，深部位移累计变化量最大值 *X* 方向位移最大值（CX2-6）：-44. 55 mm，*Y* 方向位移最大值（CX3-5）：53. 07 mm。可以判断当前滑坡体处于蠕动状态，滑坡体有位移增速情况，在未来强降雨或水位变化的情况下，不排除滑坡体位移加速的可能。当前处于治理工程施工期间，不排除施工过程对滑坡体产生影响导致滑坡体位移加速的可能。

8　经验与体会

8.1　小断面廊道爆破施工质量控制

进行爆破设计时，应对多种因素进行综合考虑，如工地的地质条件，开挖的断面和方法，钻孔的机具掘进循环进尺，爆破材料及出碴能力等。周边孔间距和周边孔最小抵抗线根据围岩特点来进行选择。破碎和柔软的围岩，周边孔间和 *E/W* 取小值。

8.2　存在滑坡、破碎带较多等复杂地质条件下的控制爆破

爆破中要充分注意裂隙断层和夹层，根据层理、层面、断层的形状、方位，以及可能的影响程度，及时调整掏槽位置、炮孔方向、装药结构和起爆顺序等，优化爆破参数。

为尽量减小爆破振动影响，适当减小每次爆破进尺，减小每段起爆药量，控制爆破规模。

光面爆破和毫秒延期起爆技术在本排水廊道爆破施工应用中起到了较好的效果。

工程获奖情况介绍

“复杂环境浅埋隧道爆破振动控制关键技术研究与应用”项目获中国爆破行业协会科学技术进步奖二等奖（2023 年）。

小净距运营隧道扩挖爆破的振动控制技术

工程名称： 鄞州至玉环公路椒江洪家至温岭城东段公路工程先行开工段
工程地点： 浙江省温岭市城东街道
完成单位： 浙江省隧道工程集团有限公司
完成时间： 2017 年 4 月 14 日~2020 年 12 月 24 日
项目主持人及参加人员： 龚　设　徐友樟　林进滢　方　静　朱爱山　罗　伟　叶新建　李佳冬
撰 稿 人： 林进滢　朱爱山　康三月

0 引　言

我国早期公路隧道发展受到资金的制约与思维的束缚，绝大部分采用分离式单洞双车道隧道。但随着公路客、货运输量的迅速增长，早期修建的某些公路隧道已经达到或者超过其设计通行能力，不能继续满足现在的交通需求。东南沿海地区、山区等，土地资源紧张，无法进行大规模的新建公路，在原位进行改扩建将会越来越多。而公路隧道作为公路网络上的特殊构造物，往往会成为公路网络上的瓶颈。改扩建一般采取一洞施工，一洞继续通车方案。对于小净距隧道，一洞爆破开挖势必对临近通车隧道产生较大影响，如振动、噪声、结构破坏等，但最大破坏影响为振动危害。故有必要对小净距公路隧道爆破振动控制技术进行研究，既能经济施工，又能最大程度确保通车安全。

为分析爆破振动影响及可能产生的破坏效应，罗阳等人对隧道净距的影响规律研究表明，小净距隧道后行隧道掌子面起爆时，相邻先行隧道迎爆面拱腰处围岩爆破振动速度最大，最大振速随隧道净距的增大而不断减小，随单次炸药量的增大而增大，当 $Q/R^3<1\times10^{-3}$ 时，后行隧道掌子面爆破对先行隧道围岩的爆破振动影响可忽略不计。梁书锋等人开展了电子雷管降振试验，对隧道爆破炮孔的合理延时进行研究。研究结果表明：受纵、横隧道分割的影响，中隔墙末端振动存在明显的放大效应；掌子面后方中隔墙受爆破振动的影响大于掌子面前方岩体。梁琨等分析小净距隧道爆破开挖中，先行洞在后行洞上台阶爆破作用下的动力响应。结果表明：先行洞三向振速中，X 水平径向振速最大，且与合速度大小接近，先行洞振速由掌子面后方至隧道入口处呈现衰减趋势，提出了现场监测应根据对于 X 水平径向的数据调整爆破方案参数。隧道微振爆破的研究也有不少，如

王佳辉等基于数码雷管在临近建构物隧道均布主振相微振爆破施工技术研究，但对于小净距隧道保通条件爆破振动控制技术的研究还未见报道。

根据楼山隧道安全设计，通行隧道爆破振动速度需控制在2 cm/s。本文依托台州市楼山隧道，围绕“控振”开展了爆破设计，振动数值模拟优化，其爆破参数及校核方法可为类似工程提供借鉴。

1　工程概况

楼山隧道是鄞州至玉环公路椒江洪家至温岭城东段公路工程先行开工段的一部分，为左右分离式隧道，通过对既有双向四车道隧道原位四周扩建为双向八车道。既有隧道于2003年完工，采用“新奥法”原理设计和施工，全长509.6 m，隧道建筑限界净断面为10.25 m×5 m，隧道两幅最小间距为29~35 m。改扩建后的楼山隧道全长487 m，隧道建筑限界断面为17.25 m×5 m，隧道两幅最小间距为18~26 m。施工时一洞改建，另一洞保持交通通行，要求在实施爆破作业时，保证通行隧道的安全，如图1所示。

图1　隧道进口爆破环境

隧道埋深40~105 m，围岩主要为微风化凝灰岩，节理裂隙发育，局部受构造影响较破碎，以块（石）碎（石）状镶嵌结构为主。由于原隧道开挖导致应力松弛，结构面间隙增大，易产生小规模的坍塌，处置不当易产生较大的坍塌。楼山隧道位于独立山岭，地形坡度大，汇水面积小，因此其总体水量较小。因岩体受构造影响强烈，构造裂隙发育，透水性较好，在雨季隧道开挖时，易产生小规模的突水、涌水。另隧道出口处位于丘陵斜坡下部，地形坡度25°~40°，围岩主要为残坡积含黏性土碎石及全风化层及强风化层，部分位于中风化凝灰岩，由于受断层影响，岩体极破碎，风化极强，残积土及全风化层厚度最厚达 24 m 以上。

2 施工难点

楼山隧道分左、右洞，分别封闭部分道路施工，先行施工楼山右洞隧道拓宽，待右洞结构施工完成并交工验收合格通车后，才能拓宽其左洞，爆破对通行隧道影响大、周期长，干扰较大。楼山隧道拓宽后断面达 229 m^2，既要爆破拆除原隧道二衬及初支，又要确保邻洞通车安全。

3 影响爆破振动的主要因素

装药量、振源距离、地质情况、起爆间隔时间、炮孔超深、炸药性能、装药结构、保护对象自身的结构等都是影响爆破振动的因素。

3.1 单段最大段别装药量

质点振动速度随着装药量的增大而增大，相关研究表明通过改变单段最大装药量，能够达到降低振幅的目的。当单段最大装药量增加时，质点振动速度也增大，小药量爆破引起的爆破振动以高频为主。

3.2 至爆源的距离

随着至爆源的距离增加爆破地震波逐渐衰减，振动速度也会随之降低，爆破主振频率也在传播过程中逐渐向低频转化。

3.3 爆区及地震波传播区域地质条件

爆区及地震波传播区域地质条件直接影响爆破地震波的振幅、频率和持续时间，当传播介质越坚硬振动速度越小，主频主要集中在高段，振动时间短。软弱围岩中爆破振动频率比较低，振动持续时间较长。

3.4 炮孔起爆顺序与间隔时间

毫秒延时爆破的机理是先起爆药包为相邻的后爆药包形成新的自由面，为随后起爆的炸药创造有利的爆破环境。采用电子雷管，能精确的设定起爆间隔时间，相邻起爆药包产生的地震波的主震波正负相叠加而实现干扰减振。除此以外，炮孔超深、炸药性能、装药结构以及保护对象自身的结构等都是影响爆破振动的因素。

隧道微振爆破时通常不对一次爆破的总药量进行控制，而是对同时起爆的同段单响药量加以控制，这一点对于软弱围岩毫无疑问是正确的。但对坚硬完整的岩层，则常是掏槽炮孔的爆破会产生一次爆破中强度最大的振动。为满足大断面开挖及减轻爆破振动的要求，应选用有足够段数的非电毫秒雷管。

4　爆破方案初步设计

采用戈斯帕扬经验公式计算单位炸药消耗量为 0.74 kg/m^3，炮孔数量按公式 $N=q\times S/(r\times n)$ 计算为 184 个。本工程按六部爆破开挖成型，总孔数 247 个，实际数量远大于理论计算，这与拆除原衬砌结构有关。炮孔布置如图 2 所示。

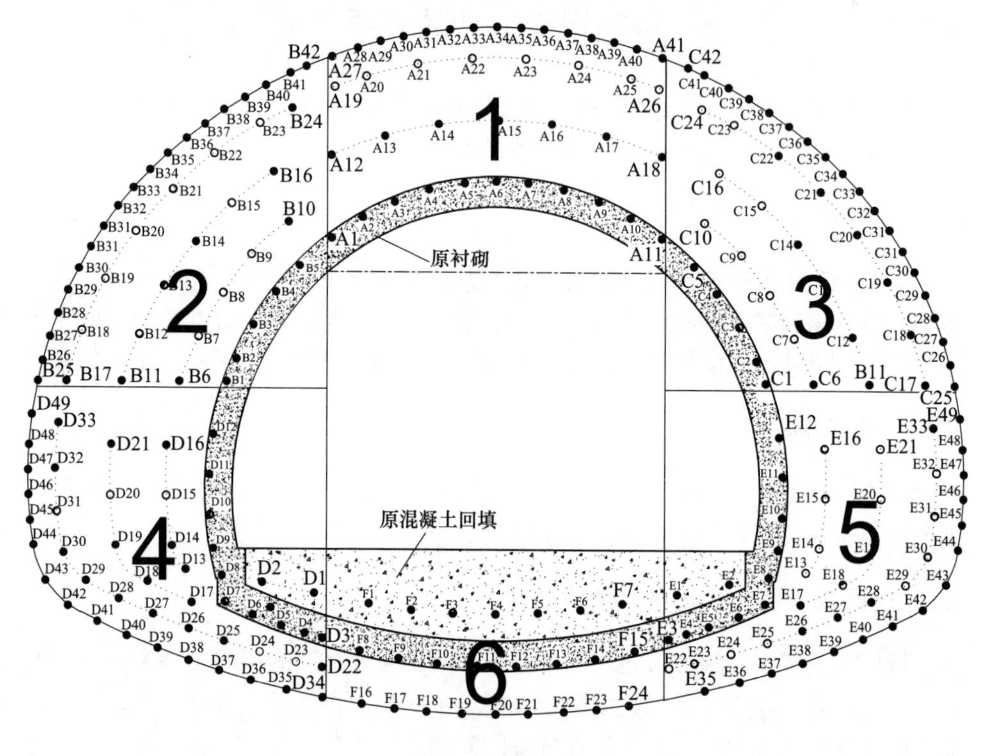

图 2　炮孔布置

4.1　既有衬砌爆破参数设计

既有隧道衬砌为薄壁结构的钢筋混凝土，最小抵抗线 W 值为壁厚或梁、柱截面中较小边长的一半，即最小抵抗线 $W=1/2B$。炮孔密集系数取决于拆除对象的材质、破碎程度和对爆破作用的要求，即炮孔间距 $a=mW$，m 为临近系数，本工程 m 取值为 2，计算得炮孔间距为 50 cm。最终计算得每个炮孔装药量取整为

150 g。爆破孔深 1.6 m，循环进尺 1.5 m。

本项目爆破施工选取岩石乳化炸药，药卷直径 32 mm，毫秒导爆管雷管起爆，底板孔、辅助孔采用连续装药方式；周边光爆孔采用不耦合装药，以延长爆轰气体的作用时间，降低爆轰波的冲击强度，周边孔不耦合系数应大于 2。既有隧道结构混凝土拆除孔装药结构采用间隔耦合装药方式，采用导爆索起爆。

4.2　六部开挖法爆破参数设计

施工顺序 1→2→3→4→5→6，每部超前量控制在 10 m。爆破参数，详见表 1。

表 1　六部开挖法爆破参数

部位	开挖断面 /m^2	孔深 /m	孔数 /个	爆破效率 /%	循环进尺 /m	循环药量 /kg	炸药单耗 /$kg \cdot m^{-3}$	雷管 /发
1	27.4	1.6	41	94	1.5	31.30	0.762	41
2	25.6	1.6	42	94	1.5	29.1	0.758	42
3	25.6	1.6	42	94	1.5	29.1	0.758	42
4	26.96	1.6	49	94	1.5	42.8	1.06	49
5	26.96	1.6	49	94	1.5	42.8	1.06	49
6	22.99	1.6	24	94	1.5	33.2	0.96	24
小计	155.51		247			208.3		247

5　爆破动力有限元分析

5.1　结构动力计算分析方法

隧道在动力荷载的作用下会发生振动，隧道围岩的各种量值也会随时间发生变化，动力荷载作用与静力荷载作用计算的主要差值在于是否考虑惯性力对结构的影响。对结构进行动力分析的目的就在于确定在结构动力荷载的作用下其振动速度等随时间的变化规律，并从其中找出最大值或最小值作为结构设计和验算的依据。任劲涛运用有限元软件 LS-DYNA 建立了与实际工程对应的三维模型，通过计算得到了相邻隧道质点的峰值振速，并与实测振速进行对比，验证了数值模拟方法是可行的。在此基础上还研究了在不同围岩级别下后行隧道爆破对相邻先行隧道衬砌的振动影响，并进一步分析了先行隧道沿轴向振速、应力、位移的分布变化规律及其下台阶开挖后衬砌的振动响应规律。本工程也采用此法进行模拟。

5.2 数值模型及参数设定

楼山隧道原净断面为 10.25 m×5 m，扩建后净断面为 17.25 m×5 m。隧道模型以隧道横向为 X 轴，轴线方向为 Z 轴。综合考虑计算精度和效率，在 X 方向上，计算模型由隧道轴线向 X 轴负方向取 65.83 m，向 X 轴正方向取 30 m；在 Y 方向上，计算模型由隧道轴线向 Y 轴负方向取 25 m，向 Y 轴正方向取 60 m；在 Z 方向上，计算模型由隧道轴线向 Z 轴负方向取 7 m，向 Z 轴正方向取 0.5 m。因此，本隧道衬砌爆破拆除数值计算模型三维尺寸为 95.83 m×85 m×7.5 m，如图 3 所示。

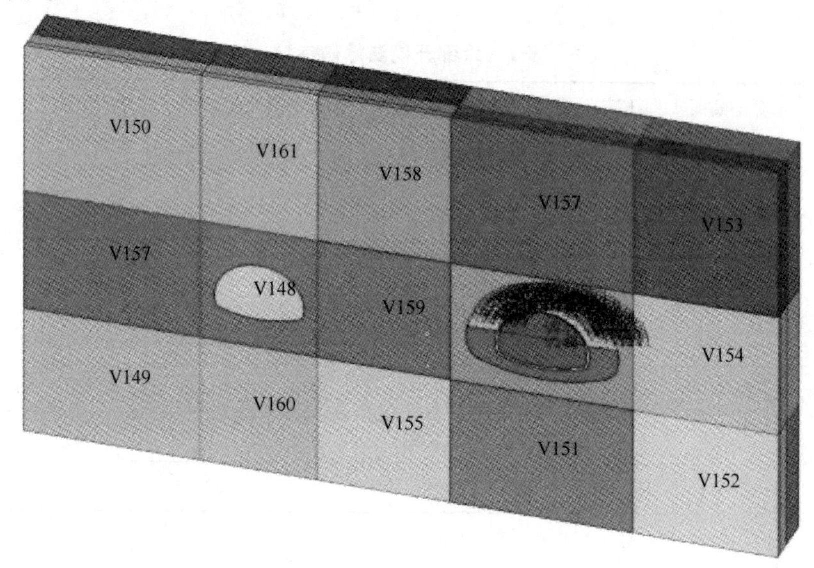

图 3　台阶法爆破模型

模型材料由岩石、炸药、衬砌、钢拱架和空气 5 个部分组成，均选用实体单元 Solid164 进行网格划分。其中岩石、衬砌和钢拱架采用拉格朗日网格建模，炸药和空气采用流固耦合建模，单元使用多物质 ALE 算法。为了模拟无限大岩体，模型的外边界均采用无反射边界条件。

考虑工程实际情况，同时为了便于数值模拟，模型炮孔深度为 1.6 m，炮孔直径为 4.2 cm，炮孔间距为 50 cm，装药使用 2 号岩石乳化炸药。炮孔起爆位置根据实际情况设置在炸药中间处。模型采用自带 LS-DYNA Solver 进行求解运算，使用 LS-PREPOST 软件进行后处理。数值模拟中所有参数均统一使用 cm-g-μs 单位制。

5.3 计算方案及计算模型

爆破拆除的过程具有高速复杂的特点，尽管衬砌材料性质、岩石性质和节理等因素都会对衬砌拆除爆破的效果产生影响，但在数值模拟中很难将所有因素都考虑进去，因此只考虑影响爆破效果的主要因素，简化次要因素，该模拟中做出以下的假设：

（1）数值模拟中的既有衬砌、岩石及炸药等材料性质均连续且各向同性。

（2）模型任意两种介质的接触面上位移及速度连续条件均得到满足。

（3）爆破拆除过程为绝热过程，热力学参量的影响不作考虑。

（4）不考虑岩石中裂隙的影响。

数值模拟采用多物质材料与拉格朗日结构耦合算法来满足涉及两种以上物质的计算，该算法的优点是各部分结构间复杂的接触关系不需要定义，尽管网格数量巨大导致求解时间较长，但计算结果较稳定。所建立的三维模型通过 LS-DYNA Solver 求解后，将计算结果导入 LS-PREPOST 有限元后处理软件，以此来模拟在各个工况下爆破振动速度的变化情况以及峰值大小。

因此分别取拱顶、拱腰、拱脚及拱底中的点研究其爆破振动速度随时间变化的规律及振动速度最大值，其中右洞监测点位置取距离爆破掌子面 30 m 的掌子面上，监测点号分别为 68145、68038、67795、16821、16770。左洞监测点所在面则与爆破掌子面平行，台阶法各监测点的 X、Y、Z 及合成振动速度如下图所示，监测点点号分别为 68153、68165、67704、16840、16836，对所选取的监测点 X 方向、Y 方向、Z 方向以及合成振动速度进行监测，右洞各监测点的振动速度时程曲线分别如图 4~图 7 所示，左洞各监测点的振动速度时程曲线如图 8 所示。

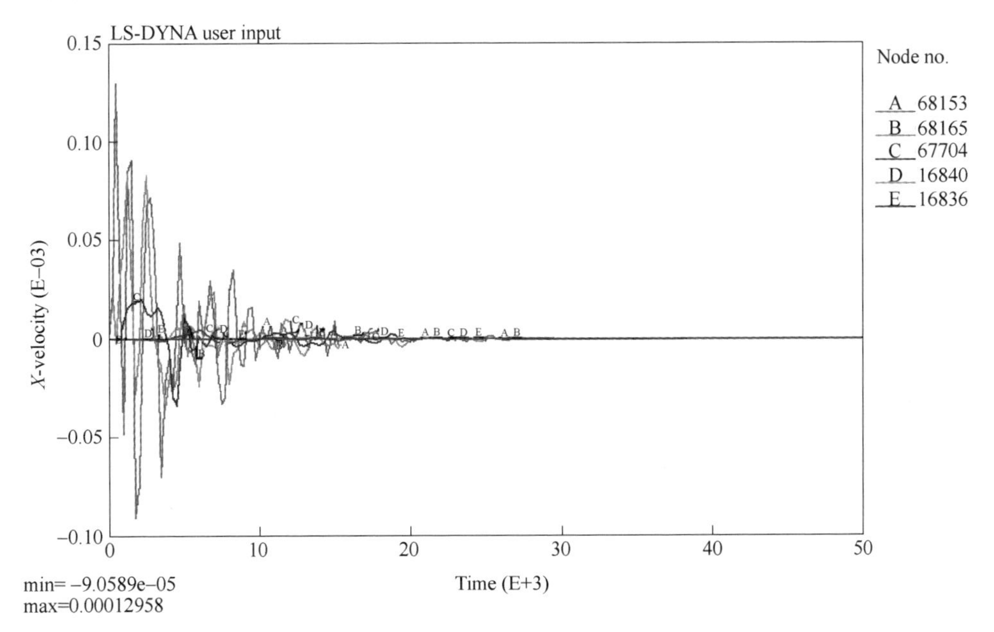

图 4　X 方向振动速度时程曲线

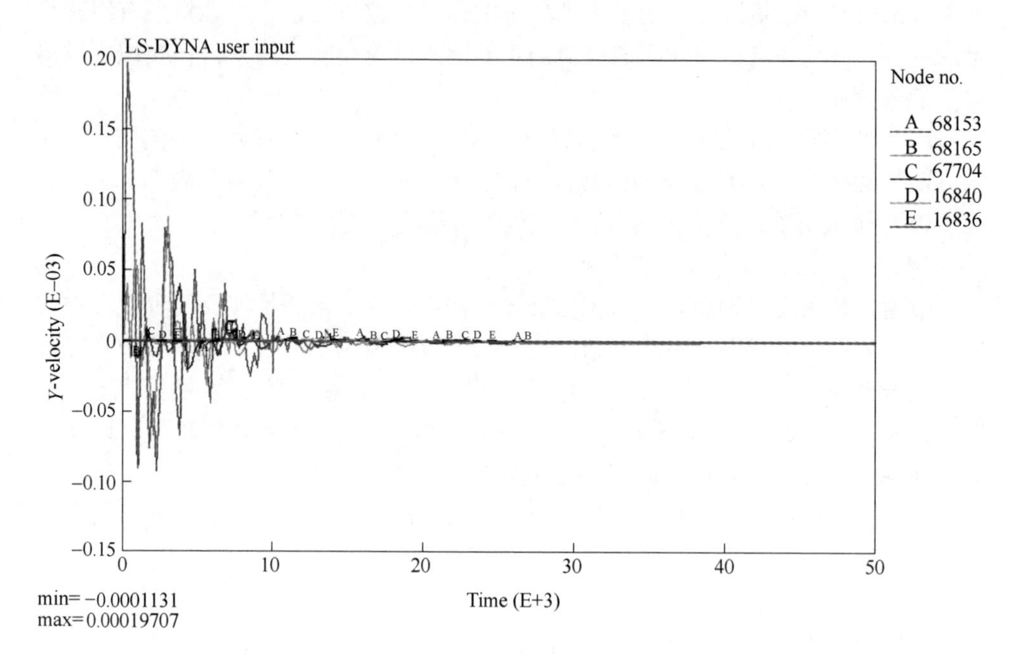

图 5　Y 方向振动速度时程曲线

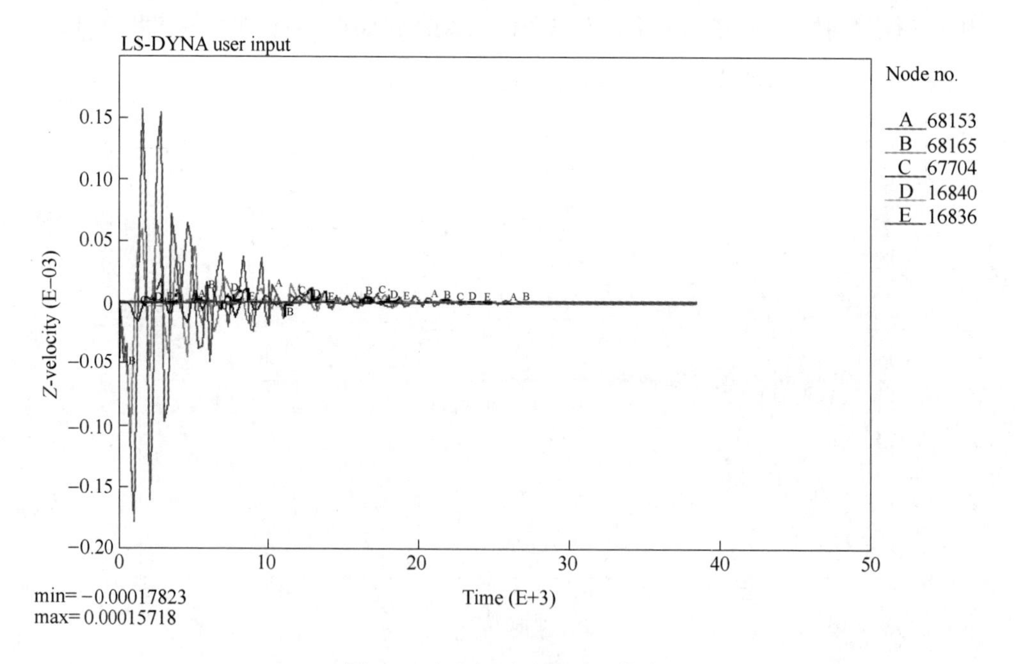

图 6　Z 方向振动速度时程曲线

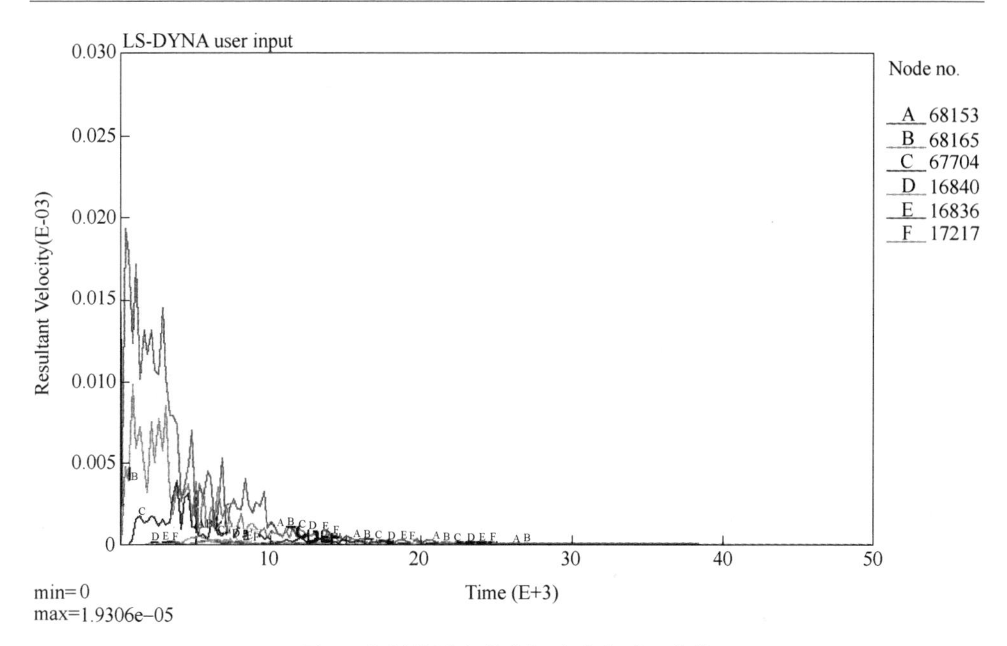

图 7　右洞监测点联合振动速度时程曲线

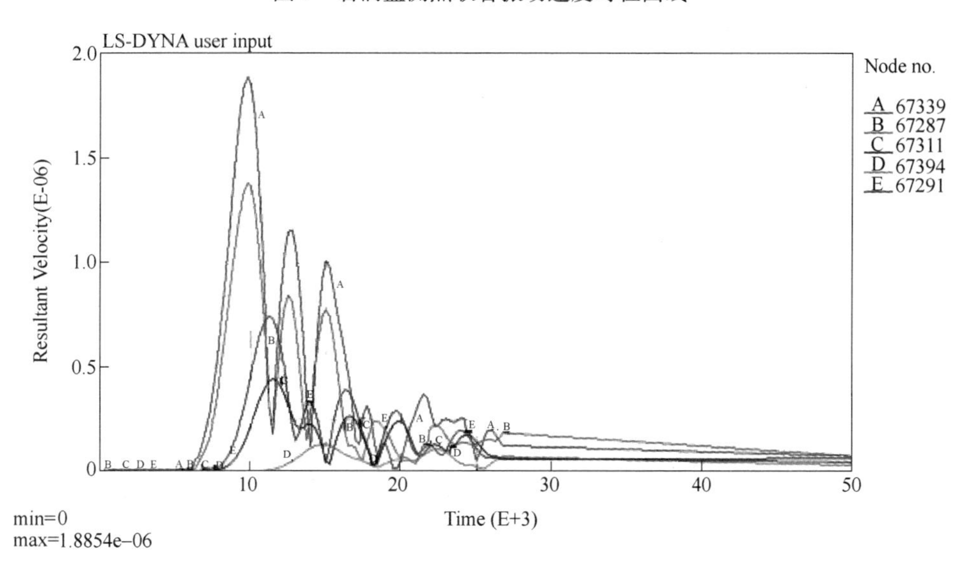

图 8　左洞各监测点联合振动速度时程曲线

沿着已开挖段隧道地表建筑物监测点 68153、68165、67704、168040、17217 处 X 方向峰值振动速度依次为 17. 35 cm/s、8. 53 cm/s、2. 85 cm/s、1. 34 cm/s、0. 26 cm/s；Y 方向峰值振动速度依次为 19. 68 cm/s、8. 87 cm/s、3. 96 cm/s、1. 41 cm/s、0. 57 cm/s；Z 方向峰值振动速度依次为 15. 88 cm/s、6. 43 cm/s、2. 76 cm/s、1. 28 cm/s、0. 36 cm/s。联合振动速度最大值见表 2。

表 2 各监测点最大振动速度

右洞（爆破洞）	监测点号	68145	68038	67795	16821	16770
	最大振速/cm · s^{-1}	18.31	10.33	4.49	0.34	0.18
左洞（通行洞）	监测点号	68153	68165	67704	16840	17217
	最大振速/cm · s^{-1}	0.18	0.12	0.07	0.02	0.01

5.4 数值模拟结果分析

由于楼山隧道扩挖工程属于交通隧道扩建，本文采用《爆破安全规程》（GB 6722—2014）建议的临界振动速度作为评判隧道破坏的标准，即邻近隧道爆破施工引起的既有隧道在不同的振动频率下既有隧道破坏的临界振动速度在10~20 cm/s，见表 3。

表 3 爆破振动安全允许标准

保护对象类别	安全允许振速/cm · s^{-1}
水工隧道	7~15
交通隧道	10~20
矿山巷道	15~30

5.5 实测振动速度

采用 UBOX-5016 工程爆破智能监测仪对通车隧道进行爆破振动检测，详见表 4。测点布置在同一横断面上，3 个通道，其中墙部衬砌布 2 个点，底板布 1 个点。

表 4 爆破震动监测记录

爆源位置	通道名	最大震速/cm · s^{-1}	主震频率/Hz
六部开挖：1 实测距离爆破中心 19.6 m	通道 1-段 1	0.571	12.207
	通道 2-段 1	0.261	101.318
	通道 3-段 1	0.137	466.919
六部开挖：3 实测距离爆破中心 15.3 m	通道 1-段 1	1.463	15.422
	通道 2-段 1	1.001	122.277
	通道 3-段 1	0.692	306.423
六部开挖：5 实测距离爆破中心 15.2 m	通道 1-段 1	0.455	103.769
	通道 2-段 1	1.033	194.292
	通道 3-段 1	0.288	212.384

通过以上对六部开挖方案施工过程中的振动速度分析，可以看出右洞在爆破

后迅速达到峰值，而爆破振动由右洞（爆破洞）至左洞（通车洞）传递需要时间，左洞在爆破后约0.01 s后达到峰值，随后振动速度呈波浪状下降趋势并最终平稳地趋于零，模拟结果与实际情况相符。在右洞进行爆破掘进时对楼山隧洞左洞振动传递时能量有衰减，所以振动速度均远低于安全允许标准，因此能够满足在右洞进行爆破掘进的同时左洞正常交通的要求。隧道右洞联合最高振速为18.31 cm/s，各监测点监测数据均符合安全标准，所以楼山隧道采用六部开挖爆破方案安全合理。

6　爆破效果

楼山隧道分部开挖法成功实施爆破，实际开挖情况如图9所示。爆破后隧道岩体整体性较好，不平整度及平均超欠挖量在允许范围以内，允许超挖值小于15 cm，边墙小于10 cm，岩面上用肉眼看不见明显裂缝；爆破后的岩石块体及衬砌大小适中，石碴最大块体小于30 cm，易于清运。

图9　现场施工

楼山隧道断面大，与既有运营隧道间距小，且由于工序烦琐，尤其是洞口V级围岩段，施工难度非常大。为确保运营安全，施工中要求严格按照设计开挖步骤进行，爆破作业采用微振爆破技术，配合监控量测，循环进尺选取满足楼山隧道掘进爆破的需要，确保了工期按期完成。并做到周边轮廓尺寸符合设计要求，既有隧道衬砌的质点振动速度控制要求范围内，没有因为施工对既有隧道运营造成任何影响。

7　经验与体会

通过对楼山隧道爆破设计及施工，获得大断面小净距隧道爆破振动控制及施工经验，以及在施工中存在的重大技术问题的解决方法，可为今后在类似工程中遇到的问题提供参考。

（1）楼山隧道采用控制爆破振动技术，降低隧道爆破对围岩的扰动，最大可能的保护隧道稳定，保证了通行安全。

（2）通过减小循环进尺，多钻孔，降低同一段别炸药起爆药量等措施，达到降低爆破振动的目的，炸药爆炸产生的作用对隧道壁上的岩体损伤轻微，肉眼观察没有明显的裂缝产生，地质较优的围岩段在爆破后基本上没有很明显的危岩，不良地质段隧道爆破后基本上没有浮石危岩。

（3）使用 LS-PREPOST 软件数值模拟与实测爆破振速较为接近。

工程获奖情况介绍

"复杂环境小净距隧道原位扩建施工关键爆破技术"项目获浙江省爆破行业协会科学技术进步奖一等奖（2021 年）。

竖井中导井一次爆破成井法研究与运用

工程名称： 宁波白溪水库引水工程与三溪浦水库沟通工程
工程地点： 三溪浦水库位于宁波市东南 20 km 鄞州区东吴镇境内三溪浦村
完成单位： 浙江省隧道工程公司
完成时间： 2009 年 8 月 1 日~2011 年 4 月 18 日
项目主持人及参加人员： 昌禄柱　康三月　郭红里　张春林　魏晓彦　覃同新　任成锋
撰 稿 人： 昌禄柱

1　工 程 概 况

1.1　工程简介

本引水工程的主要任务是为已建的白溪水库引水工程解决检修期间临时替代水源，即在白溪水库引水工程需要检修时，预先通过白溪水库引水工程的管道向三溪浦水库输入一定的水量，在白溪水库引水工程检修期间，由三溪浦水库临时向北仑水厂供水，以确保北仑区居民和工业用水。

工程输水线路总长 1237.8 m，该引水工程最大输水能力为 50 万吨/日，与已建成的白溪水库引水工程北仑支线最大输水能力相同。

拟建取水工程包括一条隧洞和一座竖井式进水闸，其中竖井长×宽为 6 m×4.1 m，竖井高度为 28.5 m。

1.2　竖井工程地质和水文地质

本区出露的地层主要是上侏罗统的中酸性、酸性火山碎屑岩，主要岩性为灰紫色、浅灰绿色变余玻屑塑变结构、次平行构造粗晶屑玻屑熔结凝灰岩、含晶屑玻屑凝灰岩、流纹（斑）岩、假流纹质浆屑熔结凝灰岩等。

拟建隧洞及其竖井附近的构造形迹以节理裂隙为主，构造节理倾向倾角陡缓不等，节理裂隙面一般较平直，多为钙质充填，局部可见有铁锈浸染。

本区地下水主要为赋存于基岩风化带中的裂隙水，沿节理裂隙面渗出。陆上两个勘察钻孔地段地下水主要受大气降水补给。库区内钻孔岩体内地下水受水库水存量的影响较大，地下水对岩体的影响具长期、多次、短时间等特点，如对节理裂隙的冲刷、冻胀、增加岩体自重、加速风化等。

1.3 对外交通条件

工程隧洞出口施工点对外交通主要为陆路、交通较为便利，外购材料可通过鄞县大道、东吴镇乡、村公路直接运至工程现场。

1.4 竖井主要工程量

竖井石方爆破开挖工程量为 701.1 m^3，其中中导井直径 1.2 m，爆破高度 25 m，爆破开挖量 28.26 m^3。

1.5 工期指标

竖井施工工期为 2 个月。

1.6 竖井周边环境

出洞口北侧约 20 m 有一个 250 kV · A 变压器，40 m 处有一条白溪输水隧洞，并与本隧洞平行；出洞口西北侧约 60 m 为本工程项目部临时房，约 100 m 为在建厂房；出洞口西侧 35 m 有一条乡村公路，路口有高压线、电线杆通过，距离 40 m 处有一座公路桥通过，距离 60 m 处为白溪输水管桥；隧洞西侧轴向垂直距离约 100 m 为预制场，约 90 m 为溢洪道，约 350 m 为大坝。

2 工程特点、难点

竖井爆破施工一般须先在竖井中部开挖中导井，中导井完成后再自上而下扩帮成井。常规中导井施工，先在竖井中心钻一个直径约 110 mm 的中导孔，然后用“吊篮”自下而上浅孔循环爆破开挖中导井，即采用“吊篮”“反井法”施工。该工法施工过程中，因受到爆破和地质条件因素的制约，安全管理困难，工序多，风险大。中导井施工是难点。

3 施工方案选择

本工程采用中导井一次爆破成井法设计和施工。施工时，先完成竖井中导井进行一次爆破开挖成型，再对中导井周边围岩体自上而下采用浅孔（孔深 1.8~2.1 m）循环爆破扩挖成型。

相较于传统的竖井开挖方法，本工法的主要优点有：

(1) 中导井采用一次爆破成型，机械化程度高，不需人员在中导井内作业，减少了浅孔循环爆破的安全风险，极大地提高了施工安全性。

（2）一次爆破成井法，后续处理工序减少，施工速度快、效率高，加快了施工进度。

（3）一次爆破成井法，提高了经济效益。

本工程选择采用“中导井一次爆破成井与竖井周边扩挖相结合法”具有较多的优点，具有研究和实践的意义。

本工程中导井开挖尺寸选定为：直径 1.2 m。

装岩运输：利用竖井底部隧洞设施，用 P-60 耙斗式装岩机配备 XK8-7/132A 型电瓶车和 S8 梭车，轨道运输，至洞口后，再通过自卸汽车转运至弃碴场。

4　爆破器材选择和参数设计

4.1　爆破器材

选用非电毫秒导爆管雷管、2 号岩石乳化炸药。

4.2　中导井孔网布置

布孔方法：采用隧洞开挖施工中掏槽爆破的设计思想与 VCR（垂直深孔球形药包后退式崩矿）法相结合的原则。

（1）炮孔直径。炮孔直径 ϕ90 mm。

（2）炮孔深度。孔深 25 m（自下而上分段爆破，每段长 5 m）。

（3）炮孔布置。在中导井直径 1.2 m 的圆形周边布孔 8 个，孔距 0.47 m；为保证爆破效果，在导井中心部位梅花形布孔 5 个，其中中心孔一个为装药孔，其他 4 个为导向空孔。

竖井中导井炮孔布置如图 1 所示。

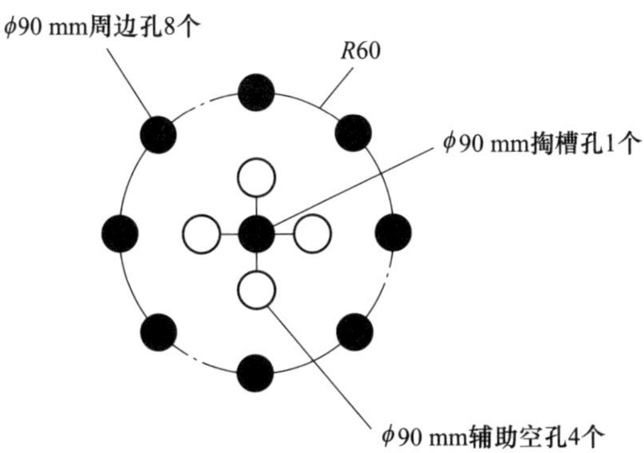

图 1　竖井中导井炮孔平面布置

（在导井底部用浅孔法钻爆开挖后，露出的炮孔不少于 7 个，空孔不少于 3 个，数量不足时必须补足，避免影响导井中段的成形质量）

4.3 起爆顺序

中导井分层起爆，每层高 5 m（装药长度 3 m，空气间隔 2 m），共分 5 层，由下而上非电毫秒导爆管雷管延时逐层起爆。中心孔采用 1、3、5、7、9 段非电毫秒导爆管雷管，周边孔采用 3、5、7、9、11 段非电毫秒导爆管雷管延时起爆。

4.4 药量计算

分层每个炮孔的装药量按式（1）计算：

$$Q = \eta \cdot L \cdot r = 0.8 \times 3 \times 5 = 12(\text{kg})\text{，取 } Q = 12\ \text{kg} \tag{1}$$

式中 η——炮孔装药系数，取 $\eta=0.8$；

L——孔深，$L=3$ m；

r——每米长度炸药量，掏槽孔 r 取 2 kg/m；周边孔取 1.5 kg/m。

导洞中心孔：$Q = \eta \cdot L \cdot r = 0.8 \times 3 \times 2 = 4.8$（kg），取 $Q = 5$ kg；

导洞周边孔：$Q = \eta \cdot L \cdot r = 0.8 \times 3 \times 1.5 = 3.6$(kg)，取 $Q = 4$ kg；

经计算一次起爆单段最大药量为：4 kg × 8 + 5 kg × 1 = 37 kg。

开挖爆破参数见表 1。

表 1　竖井-正导井开挖爆破参数（圆形导井 $d=120$ cm）

项　目	参数值		
	掏槽孔（编号：①）	周边孔（编号：②）	空孔
钻孔深度/m	25	25	25
钻孔直径/mm	90	90	90
钻孔数量/只	1	8	4
炮孔间距/cm	47~50	47~50	10~20
钻孔倾角/(°)	90	90	90
分层高度/m	5	5	—
空气间隔高度/m	2	2	—
分层装药高度/m	3	3	—
分层爆破单层药量/kg	5	4	—
单孔装药量/kg	25	20	—
装药集中度/kg · m^{-1}	1.6	1.33	—
不耦合系数 K	1.64	1.64	—
最小抵抗线/m	0.6~0.9	0.6~0.9	—

续表 1

项　目	参 数 值		
	掏槽孔（编号：①）	周边孔（编号：②）	空孔
填塞长度/m	4.0~5.0（不得小于 4.0 m）		
一次爆破药量/kg	1. 总爆破方量：28 m^3，一次起爆单段最大药量为：37 kg；中导井一次起爆总药量为：185 kg； 2. 炸药单耗，$g=6.6\ kg/m^3$		

注：施工中，爆破参数结合地质、安全控制等情况进行适时优化、动态调整。

4.5 装药结构及起爆网路图

装药结构及起爆网路如图 2 所示。

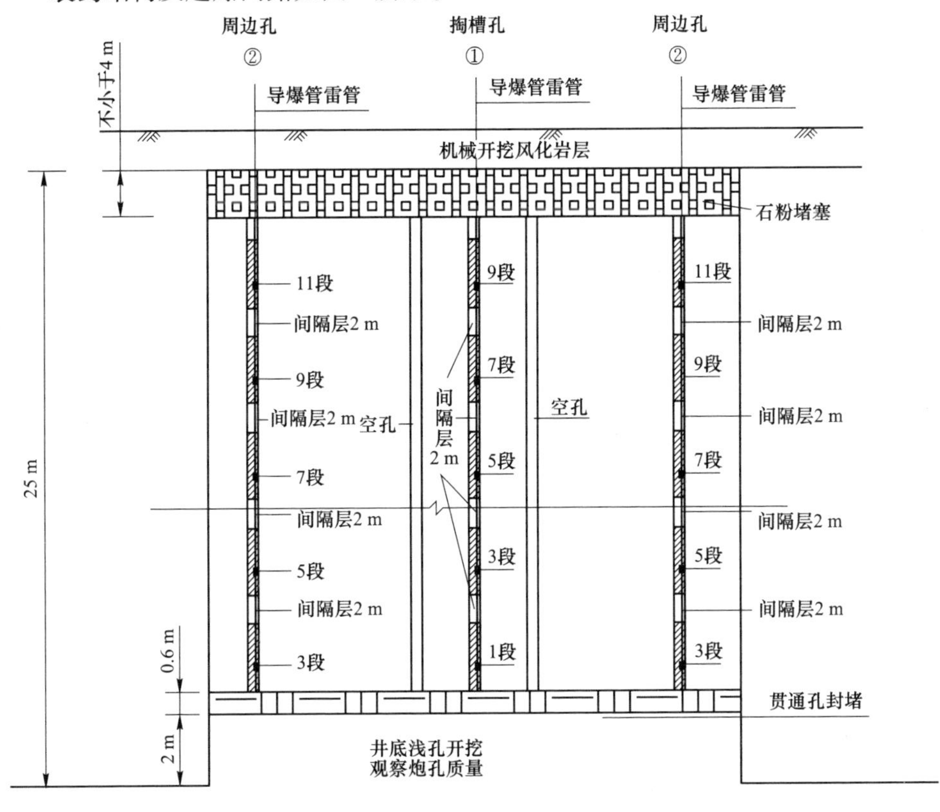

图 2 装药结构及起爆网路

5　爆破安全设计

中导井爆破有害效应控制主要以控制爆破振动为主。

5.1　爆破地震控制措施

爆破地震安全距离按式（2）进行计算

$$R=(K/v)^{1/\alpha}Q^{1/3} \tag{2}$$

式中　Q——一次（段）起爆的允许最大炸药量，kg；

R——爆破地震安全距离，m；

v——地震安全速度，水工隧洞取 $v=10$ cm/s；

K——与爆破点地形、地质等条件有关的系数，取 $K=100$；

α——衰减指数，取 $\alpha=1.5$。

经计算当 $Q=64$ kg 时，$R=18.6$ m。

当 $R=20$ m 时，$Q=80$ kg。

竖井开挖不会对其他建构筑物造成影响。

5.2　爆破飞石控制措施

飞石的控制主要在炮孔上方加以覆盖。每次爆破前，预先准备好一定数量的树枝、柴草，将其绑扎成捆，覆盖在炮孔上，放稳压实，每捆之间用铅丝连接起来，最上面再以毛竹排覆盖。根据本公司的多次实践证明，此种方法能有效地防止岩块飞出。

6　爆 破 施 工

竖井中导井一次爆破成井施工工艺流程，如图 3 所示。

6.1　施工准备

（1）组织人员、设备进场，施工前完成水电供应，道路交通，办公生活用房，仓库和消防等设施。

（2）根据设计文件，编制专项施工方案。

（3）对管理人员及施工操作班组进行详细的施工技术及安全交底。

（4）组织施工设施设备进场，所有物资、机具完备，满足现场施工条件要求。

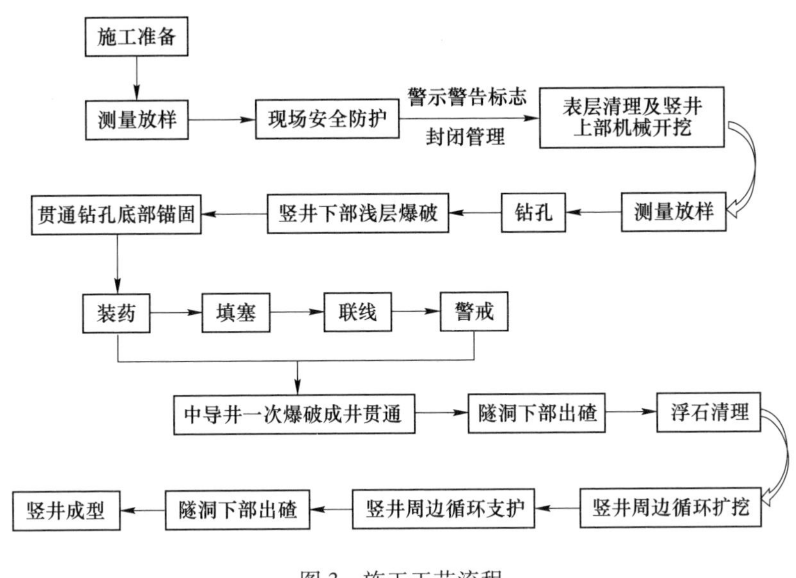

图3　施工工艺流程

6.2　测量放样、现场安全防护

用全站仪确定井位和井深，做好现场安全防护，警示警告标志，做好现场封闭管理。

6.3　表层清理及竖井上部机械开挖

用PC-200挖机（配镐头机）对竖井上段进行土方挖除、场地清理、平整、强风化层进行挖除、机械破碎和清理。目的是避免打导井炮孔时卡钻。

6.4　中导井施工

中导井施工工艺流程：测量放样→钻孔→中导井底部开挖和炮孔底部堵塞→装药→堵塞→联线→警戒→起爆。

6.4.1　测量放样、钻孔

（1）测量放样。用全站仪放样出直径1.2 m竖井中导井位置。

（2）钻孔。中导井所有炮孔采用一次成孔法（一次性打完全部炮孔）。先用潜孔钻打中心空孔5个，炮孔直径ϕ90 mm，孔距0.1~0.2 m，孔深25 m；再打周边孔8个，炮孔直径ϕ90 mm，孔距0.4~0.6 m，孔深25 m。

因竖井较深，一次性钻孔精度要求很高，实际位置测量放样定位，垂直钻度用角度尺控制。实际钻孔倾斜度小于 1%，钻孔精度可以满足设计要求。

6.4.2 中导井底部开挖和炮孔底部堵塞

中导井炮孔和空孔钻设完成后，先在导井底部用手风钻打孔，孔径 42 mm，孔深 2~2.5 m，导爆管连接，封堵警戒后爆破，浅孔法钻爆 1 次，为保障此爆破对前期已钻孔的成型质量会有影响，采取措施如下：

（1）爆破时采取少装药、弱爆破、采取多段延时爆破，减小一次起爆药量等技术措施施工。

（2）加强爆破后对前期已钻孔的成型质量检查，当发现钻孔堵塞时，及时从导洞上部采用高压风、高压水疏通。

（3）当发现有钻孔损坏时，及时补钻炮孔等。

导井底部先用浅孔法钻爆开挖，目的有三：一是能直观的检测导井炮孔及空孔的钻孔质量，本工程中要求中导洞出露的炮孔不少于 7 个，空孔不少于 3 个，数量不足时必须补钻炮孔，避免影响导井中段的成形质量。二是减小导井中段一次爆破成形的高度。三是与中导井顶部先成形的浅井一起对导井中段爆破时的爆破能作用方向进行导向。导井底部用浅孔法钻爆开挖后出露的炮孔用锚固剂堵塞密实，堵塞长度 0.6~1.0 m。

6.4.3 中导井装药、堵塞、联线、起爆

操作步骤如下：

（1）装药。采用 2 号岩石乳化炸药在炮孔内装药（毛竹片捆绑 2 号岩石乳化炸药），不连续捆绑装药。每个炮孔分段内各装 1 发设计段别的毫秒导爆管雷管用于起爆。

（2）堵塞。孔口用钻孔产生的细石粉（不能含有石块）堵塞。

（3）联线。在井口簇联全部导爆管脚线。

（4）起爆。警戒确认安全后，非电毫秒导爆雷管起爆。

6.4.4 主要施工材料

本工程主要施工材料为火工用品，包括 2 号岩石乳化炸药、非电毫秒导爆管雷管、导爆管、导爆索（竖井周边光面爆破用）等，其他包括辅助材料：毛竹片、绝缘胶带等。

6.4.5 主要机具设备

主要施工机械设备见表 2。

表 2　主要施工机具设备

序号	设备名称	型号	单位	数量	备注
1	挖掘机	PC200	台	1	
2	耙斗装岩机	P-60	台	1	
3	电瓶车	XK8-7/132A	台	1	
4	梭车	S8	台	1	
5	汤姆洛潜孔钻（履带式）	RANGER700 型全自动液压式	台	1	
6	爬碴机	PB-30	台	1	
7	搅拌机	JS500	套	1	
8	灰浆拌合机	JZM350	台	1	
9	混凝土喷射机	S3	台	2	
10	锚杆注浆机	MZ-30	台	2	
11	轴流风机	28 kW	台	3	
12	装载机	ZL-50	台	1	
13	自卸汽车	5 t	台	2	
14	铲运机	WJ-1	台	1	
15	交流电焊机	30 kV · A	台	2	
16	钢筋切断机	Q140-1	台	1	
17	钢筋调直机	GT4-10	台	1	
18	水准仪	Leica NA2	台	2	
19	全站仪	Nikon DTM530	台	1	

7　经验与体会

采用竖井中导井一次爆破成井施工工法取得了良好的经济、安全和社会效益。

7.1　经济效益

采用竖井中导井一次爆破成井施工工法，一次爆破成井获得了较好的技术效果，简化了施工工序，能显著提高爆破开挖效率，加快施工进度，缩短施工工期，从而降低了成本，提高了经济效益，具有实用价值（表3）。

表3　中导井爆破开挖施工成本分析对比（火工材料单价按宁波采购价）

序号	项目			单位	单价/元	数量	合价/元	备注
1	钻孔		人工钻孔	工·日	300	105	31500	每循环 1 m
			机械钻孔	台·班	3000	2	6000	一次钻通
2	火工品用量	炸药	人工开挖	T	16500	0.545	8993	
			一次爆破	T	16500	1.9	31350	
		雷管	人工开挖	发	7.9	650	5135	
			一次爆破	发	7.9	63	498	
		导爆索	人工开挖	m	3.98	500	1900	
			一次爆破	m	3.98	500	1900	
		导爆管	人工开挖	m	0.98	5000	4900	
			一次爆破	m	0.98	50	490	
合计			采用人工浅孔循环爆破中导井成本合计为 52427.5 元；采用一次爆破中导井成本为 40238 元由此可见采用一次爆破成井法成本比较低。 实际施工中除实际出碴成本未统计，但人工开挖出碴成本远远大于一次爆破出碴成本					

7.2　安全效益

本工法一次爆破出中导井，通过中心孔、空孔、周边孔的布局，再通过分层分段爆破，一次爆破成功，不但丰富了井下深孔爆破的技术和工法，而且从技术上降低了竖井爆破施工的安全风险，保障了施工人员的生命安全。

7.3　社会效益

本工法的成功应用，解决了其他竖井中导井爆破开挖中受不良地质因素和循环爆破影响从而井下作业安全管理隐患多的难题，丰富了井下深孔爆破的技术和方法，为同类型的工程施工提供了很好的技术借鉴。本工法的成功应用，受到了监理、业主等单位的好评，取得了较好的社会效益（图4~图10）。

图4　导井贯通效果

图5　潜孔钻钻机

图6　清（吹）钻孔

图7　竖井中导井一次爆破成井（Ⅰ）

图8　竖井上部清表

图9　竖井上部机械钻岩

图 10　竖井中导井一次爆破成井（Ⅱ）

工程获奖情况介绍

“竖井中导井一次爆破成井”获部级工法（中国爆破行业协会，2018年）。“竖井中导井一次爆破成井法研究与运用”获浙江省第二届工程爆破论坛优秀论文二等奖（浙江省爆破行业协会，2019年）。

地下超大空间开挖垂直扇形深孔爆破技术

工程名称： 长龙山抽水蓄能电站枢纽地下主副厂房硐室爆破开挖工程
工程地点： 浙江省湖州市安吉县长龙山抽水蓄能电站
完成单位： 安吉县永安爆破工程有限公司、鸿基建设工程有限公司
完成时间： 2017 年 11 月~2019 年 12 月
项目主持人及参加人员： 孟星卫　曾　林　董明明　欧阳亦缈　蔡万书　郑上建　陈祥锋
撰 稿 人： 郑上建

1　工程概况及环境状况

长龙山抽水蓄能电站枢纽主要由上水库、下水库、输水系统、地下厂房及开关站等建筑物组成。建成后主要承担华东电网调峰、填谷、调频、调相及紧急事故备用等任务。其主副厂房洞总长 232. 2 m，从左到右分为副厂房、机组段、安装场。机组段长 160. 9 m，下部开挖宽度 24. 5 m，上部开挖宽度 26. 0 m，最大开挖高度为 55. 1 m；安装场长 50. 3 m，下部开挖宽度 24. 5 m，上部开挖宽度 26. 0 m，开挖高度 27. 8 m；副厂房长 21. 0 m，开挖宽度 24. 5 m，最大开挖高度 54. 6 m，如图 1 所示。

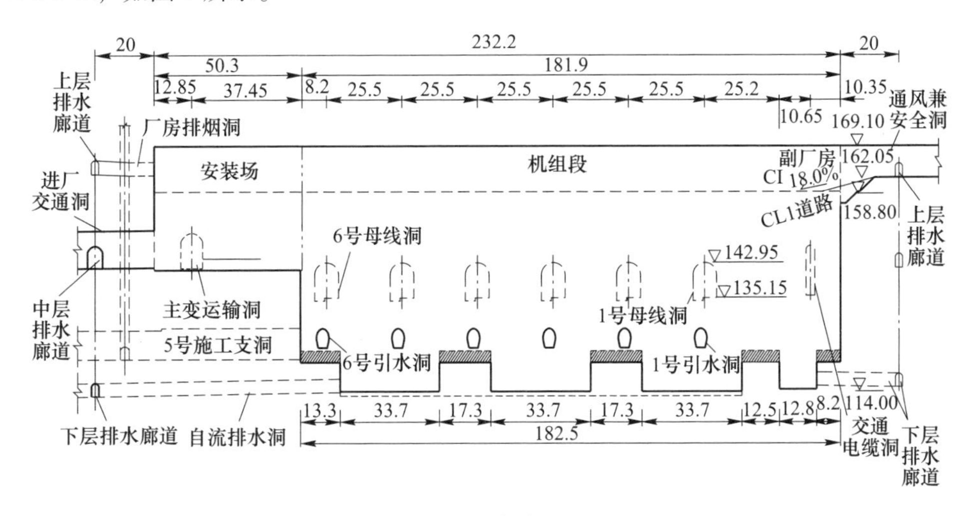

图 1　总平面

输水发电系统围岩总体以Ⅱ类为主，Ⅲ类次之，Ⅳ ~ Ⅴ类少量。地下厂房区属中等地应力区，局部洞段在开挖过程中可能有轻微岩爆现象。

地下厂房涌水量估算：$Q=Q_1\times S/S_1=384\times 447/190\approx 903$ L/min ≈ 1300 m^3/d。施工及运行期间的渗水量不大。

连接三大洞室的主要对外通道为上层的通风兼安全洞和中层的进厂交通洞，距离出口分别为 720 m 和 1200 m。

主副厂房埋深 650 m，石方开挖总量约 30 万立方米，扇形深孔爆破开挖区位于主厂房第Ⅰ层，开挖石方 5.45 万立方米。

2　工程特点、难点

（1）抽水蓄能电站在施工过程中包含较多的环节和内容，要求在其施工过程中能够在注重施工质量的基础上保证施工工期，甲方对施工工期重视度较高，因此提升施工效率尤其重要。

（2）硐室开挖方量大、工期紧，计划工期 4.6 个月，平均施工强度 1.18 万立方米/月，物力、人力投入大。

（3）工程环境复杂，施工难度高，对安全要求高。厂房中部顶拱高程附近岩石多有团块状或条带状灰绿色矿物胶结的凝灰岩，其胶结强度偏弱，暴露在空气中易吸水软化、剥离松弛、脱落，不利于施工安全；厂房边墙 NNE、NE 向节理与厂房轴线夹角较小，局部与其他结构面组合不利于边墙稳定，其中节理 NE 对下游边墙稳定较为不利，NNE 向节理对上游边墙稳定较为不利。故顶拱和高边墙开挖安全问题突出。

（4）地下洞室群规模大，洞室纵横交错、布置紧凑，地质条件复杂；洞室群施工支洞多，洞连洞、洞内引洞，布置复杂；三大洞室断面尺寸大且间隔距离近、交叉洞室多、挖空率高；引水隧洞、母线洞、尾水支管洞和尾水隧洞平行布置，且间距近；洞室群围岩以凝灰岩为主，局部存有断层和破碎带，且埋深较大、地应力较高。地下洞室开挖后，在岩体中形成临空面，由于应力释放，围岩可能存在整体变形、剪切变形和渗透变形问题，对顶拱和高边墙围岩稳定不利。高边墙、相邻洞室岩柱及顶拱开挖稳定问题突出，洞室埋深大于 540 m 洞段可能发生轻微岩爆。

（5）对外开口少，进厂交通洞既作为主要进风通道，也作为主要运输通道，通风设施布置十分困难，通风散烟难度较大。

3　爆破方案选择及设计原则

施工方案选择本着安全、环保、经济、实用、快速的原则，经过分析研究水电站地下厂房、矿山地下硐室工程施工经验，在稳定围岩条件下采用了扇形深孔爆破法开挖地下厂房，可使施工作业环境得到了很大改善，作业安全、职业安全健康得到有效保证；而且实现机械化连续作业，成硐速度快、质量好，改善了劳动条件，减轻了工人劳动强度，显著提升了施工效率。

施工顺序依次为：下导硐施工、盲井施工、上导硐施工、拱部深孔施工、拱部光爆层施工。

下导硐断面尺寸选取宽×高（4 m×4 m）；采用单臂凿岩台车钻孔，全断面一次性钻爆法开挖施工（图 2）。

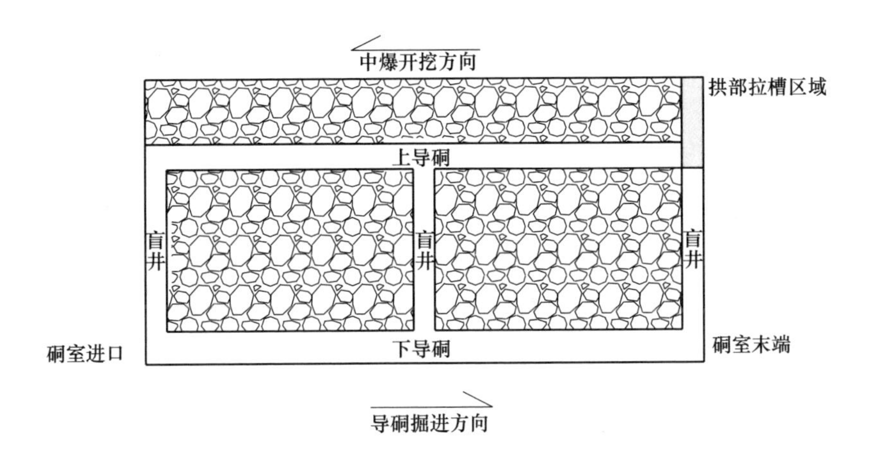

图 2　上下导硐、盲井开挖布置

下导硐形成后在下部导硐的两端和中间部位同时开挖三条盲天井，天井的长×宽（2 m×2 m），采用普通反掘法爆破施工，用 YSP-45 凿岩机配合自制凿井台架进行凿岩作业。

上导硐断面尺寸选取宽×高（3 m×3 m）；使用 YT-28 风动凿岩机配合自制凿岩台架施工。

拱部的切割槽布置在硐室的末端。从硐室中间的盲天井处开始施工，平行于硐室中轴线，宽 3 m，长度与硐室的宽度相同，高度直至硐室设计的轮廓断面，随硐室拱弧变化而变化。拱部切槽施工采用钻爆法，使用 YT-28 风动凿岩机配合自制凿岩台架施工。

4　爆破参数设计

拱部扇形深孔爆破参数选择及计算如下。

4.1　爆破器材

选用散装乳化炸药，毫秒延时非电导爆管雷管，塑料导爆管。

4.2　扇形深孔基本参数选取

（1）炮孔直径：$d=65$ mm。

（2）排距。即最小抵抗线：$W=(23\sim30)d=1.49\sim1.95$m，因硐室围岩较稳固，局部存在不良围岩，故选取 $W=1.7$ m。

（3）孔底距：$a=W\times m=1.7\times1.2=2.0$ m（$m=1.0\sim1.5$，为减少大块率，孔底密集系数 m 取 1.2）。

（4）填塞长度。以一侧孔作为基准孔，其填塞长度不小于 0.7W，各孔装药截止面形成锯齿形。如图 3 所示。

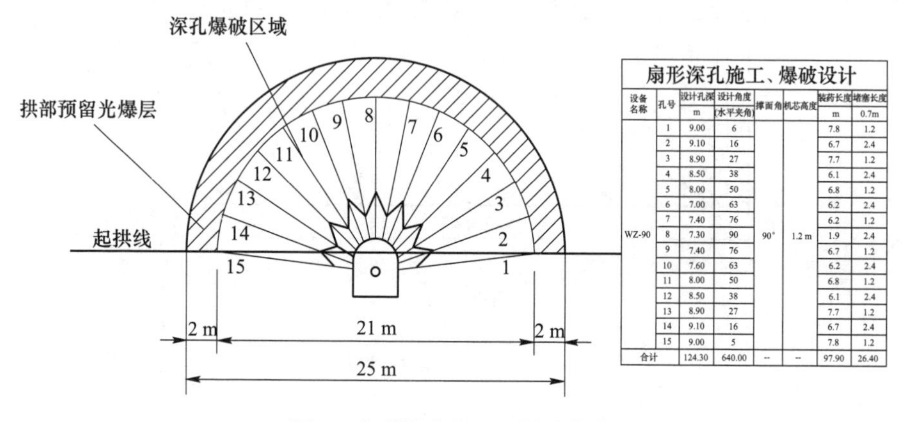

扇形深孔施工、爆破设计

设备名称	孔号	设计孔深	设计角度	撑面角	机芯高度	装药长度	堵塞长度
		m	(水平夹角)			m	0.7m
WZ-90	1	9.00	6	90°	1.2 m	7.8	1.2
	2	9.10	16			6.7	2.4
	3	8.90	27			7.7	1.2
	4	8.50	38			6.1	2.4
	5	8.00	50			6.8	1.2
	6	7.00	63			6.2	2.4
	7	7.40	76			6.2	1.2
	8	7.30	90			1.9	2.4
	9	7.40	76			6.7	1.2
	10	7.60	63			6.2	2.4
	11	8.00	50			6.8	1.2
	12	8.50	38			6.1	2.4
	13	8.90	27			7.7	1.2
	14	9.10	16			6.7	2.4
	15	9.00	5			7.8	1.2
合计		124.30	640.00	--	--	97.90	26.40

图 3　扇形深孔施工、爆破装药

4.3　装药量计算

已知参数：最小抵抗线 $W=1.7$ m；岩石硬度 $f=8\sim13$；节理裂隙较发育；装药密度 $\Delta=0.8\sim1$ g/dm^3，实际取 1 g/dm^3；YGZ-90 凿岩机钻头直径为 65 mm。扇形孔孔底距；$a=2.0$ m。装药过程中炸药的损失率按 $b=5\%\sim10\%$，取 7.5%。

装药参数计算如下：

炮孔单位长度装药量：炮孔直径为 $d=65$ mm；$C=1/4\times\pi\times d^2\times\Delta\times0.001=3.3$ kg/m。

一次爆破单排孔总装药量为 323 kg，爆破石方 278 m^3，炸药单耗为 1.16 kg/m^3。

4.4　补偿空间系数计算

拱部扇形深孔首次爆破补偿空间系数计算：

首排扇形深孔爆破后总空间=拱部切割槽空间+首排扇形深孔爆破后空间=196.5×3+196.5×1.7=1336.2 m^3。

拱部扇形深孔首排爆破补偿空间系数=首排扇形深孔爆破后总空间/爆破前第一排矿岩体积=1336.2/334.05=4.0 满足补偿空间系数。

由于拱部扇形深孔后续爆破均是建立在前部扇形深孔爆破结束后，且爆破效果良好的基础上进行的，能够提供足够的补偿空间，满足松散爆破要求。

4.5　装药方式

扇形深孔爆破采用 BQF100 型装药器向炮孔内吹填散装乳化炸药；装药结构为连续装药，底药装 1~2 m，采用孔底起爆，每个炮孔内设两发同段 12 m 脚线非电毫秒导爆管雷管，放一枚起爆具，传爆方向向孔口。装药时装药罐内一次不可超过 100 kg 炸药，风压控制在 $(2.5\sim4.5)\times10^4$ Pa 之间，不得高于 7×10^4 Pa，拔管速度控制在 0.1~0.15 m/s 之间。相邻两炮孔之间的填塞长度差控制在 0.5~1.5 m 之间为宜，严禁将炮孔装满。

4.6　起爆网路连接

爆破网路采用孔内分段延期的非电起爆网路。为保证起爆破网路的可靠性，每个炮孔内装两发非电导爆管雷管，孔外统一用同段毫秒非电导爆管雷管簇联式绑接，构成交叉复式起爆网路。每排孔分成两簇，每簇用两发同段毫秒非电雷管联接成一级连接，将一级连接的同段毫秒非电雷管再进行交叉连接成二级连接，以此类推，最后一级两发同段非电雷管通过导爆管套管与导爆管连接，导爆管端头与激发弹联接，激发弹通过胶质线与引爆器联接，引爆器设在安全地点。

5　爆破安全设计

（1）非电导爆管雷管与导爆管应反向绑接，导爆管应均匀分布在导爆管雷管周围并用胶布缠紧。

（2）导爆管与导爆管联接用四通套作为联接管，导爆管长度不少于 150 mm，导爆管应用刀切齐，插在四通中央位置用胶布缠紧。

（3）导爆管与激发弹联接时，将导爆管切成齐头，齐头处不允许有脏物，激发弹引爆线插入导爆管 10 mm 左右即可。

（4）将胶质线接入起爆器之前，先将两股引爆线的首端绞合在一起，予以短路，在起爆点位置，分开两股引爆干线，将其分别接牢在起爆器的两个输出接线柱上，待“起爆指令”下达后，开始起爆。

5.1　爆破振动控制

爆破所引起的振动速度的计算公式为

$$v = K\left(\frac{Q^{\frac{1}{3}}}{R}\right)^{\alpha} \tag{1}$$

式中　v——振动速度，cm/s；

Q——最大一段起爆药量（单响药量），kg；

R——保护对象离爆破中心的距离，m；

K，α——地形、地质系数及衰减系数。根据现场地形、地质条件，按爆区是中硬岩石，计算时取中间值：$K=150$，$\alpha=1.5$。

地下深孔爆破 f 在 30~100 Hz 之间，地下浅孔爆破 f 在 60~300 Hz 之间。

根据《水利水电爆破工程施工规范》，龄期 7~28 天的喷射混凝土、锚杆、锚索，允许爆破质点振动速度不大于 10 cm/s，灌浆区不大于 5 cm/s，经计算爆破点至保护对象不同距离的安全用药量见表 1。施工时应根据保护对象的具体情况选取低一级的安全用药量进行试爆，并将监测数据作为下一次爆破的控制依据。

表 1　安全用药量计算表

K	α	允许质点振动速度 v		
150.0	1.5	5.0 cm/s	7.0 cm/s	10.0 cm/s
爆破点至保护对象距离		安全用药量	安全用药量	安全用药量
R/m		Q/kg	Q/kg	Q/kg
10		1.1	2.2	4.4
15		3.7	7.4	15.0
20		8.9	17.4	35.5
25		17.4	34.0	69.4
30		30.0	58.8	120.0
35		47.6	93.3	190.5
40		71.1	139.3	284.4

5.2　爆破冲击波

对于隧道钻孔爆破的爆破冲击波的超压值可按式（2）计算：

$$\Delta P = 12 \times \eta Q/V \tag{2}$$

式中　V——冲击波扰动的巷道空间体积，$V=S$ 巷道$\times R$，本工程（通风兼安全洞）隧道断面为 50 m^2，警戒距离为 300 m，则 $V=50\times300=15000$ m^3；

η——转换系数，$\eta=0.05\sim0.1$，本工程取 $\eta=0.05$；

Q——一次爆破装药量。取 350 kg。

则
$$\Delta P=12\times0.05\times350/15000=0.014<0.02$$

空气冲击波的理论计算值为 0.014。

爆破区空间较大，且有多次转折，在隧道里避炮有掩体遮挡，可防止空气冲击波对人体的伤害。

空气冲击波及噪声均来自炸药爆炸时多余的量释放产生的。采用分段爆破，选择合理的延期时间，增加孔口堵塞长度等措施可有效降低爆破冲击波的危害，本工程空气冲击波和噪声对周围人员、设施不会造成危害。

6　爆破施工

6.1　施工拱部切割槽

拱部的切割槽布置在硐室的末端。拱部切割槽施工采用钻爆法，每循环进尺 1.8~2.5 m。采用直线掏槽，周边孔距根据围岩状况调整，辅助眼孔距根据围岩状况在 400~800 mm 间调整。尽量减少超挖。

6.2　拱部开挖

利用施工好的拱部切割槽作为爆破自由面，从内向外（硐室进口处）使用 YGZ-90 型钻机在上导硐中沿硐室中轴线施工，炮孔布孔原则为：YGZ-90 型钻机回转中心位于硐室起拱线下 0.8~1.0 m，孔径取 65 mm，扇形深孔排面与硐室轴线成 90°夹角，垂直向上扇形布置炮孔，边孔角度（与水平面夹角）不低于 5°。

钻孔距开挖轮廓线距离：为防止深孔爆破造成轮廓线部位超挖，以最小抵抗线为参考，距离轮廓线 1.8 m 厚度作为留置光爆层。

深孔爆破参数的优化和确定需要在开挖前期选定特定区域进行试验优化，并在生产实践当中不断加以修正。

6.3　注意事项

施工中根据钻进及反粉情况及时记录围岩情况，施工完毕后，逐排逐孔进行验收，并整理施工记录。根据深孔验收和围岩推断情况，进行深孔爆破设计，逐排爆破至硐室进口段。

在进行拱部深孔逐排爆破的同时，穿插进行拱部光爆层施工，光爆层施工原则为：根据硐室拱部高度和断面的不同，扇形深孔爆破工作面超前光爆层施工工作面的距离也不同，扇形深孔爆破工作面超前光爆层施工工作面要至少保持2排炮孔的距离（不低于4~6 m），然后光爆层再与扇形深孔爆破工作面同时向前推进。光爆层周边孔密集系数取0.8~1.0。大曲率半径的拱部周边孔距取600 mm；在拱脚小曲率半径处周边孔距取500 mm。

靠近拱部切割槽的扇形深孔逐排爆破后，碴石使用耙碴机经天井下排，排险和出碴工作完成后，利用快搭拆碗式脚手架作平台施工光爆层。扇形深孔爆破后，需及时利用碴堆对围岩进行排险工作，排险工作完成后，将剩余碴石尽量摊铺平整，再利用快搭拆碗式脚手架作工作平台施工光爆层，光爆层的爆破网路可连接到深孔爆破网路同时起爆。

拱部开挖的碴石主要采用耙碴机清碴，人工辅助清理边角岩碴，通过天井底部的受料装置接碴后，由运输车辆经下导硐进出通道运至指定弃碴场。

墙部拉槽施工完毕后，采用YQ-100B型支架式钻机从拱部向下凿孔，孔径选用ϕ90 mm，墙部的开挖采用预裂爆破，预裂炮孔布置在两侧的轮廓线上，预裂孔间距为0.8~1.0 m，从上而下、从内向外依次进行墙部的开挖。

6.4　爆破施工工艺

（1）布孔。施工人员根据测量人员放样，确定腰线、中线、断面轮廓线及爆破参数表进行布孔，炮孔孔位用油漆在掌子面上标出。工程部技术员要及时对钻爆队和现场技术员现场技术交底。

（2）钻孔。钻爆队根据爆破参数表及施工人员现场交底进行钻孔作业。钻孔前，作业人员根据交底卡对孔位进行复合，确认无误后才能开钻。钻孔过程中，施工人员要逐一检查钻孔角度、深度及间、排距等控制性技术指标，发现有误及时纠正。

（3）验孔。质检人员检查炮孔孔深、孔距、排距、角度、抵抗线等爆破参数是否与设计爆破参数表相符，填写炮孔检查记录，并上报爆破工程师。经检查不符合质量要求的钻孔，需要进行处理或重新造孔，以保证有良好的爆破效果。

（4）装药。清孔：装药前用高压风清孔，吹干净孔内积水及碴粒。

炮孔验收合格后，由持有“爆破证”的专业炮工按操作规程进行装药。装药过程中，按照爆破设计要求严格控制炮孔装药量。

装药前核对雷管段数，使之与设计相符，同时按钻爆设计的装药结构及药卷规格药量装药。孔底药装好后，用炮棍缓慢送入起爆药包，防止拉出雷管或损坏脚线。

装药检查：将雷管段位标签露在孔外，由检查人员对雷管段位进行复核，确保准确无误，同时核对药卷规格及装药长度，使每孔装药符合设计要求，检查后做好记录。

（5）填塞。装药结束后，爆破员按照设计要求用黄泥等柔性材料对炮孔进行填塞。

（6）联网。爆破员根据爆破设计要求连接起爆网路。爆破网路处于松弛状态，不能拉得太紧，使其有一定的拉伸余地。联网结束后，爆破工程师对整个网路进行复核，逐孔检查，避免漏装漏联。

（7）警戒。洞挖爆破安全警戒距离不小于 300 m。起爆前所有施工人员要远离洞口，施工机械、设备做好安全防护，并预警 3 次。

（8）起爆。当第三次预警结束，爆破负责人在确认各项准备工作完毕、人员远离警戒区、施工设备做好安全防护后，发出起爆命令起爆。

（9）爆后安全检查。在通风排烟后，爆破员和安全员进入掌子面进行爆后检查，发现拒爆现象及时处理。待确认工作面安全后，解除警戒，开始下道工序施工。

7　爆破效果与监测成果

7.1　经济效益

本工程地下厂房采用地下大型硐室扇形深孔爆破开挖施工工法进行开挖施工，在确保了施工安全的前提下，与传统施工方法相比较，节约各种设备设施费 153 万元，创造综合经济效益 382 万元，工期提前 61 天完工。

7.2　社会效益

（1）采用上下导硐结合盲井（切割井）施工，开挖面验收合格后及时按设计要求进行锚喷网支护，安全问题得到了有效保障。

（2）地下厂房周边围岩稳定，根据围岩情况灵活施工，在最大限度提高开挖效率时能有效保证施工安全。

（3）光面爆破、预裂爆破技术和锚喷网技术的联合应用，确保了施工安全，杜绝了事故的发生。

（4）采用上下导硐结合盲井（切割井）施工，在硐室中间布置切割槽，深孔整体爆破开挖，使得出碴与支护工作量集中，加快了施工速度，缩短了大型硐室施工总工期。

8　经验与体会

地下大型硐室深孔爆破快速开挖施工就是沿地下厂房轴线在底部掘进形成下导硐，下导硐开挖后每隔一定距离开挖一盲井（切割井），利用盲井施工拱部上导硐，作为拱部施工通道，亦加大拱部爆破自由面，提供补偿空间；盲天井为人员材料上下通道和卸碴，同时作为深孔开挖时的爆破自由空间，提高爆破效率；上导硐施工完毕后在硐室的末端开挖拱部的切割槽。长度与硐室的宽度相同，高度直至硐室设计的轮廓断面，随硐室拱弧变化而变化。利用施工好的拱部切割槽作为中爆自由面，从内向外（硐室进口处）使用 YGZ-90 型钻机在上导硐中沿硐室中轴线施工深孔，YGZ-90 型钻机回转中心位于硐室起拱线下 0.8～1.0 m，孔径取 65 mm，深孔排面与硐室轴线成 90°夹角，垂直向上扇形布置炮孔，边孔角度（与水平面夹角）不低于 5°，拱部预留 1.5～2 m 光爆层。根据深孔验收和围岩推断情况，进行深孔爆破设计，逐排爆破至硐室进口段。然后进行光爆层爆破施工。当拱部施工结束后，在硐室末端，下导硐两侧，施工下导硐切割巷，长度施工到硐室两侧轮廓线位置，切割巷尺寸与下导硐相同。切割巷施工完毕后，根据设计在切割巷内使用 YGZ-90 钻机沿切割巷轴线施工上向深孔，之后利用盲天井为自由面逐排微差起爆后形成切割拉槽。拉槽施工完毕后，采用 YQ-100B 型支架式钻机从拱部向下造孔，孔径选用 ϕ90 mm，墙部的开挖采用预裂爆破，预裂炮孔布置在两侧的光爆预留层轮廓线上，预裂孔间距为 0.8～1.0 m，从上而下、从内向外依次进行墙部的开挖与临时支护，最后进行永久支护形成硐室。

工程获奖情况介绍

“地下超大空间开挖垂直扇形深孔爆破技术”项目获浙江省爆破行业协会科学技术进步奖二等奖（2021 年）。

厚松散堆积体下岩塞爆破工程

工程名称： 新路岙水库泄洪洞新建工程
工程地点： 宁波市北仑区大碶街道
完成单位： 浙江恒荣建设工程有限公司
完成时间： 2015 年 12 月 7 日~25 日
项目主持人及参加人员： 沈永东　熊姝霞　虞忠华　李兆华　邵世明　叶元寿
撰 稿 人： 沈永东　夏　勇　夏占峰

1　工程概述

1.1　工程概况

新路岙水库位于宁波市北仑区大碶街道南 2.5 km 的新路溪上，新建泄洪洞位于右岸山体，隧洞从出口向进口掘进，隧洞进口位于水下，由于水库水位无法降低且该处无围堰施工条件，因此隧洞进口采用岩塞爆破方案。根据该工程岩土勘察报告，岩塞段岩石以Ⅲ类围岩为主，具备岩塞爆破条件。岩塞体位置如图 1 所示。

泄洪洞为城门洞型，设计开挖断面 2.5 m×2.5 m，岩塞爆破段高程▽6.13 m，水库蓄水位高程▽20.01 m，爆破施工区相对水深约 14 m。进口洞径为 2.6 m，隧洞全长 310 m。原设计岩塞厚度为 3.2 m，施工前经三次探孔，岩塞面平均厚度只剩 2.2 m，同时对隧洞进口库底进行 GPS 测量、蛙人水下探摸，发现岩塞面下部存在松散堆积体（为山体平整后倾倒的岩碴），堆积体平均厚度约 1.5 m（最大厚度 2.8 m），堆积体的粒径 50~80 cm 不等，体积约 7.35 m^3。设计岩塞外端喇叭口面积约 9.81 m^2、内段面积约 5.31 m^2，总体积约 16.3 m^3；岩塞段后设宽 2.6~3.6 m，深 3.5 m 的集碴坑，容积约 100 m^3。

1.2　周边环境

隧洞进口外部是水库，没有任何建、构筑物，岩塞爆破部位离水库大坝右岸约 150 m，竖井位于进口段岸坡，竖井底高程同隧洞底高程，距离岩塞爆破点约 21 m，竖井井身浇筑好后安装两道提升闸门，岩塞爆破前安装到位，闸门距离岩塞爆破点约 23 m。其他无任何建筑设施。

图 1　岩塞体位置

1.3　工程规模及工期

本工程为水下岩塞爆破 B 级，岩塞爆体方量约为 16.3 m^3（含喇叭口），设计爆破药量 58 kg，工期 20 天。

1.4　工程地质、水文地质条件

1.4.1　地形地貌

新建泄洪隧洞布置在水库右岸山体内，洞轴线距离大坝右坝头最小距离约 65 m，隧洞出口距离大坝下游坝脚约 145 m，隧洞总长 310 m。

隧洞所在山体海拔高程 169 m，沿 SW—NE 向延展，山体雄厚，植被茂盛，岸坡较为陡峻，多受构造侵蚀和风化剥蚀。隧洞沿线高程为 4~69 m，跨越 4 条沟谷，隧洞进口位于库内岩质岸坡，出口为陡峭岩壁，隧洞沿线覆盖层相对较薄，仅沟谷处由于构造等影响，局部较厚。

1.4.2　工程地质水文地质

根据勘察报告，隧洞沿线地层以侏罗系上统 d 段流纹岩及第四系残坡积层、冲洪积层为主。隧洞沿线无区域性构造通过，但风化节理及构造节理裂隙较为发育，实测裂隙多以张开裂隙为主，宽度 1～2 mm，岩屑充填，延展长度一般大于 3 m，裂隙多以陡倾角为主，多与岸坡正交或斜交。水库上游侧岸坡岩体完整性相对变好，对岩塞爆破及隧洞成形较为有利。进口段岩体风化破碎且为中等透水。围岩类别为Ⅲ类，局部稳定性差，围岩稳定受结构面组合控制，局部会产生塑性变形或小、中型坍落，已采取喷锚支护，拱顶系统锚杆。

1.4.3 岩塞体地质

经设计现场地质工程师现场勘察及监测单位对岩塞体进行地质雷达探测，岩塞体围岩为Ⅲ～Ⅳ类，节理较发育，灌浆处理后岩塞体隧洞掌子面端渗水点少且量不大，工程地质水文地质条件较好。

2 工程特点、难点

2.1 工程特点

水下岩塞爆破属隧洞开挖爆破的一个重要组成部分，本岩塞爆破工程施工是在新路岙水库输水隧洞永久支护衬砌、出口钢管金属结构安装与阀室房建、闸门井启闭机及管道阀门安装调试启用分部工程施工完成后实施。主要特点：

（1）已留岩塞厚度较薄；

（2）岩塞面下部存在较厚的松散堆积体；

（3）岩塞体处于水库正常蓄水位水下 14 m。

2.2 工程难点

（1）爆破和岩碴处理同时完成，岩塞一次性爆通进水，爆破后隧道进口不发生较大的坍塌，上部略成喇叭状，爆开的岩塞口要有良好的成型，满足设计和使用要求。

（2）因施工条件特殊，水深在 14 m 左右，因此施工过程中应特别注意围岩涌水的处理，确保施工安全。

（3）平洞和竖井衬砌混凝土、闸门、管道金属结构不能发生结构性破坏，且爆破振动及水击波对水库大坝及相关设施不发生危害效应。

（4）控制爆破方向和爆破后石碴粒径，使 90%石碴落入集碴坑，剩余的一部分特别是堆积体应抛向水库中，少部分在岩塞爆破贯通后随着水流冲出，残存于隧洞中。

（5）根据岩塞体隧洞和集碴坑开挖后揭露的围岩地质条件，判定岩塞体节理较发育，有渗水点，钻孔时需注意。

3 爆破技术方案选择与设计

3.1 岩塞厚度

3.1.1 设计厚度

在钻孔爆破水下岩塞时，预留岩塞厚度是重要参数，是确保施工安全和设计合理的主要影响因素，在确保岩塞稳定、施工安全的前提下，尽量选择较薄的岩塞厚度。根据国内类似工程经验，通常的岩塞厚度与岩塞直径比在 1∶1~1.5∶1 之间。因此设计岩塞厚度为 3.2 m。

3.1.2 实际厚度

考虑水下地形测量精度的不确定性，岩塞爆破钻孔作业前在掌子面上适当位置进行超前钻孔探查岩塞，以查明岩塞实际厚度及水文地质情况，确认安全及实际厚度数据后，再实施钻孔爆破作业。

2015 年 9 月第三次测量及探孔资料显示，岩塞厚度平均为 2.2 m（经校核确认后的探孔数量 9 个（图 2），深 1.7~2.5 m；探孔角度为 39°，已对前期探孔角度进行换算），比之前探孔厚度薄，更小于设计厚度。现岩塞厚度为 2.2 m，岩塞体断面直径 2.6 m，其厚度洞径比为 0.85∶1，较浙江省已成功进行的岩塞爆破厚度比偏小，有利于岩塞爆破贯通，但存在一定的安全风险。

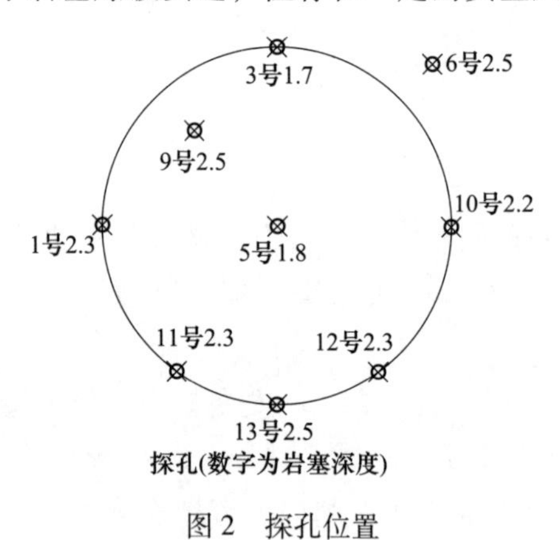

图 2　探孔位置

3.2 堆积体调查

根据水库管理部门对库底的情况介绍，岩塞面外可能存在堆积层。为确保岩塞爆破的成功。对进洞口库底以隧洞中心点为中心，布置了 5 m×5 m 的测量范围，测点布置精度为 50 cm×50 cm，测量步骤：

（1）根据测量范围拐点坐标，计算出各测点坐标，然后将测点坐标输入 GPS。

（2）事先在 20 m 的皮尺上绑定重锤，作为测量水深工具。

（3）小船划至测量区域，1 人用 GPS 定位，另外 1 人在测点放下重锤，量出水深。

（4）测量的同时安排蛙人对库底进行人工探摸。

（5）最后计算出测点的三维坐标及区域地形图。

经 GPS 测量结合蛙人水下探摸、掌子面探孔，发现岩塞面下部存在松散堆积体，粒径 50~80 cm 不等，平均厚度约 1.5 m，体积约 7.35 m^3，如图 3 和图 4 所示。

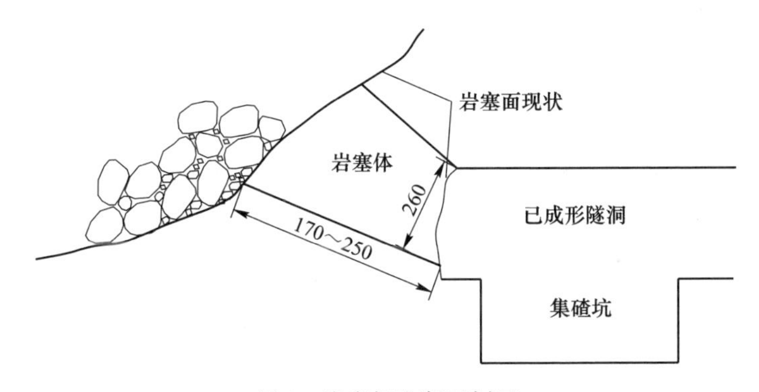

图 3　岩塞标准断面剖面

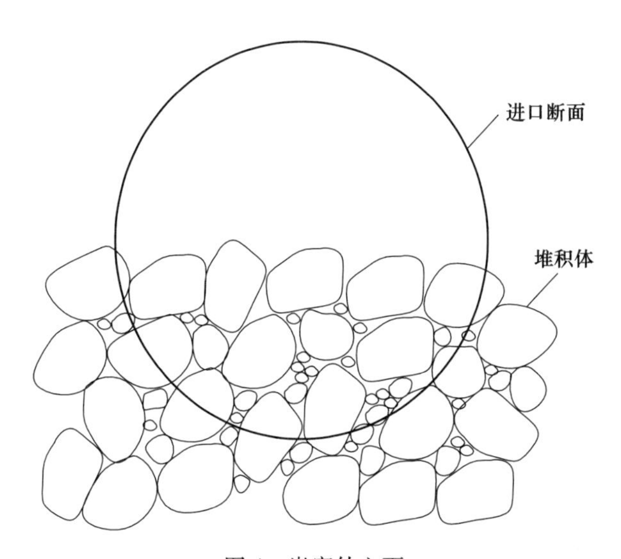

图 4　岩塞外立面

3.3 爆破设计

3.3.1 爆破方案

为了使药包能上、下爆通岩塞，将抛掷方向设定为水库里，并控制爆碴粒径，本工程采用钻孔排炮、水力冲碴、岩塞下部采用加密布孔的爆破方案。

3.3.1.1 爆破参数设计概述

本工程岩塞爆破拟采用周边小直径光爆孔、掏槽大直径孔、辅助孔二圈小直径孔爆破、水力冲碴的爆破施工方案。掏槽药包布置在岩塞中心部位，设计7个直径 ϕ60 mm 揭顶掏槽孔组合成拟集中药包，其作用是起爆时贯通岩塞且形成上下爆破漏斗；掏槽周边布置二圈辅助孔（即辅助孔一环、二环），其作用是扩大爆破断面；在岩塞周边布置一圈光爆孔，其作用是使之形成符合设计要求的标准断面，并保护进水口洞脸围岩。

3.3.1.2 单位耗药量的确定

参照前期洞身开挖过程中炸药实际单耗量，平均为3.0 kg/m^3，考虑到水深等其他因素，设计单耗增加10%左右，则岩塞爆破方案设计时总的单耗控制在 q=3.3 kg/m^3 左右（揭顶掏槽孔校核按3 kg/m^3）。

3.3.1.3 炸药及雷管的选用

由于本项目炸药用量小，不宜采购特种炸药。参考原洞身爆破开挖施工使用2号岩石乳化炸药，本岩塞爆破决定采用 ϕ32 mm 的2号岩石乳化炸药。

起爆雷管采用普通的非电毫秒雷管。

3.3.2 爆破参数的确定

3.3.2.1 钻孔直径

根据钻孔的不同部位和所起的不同作用，选用不同的钻孔直径，导向空孔：直径 ϕ60 mm；掏槽孔：直径 ϕ60 mm；辅助孔：直径 ϕ42 mm；光爆孔：直径 ϕ42 mm。

3.3.2.2 孔距、孔深及孔位布置

掏槽、空孔、辅助孔的钻孔方向均与岩塞轴线方向一致，以水平夹角39°向上抬升，光爆孔方向（上半圈）与岩塞轴线方向一致，以水平夹角60°向上抬升，光爆孔方向（下半圈）与岩塞轴线方向一致，外插5°向周边扩展。参照国内部分岩塞爆破的成功经验，结合本工程的围岩已知的具体地质情况（岩塞厚度较薄），孔底距水下岩面的距离（孔底抵抗线）均取值0.5 m（图5）。

炮孔设计孔距、孔深及孔位布置参数如下：导向空孔4个；掏槽孔7个（含

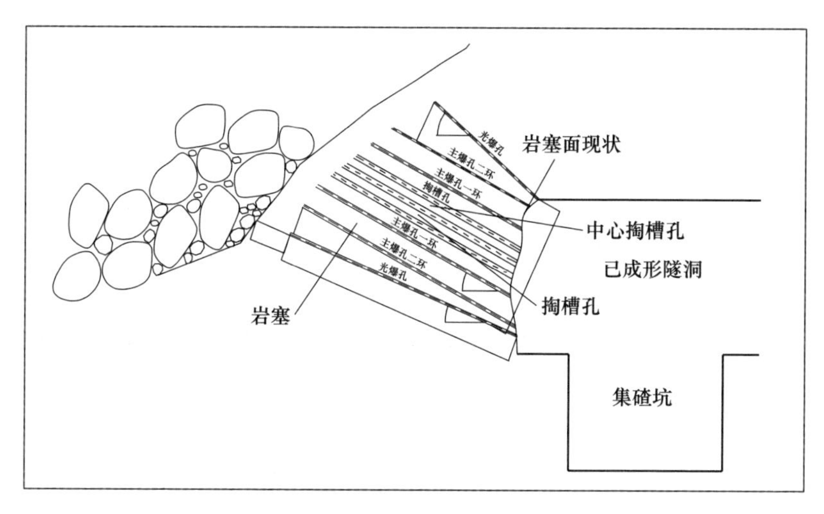

图5　岩塞钻孔纵剖面

中心孔1个）；主爆孔38个；光爆孔20个；共计69个（其中装药孔65个）(图6)。

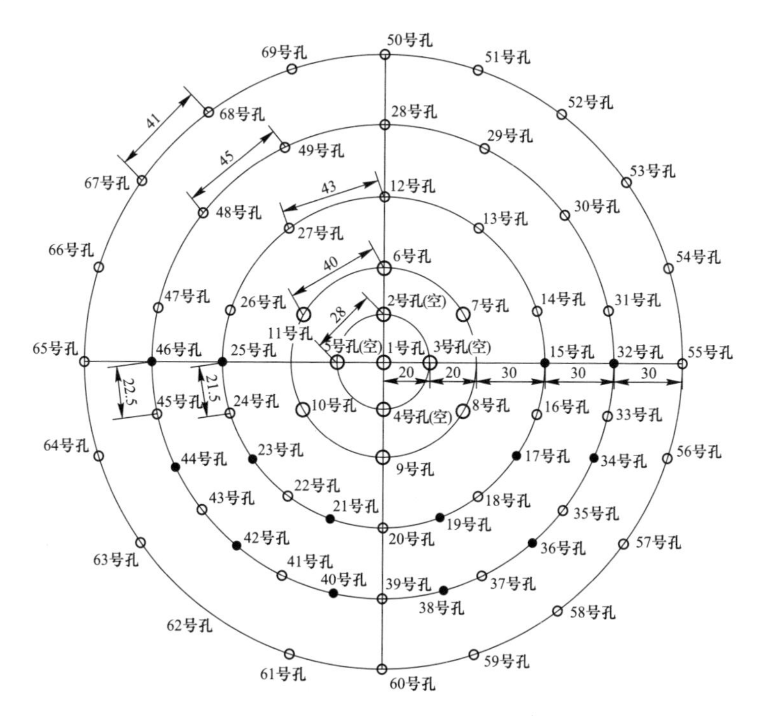

图6　岩塞布孔（图中实心圆点为加密孔）

各类炮孔具体参数如下：

（1）导向空孔。孔深 1.2~1.5 m，布置在岩塞体断面半径 $R=20$ cm 处，孔间距为 28 cm，孔数 4 个，作为掏槽自由面。

（2）掏槽孔。孔深 1.2~1.7 m，分别布置圆心与 $R=40$ cm 的圆周上，孔间距为 40 cm，孔数对应为 1 个和 6 个共计 7 个。

（3）辅助孔一环：孔深均值 1.2~1.7 m，布置在半径 $R=70$ cm 的圆周上，上半部孔间距 43 cm，孔数 5 个；下半部孔间距 21.5 cm，孔数 11 个（其中 6 孔为加密孔）。

（4）辅助孔二环：孔深均值 1.2~1.8 m，布置在半径 $R=100$ cm 的圆周上，上半部孔间距 45 cm，孔数 7 个；下半部孔间距 22.5 cm，孔数 15 个（其中 8 孔为加密孔）。

（5）周边光爆孔：孔深 1.2~2.0 m，布置在半径 $R=130$ cm 的圆周上，孔间距 41 cm，孔数 20 个。

3.3.3　装药量的确定

3.3.3.1　揭顶掏槽孔按拟集中药包抛掷爆破公式计算装药量

（1）岩塞爆破采用钻孔爆破工艺，掏槽孔在断面中心部位，用 7 个 $\phi60$ mm 钻孔组成拟集中药包，组合最大直径 0.8 m，钻孔深度 1.2~1.7 m（平均深度 1.33 m），孔底距水下岩面的距离（孔底抵抗线）为 0.5 m，堵塞长度取 0.6 m，则延长药包平均装药长度为 0.73 m，药包长度与组合直径之长径比为 0.73/0.8=0.9<4，故按拟集中药包抛掷爆破公式计算装药量。延长药包中心点位于延长药包长度 0.36 m 处，这样上部抵抗线 $W_{上}=0.5+0.36=0.86$ m，下部抵抗线 $W_{下}=0.6+0.36=0.96$ m，则 $W_{下}/W_{上}=1.11$，因此爆破方向可以向上。

按拟集中药包抛掷爆破公式计算装药量。

则拟集中药包装药量计算如下：

$$Q=(0.4+0.6n^3)KW_{上}^3 \tag{1}$$

式中　Q——集中药包药量，kg；

n——爆破作用指数，取 $n=2.0$；

K——单位岩石炸药消耗量，kg/m³，取 $K=3.0$ kg/m³（参照洞身开挖实际值确定）；

$W_{上}$——上部抵抗线，m，$W_{上}=0.86$ m。

经计算得：$Q=(0.4+0.6\times2.0^3)\times3.0\times0.86^3=9.92(\text{kg})$

（2）掏槽孔单孔装药量计算：

1）线装药量计算：

$$Q_{线装药}=\pi\times d^2/4\times L\times\Delta \tag{2}$$

式中　d——药卷直径，cm，取 $d=60$ mm；

L——装药长度，cm，取 $L=100$ cm；

Δ——炸药密度，g/cm^3，取 $\Delta=1.10$ g/cm^3。

经计算得线装药量：$Q_{线装药}=3.14\times36\div4\times100\times1.10/1000=3.1$(kg/m)

2）单孔药量及掏槽孔总药量：

$$Q_{单孔}=0.73\times3.1=2.3(\text{kg}/孔)$$

揭顶掏槽孔布置 7 个孔装药，则总装药量实际取值为：$Q_{揭}=7\times2.3=16.1$ kg。

考虑到爆破时水下压力较大，同时还存在0.5~1.0 m 破碎层以及1.5 m 左右的覆盖层（堆积体）。因此，拟集中药包装药量必须增加，以保证药包能上、下爆通岩塞，并将抛掷方向设定为向上向水库里。本工程揭顶掏槽孔总药量16.1 kg，较计算的9.92 kg 药量大，可满足本工程要求。揭顶掏槽孔爆破参数见表1。

表1　揭顶掏槽孔爆破参数

<table>
<tr><th>项　目</th><th>单　位</th><th>数　量</th><th>钻孔角度/(°)</th><th>备　注</th></tr>
<tr><td>钻孔直径</td><td>mm</td><td>60</td><td></td><td rowspan="15">2 号岩石乳化炸药
钻孔长度=9.3 m</td></tr>
<tr><td>孔　距</td><td>cm</td><td>40</td><td></td></tr>
<tr><td>孔　数</td><td>个</td><td>1+6=7</td><td></td></tr>
<tr><td rowspan="8">钻孔深度
/m</td><td>编号</td><td>平均孔深
1.33</td><td></td></tr>
<tr><td>1 号</td><td>1.3</td><td>39</td></tr>
<tr><td>6 号</td><td>1.2</td><td>39</td></tr>
<tr><td>7 号</td><td>1.2</td><td>39</td></tr>
<tr><td>8 号</td><td>1.2</td><td>39</td></tr>
<tr><td>9 号</td><td>1.7</td><td>39</td></tr>
<tr><td>10 号</td><td>1.4</td><td>39</td></tr>
<tr><td>11 号</td><td>1.3</td><td>39</td></tr>
<tr><td>药卷直径</td><td>mm</td><td>32</td><td></td></tr>
<tr><td>线装药密度</td><td>kg/m</td><td>3.1</td><td></td></tr>
<tr><td>平均装药长度</td><td>m</td><td>0.73</td><td></td></tr>
<tr><td>单孔药量</td><td>kg</td><td>2.3</td><td></td></tr>
<tr><td>总装药量</td><td>kg</td><td>16.1</td><td></td><td></td></tr>
</table>

3.3.3.2　光爆孔

周边光爆孔爆破参数见表2。

表 2　周边光爆孔爆破参数

项　目	单　位	数　量	钻孔角度/(°)	备　注
钻孔直径	mm	42		2 号岩石乳化炸药
孔　距	cm	41.0		
孔　数	个	20		
钻孔深度（1.2~2.0 m）/m	编号	平均孔深 1.58		
	36 号	1.2	60	
	37 号	1.3	60	
	38 号	1.5	60	
	39 号	1.5	60	
	40 号	1.3	60	
	41 号	1.2	60	
	42 号	1.3	39（外插 5）	
	43 号	1.6	39（外插 5）	
	44 号	1.8	39（外插 5）	
	45 号	1.8	39（外插 5）	
	46 号	2.0	39（外插 5）	
	47 号	1.9	39（外插 5）	
	48 号	1.8	39（外插 5）	
	49 号	1.8	39（外插 5）	
	50 号	1.8	39（外插 5）	
	51 号	1.8	60	
	52 号	1.8	60	
	53 号	1.6	60	
	54 号	1.3	60	
	55 号	1.3	60	
药卷直径	mm	32		
线装药密度	kg/m	0.30		
装药长度	m	1.18		
堵塞长度	m	0.4		
单孔装药量	kg/孔	0.70		
总装药量	kg	14.0		
钻孔总长度	m	31.6		

3.3.3.3　辅助孔

因本方案中辅助孔采用的 ϕ32 mm 的 2 号岩石乳化炸药单节质量为 0.20 kg、长度为 22.5 cm，采用连续装药结构形式，实际每米线装药密度按 η = 1 kg/m。主爆孔钻孔平均长度按 1.52 m 计算，装药长度 $h_{装药}$ = 0.9 m（堵塞 0.6 m）。辅助孔爆破参数见表 3。

表 3　辅助孔爆破参数

项目	单位	一环	项目	单位	二环
钻孔直径	mm	42	钻孔直径	mm	42
药卷直径	mm	32	药卷直径	mm	32
孔距	cm	43.0	孔距	cm	45.0
装药孔数	个	10	装药孔数	个	14
钻孔深度 /m	编号	平均孔深 1.52	钻孔深度 /m	编号	平均孔深 1.52
	12 号	1.2		22 号	1.2
	13 号	1.3		23 号	1.3
	14 号	1.3		24 号	1.4
	15 号	1.3		25 号	1.4
	16 号	1.4		26 号	1.4
	17 号	1.7		27 号	1.6
	18 号	1.5		28 号	1.7
	19 号	1.5		29 号	1.8
	20 号	1.5		30 号	1.7
	21 号	1.7		31 号	1.7
				32 号	1.8
				33 号	1.7
				34 号	1.7
				35 号	1.7
装药长度	m	0.9	装药长度	m	0.9
堵塞长度	m	0.6	堵塞长度	m	0.6
单孔装药量	kg/孔	0.9	单孔装药量	kg/孔	0.9
总装药量	kg	9.0	总装药量	kg	12.6
合计	kg	21.6			
钻孔总长度	m	36.5			
钻孔角度	(°)	均为 39			

3.3.3.4 岩塞装药量计算汇总

岩塞装药量计算汇总见表4。

表4 岩塞装药量计算汇总

部位		单位	装药量	备注
揭顶掏槽孔		kg	16.1	岩塞爆体方量 $V=16.3\ \mathrm{m}^3$（含喇叭口） 总装药量 $Q=58\ \mathrm{kg}$ 岩塞爆破实际炸药单耗 $Q_{实际}=58/16.3=3.55\ \mathrm{kg/m^3}$
周边光爆孔		kg	14.0	
辅助孔	一环	kg	11.7	
	二环	kg	12.6	
	加密孔	kg	3.6	
总装药量		kg	58	

3.3.4 装药结构

（1）揭顶掏槽孔钻头直径用 $\phi60$ mm，因此装药时需把每节炸药划破并压实。装药长度平均为 0.73 m，为连续耦合装药，采用孔底部和孔中部两组脚线长 7 m 的非电毫秒雷管装入起爆药卷中部，并在孔内装一条较孔深长度略长的导爆索（表5）。

表5 装药结构

结构形式	示意图	说明
间隔不耦合双发雷管起爆装药（导爆索传爆）	非电雷管、导爆索；炮泥；ϕ32 mm；间隔药卷；孔底加强药卷	1. 此图为周边光爆孔装药结构图； 2. 非电雷管与导爆索起爆
耦合连续双发雷管起爆装药结构（导爆索辅助传爆）	非电雷管；孔内导爆管与导爆索；炮泥；炸药	此图为揭顶掏槽孔、主爆孔装药结构图； 非电雷管与导爆索起爆
加密孔装药结构图	非电雷管；孔内导爆管与导爆索；炮泥；炸药	加密孔的堵塞长度大于装药长度和抵抗线

（2）辅助孔钻头直径用 ϕ42 mm，炸药采用 ϕ32 mm 的 2 号岩石乳化炸药，装药长度平均均为 0.9 m，为连续耦合装药，采用孔底部和孔中部两组脚线长 7 m 的非电毫秒雷管装入起爆药卷中部，并在孔内装一条较孔深长度略长的导爆索。

（3）光爆孔钻孔直径为 42 mm，炸药用 ϕ32 mm 的 2 号岩石乳化炸药，装药长度平均为 1.18 m，孔内间隔不耦合装药，光爆孔采用导爆索作为起爆体，端部同主导爆索联接，主导爆索由 2 发 8 段非电导爆管雷管起爆。

（4）加密孔的装药量为其他辅助孔的一半，并且加密孔的堵塞长度大于装药长度和抵抗线之和。

3.3.5 爆破网路设计

3.3.5.1 爆破网路形式选择

（1）本岩塞爆破采用双回路交叉非电导爆管雷管起爆网路起爆，孔外采用大把抓簇联方式。10~20 根导爆管为一个簇联点用两发 1 段导爆管毫秒雷管传爆，簇联点用胶布捆绑五层以上，再用长 30 cm 胶质风管套住、捆紧。绑扎簇联时应将传爆雷管尽可能放在导爆管束中间。然后用四通进行主线联接，再用起爆器起爆。

（2）掏槽孔、辅助孔炮孔内采用双发 7 m 脚线 5 段、6、7 段导爆管毫秒雷管，光爆孔采用 8 段导爆管毫秒雷管孔外联接。

3.3.5.2 非电雷管网路连接

掏槽孔、主爆孔每只孔均装 2 发毫秒微差雷管起爆，光爆孔采用孔外 8 段毫秒雷管起爆，组成双回路交叉起爆网路，每簇联线由 2 发 1 段（光爆孔 4 发）非电雷管联接两部起爆器同时引爆。

具体炮孔起爆顺序：揭顶中心掏槽孔、揭顶掏槽孔外圈（5 段非电毫秒雷管）先起爆→辅助孔一环（6 段非电毫秒雷管）、辅助孔二环（7 段非电毫秒雷管）→光爆孔（8 段非电毫秒雷管）。爆破网路联接好后，最后将爆破网路通过导爆管联接到起爆站的专用起爆器联接起爆，如图 7 所示。

3.4 爆破安全的校核

隧洞进口外部是水库没有任何建、构筑物，岩塞爆破距离水库大坝将近 150 m，竖井位于进口段岸坡，竖井底高程同隧洞底高程，距离岩塞爆破点约 21 m，竖井井身浇筑好后安装两道提升闸门，岩塞爆破前安装到位，闸门距离岩塞爆破点约 23 m。

根据相关工程经验、文献研究资料结果，结合本工程周边环境实际情况，由于岩塞爆破体距离新路岙水库大坝约 150 m，岩塞爆破用药量较小，且爆体位于水下约 14 m 处，受水体阻隔几乎不发生飞石和水柱。因此，需要注意的是爆破振动、

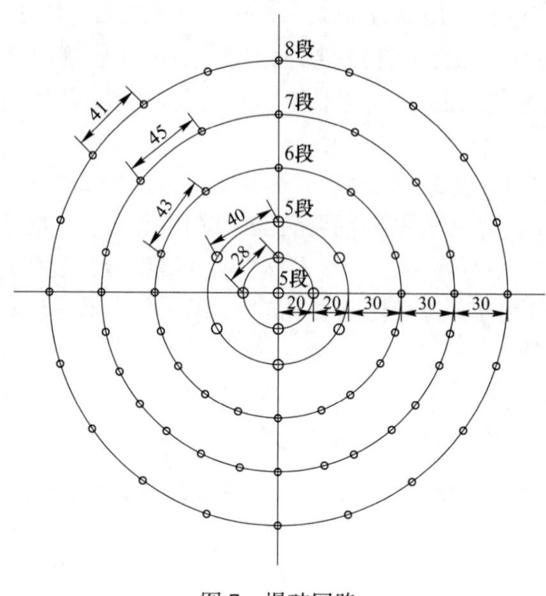

图 7　爆破网路

水击波危害以及爆破后碴料堵塞隧洞的效应，本次只对隧洞本身及其建筑物的影响校核，主要对象包括洞顶混凝土衬砌、闸门、闸门启闭机平台及大坝等。

3.4.1　爆破振动校核

3.4.1.1　质点振动安全速度的确定

根据《爆破安全规程》（GB 6722—2014）规定及业主要求，本工程爆破振动安全允许标准见表 6。

表 6　各保护对象允许安全质点振动速度

序号	保护对象类别	安全允许振速/$cm \cdot s^{-1}$
1	新路岙水库大坝	0.5
2	新路岙隧洞竖井钢筋混凝土井身	15.0
3	新路岙隧洞闸门启闭机平台	3.0
4	新路岙隧洞闸门	3.5

3.4.1.2　爆破振动对周围建筑物的安全校核

根据萨道夫斯基公式进行校核：

$$v = K\left(\frac{Q^{1/3}}{R}\right)^{\alpha} \tag{3}$$

式中　v——保护对象所在地面质点振动速度，cm/s；

Q——单段最大起爆装药量，kg，本工程单响最大装药量 $Q=16.1$ kg；

R——爆心至监测点的距离，m；

K，α——与爆破点至计算保护对象间的地形、地质条件有关的系数和衰减指数，根据本工程竖井开挖的爆破振动监测结果经分析取：$K=180$，$\alpha=1.8$。

经计算，各保护对象的爆破质点振动速度分析（表7）。

表7 爆破振动速度校核

保护对象名称	爆心距 R/m	最大段起爆药量 Q/kg	$V_{计算}$/cm · s^{-1}	$V_{允许}$/cm · s^{-1}
新路岙水库大坝	150	16.1	0.12	0.5
新路岙隧洞竖井钢筋混凝土井身	21	16.1	3.99	15.0
新路岙隧洞闸门启闭机平台	30	16.1	2.10	3.0
新路岙隧洞闸门	23	16.1	3.39	3.5

通过以上计算表明，各保护对象的振动速度均能控制在允许范围内。

3.4.1.3 爆破振动监测

利用爆破测振设备对指定构筑物和设备进行爆破振动监测，以保证构筑物和运行设备的安全。为防止岩塞爆破导致隧洞洞身、竖井、闸门、大坝等水工结构的损伤，在爆破施工期时应对洞身、竖井、闸门、大坝等水工结构进行振动监测，评价爆破对部分水工结构的影响，在部分水工结构设施合适的地方上布设监测仪器，进行爆破振动监测。由总包单位委托第三方监测单位进行监测。监测结果显示爆破振速控制在安全振速内。

3.4.2 爆破冲击波对周围建筑物的影响

3.4.2.1 水击波对水库水域的影响

根据《爆破安全规程》（GB 6722—2014），水深小于30 m的水域内进行水下爆破水中冲击波，最小安全警戒线距离应遵守下列规定：对人员潜水不小于600 m，人员游泳不小于500 m。

本工程爆破水域为水库保护区，没有过往船只行走，且禁止人员下水游泳，但爆破时仍需对附近人员和闸门等按规范要求进行告示或采取必要的防护与警戒措施。

3.4.2.2 水击波对水工闸门的影响

岩塞爆破为保证一次爆破成功和口门形状较好，使用的最大段装药量16.1 kg，但岩塞的体积较小，总体装药量不大，且岩塞起爆时新路岙水库隧洞闸门门叶是开启的，岩塞内侧短时间内无水，因此爆破不会对闸门造成危害。

4　爆破效果

2015 年 12 月 25 日下午 15:20 一次起爆成功。业主组织专家评估结论“岩塞成型效果符合设计要求、爆碴基本入坑，各保护对象安全”。具体表现为：

（1）出水口水流符合设计要求（图 8、图 9）。

（2）周边保护对象无损坏。

（3）启闭闸门关闭顺利。

（4）水下探摸洞口成型较好，特别是堆积体基本被推出。

图 8　进水口效果

图 9　出水口效果

4.1　关键支撑技术

4.1.1　精细化测量

测量人员对进洞口库底以隧洞中心点为中心，通过精细化测量，掌握了岩塞及外侧堆积体的详细情况，为爆破设计提供了可靠的依据。

4.1.2　多组合钻孔及炮孔局部加密

根据炮孔所在部位和所起的不同作用，选用不同的钻孔直径和钻孔方向。针对岩塞体库区侧松散堆积体的情况在岩塞的相应位置进行局部的布置加密炮孔。

4.1.3　装药结构的创新

依据炮孔的作用进行区别装药，改变炸药在岩塞体中的分布情况，达到推抛松散堆积体入水库的目的。

4.2　经济效益、社会效益

本工程目前岩塞厚度为 2.2 m，岩塞体断面直径 2.6 m，其厚度洞径比为 0.85∶1，较浙江省已成功进行的岩塞爆破厚度比偏小，风险高，对类似工程具体较高的参考价值。

改变了传统爆破施工的工序，传统做法需要从边坡侧面水下把堆积体清理后方可实施爆破作业，但清理难度大且经济投入较大，保守估算需额外投入机械及人力成本3.5万~5万元，采用“厚松散堆积体岩塞爆破方法”实施后，爆破效果良好，缩短了工期，施工综合成本降低48%。

水下岩塞成功实施爆破后，为汛期来临前的总体工程完工争取时间，确保了库体在汛期的安全。

工程获奖情况介绍

“厚松散堆积体岩塞爆破方法”项目获浙江省爆破行业协会科学技术进步奖三等奖（2021年）。

新建隧洞上跨既有引水隧洞的开挖爆破技术

工程名称： 丽水机场沙溪改道工程新建排水隧洞
工程地点： 丽水市莲都区
完成单位： 浙江省第一水电建设集团公司 浙江省水利水电勘测设计院有限责任公司
完成时间： 2020 年 7 月～8 月
项目主持人及参加人员： 沈茂新　丁信刚　胡允楚　蒋　坤　金健俊
撰 稿 人： 沈茂新　丁信刚　胡允楚　蒋　坤　金健俊

1　工程概况

丽水机场沙溪改道工程位于丽水市西南部的碧湖镇东北、水阁工业园区南侧、务岭根隧洞以北的区域，北接景宁民族工业园区，紧邻 S328 省道和丽龙高速，距丽水市中心直线距离约 15 km。

沙溪改道工程将沙溪主、支流来水经由新建隧洞、明渠等建筑物汇入大溪，线路起点位于支流机场填筑区坡脚处，末端与上沙溪村南侧现状河道平顺衔接，线路总长约 1.6 km，起点高程 72.50 m，出口高程 57.00 m。

工程主要建设内容有新建引水渠 2 条，总长 473 m；新建排水隧洞 2 条，总长 1633 m（支流引水隧洞长 382 m，城门洞形断面，衬后隧洞净宽 8.5 m，直墙段高 5.2 m；干流排水隧洞隧洞长 1251 m，采用城门洞形断面，衬后隧洞净宽 11.5 m，高 7.4 m)，排洪明渠长 98 m。

新建排水隧洞在 P1+021 处上跨既有玉溪引水隧洞，排水隧洞开挖底高程与玉溪引水隧洞洞顶间最小围岩厚度约 6.5 m。排水隧洞和玉溪引水隧洞平面位置，如图 1 所示。

本工程排水隧洞交叉段隧洞采用城门洞形形式，开挖断面宽 13.34 m，高度 9.57 m，顶拱布置 ϕ25 mm 系统砂浆锚杆@ 1.5 m，边帮布置 ϕ25 mm 系统砂浆锚杆@ 1.5 m；开挖后喷 22 cm 厚 C25 塑钢混凝土进行初期支护，衬砌 70 cm 厚 C25 混凝土，底板厚度 50 cm，衬后净宽 11.5 m，高 8.15 m，如图 2 所示。设计如下：排水隧洞与玉溪引水隧洞交叉点上下游 10 m 范围内（P1+011.35～P1+031.35）固结灌浆孔深入岩调整为 2 m，灌浆压力根据现场实际情况进行调整。

图 1　排水隧洞线路

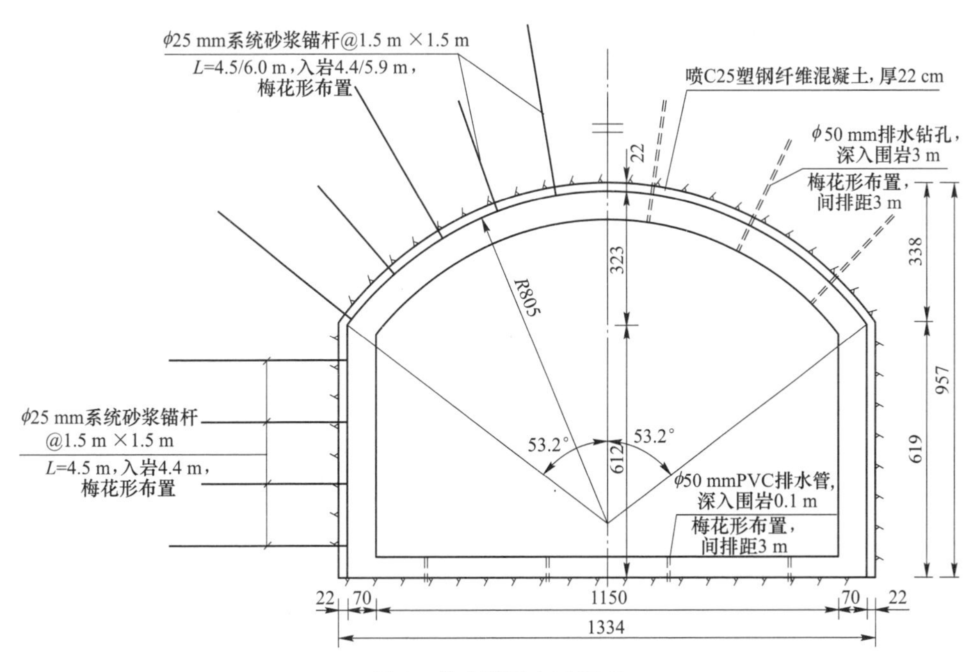

图 2　排水隧洞交叉段面

既有隧洞为丽水市城乡供水玉溪引水工程隧洞，开挖洞径 3. 4 m。此处围岩稳定性尚可，开挖后用锚杆加固，挂网喷 12 cm 厚 C25 混凝土。衬后隧洞洞径为 3. 16 m，底部浇筑 30 cm 厚 C15 护底混凝土，如图 3 所示。

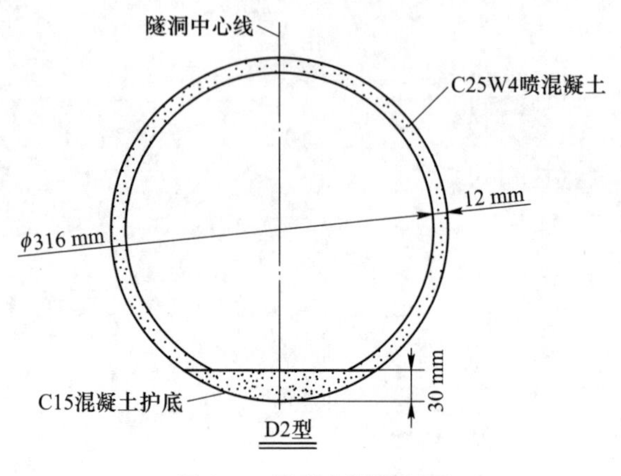

图 3　玉溪引水隧洞断面

新建排水隧洞交叉段地质情况：

排水隧洞沿线基岩为白垩系下统馆头组（K1g）灰紫色~青灰色粉砂岩为主，局部为砂砾岩。

排水隧洞洞身段上覆岩体厚度约 80 m，围岩为较坚硬的粉砂岩，属较硬岩~坚硬岩；一般完整性较好，地下水不丰富，岩层走向与洞线夹角较大，对围岩稳定有利，为Ⅲ类围岩。

交叉段爆破区周边环境如下：

本工程新建的排水隧洞与已有玉溪引水隧洞交叉处高差最近距离约 6. 5 m，排水隧洞交叉段与出口直线段成 154°夹角，直线距离 230 m。

2　工程特点、难点

排水隧洞由南向北总体沿山脊布置，与玉溪引水隧洞存在交叉段，排水隧洞布置在上，玉溪引水隧洞在下。排水隧洞洞室规模大，交叉段开挖宽 13. 34 m，高 9. 57 m，开挖面积 115 m^2，为大断面隧洞。开挖底高程与玉溪引水隧洞洞顶间最小围岩厚度约 6. 5 m，交叉建筑物之间距离近，施工风险大，工程环境复杂，确保既有引水隧洞的正常运营及供水极为重要，对爆破振动控制及监控监测要求高。如何保证新建隧洞爆破开挖过程中既有隧洞的结构安全与稳定性，是本工程爆破施工的难点。

交叉段开挖需精细化爆破，采用分层分块小断面控制爆破，短进尺、弱爆破、勤支护，严格控制装药量和爆破振动，确保开挖施工安全，尽可能降低对既有隧洞的结构影响。由于两隧洞间隔距离小，采取措施降低爆破振动是爆破成功的关键，在开挖轮廓周边布置减振孔是重要手段。

施工时布置监测仪器，监测排水隧洞施工对既有隧道（洞）的振动影响，及时反馈优化设计参数，通过实时安全监测掌握隧洞稳定状态及开挖响应，确保排水隧洞施工安全和结构稳定。

3　爆破方案选择及设计原则

根据隧洞交叉段的实际情况拟采取分块控制爆破施工。

根据沙溪排水隧洞设计和地质形条件，沙溪排水隧洞与玉溪引水隧洞交叉段，前后交叉各 80 m 开挖采用控制爆破，交叉段控制爆破总长度 160 m，由排水隧洞下游向上游方向开挖。考虑到控制爆破周边围岩及与玉溪引水隧洞的距离，为保证引水隧洞的安全，工程采用分层分块小断面控制爆破方法，共分 4 层开挖，每块开挖断面面积小于 5 m^2，共 26 块。开挖顺序如图 4 所示。

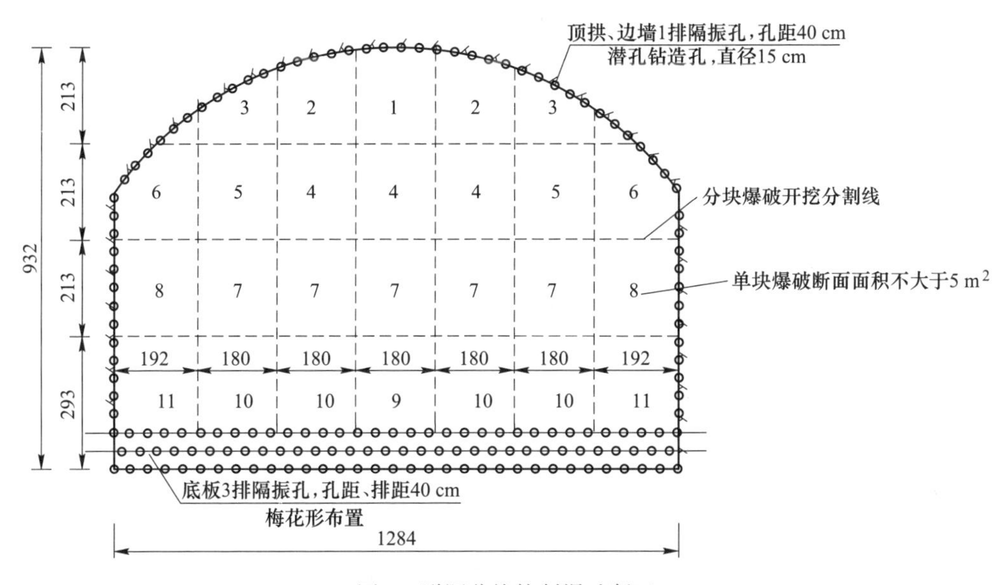

图 4　隧洞分块控制爆破断面

开挖前，在隧道周边密集布置 1～3 排钻孔，且不装药，只起隔振作用，采用潜孔钻造孔，孔径 15 cm，顶板及周边设置 1 排隔振孔，孔距 40 cm，底板设置 3 排隔振孔，孔距、排距 40 cm，梅花形布孔。

为了尽可能降低爆破振动对玉溪引水隧洞的影响，采用浅孔爆破，短进尺多循环掘进方式开挖，单循环进尺 2.0 m，炮孔利用率 90%。

为了尽可能的不超爆，确保不欠爆，并尽可能的减少爆破对隧洞围岩的破坏和降低振动，在隧洞掘进断面的圆弧拱、边邦、下层底板部位采用预裂（光面）爆破技术。

本爆区采用普通非电毫秒延时导爆管雷管网路，导爆管雷管起爆器引爆，光爆孔选用普通导爆索。

4　爆破参数设计

4.1　开挖区设计

4.1.1　炮孔布置

4.1.1.1　掏槽孔布置

因1号开挖区爆破时仅1个自由面，爆破施工地需设置掏槽孔。其余区块施工时已形成2~3个自由面，可相应减少孔数，且可不设置掏槽孔。1号开挖区掏槽孔设置如下：

采用直眼桶形掏槽。掏槽孔的孔网参数如下：

与工作面的夹角 β　　$\beta=90°$

孔口距 $a_{口}$ 和 $a_{底}$　　$a_{口}=a_{底}=0.10\sim0.15$ m

孔深 L　　$L=2.5$ m

4.1.1.2　顶板孔

为充分利用隔振孔，顶板孔布置在两个隔振孔中间，距隧道轮廓线0.1 m，炮孔方向以约5°的倾斜角度外插，使眼底落在设计轮廓线以外0.10~0.15 m，确保掘进工作面不欠挖，基本不超挖。

4.1.1.3　帮孔及底孔、辅助孔

考虑帮边及底板不作为最终边缘，帮孔及底孔设置在分块边缘线上，帮孔、底孔及辅助孔均匀分布，间距0.6~0.7 m。

4.1.2　药量计算

根据经验及进行工程类比，各种炮孔的装药系数 η 分别按下列数据考虑，并由此计算各种炮孔的每孔装药量，然后取整节数，以整节数计算每孔装药量 $Q_{单}$ 和该类孔的总装药量 $Q_{总}$。掏槽孔 $\eta=0.85$，辅助孔、帮孔 $\eta=0.65$，底孔 $\eta=0.75$，顶板孔（光爆孔）用线装药密度 $qL=0.19$ kg/m 计算每孔装药量 $Q_{单}$ 和光爆孔的总装药量 $Q_{总}$。

4.1.2.1　掏槽孔单孔药量 $Q_{单}$、总药量 $Q_{总}$

$$N=2.5\times0.85\div0.23\approx9.24，取9节，Q_{单}=9\times0.2=1.8\ \text{kg}$$

$$Q_{总}=1.8\times(2+2)=3.6\times2=7.2\ \text{kg}$$

4.1.2.2 辅助孔、帮孔单孔药量 $Q_{单}$、总药量 $Q_{总}$

$$N = 2.2 \times 0.65 \div 0.23 \approx 6.2，取 6 节，Q_{单} = 6 \times 0.2 = 1.2\ \text{kg}$$

$$Q_{总} = 1.2 \times 8 = 9.6\ \text{kg}$$

4.1.2.3 底孔单孔药量 $Q_{单}$、总药量 $Q_{总}$

$$N = 2.2 \times 0.75 \div 0.23 \approx 7.2，取 7 节；Q_{单} = 7 \times 0.2 = 1.4\ \text{kg}$$

$$Q_{总} = 1.4 \times 4 = 5.6\ \text{kg}$$

4.1.2.4 顶板孔单孔药量 $Q_{单}$、总药量 $Q_{总}$

$$N = 2.3 \times 0.19 \div 0.106 \approx 4.123，取 4 节$$

$$Q_{单} = 0.106 \times 4 = 0.424\ \text{kg}$$

$$Q_{总} = 0.424 \times 4 \approx 1.70\ \text{kg}$$

开挖区各区块爆破参数汇总见表 1。

表 1 各区块爆破参数汇总

项目	倾角/(°)	孔长/cm	孔距/cm	个数	单孔药量/kg	总装药量/kg
1 号区块爆破参数						
掏槽孔	90	250	10~15	2	0	0
	90	250	10~15	4	1.8	7.2
崩落孔	90	220	60~70	4	1.2	4.8
顶板（光爆）孔	95	230	40	4	0.424	1.696
帮孔	90	220	60~70	4	1.2	4.8
底孔	90	220	60~70	4	1.4	5.6
2 号区块爆破参数						
崩落孔	90	220	50~70	4	1.2	4.8
顶板（光爆）孔	95	230	40	5	0.424	2.12
帮孔	90	220	60~70	2	1.2	2.4
底孔	90	220	70	3	1.4	4.2
3 号区块爆破参数						
顶板（光爆）孔	95	230	40	8	0.424	3.392
崩落孔	90	220	70	2	1.2	2.4
底孔	90	220	60~70	3	1.4	4.2
5 号区块爆破参数						
崩落孔	90	220	70	4	1.2	4.8
帮孔	90	220	70	2	1.2	2.4
底孔	90	220	60	3	1.4	4.2

续表 1

项目	倾角/(°)	孔长/cm	孔距/cm	个数	单孔药量/kg	总装药量/kg
6 号区块爆破参数						
崩落孔	90	220	70	5	1.2	6.0
帮（光爆）孔	95	230	40	6	0.424	2.544
底孔	90	220	60~70	2	1.4	2.8
8 号区块爆破参数						
崩落孔	90	220	60	6	1.2	7.2
帮（光爆）孔	95	230	40	6	0.424	2.544
底孔	90	220	50~70	2	1.4	2.8
9 号区块爆破参数						
掏槽孔	90	250	10~15	1	1.8	1.8
崩落孔	90	220	60~70	2	1.2	2.4
帮孔	90	220	60~70	6	1.2	7.2
底孔（预裂孔）	95	220	60~70	4	0.424	1.696
10 号区块爆破参数						
崩落孔	90	220	60~70	3	1.2	3.6
帮孔	90	220	60~70	3	1.2	3.6
底孔（预裂孔）	95	220	60~70	5	0.424	2.12
11 号区块爆破参数						
崩落孔	90	220	60~70	3	1.2	3.6
帮（预裂）孔	90	220	60~70	7	0.424	2.968
底（预裂）孔	95	220	60~70	5	0.424	2.12

4.2 起爆网路

孔外用 2 发 1 段导爆管雷管作连接元件，最后用导爆管雷管起爆器在隧洞口两侧安全地带激发引爆非电起爆系统。

台阶法爆破时采用逐孔起爆，孔内前后排 5/8 个段别，排间选用 5 段，孔间选用 3 段，起爆点 2 发 1 段导爆管雷管作连接元件，最后用导爆管雷管起爆器在隧洞口两侧安全地带激发引爆非电起爆系统。

4.3 装药及填塞设计

除了光爆孔（预裂孔）外，所有炮孔起爆雷管装在孔底倒数第二节炸药卷内，以形成孔底起爆提高爆破效率。

光爆孔孔底装一节炸药，并安装起爆雷管，以后每隔 0.3 m 装 1 节炸药。全孔铺导爆索和小竹片。导爆索的作用是用 1 发起爆雷管，使全孔的炸药同时起爆；竹片的作用是保证炸药的间隔距离不变。在孔外加工好后，慢慢放入孔内。加工方法如下：按设计要求每间隔 0.3 m 放 1 节炸药在导爆索和小竹片上，起爆雷管安装在孔底第一节炸药内。炸药、导爆索、起爆雷管的脚线（导爆管）均用胶带（胶布）固定在竹片上。光面炮孔（预裂孔）间隔装药结构与堵塞示意如图 5 所示。

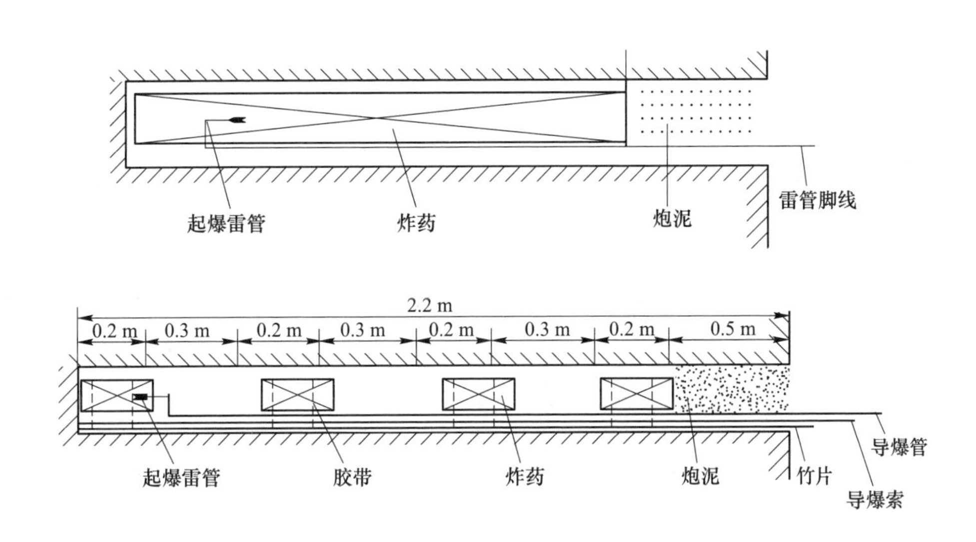

图 5　光面炮孔（预裂孔）间隔装药结构与堵塞

5　爆 破 施 工

根据《爆破安全规程》（GB 6722—2014）规定，并结合本工程保护对象为玉溪引水隧洞，经综合考量，爆破振动安全允许标准值取 8 cm/s。

交叉段控制爆破施工于 2020 年 7 月 28 日开始至 2020 年 8 月 26 日完成，施工过程中严格按照交叉控制段设计与施工专项方案的要求进行控制爆破，交叉段隧洞施工过程中没有出现渗水、无塌陷等异常情况。整个施工监测过程中，爆破点附近最大振速值均小于允许的 8 cm/s，隧洞内围岩变形在正常范围内，说明施工中采用的隧洞控制爆破措施效果良好。图 6 为隧洞底部与竖向减振孔位置图，图 7 为排水隧洞贯通图。

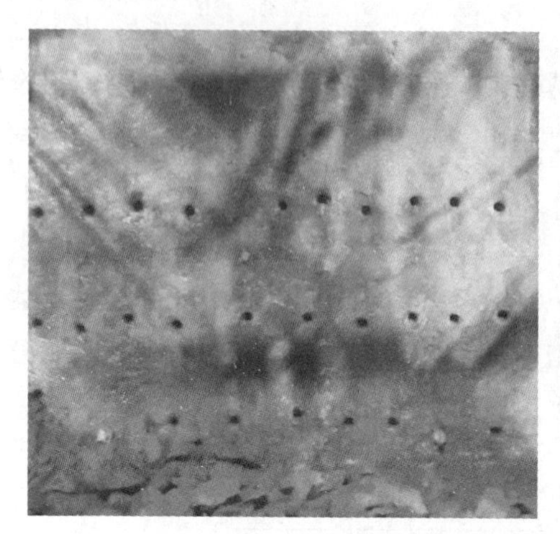

图 6　底部与竖向减振孔

图 7　排水隧洞贯通

6　爆破效果与监测成果

在隧洞开挖过程中，对交叉控制段进行安全监测，监测内容包括围岩变形情况与爆破质点振动速度。

6.1　爆破质点振动速度监测

在排水隧洞爆破控制段（排水隧洞桩号：P0+941～P1+101 m）施工期间，进行爆破质点振动速度监测。由于玉溪引水隧洞已通水且排水隧洞施工期间正常运行，人员无法进入隧洞内进行直接测量，故爆破质点振动监测点安装于隧洞出口，距离两洞交叉点 215 m，采用间接测量的方法，进行爆破振动衰减规律的观测，再结合现场地形、地质条件推算出有关的系数和衰减指数 K、α，在爆破设计参数不变的基础上（总装药量，单段装药量，延时情况不变），通过萨道夫斯基经验公式获得监测对象的爆破振动参数。

爆破安全测点每个均布置竖向、水平径向和水平切向三个方向的传感器，现场用螺栓把速度传感器牢固固定，每一测点不同方向的传感器安装角度误差应小于 5°。

监测结果如图 8 所示，从监测数据可以看到排水隧道交叉控制段开挖爆破过程中，玉溪引水隧洞最大振速在 6.9 cm/s 左右，小于 8.0 cm/s，满足规范要求。

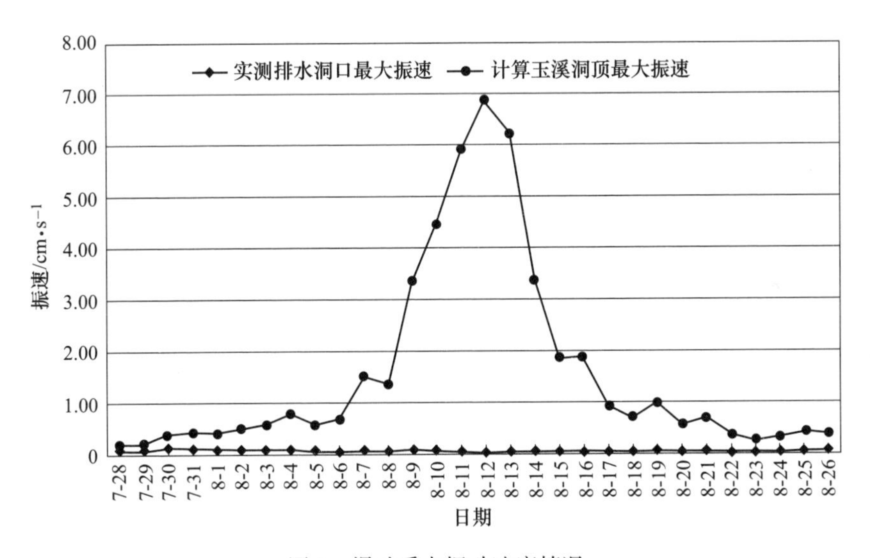

图 8　爆破质点振动速度情况

6.2　洞内周边收敛监测

在排水隧洞与玉溪引水洞交叉段开挖期间，在其上下游 P1+005、P1+065 分别布置 1 个收敛监测断面，每个监测断面布置 3 个收敛测点，设置于顶拱正中、两侧边墙靠近拱脚处，采用收敛计测量两两测点之间的对向位移量，以掌握围岩收敛变形情况。变形位移在允许范围内，随着时间推移洞内周边收敛有逐渐变小趋势，说明隧洞整体日趋稳定。

7　经验与体会

（1）本工程隧洞交叉段最近距离6.5 m，地质情况较好，为Ⅲ类围岩，采取工程措施后，成功完成隧洞交叉段施工，突破了水工隧洞设计规范关于相邻隧洞间岩体厚度的规定，给后续相关工程提供了经验。

（2）通过爆破前在隧洞周边增加减振孔及采取控制爆破等措施，能够很好的降低交叉段爆破开挖对既有隧洞结构安全，确保围岩稳定。

（3）限制单段最大爆破药量，采用分层分块毫秒（半秒）延时微差爆破技术能够有效降低爆破振动。

（4）围岩安全监测能够及时掌握围岩应力应变情况，为保证施工安全提供必要的数据支撑。

浅埋偏压连拱隧道爆破振动控制技术研究

工程名称： G528 国道遂昌新路湾至石练段改建工程 SJSG01 标段大坝来隧道爆破工程
工程地点： 丽水市遂昌县新路湾镇
完成单位： 浙江利化爆破工程有限公司
完成时间： 2022 年 9 月～12 月
项目主持人及参加人员： 汪艮忠　胡　宇　周　珉　黄　华　吴广亮　黄焕明　徐克青　胡伟武　叶　进　胡汪靖　朱宗伟
撰 稿 人： 胡　宇　周　珉

1　工程概况及环境条件

1.1　工程概述

G528 国道是《国家公路网规划（2013—2030 年）》中新增国道联络线之一"龙游至广昌公路"，该国道起于浙江省衢州市龙游县，终于江西省抚州市广昌县，全长约 490 km，其中浙江省内约为 260 km。该国道是浙江省西南部地区沟通福建省、江西省的重要干线公路，也是丽水市遂昌县南北向交通主轴线。

本项目依托于 G528 国道遂昌新路湾至石练段改建工程中大坝来隧道，该隧道位于丘陵地段，地势起伏较大。隧道地表围岩为残坡积含碎石粉质黏土，厚度 1～2 m，其下为强～中风化凝灰岩，岩质坚硬，但岩体较破碎，完整性较差。根据《公路隧道设计规范》（JTG F60—2009），围岩等级为Ⅳ级，如图 1 所示。

1.2　施工工期要求

大坝来隧道采用钻爆法施工，总爆破土方量为 14916 m^3，施工工期 4 个月，2022 年 9 月～12 月施工完成。

1.3　隧道周边环境

大坝来隧道进口处有民屋 1 处，该民屋距离隧道洞口 70 m；另有桥梁主体建造场地一处，距离进口约 50 m（图 2）。隧道出口周边无其他设施，整体施工环境较好。隧道开挖采用钻爆法施工，控制爆破振动对周边环境的影响。试验结果可为后似隧道爆破设计和施工提供指导。

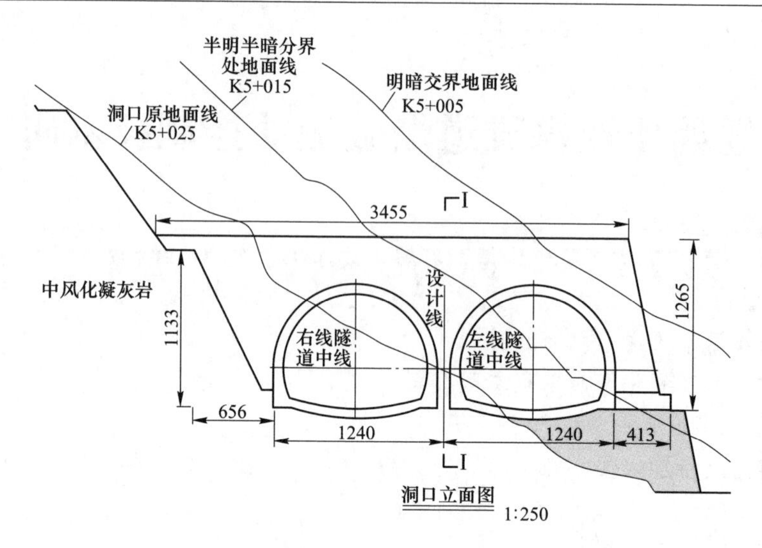

图 1　大坝来隧道设计

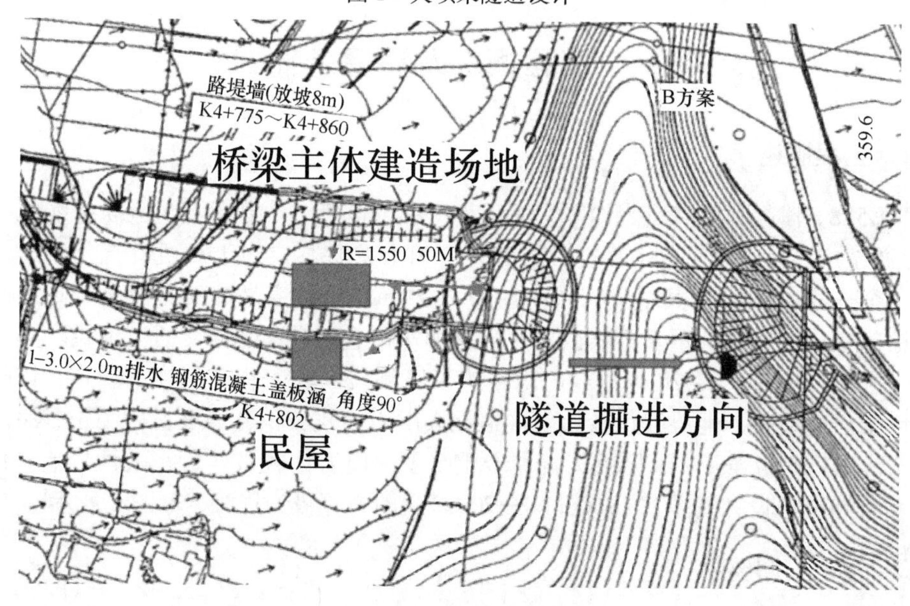

图 2　隧道周边环境

1.4　隧道施工工法

为保障工期及施工安全，大坝来隧道采用新奥法进行施工，即以喷射混凝土和锚杆作为主要支护手段，通过监测围岩变形，充分发挥围岩自承能力的施工方法，遵循“少扰动、早支护、勤量测、早封闭”的原则。隧道掘进先利用全断面法施工中导洞，当中导洞贯通以后浇筑中隔墙，当中隔墙强度达标后采用台阶法对两侧主洞采用台阶法钻爆施工。

2　工程特点、难点

大坝来隧道最大埋深 25 m，地表坡度为 20°~30°，连拱式结构，为典型的浅埋偏压连拱隧道。由于隧址区有年代久远的老式民屋、桥梁主体建造场地，以及新浇中隔墙，所以对现场爆破作业振动强度、破岩块度、飞石距离等有严格的要求。因此，如何在保障施工安全、施工工期的前提下，针对大坝来隧道浅埋、偏压、连拱的特点，设计合适的爆破方案，有效降低爆破振动强度、减少岩石大块率、控制飞石距离，成为大坝来隧道施工的重难点。

3　隧道爆破方案选择

隧道掘进常规爆破设计方案，如图 3 所示，爆破的目标仅仅是完成现场安全作业施工，没有因地制宜提出相匹配的爆破设计方案，不能充分结合现场条件最大化降低爆破振动危害效应。

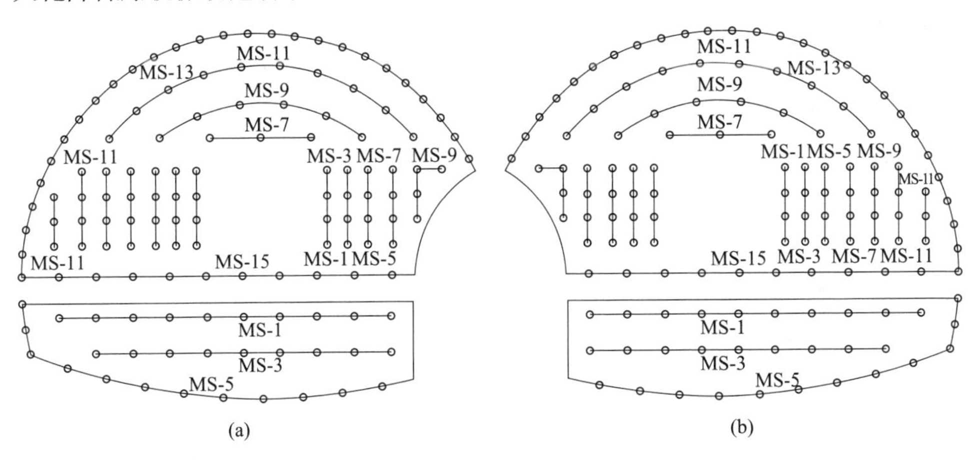

图 3　常规爆破设计方案

（a）左洞炮孔；（b）右洞炮孔

现有研究表明，隧道上台阶爆破由于自由面少、围岩夹制作用强，其振动强度远大于下台阶施工，因此重点针对上台阶爆破方案进行优化。根据大坝来隧道周围环境特点，在上台阶设置“双掏槽”（图 4）：

（1）利用中导洞施工产生的空间设计单向楔形掏槽。

（2）利用单向楔形掏槽起爆产生的自由面设计 V 形掏槽。通过合理设置两种掏槽起爆参数，并结合反向起爆方式与精确毫秒延时爆破技术，达到控制爆破振动的目标，确保周围环境安全和爆破作业效率。

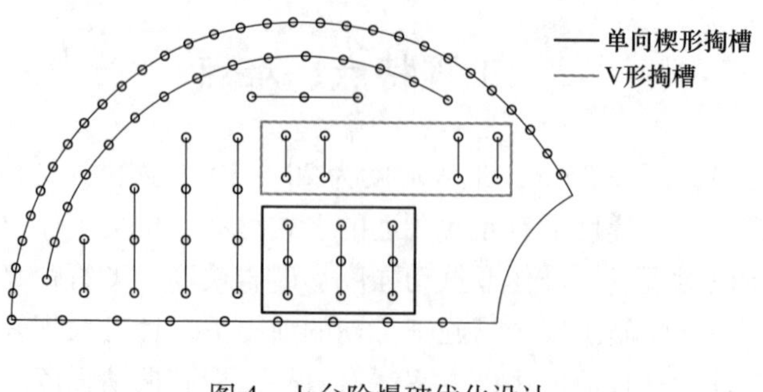

图 4　上台阶爆破优化设计

4　爆破参数设计

根据大坝来隧道周围环境，将上台阶炮孔根据掏槽孔、辅助孔、周边孔等分区布置和分区顺序起爆，逐步扩大完成一次爆破掘进。

4.1　起爆方式

柱状药包的爆轰产物和爆炸能量均偏向于沿着炮轰波传播的方向进行传输，因此选择合理的起爆方式能有效降低被保护区振动强度。

从掏槽爆破效果来看：与正向起爆（图 5（a））相比，反向起爆（图 5（c））需更长的时间形成反射拉应力波使堵塞物冲出，从而增加了爆轰产物的准静压作用时间，同时孔口附近叠加形成的高压应力波经自由面反射后的高拉应力波有助于孔口岩体的破碎，因此反向起爆更利于掏槽孔实现对岩石的破碎与抛掷；而正向起爆会在孔底附近形成高能区和高应力区，虽有助于加强孔底岩体的破碎，却不利于掏槽孔完成对岩体的抛掷，不能为后续的崩落孔创造充分的自由边界；中间起爆（图 5（b））的掏槽效果介于正、反向起爆之间。因此，为提高现场探槽爆破效果，遂采用反向起爆方式进行现场爆破作业。

4.2　装药结构

为避免周边孔爆破后，因集中装药导致孔底超挖过大，遂对周边孔采用不耦合装药结构；其他炮孔（掏槽孔、扩槽孔、底板孔等）为增加岩石破碎效果均采用耦合装药。各类炮孔利用 PNJ-A 炮泥机，按土：沙：水 = 0.75：0.1：0.15 配比制作炮泥堵塞。

4.3　炮孔布置

鉴于大坝来双线隧道浅埋、偏压、连拱的特点，遂对左右洞分别进行爆破方

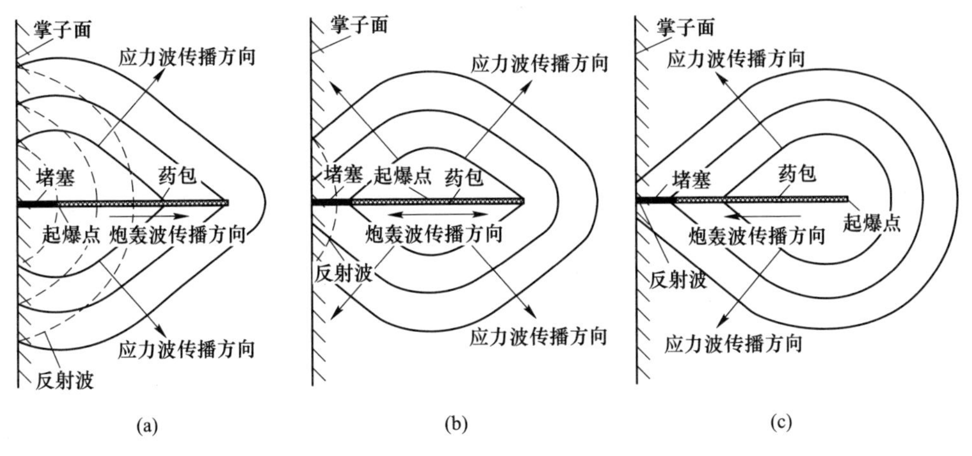

图5　不同起爆位置下爆炸应力波传播

（a）正向起爆；（b）中间起爆；（c）反向起爆

案优化设计，以左洞（图6（a））为例：

将主洞上台阶划分为两个区域，分别为图中的 *ABCD* 区域与 *AECB* 区域（*ABCD* 区域以 a 区代称，*AECB* 区域以 b 区代称）。在 a 区Ⅰ部位设置单向楔形掏槽，该掏槽区如图6（a）所示。Ⅰ区掏槽充分利用中导洞施工形成的新自由面 *AD* 降低爆破振动强度，并且该区爆破完成后为 b 区延期爆破提供了新的自由面。为减少飞石对中隔墙的垂直碰撞，将Ⅰ部位单向掏槽孔夹角分别设置为60°、70°、80°，同时降低第2、3级掏槽药量，控制爆破飞石对中隔墙的影响。

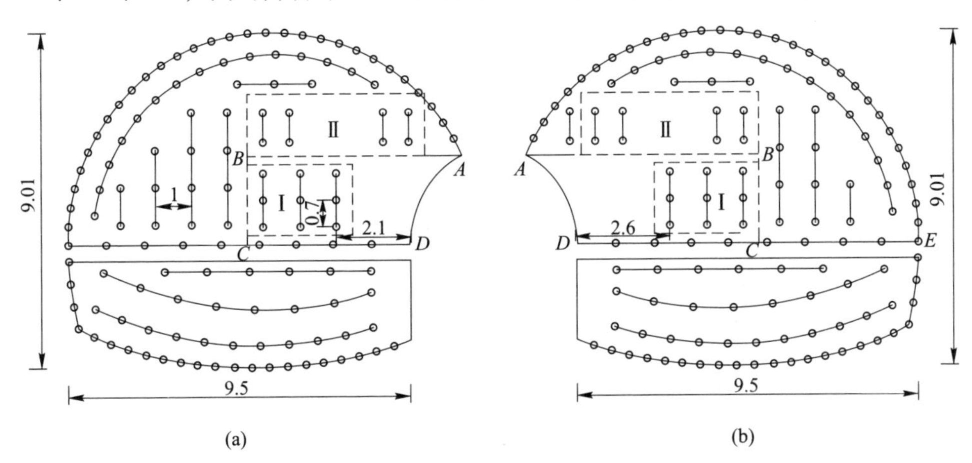

图6　爆破设计优化方案

（a）左洞炮孔；（b）右洞炮孔

b 区Ⅱ部位设置复式楔形掏槽，如图7（b）所示。掏槽区Ⅰ和Ⅱ采用毫秒延期爆破，即先起爆掏槽区Ⅰ，再延期起爆掏槽Ⅱ区，有利于控制爆破破岩效果及爆破振动。隧道其他炮孔的布置如图 6（a）所示。

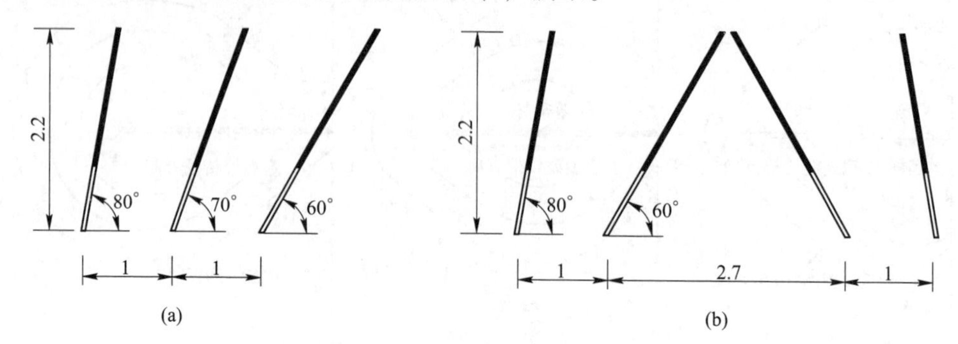

图 7　不同类型掏槽孔

（a）单向楔形掏槽；（b）V 形掏槽

由于大坝来隧道右洞比左洞埋深大，为降低掏槽爆破浅埋偏压处地表的振动影响，将掏槽孔向深埋侧偏移 0.3~0.6 m，如图 6（b）所示。

4.4　延期时间选择

为使大坝来隧道主洞爆破达到预期目标，选择安全、合理的起爆延期时间十分重要。由于各炮孔药量、临空面条件不一样，其爆破振动波形亦有差异。通过拟合实测的不同类型炮孔爆破振动波形，利用 Matlab，在振动波形主频范围内进行不同延期时间的叠加计算，获取振动峰值与延期时间的变化规律，从而得到最佳的延期时间。

隧道不同类型炮孔精确延时爆破振动波形可表示为：

$$V(t) = \sum_{i=1}^{n} v_i(t + \Delta t_{i-1}) \tag{1}$$

式中　$v_i(t)$ ——第 i 个类型炮孔爆破产生的振动波形；

Δt_{i-1} ——第 i 个类型炮孔与相邻类型炮孔的起爆延期时间，ms，$\Delta t_0 = 0$；

n——炮孔类型数。

获取不同类型炮孔爆破振动波形后（此时爆破振动波形为离散的数据点），无法直接利用计算机进行不同延期时间的叠加计算，因此引入 Gauss 函数，对爆破振动波形进行拟合。Gauss 函数拟合表达式如下：

$$v_i(t) = \sum_{j=1}^{m} a_j e^{-\frac{(t_i - b_j)^2}{c_j}} \quad (1 \leqslant i \leqslant k,\ e \leqslant t_i \leqslant h) \tag{2}$$

式中　a_j，b_j，c_j——拟合系数，分别代表高斯曲线的峰高、半宽度信息、峰位置；

m——拟合阶数；

k——采样点数目；

$[e,\ h]$——波形截断区间。

将拟合函数扩展至时间全域，则爆破振动波形函数 $V_i(t)$ 表达式如下：

$$V_i(t)=\begin{cases}0 & \text{当 } t<e \\ v_i(t) & \text{当 } e\leqslant t\leqslant h \\ 0 & \text{当 } h<t\end{cases} \tag{3}$$

将式（2）两边取自然对数：

$$\ln v_i(t)=\sum_{j=1}^{m}\left(\ln a_j-\frac{(t_i-b_j)^2}{c_j}\right) \tag{4}$$

对式（4）进行变形整理得：

$$z=e_2t^2+e_1t+e_0 \tag{5}$$

式中

$$\begin{cases} z=-\ln v_i(t) \\ e_0=\sum_{j=1}^{m}\left(\ln(a_j)-\frac{b_j^2}{c_j}\right) \\ e_1=\sum_{j=1}^{m}\frac{2b_j}{c_j} \\ e_2=\sum_{j=1}^{m}-\frac{1}{c_j} \end{cases} \tag{6}$$

将式（6）用矩阵形式进行表示：

$$\begin{bmatrix} z_1 \\ z_2 \\ \vdots \\ z_k \end{bmatrix}=\begin{bmatrix} 1 & t_1 & t_1^2 \\ 1 & t_2 & t_2^2 \\ \vdots & \vdots & \vdots \\ 1 & t_k & t_k^2 \end{bmatrix}\begin{bmatrix} e_0 \\ e_1 \\ e_2 \end{bmatrix} \tag{7}$$

简记为：

$$Z_{k\times1}=T_{k\times3}E_{3\times1} \tag{8}$$

根据最小二乘原理，可求得拟合常数 e_0、e_1、e_2 构成的矩阵 E 的广义最小二乘解为：

$$E=(T^TT)^{-1}T^TZ \tag{9}$$

得到不同类型炮孔爆破精确延时爆破振动波形表达式：

$$V(t)=\sum_{i=1}^{n}\left(\sum_{j=1}^{m}a_je^{-\frac{((t_i+\Delta t_{j-1})-b_j)^2}{c_j}}\right) \tag{10}$$

以大坝来隧道1类、2类炮孔为例（图8）对延期时间计算进行解释说明。

为得到不同类型炮孔爆破振动波形，方便后续进行波形拟合与叠加计算，遂

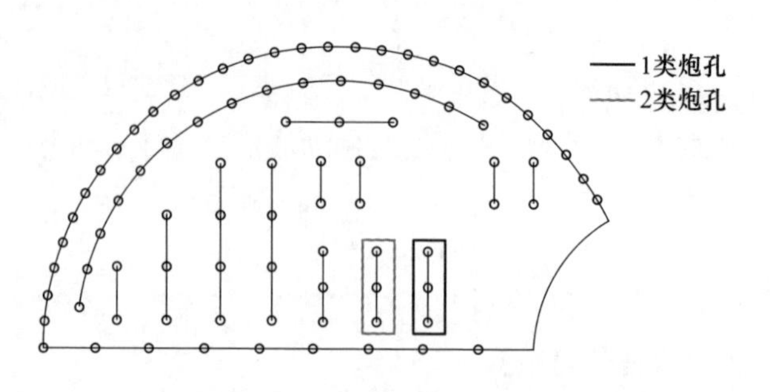

图 8　大坝来隧道 1 类、2 类炮孔

利用电子雷管设置大间隔延期时间：1 类炮孔起爆时间设置为 100 ms，2 类炮孔起爆时间设置为 400 ms，其余炮孔延期时间为 700 ms。结合 TC-6850 网络测振仪，得到典型振速时程曲线（图 10），其中垂向方向振速最大，所以仅对垂向的爆破振速进行分析。

观察图 9，1 类炮孔和 2 类炮孔爆破产生的振动波在 100 ms 以后基本衰减完毕，但为确保波形叠加，将其截断区间长度设定为 120 ms。提取各类炮孔振速时程曲线并结合 Gauss 函数，利用 Matlab 编程得到各类炮孔拟合曲线，如图 10 所示。

由图 10 可知，1 类、2 类炮孔的峰值振速 $v_{1\,\max}>v_{2\,\max}$，这是因为 1 类炮孔起爆时，只有掌子面作为临空面，而当 2 类炮孔起爆时，由于 1 类炮孔爆破产生了新临空面，使其具备了多个临空面。表明当药量相同时，临空面数量越多，炸药爆炸向临空面逸散的能量越多，爆破振动强度越低。

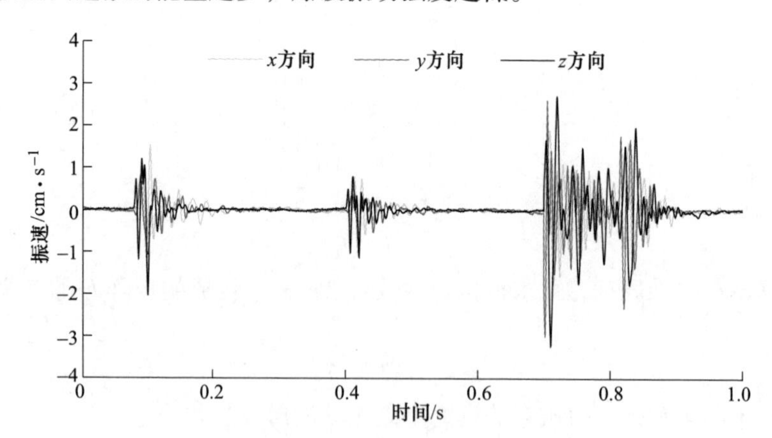

图 9　大坝来隧道掏槽爆破振速时程曲线

基于 Anderson 叠加原理，以 $\Delta t=1$ ms 为迭代增量，结合 Matlab 对 1 类、2 类炮孔爆破振速拟合曲线进行不同延期时间的叠加计算，得到不同延期时间下叠加

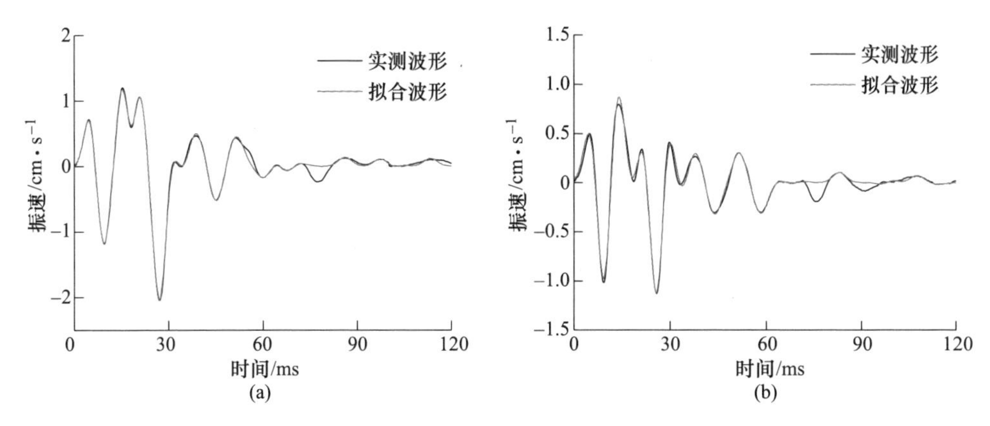

图 10　各类炮孔爆破振速时程曲线

（a）1 类炮孔；（b）2 类炮孔

振速时程曲线的峰值振速，并与常规爆破峰值振速进行对比，如图 11 所示。

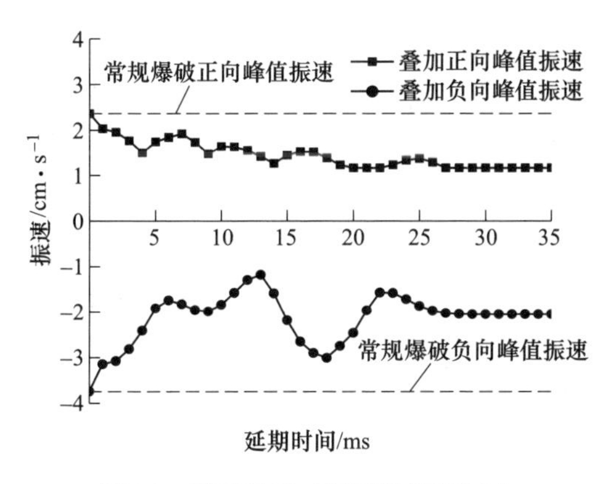

图 11　不同延期时间下的峰值振速

图 12 所示为延期时间 $\Delta t=0\sim35$ ms 的峰值振速叠加结果，从图 12 可以看出，当 1 类、2 类炮孔延期时间 $\Delta t=0$ ms 时，其叠加后的峰值振速与常规爆破相等；此外在任何延期时间下，其峰值振速均小于常规爆破，表明采用分段爆破能有效降低爆破振动强度；其次，当延期时间 $\Delta t>28$ ms 后，叠加后的峰值振速几乎不变，表明两种类型的波形主振动区间已分开，此时增加延期时间对峰值振速值影响较小。

定义爆破降振率 η：

$$\eta=\frac{v-v_i}{v}\times100\% \tag{11}$$

式中　v——常规爆破时峰值振速强度；

v_i——延期时间 Δt_i 下 1 类、2 类炮孔叠加得到的峰值振速，计算 1 类、2

类炮孔不同延期时间 Δt_i 下的降振率，整理绘制成图 12。从图 12 可以看出，当延期时间 $\Delta t = 13$ ms 时，降振率达到最大 $\eta = 70\%$，表明此时拟合叠加的峰值振速最小，其值 $v_{13} = 1.42$ cm/s。

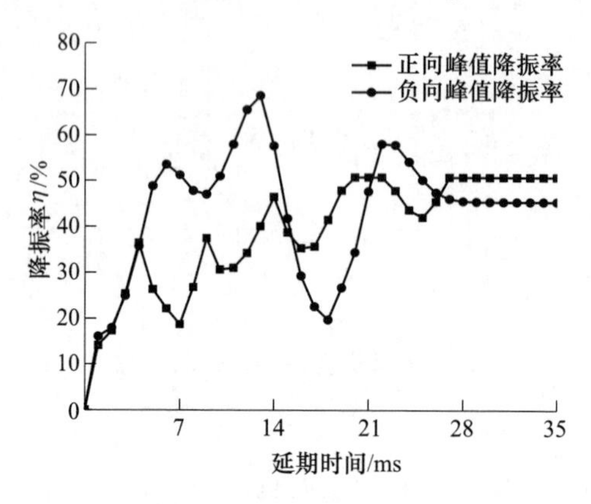

图 12　不同延期时间下的降振率

其余炮孔在 1 类、2 类炮孔叠加的基础上再次进行循环叠加计算，最终得到各类炮孔最佳延期时间。各类炮孔延期时间见表 1。

4.5　药量计算

大坝来隧道现场采用 2 号岩石乳化炸药进行爆破作业，其Ⅳ级围岩上台阶循环进尺为 2 m；下台阶循环进尺为 4 m。大坝来隧道左洞优化爆破设计见表 1。

表 1　大坝来隧道左洞优化爆破设计方案参数

炮孔类别		炮孔数	延期时间/ms	炮孔深度/m	单孔药量/kg	总药量/kg
上台阶	单向楔形掏槽孔	3	0	2.2	1.5	4.5
		3	13	2.2	1.2	3.6
		3	39	2.2	1.2	3.6
	复式 V 形掏槽孔	4	63	2.2	1.2	4.8
		4	83	2.2	1.2	4.8
	辅助孔	4	106	2	0.9	3.6
	辅助孔	7	124	2	0.9	6.3
	辅助孔	3	145	2	0.9	2.7
	辅助孔	2	167	2	0.9	1.8
	内圈孔	15	184	2	0.6	9
	底板孔	8	207	2.2	1.2	9.6
	周边孔	30	233	2	0.6	18

续表1

炮孔类别		炮孔数	延期时间/ms	炮孔深度/m	单孔药量/kg	总药量/kg
下台阶	辅助孔	6	0	4	2.4	14.4
	辅助孔	8	26	4	2.4	19.2
	内圈孔	11	53	4	2.4	26.4
	周边孔	15	70	4	2.4	52.8
合计		126				185.1

5　爆破安全设计

5.1　最大药量控制

根据《爆破安全规程》（GB 6722—2014）对建构筑物质点振动速度的控制标准，按下式确定最大允许起爆药量（齐发爆破时为爆破总药量，毫秒延期爆破为最大单响装药量）：

$$Q = \frac{R^3 \cdot v^{3/\alpha}}{K^{3/\alpha}} \tag{12}$$

式中　Q——炸药量，kg，齐发爆破取总药量，毫秒延期爆破取最大一段药量；

R——到需要保护建（构）筑物或设备设施的距离，m；

v——地震安全速度，cm/s。

“土窑洞、土坯房、毛石房屋”，安全允许振速 0.45～1.5 cm/s；K、α，与爆破地形、地质条件有关的系数和衰减指数，见表2。

表2　K、α 与岩性的关系

岩性	K	α
坚硬岩石	50～150	1.3～1.5
中等硬度岩石	150～250	1.5～1.8
软岩石	250～350	1.8～2.0

在本工程中为确保建（构）筑物、民屋安全，取安全振速 $v=0.8$ cm/s，$K=250$，$\alpha=1.8$；大坝来隧道主洞离最近的民房距离为 70 m，按式（1）计算得最大允许药量 $Q=92$ kg。大坝来隧道施工最大单段药量为 $Q=18$ kg，远远小于最大允许单段药量，因此爆破作业对周围民房影响较小。

5.2　中隔墙稳定性控制

浅埋偏压连拱隧道在掘进过程中，其支护体系受力状态在不断发生变化，其安全控制重点之一是防止主洞掘进时爆破飞石及偏压作用对中隔墙稳定性的影响。因此，需对中隔墙采取合理的施工方案，保证隧道开挖的稳定性。

（1）在隧道施工前，对中隔墙进行防偏压处理，在后行洞一侧的中隔墙和主洞之间的空隙采用工字钢进行加固，工字钢与中隔墙接触部位使用橡胶垫进行阻隔，避免工字钢破坏中隔墙墙体。

（2）在中隔墙顶部和底部添加注浆锚杆并向外张开布置，将中隔墙混凝土与中导洞围岩连接成一个整体，增加中隔墙的抗倾覆能力。

（3）控制掏槽爆破最大单响药量和掏槽区的延期起爆顺序，降低爆破振动对中隔墙的影响。

（4）对中隔墙采取必要的保护措施，如沙袋、竹排、废旧轮胎、橡胶等，降低飞石对中隔墙的碰撞破坏。

（5）加强对中隔墙内力、位移的监测，当监测值达到预警值时需及时采取对中隔墙进行加固。

6　爆破效果与监测分析结果

6.1　爆破效果

根据大坝来隧道现场情况，结合爆破危害效应控制目标，采用“双掏槽”方案进行布孔设计，结合反向起爆及电子雷管精确毫秒延时技术达到控制爆破振动强度，同时降低岩石大块率及缩短飞石抛掷距离。在现场爆破过程中，由于设计方案合理，施工流程合规，防护措施到位，无意外情况发生，爆破效果良好，如图 13 所示。

图 13　大坝来隧道爆破效果

6.2　监测结果及分析

在大坝来隧道施工现场进行了 10 次常规爆破设计与爆破设计优化方案的对比实验，对爆破后相同距离下的振动强度、破岩块度、飞石距离等进行对比分析。

图 14 为常规爆破设计、爆破设计优化下的典型振速时程曲线。该图表明隧道掘进过程中掏槽孔由于夹制作用大，其振动强度一般最强，所以设计合适的掏槽布孔方式和参数显得尤为重要。

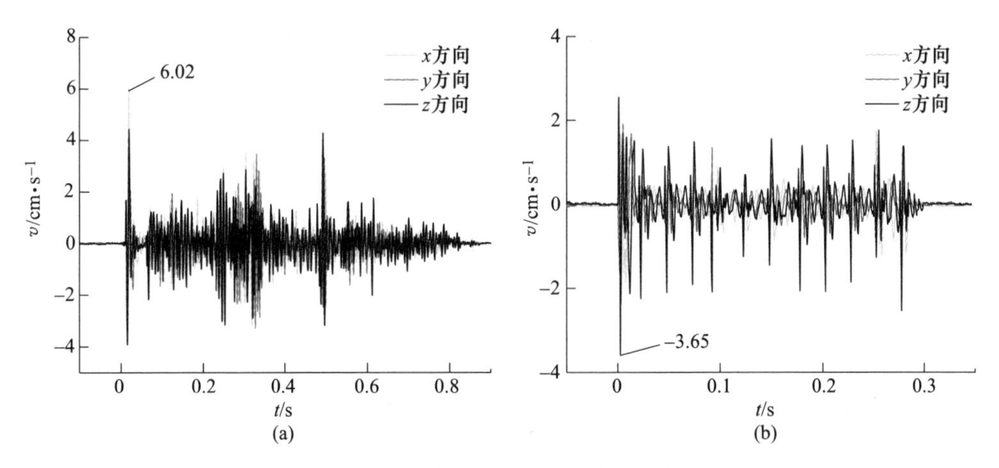

图 14　不同爆破方案振速时程曲线

（a）常规爆破设计；（b）爆破设计优化

图 15 为 10 次试验下不同爆破方案的峰值振速对比，该图表明爆破设计优化方案峰值振速均小于常规爆破方案。常规爆破设计方案峰值振速平均值 $v=6.55$ cm/s，爆破设计优化方案峰值振速平均值 $v=3.10$ cm/s，峰值振速降低约为 52.7%，说明爆破设计优化方案合理，对降低现场爆破振动强度具有重要意义。

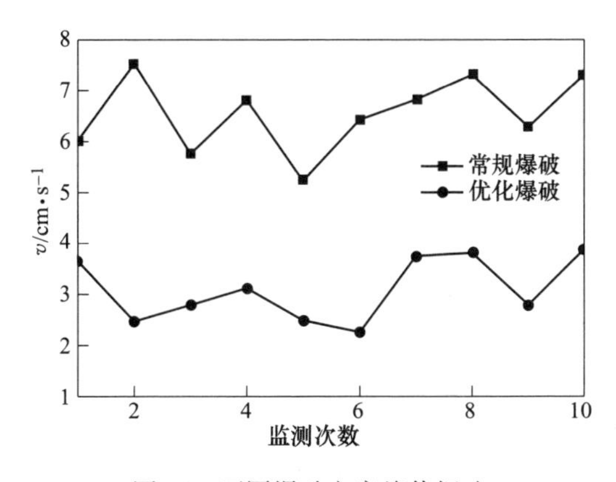

图 15　不同爆破方案峰值振速

图 16 为常规爆破设计、爆破优化设计下的岩石块度。将篮球作为参照物，篮球直径为 25 cm，利用 split-desktop 软件对岩石块度进行识别，如图 17 所示，得到岩石块度 D 占比见表 3。

(a)

(b)

图 16　不同爆破方案岩石块度
（a）常规爆破设计；（b）爆破设计优化

(a)

(b)

图 17　不同爆破方案岩石块度识别
（a）常规爆破设计；（b）爆破设计优化

表 3　岩石块度占比　　（%）

爆破方案	岩石块度		
	$D<60$ cm	60 cm$<D<$120 cm	120 cm$<D$
常规爆破设计	63.0	29.4	7.6
优化爆破设计	92.6	7.4	0

从表 3 可知，爆破设计优化方案相对常规爆破设计方案有效降低了大块率岩石的比例，岩石直径在 60 cm 以下的占比从常规方案的 63.0%增加到 92.6%，同时岩石最大直径也得到了有效控制，提高了现场施工效率。

图 18 为大坝来隧道不同爆破方案下飞石距离，该图表明常规爆破设计方案下产生的飞石多，抛掷距离远，其中最远抛掷距离达 26 m 左右，对比爆破优化方案下飞石数量少且抛掷距离大幅度缩短，爆堆非常集中，极大增强了现场施工的安全性。

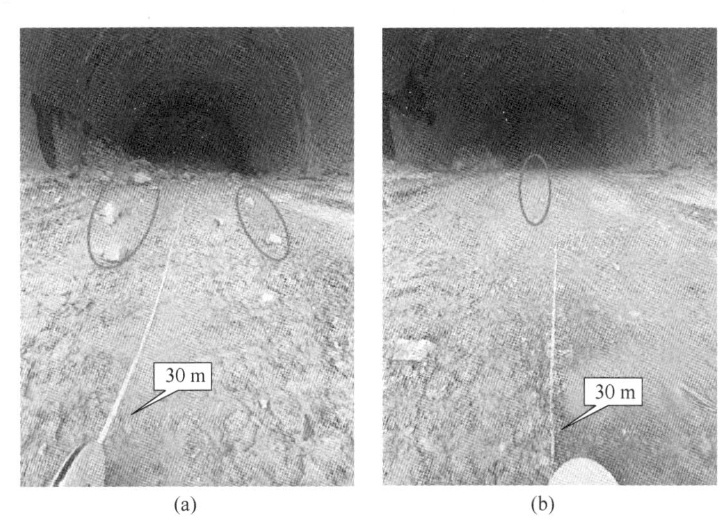

(a)　(b)

图 18　不同爆破方案飞石抛掷距离

（a）常规爆破设计；（b）爆破设计优化

7　浅埋偏压连拱隧道爆破振动控制技术

综上所述，合理的爆破设计方案对降低浅埋偏压连拱隧道的爆破振动强度、提高现场施工效率和增加施工安全性具有重要意义，先提出浅埋偏压连拱隧道爆破振动控制措施如下。

7.1　合理掏槽结构形式

现有研究表明，隧道掘进爆破中，在掏槽孔爆破单响药量与辅助孔、周边孔等单响药量相差不大的条件下，掏槽孔爆破引起的振动最强。究其原因，掏槽孔爆破自由面条件差，围岩夹制作用明显，因此控制掏槽孔爆破振动效应是降低隧道爆破振害的关键。针对浅埋偏压连拱隧道特点，提出“双掏槽”爆破设计方案，一是充分利用中导洞施工形成的空间设计单向楔形掏槽，另外，上一级掏槽为后一级掏槽起爆创造了自由面，岩石夹制效应减弱，爆破振动强度得到有效控制，同时降低飞石抛掷距离。

7.2　合理布置掏槽位置

受地形影响，隧道存在偏压现象。为了控制浅埋地表处的振动强度，减少爆破振动对隧道薄弱处围岩的损伤和破坏，掏槽孔设计除采用“双掏槽”形式以外，其布孔范围向隧道深埋侧偏移0.3~0.6 m，可以减少掏槽孔爆破对隧道浅埋偏压处的振动影响。同时，偏压隧道掏槽位置和参数必须考虑岩体的结构特征。

7.3　合理起爆方式

隧道钻孔爆破中装药结构对爆破效果影响很大。在一定的岩石和炸药条件下，采用孔口或孔底起爆、集中或空气间隔装药可以增加炸药用于破碎或抛掷岩石能量的比例，提高炸药爆炸能量利用率，降低岩石大块率，增加现场施工效率，同时还能降低炸药消耗量。

7.4　爆破器材选择

炸药、雷管等爆破器材的选择是影响爆破振动的因素之一。理论上，隧道周边孔爆破选择低爆速、低猛度、小直径、传爆性能好的炸药以及高精度的毫秒延期雷管实现精确起爆，能达到良好的光面爆破效果和降低爆破振动。利用电子雷管可以任意设置延时时间特性，充分发挥精确延时错峰减振的技术优势，来显著降低爆破振动并提高爆破效率。

7.5　全程振动监测与爆破参数优化

浅埋偏压连拱隧道开挖，应在现场进行施工全过程的爆破振动观测，测点布置在中隔墙掌子面前、后方一定范围以及浅埋偏压地表，同时监测拱顶沉降、洞周收敛等，全面监控隧道爆破掘进振动效应，重点分析监控偏压浅埋处围岩、中隔墙是否出现裂缝或产生破裂面。基于监测结果，优化爆破参数，通过浅埋隧道非敏感区段的试验研究，找到既能有效减弱爆破振动，又能保证较大循环进尺的良好爆破方案。

8　经验与体会

（1）当进行爆破方案设计时，应充分考虑现场实际情况，制定科学合理的爆破施工方案，实现精细化爆破。

（2）在施工期间应做好监测，及时掌握爆破振动对周围建筑物的影响数据，以便及时合理地调整爆破方案，减少爆破振动所造成的影响和危害，保证施工的顺利进行。

（3）在爆破施工作业中，应严格遵守《爆破安全规程》（GB 6722—2022）有关规定，精心组织、严格管理（图19）。

图19　大坝来隧道现场

工程获奖情况介绍

发表论文1篇。

下穿引水隧洞爆破掘进开挖施工技术研究

工程名称： 绍兴市上虞区虞东河湖综合整治工程三标段
工程地点： 绍兴市上虞区
完成单位： 浙江安盛爆破工程有限公司、浙江省水利水电勘测设计院有限责任公司、浙江省水电建筑安装有限公司
完成时间： 2017 年 12 月 1 日~2020 年 8 月 5 日
项目主持人及参加人员： 张福炀　金　勇　谢凯强　王志杰　胡允楚　陈永彬　洪桂标　张　浩　林日练
撰 稿 人： 张福炀　胡允楚　林日练

1　工程概况及环境状况

1.1　工程简介

皂李湖-白马湖输水隧洞是虞东河湖综合整治工程中改善白马湖水生态环境的主体工程，利用两湖的水级差，新开隧洞沟通两湖，通过引皂李湖水至白马湖，改善白马湖水质。同时此隧洞工程也是后期曹娥江旅游度假区开发，河湖连通的重要建设内容。隧洞引水规模为 5 m^3/s，采用无压隧洞。进口位于倪刘村东北 300 m 处，洞轴线沿北偏西 26.5°方向至桩号 DA0+356.294 处转弯后方向变为北偏西 9.7°至隧洞出口，隧洞出口位于白马湖村西南 200 m 处的山坡，隧洞长 2384 m，采用城门洞型，净内径 10.0 m×8.0 m，采用 C25W8F50 钢筋混凝土衬砌，衬砌分段长度 10~12 m，采用橡胶止水。隧洞底板高程为 2.10~1.30 m，底坡为 0.348‰。图 1 为皂李湖-白马湖隧洞标准断面。

1.2　隧洞交叉段概况

涉及交叉线路的为慈溪汤浦水库引水工程寒天岗隧洞段，该隧洞进口位于曹坊村附近，隧洞出口位于月亮山附近。

慈溪汤浦水库位于上虞市汤浦镇，水库集水面积 460 km^2，多年平均径流量 3.66 亿立方米，总库容 23489 万立方米，正常库容 18513 万立方米，水库现状水质Ⅱ类。汤浦水库引水工程线路长度约 64.67 km，管道管径 1.6 m。隧洞采用 2.0 m×3.0 m 马蹄型开挖断面，共 8 座，总长约 12.9 km。

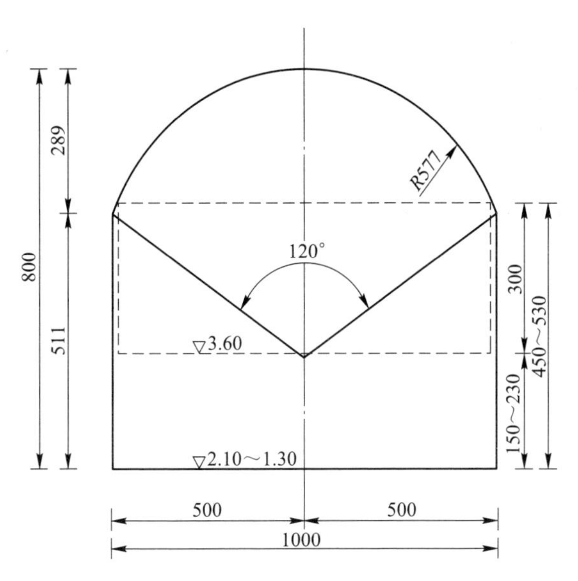

图 1 皂李湖-白马湖隧洞标准断面（单位：mm）

涉及交叉段的寒天岗隧洞进口中心高程 16.5 m，洞底高程 15.0 m，洞顶高程 18.0 m，进水口水压线高程 33.57 m（21.27 m）；隧洞出口中心高程 15.5 m，洞底高程 14.0 m，洞顶高程 17.0 m，出水口水压线高程 32.26 m（21.07 m）。隧洞长 1814.40 m；$i=0.055\%$，在洞长 529.64 m 处设平面转角。寒天岗隧洞断面如图 2 所示。

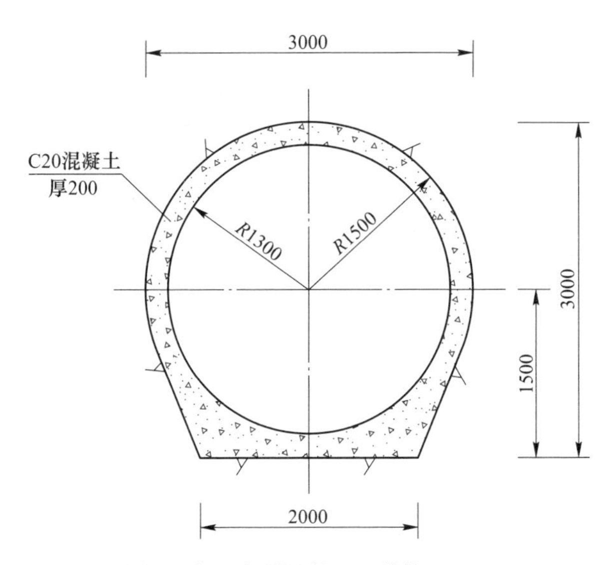

图 2 寒天岗隧洞断面（单位：mm）

皂李湖-白马湖输水隧洞进口位于皂李湖北侧倪刘村东北 300 m 处，洞轴线沿北偏西 26. 5°方向至桩号 ZA0+356. 294 处转弯后方向变为北偏西 9. 7°，至桩号 1+664. 368 附近与寒天岗隧洞交叉，下穿寒天岗引水隧洞，交叉处位于寒天岗隧洞桩号约 0+911. 10～0+923. 10 段，新建输水隧洞桩号 ZB1+664. 368 处，二者呈 65. 8°交叉，如图 3 所示。交叉段皂李湖-白马湖输水隧洞顶标高约为 10. 55 m，原寒天岗隧洞底标高约为 14. 25 m，二者交叉处最近距离相差仅为 3. 7 m。既有寒天岗隧洞采用 2. 0 m×3. 0 m 马蹄型开挖断面，洞身采用 20 cm 厚的 C20 素混凝土衬砌。

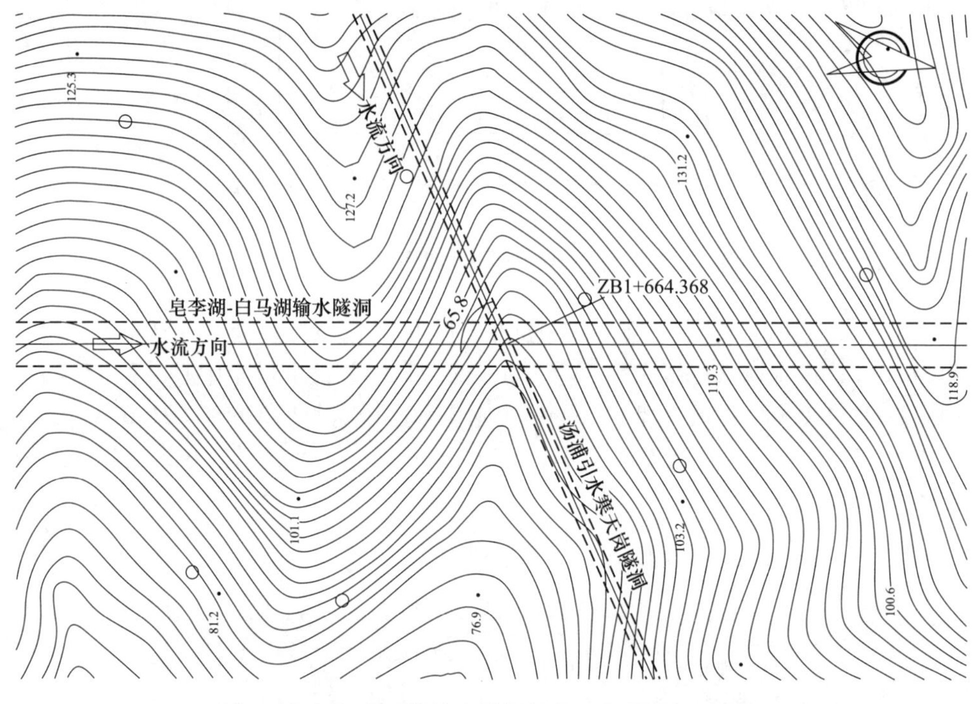

图 3　皂李湖-白马湖输水隧洞与寒天岗隧洞交叉平面

1. 3　工程水文地质

1. 3. 1　气象、水文

上虞平均气温为 16. 4 ℃。月平均气温 28. 7 ℃（7 月），最高年份可达 31. 2 ℃（1971），月平均最低气温 4. 1 ℃（1 月），最低年份为 0. 5 ℃（1977）。

上虞多年平均降水量为 1400 mm，多年平均降水天数 160 天，降水量在面上分布明显受地形影响，变化趋势由东南向西北递减，最高在陈溪东部（约 2000 mm），最低在沥海几海海涂地区（约 1250 mm），其他广大地区约 1400 mm。

上虞多年平均蒸发量约 900 mm，陆面蒸发量约 760 mm。上虞年均风速 3.0 m/s，最大风速 29.0 m/s。南风为盛行风向，但各季之间也有差异。

1.3.2　地震

根据上虞及其附近地区的地震资料，自公元334 年以来，在上虞及其附近的绍兴和萧山一带发生过 10 多次地震，震级均≤4 级。从地震震中分布情况看，地震震中与断裂构造位置基本吻合，但本区及其附近地区地震强度不大，频率不高。

另据2001 年颁布执行的 1 万 ：400 万《中国地震动参数区划图》(GB 18306—2001)，施工所在区域地震动峰值加速度为0.05g（g 为重力加速度)，对应的地震基本烈度为Ⅵ度。地震活动总的特点是强度弱、频度低。

1.3.3　隧洞地形地质条件

洞身段上覆岩体厚度大多在 50~100 m 之间，沿线地层均以侏罗系块状火山岩地层为主，岩石多属坚硬岩，但工程区地处测区地处浙西北（扬子准地台）与浙东南（华南褶皱系）两大地质构造单元的衔接带以南，根据地质测绘和钻孔揭露，工程区岩体受到断裂构造影响，部分岩体具蚀变或岩体破碎，且隧洞埋深较浅，上覆岩体较薄，隧洞整体围岩以Ⅲ~Ⅳ类为主，断层通过带和侵入岩体不良接触带围岩以Ⅳ类为主，局部可达Ⅴ类。

2　工程特点、难点

本文中交叉隧道为小净距交叉隧道，该小净距交叉隧道采用矿山法进行开挖，矿山法中的爆破施工会对原有岩土体的地应力平衡状态造成影响，并对既有隧道结构产生附加作用，一方面爆破施工会使周围岩土体性质劣化，削弱岩土体自撑能力，加大既有隧道衬砌结构上的荷载；另一方面，爆破荷载会改变既有隧道的受力状态，弱化既有隧道衬砌结构，使其承载力下降，安全度降低，从而影响既有隧道的功能乃至结构安全，因此对既有隧道的附加作用也绝不容忽视。

3　爆破方案选择及设计原则

3.1　总体思路

距离交叉点两侧各 100 范围采用控制爆破设计，根据与交叉点的距离控制爆破规模及单响药量。距离交叉点 15~40 m 进尺不大于 1.5 m，距离交叉点 40~70 m 进尺不大于 2 m；距离交叉点大于 70 m 进尺不大于 3 m。在交叉段出洞口侧设置长度为 9.5 m 的扩挖段（1+679.368~1+688.868)。为管棚支护提供钻孔灌注作业面。交叉段 30 m 范围采用小导洞贯通，分层扩挖的施工方案，由出洞口侧单向掘进贯通，如图 4 所示。

交叉洞段和扩挖段爆破以外段（桩号：1 + 564. 368 ~ 1 + 649. 368，1 + 688. 868 ~ 1+764. 368），采用双向掘进至交叉洞段，隧洞暗挖施工具体方法：Ⅴ级围岩采用上下台阶法，上下台阶间距 30 ~ 50 m，上台阶进尺 1. 0 ~ 1. 5 m，下台阶进尺 2. 0 ~ 3. 0 m；Ⅳ级围岩采用上下台阶法，上下台阶间距 30 ~ 50 m，上台阶进尺 2. 0 ~ 2. 5 m，下台阶进尺 2. 0 ~ 3. 5 m；Ⅱ级、Ⅲ级围岩采用全断面开挖，距离交叉点 15 ~ 40 m 进尺不大于 1. 5 m，距离交叉点 40 ~ 70 m 进尺不大于2 m；距离交叉点大于 70 m 进尺不大于 3 m。

交叉洞段正下方爆破，隧洞出口掘进距离交叉点 15 m(1+679. 368）时，采用控制爆破贯通小导洞，然后分 3 次爆破，辅助孔分 2 层 2 次爆破，循环进尺不超过 1. 0 m，光爆孔、底孔 1 次控制爆破方法，逐步扩挖至设计的隧洞断面。

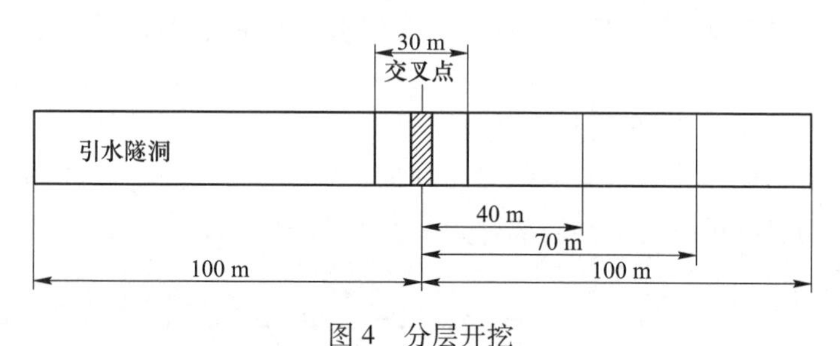

图 4　分层开挖

3. 2　扩挖段开挖

扩挖段长度 9. 5 m(1+679. 368 ~ 1+688. 868)，包括逐步扩挖段 1+683. 368 ~ 1+688. 868(5. 5 m)，采用台阶法逐步扩挖出一个高度为 1. 48 m 的作业面，循环进尺为 1. 1 m；扩大断面段 1+679. 368 ~ 1+683. 368(4 m）段采用台阶法，循环进尺 1 m，如图 5 所示。

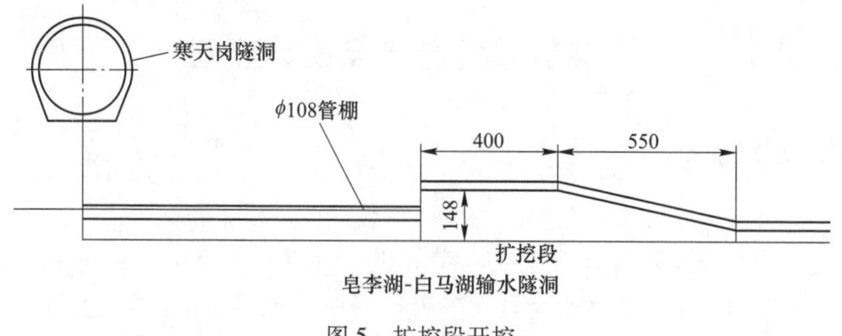

图 5　扩挖段开挖

3.3　交叉段开挖

交叉洞段 30 m 爆破（1+649. 368～1+679. 368），隧洞出口掘进距离交叉点 15 m（1+679. 368）时，采用控制爆破贯通小导洞（3. 5 m×3. 5 m），小导洞长度为 30 m，然后分 3 次爆破，辅助孔分 2 层 2 次爆破，如图 6 所示，光爆孔、底孔 1 次控制爆破方法逐步扩挖至设计的隧洞断面。

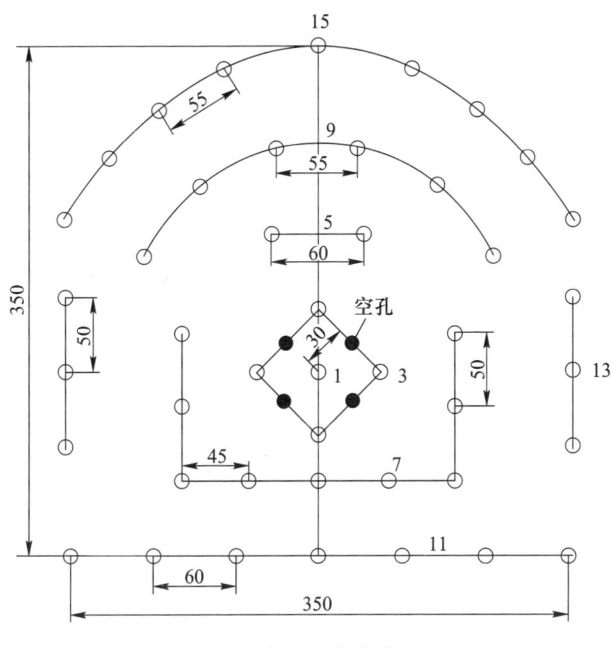

图 6　小导洞炮孔布置

4　爆破参数设计

4.1　扩挖段参数设计

为便于交叉段超前大管棚施工，在 1+683. 368～1+688. 868(5. 5 m）段分五次逐步扩挖出一个高 1. 48 m 的作业面，循环进尺 1. 0 m；扩大断面段 1+679. 368～1+683. 368(4 m）段采用台阶法，循环进尺 1. 0 m。上台阶的开挖高度 5. 5 m，下台阶高度 2. 5～3. 98 m，装药量根据开挖高度适当进行调整。

扩挖段上台阶孔布置周边孔 36 个，底孔 13 个，辅助孔 59 个，掏槽孔 14 个。单响药量 14. 4 kg，爆破总药量 65. 8 kg；扩挖段下台阶布置周边孔 14 个，底孔 13 个，辅助孔 22 个，单响药量 7. 8 kg，爆破总药量 23 kg。

4.2　交叉洞段设计

为确保隧洞引水不受影响，本工程在隧洞爆破设计，控制爆破范围为：交叉段前后共 27 m，加上寒天岗隧洞洞身宽度 3.0 m，最终确定交叉段控制爆破总长度 30 m（1+649.368～1+679.368），此段采取单向掘进的开挖方案。中心空孔 ϕ130，一次钻孔穿过交叉段，具体见表 1、表 2。

表 1　小导洞爆破参数

炮孔名称	孔深/m	炮孔角度/(°)	孔数/个	每孔装药量/kg	药量/kg	备注
空孔	30	90	1	0	0	
空孔	2.0	90	4	0	0	
掏槽孔	2.0	90	4	1.2	4.8	
辅助孔	1.5	90	2	0.8	1.6	
辅助孔	1.5	90	15	0.8	12.5	>8.78 kg，分段
底孔	1.5	90	7	0.75	5.25	
周边孔	1.5	90	15	0.6	9	>8.78 kg，分段
合计			48		33.15	

注：小导洞顶部距距离寒天岗引水隧洞距离 7 m 时，最大允许起爆药量为：8.78 kg。根据毫秒雷管段别，小导洞全断面爆破。

表 2　分层分段爆破参数

爆破次数	炮孔名称	孔深/m	角度/(°)	孔数/个	装药量/kg	药量/kg	备注
第一次爆破	辅助孔	1.0	90	13	0.3	3.9	<5.53 kg，不分段
	辅助孔	1.0	90	21	0.3	6.3	>5.53 kg，分段 2 个段
第二次爆破	辅助孔	1.0	90	28	0.3	8.4	>3.20 kg，分 3 段
	辅助孔	1.0	90	32	0.3	9.6	>1.64 kg，上部 4 个段、下部 2 个分段
第三次爆破	底眼	1.0	90	8	0.45	3.6	<5.53 kg，不分段
	光爆孔	1.0	90	53	0.15	7.95	>0.69 分上部 6 个段、下部 1 个段
合计				156		39.75	

注：1. 两隧洞交叉点处两洞距离最小 3.0 m，爆破时单段最大起爆药量需控制在 0.69 kg 以内；
2. 两隧洞交叉点处两洞距离最小 4.0 m，爆破时单段最大起爆药量需控制在 1.64 kg 以内；
3. 两隧洞交叉点处两洞距离最小 5.0 m，爆破时单段最大起爆药量需控制在 3.20 kg 以内；
4. 两隧洞交叉点处两洞距离最小 6.0 m，爆破时单段最大起爆药量需控制在 5.53 kg 以内。

根据导爆管段别，分 3 层爆破，辅助孔分 2 层 2 次爆破，光爆孔、底孔 1 次爆破，如图 7 所示。

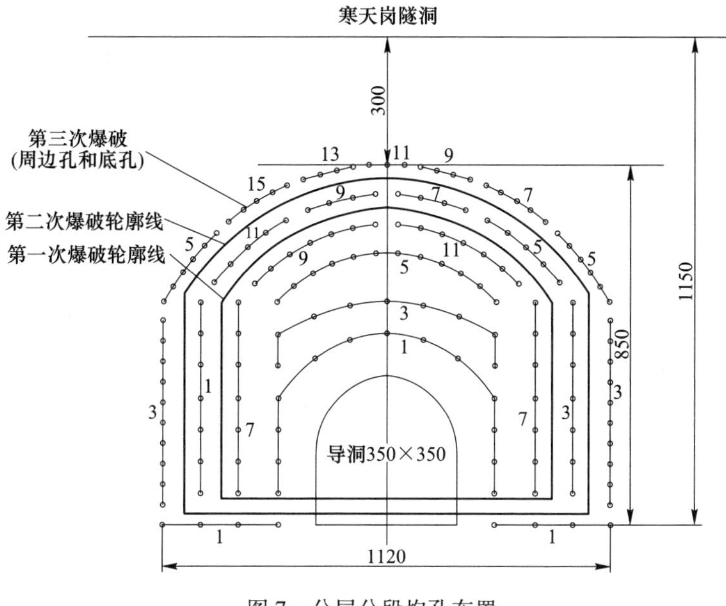

图7　分层分段炮孔布置

5　爆破安全设计

5.1　数值模型建立

通过建立不同工况的交叉隧道模型来分析下穿隧道爆破振动对既有上跨隧道的影响，本文将只对空间位置关系为正交的交叉隧道进行分析，围岩取Ⅱ级，分为考虑上部既有隧道进行正常输水工作和考虑上部既有隧道不输水工作的两种计算工况，模拟扩挖爆破，并分析立体交叉隧道爆破振动影响规律。

5.2　计算模型

工况一计算模型几何尺寸为 40 m×40 m×40 m，上部隧洞底标高约为 14.25 m，洞身采用素混凝土衬砌，新建隧洞顶标高约为 10.55 m，上部隧洞与新建隧洞交叉处最近距离相差约为 3.7 m，距离小于 1.0 倍开挖洞径，属于小净距交叉隧洞，整体模型如图 8 所示。

上隧洞为长度 64.67 km，隧洞截面采用 2.0 m×3.0 m 马蹄型断面，内部有管径为 1.6 m 的管道用于引水，由于下隧洞爆破开挖主要影响引水管道，因此在数值模拟中建立的模型尺寸为长 64.67 km，直径为 1.6 m 的管道，隧洞底标高约为 14.25 m，材料采用素混凝土衬砌；下隧洞采用无压隧洞，开挖断面采用城门洞型，隧洞长度为 2384 m，净内径为 10.0 m×8.0 m，选用 C25W6F50 钢筋混凝土进行衬砌，衬砌分段长度 12 m，隧洞底板高程为 2.1～1.30 m，底坡为

0. 348‰。皂李湖-白马湖输水隧洞顶标高约为 10. 55 m，寒天岗隧洞与皂李湖-白马湖输水隧洞交叉处最近距离相差约为 3. 7 m，小于 1. 0 倍开挖洞径，对此数值模拟建模与实际数值一致，爆破开挖对爆破孔径的设计半径取 2 m，爆孔深度为 2. 5 m，共布设 42 个孔洞。爆破开挖如图 9 所示。

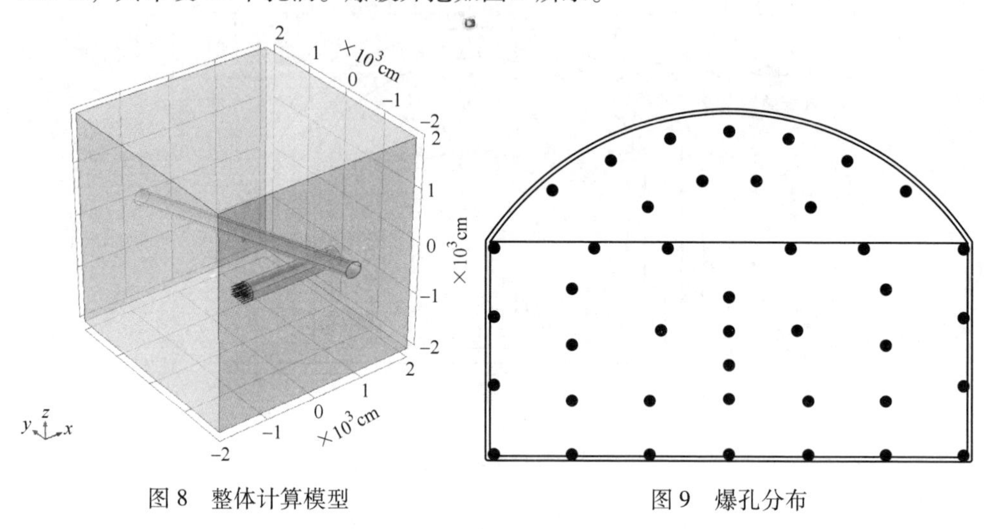

图 8　整体计算模型　　　　图 9　爆孔分布

各级别围岩参数，均根据《铁道隧道设计规范》取得，围岩和支护参数见表 3。

表 3　围岩和支护参数表

围岩级别	弹性模量/GPa	泊松比	密度/kg · m^{-3}	摩擦角/(°)	黏聚力/MPa
Ⅴ	1. 20	0. 40	1900	23	0. 1
Ⅳ	3. 00	0. 30	2300	30	0. 4
Ⅲ	10. 0	0. 27	2400	42	1. 0
Ⅱ	25. 0	0. 23	2600	53	1. 8
二衬	31. 0	0. 18	2500	—	—
初支	21. 0	0. 18	2300	—	—
仰拱	28. 0	0. 18	2300	—	—

5. 3　考虑上隧道有水时洞口表面振速的数值分析

考虑上隧道有水对振速影响下不同爆破位置时既有隧道拱底振速时程曲线如图 10 所示。

（1）距离洞口表面距离为 6. 1 m 时，Z 轴最大质点振动速度发生在 2. 13 ms 时，最大质点振动速度为 5. 85 cm/s，24. 3 ms 之后处于平衡状态，如图 10（a）所示。

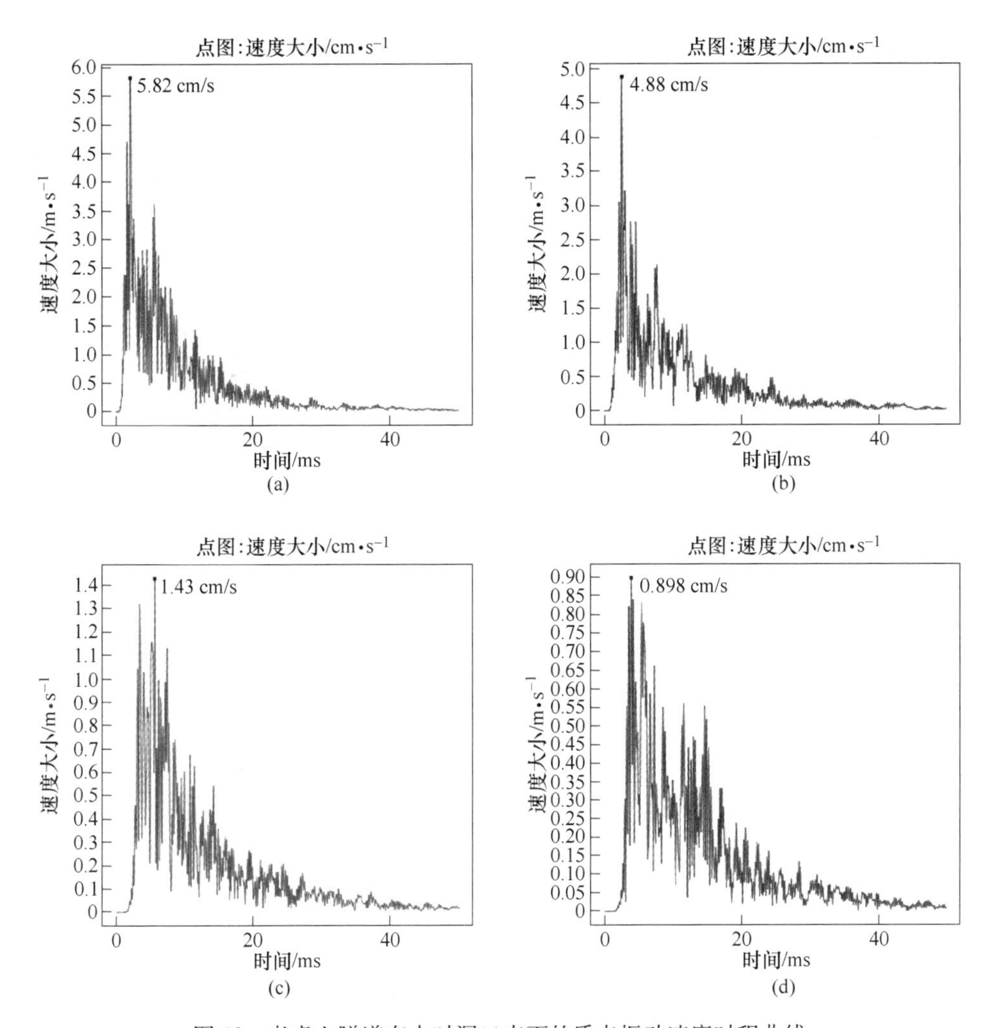

图 10　考虑上隧道有水时洞口表面的质点振动速度时程曲线

（a）距洞口表面 6.1 m；（b）距洞口表面 9.6 m；（c）距洞口表面 16.1 m；（d）距洞口表面 19.3 m

（2）距离洞口表面距离为 9.6 m 时，最大质点振动速度发生在 2.6 ms 时，最大质点振动速度为 4.88 cm/s，25 ms 之后处于平衡状态，如图 10（b）所示。

（3）距离洞口表面距离为 16.1 m 时，最大质点振动速度发生在 5.55 ms 时，最大质点振动速度为 1.43 cm/s，27 ms 后处于平衡状态，见图 10（c）所示。

（4）距离洞口表面距离为 19.3 m 时，最大质点振动速度发生在 3.9 ms 时，最大质点振动速度为 0.9 cm/s，35.2 ms 后处于平衡状态，见图 10（d）所示。

图 11 为岩体内周期振动速度云图，可以看到上隧洞振动速度周期性变化，

掌子面振动速度最高，总体上距离越远速度越低，而在上隧洞表面速度有增幅，影响范围扩大，但总体保持在安全范围之内。

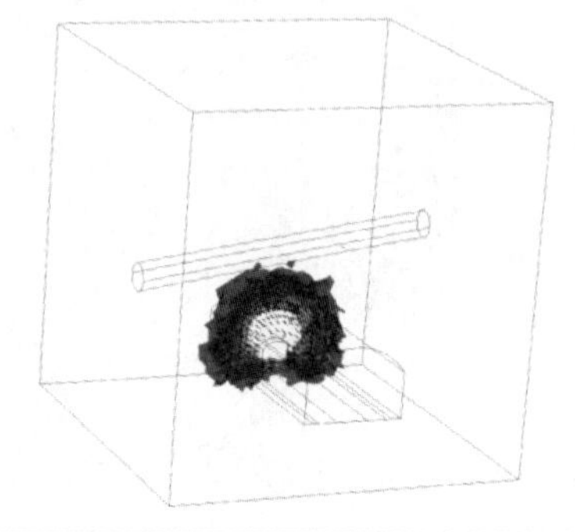

(a)

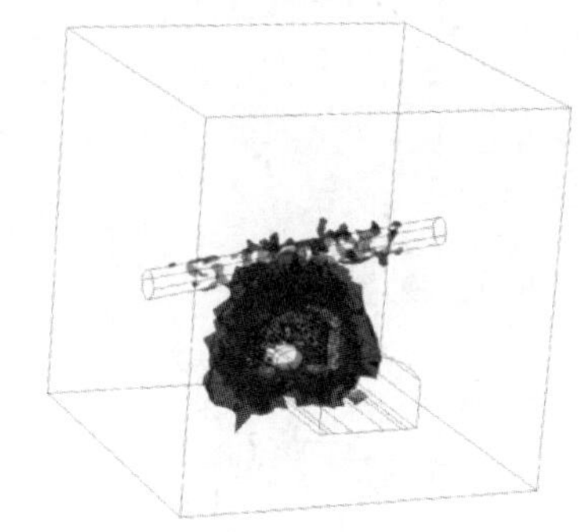

(b)

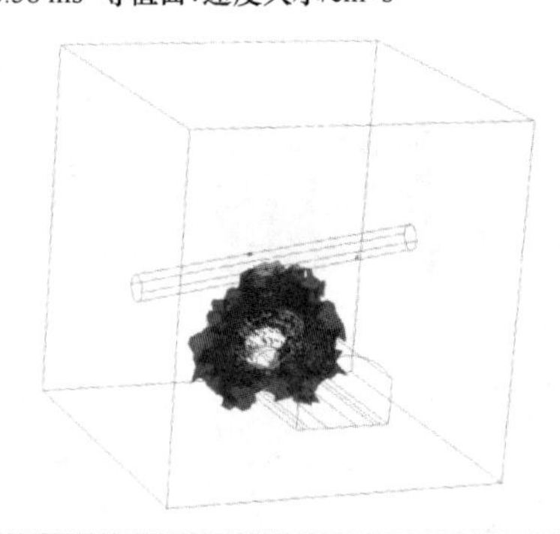

(c)

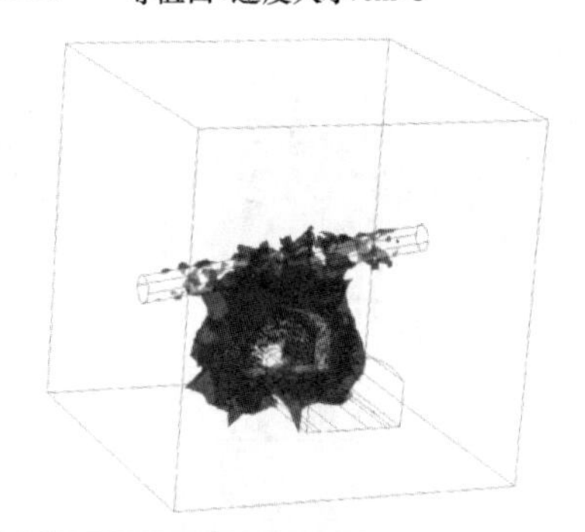

(d)

图 11　岩体振动速度云图

（a）0.40 ms 岩体振动速度；（b）0.56 ms 岩体振动速度；
（c）0.58 ms 岩体振动速度；（d）0.66 ms 岩体振动速度

5.4　理论振动速度验算

目前国内外比较公认的预测爆破振动强度的经验公式是萨道夫斯基的经验公式，我国应用较多的也是萨道夫斯基公式，且已编入《爆破安全规程》（GB 6722—2014）。通过对隧洞爆破开挖过程中进行爆破振动衰减规律的观测，在结合现场地形、地质条件推算出有关的系数和衰减指数 K、α，从而通过萨道夫斯基公式指导现场施工。萨道夫斯基经验公式为：

$$v = K\left(\frac{\sqrt[3]{Q}}{R}\right)^{\alpha} \tag{1}$$

式中　v——预测地点的振动速度，cm/s；

R——爆破中心与预测地点的距离，简称爆心距，m；

Q——炸药量，kg，齐发爆破为总药量，延时爆破为最大一段药量；

K，α——分别为爆破中心至计算保护对象间的地形、地质条件有关的系数和衰减指数，可按《爆破安全规程》（GB 6722—2014）对爆区不同岩性的 K、α 值的取值选取，或通过现场试验确定。

此次爆破具体的模拟爆破参数和数据见表 4，这里基于线性回归方法。

表 4　爆破振动监测参数

测点	爆心距离 R/m	最大单响药量 Q/kg	振动速度 v/cm · s^{-1}	数值计算振动速度 v/cm · s^{-1}	X	Y
1	6.10	8.78	17.2	16.1	−0.562	1.766
2	9.60	8.78	9.3	9.6	−1.067	1.585
3	16.10	5.78	2.7	3.2	−1.815	0.358
4	19.30	3.85	1.5	1.3	−2.132	−0.105

对表 4 中的爆破参数和实测数据进行拟合，此时式（1）的一元线性回归方法得到的萨道夫斯基公式为：

$$v = 112\left(\frac{\sqrt[3]{Q}}{R}\right)^{1.63} \tag{2}$$

将实测点的炸药量 Q 和距离 R 代入得出的计算公式，发现采用文中的线性回归方法来拟合萨道夫斯基公式算出来的洞口表面振速与实测振速较为接近，说明数值模拟分析的准确性。

通过拟合出来的 $K=112$，$\alpha=1.63$ 计算隧洞实体内部的振速，与模拟有水时隧洞实体内部的振速做对比，可见表 5。

表 5　数值模拟振速与拟合振速对比

测点	掌子面距位移交叉点距离 d/m	爆心距 R/m	最大单响药量 Q/kg	上隧洞拟合振动速度 v/cm · s^{-1}	数值模拟振速 v/cm · s^{-1}
1	13.90	14.38	8.78	4.72	3.30
2	10.4	11.03	8.78	7.27	3. 80
3	3.90	5.37	5.78	18.73	5.70
4	0.70	3.76	3.85	26.83	5.00

通过对比发现，采用线性回归方法来拟合萨道夫斯基公式并不适用在隧道实体内部的振速监测，用在内部时需要参数修正系数，得出以下公式：

$$v = K\frac{Q^{\frac{2}{3}\alpha}}{R^3} \tag{3}$$

该公式更适用于三维立体的实体内部爆破振动监测，可以预测下一次爆炸产生的振动速度，如振速过大，可以调整爆破参数，选择的合理的爆破炸药量和爆心距，通过数值模拟表明，该振动波衰减模型具有良好的应用效果，为小净距交叉隧道的爆破振动研究提供参考依据。

同时，数值模拟分析分别计算了掌子面距位移交叉点 13.9 m、10.4 m、3.9 m、0.7 m 四个点位不同炸药量时的 Z 方向声波的速度变化情况，同时兼顾有水和无水两种不同工况，与隧道实际监测数据进行对比分析见表 6。

表 6 实际监测与模拟数据对比分析

掌子面距位移交叉点距离/m	炸药量/kg	允许振速/$cm \cdot s^{-1}$	爆破 Z 轴最大声波速度/$cm \cdot s^{-1}$			负荷量/kN
			修正计算	有水	无水	
13.9	8.78	8	3.27	3.30	3.70	9.57×10^{-4}
10.4	8.78		3.94	3.80	4.30	8.89×10^{-4}
3.9	5.78		5.17	5.70	5.40	8.07×10^{-4}
0.7	3.85		5.31	5.00	5.10	7.35×10^{-4}

由表 6 可知，模拟中隧道的发展规律在实测中得到了验证，但其量值与实测相比仍有一定偏差，实测数据略大于模拟数据值，但均在允许振速 8 cm/s 内。造成差异的原因有以下几点：

（1）模拟中没有考虑岩土的蠕变效应。

（2）岩土体的非均质性，由于各断面处岩土体的厚度及力学参数都存在一定差异，而模拟时岩石是按照各断面等厚度进行处理。由于隧道开挖地质结构的特殊性，萨道夫斯基公式在隧道爆破近区也存在较大误差，计算值趋于保守，但足可保证工程施工安全性，有利于保护既有构筑物。

皂李湖-白马湖输水隧洞工程隧洞断面积较大，交叉段岩体完整且强度极高，小导洞爆破效果直接影响到隧洞开挖效果，对小导洞使用中心空孔直孔掏槽爆破及分层扩挖爆破技术，实现了引水隧洞的安全高效开挖。根据爆破开采的结果表明：采用小导洞先行、分部扩挖方案是可行的开挖方案。通过增加扩挖段，采取管棚超前支护方案，可以确保开挖过程中不出现塌方等意外，同时管棚钻孔可以起到减震效果。采用钻 ϕ130 mm 中心空孔，可以显著降低爆破振动，提高炸药爆炸的能量利用率。

6 爆 破 施 工

6.1 超前支护

交叉洞段当钻孔过程中出现回水含碴量剧增情况时，采用超前钻孔振动卸荷，工作面加强洒水。交叉洞 30 m 内采用 ϕ108 mm 超前活管棚加钢拱架支护紧跟的方法，塌方严重掘进受阻时，采取预灌浆法施工。

6.2 安全监测

在隧洞开挖过程中，对交叉控制段进行安全监测，监测内容包括：超前地质预报、爆破振动监测、洞内周边收敛监测及拱架应变监测。

6.3 爆破施工

为确保隧洞引水不受影响，设计交叉段前后共 27 m，加上寒天岗隧洞洞身宽度 3.0 m，最终确定交叉段控制爆破总长度 30 m(1+649.368~1+679.368)，此段采取小导洞先行，单向掘进的开挖方案。在小导洞中心钻 ϕ130 mm 空孔，一次钻孔穿过交叉段，降低爆破振动。小导洞贯通后，在分层扩挖至设计断面（图 12）。

图 12　爆破施工图

7　爆破效果与监测成果

在隧洞开挖过程中，对交叉控制段进行安全监测，监测内容包括：超前地质预报、爆破振动监测、洞内周边收敛监测及拱架应变监测。

7.1 超前地质预报

本工程采用地质雷达探测法进行超前地质预报。探测仪器采用美国劳雷公司的 GSSI 地质雷达 Sir4000。探测时，使用 100 MHz 屏蔽天线，记录长度 800 ns，采样点数 1024、叠加次数 64 次、0.1 m 道间距。地质雷达预报距离为 30 m，连续预报时前后两次重叠长度为 5 m。对桩号 1+564~1+764 共 200 m 范围内，开展 8 次地质超前预报。探测时，掌子面布置两条雷达测线，分别为竖向轴线布置和横向距洞底 1.5 m 布置。其中，两隧洞交叉点周边 30 m 的超前地质预测结果如图 13 及图 14 所示。

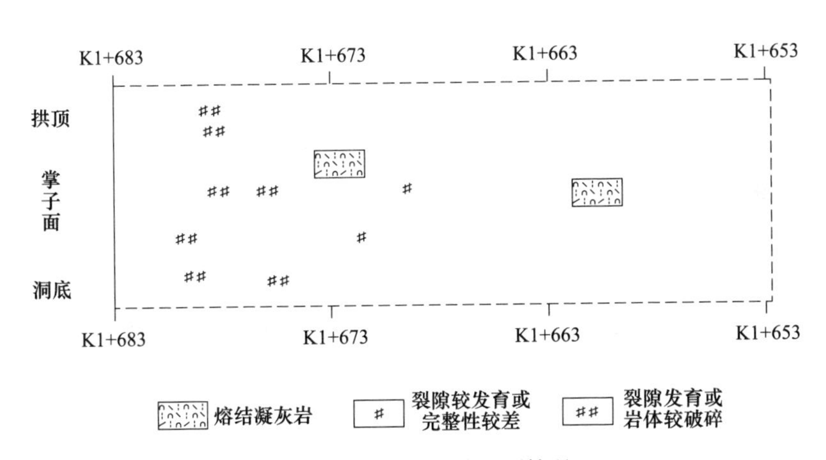

图 13　竖向雷达测线探测情况

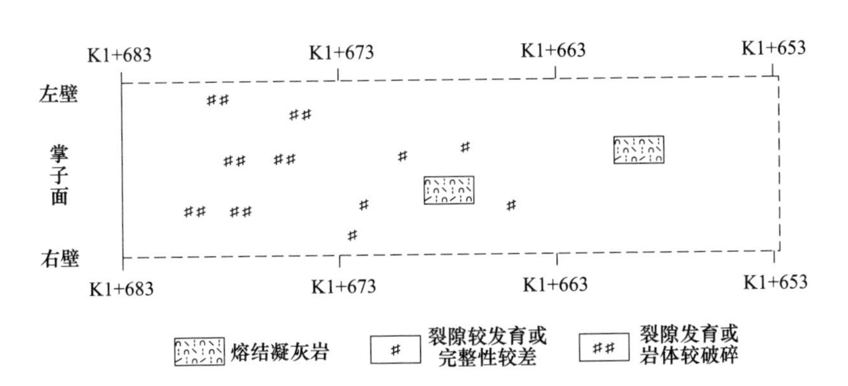

图 14　横向雷达测线探测情况

雷达探测结果表明：两隧洞交叉控制段 30 m 范围内，岩性为熔结凝灰岩，岩体完整性总体一般，局部存在软弱结构面，地下水总体不发育。

7.2　爆破振动监测

由于寒天岗引水隧洞已封闭，人员无法进入进行直接测量，本阶段爆破振动监测采用间接测量，即在隧洞爆破开挖过程中进行爆破振动衰减规律的观测，再结合现场地形、地质条件推算出有关的系数和衰减指数 K、α，在原有爆破设计不变的基础上（总装药量，单段装药量，延时情况不变），将分析结果带入萨道夫斯基经验公式，获得监测对象的爆破振动参数。监测仪器采用中科院 TC-4850 爆破测振仪，精度 1 mm/s，爆破振动监测为每天一次。

监测结果如图 15 所示，可以看到新建隧洞交叉控制段扩挖爆破过程中，寒天岗隧洞最大振速在 6.0 cm/s 左右，小于 8.0 cm/s，满足规范要求。

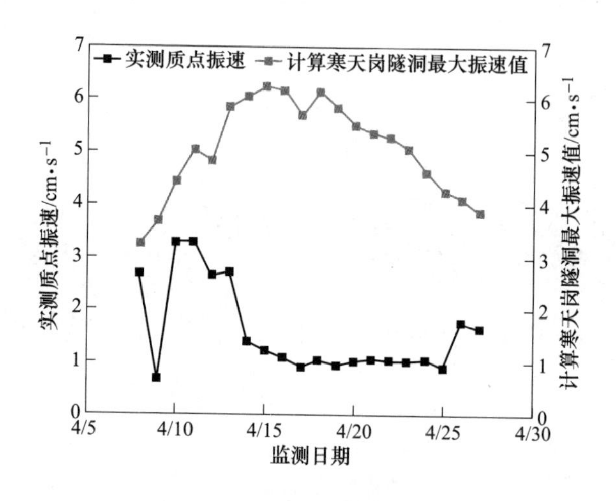

图 15　爆破振动监测情况

7.3　洞内周边收敛监测

共布置 4 个收敛监测断面，对应桩号分别为 1+624、1+648、1+664、1+678。在监测断面拱顶和左右边墙处共布置 3 个测点，分别编号为 A，B，C。监测仪器采用基康 GK-1610 型钢尺收敛计，精度 0.01 mm。由图 16 可知，随着隧洞开挖，洞内周边收敛逐渐变小，说明隧洞整体日趋稳定。4 个监测断面的最大平均日收敛量为 0.136 mm，最大日收敛量为 0.55 mm。前期日变化量处于 0.2~1.0 mm/d，处于缓慢位变阶段，后期日变化量小于 0.2 mm/d，处于基本稳定阶段，满足施工安全要求。

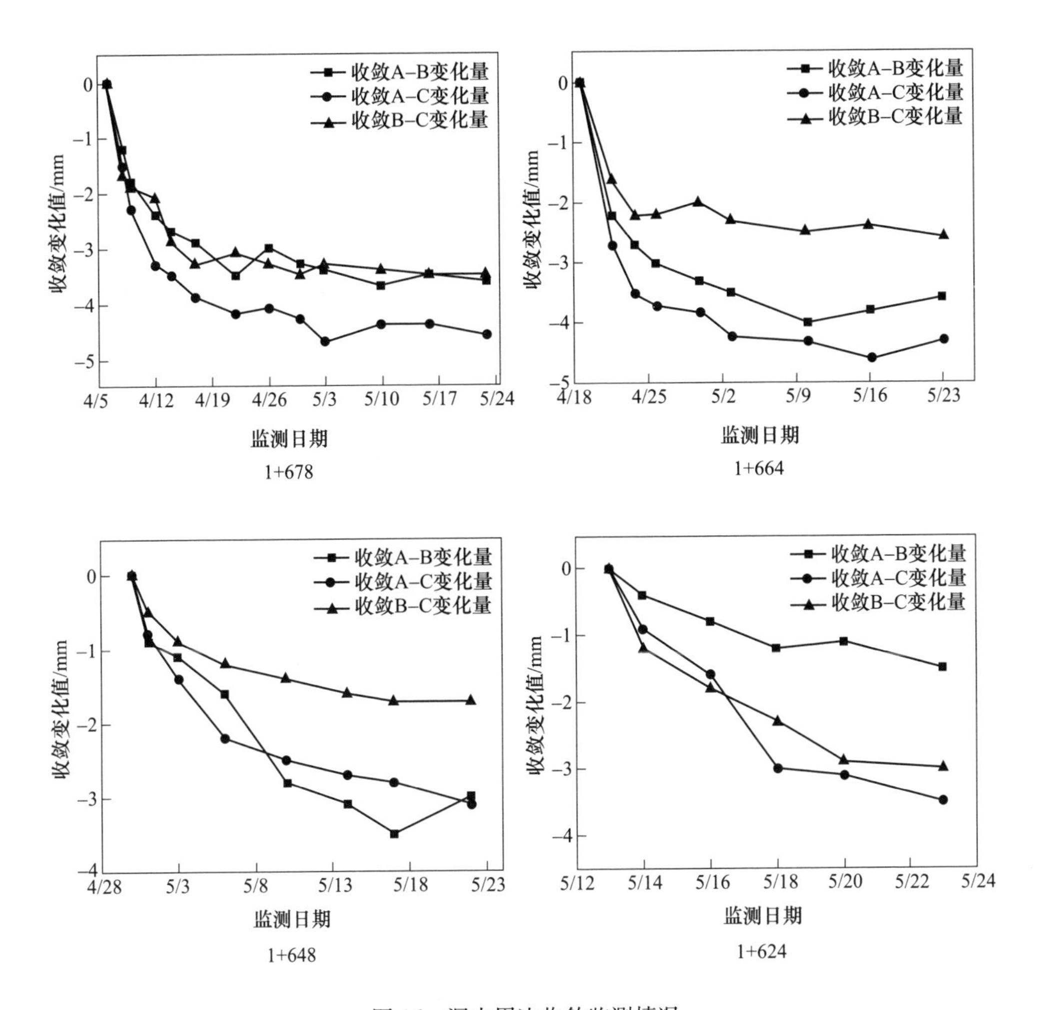

图 16　洞内周边收敛监测情况

7.4　拱架应变监测

在钢拱架上布置钢拱架应变计，监测支护结构应变变化情况。共布置 3 个支护结构应变监测断面桩号为 1+648、1+664、1+678。测点布置为拱顶、左拱肩及右拱肩。采用振弦式仪器检测仪进行数据记录。根据规范规定，本工程允许应变值为 0.2%，当实测应变值小于三分之一允许应变值时，可正常施工。由图 17 可知，监测期间，3 个监测断面各个测点应变累计值最大为 0.01%，远小于规范规定限值，满足正常施工安全要求。

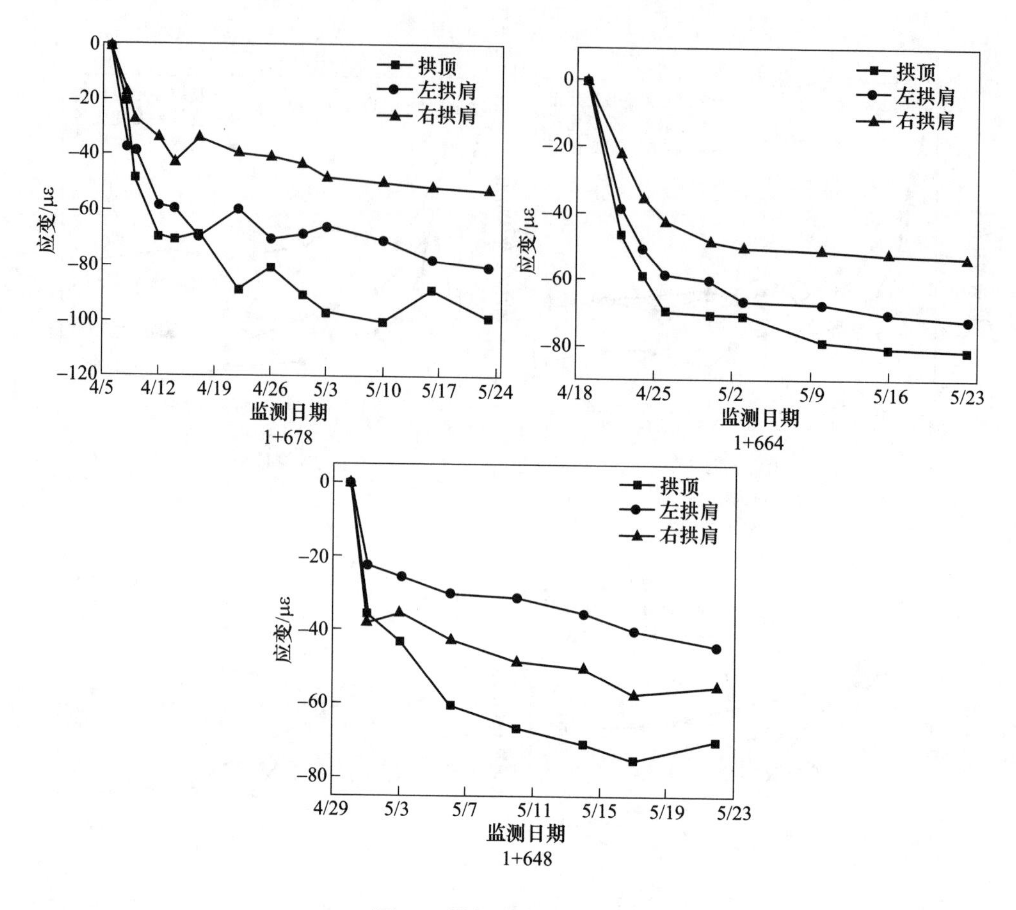

图 17　拱架应变监测情况

8　经验与体会

（1）本工程隧洞交叉段最近距离仅 3.7 m，在地质情况较好，且采取一定工程措施的情况下，成功完成隧洞交叉段施工，突破了水工隧洞设计规范关于相邻隧洞间岩体厚度的规定，给后续相关工程提供了经验。

（2）通过采用有限元软件，模拟新建隧洞爆破施工时地表振速、应力、位移变化规律，并将振速模拟结果与现场监测数值进行对比分析，可以用于指导爆破施工。

（3）采用小导洞先行、分部扩挖方案是可行的开挖方案。通过增加扩挖段，采取管棚超前支护方案，可以确保开挖过程中不出现塌方等意外，同时管棚钻孔可以起到减震效果。采用钻 ϕ130 mm 中心空孔，可以显著降低爆破振动，提高炸药爆炸的能量利用率。

（4）通过隧洞加固及控制爆破措施能够很好的降低交叉段爆破开挖对既有隧洞结构安全及围岩稳定性的影响。围岩安全监测能够及时掌握围岩应力应变情况，为保证施工安全提供必要的数据支撑。

邻近古建筑隧道掘进控制爆破

工程名称：金温铁路扩能改造工程 JWSG-Ⅲ标厦河塔隧道爆破工程
工程地点：丽水市莲都区
完成单位：温岭市隧道工程有限公司
完成时间：2014 年 11 月 5 日~2015 年 2 月 15 日
项目主持人及参加人员：杨颜平　赵军兵　李海文　王良顶
撰 稿 人：李海文

1　工程概况及环境状况

1.1　工程简介

金温铁路位于浙江省西南部地区，起自金华，途经丽水到达温州市区。

本标段包括：路基、桥涵、隧道及明洞、轨道、房屋、大型临时设施等施工内容。

厦河塔隧道全长 204.92 m，桩号为 DK98+412~DK98+616.92。其中进出口明洞段长 26.92 m，暗洞段长 178 m。全隧道Ⅴ级围岩（含明洞）长 114.92 m，Ⅳ级围岩长35 m，Ⅲ级围岩长 55 m。洞身除局部地段外，其余均为弱风化凝灰质沙砾岩。

1.2　工程规模

厦河塔隧道全长 204.92 m，爆破量约 2 万立方米。

隧道内轮廓形状及尺寸，如图 1 所示。

1.3　地质、地形条件

本工程区域出露地质岩性主要为白垩系砂砾岩。

不良地质：部分地段存在软土。

水文地质和地形：沿线地形、地质条件复杂，岩性变化大，山高坡陡谷深，各处水文地质条件差异较大，雨量充沛。区内构造发育，局部岩浆侵入作用，岩体节理、裂隙发育，为地下水的运移提供了有利条件；但由于低山区坡陡谷深，地表径流快，也一定程度上限制了地下水的补给。地下水类型主要为第四系孔隙潜水、基岩裂隙水、构造裂隙水。

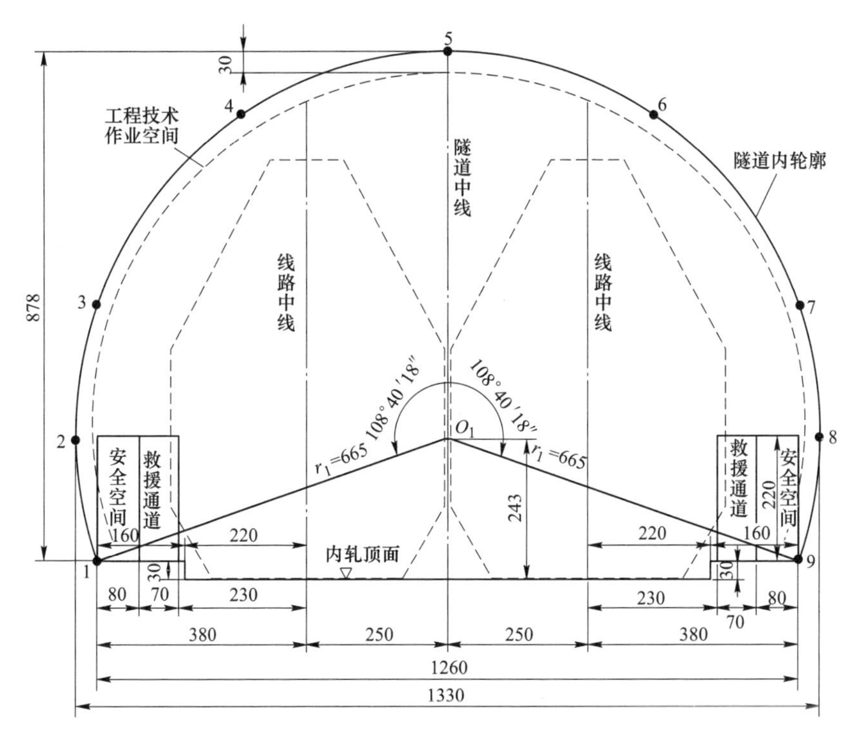

图 1　双线隧道内轮廓

1.4　施工工期

本项目合同工期 24 个月，实际施工工期为 2014 年 11 月 5 日至 2015 年 2 月 15 日。

1.5　主要技术经济指标

本项目合同造价约 600 万元。

爆破施工时爆破振动需满足《古建筑防工业振动技术规范》（GB/T 50452—2008）小于 0.027 cm/s 的规定。

1.6　爆区周边环境情况

本工程中涉及的爆破为厦河塔隧道爆破，厦河塔建于明万历十三年（1585 年），距今 428 年，为八面九层楼阁式砖塔，高 38.48 m，由塔座、塔身、塔刹三部分组成，除塔基用方整条石砌筑外，塔身、塔顶全部由青砖砌筑，塔内置有踏梯，可登临至七层。该塔 2003 年地方政府进行了全面修缮加固，2005 年公布为省级文物保护单位。

改扩建金温铁路新建厦河塔隧道均位于厦河塔的保护和建设控制带范围内。

厦河塔隧道位于既有330国道公路隧道和厦河塔之间，厦河塔距隧道进口端中线最远水平距离为223 m，距隧道出口（温州端）中线最小水平距离为94 m，隧道最大埋深为35 m，厦河塔基础距隧道开挖洞顶轮廓线高差约25 m（图2）。

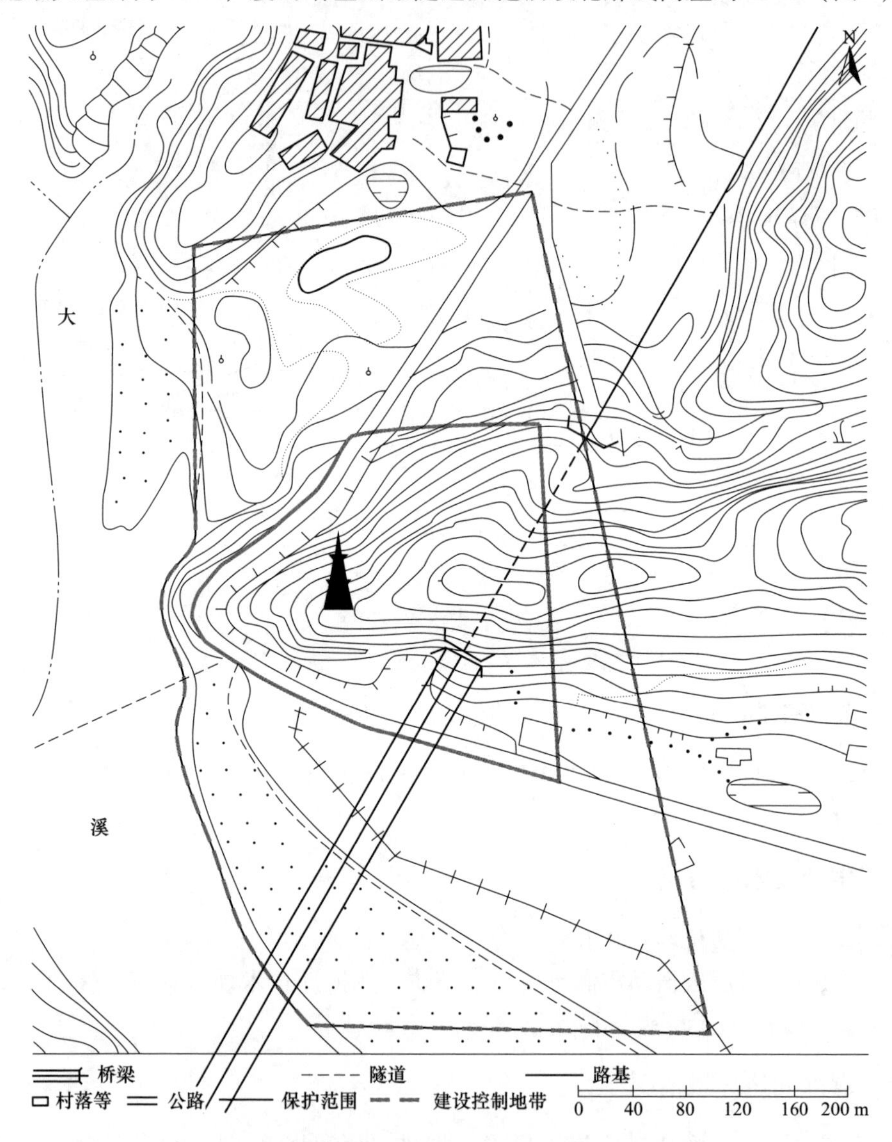

图2　金温铁路扩能改造工程与厦河塔相对位置关系

厦河塔隧道进口端（金华端）上跨330国道公路隧道且斜交，其平面交角约45°。两隧道间最近水平距离2. 8 m，高差3. 0 m，斜长4. 1 m。公路隧道洞口段45. 5 m为混凝土二次衬砌，中间段有初期支护无二次衬砌混凝土。两隧道进口段20 m范围内中线水平投影距离由2. 8 m渐增至35. 6 m。

厦河塔隧道出口端紧临 330 国道，该国道为 24 m 宽 4 车道，车流密度大，洞门口距国道围栏仅有 26 m，施工场地狭窄。

其他周边建筑物：隧道进口东面 80 m 通信线、100 m 为国防光缆（南北走向）、120 m 为既有线铁路隧道、380 m 为水库；南面山顶约 60 m 分别有一组 10 kV 高压线及通信线（东西走向）、200 m 为隧道出口、205 m 为公路；西面 40 m 处有一组 10 kV 高压线（南北走向）；北面 195 m 为最近民房（民房集中区）；隧道出口东面 20 m 为砖房、200 m 为既有线铁路隧道、230 m 为既有线铁路桥、280 m 为民房集中区（砖）；南面接桥 50 m 为砖房及厂房区、140 为瓯江；西面 130 m 为公路桥；北面 30 m 为 10 kV 高压线及通信线（东西走向）、200 m 为隧道进口，如图 3 所示。厦河塔隧道平面、立面位置示意如图 4 和图 5 所示。

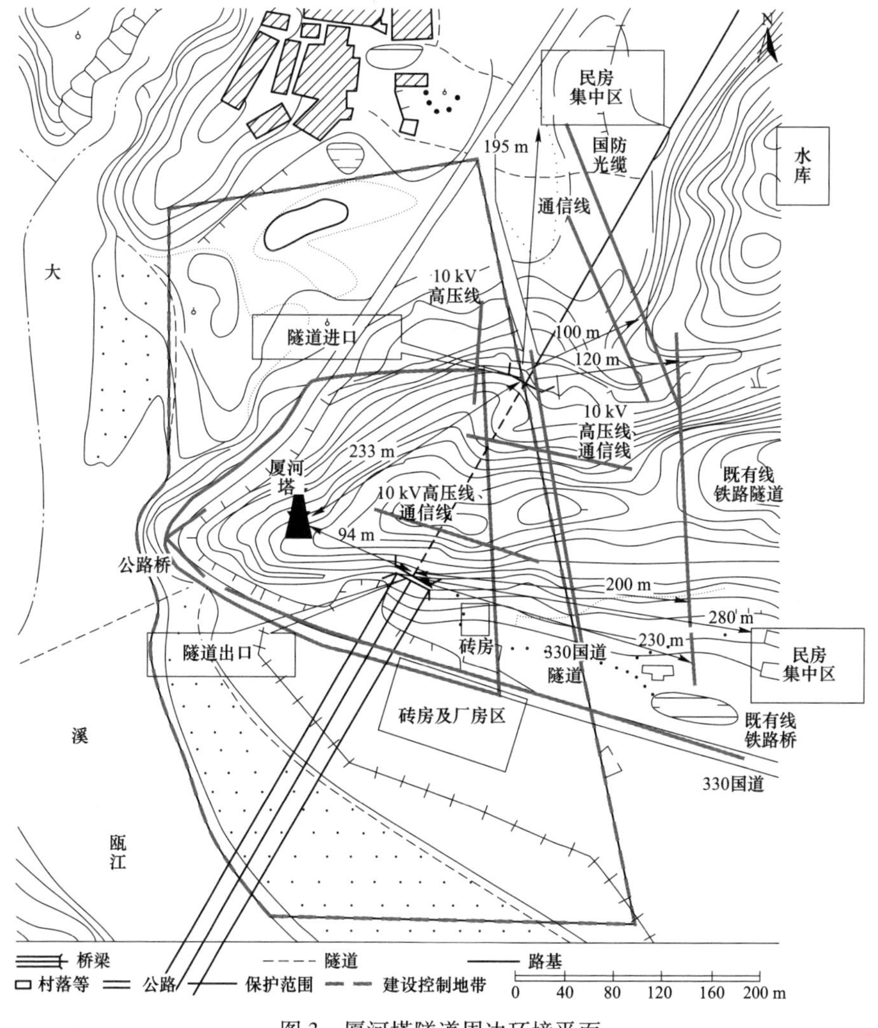

图 3　厦河塔隧道周边环境平面

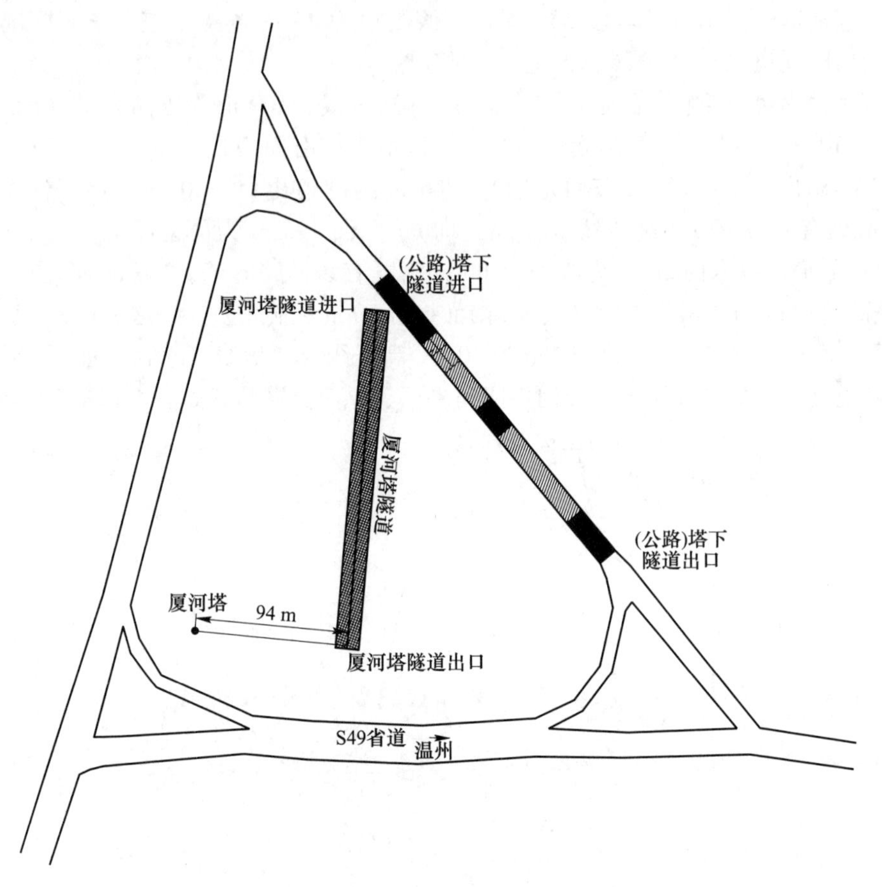

图 4　厦河塔隧道平面位置

本工程周边环境复杂，爆破作业时做好各项准备工作，确保周边需保护物的安全。

2　工程特点、难点

由于隧道为Ⅳ、Ⅴ级围岩，节理发育、岩石较破碎，特别是洞口Ⅴ级围岩浅埋段，岩体破碎，易坍塌。施工作业时要及时做好支护工作，防止洞顶有浮石掉落，所以爆破掘进、支护是本工程的重点。

由于本项目邻近厦河塔、民房及厂房、上跨330国道公路隧道且斜交，环境复杂，且厦河塔（古建筑）的爆破振动要控制在0.027 cm/s，控制爆破飞石、爆破振动对周边建（构）筑物特别是爆破振动对厦河塔的影响，是本项目的难点。

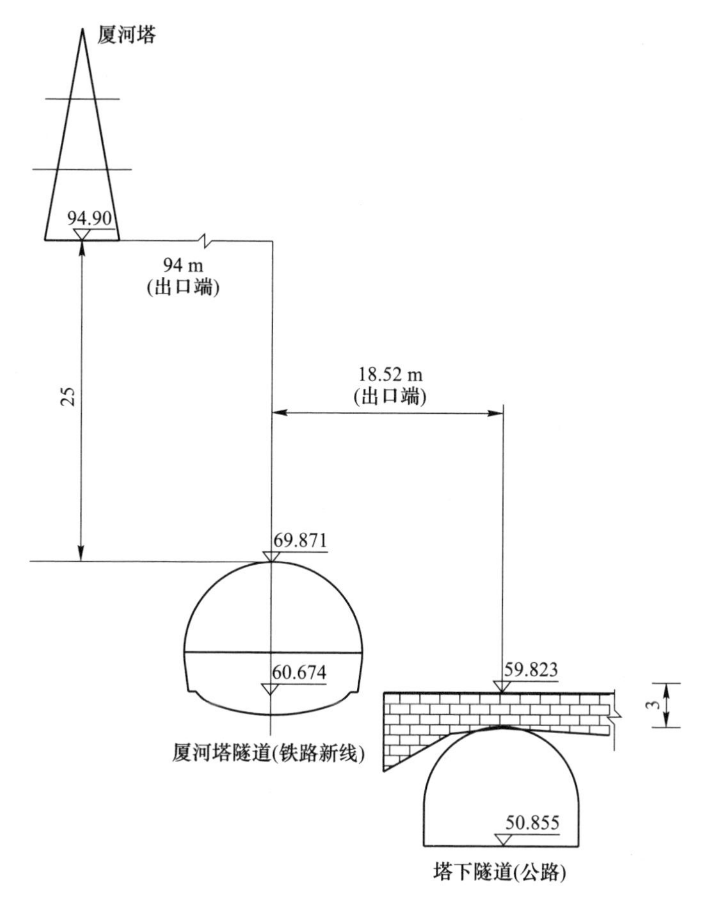

图5　厦河塔隧道立面位置

3　爆破方案选择及设计原则

3.1　爆破方案的选择

厦河塔隧道施工方案采用静态破碎、机械开挖和控制爆破相结合的综合施工工艺。隧道出口端 DK98+600～560 段，长 40 m，为Ⅴ级围岩 30 m、Ⅳ级围岩 10 m，与厦河塔距离较近，采用静态破碎+机械开挖方式进行施工。其余地段采用静态破碎+控制爆破方式进行施工。在控制爆破施工时，通过水压爆破降振、设置洞内隔振孔隔离降振等措施，降低厦河塔塔基处的爆破振动速度，同时对厦河塔采取加固防护措施，确保厦河塔安全。

3.1.1　静态破碎+机械开挖施工方法

施工工序（图6）：

（1）静态破碎开挖：

1）采用静态破碎开挖①部台阶。

2）施作①部洞身结构的初期支护，即初喷混凝土，架立钢架，并设置锁脚钢管。

3）并在复喷混凝土至设计厚度后钻设径向系统锚杆。

（2）上台阶施工至适当距离后，采用机械开挖②部台阶，接长钢架，施作洞身结构的初期支护。

（3）机械开挖：

1）采用机械开挖③部台阶，及时封闭初期支护。

2）分别灌筑该段内Ⅳ、Ⅴ部仰拱。

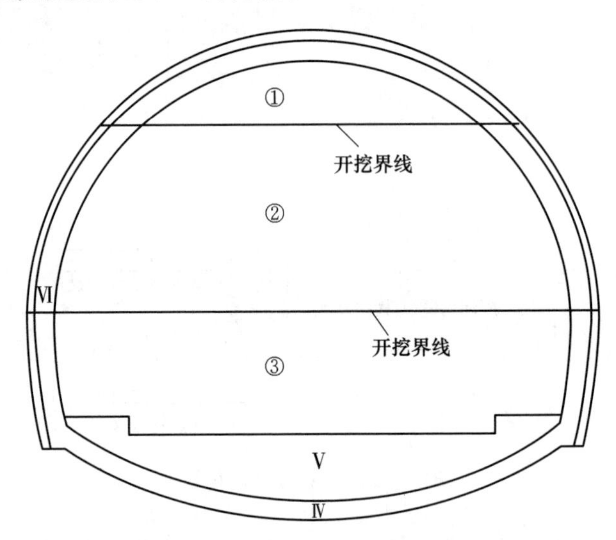

图6　静态破碎+机械开挖（图中①~③表示开挖顺序）

3.1.2　静态破碎+控制爆破开挖施工方法

施工工序（图7）：

（1）静态破碎开挖：

1）采用静态破碎开挖①部台阶。

2）施作①部洞身结构的初期支护，即初喷混凝土，架立钢架，并设置锁脚钢管。

3）并在复喷混凝土至设计厚度后钻设径向系统锚杆。

（2）部分控制爆破开挖：

① 部台阶施工至适当距离后，采用控制爆破开挖②部台阶，接长钢架，施作洞身结构的初期支护。

（3）控制爆破开挖：

② 部台阶施工至适当距离后，采用控制爆破开挖③部台阶，接长钢架，施作洞身结构的初期支护。

（4）控制爆破，灌筑仰拱：

1）采用控制爆破开挖④部台阶，及时封闭初期支护。

2）分别灌筑该段内Ⅴ、Ⅵ部仰拱。

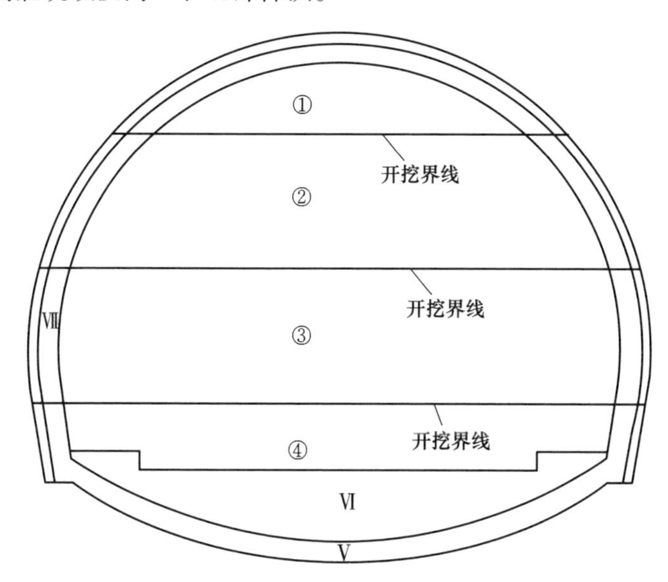

图7　静态破碎+控制爆破开挖（图中①~④表示开挖顺序）

3.2　设计原则

设计原则：精心设计、安全第一。设计合适的开挖方式，选定合理的爆破方式、起爆方法，充分考虑施工组织措施和安全防护加固措施，确保周边建（构）筑物及其他设施的安全，特别要确保厦河塔安全。

3.3　施工技术准备及调查

3.3.1　周边爆破施工经验

根据《厦河塔隧道设计图》设计要求，依据厦河塔周边已完成的公路隧道、铁路隧道及丽水城防工程积累的施工经验，隧道施工作业时，厦河塔塔基处的振动速度按照0.5 cm/s进行控制时，可以保证文物厦河塔安全。

3.3.2　厦河塔基现场监测

在正常情况下，对厦河塔塔基处的振动进行实际监测，监测结果见表1。

表 1 现场监测结果统计

序号	工 况	振动速度/cm · s^{-1}
1	既有金温铁路火车通过	0.005
2	330 国道大货车通过	未测到数值
3	大溪大桥金华台桩基施工	0.003

正常情况下，既有金温铁路火车通过时，对厦河塔塔基处产生的振动最大，为 0.005 cm/s。

3.3.3 试爆模拟试验

为了准确掌握爆破施工对厦河塔产生的振动影响，选取了与厦河塔隧道地质情况相近的隔溪隧道进行试爆研究，在隔溪隧道出口掌子面钻出 19 个 ϕ42 mm 炮孔，孔深 1 m，分为 4 组进行试爆，试爆时在距离爆破点 90 m 和 130 m 两处安装爆破振动监测仪进行监测，如图 8 所示，试爆监测数据见表 2。

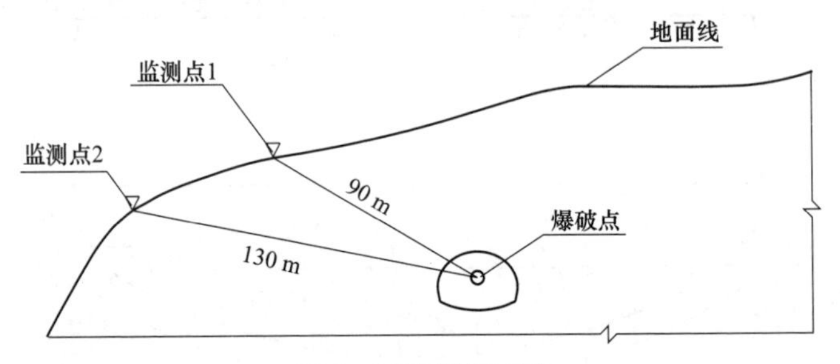

图 8 试爆模拟试验

表 2 试爆监测数据统计

序号	孔数/个	单孔装药量/kg	总药量/kg	监测距离/m	爆破振动分量	最大振速/cm · s^{-1}	主振频率/Hz
1	5	0.4	2	90	通道 1（X）	**0.074**	64.087
					通道 2（Y）	0.026	51.27
					通道 3（Z）	0.043	13.428
2	5	0.8	4	90	通道 1（X）	**0.493**	86.67
					通道 2（Y）	0.311	86.67
					通道 3（Z）	0.412	86.67
3	5	0.4	2	130	通道 1（X）	**0.019**	4.883
					通道 2（Y）	0	0
					通道 3（Z）	0.017	2127.686
4	4	1	4	130	通道 1（X）	0.282	228.882
					通道 2（Y）	0.349	297.241
					通道 3（Z）	**0.403**	196.533

根据试爆监测结果，当炸药量为 2 kg 时，爆破振动速度较小，在 90 m 和 130 m 处测得的最大振动速度分别为 0.074 cm/s 和 0.019 cm/s；当炸药量为 4 kg 时，爆破振动速度较大，在 90 m 和 130 m 处测得的最大振动速度分别为 0.493 cm/s 和 0.403 cm/s。

4　爆破参数设计

4.1　静态破碎+机械开挖施工方案

上台阶采用静态破碎施工，中、下台阶采用液压破碎锤施工（图 9）。在上台阶中部采用潜孔钻在水平方向钻设 5 个 ϕ108 mm 中孔为静态破碎提供临空面，每循环钻设深度 10 m。掏槽孔同时作为超前地质预报孔，详细记录钻进情况及掌子面前方围岩情况。辅助孔孔径 ϕ42 mm，按间距 30 cm，排距 20 cm 设置，每循环钻设深度 1 m，周边孔间距 30 cm，每循环钻设深度 1 m，采用静态膨胀剂进行开挖，每循环钻孔 216 个。施工过程中，孔数、间距、排距、深度等参数根据试验进行调整，以取得最后的静态破碎效果。

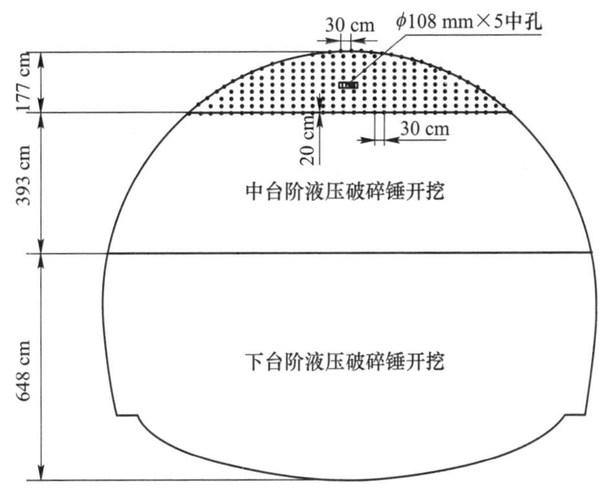

图 9　静态破碎+机械开挖设计

4.1.1　潜孔钻钻孔法掏槽

在上台阶中部采用潜孔钻在水平方向钻设 5 个 ϕ108 mm 孔进行掏槽，每循环钻设深度 10 m。掏槽孔同时作为超前地质预报孔，详细记录钻进情况及掌子面前方围岩情况，根据围岩情况及时调整爆破设计。

4.1.2　静态膨胀剂进行辅助眼和周边眼破碎

在完成掏槽孔开挖的基础上，逐步对掏槽孔周围的扩槽孔和辅助孔采用静态膨胀剂进行岩体破碎，施工中采用底部先行、两侧跟进、最后落顶的方式完成，小型挖掘机配合作业，及时清理松动的岩石。

4.1.3　中、下台阶液压破碎施工

中、下台阶采用液压破碎锤进行开挖。当岩石坚硬，液压破碎锤开挖困难时，可配合使用静态破碎进行施工。

4.2　静态破碎+控制爆破施工方案

静态破碎+控制爆破采用四台阶法施工，把隧道全断面分成Ⅰ、Ⅱ、Ⅲ、Ⅳ 4个台阶进行开挖。其中Ⅰ台阶中部采用机械钻孔和静态破碎方式进行掏槽（掏槽部位0.5×1 m），为控制爆破施工创造临空面；Ⅰ台阶其他部位采用控制爆破开挖。Ⅰ台阶开挖完为Ⅱ台阶开挖创造新的临空面，Ⅱ台阶开挖完为Ⅲ台阶开挖创造新的临空面，Ⅲ台阶开挖完为Ⅳ台阶开挖创造新的临空面，如图10所示。

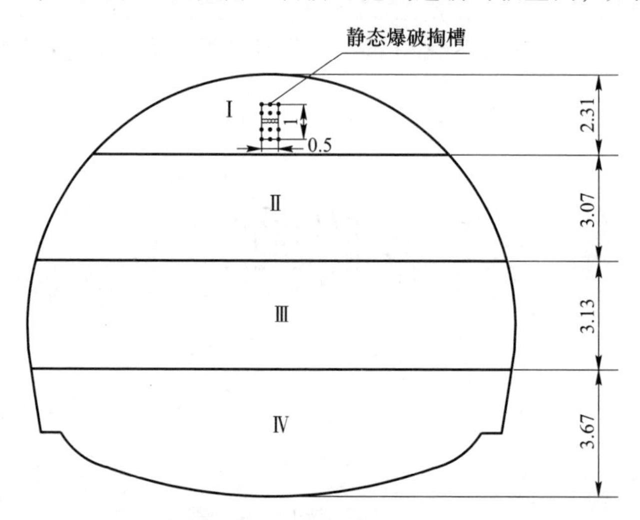

图10　静态破碎+控制爆破设计（单位：mm）

施工时，Ⅰ台阶与Ⅱ台阶之间的距离控制在3~5 m，Ⅱ台阶与Ⅲ台阶之间的距离控制在20~25 m，Ⅲ台阶与Ⅳ台阶之间的距离控制在3~5 m，如图11所示。

4.2.1　Ⅲ级围岩爆破设计

洞身开挖时，Ⅲ级围岩采用四台阶法施工，把隧道全断面分成Ⅰ、Ⅱ、Ⅲ、Ⅳ四个台阶进行爆破施工。

为给Ⅰ台阶开挖创造临空面，采取静态破碎掏槽，在上台阶中心位置0.5×1 m范围内布置ϕ108 mm的中空直孔掏槽孔5个，采用潜孔钻机钻孔，在其上下按间距0.25 m各布置6个静态破碎孔，孔径ϕ42 mm，每循环钻设深度1 m，采用静态膨胀剂开挖。掏槽孔同时作为超前地质预报孔，详细记录钻进情况及掌子面前方围岩情况。静态破碎形成临空面后，Ⅰ台阶其他部位采用控制爆破开挖。

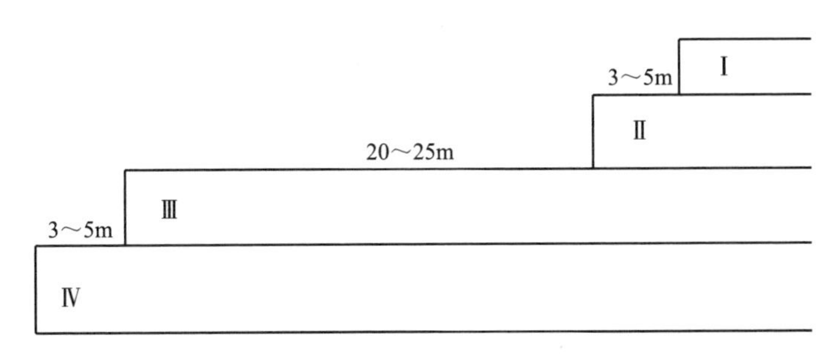

图 11　各台阶间距控制

Ⅰ台阶控制爆破开挖部位炮孔分布：周边孔间距为 0.4 m，其余炮孔间距为 0.6 m 左右；Ⅱ、Ⅲ、Ⅳ台阶控制爆破开挖炮孔分布：周边孔间距为 0.4 m，其余炮孔间距为 0.8 m 左右。

Ⅲ级围岩各台阶炮孔分布如图 12 所示，静态破碎孔 12 个，控制爆破孔 325 个。

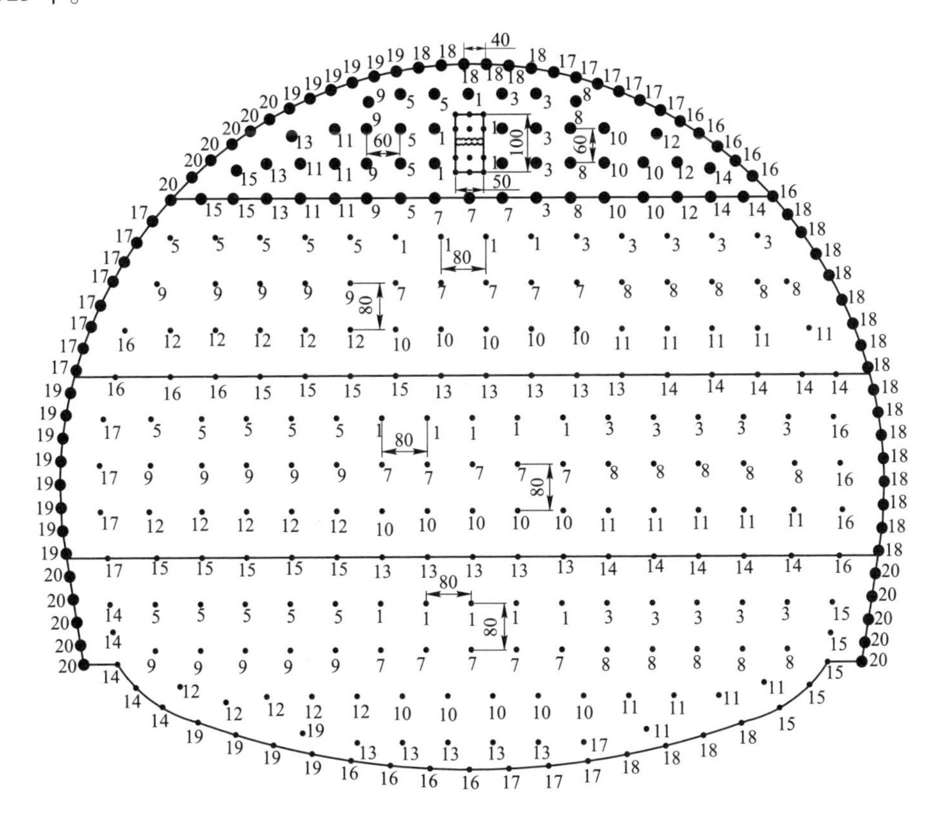

图 12　Ⅲ级围岩炮孔布置

Ⅲ级围岩爆破设计参数见表 3。

表3 Ⅲ级围岩爆破设计参数

炮孔类别		雷管段位	个数/个	单眼深度/m	单孔装药量/kg	合计药量/kg	备注
Ⅰ部	辅助孔	1	5	1	0.4	2	Ⅰ部引爆78个炮孔，单段位最大药量2 kg，共计用药25.2 kg
	辅助孔	3	5	1	0.4	2	
	辅助孔	5	5	1	0.4	2	
	辅助孔	7	3	1	0.4	1.2	
	辅助孔	8	4	1	0.4	1.6	
	辅助孔	9	4	1	0.4	1.6	
	辅助孔	10	5	1	0.4	2	
	辅助孔	11	5	1	0.4	2	
	辅助孔	12	3	1	0.4	1.2	
	辅助孔	13	3	1	0.4	1.2	
	辅助孔	14	3	1	0.4	1.2	
	辅助孔	15	3	1	0.4	1.2	
	周边孔	16	6	1	0.2	1.2	
	周边孔	17	6	1	0.2	1.2	
	周边孔	18	6	1	0.2	1.2	
	周边孔	19	6	1	0.2	1.2	
	周边孔	20	6	1	0.2	1.2	
Ⅱ部	辅助孔	1	4	1	0.4	1.6	Ⅱ部引爆78个炮孔，单段位最大药量2 kg，共计用药28 kg
	辅助孔	3	5	1	0.4	2	
	辅助孔	5	5	1	0.4	2	
	辅助孔	7	5	1	0.4	2	
	辅助孔	8	5	1	0.4	2	
	辅助孔	9	5	1	0.4	2	
	辅助孔	10	5	1	0.4	2	
	辅助孔	11	5	1	0.4	2	
	辅助孔	12	5	1	0.4	2	
	辅助孔	13	5	1	0.4	2	
	辅助孔	14	5	1	0.4	2	
	辅助孔	15	4	1	0.4	1.6	
	辅助孔	16	4	1	0.4	1.6	
	周边孔	17	8	1	0.2	1.6	
	周边孔	18	8	1	0.2	1.6	

续表 3

炮孔类别		雷管段位	个数/个	单眼深度/m	单孔装药量/kg	合计药量/kg	备注
Ⅲ部	辅助孔	1	5	1	0.4	2	Ⅲ部引爆84个炮孔，单段位最大药量2 kg，共计用药30.4 kg
	辅助孔	3	5	1	0.4	2	
	辅助孔	5	5	1	0.4	2	
	辅助孔	7	5	1	0.4	2	
	辅助孔	8	5	1	0.4	2	
	辅助孔	9	5	1	0.4	2	
	辅助孔	10	5	1	0.4	2	
	辅助孔	11	5	1	0.4	2	
	辅助孔	12	5	1	0.4	2	
	辅助孔	13	5	1	0.4	2	
	辅助孔	14	5	1	0.4	2	
	辅助孔	15	5	1	0.4	2	
	辅助孔	16	4	1	0.4	1.6	
	辅助孔	17	4	1	0.4	1.6	
	周边孔	18	8	1	0.2	1.6	
	周边孔	19	8	1	0.2	1.6	
Ⅳ部	辅助孔	1	5	1	0.4	2	Ⅳ部引爆85个炮孔，单段位最大药量1.6 kg，共计用药32.8 kg
	辅助孔	3	5	1	0.4	2	
	辅助孔	5	5	1	0.4	2	
	辅助孔	7	5	1	0.4	2	
	辅助孔	8	5	1	0.4	2	
	辅助孔	9	5	1	0.4	2	
	辅助孔	10	5	1	0.4	2	
	辅助孔	11	5	1	0.4	2	
	辅助孔	12	5	1	0.4	2	
	辅助孔	13	5	1	0.4	2	
	辅助孔	14	5	1	0.4	2	
	辅助孔	15	5	1	0.4	2	
	底板孔	16	4	1	0.4	1.6	
	底板孔	17	4	1	0.4	1.6	
	底板孔	18	4	1	0.4	1.6	
	底板孔	19	5	1	0.4	2	
	周边孔	20	10	1	0.2	2	

经计算，设计炸药单耗量为0.9 kg/m^3。

4.2.2 Ⅳ、Ⅴ级围岩爆破设计

Ⅳ级围岩采用四台阶法施工，把隧道全断面分成Ⅰ、Ⅱ、Ⅲ、Ⅳ四个台阶进行爆破施工，每循环开挖进尺设计为1 m，爆破设计同Ⅲ级围岩爆破设计一致。

Ⅴ级围岩采用四台阶法施工，把隧道全断面分成Ⅰ、Ⅱ、Ⅲ、Ⅳ四个台阶进行爆破施工，每循环开挖进尺设计为0.6~0.8 m，爆破设计参照Ⅲ级围岩爆破设计，非电毫秒雷管段位不变，炸药用量相应减少。

5 爆破安全设计

5.1 古建筑防工业振动技术规范振动速度取值

根据《古建筑防工业振动技术规范》（GB/T 50452—2008）规定，省级文物保护单位砖结构古建筑的容许振动速度为0.027 cm/s。

5.2 爆破安全规程振动速度取值

根据《爆破安全规程》（GB 6722—2014）规定，结合隧道施工为地下浅孔爆破的特点，一般古建筑与古迹爆破振动安全允许振动速度选定为0.3~0.5 cm/s。

5.3 爆破振动速度计算

爆破振动速度

$$v = K\left(\frac{Q^{\frac{1}{3}}}{R}\right)^{\alpha} \tag{1}$$

式中 R——爆破振动安全允许距离，m；

Q——炸药量，齐发爆破为总药量，延时爆破为最大单段药量，kg；

v——保护对象所在地安全允许质点振速，cm/s；

K，α——与爆破点至保护对象间的地形、地质条件有关的系数和衰减指数，应通过现场试验确定。

Ⅲ级及Ⅳ、Ⅴ级围岩爆破振动速度计算如下：

Ⅲ级围岩属中硬岩石，取K为170，α为1.70，Ⅲ级围岩区域处于厦河塔隧道中部，Ⅲ级围岩处于厦河塔隧道中部，与塔基在线路轴线方向距离约93 m，塔基距隧道轴线水平距离约94 m，塔基距隧道拱部高差约25 m，则爆破点距离塔基处的斜距R=134.57 m。

当同一段别单响药量为2 kg时（分5个孔装药），经计算：

$$v=0.06 \text{ cm/s}$$

满足《爆破安全规程》（GB 6722—2014）规定，但不满足《古建筑防工业振动技术规范》（GB/T 50452—2008）规定要求。

Ⅳ、Ⅴ级围岩属软岩石，取 K 为 280，α 为 1.9，Ⅳ、Ⅴ级围岩区域处于厦河塔隧道洞口，塔基距洞口最小水平距离约 94 m，塔基距隧道拱部高差约 25 m，则爆破点距离塔基处的斜距 $R=97.27$ m。

当同一段别单响用药量为 2 kg 时（分 5 个孔装药），经计算：

$$v = 0.073\ \text{cm/s}$$

满足《爆破安全规程》（GB 6722—2014）规定，但也不满足《古建筑防工业振动技术规范》（GB/T 50452—2008）规定要求。

为了满足《古建筑防工业振动技术规范》（GB/T 50452—2008）小于 0.027 cm/s 的规定，采用单孔起爆网路（图 13）。单孔起爆网路采取同排同段孔外等间隔控制微差起爆网路，炮孔布置与装药量、装药结构与原爆破设计一致，只是改变了起爆网路。其特点是一次起爆多个炮孔，使每个炮孔爆破振动成为单独作用炮孔，从而大大降低了爆破振动速度。

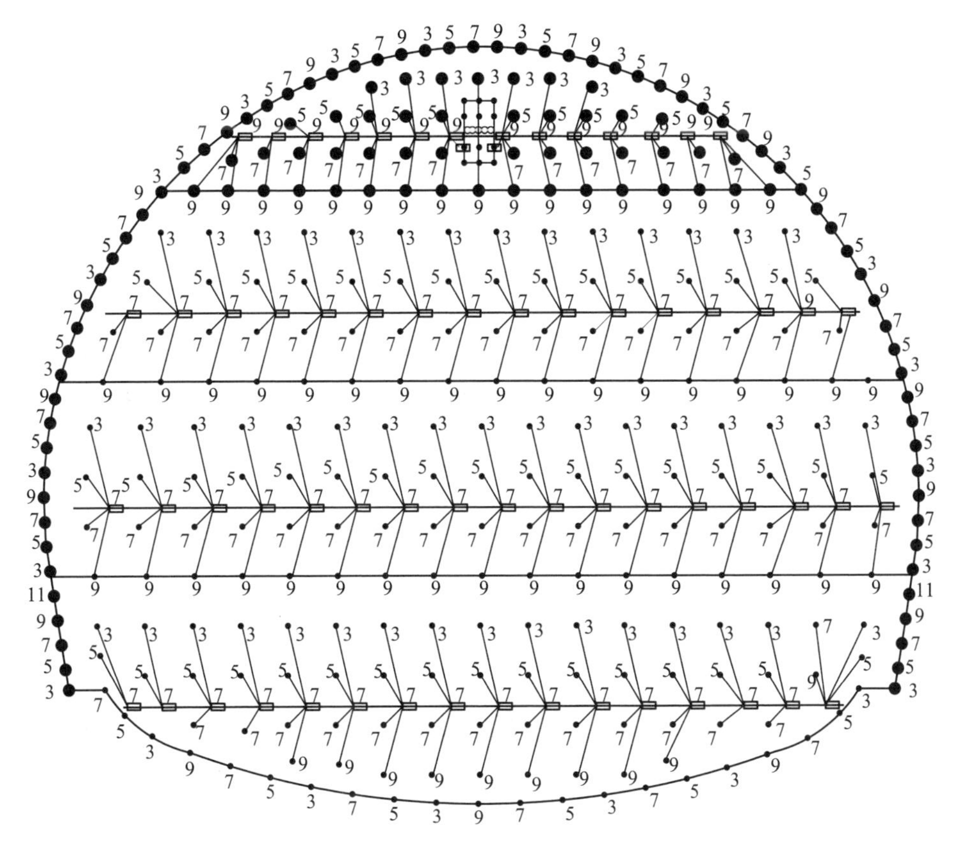

图 13　单孔起爆网路

采用单孔起爆网路爆破时，单响用药量为 0.4 kg，振动速度计算结果如下：

对Ⅲ级围岩，$v=0.024$ cm/s；对Ⅳ、Ⅴ级围岩，$v=0.026$ cm/s，均满足《古建筑防工业振动技术规范》（GB/T 50452—2008）小于 0.027 cm/s 的规定，符合规范要求。

验证其他保护的振动速度，见表 4。

表 4　振动验算

序号	保护物	最近距离 /m	最大单响药量 /kg	振动速度 /cm·s^{-1}	标准振动速度 /cm·s^{-1}
1	厦河塔	97.27	0.4	0.026	0.027
2	隧道	4.1	0.4	9.10	10.0
3	房	20	0.4	0.53	1.0
4	桥	230	0.4	0.01	2.0
5	高压线及通信线	30	0.4	0.25	5.0

5.4　降振措施设计

5.4.1　水封爆破设计

所谓“水封爆破”，是往炮孔中注入一定量的水，最后用炮泥回填堵塞的爆破方法。是利用水的不可压缩性质，能量传播损失小。炸药爆炸瞬间水传播冲击波到容器壁使其位移，并产生反射作用形成二次加载，加剧容器壁的破坏，使容器均匀解体破碎的一种爆破方式。

对于 1 m 深的炮孔，炮孔装药结构如图 14 和图 15 所示。

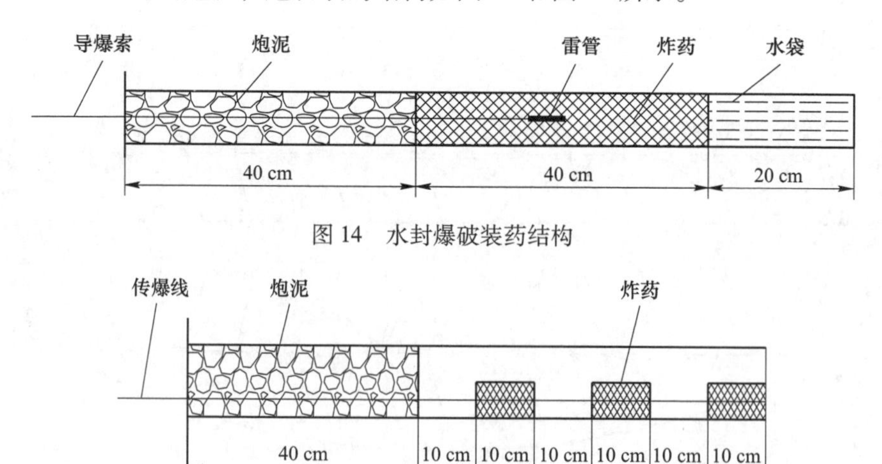

图 14　水封爆破装药结构

图 15　周边眼装药结构

炮孔底部装 1 个水袋（长 20 cm），紧接着装 2 卷乳化炸药，最后用炮泥回填堵塞 0.4 m。

周边炮孔装药结构按常规光面爆破装药结构，采用间断不耦合装药，孔口用炮泥回填堵塞 0.4 m。

5.4.2　洞内轮廓线隔振孔设置

从该隧道进出口地形以及施工条件分析，拟从出口（温州端）进行爆破掘进施工。这样施工安排，厦河塔在隧道爆破掘进方向左侧。为隔振作用，以隧道中线为准，出口端 DK98+472～DK98+600，128 m，在隧道进洞方向左侧轮廓线以内 30～50 cm 处，从拱顶至底板角布设隔振孔，布孔 28 个。进口端靠近公路隧道的 DK98+422～DK98+472 段，50 m，全周边设隔振孔，布孔 56 个，如图 16 所示。

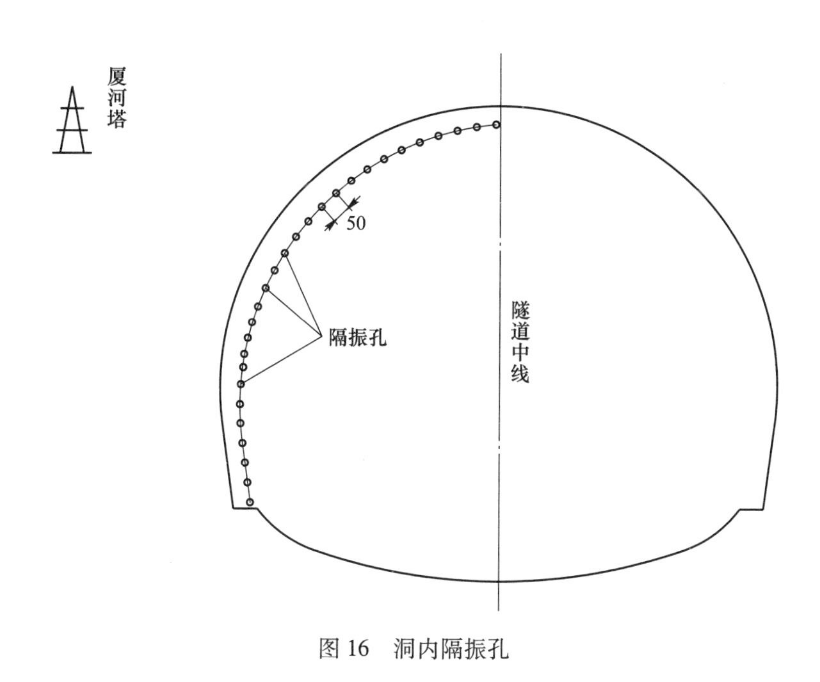

图 16　洞内隔振孔

5.4.3　洞外竖向隔振孔设置

在洞外设置竖向隔振孔两排，将爆破点与塔基进行隔离，进一步降低塔基处爆破振动速度。根据现场实际地形，结合施工需要，洞外隔振孔设置在隧道边缘 2 m 处，由地面垂直钻至Ⅰ台阶底部。洞外隔振孔呈梅花形布置，排距 0.5 m、间距 0.3 m，孔径 108 mm。共计设置隔振孔 38 个，每个孔深 27.3 m，钻孔总长 1037.4 m。洞外隔振孔平面、立面位置如图 17 和图 18 所示。

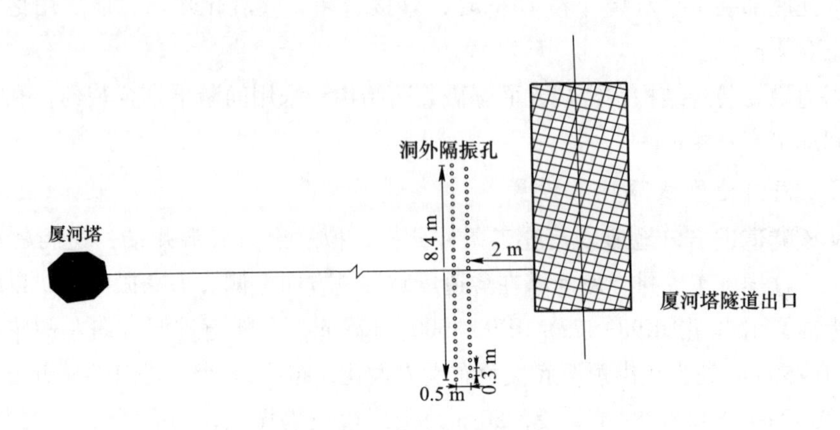

图 17　洞外隔振孔平面位置

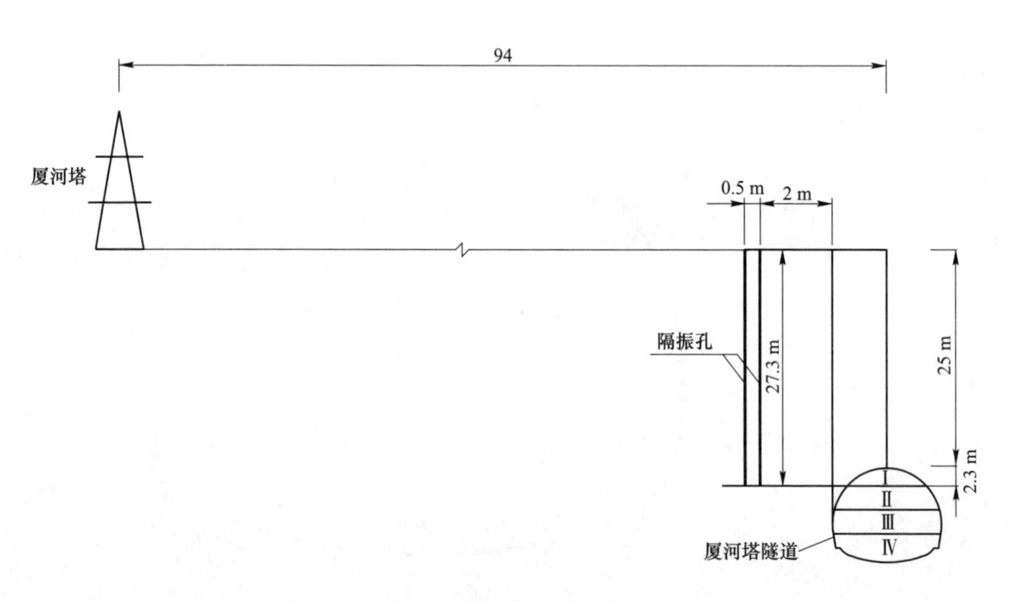

图 18　洞外隔振孔立面位置

5.5　爆破振动监测及监控量测

5.5.1　爆破振动监测

隧道爆破施工过程中，采用爆破振动监测仪对厦河塔进行实时监测，爆破振动监测点直接布置在靠近隧道爆破施工点一侧的塔基上。每次爆破之前，现场安装爆破振动监测仪，现场采集数据，对数据进行分析，掌握实际爆破振动速度。

5.5.2　监控量测

5.5.2.1　厦河塔监测

隧道施工时，提前布设监控量测点，每天进行量测，监测频率 2 次/天，及时掌握厦河塔及周边地表变化情况，根据监测结论指导施工。当厦河塔塔基位移量超过 1 mm/d 或累计变化超过 2 cm 时，或周边地表位移量超过 2 mm/d 或累计变化超过 4 cm 时，应立即停止施工，采取有效措施加以处理。

（1）塔基、地表监测。塔基监测点布置在塔基上，塔基四周各布设一个点。厦河塔周围地表监测点布置以塔身中心点为中心向四周水平延伸，距离 5 m、10 m、15 m、20 m 按“+”型布置（图 19）。

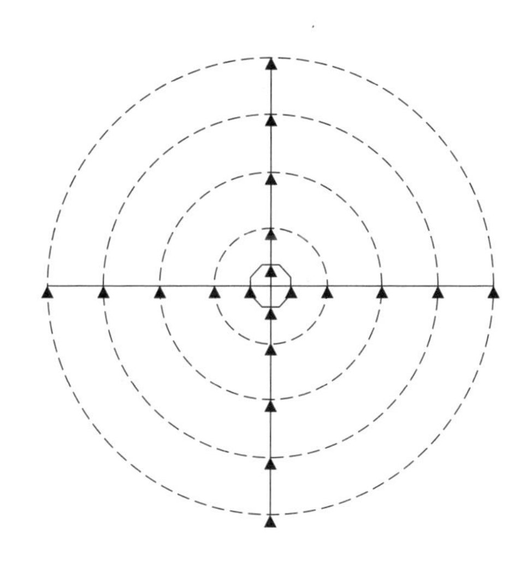

图 19　监控量测点布置

（2）塔身监测。分别在塔身高 10 m、20 m、30 m 处，于塔身四周对称位置设置 4 个监测点，共计 3 环 12 个监测点作塔身倾斜监测。监测点采用反光贴片直接粘贴在塔身，用全站仪进行观测，监测频率 2 次/天。

施工过程中，每天对厦河塔塔身进行仔细观察，拍摄影像资料，发现塔身倾斜或出现裂纹等异常情况，立即停止施工，采取有效措施加以处理。

5.5.2.2　公路隧道监测

厦河塔隧道进口端距公路塔下隧道较近，隧道爆破施工时，提前在公路隧道内布设监控量测点，每天进行量测，监测频率 2 次/天，及时掌握公路隧道变形情况。

5.6 塔体防护措施

5.6.1 塔体加箍

箍的形式采用钢板箍，加箍的作用主要是防止裂缝开展并局部提高砌体的抗剪强度，增强整体性，阻止剪切破坏，提高抗震性能。

5.6.2 桁架支撑

塔体防护搭设脚手架设置钢桁架及塔身捆绑方案，防护措施采用 I 20 钢桁架，16 根立柱构成桁架主体，桁架身设置四道环向连接，桁架立面呈上小下大的三角形桁架，确保桁架本身的稳定。防护高度 38 m（至塔顶)，塔身与桁架之间采用橡胶垫垫实。

在厦河塔塔基以外 0.5 m 左右，开挖 16 个长 60 cm，宽 60 cm，深 100 cm 的基坑，灌注 C35 混凝土作为钢桁架基础。基坑采用人工开挖，基坑内预埋 I 20 工字钢作为钢桁架基础。每根立杆外设置两道斜撑，以确保桁架稳定，如图 20、图 21 所示。

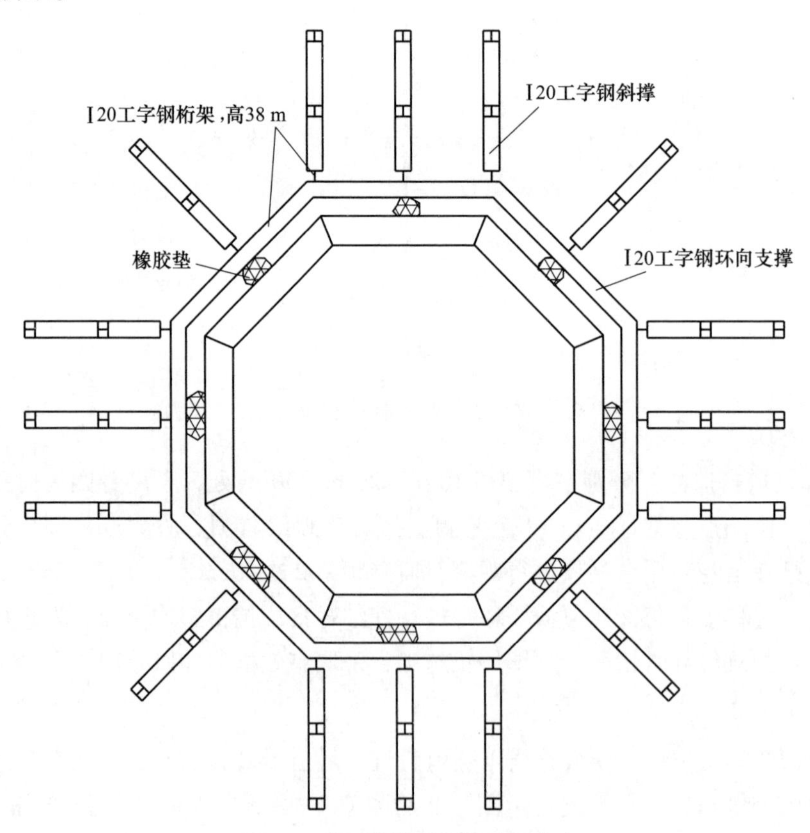

图 20　厦河塔塔身防护平面设计

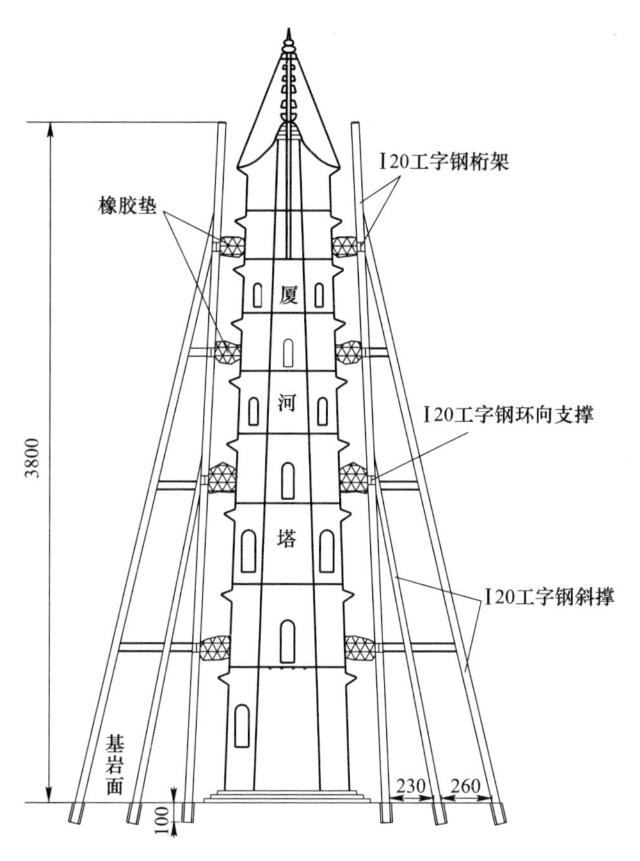

图21　厦河塔塔身防护剖面设计

6　爆 破 施 工

6.1　施工总体布置

（1）施工准备。施工准备时间按2个月进行。

（2）洞内隔振孔施工时间。全周边设隔振孔长度50 m，全周边眼共计60个孔，约2.5个月。

（3）开挖时间。本隧道各级围岩统计：Ⅴ级围岩114.92 m，Ⅳ级围岩35 m，Ⅲ级围岩55 m；进度指标安排：Ⅴ级围岩：24 m/月，Ⅳ级围岩：45 m/月，Ⅲ级围岩：60 m/月。开挖时间为：6.5个月。

（4）二衬及附属工程。二衬及附属工程在贯通后1.5个月内完成。

（5）总工期。12.5个月。

（6）实际施工进度情况。本项目于2014年4月7日进场开始前期准备工作，

2014 年 5 月 27 日开始洞口机械明挖及隔振孔施工，2014 年 8 月 11 日开始洞口段静态破碎+机械开挖施工，2014 年 11 月 5 日开始静态破碎+控制爆破开挖施工，于 2015 年 2 月 15 日完成本项目所有爆破施工任务。与计划工期基本接近。

6.2　主要机械设备、火工材料及人员配置

本标段拟投入施工人员 35 人。投入的主要机械设备为：气腿式风钻 8 套、空压机 4 台、离心通风机 2 台，挖掘机 2 台、自卸汽车 2 台，其他设备配备若干。

本标段火工材料计划用量见表 5。

表 5　火工材料

序号	名称	单位	数量
1	乳化炸药	t	16
2	非电雷管	发	30000
3	塑料导爆管	发	60000

6.3　进度保证措施

为保证本工程优质、安全、按期的完成，结合业主要求及本工程施工特点制定以下几项措施：

根据施工计划，制定周、日施工生产计划，每天实际进度与计划比较，找差距，找原因，加强管理，加快施工进度。工序安排科学合理，抓好后勤保障工作，提高施工速度。

7　爆破效果与监测成果

本工程的最大难点是控制爆破振动对厦河塔（砖结构古建筑，省级文物）的影响。从爆破后效果看，方案选择正确、参数设计合理，爆破振动对厦河塔的影响（要求爆破振动小于 0.027 cm/s）控制在预期目标值以内，且未产生爆破飞石，爆破效果比较好。

施工前，为提高厦河塔的抗震性能，对其进行了加固。加固分两部分，首先用工字钢和钢板在塔体上加箍，其次用钢桁架对塔体进行支撑，通过以上加固措施，爆破后砖结构厦河塔未产生开裂及倾斜现象。

隧道爆破施工时，邻近厦河塔的 DK98+600～560 段（长 40 m，Ⅴ级围岩 30 m、Ⅳ级围岩 10 m），采用静态破碎+机械开挖方式进行施工，其余地段采用静态破碎+控制爆破方式进行施工。在爆破施工时，通过水压爆破降振、设置洞

内隔振孔、设置洞外竖向隔振孔等隔离降振措施后，有效降低了爆破振动，使厦河塔塔基处的爆破振动速度基本控制在 0.015 cm/s 左右，最大的没有超过 0.02 cm/s，达到了预期目标，从而确保了省级文物厦河塔的安全。

综上所述，爆破飞石、爆破振动对省级文物厦河塔的影响得到了良好控制，安全防护设计设置合理，防护覆盖起到了良好的防护功能，未对周边建筑物造成损害，达到了设计预期的效果，圆满顺利的完成了该施工任务。

8　经验与体会

本工程邻近省级文物厦河塔，要求爆破振动小于 0.027 cm/s，《爆破安全规程》（GB 6722—2014）关于爆破振动安全允许标准：一般古建筑与古迹取 0.3~0.5 cm/s 小了 10~20 倍，施工难度相当大。

为此，在确定最终施工方案前，我公司多次召开了讨论会，并邀请有关专家和设计单位对厦河塔的加固保护措施及隔离降振措施提供宝贵意见，为后续施工创造有利条件。

在施工过程中，钻孔、装药、堵塞、连网、警戒和起爆工作均按照设计进行。安全防护等工作均按最终确认方案实施，爆破施工过程安全可靠，现场爆破施工情况记录及时、全面。

主要施工管理人员工作认真、负责，各种隔离降振措施得到了有效落实，爆破振动得到了良好控制，为类似工程的隔离降振积累了丰富的经验。

从结果看，现场爆破效果达到了设计要求。同时，爆破振动、冲击波、飞石均得到了良好控制，未对省级文物厦河塔及其他周边建（构）筑物造成损害，施工过程中未出现一次重大安全事故。业主和各有关方面对结果均表示满意。

浅析光面爆破施工技术在大型地下洞库中的应用

工程名称： 宁波百地年液化石油气有限公司地下洞库项目施工巷道、水幕巷道爆破工程
工程地点： 宁波市北仑区大榭开发区
完成单位： 浙江甬大建设有限公司
完成时间： 2020 年 12 月 25 日～2021 年 8 月 22 日
项目主持人及参加人员： 柴成龙　李　海　丁公宝　郑团利　黄　恒
撰 稿 人： 司元红　柴成龙

1　工程概况及环境状况

1.1　工程简介

为进一步做大做强轻烃化工产业，保障原料供应，依据《行政许可法》《企业投资项目核准和备案管理条例》，宁波市发展和改革委员会于 2017 年 9 月 1 日对宁波大榭开发区递交的《关于请求核准宁波百地年液化石油气有限公司地下洞库项目申请报告的请示》（甬榭经（2017）22 号）文件进行了批复，同意建设宁波百地年液化石油气有限公司地下洞库项目（立项编号：甬发改审批【2017】357 号）。本项目投资建设单位为宁波百地年液化石油气有限公司，施工总包单位为中铁隧道局集团有限公司，爆破施工单位为浙江甬大建设有限公司。

本工程前期 2018 年 5 月 19 日开始施工，2018 年 9 月 27 日因政策处理原因暂停施工，期间施工 4 个月零 9 天，完成施工巷道明洞段及施工巷道（10×9 m 断面）490 m，既 K0+000～K0+490 段爆破作业。剩余工程量：施工巷道石方约 14 万立方米，水幕巷道石方约 15 万立方米。

1.2　工程规模

本工程总体由 2 组平行地下洞罐组成，一组 120 洞罐容量为 120×10^4 m^3，由 4 条平行的主洞组成；另一组 80 洞罐容量为 80×10^4 m^3，由 3 条平行的主洞组成。另外包含 3 座竖井（2 座操作竖井、1 座通风竖井），9 条水幕巷道，3 条施工巷道。本次方案只针对先行施工的 3 条施工巷道，9 条水幕巷道工程进行设计。

经计算，施工巷道剩余石方开挖量约 14 万立方米，水幕巷道剩余石方开挖量约 15 万立方米。

1.2.1　施工巷道

主施工巷道断面尺寸为 10 m×9 m，横断面积 79.82 m^2；支施工巷道断面尺寸为 9 m×8 m，横断面积 63.45 m^2；设计结构形式均为直墙圆拱形，断面如图 1 所示。

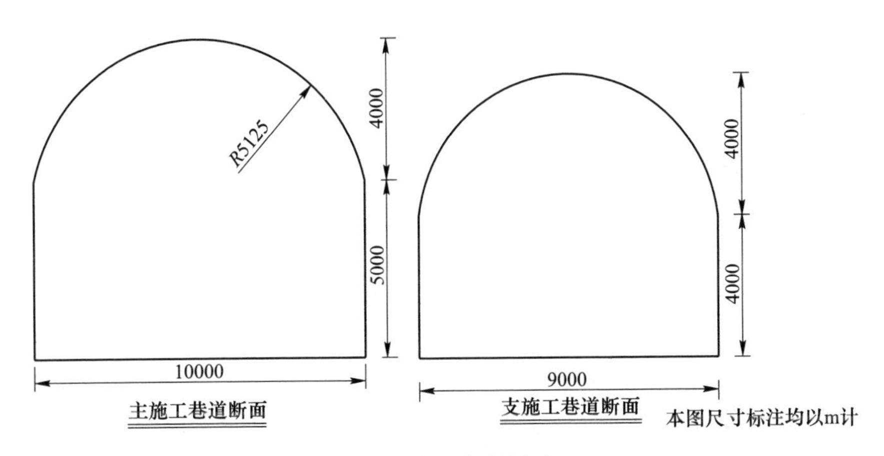

图 1　施工巷道断面

1.2.2　水幕巷道

主水幕巷道断面尺寸为 9 m×8 m，横断面积 63.45 m^2；支水幕巷道断面尺寸为 7 m×6 m，横断面积 36.73 m^2；设计结构形式均为直墙圆拱形，断面如图 2 所示。

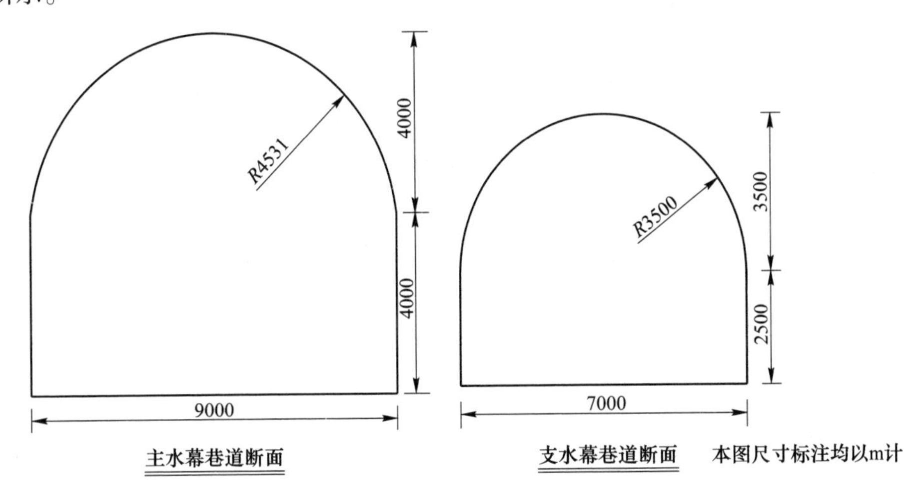

图 2　水幕巷道断面

1.3 地形、地质条件

库区地貌类型为丘陵地貌，地势起伏较大，除东南角地势平缓外，主要为山体，表部为少量残坡积含砾砂粉质黏土，巷道区域主要以微风化、弱风化花岗岩为主，部分区域为强度较高的凝灰岩，岩石节理致密，裂隙稍发育，地下水量一般；施工巷道洞口位置底板高程为 5 m，场地高程 4.0 m，施工巷道沿巷道轴线按照向下 11%坡度下降至高程-95 m 位置（K0+688 位置）时进入水幕巷道施工，高程-125 位置（端头）进入主巷道顶层；水幕巷道底板高程统一为-95 m。

1.3.1 施工巷道地质条件

根据场地钻孔资料分析，东部巷道围岩主要为微风化含角砾熔结凝灰岩，岩质坚硬，完整性较好，局部破碎，节理裂隙较发育，岩体质量级别以Ⅱ级为主，其次为Ⅰ级和Ⅲ级，不间断夹Ⅳ级岩体。场地内未见断层分布，受区域构造影响不间断夹节理裂隙密集带和绿泥石化蚀变现象。岩体透水性弱~微，地下水水量受裂隙发育程度和连通性控制，总体不丰，局部水量大。岩体基本稳定~稳定，局部可发生掉块和小塌方，支护类型建议采用钢筋混凝土衬砌。

1.3.2 水幕巷道地质条件

根据场地钻孔资料分析，东部巷道围岩主要为微风化含角砾熔结凝灰岩，岩质坚硬，完整性较好，局部破碎，节理裂隙较发育，岩体质量级别以Ⅱ级为主，其次为Ⅰ级和Ⅲ级，不间断夹Ⅳ级岩体。场地内未见断层分布，受区域构造影响不间断夹节理裂隙密集带和绿泥石化蚀变现象。岩体透水性弱~微，地下水水量受裂隙发育程度和连通性控制，总体不丰，局部水量大。岩体基本稳定~稳定，局部可发生掉块和小塌方，不支护或局部锚杆或喷薄层混凝土衬砌。

1.3.3 支巷地质条件

根据场地钻孔资料分析，东部局部地段巷道围岩主要为微风化含角砾熔结凝灰岩，岩质坚硬，完整性较好，局部破碎，节理裂隙较发育，岩体质量级别以Ⅱ级为主，其次为Ⅰ级和Ⅲ级，不间断夹Ⅳ级岩体。场地内未见断层分布，受区域构造影响不间断夹节理裂隙密集带和绿泥石化蚀变现象。岩体透水性弱~微，地下水水量受裂隙发育程度和连通性控制，总体不丰，局部水量大。岩体基本稳定~稳定，局部可发生掉块和小塌方，不支护或局部锚杆或喷薄层混凝土衬砌。

1.4 施工工期

本工程实际完成工期自 2020 年 12 月 25 日~2021 年 8 月 22 日施工完毕。

1.5 主要技术经济指标

本工程开挖施工巷道石方约 14 万立方米，水幕巷道石方约 15 万立方米。

施工巷道、主水幕巷道钻孔深度为3.0~4.2 m，孔径45 mm，一次爆破的进尺一般在3.0~4.0 m，炮孔利用率95%。

支水幕巷道钻孔深度一般为2.5~3.5 m，孔径42 mm，一次爆破的进尺一般在2.3~3.3 m，炮孔利用率95%。

本设计涉及的洞库爆破区域累计使用ϕ32 mm乳化炸药347494.1 kg，非电毫秒雷管242196发，导爆索228265 m。

1.6　爆区周边环境情况

工程位于大榭岛化工区，周边300 m范围内存在化工管廊（大量化工管道）、化工园办公区厂房和公路。化工管道固定在公共管廊上，管廊为金属架结构；办公区厂房主要为砖混结构；道路为沥青混凝土结构。本工程周边环境复杂，洞库走向为整体以10%的坡度向地下延伸，随着施工掘进不断深入，爆区距洞口周边被保护物也会渐行渐远。综上所述，为确保爆破施工安全，本工程环境均按照洞口或距周边物体最近处爆破点进行描述，具体如图3所示。

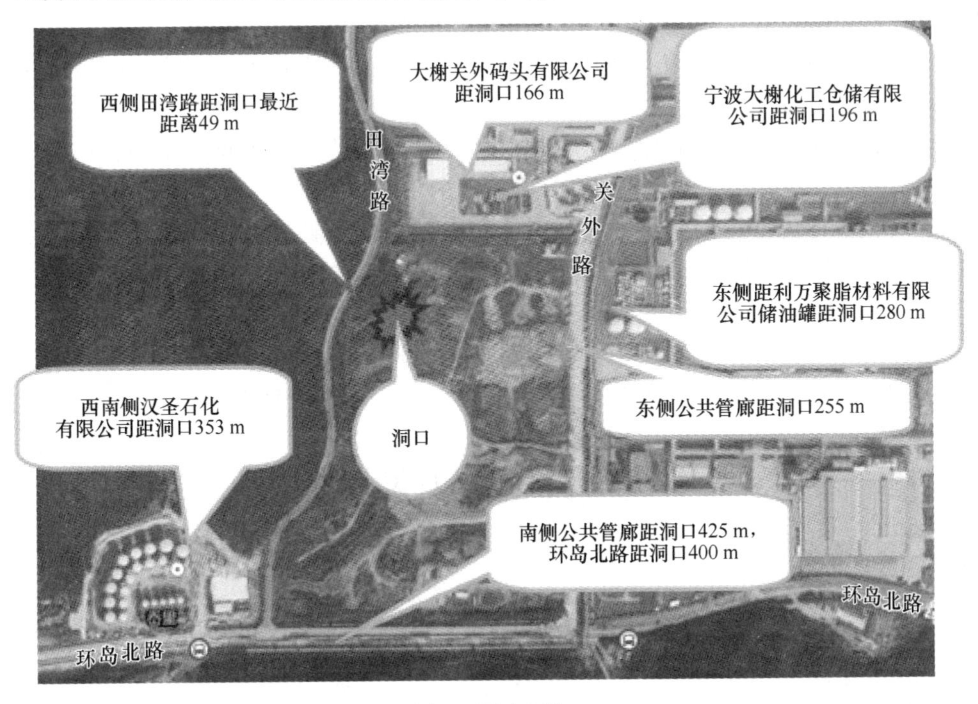

图3　周边环境

（1）施工巷道施工至K1+436.15位置距离万华工业园建筑房屋最近，水平距离为19.61 m，此部位房屋底部高程为2.92 m，巷道顶部高程为-114.02 m，垂直距离为116.94 m，巷道顶部距离房屋直线距离为119 m。

（2）7号水幕巷道施工至K0+213.5里程时距离汉圣石化存储罐距离最近，水平距离34.07 m，此部位底部标高21.32 m，巷道顶部标高-89 m，垂直距离110.32 m，直线距离116 m。

（3）8号水幕巷道施工至K0+236（端头位置）里程时距离汉圣石化砖混结构房屋离最近，水平距离37.6 m，此部位底部标高6.7 m，巷道顶部标高-89 m，垂直距离95.7 m，直线距离103 m。

（4）施工巷道洞身从田湾路下穿过，目前爆破掌子面顶部最近爆破点距离田湾路441 m。

2 工程特点、难点

（1）由于洞库工程爆破方量大，施工作业面多、交叉作业干扰大等因素，所以，爆破作业安全管理必须始终受控。

（2）周边300 m范围内存在大量化工管道、化工园办公区厂房和公路，环境复杂，初期爆破警戒困难，爆破振动控制要求高。

（3）24 h不间断实施爆破作业，民用爆炸物品使用量大，库房及作业人员安全管理是本项目的难点之一。

（4）本项目是地下洞库施工，爆破后炮烟不易吹散、可见度不高，如何进行炮后安全检查是一大难点。

（5）洞库内根据围岩级别需随时变更开挖方式，钻孔、装药设计要与之对应并符合围岩级别要求，给施工带来极大难度，并会延缓施工进度。

（6）洞内爆破对施工人员自身的安全威胁主要是爆破飞石、冲击波和有毒气体，人员的安全防护和管理是一大难点。

（7）光面爆破周边孔钻角度把控是施工过程中的一大重点。

3 爆破方案选择及设计原则

3.1 设计原则

本方案主要针对施工巷道、水幕巷道工程进行设计，主巷道和竖井等其他分项另有设计方案。

确保爆破振动可控、爆破伤害最低、单炮进尺理想、开挖成型良好、碴块粒径便于装卸，降低火工品消耗，确保安全高效完成巷道爆破施工。

3.2 爆破方案选择

本工程施工巷道明洞及洞口段490 m（K0+000~K0+490）的爆破作业已在

前期施工中完成，因此本方案仅针对施工巷道、水幕巷道剩余洞身区段进行设计。

根据周边环境、地质及设计要求，洞身采用新奥法开挖，应用光面爆破技术控制洞壁的超欠挖。施工巷道、主水幕巷道采用全断面一次爆破。采用三臂凿岩台车钻孔，钻孔深度为3.0~4.2 m，孔径45 mm，平台作业车辅助人工填装炸药，非电毫秒雷管起爆，一次爆破的进尺一般在3.0~4.0 m。支水幕巷道采用人工手持风钻钻孔，钻孔深度一般为2.5~3.5 m，孔径42 mm，多功能台架辅助人工填装炸药，非电毫秒雷管起爆，一次爆破的进尺一般在2.3~3.3 m。

4　爆破参数设计

4.1　光面爆破参数选定

光面爆破主要针对断面周边一层岩体的爆破，要求在爆落岩体的同时，应形成光滑、平整的边界。光面爆破的主要参数有：炮孔数目、最小抵抗线、炮孔密集系数、线装药密度、孔距和起爆顺序和起爆时差等。

4.1.1　周边孔间距

光面爆破周边孔间距比主爆孔小，它与炮孔直径、岩性和装药量等参数有关。孔距过大，难以爆出平整光面，且产生大块。孔距过小会增加凿岩费用，合理的孔距可按炮孔直选取，一般按以下经验公式确定：$a=(10\sim15)d$，d 炮孔直径（mm），炮孔直径42 mm；周边孔间距 a 取0.5 m。

4.1.2　周边孔密集系数

密集系数过大，爆破后可能在光爆孔间留下岩埂，造成欠挖，达不到光面爆破效果，反之则可能出现超挖。

由此可见，周边孔密集系数是光面爆破的一个重要参数。实践中多取0.5~0.8，即最小抵抗线大于孔距，具有小孔距、大抵抗线的特点。炮孔密集系数计算详见式（1）：

$$K=a/W=0.5/0.7=0.71 \tag{1}$$

式中　K——周边孔密集系数；

　　a——周边孔间距，m，取 $a=0.5$m；

　　W——光爆层厚度（周边孔最小抵抗线），周边孔最小抵抗线 W 取0.7 m。

4.1.3　线装药密度

线装药密度是指单位长度炮孔的装药量，又称装药集中度，计算详见式（2）：

$$Q_1=qaW \tag{2}$$

式中 q——单位体积耗药量，kg/m^3；

a——光爆炮孔间距，m；

W——光爆层厚度，m。

取 q 为 0.5 kg/m^3，线装药密度 $Q_1=0.15$ kg/ m，实际取 Q_1为 0.2 kg/m。

4.1.4 炮孔装药结构

周边孔采用轴向空气间隔装药结构，光爆炮孔用导爆索起爆，要特别指出，炮孔填塞长度不小于0.7 m。

4.2 光爆炮孔施工

光面爆破效果的好坏与炮孔的孔形、周边炮孔外插率、炮孔深度、周边孔的孔距误差、周边孔最小抵抗线误差，炮孔装药、填塞连线等诸多环节有很大关系。

4.2.1 测量布孔

钻孔前，测量人员用全站仪测量出隧道中心线和拱顶高程，用激光断面仪测量出隧道开挖轮廓线，用红油漆。画出隧道开挖轮廓线，并标出炮孔位置。

4.2.2 钻孔

周边孔沿隧道断面开挖轮廓线上按周边孔间距均匀布置，允许沿断面轮廓线调整的范围不大于5.0 cm ，以 2°~ 3°的角度外插，并根据炮孔深度来调整外插角度，孔底不超过隧道断面开挖轮廓线 10 cm，力求孔底在同一垂直面上。

4.3 光面爆破参数的调整实施原则

4.3.1 根据围岩变化调整

在隧道开挖施工过程中，围岩级别会发生变化，为了确保隧道光面爆破效果，光面爆破设计参数应针对围岩变化情况而调整。部分地段是不均质岩体，掌子面围岩左侧较破碎、夹有多条带状红色黏泥，右侧掌子面围岩整体性较好，各占隧道断面近二分之一，在钻爆施工作业时对左侧周边孔孔距与光爆层厚度以及各类炮孔的孔距、排距做了相应的调整，加大左侧周边孔孔距与光爆层厚度，减少断面左侧的炮孔数量和孔内的炸药填装量。经过调整后光面爆破取得了良好的效果。

4.3.2 根据光爆效果调整

光面爆破参数经过设计选定后，爆破效果可能达不到最佳效果，隧道洞身会出现超欠挖现象，需要对光面爆破参数进行调整。隧道洞身出现欠挖，需减小周边孔距、光爆层厚度、增加炮孔的数目和炸药填装量；隧道洞身出现超挖，需加大周边孔距、光爆层厚度、减少炮孔的数目和炸药填装量。经过两三个钻爆循环作业参数的调整，光面爆破就达到了最佳效果。

4.4　爆破器材选取

采用安全可靠的非电毫秒雷管、导爆索和非电塑料导爆管作为起爆器材。炸药选用标准 ϕ32 mm 乳化炸药。其中周边孔采用炸药与导爆索间隔不耦合装药，雷管采用多段别非电毫秒雷管，根据现场情况使用。

4.5　钻孔

钻孔工作采用三臂凿岩台车辅以人工持 YT-28 型手风钻实施，周边孔及底板孔外插角度控制在 2°以内。

4.6　装药

在装药前要对炮孔进行吹洗，防止岩碴堵孔，影响装药。周边孔采用间断不耦合装药结构，辅助孔、掏槽孔、底板孔采用连续装药结构；所有炮孔均安装一发非电毫秒雷管。装药结构如图 4 所示。

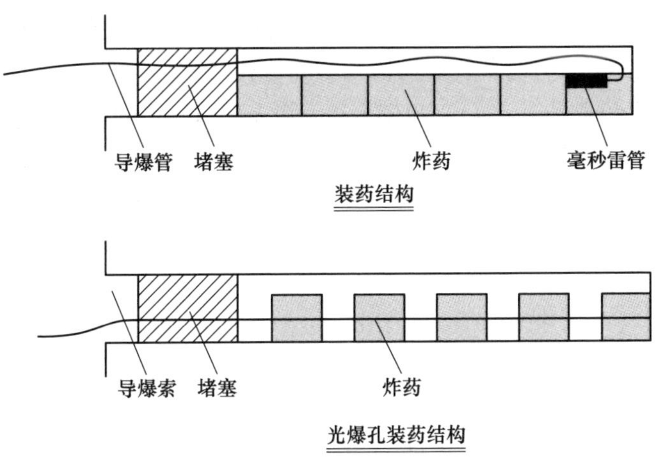

图 4　装药结构

4.7　堵塞

炮孔孔口堵塞均采用砂与黏土合制的炮泥，堵塞长度不小于 30 cm。

4.8　各巷道孔网参数和装药量

施工巷道与水幕巷道均采用全断面法爆破施工。巷道数量由进口处的一条主施工巷道逐渐变成主、支施工巷道和主、支水幕巷道交错纵横。具体孔网参数和装药量根据施工方法以及岩石和巷道种类不同如下。

4.8.1　巷道全断面开挖钻爆参数

（1）炮孔直径（d）：$d=42$ mm。

（2）炮孔深度（L）：根据各级围岩及巷道断面大小的循环进尺而定。

（3）炮孔布置方式的选择。隧道开挖爆破的炮孔分为掏槽孔、辅助孔、周边孔。

1）掏槽孔的布置。采用楔形掏槽或梅花中空直孔掏槽，掏槽孔比其他炮孔超深 20~30 cm，掏槽孔布置在断面中下部。

2）周边孔（光爆孔）的布置：

①孔距的选择：孔距 $a=(10\sim20)d$，d 为炮孔直径；则 $a=0.42\sim0.84$ m，在节理裂隙比较发育的岩石中，应取小值；在整体性好的岩石中，可取大值，本工程 a 取 50~70 cm。

②光面层厚度的选择：光面层厚度 $b=a/m$。

其中 m 为周边炮孔密集系数，一般为 0.8~1.0。

则有 $b=0.6\sim0.85$ m。

3）辅助孔的布置。当掏槽孔和周边孔确定以后，根据隧道开挖面设计的炮孔数目，把辅助孔均匀地布置在掏槽孔与周边孔之间。

4）单位炸药单耗量（q）。根据岩石普氏系数及掘进断面尺寸，并类比其他工程，单耗取 0.8~1.2 kg/m^3。

5）炮孔数目。炮孔数目的多少直接影响每一循环凿岩工作量、爆破效果、循环进尺。暂按下式计算炮孔数目，施工中，根据具体情况再作调整，以达到最佳爆破效果。

炮孔数目（N）：按式（3）计算：

$$N = Q_{总}/Q_{个} \tag{3}$$

$$Q_{总} = q\times S\times L\times \eta$$

$$Q_{个} = (\alpha\times L\times G)/h$$

式中 $Q_{总}$——每一掘进循环所需的炸药量，kg；

S——开挖面积；

L——平均炮孔深度，m；

η——炮孔利用率，一般为 0.8~0.95，取 0.9；

$Q_{个}$——平均每个炮孔的装药量，kg；

α——平均装药系数，即装药深度与炮孔深度之比，Ⅲ级围岩取 $a=0.7\sim0.8$，Ⅳ、Ⅴ级围岩取 $a=0.5\sim0.7$；

h——药卷长度，$\phi32$ mm 乳化炸药，$h=0.2$ m；

G——药卷重量，$\phi32$ mm 乳化炸药，$g=0.2$ kg。

4.8.2　全断面炮孔布置图

4.8.2.1　主施工巷道炮孔布置图

主施工巷道炮孔布置图如图 5 所示。

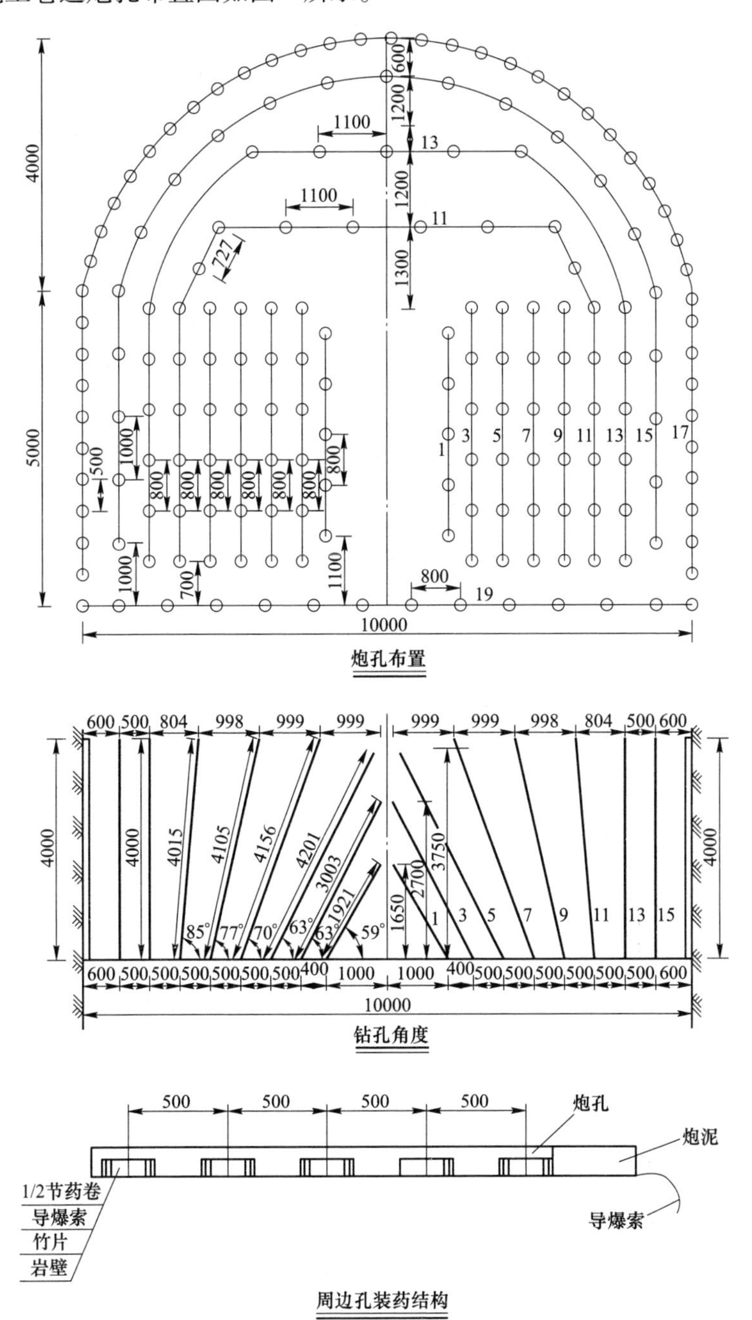

主施工巷道全断面爆破参数

序号	炮孔名称	雷管段数	装药结构	孔数/个	孔深	装药量		
						装药节数	单孔	合计
1	掏槽孔	1	连续不耦合	10	1.9	5	1	10
2		3	连续不耦合	12	3	10	2	24
3		5	连续不耦合	12	4.1	11	2.2	26.4
4		7	连续不耦合	12	4.2	12	2.4	28.8
5		9	连续不耦合	12	4.1	11	2.2	26.4
6		11	连续不耦合	12	4	11	2.2	26.4
7	辅助孔	11	连续不耦合	8	4	11	2.2	17.6
8		13	连续不耦合	17	4	11	2.2	37.4
9		15	连续不耦合	21	4	11	2.2	46.2
10	周边孔	17	间断不耦合	47	4	4	0.8	37.6
11	底板孔	19	连续不耦合	14	4	11	2.2	30.8
12	合计			177				311.6

主施工巷道断面面积79.82 m^2，每循环进尺3.8 m，开挖方量303.32 m^3，炸药单耗1.03 kg/m^3，钻孔密度(不包括周边孔)为1.5个/m

图5　主施工巷道炮孔布置

4.8.2.2　支施工巷道、主水幕巷道炮孔布置

支施工巷道、主水幕巷道炮孔布置如图6所示。

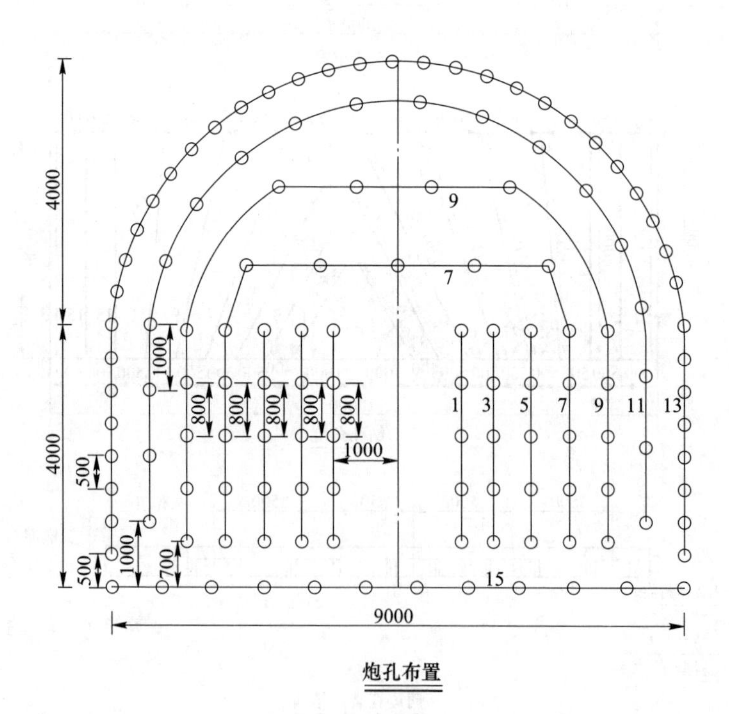

炮孔布置

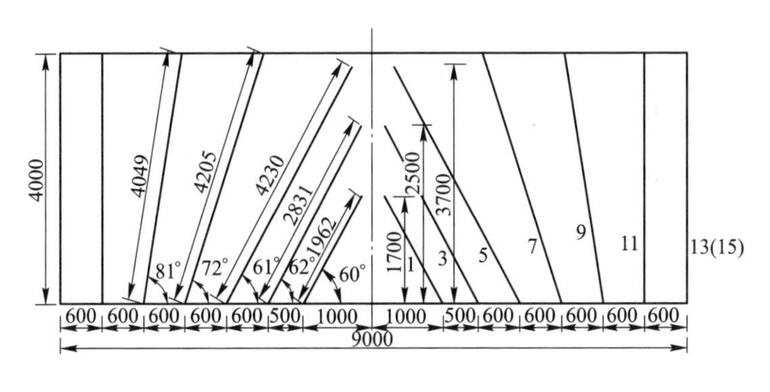

钻孔角度

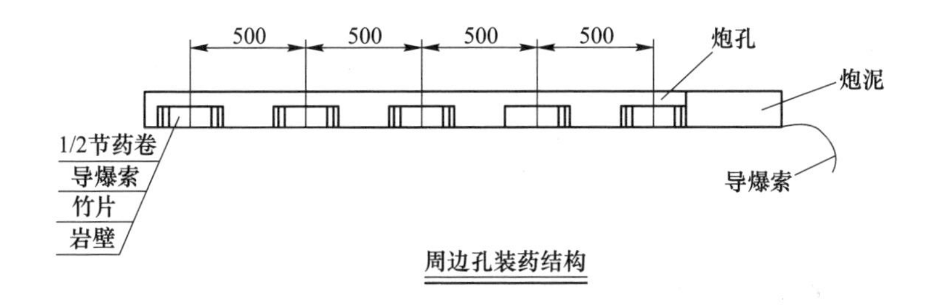

周边孔装药结构

支施工巷道(主水幕巷道)全断面爆破参数表

序号	炮孔名称	雷管段数	装药结构	孔数/个	孔深	装药量		
						装药节数	单孔	合计
1	掏槽孔	1	连续不耦合	10	1.9	5	1	10
2		3	连续不耦合	10	2.8	10	2	20
3		5	连续不耦合	10	4.2	14	2.8	28
4		7	连续不耦合	10	4.2	14	2.8	28
5	辅助孔	7	连续不耦合	5	4.2	14	2.8	14
6		9	连续不耦合	14	4	13	2.6	36.4
7		11	连续不耦合	18	4	13	2.6	46.8
8	周边孔	13	间断不耦合	40	4	4	0.8	32
9	底板孔	15	连续不耦合	12	4	13	2.6	31.2
10	合计			129				246.4

支施工巷道(主水幕巷道)断面面积63.45 m^2，每循环进尺3.8 m，开挖方量241.11 m^3，炸药单耗1.02 kg/m^3，钻孔密度(不包括周边孔)为1.4个/ m^2。

图6 支施工巷道、主水幕巷道炮孔布置

4.8.2.3 支水幕巷道炮孔布置

支水幕巷道炮孔布置如图7所示。

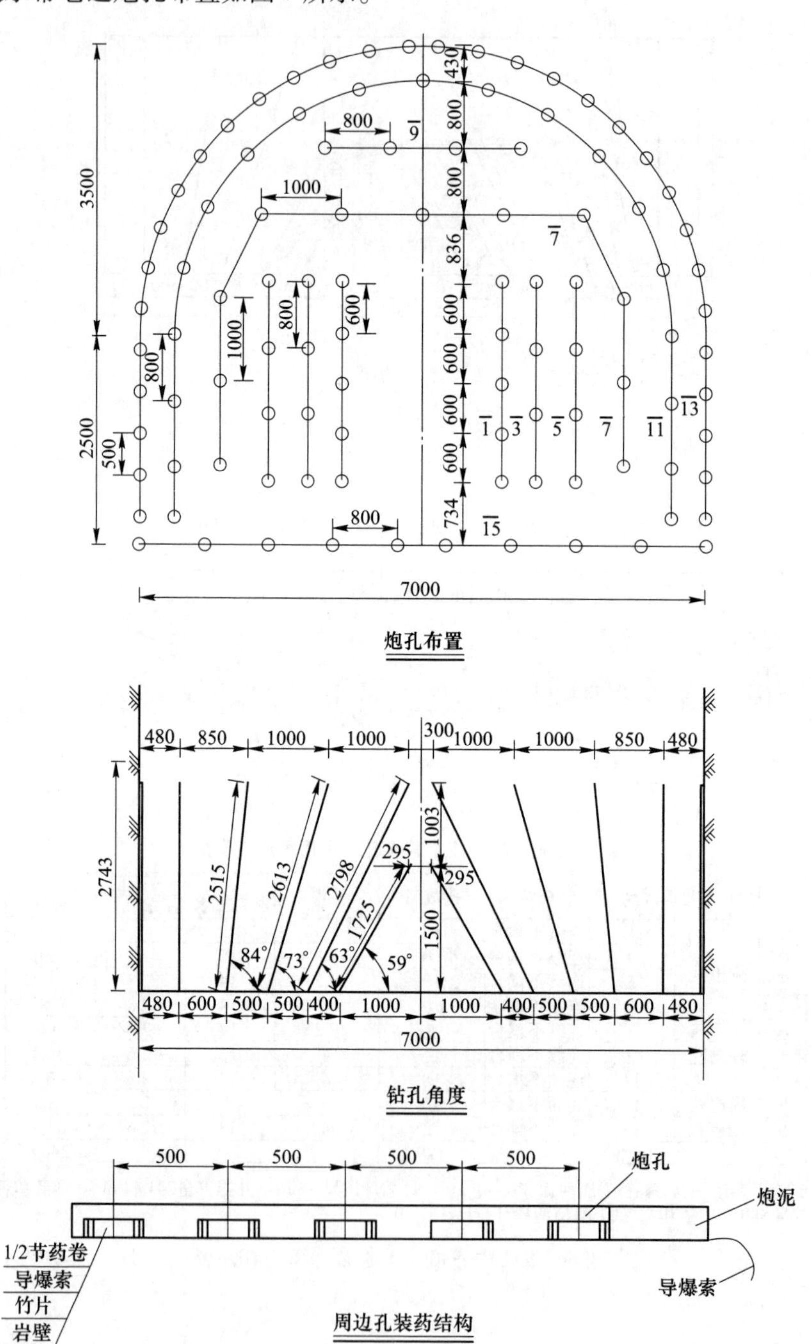

支水幕巷道全断面爆破参数表

序号	炮孔名称	雷管段数	装药结构	孔数/个	孔深/m	装药量/kg		
						装药节数	单孔	合计
1	掏槽孔	1	连续不耦合	10	1.7	6.0	1.2	12.0
2		3	连续不耦合	8	2.8	10.0	2.0	16.0
3		5	连续不耦合	8	2.6	9.0	1.8	14.4
4		7	连续不耦合	6	2.5	8.0	1.6	9.6
5	辅助孔	7	连续不耦合	5	2.5	7.5	1.5	7.5
6		9	连续不耦合	4	2.5	7.5	1.5	6.0
7		11	连续不耦合	19	2.5	7.0	1.4	26.6
8	周边孔	13	间断不耦合	32	2.5	2.0	0.4	12.8
9	底板孔	15	连续不耦合	10	2.5	7.5	1.5	15.0
10		合计		102				119.9

支水幕巷道断面面积36.73 m^2，每循环进尺2.3 m，开方量84.48 m^3，炸药单耗1.42 kg/m^3，钻孔密度(不包括周边孔)为1.9个/ m^2。

图 7　支水幕巷道炮孔布置

4.9　巷道爆破起爆网路

巷道爆破起爆网路，掏槽孔、辅助孔采用孔内毫秒延时，掏槽孔先爆后，以掏槽处为中心依次向外传爆，周边的光爆孔用导爆索起爆炸药，由相应段位的雷管引爆周边光爆孔。巷道起爆网路，采取“一把抓”的方式连接，起爆网络采用并联网络，按如下顺序连接：孔内雷管分组→周边孔导爆索并接→同段非电雷管双发簇连→起爆器，如图 8 所示。

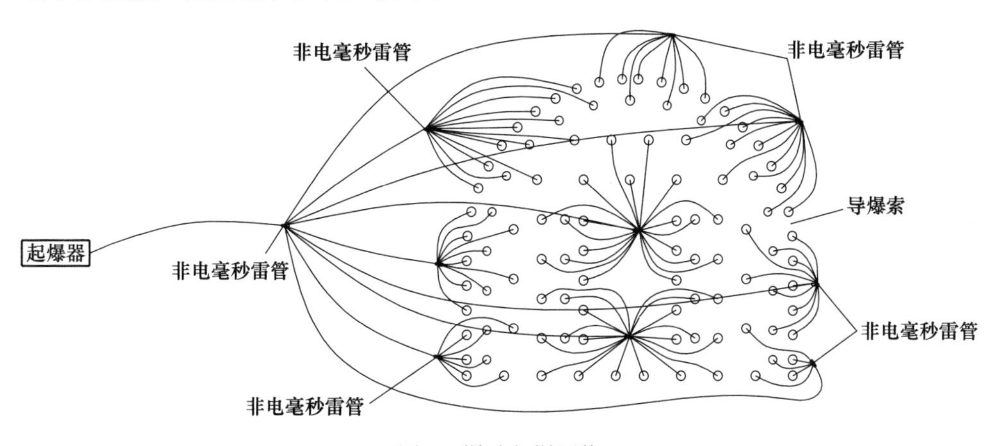

图 8　爆破起爆网络

5　爆破安全设计

为了确保施工安全和工程顺利进行，保障周边单位合法权益，避免建设方与周边单位的社会矛盾。应在开工前和爆破警戒范围内的构建筑物的所属单位签订安全协议，爆破施工时委托具有相关资质的单位进行爆破安全监理及爆破振动监测。

5.1 爆破有害效应分析

爆破产生的有害效应包括：爆破飞石，爆破振动，冲击波，有害气体、岩体应力变化等。为保障周边被保护物的安全，爆破有害效应校核应注意以下事项：

（1）主体参考前期施工时评估通过并报公安审批完成施工方案中的相关参数进行校核，个别进行微调。

（2）因前期施工已进洞 490 m，所以本次设计不考虑爆破飞石和冲击波对洞外周边环境的影响，但在爆破时洞内施工作业人员及机械设备等须按警戒要求撤离至安全位置。

5.2 爆破飞石安全效验

爆破飞石对周边环境产生伤害主要为洞口段，针对洞口段爆破进行飞石校核：

爆破产生个别飞石在无任何防护下的最大距离由式（4）确定：

$$R_{max} = KD \tag{4}$$

式中 R_{max}——爆破产生个别飞石的最大距离，m；

K——与爆破方式、填塞状况、地质地形有关的系数，取 16；

D——钻孔直径，cm。

取 $K=16$，$D=4.5$，将各数值代入公式后计算，个别飞石的飞散距离为 $R_{max}=16\times4.5=72$ m。现爆破施工已进洞 490 m，爆破时执行洞内警戒并将洞内所有施工人员和机械按照警戒要求撤离至安全位置。

5.3 爆破振动校核

因周边环境复杂，构建筑物较多，相同方向或同等抗振要求物体只讨论距离最近者。最大单段药量、振速、爆心至建（构）筑物的距离三者关系为：

$$Q_{max} = \{R(v_{max}/K)^{1/\alpha}\}^3 \tag{5}$$

式中 Q_{max}——一次爆破的最大单段装药量，kg；

R——药包中心至建（构）筑物的最近距离，m；

v_{max}——最大允许振速，cm/s；

K，α——与传播途径、爆破方式、爆破点至计算保护对象间的地形、地质条件有关的系数和衰减指数。根据本工程地质 K 取 160，α 取 1.6。

5.3.1　施工巷道

施工巷道最大单段允许药量计算见表1。

表1　最大单段允许药量计算

项目	K	α	R/m	v_{max}/cm·s^{-1}	Q_{max}/kg	备注
田湾路	160	1.6	441	5.0	129169.4	K0+490位置
主施工巷道进支施工巷道	160	1.6	30	7.0	76.4	K0+688位置
万华工业园厂房（砖混）	160	1.6	119	2.0	455.4	K1+436位置

通过以上计算可知，施工巷道一次爆破的最大单段允许药量为76.4 kg。

5.3.2　水幕巷道

水幕巷道最大允许药量计算见表2。

表2　最大单段允许药量计算

项目	K	α	R/m	v_{max}/cm·s^{-1}	Q_{max}/kg	备注
相邻巷道	160	1.6	35	7.0	121.3	6号水幕与2号施工巷道
汉圣石化存储罐	160	1.6	116	1.0	115	7号水幕巷道K0+214
汉圣石化厂房（砖混）	160	1.6	103	2.0	295.3	8号水幕巷道K0+236

通过以上计算可知，水幕巷道一次爆破的最大单段允许药量为115 kg。

根据各爆破点与保护物之间的距离计算出最大单段允许装药量，爆破时合理选取（除田湾公路地下个别地方需进行局部调整外）且控制最大单段药量不大于60 kg，单次爆破最大用药量控制在311.6 kg以内，可保证周边附属物安全。在实际施工中，均按照被保护物距爆破点的最近距离和最大单段药量进行爆破振动校核，及时调整爆破参数。

5.3.3　爆破振动控制基准

根据《爆破安全规程》（GB 6722—2014）表2爆破振动安全允许标准的规定。

5.3.4　爆破振动监测实测数据

2021年6月25日～10月16日（爆破测振仪触发电平设置为0.050 cm/s）布置在V2301巷道距离爆破掌子面垂直距离60 m处。检测参数及数据详见表3～表13。

表 3　10 次爆破振动检测参数

检测时间	天气	总装药量/kg	最大单段药量/kg	孔数/个	雷管/发	里程	围岩类别
2021. 06. 25-12:56	多云	480	48	269	250	V2301A K0+122	Ⅲ2
2021. 07. 08-14:50	多云	480	48	269	256	V2301A K0+166. 7	Ⅲ2
2021. 07. 11-02:51	多云	480	48	269	266	V2301B K0+80	Ⅲ2
2021. 08. 01-11:23	多云	456	48	269	251	V2301C K0+23	Ⅳ
2021. 08. 04-22:29	多云	444	48	269	265	V2301A K0+189. 2	Ⅲ2
2021. 08. 18-01:34	多云	376	48	269	255	V2301A K0+217	Ⅲ2
2021. 09. 02-11:50	多云	384	57. 6	218	250	V2301A K0+265. 5	Ⅳ
2021. 09. 24-14:10	多云	432	57. 6	218	264	V2301B K0+234	Ⅲ2
2021. 09. 26-19:25	多云	432	57. 6	218	266	V2301A K0+291	Ⅲ2
2021. 10. 16-13:28	多云	396	57. 6	218	245	V2301B K0+313	Ⅲ2

表 4　2021. 06. 25-12:56 检测数据

测点	仪器编号	方向	最大质点振动速度/$cm \cdot s^{-1}$	峰值时刻/s	主振频率/Hz
5 号	SF15 号	X	1. 719	0. 479	42. 553
		Y	2. 408	0. 363	68. 966
		Z	1. 390	1. 143	49. 999

表 5　2021. 07. 08-14:50 检测数据

测点	仪器编号	方向	最大质点振动速度/$cm \cdot s^{-1}$	峰值时刻/s	主振频率/Hz
5 号	SF15 号	X	0. 669	0. 035	81. 633
		Y	0. 303	0. 034	129. 032
		Z	0. 728	0. 034	97. 561

表 6　2021. 07. 11-02:51 检测数据

测点	仪器编号	方向	最大质点振动速度/$cm \cdot s^{-1}$	峰值时刻/s	主振频率/Hz
5 号	SF15 号	X	0. 579	0. 509	67. 797
		Y	0. 642	0. 021	60. 606
		Z	1. 096	0. 022	102. 564

表 7　2021.08.01-11:23 检测数据

测点	仪器编号	方向	最大质点振动速度 /cm·s^{-1}	峰值时刻/s	主振频率/Hz
5 号	SF15 号	*X*	0.678	0.014	57.971
		Y	0.962	0.024	62.500
		Z	1.424	0.335	95.239

表 8　2021.08.04-22:29 检测数据

测点	仪器编号	方向	最大质点振动速度 /cm·s^{-1}	峰值时刻/s	主振频率/Hz
5 号	SF15 号	*X*	1.030	0.953	41.237
		Y	0.898	0.989	36.036
		Z	1.561	0.340	125.001

表 9　2021.08.18-01:34 检测数据

测点	仪器编号	方向	最大质点振动速度 /cm·s^{-1}	峰值时刻/s	主振频率/Hz
5 号	SF15 号	*X*	0.702	0.916	117.649
		Y	0.960	0.350	173.913
		Z	0.807	0.336	249.999

表 10　2021.09.02-11:50 检测数据

测点	仪器编号	方向	最大质点振动速度 /cm·s^{-1}	峰值时刻/s	主振频率/Hz
5 号	SF34 号	*X*	1.097	0.250	21.053
		Y	0.570	1.236	38.835
		Z	1.181	0.512	90.909

表 11　2021.09.24-14:10 检测数据

测点	仪器编号	方向	最大质点振动速度 /cm·s^{-1}	峰值时刻/s	主振频率/Hz
5 号	SF34 号	*X*	0.550	0.031	68.965
		Y	0.372	0.027	51.282
		Z	0.822	0.027	117.647

表 12　2021.09.26-19:25 检测数据

测点	仪器编号	方向	最大质点振动速度 /cm·s^{-1}	峰值时刻/s	主振频率/Hz
5 号	SF34 号	X	1.351	0.872	65.574
		Y	0.577	1.012	38.835
		Z	1.914	0.874	121.212

表 13　2021.10.16-13:28 检测数据

测点	仪器编号	方向	最大质点振动速度 /cm·s^{-1}	峰值时刻/s	主振频率/Hz
5 号	SF34 号	X	0.587	0.391	95.238
		Y	0.667	0.410	85.106
		Z	1.141	0.418	114.286

检测结论：本检测项目采用国产的爆破地震波测试系统，监测点布置在 V2401 巷道距离爆破掌子面直距离 60 m 处。在进行的 10 次检测中，爆破地震波在该测点处所产生水平方向（X 轴方向）质点最大振动速度为 1.785 cm/s（主频为 47.619 Hz）；切向（Y 轴方向）最大质点振动速度为 2.450 cm/s（主频为 45.455 Hz）；垂直方向（Z 轴方向）最大质点振动速度为 2.515 cm/s（主频为 125.000 Hz）。每次实测的爆破振动值均小于有关标准或文献所提供的参考值，说明本爆破掘进工程不会对该处及以远的巷道造成不良影响。

5.4　爆破冲击波

地下洞库爆破时的冲击波超压可以采用波克洛夫斯基式（6）进行计算：

$$P = 14Q/R^3 + 4.3Q^{2/3}/R^2 + 1.1Q^{1/3}/R \tag{6}$$

式中　P——空气冲击波阵面超压，10^5 Pa；

Q——裸露爆破 TNT 炸药当量，kg，乳化炸药与 TNT 当量的换算系数为 0.708；

R——距爆区几何中心距离，m。

起爆时，所有洞内人员均须撤离至 300 m 警戒范围以外或躲避至相邻隧道，处于有掩体状态，以确保安全。爆破冲击波计算见表 14。

表 14　爆破冲击波计算

爆破部位	Q/kg	R/m	P/Pa
主施工巷道	173.25	300	0.022×10^5

续表 14

爆破部位	Q/kg	R/m	P/Pa
支施工巷道、主水幕巷道	161.3	300	0.021×10^5
支水幕巷道	84.9	300	0.017×10^5

《爆破安全规程》（GB 6722—2014）中空气冲击波超压的安全允许标准：对不设防的非作业人员为 0.02×10^5Pa，掩体中的作业人员为 0.1×10^5Pa。通过以上计算结果显示，爆破冲击波对人体产生伤害远小于规定要求，故可按此执行。

5.5　有害气体

洞内爆破时按照专项通风方案配置通风设备，爆破后必须保证通风 15 min 以上才能允许相关人员进洞内进行安全检查，并按照专项地下巷道通风设计相关规定做好通风管理工作，相关作业人员佩戴防毒口罩；加强洞内有害气体浓度监测，有害气体浓度控制标准不低于表 15 要求。

表 15　洞内爆破作业点有害气体允许浓度

有害气体名称		CO	NnOm	SO_2	H_2S	NH_3	Rn
允许浓度	按体积/%	0.00240	0.00025	0.00050	0.00066	0.00400	3700Bq/m^3
	按质量/mg · m^{-3}	30	5	15	10	30	

5.6　洞内排水

洞内水主要为施工用水及少量渗出地下水，将根据施工进度在巷道内设置抽水泵站，将洞内水汇集后采用抽水机统一抽排至洞外污水处理系统，净化合格后注入水幕系统循环使用。

5.7　岩体结构破坏

进行洞内爆破施工期间，应按照设计监测要求埋设多点位移计、应力计等设备，辅助设计单位做好爆破松动圈、岩体应力变化及围岩变形监测工作，确保洞内岩体稳定。

6　爆破施工

6.1　施工总体安排

洞身采用新奥法开挖，应用光面爆破技术控制洞壁的超欠挖。施工巷道、主水幕巷道采用全断面一次爆破，并采用三臂凿岩台车钻孔，平台作业车辅助人工填装炸药，非电毫秒雷管起爆，一次爆破的进尺一般在 3. 0~4. 0 m。

支水幕巷道采用人工手持风钻钻孔，多功能台架辅助人工填装炸药，非电毫秒雷管起爆，一次爆破的进尺一般在 2. 3~3. 3 m。

6. 2　施工开挖阶段

6. 2. 1　第一阶段

目前施工至 XA01 主施工巷道里程 K0+490，K0+490~K0+707 为单作业面爆破施工。

6. 2. 2　第二阶段

XA01 主施工巷道施工完成后分别进入 XA02 施工巷道和 XA03 施工巷道，分成两个作业面，同时进行爆破作业。XA02 施工巷道与 XA01 主施工巷道交叉口为 T 形。

6. 2. 3　第三阶段

XA02 施工巷道长度 306 m，开挖完成后进入主水幕巷道 WG01，背向开挖，此时加上 XA03 施工巷道达到 3 个作业面。

6. 2. 4　第四阶段

当 WG01 主水幕巷道开挖至 WG02 水幕巷道、WG07 水幕巷道交叉口，分作业面开挖，加上 XA03 施工巷道同时爆破作业工作面达到 4 个，其中 WG07 与主水幕巷道交叉口为 T 形。

不同阶段按其施工巷道位置特点进行设置安全警戒点，确保安全警戒符合规定要求后实施爆破作业。

6. 3　施工人员

现场成立了以项目技术负责人为首的爆破领导小组，并根据爆施破设计施工方案进行爆破施工。

6. 4　光面爆破

6. 4. 1　光面爆破优点及影响其效果的主要参数

隧洞爆破施工目前常用的爆破方式包括毫秒爆破、预裂爆破、光面爆破等，毫秒爆破可更好地补充破碎作用，并可减弱炮震影响，但网路设计较复杂，需使用特定的毫秒延期雷管及导爆材料；光面爆破则以首先爆破主爆区、再爆破周边孔的方式达到形成平整轮廓面的目的。光面爆破洞室成形规整、光滑，炮震扰动范围小，可有效地减少应力集中引起的塌方，一般只做 5~15 cm 的喷射混凝土支护，与普通爆破后的混凝土衬砌相比，既可相应增大洞室使用面积，也可提高施工速度，对岩性不良地段，效果更为显著。此外，光面爆破还可比普通爆破方法节省炸药15%左右，炮孔利用率高10%左右。

由于光面爆破具备以上优点，故而本洞库隧洞爆破施工采用此爆破方法，使光面爆破发挥最优爆破效果的关键，在于合理确定爆破参数，主要爆破参数有：最小抵抗线、炮孔密集系数、不耦合系数、线装药密度、孔距和起爆时差等。本文已分析光面爆破在新奥法施工中如何确定光面爆破参数。

6.4.2　光爆控制措施

（1）钻爆设计应根据工程地质条件、开挖断面、循环进尺、钻孔机具等因素综合考虑，并随时调整。

（2）根据围岩特点合理选择周边孔间距及周边孔最小抵抗线，围岩软弱、破碎，周边孔间距区小值。

（3）严格控制周边孔装药量，并使药量沿炮孔长度合理分布，周边孔宜用小直径药卷（ϕ32 mm），不耦合系数为1.31。

（4）周边孔与辅助孔的孔底应在同一垂直面上，保证开挖断面平整。

（5）周边孔严格控制“准、直、平、齐”，利用长钻杆控制钻孔角度及错台，尽可能打在轮廓线上。

（6）周边孔装药必须由规定允许的专人进行装药，并严格堵塞炮泥，以提高炮烟爆破效果、节省炸药用量。

（7）加强测量，掏槽孔深度、角度按设计施工，孔口间距误差和孔底误差控制在5 cm；辅助孔深度和角度按设计施工，孔口排距、行距误差均不大于5 cm；周边孔开孔位置在设计断面轮廓线上的间距误差不大于5 cm。

（8）装药前应将炮孔内泥浆、石屑吹干净。

6.5　施工安全措施

本着“安全第一、预防为主”的原则，施工中认真贯彻执行《中华人民共和国安全生产法》，必须严格执行中华人民共和国国家标准《爆破安全规程》（GB 6722—2014），严格遵守国家和地方政府的法律法规。主要安全措施如下。

6.5.1　精心设计

根据本工程的实际的情况，爆破要勤进行振动监测并及时分析，确定最大允许药量，选取合理的爆破参数和延发时间，使爆破方案切实可行。

6.5.2　精心施工

爆破技术人员跟班指导作业，确保钻孔、装药、堵塞、连线工序的施工质量，层层监督以确保爆破安全。

6.5.3　严格管理

确定警戒范围、做好清退场工作。

6.5.4　规范施爆

严格按爆破施工组织设计《爆破安全规程》《民用爆炸物品安全管理条例》《民爆十条管理规定》等要求实施爆破作业。

7　爆 破 效 果

运用光面爆破技术，爆破面轮廓清晰、凹凸有致，将平均超挖有效控制在20 cm以内。

光面爆破技术在爆破效果、成本控制、安全管理上都带来了明显收益，效控制了隧道超挖和出碴量，节约了初支和衬砌混凝土材料，加快了隧道施工进度。爆破组在现有光爆技术基础上，通过调整周边炮孔距离、控制锚杆外插角度与装药方式，精确掏槽孔位置与各爆破圈炸药量，达到控制轮廓线超挖，提高爆破残孔率和减少围岩爆破扰动的效果，最大程度达到控制爆破的目的，保障隧道施工有序可控。

7.1　光爆效果

（1）爆破后炮孔痕迹率达80%～90%，两茬炮衔接台阶最大尺寸为12 cm，超欠挖量仅为5%左右，比非光面爆破的超欠挖量（达20%）要低得多。

（2）岩碴块度较小亦均匀，利于装碴，节省装运时间。

（3）减少支护投入，降低工程造价。

（4）岩面平整，应力集中小，减少安全隐患。

（5）现场光爆效果，如图9和图10所示。

图9　光面爆破效果

图 10　光面爆破效果

7.2　经济效益

（1）节省时间。光面爆破施工钻孔及装药延长 20 min，清理危石或补炮缩短 20 min，初期支护缩短 20 min，装碴及出碴缩短 20 min，并方便了后续的锚喷支护施工。

（2）节省材料。光面爆破比非光面爆破减少超挖量 10%，按现行规范标准平均超挖值为 10 cm，即（以主施工巷道计算）每延米少开挖约 3.41 m^3。减少同标号喷射混凝土超挖回填量约 3.41 m^3，同时也节省了火工品和因非光面爆破所造成的围岩破碎所需钢支撑、锚杆、钢筋网等初期支护的工程量。

7.3　安全管理

光面爆破施工减少对围岩的扰动，增强围岩的自承能力，特别是在不良地质条件下效果更为显著，不仅可以减少危石和支护的工程量，而且保证了施工的安全，给施工过程中的安全管理减少了压力，也为施工过程中作人员的人身安全提高了保障。

运用光面爆破技术后，该方案包含的洞库隧道于 2021 年 8 月 22 日完工，均提前完成业主单位下达的工期任务，为后期洞库开挖的顺利实现奠定了坚实的基础。

8　经验与体会

对于工程量大、工期紧、任务重的大型洞库施工采用光面爆破技术是有一定难度，因为光面爆破技术的前期准备工作要求高，对于没有熟练掌握光爆技术的作业人员来说，会存在畏难心理。必须本着“保安全、保质量、树品牌”的态度，项目部要求每个作业面从钻孔、装药、堵孔、连线到最后确定爆破都由技术员全程监督，并留存影像资料，在项目生产群里共享，明确责任，落实“五定”即定人、定部位、定数量、定时间、定责任。并实行“一炮一兑现”，爆破完成后根据实测结果立即兑现现金奖罚到作业人员，否则很难把光面爆破施工技术落实在大型洞库施工中。

三、水下岩土爆破

堰塞湖应急抢险工程爆破设计与施工

工程名称： 酒泉市丰乐河水库泥石流形成堰塞湖抢险排险爆破施工
工程地点： 甘肃省酒泉市丰乐河水库
完成单位： 鸿基建设工程有限公司
完成时间： 2010 年 7 月 28 日～31 日
项目主持人及参加人员： 董云龙 林沅棒 陈怀宇 董明明 肖盛兵 董文粽 章学连 宋志胜 董希赐 陈 伟 陈集旅
撰 稿 人： 郑上建

1 工 程 概 况

酒泉市肃州区丰乐河水库各流域因暴雨产生滑塌阻塞河流，形成堰塞湖。堰塞湖一旦溃坝，将直接危及下游人民生命与财产安全，甚至造成重大人员伤亡和财产损失。

受酒泉市肃州区人民政府委托，在肃州区公安局治安大队、瓜州县公安局治安大队指导下，我公司立即组织了一支精干的抢险爆破队，并采取了多种爆破技术，及时、快速的排除了此次险情。

堰塞湖及抢险工程特点：具有滑坡方量大、集雨面积大、蓄水量大、对人民群众生命财产安全威胁大等特点；同时应急抢险工程又受基础资料不足、水陆交通不便或中断、周边环境危险、施工时间紧迫等因素制约，排险处置难度极大，如稍有不当，会造成灾难性的后果。

2 爆破方案选择

本堰塞湖处于山沟峡谷内，经强烈地震或长时间暴雨，道路损坏严重，钻孔机械、挖掘机等设备根本无法到达现场，因此只能采用小型、轻型机械或非机械的方式进行排险。由于大雨仍在继续，水位在不断上涨，溃决的可能性在不断增加，抢险时间非常紧迫，完全用人工方法显然不能满足要求。经分析研究，决定采取人工和爆破相结合的综合处置方案。

2.1 爆破设计原则

（1）坚持安全第一、稳妥可靠、快速有效的原则，确保抢险人员安全。
（2）严格控制爆破振动，以防因爆振造成再发生山体塌方、滑坡。
（3）严格控制爆破飞石，确保周围民房和附近建筑物和设施免遭飞石破坏。
（4）排险应采取效率高、时间短的最佳方案。

2.2 爆破方法及适用对象

根据炸药爆炸理论与岩体爆破技术，堰塞湖应急抢险爆破方法有多种，应进行快速分析论证，并选取最佳爆破方法。

2.2.1 裸露爆破法

这种方法不需钻孔设备，操作简单、灵活、速度快，但其缺点：主要是炸药裸露于岩石表面上爆炸，由此带来的爆破冲击波、飞石等有害效应的影响大，在此种环境中，爆破对周围的建（构）筑物及设施难于保护，轻者破坏周围设施，重者可能引发次生灾害发生和人员伤亡，后果不甚设想。还有，炸药消耗量大，是普通钻孔爆破法的5倍以上，但在特定情况下，如位于河床中心部位，稍远离保护对象其有害效应能控制在允许范围内，其简单、高效、灵活、快速的突出优点，在一定条件下，成为首选方案。

2.2.2 浅孔钻孔爆破法

这种方法优缺点与上述方法正相反，它需要钻孔设备和繁重的钻孔作业，速度慢、劳动强度大、须投入小型机械设备、工作效率相对较低，但炸药消耗量少，爆破振动、冲击波小得多，飞石也较易控制，对周围建（构）筑物及设施较有保障，引发的次生灾害小。

2.2.3 偏心定向控制爆破

钻孔爆破时充分利用最小抵抗线原理，使爆破冲击波和飞石朝向安全方向，对保护对象起到最大保护，它是在离保护对象较近处爆破的首选方案。（详见以下论述、分析）

2.2.4 水下爆破方案

泥石流、滑坡等带来的岩石大小不一，有些巨石沉入水底，深度不一，沉在较深的水下，只能采取水下爆破方法进行破方案。

通过对比论证，根据不同位置选择上述4种方案灵活应用。其中除了裸露爆法外，其他3种方法都需进行钻孔作业，虽然钻孔作业劳动强度大、工作条件差、在此环境下施工危险性大且十分辛苦，为保证施工安全，施工时，要派专人跟踪观察危险源的变化。为了保护人民的生命财产和国家财产少受或不受损失，大部分选择了钻孔法施工，并严格控制爆破振动、飞石和冲击波等有害效应。

以钻孔爆破为主要方法，施工人员立即排开4部轻型钻机，开始了紧张的钻孔工作和其他方法施工平行作业。为了确保安全、又要加快进度，技术人员跟着操作人员，边施工、边指导、边设计，灵活运用先进技术，控制振动、飞石、冲击波的产生强度并控制飞石方向。

3　爆破参数设计

3.1　裸露爆破法

裸露爆破法作用原理是利用炸药的猛度对被爆体的局部产生压缩、击穿和粉碎的作用；其优点是操作技术简单、不需要机械设备、工作灵活性大、施工快、劳动强度低、节省劳动力。

3.1.1　弹药包药量的确定

按孤石体积估算炸药量 Q，有

$$Q=5q \cdot V$$

式中　q——钻孔爆破炸药单耗，kg/m^3；

V——孤石体积，m^3。

3.1.2　药包制作与操作

把药包作成扁平形，放在被爆体表面，其上覆盖黄泥糊状或水袋压封。

3.1.3　安全注意事项

多个药包起爆时药包要有适当距离，防止先爆药包影响邻近的药包。

3.2　常规浅孔爆破法

炮孔位于单孔时选在大块中心位置，采用孔底反向连续装药，没装药部分采取密实堵塞（图1）。

（1）钻孔直径：$d=40$ mm。

（2）孔深 $L \geqslant 2/3H$（正常大块爆破），H 为孤石大块厚度，m。

（3）孔距 $a \leqslant 0.8H$，m。

（4）排距 b(最小抵抗线 W)，$b=W=0.8a$，m。

（5）炸药单耗（孤石）$q=0.18 \sim 0.22$ kg/m^3。

（6）单孔装药量 $Q_{孔}=q \cdot a \cdot W \cdot H$，kg。

（7）一块孤石用药量 $Q=q \cdot V$，kg，V 为孤石体积，m。

（8）一块孤石多个炮孔，单孔用药量 $Q_{孔}=Q/n$。n 为一块孤石上的炮孔数，个。

（9）起爆网路，采用簇联（一把抓）或簇串、并联起爆网路，（图 1）最后用起爆器起爆整个网路。

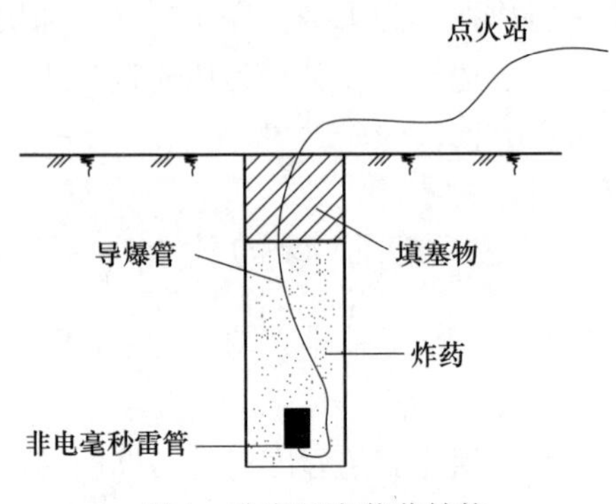

图 1　孔底反向装药结构

3.3　浅孔定向爆破法

炮孔位置选择在偏离大块（孤石）中心位置，指向安全方向（无保护对象一侧）的抵抗线明显加大的一种控制方法（图 2）。

（1）钻孔直径：d=40 mm。

（2）孔深 $L \geqslant 2/3H$（正常大块爆破），H 为孤石大块厚度，m。

（3）孔距 $a \leqslant 0.8H$，m。

（4）排距 b（最小抵抗线 W），$b=W=0.8a$，m。

（5）炸药单耗（孤石）q=0.18~0.22 kg/m^3。

（6）单孔装药量 $Q_{孔}=q \cdot a \cdot W \cdot H$，kg。

（7）一块孤石用药量 $Q=q \cdot V$，kg，V 为孤石体积，m^3。

（8）一块孤石多个炮孔，单孔用药量 $Q_{孔}=Q/n$。n 为一块孤石上的炮孔数，个。

（9）炮孔深度 L。从上边炮孔布置图可看到：孔深 L 为正常孔深 $2/3H$ 加（2~3 cm）；即 $L=2/3H+$(2~3 cm)。孔位为正常孔位，即大块中心点，向右侧（偏离保护物）偏离 2~3 cm。由于炮孔向下超深 2~3 cm，和向无保护对象偏离 2~3 cm 以上，使其在爆破时，若产生冲击波和飞石，其危害将偏向抵抗线最小的下部和右侧，可确保保护对象的安全。

（10）装药和填塞结构—运用空气或水间隔作用机理。对于深度较小的炮孔，采用底部集中装药，上部留空气柱或底部和上部留空气柱，孔口堵塞炮泥 50 cm 或用水作介质，孔口填塞 30~50 cm 炮泥（图 3（a））。

对于孔深较大，大于 1.5 倍最小抵抗线（$L \geqslant 1.5W$）时，采用孔底和孔中部留空气柱分段装药、填塞或用水作介质。孔口填塞 30~50 cm 炮泥（图 3）。

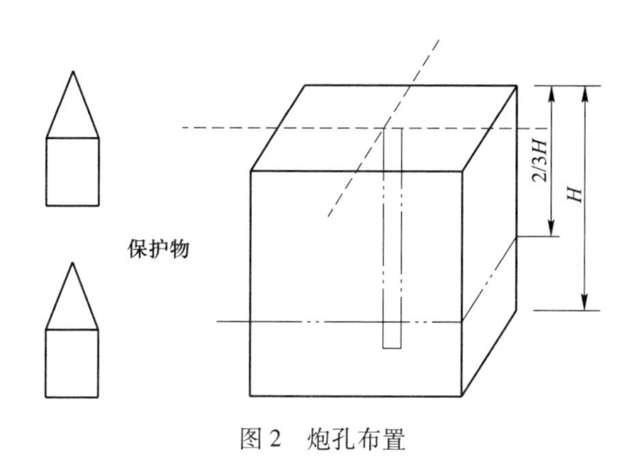

图 2　炮孔布置

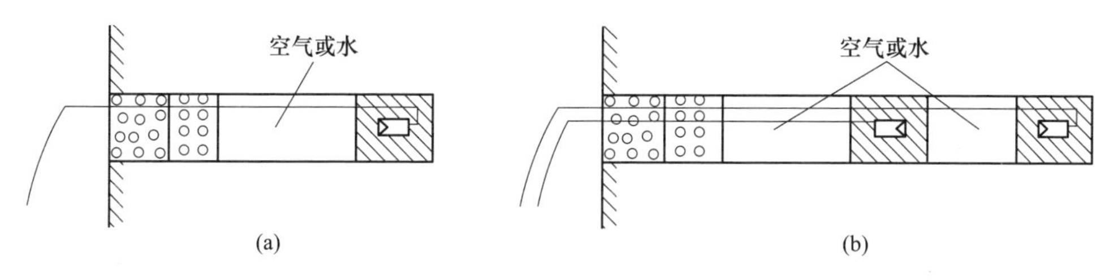

图 3　炮孔装、填结构
（a）浅炮孔；（b）深炮孔

孔底装药采用反向起爆，即雷管集能穴方向指向孔口，分段装药时，底部药包的雷管采用反向起爆，上部药包雷管采用正向起爆，且两个雷管用同一段别。

3.4　水下爆破法

由于有相当部分大孤石沉入水下，只有采用水下爆破才能对其破碎。

参数设计、装药结构、起爆网路等与普通浅孔爆破类似，只是炸药单耗根深不同，适当增加 20%～40%，其他可参照以上普通浅孔爆破，在此略。

4　起爆网路设计

4.1　爆破器材选择

根据本工程及周围环境特点，决定选用抗水性能好的乳化炸药和抗外来电干扰能力强的导爆管电雷管。

4.2 爆破器材选择

本工程炮孔分散，一次爆破炮孔数多，且爆区处于水环境中，因此排除用四通和其他不抗水的连接装置。根据具体爆破环境和条件、一次起爆雷管的数量等因素，本次应急抢险排险决定选择非电起爆网路，非电起爆网路簇联、簇串联、簇并联或两者混合网路是本工程联接网路的首选，它联网速度快、简单、起爆可靠，如图 4 所示。

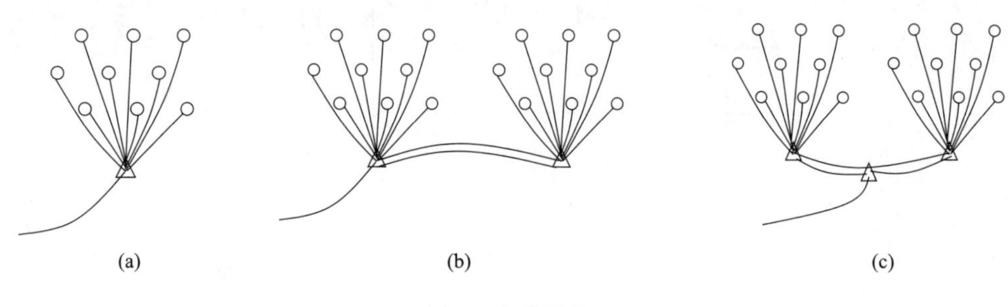

图 4　起爆网路
（a）簇联；（b）簇串联；（c）簇并联

图 4（a）为簇联，用于一次起爆的炮孔数较少，一般在 20 个孔以内，且炮孔比较集中。图 4（b）为簇串联。图 4（c）为簇并联，这两种网络用于一次起爆的炮孔数多，炮孔较分散。簇串联、簇并联的传爆雷管均采用 2 发，实现复式网络，提高其可靠性。整个起爆网路用起爆器起爆。

5　爆破安全设计

5.1 有害效应的控制

本工程为抢险排险爆破工程，周围需保护的对象多，且离爆破点近，山体已被雨水浸泡饱和，稍受振动干扰就可能再次崩塌、滑坡、泥石流。因此需防护的爆破有害效应主要是振动、冲击波和飞石。

5.1.1　爆破振动的控制

最有效的办法是采用延期雷管爆破，同一大块中的炮孔用同一段雷管，不同大块可用不同段的雷管，采用孔内毫秒差延期，可有效降低爆破振动。

5.1.2　冲击波和飞石的控制

采用对炮孔直接覆盖和隔离防护相结合，但这种方法，费工、费时，材料消耗大，工程进度慢，在抢险、排险工程中不适合。在时间紧、任务重、又要严格控制飞石、冲击波和爆破振动的危害，孔装药量又要适当增加，以提高爆破效果、减少钻孔工作量、加快施工进度，这是相互矛盾的。工程技术人员与有经验的爆破人员临场发挥多年的施工经验，灵活运用“最小抵抗线原理”“留空气层和水偶合装药、填塞”等技术和“爆轰波相遇叠加原理”等，成功地解决了孤石、大块爆破解体在不覆盖、不防护、不减少孔装药量的前提下控制飞石、冲击波和振动。

5.2 施工安全措施

（1）爆破作业人员必须持证作业。

（2）所有作业人员必须戴好安全帽，穿工作服，和工作鞋，佩戴安全带，禁止光脚作业。

（3）爆区内严禁烟火。

（4）无关人员禁止进入施工现场。

（5）炸药雷管分开放置，爆破器材放置在安全地点。

（6）爆破时做好安全警戒。

（7）严格按《爆破安全规程》（GB 6722—2003）和《民用爆炸物品安全管理条例》进行操作和管理。

（8）沉着应对，紧张而不慌乱，精心操作。

6 爆破施工组织

组建应急抢险指挥部，下设技术组、钻孔组、爆破组、警戒组，在方案确定后，对不同方案的施工方法，分别派专人现场负责。以钻孔爆破为主要方法，施工人员立即排开 4 部轻型钻机，开始了紧张的钻孔工作和其他方法施工平行作业。为了确保安全、又要加快进度，技术人员跟着操作人员，边施工、边指导、边设计，灵活运用先进技术，控制振动、飞石、冲击波的产生强度并控制飞石方向。

7 爆破效果与监测成果

通过裸露爆破法、浅孔钻孔爆破法、定向控制爆破法和水下爆破法 4 种爆破施工方法现场的灵活运用，针对具体的现场情况使用合理的爆破施工方法，经过三天三夜的奋力抢险，破碎了 2000 多块巨石完成了近 7000 m^3 的孤石爆破，及时的疏通了河道、排除了险情、保住了附近人民群众的生命财产、保住了国家财产、安全顺利完成任务，周围建（构）筑物及设施完好无损。

8 结论与体会

堰塞湖应急排险应根据各个堰塞湖的不同特点和排险条件制定切实的可行的排险措施，主要有开挖、爆破及开挖与爆破相结合的施工方法。

在这次抢险、排险的爆破过程中，主要运用裸露爆破法、浅空钻孔爆破法、定向控制爆破法和水下爆破法。尽管时间紧，任务重，施工条件恶劣，环境十分复杂，但在极短的时间内，技术人员边设计边指导施工，科学管理，灵活运用先进的爆破技术，成功排除了险情。工人凭着平时掌握的熟练操作技能和严格要求的过硬本领，在紧要关头，充分发挥单兵独立作战能力与集体协作相结合的特点，团结奋战。在恶劣的环境中，抢险队伍无人害怕、无人叫苦、更无人退却，疲劳、饥饿压不夸，困难、危险吓不倒，充分发扬了吃苦耐劳、连续作战的作风。

工程获奖情况介绍

“酒泉市丰乐河水库泥石流形成堰塞湖抢险排险爆破施工技术”项目获中国爆破行业协会科技进步特别贡献奖（2012 年）。“泥石流形成堰塞湖抢险排险爆破技术施工工法”获部级工法（中国有色金属建设协会，2014 年）。

鱼山岛 2000 吨级滚装码头毗连海岸岩礁爆破工程

项目名称： 大小鱼山 2000 吨级滚装码头水下炸、清礁及疏浚工程
工程地点： 舟山市岱山县鱼山岛
完成单位： 大昌建设集团有限公司
完成时间： 2016 年 10 月 10 日~2017 年 1 月 25 日
项目主持人及参加人员： 张中雷 王林桂 胡文苗 杨中树 许垅清 何勇芳 余 舟 孙钰杰 葛 坤 尹作良 潘江华 李昌豹 李经镇 黄静开 侯建伟 余斌杰 管 文 陈亚建
撰 稿 人： 孙钰杰

1 工程概况及环境状况

1.1 工程简介

舟山绿色石化基地位于浙江省舟山市岱山县大小鱼山岛，是国家石油化工“十三五”规划重点项目之一，是中国（浙江）自由贸易试验区建设的重要组成部分，同时也是浙江舟山群岛新区和舟山江海联运中心等国家重要战略的支撑。

大小鱼山 2000 t 级滚装码头水下炸、清礁及疏浚工程为舟山绿色石化基地大、重型设备和构件的通道建设服务，岩礁爆破总工程量约 15000 m^3，总工期 1.5 个月（合同工期 2.0 个月）。

1.2 地形、地质条件

本工程区域为含角砾熔结凝灰岩，青灰、灰紫色，凝灰结构，块状构造，岩石中等风化程度（部分表层为强风化程度），节理裂隙较发育，裂隙面可见铁锰质氧化物浸染，岩体较破碎，岩芯多呈碎块状，个别短柱状，为较硬岩，锤击不易碎，RQD 为 0~20%。

1.3 周边环境状况

本工程位于大鱼山岛最南端的西侧海岸，东侧与狗头颈采石场相连，该采石场施工强度大，人员设备杂多，爆破作业频繁，与施工区域最近约 80 m。施工

区域东侧海岸是鱼山岛唯一的交通码头，交通频繁，距施工区域最近约 180 m。施工区域西侧与新建的栈桥码头隔海相望，新建码头已正式投入使用，是工程材料和大型设备上岛的唯一码头，与施工区域最近约 70 m。施工区域南侧为海域，大量的施工船舶聚集。施工区域北侧为在建的防波堤，正在进行挡浪墙混凝土结构施工，距施工区域最近约 100 m。周边环境如图 1 所示。

图 1　周边环境状况

2　工程特点、难点

2.1　毗连海岸，地形变化大

水下地形坡度较大，高程变化大，码头、斜坡道附近水深 1~5 m，吃水深度无法满足水下炸礁船驶入作业。

2.2　海陆过渡带，受潮汐影响大

项目地处海陆过渡地带，涵盖潮间带、潮下带，水下爆破受潮汐影响大，候潮作业困难。

2.3　周围环境复杂，须严格控制爆破有害效应

周边分布有浙石化材料码头、采石场及南防波堤等，材料码头货运船只往来频繁，东侧采石场人员、设备多，爆破外部环境复杂，需严格控制爆破有害效应。

2.4　地质条件复杂，成孔困难

淤泥层较厚，岩石完整性差，成孔质量难以保证。

3　爆破方案选择及设计原则

3.1　爆破方案选择

目前，水下岩礁爆破及疏浚主要施工方法有陆上倾斜孔爆破结合水下炸礁施工法、搭设简易支架水上作业平台施工法等。本工程是典型的毗连海岸岩礁工程，地形变化大，水深较浅，施工船舶无法进入，且受潮汐影响大，采取常规水下炸礁作业方法不具备可行性。

基于上述情况，提出了一种新的处理毗连海岸岩礁的爆破与施工技术，即利用简易围堰垫碴成陆的方法将毗连海岸的岩礁先进行成陆，将海上施工转为陆地施工，将水下爆破转为露天深孔爆破。上述方法优缺点对比见表1。围堰-垫碴成陆的方法工艺图如图2所示。

表1　水下岩礁爆破主要施工方法比较

序号	方法名称	简述	优缺点
1	陆上倾斜孔爆破结合水下炸礁施工法	在岸边和水下同时进行钻孔爆破的作业方法	适用于岩体水下延伸范围不大，淤泥层较浅且具有足够适航深度的工程
2	搭设简易支架水上作业平台施工法	在近岸搭设钢管脚手架，并在脚手架上进行钻孔爆破的作业方法	适用于浅水、近岸作业；简易支架承载力有限，施工安全性差，作业效率低，难以成孔，施工工期长
3	简易围堰-垫碴成陆法	在爆区外围设置一道简易土石围堰，然后向围堰内填充碴土形成陆地再进行钻孔爆破的作业方法	适用于近海岸、填沙深度较浅的工程；爆破可以一次成型，施工效率高，成本低

本工程属近海岸岩礁工程，处于潮间带、潮下带，涨潮时水深较浅，淤泥层较厚，回旋水域受限、吃水深度不足，大型钻爆船舶无法驶入作业，采用常规水下爆破方法具有一定的局限性，且耗时、耗力、耗财。

综合考虑安全、工期及自然条件等因素，通过方案的择优比选，最终确定采用围堰垫碴施工法，即在爆区外围设置一道土石围堰，然后向围堰内回填碴土形成陆域再进行钻孔爆破施工，采用露天深孔台阶爆破技术，并运用逐孔起爆技术来降低爆破震动效应对周边环境的影响。

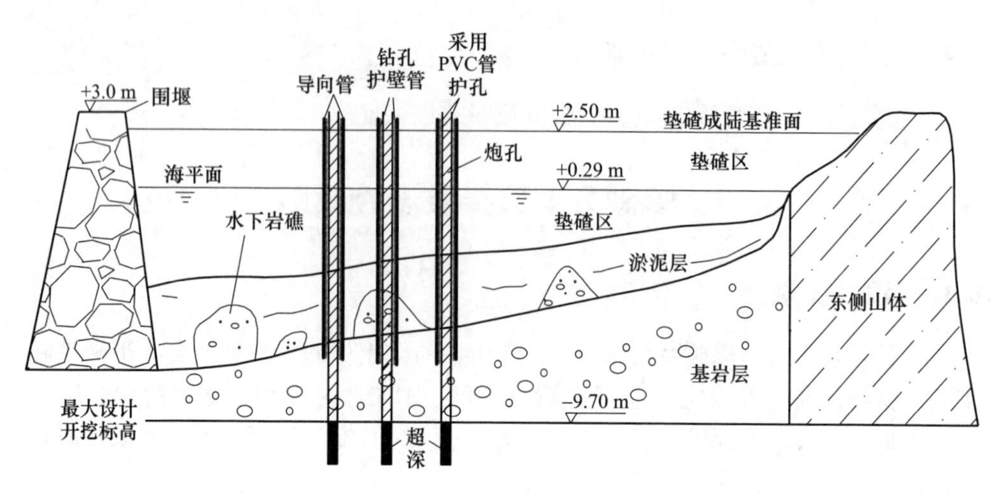

图 2　围堰-垫碴施工法工艺

作为一种新型的毗连海岸水下爆破施工工艺，成功将水下爆破转为陆地施工，克服了水下爆破在近海岸岩礁爆破项目中应用局限性，有利于提升项目本质安全，施工效率高，成本低，有效的缩短了合同工期。

3.2　爆破方案设计原则

（1）考虑工程特殊性，应积极运用新技术、新工艺，达到降本增效的目的。

（2）爆破环境复杂，应制定科学合理措施，严格控制爆破有害效应。

（3）项目为毗连海岸作业，应同时做好陆地和海上爆破安全警戒。

4　爆破参数设计

4.1　孔径及药卷直径

采用高风压潜孔钻机，孔径 140 mm；炸药采用高威力水胶炸药和普通乳化炸药，药卷直径 90 mm。

4.2　台阶高度 H

根据设计要求，本工程最大开挖标高为 −9.7 m，填沙后平台标高 +2.5 m，故台阶高度 $H=12.2$ m。

4.3　超深 h 及孔深 L

为克服孔底岩石夹制作用，超深 h 取 2.5 m，孔深 $L=H+h=14.7$(m)。

4.4　底盘抵抗线 W

本工程 W 取 2.5 m。

4.5　炸药单耗 q

根据类似工程经验，炸药单耗 q 取 1.85 kg/m^3。

4.6　装药及填塞长度

堵塞长度 L_2应根据基岩层厚度及水下礁石分布状况合理设计，根据类似工程经验 L_2取 5~7 m，平均堵塞长度取 6 m；装药长度 $L_1=7.7\sim9.7$ m，平均装药长度 8.7 m。

4.7　单孔平均装药量

根据施工经验，取延米装药量 9 kg/m，则单孔平均装药量为 $Q_{平均}=78.3$ kg。

4.8　孔距 a 与排距 b

由 $Q_{平均}=qabH$ 可知，取 $a=b=2$ m。

4.9　加密孔设置

由于爆区自由面为水介质，随着排数增加，爆区后排压碴阻力逐渐增大，为保证爆破良好效果，每间隔 2 排孔就增加一排加密孔。加密孔装药主要装在炮孔底部，装药量为主炮孔的 1/2。

5　爆破安全设计

爆破产生的有害效应有爆破振动、爆破飞散物、爆破冲击波、粉尘、有害气体等，根据保护对象类型及与爆区的距离不同，对其产生危害的爆破有害效应也不同，本工程爆破有害效应主要是爆破振动，主要保护对象是栈桥码头、采石场建（构）筑物及防波堤等保护物，距离爆区最近约 70 m。

确定爆区周围建筑物或构筑物的爆破安全振动标准是爆破安全振速校核最为关键的内容之一。依据《爆破安全规程》（GB 6722—2014）及项目公共安全评估报告规定，爆破施工对周边的栈桥码头及海堤等保护物允许振动速度不大于 5 cm/s。

采用安全振速公式计算：

$$v = K\left(\frac{\sqrt[3]{Q}}{R}\right)^{\alpha} \tag{1}$$

式中　Q——最大单响药量，即正常孔与加密孔单孔最大装药量之和，取 130 kg；
v——安全允许振速，cm/s；
R——控制点至爆源的距离，m；
K，α——与爆区地形地质有关的系数和衰减系数，参照类似工程实测数据，取 $K=200$，$\alpha=1.65$。

经计算可得安全允许振速 $V=2.6$ cm/s<5 cm/s，满足爆破振动控制要求。

6　爆破施工

6.1　钻孔设备及爆破器材选择

6.1.1　钻孔设备

根据现场实际施工情况，设备选用高风压潜孔钻机，钻孔直径 $\phi=140$ mm，炮孔内安装 PVC 管（ϕ110 mm）。因施工作业面由细沙回填形成，且基岩表面存在一定厚度的淤泥层，为避免碴土、淤泥等进入炮孔而影响钻孔效率及质量，在正式钻孔前，需预先在填沙层和淤泥层埋设铁质套管（ϕ180 mm）。

6.1.2　爆破器材选择

雷管采用高精度毫秒延时非电雷管。高精度雷管具有耐摩擦、抗拉强度高、延时精度高、质量可靠、防水性能好等优点。

炸药采用高威力水胶炸药和普通乳化炸药，抗水性能强、爆速高。

导爆索采用红色普通导爆索，主要用于起爆乳化炸药及水胶炸药，药量 12~14 g/m，爆速为不小于 6500 m/s。

6.2　围堰填筑及场地回填

本工程礁盘东面与山体相连，地形变化大且不具备炸礁船水下炸礁施工条件，在施工区域外侧边缘填筑临时围堰，在临时围堰内填沙至设计标高形成平整陆地工作面，然后在陆地上进行钻孔施工和爆破作业。

6.2.1　围堰填筑

由于施工区域淤积严重，淤泥较深，且受潮位影响大，淤泥中围堰填筑施工难度大，故对临时围堰不作防渗要求，填筑材料利用就近矿山开采石料。

根据施工场地所在海域的水文潮位资料，历史最高潮位 3.08 m，近年来同一时期最高潮位 2.03 m。故为保障施工不受潮汐影响，临时土石透水围堰设计顶标高为+3.0 m，顶宽为 3.0 m，两侧坡度为 1∶1，施工时由装载机配合自卸汽车由两端向中间进行填筑。

6.2.2　场地回填

场地回填采用碴土，场地回填标高为+2.5 m。场地回填采用液压挖掘机挖装—自卸汽车运输—推土机推排的施工工艺。

围堰填筑及场地回填如图 3 所示。

图 3 围堰填筑及场地回填

6.3 钻孔施工

施工前期，钻机在回填碴土表面直接施钻，发现钻孔冲击头容易卡钻，塌孔频发，成孔验收时坏孔较多，钻孔效率慢、成孔率低、质量差。

针对现场钻孔环节遇到的问题，探寻解决办法“对症下药”。经过方案讨论和现场试验，最终提出“2+1”钻孔法，“2”即在钻孔外围先后设置导向管和铁质套管，形成“双套管”；“1”即在钻孔完毕后，放置 PVC 塑料管，对炮孔进行成孔保护。

6.3.1 测量定位

根据设计好的炮孔平面位置坐标，将炮孔测设于施工回填场地上。测设时利用 GPS 或全站仪。

6.3.2 振压套管

（1）由强力高速液压打拔桩机（DOOSAN500）将铁质导向管（ϕ250 mm）打入设计位置，穿过垫层及淤泥层至基岩岩面，导向管下端设计有活动闸门，下插过程中可自行封闭，将细沙及淤泥挤开形成空腔，拔出时闸门自动打开。

（2）将铁质导向管上拔 30~50 cm，使下端活动闸门可自由打开。

（3）在导向管内对中插入铁质套管（ϕ180 mm），利用液压打拔桩机将铁质套管打入设计位置，嵌入基岩岩面以下 20~30 cm。铁质套管上端露出地面 30~50 cm。

（4）拔出导向管，在铁质套管孔口周围填入石粉并压实，确保铁质套管孔口位置不会发生偏移。

振压套管如图 4 所示。

图 4　振压套管

6. 3. 3　钻孔插管

6. 3. 3. 1　钻孔

采用钻孔孔径 $\phi=140$ mm 的潜孔钻机进行钻孔，钻头和钻杆应位于铁质套管的中心位置。钻孔时，钻杆尽量不要触碰到铁质套管，以免损坏套管或钻孔发生倾斜。钻孔达到设计孔深后，拔出钻杆，对钻孔深度进行测量验收；测量验收采用带刻度标识的地质绳测量孔深，边测量边记录，发现超出允许偏差的现场做好标记，并通过局部填塞、补钻或重钻处理等方式进行处理，处理后再次验收，直到符合设计要求。铁质套管掩护下钻孔如图 5 所示。

6. 3. 3. 2　插管

钻孔验收合格后，在孔内插入下段封口的 PVC 管（110 mm×3. 2 mm×4000 mm），PVC 管插入过程采用“边往下放边接长”的方式，不同段之间连接时应做好固定和密封工作。PVC 管插入孔底设计标高位置，上端露出地面 30~50 cm。

6. 4　炮孔装药

本工程主要采用连续装药结构，炮孔设置双起爆药包，下层起爆药包位于装药段 1/4 位置，上层起爆药包位于装药段顶部。同时为了提高炮孔炸药的准爆性，装药段设置导爆索，导爆索上端与顶部雷管固定，下端与药卷连接，排间加密孔装药结构与正常孔基本相同，但药量比正常孔减少 1/2。装药结构，如图 6 所示。

图5　铁质套管掩护下钻孔

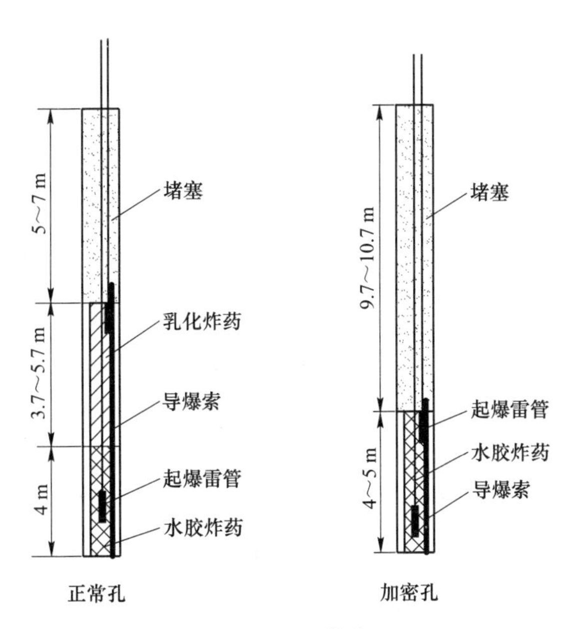

图6　炮孔装药

装药采用耦合装药方式，孔底4 m水胶炸药装药，其余乳化炸药装药。为防止损坏PVC管孔底造成漏水，同时保证爆破效果，孔底1 m采用吊装方式，其余采用丢装方式。炮孔设置双起爆药包，下层起爆药包位于装药段1/4位置，上层起爆药包位于装药段顶部。为提高炮孔炸药的准爆性，装药段设置导爆索。

装药实行“分组分排”作业制，每组 4~5 个人，组长由爆破技术人员担任，组内人员分工明确，逐孔逐排作业。装药现场如图 7 所示。

图 7　装药施工

6.5　起爆网路

爆破网路设计既要考虑准爆性，又要考虑复杂环境条件下对单段最大起爆药量的控制。为降低爆破振动对周边栈桥码头、采石场建（构）筑物及防波堤等影响，采用高精度导爆管雷管逐孔起爆网路，正常孔与加密孔内均装 2 发 400 ms 高精度雷管；孔间采用 25 ms 高精度地表延期雷管接力起爆；排间采用 65 ms 高精度地表雷管；同排错段雷管采用 42 ms 高精度地表雷管，爆破网路，如图 8 所示，图 9 为施工现场网络连接。

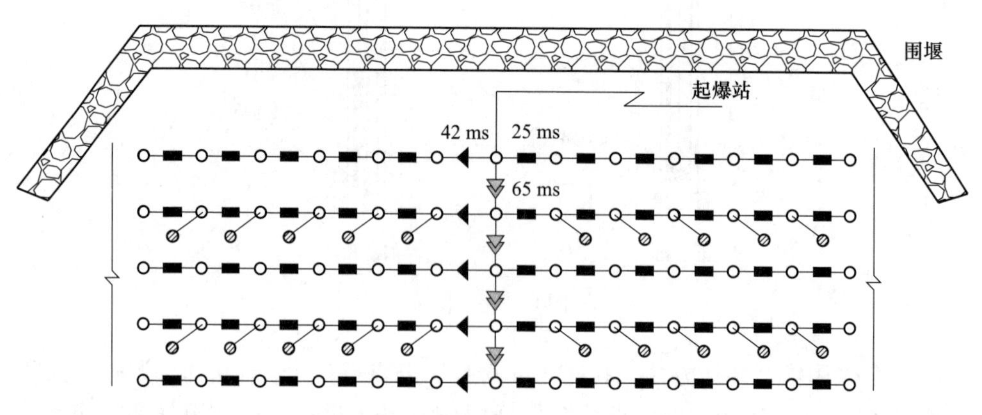

图 8　起爆网路

图 9　现场网路连接

6.6　安全保卫及警戒

为保证爆破安全，委托保安公司对爆破作业现场外围实施了全天候 24 h 安全保卫，白天 2 人，夜间 3 人。

爆破器材到达现场后，在装药作业区外设置明显警示标志并派出岗哨，严禁无关人员进入，作业人员必须穿工作服戴安全帽进入。

爆破警戒采用陆地和海上相结合方式，并使用小型旋翼无人机空中警戒，通过对讲机进行实时沟通。本次爆破陆地安全警戒距离不小于 200 m，海域安全警戒距离不小于 700 m，共布置 7 个警戒点，每个警戒点 2 人。

起爆前后发布 3 次信号，信号形式结合口哨、警报器和信号旗，使爆破警戒区域及附近人员能清楚地听到或看到。

6.7　清碴施工

6.7.1　陆上清碴

陆上清碴采用液压挖掘机倒挖装车-自卸汽车运输-推土机推排的施工工艺。液压挖掘机机身位于潮位以上的陆地工作面，利用臂长向下倒挖，挖掘深度可达 7.5 m，为挖碴船进行水下清碴创造条件。

陆上清碴施工条件好、施工效率高、施工成本低，可完成本次爆堆-5.0 m 标高以上大部分石碴的清理工作，如图 10 所示。

6.7.2　水下清碴

（1）挖碴船抛锚定位。根据清碴位置和顺序确定挖碴船锚泊位置的坐标，

图 10　陆上清碴

利用 GPS 定位系统挖碴船位置进行定位，抛 4 根锚缆，前面八字锚，后面交叉锚。

（2）弃碴船停靠装碴。弃碴船停靠至挖碴船旁边并固定在挖碴船上，抓斗挖取的石碴倒于弃碴船。分层分条清碴，以一斗挖深为一层，以设计挖宽为一条。

（3）船体移位。当前船位完成后，按设计移至下一船位，并做好固定。

（4）运输弃碴。弃碴船装满后，按指定航线运输至指定的弃碴位置进行抛碴。

7　爆破效果与监测成果

本工程分两次爆破，起爆采用双回路双起爆器同时起爆。经统计，炮孔共计 476 个，雷管总用量为 2316 发，炸药总用量约 34.8 t，爆破方量约18500 m^3。

爆破效果良好，爆堆整体隆起，最高隆起高度达 3 m，爆区前排紧邻围堰侧往前推出 4~5 m，后排紧邻山体侧往前推出 1~2 m；爆破飞散物在 50 m 范围内；爆破激起涌浪较小，在爆区约 30 m 出消退；距爆区 70 m 处栈桥码头检测点的最大质点振动速度为 1.662 cm/s，远小于 5 cm/s。爆破效果如图 11 所示。

图 11　爆破效果

8　经验与体会

结合工程特点，综合考虑安全、效率等因素，对于近海岸岩礁爆破项目，提出了一种新型的施工工艺-围堰垫碴施工法，将水下爆破变为陆地爆破，提升了项目本质安全，起到降本增效的目的。通过毗连海岸岩礁深孔爆破的成功实施，经验与体会如下：

（1）分组分排，明确岗位职责，爆破设计说明书每组一份，有利于施工现场总体秩序的控制，确保各项工作有序开展。

（2）设计炸药单耗 1.8～2.0 kg/m^3，两次爆破总药量 34836 kg，爆破方量 18500 m^3（含回填碴土量），实际单耗 1.88 kg/m^3。

（3）穿孔爆破一次成型，爆后无浅点，施工质量合格，验收一次通过。

（4）碴土回填覆盖于岩礁表面，形成新的“防护层”，能有效控制爆破个别飞散物距离。

（5）围堰垫碴施工时，为避免塌孔、卡钻等现象，推荐使用“2+1”钻孔法，即采用“双套管+PVC 护壁管”对钻孔及成孔进行保护。

（6）临时围堰有利于降低涌浪危害，采用透水围堰，施工难度小，同时有利于碴土回填时场地内积水的迅速排出。

（7）采用高精度延时雷管能够有效避免叠段、串段现象，对控制爆破有害效应有利，且网路的可靠性大有提高。

（8）对于类似近海岸、回旋水域受限、垫碴深度较浅的工程，推荐使用围堰垫碴法，可以显著提高施工效率，降低成本、提升项目安全性。

工程获奖情况介绍

“复杂条件下毗连海岸岩礁深孔爆破设计与施工关键技术”项目获浙江省爆破行业协会科学技术进步奖一等奖（2021 年）。“毗连海岸岩礁深孔爆破设计与施工技术”获浙江省第二届工程爆破论坛优秀论文三等奖（浙江省爆破行业协会，2019 年）。

内河浅水与深水水下钻孔控制爆破

工程名称： 长湖申线湖州段航道扩建工程/新建金华至建德高速铁路 JJGTSG Ⅰ标兰江特大桥水下爆破工程

工程地点： 浙江省湖州市/金华市兰溪市

完成单位： 浙江省高能爆破工程有限公司/浙江省高能爆破工程有限公司

完成时间： 2013 年 3 月 5 日~2014 年 4 月 10 日/2021 年 3 月 5 日~10 月 8 日

项目主持人及参加人员： 汪竹平　黄　平　那树刚/何华伟　黄　进　喻圆圆　周恩泉　庹忠强　刘文成

撰 稿 人： 顾忠强　汪竹平　侯　猛　韩天骄/刘文成　喻圆圆　周恩泉　侯　猛

前　言

在水中、水底介质内进行的爆破作业称为水下爆破，广泛应用于港口码头建设、船坞建设、航道疏浚、水利水电、道路桥梁、水下管道埋设、水下挤淤筑堤、水下爆夯等工程领域。

水下固体介质爆破与陆地爆破，在爆破原理及爆破作用上，二者是相似的。但从爆破环境和爆破条件上，二者差异较大，由于水下爆破的水介质特征与水域环境特殊，水下爆破具有如下特点：

（1）被爆介质具有不同水深产生的垂直向或侧向水压力的作用。水介质基本不可压缩，水深、水压的增加，对被爆介质的爆破效果有明显不利影响。

（2）爆破破碎介质在水中的抛掷运动与空气中的运动规律明显不同。

（3）水下爆破施工难度大，且受水文、水流工况因素影响明显。

（4）同一种爆破介质，水下爆破与陆地爆破相比，炸药单耗大。

（5）爆破器材抗压、抗水性能要求高。

内河浅水与深水水下钻孔控制爆破技术、在不同水域工况条件下，成功应用于长湖申线湖州段航道扩建工程和新建金华至建德高速铁路 JJGTSG Ⅰ标兰江特大桥水下爆破工程。

其中（一）（二）均为浙江省高能爆破工程有限公司负责施工。

（一）

1　工程概况及环境状况

1.1　工程概况

长湖申线湖州段航道扩建工程属省重点工程，工程地跨湖州市吴兴区和长兴县，设计航道标准断面底宽为45 m，面宽为70 m，航道水深为3.2 m，河底水下边坡为1∶3.5（K24+056-K29+600）和1∶4（K29+600-K31+000），最低通航水位0.66 m，整段航道不设纵坡，河底高程统一为-2.54 m。

随着长湖申线航道拓宽扩建工程的进行，在河道2.2 m深水下发现一条东西长约320 m，南北宽15~25 m不等的乌菱山延伸段。因下部岩石坚硬且厚度均在2 m左右，难以使用机械设备破碎进行清理，为防止船舶搁浅事故的发生和保证航道扩建工程的顺利完成，决定对该水下石方段采用爆破法进行清理。

1.2　周边环境

水下石方爆破段东、西两侧岸边均为农田；南侧为乌菱山体；北侧距村庄最近民房约45 m。位于K26+200-K26+280正上方两条同塔架设的220 kV高压线与河道约成45°角斜跨于河道上方，导线距水面高度为25 m。工程环境复杂。爆破周边环境如图1所示。

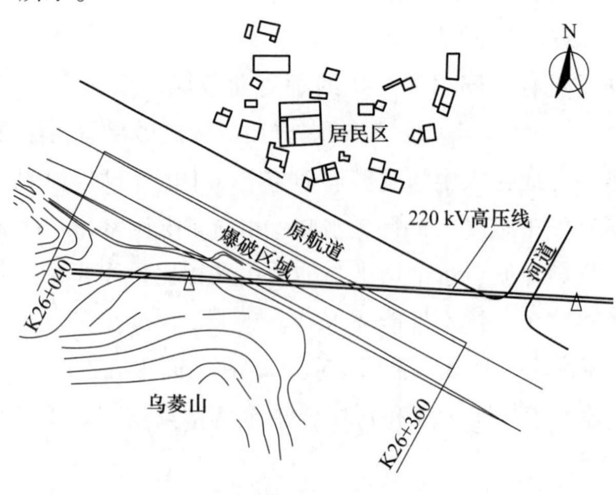

图1　周边环境

2　工程特点、难点

（1）爆破周边环境复杂，爆破点上方有 220 kV 高压线，爆破点北侧距民房最近仅 45 m，爆破时应严格控制爆破飞石、爆破振动和爆破产生的水柱，确保爆破点上方高压线及北侧民房的安全。

（2）水下作业难度大，水下钻孔定位及装药较困难。水下钻孔爆破需搭设具有安全保障的可移动钻爆平台。

（3）长湖申线航道船只往来频繁，爆破施工短暂性封航需报批。为保障通航顺畅、减少扰民，爆破施工需尽量减少爆破次数。

3　爆破方案选择及设计原则

3.1　设计原则

（1）爆破与施工安全管理严密，各项安全措施到位，确保过往行人、船只和周边建（构）筑物安全。

（2）爆破施工方案和施工方法技术上可行、安全上可靠，确保爆区上方高压线的安全。

（3）采用多排毫秒延时爆破方式施工。

（4）严格按设计图纸所示的开挖线施工，控制开挖面平整度。

（5）在确保工期和安全的情况下，尽量缩短爆破施工对航道通航的影响。

3.2　总体爆破方案

内河水下炸礁区域水深 2.0~3.5 m，不能用钢管架搭建钻孔作业平台，工程采用自制的浮筒式水上钻孔平台，配置 CL120-Y 型履带式钻机，根据陆上测量控制点，采用系于钻爆船的绳索和钻爆船定位桩进行平台定位（图 2）。钻孔采用套管钻孔法，减少回流堵塞，保证钻孔质量。每钻完一孔后及时将 PVC 管通过套管置入孔内，然后拔去套管进行装药。

爆破钻孔采用垂直钻，通过矩形布孔方式缩小孔网参数、减小单孔装药量控制爆破振动，爆破网路采用孔内装高段位雷管、孔间连接低段位雷管接力、排间 MS5 段别，从中间以 V 形逐孔起爆，起爆方向朝向原河道。

图 2　钻孔平台照片

4　爆破参数设计

4.1　爆破设计

4.1.1　钻孔形式及钻孔直径

因水上钻孔作业较陆地上困难，一般尽量采用较大孔径，以减少钻孔工作量。本工程采用 CL-120Y 型履带式潜孔钻机，钻孔孔径 $D=140$ mm，考虑炮孔内要安装 ϕ115 mm PVC 管，故药卷采用 ϕ90 mm 的二号岩石乳化炸药。

4.1.2　孔网参数

水下爆破一般采用矩形布孔，通常选用 2.5 m×2.5 m、2.0 m×2.5 m、3.0 m×2.5 m 等几种孔网。考虑到周围环境的复杂性，本工程采用缩小孔网参数、减少单孔装药量来控制爆破振动，孔网选用 2.0 m×2.0 m。

4.1.3　钻孔深度及超钻深度

内河航道疏浚工程因其施工的复杂性，考虑到二次爆破成孔较困难，在水下开挖不进行分层爆破，在施工中应一次钻至设计深度。为了保证设计深度内岩体均匀破碎，不留根底，钻孔应有一定的超深，以克服底盘岩石的夹制作用。超深值选取过大，将造成炸药和钻孔的浪费，形成部分废方；超深值不足，将产生根底或抬高底部高程，为达到设计要求，必须进行二次爆破。考虑到水下钻孔爆破作业困难，效率低，其超深值一般较陆域大。本工程超深值取 2.0 m。

钻孔深度 L 按式（1）确定：

$$L = H + h_0 \tag{1}$$

式中　H——设计开挖深度，m，取 2.2 m。

经计算 $L=2.2+2.0=4.2$(m)。

4.1.4　单孔装药量

水下爆破的主要特点之一是爆破介质与水的交界面上承受着水的压力，同时爆破介质的膨胀运动亦须克服水体的阻力，因此其装药量计算应该包括破碎岩石所必须的能量和克服水体阻力所做的功，故水下爆破的炸药单耗较陆地爆破为大，水下钻孔爆破的每孔装药量可按体积公式计算。

$$Q = q \times a \times b \times L \tag{2}$$

式中　Q——炮孔计算装药量，kg；

q——水下钻爆单耗值，kg/m³；

a——孔距，m；

b——排距，m；

L——钻孔深度，m。

表 1 为水下钻爆单耗值取值表。

表 1　q 值取值表

岩质类别	q/kg · m^{-3}
软岩石或风化石	0.6~1.0
中等硬度岩石	0.8~1.2
坚硬岩石	1.0~1.4

注：表中数值，炮孔深度小、水下清碴能力强时取下限；反之取上限。

本工程，q 值暂取 1.0 kg/m³，经计算 $Q=1.0\times2.0\times2.0\times4.2=16.8$(kg)。

4.1.5　装药及填塞

本工程采用连续不间隔装药结构（图 3），装药完成后上部采用粗砂和石子填塞密实。

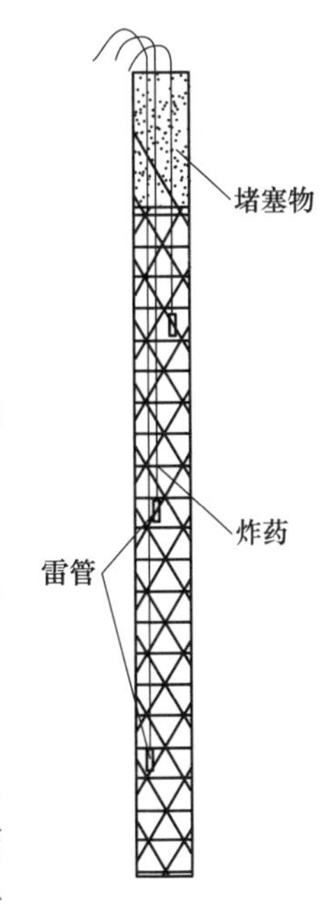

图 3　装药结构

4.1.6　一次爆破药量

根据周边环境、航道通行要求及尽量减少扰民的原则，确定试爆药量为 500 kg 左右，靠近高压线区域一次起爆药量不大于 1500 kg，其他区域一次性起爆药量不大于 2000 kg。

4.2　起爆网路设计

4.2.1　爆破延时时间

毫秒延时间隔时间采用经验公式计算：

$$\Delta t = K_p W(24 - f) \tag{3}$$

式中　Δt——毫秒延时间隔时间，ms；

f——岩石硬度普氏系数，取值6；

K_p——岩石裂隙系数。裂隙少时 K_p 取0.5，裂隙中等时 K_p 取0.75，裂隙发育时 K_p 取0.9。

经计算，$\Delta t = 0.9 \times 2 \times (24-6) = 32.4$(ms)。

参照以往类似工程经验，本工程毫秒延时时间定为50 ms(MS3)。

4.2.2　爆破网路

本工程采用导爆管孔外延期逐孔起爆方式爆破，孔内全部装MS12段导爆管雷管，孔间用MS3段导爆管雷管接力，排间用MS2和MS5段导爆管雷管接力；采用V形起爆网路（图4）。为确保爆破安全可靠，每孔装三发导爆管毫秒雷管。

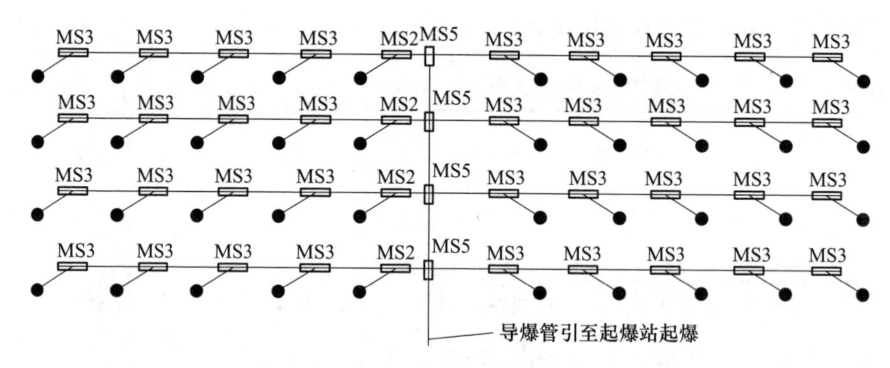

图4　V形起爆网路

5　爆破安全设计

5.1　爆破飞石对人员的安全距离计算

个别飞石最大距离公式：

$$R_{max} = K_f \times q \times D \tag{4}$$

式中　R_{max}——爆破个别飞石最大距离，m；

K_f——与爆破方式、填塞状况、地质有关的系数，取1.0~1.5；

q——炸药单耗，kg/m^3；

D——钻孔直径，mm。

本工程：K_f 取 1.5，$D=140$ mm，$q=1.0$ kg/m^3，计算得 $R_{max}=210$ m。

为确保安全，对爆破区域采取严密的安全防护措施：对爆破区域上方距水面 1.2 m 处铺设钢管装药和堵塞作业平台脚手架，上部采用沙包和毛竹片进行防护，竹片与钢管采用铁丝固定牢固。对高压线正下方两侧 20 m 范围内爆区采用双层竹笆防护。安全防护措施如图 5 所示。

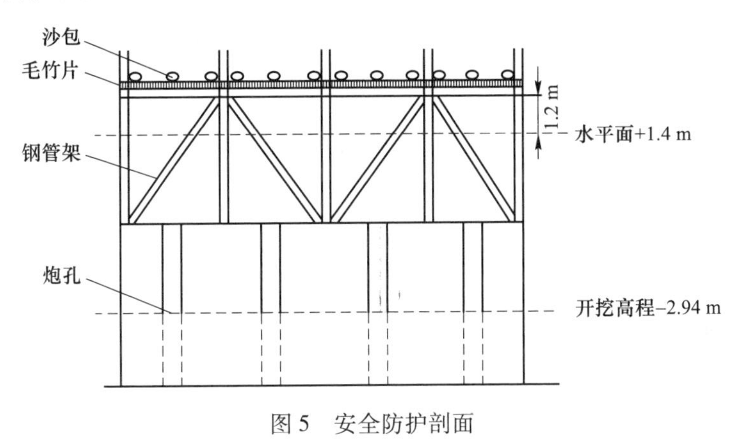

图 5　安全防护剖面

5.2　水中冲击波的安全距离计算

在水深不大于 30 m 的水域内进行水下爆破，一次爆破药量 $Q>1000$ kg 时，对人员和施工船舶的水中冲击安全允许距离可按式（5）计算。

$$R = K_0 \times \sqrt[3]{Q} \tag{5}$$

式中　R——水中冲击波的最小安全允许距离，m；

Q——一次起爆的炸药量，kg，Q 取 2000 kg；

K_0——系数，按表 2 选取。

表 2　K_0 值

装药条件	保护人员		保护施工船舶	
	游泳	潜水	木船	铁船
裸露装药	250	320	50	25
钻孔或药室装药	130	160	25	15

对船舶：$R = K_0 \times \sqrt[3]{Q} = 25 \times \sqrt[3]{2000} = 315(\text{m})$

对人员：$R = K_0 \times \sqrt[3]{Q} = 160 \times \sqrt[3]{2000} = 2015(\text{m})$

为确保安全，爆破前应确定航道、河道内无游泳、潜水人员。

水上警戒距离设为 500 m，警戒范围内不得有船舶停靠或驶入。

5.3 爆破振动安全距离计算

由于水的几乎不可压缩性，水下爆破时振动效应与陆上爆破相比，具有强度大、振动衰减慢、振动影响范围较大的特点。爆破振动安全允许距离参照《水运工程爆破技术规范》（JTS 257—2008）计算：

$$R = (K/v)^{1/\alpha} Q^{1/3} \tag{6}$$

式中 K，α——与爆区地形、地质有关的系数和衰减系数，K、α 的选取参考国家和行业标准，取 K 为 250、α 为 1.8；

v——保护对象所在地质点振动速度，cm/s，取 2.0 cm/s；

Q——炸药量，齐发爆破为总药量，延时爆破为最大一段药量，kg，取 Q=16.8 kg。

经计算 R=37 m，满足爆破振动安全距离要求。

6 爆 破 施 工

6.1 施工准备

（1）施工前做好安全与技术交底，组织人员进行相关制度、规范学习，并与发包单位做好沟通与协调工作。

（2）对航道钻孔范围内的石方段进行复测，并建立测量网络体系。首先在测量图纸上自南岸 K26+040-K26+360 按 5.0 m 设置横断面控制点，然后在现场根据图纸用全站仪标出各断面的具体控制点，以方便钻爆平台定位和布孔。

（3）为降低水下钻孔难度，保证施工进度，先清除岩层上部的覆盖层，直至覆盖层厚度不超过 1.0 m。

（4）钻爆平台配置 CL120-Y 型履带式潜孔钻机进行水上穿孔作业。平台两侧各设有一根长 12.0 m，外径 1.0 m 的钢管，钢管之间用槽钢焊接，底部加设 4 只 2.0 m×2.0 m×0.8 m 的浮箱，每根钢管两端各设有一根支撑柱。整个钻爆平台长 12.0 m，宽 5.0 m，吃水 0.5 m，其强度和稳固性可靠，受水流影响小且定位准确。

6.2 区域划分

根据施工图纸并从环境因素考虑，爆破区域的划分以单次总药量来控制，大体分为 K26+170-K26+215（高压线正下方两侧 20 m 范围内）和 K26+040-K26+170、K26+215-K26+360 共两个大的爆破区域。爆破规模确定高压线区域单次爆破总药量不超过 1500 kg，其他区域单次爆破总药量不超过 2000 kg。

在爆破初期首先对桩号 K26+040-K26+50 范围内的水下石方段进行一次小规模的试爆，总药量控制在 500 kg 以内。本工程拟分为 8~15 次爆破完成。

6.3　施工程序

施工程序如图 6 所示。

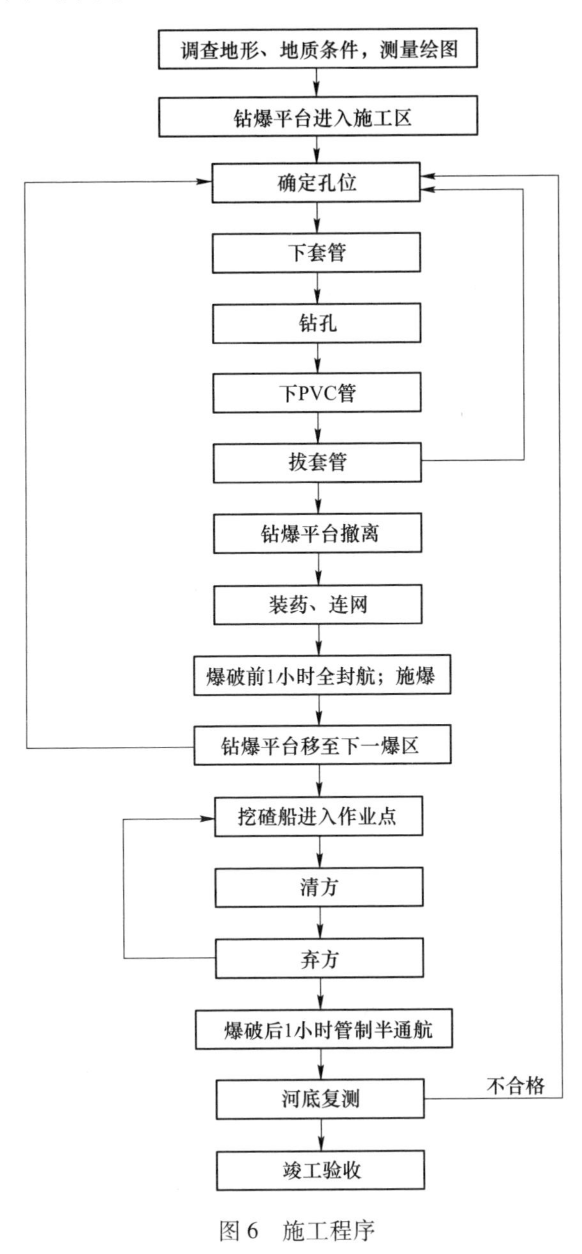

图 6　施工程序

6.4 施工工序

6.4.1 平台定位

采用陆上 GPS 或全站仪定位和钻爆船定位桩相结合的方式控制钻孔定位的精准度。根据陆上测量控制点，采用系于钻爆船的绳索和钻爆船定位桩进行平台定位，误差不超过 20 cm。

6.4.2 下套管

根据施工区水深配接好套管长度。用枇杷头钢绳拴好套管，采用 1 t 葫芦吊起并沉放入水。考虑到水流影响和套管下沉，在套管距顶端 1.0~1.5 m 处拴一根 ϕ15 mm 的白棕绳以便施工过程中控制套管倾斜。

6.4.3 钻孔

当岩层表面有砂卵石覆盖或强风化岩时，可用高压风将其冲走。根据设计的钻孔深度，用钻杆的长度来控制钻孔深度。布孔由工程技术人员按设计进行，并将钻孔参数填入专用记录表格。孔深 $H = L - h + h_0$（L 为平台至设计底高程的深度，h 为平台至岩层的深度，h_0 为超深值）。

6.4.4 下 PVC 管

钻孔完毕，将 ϕ115 mm 规格 PVC 管通过套管置入孔内，并对 PVC 与孔壁之间间隙采用沙土进行填充。必要时，采用内置钢管的方法进行固定，防止水流或涌浪的破坏。为了方便装药和保证炸药、雷管的性能，每钻完一炮孔后，在孔内插入 PVC 管且露出水面 1.3 m，局部根据需要进行调整，待整个分区炮孔全部钻完后，一次从 PVC 管口进行装药。

6.4.5 拔套管

待 PVC 管固定后，采用葫芦和钢丝绳将套管提升拔出，注意对 PVC 管的防护，防止折断。

6.4.6 移船

整个分区炮孔全部钻完后，采用动力船只将钻孔平台拖至警戒范围以外。

6.4.7 搭设钢管架

自南侧护岸搭设安全防护排架。立杆的搭设采用网格状单杆式结构，立杆长度不小于 4.0 m，以高出安全防护平台 1.0 m 为标准（作为扶栏），参数为 2.0 m×2.0 m，立杆与横、纵向杆采用直角扣件连接，扣件的紧固程度在 40~50 N · m。横杆置于纵横杆之下，在立柱的内侧，用直角扣件与立柱扣紧，其长度大于 3 跨，不小于 6 m。为保证作业平台的施工安全和稳定性，应进行加固处理，在水面每隔3.0 m 再设置横、纵向杆，采用扣件连接。安全防护排架搭设完成后，再铺设 2 层竹片，用铁丝或扣件将竹片和钢管固定牢，注意留出 PVC 管口。

6.4.8　装药、堵塞

在安全临时地点进行炮孔药柱加工，具体药量由工程技术人员按钻孔记录和设计进行控制。装药完毕后，对炮孔堵塞深度进行复核，无误后，采用石粉或沙土进行炮孔堵塞，注意对导爆管的保护。

6.4.9　连网、起爆

采用孔外延期。网路连接由有经验的爆破员和爆破工程技术人员进行，并经现场爆破和设计负责人检查验收。

采用高压脉冲起爆器一次击发起爆。

6.5　试爆

试爆施工选择了距离民房及高压线最远的区域，试爆工程量 76 m^3，共钻孔 19 个，使用炸药 107.5 kg，导爆管毫秒雷管 100 发，最大单响药量 8 kg。试爆爆破飞石控制在 30 m 内，距离最近民房 98 m，爆破振动速度为 0.45 cm/s。爆破后经实测水下岩石均已松散，底部标高满足设计要求。图 7 为试爆爆破瞬间照片。

图 7　试爆爆破瞬间照片

试爆时沿垂直河道方向依次布置 6 个振动监测点（地形平坦），经萨道夫斯基公式回归得 $K=239$，$\alpha=1.6$。

7　爆破效果与体会

7.1　爆破效果

本工程共进行了 13 次爆破作业，爆破结果表明，爆破产生的飞溅水柱及飞石最高不超过 3 m，爆破后安全防护平台基本上能保持完整。实测爆破振动结果表明，每次爆破距离爆破点最近民房处，爆破振动峰值振速控制在安全允许范围之内。从爆后清碴情况看，无明显大块及欠挖，达到了清碴要求，一次性达到设计标高，能满足航道通航标准要求的过水断面。爆破振动监测如图 8 所示。

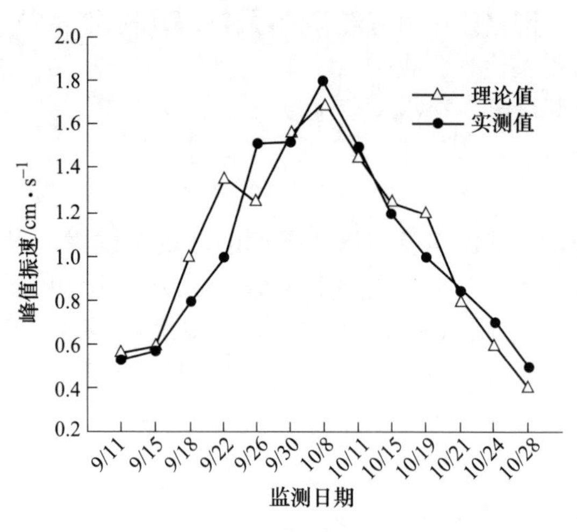

图 8　爆破振动监测

7.2　爆破体会

（1）钻孔、装药是水下爆破作业的难点，采用套管钻孔法和成孔后及时安装 PVC 套管护孔不仅可以有效提高成孔率、减少回淤，而且解决了找孔难的问题。

（2）采取缩小孔网参数、加大填塞长度及搭设钢管架隔离式防护等措施不仅可以减小水柱飞溅高度，还可有效控制飞石逸出水面而飞散。

（3）采用萨道夫斯基公式回归后的 K、α 值可以有效预测保护对象处的爆破振动速度，为设计提供依据。

（二）

1　工程概况

1.1　工程情况

兰江特大桥为新建金建高铁 I 标控制性工程，桥梁起点里程 DK23+479.130，终点里程 DK30+017. 245，桥梁全长 6533. 185 m。

兰江特大桥跨兰江段（DK26+660-DK27+735）的 9 个桥墩（93~101 号）位于兰江中。桥位处兰江宽度约 1 km，水深 6~8 m，93~101 号承台基坑自南向北排列。基坑开挖工程量见表 3。

表 3　基础开挖工程量汇总表

墩号	河床标高 /m	覆盖层深度 /m	拟爆破开挖深度/m	总开挖深度 /m	拟爆破开挖量 /m^3	覆盖层开挖量 /m^3
93 号	21. 8	6. 17	1. 25	7. 42	757. 03	10115. 99
94 号	17. 56	0. 06	7. 972	8. 03	5566. 17	41. 13
95 号	16. 67	0. 83	4. 912	5. 74	1970. 15	428. 70
96 号	17. 98	2. 65	6. 202	8. 85	6376. 58	3900. 77
97 号	17. 16	2. 31	6. 222	8. 53	6399. 33	3259. 04
98 号	17. 54	5. 77	0	5. 77	0	8324. 73
99 号	18. 32	4. 04	4. 852	8. 89	3174. 09	5056. 02
100 号	19. 64	5. 44	0. 472	5. 91	156. 35	5797. 72
101 号	21. 29	7. 29	1. 062	8. 35	640. 55	13613. 37
合　计					25040. 25	50537. 47

1. 2　周边环境

兰江两岸均有按照 20 年一遇设计的Ⅳ级堤坝防护，堤坝上有水泥道路，宽度 5 m，路旁有输电线路等公用设施。兰江内规划有Ⅲ级航道，通航净空为 110 m×10 m（净宽×净高）。兰江两岸有村庄，民房沿江分布比较密集（图 9）。

北岸以 101 号墩承台基坑为基准：西北方向 64. 5 m 处为堤防，112 m 处为 10 kV 高压线，116 m 处为 380 V 高压线，133 m 处有牌坊一座（爆前拆除），170 m 处为独栋民房，215 m 以外为礁石村聚集民房；西侧 154 m 处有配电房一座，163 m 处为施工项目部，270 m 处有省级文物邵氏家庙及孝子牌坊；东北方向 152 m 处有一灌溉用水泵房。

南岸以 93 号墩承台基坑为基准：南侧 69. 8 m 处为堤防，82 m 处为 10 kV 高压线，105 m 处有变压器一座，106 m 处为 380 V 高压线；东南侧 120 m 外为长塘后村聚集民房；西南侧 140 m 外围盛道院村聚集民房。

图9　爆破周边环境

1.3　水文、地质情况

兰江常年有水，水量随季节变化较大。因兰江受下游富春江水库影响，水流相对平缓，爆破期间处于枯水期，流速小于 0.2(m/s)，实测桥址水位 $H=23.116$ m。

桥址区地层主要为第四系全新统人工堆积素填土、杂填土、填筑土、湖积淤泥质粉质黏土，冲积粉质土、淤泥质粉质黏土、粉砂、细圆砾土，残坡积粉质黏土；下伏基岩主要为白垩系上统方岩组砂质泥岩，下第三系—白垩系上统衢江组泥质砂岩、砾岩及侏罗系下统马涧组砂岩、砂质泥岩。

施工区域内对工程有影响的岩土主要为软土。软土主要为：淤泥质粉质黏土，分布于兰江底部，层厚约 0.5~4.1 m，具含水量大、承载力低、工程性质差等特点。

依据总包方所提供资料，施工区域内根据岩层基本承载力划分该区域内施工方法，即：$\sigma \geqslant 400$ kPa 岩层采用爆破开挖，$\sigma < 400$ kPa 岩层采用挖泥船抓挖。

2　工程特点、难点

2.1　爆区周边环境复杂

爆破既要使爆区岩体充分破碎，便于清理打捞，又要充分考虑爆破有害效应对周边建筑物、设施的影响。

2.2　地形、地质资料欠详

现有地形、地质资料欠详，增加了设计施工难度，对于河底地形地貌图需要进行实地测量。

2.3　起爆网路、爆破器材质量要求高

因爆破区周边环境复杂，爆破时须严格控制单响药量，采用逐孔起爆网路才能满足单响药量控制要求，因此网路连接复杂。

2.4　水下作业施工难度大

兰江水深基本大于 6 m，为钻孔、装药、堵塞、联网等施工作业增加了难度。

3　爆破方案选择及设计原则

（1）采用钻爆船钻孔水下爆破方法，孔间和排间采用毫秒延期爆破技术，垂直方向一次爆破至设计标高不再分层，每个基坑根据水平面积分区多次爆破成型。通过控制单孔最大装药量和单响药量及单次起爆总药量，有效降低爆破危害、改善爆破效果。清碴采用长臂挖机，每一基坑爆破完成后进行清碴，清碴后测量，有浅点，进行补炸，测量无浅点后竣工验收。

（2）本工程水下桥墩基础开挖是为了后续施工用钢板桩围堰着床、封底做准备。为了围堰能够具备充足的着床空间，开挖底标高上控制最小范围（即爆破坡底线）是围堰外侧边线外扩 1 m，爆破开挖中由底部向上按 1∶0.3 放坡至基岩面（即爆破坡顶线）；爆区覆盖层较厚时需先行抓挖清理，为了不影响下层钻爆施工，覆盖层抓挖底标高上最小控制范围是围堰外侧边线外扩 2 m，由底部向上按 1∶2.5 放坡至河床（图 10）。

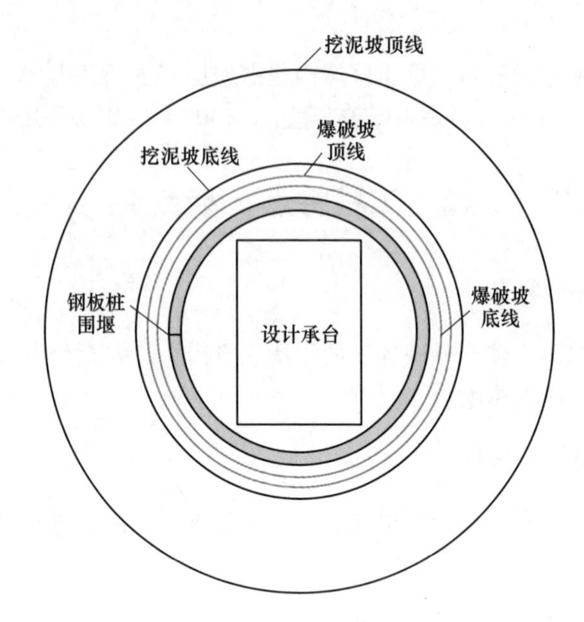

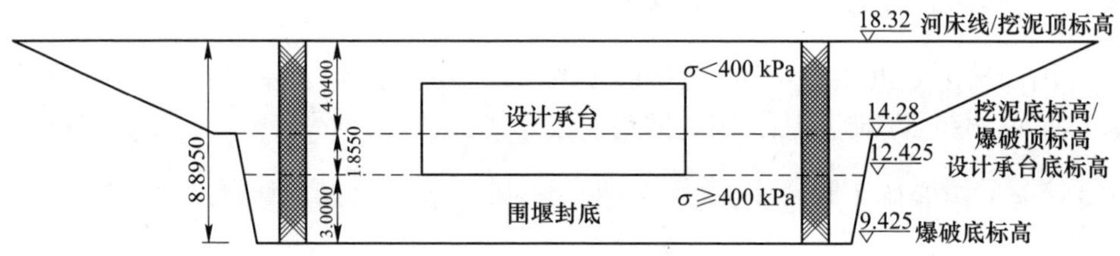

图 10　基坑总体开挖

（3）本设计中爆破与挖泥控制界限暂以岩层基本承载力为依据确定，即：$\sigma \geqslant 400$ kPa岩层采用爆破开挖，$\sigma < 400$ kPa 岩层采用挖泥船抓挖。

（4）93 号、100 号和 101 号基坑因开挖深度小，采用镐头机对其进行机械开挖；94 号、95 号、96 号、97 号和 99 号采用爆破开挖。

4　爆破方案设计

4.1　爆破参数

4.1.1　钻孔形式及钻孔直径

为便于钻爆船钻孔定位，方便操作，提高钻孔效率，有利于装药堵塞，采用垂直孔钻孔形式。使用 $\phi 140$ mm 的钻头进行钻孔。

4.1.2　布孔方式

采用矩形布孔方式。

4.1.3　炸药单耗

炸药单耗 q 按式（7）计算：

$$q = q_1 + q_2 + q_3 + q_4 \tag{7}$$

式中　q_1——基本炸药单耗，取 $q_1 = 1.1\ \mathrm{kg/m^3}$；

q_2——爆区上方水压增量，$q_2 = 0.01h_2$，h_2 为水深（至开挖底部），取 17 m；

q_3——爆区上方覆盖层增量，$q_3 = 0.02h_3$，h_3 为覆盖层厚度，取 0；

q_4——岩石膨胀量，$q_4 = 0.03h$，h 为台阶高度，取 9 m。

由上式计算，本工程水下爆破的炸药单耗取 1.5 kg/m³。

4.1.4　孔网参数

孔排距取 2.5 m×2.5 m，炮孔布孔如图 11 所示。

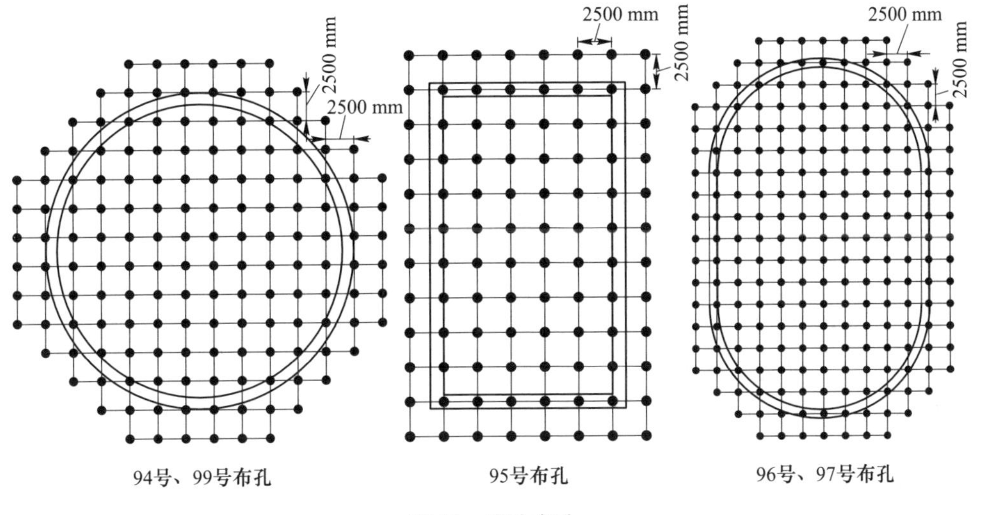

图 11　炮孔布孔

4.1.5　孔深及超深

本工程孔深及超深设计见表 4。

表 4　超深与孔深取值

墩号	设计开挖深度/m	超深/m	孔深/m
94 号	8	1.5	9.5
95 号	5	1	6
96 号	6.2	1	7.2
97 号	6.2	1	7.2
99 号	4.9	1	5.9

4.1.6　装药量计算

本工程装药量计算见表 5。

表 5　装药量计算

墩号	孔深/m	堵塞/m	单孔装药量/kg	孔数/个	总药量/kg
94 号	9.5	0.5	76	156	11856
95 号	6	0.5	46	96	4416
96 号	7.2	0.5	57	223	12711
97 号	7.2	0.5	57	223	12711
99 号	5.9	0.5	46	156	7176
总计				854	48870

为减小爆破振动对两岸防洪堤坝、民房、文物和其他保护对象的影响，每个桥墩采用多次爆破施工作业，一次最大药量不大于 1500 kg。

4.1.7　装药和填塞

炮孔内装 ϕ90 mm 乳化炸药，乳化炸药具有良好的防水特性。装药前，在特制的工作平台上，利用绳索、胶带、竹片等辅助材料将炸药加工制作成各孔实际所需长度的连续药卷，各孔装药长度随孔深的变化而变化。

每个炮孔中装入 2 发孔内雷管。装药结构如图 12 所示。

为避免孔内炸药因河水的流速过快，致使炸药上浮、流失现象，装药完成后在孔口上端装填小于 2 cm 粒径的碎石，炮孔填塞长度控制在不小于 0.5 m。

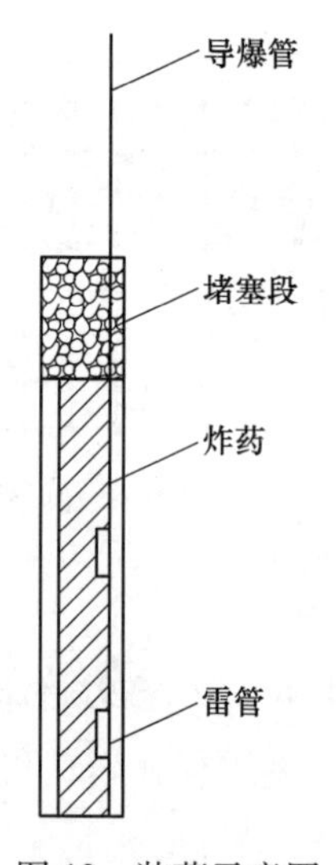

图 12　装药示意图

4.2　起爆网路设计

采用孔外延时起爆网路，即在每个孔内装入（同段别）高段别导爆管雷管，孔间联接以每个孔为一束，绑扎低段别导爆管雷管 2 发，再与另一个孔绑扎为一束加以 MS3 段 2 发，以此类推；再在每排孔之间绑扎 MS5 进行排间延时。最后以 2 发长脚线瞬发导爆管雷管为一组接力绑扎至起爆站连接击发枪，当具备起爆条件时即可起爆。

爆破网路示意图如图13所示。

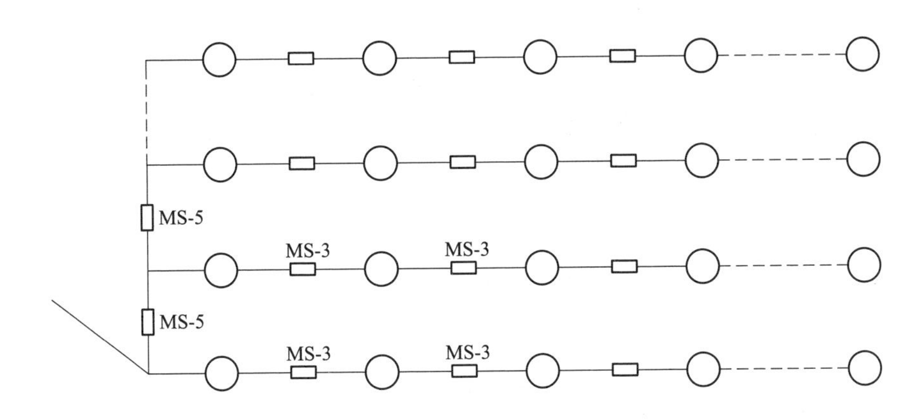

图13　爆破网路

5　爆破安全设计

5.1　爆破振动安全验算

爆破振动验算采用以下计算公式：

$$v = K\left(\frac{\sqrt[3]{Q}}{R}\right)^{\alpha} \tag{8}$$

式中　Q——最大单响药量，kg；

v——爆破振动速度，cm/s；

R——控制点至爆源的距离，m；

K，α——与爆区地形、地质有关的系数和衰减系数，考虑到待爆岩层硬度不高，按最保守取值K为350、α为1.8。

本工程爆破点分布在兰江河道中，兰江江面宽约1000 m，江中无保护对象，因此仅对两岸保护对象进行爆破振动校核。

设计确定将两岸堤防爆破振动速度控制标准取为2.0 cm/s。周边其他建筑物爆破振动控制速度标准1.0 cm/s。邵氏家庙和家庙外侧的孝子牌坊为省级文物古迹，爆破振动速度控制标准0.3 cm/s。

经验算，两岸堤防的最大爆破振动速度为0.86 cm/s，邵氏家庙和家庙外侧的孝子牌坊最大振动速度为0.07 cm/s，其他最近建筑物最大振动速度为0.56 cm/s。

均满足爆破振动安全要求。

5.2 水中冲击波

根据《爆破安全规程》（GB 6722—2014）：一次爆破药量大于 1000 kg 时，对人员和施工船舶的水中冲击波安全允许距离按式（9）计算：

$$R = K_0 \times Q^{1/3} \tag{9}$$

式中 R——水中冲击波的最小安全允许距离，m；

Q——一次起爆的炸药量，kg；

K_0——系数，按表 6 取值。

表 6 K_0 取值

装药条件	保护人员		保护施工船舶	
	游泳	潜水	木船	铁船
裸露爆破	250	320	50	25
钻孔或药室装药	130	160	25	15

本工程单次爆破规模在 1500 kg 以下，代入式中可得：

$R_{潜水} \approx 1832$ m，$R_{游泳} \approx 1500$ m，$R_{木船} \approx 290$ m，$R_{铁船} \approx 172$ m。

爆破时应确保 2000 m 内无人员潜水或游泳，所有船舶撤离至爆破点 300 m 外。

5.3 爆破飞散物

本工程水下爆破，水深大于 6 m，不考虑水下飞石对地面或水面的影响。

6 爆破施工

6.1 施工程序

本工程施工程序如图 14 所示。

6.2 爆破组织

成立爆破指挥部，设爆破指挥长 1 人，副指挥长若干人，指挥部负责整个爆破工程的指挥、协调工作。指挥部下设爆破技术组、安全警戒组、安全保卫组、应急抢险组、安全监测组和后勤保障组。

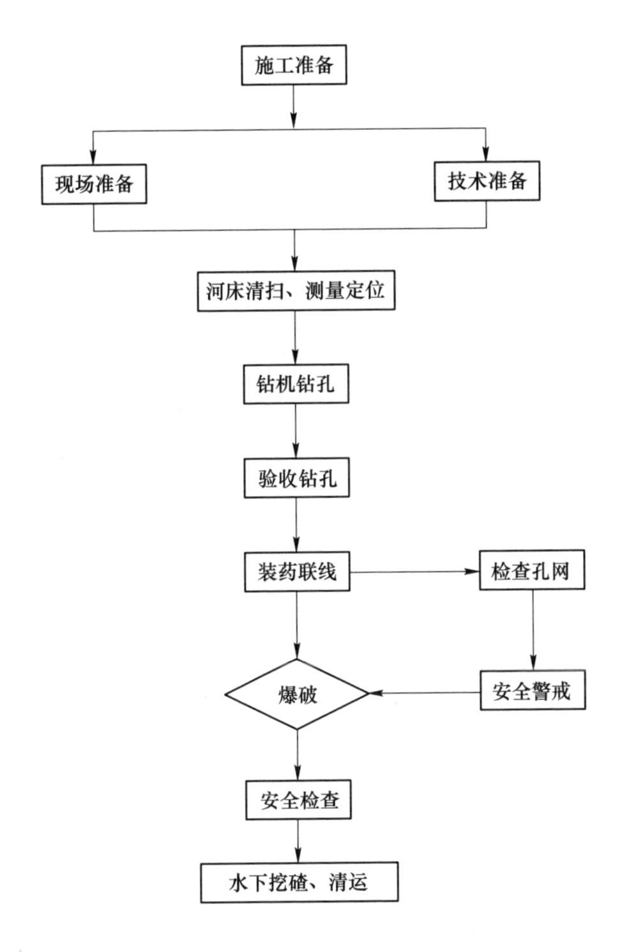

图 14　施工程序

6.3　水下钻孔爆破施工

（1）钻爆船定位。使用 GPS 卫星定位系统定位钻爆船，通过换算确定钻孔位置和钻孔深度（图 15）。

在钻进过程中因受水流、风浪等影响，水流过急或风浪太大需停止施工，以减少或避免钻进过程中出现导管和钻具倾斜、折断及丢失等危险情况的发生。

（2）下套管。根据当时施工区域的水深等情况，选配好套管长度，在水面附近配花格子管，以便钻孔时石碴和水从花格子管流出，避免冲向操作平台。套管选好固定后，吊钻杆入套管钻进。

图 15　钻孔船

(3) 钻孔。采用全液压潜孔钻机，用直径 140 mm 钻头在套管中旋转冲击钻孔。当岩石表面有覆盖层时，用高压风将起其吹走，然后钻进，直至钻孔达到设计深度。

(4) 民爆物品存放。由民爆公司配送至施工现场转驳点，再由运输船运至钻孔船临时存放点。现场民爆物品临时存放点设置在钻爆船下的两个独立暗舱，分别用作炸药和雷管的临时存放点。

（5）装药。每钻完一个孔，在钻孔达到规定的深度后，提起钻杆，及时沿套管将药包和雷管装到孔内。炸药直径为 90 mm。装药时用吊具将预先制作好的药卷吊起，装药人员拉住提绳，通过导管缓慢地送入孔内，利用炸药自重将其送达孔底。装药时应检查套管外剩余提绳长度，确定炸药是否到达孔底。装药完成后，提起导管，用专用套圈拉出导爆管，相应导爆管做好标识以及保护工作系于钻爆船上。

（6）填塞。炮孔内用混合石子堵塞密实。装药完成后，将袋装的小石子沿着套管倾倒入炮孔内部，根据炮孔内装药长度以及孔深推算需倒入的石子质量。每袋石子可填塞 1 m 炮孔，根据此参数进行推算，倒入 2~3 袋即可。

装药时要绝对保证装药工序的质量，如果发现炸药没有顺利到达孔底，应该采取适当措施，确保完全到达孔底避免浮在水中。

每完成一个船位的钻孔，炸药同时装完。炸药制作时，要将导爆管松弛地绑扎在提绳上。

（7）连网起爆。每个船位钻孔装药完成后，将导爆管按照起爆顺序集结妥当，连接上起爆雷管，钻爆船只撤离爆区。此时需注意孔外接力雷管应随着钻孔船移位，一发一发的“下船”，“第二发”应在“第一发”已位于水面且脚线浮于水面并随水流自然延展后，再行“下船”，只有这样才能保障先爆雷管不损伤后爆网路。按照规定的安全警戒方法，在确认全部符合安全条件时，连上起爆器及时引爆。

（8）安全警戒。本工程确定陆上警戒距离：120 m；河面警戒距离：500 m，共设置 6 个警戒点。警戒中利用巡逻船排查确认 1600 m 范围内无游泳人员，2000 m 范围内无潜水与水下作业人员。

6.4 试爆优化

6.4.1 试爆

在距离村庄较远且河床较浅的 95 号桥墩基础爆区进行了 7 次试爆。结果显示：基岩破碎效果较好、大块率低；爆破振动虽未超过安全允许标准，但实测数值相较理论计算偏大，村民“体感”较为明显。

考虑两岸堤防及民房基础均具有不均质的软岩软土地基特点，再加上水击波叠加及其他因素干扰，依据试爆结果优化爆破设计。优化后装药设计见表 7。

表 7　优化后装药设计

墩号	孔深/m	堵塞/m	单孔装药量/kg		单孔总装药量/kg	最大单响药量/kg
			下部装药量	上部装药量		
94 号	9.472	0.5	38	38	76	38
95 号	5.912	0.5	30	16	46	30
96 号	7.202	0.5	36	21	57	36
97 号	7.222	0.5	36	21	57	36
99 号	5.852	0.5	30	16	46	30

6.4.2　爆破参数优化

主要优化手段为“降单段”：采用孔内间隔装药，进一步减小爆破振动。

每个分段中均设置 2 个起爆药包，孔内延期，装药结构如图 16 所示。

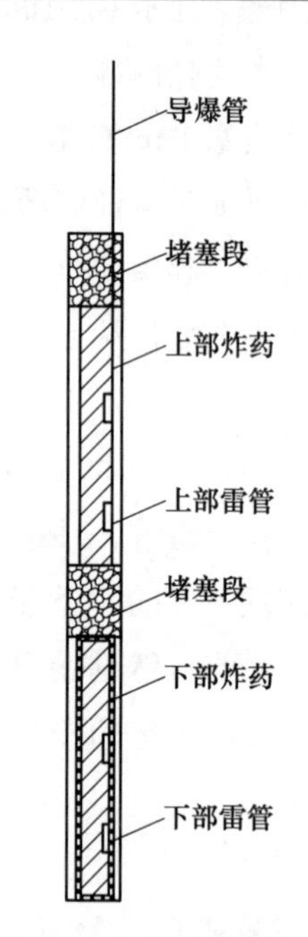

图 16　优化后装药结构

6.4.3　起爆网路优化

采用孔内、孔外延时起爆网路。在每个孔内装入（不同段别）高段别导爆管雷管（上部 MS-9，下部 MS-10），孔间联接以每孔为一束，绑扎低段位导爆管雷管 2 发（MS-3），再与另一个孔绑扎为一束加以 2 发 MS-3 雷管，以此类推；MS-5 雷管进行排间延时。最后以 2 发长脚线瞬发导爆管雷管为一组接力绑扎至起爆站连接击发枪，当具备起爆条件时即可起爆。孔内分段爆破网路示意图如图 17 所示。

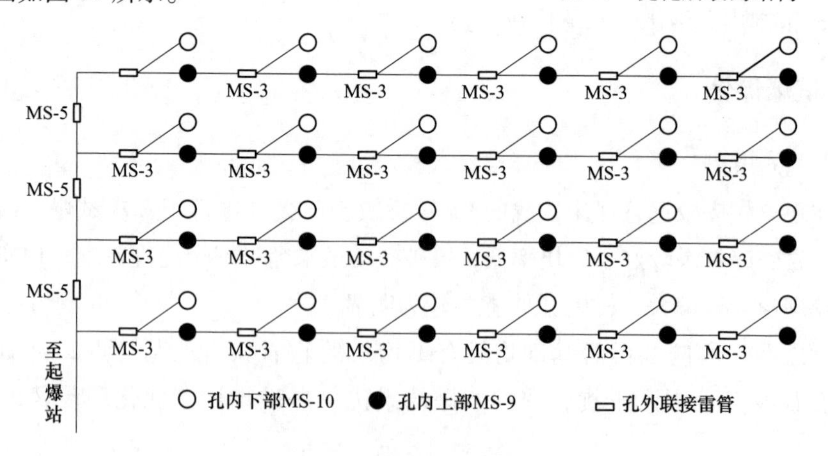

图 17　优化后爆破网路

7　爆破效果与监测成果

7.1　爆破效果

经试爆优化后，直至完工，共进行了44次爆破。通过挖碴船清碴过程观测，爆区基岩已完全破碎，无浅点或根底保残留，爆破效果良好。

7.2　监测成果

采用TC-4850振动监测仪全过程监测，爆破振动均未超出安全控制标准，经评估，两岸文物、民房等保护对象均为受到影响。以邵氏家庙（文物）处爆破振动数据进行频谱分析：

通过图18可以发现：对于文物处测点接收到的振动波，f<50 Hz所输出的瞬时能量相对于f>50 Hz的更大、更密集；波的频率越大瞬时能量越低，f>100 Hz的振动波对文物几乎无能量输出。

由图19可知，近乎全部能量均输出自f<50 Hz的振动波，超过50%的能量来自10~20 Hz频段，0~30 Hz频段能量呈正态分布，30~50 Hz之间能量占比随着频率的升高逐渐提升。由此推断，低频波对远区保护对象受到的爆破振动影响起主导作用。

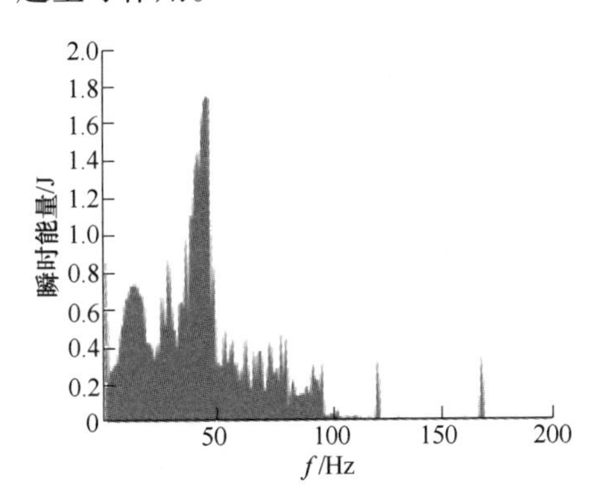

图18　频率与爆破瞬时能量关系

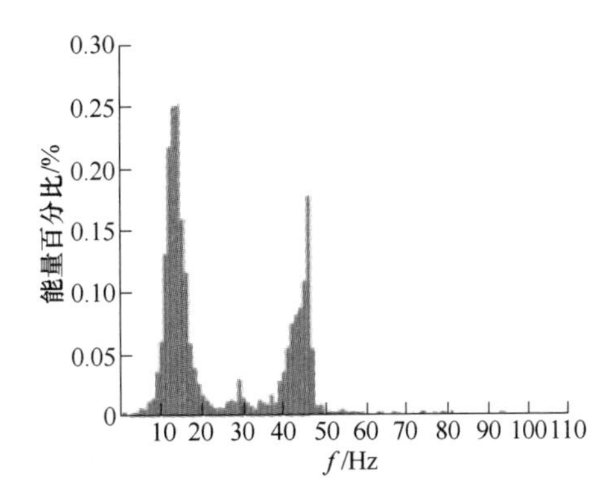

图19　各频率能量占比分布

8　经验与体会

（1）水下爆破由于水下环境不可视，在钻孔过程中需特别注意钻孔位置，如若布孔时计算位置产生偏差则钻机钻杆无法顺利打到指定位置，产生卡钻、打不下去等现象影响施工进度。

（2）兰江两侧堤岸及建筑物基础具有不均质软岩软土地基特点，对于远距离低频振动响应较强，虽振速数值未超过安全允许标准，但振动“体感”略明显。经分析，主要原因大概率在于：

1）爆心低、保护对象高，高差带来一定程度的振动放大效应。

2）距离远导致保护对象处接收到的多为低频波，软岩软土地基对于低频波响应敏感。

（3）后续类似工程中，为确保爆破作业顺利实施，应高度重视复杂环境中水下爆破所引起周边软土地基保护对象的振动安全预测与控制，在理论校核的同时，优化调整并严格控制最大单段药量仍是最有效的措施。

工程获奖情况介绍

发表论文3篇。

水下炸礁施工技术浅析

工程名称：宁波利万码头前沿水域整治工程
工程地点：宁波市北仑区大榭岛东北侧扫箕山附近岸段
完成单位：浙江甬大建设有限公司
完成时间：2018年12月26日~2019年3月6日
项目主持人及参加人员：叶斌元　王海潮　张东泉　王　成　李　海
撰 稿 人：司元红　柴成龙

近年来，随着我国经济的迅猛发展，沿海港口建设日益显得尤为重要，水下炸礁工程施工需求量也不断增大；与陆地爆破工程相比，水下爆破在水文、环境、地质等施工条件方面存在很大差异，水下钻孔爆破施工的作业环境变得更加复杂，作业难度增大。本文以宁波利万码头前沿水域整治工程为例，对本项目水下炸礁爆破技术进行探讨。

1　工程概况及环境状况

1.1　工程简介

工程位于宁波市大榭岛，距宁波市中心40 km左右，周围有金塘、舟山本岛、大猫山及穿山半岛等岛屿为天然屏障，受外海波浪影响较小。此次水域整治工程位于大榭岛东北侧扫箕山附近岸段，宁波大榭PTA项目专用码头（利万码头）东南侧，地理位置约121°58′56″E、29°56′7″N。

本工程主要对宁波利万码头前沿水域的碍航浅礁进行炸礁清除。炸礁底高程按满足5000 t级码头安全运营和今后港区的进一步建设提供有利的水深条件。

1.2　工程规模

本工程炸礁设计底标高为-10 m（1985高程，下同），港池水域需炸礁区域面积0.1552万平方米，炸礁方量为0.741万立方米，淤泥方量为0.736万立方米，扫海0.37 km^2。

1.3 地形、地质条件

1.3.1 波浪、潮流

根据潮汐特点，我单位比对海底及陆地地形图，确认高潮位和低潮位在水平投影上的距离不小于 3 m，且高潮位持续时间约 3 h，因此对本工程潮间带位置的爆破施工极为有利（陆地爆破距离水下炸礁后临空面的距离不大于 4 m）。

拟建码头位于扫箕山北侧，其东北侧水域为螺头水道。涨潮时受螺头水道和大榭岛与穿鼻山之间的水道的涨潮流影响，落潮时受大榭岛的掩护，受到来自金塘水道和册子水道的落潮流共同控制，流态比较复杂。

大榭岛属基岩性海岸，岸线伴随着矶头岬角，岸线边界决定了流态的结构。大榭岛东侧处在金塘水道、螺头水道和册子水道交汇水流，同时受到大榭岛本身岸线影响，涨落潮水流流态差别加大，表现为时空的非均匀性，不同区域、不同时刻呈现不同局部水流特征。

1.3.2 工程地质

据收集到的资料及本次勘察结果判断，拟整治水域内无区域性大断层通过，另外本次勘察未发现危岩、崩塌、滑坡及泥石流等不良地质作用。因此，拟建场地基底稳定性较好，属较稳定地块。

本场区内炸礁底标高内揭露的土层主要包括灰黄~灰色淤泥质粉质蒙古土、强风化凝灰岩、中等风化凝灰岩。

工程区域发育的中等风化凝灰岩为较硬岩，岩芯一般较破碎，局部较完整，且岩体强度存在较大差异，岩体基本质量等级为Ⅲ~Ⅳ级。

1.4 施工工期

工程实际完成工期自 2018 年 12 月 26 日~2019 年 3 月 6 日验收完毕。

1.5 主要技术经济指标

本项目共使用了水胶炸药 9240 kg，540 发非电雷管，导爆索 1500 m；完成炸礁方量为 0.741 万立方米，淤泥方量为 0.736 万立方米。

1.6 爆区周边环境情况

本次水域整治工程位于大榭岛东北侧扫箕山附近岸段，其周边环境如下：距关外码头 450 m、距利万码头 100 m、距大榭石化 3 万吨级码头 106 m、距办公区域 48 m、距含油污水调节罐 210 m、距污水处理场 108 m、距防汛墙 60 m、距油污水生化车间 153 m、距配电间 121 m。周边环境详见表 1、图 1。

表1　周边环境描述

序号	方向	被保护建筑物名称	至最近爆破点距离/m	备注
1	西北侧	关外码头	450	5万吨级液体化工码头
2	西北侧	利万码头	100	
3	东南侧	大榭石化3万吨级码头	106	
4	南侧	办公区域	48	
5	南侧	含油污水调节罐	210	
6	南侧	污水处理场	108	
7	南侧	防汛墙	60	
8	西南侧	油污水生化车间	153	钢筋混凝土结构
9	西南侧	配电间	121	钢筋混凝土结构

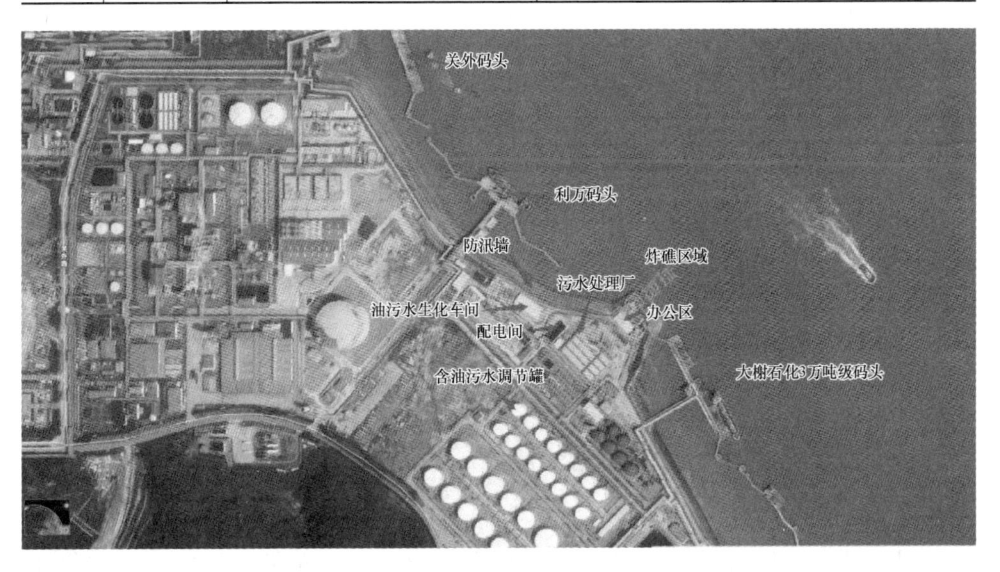

图1　周边环境

2　工程特点、难点和针对性措施

2.1　工程难点、特点

（1）在石化码头、关外码头和利万聚酯码头平时进出货船较多，人员流动密集，只有淡季期限为每年12月份至1月份货船和人员流动密度相对较小，因此必须在此期间审批完成并施工结束，导致工期紧、任务重。

（2）本工程分为水、陆两个区域施工，施工工艺变化大，工艺复杂且烦琐。特别是陆地部分施工，爆破钻孔较深，对施工机械及施工人员技术要求高，同时受到冬季施工影响，对施工人员、机械及爆破器材的安全要求也较高。

（3）本项目要求炸礁底标高为-10.0 m，最大炸礁岩层厚度 13.2 m，给钻孔及装药带来了一定的难度。

（4）现有大榭石化 3 万吨级码头、利万码头、关外码头的船舶航行、靠离泊及生产作业，会给本工程炸礁工程施工区域的警戒带来一定的难度。

（5）距离大榭石化 3 万吨级码头、利万码头、关外码头、防汛墙等水工机构较近，爆破振动控制是本项目的一大难点。

（6）距离大榭石化 3 万吨级码头、利万码头、关外码头、防汛墙等水工机构较近，陆地部分爆破飞石的控制是本项目的一大难点之一。

（7）部分区域钻孔深度较大，已装入孔内的非电雷管脚线容易被扯断，防止脚线不被扯断是一大难点。

（8）施工区域潮汐落差较大，给钻孔、装药带来了一定的难度。

2.2 针对性措施

（1）结合海水涨潮规律，并用校核水尺观察水位情况，每半小时读数一次，发现异常及时驶离船只；选择使用中型炸礁船施工，降低船舶吃水线；并加派有施工经验的钻机司机和爆破作业人员，对现场作业人员发放冲锋衣、雨衣、雨裤等必备生活用品。

（2）选择抗水压能力较强且感度低的水胶炸药，并已提前和民爆仓库沟通定制 ϕ110 mm 的水胶炸药和抗水压的非电雷管。

（3）孔深大于 6 m 时每个炮孔采用两个起爆药包，孔深小于 6 m 时采用一个起爆药包（放 3 发非电雷管）放线时用尼龙绳辅助以避免雷管脚线被扯断，进一步避免了盲炮的产生。

（4）陆上炸礁时加强堵塞和覆盖炮被于炮孔上，堵塞是常规爆破堵塞的 1.2~1.5 倍；填塞用瓜子片等不溶于水的密实材料，防止爆破飞石的产生。

（5）工程施工应在划定的相应水域和安全作业区域内施工，严禁随意扩大作业范围和区域；作业前并发布航行通（警）告，取得许可之后方可自施工作业；作业船只设置必须的安全作业区或警戒区及有关标志或配备警戒船，并加大警戒力量，在确认所有船舶处于安全距离时，方可实行爆破作业。

（6）采用微差爆破，采取 2 孔一响，减少最大单响药量和一次起爆总药量，减弱了水下炸礁产生的涌浪和陆上炸礁产生的冲击波和爆破振动。

（7）采用长臂挖机、抓斗式挖泥船等设备，在爆破完毕后及时清挖，确保施工进度符合计划要求。

3　爆破方案选择及设计原则

因本工程周围有石化码头、关外码头、利万聚酯码头，这三个码头平时进出货船较多，故只能在码头淡季施工（即12月份至1月份）。爆破施工区域分为水下炸礁和陆上炸礁两部分（以下参数只论述水下炸礁部分）。

为了便于钻孔定位、提高钻孔效率、有利于装药堵塞，采用垂直钻孔形式，主爆孔使用均采用ϕ135 mm的钻孔直径和ϕ110 mm的水胶炸药。

利用炸礁船钻孔定位、下套管、钻孔、量孔深等一系列工作，布孔方式采用矩形方式，每个船位布置炮孔6~10个，根据炸礁设计底标高-10 m实施钻孔深度，一次性钻孔到位并超深至少3 m以上，确保一次爆破、打捞爆碴之后符合设计标高，避免二次钻孔爆破。孔内采用两发非电雷管，孔外采用非电雷管簇联方式起爆。

4　爆破参数设计

爆破参数的确定主要根据水下钻孔爆破的经验计算公式进行确定，钻孔参数基于《爆破安全规程》（GB 6722—2014）及相关资料确定，主要包括钻孔孔距和排距，钻孔直径和超深。它们跟炸礁区岩土分类、挖泥船的清碴能力等因素密切相关。各参数确定的过程如下。

4.1　爆破参数确定

（1）钻孔直径d=138 mm。

（2）延米装药量Q_0=10 kg/m。

（3）药卷直径为110 mm。

（4）单耗q按式（1）确定：

$$q=q_1+q_2+q_3+q_4 \tag{1}$$

式中　q_1——基本装药量，是一般陆地梯段爆破单耗的2倍，对于中硬岩，陆地一般取0.5 kg/m^3，对水下垂直钻孔，再增加10%，采用抛掷爆破，再增加30%，因此q_1=1.43 kg/m^3；

q_2——爆区上方水压增量，$q_2=0.01h_2$，h_2为水深（至开挖底部）因此水深统一按10 m；计算q_2=0.1 kg/m^3；

q_3——爆区上方覆盖层增量，$q_3=0.02h_3$，h_3为覆盖层厚度0 m（水下表面岩石无覆盖层），因此q_3=0；

q_4——岩石膨胀增量，$q_4=0.03h$，h为台阶高度，m，取10.0 m，因此q_4=0.3 kg/m。

故：单耗 $q=q_1+q_2+q_3+q_4=1.43+0.1+0+0.3=1.83(kg/m^3)$。

（5）填长度按经验取 $h_0=2.0$ m。

（6）超钻按以往工程经验取 $h_1=3.0$ m。

（7）计算单孔最大可能装药量。

$$Q=q_1(L-h_0) \tag{2}$$

式中　q_1——线装药量；

L——钻孔深度。

$Q=q_1(L-h_0)=10\times(13-2)=110(kg)$，取 110 kg。

（8）孔排距。根据以往经验孔排距取孔距 $a=3.0$、排距 $b=2.0$，当爆层较薄时孔排距适当减小。

（9）岩石最大炸礁厚度（即同台阶高差），取 2～10 m。

（10）单耗验算。$q=Q/abh=110/3.0\times2.0\times10.0=1.83(kg/m^3)$，因此总体单耗取 1.83 kg/m³，实际参数通过现场试爆确定。

4.2　装药与堵塞

为防止泥沙和石碴淤孔，钻孔完成后应立即装药。装药前，先检查孔壁的质量和孔深。再根据孔深确定采用起爆体的个数。每个炮孔均使用 2 个起爆体起爆，装药完毕随后进行堵塞，防止水流将炸药拉出。炮孔具体装药量及填塞详见表 2。

表 2　爆破设计参数

序号	1	2	3	4	5	6	7	8	9	10
参数名称	同台阶高差	钻孔直径	钻孔超深	钻孔深度	线密度	炸药单耗	孔距	排距	单孔装药量	填塞长度
代号	H	d	h	L	p	q	a	b	Q_d	L_1
单位	m	mm	m	m	kg/m	kg/m	m	m	kg	m
参数	2	138	3	5	10	1.83	3	2	22	2.8
	3	138	3	6	10	1.83	3	2	33	2.7
	4	138	3	7	10	1.83	3	2	44	2.6
	5	138	3	8	10	1.83	3	2	55	2.5
	6	138	3	9	10	1.83	3	2	66	2.4
	7	138	3	10	10	1.83	3	2	77	2.3
	8	138	3	11	10	1.83	3	2	88	2.2
	9	138	3	12	10	1.83	3	2	99	2.1
	10	138	3	13	10	1.83	3	2	110	2.0

注：根据不同的地质条件及前排抵抗线情况，每孔药量会进行适当调整。

4.3　爆破网络设计

为了避免爆破地震波和水下冲击波对周边设施造成危害，起爆网路设计采取如下措施：

（1）微差爆破减振。微差爆破与齐发爆破相比，平均降振率为50%。

（2）微差段数越多降振效果越好，实践表明，段间间隔时间一般是50~100 ms，本次爆破选用多段别雷管来实现微差爆破。

（3）起爆网路。采用非电起爆网路即钻孔内的每个起爆体用同段号的非电雷管两发。孔外采用非电雷管簇联的方式起爆，如图2所示。

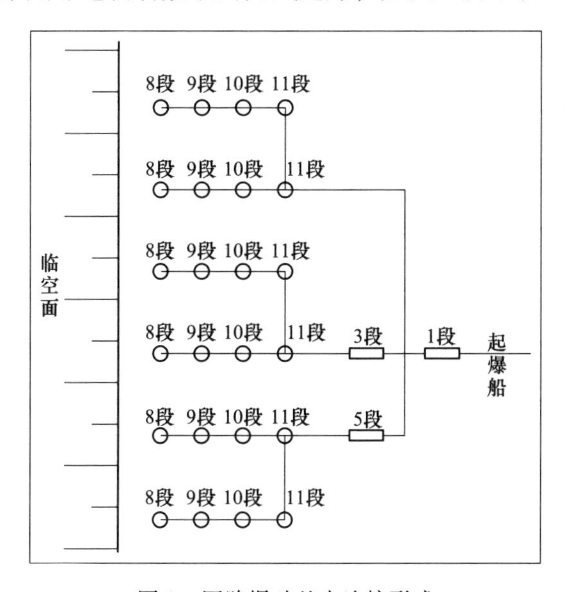

图2　网路爆破基本连接形式

5　爆破安全设计

根据《爆破安全规程》（GB 6722—2014）中一般规定：爆破作业对建（构）筑物有害效应主要表现在以下3个方面：（1）爆破振动；（2）爆破空气冲击波；（3）爆破飞散物。

5.1　爆破振动

5.1.1　爆破振动安全允许标准

根据中华人民共和国国家标准《爆破安全规程》（GB 6722—2014）爆破振动安全允许标准，确定允许数值。

5.1.2 本次爆破振动标准的确定

爆区西北侧：450 m 关外码头（5 万吨级液体化工码头）泊位，100 m 利万码头泊位；东南侧：106 m 大榭石化 3 万吨级码头泊位，南侧防汛墙；根据设计院设计允许质点振动最大速度为 4. 5 cm/s ；罐区、油污水生化车间（钢筋混凝土结构）3. 5 cm/s。

爆破振动安全允许距离的计算：

最大单响药量、振速、爆心至建（构）筑物的距离三者关系式如下：

$$Q_{max} = [R(v/K)^{1/\alpha}]^3 \tag{3}$$

式中 Q_{max}——一次爆破的最大单响装药量，kg；

R——药包中心至建（构）筑物的最近距离，m；

v——介质质点振动速度，cm/s；

K，α——分别为与爆破点至计算点间的地形、地质条件有关的系数和衰减指数。可参考《爆破安全规程》（GB 6722—2014）表 3。

本工程岩层为中硬岩石，取值：$K=150$；$\alpha=1.8$。

通过公式计算，本工程爆心至保护对象的距离、最大单响药量、振速三者数值见表 3。

表 3 爆破振动验算

序号	方向	建筑物名称	建（构）筑物至药包中心距离/m	最大单响药量/kg	安全允许质点振速 /cm · s^{-1}	计算质点振速 /cm · s^{-1}	备注
1	西北侧	关外码头（5 万吨级液体化工码头）	450	110	3. 5	0. 04	
2	西北侧	利万码头	100	110	3. 5	0. 63	
3	东南侧	大榭石化 3 万吨级码头	106	110	3. 5	0. 57	
4	南侧	办公区域	48	110	3. 5	2. 37	
5	南侧	含油污水调节罐	210	110	3. 5	0. 17	
6	南侧	原料及成品、航煤罐区	283	110	3. 5	0. 10	
7	南侧	污水处理场	108	110	3. 5	0. 55	
8	南侧	防汛墙	60	110	4. 5	1. 59	
9	西南侧	油污水生化车间	153	110	3. 5	0. 29	
10	西南侧	配电间	121	110	3. 5	0. 45	

本工程中实施过程中，设计为两孔一响，最大单响药量为 220 kg，总装药量不超过 1000 kg。根据建（构）筑物的距离可调整最大单响药量，可确保需保护建（构）筑物是安全的。

5.2 水下钻孔爆破冲击波安全距离的设计与计算

在水深不大于 30 m 的水域内进行水下爆破，水中冲击波的安全允许距离应遵守下列规定：

（1）对人员及施工船舶按表 4 确定。

（2）客船：1500 m。

（3）非施工船舶：可参照表 4。

表 4 对人员及船只的水中冲击波安全允许距离

炸药量/kg		≤50	>50 且≤200	>200 且≤1000
人员	游泳/m	500	700	1100
	潜水/m	600	900	1400
施工船	木船/m	100	150	250
	铁船/m	70	100	150

一次爆破药量大于 1000 kg 时，对人员和施工船舶的水中冲击波安全允许距离可按式（4）计算：

$$R = K_0 \times Q^{1/3} \tag{4}$$

式中 R——水中冲击波的最小安全允许距离，m；

Q——一次爆破起爆的炸药量，kg；

K_0——系数，按表 5 选取。

表 5 K_0取值

装药条件	保护人员		保护施工船舶	
	游泳	潜水	木船	铁船
裸露装药	250	320	50	25
钻孔或药室装药	130	160	25	15

本工程计算得表 6。

表 6 安全距离计算值

炸药量/kg		1000	
人员	游泳/m	130	1300
	潜水/m	160	1600
施工船	木船/m	25	250
	铁船/m	15	150

综上所述，确定本工程冲击波安全允许距离如下：

船只爆破警戒距离 300 m；潜水 1600 m；客船 1500 m；陆地警戒距离 200 m。

5.3 爆破飞散物

根据以往施工经验，水深超过 6 m 可以忽略个别飞石飞散物，因此水下部分爆破时，堵塞加海水总的堵塞长度不小于 6 m，确保爆破飞石安全。

6 爆 破 施 工

6.1 施工总体安排

根据本司的经验及对本工程的了解，本项目的总体安排如下：

（1）前期办理爆破器材审批手续和相关施工许可证；并准备好炸礁船及清碴船（抓斗式挖泥船）的材料和人员。

（2）挖掘机在陆上爆破区域进行清理钻机可行走平台。

（3）炸礁船进场施工，由深水向浅水方向施工，起爆时炸礁船向爆区深水区移动。

（4）水下炸礁爆破作业完毕，立即安排抓斗式挖泥船进行爆破后的清挖。

（5）陆上炸礁进行钻孔爆破。

（6）爆碴清理完毕后，先进行测量自检，对发现的浅点再次进行清挖，如果无法直接清挖干净，则安排炸礁船进行补炸。

（7）自检合格后，将资料提交业主申请验收。

6.2 施工总体流程

根据上述安排原则，本项目施工流程为：施工准备→钻爆→清碴↔水深测量↔补爆清底→完工自检→交工验收。

6.3 施工人员、设备组织

现场成立了以项目技术负责人为首的爆破领导小组，并根据爆施破设计施工方案进行爆破施工。

为了确保爆破效果，现场进行炸药制作，如图 3 所示。为了确保工程顺利进行，现场配备了炸礁船、挖泥船、甲板货船、警戒船、拖船、抛锚船等船舶，且炸礁船上自带有高风压钻机。水上钻孔、装药采用专业 600 t 工程钻孔爆破工作船，配备 4 台套固定间距、高钻架改进型 YQ100 深水潜孔钻机；清碴使用 2 条 8 m^3 斗容，重 32 t 的抓斗式海上专用清碴船。

图 3　现场民用爆炸物品制作

水下炸礁爆破首先按设计将礁盘分区，然后由深水到浅水顺序进行，每个区分多次爆破但不分层一次钻爆到设计深度。孔位采用 GPS 测量方法指挥定位，利用在施工水域抛设主锚缆及双八字锚缆控制船体前后左右移位。水下炸礁完成后开始清碴，检测深度，对个别浅点进行二次补充钻爆。

6.4　施工措施

（1）开挖施工时，根据各施工区的平面形状，分条分段开挖，为了防止漏挖，各施工条块间重叠 1 m 施工。

（2）开挖施工严格按合同、技术规范要求控制挖深和挖宽。

（3）采用 GPS 全球卫星定位系统及电子图形显示系统进行挖泥船实时平面定位，确保开挖平面尺度。

（4）实时测量施工区水位，并用自动遥报仪传送到挖泥船，开挖操作员据此控制挖深。

6.5　毫秒延迟起爆技术的应用

逐孔毫秒延迟、2~3 孔同段毫秒延迟、排间毫秒延迟、小区域同段起爆等在炸礁工程中随爆区距堤岸的距离增大或爆破从礁盘边沿向中间不断推进而依次采用。逐孔毫秒延迟空间延迟时间为雷管的固有时差，2~3 孔同段毫秒延迟、排间毫秒延迟时间一般控制为大于 50 ms；起爆瞬间如图 4 所示。

图 4 现场爆破起爆

6.6 爆破与清碴协调

水下炸礁突出特点之一是相当一部分岩体只有一个上向自由面，而且在几米至十几米水下，加上清碴工作船体积较大，受施工条件限制不可能放一炮清一炮，因此，当需炸除的岩体较厚时（一般大于 8 m），如何提高爆后爆堆的可挖性是一个重要的技术问题。本工程采取的措施：提高爆破单耗，即缩小炮孔排距、增大超深；消除底部大块层，即将炸药装至岩石与泥土的交接层，有的直接将炸药装至固体与水的分界面；尽可能采用齐发爆破利用炸药起爆后的联合作用将炸碎的岩体向上抛掷运动增加爆堆松散性；清碴到底部岩石时用重型爪斗或调换斗齿（图 5）。实践证明上述措施十分有效。

7 爆 破 效 果

清礁（碴）完成后，进行了水深测量自检，并绘制了 1：500 水下地形图，对发现浅点及时补清；水深测量合格后进行多波速扫海自检，并绘制扫海轨迹图，扫海时发现浅点及时处理完毕，并对该区域再进行复测、复检，均达到合同、设计底标高。

经过 2 个月左右的时间，本项目按预定计划完成了爆破施工任务，炸礁底标高符合设计要求，爆破飞石、爆破振动等控制在设计范围之内，得到了业主、监理的认可。

图5　清碴打捞

8　经验与体会

综上所述，本工程在进行水下炸礁爆破施工过程中，严格按照上述要求进行安全控制和施工，顺利完成了疏浚爆破作业，没有出现任何安全事故，而且爆破效果优良，爆碴块度均匀、松散，给清碴船清碴带来了便利，值得以后类似工程借鉴和参考。

第二部分

拆除爆破

CHAICHU BAOPO

一、建筑物、构筑物拆除

双侧紧贴运营新桥的大型桥梁爆破拆除技术

工程名称： 衢州市西安门大桥爆破拆除工程
工程地点： 衢州市柯城区
完成单位： 浙江省高能爆破工程有限公司
完成时间： 2018 年 3 月 3 日~5 月 1 日
项目主持人及参加人员： 唐小再 蒋跃飞 陈飞权 何 涛 刘 桐
撰 稿 人： 刘 桐 何 涛 陈 挺 隋显毅 陈明刚

1 工程概况及环境状况

1.1 工程概况

西安门大桥位于衢州市柯城区，随着经济的发展，公路流量的增加和超限超载行驶车辆逐年剧增，致使其通行能力不足，需对现有西安门大桥进行拓宽改造。西安门大桥拓宽改造时，先在既有西安门大桥老桥两侧各新建 11 m 宽桥梁，加宽桥梁全长为 344.6 m，施工过程保持老桥通车。待两侧加宽桥梁建成通车后，拆除老桥，在老桥桥址处修建中间幅新桥，中间幅桥梁宽度为 2×12.5 m，中间带宽度 1 m，桥梁全长 344.6 m。本工程主要内容就是待两侧新桥建成通车条件下，将中间西安门老桥爆破拆除，为后续新桥建设提供场地。

1.2 桥梁结构

待拆除的西安门大桥为上承式钢筋混凝土钢架式拱桥，横跨河床的全长为 346 m，桥面宽 24 m，河床上有 6 个桥墩，7 孔，单跨长为 45 m（图 1）。主体结构由基础、桥墩、墩帽、中墩墙、拱腿、实腹段、弦杆、斜撑、桥面等结构组成。其中基础和桥墩为浆砌块石结构，体积厚大，其高度为 8.9~10.2 m，厚度为 3~4.7 m，长度为 26.75~29 m；墩帽为钢筋混凝土结构，高度为 1.7 m，底部厚 3.2 m，长度为 27 m；中墩墙为素混凝土结构，厚度为 1.3 m，高度为 3.8 m，长度为 23.75 m；拱腿和斜撑为预制钢筋混凝土结构，结构尺寸渐变；桥面为现浇钢筋混凝土结构，桥面厚度为 0.3~0.5 m。待拆除桥梁下部结构如图 2 所示。

图 1　桥梁全貌

图 2　桥梁下部结构

1.3　周边环境

西安门大桥位于衢州市柯城区，横跨衢江，桥西为大桥起点，位于花园东大道和九华北大道交叉口，桥东位于西安路和衢江北路交叉口，地处闹市区，四周环境复杂。

桥西（至桥台位置）距离北侧公园 100 m，距离公园北侧的西江月小区 282 m，距离西侧九华北大道 201 m，距离西北侧配电房 154 m，距离花园东大道北侧浮石园丁楼小区 215 m，距离花园东大道路边电信通信地下管线 210 m；距离花园东大道南侧在建高层 237 m，距离本工程项目部办公楼 80 m，距离施工用变压器 60 m，其他为沿江绿化带和步行道，如图 3 所示。

桥东（至桥台位置）北侧江边花园雕塑为 71 m，距离本工程施工用变压器 64 m，距离东北侧电信大楼 130 m，距离衢江北路 108 m，距离衢江北路路边电信通信地下管线 110 m，距离西安路北侧的配电房 120 m，距离西安路南侧的电信箱、公安监控箱等设施 120 m，距离最近的斗潭社区楼房 105 m，距离桥边项目部临时用房 50 m（图 4），其他为沿江绿化带和步行道。

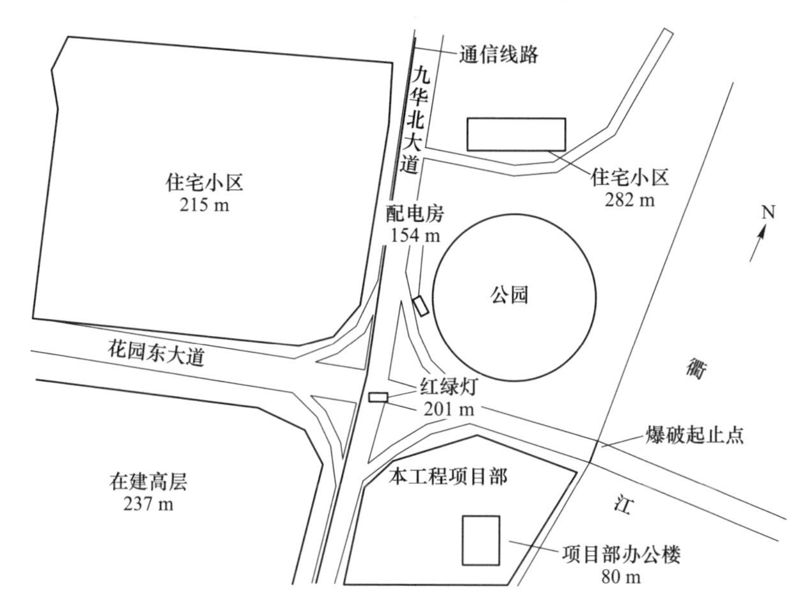

图 3　大桥西侧重点保护对象及距爆破点距离

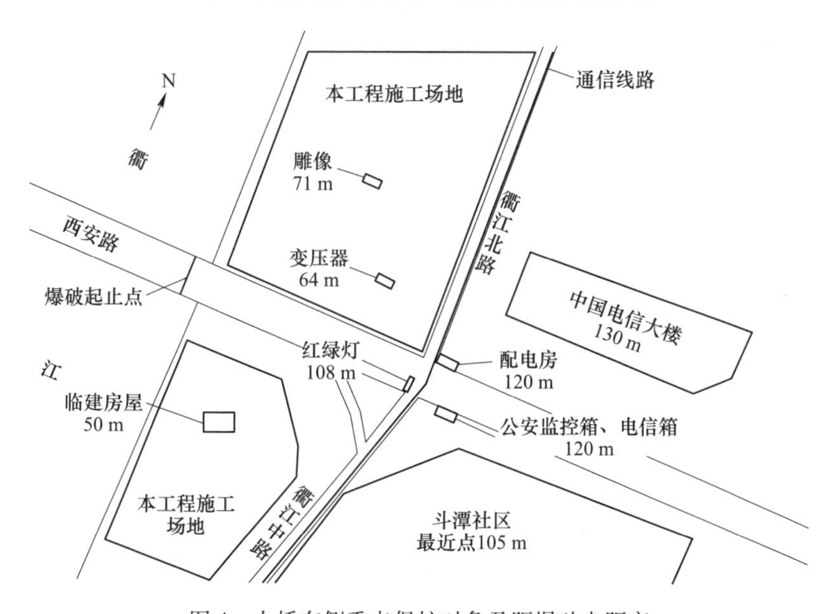

图 4　大桥东侧重点保护对象及距爆破点距离

待爆破拆除的老桥两侧新桥已建成通车，其上部桥体钢箱中有多种跨江管道：北侧自来水管道距老桥桥面垂直距离 1.36 m，水平距离 8.65 m；南侧天然气管道距老桥桥面垂直距离约 1.6 m，水平距离 4.45 m；南侧自来水管道距老桥桥面垂直距离 1.36 m，水平距离 8.65 m。

2　工程特点、难点

2.1　新老桥的位置关系

双侧新建运营大桥主桥墩与老桥桥面水平距离仅 0.5 m，双侧新建运营大桥桥面与老桥桥面的水平距离为 1 m，双侧新建运营大桥与老桥上部结构的最小建筑净距 1.1 m，与老桥拱片水平距离约 1.9 m。老桥桥墩端部突出于桥面，伸入新桥桥面内部约 2 m。新桥桥面比老桥桥面最高高出约 2.7 m，如图 5 所示。

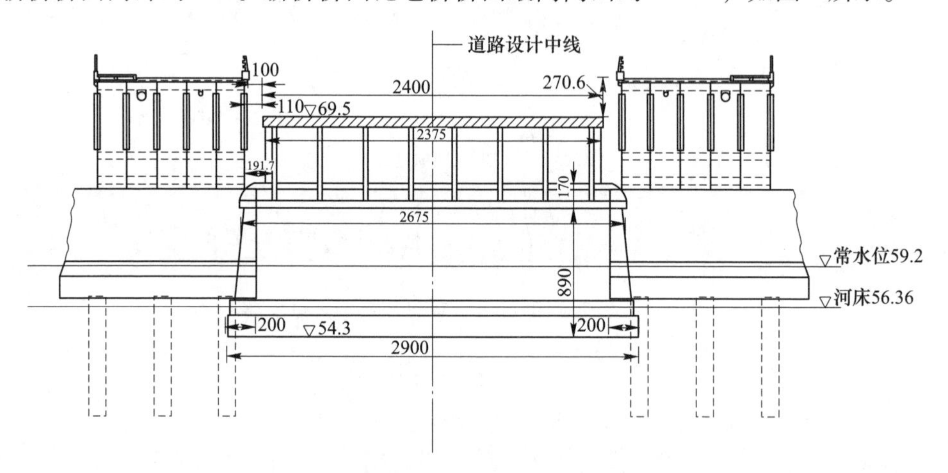

图 5　老桥与新桥断面（主视图，单位：mm）

两侧新桥共 6 拱，河中有 5 个桥墩；老桥共 7 拱，水中有 6 个桥墩。新老桥桥墩的最小相邻距离为 2.55 m（即 2 号老桥桥墩与 2 号新桥桥墩、5 号老桥桥墩和 4 号新桥桥墩）。新老桥桥墩的最大相邻距离为 17.55 m（即 3 号老桥桥墩和 3 号新桥桥墩）。新老桥桥墩交错重叠约 2 m，如图 6~图 9 所示。

2.2　爆破拆除工程难点

2.2.1　确保紧贴待拆除老桥两侧运营新桥的安全

两侧运营新桥的上部钢箱结构紧贴老桥，间距仅为 1.0 m。如何确保爆破飞散物、老桥桥面结构及附属构件在塌落过程中不损伤运营新桥的上部钢箱是本工程的难点。

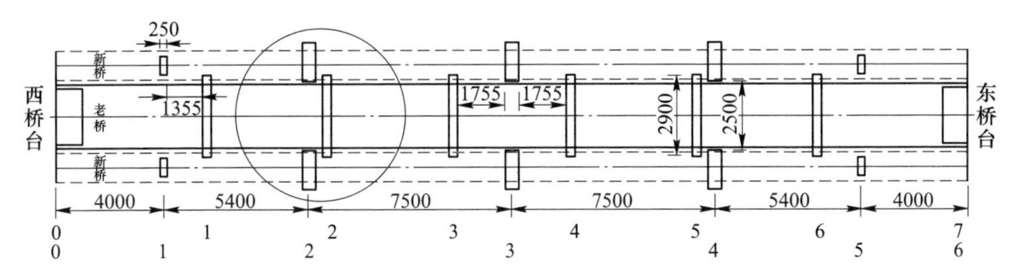

图 6 老桥与新桥位置平面（俯视图，单位 mm）

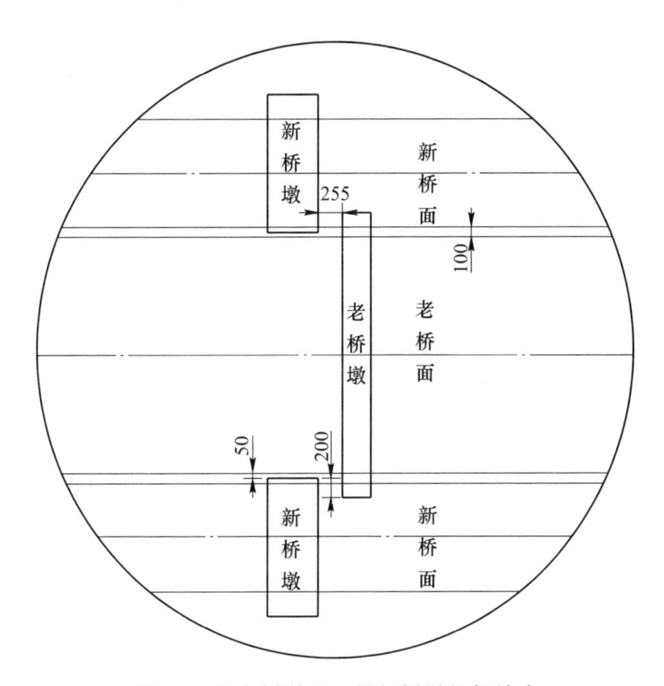

图 7 2 号老桥墩和 2 号新桥墩细部放大

2.2.2 确保紧贴待拆除老桥两侧运营新桥下部基础结构的安全

老桥桥墩和新桥桥墩之间相互错开（俯视方向）间距仅 2.55 m，但主视方向桥墩之间相互重叠约 2 m。因此老桥爆破时，其部分结构在爆破后解体、坍塌、散落过程中，易倾斜倒向新桥桥墩。爆破桥梁主体结构整体性好、质量大、塌落高，一旦触碰到新桥桥墩就会对其基础结构和稳定性造成较大的影响。如何控制老桥的整体结构塌落时不损伤新桥桥墩等下部基础结构，需要从三方面进行控制：即老桥爆破振动不损伤新桥基础构件；老桥塌落引起地面振动不损伤新桥基础及上部主体结构；老桥塌落过程中主体构件不冲击损伤新桥桥墩。

图 8　2 号老桥桥墩和 2 号新桥桥墩俯视照片

图 9　新老桥水平位置

2.2.3　确保紧贴待拆除老桥两侧运营新桥中管线的安全

本工程中需保护管线包括：桥西、桥东地下管线及南、北新桥上部钢箱中预设燃气、自来水与通信管线。北侧新桥中燃气管道距老桥桥面垂直距离 1.36 m，水平距离 8.65 m，爆破飞散物的影响范围较大，可能对新桥中的管线造成表面损伤，同时如何降低老桥爆破振动和塌落振动所产生的危害，防止对新桥钢箱中管道的影响是本工程的难点。

2.2.4　确保周围环境安全

西安门大桥位于衢州市闹市区，周边环境复杂，在爆破影响范围内有：电力设施、通信光缆线、市政雕塑、办公楼、配电房、交通道路监控设施、居民楼等设施。在爆破实施过程中必须控制爆破有害效应，确保周边环境设施的安全。

2.2.5　危桥材质结构复杂

西安门大桥历史上经过多次改造、维修、加固，桥梁施工图纸缺失，桥梁构件及墩台的实际测量尺寸与现有图纸不符。桥梁主体构件建成年代不同，所用的材质结构复杂，由浆砌块石、素混凝土、预制钢筋混凝土、现浇混凝土等材质组成。这些特点对桥梁爆破参数设计、钻孔施工、爆破部位的炮孔布置、安全防护措施等提高了难度。

3　爆破方案选择及设计原则

西安门老桥爆破拆除方案是通过钻孔爆破的方法将每跨桥梁的受力支撑点破坏，使桥梁瞬间失去支撑而解体塌落至河床上，达到爆破拆除桥梁的目的。爆破后通过下游橡皮坝放水，下降河床水位，并使用大型机械设备对倒塌的桥梁进行二次破碎与清碴。爆破点主要设置在拱腿、斜撑、拱顶、中墩墙、墩帽、桥墩位置。由于新老桥局部桥墩位置非常近，为了减少爆破有害效应对新桥墩的影响，浆砌块石的老桥桥墩仅设置部分炮孔进行松动，待清碴施工时采用机械拆除。

根据现场的爆破环境要求和经济技术比较，以及方案评审会专家建议，最终实施爆破方案采用了逐跨延时原地缓冲坍塌控制爆破、爆破桥墩且跨间短时差起爆的总体方案。本工程采用以浅孔结合垂直深孔的钻孔爆破拆除方案。即在拱腿及斜撑位置布置水平浅孔，拱顶布置垂直浅孔，承压结构（中墩墙、墩帽、桥墩）布置垂直深孔，装药爆破后使桥梁整体失稳而塌落至河床上。该方案钻孔精度高，装药分散，爆破有害效应易控制，爆破安全可保证。

为确保两侧新桥、新桥内管线及桥头周边建筑物及设施的安全，减小爆破振动及塌落振动危害，减少爆破飞石，根据桥台和桥墩的数量将桥梁起爆网路空间上分为27个独立爆破区域，延期时间上分为9段，从中间拱顶处向东西两侧依次逐跨起爆桥梁，以控制一次起爆药量及塌落振动。整个起爆网路采用四通和导爆管连接成多单元复式闭合起爆网路，西安门大桥从中间向两边一次爆破拆除。

4　爆破参数设计

4.1　拱腿爆破参数

拱腿高1.04 m，宽度从根部的0.74 m向上不均匀渐变减少至0.6 m，结合实际情况将钻孔区域简化为：拱腿根部 1 m 范围宽 0. 74 m、上部宽 0. 6 m。

拱腿位置布置 2 排，每排 6 个水平炮孔，炮孔直径为 38 mm。

（1）最小抵抗线 W：取 W=0. 35 m。

（2）炮孔间距 a：取 a=0. 5 m。

（3）炮孔排距 b：取 b=0. 34 m。

（4）炮孔深度 L：取 $L_{下}$=0. 55 m，$L_{上}$=0. 47 m。

（5）堵塞长度 $L_{堵}$：取 $L_{堵下}$=0. 25 m，$L_{堵上}$=0. 22 m。

（6）单孔装药量 Q：

$Q_{拱腿下}=kV=1500\times0.19=285$ g；取为：$Q=300$ g。

$Q_{拱腿下}=kV=1500\times0.15=225$ g；取为：$Q=250$ g。

拱腿布孔及装药结构如图 10 和图 11 所示。

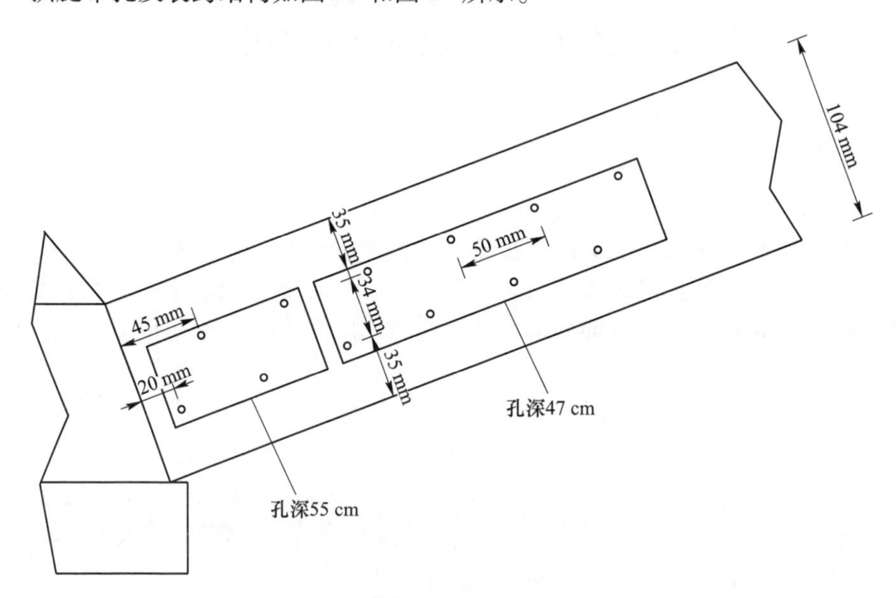

图 10　拱腿布孔

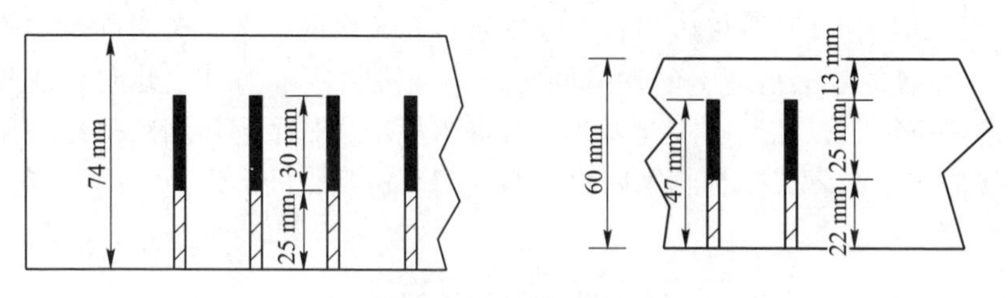

图 11　拱腿装药结构

4. 2　斜撑爆破参数

斜撑尺寸为高 0. 47 m，宽 0. 36 m。斜撑布置 1 排 6 个水平炮孔，炮孔直径为 38 mm。

（1）最小抵抗线 W：取 $W=0.25$ m。

（2）炮孔间距 a：取 $a=0.35$ m。

（3）炮孔深度 L：取 $L=0.25$ m。

（4）堵塞长度 $L_{堵}$：取 $L_{堵}=0.15$ m。

（5）单孔装药量 Q：$Q=kaBW=1500\times0.35\times0.47\times0.36=89$ g；取为：$Q=100$ g。

斜撑布孔及装药结构如图 12 和图 13 所示。

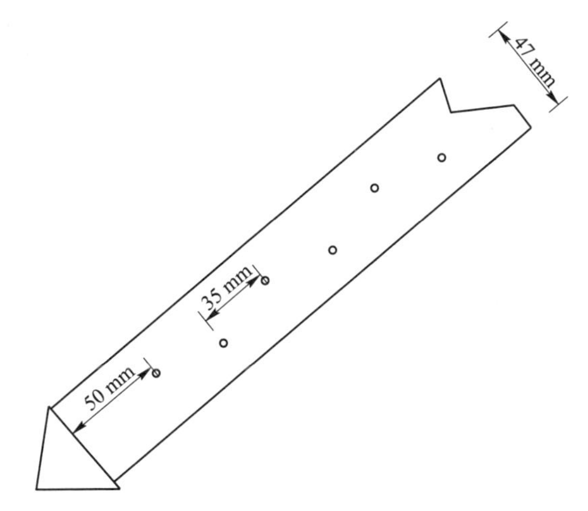

图 12　斜撑布孔

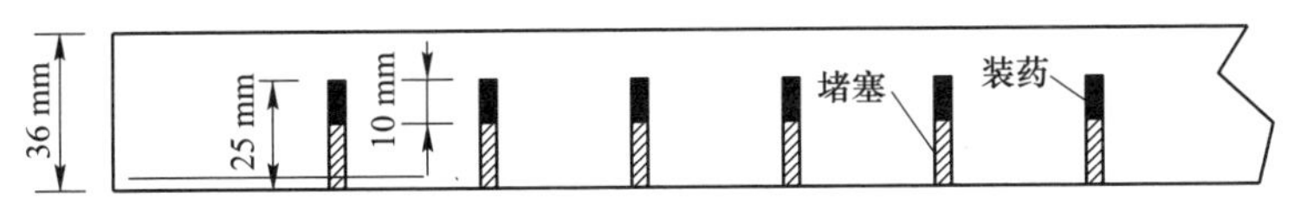

图 13　斜撑装药结构

4.3　拱顶爆破参数

拱顶位置布置 10 个炮孔，采用竖直炮孔布置形式，炮孔直径为 38 mm。

（1）最小抵抗线 W：取 $W=0.25$ m。

（2）炮孔间距 a：取 $a=0.3$ m。

（3）炮孔深度 L：取 $L=0.95$ m。

（4）堵塞长度 $L_{堵}$：取 $L_{堵}=0.8$ m。

（5）单孔装药量 Q：

$Q_{顶}=kabB=1500\times0.3\times0.5\times0.65=146.25$ g；取为：$Q=150$ g。

拱顶布孔、拱顶结构及装药示意如图 14 和图 15 所示。

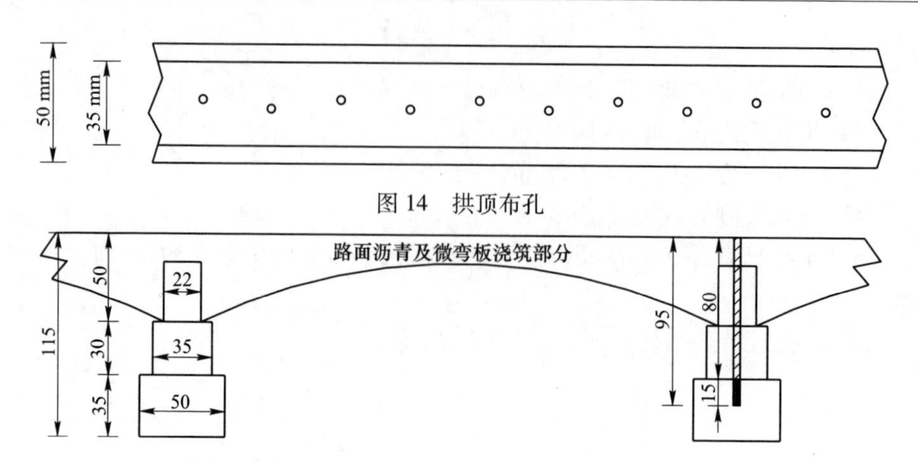

图 14　拱顶布孔

图 15　拱顶结构及装药（单位：mm）

4.4　承压结构深孔参数

中墩墙及墩帽皆为现浇混凝土结构，桥墩为浆砌块石结构，中墩墙厚 1.3 m，高 3.8 m，宽度为 23.75 m；墩帽底部宽 3.2 m，长约 27 m，高 1.7 m；桥墩上部 4 m 部分厚约 3 m，长 27 m。沿桥面横向布置一排垂直深孔，孔径 90 mm，钻孔深入桥墩 3.5 m，孔深即 9 m。

爆破参数计算：

(1) 最小抵抗线 W：

中墩墙段取 $W_{中墩墙}=0.65$ m；

墩帽段取 $W_{墩帽}=1.6$ m；

桥墩段取 $W_{桥墩}=1.5$ m。

(2) 炮孔间距 a：取 $a=0.8$ m。

(3) 炮孔深度 L：取 $L=9$ m。

(4) 单孔装药量 $Q_{深孔}$：

中墩墙段：$Q_{中墩墙}=kaB_{中墩墙}H_{中墩墙}=800\times0.8\times1.3\times2.5=2080$ g，取 2000 g；

墩帽段：$Q_{墩帽}=kaW_{底}H_{墩帽}=800\times0.8\times2.8\times1.7=3046.4$ g，取 3200 g；

桥墩段：$Q_{桥墩}=kaB_{桥墩}H_{桥墩}=640\times0.8\times3\times3.5=5376$ g，取 5200 g。

综上，深孔单孔装药量 $Q_{深孔}=10.4$ kg。

(5) 装药结构：

中墩墙段：利用导爆索从中墩墙底部连续装填 7 支 ϕ32 mm 乳化炸药，上面 3 支间隔 0.16 m 装填；

墩帽段：四根 ϕ32 mm 乳化炸药捆扎连续装填在中间；

桥墩段：从孔底开始，4 支 ϕ32 mm 乳化炸药捆扎为 1 节，每节间隔 0.2 m 装填 6 节，第 7 节为 2 支炸药捆绑。

（6）堵塞长度：

$L_{堵}=1.3\ \mathrm{m}$，孔口先用编织袋堵塞 0.3 m，再用粗砂堵塞 1 m，孔内采取空气间隔。

深孔布孔、装药结构如图 16 和图 17 所示。

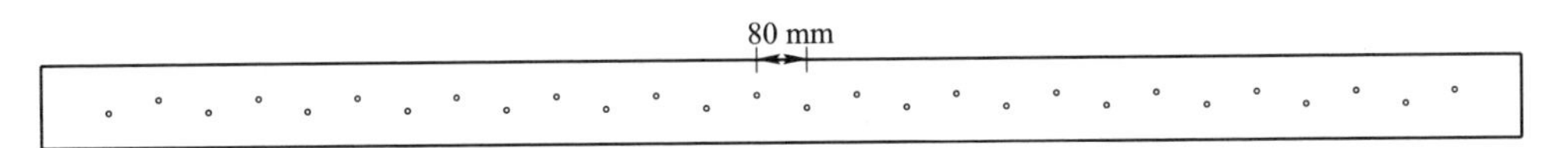

图 16　深孔布孔

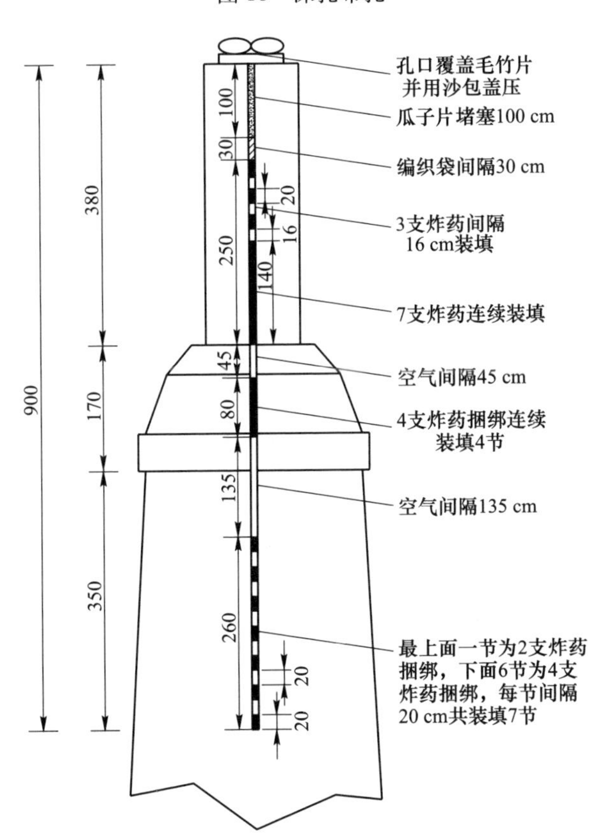

图 17　深孔装药结构（单位：mm）

（7）桥墩端部孔：

由于墩帽及桥墩部分南北向长约 27 m，中墩墙长 23.75 m，为了确保大桥桥面以下结构能够完全破碎并同步竖直塌落，考虑在墩帽及桥墩超出中墩墙的部分布置端部孔，钻孔深度均以进入桥墩 3.5 m 为准。

结合现场实际情况，北侧端部布置 1 个孔，孔深 6.2 m；南侧端部布置 2 个孔，孔深 5.2 m。单孔装药量及装药结构取与主爆孔对应位置相同。

南北端部炮孔布置如图 18 所示；北侧端部、南侧端部孔装药结构如图 19 和图 20 所示。

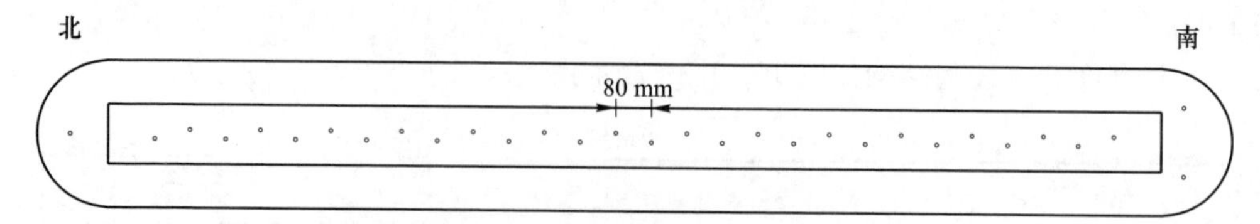

图 18　南北端部炮孔布置

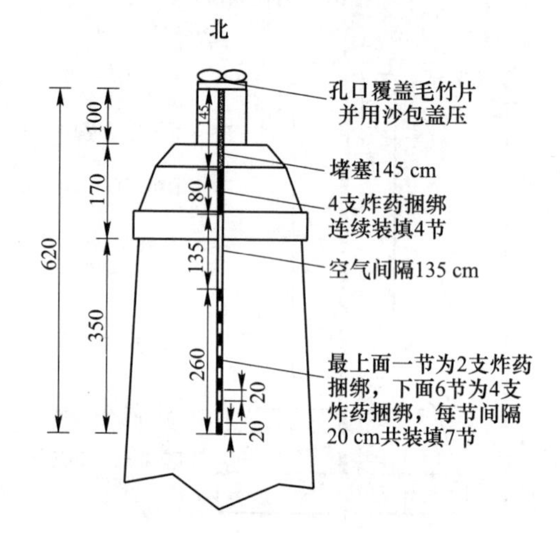

图 19　北侧端部孔装药结构（单位：mm）

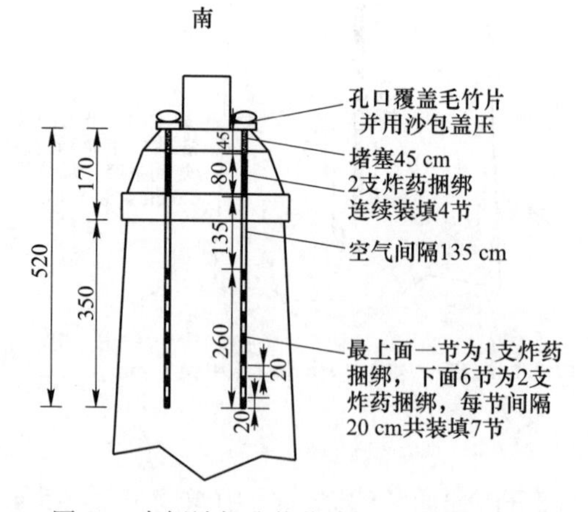

图 20　南侧端部孔装药结构（单位：mm）

4.5　各部位爆破参数

最终确定各爆破部位参数见表 1。

表1　爆破参数汇总

爆破部位		规格/m	最小抵抗线 W/m	孔距 a/m	排距 b/m	孔深 L/m	单耗 K/g·m^{-3}	单孔药量/g	孔数/个	钻孔米数/m	总装药量/kg
深孔	中墩墙	23.75×1.3×3.8	0.65	0.8	—	9	800	2000	168	1512	1747.2
	墩帽	27×3.2×1.7	1.6					3200			
	桥墩	26.75×3×4	1.5				640	5200			
端部孔	墩帽	27×3.2×1.7	0.75	—	—	5.2（南）	800	3200	18	99.6	100.8
	桥墩	26.75×3×4				6.2（北）	640	5200			
拱顶		0.65×0.5	0.25	0.3	—	0.95	1500	150	560	532	84
拱腿		1.04×0.74	0.35	0.5	0.34	0.55	1500	300	448	246.4	134.4
		1.04×0.6	0.35	0.5	0.34	0.47	1500	250	896	421.12	224
斜撑		0.47×0.36	0.25	0.35	—	0.25	1500	100	672	168	67.2
合计									2762	2979.12	2357.6

4.6　起爆网路设计

4.6.1　起爆器材

针对本工程的特殊环境及爆破振动和倒塌时间的严格控制，本次爆破拟采用奥瑞凯高精度毫秒延期导爆管雷管起爆系统，由塑料导爆管、奥瑞凯高精度导爆管雷管、连接件组成。优点在于精度高、抗干扰性能好，不受任何形式的电流、电压的影响；能连接多种形式的网路，起爆雷管数量不受限制。缺点是网路不能用仪表检查，因而对作业人员的技术要求高。

4.6.2　延期时间

延期时间的设计主要考虑三个因素：一是构件的塌落时间；二是有利于大桥的整体倒塌和解体；三是延期雷管的种类和段数。大桥延期时间的设计：为了控制爆破振动和塌落振动，保证大桥爆后更好的解体，同时考虑到新桥3号桥墩（即中央桥墩支座为固定支座）的安全性，应更加避免振动影响，因此从老桥中间位置向东西两侧依次起爆。

4.6.3　网路联接

网路联接时首先以爆破部位为独立单元进行分区闭合联接，如3号桥墩的西侧拱腿、西侧斜撑、中墩墙、东侧拱腿、东侧斜撑、拱顶这些爆破部位为单元，使用导爆管和四通将其联接成各自独立的爆破网路分区。网路分区孔内装入高段位奥瑞凯高精度延时600 ms孔内雷管，孔外采用奥瑞凯高精度延时9 ms地表雷管进行“大把抓”联接，通过四通和导爆管将分区联接成一个复式的闭合网路。然后再根据上述延期时间的设计将各分区使用延时100 ms地表雷管进行接力联接，最终形成一个整体的复式爆破网路。西侧、东侧爆破网路如图21和图22所示。

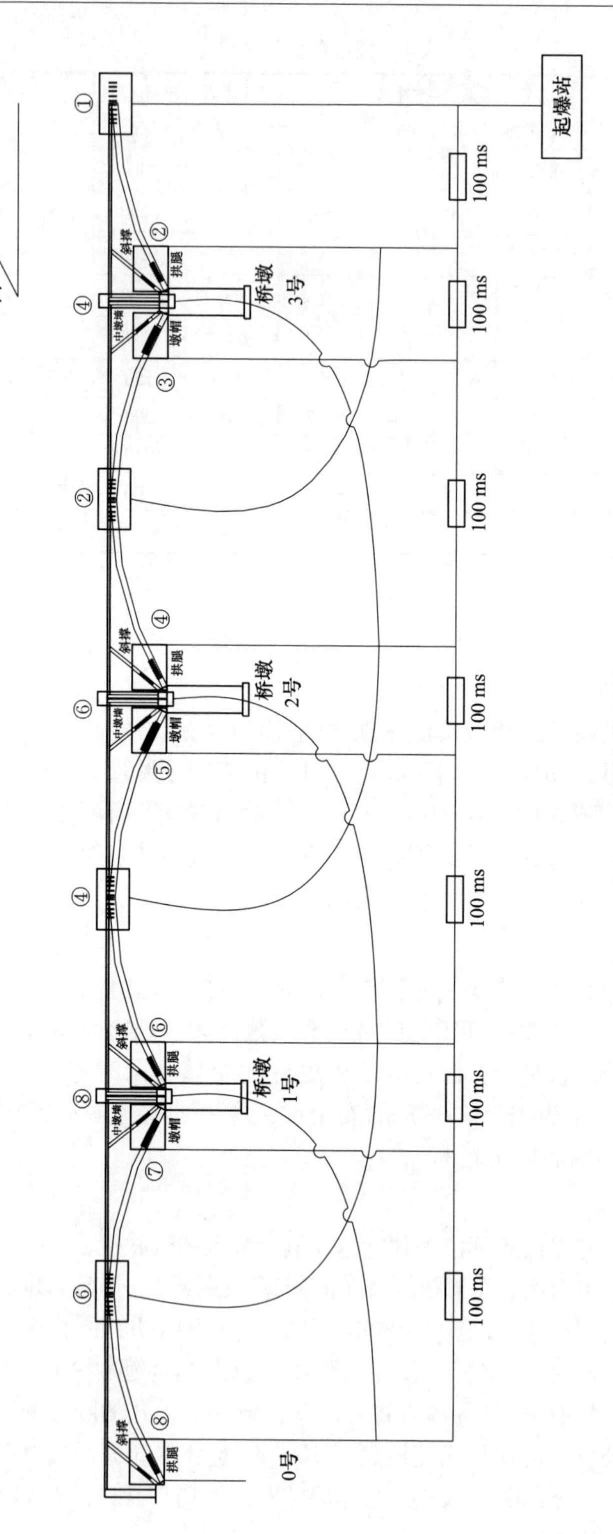

图 21　西侧起爆网路

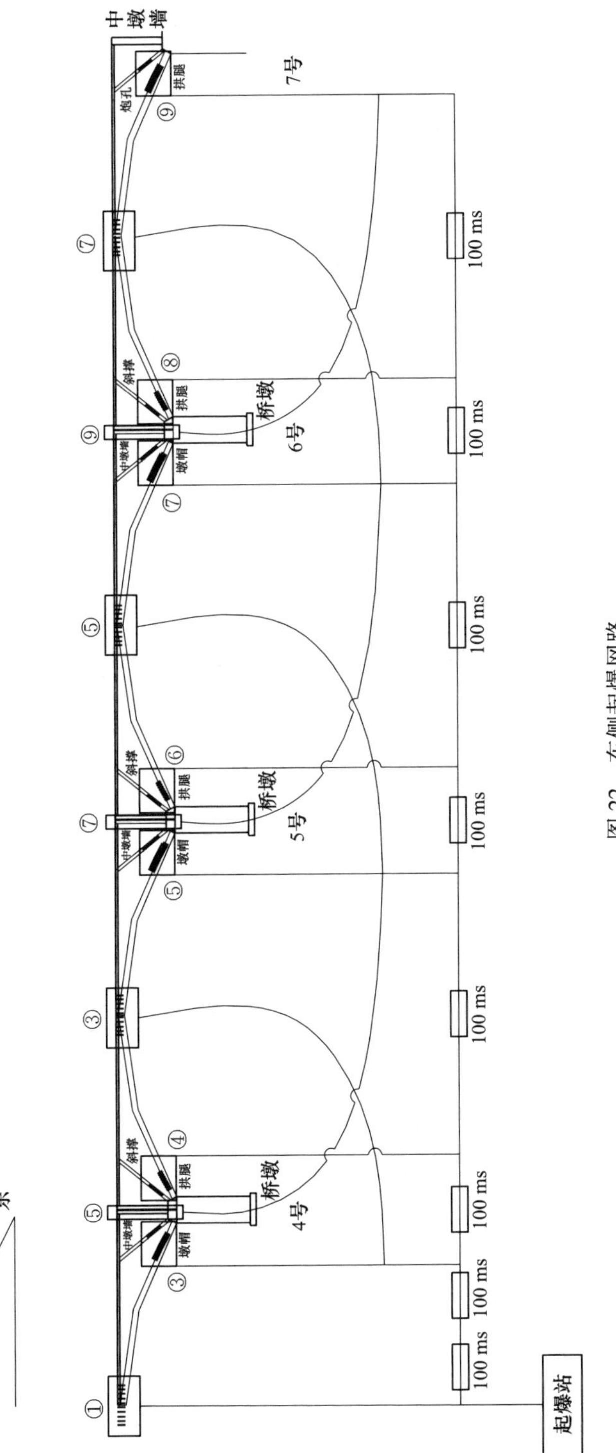

图22　东侧起爆网路

上述总网路中，各部位单段齐爆药量分别为：同侧拱腿+斜撑 33.6 kg、拱顶 32 kg、中深孔 354 kg。综合考虑新桥墩及新桥中管线的单响药量控制标准（分别为 270.48 kg、136.95 kg），拟对各个中深孔区内部进行二次分区：南 1（15 kg）、北 1（15 kg）、南 2（54 kg）、北 2（54 kg）、南 3（54 kg）、北 3（54 kg）、南 4（54 kg）、北 4（54 kg），起爆顺序为由两侧往中间分 4 段对称起爆，各区之间延期时间为 9 ms，如图 23 所示，延期时间见表 2。

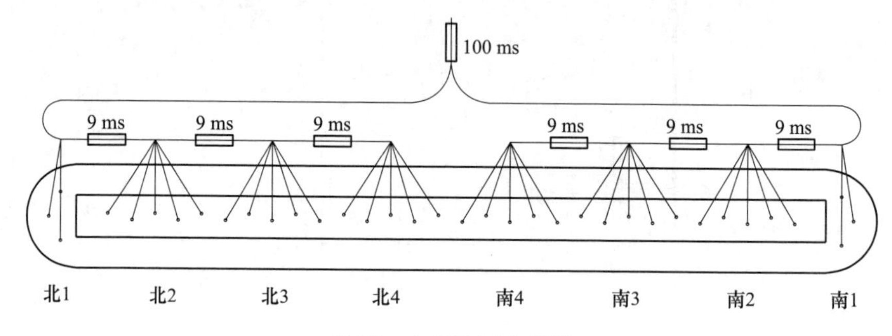

图 23　中深孔区内分段

表 2　延期时间

<table>
<tr><th>起爆顺序</th><th colspan="2">爆破部位</th><th>孔外延期时间/ms</th><th>绝对延期时间/ms</th></tr>
<tr><td>1</td><td colspan="2">3 号、4 号桥墩中间拱顶</td><td>0+9</td><td>609</td></tr>
<tr><td rowspan="2">2</td><td colspan="2">3 号桥墩东侧拱腿、斜撑</td><td rowspan="2">100+9</td><td rowspan="2">709</td></tr>
<tr><td colspan="2">2 号、3 号桥墩中间拱顶</td></tr>
<tr><td rowspan="3">3</td><td colspan="2">3 号桥墩西侧拱腿、斜撑</td><td rowspan="3">200+9</td><td rowspan="3">809</td></tr>
<tr><td colspan="2">4 号桥墩西侧拱腿、斜撑</td></tr>
<tr><td colspan="2">4 号、5 号桥墩中间拱顶</td></tr>
<tr><td rowspan="7">4</td><td rowspan="4">3 号桥墩中墩墙</td><td>南 1、北 1</td><td>300</td><td>900</td></tr>
<tr><td>南 2、北 2</td><td>300+9</td><td>909</td></tr>
<tr><td>南 3、北 3</td><td>300+9+9</td><td>918</td></tr>
<tr><td>南 4、北 4</td><td>300+9+9+9</td><td>927</td></tr>
<tr><td colspan="2">2 号桥墩东侧拱腿、斜撑</td><td rowspan="3">300+9</td><td rowspan="3">909</td></tr>
<tr><td colspan="2">1 号、2 号桥墩中间拱顶</td></tr>
<tr><td colspan="2">4 号桥墩东侧拱腿、斜撑</td></tr>
<tr><td rowspan="7">5</td><td rowspan="4">4 号桥墩中墩墙</td><td>南 1、北 1</td><td>400</td><td>1000</td></tr>
<tr><td>南 2、北 2</td><td>400+9</td><td>1009</td></tr>
<tr><td>南 3、北 3</td><td>400+9+9</td><td>1018</td></tr>
<tr><td>南 4、北 4</td><td>400+9+9+9</td><td>1027</td></tr>
<tr><td colspan="2">2 号桥墩西侧拱腿、斜撑</td><td rowspan="3">400+9</td><td rowspan="3">1009</td></tr>
<tr><td colspan="2">5 号桥墩西侧拱腿、斜撑</td></tr>
<tr><td colspan="2">5 号、6 号桥墩中间拱顶</td></tr>
</table>

续表 2

起爆顺序	爆破部位		孔外延期时间/ms	绝对延期时间/ms
6	2 号桥墩中墩墙	南 1、北 1	500	1100
		南 2、北 2	500+9	1109
		南 3、北 3	500+9+9	1118
		南 4、北 4	500+9+9+9	1127
	1 号桥墩东侧拱腿、斜撑		500+9	1109
	0 号、1 号桥墩中间拱顶			
	5 号桥墩东侧拱腿、斜撑			
7	5 号桥墩中墩墙	南 1、北 1	600	1200
		南 2、北 2	600+9	1209
		南 3、北 3	600+9+9	1218
		南 4、北 4	600+9+9+9	1227
	1 号桥墩西侧拱腿、斜撑		600+9	1209
	6 号桥墩西侧拱腿、斜撑			
	6 号、7 号桥墩中间拱顶			
8	1 号桥墩中墩墙	南 1、北 1	700	1300
		南 2、北 2	700+9	1309
		南 3、北 3	700+9+9	1318
		南 4、北 4	700+9+9+9	1327
	0 号桥墩东侧拱腿、斜撑		700+9	1309
	6 号桥墩东侧拱腿、斜撑			
9	6 号桥墩中墩墙	南 1、北 1	800	1400
		南 2、北 2	800+9	1409
		南 3、北 3	800+9+9	1418
		南 4、北 4	800+9+9+9	1427
	7 号桥墩西侧拱腿、斜撑		800+9	1409

5　爆破安全设计

5.1　爆破振动校核

拆除爆破所使用的药包数量一般比较多，也比较分散，药量比较小，而且药包一般都布置在承重的桥墩、中墩墙和曲拱上，爆破后产生的振动是通过桥墩传到基础后再传至地面，爆破振动发生衰减。根据《爆破安全规程》（GB 6722—

2014)，爆破振动的大小用地面质点的振动速度来衡量，振速采用式（1）计算：

$$v = k'K\left(\frac{\sqrt[3]{Q}}{R}\right)^{\alpha} \tag{1}$$

式中 Q——炸药量，齐发爆破为总药量，延时爆破为最大一段药量，kg；

R——保护目标到爆点之间的距离，m；

v——质点振动速度，cm/s；

K，α——不同结构、不同方法影响振动的系数；

k'——衰减系数，k'取 0.25~0.75。

根据《爆破安全规程》（GB 6722—2014）、《爆破手册》按照软岩石进行取值，式中 $K=180$，$\alpha=1.7$，k'取 0.3。

桥西侧建（构）筑物、周边管线及新桥墩爆破振动计算见表 3~表 5。

表 3　桥两侧建（构）筑物爆破振动计算

保护物名称	至装药中心距离/m	控制标准/$cm \cdot s^{-1}$	最近爆破部位	设计最大单响药量/kg	爆破振动速度/$cm \cdot s^{-1}$
项目部临时用房	50	2.5	6 号深孔	41.6	0.58
项目部办公楼	80	2.5	1 号深孔	41.6	0.26
斗潭社区	105	2.5	6 号深孔	41.6	0.16
电信大楼	130	2.5	6 号深孔	41.6	0.11
浮石园丁楼小区	215	2.5	1 号深孔	41.6	0.05
在建高层	237	2.5	1 号深孔	41.6	0.04
西江月小区	282	2.5	1 号深孔	41.6	0.03

表 4　周边管线爆破振动计算

保护物名称	至装药中心距离/m	控制标准/$cm \cdot s^{-1}$	最近爆破部位	设计最大单响药量/kg	爆破振动速度/$cm \cdot s^{-1}$
北侧新桥自来水管线	36.9	5	各深孔	41.6	0.97
南侧新桥自来水管线	36.9	5	各深孔	41.6	0.97
南侧新桥天然气管线	33.3	5	各深孔	41.6	1.15
桥西通信地下管线	210	5	1 号深孔	41.6	0.05
桥东通信地下管线	110	5	6 号深孔	41.6	0.15

表 5　新桥墩爆破振动计算

保护物名称	至装药中心距离/m	控制标准/cm·s^{-1}	爆破部位	设计单响药量/kg	爆破振动速度/cm·s^{-1}
2号、4号桥墩	13.9	10	老桥2号、5号深孔南1、北1区	8.4	2.06
1号、5号桥墩	25.8	10	老桥1号、6号深孔	41.6	1.78
3号桥墩	28.9	10	老桥3号、4号深孔	41.6	1.47

5.2　塌落振动校核

在桥面触地冲击过程中，桥面塌落体与地面变形塑性体可视为封闭的系统，则其可更好地满足动量守恒定律。桥面触地时地面可视为整体剪切破坏，塑性区断面如图24所示。

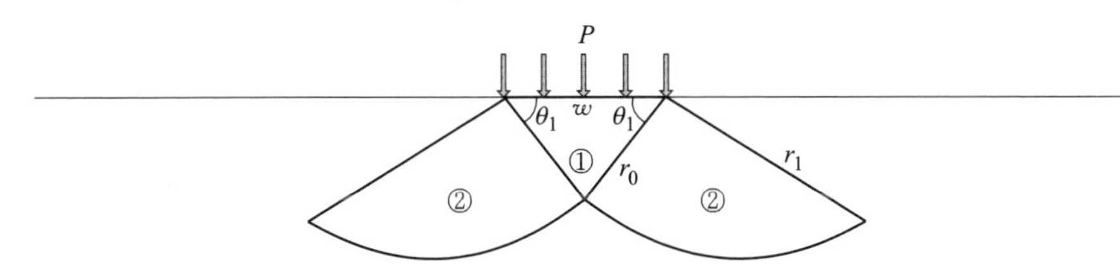

图24　塑性区断面

根据地基塑性区的特征，整个塑性区的面积 S 为：

$$S = \frac{w^2}{4}\tan\theta_1 + \frac{r_0^2(e^{\pi\tan\phi} - 1)}{2\tan\phi} \tag{2}$$

$$r_0 = \frac{w}{2\cos\left(45° + \frac{\phi}{2}\right)} \tag{3}$$

则冲击作用下地面以下塑性区质量 m_2 可近似表示为：

$$m_2 = \rho SL \tag{4}$$

式中　ρ——塑性区的平均密度；

S——塑性区面积；

L——冲击作用下塑性区的长度。

设塌落体质量为 m_1，地面塑性区的质量为 m_2。碰撞前，塌落体的速度 $v_1 \neq 0$，地面塑性区的速度 $v_2 = 0$；碰撞后，塌落体的速度 $v_1 = 0$，地面塑性区的速度 $v_2 \neq 0$，则其动量守恒方程表示为：

$$m_1 v_1 = m_2 v_2 \tag{5}$$

因此，地面塑性区在碰撞后的速度可表示为：

$$v_2 = \frac{m_1 v_1}{m_2} \tag{6}$$

地面塑性区在获得初速度后将向弹性区传递振动能量，根据以往的振动速度衰减模型，将距离振源 R 处的最大振动速度公式表示为：

$$V_R = \frac{m_1 v_1}{m_2} R^{-\beta} \tag{7}$$

式中，β 为衰减系数。

根据相关数据，本次计算数据选取见表 6。

表 6　计算参数取值

项目	W/m	ρ/kg · m^{-3}	L/m	φ/(°)	v_1/m · s^{-1}	m_1/kg
取值	24	1750	45	35、40	12	1356900

荷载作用宽度 W 可视为桥面宽度，塑性区纵向长度 L 为两跨之间的距离。由于旧桥与新桥几乎紧紧相邻，因此 R 均取 1 m。衰减系数 β=1。分别将上述数据带入理论推导公式，可得相应振动预测数据（表 7）。

表 7　新桥墩估算振动速度（地基摩擦角分别按 35°、40°计算）

地基摩擦角	桥墩 A 基础	桥墩 B 基础	桥墩 C 基础
35°	2. 3 cm/s	2. 3 cm/s	2. 3 cm/s
40°	1. 4 cm/s	1. 4 cm/s	1. 4 cm/s

根据《中国地震烈度表》（GB/T 17742—2008）的规定，结合新桥抗震设计（地震烈度Ⅵ度、丙类抗震、抗震设计方法 C 类），对应参考地面质点允许振动速度为 5~9 cm/s，综合考虑本工程复杂环境确定新桥塌落振动速度控制标准为 8 cm/s。表 7 校核计算结果远远小于控制标准，因此能够确保老桥爆破解体塌落至地面的过程中，两侧新桥处于安全状态。

5. 3　桥墩流水压力验算

通过上述分析桥梁塌落瞬时速度为 v = 12 m/s，偏于安全考虑，排开水的最大速度也为 12 m/s，则根据规范《公路桥涵设计通用规范》（JTG D60—2015）作用在桥墩上的流水压力：

$$F_W = KA \frac{\gamma v^2}{2g} \tag{8}$$

式中　F_W——流水压力标准值，kN；

γ——水的重度，kN/m^3；

v——设计流速，m/s；

A——桥墩阻水面积，m^2，计算至一般冲刷线处；

g——重力加速度，$g=9.81\ m/s^2$；

K——桥墩形状系数，见表8。

表8　桥墩形状系数 K

桥墩形状	K	桥墩形状	K
方形桥墩	1.5	尖端形桥墩	0.7
矩形桥墩（长边与水流平行）	1.3	圆端形桥墩	0.6
圆形桥墩	0.8		

计算取 $K=0.6$（圆端形桥墩）；$A=26.5\ m^2$（桥墩宽度5.3 m，水深取3~5 m，取5 m）；$\gamma=9.81\ kN/m^3$；$g=9.81\ m/s^2$。代入得：

$$F_W = 1144.8\ \text{kN}$$

由此造成的正剪切力约为：

$$F_W/S = 1144.8/64 = 17.88\ \text{kPa}$$

根据“新桥施工设计说明”材料清单得到：

墩柱、盖梁、桥台混凝土：C40。

由于C40混凝土抗剪强度标准值为3.5 MPa，因此老桥塌落引起的流水压力对于新桥墩影响微乎其微，可确保安全。

5.4　新桥桥墩混凝土抗冲刷安全验算

《水工建筑物抗冲磨防空蚀混凝土技术规范》（DL/T 5207—2005）见表9。

表9　抗悬移质磨蚀混凝土的强度等级（DL/T 5207—2005）

水流流速/m · s^{-1}	<15	15~25		25~35		>35	
含沙量/kg · m^{-3}	>2	≤2	>2	≤2	>2	≤2	>2
强度等级	C35~C40	C35	C40~C50	≥C40	C50~C60	≥C50	≥C60

老桥塌落时，其构件极限塌落速度为12 m/s，由此引起的极限水流速度小于等于12 m/s，则桥墩混凝土达到C35即可满足要求（新桥墩混凝土为C40）。

5.5　爆破飞石

根据我国目前爆破技术的发展现状，结合以往爆破拆除经验，采用以式（9）估算本次拆除爆破中飞石的飞散距离：

$$L = \frac{v_0^2}{g} \qquad v_0 = B\left(\frac{\sqrt[3]{Q}}{W}\right)^2 \tag{9}$$

式中　L——个别飞石飞散的水平距离，m；

v_0——飞石飞散的初速度，cm/s；

g——重力加速度，9.8 cm/s^2；

B——介质系数，混凝土介质取9.6，桥墩部位取20；

W——最小抵抗线，m；

Q——单孔最大装药量，kg。

根据爆破参数设计，计算如下：

中墩墙：W=0.65 m，Q=2 kg，L=132.75 m；

墩帽：W=1.6 m，Q=3.2 kg，L=6.78 m；

桥墩：W=1.5 m，Q=5.2 kg，L=72.63 m；

拱顶：W=0.25 m，Q=0.15 kg，L=191.87 m；

拱腿：W=0.35 m，Q=0.3 kg，L=125.86 m；

斜撑：W=0.25 m，Q=0.1 kg，L=111.74 m；

经计算得到个别飞石的最大飞散距离：L=191.87 cm。

上述式（9）是在没有任何防护措施条件下的经验公式，本次爆破采取了包裹式覆盖防护等措施，爆破飞石可以得到有效控制，个别飞石最大飞散距离可控制在20~30 m范围内。

5.6 爆破冲击波及噪声

爆破空气冲击波安全距离按《爆破手册》中拆除爆破爆破空气冲击波公式进行校核：

$$R_k = 25\sqrt[3]{Q} \tag{10}$$

式中 Q——装药量，kg，取最大单响药量为41.6 kg；

R_k——空气冲击波最小安全距离，m。

经计算，得R=86.62 m，不会对周边人员造成影响。

噪声控制措施：

（1）避免夜间施工不干扰人们正常休息。

（2）爆破不选用裸露药包，炮孔堵塞密实，防止漏堵，同时将爆破部位用竹笆覆盖，降低爆破噪声。

6 爆 破 施 工

6.1 预拆除

6.1.1 桥梁两侧天然气管道和水管拆除

桥梁两侧有已安装的天然气管道和自然水管，为了防止在桥梁爆破倒塌时，管道从桥体脱离，砸到新桥桥墩，在爆破前需对其预拆除。拆除主要采用人工切割的方法，同时配合汽车吊对管道进行整体拆解。

6.1.2　桥面两侧栏杆等附属构筑物拆除

老桥两侧附属构筑物主要有栏杆、路灯等，在爆破倒塌过程中可能被甩出，对新桥墩造成损害，故需预拆除。采用液压破碎锤（炮头机），配合人工破碎、风镐等机具施工。拆除的各种残碴装车后，运到指定的废料放置点。

6.1.3　新桥桥墩处对应的老桥面部分拆除

待拆除的老桥桥面边缘与新桥桥墩水平距离仅有 0.5 m，为避免老桥爆破坍塌下落时对新桥桥墩及钢桁架梁支座造成的刮擦乃至撞击损伤，故设计对新桥墩垂直向上对应的老桥桥面进行部分拆除，从桥面边缘位置拆至最外侧拱片处，由此可以尽可能预留一定的空间，确保新桥桥墩的安全。机械拆除用液压破碎锤，配合人工破碎、风镐等机具实施拆除。

6.1.4　中墩墙上部桥面板预拆除

待拆除老桥中墩墙上部作为相邻两跨各拱片的弦杆支座，与上部桥面板有一定的中空区域，且弦杆支座接头之间存在横系梁相互连接，横系梁与桥面板接头相互连接。由于本次设计主导思想为“逐跨延时原地缓冲坍塌”，为了减小同时塌落单元块度、弱化单元间相互联系，需要对中墩墙正上方桥面板部分以及弦杆接头间横系梁进行预拆除。这一部分的预处理没有损及整个桥梁的承重结构，达到上述目的同时保障安全的前提下，还能够有利于准确找到承压结构的深孔孔位，可谓“一举多得”。

6.2　钻孔施工

6.2.1　搭建钻孔平台

深孔采用潜孔钻机在预拆除过后站在桥面指定区域垂直向下作业；浅孔主要分布在桥面以下结构，由于河水湍急、水位高，采取向下吊搭钢管脚手架的方式搭设双层作业平台，而后人工手风枪作业（图 25）。

图 25　钢管脚手架作业平台

6.2.2　布孔

由于老桥初次建设年代久远，期间进行多次修缮加固，导致早期图纸与实际情况有所不符。方案设计初期已将各爆破部位结构按现场实测规格绘制于 CAD 图纸，在图纸中根据设计孔网参数描绘孔位，用油漆在现场按图标注，并注明炮孔编号，明确孔深。

6.2.3　钻孔及其验收

爆破的成功与否，很大程度上取决于钻孔质量的高低。在实施钻孔作业前，技术人员进行详细的技术交底，使每一个操作人员都能明确技术要求。钻孔的全过程，设计人员和现场技术人员都要跟班指导施工，检查孔深、角度、方向，并在炮孔示意图进行注明。出现问题，及时调整，并记录在案。

在钻孔工作结束后，对所有的炮孔再进行一次检查验收，并绘制成图。验收的内容包括孔深、倾角、方向，对边孔的最大抵抗线和最小抵抗线进行验算，对堵孔、卡孔记录在案，便于装药前的清孔施工。

6.3　安全防护措施

6.3.1　主动防护——老桥爆破体覆盖防护

由于该工程新老桥相对位置很近，为了减少爆破飞散物危害，防止个别飞散物对新桥结构的伤害，对于老桥爆破体采取主动防护。其方法为：在拱腿、斜撑、中墩墙、墩帽与桥墩所有钻孔装药爆破部位的外侧表面采用两层竹笆进行覆盖防护，如图 26 和图 27 所示。

图 26　主动防护侧视

图 27　主动防护正视

6.3.2　保护性防护——新桥桥墩部位防护措施

由于老桥在爆破拆除时，其两侧紧贴已经处于正常运营状态的新桥，水平间距最小仅为 0.5 m。老桥采用逐跨延时原地缓冲坍塌控制爆破法拆除，在坍塌的过程中，老桥的部分结构体散落在河床上，可能会撞击两侧新桥的桥墩底部，造成新桥桥墩局部受损。为避免新桥桥墩被冲击破坏，采用在新桥桥墩挂设轮胎缓冲层，缓减老桥散落部件冲击新桥桥墩的危害，起到保护桥墩的作用（图 28）。

图 28　新桥桥墩被动防护

6.3.3　隔离防护——老桥爆破体外挂竹笆防飞石

在预防爆破飞散物方面，除了上述装药爆破部位表面覆盖主动防护外，还将在新桥和老桥之间对应爆破部位的部分空隙处挂设竹笆墙，作为第二道防护措施。形成整体竹笆防护墙，阻挡爆破飞石的危害，如图 29 所示。

图 29　拱腿斜撑及深孔部位外侧隔离防护

7　爆破效果与监测成果

2018 年 4 月 4 日早上 7:00 随着一阵爆破声响，西安门老桥消失在烟尘之中。经爆后检查及新桥安全检测数据表明：老桥完全按设计方案整体顺利原地塌落至河床，两侧紧贴爆破拆除老桥的运营大桥主体结构及周围管线等设施均未受爆破拆除有害效应的影响，西安门老桥爆破拆除工程取得圆满成功。

（1）通过测量老桥塌落至河床后和新桥桥墩之间的距离发现：老桥爆破拆除是严格按照设计的原地塌落，并没有向南北两侧的新桥偏斜，这有力地保证了新桥两侧桥墩及基础未受到损伤，原地塌落的爆破方案能够有效地保护两侧新桥主体结构的安全。爆后效果如图 30 所示。

（2）每跨桥梁都在两侧桥墩、拱顶位置发生了整体断裂，爆破后每跨桥梁断成了两截，整个桥梁断成 14 截，其中两侧桥墩位置爆堆较高约 3 m，桥面及拱顶位置爆堆不到 1 m 高。从爆破后桥梁的断裂情况看出逐跨爆破塌落的设计方案有效地降低了塌落振动引起的对新桥的安全影响。同时由于每跨两侧塌落高度的不同（桥墩位置塌落高度小，拱顶位置塌落高度大），形成桥梁塌落过程中局部区域不同时间段冲击河床，延长了冲击时间，降低了冲击强度，减少了对新桥的塌落振动峰值，有力地保护了新桥的安全。老桥整跨爆后全景、拱顶及桥墩处爆堆如图 31、图 32 所示。

（3）通过爆破后对飞石的实地观测，爆破飞石主要集中在距离老桥 20 m 的范围之内。由于装药部位的爆破自由面为两侧及下方，爆破飞石对新桥上部钢箱

图 30　爆后效果

图 31　整跨爆后全景

图 32　拱顶及桥墩处爆堆

结构的影响较小，仅有少量飞石留在钢箱构件上。下部桥墩由于采用覆盖防护，爆破飞石未对桥墩表面造成损伤。爆破后的观察表明针对爆破飞石采用爆破体覆盖竹笆、中间采用竹笆遮挡的方法能够有效的降低爆破飞石的影响。

（4）桥梁爆破拆除实施过程中，第三方爆破振动检测机构对新桥布置了多个检测点（图 33），检测结果表明本次爆破较好地控制了爆破、塌落振动对新桥的危害，未对新桥产生安全影响，爆破后经有关部门检测，6 h 后即允许两侧新桥继续通车运营。

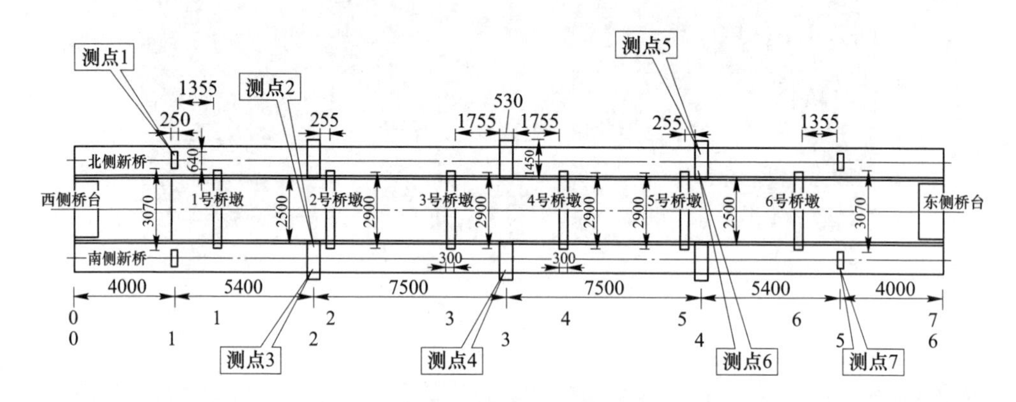

图 33　测点位置（单位：mm）

8　经验与体会

（1）两侧紧贴运营大桥的桥梁安全爆破拆除工程是目前国内罕有的高难度桥梁拆除工程，工程创造性地采用逐跨延时原地缓冲坍塌的控制爆破技术顺利地爆破拆除老桥，同时也确保了新桥的安全通行，具有显著的经济效益和社会效益。

（2）设计前通过数值模拟分析，在多个爆破拆除关键技术点上进行了科学优化调整，特别是在逐跨延时时间、桥梁倒塌过程模拟、塌落振动对新桥的安全影响等方面为爆破拆除设计方案提供了理论依据。本工程是成功运用数值模拟理论预测、指导和优化拆除爆破设计的典型工程范例。

（3）目前为止还没有相关权威计算方法运用于塌落振动安全验算。现常用力学研究所的塌落振动计算主要运用于高耸建筑物塌落振动，对于桥梁这种“板型”建筑物塌落所产生的振动计算无法较好的适用。本项目建立了基于动量守恒理论的简化力学模型，首次推导提出了板型结构塌落诱发的近区地面振动速度计算公式。

（4）针对爆破部位的多样，采用多单元复式导爆管雷管闭合起爆网路，在每个爆破分区内部独立完成区域网路复式联接，易于施工与检查、提高网路准爆性。采用“悬空式”施工工艺，保障单元分区规划的实现，减少雨水等外部因素对网路的影响。悬空式多单元复式导爆管雷管闭合起爆网路有助于实现设计与施工的协调统一，在复杂工程起爆网路设计施工中具有推广价值。

工程获奖情况介绍

“双侧紧贴运营新桥的大型桥梁安全爆破拆除技术”项目获中国爆破行业协会科学技术进步奖一等奖（2018 年）。发表论文 3 篇。

复杂环境下复杂结构砖烟囱爆破拆除技术

工程名称： 丽水市佳源布业有限公司 45 m 砖烟囱拆除工程/衢州机械厂砖烟囱爆破拆除工程

工程地点： 丽水经济技术开发区/浙江省衢州市

完成单位： 浙江利化爆破工程有限公司/浙江省高能爆破工程有限公司

完成时间： 2014 年 2 月~3 月/2009 年 6 月 3 日~7 月 6 日

项目主持人及参加人员： 汪艮忠　周　珉　黄　华　吴广亮　黄焕明　徐克青　胡伟武　叶　进　朱宗伟　崔未伟　汪竹平

撰 稿 人： 周　珉/隋显毅　何　涛　翁玉国　刘文成

前　　言

烟囱拆除爆破法是应用炸药爆炸破坏烟囱局部结构，造成失稳，使其倾倒或坍塌的拆除方法。拆除爆破法的关键是必须保证准确的定向性（一般轴线的偏离不得超过设计方向±5°），倾倒过程中要确保烟囱上部的稳定性和解体堆碴范围的准确性。近几年来，我国烟囱拆除爆破技术有了较快的发展，尽管它牵涉到许多复杂的技术问题，但从拆除安全、拆除速度和经济效益等方面来分析，它比人工和机械拆除法具有明显的优越性。

复杂环境下复杂结构砖烟囱一般具有周边环境复杂，对烟囱的倾倒方向和倒塌扩散范围控制精度要求高；倾倒方向、倒塌长度和倒塌范围受到限制，不满足高耸建（构）筑物定向倒塌的一般场地要求（倒塌长度一般不小于烟囱高度的 1.2 倍，横向宽度一般不小于烟囱爆破部位直径的 3 倍）；烟囱有倾斜、有裂纹、有内衬、有烟道、材质差等复杂结构；施工过程不得影响周边的正常生产，烟囱爆破有害效应不得影响周围的建（构）筑物及公共设施等特点和难点。

多年的实践证明，通过采用不同的切口高度为复杂环境下复杂结构砖烟囱爆破创造条件，采用定向窗、预裂爆破等方法保证倾倒的准确性，并选择合理的爆破参数、爆前预处理及防护措施，保证了每次砖烟囱爆破拆除的圆满成功。

其中（一）为浙江利化爆破工程有限公司负责施工，（二）为浙江省高能爆破工程有限公司负责施工。

（一）

1　工程概况及环境状况

1.1　概述

在浙江省“五水共治”的大目标、大思路背景下，丽水经济技术开发区五水共治领导小组结合丽水市环境污染整治工作，研究决定拆除已采用集中供热企业厂区内的燃煤锅炉烟囱。

1.2　烟囱结构特点

待拆烟囱高45 m，为红砖砂浆砌筑，呈圆柱形，筒体完整，整体材质较好。筒体底部周长（距离地面+4 m位置）为12.7 m，即外径为4.05 m，内径为2.45 m；烟囱壁厚为0.8 m，共分三层：外层为0.49 m的红砖，中间层为0.07 m的空隙，内层为0.24 m红砖内衬；筒体底部东面有一宽2.0 m、高3.0 m的进烟口，南面有一宽0.8 m、高1.2 m的出灰口，烟囱顶部有长约3 m的避雷针和向东北面凸出的钢筋围栏（休息平台），烟囱中部东北面有凸出的钢筋围栏（休息平台，尺寸约0.8 m×1.0 m）和爬梯。

1.3　技术经济指标及工期要求

在不影响厂区生产生活的情况下，采用爆破拆除的方式使烟囱精准倾倒、完全解体，并保证不对周边的保护物造成任何损坏，工期为5天。

1.4　待拆烟囱周边环境

待拆除的烟囱位于厂区内，周边环境十分复杂。东面10 m处为厂区内临时垃圾堆放场，42 m处为仓库（钢结构），仓库外墙高5 m处有厂区内热力管线紧贴墙壁敷设，仓库与临时垃圾场之间为水泥空地，空地上方5 m处有一条废弃的热力管线；东南面10 m处为厂房（钢筋混凝土框架结构）；南面和西南面7 m处有一组架高约5 m的10 kV高压线，8 m处为该公司围墙并紧邻其他公司厂房（钢架结构）；西北面15 m处为工具房，19 m为公司围墙和一组110 kV的高压线及公共热力管线，20 m处为龙庆路；北面和东北面5 m处为锅炉，10 m处为厂房和架高约4 m的厂区内热力管线及厂区通道；烟囱倾倒方向16 m处南、北两面为厂房，两者之间宽度仅为7 m（图1）。

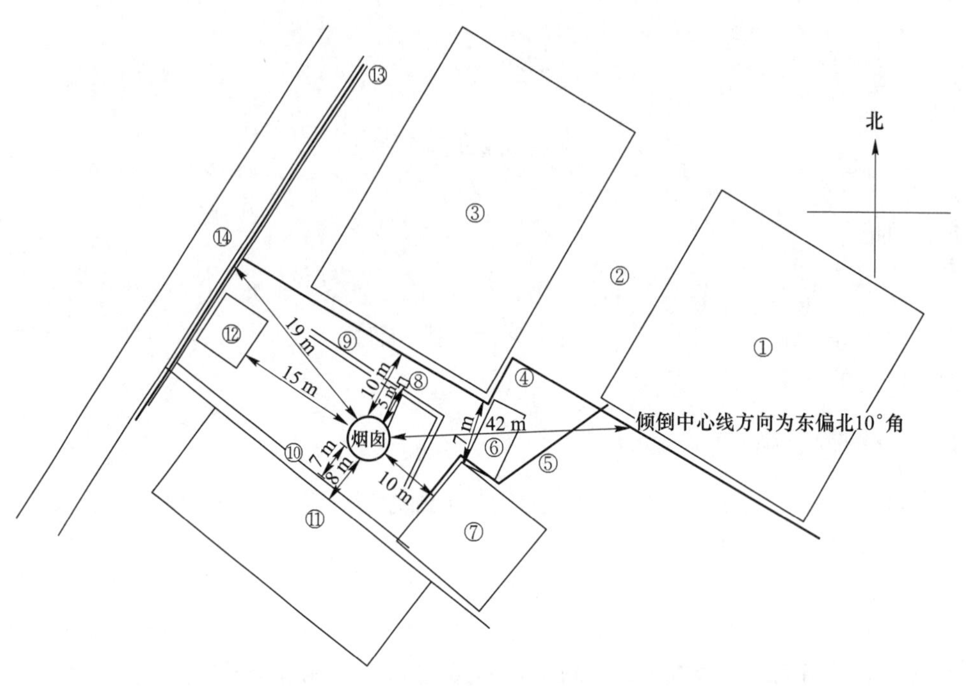

图 1　爆区环境及倾倒方向

①—仓库；②—厂区通道；③，⑦—厂房；④—厂区内热力管线；⑤—废弃的热力管线；⑥—垃圾场；⑧—锅炉；⑨—进烟道；⑩—高压线；⑪—厂区围墙、其他公司厂房；⑫—工具房；⑬—公共热力管线、高压线；⑭—龙庆路

2　工程特点、难点

根据烟囱的特点及周边环境情况，经分析本工程特点和难点如下：

（1）周边环境复杂，对烟囱的倾倒方向和倒塌扩散范围控制精度要求高。

（2）倾倒方向、倒塌长度和倒塌范围受到限制，不满足高耸建（构）筑物定向倒塌的一般场地要求（倒塌长度一般不小于烟囱高度的 1.2 倍，横向宽度一般不小于烟囱爆破部位直径的 3 倍），烟囱倒塌最大可偏角度不能超过 2°。

（3）施工过程不影响厂区的正常生产，烟囱爆破有害效应不影响周围的建（构）筑物及公共设施。

3　施工方案比较与选择

高耸建（构）筑物爆破拆除方案有：定向倒塌爆破拆除方案、折叠式爆破拆除方案和原地坍塌爆破拆除方案。经方案对比分析，并根据本工程周围环境和烟囱结构情况，决定选取爆破方案为：高切口定向爆破方案。

高切口定向爆破方案：将烟囱筒底位置炸开爆破缺口提高为烟囱筒底以上的+4 m位置炸开爆破缺口的方法实施定向倒塌爆破拆除。该方案降低了烟囱的爆破高度和缩短烟囱倾倒的水平距离，不仅能为本项目烟囱创造出了足够的倒塌空间和倒塌长度解决了环境对定向爆破拆除的限制，还能消除进烟道对烟囱结构的影响、降低爆破振动和减小烟囱倾倒质量。

4　爆破参数设计

4.1　爆破切口的确定及布置

根据待爆烟囱周边环境情况，选定倾倒方向为东偏北10°角方向，结合该烟囱位置及选择的施工方法，爆破切口选择地面+4.0 m处开始布孔施工，为了准确控制烟囱倾倒方向，爆破切口选择为矩形，并在爆破切口中间开凿导向窗和爆破切口两侧开凿三角形定向窗。

4.1.1　切口高度 H

$$H \geqslant (3\sim5)\delta = (3\sim5)\times0.49 = 1.47\sim2.45(\text{m})$$

式中　δ——筒体壁厚。

实际取 $H=1.75$ m。

4.1.2　切口宽度 L

为了保证建（构）筑物的顺利倾倒，一般选定切口宽度 L 为：

$$(1/2)\pi d \leqslant L \leqslant (2/3)\pi d$$

因烟囱为圆形，周长12.7 m(待爆部位)，即直径为4.05 m。根据烟囱待爆部位材质实际情况，可确定切口宽度如下：

切口下底宽度：

$L_{下}=0.66\pi d=8.38$ m，取 $L_{下}=8.0$ m（含定向窗）。

切口上底宽度：

$L_{上}=0.5\pi d=6.35$ m，取 $L_{上}=6.2$ m。

切口圆心角：$\theta=225°$(周长的0.62倍)。

4.2　爆破参数的确定

由于烟囱壁厚0.49 m，故孔网参数经计算选定如下：

最小抵抗线：$W=\delta/2=0.245$ m。

炮孔深度：$L=0.66\delta=0.3234$ m，取 $L=0.34$ m。

炮孔间距：$a=(1.2\sim2.0)W=0.3\sim0.5$ m，取 $a=0.35$ m。

炮孔排距：$b=(0.8\sim1.0)a=0.28\sim0.35$ m，取 $b=0.35$ m。

炸药单耗 q 取：$q=1.2$ kg/m^3。

4.3　爆破器材消耗量统计

单孔药量 $Q=qab\delta=0.072$ kg，取 $Q=80$ g。

对于底部二排孔，由于受到夹制作用，其单孔装药量按正常药量的 1.15~1.3 倍计算。

$Q_1=1.15Q=1.15\times80=92$ g，取 $Q_1=100$ g。

$Q_2=1.3Q=1.3\times80=104$ g，取 $Q_2=110$ g。

堵塞长度应大于最小抵抗线，因此，控制在 0.24 m 左右，堵塞材料采用有黏性的黄泥制成有一定强度的炮泥团进行堵塞，并应保证每个炮孔堵塞饱满。

该烟囱共需布孔六排，炮孔呈梅花形布置，减去导向窗所占的面积，需钻孔 91 个，其中 110 g/孔有 14 个，100 g/孔有 14 个，80 g/孔有 63 个，所以爆破该烟囱共需炸药为 7.98 kg（图 2）。

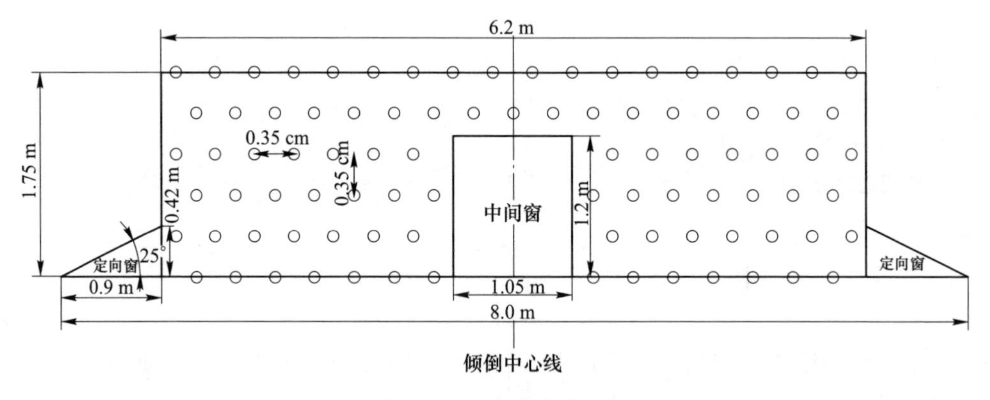

图 2　炮孔平面布置展开

4.4　爆破网路设计

为使烟囱能够按照爆破拆除设计方案安全、准确地倒塌在预定范围内，选择可靠性高、安全性好的起爆网路是十分必要的。

该烟囱起爆网路采用导爆管雷管孔内延时起爆网路，采用由切口中间向切口两端水平对称的起爆顺序，如此设置能充分利用中间导向窗的空间，使爆炸作用力向中间位置作用，不仅能控制爆破飞石、减小爆破振动，还能确保两边的定向窗同时完成开设，并保证定向窗的完整性。

为了确保每个药包可靠起爆，提高药包的准爆率，每个孔内装入同段别雷管 2 发（孔内采用 MS-1、MS-3、MS-5 段雷管延期），孔外采用 MS-1 段雷管“大把抓”的方式捆扎，每20根导爆管为一束，最后用2发导爆管雷管绑扎，连接导爆管后拉至起爆地点起爆。孔内雷管及联接雷管应采用同厂、同型号、同批次的雷管，以保证安全、准爆（图3）。

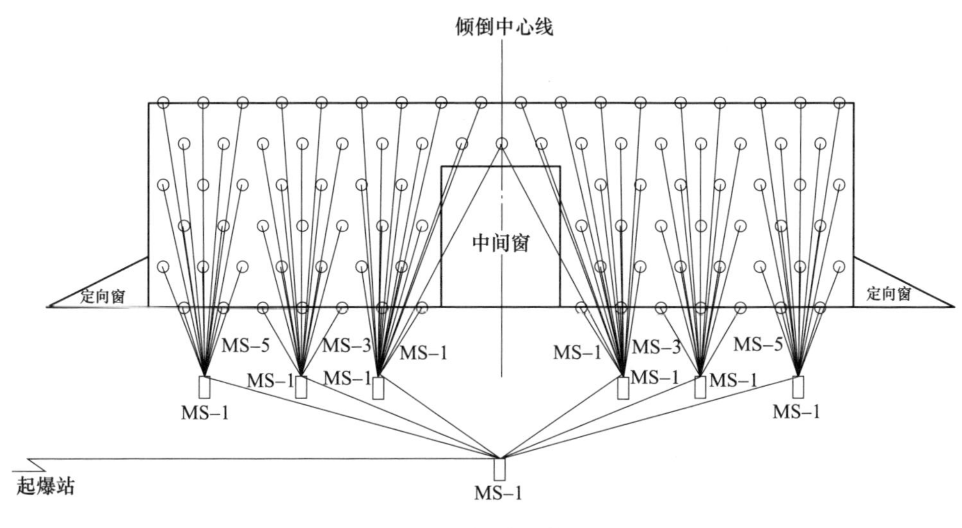

图3　起爆网路

5　爆破安全校核

5.1　空气冲击波、个别飞散物的校核

飞石校核：
$$R_f=\frac{V_0^2}{2g}=\frac{30^2}{2\times10}=45(\text{m})$$

由于该烟囱爆破药量小，且采用了孔内延时起爆网路，并采取了严密的防护措施，因此，空气冲击波及个别飞散物能得到有效的控制。

5.2　爆破振动校核

根据《爆破安全规程》（GB 6722—2003）中“工业和商业建筑物”安全允许振速为2.5~5.0 cm/s，本工程为确保安全取 $v=3.0$ cm/s，该烟囱共钻孔91个，并采用延时起爆网路，最大单响药量为2.66 kg，由 $v=kK'\left(\frac{Q^{\frac{1}{3}}}{R}\right)^{\alpha}$ 公式，代入已知烟囱距离最近厂房10 m，故取 $R=10$ m，K、K'、α 分别取150、0.3和1.5。

经计算得 $v = 150 \times 0.3 \times \left(\frac{2.66^{\frac{1}{3}}}{10}\right)^{1.5} = 2.32\ \text{cm/s}$，小于安全允许振动速度，且烟囱待爆部位位于距离地面 4 m 高处，因此，能有效削弱爆破振动，从而使爆破振动不会影响周边厂房。

5.3 塌落振动校核

烟囱在塌落触地时，对地面的冲击较大，会产生塌落振动。根据塌落振动公式：

$$V_t = K_t \left(\frac{\sqrt[3]{MgH/\sigma}}{R}\right)^{\beta} \tag{1}$$

式中 V_t——塌落引起的地面振动速度，cm/s；
M——下落构件的质量，t；
g——重力加速度，9.8 m/s^2；
H——构件中心的高度，m；
R——观测点至冲击地面中心的距离，m；
σ——地面介质的破坏强度，MPa，一般取 10 MPa；
K_t，β——衰减参数，取 $K_t=3.37$，$\beta=1.66$。

经计算该烟囱的总质量约 $M=540$ t（烟囱体积 $V=300\ \text{m}^3$，密度 1.8 t/m^3），烟囱重心高度 $H=15$ m，则 10 m 处的厂房振动速度为 10.6 cm/s，大于爆破安全规程中规定的厂房振动速度 3.0 cm/s，因此，需采取有效的减振措施来控制塌落振动。

6 爆前预处理及安全措施

6.1 爆前预处理

为了确保烟囱的爆破安全和准确倾倒，需进行爆前预处理：

（1）拆除烟囱顶部的避雷针、钢筋围栏（休息平台）和烟囱中部的钢筋围栏（休息平台）。

（2）定向窗、导向窗的布置与开设。定向窗的布置和开凿质量对烟囱定向倾倒过程起到决定性作用，定向窗夹角直接影响到后部支撑部位的应力分布状态以及切口闭合的进程，因而对烟囱倒塌的平稳性、倾倒方向的准确性和后坐问题都有很大影响，因此，选择在爆破切口两端开凿小角度定向窗，尺寸为：0.42 m×0.9 m 的三角形（高 0.42 m，长 0.9 m，角度为 25°）。在倒塌方向轴线中心的部位开一个 1.05 m×1.2 m（宽 1.05 m，高 1.2 m）的矩形导向窗，以创造临空面有利于烟囱的倾倒和爆碴堆积。定向窗和导向窗的位置和尺寸都采用全站仪严格测量，并精确标注在烟囱筒体上，然后用风镐和凿子开设定向窗和导向窗，保证两边的定向窗对称精确，并用砂轮将定向窗的夹角两条边打磨平整。

（3）清理倾倒方向及倒塌范围内的地面，使其平整，无垃圾、杂物、石碴等。

（4）拆除倾倒场地上方的废弃热力管线。

（5）拆除爆破切口范围内的烟囱内衬，防止内衬影响倾倒准确性。

6.2 安全措施

该烟囱周边环境十分复杂，周边一定距离内均有建（构）筑物及须保护的厂房、高压线、热力管线等，为了确保爆破安全须采取安全措施。

6.2.1 施工安全

爆破切口位于+4 m处为高空作业，钻孔、装药等施工时需搭设脚手架施工平台，确保施工安全。

6.2.2 测量与放样

测量和放样是烟囱拆除成功与否的关键，必须保证准确，确保万无一失。采用全站仪、经纬仪精确确定爆破切口高度、倾倒中心线、导向窗和定向窗尺寸及位置，用红漆准确标明，并进行反复论证校核，确保准确无误。

6.2.3 技术措施

防止爆破有害效应对周边建（构）筑物的影响，也是拆除爆破是否成功的关键。通过提高爆破切口高度、开凿中间导向窗和定向窗、采用延时起爆网路、选择合理的孔网参数、单耗及单孔装药量等技术措施可有效控制爆炸飞散物、冲击波、爆破振动、塌落振动等爆破有害效应，同时辅以安全防护措施可确保万无一失。

6.2.4 防护措施

除了采用技术措施防止爆破有害效应外还应采取相应的安全防护措施。

6.2.4.1 爆破切口临空包裹防护

根据爆破切口大小在切口上下50 cm处，每隔80 cm钻一孔，钻孔位置长度超出切口两边（含定向窗）各50 cm，待装药、填塞、联线完毕后，先用三层建筑用安全防护网将烟囱切口位置一圈缠绕牢固（高于爆破切口50 cm），然后在打凿的孔内插入钢筋并固定，钢筋挑出烟囱壁50~60 cm，再用铁丝沿钢筋上下缠绕，使之形成网状，并用铁丝将脚手片紧密的固定在网状的铁丝上，直至覆盖爆破切口范围，脚手片临空50~60 cm，最后在脚手片外再缠绕4~6层的建筑用安全防护网可防止爆破时产生的个别飞散物和爆炸冲击波对水平高度的高压线和其他周边设施及厂房造成危害（图4）。

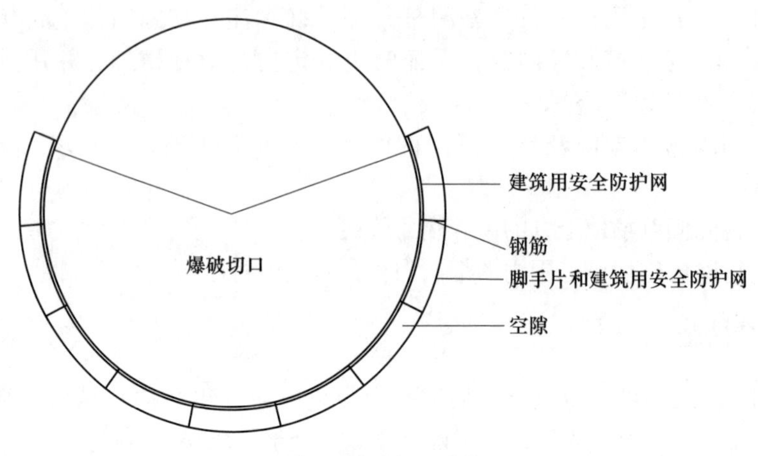

图 4　爆破切口防护

6.2.4.2　降振、防振、防冲击措施

先将烟囱倾倒方向和倒塌范围内的水泥地面清理干净，然后在地面上铺上一层沙土，再在沙土层上每隔 1 m 用装有沙土的编织袋密实均匀的铺垫 2~3 层并在砂土袋上铺一层麻布袋，以阻挡烟囱倒塌着地一瞬间溅起个别飞散物和有效削弱塌落振动。在烟囱倾倒方向正前方 45 m 的位置，用沙袋敷设防冲击墙，防冲击墙为 L 形，尺寸为：长 5 m，宽 3 m，高 1.5 m，能有效防止烟囱倾倒时产生的飞散物和冲击波对周边建（构）筑物的影响（图 5）。

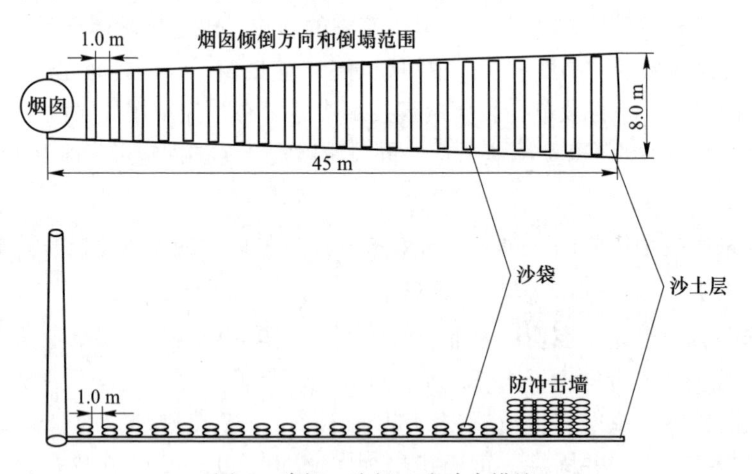

图 5　降振、防振、防冲击措施

6.2.4.3　隔挡防护

在烟囱倾倒方向前方的厂房墙外 1 m 处搭设长 20 m，高 5 m 的脚手片防护排架，可防止烟囱倒塌着地一瞬间溅起个别飞散物对厂房造成损坏（图 6）。

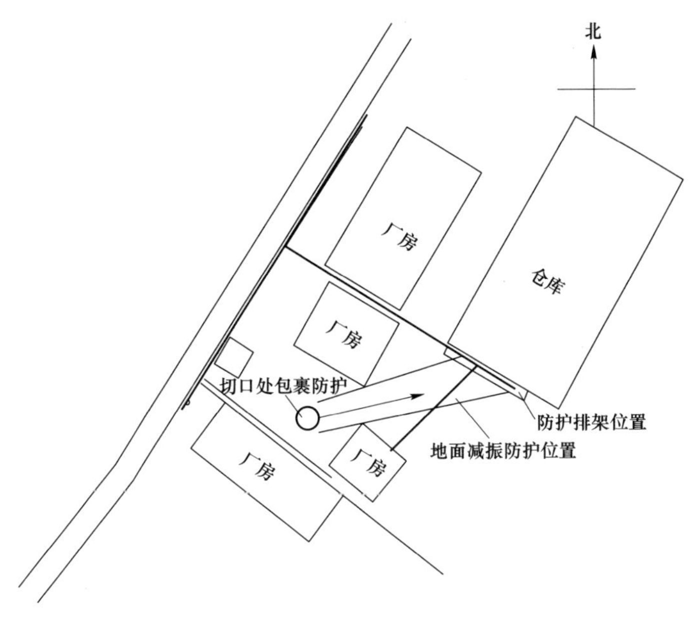

图6　防护位置

6.2.4.4　其他措施

（1）爆破前5 min暂停厂区内热力管线的供热、供气。

（2）加强安全警戒，确保人员疏散。

（3）采用测振仪对爆破振动和塌落振动进行监测。测振仪摆设位置为东面厂房内，距离倒塌范围约10 m的位置（图7）。

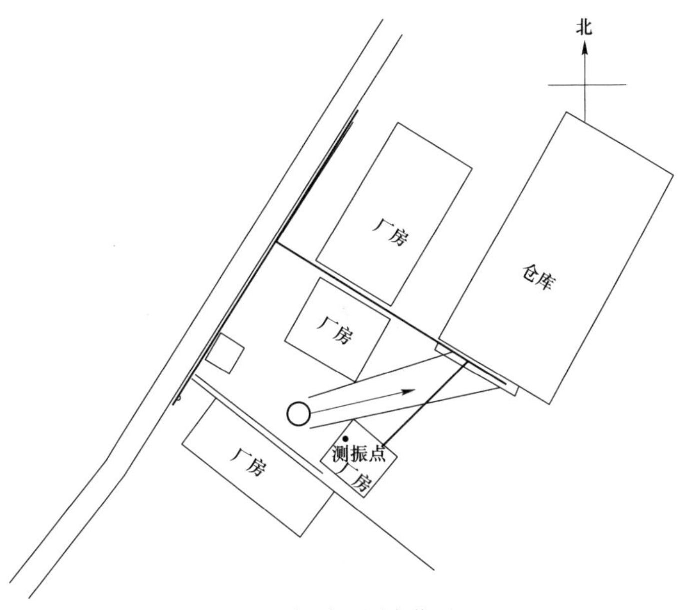

图7　振动监测点位置

7　爆破效果与监测成果

7.1　爆破效果

2014 年 3 月 6 日 11 时 30 分准时起爆，整个爆破历时 12 s。起爆后瞬间产生爆破切口，烟囱整体先向预定位置略微倾斜，缓慢倾斜约 2 s，从第 3 s 开始加速倾倒，12 s 后完成整个倾倒过程。烟囱按预定方向倾倒，倒塌在预定范围之内，未产生后坐，倾倒过程烟囱未发生折断，周边其他建（构）筑物都完好无损。烟囱完全解体，整体效果较好，爆破取得圆满成功。

7.2　监测成果

爆破振动监测点所测得的最大振速为塌落振动，振速为 2.2 cm/s，在《爆破安全规程》（GB 6722—2014）规定的工业和商业建筑物安全允许振速 3.0～5.0 cm/s 的范围内，爆破振动和塌落振动未对周边厂房造成影响（图 8）。

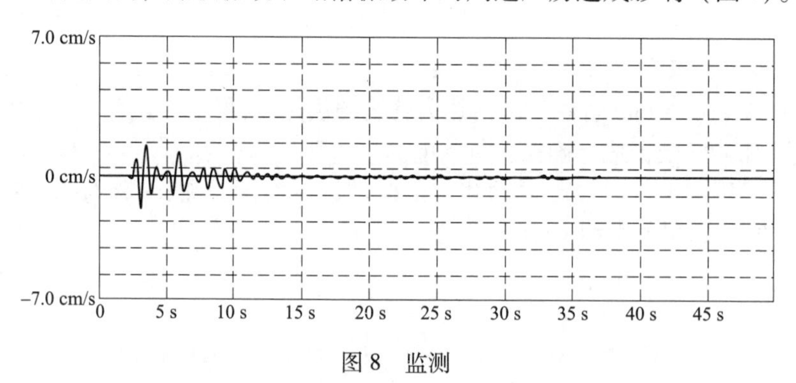

图 8　监测

8　经验与成果

经验与体会：

（1）在倒塌烟囱边缘距被保护建筑物仅 0.5 m、倒塌长度小于烟囱高度 3 m 特别复杂环境下，通过精确测量确定烟囱倾倒中心线，并在设计、施工过程中精确地采用了对等原理和精细技术措施，确保了烟囱倾倒的准确性（精细技术措施：1）通过提高爆破切口位置创造出了足够的倒塌空间和倒塌长度，使烟囱爆破后倾倒在预计的范围和长度内；2）通过采用小角度定向窗技术措施，减缓烟囱倾倒速度，预防烟囱倾倒过程中发生折断和过分解体的情况，保证烟囱倾倒方向的准确，并降低烟囱落地后前冲的初速度，增加保护物的安全保障）。

（2）综合运用爆破切口临空包裹防护、地面沙袋敷设减振带、防冲击墙、防护排架隔挡等复合防护措施，有效地控制了爆破有害效应，确保了周边被保护建（构）筑物的安全。

（3）通过精心设计、精心施工、精细管理确保整个工程顺利实施。

（4）精确的测量和放样是烟囱拆除成功与否的关键，必须保证准确。

（5）爆破振动监测点所测得的最大振速为烟囱重心触地瞬间的塌落振动，振速为 2.2 cm/s，在《爆破安全规程》（GB 6722—2014）规定的钢筋混凝土结构房屋安全允许振速 3.0~5.0 cm/s 的范围内，爆破振动和塌落振动未对周边厂房造成影响，采取的减振防护措施效果明显（图 9、图 10）。

图 9　减振防护措施效果（Ⅰ）

图 10　减振防护措施效果（Ⅱ）

（二）

1 工程概况及环境状况

1.1 工程概况

浙江衢州某机械厂的砖结构圆筒形烟囱高58 m，该烟囱分2次建造，初次建设高度为40 m，建成使用多年后又在此基础上加高了18 m。因使用过程中原烟囱表面出现多条纵向裂缝，业主对距地面2.5~40 m处烟囱用扁铁捆绑其表面进行加固，以防止烟囱继续开裂。但是由于年久失修，大部分铁箍已经松动、断裂甚至脱落，失去了对烟囱的束缚作用，导致裂缝扩大。在烟囱的东北和西南对称部位出现2条不规则的大裂缝，裂缝从距地面10 m位置贯通至40 m位置，表面开裂宽度约2 cm，同时2条大裂缝附近有多条纵向不连续小裂缝，根据测量烟囱顶部已经向东南方向偏离中心线30 cm（图11）。且烟囱开裂倾斜速度加快，出现了掉块、扁铁脱落等现象，随时可能危及周围建（构）筑物和人员的安全。因此业主决定尽早将其拆除。

图11 烟囱开裂及加固现状

烟囱底部外径4.4 m，底壁厚96 cm，外周长为13.8 m，自地面往上每隔7~8 m有一圈梁，烟囱正东底部有1条宽1~1.2 m、高约1.4 m的烟道与窑体相连，烟道上部为拱形结构，属下埋式。

1.2 周边环境

烟囱东侧相距2 m为业主需要保留的窑体，该窑体连同走廊是此次爆破保护的重点；西侧和西北侧约 30 m 处有 2 条通信线，是厂区内通信和有线电视的唯一传输线路；西南 150 m 为武警教导大队营房；西侧为空旷的砖坯堆场；北侧 150 m 外为制砖机房（图 12）。

图 12　周边环境

2　工程特点、难点

（1）该烟囱结构特点和开裂倾斜程度决定了烟囱爆破施工存在一定的安全风险。爆破拆除需要在确保施工人员和周围建（构）筑物安全的情况下快速实施。

（2）因裂缝位于烟囱东北和西南对称方向，烟囱在此方向存在薄弱面，爆破后烟囱容易沿薄弱面发生开裂分离，导致部分结构不沿设计方向倒塌。

（3）烟囱四周建构筑物距离很近，东侧相距 2 m 的窑体和走廊需要保护。

3　爆破方案选择及设计原则

（1）采用钻孔爆破法，为确保施工时烟囱的稳定性，选择在较好的天气条件下施工，同时避免施工时对烟囱有较大扰动。

（2）将烟囱裂缝薄弱面布置在爆破切口之内，在烟囱爆破瞬间，使裂缝两侧的砖体都受到同一方向力矩的作用，向设计方向倒塌。确定烟囱向正西偏南 15°的方向定向倒塌，对倒塌方向上的通信光缆采用挖沟埋设的方法给予保护。

（3）正梯形爆破切口施工方便快捷，保留的支撑体在烟囱定向倾倒过程中受后坐作用力矩较小，利于提高其防止后坐的能力，从而提高精确定位能力和支撑能力。因此爆破切口形状选择采用正梯形。

（4）为避免破坏烟囱稳定，爆破时不设置定向窗，但为降低爆破作用力对保留支撑体的破坏，确保爆破切口边界线的规整，对正梯形两腰采用预裂爆破来维持切口良好的对称性，从而精确控制烟囱倒塌的方向。

4　爆破设计

4.1　爆破参数设计

（1）切口圆心角：一般情况下切口长度可取圆心角 200°~240°之间，为加强爆破后支撑体的强度，最终确定切口圆心角取 208°。

（2）切口长度：

$$L=\pi D\times 208/360$$

式中，D 为烟囱底部外径。取 $L=8$ m。

（3）切口高度 H：根据压杆失稳理论切口高度很小就能满足倒塌要求，但为了保证重心有足够大的偏移，使切口闭合时烟囱有一定的倾倒角，本工程取切口高度 $H=1.8$ m。

（4）孔径 d：$d=40$ mm。

（5）孔排距：孔距 $a=55$ m，排距 $b=45$ cm。

（6）孔深：$L=2/3\delta$，取 $L=65$ cm。式中，δ 为烟囱壁厚。

（7）炸药单耗，取 $K=900\sim1100$ g/m^3。

（8）单孔装药量 $Q=Kab\delta$，取 $Q=250$ g。

（9）切口两侧预裂孔：孔距取 25 cm，单孔药量取 100 g。

（10）炮孔布置：共布置 5 排炮孔，共计 78 个炮孔。

4.2　起爆网路设计

爆破网路采用孔内延时，分 3 段，爆破时预裂孔及中间先起爆，然后中间向两侧延时起爆（图 13）。孔外采用 MS-2 段“一把抓”，用四通将其复式连接，引至起爆站。

4.3　爆破参数

爆破参数见表 1。

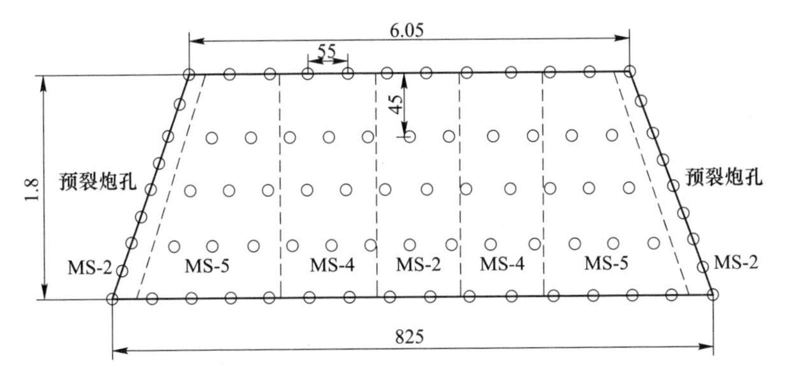

图 13　爆破切口及布孔（单位：cm）

表 1　爆破参数

序号	孔距/cm	排距/cm	孔深/cm	孔数/个	单孔药量/g	总装药量/g	段别
1	55	45	65	18	250	4500	MS-2
2	55	45	65	20	250	5000	MS-4
3	55	45	65	22	250	5500	MS-5
4	25	—	65	18	100	1800	MS-2
合计		—	—	78	—	16800	—

5　爆破安全设计

5.1　爆破振动和塌落振动

5.1.1　爆破振动公式

$$v = k'K\left(\sqrt[3]{Q}/R\right)^{\alpha} \tag{2}$$

式中　Q——爆破最大单响药量，kg；

R——保护目标到爆点之间的距离，m；

v——质点振动速度；

k'——与爆破地质有关的介质修正系数；

K，α——衰减指数。

5.1.2　塌落振动公式

$$v_t = K_t\left[(M \cdot g \cdot H/\sigma)^{1/3}/R\right]^{\beta} \tag{3}$$

式中　v_t——塌落振动速度，cm/s；

K_t——衰减系数，$K_t = 3.37$；

σ——地面介质的破坏强度，MPa，一般取 $\sigma = 30$ MPa；

β——衰减指数，$\beta=1.66$；

R——塌落中心至检测点的距离，m；

M——下落构件的质量，t（烟囱 1.8 m 位置以上部位质量估算约为 2996 t）；

H——构件重心高度，m，$H=29$ m。

5.1.3 爆破振动和塌落振动控制措施

（1）采用分段、分区及分层的方法，降低最大单响起爆药量，从根源上降低爆破振动危害。

（2）爆破前，在保护目标和塌落中心线之间开挖减震沟，减小烟囱爆破振动、塌落振动对建筑物和设备的危害。

（3）施工时，在烟囱倒塌方向修筑多道缓冲堤，减弱烟囱落地引起的振动。

5.2 爆破飞石

5.2.1 爆破飞石安全校核

控制爆破个别飞石最大飞散距离，按《爆破计算手册》中的经验公式计算：

$$S=\frac{v^2}{g} \tag{4}$$

式中 S——飞石最远距离；

v——飞石初速度，爆破作用指数 $n=1$ 时，$v=20$ m/s；

g——重力加速度。

经计算 $S=40$ m。

5.2.2 爆破飞石防护

（1）爆破前在爆破部位用双层钢丝网中间夹草袋，同时在外侧加挂二层竹笆的方式对爆破位置进行直接防护。

（2）用竹笆遮挡附近被保护建筑物门窗和被保护外部设备，重点保护目标方向用脚手架搭设竹笆墙防止个别飞石。

5.3 筒体撞击地面产生的飞溅碎片控制

烟囱倒塌中心位于道路北侧的草坪上，地面疏松柔软，不会形成较远的碎片飞溅，同时爆破前在烟囱的倒塌方向设置多道缓冲堤，并在缓冲堤上用土袋垒筑，能够有效的防止碎片飞溅。

6 爆 破 施 工

6.1 爆破施工组织

本工程设置爆破指挥部，指挥部下设钻孔组、装药组、填塞组、联网组、起爆组、警戒组、后勤保障组。

（1）指挥部：主要职责是全面管理与指挥爆破阶段各项工作，确定起爆时间，发布起爆命令，协调各方关系，处理突发事件等。

（2）钻孔组：主要负责按照技术方案进行布孔、钻孔。

（3）装药组：主要负责依据技术方案进行装药以及填装雷管工作。

（4）填塞组：主要负责装药后依据技术方案进行填塞的工作。

（5）联网组：主要负责起爆前的起爆网路联网工作，并负责检测网路。

（6）起爆组：主要负责保管起爆器等起爆器材，并等待指挥部命令进行起爆。

（7）警戒组：主要负责爆破拆除期间的警戒工作。

（8）后勤保障组：主要负责项目整个期间的后勤保障工作。

6.2　预拆除

施工前对切口高度范围内的避雷针、梯子、烟道全部拆除，拆除后形成1个1.5 m高、1.2 m宽的门洞。

6.3　装药、填塞

炸药到场后，由装药组成员将炸药按照各个炮孔的装药量搬运至孔口，当所有炸药分配好以后两两一组进行装药操作，一人递药、制作起爆药包，一人将炸药装入炮孔内并使用炮棍将炸药捅到底。

装药工作结束后，填塞组人员携带填塞材料前往各个孔口，依据安排的位置进行填塞作业，填塞期间保证导爆管的安全。

在设计施工中采用以下方法保证施工的安全顺利进行：

（1）掌握外部环境因素，选择在无风和晴天条件下进行爆破施工。

（2）烟囱近期裂缝扩大较快，随时存在安全风险，施工时采取增加作业人员的方法，加快施工进度、避免人员在烟囱下暴露的时间过长。

（3）在钻孔、装药和连接起爆网路过程中派专人负责瞭望观察，发现问题立即发出警报。

6.4　安全防护

（1）为防止爆破飞石的危害，在爆破切口部位挂设两层脚手片，并用铁丝捆绑连成整体覆盖于烟囱筒体上。

（2）对横跨倒塌区域的电缆线，采用挖沟埋设于地下的方法保护，挖掘深1 m、宽0.5 m、长约30 m的土沟，将电缆线放于土沟内侧并覆盖脚手片，再用黄土填埋至地面。对倒塌方向一侧的电话线，采用将其放低至地面，用沙土包和脚手片覆盖防护。

6.5　爆破安全警戒

爆破警戒范围确定：爆破点正前方 200 m；两侧 150 m；后侧 100 m。

爆破警戒点设置：共设置 6 个警戒点。

7　爆 破 效 果

该烟囱于 2009 年 7 月 6 日下午 2 时准时起爆，起爆后烟囱整体向设计倒塌方向发生倾斜，开始倾斜时保持整体完整，裂缝处无明显开裂。当烟囱倾斜至与地面成约 65°角时，烟囱中部（15~40 m）沿裂纹迅速纵向开裂，顶部沿 2 次建设的结合部位断裂并迅速向上形成一道纵向裂缝；当烟囱与地面成 30°角时，烟囱已断成 3 截，烟囱筒身全部塌落在约 40 m 的范围内，倒塌轴线和设计倒塌轴线基本吻合，无后坐现象。

爆破后经检查，切口破碎充分，大部分砖体连同防护脚手片被抛出。保留窑体及走廊毫发无损，2 条通信电缆经专业人员检查测试均未受到损伤，爆破达到预期效果。

8　经验与体会

（1）多裂缝倾斜砖烟囱拆除，应减小对烟囱的扰动，可通过采用预裂爆破的方法确保烟囱爆破切口的规整，精确控制倒塌方向。同时采用分段起爆法，降低爆破引起的振动，能有效地减小裂缝扩张及防止倾斜部位折断倾覆的可能。在保证有足够倾覆力矩的条件下，应充分考虑烟道位置和宽度对支撑体的影响，留有充足的支撑体强度防止烟囱发生后坐现象。

（2）受损烟囱爆破施工中，应充分考虑天气情况，特别是风荷载和雨水浸泡作业的影响。尽可能加快施工的进度、减少作业时间，加强瞭望观测。通过对烟囱不同部位钻透筒壁，能够真实地掌握筒壁厚度、砖体类型、内衬结构等情况，为在不能进行试爆的条件下及时调整爆破参数提供可靠依据。

工程获奖情况介绍

“复杂环境 45 m 砖烟囱拆除爆破技术”项目获中国工程爆破协会科学技术进步奖二等奖（2014 年）。“复杂环境下砖烟囱爆破拆除施工工法”获部级工法（中国爆破行业协会，2018 年）。发表论文 2 篇。

基于槽墩保留的大型双曲拱渡槽差异化精准拆除爆破技术

工程名称：衢州市铜山源水库灌区龙门桥渡槽爆破拆除工程
工程地点：衢州市龙游县横山镇龙门桥村
完成单位：浙江省高能爆破工程有限公司
完成时间：2019年2月20日～4月10日
项目主持人及参加人员：何华伟 唐小再 蒋跃飞 陈飞权 何 涛 许晓磊 刘 桐

撰 稿 人：刘 桐 何 涛 许晓磊 陈 挺 兰成斌

1 工程概况及环境状况

1.1 工程概况

衢州市铜山源灌区龙门桥渡槽建成于1978年4月，自建成以来一直有效运行，在保证了灌区正常灌溉的同时，发挥了显著的经济效益。近40年的运行期间，从未发生重大安全事故，但进行过数次简单的加固处理，如裂缝修补、防渗堵漏、加固侧板拉杆等。

2017年由权威部门出具的安全评价报告显示，目前渡槽存在多处结构老化、损伤等病害现象，一方面已无法达到相关现行规范，另一方面给渡槽的安全运行带来了很大影响。结合渡槽下部结构的评价结论，即“起到主要承压作用的墩基础现状完好，且承载力符合标准，可以在再建工程中继续使用”，最终管理部门综合施工工期、民生水利工作任务、安全影响以及长远规划进行决策，决定在保留槽墩的前提下对渡槽上部结构进行爆破拆除并重建。

1.2 渡槽结构

渡槽由槽身、支撑结构和墩基础构成，总长555 m。支撑结构为少筋双曲拱，下部为浆砌石重力墩，基础为墩基础（图1）。其中包括肋拱式510 m，共17跨，单跨30 m，最大高度19.4 m；进口段有一孔浆砌石拱，全长19.6 m，出口段有二孔浆砌石拱，全长25.4 m。渡槽槽身为预制钢筋混凝土矩形槽，每段6 m。需爆破拆除部分为510 m肋拱式渡槽，其中包含槽身85段。

图1 肋拱式渡槽实景

1.3 周边环境

渡槽南段180 m长渡槽西侧紧靠浙江永记金属材料科技有限公司（海光金属公司）厂区：距围墙最近处仅1.2 m，距厂房最近处仅3.8 m，围墙内另有一座砖烟囱（高度约30 m）距离1号~2号墩之间跨中水平距离约3 m，且紧邻6号墩南侧的渡槽正下方有一处门房（爆破前拆除）；南段30 m长渡槽东侧紧靠龙游科阳工艺品有限公司（已停产，现为废弃厂房）：距围墙最近处3 m，距厂房最近为11 m；南端部（出口段）西南方向170 m处为龙游金美水泥制品厂，正南方向70 m处为龙游县横山乌巴尖碎石加工厂。

渡槽北段多跨下部存在若干管线，具体有：地埋污水管、移动光缆、通信线路、国防光缆、广播电视光缆、电信光缆、电力线路（以上架空线路在爆破前全部改为地埋，埋深1.8 m）；8号墩北侧、渡槽正下方有村用垃圾房一处（爆破前拆除）；9号墩东侧6 m处有配电房；12号墩东侧5 m处有公共厕所；16号墩西侧14 m处有一处民房；沿北段210 m长渡槽东侧为龙门桥村，最近一处民房距离渡槽15 m(13号墩东侧)，其他民房分布在40 m以外。

经实地踏勘，爆破周边环境极其复杂，如图2所示。

2 工程特点、难点

2.1 确保槽墩安全

对于拱形桥类建（构）筑物的爆破拆除而言，仅爆破拆除主拱架及拱上结

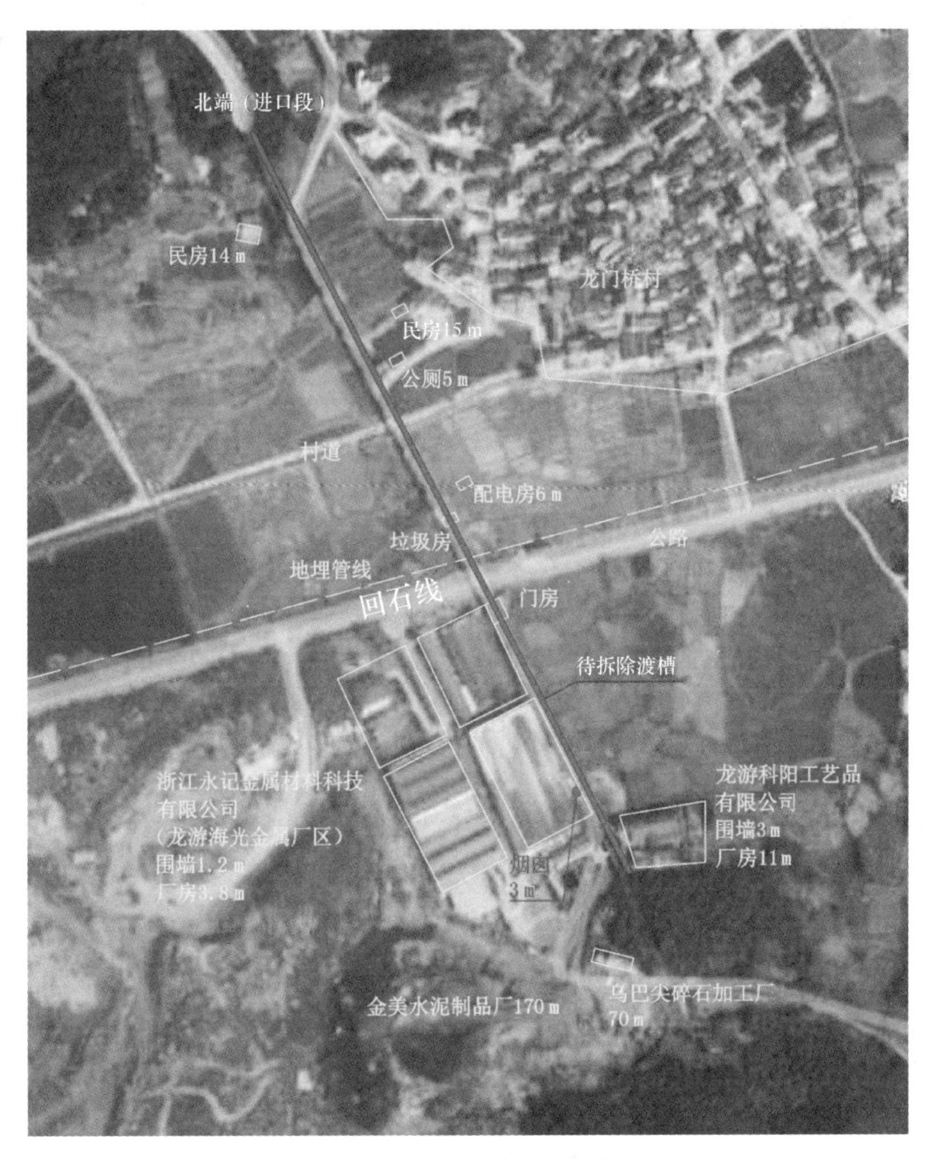

图2 周边环境平面卫星图

构的同时，还须安全完好的保留墩体，这一工程要求本身就具有很大的突破。

该类建（构）筑物的爆破拆除总体思路主要是通过爆破的方法破坏主要承重结构的关键受力点，进而利用其自重垂直向下塌落至地面。然而龙门桥渡槽基础所处地形地势呈“两端高、中间低”的丘陵洼地，导致16个槽墩高度各不相同：最低1.6 m，最高14 m，最大高差12.4 m，因此每个槽墩靠近基础部分的截面尺寸也不尽相同；由于肋拱式渡槽长达510 m，建设之初为了确保对渡槽整体上部结构起到支撑作用的墩体具有足够的刚度、强度和抗倾覆稳定性，槽墩还设计有常规墩与加强墩两类，主要体现在纵向墩身坡比不同。

综上所述，槽墩作为渡槽的本体结构之一，如何确保其在上部结构爆破与塌落的过程中，宏观上避免主拱圈、竖墙和槽身等结构物的直接摔砸而造成破坏甚至倒塌，微观上避免爆破危害效应（如振动等）严重影响其内部符合原有承压设计的应力分布而造成的结构性损伤，总体上保障每个槽墩都能够安全地继续服役于再建工程是本工程最大的难点。

2.2 爆破结构复杂

一般拆除爆破工程中，诸如基础、楼房、桥梁、烟囱等，设置为爆破部位的对象通常有梁、柱、板等构件，型式及尺寸规格比较常规，可参考借鉴的设计理论和实践经验较为丰富。

本工程由于槽墩需要安全保留，爆破部位只能设置在墩帽以上的拱架、竖墙或槽身等结构，而这些上部构件大多为非常规的异形小体积型式，且多为薄壁结构，在类似待拆除对象的爆破工程中十分少见。此特点对于爆破切口的选取、炮孔的布置方式、孔网参数、药量计算与装药结构等设计内容，以及钻孔与装药精度、近体全方位安全防护等施工环节，均提出了相当高的要求。

以安全达到工程目的为原则、现有拆除爆破理论为基础，如何合理选取爆破部位，分析确定各个非常规复杂结构的爆破参数，不仅能够使其得到充分破碎，还须将爆破飞散物等危害效应有效控制，便成为本工程亟待解决的又一难题。

2.3 周围环境复杂

龙门桥渡槽建设年代久远，在其正常运行的 40 年中国民经济发展飞快，导致现有环境中多处厂房、管线、民房及其他建（构）筑物存在于紧邻渡槽各跨两侧、地下，甚至正下方。

由于拆除肋拱式渡槽长达 510 m，爆破部位主要设置在各跨拱脚及槽墩上方等部位，考虑到周边环境是沿渡槽轴线方向差异性较大，再加上爆破部位分布特点，直接大大增加了爆破拆除与塌落过程中有害效应的辐射面。而一般岩土爆破或建筑物拆除爆破工程中爆破区域设置通常比较集中，有害源相对于有害效应影响空间可以简化为一个或几个爆破“点”，而本工程中有害源呈线状连续分布，所带来的有害效应则具有“沿线动态变化”的特点。

如何将“沿线动态变化”的危害效应控制得当，确保渡槽沿线附近周边环境的安全，是本工程的重难点之一。

2.4　进度与安全要求高

周边环境的复杂性不仅提高了爆破危害效应的控制难度，还会对施工全过程产生影响。出于保护槽墩的考虑，预拆除及钻孔等主要施工部位大多集中在渡槽上部结构，由于渡槽高度高，各环节作业需在高空进行。高空作业对施工人员和环境中保护对象以及过往车辆行人会带来一定的安全风险。分析渡槽整体结构尺寸，不难发现其作为拱形桥类建筑物，宽跨比很小，导致横断面的高宽比与纵断面的长高比都很大，这种特点严重影响工作面的展开及各项工序的同步交叉作业，增大了施工组织管理与作业难度，提高了施工安全要求。

3　爆破方案选择及设计原则

龙门桥渡槽爆破拆除总体方案是通过钻孔爆破的方法将每跨的上部支撑结构关键受力部位破坏，使每跨渡槽瞬间失去支撑，进而利用其自重解体塌落至地面，达到爆破拆除渡槽上部结构的目的。

3.1　爆破部位选取

为了达到对渡槽上部结构一次爆破拆除的目的，通过尽可能减小炸药使用量来降低爆破振动，同时考虑到对槽墩的保护，爆破部位的选取如图3所示。爆破部位主要设置在墩身平面向上投影范围的竖墙、拱肋与隔板。

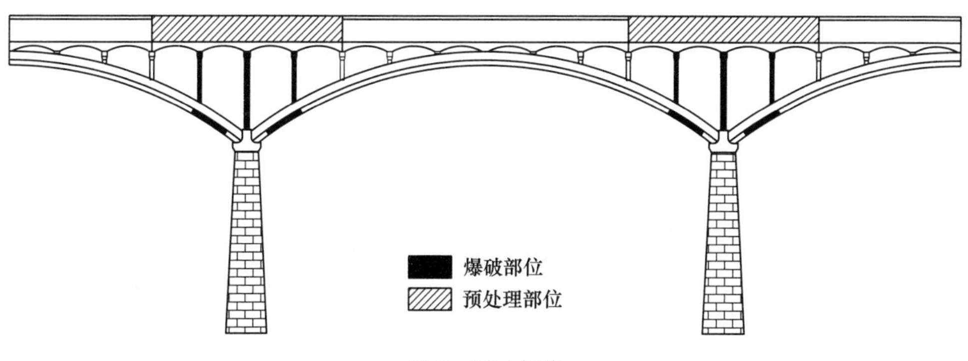

图3　爆破部位

3.2　钻孔方式

本工程采用浅孔钻孔的爆破拆除方案，竖墙钻凿水平孔；拱肋与隔板沿加强梁侧边轴向钻凿水平浅孔。

3.3 起爆顺序

为确保渡槽线性动态复杂环境的安全，减小爆破振动及塌落振动危害，减少爆破飞石，根据各爆破部位的空间位置将进出口段处拱脚、1~3 跨拱顶及每个槽墩附近的竖墙和拱肋划分为 18 个大的爆破分区，延期时间上分为 27 段，由南向北依次逐跨起爆（图 4）。

考虑到槽墩的浆砌块石结构抗压强、抗剪弱，同时其高宽比很大，相邻爆区延期时间过长会引起槽墩两侧形成压力差，严重可能导致其受剪失稳；延期时间过短则无法达到通过使上部结构交错塌落触地，减小塌落振动的目的。以数值模拟研究与墩体动力学响应分析为理论基础指导，结合类似工程实践经验，确定各分区间的差异化最优延时。

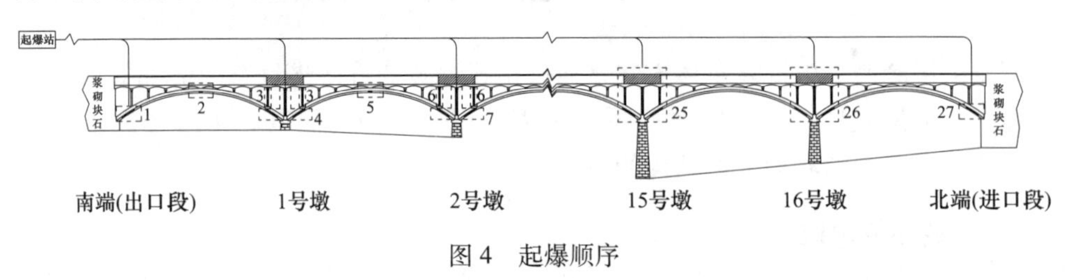

图 4　起爆顺序

4　爆破参数设计

4.1　拱肋与隔板爆破参数

龙门桥渡槽主拱圈为预制钢筋混凝土双曲拱结构，拱波下分布有隔板，规格尺寸、布孔及装药结构如图 5~图 7 所示。拱波部分厚度为 0.12 m，隔板厚 0.1 m，两侧为矩形拱肋，高 0.32 m，宽 0.20 m。拱波部分厚度较小、弧度较大，不易于进行爆破作业，同时其两侧拱肋为主拱圈主要受力部位，拟采取拱波不爆破、拱肋爆破的方案进行设计：钻孔方式为沿拱肋外侧轴线钻凿一排水平浅孔，孔径为 42 mm，设计炸长 2.5 m，该炸长范围内包含一个隔板，隔板下部横梁与拱肋的连接处内部有钢筋交接点，在此处钻孔加深，确保隔板梁得到有效破坏。

（1）厚度 B：0.2 m。

（2）最小抵抗线 W：取 0.1 m。

（3）炮孔间距 a：取 0.2 m。

（4）炮孔深度 L：取 0.13 m，隔板处取 0.63 m。

（5）单孔装药量 Q：$Q=KV=51.2$ g，取为 50 g。

隔板处炮孔：$Q=KV=128$ g，取为 150 g。装药结构分三段，分别 50 g 均匀装填，空气间隔 0.2 m。

（6）堵塞长度 $L_{堵}=0.08$ m。

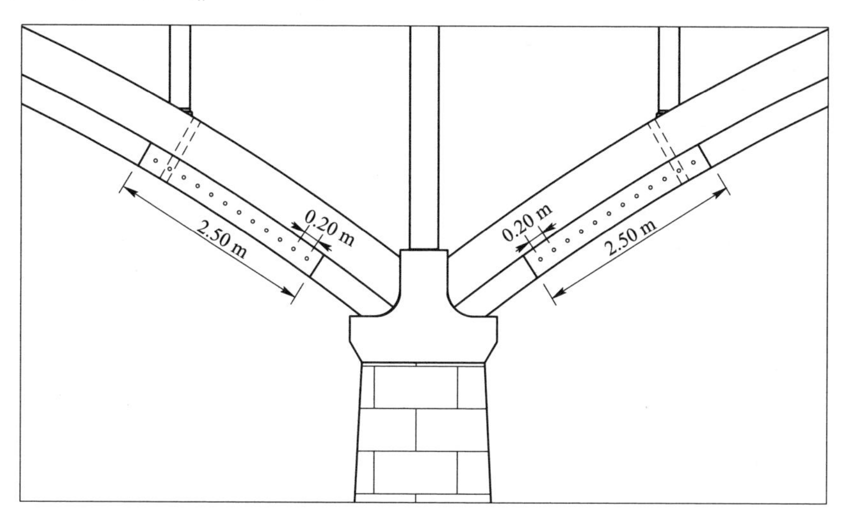

图5　拱肋与隔板布孔

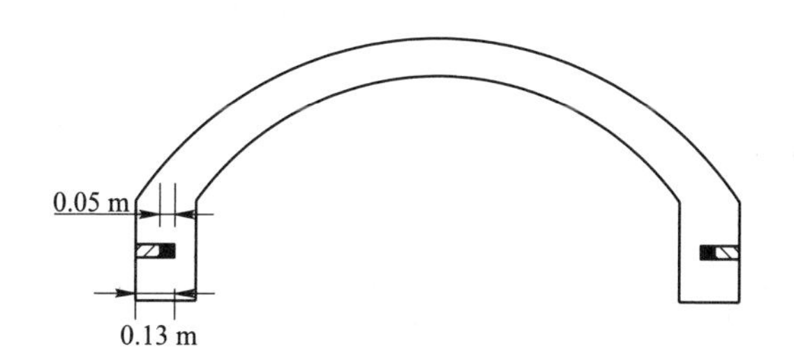

图6　拱肋装药结构

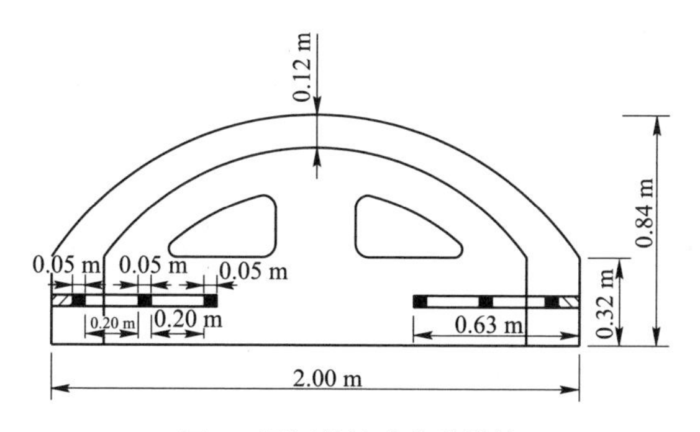

图7　隔板处炮孔装药结构

4.2　竖墙爆破参数

拱架、槽墩上设置有竖墙，对槽身进行支撑，其材质为预制素混凝土，根据竖墙结构特点，爆破参数按规格划分区域进行设计。

4.2.1　槽墩竖墙

槽墩竖墙规格及分区，如图 8 所示。

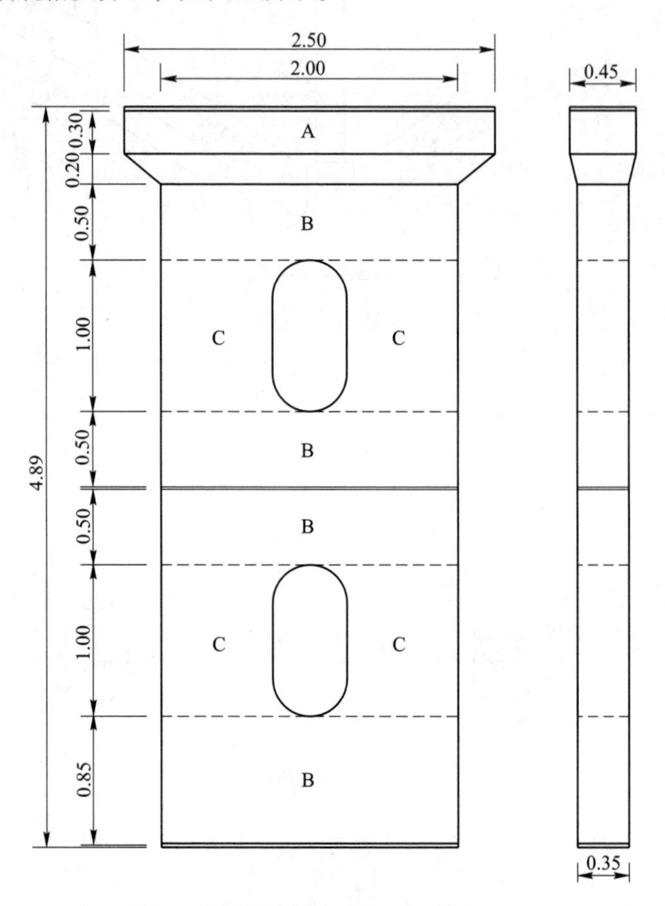

图 8　槽墩竖墙规格及分区（单位：m）

A 区：在竖墙两侧中心位置各布置一个对称水平孔，孔径 42 mm。

（1）厚度 B：0.45 m。

（2）最小抵抗线 W：取 0.225 m。

（3）炮孔深度 L：取 1.1 m。

（4）单孔装药量 Q：$Q=KV=421.875$ g，取为 400 g。

（5）堵塞长度 $L_{堵}=0.22$ m。

（6）装药结构：共设置 4 个药包，分别 100 g 均匀装填，药包间隔距离 0.16 m，采用空气间隔。

B 区：在竖墙两侧中心位置各布置一个对称水平孔，孔径 42 mm。

（1）厚度 B：0. 35 m。

（2）最小抵抗线 W：取 0. 175 m。

（3）炮孔深度 L：取 0. 9 m。

（4）单孔装药量 Q：$Q=KV=367.5$ g，取为 320 g。

（5）堵塞长度 $L_{堵}=0.19$ m。

（6）装药结构：共设置 4 个药包，每个药包均为 80 g 均匀装填，空气间隔为 0. 13 m。

C 区：在竖墙两侧中心位置各布置一个对称水平孔，孔径 42 mm。

（1）厚度 B：0. 35 m。

（2）最小抵抗线 W：取 0. 175 m。

（3）炮孔深度 L：取 0. 6 m。

（4）单孔装药量 Q：$Q=KV=276$ g，取为 240 g。

（5）堵塞长度 $L_{堵}=0.18$ m。

（6）装药结构：共设置 3 个药包，每个药包均为 80 g 均匀装填，空气间隔为 0. 09 m。

槽墩竖墙布孔与装药结构如图 9 所示。

4. 2. 2　拱肋竖墙

拱肋竖墙规格及分区，如图 10 所示。

A 区：沿竖墙两侧短边各布置一列水平孔，以中线对称，孔径 42 mm。

（1）厚度 B：0. 35 m。

（2）最小抵抗线 W：取 0. 125 m。

（3）炮孔深度 L：取 1. 1 m。

（4）单孔装药量 Q：$Q=KV=393.75$ g，取为 400 g。

（5）堵塞长度 $L_{堵}=0.22$ m。

（6）装药结构：共设置 4 个药包，分别 100 g 均匀装填，药包间隔距离 0. 16 m，采用空气间隔。

B 区：沿竖墙两侧短边各布置一列水平孔，以中线对称，孔径 42 mm。

（1）厚度 B：0. 25 m。

（2）最小抵抗线 W：取 0. 125 m。

（3）炮孔深度 L：取 0. 9 m。

（4）单孔装药量 Q：$Q=KV=218.75$ g，取为 200 g。

（5）堵塞长度 $L_{堵}=0.19$ m。

（6）装药结构：共设置 4 个药包，每个药包均为 50 g，均匀装填，空气间隔 0. 17 m。

C 区：沿竖墙两侧短边中心位置各布置一个水平孔，以中线对称，孔径 42 mm。

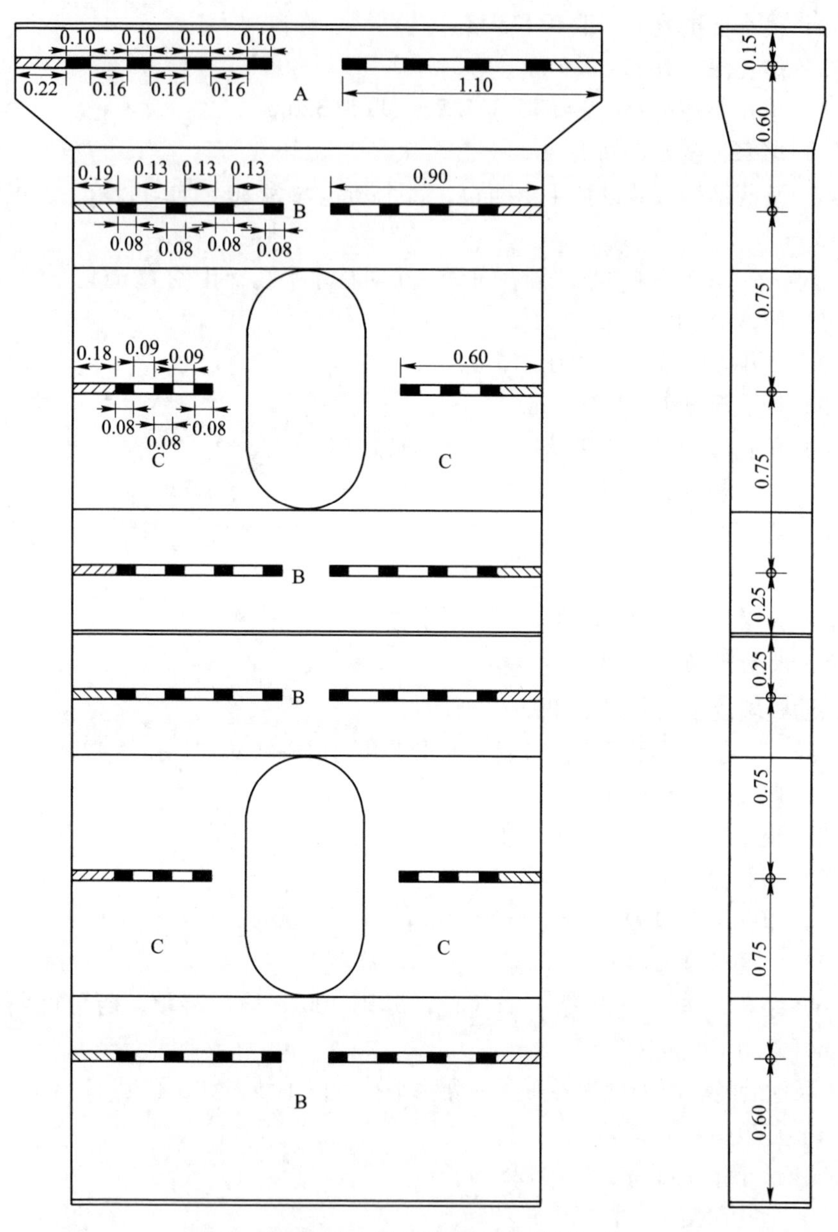

图 9　槽墩竖墙布孔与装药结构（单位：m）

（1）厚度 B：0. 25 m。

（2）最小抵抗线 W：取 0. 125 m。

（3）炮孔深度 L：取 0. 6 m。

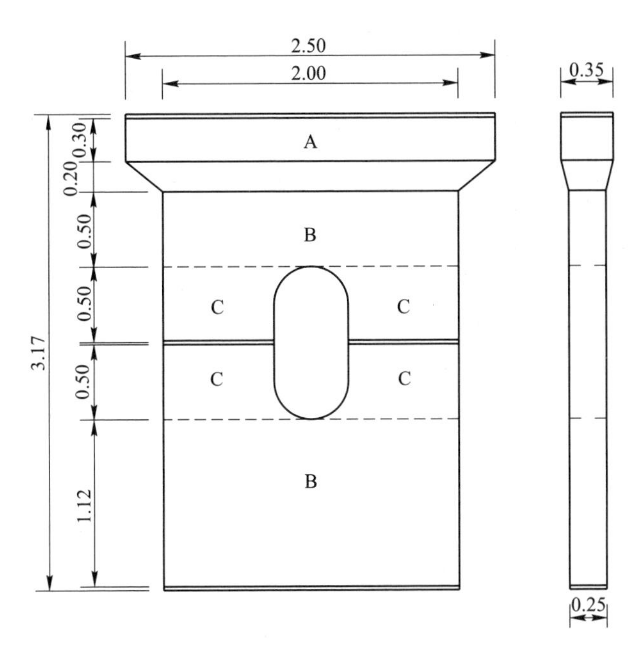

图 10　拱肋竖墙规格及分区（单位：m）

（4）单孔装药量 Q：$Q=KV=164.5$ g，取为 150 g。

（5）堵塞长度 $L_{堵}=0.15$ m。

（6）装药结构：共设置 3 个药包，每个药包均为 50 g，均匀装填，空气间隔 0.15 m。

拱肋竖墙布孔及装药结构如图 11 所示。

4.3　拱顶爆破参数

第 1~3 跨渡槽拱顶处爆破区域设置在两根拱肋的中间，从槽身底板打探孔进行精准定位，向下钻凿垂直浅孔，每根拱肋布置 2 个炮孔，主要起到弱化主拱圈整体刚度的作用。

（1）厚度 B：0.2 m。

（2）最小抵抗线 W：取 0.1 m。

（3）炮孔间距 a：取 0.2 m。

（4）炮孔深度 L：取 0.30 m。

（5）单孔装药量 Q：$Q=KV=51.2$ g，取为 50 g。

（6）堵塞长度 $L_{堵}=0.25$ m。

渡槽拱顶装药位置与结构，如图 12 所示。

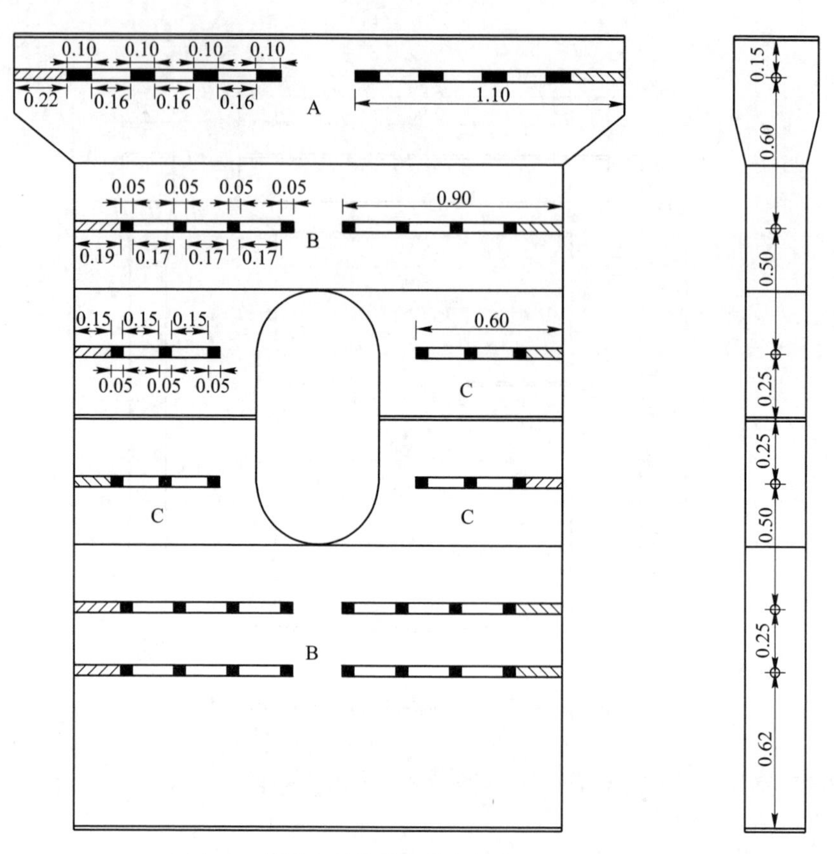

图 11　拱肋竖墙布孔与装药结构（单位：m）

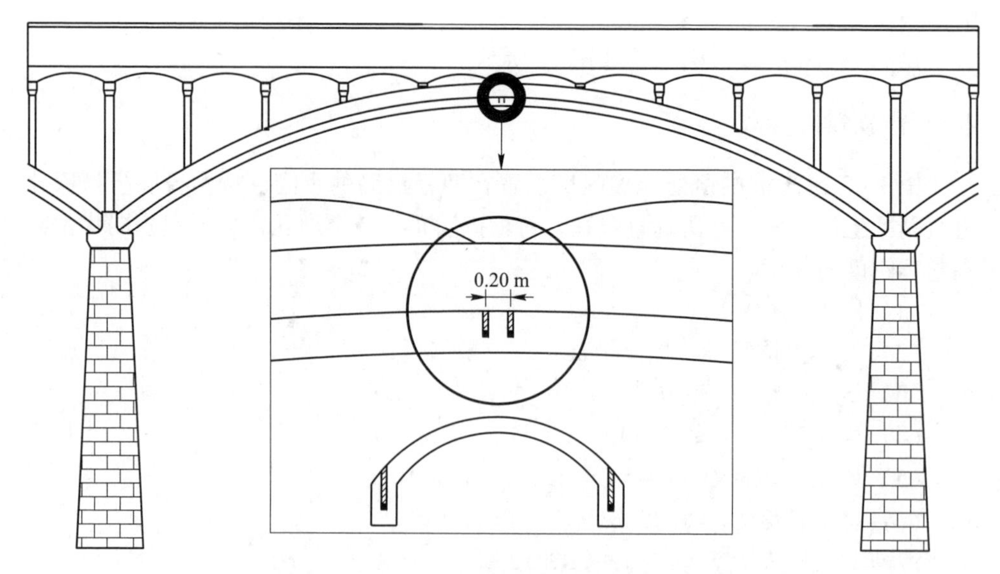

图 12　拱顶装药位置与结构

4.4　起爆网路设计

4.4.1　起爆器材

数码电子雷管具有高安全性、高精度、延期时间根据工程需要孔内可调及起爆网路可导通检测的特点；起爆网路连接结束后，雷管状态可在线检测、延期时间可在线校准、起爆网路可靠性高；雷管内置产品序列号和起爆密码、内嵌抗干扰隔离电路，使用安全、网路设计简单。针对本工程的特殊环境以及工程技术要求，本次爆破拟采用数码电子雷管起爆网路。

4.4.2　起爆节点二次分区优化

网路初步设计中，南北端（即进出口段）的拱肋各作为一个爆破区域，单响药量皆为1.6 kg，每个槽墩上部竖墙加拱肋各部位形成一个爆破区域，单响药量皆为12.72 kg。金属厂厂房附近的1~6号墩爆破区域单响药量12.72 kg已经超过控制标准（8.00 kg），因此在确保各跨上部结构仍能垂直向下坍塌且减少槽墩所受影响的前提下，以相对槽墩对称原则对1~6号墩爆破区域进行二次分区延时：两座拱肋竖墙（5.2 kg），槽墩竖墙+拱肋区（7.52 kg）。区内起爆顺序由上至下分两段起爆，延时25 ms，如图13所示。

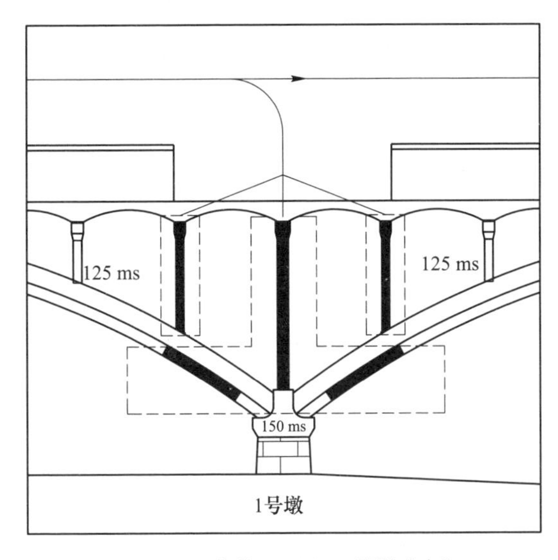

图13　二次分区（以1号墩为例）

4.4.3　延期时间

延期时间的设计主要考虑三个因素：一是构件的塌落时间；二是有利于渡槽上部结构的整体倒塌和解体；三是降低各跨单元的触地振动叠加效应。结合以往经验，初步将各区延期时间选取为110 ms。

在数值模拟研究关于塌落振动预测中，选取了若干渡槽沿线不同位置分布的近距离保护对象所在的地基作为测点，发现各点预测值偏高，究其原因：一方面是未采取缓冲层等塌落振动防护措施；另一方面则是由于各个墩基础所处地势并非同一标高，呈“南北两端高、中间低”的丘陵洼地，在各跨解体失重后，各跨上部结构从开始下落到触地所需的时长不尽相同，因此在各“墩”单元爆破区域间均采取同一延期时差的条件下，会出现先后起爆的不同跨上部结构同时触地的情况，增加了同时触地结构质量，造成塌落振动叠加。

对初步方案数值模拟塌落过程中的各爆破部位起爆与解体时间、触地时间进行数据提取、分析与优化：

（1）对周边环境最为复杂的第1~4跨，适当增加0~4号“墩”单元爆区间的延时，再加上该处地形下降明显，可以尽量增大触地时间差，最大限度减小近距离烟囱、厂房所受的塌落振动影响，同时1~4号墩较矮，高宽比大，增加延期时间带来的两侧压力差影响（受剪破坏隐患）小。

（2）对于5~11跨，墩体高度增加、高宽比变小，受剪破坏隐患增大，需要减小其两侧压力差影响时间，同时该范围内地势变化较平缓，保护对象分布稀疏且距离相对较远，因此采取均等延期时间即可。

（3）自11号槽墩之后，地面高度开始上升，导致塌落体触地间隔会逐渐小于上部的起爆间隔，因此为保证交错触地，适当延长上部时差；而15~17号槽墩由于地形较大幅度升高，通过增大起爆时间会导致起爆间隔过长，对槽墩稳定性不利，因此可采取减小起爆间隔，使该部分塌落体先于前跨触地。

最终延期时间见表1。

表1　延期时间

起爆顺序	爆破部位		延期时间/ms	起爆时间/ms	单段齐爆药量/kg
1	南端出口段拱肋		0	0	1.6
2	1跨拱顶		75	75	0.2
3	1号墩爆区	拱肋竖墙	50	125	5.2
4		槽墩竖墙+拱肋	25	150	7.52
5	2跨拱顶		75	225	0.2
6	2号墩爆区	拱肋竖墙	50	275	5.2
7		槽墩竖墙+拱肋	25	300	7.52
8	3跨拱顶		75	375	0.2
9	3号墩爆区	拱肋竖墙	50	425	5.2
10		槽墩竖墙+拱肋	25	450	7.52

续表 1

起爆顺序	爆破部位		延期时间/ms	起爆时间/ms	单段齐爆药量/kg
11	4号墩爆区	拱肋竖墙	125	575	5.2
12		槽墩竖墙+拱肋	25	600	7.52
13	5号墩爆区	拱肋竖墙	75	675	5.2
14		槽墩竖墙+拱肋	25	700	7.52
15	6号墩爆区	拱肋竖墙	75	775	5.2
16		槽墩竖墙+拱肋	25	800	7.52
17	7号墩爆区		100	900	12.72
18	8号墩爆区		100	1000	12.72
19	9号墩爆区		100	1100	12.72
20	10号墩爆区		100	1200	12.72
21	11号墩爆区		100	1300	12.72
22	12号墩爆区		150	1450	15.92
23	13号墩爆区		150	1600	12.72
24	14号墩爆区		150	1750	12.72
25	15号墩爆区		150	1900	12.72
26	16号墩爆区		50	1950	12.72
27	北端进口段拱肋		50	2000	1.6

5　爆破安全设计

5.1　爆破振动校核

拆除爆破所使用的药包数量一般比较多，也比较分散，药量比较小，而且药包都布置在承重的拱肋、竖墙，爆破后产生的振动是通过槽墩传到基础后再传至地面，爆破振动发生衰减。根据《爆破安全规程》（GB 6722—2014），爆破振动的大小用地面质点的振动速度来衡量，振速采用式（1）计算：

$$v = k'K\left(\frac{\sqrt[3]{Q}}{R}\right)^{\alpha} \tag{1}$$

式中　Q——炸药量，齐发爆破为总药量，延时爆破为最大一段药量，kg；

R——保护目标到爆点之间的距离，m；

v——质点振动速度，cm/s；

K，α——不同结构、不同方法影响振动的系数；

k'——衰减系数，k'取 0.25~0.75。

根据《爆破安全规程》《爆破手册》按照软岩石进行取值，式中 $K=250$，$\alpha=2$，k'取 0.25。对一般民用建筑物的振速标准：浅孔爆破为 2.5~3 cm/s，根据类似工程经验，本设计对周边保护对象的安全振速取 $v=2.5$ cm/s。保护对象爆破振动计算见表 2。

表 2　保护对象爆破振动计算

保护物名称	至装药中心距离/m	控制标准 /cm · s^{-1}	最近爆破部位	设计最大单响药量/kg	爆破振动速度 /cm · s^{-1}
烟囱	17	2.5	1 号墩爆区	12.32	1.15
金属厂厂房	10	2.5	1~6 号墩槽墩竖墙+拱肋区	7.12	2.31
工艺品厂厂房	13	2.5	南端拱肋爆区	1.4	0.46
配电房	23	2.5	9 号墩爆区	12.32	0.63
民房（西北侧）	25	2.5	16 号墩爆区	12.32	0.53
民房（东北侧）	34	2.5	13 号墩爆区	12.32	0.29
水泥制品厂办公房	70	2.5	南端拱肋爆区	1.4	0.02

5.2　塌落振动理论模型校核

在渡槽触地冲击过程中，塌落体与地面变形塑性体可视为封闭的系统，则其可更好地满足动量守恒定律。桥面触地时地面可视为整体剪切破坏，塑性区断面，如图 14 所示。

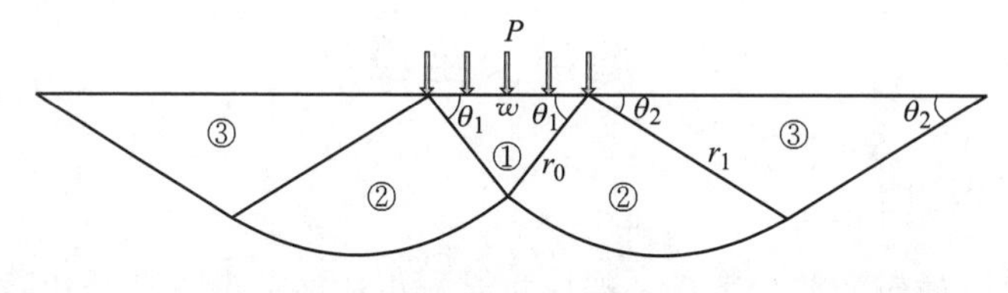

图 14　塑性区断面

根据地基塑性区的特征，整个塑性区的面积 S 为：

$$S=\frac{w^2\cot\varphi(2e^{\pi\tan\varphi}\sin\varphi+e^{\pi\tan\varphi}+\sin\varphi-1)}{4-4\sin\varphi} \tag{2}$$

则冲击作用下地面以下塑性区质量 m_2 可近似表示为：

$$m_2=\rho SL \tag{3}$$

式中　ρ——塑性区的平均密度；

S——塑性区面积；

L——冲击作用下塑性区的长度。

设塌落体质量为 m_1，地面塑性区的质量为 m_2。碰撞前，塌落体的速度 $v_1 \neq 0$，地面塑性区的速度 $v_2 = 0$；碰撞后，塌落体的速度 $v_1 = 0$，地面塑性区的速度 $v_2 \neq 0$，则其动量守恒方程表示为：

$$m_1 v_1 = m_2 v_2 \tag{4}$$

因此，地面塑性区在碰撞后的速度可表示为：

$$v_2 = \frac{m_1 v_1}{m_2} \tag{5}$$

地面塑性区在获得初速度后将向弹性区传递振动能量，根据以往的振动速度衰减模型，将距离振源 R 处的最大振动速度公式表示为：

$$v_R = \frac{m_1 v_1}{m_2}\left(\frac{1}{R}\right)^{\beta} \tag{6}$$

式中，β 为衰减系数。

根据相关数据，本次计算数据选取见表 3 和表 4。荷载作用宽度 w 可视为渡槽截面宽度，塑性区纵向长度 L 为两跨之间的距离。衰减系数 $\beta = 1.6$。分别将上述数据代入理论推导公式，可得相应振动预测数据。

表 3　计算参数取值

位置	渡槽宽 w/m	土体密度 ρ/kg·m^{-3}	跨径 L/m	土体内摩擦角 φ/(°)	塌落峰值速度 v_1/m·s^{-1}	塌落体质量 m_1/kg
烟囱	2.5	1800	28.5	35	12.0	103750
东侧厂房	2.5	1800	28.5	35	11.0	103750
西侧厂房	2.5	1800	28.5	35	13.0	103750
配电房	2.5	1800	28.5	35	15.0	103750

表 4　估算振动速度（内摩擦角按 35°计算）

保护对象	烟囱	东侧厂房	西侧厂房	配电房
距离/m	3	11	3.8	6
塌落振动速度/cm·s^{-1}	4.36	0.5	3.24	1.80

目前尚未有保护对象塌落振动安全允许标准，参考相关规范及文献，结合类似工程经验，确定渡槽两侧的保护对象塌落振动控制标准取 $v = 2.5$ cm/s。

经计算，东侧厂房和配电房处振动小于 2.0 cm/s，烟囱和西侧厂房处的质点振动速度峰值超过 2.5 cm/s 的振动速度控制标准。针对该情况，依据专家评审意见，拟通过加强烟囱、厂房附近的缓冲层填筑等措施来降低塌落触地振动，可降低约 70%~80%，即采取减振措施后的烟囱、西侧厂房处的质点振动速度峰值可降低至 0.87~1.3 cm/s，可确保其安全。

5.3 爆破飞石校核

根据我国目前爆破技术的发展现状，结合类似工程爆破拆除经验，采用《爆破手册》中拆除爆破飞石计算公式估算本次拆除爆破中飞石的飞散距离：

$$R=\frac{v^2}{2g} \tag{7}$$

式中 R——飞石距离，m；

v——飞石速度，m/s，根据摄影观测资料一般为10~30 m/s；

g——重力加速度，9.8 cm/s²。

计算可得 $R=5\sim46.8$ m，根据实测结果，无防护条件下飞石距离在50 m左右。

上述公式是在没有任何防护措施条件下的经验公式，本次爆破采取了包裹式覆盖防护等措施，爆破飞石可以得到有效控制，个别飞石最大飞散距离会更小。

5.4 爆破冲击波及噪声

爆破空气冲击波安全距离按《爆破手册》中拆除爆破爆破空气冲击波公式进行校核：

$$R_k=25\sqrt[3]{Q} \tag{8}$$

式中 Q——装药量，kg，取最大单响药量为12.32 kg；

R_k——空气冲击波最小安全距离，m。

经计算，得 $R=57.74$ m，不会对周边人员造成影响。

噪声控制措施：

（1）避免夜间施工不干扰人们正常休息。

（2）爆破不选用裸露药包，炮孔堵塞密实，防止漏堵，同时将爆破部位用竹笆覆盖，降低爆破噪声。

6 爆破施工

6.1 电子雷管起爆网路精细施工

6.1.1 一般操作方法

使用配套专用起爆器方可进行检测、充电及起爆，主要操作流程包括：采集电子雷管信息（注册）、连线、检测充电及起爆。

6.1.2 组网设计

由于起爆器的单台最大载管量为300发，对于一般岩土露天爆破而言，基本可以满足需求，然而对于龙门桥渡槽爆破拆除工程而言，炮孔总数多达 1484 个，需要以多台起爆器进行组网。同时结合工程安全要求，组网设计遵循以下原则：为了保证总体网路起爆顺利，避免各分机起爆器接入的雷管数量太过接近于满载量，确保起爆电流负荷稳定。最终组网设计为：1 号分机实际载管量 204 发，2 号分机实际载管量 262 发，3 号分机实际载管量 258 发，4 号分机实际载管量 258 发，5 号分机实际载管量 220 发，6 号分机实际载管量 282 发。

6.1.3　网路防水措施

因地制宜地采取有效的防水措施：一是在各雷管尾线集中的部位，利用竹排架及槽身侧面板搭设雨布顶棚；二是在雷管连入母线后，将同一部位较近的雷管尾线夹集中套入多层防水材料，并进行包裹，利用毛竹、绳索将包裹好的尾线夹统一向上悬挂固定，使防水材料扎口向下，避免雨水沿尾线流入；三是将母线沿毛竹、绳索以及槽身侧面板间的横系梁悬挂在空中，避免长时间浸泡，令其远离雨水侵袭。

6.2　槽墩缓冲防护层

爆破拆除对象为渡槽上部支撑结构与槽身，槽墩保留；同时在上部结构爆破解体塌落过程中，需要确保槽墩的完好不受损伤，以便用于再建工程当中。以上问题在爆破设计当中即有考虑：槽墩向上投影范围各个结构均采用爆破达到充分破碎，可以保证槽墩不会受到大块结构的碰撞。为了防止小块结构砸落至槽墩，进一步确保其安全，拟采取铺设轮胎形成柔性缓冲层对槽墩进行防护（图 15）。

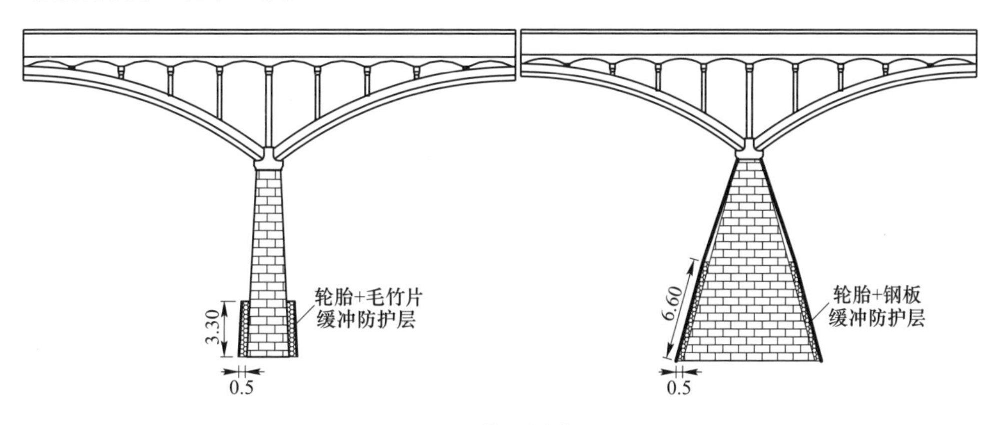

图 15　槽墩缓冲层

6.3　地面缓冲防护层

渡槽下横穿有公路和国防光缆等地埋管线，为防止上部结构爆破解体触地过程中的塌落振动对其造成破坏或损伤，需要在重点区域利用钢板、沙包或土堤等措施铺设缓冲层。通过刚性分散压强、柔性格挡与增加振动传播介质种类，来大大降低触地塌落振动，保护公路、地埋管线等对象，如图 16 和图 17 所示。

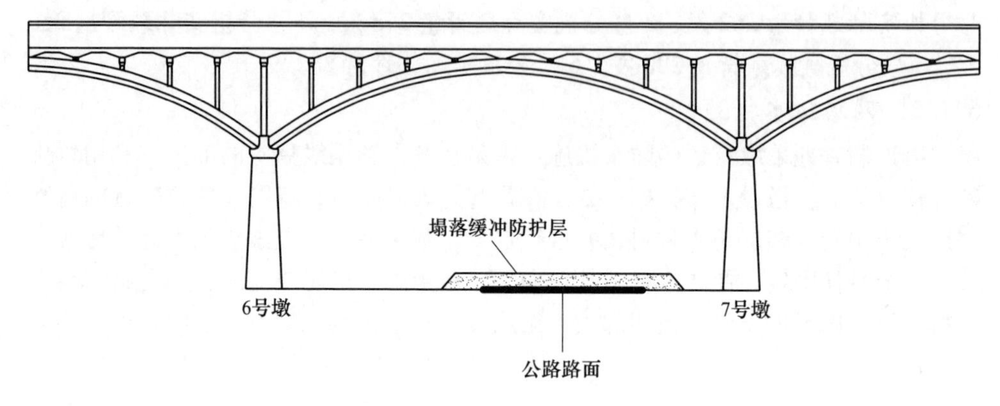

图 16　公路塌落缓冲防护层

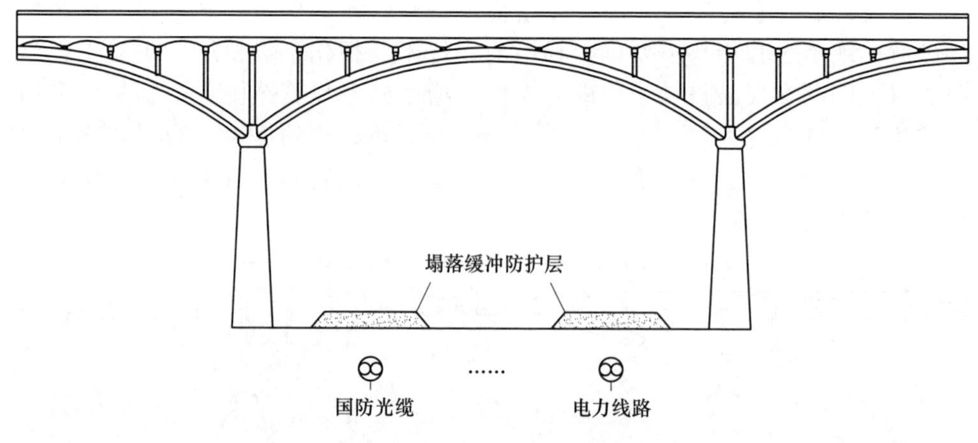

图 17　地埋管线减振缓冲防护层

6.4　烟囱、厂房针对性“导向”缓冲层

针对渡槽南段西侧的金属厂烟囱与厂房，拟采取堆土的方式形成斜坡土堤缓冲防护层，该措施可有效弱化塌落体触地的瞬时冲击荷载，进而大幅降低触地振动；斜坡面的设置可以防止渡槽解体后的“跨单元”向保护对象侧倾倒，同时抵挡解体后散落的爆堆堆积，确保烟囱厂房结构与基础的安全，如图 18 和图 19 所示。

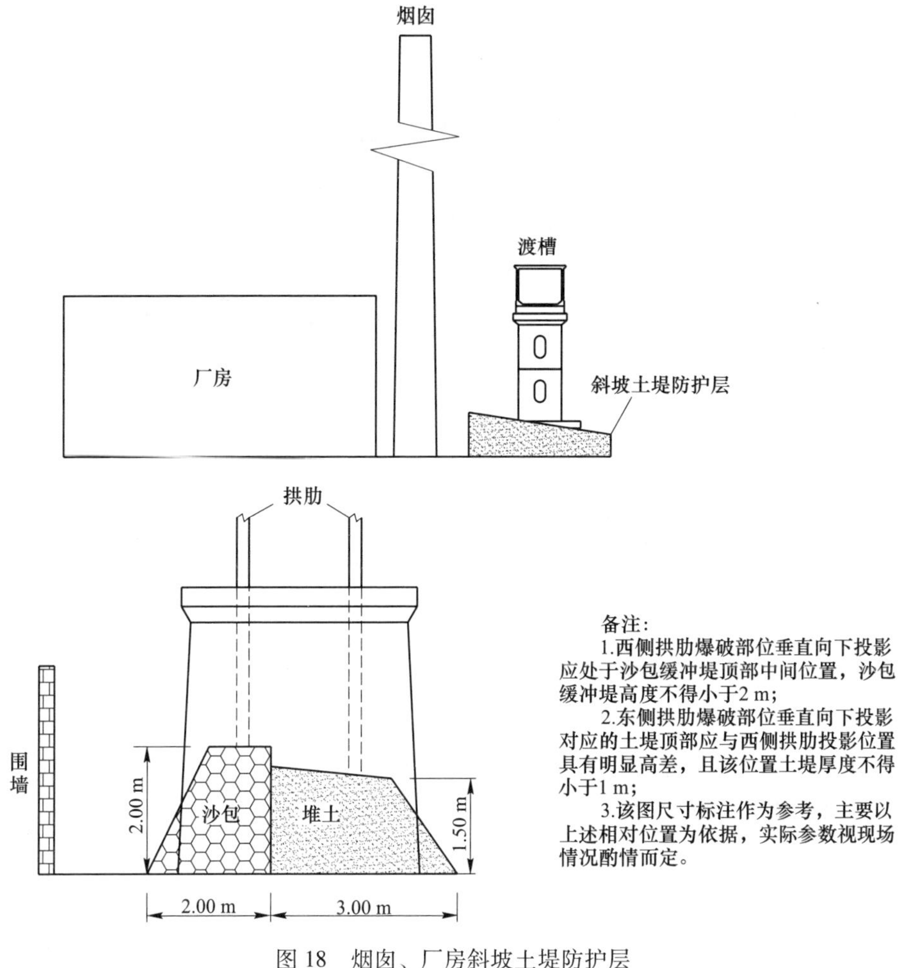

图 18　烟囱、厂房斜坡土堤防护层

7　爆破效果与监测成果

7.1　爆破效果

龙门桥渡槽爆破拆除工程主要施工任务为钢管架作业平台搭设、预拆除、钻孔、安全防护、装药、网路联接、爆破及破碎解小工作。项目部经过 45 天的艰苦奋战完成预拆除槽身侧面板 566.5 m^2；搭设钢管架施工作业平台 6720 m^2；完成钻孔 1484 个；竹笆安全防护 9000 m^2，轮胎安全防护 488 m^2。最后 3 天装药期间投入 80 余名爆破作业人员和辅助工完成装药、堵塞、网路试验、网路联接、安全防护、脚手架拆除等作业，共使用炸药 203.4 kg，数码电子雷管 1600 发，

图 19 “导向”缓冲层搭设

导爆索 500 m。为了不影响后续重建工程施工，在两天内完成了约 1000 m^3 的破碎解小任务。

（1）通过爆后实地勘察与影像分析发现，各跨槽身、竖墙与主拱圈按既定设计意图精准塌落至地面；拱肋爆破部位破碎充分，炸长范围内的拱波由于“以点代缝”的预处理措施没有影响到整体结构下落姿态；塌落触地后，由于自重作用主拱圈解体破碎效果最好，竖墙与槽身基本解体需二次解小，单跨爆堆基本呈现“两端高、中间低”的堆积状态。

（2）爆后经检查了解，16 个槽墩安全完好。各墩正上方槽身侧面板以及竖墙的差异化预拆除与破碎效果较好地降低了槽墩受到塌落体的宏观碰撞影响，仅在墩体表面个别位置存在塌落体刮擦情况；各墩底部两侧爆堆堆积较多，12 号加强墩的钢板防护部分随上部结构塌落一并滑移，缓冲防撞层的轮胎部分均未被冲开或压扁，起到了有效的防护作用。同时针对加强墩的差异化精准预拆除与炸长的增加，对墩体的保护具有显著意义。南、北段渡槽爆后效果，如图 20、图 21 所示。

（3）爆破过程中产生的飞石较多，大多飞散距离在 20 m 以内，个别飞石最大距离达到 50 m。究其原因，一是渡槽使用年代久远，各个爆破部位的材质现状不明晰，且其本体结构不具备试爆条件；二是爆破部位均处于高位，直接增加了爆破飞石的辐射面与飞散距离。

（4）对于公路及地埋管线而言，上部结构塌落位置精准控制在轮胎以及土

图 20　南段渡槽爆后效果

图 21　北段渡槽爆后效果

层缓冲垫层上，且缓冲垫层未因受压而完全紧实，仍有一定弹性余量，经过 1 h 的清理工作，公路即恢复畅通；地埋管线经各主管部门鉴定，未受到任何影响（图 22），可以继续安全运行。

（5）在环境最为复杂的渡槽南段，爆堆堆积明显向东侧略有偏移，印证了“沙包+土堤”斜坡缓冲层所起到的导向作用（图 23），有效保障了近距离围墙及围墙浆砌石基础的安全，同时降低了塌落振动对烟囱、厂房的影响。

7.2　监测成果

7.2.1　监测内容和布置

监测内容：质点振动速度幅值和地震波主频率。

图 22 公路及地埋管线处爆堆情况

图 23 “导向”缓冲堤处爆堆

监测对象：渡槽周边靠近爆破区地埋管线（国防光缆）、龙门桥村民房、海光金属公司、龙游科阳工艺品有限公司等。

测点布置：经现场勘察确定，共布置测点 22 个。

7.2.2 数据分析

根据中华人民共和国国家标准《爆破安全规程》（GB 6722—2014）规定：

一般民用建筑物安全允许振速为 2.5～3.0 cm/s（f>50 Hz）；

工业和商业建筑物安全允许振速为 4.2～5.0 cm/s（f>50 Hz）；

由于国家标准《爆破安全规程》（GB 6722—2014）并未对国防光缆及高压

线提出安全判据，因此，参照国内光缆工程设计规范及高压输电工程设计规范，选用国防光缆安全允许振速 5 cm/s 作为安全判据，选高压线安全允许振速 4 cm/s 作为安全判据。

从检测的结果来看：爆区周边厂房的最大振幅为 0.656 cm/s，对应主振频率 31.623 Hz。周边民房的最大振幅为 0.776 cm/s，对应主振频率 14.286 Hz。国防光缆的最大振幅为 3.539 cm/s，对应主振频率 6.711 Hz。高压线的最大振幅为 0.549 cm/s，对应主振频率 15.936 Hz。

根据实地爆破振动检测，结合《爆破安全规程》（GB 6722—2014）、国内类似工程经验及相关规范要求，得出结论：上述爆破振动检测数据均未超过爆破振动安全允许标准，不会对被检测的建（构）筑物结构产生危害。

8　经验与体会

（1）龙门桥渡槽待拆除肋拱段共计 17 跨，总长 510 m，距地面最大高度 19.4 m，爆破拆除的同时要确保 16 个槽墩的安全，属国内罕有的高难度渡槽爆破拆除工程。其长度与高度使周边环境具有了“沿线差异化复杂性”的特点，较以往爆破“点”危害效应转化为了爆破“线”危害效应，不同空间位置分布的不同种类保护对象各自受到不同危害效应的差异化影响，极大地提高了爆破安全控制难度；作为本体结构之一的槽墩需要保护，则对预拆除和爆破部位选取、参数及起爆网路设计等各个技术环节均提出了相当高的要求。依托龙门桥渡槽爆破拆除工程，提出了“基于槽墩保留的大型双曲拱渡槽差异化精准拆除爆破技术”并取得成功应用，具有显著的经济与社会效益，对于类似工程具有一定的参考价值与借鉴意义。

（2）针对确保槽墩安全这一最为突出的工程难题，提出了“基于槽墩保留的渡槽差异化精准爆破设计”，即围绕渡槽工程要求、结构特点及周边环境，首先对上部拱形结构进行力学分析并充分考虑构件塌落对槽墩的宏观影响，以此科学合理地确定适合于不同槽墩保护要求的预拆除与爆破部位；对于上部具有“小体积、异形、薄壁”特点的拱肋、竖墙等复杂构件，结合不同的破碎目的，差异化精准计算并确定其布孔方式、炸药单耗与装药结构等爆破参数。

（3）提出了“基于槽墩损伤控制的跨间起爆时差选择确定方法”。在起爆网路延时方面，结合渡槽拱形结构的力学特征，为避免由于槽墩相邻两跨的起爆时差引起的微观应力差带来的墩体结构性破坏风险，进行了大跨度拱形结构逐跨失稳过程中保留墩体的动力学分析：通过建立失稳拱架的运动学与动力学方程以及墩体应力分析，研究其应力状态调整过程，最终给出最优延期时间：类似工况条件下，跨间起爆时差应控制在 100 ms，对于高度较低的槽墩，受到的弯矩相对较小，起爆时差可适当延长。

（4）借助 Ansys Ls-Dyna 软件对龙门桥渡槽进行科学建模，通过对初步爆破方案进行全过程仿真推演，直观评价塌落过程对槽墩及周边环境的安全影响；预测各跨上部结构的塌落范围、触地速度及其带来的塌落振动；针对环境最为复杂部分的安全防护措施进行效果预测与优化等专题模拟研究，指导最终方案的设计与实施。

（5）电子雷管应用。为了各项差异化精准设计在爆破实施中能够得到有效保障，爆破器材方面选用了目前最为先进的数码电子雷管起爆系统，利用多分机串并联的方式克服雷管数量多且分散的难点。与此同时，龙门桥渡槽爆破拆除工程是浙江省内首次将数码电子雷管应用于拆除爆破领域，并在大规模组网工况条件下取得了优异的应用成果，使数码电子雷管较以往普通电雷管与导爆管雷管的各项优越性得到了充分印证，对于数码电子雷管在我国民爆行业的广泛推广具有一定的参考价值与实践意义。

工程获奖情况介绍

“基于槽墩保留的大型双曲拱渡槽差异化精准拆除爆破技术”项目获中国工程爆破协会科学技术进步奖二等奖（2020 年）。发表论文 2 篇。

十九层全剪力墙结构楼体爆破拆除

工程名称： 东阳市吴宁镇政府办公大楼爆破拆除工程
工程地点： 东阳市人民路与振华路交会处
完成单位： 浙江京安爆破工程有限公司
完成时间： 2004 年 5 月 1 日~8 月 31 日
项目主持人及参加人员： 程才林　王霞明　杜忠龙
撰 稿 人： 杜忠龙

1　工程概况及环境状况

东阳市吴宁镇政府办公大楼位于浙江省东阳市人民路与振兴路的交会处，总占地面积 1940 m^2。大楼主体东侧距离人民路中心线约 35 m，南侧距离振兴路中心线约 65 m，北面 25 m 为国土大厦，西面 10 m 为居民楼，环境复杂（图 1）。

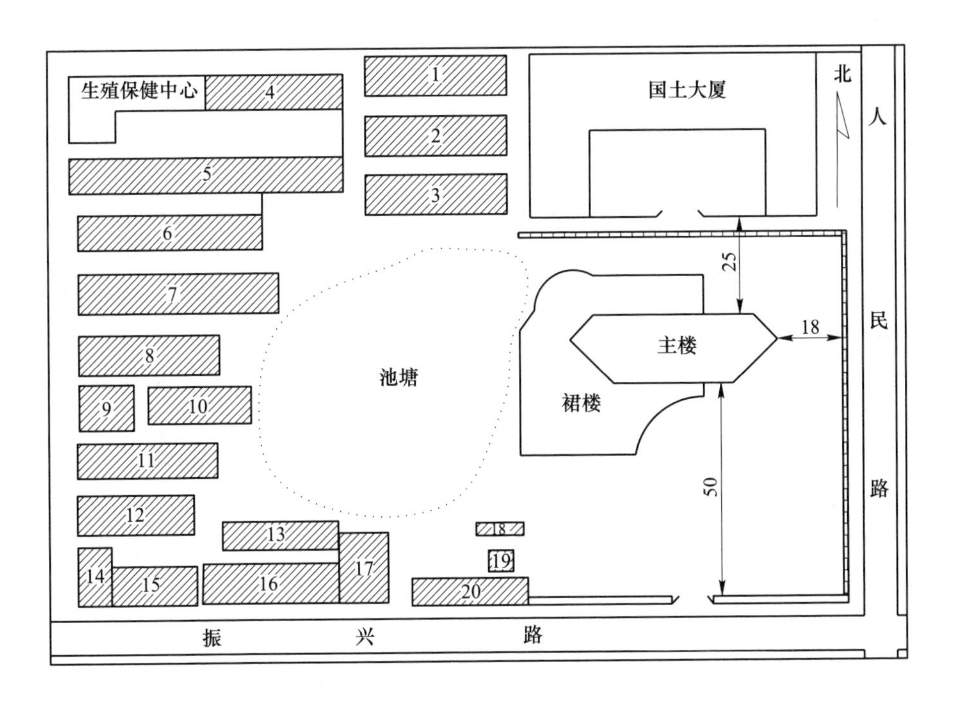

图 1　爆区周围环境

大楼分为主楼、裙楼和地下室三部分，坐北朝南，呈“风帆”状。主楼地面以上东半部十九层，西半部二十一层，总高度 71 m，建筑面积为 16372.74 m^2。主楼系全剪力墙结构，以“工”字形剪力墙为主承重构件，联系梁为搭接构件，东西跨度加上电梯井为七列，南北跨度加走廊为三跨，再加之每层现浇楼板，使得大楼整体结构十分坚固，抗剪抗弯能力极强。主楼西侧为双电梯井和内楼梯，东侧为单电梯井和内楼梯，大楼东西两侧结构不对称（图 2）；主楼南、北、西为四层裙楼，系框架结构；地下室一层建筑高度 4.8 m。

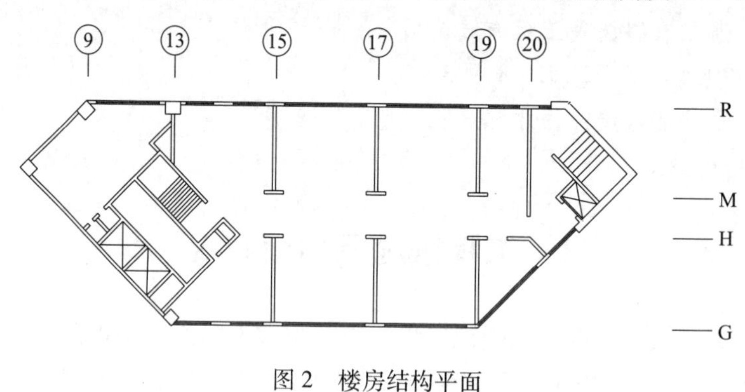

图 2　楼房结构平面

2　工程特点、难点

（1）待拆大楼为全剪力墙结构，十分坚固，在爆破前需要对大楼主体周边的裙楼进行预拆除，电梯井进行弱化预处理，同时对大楼爆破缺口处的“工”字形剪力墙、非承重墙进行部分或整体削弱处理，因此爆破前预处理工作量很大，要求很高，尤其是主体大楼剪力墙，人工处理工作量很大，既要保证大楼的整体结构稳定，又要弱化彻底，以减少钻爆工作量。较高楼层弱化处理难度较大，且预处理结果对大楼的顺利倒塌影响很大；因此必须予以充分削弱（但不能影响大楼结构的完整性），才能使大楼爆后按照预定方向顺利倒塌，避免大楼炸而不倒、摇摇欲坠、倒塌方向偏移较大等事故发生。由于大楼东西两侧结构不对称，高度不一样，爆前处理和爆破缺口的开设应予充分注意，并力求平衡，以确保爆后定向倾倒的准确性。

（2）由于待爆大楼位于闹市区，必须严格控制爆破施工中的有害效应（如个别飞散物、大楼爆破时的扬尘、大楼倾倒触地时的塌落振动及二次飞溅物），确保爆破安全作业。

考虑到大楼位于市区繁华地段，周边有较多建（构）筑物需要保护，距大楼西南侧 46 m，侧向平距 10 m 为居民楼，且在大楼的设计倒塌方向上，大楼北面 25 m 为国土大厦，大楼南面振兴路上有架空的电力、通信等管线距大楼仅 60 m，大楼东侧 12 m 处有南北走向的地下通信光缆、军用光缆、地下电缆等多种重要管线设施，东侧 17 m 位置有 ϕ600 mm 的水泥供水管道，从有关部门提供的资料获悉，管道因年久老化抗震能力极差，若产生较大振动，供水管道将出现破裂和位移，引起管道严重开裂漏水。综上所述，待爆大楼附近建（构）筑物较多，加上大楼结构坚固，爆破作业的环境复杂，因此必须精心设计，精心施工，方能保证爆破拆除施工安全、顺利实施。

（3）由于大楼位于繁华地段，周边单位居民较多，人民路、振兴路为该市主要交通干线，有一定的车流人流量，爆破时交通管制时间不宜过长，爆区 80 m 范围内临时撤离的居民有 200 余户约 600 人，因此必须充分作好各方面协调工作，并取得社会各界的大力支持，方能确保爆破作业安全、顺利实施。

（4）由于施工工期较短，加之施工期间为学生中、高考时期，必须停止施工，其余时间必须严格控制噪声、粉尘，且夜间不能施工，给施工组织带来较大困难。

（5）该大楼主楼与裙楼为一体，没有伸缩缝和沉降缝，裙楼拆除困难较大，必须事先将主楼与裙楼切断分离，否则裙楼拆除时的牵拉作用将使主楼结构受到严重影响。

3　爆破方案选择及设计原则

鉴于待拆除大楼整体性好、周边环境复杂，决定对大楼实行定向折叠倒塌控制爆破方案，为确保大楼的顺利倒塌。根据大楼的结构特点以及周围的环境，决定先采用机械法预先拆除主楼周边的裙楼，为主楼创造较有利的倒塌空间和倒塌条件，然后采用定向爆破法拆除主楼，最后采用机械法（镐头机）进行二次破碎。

根据现场环境条件，鉴于大楼的结构特点采用多缺口定向向南倒塌的爆破拆除方案：

（1）待拆大楼为全剪力墙结构，主体高度大，高宽比为 4.37（70：16），且待爆大楼整体稳定性好，结构坚固，有利于定向倾倒。

（2）除待爆大楼西南角和北面有居民楼外，南侧 45 m 范围内无任何重要的设施，为大楼的定向倒塌提供了有限的空间。

（3）为减少大楼前倾距离，确保西南角 45 m 处民房的安全，拟开设多个爆破缺口，使大楼在空中“弯腰”折叠倾倒，将大楼倒塌的距离控制在 40 m 范围内。

（4）在对大楼实施爆破前应对主体大楼周边的裙楼进行预拆除，为大楼的顺利倒塌创造充分的空间；裙楼的拆除作业不得影响大楼的安全和稳定。

（5）爆破体为剪力墙结构，整体性较好，选择合理爆破切口，确保拆除大楼的准确倒塌，解体充分，以避免爆堆过高现象的发生。

（6）由于待爆大楼高度达十九层约 70.3 m，宜采用使大楼由南而北逐跨坍塌；同时在 1~4 层、9~10 层、14~15 层布设三个爆破缺口，9~10 层、14~15 层开设的两个辅助缺口，使大楼在倾倒过程中“低头、弯腰”，将部分塌落势能转化为大楼内部结构解体的“内耗”能量，从而减少对地面的冲击能量，使大楼在空中逐层解体、折叠触地，增加触地次数，以有效控制塌落振动，减少二次飞溅。

4　爆破参数设计

4.1　第一缺口最大炸高

计算公式：

$$H = B\tan\varphi \tag{1}$$

式中　B——大楼宽，$B=16.2$ m；

φ——缺口仰角，取 $\varphi=41°$，$\tan\varphi=0.87$。

代入数值计算得 $H=14.1$ m。

大楼第四层楼的顶面板的高度刚好为 14.1 m，即前排最大炸高至第四层即可。为使大楼倒塌顺利，电梯井炸高比前排立柱炸高提高一层。

4.2　爆破缺口内各楼层剪力墙爆高

为了达到待爆大楼整体向南精准倒塌的要求，采用式（2）计算各排剪力墙缺口的高度差。

$$h' = K_t L_1 B_1 / H_1 \tag{2}$$

式中　K_t——倒塌程度系数，$K_t=0.5\sim1.5$，取 $K_t=1.5$；

L_1——两个“工”字剪力墙南北之间的间距，取 $L_1=6.6$ m；

B_1——“工”字剪力墙的厚度，取 $B_1=0.25$ m；

H_1——“工”字剪力墙的层高度，取 $H_1=3.0$ m；

h'——临近“工”字剪力墙相对缺口高差，m。

经过计算取 $h=0.825$ m 即可，但在实际施工中，为降低爆后堆高，对爆破缺口内的剪力墙尽可能予以炸透，故采用如图 4 所示的布孔方式。主楼分为前后两跨“工”形剪力墙，即南北两跨，为减小钻爆工作量，预处理后可形成类似“T”形的四排承重立柱，此立柱变为主体大楼的承重主要构件，然后对此进行钻孔爆破，剪力墙预处理示意图如图 3 所示。

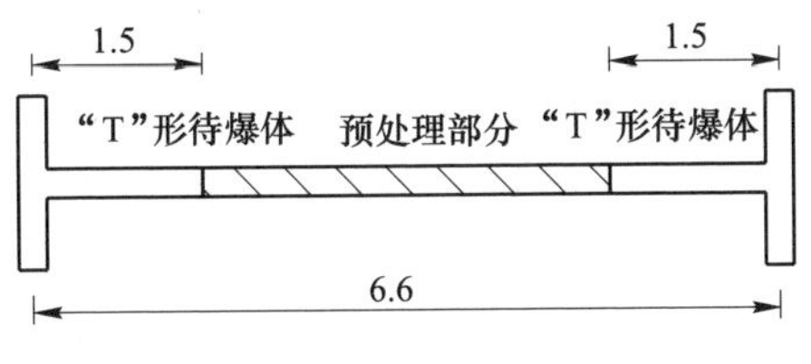

图 3　剪力墙预处理

为减小大楼的塌落振动，同时加速大楼的空中解体，降低爆堆高度，在大楼的 9~10 层、14~15 层，对内部“工”字形剪力墙也进行预处理和钻孔爆破，形成分段倾倒触地以削减大楼整体倾倒触地振动。爆破切口及布孔如图 4 所示。

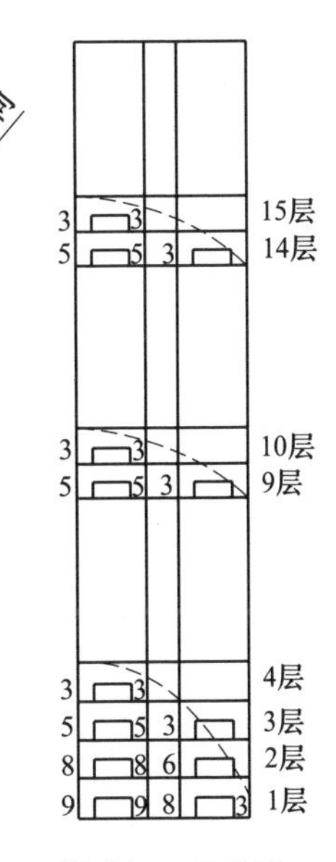

图 4　爆破切口及布孔

4.3　钻爆参数

待爆大楼主要由“工”字剪力墙承载，剪力墙上的炮孔布置有两种方式，即垂直浅孔（炮孔垂直于墙面）和纵深孔（沿墙体厚度中心线布孔）。前者施工简单，但药包数量大爆破效果差，个别飞散物防护困难；后者钻孔质量要求高（尤其对于深度超过 2 m 以上的纵深孔，钻孔中心线不得与剪力墙厚度中心线的偏差超过 3 cm），但爆破效果好，个别飞散物易于控制。最终采用了后一种布孔方式，爆前经监理方检验，炮孔质量完全达到设计要求。

爆破参数计算：孔径 $\phi=38\sim40$ mm，最小抵抗线 $W=1/2$“工”字剪力墙厚，m，$W=0.125$ m，炮眼间距 $\delta=(1.5\sim2.0)W$ 值，m，取 $\delta=0.2\sim0.25$ cm，孔深 L 为剪力墙墙面宽度减去 25 cm，如墙面宽度超过 1.5 m，可以从剪力墙断面两侧钻孔。电梯井处，剪力墙上最大孔深达 2.6 m，炮孔中心线与剪力墙厚度中心线偏斜不超过 2 cm。

药量参数由下式计算：$Q=qab\delta$，q 为用药单耗，a、b 为待爆体的长、宽，δ 为炮孔的间距，剪力墙是薄壁结构，底层炸药单耗宜为 1200~1400 g/m^3。2 层以上炸药单耗逐层减少 10%，上两个爆破缺口剪力墙的炸药单耗控制在 800~1000 g/m^3。

4.4　延期分段及起爆网路

大楼下缺口 1~4 排剪力墙孔内分别采用 MS-2、HS-2、HS-3、HS-4 导爆管雷管起爆，9~10 楼缺口采用 HS-5 段雷管起爆，14~15 楼缺口采用 HS-6 雷管起爆，孔内传爆网路由双发导爆管雷管、导爆索组成；孔外传爆网路由炮孔导爆管传爆雷管及复式闭合四通导爆管传爆网路组成，并连成复式闭合网路。上下楼层之间的网路，1~3 层必须至少有 8 条通路，4 层以上必须至少 4 条通路，汇集成两条起爆总线。如图 5 所示。

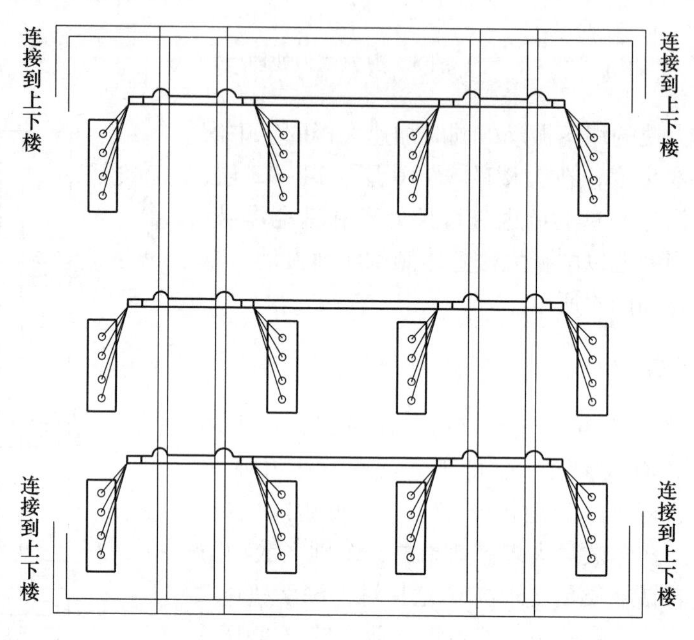

图 5　起爆网路连接

4.5　起爆药包加工

孔内起爆药包由单个药包、导爆索、延时起爆雷管组成。为便于装药，事先将药包和导爆索一并绑扎在细竹条上，导爆索两端采用防水胶布密封，药包均匀布在导爆索上，每隔 35 cm 将药包裹在导爆索四周并固定；距导爆索端头 15 cm 处，用两发起爆雷管绑紧。将加工好的药包徐徐推入炮孔，孔口填塞 20 cm 左右，分数次填塞，确保填塞质量。剪力墙炮孔装药示意如图 6 所示。

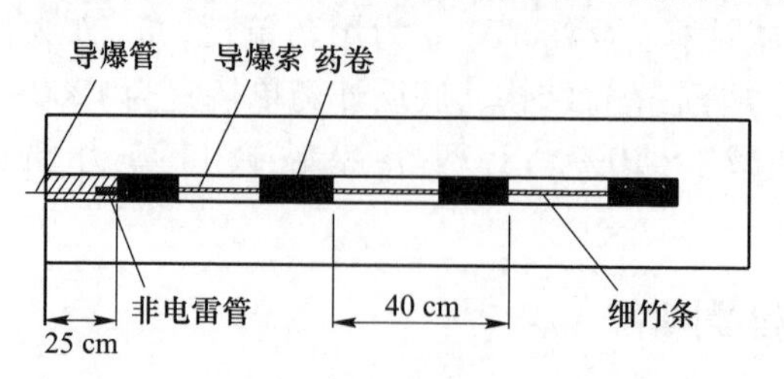

图 6　剪力墙装药结构

5　爆破安全设计

5.1　爆破振动的校核

$$v = K\left(Q^{1/3}/R\right)^{\alpha} \tag{3}$$

式中　v——爆破振动速度，cm/s；

Q——最大单段齐爆药量，kg；

R——爆源到测点的距离，m；

K，α——与爆破地形、地质条件有关的系数或衰减指数，本工程取 $K=50$，$\alpha=2$。

其中：最大单段齐爆药量为 48 kg；最近距离为 25 m 时，经计算 $v=1.06$ cm/s；所以爆破振动不会造成周围 25 m 外的建筑物及设施的任何损害。

5.2　塌落振动校核

与爆破振动相比较而言，大楼（重达数千吨）倾倒触地时产生的振动对周围环境更具威胁性、破坏性。本工程中尽管爆破体的质量较大，高度较高，但因为在爆破方案中采用了分段逐跨倒塌的技术措施，故解体后将分段依次触地。即使不考虑建筑物在空中解体时的相互牵制作用，在极端的情况下，当楼体的某一部分自由落体冲击地面时其激发的最大地表振动速度为：

$$v_e = 0.08\left(I^{1/3}/R\right)^{1.67} \tag{4}$$

式中，I 为建筑物的触地冲量，$I=M(2gh)^{1/2}$；M 为每次触地的楼体质量，kg；h 为重心高度，m，取 35 m；R 为建筑物触地中心至待保护建筑物的等效距离，本工程触地几何中心至最近建筑物的距离超过 40 m，因爆破大楼分段触地，每次触地质量最大为 725×10^3 kg，重心高度 35 m，计算得 $v_e=1.9$ cm/s<3 cm/s。

6　个别飞散物

爆破工程对周围最大的危害之一是个别飞散物，所以必须采取有效的防护措施。按无覆盖条件下个别飞散物距离与炸药关系的经验统计公式：

$$L' = 70q^{0.58} \tag{5}$$

综合单耗取 $q=1.0$ kg/m^3 时，无覆盖物经计算得：$L'=70$ m。此计算结果是在无覆盖的情况下，实际在施工中采用了覆盖防护和脱离防护两种方式，可以有效地减少个别飞散物的有害效应，保障保护物的安全。

7 爆破施工

为确保大楼完全倾倒及倒塌方向准确，对待爆大楼提前进行弱化处理，采取必要的安全防护措施和减振措施，避免爆破个别飞散物防护和减少爆破振动。

（1）对大楼承载部分的剪力墙、楼梯、电梯井进行爆破前预拆除弱化处理，弱化的方案及方式需经专门机构的评估和审定，既要利于爆后大楼顺利定向倒塌和解体充分，又要确保爆前大楼的结构稳定性，确保施工安全。

（2）在对大楼实施爆破前应对主体大楼周边的裙楼进行预拆除，为大楼的顺利倒塌创造充分的空间；裙楼的拆除作业不得影响大楼的安全。

（3）爆破前预处理和爆破缺口开设力求对称，确保大楼倒向准确。

（4）对爆破个别飞散物防护采用覆盖防护和脱离防护两种方式。覆盖防护采用三层竹笆和三层草包直接覆盖在爆体上，并用铁丝绑扎固定；脱离防护是在距主楼 1.5 m 处利用竹笆搭设全封闭防护排架，高度大于爆破缺口高度 1.0 m，防护排架用铁丝与大楼未爆楼板牢固连接，防止前排剪力墙率先起爆产生的爆破气浪将其推倒而丧失防护作用。

（5）在大楼东侧、西侧开挖防振沟，沟宽 1.5 m、深 2.0 m，同时在大楼倒塌前方距大楼 20 m、30 m、45 m 处用沙包堆设三条缓冲堤，缓冲堤底宽 1.5 m、顶宽 1.0 m、高 1.5 m，并在缓冲堤表面覆盖彩条布防止缓冲堤细小颗粒飞溅，彩条布上铺设沙袋，以防止二次飞溅物。

8 爆破效果与监测成果

爆破后大楼完全按照设计要求倒塌，无偏移及后坐，前倾距离约为 35 m；大楼解体充分，爆堆高度小于 9 m；周围地下管线和通信光缆无任何损坏；西南侧居民楼和北侧国土大厦由房屋质量检测部门和公证部门经爆前、爆后反复检测、对比，结构无任何损坏，爆破作业获得圆满成功。

现场采用爆破振动记录仪进行实时测试，沿振兴路待保护建筑物处共布设 7 个测点进行实时监测（图 7），测试结果振动最大值为 0.37 cm/s，实测值之所以小于理论值，主要原因是缓冲堤与减振沟起到了极大的减振作用。

9 经验与体会

通过此次爆破作业，主要有以下几点体会。

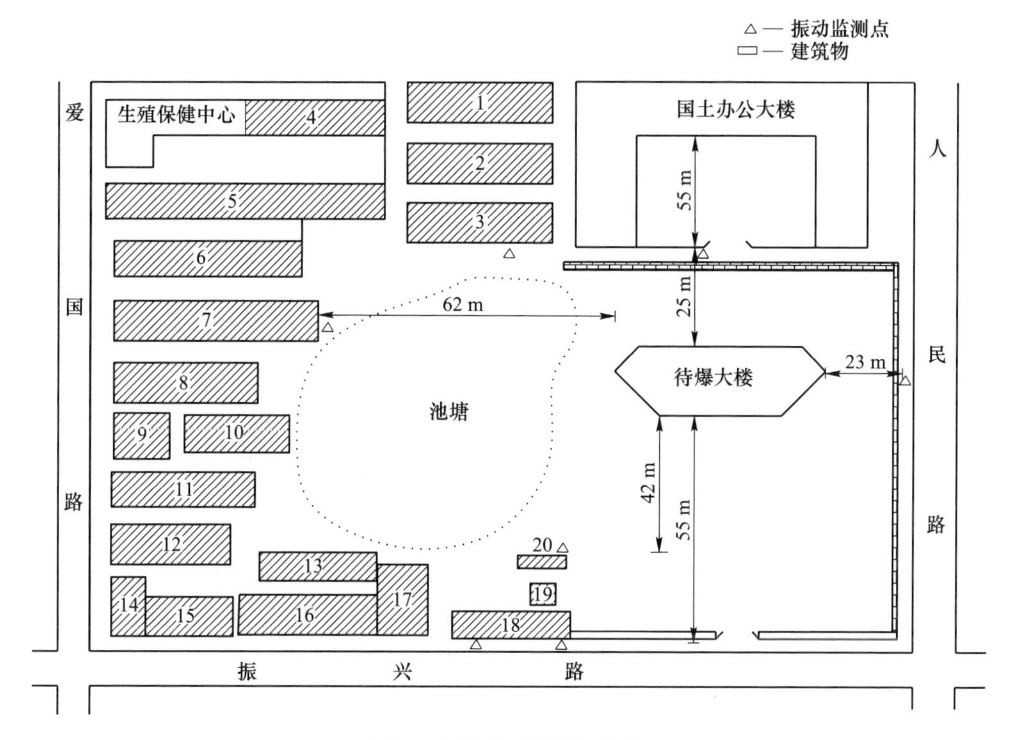

图 7　爆破振动监测点布置

（1）全剪力墙结构的大楼，剪力墙系承重构件，其爆破前弱化处理的方案需经过专门机构的评估和审定，既要保证弱化充分，又绝对不能影响大楼结构的稳定性，并应考虑极端情况下（如台风）大楼的安全性。

（2）剪力墙的弱化处理方式，有人工、机械及爆破切缝等方式，在工期允许的条件下，我们认为宜以人工处理为主，尤其是对于建筑质量较差的烂尾楼，对预处理方案要进行计算评估，在处理过程中更应注意加强对大楼承重结构完整性的监测，严防出现局部弱化处理过头。

（3）剪力墙爆破的布孔方式以纵深孔为宜，其爆破效果较好，个别飞散物易于防护，但对钻孔质量要求较高；利用细竹条导入药包的方法对于深孔多个药包的定位是十分有效的、简便的；炮孔内采用导爆索起爆既减少了雷管数量，又提高了起爆的同步性，确保了爆破效果。

（4）多道缓冲堤可有效的降低大楼倒塌时的塌落触地振动强度，减振沟的开挖对减小触地振动和挤土效应、确保周围地下管线的安全是必需的、有效的。爆破减振沟堤现场布设，如图 8 所示。图 9 和图 10 分别为楼房爆破前和爆破倒塌后的实景图。

图 8　爆破减振沟堤现场布设实景

图 9　楼房爆破前实景

图10　楼房爆破倒塌后的实景

工程获奖情况介绍

“全剪力墙高层楼房爆破拆除工程与技术”项目获中国工程爆破协会科学技术进步奖二等奖（2006年）。

多缺口定向爆破技术在拆除爆破中的应用

工程名称： 杭钢集团炼铁分厂 0105 区域高炉喷煤车间爆破拆除工程/杭州师范学院旧址七号楼爆破拆除工程
工程地点： 杭州钢铁厂内/杭州市西湖区文一西路 30 号
完成单位： 浙江京安爆破工程有限公司/浙江省高能爆破工程有限公司
完成时间： 2017 年 7 月 1 日~7 日/2006 年 12 月 31 日~2007 年 1 月 27 日
项目主持人及参加人员： 泮红星　张少秋　辛振坤/蒋跃飞　叶斌元　郭大胜
撰 稿 人： 泮红星　张少秋/蒋跃飞　楼旭东　张　军　吴　波　李锦琛

前　言

在城市拆除爆破领域，随着拆除对象所处环境复杂程度提高、拆除对象结构形式越来越多样化，使得爆破拆除设计和施工难度大幅增加，如果在密集建筑群之间拆除，允许倒塌范围小，振动、飞石、冲击波、粉尘等控制要求更加严格。

目前，国内普遍采用的倒塌方式主要有以下四种基本方式或者是其组合：定向倾倒、原地坍塌、逐段塌落和折叠坍塌。对于高层楼房而言，在这四种主要方法中，除了极少数采用原地垂直塌落和逐段塌落外，基本上都倾向于将建筑物整体或将其分解成几个部分后，采用定向倾倒的爆破方式。

但定向倾倒也存在较多不足，如倾倒方向上需要有足够的倒塌距离；在楼房刚度较大的情况下，破碎效果较差；因初始位能大，造成塌落振动大。

因此在条件受限制情况下，以定向倾倒基础上发展起来的多缺口定向倒塌方式油然而生，该倒塌方式可在一定程度上减小倒塌范围、降低塌落振动。但对于较高楼房来说，往往仍需提供足够的倒塌场地。如果该条件不能满足，则需要增加切口数量，进而加大施工成本、增加施工难度。以下工程实例对多缺口定向爆破拆除进行介绍。

其中（一）为浙江京安爆破工程有限公司负责施工，（二）为浙江省高能爆破工程有限公司负责施工。

（一）

1　工 程 概 况

喷煤车间为框架结构建筑物，共 3 排 6 列立柱，西南侧一跨为 2 层，中间三跨为5层，东北侧一跨为9层，中间三跨有一和框架主体相连的重型设备。喷煤车间立柱尺寸分别为50 cm×50 cm、60 cm×60 cm、80 cm×80 cm、100 cm×140 cm。建筑物顶高52 m，占地面积约1000 m^2，总建筑面积约5000 m^2，如图1所示。

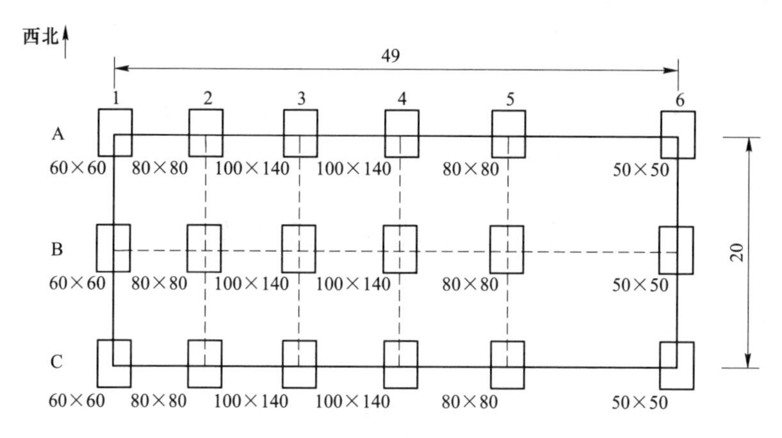

图1　建筑物立柱分布（单位：cm）

待拆除的喷煤车间位于杭州市城区，杭钢炼铁厂厂区内，周边建筑物大多均已拆除，北侧40 m处为工业遗存厂房；西北侧150 m处为待拆除厂房；南侧30 m处为待拆除厂房，120 m处为待拆除2号高炉；东侧70 m处为废弃高压线塔，如图2所示。

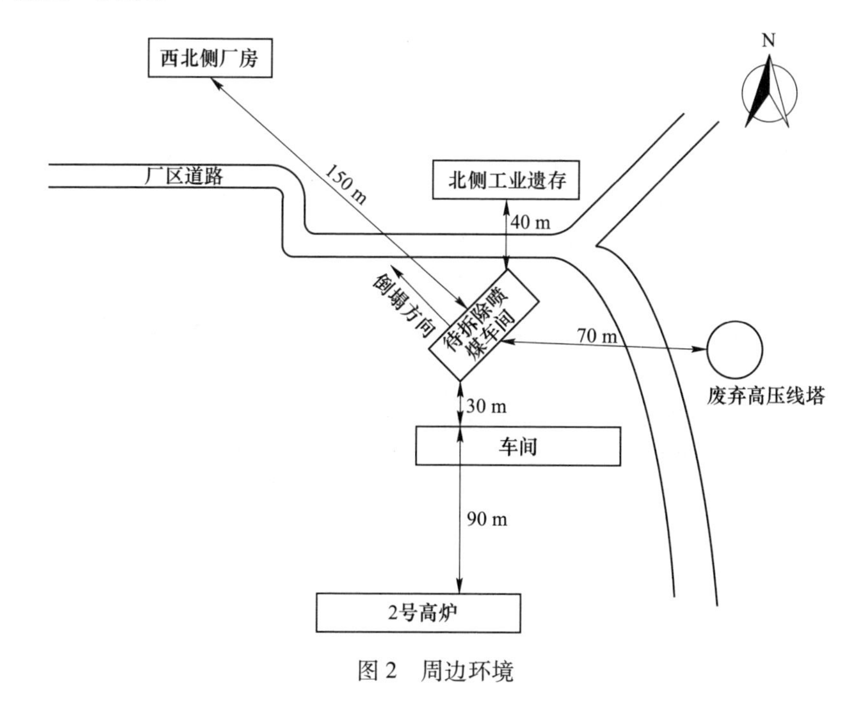

图2　周边环境

2　工程特点、难点

（1）待拆车间为框架结构，立柱截面尺寸大，且中间位置有重型设备支撑，减缓势能的转换，倒塌后不易解体。

（2）结构左右不对称，不易控制后坐，对倒塌及破碎效果不利，且车间东北跨最高 52 m，而北侧离工业遗存仅 40 m，倒塌距离不足。

3　爆破方案选择及设计原则

根据待拆除喷煤车间的高度、结构尺寸、平面位置及其分布、周围环境和业主对爆破施工的安全等要求，确定采用定向爆破拆除。通过精心设计和采取有效的防护措施将爆破振动、塌落振动、爆破飞石、爆破粉尘等爆破危害效应控制在允许有效范围内，满足工程质量和安全的要求。

根据现场勘查结合周边环境实际情况：喷煤车间西北方向为空地，可满足倒塌要求，因此确定倒塌方向为西偏北 44°。

4　爆破参数设计

4.1　爆破切口

在保证拆除过程中不对北侧的工业遗存建筑造成损害的前提下，决定在车间东侧一跨采用多缺口定向爆破拆除，即东北侧三楼以上进行折叠，而后下部切口再进行爆破，切口示意图如图 3 所示。

根据以往工程经验，喷煤车间爆破切口倾角可取 25°～40°，本工程取 32°，由公式 $H=B\tan\alpha$，计算得出最大炸高为 12.5 m。

爆破缺口-2 的高度为 12.5 m，爆破缺口-1 在东北侧 A5-A6 一跨三层位置，切口高度 3 m。表 1 为缺口立柱炸高。

表 1　缺口立柱炸高　（m）

轴线	1 层	2 层	3 层
A 轴	10	2.5	3
B 轴	6	—	—
C 轴	1	—	—

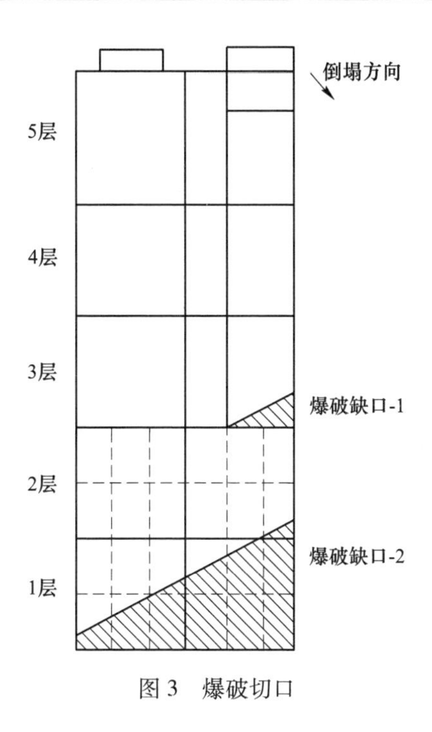

图 3 爆破切口

4.2 爆破参数

立柱采用沿中心线布孔和梅花形布孔两种，单孔药量计算公式：

$$q = Q \cdot V = Q \cdot a \cdot b \cdot H \tag{1}$$

式中 Q——单位体积用药量系数，g/m^3；

a——炮孔间距，m；

b——炮孔排距，m；

H——立柱厚度，m；

V——单个炮孔负担的体积，m^3。

（1）50 cm×50 cm 柱：沿立柱中心线布孔，孔距 $a=40$ cm，抵抗线 $W=25$ cm，孔深 $L=30$ cm，Q 取 1000 g/m^3，单孔装药取 $q=100$ g。

（2）60 cm×60 cm 柱：沿立柱中心线梅花形布孔，孔距 $a=80$ cm，排距 $b=10$ cm，抵抗线 $W=25$ cm，孔深 $L=40$ cm，Q 取 1160 g/m^3，单孔装药取 $q=167$ g。

（3）80 cm×80 cm 柱：沿立柱中心线梅花形布孔，孔距 $a=80$ cm，排距 $b=20$ cm，抵抗线 $W=30$ cm，孔深 $L=55$ cm，Q 取 1172 g/m^3，单孔装药取 $q=300$ g。

（4）100 cm×140 cm 柱：沿立柱截面梅花形布孔，孔距 $a=35$ cm，排距 $b=$

40 cm，抵抗线 $W=35$ cm，孔深 $L=70$ cm，Q 取 1428 g/m^3，单孔装药取 $q=$ 300 g。

爆破参数见表 2。

表 2　爆破参数

截面尺寸/cm×cm	50×50	60×60	80×80	100×140	合计
最小抵抗线/cm	25	25	30	35	
孔距/cm	40	80	80	35	
排距/cm	—	10	20	40	
孔深/cm	30	40	55	70	
炸药单耗/g · m^{-3}	1000	1160	1172	1428	
单孔装药/g	100	167	300	300	
孔数/个	137	25	65	266	493
药量小计/kg	13.7	4.175	19.5	79.8	117.175

4.3　起爆网路

4.3.1　孔内起爆用雷管

爆破缺口-1 区域：采用 MS-3 段非电雷管起爆。

爆破缺口-2 区域：采用 MS-5 段非电雷管起爆。

4.3.2　孔外起爆用雷管

每个墙柱炮孔采用 MS-5 段雷管绑扎起爆。再用导爆管将所有 MS-5 段传爆雷管连成复式闭合传爆网路。A 柱与 B 柱之间采用 MS-5 段雷管间隔。

4.3.3　缺口之间起爆间隔

爆破缺口-1 与爆破缺口-2 之间采用 220 ms（两个 MS-5 段雷管）间隔。

5　爆破安全设计

本次拆除爆破属城市控制爆破，应考虑的主要危害效应是：爆破地震波、切口闭合振动、落地振动、爆破飞石、爆破灰尘、空气冲击波和噪声。根据国内外大量工程实测资料及类似工程实践经验分析，只要控制得当，这些危害效应就不会对一定范围内人员、建筑和设施造成任何不良影响。

（1）爆破振动。根据萨道夫斯基公式，计算出的爆破振动均在 2 cm/s 以内，符合《爆破安全规程》（GB 6722—2003）所规定的安全振速范围之内。

（2）塌落震动。根据量纲分析方法，将有关参数代入，得出塌落中心点至厂房最近距离 35 m 的塌落振动速度为 1.86 cm/s。经计算塌落振动速度小于振速控制标准 2.0 cm/s，能够保证周边建筑安全。

（3）飞石防护。对爆破缺口内立柱防护采用炮被及绿网进行防护。

6　爆 破 施 工

预处理：

（1）中间三跨的重型设备与框架主体相连，爆破前对连接处钢结构采用人工气割法全部拆除，并将设备本身进行解体切割。

（2）东北侧一跨有砖结构墙体，爆破前用镐头机对墙体进行预处理，留下立柱部分。

（3）楼梯间为混凝土结构，直接影响爆破质量和定向倾倒效果，爆破前用风镐将楼梯从纵向切断。

7　爆 破 效 果

实际倒塌方向与设计倒塌方向基本一致，爆堆最高为楼梯上方部分 17 m 高，没有完全解体，车间内部钢罐部分的框架解体不充分。倒塌方向上爆堆距离厂房还有 18 m，未破坏任何建筑，爆破控制效果好（图 4）。

图 4　爆后效果

8　经验与体会

针对实际工程情况，对爆破参数爆破切口进行适当的调整，从实际爆破情况来看，采用多缺口定向爆破拆除方法把爆堆和飞石均控制在了安全范围之内，并未对周围建筑造成影响，取得了较为理想的效果，可为类似工程提供一些参考。

（二）

1　工程概况

杭州师范学院旧址七号楼位于杭州市西湖区文一西路。需拆除楼房为钢筋混凝土框架剪力墙结构，东西长 33 m（6 跨）、南北宽 23 m（3 跨）共 13 层，高 47.6 m，总拆除建筑面积为 8941.4 m^2。南北两端的半圆形楼梯间及大厅西侧电梯井为剪力墙结构，剪力墙壁厚均为 25 cm；每层楼板均为现浇板，厚度 15 cm；承重立柱规格不同，主要为 90 cm×90 cm、85 cm×65 cm，每根立柱的主筋 25 mm，箍筋 6 mm；各层大纵梁尺寸 70 cm×36 cm，外墙为 24 mm 砖墙，内墙为轻质加气混凝土砖。

七号楼南侧 55 m 处为靠近文一西路的学校围墙，文一西路南侧为杭州广播电视大学和浙江省粮食干部学校；西侧紧邻学校大操场，距靠近通普路的围墙 80 m，通普路西侧为杭州金融研究学校；北侧和东侧均距离围墙 120 m，北侧围墙外为工业厂房及相应配套用房建筑工地，东侧围墙外为河流（图 5）。围墙内的其他建筑物和管线均已被拆除。

2　工程特点、难点

（1）全楼由钢筋混凝土框架结构、现浇楼面、剪力墙楼梯间及电梯井等组成，整体性好，结构复杂，十分坚固，必须合理设计炸高、布置孔位和确定起爆网路，确保爆破后楼房按设计倒塌。

（2）剪力墙楼梯间、钢筋混凝土电梯井、楼板、部分梁柱的预处理工作量大，充分合理的预处理是本次爆破拆除工程的施工重点。

（3）爆破周边环境较为复杂，严格做好防护措施是控制爆破飞散物的关键。

3　爆破方案选择及设计原则

综合考虑周边环境、待拆除建筑物结构、周边爆破有害效应控制及楼房爆破倒塌后便于机械清理等因素，设计确定采用如下方案：

（1）采用多缺口定向爆破拆除。

（2）采用分区分段延时起爆方法。

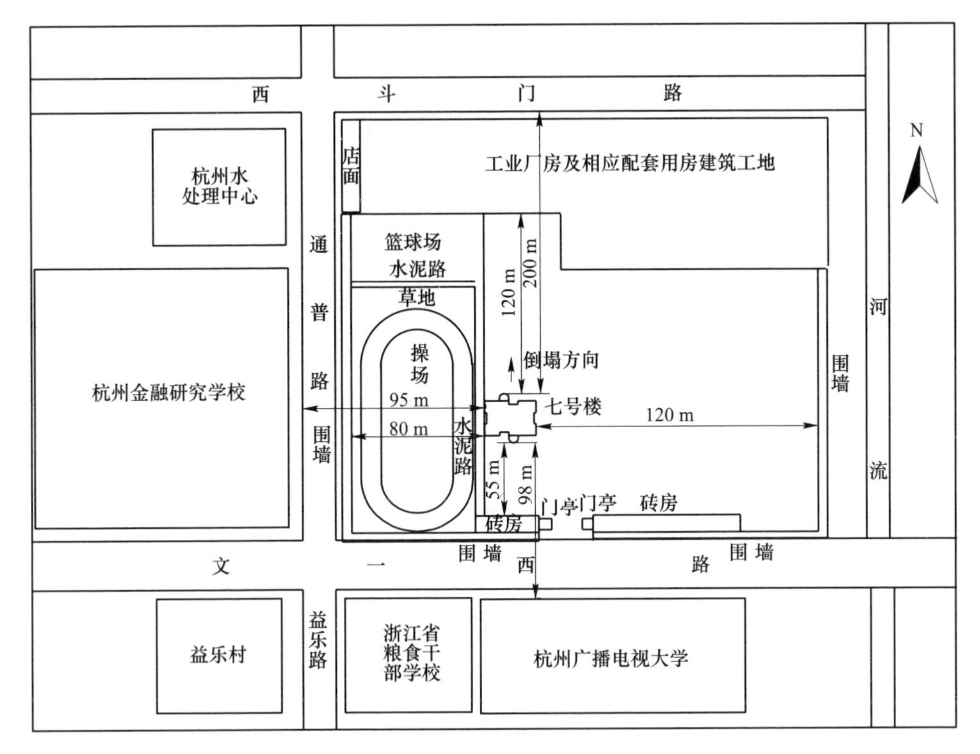

图 5　周边环境

（3）爆破前用人工和机械对楼房的剪力墙、部分立柱进行预处理。

（4）采取相应技术措施和手段，降低爆破粉尘，减少爆破施工噪声、粉尘影响。

4　爆破参数设计

4.1　倒塌方向确定

根据四周环境和建筑结构确定倒塌方向为正北定向倾倒。

4.2　爆破切口

4.2.1　爆破切口形式

本次爆破的上下两个爆破切口均采用三角形。

4.2.2　爆破缺口高度

承重立柱炸高：

$$H=K(B+H_{min}) \tag{2}$$

式中 K——经验系数，1.5~2.0，取2.0；

B——承重立柱最大边长，0.9 m；

H_{min}——立柱临界破坏高度，取 $H_{min}=12.5d=0.32$(m)。

确定 $H=2.5$ m。

本次爆破上缺口设在9~10层，缺口高度为6 m，下缺口设在1~4层，缺口高度为12.5 m。各层各排立柱破坏高度及布孔数见表3。

表3 各层各排立柱破坏高度及布孔数

楼层	立柱							
	第1排		第2排		第3排		第4排	
	高/m	孔数	高/m	孔数	高/m	孔数	高/m	孔数
第1层	3.3	8	2.9	7	2.5	6	0.5	1
第2层	2.5	6	2.1	5	1.7	4	—	—
第3层	2.1	5	1.7	4	—	—	—	—
第4层	1.7	4	—	—	—	—	—	—
第9层	2.5	6	2.1	5	1.7	4	—	—
第10层	2.1	5	1.7	4	1.3	3	—	—

4.3 爆破参数

4.3.1 最小抵抗线 W

梁柱最小抵抗线值通常取其断面短边（B）的一半。即 $W=B/2$，对于截面较大的梁柱，一般取 $W=0.3\sim0.5$ m。

4.3.2 孔距 a 和排距 b 的确定

对于钢筋混凝土梁、柱，孔距取 $a=(1.2\sim1.5)W$；排距取 $b=(0.8\sim1.0)a$。

4.3.3 炮孔深度 L

炮孔深度应能保证药包装在炮孔中心，保证装药能使梁柱破坏为原则。孔深取 $L=(2/3)B$。

90 cm×90 cm立柱布置两排炮孔，孔距 $a=40$ cm，排距 $b=30$ cm，孔深 $L=60$ cm；85 cm×65 cm立柱布置单排炮孔，孔距 $a=40$ cm，孔深 $L=60$ cm；70 cm×36 cm梁布置单排炮孔，孔距 $a=25$ cm，孔深 $L=50$ cm。

4.3.4 炸药单耗 q

本次爆破炸药取 $q=0.8\sim1.2\ kg/m^3$。为确保第1、2层立柱能够充分破碎，采用立柱底部炮孔增加大药量的方法，保证破碎效果。

4.3.5 典型断面单孔装药量 Q

（1）85 cm×65 cm立柱：沿立柱中心线布孔，孔距 $a=40$ cm，抵抗线 $W=$

32.5 cm，孔深 $L=60$ cm，单孔装药量 170~240 g。

（2）90 cm×90 cm 立柱：沿立柱中心线梅花形布孔，孔距 $a=40$ cm，排距 $b=30$ cm，抵抗线 $W=30$ cm，孔深 $L=60$ cm，单孔装药量 180 g。

（3）70 cm×36 cm 梁，沿梁中心线布孔，孔距 $a=25$ cm，抵抗线 $W=18$ cm，孔深 $L=50$ cm，单孔装药量 60 g。

4.4　爆破网路

本工程将上下两个切口分为两个分区。所有炮孔内均装入 MS-15 非电雷管，同一分区孔外按不同排立柱再用不同段别的雷管进行孔外分段延时接力，并用四通将两个分区内的接力雷管分别连接成两个独立的多通道闭合网路，分别连接到起爆站，至起爆站外两个分区之间使用 MS-15 非电雷管自上而下延期形成一个起爆网路。

上下切口间引出的网路用 MS-15 雷管两个切口连接成一个总网路。

为了进一步确保炮孔内炸药起爆，在第 1、2 层加强装药的炮孔中使用双雷管起爆，如图 6 所示。

5　爆破安全设计

5.1　爆破振动

根据萨道夫斯基公式计算，距离爆破中心最近的建筑物为 55 m 处师范学院围墙，经计算爆破振动速度为 0.69 cm/s；距离 98 m 处杭州广播电视大学，经计算爆破振动速度为 0.29 cm/s。因此爆破振动不会对邻近建筑物产生影响。

5.2　楼房塌落振动

楼房塌落振动引起的地面质点振动速度，经计算，距离塌落中心 55 m 处围墙的塌落振动速度为 2.69 cm/s，距离 98 m 处杭州广播电视大学的振动速度为 1.03 cm/s，楼房塌落不会对周边的建筑物造成影响。

5.3　爆破飞石

根据公式计算无覆盖条件下爆破飞石飞散距离为 96 m。为确保安全，施工时对爆破部位进行严密覆盖防护。

5.4　安全防护设计

5.4.1　爆破飞石防护设计

为保证爆破产生的飞石不危害周围的建筑物，对爆破立柱进行严格的防护。

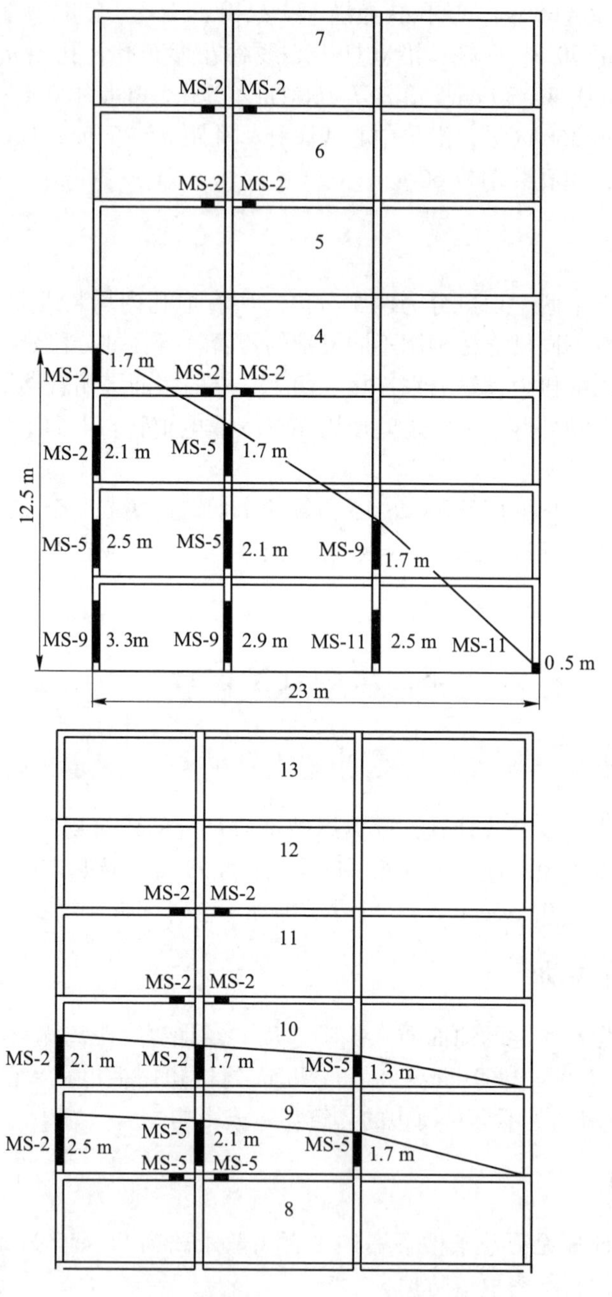

图 6　爆破缺口、炸高、起爆网路

立柱及部分梁的爆破部位用两层竹笆加两层草包进行覆盖防护，在第 1、2 层的增加药量炮孔区域使用沙袋围堵防护。为保护东西两侧建筑物及公共设施的安全，两侧立柱在原来防护的基础上在外侧再防护一层竹笆加草包防护。

5.4.2　塌落振动防护设计

沿爆破倒塌方向设置两条高 2 m、宽 2 m、长 30 m 缓冲土堤，并在缓冲堤上铺垫两层沙包，以减小楼房倒塌时引起的振动，同时减小由于建筑物直接触地形成的飞溅物危害。

5.4.3　爆破粉尘的防护措施

为了大幅度减少拆除爆破时的爆破粉尘，采取的主要措施有：

（1）在装药前，对墙壁、楼板以及建筑物塌落区域地面大量喷洒水，使爆体触地解体时不至扬起大量粉尘。

（2）爆破后用消防车对倒塌的楼房进行喷水除尘。

6　爆 破 施 工

预拆除处理：

（1）电梯井预处理。切口范围内电梯井的剪力墙全部采用风镐切割完。切口范围外的剪力墙用风镐打出两条宽 20~30 cm 的缝，削弱电梯井的强度和整体性。

（2）楼梯间预处理。楼梯间为半圆形钢筋混凝土剪力墙结构，楼梯间除第1、第 2 层北侧楼梯间用液压锤全部打掉外，对其他切口范围内的楼梯间采用“变墙为柱”的处理方法，人工切割掉部分剪力墙形成“空洞”，洞与洞之间预留 1 m 的“剪力墙柱”作为支撑；切口范围内北侧楼梯每层打断 4 个踏步，并切断钢筋。切口范围外的楼梯间剪力墙沿楼梯间中部打出一条宽 20~30 cm 的缝，以削弱楼梯间的整体性和强度。

（3）非承重墙预处理。爆破前将爆破切口范围内的所有非承重内外砖墙进行全部拆除。

7　爆破效果与监测成果

大楼起爆 2 s 后楼房开始下坐，同时第 9 层发生折叠，最后楼房完全塌落，爆破塌落过程与设计完全相符。

爆破后经检查，七号楼爆破完全按照设计方案倒塌，楼房充分解体破碎，原高 47. 6 m 的大楼爆破后形成约 11 m 高的爆堆，楼房倒塌后向倒塌方向倾倒34 m。倒塌后原楼房的墙体等散落物主要集中在 5 m 以内，最远向西侧零星散落8. 5 m，向东侧零星散落 14. 3 m，南侧无散落物。爆破效果如图 7 所示。

图7　爆破效果

8　经验与体会

（1）爆破前的预处理（特别是对楼梯间、电梯间的充分预处理）对爆堆的充分解体起到了重要的作用。因此楼房拆除爆破应在保证建筑物安全稳定的前提下多对电梯间、楼梯间等影响倒塌效果的部位进行预处理。

（2）使用竹笆和草包对爆体进行防护时可以根据立柱的位置和装药量调整不同立柱的防护重点。

（3）采用多缺口定向爆破拆除的倒塌方案可以降低楼房倒塌时的振动并使楼房得到充分的解体破碎。

工程获奖情况介绍

“杭州师范学院七号楼拆除爆破技术”项目获中国工程爆破协会科学技术进步奖三等奖（2008年）。发表论文1篇。

筒仓组快速爆破拆除技术

工程名称：平阳县鳌江港口开发有限公司5座散装水泥罐爆破拆除工程
工程地点：温州市平阳县鳌江口
完成单位：鸿基建设工程有限公司
完成时间：2016年6月25日~30日
项目主持人及参加人员：董云龙　林沅棒　董明明　陈怀宇
撰 稿 人：郑上建

1　工程概况及环境状况

1.1　工程环境

因缙云至苍南公路平阳至苍南段鳌江口跨江大桥工程建设需要，平阳县人民政府决定对平阳县鳌江港口开发有限公司5座散装水泥罐进行爆破拆除，要求5天内完成。

待拆除散装水泥罐位于温州平阳县鳌江口，爆破体北侧210 m有疏港大道，205 m有35 kV高压线塔，东北侧145 m有办公楼，南侧30 m有鳌江堤坝、80 m有码头，西侧11.5 m紧邻煤场围墙、距油库82 m，东侧85 m有散装水泥罐。其中北向的高压线、西侧的油库、东侧的水泥罐为本次爆破拆除工程的重点防护目标。

北向的办公楼、南向的码头、围墙、东向的水泥罐在本次爆破后拆除。周围环境如图1所示。

1.2　工程结构

待拆除水泥罐底部为9 m高钢筋混凝土结构支撑基座，混凝土标号为C30，上部由36根槽钢骨架加3 mm厚钢板围成的高20 m水泥罐筒身，筒身外直径12 m，筒身与基座采用焊接（基座中预埋有角铁），筒身有钢漏斗插入基座顶部，用于出灰，漏斗外部与筒身外壁间空隙部分充填有煤灰，水泥罐总高29 m，其东侧端部有钢混楼梯，顶部有检查楼梯连接5个水泥罐，单个水泥罐（含基座）总质量约800 t，重心高度约在+10 m，其中2号水泥罐内约有300 t水泥不能放空，其质量增至约1100 t。

5个水泥罐（楼梯不拆除，不计入）结构相同，总长63.6 m，宽13.2 m。

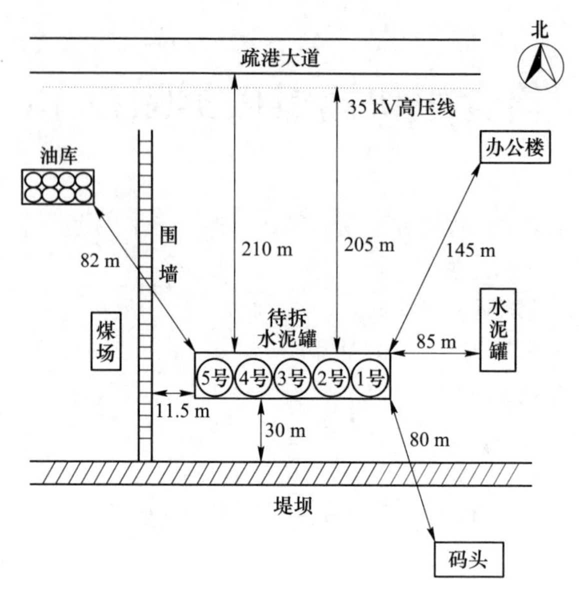

图 1　周围环境

单个水泥罐的基座，地表以上由“井”字形的交点及端点布有钢筋混凝土立柱来支撑，交点处的立柱为主承重立柱，截面为 0.8 m×0.8 m，共 4 根，端点处的立柱为辅承重立柱，截面为 0.6 m×0.6 m，共 12 根。在+4.7 m 处各立柱间有高 0.6 m、宽 0.45 m 钢筋混凝土连系梁连接，辅承重立柱处于半径 5.7 m 的圆周上，各辅承重立柱用高 0.6 m、宽 0.45 m 钢筋混凝土圈梁连接，此为第 1 层梁间联系结构。

第 2 层梁间联系结构与第 1 层类似，仅梁高改为 1.4 m。第 2 层梁上为水泥罐的平板基座，厚 0.4 m，为钢筋混凝土结构。

整体水泥罐图及单个水泥罐结构如图 2 和图 3 所示。

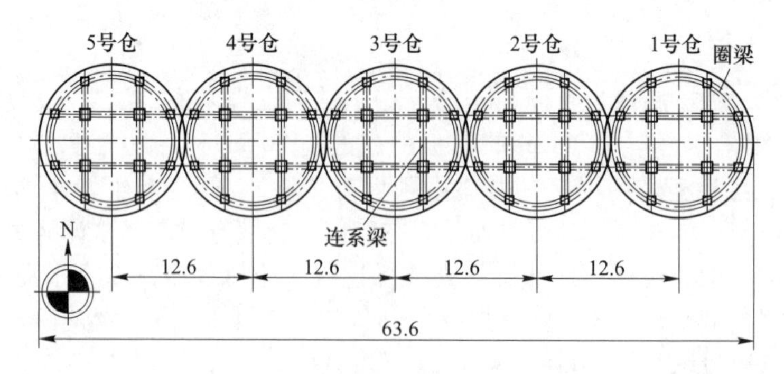

图 2　5 个水泥罐基座（单位：m）

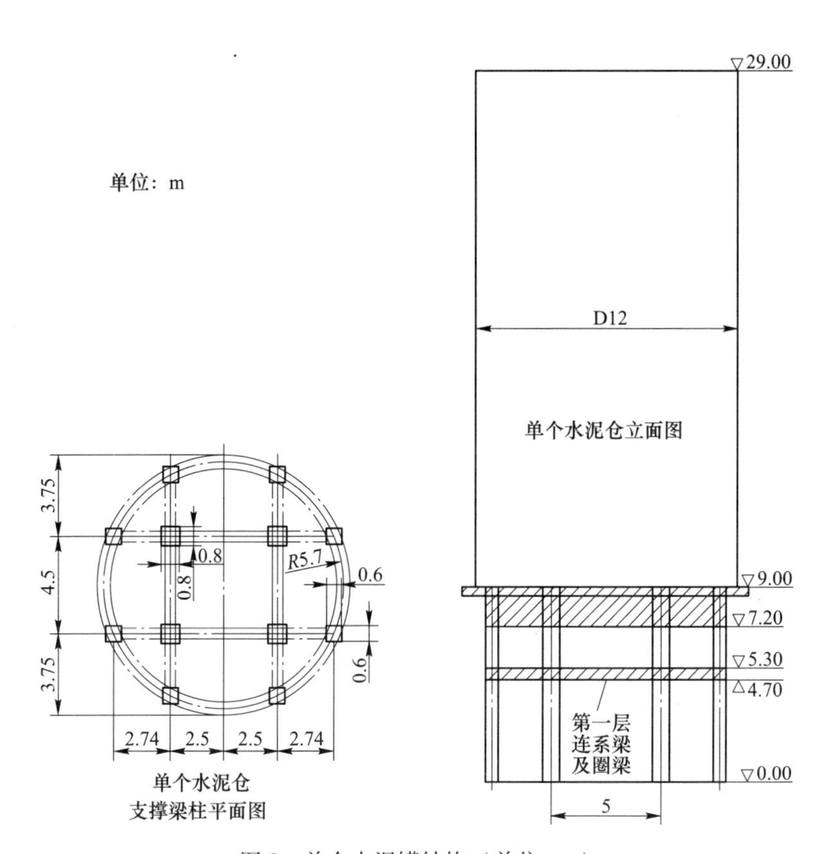

图3 单个水泥罐结构（单位：m）

2 工程特点、难点

（1）爆破拆除作业点附近有油库、高压线等保护对象，周围环境复杂。

（2）工期时间短，任务重。

3 爆破方案选择及设计原则

根据水泥罐结构及周边环境特点，综合考虑各种因素，先切断楼梯与水泥罐的联系，后预处理部分辅承重立柱，对水泥罐的承重立柱爆破，拟采用向北定向倾倒爆破拆除方案。水泥罐设计倾倒方向（图4）及钢筋混凝土结构预拆除（图5）。

图 4　设计倒塌方向

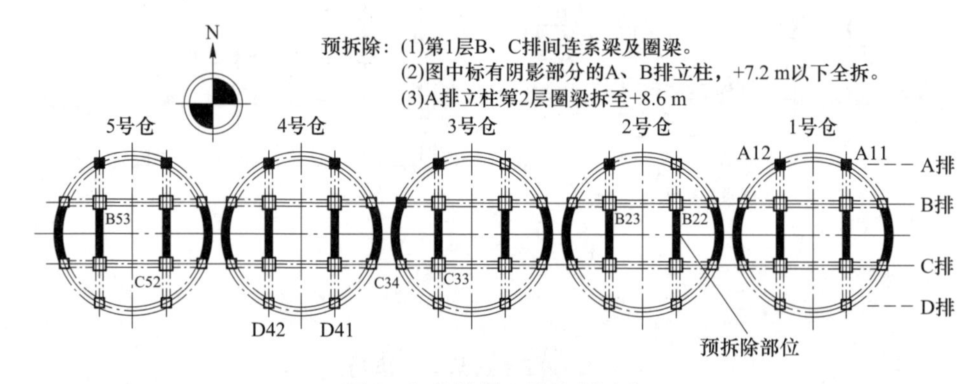

图 5　钢筋混凝土结构预拆除

4　爆破参数设计

4.1　爆破切口设计

爆破切口设计是指切口高度 H 的确定，根据力学分析，实现钢筋混凝土结构顺利倒塌的切口尺寸应同时满足以下条件：

（1）在爆破切口形成瞬间，结构自重 G 作用在余留截面（扇形面积）上的压应力必须小于钢筋混凝土的抗压强度［$\sigma_{压}$］，C30 的抗压强度为 30 MPa。

（2）在结构倾倒切口闭合过程中结构自重产生的倾覆力矩在余留截面上所产生的抗拉应力［$\sigma_{拉}$］，必须大于钢筋混凝土的抗拉强度［$\sigma_{拉}$］= 1.43 MPa。

（3）爆破切口范围内混凝土被炸离钢筋骨架后，其钢筋在结构荷载作用下必须受压失稳。

（4）在结构倾倒，切口上下闭合时结构的重心偏移距离应大于切口处结构外半径。

4.2 爆破切口部位及形状

一般说结构在倾倒过程中，宜使其切口逐渐闭合，本待拆结构重心低，爆破切口高度应尽可能的偏高，考虑水泥罐基座下的实际钢筋混凝土结构特点，鉴于实际施工可行性，从 A 排至 D 排立柱采用不同炸高的梯形爆破切口。

4.3 炸高的确定

爆破拆除的基本原理是采用炸高差（不同部位选用不同爆破破坏高度）、时间差（不同部位选用不同的起爆时间）造成建筑物失稳，继而在重力作用下产生倾覆力矩使之朝预定方向倾倒坍落。本设计采用不同的炸高和毫秒延时起爆相结合的方法，从而降低最大一段齐爆药量，有效控制爆破震动和建筑物触地震动，使结构物顺利倒塌，可靠地保证周围建筑物的安全。本工程由于水泥罐立柱尺寸大，但顶部钢结构自重较轻，而且重心较低，因此，炸高应选合适的较大值，以获得较大的加速度，有利于水泥罐的倒塌。为了防止立柱后坐，后排立柱炸高应取小值。主要承重立柱的失稳是钢筋混凝土框架结构整体倒塌的关键，最小破坏高度 H_{min}：

$$H_{min} = \frac{\pi d^2}{8u}\sqrt{\frac{\pi E}{P_{cr}}} \tag{1}$$

式中 d——钢筋直径，m；

u——长度系数；

E——弹性模量，Pa；

P_{cr}——钢筋受压的临界荷载。

立柱炸高
$$H = K(B + H_{min}) \tag{2}$$

式中 K——经验系数，K = 1.5~2.0；

B——立柱截面最小边长。

辅承重立柱经现场预拆除揭露，钢筋情况立筋为ϕ22@100，主承重立柱钢筋情况不明，经理论分析并结合结构实际情况，参考类似施工经验，确定立柱炸高：最大炸高选：A 柱 8.6 m、B 柱 8.6 m、C 柱 2.5 m、D 柱 0.8 m。爆破切口图如图 6 所示。

4.4　爆破参数设计

因立柱断面为矩形，边长 0.6 m 立柱采用沿中心线左右相切布孔，类似之字孔，横向 2 相邻孔各偏离中心线 2.5 cm。边长 0.8 m 立柱采用梅花孔。炮孔方向以朝倒塌方向为主。立柱炮孔的布置图如图 7 所示。

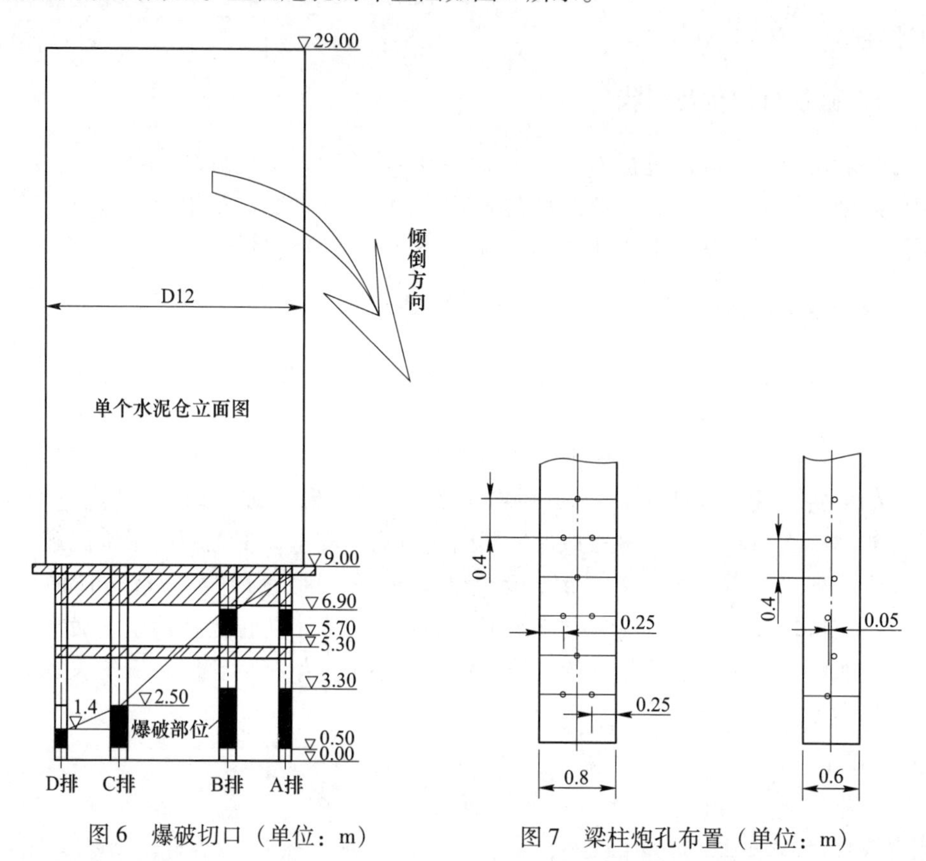

图 6　爆破切口（单位：m）　　图 7　梁柱炮孔布置（单位：m）

爆破方案选定之后，选取行之有效的切合实际的爆破参数，是整个爆破方案能否实现的关键因素，结合工程实际，选取爆破参数见表 1 和表 2，表中单孔药量为计算药量，针对不同结构待试炮后药量可适当调整。

表 1　基本爆破参数

结构特征（长×宽）/cm×cm	最小抵抗线 /cm	孔距 /cm	排距 /cm	孔深 /cm	单孔药量 /g
60×60（A、B、C 柱）	30	40	5	40	200
80×80（B、C 柱）单孔	40	40	0	60	400
80×80（B、C 柱）双孔	25	30	40	55	200
60×60（D 柱）	30	30	5	30	80

表2　爆破工作量

爆破部位	每立柱炮孔数/个	立柱数	单孔药量/g	总药量/kg	雷管段别	总雷管数/发
60 cm×60 cm（A21、A31柱）	12	2	200	4.8	MS1	48
60 cm×60 cm（B柱）	12	9	200	21.6	MS1	216
80 cm×80 cm（B柱）单孔	16	10	400	64.0	MS1	160
80 cm×80 cm（B柱）双孔	11	10	200	22.0	MS1	160
60 cm×60 cm（C柱）	6	10	200	12.0	MS3	120
80 cm×80 cm（C柱）单孔	6	10	400	24.0	MS3	60
80 cm×80 cm（C柱）双孔	8	10	200	16.0	MS3	120
60 cm×60 cm（D柱）	4	10	100	4.0	MS9	80
孔内雷管合计						964（482孔）
孔外连接雷管					MS1	100
统计总数		51		168.4		1064

4.4.1　孔径

采用直径为38~40 mm钻头，孔径40~42 mm。

4.4.2　最小抵抗线（W）

梁柱的最小抵抗线通常取断面短边（B）的一半，即$W=B/2$。

4.4.3　孔距（a）与排距（b）

孔距$a=(1.2\sim2)W$，排距$b=(0.8\sim1.2)a$。

4.4.4　孔深（L）

孔深通常为钻孔方向厚度（H）的2/3~3/4，$L=(2/3\sim3/4)H$。

4.4.5　炸药单耗K

炸药单耗与柱、梁、墙的最小抵抗线、配筋情况、材料强度、结构大小和自由面有关。钢筋混凝土取$K=0.8\sim2.0\ kg/m^3$。

4.4.6　单孔装药量q

$$q=KaBH(\text{单排孔})\quad q=KabH(\text{多排孔})$$

单孔装药量见表1。实际单孔药量根据试爆情况适当调整。

4.4.7　装药结构

一般情况下，采用集中装药（图8）。

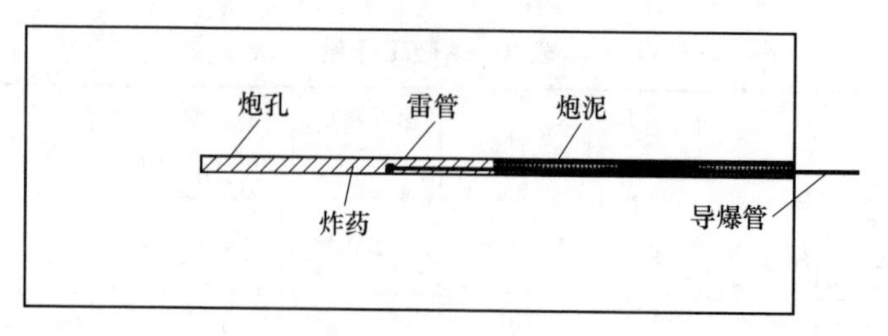

图 8　集中装药结构

4.4.8　炮孔填塞

采用黄泥堵塞，并严格遵守装药制度，炮泥可在减振沟挖掘过程中取土，取土位置需工程技术人员现场指定，堵塞工作严格按照堵塞制度执行。

4.5　起爆网路设计

根据水泥罐基座的结构特点，采用导爆管起爆网路，孔内排间毫秒延时爆破的爆破网路。孔外采取“一把抓”的簇联联接方式，每把 20 发以内。孔内雷管 A、B、C、D 排立柱分别为 MS1、MS1、MS3、MS9，孔内装双发雷管；孔外连接用 MS1，每个簇联点用双发雷管连接，每个水泥罐从 D 排柱往 A 排方向接力连接（D→A），5 个水泥罐之间也是 MS1 接力连接，连接顺序是：5 号→1 号，簇联的传爆雷管采用交叉复式网路前进，在 1 号水泥罐前用四通连接总传爆导爆管。起爆网路如图 9、图 10 所示。

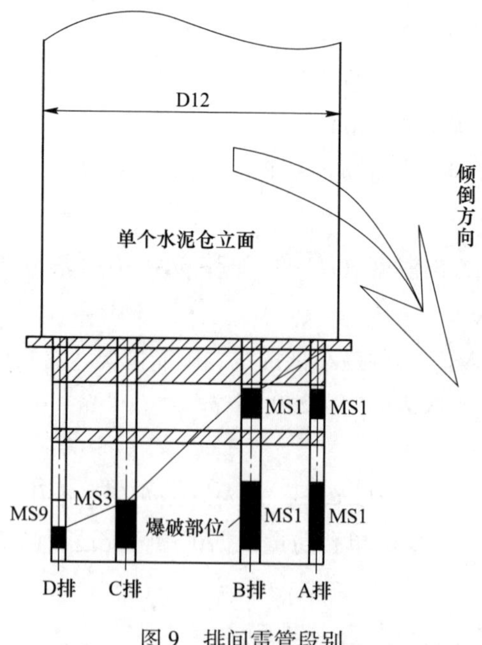

图 9　排间雷管段别

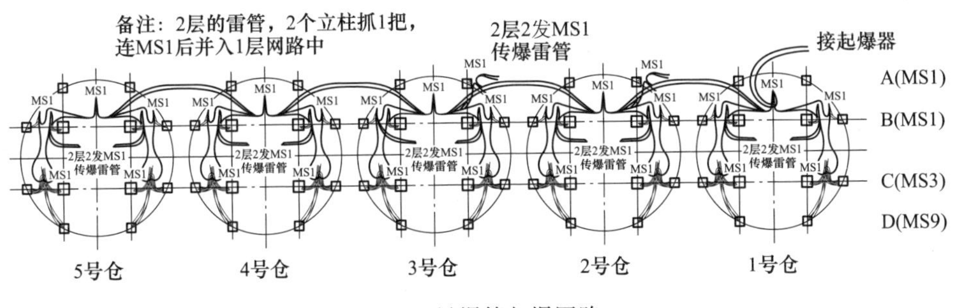

图 10　导爆管起爆网路

5　爆破安全设计

在爆破拆除过程中，会有爆破振动、塌落振动、爆破个别飞散物、粉尘以及冲击波等有害效应，必须采取可靠的安全控制措施。

5.1　爆破振动校核

爆破振动对近距离目标产生的效应，目前还没有一个能完全符合工程实践的理论计算方法，《爆破安全规程》（GB 6722—2014）的爆破振动标准采用了爆破后介质质点的最大振速作为安全判据的标准，通常采用下式计算爆破引起的地面质点振动速度。

$$v = K\left(\frac{\sqrt[3]{Q}}{R}\right)^{\alpha} \tag{3}$$

式中　v——距爆破点距离 R 处质点振动允许速度，cm/s；

R——保护对象距爆破点的距离，m；

Q——炸药量，单段最大起爆药量，kg；

K，α——与爆破点至计算保护对象间的地形、地质条件有关的系数和衰减指数。

利用上述公式计算结构爆破时产生的爆破振动；该工程单段最大起爆药量为 74.4 kg。取 $K=150$（拆除爆破修正系数取 0.5），$\alpha=1.62$，对结构周围被保护建筑物根据上式进行安全振速校核。爆破振动速度的计算结果见表 3。

表 3　结构爆破振动安全校核计算结果

待保护建筑物		距离（结构）/m	爆破振动/cm·s^{-1}	标准/cm·s^{-1}	校核结果
油库	钢混	82	0.61	4.0	安全
煤场围墙	砖结构	11.5	14.7	0.9	不安全

续表 3

待保护建筑物		距离（结构）/m	爆破振动/cm·s^{-1}	标准/cm·s^{-1}	校核结果
35 kV 高压线塔	钢混、架空	205	0.14	3.5	安全
水泥罐	钢混	85	0.57	4.0	安全
办公楼	砖混	145	0.24	3.0	安全
鳌江堤坝	混凝土结构	30	3.11	2.0	不安全
码头	构筑物	80	0.64	4.0	安全

计算结果可知，除煤场围墙（有振倒的可能）及鳌江堤坝外，爆破振动引起的振动速度远小于《爆破安全规程》（GB 6722—2014）允许的振动速度，即结构爆破时的振动效应是很弱的。因此结构周边需保护的建筑物及设备是安全的。

5.2　塌落振动校核

结构主体塌落时，必须预防二次振动的危害。建筑物倒塌冲击地面引起振动的大小与被爆体的质量、刚度、中心高度和触地点覆盖条件等有关。

结构在塌落过程中冲击地面产生的振动，强度要比爆破振动大、频率低，对四周建（构）筑物危害更大，必须引起足够重视。本次爆破工程主要考虑水泥罐体的爆破倾倒塌落振动。

塌落触地振动由式（4）验算：

$$v = K_t[(mgH/\sigma)^{1/3}/R]^{\beta} \tag{4}$$

式中　v——塌落引起的地表振速，cm/s；

m——下落构建质量，t，5 个水泥罐总质量约 $m=4300$ t；

g——重力加速度，m/s^2，$g=9.8$ m/s^2；

H——构件的重心高度，m，在此取 $H=10$ m；

σ——地面介质的破坏强度，MPa，一般取 10 MPa；

R——观测点至冲击地面中心的距离，m；

K_t，β——衰减参数，分别取 $K_t=3.37$，$\beta=1.66$。

结构倾倒时并非自由落体，由式（4）计算得出水泥罐爆破时，在结构倾倒时不同目标的振动速度见表 4。计算结果说明在结构爆破时，除煤场围墙有震倒的可能，对建（构）筑物均不会产生影响。因此结构周边需保护的建筑物及设备是安全的。

为了最大限度的保护围墙，决定在西侧水泥罐与煤场围墙间临水泥罐 5 m 远处平行围墙方向挖宽 1 m 深 2 m 的减振沟，南起 5 号水泥罐 D52 立柱以南 5 m、北至 A52 立柱以北 40 m，约 60 m 长。

表 4　结构触地振动安全校核计算结果

待保护建筑物		距离（触底点）/m	触地振动 /cm·s^{-1}	标准 /cm·s^{-1}	校核结果
油库	钢混	82	0.81	2.5	安全
煤场围墙	砖结构	11.5	4.22	0.45	不安全
35 kV 高压线塔	钢混、架空	195	0.19	3.0	安全
水泥罐	钢混	85	0.76	2.5	安全
办公楼	砖混	135	0.36	2.5	安全
鳌江堤坝	混凝土结构	40	2.67	1.5	不安全
码头	构筑物	90	0.70	2.5	安全

5.3　爆破个别飞散物

无防护条件下个别飞石的最大飞散距离，按经验公式：

$$S = v_0^2/(2g) \tag{5}$$

式中　S——飞石最远距离，m；

v_0——飞石初速度，10~40 m/s（取最大值 40 m/s）；

g——重力加速度，m/s^2。

$$S = 40^2/(2 \times 10) = 80(\mathrm{m})$$

根据无防护条件下个别飞石最大飞散距离估算结果以及周边环境实际情况，对爆破飞石采取预防技术措施，并加强防护，以降低飞散距离。

5.4　安全防护措施

5.4.1　覆盖防护措施

本次直接防护采用柔性材料防护措施。具体防护措施如下：加强对装药部位的覆盖，对装药部位进行 15~20 层建筑安全网包裹式并用铁丝捆扎覆盖，以防飞石的飞出，防护范围上下应超出炮孔 0.3 m 以上，合理安排安全网接缝，确保上下接缝、左右接缝错开。

5.4.2　遮挡防护措施

为了避免炮孔在直接覆盖后，仍可能会飞出的个别飞石，还需要对爆源周围进行二次防晒网防护，本工程主要对结构外围紧贴结构物西北东三个方向进行 2 层防晒网防护，防护高度上至+7.2 m。

6　爆破施工

（1）按图 5 对水泥罐基座 B、C 排立柱间的第一层连系梁及圈梁、A

排（无阴影的不拆）及 B 排（有阴影的要拆）部分立柱采用机械破碎预拆除［(A 排立柱第二层的圈梁也应拆除（拆至+8.6 m)］，拆除顺序先基座内，后基座外。

（2）切断东侧楼梯与 1 号库的所有刚性连接，包含钢结构及存在的钢筋混凝土结构、砖结构。切割宽度不小于 1.0 m。

（3）垂直方向上，从地平面起，切断与水泥罐的钢结构连接，切割高度不小于 3 m。

（4）在+0.5 m 高度，将 D 排立柱北向及东西向从北往南的 35 cm 范围内的钢筋剥离出来，并切断（切断高度控制在 10 cm 以内）。

7　爆破效果与监测成果

随着指挥长下达起爆命令后，5 个水泥罐体在不到 1 s 的时间内安全、准确向设计的正北方向倒塌（图 11）。爆破产生的振动、飞石、冲击波等爆破有害效应均控制在设计范围内，附近被保护的建（构）筑物和设施安然无恙。由于采取了安全有效的防护措施，倒塌正向和两侧个别飞石范围均在 20 m 内。距离爆区仅 11.5 m 的砖结构围墙坐落在软基上稳固性差，但经过精心的设计与施工爆破后，依然挺立不倒。

(a)

(b)

(c)

图 11　爆破前后及倒塌瞬间的照片景像

（a）爆破前；（b）倒塌瞬间；（c）爆破后

8　经验与体会

（1）该工程工期限定 5 天，在时间紧、施工工作量大、困难因素多的情况下，采取综合施工技术措施是安全、准确倒塌的重要条件。

（2）采取了多重平行作业克服了工期短、工作量大的矛盾。

（3）采取了“逆向”施工工艺：即边打孔边进行对爆体的直接覆盖，炮孔打完，直接覆盖也基本完成，这样节省了工期，而且避免了在覆盖过程中破坏网路的危险，施工更安全可靠。

工程获奖情况介绍

“高耸罐体爆破拆除工法”获部级工法（中国有色金属协会，2016年）。

钢筋混凝土烟囱爆破拆除典型爆破工程新技术

工程名称： 绍兴美佳热电有限责任公司1号钢混烟囱爆破拆除工程
工程地点： 浙江省绍兴市柯桥区齐贤镇工业小区
完成单位： 浙江安盛爆破工程有限公司
完成时间： 2021年1月6日~25日
项目主持人及参加人员： 张福炀　章东耀　张　雷　金　勇　谢凯强　孟国良
撰 稿 人： 谢凯强　张　雷　金　勇

1　工程概况及环境状况

绍兴美佳热电有限公司位于浙江省绍兴市柯桥区齐贤镇工业小区，主要负责向齐贤镇、柯桥经济开发区、柯北工业园区及周边乡镇企业供热，总装机容量75 MW。2017年年底，随着印染产业搬迁集聚，建厂30多年的“美佳热电”正式关停。绍兴美佳热电有限公司经过慎重讨论，决定拆掉原址旧厂房，建立新园区，1号烟囱所在位置影响新园区建设，决定对其进行拆除。

1.1　烟囱结构概况

绍兴美佳热电有限责任公司1号钢混烟囱为钢筋混凝土结构，高度120 m，底部外直径ϕ9.44 m，顶部外直径ϕ3.68 m；底部混凝土壁厚0.30 m，混凝土标号C30。

烟囱20 m以下布筋情况（双层布筋）：外侧，纵筋ϕ20@200，环筋ϕ18@150；内侧，纵筋ϕ18@200，环筋ϕ12@150；内衬为耐酸砖，厚度0.24 m；烟囱底部北西侧（东320°）布置1个出灰口，门高2.4 m，宽1.8 m；烟道对称分布在烟囱东西两侧，烟道底部距离地面高度+3.4 m，烟囱总质量约为2000 t。烟囱结构参数见表1。

表1　钢筋混凝土烟囱参数

筒身标高/m	筒外半径/mm	筒内半径/mm	壁厚/mm
10	425	395	30
7.50	445	315	30
5.00	450	320	30
2.50	472	441	30
0	472	441	30

1.2 周边环境概况

待拆除烟囱 200 m 范围内的周边环境如图 1 所示。

东北面：160 m 为 2 号烟囱，200 m 为绍兴光峰带业有限公司；

东面：170 m 为信号塔；

南面：100 m 为热电公司厂房；

西面：160 m 为齐盎公路，180 m 为在建小区楼房；

西北面：135 m 为热电厂办公楼，175 m 为信号塔，190 m 为浙江贤盛轻纺有限公司楼房。

图 1 烟囱周边环境

2 工程特点、难点

2.1 工程特点

通过对工程进行分析，1 号钢混烟囱爆破拆除工程特点如下：

(1) 待拆除烟囱属于钢筋混凝土结构，烟囱 20 m 以下的筒壁均采取双层布筋，钢筋分布情况为：外侧：纵筋 ϕ20@200，环筋 ϕ18@150；内侧：纵筋 ϕ18@200，环筋 ϕ12@150。

(2) 烟囱壁厚度较薄，烟囱壁厚为 0.3 m，烟囱内衬为耐酸砖，厚度 0.24 m。

（3）烟囱高度高、自重大，烟囱高度 120 m、整体质量约 2000 t。烟囱爆破后产生的塌落振动较大，需要做好周边建筑物的减振保护措施。

（4）待拆除烟囱半径 200 m 范围内有公路、厂房、楼房、信号塔等待保护对象，待保护对象种类多、距离近，所以烟囱周边环境复杂。

（5）待拆除对象位于城市，爆破施工时要采取严格的环境保护措施。

2.2 工程难点

（1）由于烟囱壁布筋采用双层钢筋，钢筋间距较小，传统的风钻钻头无法有效切断钢筋，给钻孔工作带来极大困难。结合类似工程实际经验，采用小直径水钻进行钻孔。

（2）采用水钻钻孔时，虽然可以切断孔内钢筋，但是比较孔壁光滑，传统的黄泥填塞材料极易因为炮孔孔壁光滑造成炮孔冲孔，所以合适的炮孔填塞材料对爆破效果具有十分重要的影响，也是工程施工难点之一。

（3）待拆除烟囱自重大、整体结构强度大，使烟囱倒塌时不会空中解体，造成烟囱倒塌的触地振动较大，所以减振措施的选择是工程难点之一。

（4）拆除爆破时，由于待拆除对象的结构特点和稳定性要求，在正式爆破前无法采取试爆，不能有效地根据试爆结果对爆破参数进行调整，爆破参数的合理选择是工程难点之一。

3 爆破方案选择及设计原则

3.1 爆破方案选择

3.1.1 爆破原理

建（构）筑物拆除特别是高耸建（构）筑物的拆除，其基本原理就是用爆破破坏建（构）筑物的部分或全部承重构件，如梁、柱、墙体，使整个建（构）筑物失稳、倒塌、解体。常见的爆破后建（构）筑物失稳塌落有定向倾倒和原地塌落（逐段塌落）两种方式，这两种方式均采取将立柱和墙体爆破出一定的高度和宽度，从而破坏结构原有的平衡，使其坍塌解体。

烟囱的爆破拆除又可分为定向倾倒、折叠式倒塌和原地坍塌三种方案。

（1）定向倒塌方案。该方案的主要原理是在烟囱倾倒一侧的底部，将筒体炸开一个大于 1/2 周长的爆破缺口，从而破坏结构的稳定性，导致整体结构失稳和重心位移，在上部筒体自重作用下形成倾覆力矩，促使烟囱按预定方向倒塌，并使倒塌限制在一定范围内。烟囱的定向倾倒要求有一定宽度和长度的场地，以供其坍塌着地。场地的长度一般不小于烟囱高度的 1.0~1.2 倍（从烟囱中心算起），对于钢筋混凝土烟囱或刚度大的砖砌烟囱，要求的场地长度更大一些。场地的横向宽度不小于爆破部位直径的 3.0~4.0 倍。该方案由于施工相对简单而得到了广泛应用。

（2）折叠式倒塌方案。该方案可分为单向折叠倒塌和双向交替折叠倒塌两种方式，其基本原理是根据周围场地的大小，除在底部炸开一个缺口外，还需要在烟囱中部的适当部位炸开一个或一个以上的缺口，使其朝两个或两个以上的同向或反向分段折叠倒塌。起爆顺序是先爆破上缺口，后爆破下缺口，通常是上缺口起爆后，当倾倒到 20°~25°时，再起爆下缺口。

（3）原地坍塌方案。该方案主要是在烟囱的底部，将其支撑筒壁整个炸开一个足够高的缺口，然后在其本身自重的作用和重心下移过程中借助产生的重力加速度以及在下落触底时的冲击力自行解体，致使烟囱在原地破坏。该方案仅适用于砖结构烟囱的爆破拆除，且周围场地应有大于其高度的 1/6 开阔的场地。原地坍塌方案技术难度大，在选用时一定要慎重。

3.1.2 爆破方案选择

3.1.2.1 爆破方案选择

根据现场环境情况、工程难点分析以及爆破方案对比，考虑爆破拆除的各种危害效应，综合环境因素分析，烟囱爆破均采用定向倒塌方案。

3.1.2.2 倒塌方向选择

倒塌方向是依据待拆除建筑物的结构及场地的情况进行确定的，合理的倒塌方向可以提高拆除中的安全系数，降低施工成本，确保施工安全。

烟囱倒塌方向为北偏西 15°~20°范围，倒塌方向示意图如图 2 所示。

图 2　烟囱倒塌方向

3.2　爆破方案设计原则

（1）认真贯彻国家对工程建设的法律、法规要求，严格遵循技术标准、规范和业主要求的有关规定。

（2）充分理解业主意图，分析本工程的难点和重点，强化过程控制和工序管理，合理安排施工工序，确保工程顺利完成施工。

（3）建立有效的施工组织协调机构，及时处理因接口关系而产生的相互干扰，确保相互之间的衔接作业顺利。

（4）安全第一。建立、健全安全管理责任制度，强化施工管理和统一指挥，控制爆破对周围建筑和人员设备的影响，特别是落实好安全保护措施，使爆破拆除和人工机械拆除活动处于安全受控状态，及时消除事故隐患，确保爆破施工的安全。

（5）质量第一。优化设计施工方案，采取切实可行的技术措施；严格按质量保证管理体系要求做好施工过程的质量控制和质量检查，以确保工程质量目标的实现。

（6）工期保证。精心组织，精心施工，保证人员投入，确保按计划工期完工。

（7）环境保护和文明施工。落实文明施工措施，减少环境污染。

（8）特别要求：严格控制爆破振动、爆破飞石、塌落振动、冲击波；烟囱触地产生二次飞溅物不损坏周围保护对象；确保爆破时周边人员、建筑物、道路和地下桩基础的安全；确保施工过程中自身安全。

（9）以展现一流管理、一流质量、一流队伍，把烟囱拆除工程顺利安全完成。

4　爆破参数设计

4.1　爆破缺口设计

4.1.1　缺口形式

爆破切口是指在爆破拆除的圆筒形高耸建筑物底部的某个部位，用爆破方法炸出一个一定宽度和高度的切口。爆破切口的形式有长方形、梯形、类梯形。根据以往施工经验，结合本工程中烟囱的结构和实际施工的需要，确定切口采用正梯形爆破缺口。

4.1.2　切口位置

4.1.2.1　竖直位置

缺口位于距离地面 0.5 m 处。

4.1.2.2　水平位置

爆破切口水平位置位于倒塌中心线两侧，沿倒塌中心线对称布置。

4.1.3　缺口长度

不考虑烟道口和出灰口的位置时，爆破范围是筒壁周长的1/2~3/4。即

$$\frac{3}{4}s > L > \frac{1}{2}s \tag{1}$$

式中　s——烟囱爆破部位的外周长。

对于强度较小砖砌圆筒形高耸建筑物，L_c可以取小值；而强度较大的砖结构和钢筋混凝土结构的圆筒形高耸建筑物，L_c取大值。

通常烟囱爆破切口长度按下式计算：

$$L_c = K\pi D \tag{2}$$

式中　L_c——切口弧长，m；

K——切口系数，通常取0.5~0.7；

D——切口底部外径，m。

烟囱外直径9.44 m，周长为29.6 m，缺口底部长度为：29.6×(216/360)=17.76，取18.0 m，圆心角取216°。

4.1.4　缺口高度

爆破部位高度的确定与烟囱的材质和筒壁的厚度有关。烟囱拆除爆破要求爆破部位的筒壁瞬间要离开原来的位置，使烟囱失稳。因此设计要求爆破部位的高度

$$h \geqslant (3.0 \sim 5.0)\delta \tag{3}$$

式中　δ——爆破缺口部位烟囱的壁厚，砖烟囱的筒壁较厚时，取小值；钢筋混凝土烟囱壁较薄时，取大值。同样壁厚条件下，烟囱高的取小值；烟囱高度小的取大值。对于钢筋混凝土烟囱，如果钢筋配比高，要取大值。

烟囱壁厚为0.3 m。根据理论计算结果和倒塌安全系数，结合工程实践经验，钢筋混凝土烟囱切口高度取1.8 m。

4.1.5　定向窗

爆破前，开凿定向窗为预拆除施工，拆除爆破工程原则上要尽量减少预拆除，特别是对影响结构稳定的承重构件的预拆除。烟囱属高耸建筑物，为了尽可能减少对烟囱结构的损伤，要尽量设计尺寸小的定向窗。两侧定向窗破坏状态的对称是决定烟囱按设计倒塌方向的关键，如果两侧破坏状态不对称，这种初始破裂破坏点的不对称将严重影响烟囱倾斜倒塌的方向。

定向窗的作用是将保留部分与爆破切口部分隔开，使切口爆破时不会影响保留部分，更能保证正确的倒塌方向。窗口的开挖是在切口爆破之前，窗口内的残

碴要清除干净，窗口要挖透。通过选取合理的定向窗的底角及长度，可以有效地控制烟囱倒塌方向。

烟囱定向窗长 200 cm、高约 100 cm，形成的定位角为 27°。

4.2 烟囱筒壁爆破参数设计

4.2.1 布孔形式

炮孔布置在爆破切口范围以内，炮孔的方向朝向烟囱的中心，炮孔采用梅花形布置。

4.2.2 炮孔直径

炮孔直径选取 40 mm。

4.2.3 炮孔深度

根据国内外的施工经验，合理的炮孔深度可根据式（4）来确定：

$$L = (0.6 \sim 0.7)\delta \tag{4}$$

式中 L——炮孔深度，m；

δ——壁厚，m。

4.2.4 最小抵抗线 W

通常取断面短边或爆体厚度 δ 的一半，$W=\delta/2$。

4.2.5 炮孔间距 a，排距 b

$a=(1.2\sim2.0)W$；$b=(0.8\sim1.0)a$。

4.2.6 单孔装药量及总装药量

单孔装药量 q 可用式（5）来计算：

$$q = Kab\delta \tag{5}$$

式中 q——单孔装药量，g；

a——炮孔间距，m；

b——炮孔排距，m；

δ——壁厚，m；

K——单位体积介质的用药量，g/m^3。

根据爆破切口尺寸及炮孔排间距进行炮孔布置和总装药量计算。

4.2.7 最大单响药量

根据起爆网路的延期时间设置及单孔药量计算最大单响药量。

4.2.8 装药结构

装药结构采用连续装药结构，炸药采用直径 32 mm 的二号岩石乳化炸药，雷管采用导爆管雷管。

烟囱工程爆破参数汇总见表 2。

表 2　烟囱拆除工程爆破参数设计汇总

参数	取值
壁厚/cm	30
最小抵抗线 W/cm	15
间距 a/cm	30
排距 b/cm	30
炸药单耗/$g \cdot cm^{-3}$	3700
单孔装药量/g	100
炮孔数量/个	281
总装药量/kg	28.1
最大单响药量/kg	15

4.3　起爆网路设计

采用导爆管雷管网路。

筒壁孔内采用 MS-3、MS-5 段雷管，孔外采用“大把抓”，每 15~25 根雷管脚线捆扎成一束后，孔外用同段别两发导爆管雷管复式连接，导爆管连接至起爆站，专用起爆器起爆，如图 3 所示。

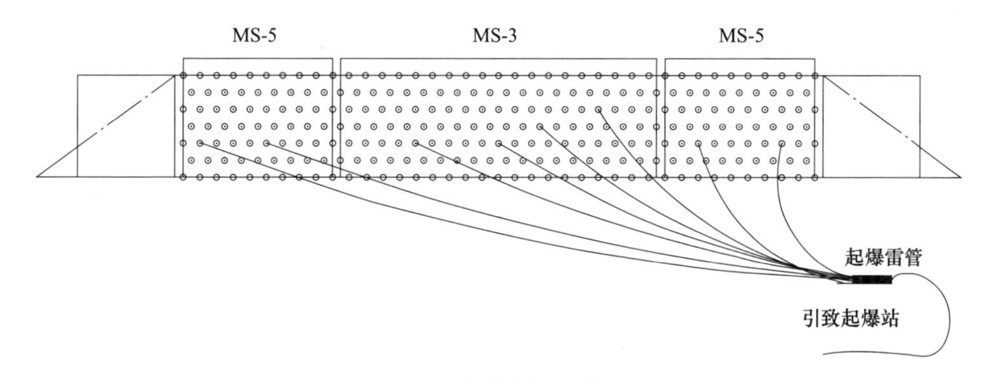

图 3　烟囱起爆网路

5　爆破安全设计

安全是爆破工程的关键环节，对爆破的不安全因素必须进行有效的控制。爆破危害主要有爆破振动、爆破飞石、空气冲击波、塌落振动等。

5.1 爆破振动与塌落振动安全设计

5.1.1 安全理论计算

爆破拆除烟囱产生的振动源有两个部分：一是切口爆破时，炸药爆炸产生的振动波；二是烟囱结构倒塌冲击地面时产生的塌落振动。

《爆破安全规程》（GB 6722—2014）规定，浅孔拆除爆破时工业和商业建筑物的安全允许质点振动速度为3.5~4.5 cm/s（$10\ \text{Hz}<f\leqslant 50\ \text{Hz}$）。

5.1.1.1 爆破振动安全计算

根据振速计算公式：

$$v = K\left(\frac{\sqrt[3]{Q_{max}}}{R}\right)^{\alpha} \tag{6}$$

式中 v——爆破振动速度，cm/s；

Q_{max}——最大单响药量，取15 kg；

R——传播距离，m；

K，α——与爆破点至保护对象间的地形、地质条件有关的系数和衰减指数，应通过现场试验确定，K取200，α取1.8。

5.1.1.2 烟囱触地振动安全计算

烟囱等高耸建筑物在塌落触地时，对地面的冲击较大，产生塌落振动危害一般大于爆破振动。

塌落振动的强度可按式（7）估算：

$$v_t = K_t\left(\frac{R}{\sqrt[3]{\dfrac{MgH}{\sigma}}}\right)^{\beta} \tag{7}$$

式中 v_t——塌落引起的地面振动速度，cm/s；

M——下落构件的质量，取2000 t；

g——重力加速度，9.8 m/s^2；

H——构件的质心高度，取50 m；

σ——地面介质的破坏强度，一般取10 MPa；

R——观测点至冲击地面中心的距离，m；

K_t，β——塌落振动速度衰减系数和指数，$K_t=3.5$，$\beta=-1.7$。

5.1.1.3 烟囱拆除工程安全振动计算

两个烟囱拆除工程的安全振动理论计算结果见表3。

表 3 振动计算结果

工程名称	方位	保护物	保护对象距离/m		振动速度/cm · s^{-1}	
			与烟囱距离	距塌落中心距离	爆破振动	塌落振动
绍兴美佳热电公司烟囱拆除	东北	2 号烟囱	160	140	0.10	0.53
	东北	光峰带业厂房	200	180	0.07	0.35
	东面	信号塔	170	190	0.10	0.32
	南面	热电厂房	100	120	0.26	0.69
	西面	在建楼房	180	200	0.09	0.29
	西北	热电厂办公楼	135	115	0.15	0.74
	西北	信号塔	175	155	0.09	0.45
	西北	贤盛公司楼房	190	170	0.08	0.38

从计算结果来看，无论爆破振动还是烟囱倒塌触地振动，都在《爆破安全规程》（GB 6722—2014）的允许范围内，故不会对周围待保护对象造成安全影响。

5.1.2 振动安全防护设计

（1）严格控制最大单响药量。

（2）严格按照设计的爆破切口位置进行爆破。

（3）为了缓冲烟囱落地的冲击振动，在倒塌方向设置三条减振堤，防止烟囱前冲。减振堤材料利用现场的取土筑成，表面采用 2~3 层土工布覆盖，土工布接缝采用铁丝等绑扎，形成一个整体，并在第一道减振堤的堤面上覆压废旧轮胎，防止烟囱触地引起二次飞溅（图 4）。

5.2 爆破飞散物安全设计

5.2.1 爆破飞散物安全理论计算

拆除爆破飞散物距离可以由下式计算：

$$v_f = B\left(\frac{\sqrt[3]{Q_d}}{W}\right)^2 \tag{8}$$

$$S_{max} = v_f^2 \sin^2\alpha / g \tag{9}$$

式中 v_f——个别飞石的初速度，m/s；

B——介质系数，混凝土介质取 9.6、砖介质取 6.0；

Q_d——设计中单孔装药量，kg；

W——最小抵抗线，m；

g——重力加速度；

S_{max}——个别飞石最大飞散距离，m；

α——飞石抛射角，设计中取 30°。

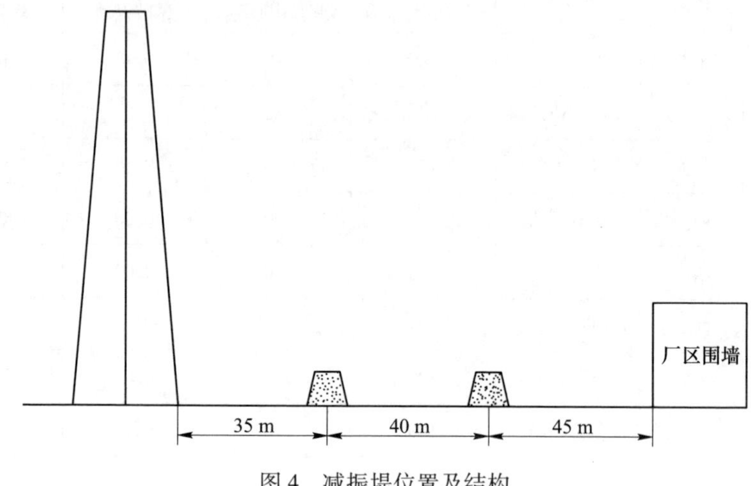

图 4　减振堤位置及结构

爆破飞散物参数计算汇总见表 4。

表 4　爆破飞散物参数计算汇总

参数	取值
最小抵抗线 W/cm	0.15
单孔装药量/kg	0.1
初速度 v_f/m · s^{-1}	91
飞石最大飞散距离/m	215

经过理论计算，烟囱拆除工程中炮孔在不采取任何防护的情况下，爆破飞散物会对周边待保护对象造成危害，所以在实际施工中不得采用无防护爆破，我公司在绍兴美佳热电公司爆破拆除工程中采用的爆破缺口防护措施，可将爆破飞散物控制在 50 m 范围内。

对爆破切口位置采用三道近体防护，既在炮孔区域用棉絮进行覆盖，再用毛竹片进行覆盖，最后用沙袋在炮孔周围进行防护，可以将爆破飞石距离控制在 50 m 范围内，满足安全的技术要求。

5.2.2　爆破飞散物安全防护措施

（1）严格控制炸药单耗及单孔装药量，加强填塞质量。

（2）采取有效防护措施，在爆破缺口及爆破缺口反方向采用竹排遮挡防护。

（3）所有人员撤至警戒范围以外。

5.3 空气冲击波

（1）严格控制炸药单耗及单孔装药量，加强填塞质量。

（2）采取有效防护措施，在爆破缺口及筒体有缺口处采用棉被、竹排遮挡防护。

6 爆破施工

6.1 爆破作业施工工序

施工准备→预拆除→标孔→钻孔→药包制作→药包装填及堵塞→网路连接与检查→安全防护→警戒→起爆→爆后检查、盲炮处理。

6.2 爆破前施工

6.2.1 施工前准备工作

6.2.1.1 技术准备工作

技术组按照经过专家评审和审批的爆破施工方案完成现场技术交底工作，主要包括：向机械组进行预处理施工交底，包括预处理对象的分布位置、预处理部位、预处理方法及注意事项；向钻孔组进行钻孔技术交底。

6.2.1.2 物资准备工作

后勤组和材料组按照施工方案及进度要求完成项目手续的审批、物资准备工作，确保各项物资数量及质量符合项目施工要求。

6.2.1.3 人员准备工作

项目部负责人按照项目特点及要求完成项目组织机构的建立及人员配备，项目管理机构人员明确各自的岗位责任并完成相关安全培训工作。

6.2.1.4 机械准备工作

后勤组负责按照项目部的要求完成施工机械的进场计划安排，确保所有施工机械能够按照工程进度要求进场。

6.2.2 预处理施工

6.2.2.1 烟囱附属结构拆除

烟囱直爬梯、避雷针等附属结构拆除，采用气割工具进行。

6.2.2.2 定向窗的开凿

在爆破缺口底部两端开凿定向窗，采用水钻进行开槽处理，对定向窗边缘及定位角利用风镐进行人工处理，预处理产生的外漏钢筋采用气割方法。

6.2.3　爆破切口施工

（1）测量人员按照施工方案采用全站仪对倒塌中心线和爆破切口位置进行标定。

（2）技术人员按照设计的参数标定炮孔位置。

（3）钻孔人员按照标定好的炮孔位置及深度进行水钻钻孔，钻孔完成后由钻孔人员进行自检，所有炮孔自检合格后由技术员进行检查验收。

6.3　爆破施工作业

6.3.1　装药

（1）爆破器材到达现场后，由保管员对爆破器材的品种、数量、质量进行检查，检查合格后按照流程进行民爆器材的发放及登记工作。

（2）爆破员在安全员的监督下按照技术交底的要求完成起爆体的加工制作。

（3）从炸药运入现场开始，应划定装运警戒区，警戒区内应禁止烟火；搬运爆破器材应轻拿轻放，不应冲撞起爆药包。

（4）炮孔装药，应使用木质或竹制炮棍进行堵孔。

（5）不应投掷雷管等爆破器材，药包装入后应采取有效措施，防止堵孔工具直接冲击起爆雷管。

（6）装药发生卡塞时，若在雷管放入之前，可用非金属长杆处理。装入雷管后，不应用任何工具冲击、挤压。

（7）装药过程中，不应拔出或硬拉药包中的雷管脚线。

6.3.2　填塞

（1）爆破装药后都应进行填塞。

（2）不应捣鼓直接接触药包的填塞材料或用填塞材料冲击起爆雷管。

（3）发现有填塞物卡孔应及时进行处理（可用非金属杆或高压风处理）。

（4）烟囱爆破常用炮泥填塞，或者采用其他快速硬化材料填塞。

（5）堵塞时必须达到填塞强度，同时保证不损坏雷管；对于钢筋混凝土烟囱更要注意填塞质量。

6.3.3　联网作业

起爆网路的连接应有专人负责，网路连接人应持有网路示意图和炮孔孔位的记录表，以便随时供爆破工作领导人查阅。

6.3.4　安全防护作业

联网检查合格后，对爆破切口进行安全防护，防护时要注意对雷管脚线的保护，防护完成后再次对起爆网路进行安全检查。

6.3.5　起爆前警戒

（1）安全保卫组起爆前 0.5 h 对警戒范围内的人员，设备撤离至安全区域。

清场警戒组一边采用喇叭公告警戒区域人员撤离至安全区域，同时派专人组织人员撤离。对于不配合撤离的人员，请公安派人协调，同时告知指挥部。在确认人员完全撤离后方能进行爆破作业。

（2）起爆前 15 min 各警戒点人员到位，严禁无关人员进入爆区。起爆前 10 min，再次确定警戒区域人员全部撤离。

6.3.6　起爆作业

（1）起爆器性能检查，电池的更换，起爆实验。

（2）起爆器由起爆人员保管，起爆器钥匙由起爆负责人员随身携带。具备安全起爆条件后，爆破负责人下达起爆指令后，爆破员进行起爆。

6.3.7　爆后检查

爆破完成 15 min 后，由爆破技术人员及爆破员组成的检查组实施爆后检查，查看有无盲炮，确认无盲炮后，可以允许其他人员进入作业区。

发现未爆炸的爆破器材，收集后按相关规定进行销毁。

7　爆破效果与检测成果

7.1　爆破效果

2021 年 1 月 25 日，1 号烟囱成功爆破拆除，烟囱倒塌方向未偏离倒塌中心线，各项爆破危害效应均在可控范围内，爆破飞石最远飞散距离为 40 m，爆破振动值均小于理论计算值，爆破冲击波未对周边建筑物造成损害，爆破效果良好（图 5），受到业主单位和主管机关的一致好评。

图 5　烟囱爆破拆除效果

7.2　爆破检测成果

为了对爆破振动危害效应做更加全面的追踪了解，给今后减振措施的设计提供科学的指导依据，我单位采用四川拓普测控科技有限公司生产的 iSensor 三轴智能振动传感器进行爆破振动检测。

设定的 3 个爆破振动监测点，分别位于东北侧 200 m 的光峰带业厂房附近、南面 100 m 的热电公司厂房、西北面 135 m 的热电公司办公楼附近，振动监测点分布如图 6 所示，爆破振动检测结果见表 5。

图 6　烟囱爆破拆除工程振动监测点分布

表 5　爆破振动成果

振动监测点	距离/m	爆破振动速度/cm · s^{-1}		塌落振动速度/cm · s^{-1}	
		理论值	检测值	理论值	检测值
光峰带业厂房	200	0.09	0.05	0.35	0.18
热电厂房	100	0.32	0.17	0.69	0.33
热电厂办公楼	135	0.19	0.11	0.74	0.34

通过实测结果与理论计算结果进行对比可以知道，通过铺设缓冲垫层可以有效降低爆破振动及烟囱塌落振动，可以使振动值降低 1/2。

8　经验与体会

（1）在保证烟囱结构安全的前提下，对烟囱内部的相关设施进行预处理可以保证爆破效果。

（2）钢筋混凝土烟囱定向窗开凿采用水钻施工，具有施工速度快、对周围环境无污染、可以同时切断钢筋与混凝土的优点，为加快进度可以采用左右两侧定向窗同时开凿。

（3）钢筋混凝土烟囱壁钻孔采用水钻时，虽然具有可同时切断钢筋与混凝土的优点，但是由于水钻工艺特点造成炮孔孔壁比较光滑，填塞黄泥质量如果达不到要求容易造成冲孔，本次爆破施工专人负责黄泥填塞质量的监督，填塞效果良好、未发生冲孔现象，所以水钻施工的炮孔应该注意填塞材料的选择和填塞质量的监督。

（4）起爆体制作时，必须安排专人负责起爆药包重量的称量，严格按照方案设计的药量进行制作，不能采用按照长度比例计算起爆药包重量的方法加工起爆体。

（5）定向窗开凿完毕后，必须采用专用测量设备对爆破切口进行复测，并根据复测结果进行修整。

（6）减振堤铺设后上面必须覆盖土工布，防止烟囱倒塌接触减振堤时引起泥土飞溅，同时土工布具有吸收尘土的效果。

爆破冲击波未对周边建筑物造成损害，爆破效果良好（图7），受到业主单位和主管机关一致好评，该单位采用四川拓普测控科技有限公司生产的 iSensor 三轴智能振动传感器进行爆破振动检测。

图 7　爆破拆除前施工人员现场合影

工程获奖情况介绍

“复杂环境下钢筋混凝土烟囱定向拆除爆破施工工法”获部级工法（中国爆破行业协会，2023 年）。

18层框-筒楼房双向三折叠控制爆破技术

工程名称：临安市原电力大厦爆破拆除工程

工程地点：浙江省临安市

完成单位：浙江京安爆破工程有限公司

完成时间：2011年7月1日~2012年4月17日

项目主持人及参加人员：辛振坤　泮红星　骆利锋　王霞明　刘福高　符小海

撰 稿 人：辛振坤　泮红星　张少秋

1　工程概况

临安市信用联社电力大厦位于临安市锦城街道钱王大街和畔湖路交叉处的西南侧，地处闹市，周边与超市、银行、住宅小区、企事业办公场所等众多单位相邻，因城市规划需要予以爆破拆除。原电力大厦由中心部位高层矩形主楼和多层群楼组成，地上18层，地下1层，主楼高73 m，总建筑面积15200 m^2，其中主楼建筑面积为8000 m^2，如图1所示。

图1　待爆原电力大厦

1.1 周边环境

待爆主楼北侧距围墙 16. 6 m，围墙外为钱王大街，其人行道上方有两台变压器和多路高压线、电视线等重要线路，地下有供水管、雨水管、通信光缆等重要管线设施；东侧距围墙 16. 8 m，围墙外为畔湖路，其人行道上及地下有与北侧类似的管线，距楼 39. 1 m 为玻璃幕墙装饰外墙的大型商场；南面距围墙 10. 5 m 有一小巷，距主楼 23. 3 m 有 20 世纪 80 年代的老旧居民楼和单位办公楼；西侧为中国建设银行临安市支行，与裙楼共墙相邻，距主楼 29. 0 m。周边环境十分复杂，如图 2 所示。

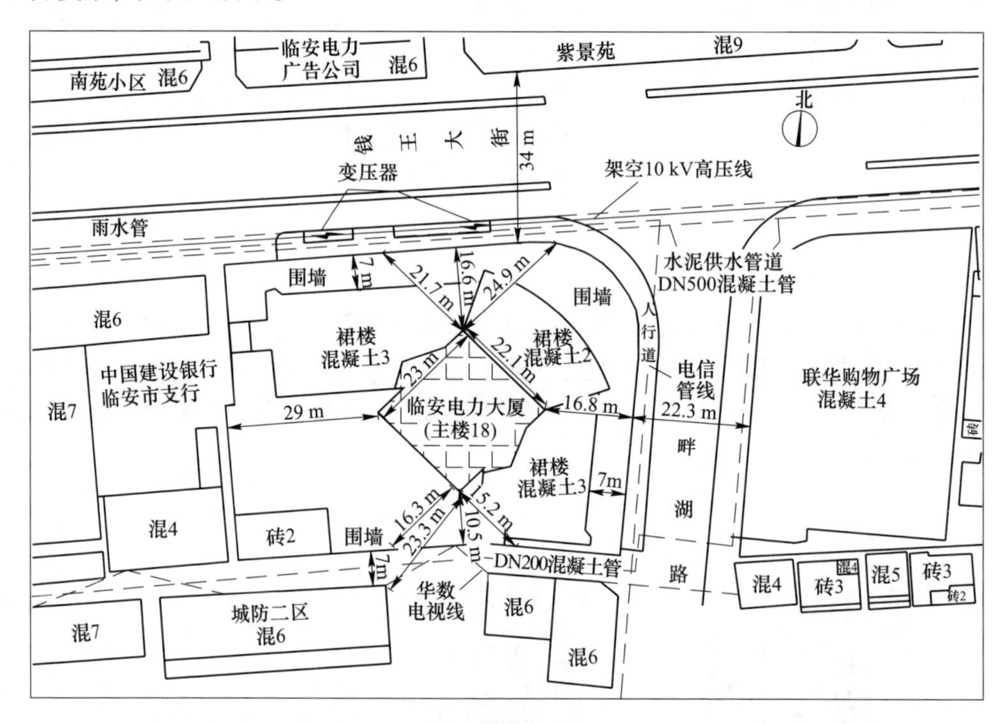

图 2　周边环境

1.2 大楼结构

待拆的大楼由中心部位高层矩形主楼和面向东北和西北的转角多层群房组成。主楼由中心的楼梯间、电梯井道现浇钢筋混凝土筒体和外围混凝土立柱组成框—筒结构，其中第 16 层及以上为电梯机房、观光楼及屋顶水箱，顶部为钢筋混凝土四棱锥顶盖；锥顶标高为 73 m。主楼中心位置设有 13. 5 m 长的矩形塔楼，内有 2 个电梯井和 2 个楼梯间，系剪力墙结构。

裙楼：主楼正面为二层群楼，其余为三层，均为现浇钢筋混凝土框架结构，现浇梁板。

地下室：主楼和主楼正面群楼部分设有一层地下室，为现浇钢筋混凝土自防水墙板结构，现浇整体式底板按柱网轴线布置了翻梁。

主楼自底层至15层平面呈近方形矩形，长23 m，宽22.1 m，3跨4排，共18根立柱，16层以上为矩形塔楼。立柱的尺寸为900 mm×800 mm（z1）、800 mm×800 mm（z2）、800 mm×700 mm（z3）、700 mm×700 mm（z4）、600 mm×600 mm（z5）、500 mm×500 mm（z6）。剪力墙分布在F-G轴和⑧-⑨列之间的中心位置，剪力墙厚度为270～310 mm，楼板为现浇楼板，板厚120 mm。主楼地下室～4层为C40混凝土，5层～11层为C30混凝土，12层以上部分为C25混凝土，主筋以ϕ22 mm、ϕ25 mm为主。主楼平面结构示意图如图3所示。

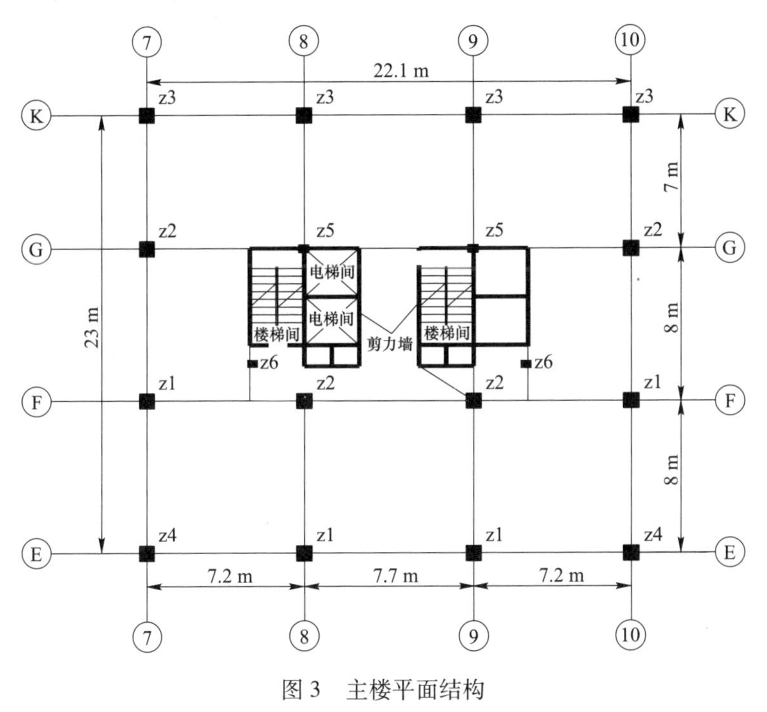

图3　主楼平面结构

2　工程特点、难点

（1）主楼周边环境复杂，倒塌空间受限。本楼为原电力调度大楼，周边电力主干线路及设施较多，围墙外地下水泥供水管线埋深浅且年久老化抗震能力差，大楼周边单位、居民住宅老旧且距离近。因此主楼爆破必须确保爆堆不出围墙，同时做好减震、降尘、防飞石措施，确保周边建筑物、供电设施及附近人员的安全。

（2）主楼为近方形框-筒结构，刚性好，难以在爆破过程中撕裂，在爆前需要对主楼中心筒体结构内的剪力墙、楼梯间进行充分预处理，既要保证大楼的整体结构稳定，又要弱化彻底，才能使主楼按预定方向顺利、准确倾倒。

（3）主楼16层以上为电梯机房、观光楼及屋顶水箱，顶部钢筋混凝土四棱锥顶盖，结构坚固细长，又位于主楼顶部，爆破倾倒时易被摔出，爆破设计应正确处理好爆破切口起爆开始至其顶部开始定向外倾的时差关系。

（4）大楼外距周边单位、居民住宅距离较近，建筑物密集，必须做好与周边单位的协调工作及部分居民的临时撤离安置工作，方能确保爆破作业的顺利实施。

3　爆破方案选择及设计原则

3.1　总方案设计

待爆大楼高达73 m，而其四个面的可供大楼倒塌最大安全距离为：正门东北面25 m；东南面15 m；西南面16 m；西北面22 m。因此只能采用多切口方式进行爆破拆除，为使得爆破倾倒距离缩小，将爆堆控制在安全范围内，设计采用3个爆破切口双向三次折叠爆破拆除的方式，即底部爆破切口往北偏东方向倾倒（主楼正门方向倾倒），中部爆破切口反向，顶部爆破切口再往北偏东方向倾倒。由此确保大楼爆后倾倒在围墙范围内。

为确保大楼倒塌顺利，爆前进行试爆，对大楼中心筒体结构内的剪力墙、楼梯间进行充分预处理。同时，利用毫秒微差起爆网路使大楼分次先后触地，充分发挥“双向三折叠”爆破技术的优势，减小大楼触地的质量；并且，在大楼正前方开挖减震沟、铺设缓冲堤，沿围墙堆设沙袋墙止冲堤等技术措施，降低爆破震动的危害效应。

3.2　爆破部位与切口高度

3.2.1　爆破切口部位

3.2.1.1　底部爆破切口设计

根据设计手册及以往工程经验，该楼爆破切口倾角取25°～35°。则最大炸高：

$$H = B \cdot \tan\alpha \tag{1}$$

式中　B——倾倒方向楼宽（E-K轴间的距离），23 m；

α——爆破切口倾角，取35°。

计算得：H=16.1 m，即主楼底部爆破切口楼层自第一层炸至第五层楼。

底部爆破切口方案：E 轴立柱切口高度为 1~5 层；F 轴立柱切口高度为 1~4 层；G 轴立柱切口高度为 1~2 层；K 轴立柱在 1 层底处理 2 孔，形成转动铰即可，爆破切口部位如图 4 所示。

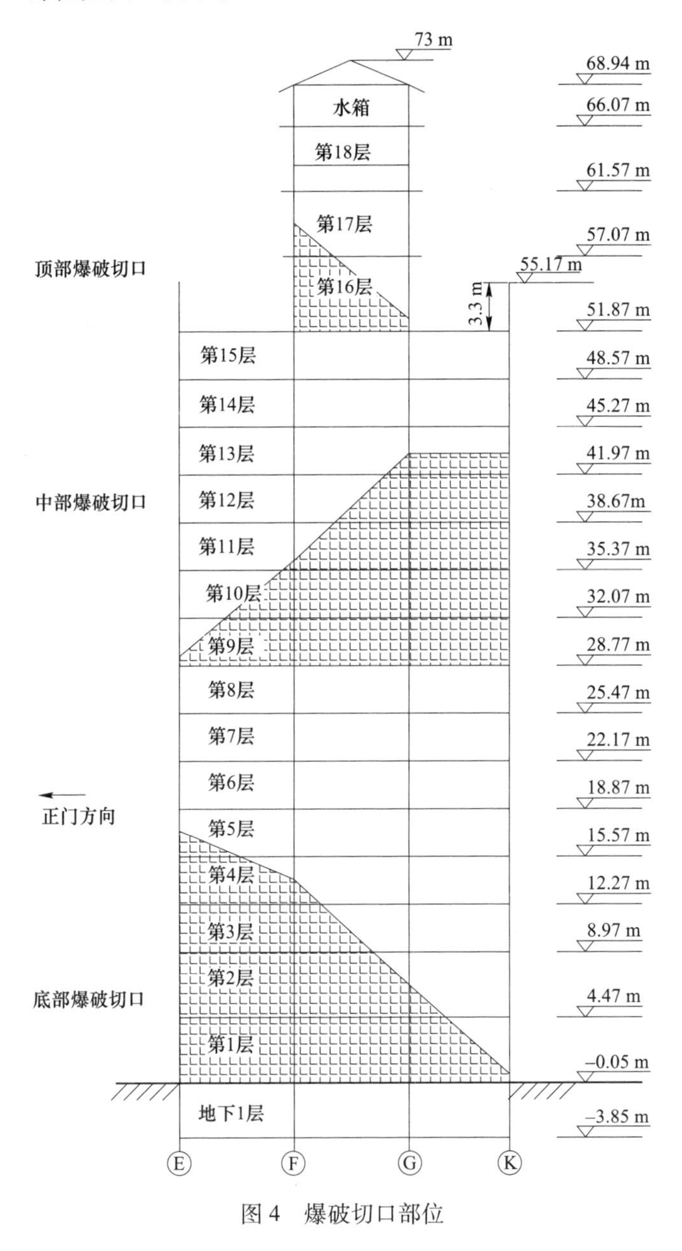

图 4　爆破切口部位

3.2.1.2　中部及顶部爆破切口设计

为了使大楼充分解体，同时有效缩短爆堆长度，确保爆破倾倒范围控制在围墙以内，在大楼中部 9~13 层开设一个反向折叠爆破切口；在顶部 16~17 层再开设一个爆破切口，从而进一步缩短爆堆长度，确保爆破倾倒范围控制在围墙以内。

3.2.2　爆破切口内各排立柱炸高设计

根据各爆破切口的设计，爆破切口内各排立柱的炸高计算见表 1。筒体内电梯井及楼梯间处的剪力墙的炸高，高于同排立柱一层的炸高。

表 1　爆破切口内各排立柱炸高

轴线	E 轴	F 轴	G 轴	K 轴
1 层	3.0 m（10 孔）	3.0 m（10 孔）	3.0 m（10 孔）	0.5 m（2 孔）
2 层	3.0 m（10 孔）	3.0 m（10 孔）	1.5 m（5 孔）	
3 层	2.1 m（7 孔）	2.1 m（7 孔）		
4 层	2.1 m（7 孔）	1.5 m（5 孔）		
5 层	1.5 m（5 孔）			
9 层	0.5 m（2 孔）	2.1 m（7 孔）	2.1 m（7 孔）	2.1 m（7 孔）
10 层		1.5 m（5 孔）	2.1 m（7 孔）	2.1 m（7 孔）
11 层		0.5 m（2 孔）	1.5 m（5 孔）	2.1 m（7 孔）
12 层			1.5 m（5 孔）	2.1 m（7 孔）
13 层			0.9 m（4 孔）	0.9 m（4 孔）
16 层		2.1 m（18 孔）	0.5 m（4 孔）	
17 层		1.5 m（12 孔）		

注：电梯井及楼梯间处的炸高，高于同排立柱的一层炸高。

3.3　主楼倾倒可靠性分析

爆破切口内立柱失稳闭合后，大楼的重心偏移至大楼楼体以外能够保证其倾倒（图 5）。经计算，大楼的重心高度 Z_C 为 33 m，大楼重心偏移至楼体外边线的临界切口闭合高度：$H_{临}=B\tan\beta$，B 为大楼倒向长度（23 m）。在转动过程中，转动角速度相同，楼房转动的 $\alpha=\beta$。经计算，$\alpha=21.94°$，则 $\beta=21.94°$，代入上述公式，则 $H_{临}=9.26$ m。

为确保大楼重心偏移至楼体外，爆破切口倾角 β 增至 35°，则底部爆破切口高度 H_p 为临界切口高度 $H_{临}$ 的 1.7 倍，即底部爆破切口高度：$H_p=16.1$ m。

闭合后，大楼的重心偏移出大楼外侧的距离为：

$$L_X=X-B=[Z_C^2+(B/2)^2]^{1/2}\times\cos[\tan^{-1}Z_C/(B/2)-\tan^{-1}H_p/B]-B=5.35(\text{m})$$

从上计算结果可以看出，主楼重心已偏移至楼体以外较大距离（5.35 m），因此爆破切口高度的设计是可行的，爆破切口高度可使该楼可靠倾倒。

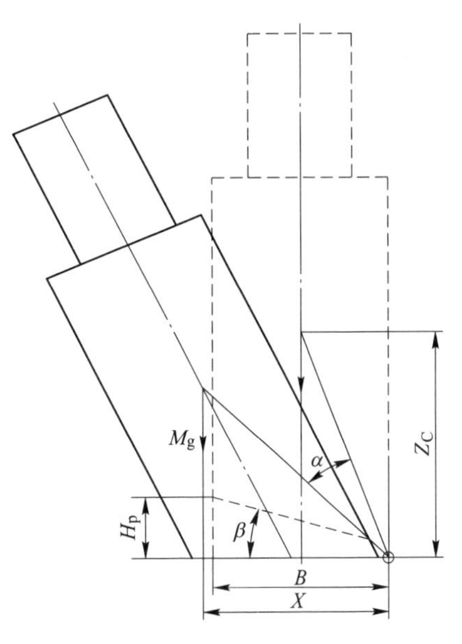

图 5　楼房倾倒可靠性分析

3.4　爆破倾倒范围评估

按本方案切口参数，主楼爆破后分三段分别沿支点（切口后排立柱）旋转倾倒并挤压，考虑到主楼爆破倾倒后可能会有部分的前冲及滑移，主楼正前方爆堆最大前倾估算为 17 m，同时，考虑到主楼折叠倾倒，其西南方向也可能有滑移甚至顶部反向摔出，其西南最大爆堆外倾估算在15 m 以内。其余方向爆堆最大外倾在 5 m 以内，爆堆最高估算 20 m。经计算和模拟验算，本楼爆后爆堆距围墙至少还有 5 m 以上的安全保险距离，可控在围墙范围内，爆破倾倒范围预测大致如图 6 所示。

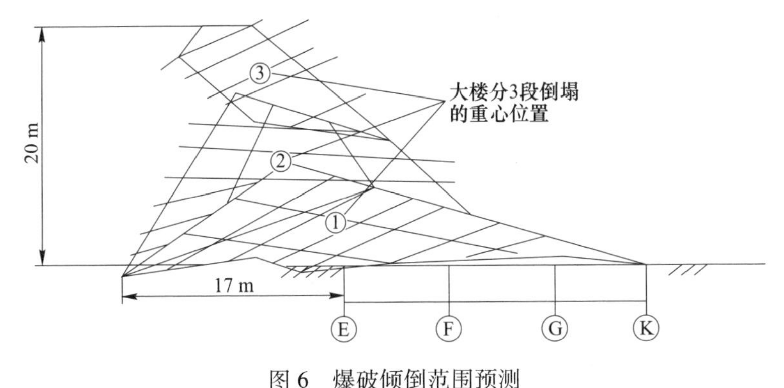

图 6　爆破倾倒范围预测

3.5　预处理

3.5.1　电梯井及楼梯间剪力墙

根据对该大楼剪力墙结构分析，该剪力墙与主体结构相连，故不能单独完全拆除，所以在预拆除时在特殊位置需要预留墙柱，以免影响大楼整体结构的稳定性。

预处理方式为：剪力墙预处理、预切割应高于同排立柱炸高，各转角预留墙柱，每侧宽度不小于 0.5 m，电梯井及其他剪力墙处理后预留的墙柱，采用爆破的方式与大楼立柱同时拆除。本楼电梯井及楼梯间位于大楼中间位置，对电梯井的剪力墙预处理时预留了墙柱，不会影响大楼的稳定。预拆除的部分剪力墙如图7所示。

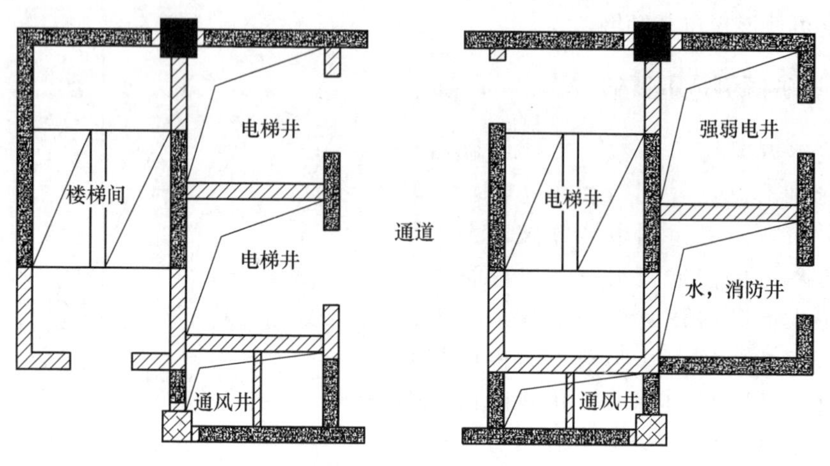

图7　剪力墙预处理（黑色为预处理部分）

3.5.2　楼梯间预拆除、预切割

楼梯间预拆除、预切割要求拆除应高于同排立柱爆破高度，其中1~5层、9~13层楼梯应将钢筋割断，全部拆除。

施工方法为：将每段楼梯与平台以及剪力墙连接处的混凝土打掉（打掉的宽度约30 cm，钢筋裸露，平台不需要处理），然后用气割将连接钢筋割断（图8）。

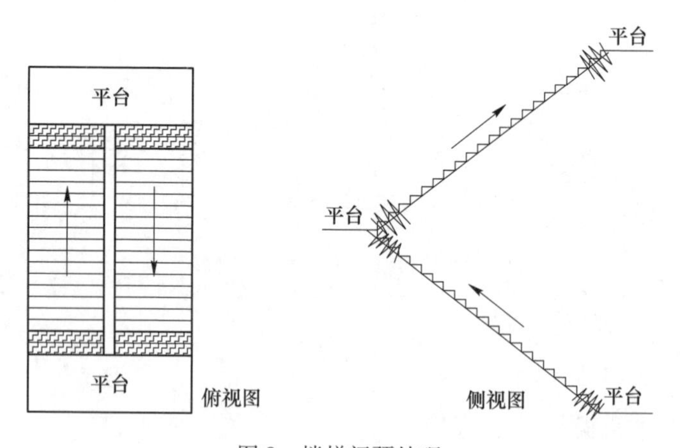

图8　楼梯间预处理

3.5.3　裙楼的预处理

本工程裙楼为钢混框架结构，裙楼与主楼之间有伸缩缝，不是现浇连接，裙

楼采用机械拆除，主楼正面二层裙楼在主楼钻孔前全部拆除，其余两侧三层裙楼靠近围墙处均留下一跨（底层留二跨）以做防护之用，待主楼爆后进行机械拆除。

裙楼上层顶部的机械拆除采用 28 m 高液压剪，拆除机械停放在院内宽阔场地上，从上至下，由内向外，逐层逐跨进行拆卸；裙楼拆除时安排人员拉好安全警戒线，进行安全管理。

3.5.4 楼板的预处理

在主楼三切口之间不炸楼层的楼板，即 6、7、8 层和 14、15 层的楼板，靠近倾倒方向的楼板上开“十”字口，以释放在楼体倒塌过程中产生的压缩气体。

4 爆破参数设计

4.1 立柱

采用控制爆破拆除钢筋混凝土框架楼房，实质是对立柱等杆件的爆破问题，按立柱控爆参数布孔，根据控爆装药量计算公式计算单孔药量，单孔药量根据 $q=KV$ 确定。大楼立柱截面种类较多，根据立柱尺寸和施工安全，设计爆破切口内立柱布孔如图 9 所示。

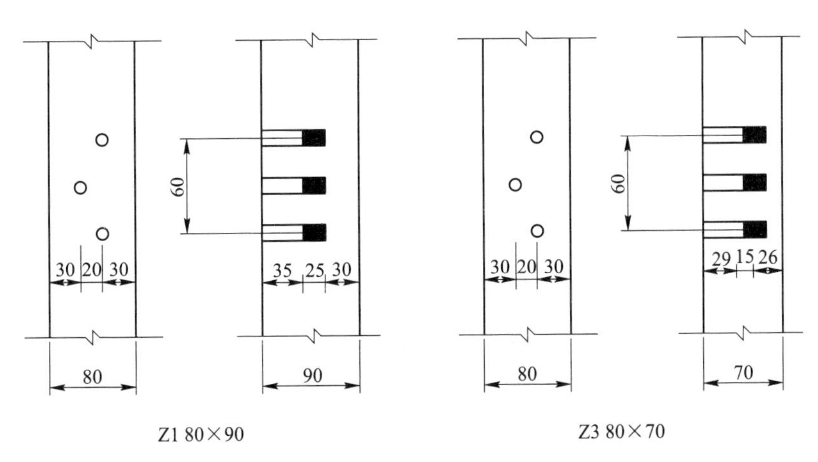

图 9 立柱布孔及装药（黑色部分为装药长度，单位：cm）

立柱各孔内的装药量，根据试爆效果，确定底部和中部切口炸药单耗取 1000 g/m^3，顶部切口炸药单耗取 650 g/m^3，个别节点或单层立柱底部适当加强药量。设计爆破切口内立柱爆破参数详见表 2。

表 2　立柱爆破参数

代号	Z1	Z2	Z3	Z4	Z5	Z6
截面尺寸/cm×cm	80×90	80×80	80×70	70×70	60×60	50×50
最小抵抗线/cm	30	30	30	27	25	20
孔距/cm	60	60	60	60	50	40
排距/cm	20	20	20	15	10	10
底、中部装药量/g · 孔$^{-1}$	215	200	175	150	115	100
顶部装药量/g · 孔$^{-1}$	140	125	110	95	70	65

4.2　电梯井剪力墙

楼梯间、电梯井的剪力墙厚度为 27~31 cm，布设纵深孔，自室内地坪+40 cm 起布孔，孔距为 40 cm，孔内装药以导爆索加小药包形式，空气间隔装药，采用细竹条定位、定向（剪力墙纵深孔布孔装药如图 10 所示）。剪力墙炸药单耗根据试爆效果调整后，确定底部切口炸药单耗取 1000 g/m^3，中部切口炸药单耗取 800 g/m^3，顶部切口炸药单耗取 650 g/m^3（剪力墙柱装药计算见表 3）。为便于布孔，采用人工处理方式预先在剪力墙上开设切口，形成“墙柱”，切口高度略高于炸高，切口总宽不得超过剪力墙周长的 1/2，以保证大楼的爆前结构稳定。

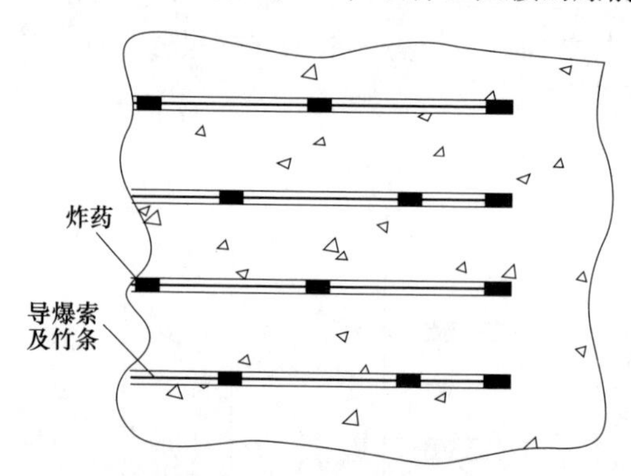

图 10　剪力墙纵深孔布孔装药

表 3　剪力墙爆破参数

代表号	孔深 /m	孔距 /m	厚度 /m	单耗 /g · m^{-3}	单孔药量 /g	药包 /个	药包药量 /g	药包间距 /m	备注
底 1	0. 8	0. 4	0. 3	1000	120	4	30. 0	0. 20	底部切口
底 2	1. 2	0. 4	0. 3	1000	150	5	30. 0	0. 24	堵 20 cm
中 1	0. 8	0. 4	0. 3	800	90	3	30. 0	0. 27	中部切口
中 2	1. 2	0. 4	0. 3	800	120	4	30. 0	0. 30	
顶 1	0. 8	0. 4	0. 3	650	60	2	30. 0	0. 40	顶部切口
顶 2	1. 2	0. 4	0. 3	650	90	3	30. 0	0. 40	

4.3 爆破网路设计

4.3.1 延期分段

由于大楼四周都有建筑物需保护，且距离较近，为减小爆破振动和塌落振动，将大楼整体分成前后三区块，采用毫秒微差起爆网路进行爆破，同一切口内同排立柱采用同段雷管起爆，爆破次序如图 11 所示。这样既可实现大楼倾倒时的先后触地，又可有效控制大楼的塌落振动。

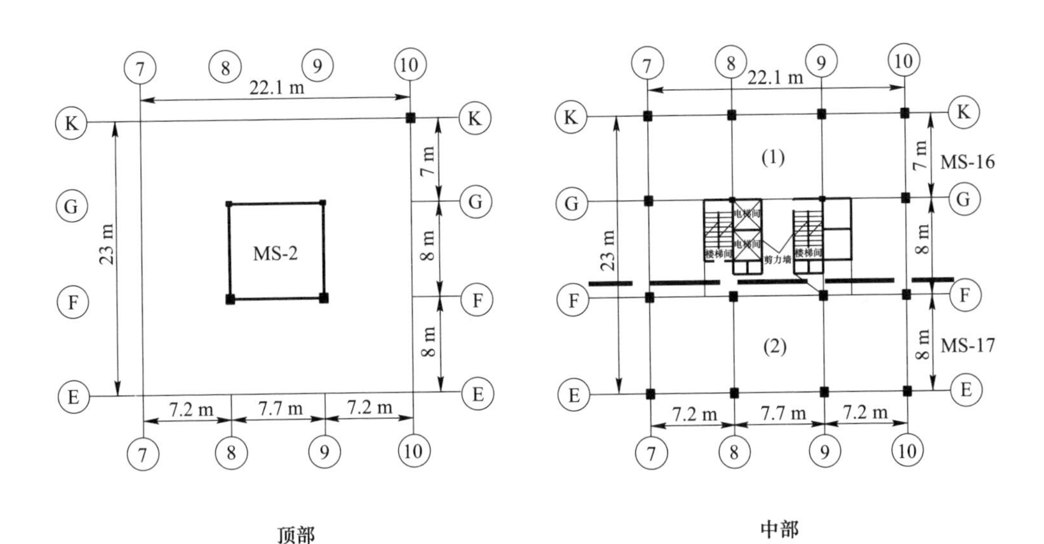

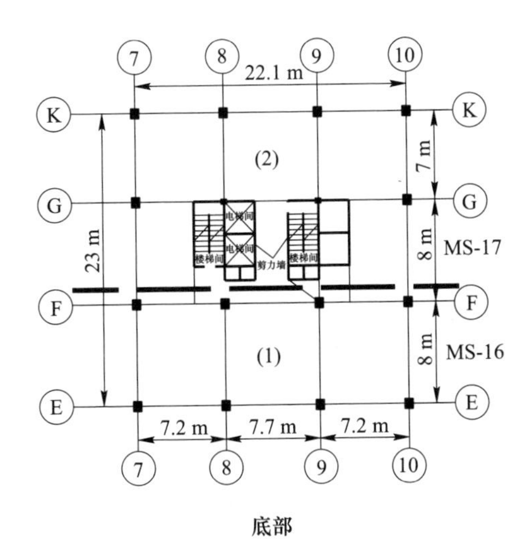

图 11 顶、中、底部爆破切口延期时间分段

三个爆破切口的爆破次序为自上而下，分别为：先顶部爆破切口，再中部爆破切口，最后底部爆破切口。

根据以往施工经验和爆破实测图片分析，高耸建筑自爆破切口起爆开始至其顶部开始定向外倾的时差约 1 s。因此，本楼爆破延时原则为：在同一爆破切口内延时为 0.5 s 以内，上下切口间延时为 1.0~1.2 s。

根据上述原则，顶部爆破切口内采用 MS-2 段导爆管雷管；中部爆破切口内，E~F 轴线立柱（剪力墙柱）采用 MS-17，其他采用 MS-16 段导爆管雷管起爆；底部爆破切口 E~F 轴线立柱（剪力墙柱）采用 MS-16，其他采用 MS-17 段导爆管雷管起爆。

4.3.2　起爆网路

孔内雷管除每个切口内楼层立柱底部的两孔采用双雷管起爆，其他均采用单雷管。每个切口内所有立柱及墙柱采用 2 发 MS-2 段雷管绑扎后采用塑料导爆管和四通连接成复式闭合多通道传爆网路，顶部切口与中部切口间采用四通连接，中部切口与底部切口间采用 MS-17 段雷管连接（分 6 处连接，每处 2 发）。

本大楼的起爆网路如图 12 所示，顶部切口与中部切口时差为 1.02 s(MS-16)，中部切口与底部切口时差为 1.02 s(MS-16)。

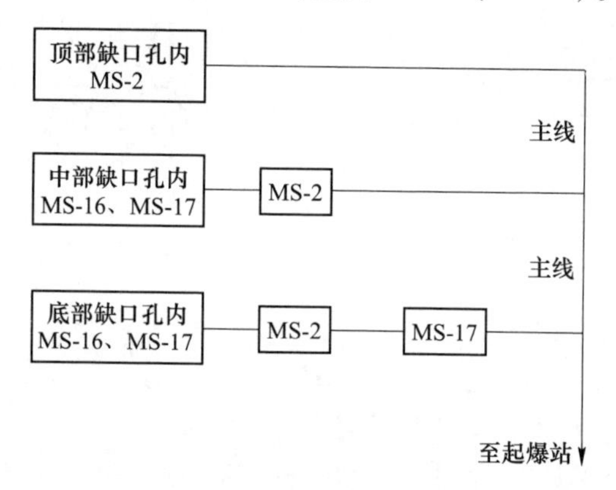

图 12　主楼爆破网路

为了确保网路的可靠性，应做到：

（1）连接网路的导爆管宜松弛并应架空，防止踩踏；四通应用防水胶布包扎并固定在适当位置上，靠近大楼边缘的四通还应采用塑料袋包裹，以免淋雨受潮。

（2）同一层楼的立柱（含剪力墙柱）的传爆网路，要实现前通、后通、左通、右通；前三排立柱至少有 6 个通路，后一排立柱至少有 3 个通路。

（3）上下楼层、切口之间的网路，必须至少有 6 条通路。

（4）起爆线从爆破切口引出，汇集成两条起爆总线。

4.4　立柱试爆

根据大楼的结构情况，分别选择地下室 F 排 8 列立柱和 8 层的 F 排 9 列立柱，取半边柱，钻 4 孔，按照设计药量进行试爆，以确定合理的炸药单耗，立柱试爆位置如图 13 所示。

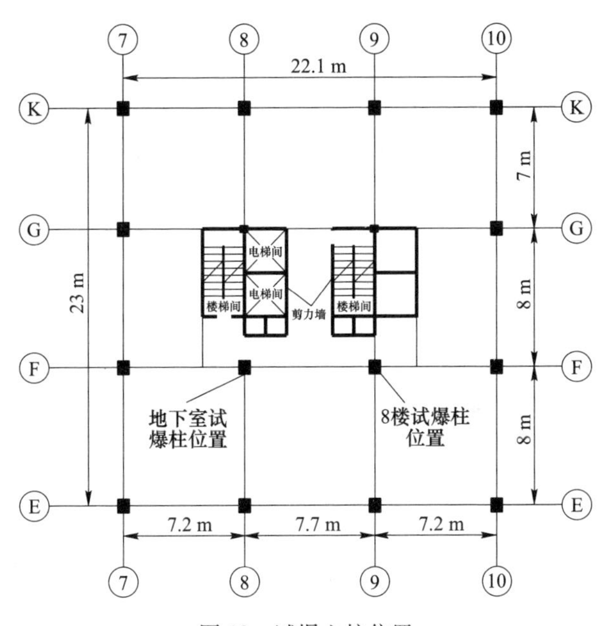

图 13　试爆立柱位置

试爆时应做好现场防护工作，对大楼内门洞及窗口进行全封闭防护，无围挡时搭设围挡排架。试爆时做好警戒工作，警戒范围控制在围墙内。

5　爆破安全设计

5.1　爆破振动

爆破最大单响药量为 65 kg，爆点中心到最近民房距离为 23.3 m。根据拆除爆破地面振动速度计算公式：

$$v = K_1 \cdot K \left(\frac{\sqrt[3]{Q}}{R}\right)^{\alpha} \tag{2}$$

式中　v——振动速度，cm/s；

K，α——与地形、地质因素有关的系数，取 $K=150$，$\alpha=1.6$；

K_1——衰减系数，取 0.25；

Q——单段起爆最大药量，kg；

R——药包布置中心至最近保护建筑物之间的距离，m。

计算得 v=2.25 cm/s，振速偏大，应采取隔震减震措施，减小爆破振动对相邻建筑的影响。

大楼拆除爆破时采用了多孔分散装药、分段延期起爆技术，爆点均离地且四面临空，可以将爆破振速控制在许可的安全范围内。

5.2 倒塌触地振动

对于楼体倒塌触地振动计算，根据中国科学院力学所总结的冲量公式：

$$v_t = 0.08\left(\frac{I^{\frac{1}{3}}}{R}\right)^{1.67} \tag{3}$$

式中 I——建筑物的触地冲量，$I=M\sqrt{2gH}$；

M——触地时的最大质量，约为 1.5×10^6 kg。

塌落触地中心至民房最近距离 R=45 m；落差取 H=22 m。计算得触地振动速度为 v_t=2.06 cm/s。

由于大楼为分段起爆，触地时切口内钢筋的反撑力和前后梁板的拉扯等因素也将使触地振动进一步减小。另外，为了确保周边建筑物的安全，爆破前在大楼正前方设置缓冲堤来吸收楼体触地时的能量，可进一步降低触地振动。

5.3 振动和二次飞溅物安全控制措施

（1）大楼爆破时，将在其倾倒前方约 10 m 处铺设一条缓冲堤，高度为 2 m，宽 3 m，长度约 30 m，沿倾倒方向对称布置。缓冲堤可用碴土堆设一定高度之后，再在其上及迎面处铺设三层沙袋，再用彩条布覆盖。

（2）在倒塌触地部位水泥地上堆高约 1 m、宽约 2 m 的沙袋墙（不使用建筑残碴）缓冲、减振，以进一步减小振动影响，确保周围建筑绝对安全。

（3）在倒塌方向沿着现围墙位置堆沙袋墙以阻挡可能出现外逸的残骸。

（4）两侧裙楼前期拆除时，保留外侧的一跨，用作爆破时的防护墙，阻止可能产生的二次飞溅物，待爆破结束后再进行拆除。

（5）在倾倒范围前方人形道上的地下管道处铺设一层沙袋，以防止倾倒物砸坏地下管道。

（6）为了进一步控制爆破振动对地下管道、管线的影响，沿围墙内侧开外一条减振沟，宽约 2 m，深约 1.5 m，长约 50 m。

减振和飞石安全防护如图 14 所示。

图 14　减振和飞石安全防护

5.4　个别飞石的距离计算

由于拆除爆破的爆破部位都是多面临空的梁、柱和墙体，最小抵抗线小，而炸药单耗又较高，产生个别飞石的因素较多，拆除爆破飞石距离的计算比较困难，参考苏联有关爆破抛掷初速度的计算公式：

$$v_0 = A(Q^{1/3}/W)^2 = A(Q/W^3)^{2/3} = K_1 q^{2/3} \tag{4}$$

对于个别飞石的最大距离，根据《爆破手册》（2010 版）估算公式：

$$R = v_0^2/(2g) = K(Q/W^3)^{4/3}/(2g) \tag{5}$$

式中　Q——单孔装药量，kg；

W——最小抵抗线，m；

v_0——碎块初始抛掷速度，m/s；

g——重力加速度，9.8 m/s^2；

K——取决于爆破介质性质的系数，混凝土 $K=100$。

依据上述公式，结合爆破设计相关数据，计算得：$R=81$ m。

以上计算的无防护条件下个别飞石的最大距离，应采取飞石防护措施，减小爆破飞石对相邻建筑的影响。

5.5 爆破飞石的安全措施

飞石安全防护是控制爆破中的关键工序，必须从严要求，认真检查验收，不合格禁止爆破。采取措施如下：

（1）待爆立柱周围包裹三道防护（里层输送带、中间竹笆、外围绿网）。

（2）在爆破切口内外围一垮中间搭设毛竹排架防护。

（3）对爆破切口搭设全封闭脱离式防护棚，高度超过切口高度 0.5 m 以上。

（4）切口内所有窗口用竹笆加以封堵防护。

（5）对个别需特别保护的对象做近体防护，用毛竹搭脚手架，竹笆覆盖防护。

（6）在主楼底部爆破切口搭设外挂式双排毛竹排架和安全绿网。

（7）重点爆破部位增加一层竹笆和麻袋的包覆防护。

5.6 爆破粉尘的安全措施

（1）委托消防部门爆后对爆堆喷水降尘并对周边道路进行冲洗。

（2）爆后组织人力在受爆破影响区域进行清扫、冲洗。

（3）通知周边单位、居民，在爆前关闭门窗，搬离窗台上花草等重物。

6 爆破施工

6.1 施工放样

（1）根据主楼爆破设计的原则——“双向三次折叠”，按设计的爆破切口确定楼层和切口范围。

（2）在切口范围内，对需进行预处理的剪力墙（电梯井、楼道井）和非承重墙（外墙除外）进行定位，并做上标记。

（3）根据切口内立柱的爆破钻孔设计，对立柱进行布孔放样，做好醒目标记。

6.2 预处理

（1）根据标记的需进行预处理的剪力墙，安排施工人员进行处理，施工工具主要是风镐；施工主要程序为：对剪力墙按设计定块定量拆除，对定块的剪力墙周边切缝槽，缝槽宽度约 30 cm，先和风镐对缝槽内的混凝土进行打碎，再对露出的钢筋进行切割，把要处理的剪力墙周边缝槽开出后，拆卸定块的剪力墙，重复以上程序，把一块一块剪力墙按设计拆下。

（2）根据标记的需进行预处理的非承重墙（外墙除外），安排人员拆除。

（3）钻孔施工按标记的位置进行钻孔，钻孔前对钻孔的深度提前进行技术交底，搭建操作平台，以保证钻孔“平、稳、准”质量。

（4）所有预处理的垃圾，待电梯拆除后，通过电梯井进行清碴处理。

（5）剪力墙处的墙柱应予以安全保留。

6.3 主楼近体防护

（1）主楼立柱主要采用竹笆防护，3 面 3 层，1 面 2 层，高 3 张竹笆，在外围立柱上加 10 层绿网或橡胶皮加强防护。

（2）在爆破切口内搭设一层毛竹排架防护，位于外围一跨中间。

（3）在爆破切口的所有窗口，均用竹笆加以封堵防护。

6.4 缓冲堤和减振沟

（1）缓冲堤根据爆破设计，先用镐头机在主楼倾倒前方 10 m 处，沿倾倒方向对称布置敲开外一条 3 m 宽，30 m 长的水泥地，再用挖机清理完水泥板后下挖泥土，挖出的泥土沿沟堆放，缓冲堤堆至 2 m 高度之后，在其上及迎面处铺设三层沙袋，再用彩条布覆盖。

（2）减振沟的施工：先用镐头机沿围墙内侧敲开外一条 2 m 宽，50 m 长的水泥地，再用挖机清理完水泥板后下挖 1.5 m 深，挖出的泥土沿围墙堆放，多余泥土铺在裸露的水泥地上。

（3）在主楼倾倒方向的裸露水泥地上，全部铺上泥土，以减少可能产生的二次飞溅物。

6.5 防护架

（1）根据爆破设计，在主楼倾倒方向前的联华超市近畔湖路的外墙处，搭设双排钢管脚手架，长约 50 m，高约 20 m。

（2）在主楼的后侧近巷道处，沿围墙搭设双排钢管架，长约 40 m，高约 10 m。

（3）在主楼底部爆破切口处，高出切口 0.5 m 搭设外挂式单排毛竹排架。

6.6 试爆

（1）因主楼按楼层不同，混凝土的标号也不一样（下部楼层标号高，上部标号低），根据现况，试爆选择上下两处，底部选择在地下室，上部选择在 8 层 F 排 9 列（不炸的楼层），每处试爆两个炮孔，半边立柱。

（2）两处试爆柱选择在电梯井处的立柱，因两处的其他柱不予爆破，且电梯井的剪力墙还可承重，试爆不会影响大楼的稳定性。

（3）根据试爆结果，确定爆破炸药单耗。

6.7 炮孔验收

（1）根据爆破设计，对炮孔进行全面验收，对于漏打、少打的要进行补打，对于打偏的要进行重打或其他补救措施。

（2）根据确定的炸药单耗，确定单孔炸药量和炸药总量。

6.8 装药、堵塞和联线

（1）根据试爆和炮孔验收的结果，对于每个炮孔按调整后的单孔药量制定装药表格，按工作量进行分组装药。

（2）堵塞材料采用黏度合适的黏土，搓成细条状，堵塞时间不宜过长，否则钻孔的混凝土会吸收黏土中的水分，导致黏土变干而失去黏性，失去堵塞的作用，因此可根据起爆时间安排合理堵塞时间。

（3）根据设计的网路联线，联线的顺序按最后响的炮孔逐孔向起爆点联线，从上部切口到中部，最后到底部切口的顺序进行联接。

（4）孔外延期雷管的绑扎处，外部用约 15 cm 长风管或塑胶管进行加固绑缚，以防雷管起爆时损坏传爆导爆管，风管或塑胶管一侧切开一条缝。

（5）为防止上切口起爆后产生飞石或其他飞溅物砸坏下部切口内的爆破网路，在可能产生影响的部位——电梯井、楼梯间的剪力墙处，采取毛竹排架进行防护。

6.9 起爆网路敷设及起爆站

（1）起爆网路。在同层内采用双主线，不同层间采用 6 条双导爆管联通起爆网路。

（2）起爆站。设立在视线较好并距离爆区 80 m 以上的安全位置。

6.10 碴土清理

（1）爆破结束后，经我方详细反复检查并证实无哑炮之后，对碴土进行清理；在进行钢筋气割及清碴时，对气割全过程实行全程安全监控。

（2）在爆后清碴过程中，派 1～2 名爆破作业人员跟踪检查，若发现碎碴中残存炸药、雷管等火工品时，立即报告公安机关和甲方，并组织专业人员进行销毁。

7 爆破效果

本次爆破共使用 ϕ32 mm 乳化炸药 203.55 kg，雷管 2780 发，导爆管

7500 m，导爆索 500 m。主楼实现了明显的双向三次折叠（图 15），大楼倒塌范围的控制效果超过了预期，爆堆基本呈锥形，主楼横梁及楼板落地后逐层叠起，爆破对东南侧裙楼和西北侧裙楼均未产生破坏，爆破效果如图 16 所示。经测量，爆堆高度约 12.7 m(设计 20 m)。实现了“爆堆不出围墙，不碎周边建筑一块玻璃”的目标，达到了精细爆破的要求。

图 15　爆破倒塌过程

爆堆主要集中在原建筑的占地范围上方，平面投影与大楼平面位置进行对比，往东北方向最大位移约 10.7 m（设计 17 m），往西南方向最大位移约 4 m，往东南方向最大位移约 5.6 m，往西南方向位移约 4.8 m；大楼横梁及楼板落地后逐层叠起，充分体现“双向三折叠”的设计初衷（图 17）。

本次爆破在 50~100 m 范围内共设了 7 个爆破振动测点，爆破振动检测数据见表 4。从监测结果来看，所有测点的振动速度最大幅值均小于 0.3 cm/s，主振频率范围在 10 ~ 50 Hz 之间，其中最大振速 0.272 cm/s，对应主振频率 21.051 Hz。实测最大振速比计算结果小很多，主要是隔振、减振措施起到了很好的缓冲作用。

图 16　爆破效果

图 17　楼板落地后逐层叠加爆破效果

表 4　爆破振动检测数据

仪器编号	爆心距/m	最大单响药量/kg	测点	方向	最大振动速度/cm·s^{-1}	振动主频 f/Hz
08-GL-07	50	65	1 号测点 世纪联华超市大门口	径向	0.039	22.857
				切向	0.031	21.978
				垂向	0.077	43.011
09-GL-04	53	65	2 号测点 湖畔支路与湖畔路交叉路口	径向	0.091	14.337
				切向	0.075	16.461
				垂向	0.064	38.835
09-GL-02	100	65	3 号测点 紫景苑临街店面房前	径向	0.106	28.571
				切向	0.169	33.335
				垂向	0.272	21.051
08-GL-05	62	65	4 号测点 杭州银行门口	径向	0.084	47.059
				切向	0.073	19.047
				垂向	0.087	26.666
09-GL-03	90	65	5 号测点 南苑小区临街店面前	径向	0.040	24.096
				切向	0.021	43.956
				垂向	0.043	35.398
09-GL-01	59	65	6 号测点 建设银行大楼门前	径向	0.074	20.408
				切向	0.050	16.878
				垂向	0.086	45.455
09-GL-06	70	65	7 号测点 南苑二区门口	径向	0.046	13.841
				切向	0.032	10.638
				垂向	0.071	43.478

8　结　　论

此次在周边环境十分复杂的情况下，采用双向三次折叠法爆破拆除 18 层 73 m 高框-筒结构大楼，爆破控制效果超过了预期。通过对现场爆破过程多角度摄像资料的分析及爆后对现场爆堆的测量观察，总结主要有三点：

（1）爆破产生的爆堆高度和倾倒范围均小于设计估算值，关键是切口开启和预处理都很充分。爆堆主要集中在原建筑的占地范围内，平面投影与大楼平面位置进行对比，往东北方向最大位移约 10.7 m（设计 17 m），往西南方向最大位移约 4 m，往东南方向最大位移约 5.6 m，往西南方向位移约 4.8 m；大楼横梁及楼板落地后逐层叠起，充分体现“双向三折叠”的设计初衷。

（2）本次双向三折叠的爆破振动相比以往的定向倾倒要小很多，应深入探讨和大胆尝试，并积极借鉴国内外经验，对周边复杂环境倒塌范围有限的高层建筑物爆破拆除，适当增加楼层的预处理，双向三折叠爆破法可以达到预期效果。

（3）双向三次折叠爆破顶、中、底切口楼层的选择定位，以及切口之间的起爆延期时间间隔是非常关键的参数，爆前应进行数值模拟论证，并应对主楼倾倒的可靠性进行计算分析，能充分保障爆破的成功。

工程获奖情况介绍

“18 层框-筒楼房双向三折叠控制爆破技术”获第 233 场中国工程科技论坛——爆破新理论、新技术与创新成果暨第十一届中国爆破行业学术会议论文一等奖（2016 年），收录于《中国爆破新技术》。“复杂环境下 18 层临安原电力大厦双向三次折叠爆破拆除”获浙江省第一届工程爆破论坛优秀论文一等奖（浙江省爆破行业协会，2015 年）。发表论文 1 篇。

杭钢集团炼铁分厂 120 m 钢筋混凝土烟囱爆破拆除

工程名称： 杭钢集团炼铁分厂 0105 区域高炉烟囱爆破拆除工程
工程地点： 杭州市杭钢集团炼铁分厂
完成单位： 浙江京安爆破工程有限公司
完成时间： 2017 年 6 月 26 日~7 月 5 日
项目主持人及参加人员： 洪卫良　辛振坤　泮红星　张少秋
撰 稿 人： 辛振坤　张少秋

1　工 程 概 况

因杭州钢铁厂转型升级，需对杭钢炼铁分厂 0105 区域内一座钢筋混凝土结构烟囱实施爆破拆除。烟囱高 120 m，底部周长 36.6 m，外径 11.6 m，壁厚 0.4 m，内衬为层厚 24 耐火黄砖，主筋为 ϕ22 mm，烟囱底部两侧各有一个矩形烟道，烟道宽 4 m，高 4.2 m，烟囱质量约 2800 t，重心高度 51 m。

待拆烟囱周边建筑物大部分均已拆除，目前烟囱北侧 20 m 处为钢框架，西北侧 120 m 处为待拆楼房，西侧 290 m 处为待拆厂房，东南侧 350 m 处为待拆高炉，爆破环境不复杂（图 1）。

2　工 程 特 点

待爆烟囱的底部两侧对称各有一个矩形烟道，且周边环境不复杂，采用矩形切口实施高耸烟囱爆破拆除。主要是为了研究矩形切口对高耸烟囱定向爆破精准性的影响，通过理论计算和采用有限元分析软件 ABAQUS 数值模拟，并对爆破过程和爆后效果进行分析研究。

3　爆破设计方案

本烟囱采用定向爆破，倒塌方向为东偏南 50°，该方向 350 m 内，幅度 90°范围内的原建（构）筑物已拆除，无保护物（图 2）。

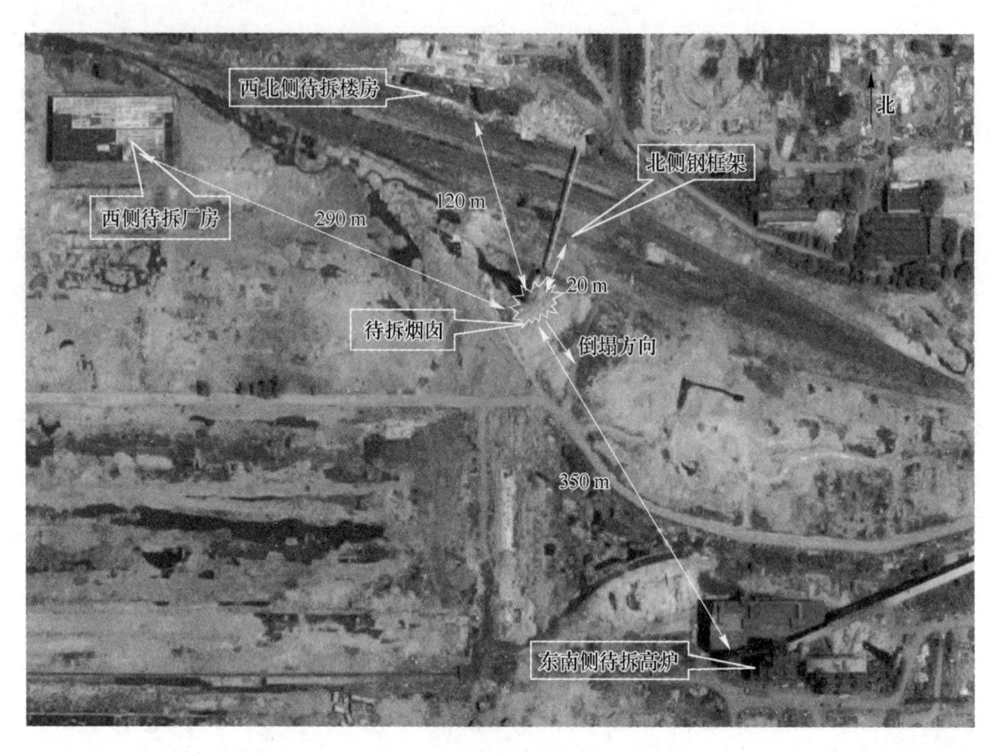

图 1　拆除烟囱环境

图 2　拆除烟囱周边环境

3.1 爆破切口设计

3.1.1 切口形状

高耸烟囱一般采用梯形切口结合定位窗，以确保精准定向倒塌，本烟囱底部近轴对称有 2 个矩形烟道，因爆破周边环境好，本项目尝试采用矩形切口定向爆破。

3.1.2 切口长度与高度

切口长度的大小决定切口形成以后烟囱能否实现偏心失稳。根据烟囱结构和实际受力情况，切口长度 $L=21.8$ m，对应的圆心角 $\alpha=214.4°$。

钢筋混凝土烟囱切口的高度，应使其倾倒至爆破切口闭合时，重心位置偏移到切口标高处筒壁范围以外。切口高度 H_p 根据经验按公式确定：

$$H_p \geqslant (1/6 \sim 1/4)D \tag{1}$$

式中 H_p——切口高度，$H_p=2.1\sim3.2$ m，实取 3.3 m；

D——底部周长。

爆破切口参数见表 1。

表 1 爆破切口计算参数

切口处烟囱周长/m	切口弧长/m	预留弧长/m	切口圆心角/(°)	切口高度/m
36.6	21.8	14.8	214.4	3.3

3.1.3 预处理

结合烟囱的结构特点、爆破切口长度，在切口中间位置开设减荷槽，减荷槽宽 1 m。将减荷槽内横竖钢筋全部割断，并将爆破切口处耐火砖内衬全部处理（图 3）。

图 3 预处理

3.2　切口爆破参数

共设计 12 排炮孔，炮孔总数为 354 个，爆破参数见表 2，孔位及预处理如图 4 所示。

表 2　爆破参数

烟囱高度 /m	壁厚 /cm	抵抗线 /cm	孔距 /cm	排距 /cm	孔深 /cm	切口高度 /m	总药量 /kg
0	40	20	40	30	28	3.3	48

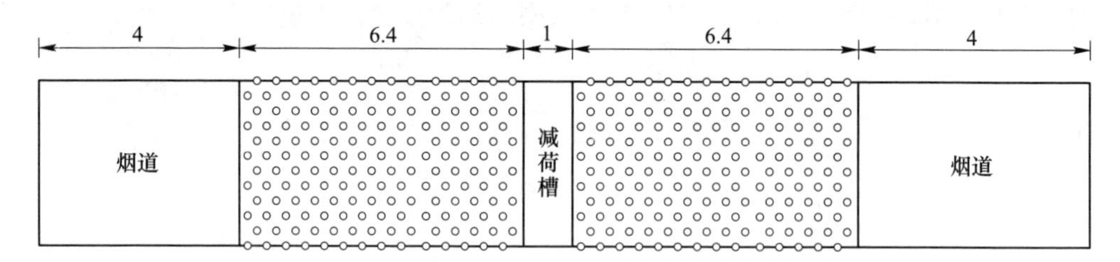

图 4　孔位布置（单位：m）

3.3　起爆网路

采用非电导爆管雷管簇联，孔外延时雷管的起爆网路。烟囱对称分为两段延时，孔内、孔外均采用 MS-3 段雷管延时。

4　安 全 校 核

4.1　预处理后安全校核

验算预处理之后烟囱的稳定性。预处理在爆破切口中间开设了减荷槽，切口两端为烟道，切口上端承重面积为 $S_1=11.04\ m^2$，烟囱自重施加在 S_1 上得到的压应力 $\sigma_1=2.5$ MPa，烟囱混凝土的抗压强度为 30 MPa，远大于 2.5 MPa，由此经预处理后的烟囱是安全的。

4.2　切口拆除后校核

（1）爆破切口拆除后，预留部分承重面积为 $S_2=5.92\ m^2$，此时烟囱自重施加在 S_2 上的压应力 $\sigma_2=4.63$ MPa，仍然小于混凝土的抗压强度，说明切口爆破后瞬间，烟囱不会产生下坐。

（2）验算切口拆除后烟囱是否能发生倾倒。在爆破的初始时刻，烟囱在重力 P 的作用下，重心向外偏移，偏心距为 e，此时的重力矩为

$$M_P = P \times (\overline{R}\cos\theta + e) \tag{2}$$

式中　P——烟囱重力，取 27440 kN；

$\overline{R}$——烟囱重心高度，取 51 m；

θ——预留弧长对应圆心角的一半，取 72.8°。

爆破初始时刻，偏心距 e 很小可忽略，计算得，M_P=48.86 MPa。

根据推导得出的预留截面弯曲受拉产生的抗矩为

$$M_\sigma = 2[\sigma] \cdot \delta \cdot \overline{R}^2(\theta - \sin\theta) \tag{3}$$

式中　$[\sigma]$——综合截面极限抗弯强度；

δ——烟囱壁厚。

$$[\sigma] = 1.5(\sigma_c + \mu\sigma_g) \tag{4}$$

式中　σ_c——混凝土的极限抗弯强度，取 1.8 MPa；

σ_g——钢筋的抗弯强度，取 235 MPa；

μ——配筋率，取 0.63%。

计算得，$[\sigma]$=4.64 MPa，代入式（3），计算得 M_σ=34.11 MPa。

可知 $M_P>M_\sigma$，故烟囱可倾倒。

4.3　爆破振动校核

本次起爆单响最大药量为 24 kg，由萨道夫斯基公式可计算出离爆破点最近距离为 20 m 建筑的爆破振动，最近建筑为钢框架。

$$v = K(Q^{1/3}/R)^{1.67} \tag{5}$$

根据工程经验，K 取 50，计算可得 v=1.97 cm/s。

4.4　触地振动校核

根据量纲分析方法，集中质量（冲击或塌落）作用于地面造成的塌落振动速度可用下式确定：

$$v_t = K_t[(m \cdot g \cdot H/\sigma)^{1/3}/R]^\beta \tag{6}$$

式中　v_t——塌落振动速度，cm/s；

K_t——衰减系数，K_t=3.37；

σ——地面介质的破坏强度，MPa，一般取 σ=10 MPa；

β——衰减指数，β=1.66；

R——观测点至撞击中心的距离，m；

m——下落构件的质量，t（烟囱质量 2800 t）；

H——构件重心高度，m（烟囱重心高度为 51 m）。

将有关参数代入式（6），得烟囱爆破在不同距离上的塌落振动速度计算结果（表3）。

表3　塌落振动速度计算

R/m	北侧架/75	西北楼/175	西侧房/330	东南炉/310
v_t/cm · s^{-1}	1.98	0.49	0.17	0.19

经计算烟囱的爆破振速和塌落振速均小于建（构）筑物振速控制标准。

4.5　爆破飞石校核

根据拆除爆破的实践总结归纳出的计算拆除爆破飞石距离的经验公式：

$$R_{max} = 71q^{0.58} \tag{7}$$

式中　R_{max}——飞石在无阻挡情况下的最大飞散距离，m；

q——炸药单耗，kg/m^3。

本工程取 q = 2.08 kg/m^3，计算得 R_{max} = 108.6 m。烟囱周边建（构）筑物均待拆除，在爆破切口部位采用绿网进行适当防护即可。

4.6　筒体触地飞溅碎片

爆前在预定撞击点处的地面位置，垂直于倒塌轴线距离烟囱 50 m、80 m、110 m 位置，铺垫一层亚黏土或沙土的缓冲堤，缓冲堤高不小于 1.2 m，长度不小于 10 m，顶宽不小于 0.6 m。根据以往同类工程的实践经验，钢筋混凝土烟囱筒体撞击地面产生的飞溅碎片，其飞散距离不会超过爆破飞石的距离。

5　振动监测

为了监测爆破振动及触地振动对周围建筑物的影响，采用 TC-4850 爆破测振仪对拆除过程中的振动进行监测，其中西北待拆除楼房监测点 z 方向的振动时程如图 5 所示。

从图 5 中可以看出烟囱倒塌过程的振动波形主要分为 3 段，主要为爆破引起的振动波，切口处预留部分断裂下坐引起的振动和整体塌落触地引起的振动。

6　数值模拟

采用有限元分析软件 ABAQUS 模拟烟囱倒塌过程，按照 1 : 1 建立有限元模型，模型采用 m-kg-s 单位制，模型划分网格如图 6 所示。

采用 ABAQUS 显式动力分析步 Explicit 对烟囱倒塌过程进行模拟，步长设置

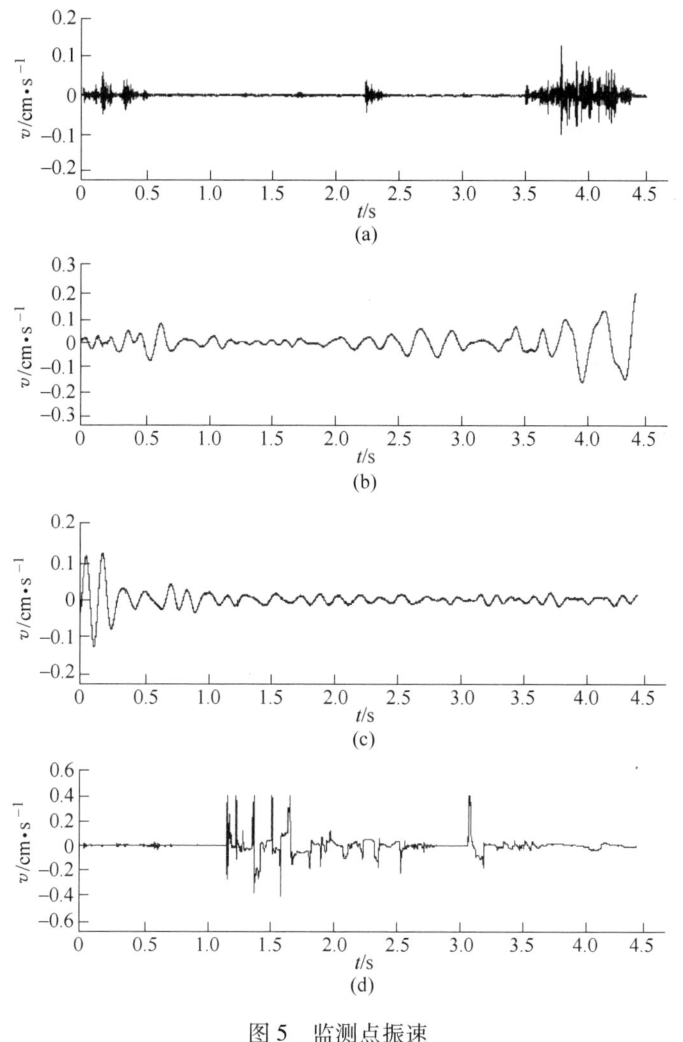

图 5　监测点振速

（a）爆破振动；（b）（c）倒塌过程振动；（d）塌落振动

为 15 s，混凝土采用脆性开裂 Brittle Cracking 材料模型，钢筋材料采用 shear damage 材料模型，为研究烟囱倒塌引起地面的振动，将地面设置为弹性体，烟囱与地面的接触采用通用接触 General contract，为防止烟囱倒塌在地面上的滑动，将摩擦因数设置为 0.5，倒塌过程中应力如图 7 所示，切口局部应力如图 8 所示。

从模拟结果来看，倒塌过程经历 13.2 s，且应力主要集中在切口拐角附近，期间最大拉应力达到 13 MPa 以上，远大于混凝土的抗拉强度，导致烟囱背面部分单元受拉破坏，直至烟囱产生下坐。

为进一步研究烟囱触地引起的振动，提取离烟囱西北侧 120 m 处的单元节点

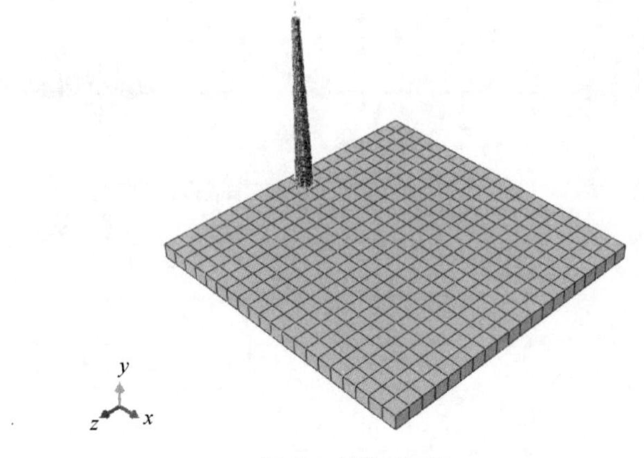

图 6　有限元网格

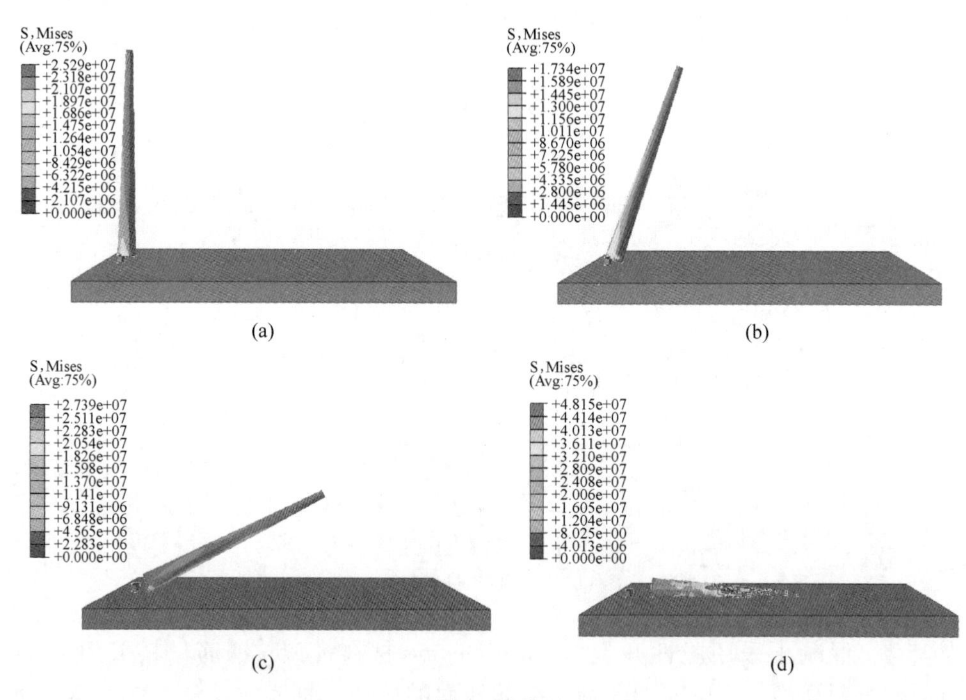

图 7　应力

（a）$t=3$ s；（b）$t=9$ s；（c）$t=12$ s；（d）$t=13.2$ s

垂直方向的振动速度，结果如图 9 所示。

从时程曲线中得到，此单元节点垂直方向上最大的振动速度约为 0.6 cm/s，比实际测到的振动速度大，分析原因有两点：

（1）模拟中将地面设置为弹性体，与实际土体的性质有差别。

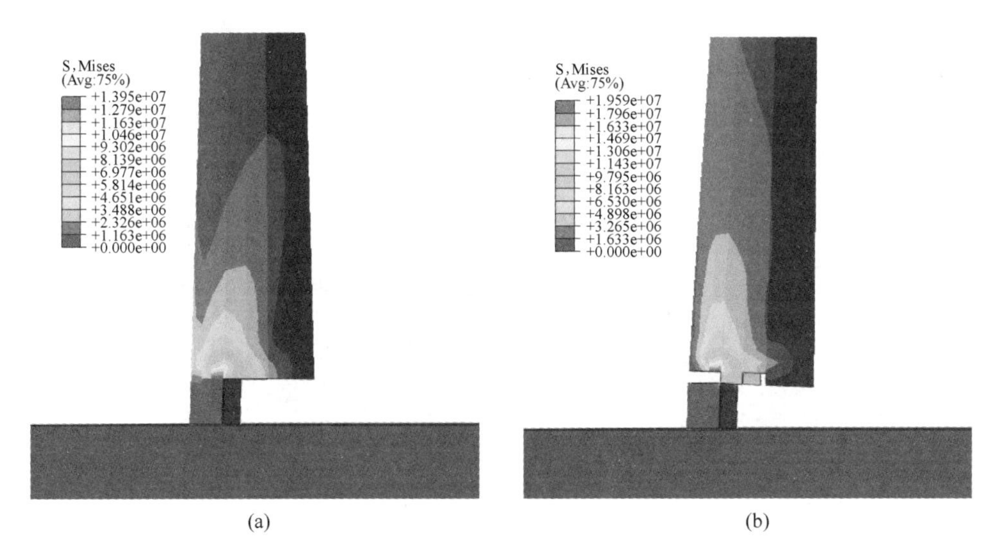

图 8　爆破切口应力

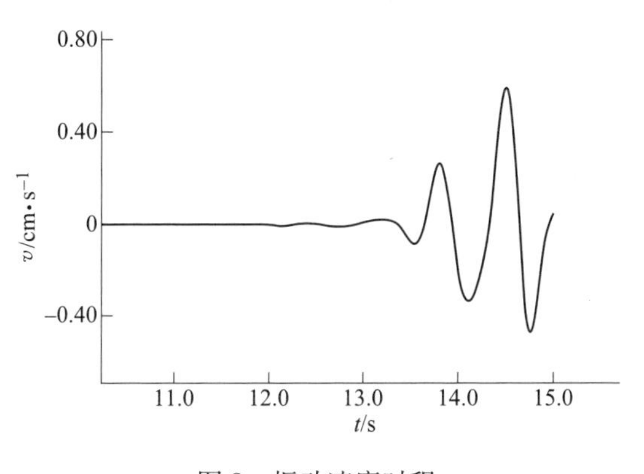

图 9　振动速度时程

（2）实际爆破时，烟囱周围开挖有减振沟，模拟时为简化而忽略了减振沟。这也说明减振沟在降低振动速度上有一定的作用。

7　爆破效果及分析

烟囱爆破整体倒塌时间约 14 s，与数值模拟倒塌过程基本一致，在爆后 2～3 s 时烟囱下坐，最终偏离设计的倒塌方向约 10°，综合现场录制的视频及数值模拟，对烟囱倒塌偏离有如下分析：

在爆破切口形成的瞬间，切口上方烟囱自重施加在预留部位上，同时在倾覆力矩的作用下，烟囱开始以矩形切口上端顶点为铰链转动，此时预留部位外侧混凝土受拉、内侧受压，应力集中在矩形切口上端两个顶点的位置，裂纹逐渐由两个顶点向中间扩大（图10），预留部分受压区不断减小，直至不能支撑切口上部烟囱的质量，即产生下坐。烟囱下坐后，由于切口底部不平整以及向下冲量的作用，导致烟囱在倾倒时偏离了中心线方向。

图10　预留部分破坏

8　结　　语

本次烟囱拆除爆破，从设计到爆破施工，采用理论分析结合数值模拟的技术手段，总结本次工程经验有以下体会：

（1）本次爆破利用烟囱的结构特点，采用矩形切口实施高耸烟囱爆破拆除，从爆破过程和爆后效果来看，矩形切口支撑部分断裂处位于切口中上部，断裂线为曲线形，产生下坐后，因切口底部不平整未能形成平整底部铰链转动，同时在向下冲量的作用下，影响了烟囱的倒塌方向的精准性，矩形切口对高耸烟囱定向倒塌的可控性较差，在较为复杂的环境下不建议采用。

（2）利用 ABAQUS 显式动力分析还可以较好的还原烟囱倒塌过程，通过数值模拟与实际监测数据的对比，对工程实践也具有一定的指导意义。

工程获奖情况介绍

“矩形切口下 120 m 高钢筋混凝土烟囱定向爆破拆除”获浙江省第二届工程爆破论坛优秀论文一等奖（浙江省爆破行业协会，2019 年）。发表论文 1 篇。

复杂环境下特殊结构水塔爆破拆除项目

工程名称：遂昌县溪边路水塔爆破拆除工程
工程地点：遂昌县城区
完成单位：浙江利化爆破工程有限公司
完成时间：2012 年 8 月
项目主持人及参加人员：汪艮忠　周　珉　黄　华　黄焕明　徐克青　胡伟武
撰 稿 人：周　珉

1　工程概况及环境状况

1.1　概述

因遂昌县城改造及溪边路建设的需要，需拆除溪边路上（原遂昌造纸厂三车间区块）一座水塔，根据工程进度要求并结合周边实际情况，拟采用定向控制爆破的方式拆除该水塔。

1.2　水塔结构特点

水塔总高度 25 m，底座为青砖砂浆砌筑，上部水箱部分为钢筋混凝土浇筑，呈圆柱形。底座筒体底部外围周长为 16.3 m，外径为 5.2 m，内径为 4.4 m；砖砌厚度为 0.37 m，最底部内壁用水泥砂浆粉刷，粉刷高度 1.8 m，厚度 0.03 m，故壁厚 δ 为 0.4 m；砖砌底座高为 20 m，共分 4 层，每层有钢筋混凝土浇筑的楼板，层高约 5 m，且外部有箍筋；上部水箱外围周长为 19.5 m，外径为 6.2 m，内径为 5.2 m，厚度为 0.5 m，高为 5.0 m。

水塔底部北面有一门洞，高 2.6 m，宽 1.0 m，南面和东南面 1.8 m 高的位置有 2 个窗户，尺寸为：宽 1.1 m，高 0.8 m，其他每层东南面 1.8 m 高的位置均有 1 个窗户，尺寸均为：宽 1.1 m，高 0.8 m，第四层西北面有一外挑阳台（无栏杆，约 1 m^2）。水塔虽年代已久，其材质仍然较好。

1.3　技术经济指标及工期要求

在不影响周边居民生产生活和交通的情况下，采用爆破拆除的方式使水塔精准倾倒、完全解体，工期为 7 天。

1.4　待拆水塔周边环境

待拆除水塔周边环境十分复杂。东面和东南面为民房（砖结构），距离最近民房为 10 m；南面 2 m 处为一束通信线、2 根电柱和通往东面民房的行人便道，5 m 处为停车场；西面 5 m 处有一组通信线路，15 m 处为一组电力线路，20 m 处为东桥，距离遂昌县东街与凯恩路交叉处约 80 m，距离遂昌县第三中学围墙、大门约 100 m；西北面 50 m 为电信线路信号箱；北面 30 m 为施工通道，40 m 为已开挖浇筑好的基坑；东北面 5 m 为临时办公用房，如图 1 所示。

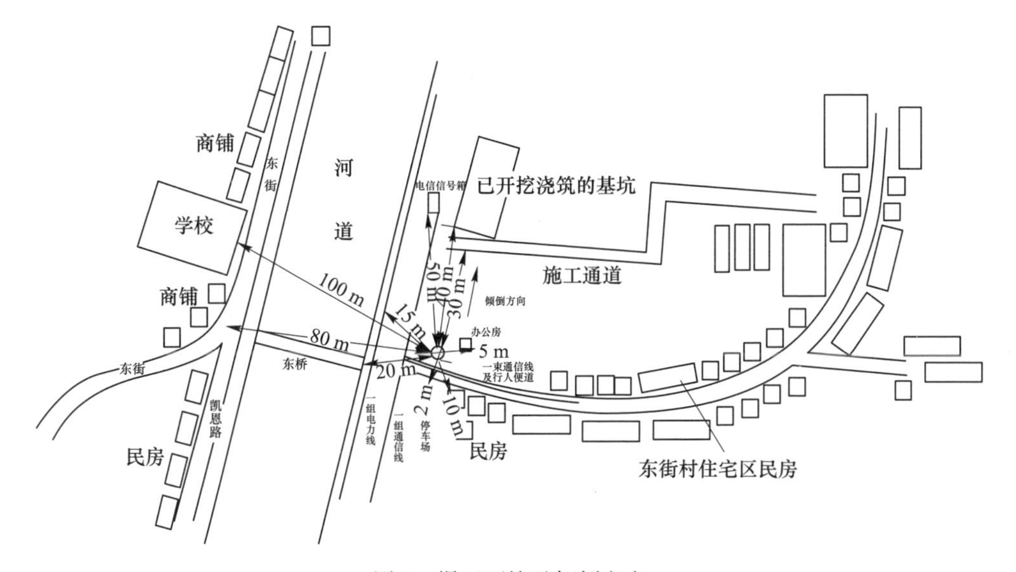

图 1　爆区环境及倾倒方向

2　工程特点、难点

根据水塔的特点及周边环境情况，经分析本工程特点和难点如下：

（1）水塔周边环境复杂，对水塔的倾倒方向和倒塌扩散范围控制精度要求高。

（2）水塔结构十分复杂。由于水塔高度较低，上部水箱为钢筋混凝土，材质好，爆破坍塌后上部水箱保存完整的可能性大，因此，需精确控制爆破后上部水箱的着地位置，避免前冲、无规则滚动等现象发生造成事故。水塔筒体上窗口、缺口、门洞较多，影响倾倒的稳定性。

（3）施工过程不能影响周边居民的正常生产生活和交通，水塔爆破产生的有害效应不能影响周围的建（构）筑物及公共设施。

3　爆破方案选择及设计原则

根据周边环境要求和定向倒塌的基本原理，通过反复测量核准，最终确定水塔倾倒方向为北偏东 10°，经对比分析，决定采用底部单切口爆破形式对该水塔进行爆破拆除，即在水塔筒底位置炸开爆破切口的方法实施定向倒塌爆破拆除，并且通过精心设计、精细施工和采取有效的防护措施控制爆破振动、塌落振动、爆破飞石等爆破有害效应保证工程成功实施。

4　爆破参数设计

4.1　爆破切口的确定及布置

根据待爆水塔周边环境情况，选定的倾倒方向为北偏东 10°，且水塔已有的门洞正好位于待爆部位，可作为导向窗；爆破切口选择距地面+0.2 m 处开始布孔施工较为方便，为了准确控制水塔定向倾倒方向，爆破切口选择为正梯形，并开凿三角形定向窗。

4.1.1　切口高度 H

$$H \geqslant (3\sim5)\delta = (3\sim5)\times0.4 = 1.2\sim2.0(\mathrm{m})$$

式中　δ——筒体壁厚。

由于水塔材质较好，取 $H=1.8$ m。

4.1.2　切口宽度 L

为了保证建（构）筑物的顺利倾倒，一般选定切口宽度 L 为：

$$(1/2)\pi d \leqslant L \leqslant (2/3)\pi d$$

切口下底宽度：$L_{下}=0.67\pi d=10.94$ m，取 $L_{下}=11.2$ m。

切口上底宽度：$L_{上}=0.55\pi d=8.98$ m，取 $L_{上}=8.75$ m。

切口圆心角：$\theta=247°$（周长的 0.68 倍）。

4.2　爆破参数的确定

由于水塔壁厚 0.4 m，故孔网参数经计算选定如下：

最小抵抗线：$W=\delta/2=0.4/2=0.2$ m。

炮孔深度：$l=0.66\delta=0.264$ m，取 $l=0.27$ m。

炮孔间距：$a=(1.2\sim2.0)W=0.324\sim0.54$ m，取 $a=0.35$ m。

炮孔排距：$b=(0.8\sim0.9)a=0.28\sim0.32$ m，取 $b=0.3$ m。

炸药单耗：$q=1.2$ kg/m^3。

4.3　爆破器材消耗量统计

单孔药量 $Q=q\cdot a\cdot b\cdot \delta=0.0504$ kg，取 $Q=50$ g。

对于底部二排孔，由于受到夹制作用，其单孔装药量按正常药量的 1.15~1.3 倍计算。

$Q_1=1.15Q=57.5$ g，取 $Q_1=60$ g。

$Q_2=1.3Q=65$ g，取 $Q_2=65$ g。

堵塞长度应大于最小抵抗线，因此，控制在 0.22 m 左右，堵塞材料采用有黏性的黄泥制成有一定强度的炮泥团进行堵塞，并应保证每个炮孔堵塞饱满。

待爆水塔共需布孔七排，炮孔呈梅花形布置，根据水塔实际情况，减去门洞及定向窗所占的面积，需钻孔 143 个，其中 65 g/孔有 20 个，60 g/孔有 21 个，50 g/孔有 102 个，所以爆破该水塔共需炸药为 7.66 kg，毫秒导爆管雷管 300 发，如图 2 所示。

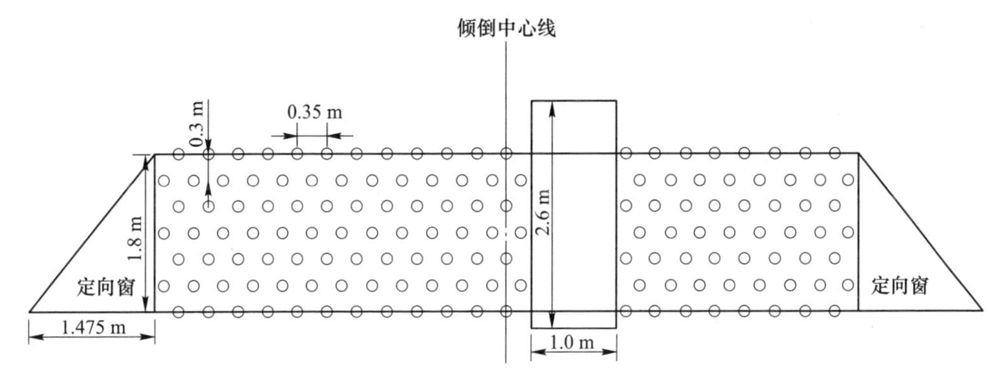

图 2　炮孔平面布置展开

4.4　爆破网路设计

起爆网路采用孔内延时起爆网路。每个孔内装入同段别雷管 2 发，按中心线向两边对称布置雷管段别，依次为 Ms-3、Ms-5、Ms-7、Ms-9 段，孔外用瞬发导爆管雷管“大把抓”的方式捆扎，每 20 根导爆管为一束，再用 2 发导爆管雷管绑扎，连接导爆管后拉至起爆地点起爆，如图 3 所示。

5　爆破有害效应校核

5.1　空气冲击波、个别飞散物的校核

飞石校核：

$$R_f=\frac{v_0^2}{2g}=\frac{30^2}{2\times 10}=45\ (\mathrm{m})$$

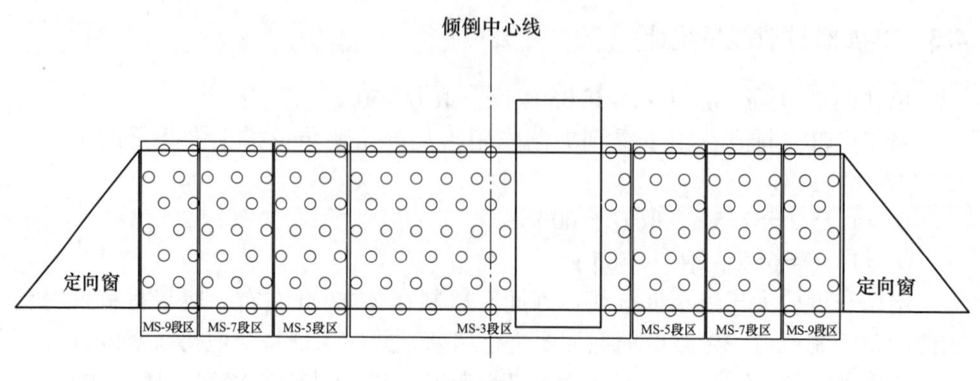

图 3　起爆网路

由于该水塔爆破药量小，且采用了孔内延时起爆网路，并采取了严密的防护措施，因此，空气冲击波及个别飞散物能得到有效的控制。

5.2　爆破振动校核

根据《爆破安全规程》（GB 6722—2003）中“一般民用建筑物”安全允许振速为 1.5～3.0 cm/s，本工程为确保安全取 $v=2.0$ cm/s，该水塔共钻孔 143 个，并采用延时起爆网路，最大单响药量为 2.23 kg，由 $v=KK'\left(\frac{Q^{\frac{1}{3}}}{R}\right)^{\alpha}$ 公式，代入已知水塔距离最近民房 10 m，故取 $R=10$ m，K、K'、α 分别取 150、0.25 和 1.5。

经计算得 $v=150\times0.25\times\left(\frac{2.23^{\frac{1}{3}}}{10}\right)^{1.5}=1.77$（cm/s），小于安全允许振动速度，且水塔待爆部位位于地面以上，水塔周边为软泥层，因此，能有效削弱爆破振动，从而使爆破振动不会影响周边民房。

5.3　塌落振动校核

水塔在塌落触地时，对地面的冲击较大，会产生塌落振动。根据塌落振动公式：

$$v_{\mathrm{t}}=K_{\mathrm{t}}\left(\frac{\sqrt[3]{MgH/\sigma}}{R}\right)^{\beta} \tag{1}$$

式中　v_{t}——塌落引起的地面振动速度，cm/s；

M——下落构件的质量，t；

g——重力加速度，9.8 m/s^2；

H——构件中心的高度，m；

R——观测点至冲击地面中心的距离，m；

σ——地面介质的破坏强度，MPa，一般取 10 MPa；

K_t，β——衰减参数，取 $K_t=3.37$，$\beta=1.66$。

经计算该水塔的总质量 $M=145$ t（上部混凝土体积 $V=14$ m^3，密度 2.2 t/m^3，下部砖体积 $V=64$ m^3，密度 1.8 t/m^3），水塔重心高度 $H=15$ m，则 10 m 处的民房振动速度为 5.12 cm/s，大于爆破安全规程中规定的民房振动速度 2.0 cm/s，因此，需采取有效的减振措施来控制塌落振动。

6　爆前预处理及安全措施

6.1　爆前预处理

为了确保该水塔的爆破安全和准确倾倒，需对水塔进行爆前预处理：

（1）将水塔一层的窗户、缺口进行回填加固，加固强度要求与水塔底座筒体衬砌强度一致（爆破切口范围内的不用加固）。

（2）在爆破切口两端对称开设定向窗，定向窗尺寸为：1.475 m×1.8 m（高 1.8 m，宽 1.475 m 的直角三角形）。

（3）清理倾倒方向及倒塌范围内的地面，使其平整，无垃圾、杂物、石碴等。

（4）根据防护要求做好准备工作，并将爆破切口高度内的少量加固钢筋剪断。

6.2　安全措施

该水塔周边环境复杂，周边均有须保护的民房、电力线、通信线等建（构）筑物和公共设施，为了确保爆破安全，采取安全防护措施如下。

6.2.1　测量与放样

测量和放样是水塔爆破拆除成功与否的关键，必须保证准确，确保万无一失。采用全站仪、经纬仪精确确定爆破切口高度、倾倒中心线和定向窗尺寸及位置，用红漆准确标明，并进行反复论证校核，确保准确无误。

6.2.2　技术措施

通过开凿定向窗、采用延时起爆网路、选择合理的孔网参数、单耗及单孔装药量等技术措施可有效控制爆炸飞散物、冲击波、爆破振动、塌落振动等爆破有害效应，同时辅以有效的防护措施可确保万无一失。

6.2.3　防护措施

采取的安全防护措施如下。

6.2.3.1　爆破切口临空包裹防护

根据爆破切口大小在切口上下 50 cm 处，每隔 80 cm 钻一孔，钻孔位置长度超出切口两边（含定向窗）各 50 cm，待装药、填塞、联线完毕后，先用三层建筑用安全防护网将水塔切口位置一圈缠绕牢固（高于爆破切口 50 cm），然后在打凿的孔内插入钢筋并固定，钢筋挑出水塔壁 50~60 cm，再用铁丝沿钢筋上下缠绕，使之形成网状，并用铁丝将脚手片紧密的固定在网状的铁丝上，直至覆盖爆破切口范围，脚手片临空 50~60 cm，最后在脚手片外再缠绕 4~6 层的建筑用安全防护网可防止爆破时产生的个别飞散物和爆炸冲击波对水平高度的电力线、通信线和其他周边设施及民房造成危害，如图 4 所示。

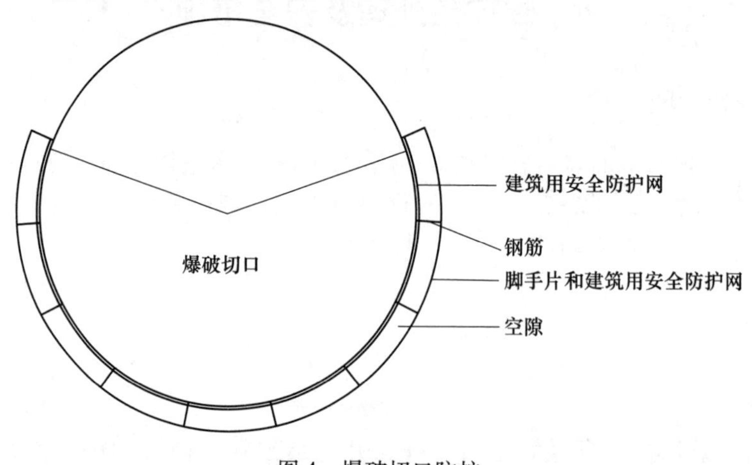

图 4　爆破切口防护

6. 2. 3. 2　降振、防振、防冲击措施

在水塔塌倒方向前方开挖一个向下倾斜的扇形坑（长 25 m，宽 7~10 m，深 1~4 m），扇形坑分两部分：

（1）在水塔塌倒方向 1~15 m 处挖 1~2 m 深的坑，然后进行平整，并在上面每隔 1 m 用沙袋敷设 0. 8~1. 0 m 高的沙袋减振堤，用以降低水塔底座倾倒时产生的塌落振动。

（2）在水塔塌倒方向 15~25 m 处开挖 4 m 深的坑，然后进行平整，并在整个坑底先铺设一层 1. 0~1. 5 m 厚的柴禾，然后在柴禾上敷设一层脚手片，再在脚手片上每隔 1 m 用沙袋敷设 1. 0~1. 2 m 高的减振堤，用以降低水塔水箱部分倾倒时产生的塌落振动。由于该部分开挖得较深，能确保水塔水箱部分爆破后整体倾倒在坑内，有效防止整体性较好的水箱倾倒后发生前冲、无规则滚动，避免发生意外（图 5）。

6. 2. 3. 3　隔挡防护

将挖坑产生的砂土、石碴等堆积在坑的一周边缘，形成一个高约 2 m 的围挡，再在堆积的围挡上用竹子和脚手片搭设高 1. 5 m 左右的围挡，防止倾倒后飞散物四处飞溅。

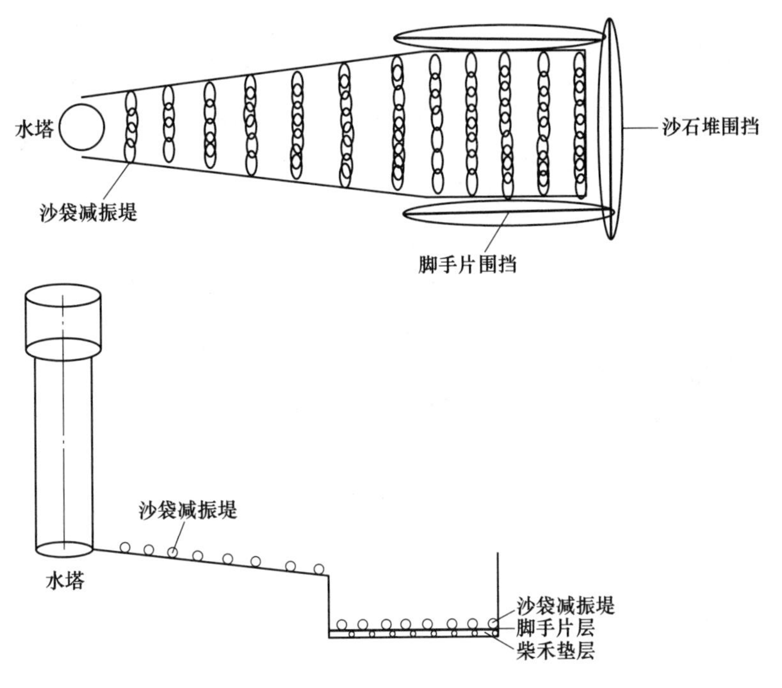

图 5　降振、防振、防冲击措施

6.2.3.4　其他措施

(1) 爆破前 5 min 关停周边电力、通信设施。

(2) 加强安全警戒，确保人员疏散。

7　爆破效果

2012 年 8 月 15 日 15 时 50 分准时起爆。起爆后瞬间产生爆破切口，水塔按照设计方向倾倒，着地后底座壁体全部解体破碎，一层楼板完整塌落在爆堆上，上部水箱整体倾倒在坑内，完整性好，爆破未产生飞石，爆破振动及塌落振动未对周边民房造成影响，爆破达到预期目标，爆破圆满成功。水塔爆破效果如图 6、图 7 所示。

8　经验与成果

(1) 虽然该水塔周边环境十分复杂，但通过爆前充分了解水塔结构、材质、高度、内部设施等，通过定量化的精心设计、精心施工、精细管理和有效的防护措施保证了整个工程的顺利实施。

图 6　水塔爆破后的实景

图 7　爆破后周边实景

（2）精确的测量和放样是水塔拆除成功与否的关键，必须保证准确，确保万无一失。

（3）根据不同的结构特性，结合周边环境情况，采取不同的安全防护措施，并精细的做好防护工作，确保了周边建（构）筑物及公共设施的安全。

（4）爆破振动和塌落振动未对周边民房等建（构）筑物造成影响，采取的减振防护措施非常有效。

工程获奖情况介绍

“复杂环境下复杂结构水塔爆破拆除”获浙江省第一届工程爆破论坛优秀论文三等奖（浙江省爆破行业协会，2015 年）。发表论文 1 篇。

赤峰元宝山电厂 105 m 冷却塔爆破拆除技术

工程名称： 赤峰元宝山电厂 105 m 冷却塔爆破拆除工程
工程地点： 内蒙古自治区赤峰市元宝山电厂
完成单位： 浙江省高能爆破工程有限公司
完成时间： 2012 年 3 月 3 日~4 月 10 日
项目主持人及参加人员： 蒋跃飞　饶大良　汪竹平
撰 稿 人： 王振毅　许晓磊　喻圆圆　隋显毅

1　工程概况及环境状况

1.1　工程概况

元宝山发电有限责任公司位于内蒙古赤峰市境内，根据发电厂淘汰落后产能要求，对该机组的 105 m 冷却塔等建（构）筑物进行拆除。待拆除的冷却塔建成于 20 世纪 70 年代，为双曲线形钢筋混凝土结构。塔淋水面积 4500 m^2，塔高 105 m，基础面直径约 84. 97 m；通风筒喉部直径 43. 8 m，顶部出口直径约 48. 174 m。冷却塔为高耸薄壳结构，钢筋混凝土环形基础，冷却塔下有 44 对钢筋混凝土人字柱支撑，人字立柱顶部标高为 7. 8 m，人字柱混凝土设计标号为 C30，人字支撑断面尺寸为 0. 55 m×0. 55 m。塔筒壁厚从下部的 600 mm 至上部的 160 mm 不等，设计混凝土标号为 C30。

1.2　周边环境

冷却塔正南方约 30 m 处是架空管道；正西 15 m 处为架空管道；正北 26 m 处为 2 号冷却塔；东北侧 19 m 处为循环泵房、加药间；东侧 60 m 处为 3 号机组冷却塔；东偏南 93 m 处为机房；东侧一条宽 5 m 的水泥路距离冷却塔约 10 m（图 1）。东侧紧挨水泥路有供热管线，由于东南侧有一定空地，故设计定向坍塌位置为东南方约 150°空地。

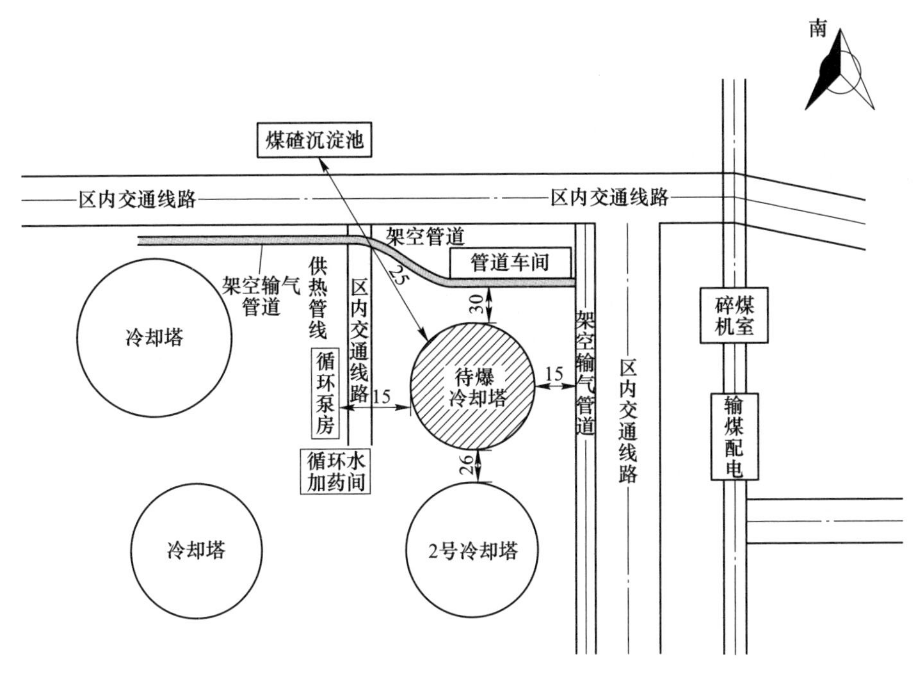

图1　周边环境（单位：m）

2　工程特点、难点

（1）周边环境复杂，与2号冷却塔、西侧架空管道等距离很近，爆破时需要严格做好防护措施。

（2）倒塌区域小，仅有东南侧有一定空地满足倒塌条件，设计时对倒塌方向的精度控制应重点考虑。

（3）冷却塔结构尺寸中高径比仅1.23，重心较低，结构比较稳定，冷却塔爆破倒塌时易发生后坐现象，设计时应考虑坐而不倒、塌而不碎、爆堆过高等现象的预防措施。

3　爆破方案选择及设计原则

由于冷却塔结构尺寸中高径比仅1.23，重心较低，冷却塔倒塌时易发生后坐或爆堆过高等现象，同时周边环境较为复杂，地下管线密集，总体方案确定在适当的切口高度通过预处理与爆破相结合的方式破坏冷却塔底部的人字立柱、支柱环梁和一定高度的筒壁，在自重作用下使冷却塔失稳、倾倒。

4　爆破参数设计

4.1　爆破预拆除和切口设计

4.1.1　爆破切口设计

爆破切口形状及大小，直接影响到冷却塔的爆破效果、爆破安全和经济性，冷却塔爆破切口设计的技术要求主要包括：

（1）确保冷却塔按设计要求倒塌。

（2）钻孔、装药工作量最小，工程成本低。

（3）方便施工、便于防护，确保安全。

结合以往成功经验，本工程采用的是复合型切口，人字立柱、立柱环以及塔身分别选择不同的切口长度，详见表1。

表1　人字立柱、支柱环、塔身各参数和切口

名称	标高/m	壁厚/cm	外径/m	周长/m	切口长度/m		
					204°	222°	225°
人字立柱	0.0	55.0	82.72	259.70	147.7		
支柱环	7.8	60.0	77.48	243.29		150.0	
塔身	14.0	37.7	72.40	231.67		142.0	

4.1.2　爆破预拆除

为确保倒塌效果，减少钻孔工作量，同时控制爆破规模，减小对周边受保护建筑物的影响范围，对冷却塔部分承重部位进行预拆除：

（1）塔内淋水平台拆除。冷却塔共26对人字立柱，使用镐头机将倒塌方向中央的25号和26号两对人字立柱中的两根打开，进入到塔体下方，拆除所有淋水立柱和横梁。

（2）定向窗及减荷槽的开设。减荷槽的主要作用是降低被爆建筑物的整体性和承重能力，以往类似工程中，为保证建筑物失稳，多开设较大截面积的减荷槽，定位窗多开设为正三角形；工程中由于冷却塔人字立柱较高，施工难度较大，因此在支柱环和塔身上对称于倒塌中心线两侧开设截面积较小的减荷槽，减荷槽沿设计切口布置，共12个，尺寸为：上底宽0.3 m，下底宽1 m，高度分别为10 m、8 m、6 m；为了保证爆破拆除过程中，冷却塔结构失稳，在切口边沿开设两个对称的宽2 m、高4.2 m的矩形定位窗。

（3）在倒塌方向背面塔基约15 m处增加4 m×4 m的排气孔，主要作用在于使冷却塔在倒塌过程中内部空气能够顺利排出，防止出现因气体过度压缩而后突然释放所形成的空气冲击波及其“气浪”所裹挟的个别飞散物与粉尘等危害对周边环境产生影响。

冷却塔预拆除和切口如图 2 所示，预处理效果如图 3 所示。

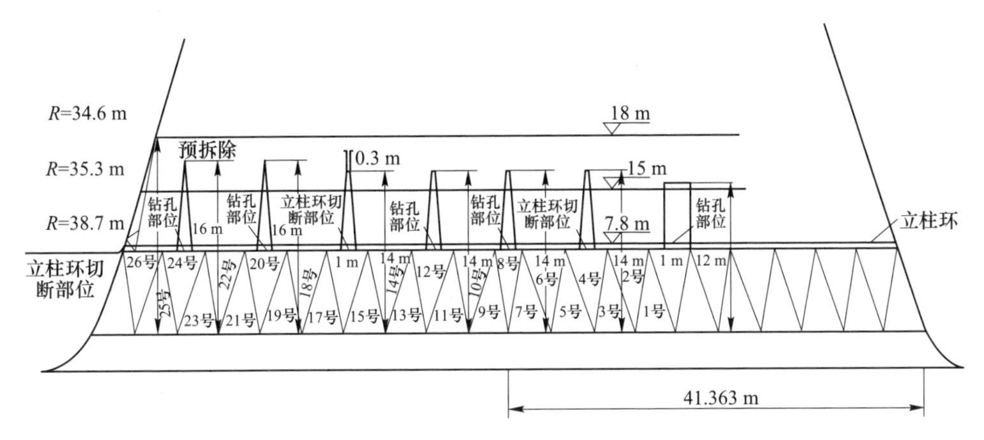

图 2 预拆除和爆破切口

图 3 预处理效果

4.2 爆破参数计算及设计

（1）最小抵抗线 W：取切口处冷却塔壁厚的一半，即 $W=\delta/2$（δ 为缺口位置壁厚或立柱最小边长）。

（2）孔距 $a=(1.5\sim1.8)W$（根据现场实际情况取 $1.6W$）。

（3）排距 $b=(0.85\sim0.9)a$。

（4）孔深 $L=(0.67\sim0.7)\delta$。

（5）单孔药量 Q_1：

$$Q_1=qab\delta \tag{1}$$

式中　Q_1——单孔装药量，g；

q——单位体积耗药量，取 1200 g/m³。

但对于位置较低的人字立柱，根据试爆实际情况，单耗取 1500 g/m³，以确保使冷却塔内的主筋产生大变形，有利于冷却塔失稳倾倒。

（6）冷却塔的钻孔爆破部位选择在底部缺口范围内的人字立柱和开设定位窗和减荷槽正下方的立柱环，所有炮孔均采用垂直钻孔，在立柱中间布设一列炮孔，装药采用连续装药结构，每孔敷设 2 发导爆管毫秒雷管，装药完毕后用黄土填塞密实（图 4）。

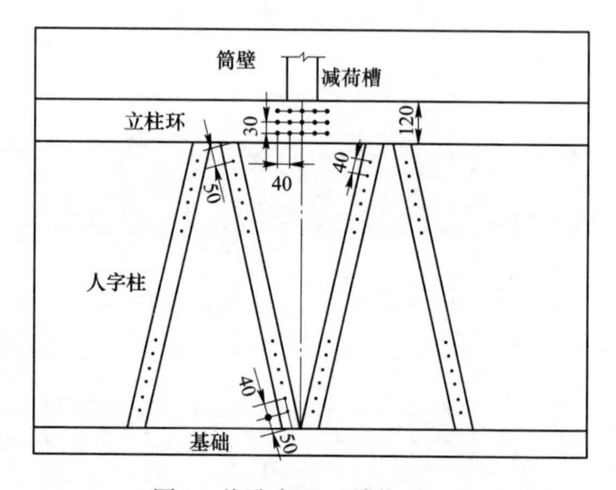

图 4　炮孔布置（单位：cm）

冷却塔切口处的炮孔实际装药参数（爆破切口的装药参数）见表 2。

表 2　冷却塔切口爆破参数

爆破部位		尺寸/cm	抵抗线/cm	孔距/cm	排距/cm	孔深/cm	孔数/个	单孔装药量/g
人字柱	上	55×55	27.5	40	—	40	6	120
	下				—		6	150
立柱环	第一排	60	30	40	30	40	5	100
	第二排	58	39	40	30	40	5	100
	第三排	56	38	40	30	40	7	100

4.3　起爆网路设计

为了避免杂散电流、射频电流和感应电流以及雷电对爆破网路的影响，工程使用安全可靠的导爆管毫秒延期起爆网路（图5）。

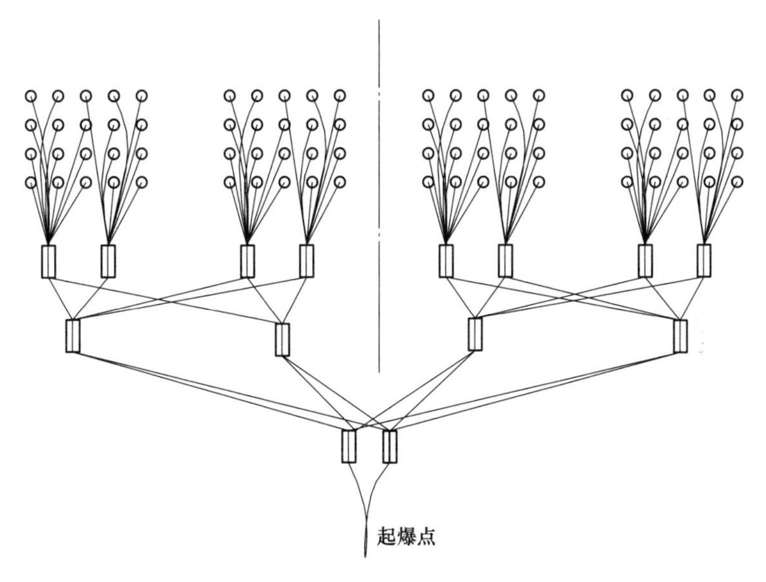

图5　起爆网路设计

（1）爆区划分及起爆顺序。以倾倒中心线为对称轴，对称分3段爆破，最大单响药量控制在41 kg以内。相邻段之间采用孔内毫秒延期时间间隔，段别分别为MS-2、MS-5和MS-7，如图6所示。

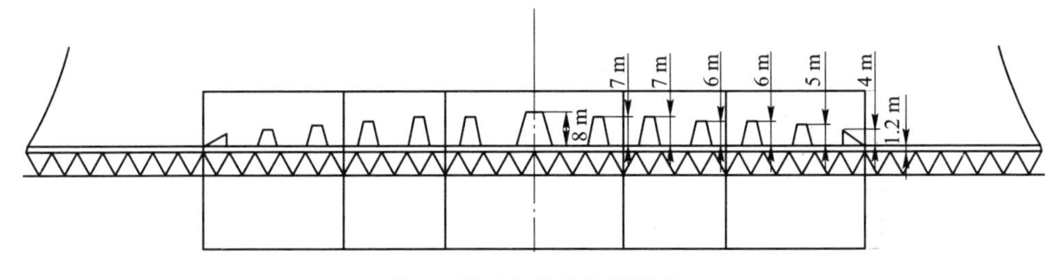

图6　爆区划分及起爆顺序

（2）起爆网路形式及连接方法。采用簇联孔内延时起爆网路。炮孔内设置1发导爆管雷管起爆药包，孔外将8~12发导爆管雷管联为一簇，再用2发接力雷管传爆，最后通过起爆器起爆整个网路。

5 爆破安全设计

5.1 爆破振动安全验算

由经验公式

$$v = K_1 K\left(\frac{Q^{\frac{1}{3}}}{R}\right)^{\alpha} \tag{2}$$

式中 v——爆破振动峰值速度，cm/s；

Q——同段爆破最大药量，kg，本工程 $Q=40.56$ kg；

R——与受保护对象间的最小距离，m；

K——场地介质系数，取 $K=150$；

K_1——与爆破方式相关的折减系数，取 $K_1=0.25$；

α——衰减指数，取 $\alpha=1.6$。

按此公式核算，得到不同距离的爆破振动速度计算值见表 3。

表 3 爆破振动速度计算值

距离/m	19	26	30	50	60	93
振速 v/cm · s^{-1}	2.43	1.47	1.17	0.50	0.39	0.19

经验算，爆破振动符合国家爆破安全标准。

5.2 塌落触地冲击振动速度

由中科院力学所公式：

$$v_t = K_t\left(\frac{Mgh}{R\sigma}\right)^{\beta} \tag{3}$$

式中 v_t——振动峰值速度，cm/s；

K_t——经验系数，取 3.5；

β——衰减系数，取 1.5；

σ——塌落地面介质承载极限强度，混凝土面取 6 MPa；

R——质心至计算点的距离，m。

根据此式进行核算，该冷却塔体积约 3397.5 m^3，总质量约 9173 t，重心 35 m，上部质量约 6115 t，得到不同距离的塌落振动速度计算值见表 4。

表 4 塌落振动速度计算值

距离 R/m	19	26	30	60	93
振速/cm · s^{-1}	1.61	1.39	0.65	0.319	0.23

经验算，各保护对象处的塌落振动均处于安全控制标准以内。

5.3　减振措施

（1）靠近2号冷却塔一侧挖减振沟，减振沟尺寸宽2 m、深1.5 m、长120 m，减振沟的作用是减缓筒体触地速度，减轻振动，防止触地时碎石飞溅。

（2）在倒塌方向设置3条沙袋防护堤，沙袋防护堤长80 m、宽2 m、高2.5 m，各沙袋防护堤间间隔10 m。在冷却塔的北侧设置一条长80 m、宽2 m、高2 m的沙袋防护堤。

（3）冷却塔底部铺设缓冲垫层，减小触地塌落振动，并防止筒体触地以后的碎片飞溅。防护位置如图7所示。

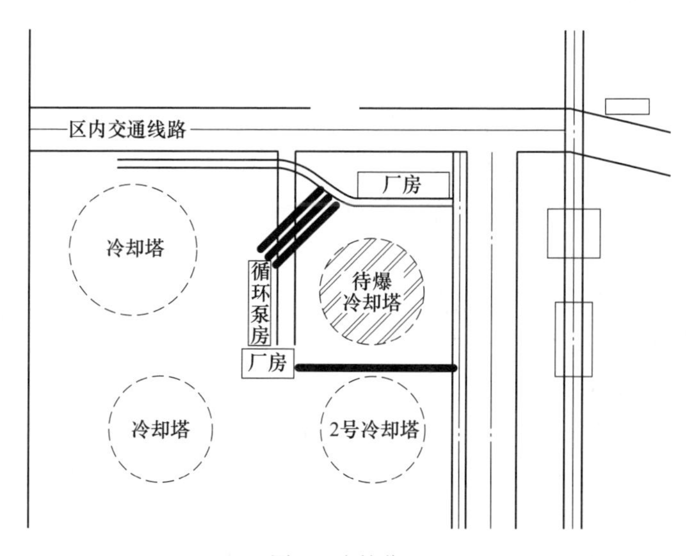

图7　防护位置

5.4　爆破个别飞石最大飞散距离校核

按经验公式计算：

$$S = \frac{v^2}{g} \tag{4}$$

式中　S——飞石最远距离；

v——飞石初速度，爆破作用指数$n=1$时，$v=20$ m/s；

g——重力加速度。

经计算$S=40$ m。

5.5 爆破飞石防护措施

（1）爆破前在爆破部位用双层钢丝网中间夹草袋，同时在外侧加挂二层竹笆的方式对爆破位置进行直接防护。

（2）用竹笆遮挡附近被保护建筑物门窗和被保护外部设备，重点保护目标方向用脚手架搭设竹笆墙防止个别飞石。

6 爆破施工

6.1 钻孔施工

根据爆破设计和工期要求，钻孔工作分为两个作业组，按每日一班工作制进行作业。炮眼施工按以下工序进行。

6.1.1 标定倒塌中心线

在倒塌方向距冷却塔 100 m 处确定倒塌中心线上一个控制点，在这一控制点上架设经纬仪，测出冷却塔外壁上的中心线，并作明显标记；同时测出该点至冷却塔外壁的精确距离，在该点上置一标桩。

6.1.2 搭建工作平台

用建筑所用的钢管脚手架搭建钻孔、装药工作平台。施工平台每个三层，每层 2 m，总高 6 m，宽 3 m，长 5 m。

6.1.3 标定炮孔位置

按照爆破技术设计，准确地将孔位标定在爆破体上。首先在冷却塔外壁的中心线上标出最上排中间孔标高；以该炮孔为基准，向左右侧爆破设计进行布孔，用红油漆标出各炮孔位置。

6.1.4 钻孔

按照标定的孔位、孔向和孔深，选用直径 40 mm 的一字形钻头，用 7655 型钻机进行钻孔。

6.2 装药、填塞

6.2.1 药包加工

根据单位长度药卷的重量和每种药包的装药量，分别确定出每种药包的切割长度，用直尺和小刀按每种药包的切割长度进行分药，并分开存放。使用时插入对应的导爆管毫秒延期雷管。

6.2.2 装药

按照爆区确定的装药孔位、孔数、装药量及起爆段别分组装药。

6.2.3　炮孔堵塞

采用炮泥卷进行炮孔填塞，炮泥逐段装入炮孔，边装边捣，由轻到重，逐渐加力捣实，堵塞过程中避免损伤导爆管。

6.3　安全防护

按照技术设计进行各项减振、防飞石措施。

（1）严格按照设计方案设置缓冲沙袋防护堤。

（2）对爆破部位采用竹笆、编织袋等材料进行多层覆盖防护，保证冷却塔爆破产生的个别飞散物能够得到有效的控制。

7　爆 破 效 果

冷却塔于2013年4月10日爆破，起爆后由于倒塌中心部位人字立柱破坏，冷却塔开始失稳，3 s后建筑基础以上约40 m处由于中心偏移出现裂缝和解体，向预定场地倒塌，冷却塔从起爆到完全倾倒历时约10 s；完全解体后，爆堆范围在倒塌方向23 m内，较为集中，在允许范围内；爆破后，冷却塔的立柱环以上部位的混凝土与钢筋完全分离，以下人字立柱完全倒塌，爆堆形态良好，达到了预期的爆破效果，同时爆破未对周围建筑物及最近19 m处运行中的设施造成影响，爆破过程中无任何安全事故发生。冷却塔爆破倒塌瞬间及爆破后的效果如图8、图9所示。

图8　爆破倒塌瞬间

图 9　爆破后效果

8　经验与体会

（1）此次爆破拆除设计与施工中，在切口范围中心及两端这三处位置，将立柱环进行了切断预处理，保障施工过程中冷却塔主体安全稳定的同时又一定程度上解除了其部分整体刚性，对于冷却塔在起爆、倒塌直至触地解体的过程中具有重要作用；预处理中，为了减少工程量和降低施工难度，采用宽度较小的减荷槽和矩形定向窗，爆破效果证明减荷槽和定向窗开设方式有效。

（2）待拆除建筑物倾倒过程中，首先是基础以上约 40 m 处由于中心偏移出现裂缝，冷却塔上部由于被裂缝隔断，未出现拉应力破坏，直至触地才开始解体，导致整体爆堆范围稍大；考虑可能是由于塔身较高和矩形定向窗等多方面原因导致的，尚待类似工程进行验证。

（3）拆除过程中，倒塌方向上烟尘较大，气体喷射较多，而背向方向的排气孔目测排气效果不明显；推断塔内空气压力集中区应该首先出现在变形较大的部位，而排气孔尺寸及布设位置不够合理，应设置在出现裂缝的 40 m 处背向起爆中心的位置附近，以便于减小爆破时塔内气体受压导致的空气冲击波对周边受保护建筑物的影响。

工程获奖情况介绍

发表论文 1 篇。

剪力墙结构楼房双向折叠爆破拆除

工程名称： 泰安长城小区 9 号楼爆破拆除工程
工程地点： 山东省泰安市
完成单位： 浙江公铁建设工程有限公司
完成时间： 2010 年 3 月 1 日~4 月 30 日
项目主持人及参加人员： 赵爱清　辛立志
撰 稿 人： 辛立志

1　工程概况及环境状况

1.1　工程简介

本工程待爆破拆除的 9 号商品住宅楼始建于 1994 年，该楼位于泰安市泰山区西部、104 国道东侧的华易青年城（原长城小区）内，整个楼层高达 62.00 m。此次爆破拆除施工工作内容有主体结构、地下部分以及基础、大楼残体二次破碎、残碴清理运输工作，工期 3 个月，工程进度要求紧。

1.2　周边环境

待拆 9 号住宅楼四周有民房、居民楼、地下管线及国道等建（构）筑物，环境复杂。北侧 37.5 m 处为地下电缆沟，40 m 处为小区内部水泥道路，65 m 处为简易砖结构民房；西北侧 17.5 m 处为小区配电室；东侧 26.4 m、42.5 m、60 m 分别为小区地下车库、7 号居民楼、8 号居民楼；东南侧 33.3 m 为小区水泵房；西侧 26 m 为 10 号居民楼；南侧 114 m 处为小区物业办公室，待拆楼房与物业办公室之间为小区内部广场。具体环境情况如图 1 所示。

1.3　结构特点

待拆 9 号住宅楼为钢筋混凝土剪力墙结构商住楼，楼层整体平面布局为十字形，每层设计有四户商品房。主体结构地面以上 20 层，电梯动力机房及水箱间布置在楼房顶部第 19~20 层，楼房有地下室 2 层，该楼房总建筑面积达 11628 m^2。楼房平面东西长 26.4 m，南北宽 32.1 m，每层楼层高 2.8 m，18 层顶部标高+50.42 m，房顶标高+62.10 m，结构如图 2 和图 3 所示。混凝土强度为 C30，整体滑模浇注而成，剪力墙布筋为双层布筋，竖筋 $\phi12$@ 200，横筋 $\phi12$@ 200，暗柱钢筋为 $\phi16$，特殊筋为 $\phi18$。楼板为现浇钢筋混凝土板，厚度为 10 cm，楼房四周剪力墙厚度为 24 cm，内部承重隔墙厚度为 20 cm。非承重内隔墙由轻质石膏板砌筑，卫生间采用轻质水泥隔墙施工。

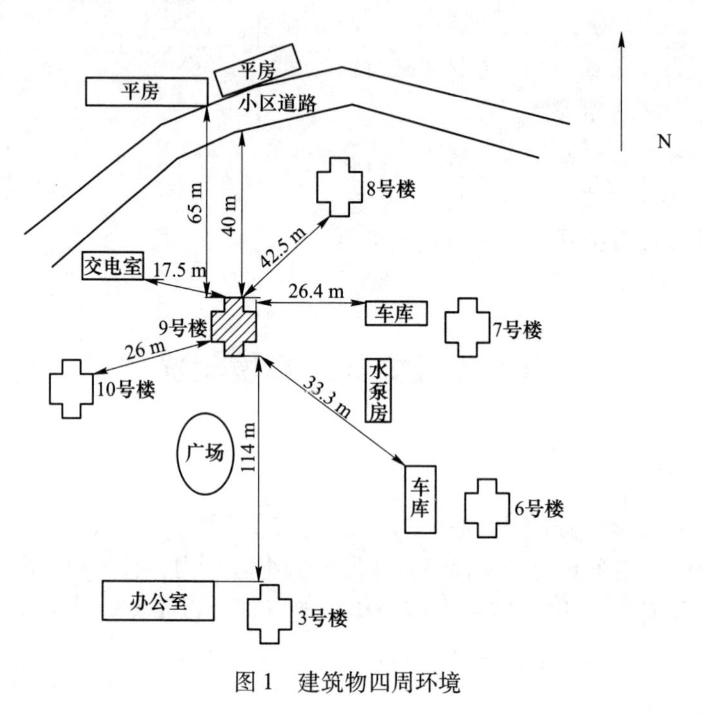

图 1　建筑物四周环境

2　工程特点、难点

根据该楼房的结构特征和特定环境，该工程有以下特点和难点：

（1）待拆除 9 号楼房周边环境复杂，倒塌方向场地狭小。南侧有较大空地可供倒塌，北侧倒塌方向空地长度小于楼房高度，东、西侧都有需要保护的居民楼及其他设施。四周有城市交通要道，人流量和车流量均比较多，施工要求高，需要进行精心设计。

（2）该楼整体为“十”字正方形结构，结构对称，稳定性强。南北方向宽度为 32. 1 m，整体高度为 62. 1 m，高宽比为 1. 93，高宽比相对小，不利于整体向一个方向定向倒塌。

（3）待拆除 9 号楼房为全剪力墙滑模现浇结构，结构强度、刚度及稳定性好，楼房整体抗破坏能力强，不利于爆破后在重力和内力作用下结构破碎解体，需要进行预处理的结构构件工作量大，整体爆破拆除工艺技术复杂。

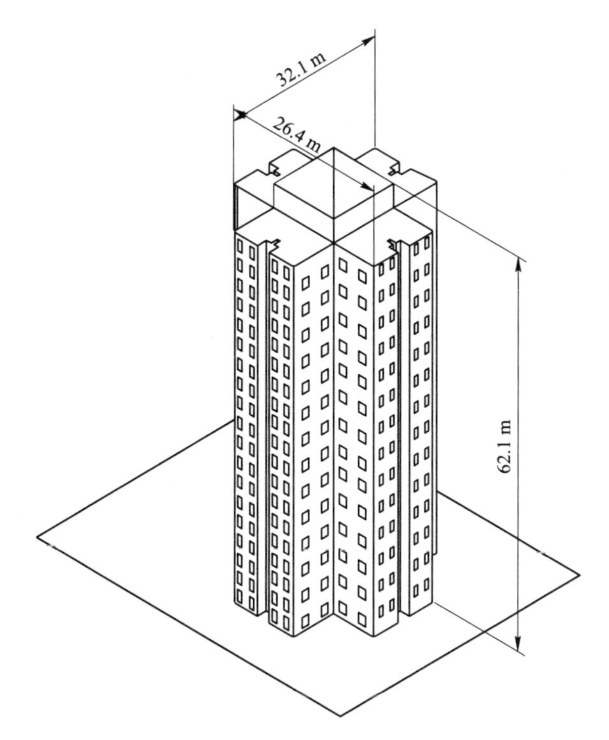

图 2　待拆除建筑物尺寸

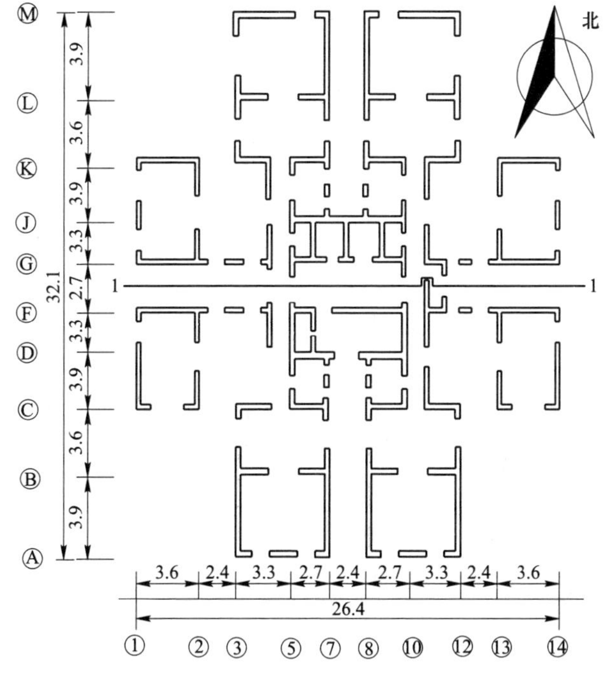

图 3　住宅楼平面结构（单位：m）

(4) 待拆除9号楼房位于居民小区内部，周围人口密集，公共设施较多，地下管道多，属于典型的城市复杂环境。在此种环境条件下进行爆破作业，需要严格控制爆破有害效应对周边环境的影响。

3 爆破方案选择及设计原则

待拆除9号楼房整体高度高，混凝土抗压强度高，结构整体稳定性好。为了确保爆破拆除过程施工安全，保证工期要求，按市场上施工机械性能指标，无法快速高效完成10层以上的高层楼房的拆除。若采用人工拆除，高空作业危险性大，工人劳动强度大，施工效率低。综合现场环境条件和业主的要求，采用控制爆破拆除方法进行施工，可高效安全完成楼房拆除。

采用控制爆破技术拆除高层建筑物，需要根据楼房的材料结构、受力结构等特点，并结合楼房四周的环境，选择最适宜的爆破倒塌方式。建筑物的拆除爆破常用原地坍塌和定向倒塌爆破方式。原地坍塌爆破拆除，爆破前需要将楼房隔断墙进行预拆除并清运腾空，然后对所有承重柱墙体实施爆破。每层楼房都需要进行钻孔爆破，施工消耗人工、机械数量多。本项目待拆楼房南侧有长114 m、宽50 m的空地，可以满足定向倒塌的空间要求，因此决定采用定向倒塌方案。

根据楼房设计图纸和现场环境勘察结果，理论上可以设计爆破方案有三种：方案一，整体定向倒塌方案；方案二，将楼房预先分割成两个独立结构，按先后顺序向南边定向倒塌；方案三，将楼房预先切割成两个独立结构，南边部分向南定向倒塌，北边部分向北双向交替折叠倒塌。

方案一，整体定向倒塌，可采用整体向南连续定向倒塌。根据楼房的高度，在楼体上设计三个爆破缺口，底部爆破缺口1~4层，中间爆破缺口在8~11层，上部爆破缺口14~15层，使大楼向南定向倒塌。倒塌后利用机械进行破碎清碴处理，主体完成后再拆除楼房基础。此种方案的优点是爆破设计只考虑一个方向，能充分利用南侧空地。缺点是楼房高宽比较小，容易出现后坐而不倒、倒塌后爆堆过高及爆破后整体翻滚等不利局面。特别是剪力墙筒体结构，结构整体性好，刚度和强度高，各构件相互支撑力大，因此必须采用较大的爆破缺口，爆破区域大、前期施工作业量大；同时楼房整体倒塌引起的塌落振动相对较大，对四周的保护对象危害比较大。

方案二，纵向切割楼房，向两侧倒塌方案：F、G轴之间无剪力墙，首先利用人工结合机械设备，沿大楼东西中心线自上而下将大楼整体切割分成为相对独立的南北两个部分，均采用向南侧先后延期定向倒塌，由于存在倒塌时间差，可能导致楼体相互碰撞，产生大量飞石，粉尘，增加爆破振动危害等不利后果。

方案三，将楼体分成两部分后，南侧部分为一区，北侧部分为二区。一区向南侧定向倒塌，由于南侧空旷场地长约 114 m，而楼高为 62. 1 m，南侧倒塌距离较宽广。因此采用定向爆破方式，在底部布置一个爆破缺口，爆破后使其向南定向倒塌。二区向北倒塌，但是距离北侧电缆沟距离只有 37. 5 m，为了减少倒塌距离，降低爆堆高度，在不同间隔楼层中设计三个爆破缺口，采用双向交替折叠倒塌方式。结合延时起爆网路，设计不同的起爆顺序为：一区爆破缺口与二区上部缺口首先起爆，二区爆破缺口按从上到下的顺序起爆。楼房倒塌后利用机械二次破碎后再进行清碴处理，主体完成后再拆除楼房基础。该设计方案的优点是通过楼体分割后，楼房高宽比由 1. 93 变为 4. 12，这样有助于楼房顺利倒塌；同时爆破缺口范围减少，相应减少钻孔数、总装药、爆破网路连线、爆破防护等工作量；采用楼房整体分割成两半，有利于楼房倒塌后破碎分解解体；楼房分两个部分分别向两个方向倒塌，可降低塌落振动对周围建筑物的影响。本方案的缺点是爆破方案设计相对复杂，施工前期预拆除工作量大，工人劳动强度也较高。

通过对上述三个设计方案的比较分析认为，第三种爆破方案最适宜本工程的方案设计。

4　爆破参数设计

4.1　爆破缺口设计

4. 1. 1　一区爆破缺口

一区南侧存在一块长度较大的空地，用于楼体倒塌，因此可采用在楼房底部布置一定尺寸和形状的爆破缺口，使得一区楼房向南定向倒塌拆除。根据以往楼房拆除工程的施工经验，在爆破中常采用倒三角形样式设计爆破缺口高度，其计算公式为：

$$h = B\tan\alpha \tag{1}$$

$$n = h/h_c \tag{2}$$

式中　h——爆破缺口高度，m；

B——楼房宽度，m，取 14. 7 m；

α——倒塌倾角，即设计爆破缺口最高点到最后排铰链点连接线与地平面的水平线之间的夹角，一般取 30°~45°；

h_c——楼层高度，2. 8 m；

n——爆破缺口分布层数。

本项目为剪力墙结构楼房，楼体结构整体性完好，宜选取较大的倒塌倾角 35°，则根据式（1）、式（2）计算得：

$$h = B\tan\alpha = 14.7 \times \tan 35^\circ = 14.7 \times 0.7 = 10.29(\mathrm{m}) \tag{3}$$

$$n = h/h_c = 10.29/2.8 = 3.68 \tag{4}$$

为了保证爆破缺口高度足够大，一般设计时选择的缺口高度值大于理论计算值，本设计爆破缺口高 14.6 m。爆破缺口如图 4 所示。

4.1.2　二区爆破缺口

由于二区北侧距离水泥道路只有 40 m，地下电缆管道 37.5 m，倒塌方向的水平距离小于楼房高度。为了将楼房倒塌范围控制在北侧较小空地，设计双向交替折叠倒塌方案。一共开设 3 个爆破缺口，底部 4 号缺口设置在 1~4 层，中间 3 号缺口布置在 8~10 层，顶部 2 号缺口设置在 14~15 层。如图 4 所示。

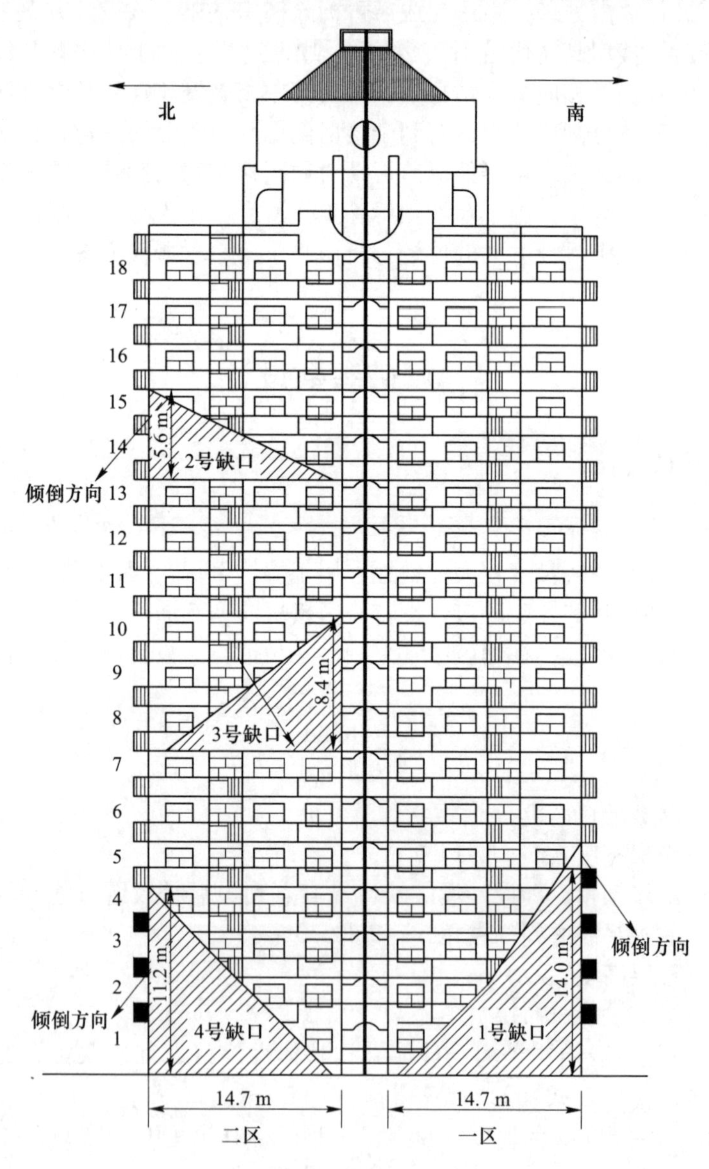

图 4　爆破缺口

4.2 剪力墙爆破参数

本楼内墙剪力墙厚度 δ 为 20 cm 和 24 cm 两种，外墙部分剪力墙厚度 24 cm。由于剪力墙采取的混凝土强度相同，因此同一厚度的剪力墙，其爆破参数设计取值相同。

（1）最小抵抗线 W：

$$W = 1/2 \times \delta$$

式中，δ 为剪力墙厚度，则 $W_1 = 10$(20 cm 厚剪力墙)，$W_2 = 12$(24 cm 厚剪力墙)。

（2）孔距 a、排距 b：根据实践经验，对于钢筋混凝土墙体，$a = (1.2 \sim 2.0)W$，$b = (0.8 \sim 1.0)a$。

所以，20 cm 厚剪力墙取 $a = 20$ cm，24 cm 厚剪力墙取 $a = 22$ cm；排距取 $b = 20$ cm。

（3）孔深 l：钢筋混凝土墙体孔深取 $l = 0.65\delta$，则 20 cm 厚剪力墙，取孔深 l 为 13 cm，24 cm 厚剪力墙，孔深 l 取 16 cm。当墙壁保护层厚度较大时，相应增加炮孔深度。

（4）炸药单耗 q：根据工程经验，同时保证爆破效果，控制飞石，内墙炸药单耗 q 取 2500 g/m^3，外墙炸药单耗 q 取 2000 g/m^3。

（5）单孔装药量 Q：根据体积公式 $Q = q\delta ab$ 计算装药量。

楼房 1 号、4 号爆破缺口，内墙单孔装药量为 20~25 g，外墙单孔装药量 25~30 g。2 号、3 号爆破缺口，高度较高，飞石控制需要更加严格，因此需要严格控制药量，选择单耗 1500 g/m^3，内墙单孔装药量 12~20 g，外墙单孔装药量 20 g。爆破参数汇总见表 1。

表 1　爆破参数汇总表

爆破参数	剪力墙厚度 20 cm	剪力墙厚度 24 cm
最小抵抗线 W/cm	10	12
孔距 a/cm	20	22
排距 b/cm	20	20
孔深 l/cm	13	16
单耗/kg · cm^{-3}	2.5（1 号、4 号爆破缺口内墙） 2.0（1 号、4 号爆破缺口外墙） 1.5（2 号、3 号爆破缺口）	

4.3 炮孔布置

通过采取在墙和柱的“上端、下端”分布孔，中间不布孔的方式，可以加快工程施工进度和降低施工成本，同时保证爆破效果，根据工程实践经验，爆破效果与剪力墙布满炮孔相同。对于爆破缺口内需爆破的墙体，经过预处理后变成一定宽度的墙柱，采取“上三下四”布孔方式，即在楼层高度范围内，墙柱上部布置 3 排孔，下部一般布置不超过 4 排炮孔。底部第一排炮孔布置在距离楼板高度 0. 3 m 的位置、上部炮孔距顶部楼板 0. 5 m 开始布孔。这种布孔方式可以减少钻孔量和总装药量，同样能保证爆破缺口形成，爆破效果满足实际要求。布孔方式如图 5～图 7 所示，炮孔数及炸药使用量见表 2。

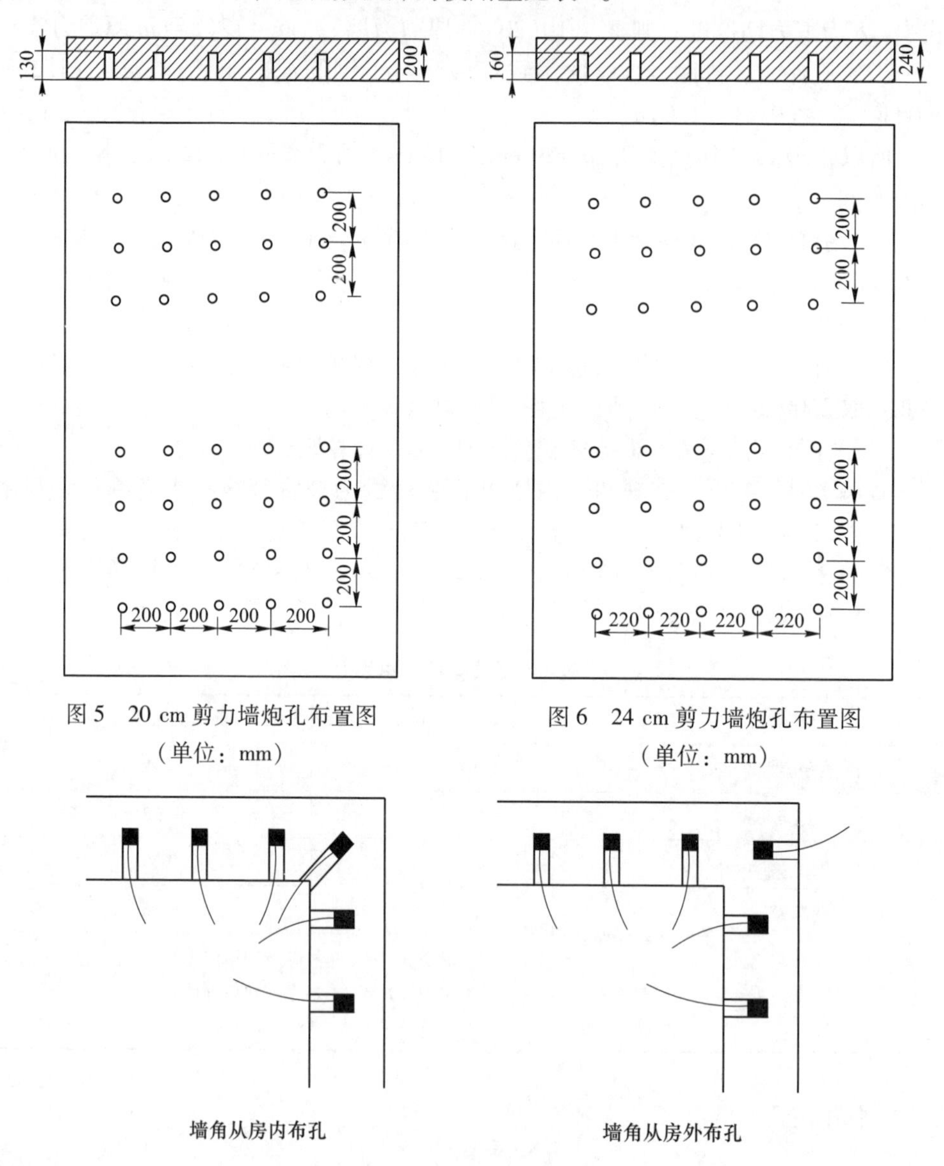

图 5　20 cm 剪力墙炮孔布置图（单位：mm）

图 6　24 cm 剪力墙炮孔布置图（单位：mm）

图 7　墙角炮孔布置图

表 2　炮孔数及炸药使用量统计表

区域	炮孔数/个	单孔装药量/g	总装药量/kg
1 号缺口	4800	25	120
2 号缺口	1800	20	36
3 号缺口	3700	20	74
4 号缺口	3700	25	92.5
合计	14000		322.5

4.4　爆破网路和起爆延期时间

4.4.1　试爆

试爆的目的是为了检验起爆网路的可靠性和炸药单耗选取的合理性。起爆网路的可靠传爆，导爆管顺利传递冲击波，使雷管顺利起爆，先起爆药包不能破坏后爆药包的网路。炸药爆炸后能使爆破体混凝土完全破碎，钢筋与混凝土脱离开来。为确保爆破安全，需通过爆破前的现场试爆来确定合理的装药量。要对不同部位、不同爆破参数的区域进行试爆，根据不同爆区的特点，确定出最恰当炸药单耗及单孔装药量。

通过预先设计两套起爆网路，根据设计方案进行试爆，第一套网路是孔内安装 1 段非电毫秒导爆管雷管，孔外用 7 段非电毫秒导爆管雷管传爆，再将传爆雷管采用四通连接成复合网路。第二套网路是孔内安装 5 段非电毫秒导爆管雷管，孔外用 7 段非电毫秒导爆管雷管传爆，再采用四通将传爆雷管连接成复式起爆网路。

试爆结果表明：第一套网路试爆过程中有盲炮，起爆网路容易被破坏，主要的原因是 1 段非电毫秒导爆雷管和导爆管的延时误差导致同段雷管不能同时起爆，致使起爆网路被破坏。第二套网路比较可靠，试爆过程中未产生盲炮，因而采用第二套起爆网路。

4.4.2　延期时间

根据建筑物结构及现场情况确定倒塌过程和方向，通过孔外延时，将四个爆破缺口分成四个爆区，1 号缺口为Ⅰ爆区，2 号缺口为Ⅱ爆区，3 号缺口为Ⅲ爆区，4 号缺口为Ⅳ爆区。Ⅰ爆区与Ⅱ爆区同时起爆，Ⅱ爆区与Ⅲ爆区延时 3 s 起爆，Ⅲ爆区与Ⅳ爆区延时 1.5 s 起爆，包括孔内延时在内，爆破总延时为 4.61 s。

Ⅰ、Ⅱ、Ⅲ、Ⅳ爆区孔内采用 5 段非电毫秒导爆管雷管起爆，孔外采用 7

段、10段、5段非电毫秒导爆管雷管分段起爆，以降低单次起爆药量。

网路连接时首先将墙体上炮孔内导爆管雷管，每15~20发簇联，用四通和导爆管将同房间剪力墙炮孔连接，然后将同层各个房间的炮孔连接成闭合复式网路。Ⅰ、Ⅱ爆区孔外用5段非电毫秒导爆管雷管组成网路，每层的爆破网路连接好后，层与层之间上下连接成多通道闭合网路。各个爆区既相互连接，每个爆区又都有两条单独通道起爆，最后将各爆区的导爆管连接到电雷管上，用高能起爆器起爆，起爆网路图如图8和图9所示。

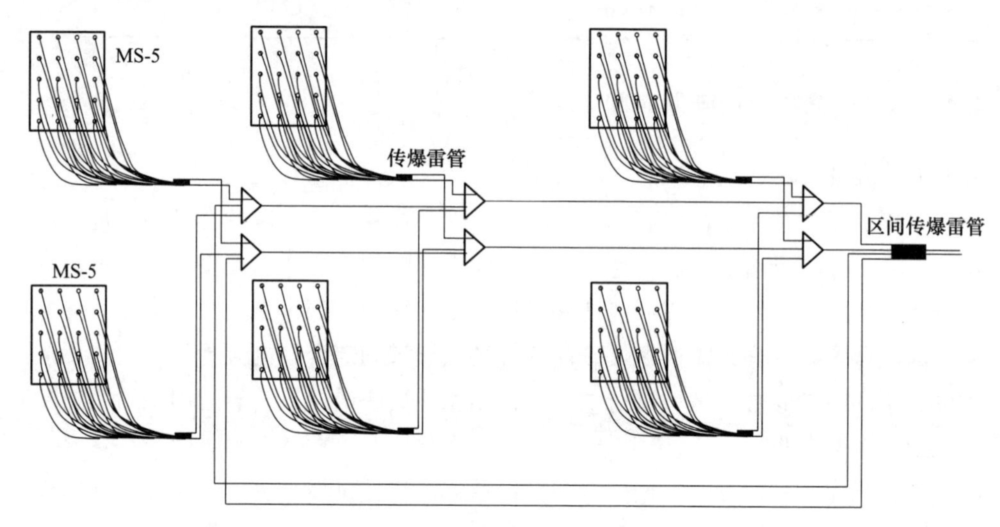

图8　单一区间内部网路连接

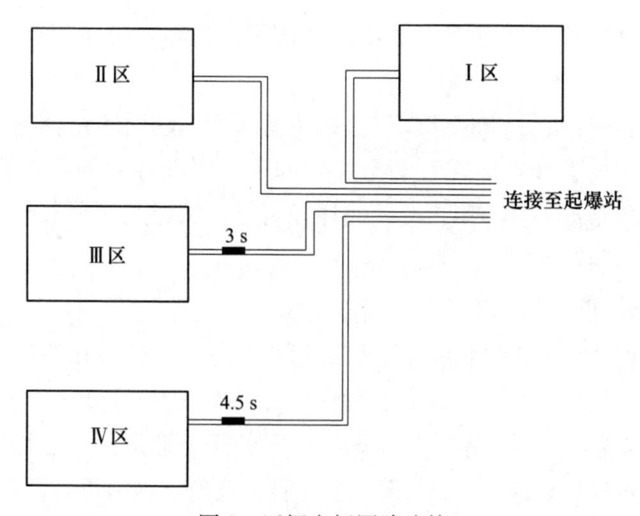

图9　区间之间网路连接

5　爆破安全设计

5.1　安全稳定性验算

楼房经过处理后要对其安全稳定性进行验算。对于 C25 混凝土墙，其抗压强度为 14.3 N/mm^2。大楼的自重约 9.45×10^7 N。预处理前，大楼单层剪力墙总长为 240 m，预处理剪力墙不到 1/2，即预处理后剪力墙的长度大于 120 m。按照最大 120 m 计算，此时的受力为 $9.45\times10^7\div(120000\times200)=3.94$ N/mm^2，远小于其抗压强度 14.3，安全系数 $n=14.3/3.94=3.63$，预处理对大楼的安全和稳定性也无影响。

为了达到设计要求的爆破效果，对爆破缺口范围内所有的未预先拆除的剪力墙进行钻孔，爆破破碎形成缺口，保证倒塌效果。在最终确定单孔装药量前进行试爆，根据楼体剪力墙的规格，在一楼选取几块具有代表性的混凝土墙体进行试爆，试爆后根据混凝土的破碎情况，最终确定炸药单耗，通过体积公式计算单孔药量装药。施工严格遵循最终确定的设计方案，同时确保炮孔堵孔填塞质量。

5.2　爆破振动

楼房爆破拆除过程，由于炸药爆炸引起的振动按常用的垂直振动速度计算公式进行预测。

$$v = K'K\left(\frac{\sqrt[3]{Q}}{R}\right)^{\alpha} \tag{5}$$

式中　v——垂直振动速度，cm/s；

K，α——与地形、地质有关的系数，取 $K=33.6$，$\alpha=1.6$；

K'——拆除爆破衰减系数，取 0.25；

Q——单响最大药量，70.0 kg；

R——测点到爆源的距离，25 m。

代入公式核算炸药爆炸引起的振动速度 $v=0.47$ cm/s。

根据《爆破安全规程》（GB 6722—2003）规定：一般工业和商业建筑物的安全允许质点振动速度为 3.5～4.5 cm/s（爆破振动频率范围为 10～50 Hz）。通过经验公式计算表明，炸药爆炸产生的振动很小，设计工艺参数合理，不影响相邻建筑的安全。

5.3　触地塌落振动

待爆破楼房通过机械切割成两个部分，南侧整体倒塌，产生的塌落振动强度最大，整体倒地计算塌落振动，利用式（6）

$$v_1 = k_t \left[\frac{R}{(MgH/\sigma)^{1/3}} \right]^{\beta} \tag{6}$$

式中　v_1——塌落引起的振动速度，cm/s；

M——下落建筑物的质量，取 4500 t；

H——建筑物的高度，取 62 m；

g——重力加速度，9. 8 m/s^2；

σ——地面介质的破坏强度，一般取 10 MPa；

R——塌落触地中心至需保护对象的最近距离，取 40 m；

k_t，β——塌落振动速度衰减系数和指数，k_t=3. 37～4. 09，β=−1. 66～−1. 80。当采取开挖减振沟、垒筑土墙防振坝等防振措施时，k_t 可减小到原值的 1/3～1/2，取 k_t=1. 13，β=−1. 66。

代入有关数据得 v=2. 52 cm/s。接近建筑物地面质点的安全允许振动速度 2. 5～3. 5 cm/s（主振频率小于 10 Hz 时）的最小值，需采取一定措施降低塌落振动。

5.4　爆破飞石

炮孔无覆盖时，采用如下公式计算飞石：

$$L = 70q^{0.53} \tag{7}$$

式中　L——无覆盖情况下拆除爆破飞石飞散距离，m；

q——拆除爆破单耗，取 2. 5 kg/m^3。

计算得出，在无任何覆盖防护措施条件下，爆破可能产生的飞石距离 L= 113. 76 m。

由于本次是高层楼房拆除爆破，且爆破缺口较高，爆破体结构为薄壁钢筋混凝土，易产生爆破飞石。因此需要通过采取优化方案设计，选择合适的填塞材料，保证炮眼的填塞长度并严格控制填塞质量，爆破前在爆破体部位进行近体覆盖防护及爆区与爆破对象之间遮挡防护。

5.5　爆破危害防护措施

5.5.1　减振沟设置

大楼空中解体时，内部构件相互牵引、碰撞，使得部分能量转化到结构破碎过程中，使得楼体破碎更充分，大大消减了楼体的塌落冲量；另一方面大楼为薄壁剪力墙结构，在触地前混凝土已经出现大量的裂缝，由刚性体系变成弹性体系，因此，楼房触地后产生弹性变形后进一步分解破碎，所以其实际产生的触地冲量比按刚性理论计算估值小。

为了降低楼房触地的塌落振动，在倒塌范围周边开挖 1. 8 m 宽，2. 1 m 深的减振沟。在楼体倒塌方向上，每隔 8～10 m 开挖一条 1. 8 m 宽，1. 6 m 深减振沟槽，同时利用开挖减振沟挖出的土堆积在减振沟之间的空地上，堆筑成底部宽2.5 m，顶部宽1.0 m，高度1.5~3.0 m的缓冲减振土堤，起到缓冲楼体塌落触地时的冲击力。减振土堤高度设置与楼房距离成正比关系，距楼房最远处土堤高达到3 m，起到防止楼房倒塌后顶部前冲和残体飞溅的作用。减振沟布置如图10所示。

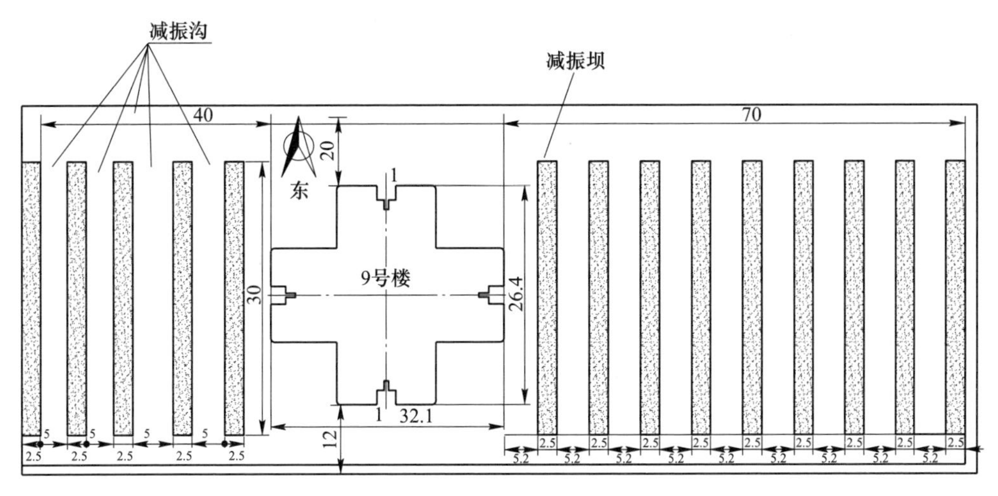

图10　减振沟、减振坝开挖（单位：m）

5.5.2　爆破冲击波及噪声

爆破过程中采用均匀布孔、分散装药、控制单孔药量、加强炮孔填塞，从源头上削弱冲击波和噪声的强度。在爆破体表面进行防护，使得空气冲击波和噪声加速衰减，降低了冲击波和噪声对周边居民和环境的影响。

5.5.3　爆破飞石防护

爆破飞石防护措施：在爆破缺口部位采用两层以上湿草帘结合竹笆进行覆盖防护，将覆盖物直接缠绕在爆破体上，并用铁丝绑牢固；一般在爆破缺口部位上层覆盖几层草帘后，中间层覆盖一层竹笆或铁丝网，外层再覆盖草帘；爆破缺口外围的门窗、走廊，包括外墙全部用竹排密封防护；爆破区域整体用安全密目网覆盖；对重点防护对象，采用近体防护措施，设置防护挡墙，阻挡飞石。飞石防护如图11所示。

5.5.4　爆破粉末扬尘控制

楼房由于其结构的特殊性，表面和各楼层楼面上集聚了大量的浮灰，同时在爆破过程中，部分混凝土被粉碎形成粉末，这样就产生了大量的粉尘，对周围环境带来重大的影响。因此要对建筑物内部浮灰进行处理，一般在爆破前对各楼层进行洒水作业，同时将防护用的草帘子进行喷水，形成防尘降尘帷幕；在爆破结束后，采用消防洒水车进行洒水作业，降低爆破粉尘。

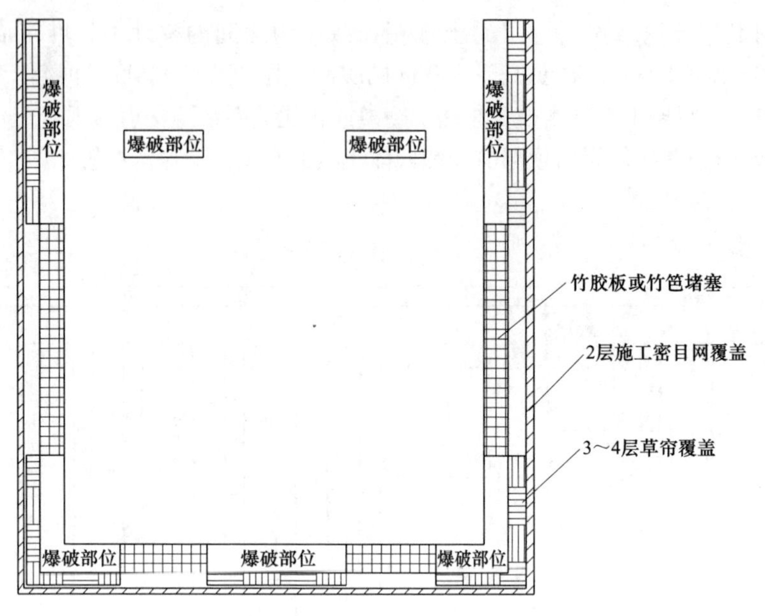

图 11　爆破飞石防护措施

6　爆破施工

6.1　楼体切割预处理

根据图 3，楼房 F、G 轴之间无剪力墙，将中心线 1—1 截面作为切割线，采用人工拆除的方法将待拆除楼体由上至下分割成两个相对独立的部分。南侧 A~F 轴为一区，北侧 G~M 轴为二区，楼体切割缝宽度不小于 0.2 m。将楼房整体分割成两半后，一区、二区后排支撑墙 F、G 至最外侧支撑墙距离为 14.7 m，高宽比增大为 4.12，有利于楼房的定向倒塌，也可以明显降低楼体爆堆高度。

6.2　爆破缺口预处理

爆破前对楼房进行预处理，对楼体内部结构强度进行部分减弱处理，减少钻孔工作量，降低一次爆破炮孔数量，在保证爆破效果的同时降低爆破振动等有害效应。楼房一区 1~5 层，二区 1~4 层、8~10 层、14~15 层为爆破缺口，爆破前对爆破缺口范围内的剪力墙、楼梯、垃圾通道、非承重隔墙等进行必要的预处理。本工程爆破预拆除结构有一区 1~5 层、二区 1~4 层外侧阳台，部分室内剪力墙，爆破缺口范围内的保留剪力墙全部钻孔爆破，其他楼层内部的剪力墙不做任何预处理。

6.2.1　剪力墙预处理

爆破缺口内的剪力墙预处理，如图 3 所示，楼房的 F 轴和 G 轴作为爆破切口支撑，不进行预处理，且F轴南侧和G轴北侧保留纵向支撑0.6~1.0 m，保证楼房倒塌过程中有足够的支撑，其余剪力墙进行预处理。处理时，在靠近墙角处预留0.8~1.2 m长的墙体，长度较大的剪力墙，中间部分保留0.8~1.2 m，其余部分均进行预处理。一般采用变墙为柱的方法，利用人工沿轮廓线凿开一条宽5~10 cm的缝，然后将钢筋割断，将墙拉倒。预处理后的墙面剩下的是具有一定宽度的立柱或者T形立柱，剪力墙处理高度范围为1.6~2.2 m。预处理后将剪力墙结构楼房的墙变成立柱，削弱剪力墙的刚度。同时可以降低楼房的倒塌距离，进一步降低楼房的触地振动速度，保证建筑物周围保护对象的安全。本楼房的剪力墙预处理方式如图12所示，典型处理部位如图13~图16所示。

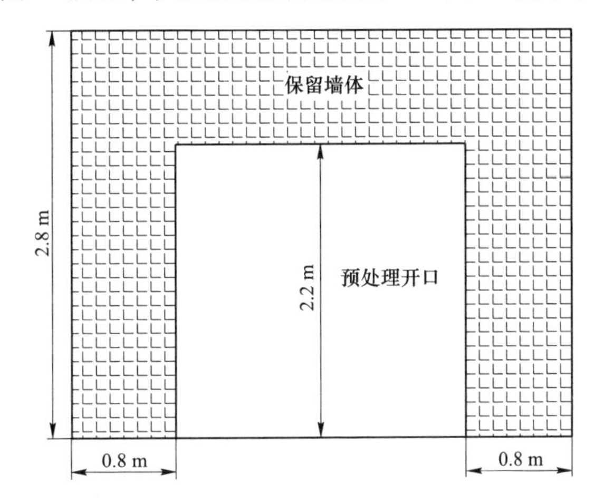

图12　剪力墙预处理

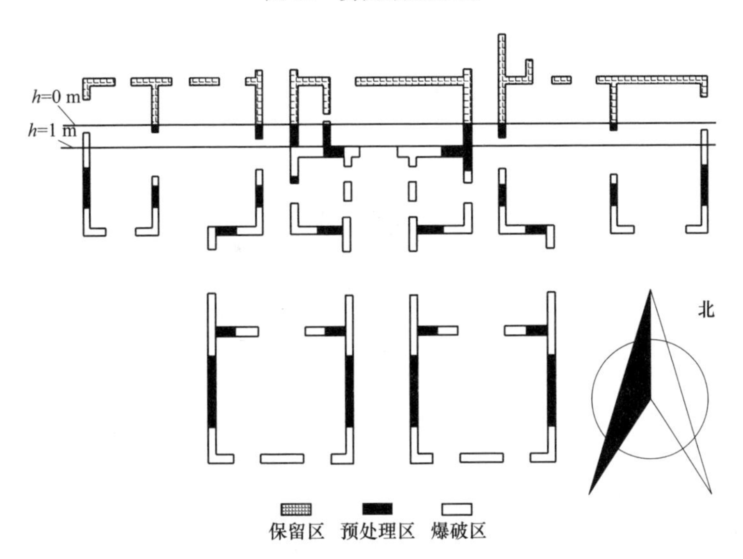

图13　一区1层预处理

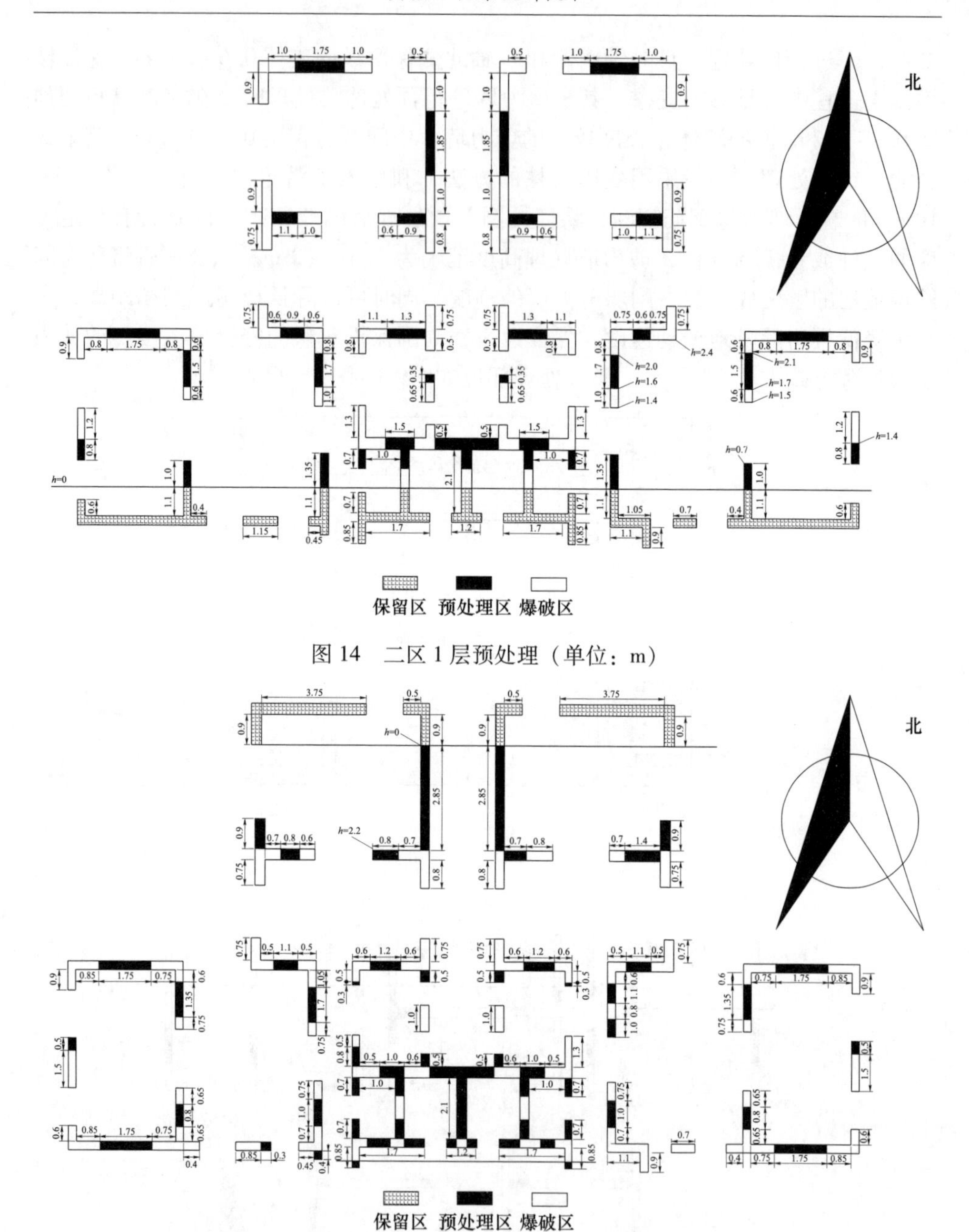

图 14　二区 1 层预处理（单位：m）

图 15　二区 8 层预处理（单位：m）

6.2.2　非承重墙预处理

爆破缺口范围内的卫生间、厨房、房间内非承重的隔墙，在爆破前全部进行拆除。

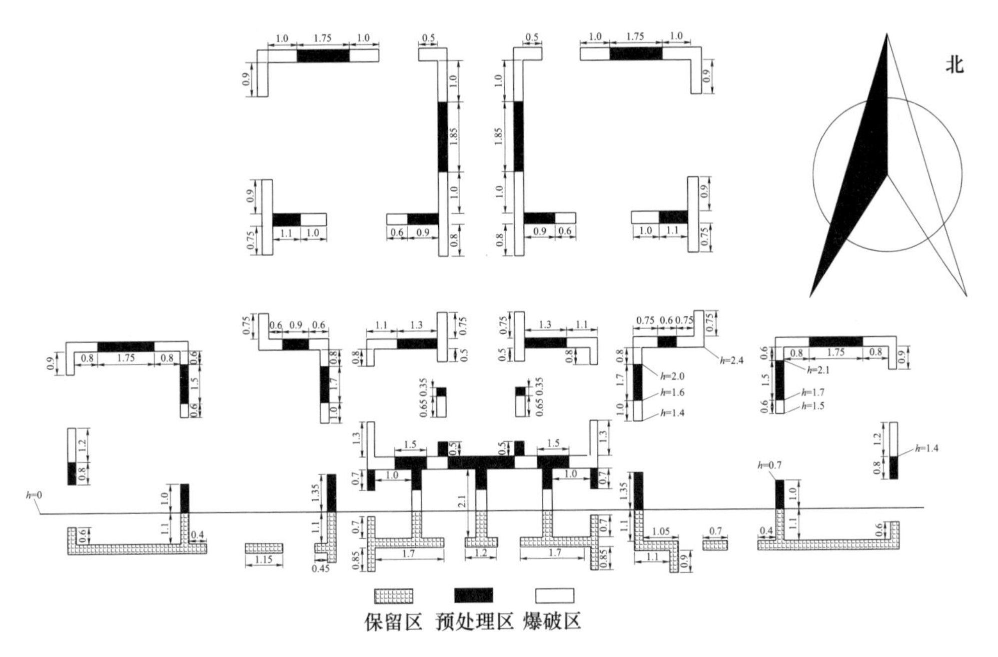

图 16 二区 14 层预处理（单位：m）

6.2.3 楼梯

对于钢混结构的楼梯、楼梯间剪力墙墙体，在爆破前均将缺口范围内的楼梯两端做切断处理；同时对缺口范围以外上一层及下一层的楼梯，也进行人工切断预处理。对于地面以上一层、二层的楼梯平台，也进行破碎切断处理。

6.2.4 电梯井预处理

本次需要进行预处理的 3 号缺口中电梯井在爆破缺口范围内，而 4 号缺口和 2 号缺口内的电梯井不在爆破区域内，因此不需要进行预处理。采用风镐人工切割电梯井，将 3 号缺口高度内电梯井四周的井壁全部预处理。对电梯井处理后，仅保留井筒四个角柱和中间支撑柱，其余井壁均进行充分的破碎拆除，并切断剪力墙中的配筋。爆破时对保留部分进行钻孔，并与缺口一起爆破拆除。

6.3 施工方法

（1）楼房内部需预处理部分采用人工风镐进行施工，楼房外部高度较低需预处理部位采用炮头机进行机械拆除；采用挖掘机按设计位置及尺寸开挖减振沟。

（2）采用手风钻进行钻孔施工，按设计孔网参数在爆破墙柱上进行画点，严格控制孔距、排距、钻孔深度。

（3）按设计单孔装药量进行药卷制作，采用避孕套进行包装，防止雷管在炸药装填过程中脱落。

（4）起爆网路局部簇发连接，同一爆区内及爆区之间复试网路连接。

（5）爆破缺口部位采用两层以上湿草帘结合竹笆进行覆盖防护；爆破缺口外围的门窗、走廊，外墙全部用竹排密封防护；爆破区域整体用安全密目网覆盖；对重点防护对象，采用近体防护措施，设置防护挡墙，阻挡飞石。

7　爆破效果与监测成果

7.1　爆破效果

通过精心施工，起爆后楼体按设计方案预计的方向倒塌，北侧双向折叠部分的爆堆较高，结构破碎效果好。具体效果如图 17 和图 18 所示。

图 17　北侧楼体爆堆

图 18　南侧楼体爆堆

从爆破后的楼房倒塌现场效果可以看出，爆堆集中在设计的倒塌范围内，楼体结构破碎程度满足后续清运工作，爆破有害效应控制在安全距离内，未对周围保护对象产生破坏性影响。表明爆破设计方案合理，各项参数选取恰当。

7.2 爆破振动监测

为了校验爆破后爆破振动的振速，采用 EXP3850 型爆破测振仪进行振动测试，各测点布置如图 19 所示。

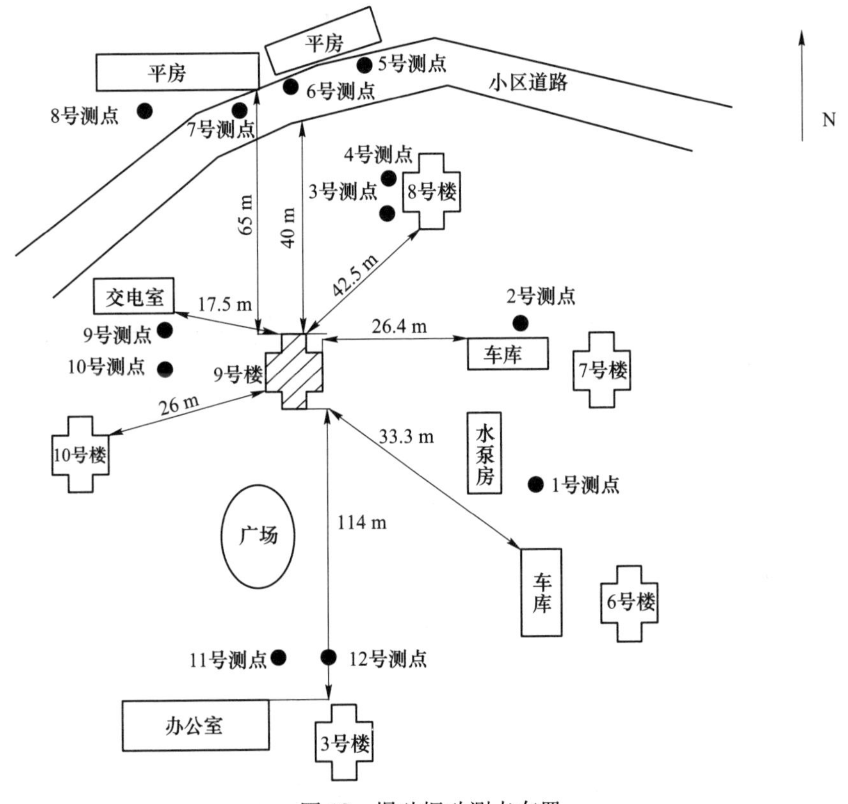

图 19 爆破振动测点布置

各测点的爆破振动数据见表 3，各测点的波形图如图 20~图 23 所示。

表 3 各测点的测试结果

测点	距离/m	振速/cm · s^{-1}	频率/Hz
1 号测点	45	2. 53	25. 6
2 号测点	50	2. 33	20. 1
3 号测点	40	2. 11	11. 7
4 号测点	44	1. 96	15. 3

续表 3

测点	距离/m	振速/cm · s^{-1}	频率/Hz
5 号测点	65	1. 15	14. 3
6 号测点	60	1. 45	17. 9
7 号测点	65	1. 26	11. 6
8 号测点	65	1. 26	13. 6
9 号测点	25	3. 37	9. 5
10 号测点	25	3. 23	19. 3
11 号测点	100	3. 35	23. 1
12 号测点	100	3. 41	11. 0

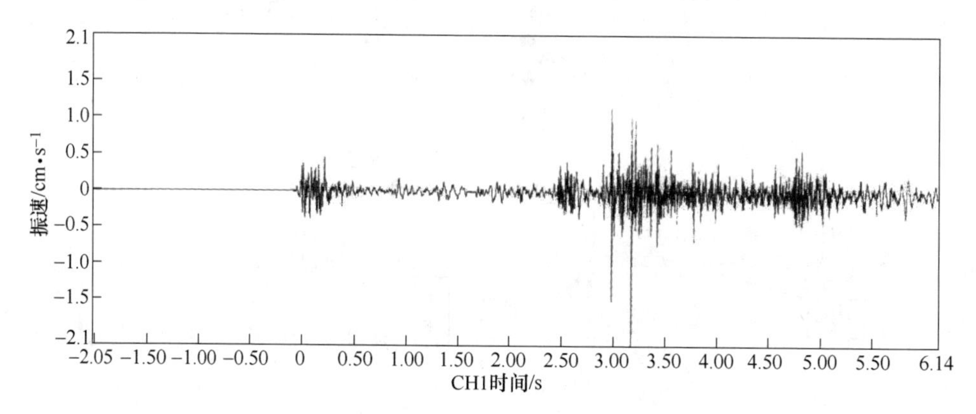

图 20　3 号测点波形

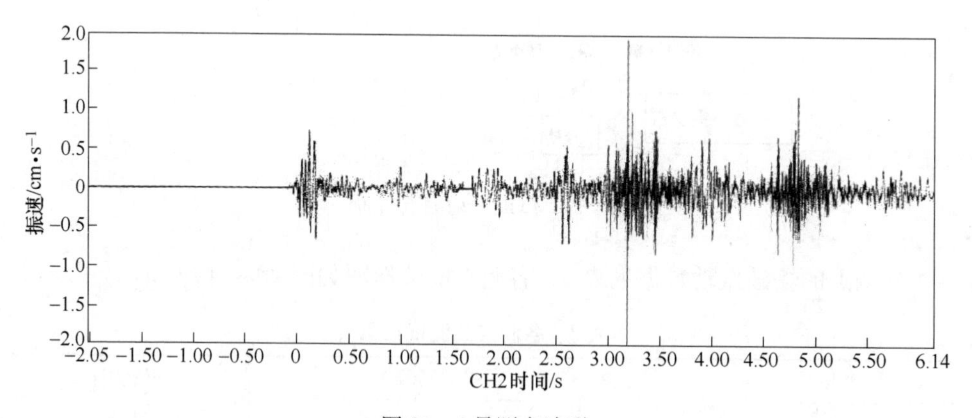

图 21　4 号测点波形

通过表 3 中数据及图 20~图 23 中波形结果的分析表明，11 号和 12 号测点的爆破振动振速最大，振动速度为 3. 41 cm/s；在 9 号和 10 号测点的振动速度为

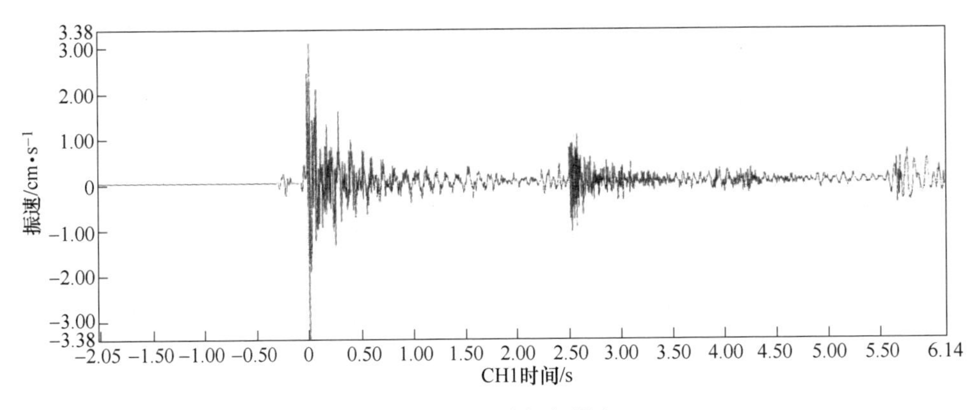

图 22　9 号测点波形图

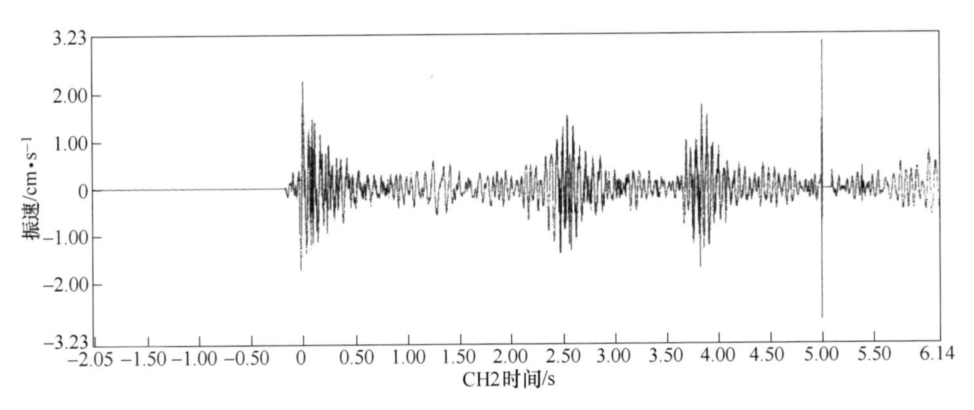

图 23　10 号测点波形图

3. 37 cm/s，其他测点的振速在 1. 15~2. 53 cm/s 之间，从测试结果可以看出，各测点的振动强度值均在国家安全标准规定的范围之内，爆破过程对周围设施的危害程度是可控的，不会对周围建筑造成破坏。

通过实测得到的振速，均大于事先预测的塌落振动振速。主要的原因有，振动公式本身是经验公式，各项参数的选择是根据以往实例实测数据回归所得，不一定具有普适性；另一方面，爆破设计过程中，由于爆破器材的延期误差，使得各分段起爆药量发生变化引起了实测与预测值之间产生差别；最后，房屋本身的结构、总质量与理论计算值之间还存在差异，导致了预测值的差异。

8　经验与体会

（1）对于结构复杂、高度较高的楼房拆除，采用控制爆破拆除技术是安全高效的。

(2) 对于“十”字形结构点式楼房的爆破拆除，宜采用预先处理的方式，将楼房结构分解成两个独立的长方形结构的高层建筑，再进行微差爆破，可达到较好的爆破效果。多层结构楼房，分三层折叠起爆时，上层与中层之间的延期时间宜为2~3 s，中层与下层之间的延期时间宜为0.5~1.5 s。楼房爆破拆除起爆网路设计，当采用非电毫秒导爆管雷管起爆时，应采用孔内低段孔外高段延期雷管，不宜使用非电毫秒雷管1段作为孔内及孔外起爆雷管。

(3) 爆破振动的预测，应充分考虑爆区周围环境、地质条件、地下管道分布、建筑物本身的结构和材质等实际情况，合理选择相关参数，有时也存在实测值要大于计算值的情况。

87 m 高混合结构烟囱爆破拆除

工程名称： 绍兴德昌源建材有限公司烟囱爆破拆除工程
工程地点： 绍兴市越城区孙端街道
完成单位： 浙江安盛爆破工程有限公司
完成时间： 2017 年 8 月 17 日～20 日
项目主持人及参加人员： 孟国良　章东耀　张福炀　金　勇　刘可华　张晓东　单　浩　谢凯强
撰　稿　人： 孟国良

1　工程概况及环境状况

1.1　工程简介

待拆除烟囱位于绍兴德昌源建材有限公司厂区内，高约 87 m，要求 3 天拆除。

烟囱为红砖框架结构，底部最大壁厚 900 mm（含内衬），内部有暗藏框架立柱，立柱尺寸 24 cm×36 cm，钢筋直径 18 mm，共六根对称分布；烟囱底部直径 6 m，耐火砖内衬，内衬厚 240 mm；烟道口朝东，烟道与出灰孔均位于地表以上，烟道高度约 2. 4 m。

1.2　周边环境情况

（1）待拆除烟囱北侧 130 m 为在建公路桥梁工地，30 m 处为厂房，4. 5 m 为绍兴市建设副产品再生利用有限公司的配电房。

（2）待拆除烟囱东侧 110 m 处为 10 kV 皇甫 4729 线，410 m 处为 220 kV 高压电力设施。

（3）待拆除烟囱西侧 430 m 处为 220 kV 高压电力设施，303 m 处为民房。

（4）待拆除烟囱南面 30 m 处为绍兴市建设副产品再生利用有限公司，4 m 处为 10 kV 皇甫 4729 线。

2　工程特点、难点

（1）3 天内完成本工程设计审批及爆破拆除作业，时间紧，任务急。

（2）拆除的砖烟囱高度较高，外部三道明显的裂缝，缺少设计图纸等资料，结构稳定性情况未知。

（3）在钻孔过程中发现内部存在暗柱，需要在钻孔过程中了解内部立柱的形式、尺寸及布置位置。并对立柱进行增加钻孔，确保精准控制倒塌方向。

3 爆破方案选择及设计原则

3.1 倾倒方案的选择

待爆烟囱倒塌方向场地超过 1.2 倍烟囱长度，故选取定向倒塌方法爆破拆除。根据烟囱周围环境，烟囱允许倒塌的方位为西北，有 75°的区域可供烟囱倒塌。考虑到综合情况，本设计的倾倒方向为东偏北 40°(图 1)。

图 1 倒塌方向

3.2 切口设计

3.2.1 切口设计原则

根据高耸建筑物失稳坍塌的基本理论，爆破拆除的基本方法就是采用炸药爆炸破坏建筑物的结构形成一定的缺口，缺口是建筑物结构在重力的作用下失稳倾倒的关键性因素。

3.2.1.1 爆破切口的设计原则

爆破切口尺寸、开凿位置，是决定烟囱倒塌效果与设计一致的基础条件。切口设计的原则如下：

(1) 切口必须在炸药起爆后，按设计顺序形成后，烟囱的筒体结构失稳，借助自身重力，按照设计方向倒塌。

(2) 切口设计尺寸大小，必须保证起爆后，烟囱全部定向倒塌落地，而不下坐不倒塌。

(3) 切口自身拆除量少，能创造良好的防护条件，落地后破碎效果好，烟囱筒体破碎充分，便于后期残碴清运。

3.2.1.2 爆破切口的形状和尺寸

根据现场施工的经验和理论分析，本次爆破作业采用正梯形形切口，爆破过程中一次形成正梯形形切口，保证烟囱精准按设计倒塌。

3.2.2 切口宽度

上切口宽度 $L_{上}=0.50\pi D=9.42$ m，取 9.0 m。

下切口宽度 $L_{下}=0.66\pi D=12.43$ m，取 12 m。

3.2.3 切口高度确定

在实施烟囱拆除爆破工程中，为了控制烟囱的倒塌方位，爆破部位（爆破切口）不是全部采用爆破完成，而是在设计的爆破切口两端预先开定向窗口，只对余下的一段弧长的筒壁实施爆破。

爆破部位（爆破切口）高度的确定与烟囱的材质和筒壁的厚度有关。烟囱拆除爆破要求爆破部位的筒壁瞬间要离开原来的位置，使烟囱失稳。因此设计要求爆破部位的高度

$$h \geqslant (2.0 \sim 5.0)\delta \tag{1}$$

式中，δ 为爆破切口部位烟囱的壁厚，砖烟囱的筒壁较厚时，取小值；钢筋混凝土烟囱壁较薄时，取大值。同样壁厚条件下，烟囱高的取小值，烟囱高度小的取大值。通过计算等综合考虑，切口高度为 1.6 m。烟囱切口参数见表 1，切口布置如图 2 所示。

表 1 烟囱切口参数汇总

部位	项目	参数/m	备注
切口	离地高度	5	高于烟道顶部
	上切口宽度	9	
	下切口宽度	12	
	形式	正梯形	
	切口高度	1.6	

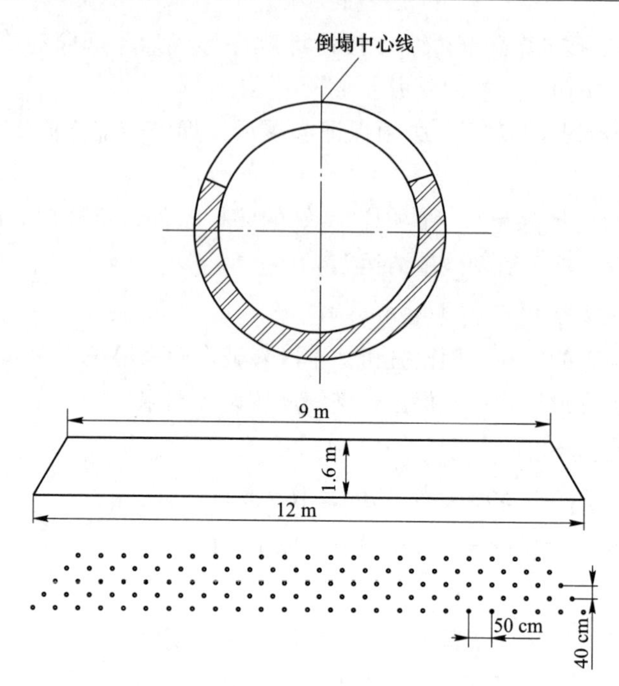

图 2　切口布置

4　爆破参数设计

4.1　布孔形式

在切口部位，垂直于筒体壁面，由外向内水平钻孔，炮孔呈三角形布置。

4.2　爆破参数

4.2.1　孔径 d

孔径 d=40 mm。

4.2.2　孔深 L

取壁厚 δ 的 $\frac{2}{3}$～$\frac{3}{4}$ 倍，即

$$L = 80\ \text{cm，取}\ 53\ \text{cm}$$

4.2.3　孔距 a 与排距 b

$$a = 50\ \text{cm};\ b = 40\ \text{cm}$$

4.2.4　炸药单耗 q

根据成功实例，取炸药单耗 q=0.8～1.5 kg/m^3，由于该烟囱属厚壁结构，切内部有钢筋混凝土立柱，q 取 1.2 kg/m^3。

4.2.5　单孔装药量 Q

$$Q = qab\delta \tag{2}$$

将各参数代入后计算得：

$$Q = 1.2 \times 0.5 \times 0.4 \times 0.8 = 192\text{g}，取 200\text{g}$$

装药时，由于所有炮孔的位置分布及作用不同，在立柱以及切口中心位置可适当增加，靠近两侧的炮孔可适当减少，现场的装药量可根据具体情况由技术员进行调整。

4.2.6　总装药量 $\sum Q$

$$\sum Q = Q \cdot N \tag{3}$$

式中　$\sum Q$——单座烟囱的总设计量，kg；

　　Q——单座烟囱的单孔计算量，kg；

　　N——炮眼个数，115 个。

计算总装药量为 23 kg。

4.2.7　装药结构

孔内连续装药，雷管置于药卷中部。

4.2.8　填塞长度

孔内按设计药量装完药后，剩余空间全部用炮泥充填密实，堵塞长度不小于 30 cm。

4.3　立柱部位

通过水钻取芯，判断立柱的位置和宽度，内部立柱规格 24 cm×36 cm，在立柱上增加布孔（图 3）。

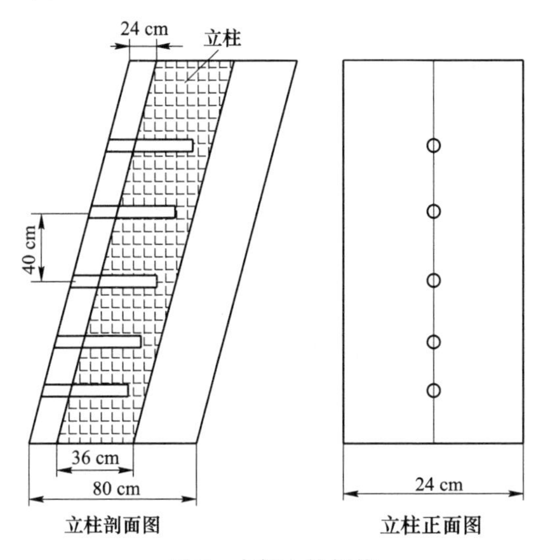

图 3　内部立柱规格

爆破切口内有两根立柱，合计增加炮孔 10 个，孔深 42 cm，单孔装药量 50 g，合计 0. 5 kg。

4. 4 起爆方法及起爆网路

4. 4. 1 起爆方法

采用导爆管雷管延时起爆网路，用起爆器引爆导爆管，导爆管激发后引爆孔外簇联雷管，由簇联雷管最终引爆孔内雷管。

4. 4. 2 起爆网路

孔内从两侧往倒塌中心方向按要求依次装 5、4、3 段导爆管毫秒雷管，孔外用 3 段导爆管毫秒雷管将导爆管成束状连接，然后将簇联雷管用四通连通成复式网路，用导爆管起爆。

4. 4. 3 起爆延时与顺序

切口爆破面积较大，药量较多，分三段毫秒延时起爆，以倾倒中心线为对称轴，延期时间为 25 ms、35 ms。起爆网路如图 4 所示，爆破参数汇总见表 2。

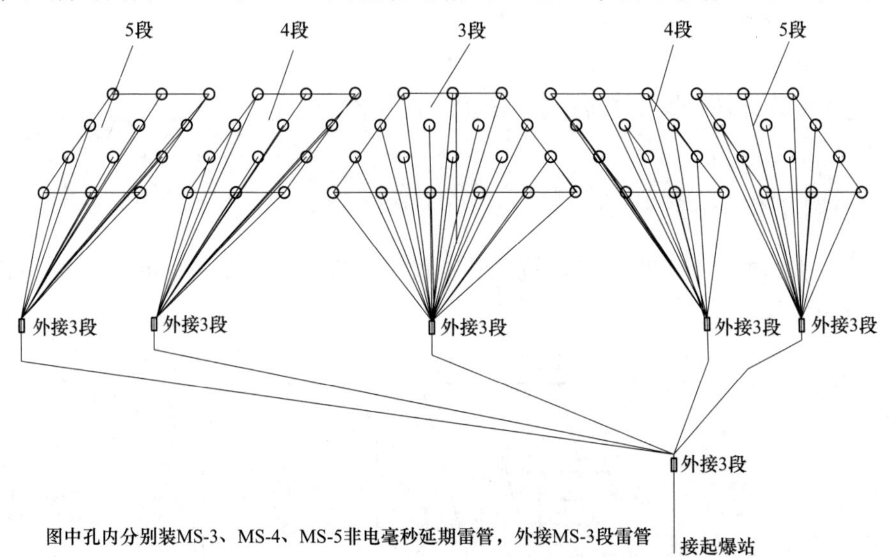

图 4 起爆网路

表 2 爆破参数汇总

项目	参数	项目	参数
壁厚 δ/cm	80	炮孔总数 N/个	125
孔距 a/cm	50	总药量 $\sum Q$/kg	23. 5
排距 b/cm	40	分段数 n/段	3
孔深 L/cm	53	段间隔时间/ms	25
炸药单耗 q/kg · m^{-3}	1. 2	最大段药量/kg	7
单孔装药量 Q/g	200		

5　爆破安全设计

5.1　爆破振动效应

爆破拆除烟囱产生的振源有两个部分：一是切口爆破时产生的振动；二是结构倒塌撞击地面时产生的塌落振动。

爆破区域内，振动可能影响到的最近保护对象主要有：北侧 4.5 m 配电房，配电房采取断电保护措施；10 kV 电力线均属架空式线路；保护厂房振动标准取 3.0 cm/s。

5.1.1　爆破振动

爆破振动可根据公式

$$v = K'K\left(\frac{\sqrt[3]{Q}}{R}\right)^{\alpha} \tag{4}$$

式中　Q——最大段药量，kg；

R——保护目标至爆点距离，m；

v——允许振动速度，cm/s；

K——与地质条件有关的系数，50~350；

α——衰减指数，1.3~2.0，距离近时取上限；

K'——修正系数，0.25~1.0。

取 $K'=0.5$，$K=180$，$\alpha=1.65$，$Q_{max}=7$ kg，将各数据代入式（4）计算得，30 m 处的爆破振速为 0.81 cm/s。

以上验算数值在国标规定的允许范围内，故烟囱起爆时产生的爆破振动不会危及到保护目标的安全。

5.1.2　烟囱塌落的触地冲击振动

主体塌落时冲击地面引起的振动可用冲击振动公式估算，根据中国科学院力学所总结的公式：

$$v_t = K_t\left(\frac{\sqrt[3]{\frac{MgH}{\sigma}}}{R}\right)^{\beta} \tag{5}$$

式中　v_t——塌落振动速度，cm/s；

K_t——衰减系数，一般取 3.37；

σ——地面介质的破坏强度，MPa，一般取 10 MPa；

β——衰减系数，一般取 1.66；

R——保护对象至撞击中心的距离，m；

M——下落构件的质量，t；

H——构件重心高度，m。

通过计算，该烟囱的总体质量约为 1900 t，由于烟囱不是整体着地，计算按 900 t，重心高度约在烟囱的四分之一高度处，也即 $H=20$ m，根据不同对象及距离，计算结果见表 3。

表 3　爆破振动估算结果

目标	距离及方位	振动速度/$cm \cdot s^{-1}$	
		爆破振动	塌落振动
10 kV 输电杆	110 m 东面	0.22	0.43
保护厂房	30 m 南面	0.81	1.37

从计算结果看出，无论是爆破振动还是烟囱倾倒的塌落振动，都在《爆破安全规程》（GB 6722—2014）的允许范围内，故不会对周围建筑物造成影响。

5.2　爆破飞石

根据 Lundborg 的统计规律，药孔爆破飞石距离可以由式（6）计算：

$$R_{fmax} = K_T \cdot q \cdot D \tag{6}$$

式中　K_T——与爆破方式、填塞长度、地质和地形条件有关的系数，建筑物爆破一般取 1.2～2.0（钢筋混凝土取大值，砖结构取小值），本次取 1.2；

q——炸药单耗，kg/m^3，取 1.5 kg/m^3；

D——炮孔直径，mm，本次爆破取 40 mm。

将有关数据代入上式计算得出：

$$R_{fmax} = 1.2 \times 1.5 \times 40 = 72(mm)$$

对炮孔采取多层覆盖防护措施，基本上不会产生意外飞散物，这已在多次同类工程中得到验证，覆盖防护如图 5 所示，具体为紧贴烟囱外壁铺一层棉被、棉

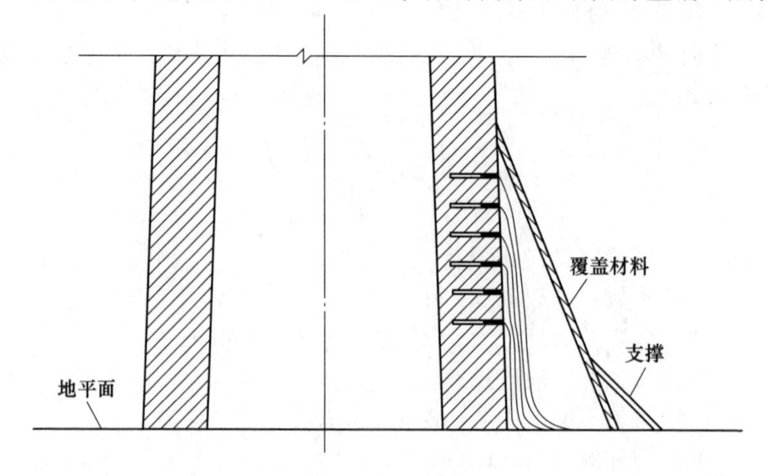

图 5　炮孔覆盖

被外铺铁丝网，在铁丝网的上、中、下部均用8号铁丝绑紧。由于烟囱倒塌一侧为土地，该区域未经过专门的整平碾压，自身具有一定的压缩性，对倒塌解体的烟囱不会造成强击，因此不会产生解体触地引起飞溅的情况。

6　爆破施工

6.1　爆破前预处理

6.1.1　烟囱附近建筑物拆除

在烟囱倒塌区域附近有一些建筑物垃圾，影响烟囱的爆破施工和定向倾倒，在实施爆破前，必须将此类建筑物垃圾清（拆）除干净。倒塌方向围墙预先机械拆除。

6.1.2　金属结构拆除

烟囱内部所有金属结构和紧贴烟囱壁外部的爬梯、避雷针导线等，在爆破前拆除（或切断）。

6.1.3　内衬处理

本项目内衬与烟囱内壁紧密贴合，采用钻孔方式一次性钻孔到位。

6.2　爆破切口定位

用经纬仪进行施工定位，测定倾倒方向切口中心线位置，测量力求精确，并做好测量定位标志。

6.3　爆破钻孔

爆破前一天，必须按设计要求钻完全部炮孔，并经爆破工程技术负责人验收合格。烟囱内部立柱上必须钻孔，钻孔期间，遇难钻地带，确需调整个别孔位时，应征得爆破工程技术负责人同意。所有炮孔深度偏差不能超过±5 cm，炮孔方向应垂直于烟囱壁面。

6.4　爆破工艺

6.4.1　炮孔验收

装药前，按设计参数对所有炮孔进行验收，不合格的炮孔要予以标识，以便采取行之有效的处理措施。

6.4.2　装药

分组分片施工，严格按设计要求控制好单孔装药量，每孔药量应进行称量，确保与设计说明书一致。

6.4.3　炮孔填塞质量

用木或竹制炮棍将炮孔填塞密实，炮泥用黄色黏土加适量的水，以能成型为准。

6.4.4　网路连接

采用一把抓式束状导爆管与起爆雷管的连接，起爆雷管要保持在束状导爆管的中央部位，每束导爆管数量少于20根。

6.4.5　爆破警戒

起爆网路连接完毕，并经安全员和爆破工程技术人员复查确认无漏接、错接后，指挥长下达警戒指令，所有警戒人员立即到达指定地点，全体警戒人员坚守好各自的岗位。

6.4.6　起爆

用充电式高压脉冲直流起爆器作为起爆电源。

6.4.7　安全检查

爆破后5 min，等待爆堆稳定，炮烟散尽后，爆破员会同爆破工程技术人员到爆破现场进行安全检查，查看现场有无残余爆破器材、爆体是否完全倒塌，确认无任何隐患后，通知指挥长下达解除警戒指令。

7　爆破效果与监测成果

由于烟囱倒塌空间的限制，关键要控制好烟囱的倒塌中心线，精确测量，还要合理选择爆破参数，爆破切口设计精确，爆破安全措施完善。经爆后检查，爆破没有对周围保护物造成任何影响，爆破没有发生后坐现象，保证了精密设备厂房的安全，同时由于采取了适当的减振措施，爆破振动没有对周围保护物、生产线产生任何影响，爆破达到了预期的爆破效果。

8　经验与体会

(1) 砖烟囱高切口容易产生后坐或下坐，反向安全距离不够时应慎用。

(2) 高位切口砖烟囱爆破，由于下坐倒塌长度大大缩小，对于场地局限性较大的可参考。

(3) 对于高度较高的砖烟囱，壁厚小于1 m，可以认定为含框架结构，在施工过程中一定要探明立柱的位置与分布情况，并在立柱上布置炮孔，确保烟囱顺利倒塌（图6）。

图6　爆破效果

钢筋混凝土预热预分解塔爆破拆除技术

工程名称：绍兴南方水泥有限公司五级预热预分解塔爆破拆除工程
工程地点：浙江省绍兴市柯桥区杨汛桥街道
完成单位：浙江安盛爆破工程有限公司
完成时间：2016 年 10 月 26 日
项目主持人及参加人员：孟国良　金　勇　章东耀　张福炀　谢凯强　单　浩
撰 稿 人：孟国良　章东耀　付亚男　杨　帆　单　浩

1　工程概况及环境状况

1.1　工程简介

为响应政府关停污染企业、产业结构转型升级的需要，确保在 G20 杭州峰会开始前，完成拆除任务。对南方水泥厂内高 100 多米，重达 1800 t 的预热预分解塔进行拆除。本工程环境复杂，技术要求高。

1.2　待拆除构筑物结构

该五级预热预分解塔基础为钢筋混凝土结构，基础高度为 12 m，总体高度约 100 m（图 1）；底部基础由四根截面尺寸为 1.6 m×1.6 m 立柱支撑，立柱分布东南、西南、西北、东北四角；基础部位布置两道圈梁，下层圈梁截面尺寸为 1.6 m×1.6 m，上层圈梁截面尺寸为 2.0 m×1.6 m（图 2）。上部结构采用框架支撑体系设计：钢柱为 ϕ900 mm×20 圆管内浇 C30 自密实混凝土；楼层钢梁为 H 型钢梁，框架梁采用 H800×400×20×30，楼层中主梁采用 H800×400×20×40，次梁采用 H400×250×20×25，楼面满铺 0.5 mm 厚花纹钢板、结构梁采用点焊连接。框架结构内有设备钢罐体，最大直径 5.0 m，壁厚约 8 mm，高度略高于罐体。

图 1　预热预分解塔整体图

1.3　工期要求及主要技术经济指标

本工程圈梁预拆除 7 个工作日，钻孔 2 个工作日，装药及爆破拆除 1 个工作日。

1.4　周边环境条件

图 2　预热预分解塔基础图片

待爆破拆除的构筑物位于绍兴南方水泥有限公司厂内。待爆破拆除构筑物北面 230 m 有高铁交通轨道、北面距待拆除的预热预分解塔基础 80 m 处有待拆除的厂房；待爆破拆除构筑物西面距离鼎峰水泥厂约 270 m，距离原厂区内厂房约 100 m；待爆破拆除构筑物东面距离原厂区围墙约 40 m，民居 160 m；待爆破拆除构筑物南面距离原厂区厂房约 12 m，西南面距离原厂区厂房约 32 m。爆破环境复杂如图 3 所示。

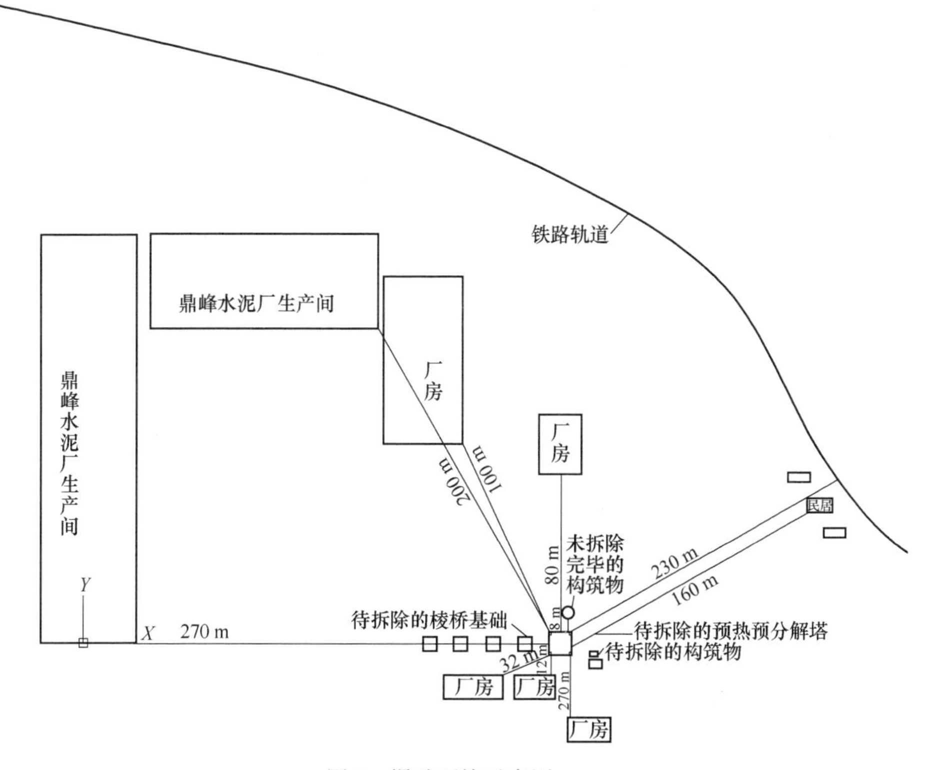

图 3　爆破环境示意图

2　工程特点、难点

（1）爆破对象所处的环境复杂。爆破拆除对象的周围需保护的建筑物和管线环布其周围，对爆破危害的控制难度大。

（2）距离杭甬高铁 230 m，确保高铁运行安全。

（3）本次爆破拆除的预热预分解塔最大高度为 100 m，质量约为 1800 t，控制塌落振动难度大。

（4）底部立柱少、尺寸大，每根立柱均承重较大，不便于采取试爆方式校核设计单耗；且立柱配筋规格高，不利于钻孔。

3　爆破方案选择及设计原则

3.1　爆破方案的选择

选择恰当的爆破方案是爆破拆除工程成功实施的关键。在原则上本工程应用爆破法拆除高耸建筑物时，其坍塌破坏方式主要有：原地坍塌、定向倒塌和折叠式倒塌三种。考虑本工程的周边环境的特点，选择定向倒塌方式。采用爆破破坏其底部承重结构，使其沿预定方向倾倒。

本待爆破拆除的构筑物基础为四根立柱支撑，结合周边环境情况，这就决定了其倾倒只能向正北方向和西北方向（45°）。考虑到施工难易程度，向西北方向倾倒，可以延缓预热预分解塔倾倒速度，减少塌落震动的振动强度，但其倾倒方向难以控制；向北侧倾倒，虽然其倾倒速度相对于向西北侧倾倒度大，但倾倒方向更容易控制。结合上述分析，拟采取向正北方向倾倒的定向爆破方案。

3.2　设计原则

（1）合理选择最小抵抗线。应结合所拆除爆破对象的结构、材质等因素综合考虑，选择合理的钻孔参数。

（2）保证可靠倾倒。通过倾倒方向选定、缺口高度确定缺口形式选择和起爆顺序的安排、以及爆破前的预拆除工作实现。

（3）严格控制爆破装药量。选择合适的炸药品种与爆破参数以及合理的装药结构，坚持“多打孔、少装药”，多段毫秒延时起爆。

（4）加强防护。采用各种减弱爆破有害效应的方法。

4　爆破参数设计

4.1　立柱破坏高度

立柱破坏高度是爆破设计的主要参数。该参数应同时满足两个条件：一是立柱的破坏高度能使立柱失去刚性而被压塌；二是多根立柱失稳倒塌、切口闭合后，建筑物的重心能偏出立柱外边线。

框架结构主要受力的承重构件是立柱，起刚度作用的构件是梁，一旦承重构件被破坏一定高度，建筑物就将失去稳定性，在倾覆力矩和自重作用下实现倒塌和解体。非承重墙在爆破前应进行预先部分拆除。

承重立柱断面分别为160 cm×160 cm。待拆除构筑物基础部位高度为12 m。

立柱失稳破坏高度常用如下经验公式确定：

$$H = K(B + H_{min}) \tag{1}$$

式中　B——立柱的最大边长，1.60 m；

K——经验系数，取1.5~2.0；

H_{min}——失稳的最小高度，m，$H_{min}=30d=30\times0.025=0.75$ m，d为钢筋直径25 mm。

经计算高度为H=3.52~4.70 m，为了确保拆除物彻底倒地解体，取待爆破拆除的构筑物基础地面以上约7.0 m范围内予以实施爆破破碎。

多根立柱形成的爆破切口高度应满足：

$$H \geqslant (H_C - (H_C^2 - 2B^2)^{0.5})/2 \tag{2}$$

式中　H_C——建筑物的重心高度，本工程为50 m；

B——建筑物的宽度，本工程为16 m。

经计算切口高度为$H\geqslant2.7$ m，爆破切口闭合后，建筑物的重心能偏出立柱外边线。

对于切口后部的立柱，为防止下坐，同时形成倾倒铰链，离地0.5~1.0 m处采用弱爆破的方式进行处理。

综合以上的计算结果，立柱破坏高度见表1。

表1　立柱破坏高度

切口	立柱			
	北侧立柱/m		南侧立柱/m	
预热预分解塔	北侧东立柱	7	南侧东立柱	1
	北侧西立柱	7	南侧西立柱	1

4.2　立柱与圈梁爆破参数设计

4.2.1　炮孔布置

炮孔布置在爆破切口的范围以内，炮孔的方向朝向西侧。为了提高破碎效果，相邻排间的炮孔采用梅花形布置，如图4所示。

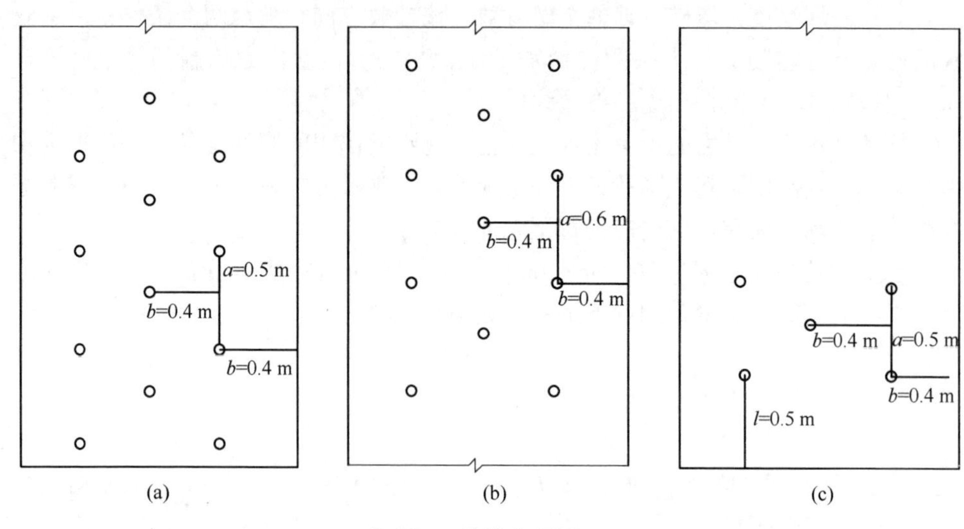

图4　炮孔布置图

（a）立柱底部炮孔布置图；（b）立柱上部炮孔布置图；（c）立柱后部炮孔布置图

4.2.1.1　孔径 d

采用用凿岩机钻孔，孔径在40 mm左右。

4.2.1.2　炮孔深度 L

本工程承重力立柱和圈梁为正方形结构，根据以往施工的经验，合理的炮孔深度可取孔深为宽度 B 的0.5~0.7倍，即 $L=(0.5\sim0.7)B=(0.5\sim0.7)\times160(\text{cm})$，取 $L=120$ cm。

4.2.1.3　最小抵抗线 W

视构件的断面尺寸而定。对于尺寸较小的构件，通常取断面短边或砖墙厚度（B）的一半，即 $h=B/2$；对于尺寸较大的构件，则根据构件的断面尺寸确定多列炮孔，故最小抵抗线由炮孔的列数确定。

本工程预热预分解塔承重立柱爆破最小抵抗线 W 取40 cm。

4.2.1.4　炮孔间距 a，排距 b

为充分破碎北侧的立柱，采取底部1.5 m加强装药，底部取 $a=50$ cm；$b=40$ cm，即立柱共三排，排之间间距40 cm。

上部立柱取 $a=60$ cm；$b=40$ cm，即立柱共三排，排之间间距40 cm。

后部立柱弱爆部位布置 5 个炮孔，取 $a=50$ cm；$b=40$ cm，即立柱共三排，排之间间距 40 cm。

4.2.2　单位炸药消耗量 q

底部立柱炸药单耗 $q_{底}$ 取 2.5 kg/m^3，上部炸药单耗 q 取 1.5 kg/m^3，后部立柱弱爆破的单耗 $q_{弱}$取 1.0 kg/m^3。

4.2.3　单孔装药量 Q

底部 1.5 m 立柱高度的炮孔个数 11，则单孔装药量 $Q_{底单}$计算如下：

$$Q_{底单}=q_{底}V/n=2500\times1.6\times1.6\times1.5/11=873\text{ g，取 }Q_{底单}=900\text{ g}$$

上部立柱每 0.6 m 高度的炮孔个数 3，则单孔装药量 $Q_{单}$ 计算如下：

$$Q_{单}=qV/n=1500\times1.6\times1.6\times0.6/3=768\text{ g，取 }Q_{单}=800\text{ g}$$

后部立柱 0.5~1.0 m 范围内等效炮孔数为 3，则单孔装药量 $Q_{弱单}$计算如下：

$$Q_{弱单}=q_{弱}V/n=1000\times1.6\times1.6\times0.5/3=426\text{ g，取 }Q_{弱单}=500\text{ g}$$

4.2.4　装药结构

孔内连续装药，雷管置于药卷中部，如图 5 所示。

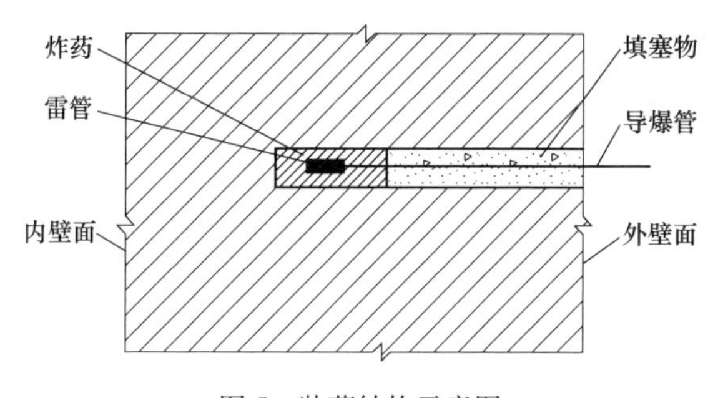

图 5　装药结构示意图

4.2.5　填塞长度

孔内按设计药量装完药后，剩余空间全部用炮泥充填密实，确保 $l_{堵塞}>W$。

4.3　起爆延时与顺序

本工程爆破拆除物分为三段起爆，即基础北侧立柱底部 MS-3、上部 MS-4 依次起爆，然后南侧立柱 MS-15 起爆，南侧立柱和北侧底部延时时间为 830 ms。

4.4　爆破器材与起爆方法

4.4.1　爆破器材

4.4.1.1　炸药品种与雷管的选择

本次爆破采用 2 号岩石乳化炸药。该炸药使用方便，性能稳定，本单位在大量的拆除爆破工程中使用该炸药，均达到了设计的爆破效果。

雷管则选用延期精度高、安全性好、起爆性能稳定的毫秒导爆管雷管。

4.4.1.2　爆破器材用量

爆破器材用量见表 2。

表 2　爆破器材用量表

<table>
<tr><th>序号</th><th>名称</th><th>单位</th><th>数量</th><th colspan="2">备注</th></tr>
<tr><td>1</td><td>乳化炸药</td><td>kg</td><td>96.00</td><td colspan="2"></td></tr>
<tr><td rowspan="3">2</td><td rowspan="3">毫秒导爆管雷管</td><td rowspan="3">发</td><td rowspan="3">150</td><td>3 段</td><td>30</td></tr>
<tr><td>4 段</td><td>60</td></tr>
<tr><td>15 段</td><td>10</td></tr>
<tr><td>3</td><td>导爆管</td><td>m</td><td>500</td><td colspan="2"></td></tr>
</table>

4.4.2　起爆网路设计与网路敷设

采用毫秒导爆管雷管起爆网路，孔内根据延时要求分别装进 3 段、4 段、15 段毫秒导爆管雷管，孔外用 3 段毫秒导爆管雷管将导爆管成束状（20 根）连接，然后将搭接雷管用四通串联起来，用导爆管起爆。为了确保安全传爆，各炮孔引出的导爆管先采用四通联接成复式，不多于 20 根为一组进行簇连（图 6）。最大单响药量小于 50 kg，一次爆破规模 96 kg。

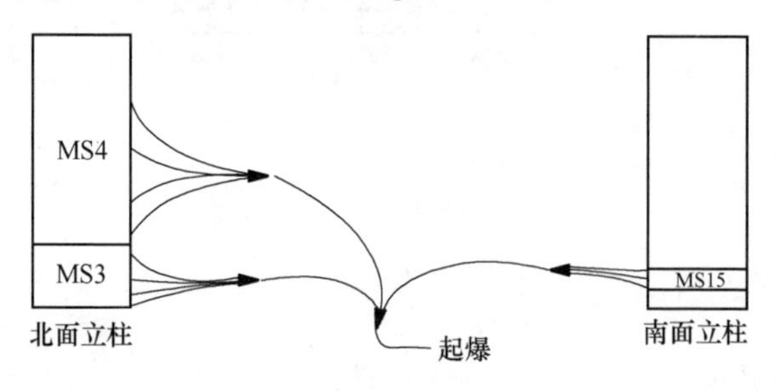

图 6　网路示意图

4.4.3　起爆方法

针对爆区位于厂区内，周围线路繁多，环境复杂，为避免杂散电流、射频电流以及雷电等对起爆网路的影响，本次爆破采用塑料毫秒导爆管雷管和导爆管起爆系统来实现安全、可靠、准爆。

5　爆破安全设计

5.1　爆破振动控制

（1）为避免能量集中，采用多打孔、少装药和毫秒延时起爆技术，将能量均衡，合理利用，减少一次齐爆药量。

（2）计算、校核一次齐爆的最大药量。一次齐爆的最大药量根据环境的具体要求按下式确定：

$$v = K \cdot K' \cdot (Q_{齐}^{1/3} / R^3)^{\alpha} \tag{3}$$

式中　v——允许质点振动速度，cm/s；

$Q_{齐}$——一次齐爆的最大药量，kg，本次最大段装药量不超过 50 kg；

R——保护目标到爆点之间的距离，m；

K——与爆破地质有关的系数；

K'——装药分散经验系数；

α——衰减指数，取 $\alpha=1.5$。

按照有关标准取值（$KK'=7.06$，$\alpha=1.5$ 来源于冯叔瑜著《城市控制爆破技术》）。若按照东面方向民居、南面厂房、北面铁路为保护目标进行振动校核，经计算结果见表 3。

5.2　塌落振动控制及防护措施

结构物在塌落触地时，对地面的冲击较大，产生塌落振动。控制塌落振动的方法如下：

（1）整个结构物通过划分爆区和爆段，爆破后的倒塌过程中不断削减拆除体的重力势能，减小塌落物触地时的能量，从而降低了塌落振动的强度。

（2）在建筑物坍塌范围内，用建筑垃圾铺设垫层，可达到较好的减振效果。

（3）根据爆破方案，在不考虑铺设垫层的情况下，塌落振动的强度可按下式估算：

$$v = K\left(\frac{MgH}{\sigma R^3}\right)^{\alpha/3} \tag{4}$$

式中　v——塌落振动质点振动速度，cm/s；

M——最先撞击地面且最大的塌落物的质量，t，本次 $M=1800$ t；

H——塌落物质量为 M 的质心高度，m，本次 $H=50$ m；

σ——地层介质的破坏强度，MPa，一般取 10 MPa；

K，α——与地质条件有关的衰减参数，分别取 $K=3.37$，$\alpha=1.66$；

R——触地点中心到测点的距离，m；

g——重力加速度，10 m/s^2。

通过计算，根据不同对象及距离，计算结果见表3。

表3 爆破振动计算结果表

保护物	距离及方位	振动速度/cm·s⁻¹	
		爆破振动	塌落振动
厂房	12 m，南	1.2	1.97
民房	160 m，东	0.02	0.41
高铁轨道	200 m，北	0.02	0.28

从计算结果来看，本工程中塌落振动要比爆破振动的影响要大，但都在安全的范围内，对周边环境的影响较小。

为减小塌落振动，本工程计划设置三道防振堤（图7），位置分别设置在40 m、60 m、80 m处，防振堤从近到远设置高度分别为1.5 m、2.0 m、2.5 m，宽度为1.5 m，长度都为30 m。

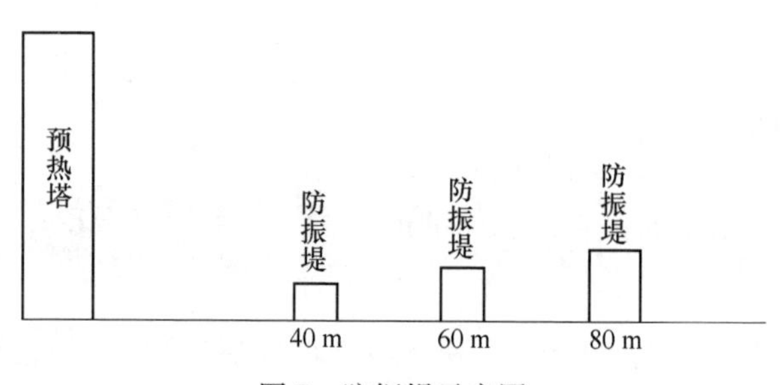

图7 防振堤示意图

5.3 飞石控制及防护措施

5.3.1 飞石距离计算

优化设计，严格控制药量，最大限度地利用炸药能量使其主要用于破碎介质，减少飞石。由于构件材料的不均质性，仍会出现个别飞石较远，飞石距离可按下式计算：

$$S = f \cdot v^2/g \tag{5}$$

式中 S——飞石的最远距离；

g——重力加速度，$g=10\ m/s^2$；

v——飞石的初始速度，$n=1.0$时，$v=20\ m/s$；$n=1.5$时，$v=30\ m/s$；

f——防护程度修正系数，取0.15~1.0。

按照下面的防护措施实施防护，f取0.2代入上式得：$S_{1.0}=8\ m$，$S_{1.5}=18\ m$。

5.3.2　飞石安全距离可按下式计算

切口内飞石由于楼板的遮挡作用水平飞散距离较近。

$$S_{安} = k \cdot S = 10 \times 8 = 80(\mathrm{m}) \tag{6}$$

式中　k——安全系数，一般取 8~12，此次 k 取 10。

5.3.3　飞石的防护措施

5.3.3.1　近体防护

在构件爆破部位，离开构件 0.5 m 处用双层竹笆排架进行防护。底部加强装药部分用沙袋进行防护，如图 8 所示。

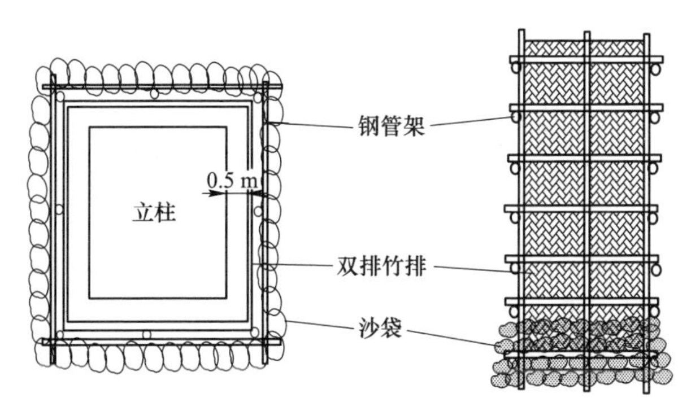

图 8　防护示意图

5.3.3.2　防二次飞溅措施

为防止构筑物倒塌触地时构件脱离滚动、前冲，在重点部位可修筑防滚土坝加以防护。

通过以上措施，可以将飞石完全控制在一定范围内，对周围不会造成危害。

5.4　爆破塌落振动的控制

在塔倾倒区域地面上构筑多道宽 5 m、高 2~3 m 的减振墙（减振墙高由内向外依次由 2 m 增加至 3 m），第一道减振墙位于距塔根部 40 m，以后每道减振墙间距 20 m，用编织袋装松散的减振材料（泥沙土）压在减振墙上面，编织袋上面用建筑防晒网覆盖加固，通过以上防护减振措施，大大削弱了塔着地的塌落振动速度。

本次爆破根据塔周围环境情况，进行了精心设计，在实施爆破前对设计方案进行了反复论证，通过分散装药和微差起爆技术，降低了最大齐爆药量，确保了爆破振动对周围建筑物不产生任何危害。

由于被拆塔属高耸建筑，定向倾倒方向是水泥地面，所以塔定向倒塌时产生的触地振动危害是很大的。起爆前，在塔倒塌方向道路上，铺垫了一定厚度（厚度不低于 50 cm）的松土，这样使塔倒塌触地的破坏形式接近柔性破坏，从而减小了触地振动引起的危害。

6 施工技术

6.1 预处理

预拆除是在保证拆除体稳定的条件下，预先拆除周围影响拆除体倒塌相关建筑物，预先拆除与拆粗体相连接的建筑物。

6.1.1 预拆除的原则

（1）必须保证拆除体的自身稳定。

（2）预先拆除影响拆除体倒塌和施工的建（构）筑物。

6.1.2 预拆除的内容

（1）爆破部位的非承重墙在爆破前采取人工方法破碎拆除，基础四面非承重在爆破前应全部予以拆除。

（2）倒塌方向的残留均化库进行提前拆除，使倒塌场地简单化，以防二次飞溅。

（3）待拆除构筑物底部东、西方向的圈梁进行预破碎，破碎部位在圈梁中部，长度为 2.0 m，混凝土进行清除，留钢筋不处理。

6.2 爆破施工

6.2.1 布孔

炮孔布置在立柱上，立柱炮孔朝向西侧。布孔应由专业爆破技术人员按设计孔网参数现场布设。

6.2.2 钻孔

为本工程采用凿岩机钻孔。必须钻够孔深，并吹净孔内残碴。如钻孔时遇到钢筋，允许移位避开钢筋，但偏离不得超过 5 cm，否则应切断钻孔中所遇到的钢筋。

6.2.3 炮孔验收

装药前将打好的炮孔按设计参数进行验收，不合格的炮孔要进行修正。

6.2.4 装药与填塞

6.2.4.1 药量控制

装药前，单孔装药量严格按设计药量进行控制，做好药量计量工作；首先应根据爆破缺口内划定不同部位炮孔的设计药包进行编号，装药时，应做到相应的药包装入到设计的炮孔内。

6.2.4.2　装药

本工程药包数量较多，宜根据爆破缺口的不同部位的实际情况和设计的药量在现场制作。单孔药包的装药方法是，将设计好的雷管安装在制作好的药包内，轻轻插入炮孔内，雷管脚线向紧靠孔壁，放入准备好的填塞物，用手托住炮棍轻轻捣实，炮孔填满为止。

（1）按设计药量装药，不得多装和乱装药；

（2）药包必须送达孔底，位置必须达到设计位置。

6.2.4.3　炮孔填塞质量

（1）堵塞材料。采用1∶3干硬性砂浆封堵。

（2）堵塞长度。按设计堵塞长度堵满。

（3）堵塞方法。分层捣实。

（4）堵塞注意事项。在堵塞过程中一定要防止炸药与雷管脱离，在捣实过程中，要保护好雷管脚线，防止损坏，确保其准爆性。

6.2.4.4　网路连接

束状导爆管与起爆雷管的连接要认真仔细地操作，起爆雷管要保持在束状导爆管的中央部位。

6.2.4.5　起爆电源

用充电式高压脉冲直流起爆器作为起爆电源。

6.3　安全警戒

由于施工时对所有炮孔都采取了覆盖措施，爆破飞散物被控制在安全区域内，不会对周边保护物造成危害，但当拆除体塌落触地后会瞬间解体，解体时，有部分碎块会飞溅一定的高度及距离，故在倒塌方向一定要考虑飞溅情况，事先采取一些草垫或软土覆盖在拆除体预定倒塌的位置或对保护物采用覆盖物进行覆盖防护。为了确保安全，靠近鼎峰水泥厂一侧及北侧，应按300 m范围进行清场，把人员撤离至300 m以外指定的安全区域。

警戒距离设计为：倒塌方向及正前方的警戒距离为300 m；侧向的警戒距离为200 m，正后方的警戒距离为150 m。

布置5个警戒点，起爆前在各警戒点对警戒范围内进行戒严，禁止任何人员进入爆区，每个警戒点根据其附近条件委派2~3人进行安全警戒。

7 爆破效果与监测成果

7.1 爆破效果

钢筋混凝土预热预分解塔于2016年10月26日14时25分顺利起爆，爆破后结构顺利解体，倒塌方向符合设计，实现了安全爆破拆除的目标（图9）。

图9 钢筋混凝土预热预分解塔的爆破过程

7.2 监测成果

7.2.1 爆破振动监测

检测地点：1号点（距离爆破中心160 m位置杨江村陈家埭47号）；2号点（距离爆破中心正向120 m位置）；3号点（距离爆破中心正向170 m位置）；4号点（距离爆破中心正向230 m位置）；5号点（距离爆破中心正向280 m位置）。

测点布置：共布5个测点（传感器可同时捕获水平、切向和垂直三个方向的振动信号）。

7.2.2 测试仪器

采用TC-4850爆破测振仪。

主要技术参数为：储存长度：128 m；分辨率：16 bit；采样率：50 ks/s；输入量程范围：0~10 V；频率范围：0~20 kHz。

传感器选用 TCS-B3 速度传感器。

7.2.3　测试结果

测试结果见表 4，1 号点（SF6 号）测振仪器布置在距离爆破中心 160 m 位置杨江村陈家埭 47 号，触发电平设置为 0.03 cm/s，实测最大质点振动速度为 0.255 cm/s（主频 4.246 Hz）。

2 号点（SF8 号）测振仪器布置在距离爆破中心正向 120 m 位置，触发电平设置为 0.03 cm/s，实测最大质点振动速度为 0.693 cm/s（主频 2.316 Hz）。

3 号点（SF7 号）测振仪器布置在距离爆破中心正向 170 m 位置，触发电平设置为 0.03 cm/s 实测最大质点振动速度为 0.310 cm/s（主频 2.922 Hz）。

4 号点（SF9 号）测振仪器布置在距离爆破中心正向 230 m 位置，触发电平设置为 0.03 cm/s 实测最大质点振动速度为 0.208 cm/s（主频 4.449 Hz）。

5 号点（SF10 号）测振仪器布置在距离爆破中心正向 280 m 位置，触发电平设置为 0.02 cm/s 实测最大质点振动速度为 0.117 cm/s（主频 1.987 Hz）。

根据测试结果，爆破振动均控制在安全允许范围之内。

表 4　检测数据表

测点	仪器编号	方向	最大质点振动速度 /$cm \cdot s^{-1}$	峰值时刻 /s	主振频率 /Hz	振动持续时间 /s
1 号	SF6 号	X	0.112	7.215	2.342	10.000
		Y	0.123	7.799	4.274	10.000
		Z	0.255	7.809	4.246	10.000
2 号	SF8 号	X	0.693	6.623	2.316	9.500
		Y	0.596	6.960	3.445	9.500
		Z	0.554	7.282	3.914	9.500
3 号	SF7 号	X	0.251	6.640	2.567	10.000
		Y	0.242	7.046	4.107	10.000
		Z	0.310	7.012	2.922	10.000
4 号	SF9 号	X	0.101	7.263	2.208	10.500
		Y	0.208	7.486	4.449	10.500
		Z	0.127	8.195	4.938	10.500
5 号	SF10 号	X	0.117	7.317	1.987	12.000
		Y	0.071	8.016	3.976	12.000
		Z	0.086	7.612	3.325	12.000

8 经验与体会

（1）坚持多打孔少装药的原则，在横梁交叉处加密布孔；采用水钻取芯钻孔，可以直接切断布筋，有利于爆破倒塌。

（2）科学做好预拆除工作，注意预拆除过程中危害结构的稳定性。

（3）利用结构力学计算好构筑物失稳条件，根据模拟情况选择缺口高度，确保构筑物按照设计倒塌。

（4）利用毫秒延期起爆技术，保证起爆先后顺序，确保按设计方向倒塌。

（5）加强近体防护可以阻挡爆破飞石距离，保证周边爆破对象结构安全。在倒塌区域设置减振堤，并采用土工布等材料覆盖，同时清除地面杂物及破碎物，可以有效的防止爆破飞溅物。

危化生产区80 m和120 m高钢筋混凝土烟囱爆破拆除

工程名称：80 m高混凝土烟囱爆破拆除工程和120 m高混凝土烟囱爆破拆除工程

工程地点：云南省昆明市安宁市草铺镇

完成单位：浙江秦核环境建设有限公司

完成时间：2021年3月15日~31日

项目主持人及参加人员：权树恩　夏卫国　陈　磊　楼晓江　杨开松　陈佳秉　刘金民　何继荣　权张龙　黄思靳　景芬芬　张　涛　杨懂恩

撰稿人：陈　磊

1　工程概况及环境状况

1.1　烟囱结构状况

1号烟囱外壁为C25混凝土浇筑的钢筋混凝土筒体结构，内壁环氧玻璃钢，外壁涂刷硫黄化树脂防腐涂料；烟囱底部直径9.60 m，壁厚400 mm；顶部直径4.36 m，壁厚18 cm；烟囱底部标高+0.0 m有一直径为0.5 m的扒灰口，+10.0 m处的西北方向和东北方向各有一个直径1.0 m的圆形烟道口；主筋为ϕ22 mm，混凝土体积838.22 m^3，总体质量约2300 t。

2号烟囱外壁为C25混凝土浇筑的钢筋混凝土筒体结构，内壁为红砖内衬，外壁刷氯化聚乙烯防腐漆；烟囱底部直径10.05 m，壁厚36 cm，内衬厚24 cm，顶部直径6.86 m，壁厚20 cm，内衬厚12 cm；内衬12.5 m以下厚24 cm，以上厚12 cm；在烟囱底部+5.0 m正东位置有一个直径2.0 m圆形烟道口；主筋为ϕ20 mm，总体质量约1600 t。

1.2　周围环境

黄磷系统闲置厂区位于云南天安化工有限公司西北区域内，周边为正在运行生产的云南天安化工有限公司其他工段。2号烟囱东南侧10 m处有单层小厂房，30 m处为生产装置公共主管廊桥架（混凝土桥架），管廊上安装布置有危险介质硫化氢管道、工艺水管道、污水管道、仪表线缆及动力电缆桥架需要重点保护，60 m 处为大型厂房；西南侧 5 m 处为架空电缆和地上水管，11 m 处为厂区公路（黄磷路）；西北侧 13 m 处有单层小厂房与筒仓，200 m 处为砖混厂房；东北侧 28 m 处为管道廊及栈桥，35 m 处为厂房。1 号烟囱东南侧为生产装置公共主管廊桥架（混凝土桥架），管廊上安装布置有危险介质硫化氢管道、工艺水管道、污水管道、仪表线缆及动力电缆桥架需要重点保护，距离约为 226 m；东南侧为砖混框架结构厂房，距离约为 42 m；西北侧为厂房和管道，距离为 5 m；东北侧为厂区内道路和通信光纤、水管等。整体爆破环境比较复杂（图 1），爆破时严格控制爆破振动塌落振动及爆破飞石。

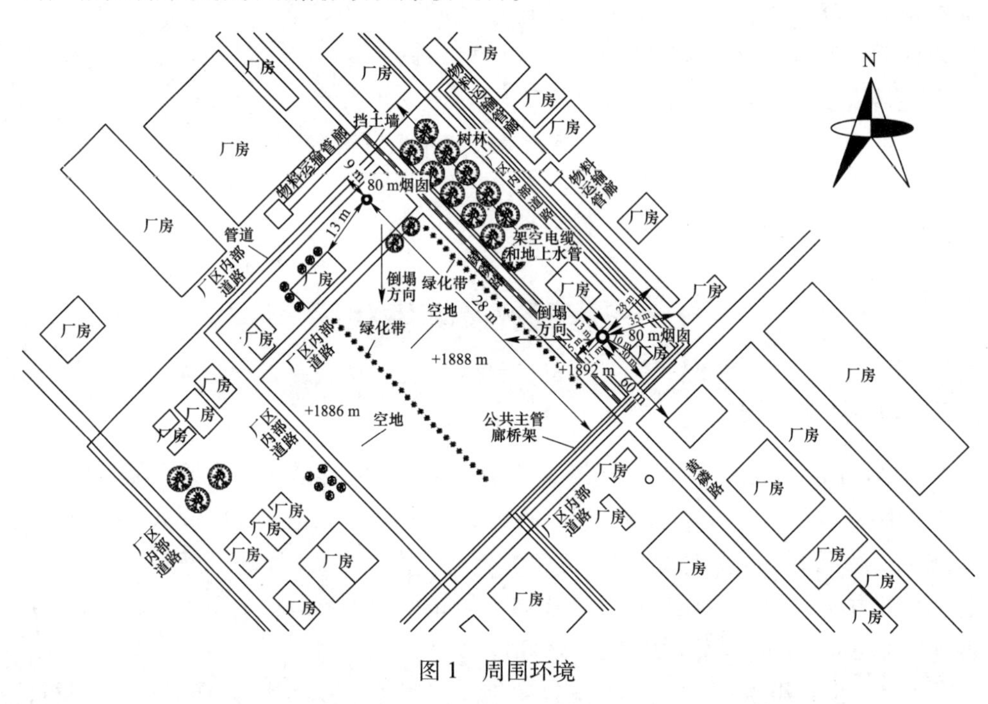

图 1　周围环境

2　工程特点、难点

（1）1 号烟囱西北侧 5 m 为厂房和管道，因此该烟囱在爆破时应选择合适的爆破切口，防止烟囱倒塌时产生后座，对厂房和管的产生破坏；此外烟囱总体重量约 2300 t，塌落振动比较大，唯一可以倒塌的方向距离公共主管廊桥 226 m，管廊桥的支柱是截面 20 cm×20 cm×500 cm 的双排立柱，因此塌落振动的控制是 1 号烟囱爆破拆除的难点。

（2）2 号烟囱没有合适的倒塌方向，在唯一能够倒塌的方向上有地下雨水管、架空通信光纤、厂区内部主通道黄磷路以及在+1886 m和+1892 m之间需要保护的挡土墙，且距离公共主管廊桥架仅有30 m，因此倒塌方向的选择，塌落振动与爆破飞石的控制，内部主通道黄磷路和挡土墙恢复工作以及倒塌方向是2号烟囱爆破拆除的重点和难点。

3　爆破方案选择及设计原则

根据烟囱周围需要保护建筑和设施的情况，结合文献中对几种爆破倒塌方式优缺点的对比分析，最终确定2号烟囱向正西方向和1号烟囱正南方向定向爆破倒塌方案（图1）。

考虑到1号、2号烟囱倒塌方向发生偏离，两个烟囱倒塌区域将会交叉重叠，产生的二次飞溅物将不可控，由于考虑到2号烟囱的倒塌区域离硫化氢管道较近，且倒塌方向的夹角较小，因此决定先起爆2号烟囱，再起爆1号烟囱，若倒塌区域发生重叠，1号烟囱倒塌在2号烟囱的废碴上，1号烟囱倒塌触地产生的二次飞散物不会沿倒塌方向的轴线方向飞溅，可避免二次飞散物的危害。

4　爆破参数设计

4.1　爆破切口参数设计

由于本次爆破拆除的两座烟囱均没有井字梁、考虑到施工过程中钻孔、装药、网路连接及安全防护的施工方便，同时避免烟道口对烟囱定向倒塌的不利影响，结合文献钢筋混凝土烟囱切口的高度，应使其倾倒至爆破切口闭合时，重心位置偏移到切口标高处筒壁范围以外。切口高度 H_p 根据经验按公式确定：

$$H_p \geqslant (1/6 \sim 1/4)D \tag{1}$$

式中　D——底部周长；1号和2号烟囱的 H_p 取值范围1.60~2.40 m和1.68~2.51 m，结合文献实际取值分别为2.45 m和2.10 m。

因此两个烟囱的爆破切口的高度都选择在烟囱底部+1.0 m的标高位置，距离烟道口的位置分别为1.9 m和6.55 m。

1号、2号烟囱爆破切口均采用正梯形加30°角定向窗，爆破切口长度 L_p 一般取（1/2~2/3）πd，爆破切口下沿长度分别为18.89 m和19.98 m，爆破切口角度均为228°，切口高度分别为2.45 m和2.10 m；两个烟囱的定向窗高0.6 m、长1 m，定向窗夹角为30°；减荷槽宽1.0 m、高2.5 m，对称布置在倒塌中心线

两侧。1 号、2 号烟囱预处理及孔位示意图如图 2 和图 3 所示。

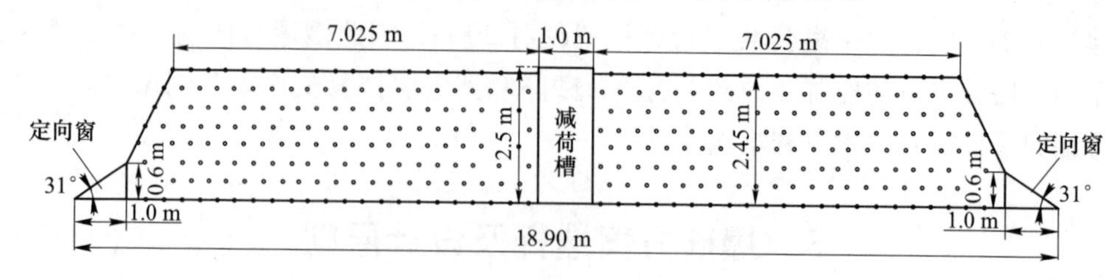

图 2　1 号烟囱预处理及孔位示意图

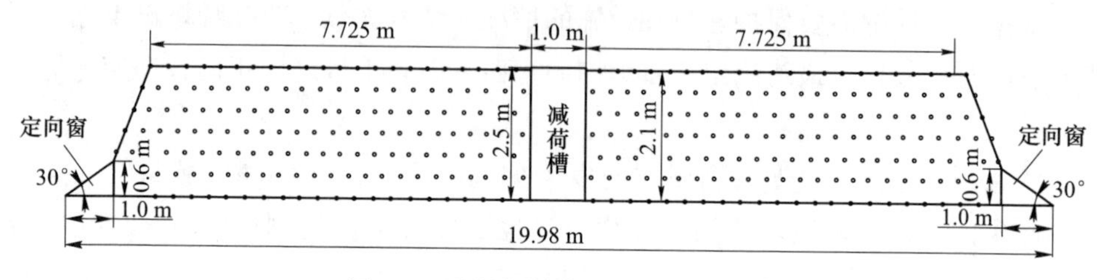

图 3　2 号烟囱预处理及孔位示意图

4.2　预处理措施

（1）1 号烟囱底部标高+0. 0 m 有一直径为 0. 5 m 的扒灰口，施工前对其附属结构进行拆除，+10 m 处两个烟道进行与烟囱主体进行拆除，同时拆掉固定在烟囱外壁的烟囱外设有铁爬梯和工道钢平台。

（2）2 号烟囱底部+5. 0 m 正东位置有烟道，将对其附属结构和固定在烟囱外壁的附属件进行预拆除。2 号烟囱内有厚 24 cm 的耐火层，使用人工拆除爆破区域范围的部分砖体，预留砖体柱作为支撑，如图 4 所示。

图 4　2 号烟囱内衬处理图

（3）1号、2号烟囱在对称于倾倒轴线的切口两侧开设30°定向窗，在烟囱倒塌方向中心位置，开设减荷槽（图2、图3）。开设方式采用镐头机开凿出一个小型作业面，再用风镐进行修整，露出的钢筋全部齐根部割断，两边割断钢筋数量位置要对称一致，窗体要开凿准确，边角平直、整齐。

（4）挡土墙。采用人工将挡土墙的块石依次拆除，搬运到不影响倒塌区域的位置，待爆破拆除完成后再将挡土墙砌筑回去。处理长度均按2号烟囱的直径的3倍执行。

4.3　爆破网路设计

本次爆破拆除施工是在危化生产区中进行，为减少外界杂散电流、射频电流可能引起不利影响，故采用导爆管雷管起爆网路，将孔内的导爆管雷管按片区抓为簇连“大把抓”的方式连接网路（图5）。为减少爆破振动和爆破夹制作用的影响，爆破切口分成“六区三响”，六个区域以倒塌方向中心线对称起爆。为减少盲炮率，将采用孔外毫秒延期的设计思路，即炮孔内均使用MS-5段导爆管雷管，区域间隔延期使用MS-3段导爆管雷管接力起爆；同时为了提高延时的准确性采用双雷管双网路联结，即孔内每发雷管的导爆管单独抓为一束并分别连接为两个网络。整个起爆网路分为三段，延期时间分别为110 ms、160 ms、210 ms。两个烟囱采用两个起爆器分别起爆，为减少塌落振动的叠加作用，起爆时间间隔1 min。

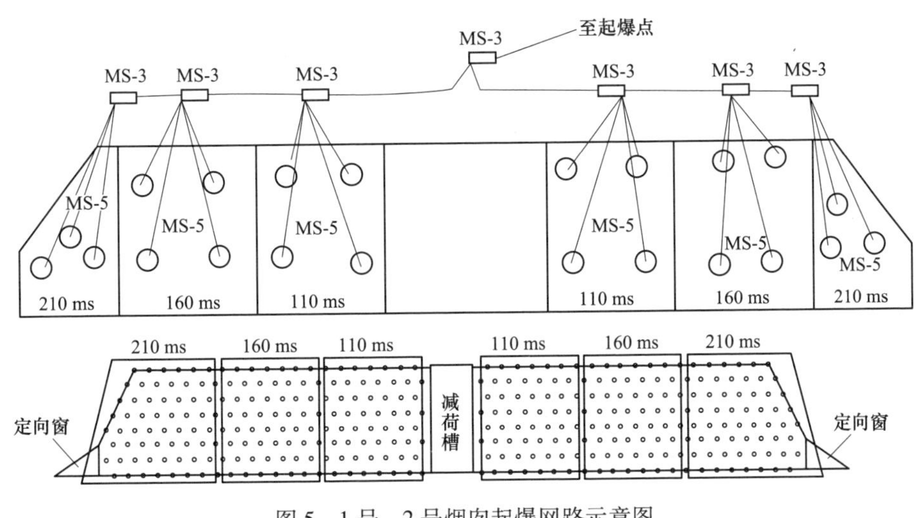

图5　1号、2号烟囱起爆网路示意图

4.4　爆破参数

（1）1号、2号两座烟囱均采用梅花形布孔，采用$d=40$ mm的手风钻垂直钻孔。

1）最小抵抗线 W：取切口处烟囱壁厚 δ 的一半，即 $W=0.5\delta$（δ 为壁厚）；

2）炮孔孔距 a：$a=1.5\sim1.8W$ 或 $a=(0.9\sim0.95)L$；

3）炮孔排距 b：$b=(0.85\sim0.9)a$，考虑到施工方便 $b=a$；

4）孔深 L：$L=(0.67\sim0.7)\delta$；

5）单耗乳化炸药 K：K 取 2500～3000 g/m³。底部两排与上部一排取 3000 g/m³，中间四排取 2500 g/m³；

6）单孔药量 q：$q=Kab\delta$。

主要爆破参数汇总见表 1。

表 1　主要爆破参数表

序号	壁厚/cm	抵抗线/cm	孔距/cm	排距/cm	孔深/cm	孔数/个	排数	切口高度/m	单耗/kg·m⁻³	单孔药量/g			最大段药量/kg	总药量/kg
										上	中	下		
1 号	40	20	35	35	26	342	8	2.45	2.5～3.0	150	125	150	15.00	48
2 号	外壁 36	18	35	35	24	300	7	2.1	2.5～3.0	150	125	150	12.44	40.8
	内衬 24	12	24	24	16	60	4	0.72	1.5		20		1.2	1.2

（2）2 号烟囱内衬预留砖体柱上钻孔，钻孔深度 16 cm，切口高度 0.72 m，炸药单耗取 1500 g/m³，单孔装药 20 g，先于 2 号烟囱主爆区起爆。

5　爆破安全设计

5.1　爆破振动及防护

1 号、2 号烟囱爆破时的最大单响药量分别为 15.00 kg 和 12.44 kg，和结合文献给的拆除爆破产生的地面振动速度的经验公式即：

$$v=kk'\left(\frac{Q^{1/3}}{R}\right)^{\alpha} \tag{2}$$

式中　$k=175\sim230$，取 230；

$\alpha=1.5\sim1.8$，取 1.8；

$k'=0.25\sim0.35$（参考楼房取值范围），取 0.35。

为了确保爆破振动安全，以上数值皆取最大值，计算出公共主管廊桥架处的振动分别为 0.25 cm/s 和 0.80 cm/s，根据《爆破安全规程》（GB 6722—2014）允许标准，爆破振动速度不会对公共主管廊桥架造成影响。

5.2　塌落振动及防护

5.2.1　塌落振动计算

根据计算公式：

$$v_t = K_t \left(\frac{R}{(MgH/\sigma)^{1/3}} \right)^{\beta} \quad (3)$$

式中　v_t——塌落振动速度，cm/s；

K_t——衰减系数，K_t=3.37~4.09；

σ——地面介质的破坏强度，MPa，一般取 σ=10 MPa；

β——衰减指数，β=-1.66~-1.80；

R——观测点至撞击中心的距离（取烟囱完整倒下时的中心位置到公共主管廊桥架的距离），1 号、2 号烟囱分别为 120 m 和 60 m；

M——下落构件的质量，1 号、2 号烟囱重量分别约 2263 t 和 1494 t；

g——重力加速度，取 9.8 m/s^2；

H——构件高度，1 号、2 号烟囱高度分别为 120 m 和 80 m。

计算出 1 号、2 号烟囱塌落振动的最大值分别为：0.90 cm/s 和 2.92 cm/s。结合文献公共主管廊桥架安全允许质点真的值为 2.5~3.5 cm/s，因此需要进行减振措施。

5.2.2　塌落振动防护措施

在 1 号烟囱倾倒区域地面上距离其根部 50 m、80 m、110 m、140 m 处和 2 号烟囱倾倒区域地面上距离其根部 35 m、55 m、75 m、100 m 处筑 4 道高 3 m、顶宽 3 m 的梯形土坝；前三道为减振坝最后一道为防冲坝。并在公共主管廊桥架前挖一道 2 m×2 m 的减振沟，确保减振 70%。

5.3　爆破飞石防护

在爆破部位外包四层防护覆盖，第一层为双层棉被，第二层为双层竹笆，第三层为铁丝网，第四层为双层建筑防护密目网（图 6），每一层均用铁丝捆紧扎牢。保证炮孔的填塞长度和填塞质量，严格按照设计装药，确保将飞石距离控制在 25 m 范围内。

5.4　硫化氢管道的防护

硫化氢管道安置在 5 m 高公共主管廊桥架上，对其产生的危害一是爆破飞石，二是公共主管廊桥架振动过大对其产生的次生危害，三是烟囱倒塌后产生的

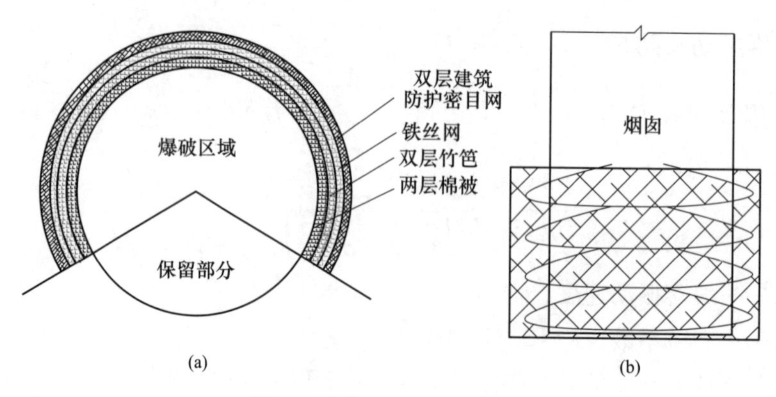

图 6　爆破飞石防护示意图

二次飞溅的飞散物。

由施工工期比较紧和桥架硫化氢管道暴露在飞石影响范围的区域比较长，采用常用的防护方式在时间上和经济上均不合理。因此对硫化氢管道采用了近体防护措施，即在管道上侧与正对飞石的一侧面搭设两层防护，第一层为棉被，第二层为竹排，侧面的防护低至管道下方 50 cm，防护长度 80.0 m，如图 7 所示。

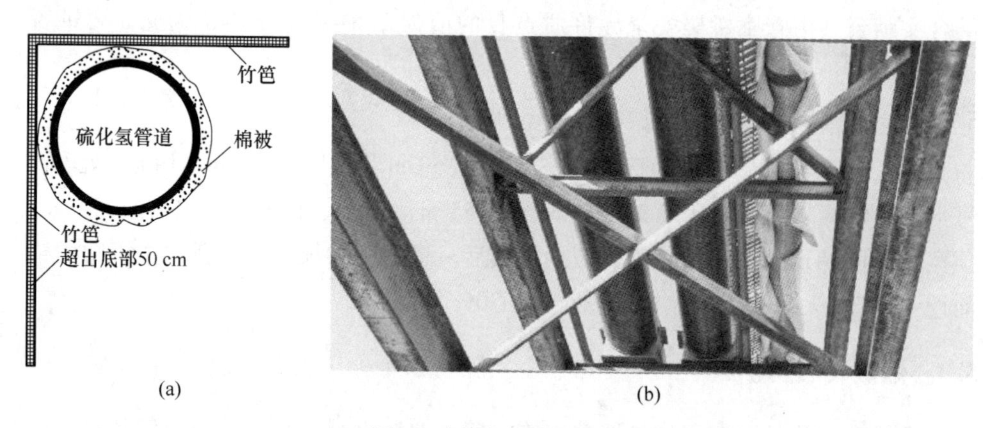

图 7　硫化氢管道防护图

5.5　防尘和二次飞溅防护

将原有倒塌方向范围内场地上的石块、木头等杂物清理干净，在上面铺设经挖掘机拍打后 0.5 m 的土质减振垫层，能够减少烟囱倒塌引起的二次飞溅；在爆破前一天对减振垫层适量洒水，能够有效降低爆破塌落时灰尘且不影响第二天的施工作业。

5.6 其他防护

5.6.1 通信光缆

将通信光缆从支架水泥杆上拆掉放置在黄磷路的路面上，使用泡沫薄膜缠绕包装后，用若干“5 cm×10 cm×400 cm”木板进行“品”字形防护。

5.6.2 黄磷路及污水管道防护

污水管道是在黄磷路边侧路面的下方，在路面上对应的区域采用“5 mm×1000 mm×2000 mm”的钢板横向铺设防护。在带保护区域的黄磷路面上使用“5 mm×1000 mm×2000 mm”钢板进行满堂铺设，在钢板上在满堂铺设一层“5 cm×10 cm×400 cm”木板。最后在木板层在铺设 2~3 m 后的土层，土层铺设时每个 50 cm 厚采用挖机碾压拍打严实。

以上防护长度均按 2 号烟囱的直径的 3 倍执行。

6 爆 破 施 工

6.1 钻孔施工

本工程的钻孔作业将以移动式空气压缩机为气源，使用风动凿岩机钻孔，孔径为 42 mm。施工由钻孔组承担。钻孔时按照炮孔标定—钻孔—钻孔校核的施工步骤进行。

6.1.1 炮孔标定

在钻孔前，按照爆破设计的孔位进行标定，将孔位用油漆标在爆破体上。标定时应注意如下事项：

（1）不能随意变更设计的孔位。

（2）标孔一般从中心线开始，根据孔距、排距准确标定。

（3）为防止设计或测量时有偏差，标定时应校核最小抵抗线。

6.1.2 钻孔

钻孔时应注意的事项：

（1）钻孔时要控制好钻孔的方向和孔深，使之符合设计要求。

（2）炮孔钻好后，应将炮孔内的杂物吹干净，以防炮孔堵塞。

6.1.3 钻孔的校核

钻孔结束后应对炮孔进行检查，主要内容为：炮孔的位置、方向、深度是否符合设计要求；有无堵塞现象；对于超深孔应回填至设计位置，孔深不足的应加深。

6.1.4 安全要求

（1）烟囱钻孔时，按照由上至下的原则进行作业。

（2）在垂直作业面上严禁交叉作业，防止高处坠物伤人。

（3）安排专职安全员进行检查督促，及时发现和制止违规操作。

6.2 装药作业

装药工作安排在起爆同一天进行。装药和防护的时间计划为 3 h。装药使用管状乳化炸药。

6.2.1 装药操作

装药前，要仔细检查炮孔，清除孔内积水和杂物，校核炮孔位置和深度。装药必须按照设计的药量装入，严防装错。装药时要将雷管的脚线顺直，避免填塞时损坏。

装药场地要设明显的标志，禁止无关人员进入作业现场。制作药包要在规定的安全地点进行，各段之间分开放置。装药现场禁止烟火。

6.2.2 填塞

（1）药卷装入孔内后，应立即进行填塞。

（2）填塞要密实，以防冲炮，填塞土中不应含有石块。

（3）填塞时要注意保护雷管脚线不受损坏。

6.3 起爆网路敷设

本次爆破全部采用导爆管网路连接，起爆元件均为毫秒塑料导爆管雷管，传爆元件有毫秒和半秒塑料导爆管雷管，击发元件为击发枪。

起爆网路敷设施工应严格按设计进行，从起爆元件处开始连接，逐步向起爆点敷设。

为确保起爆网路的可靠性，传爆元件使用两发雷管并联，并对雷管进行包裹保护；导爆管连接网路采用两条线路敷设。

起爆站设置在烟囱 150 m 左右的地方。

6.4 安全防护

按照安全防护设计要求做好安全防护，做到按质按量确保每一层都大道设计要求。

7　爆破效果与监测成果

7.1 监测结果

采用 M20 智能爆破测振仪，并对公共主管廊桥架的支柱进行了测点布置，测量结果表明两个烟囱倒塌触底的最大塌落振动速度为 0.9986 cm/s（表 2），小于爆破安全规程允许振速，不会对周围建筑物及设备构成损害，同时说明减振措施效果明显。

表 2 振动实测与理论计算结果对比

序号	测量点位置	烟囱冲击点与测量点距离/m	塌落振动理论值/cm · s^{-1}	塌落振动实测值/cm · s^{-1}	塌落主振频率/Hz
1 号烟囱	黄磷路与公共主管廊桥架交点处	120	0. 99	0. 8891	5. 3
2 号烟囱		60	2. 91	0. 9986	4. 8

7. 2 爆破效果

1 号烟囱历时 5 s 左右倒地，1 min 后 2 号烟囱历时 4 s 左右倒地。两烟囱倒塌方向十分精准，触地解体十分充分，爆破飞石、触地二次飞溅飞石、塌落振动均未对周围建筑物及设施造成危害。爆破完美达到预期效果，如图 8 所示。

(a) (b) (c) (d) (e) (f)

图 8 爆破效果图

8　经验与体会

（1）本次两个烟囱采用的都是低位正梯形切口，在倒塌过程中均有产生后坐，但后坐不明显，低位正梯形切口有利钻孔、装药和围护施工，因此有条件的情况下建议多采用此类切口。

（2）1 号烟囱倒塌方向十分精确，2 号烟囱倒塌方向偏差了 3°，爆后根据现场情况分析原因，可能是烟囱背面+5 m 处有个直径 2 m 的烟道口，烟道口侧的烟囱质量与另一侧的烟囱质量不对等、且结构不对称，综合这个两个方面的原因可能是导致倒塌方向发生偏差，今后遇见类似工程应考虑控制倒塌方向的准确性。2 号烟囱倒塌根部图片如图 9 所示。

（3）安全防护时，采用了棉被作为防护层的主要材料，棉被具有材质轻，撕扯韧力大，施工操作方便等特点，可以推广；架空硫化氢管道飞石防护时采用了被保护物体的近体防护措施，防护效果达到预期，在综合考虑安全性和经济性的条件下可以尝试使用。

（4）黄磷路和挡土墙的处理措施值得的借鉴推广，尤其是挡土墙的处理采用了“破而后立”的办法，正是爆破拆除思想精髓所在。

图 9　2 号烟囱倒塌根部图片

某高腐蚀结构缺陷烟囱爆破拆除

工程名称：嘉兴三官堂新材料公司砖结构烟囱定向爆破拆除工程
工程地点：浙江省嘉兴市海盐县秦山街道肖家浜附近
实施单位：浙江秦核环境建设有限公司
工程时间：2022 年 3 月 1 日～18 日
项目主持人及参加人员：权树恩 陈 磊 刘金民 周 宁 陈佳秉 郁强强 张 涛 张嘉炜 余江辉 权张龙 黄思靳 杨懂恩
撰 稿 人：权树恩 余江辉

1 工程概况及周边环境

嘉兴三官堂新材料股份有限公司位于浙江省嘉兴市海盐县秦山街道肖家浜附近。该公司厂区内有一座废弃砖结构烟囱，由于炉膛爆炸导致烟囱中部部分壁体破碎塌落，形成了一个最大跨度 3 m 左右的不规则破洞，且烟囱内外表面受烟气和碱液腐蚀严重，整体结构稳定性较差，存在较大安全隐患。经厂方与海盐县应急管理局沟通协调，决定委托浙江秦核环境建设有限公司采用爆破方式对该烟囱进行拆除，消除厂区生产安全隐患。

该废弃砖结构烟囱高 65 m，主体壁厚 0.48 m（其中底部 0～+1.4 m 壁厚为 0.60 m），底部外围周长为 23.4 m，烟囱无内衬，经测算烟囱的总体质量约 400 t；底部西北侧 0～+0.5 m 是一道宽约 0.4 m 的拱形帮出灰口；烟囱外壁爆破区上部 20 m 处有一个 3 m 左右长的破碎口，整体结构稳定性较差。

烟囱周围环境：正北侧 1 m 处是离地+3 m 的脱硫塔烟道，东北侧 1.5 m 处是一座高 35 m 的脱硫塔，6 m 处是厂房，56 m 处是员工宿舍，159 m 处是高压线塔（110 kV）；东南侧 22 m 处是河道，218 m 处是架空电线（220 V）；西南侧 20 m 处是部分厂房区块，103 m 处是一座信号塔，138 m 处是民房，152 m 处是高压线塔（110 kV）；西北侧 1.2 m 处是一个液碱罐，2 m 处是厂房，周边环境较为复杂，如图 1 所示。

本项目 2022 年 3 月 1 日立项，在完成前期调研和爆破拆除方案设计后，于 3 月 10 日通过专家现场论证。公司随即组织人员、机械设备入场施工，并于 3 月 18 日顺利完成爆破拆除，工程总历时 18 天。在爆破拆除过程中，通过精心设计和施工，该高腐蚀的结构缺陷烟囱严格按照预定的倒塌方向倾倒，未对周边被保护建（构）筑物造成影响，达到了业主与海盐县应急管理局的要求，消除了生产安全事故隐患。

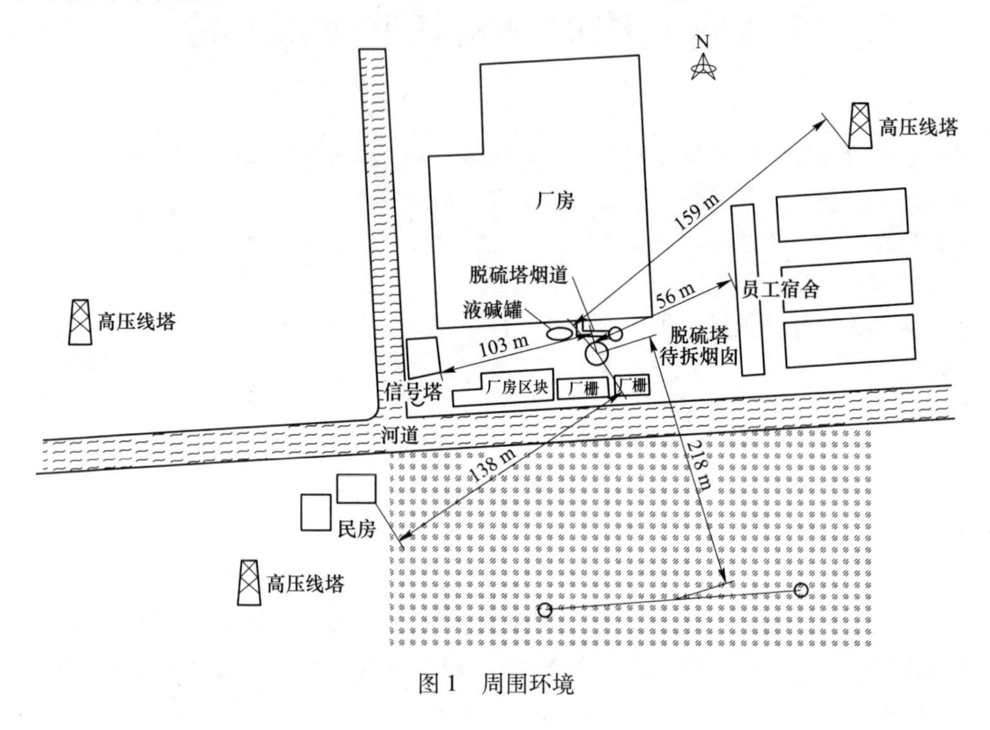

图 1　周围环境

2　本工程特点及难点

（1）本工程待拆除的烟囱位于厂区内，由于生产流程的限制使得生产线不得随意停工，而待拆烟囱距离北侧脱硫塔烟道 1 m，距离西北侧液碱罐 1.2 m，距离东北侧脱硫塔 1.5 m、保留厂房 2 m（图 2）。烟囱拆除要保证周边运转设施的安全，对爆破飞石的防护、爆破振动及烟囱塌落振动的控制是本工程需关注的重点、难点。

（2）由于待拆烟囱周边设备设施距离很近且均在运转，导致烟囱的倒塌方向只能为南侧。同时由于该烟囱发生过炉膛爆炸，烟囱壁破坏严重且长期受侵蚀，所形成的 3 m 左右不规则破洞正好位于南侧，处在爆破切口的上方（图 3）。若按照一般砖烟囱爆破拆除设计施工，爆破缺口的形式和位置选择不合适，就可能导致爆破切口爆破瞬间贯穿保留区至破洞位置，导致烟囱倒塌偏离破坏周边设备设施。如何保证设计的爆破切口形式适合本工程的高腐蚀结构缺陷烟囱并且爆破切口的位置标高保证在爆破时不被贯穿至破洞位置，导致爆破切口角度、高度增大，出现倒塌方向偏转甚至后坐、原地坍塌等情况是本工程需关注的重点、难点。

图 2　烟囱周围构筑物情况

图 3　烟囱破碎口位置及腐蚀状况

通过查阅文献，并未发现类似工程经验，也无爆破切口影响区域的数值试验，这就意味着本工程爆破切口的形式和高度是否合适都需要论证，同时本工程的结构砖体经过腐蚀强度情况也不能完全确定，设计的变化因素较多。即使理论论证通过，组织施工时但凡作业人员未能完全按照设计进行施工也会导致爆破结果反转，发生爆破事故。所以本工程自设计伊始，到现场实际组织施工都存在不小的挑战。

3　爆破方案选择及设计原则

综合考虑本工程的特点、难点，结合文献中切口形式对烟囱爆破拆除影响的数值模拟及文献中切口高度对烟囱拆除爆破塌落振动的模拟研究中不同切口形式及高度优缺点的对比分析，经过多次方案比选后，决定采用正梯形切口的定向倒塌技术方案。

爆破方案的设计遵循原则：

（1）倒塌方向应准确，防止后坐或原地坍塌，同时在烟囱与周边被保护建（构）筑物之间设置被动保护措施，防止对脱硫塔、脱硫塔烟道、液碱罐产生安全影响。

（2）爆破切口在爆破时不对保留区扩张，保证按照设计的切口角度、高度定向倒塌。

（3）爆破振动、烟囱倒塌触地的塌落振动应当采取措施保证对周边被保护建（构）筑物无有害效应。

（4）爆破飞石的防护措施应能够保证对周围被保护建（构）筑物无有害效应。

参考文献中影响砖烟囱定向爆破倒塌偏向因素的分析的理论，定向窗开设有助于倾倒切口中心线两侧完全对称，减少爆破对烟囱非倾倒侧保留部分的破坏（如屏蔽隔断爆破作用、逸放爆破产生的空气冲击波和爆生气体等），使其具有足够的支撑能力，避免烟囱过早下坐而造成危害。故在爆破设计方案中，选择在倒塌中心线位置开设一道导向窗，导向窗高 1.8 m，宽 0.5 m。两端开设对称的定向窗，定向窗角度 34°，长 1.35 m，高 0.9 m。导向窗和定向窗采取预拆除的方式提前切除剥离。烟囱预处理如图 4 所示。

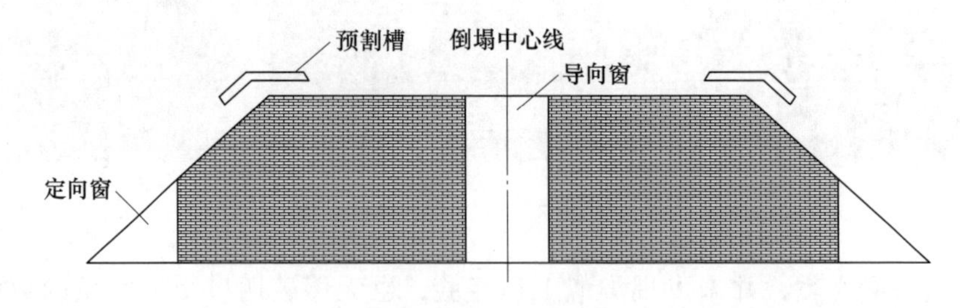

图 4　烟囱预处理

同时为了防止爆破切口向保留区扩张，采取在应力集中的爆破切口角处设置“预割槽”的方式约束爆破切口的扩张，以保证爆破倒塌方向的准确性。

为降低爆破振动对周边被保护建（构）筑物的影响，将爆破区域进行分区，爆破分区之间的延期时间保证在 50 ms 左右，控制最大单响药量以降低爆破振动；塌落振动的控制采取在烟囱倒塌方向 5 m、10 m、15 m 堆筑 4 m 高的减振坝，由于场地限制，15 m 以外为河道区域，不再设置减振措施。

对于爆破飞石的防护采取多重防护措施，堵孔材料选择炮泥卷，烟囱防护层由内到外依次采用棉被、密目网、竹笆的复式防护，确保对被保护的建（构）筑物不产生有害效应；同时在烟囱与被保护的建（构）筑物之间设置沙包、竹笆等被动保护措施。

4　爆破参数设计

4.1　孔网参数

待拆烟囱爆破部位材质较好，在施工中取炮孔直径 42 mm，炮孔间距 $a \times b$ = 0.45 m×0.45 m；（壁厚 0.48 m 处）炮孔深度 $L=0.67\delta=0.32$ m，（壁厚 0.60 m 处）炮孔深度 $L=0.67\delta=0.40$ m。

4.2　爆破切口

切口高度设计参照《爆破设计与施工》关于爆炸应力波的传播内容。对于正梯形爆破切口，取地面上方+0.5 m 处（出灰口之上），切口底下的出灰口实际施工中将用砖块封堵；切口高度 H 取 1.8 m，即布 5 排炮孔。下切口宽度 $L_{下}$ 取 $0.6\pi D=14.04$ m，上切口宽度 $L_{上}$ 取 $0.44\pi D=10.30$ m。烟囱爆破切口及断面如图 5 所示。

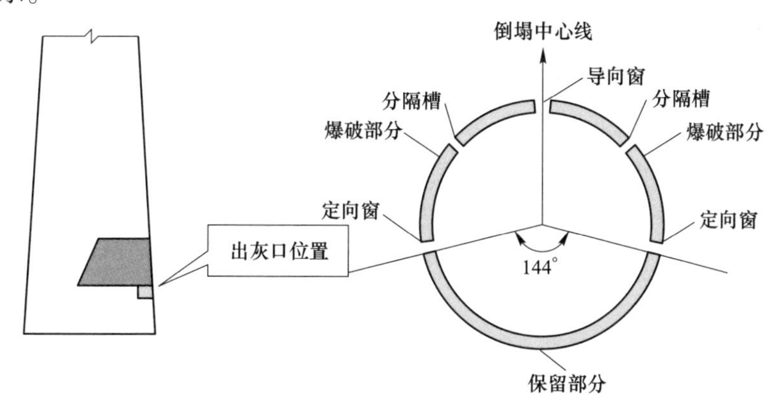

图 5　爆破切口及断面

4.3　装药量及炮孔布置

为确保安全及爆破效果，根据施工经验，炸药单耗 $k=900$ g/m^3，根据上述爆破切口的位置及壁厚的特殊性，底下三排孔（壁厚为 0.60 m）单孔药量 q =

$kab\delta$ = 109.3 g，取 110 g；上部两排孔（壁厚为 0.48 m）单孔药量 $q = kab\delta$ = 87.5 g，取 90 g。装药时确保药包位于壁厚中间位置。炮孔布置采用梅花形布孔。剔除导向窗和定向窗的孔数，设计还需钻孔 114 个，共装药量 11.44 kg，取 12 kg。爆破参数见表 1，炮孔布置如图 6 所示。

表 1　爆破参数

烟囱高度 /m	烟囱壁厚 δ/cm	抵抗线 W/cm	孔距 a/cm	排距 b/cm	单耗 q/kg · m^{-3}	孔数	排数	切口高度 /m	单孔药量 q/g	总药量 Q/kg
65	48	24	45	45	0.9	46	5	1.8	90	12
	60	30	45	45	0.9	68			110	

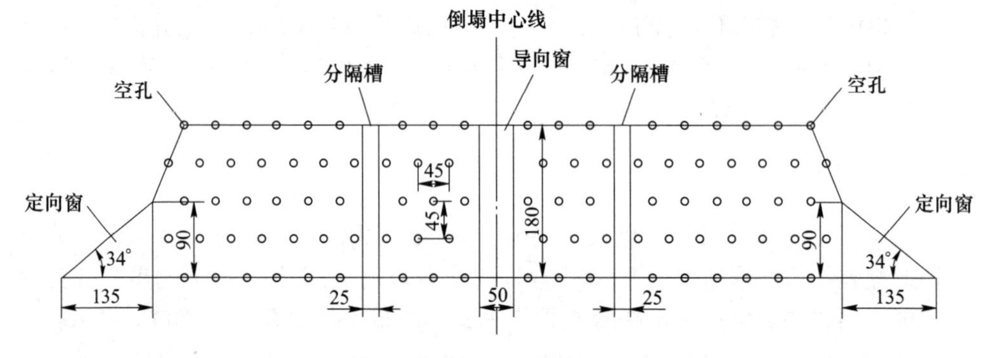

图 6　炮孔布置（单位：cm）

4.4　起爆网路

本工程采用数码电子雷管，考虑到对周边保护建筑物的影响，减小爆破振动带来的危害效应，采用通过调整数码电子雷管延期，达到分段起爆减小单响药量的爆破方法。延期设置共分为三个区域，区域一设置 0 ms，区域二设置 50 ms，区域三设置 100 ms。起爆网路如图 7 所示。

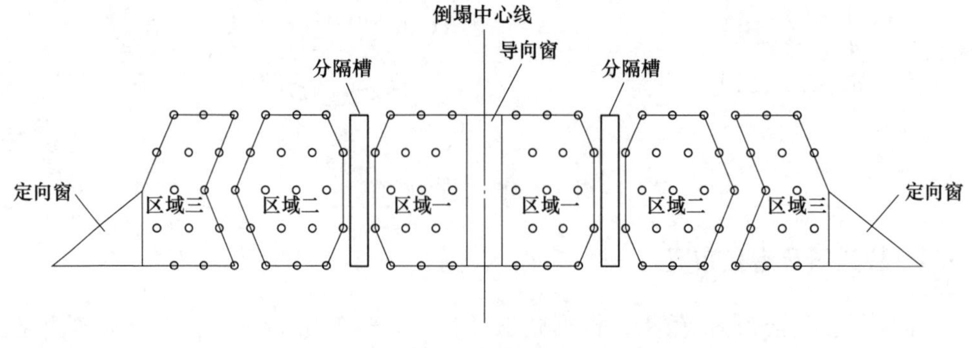

图 7　起爆网路

5　爆破安全设计

本工程爆破拆除时可能导致发生危险的因素主要有：

（1）爆破振动。

（2）烟囱塌落振动。

（3）空气冲击波。

（4）爆破飞石。

（5）爆破切口向保留区扩张导致倒塌方向偏转甚至原地坍塌、后坐。

下面就各危险因素的安全管控措施进行阐述。

5.1　爆破振动

根据爆破分区的设置，严格控制爆破最大单响药量，结合文献给的拆除爆破产生的地面振动速度的经验公式即

$$v = kk'\left(\frac{Q^{1/3}}{R}\right)^{\alpha} \tag{1}$$

式中　k=175~230，取230；

α=1.5~1.8，取1.8；

k'=0.25~0.35（参考楼房取值范围），取0.35。

（为保证爆破振动安全，数值均取大值。）

依据《爆破安全规程》（GB 6722—2014）关于一般民用建筑物、工业和商业建筑物的安全振动速度的规定，利用数码电子雷管对爆破切口内的装药进行分区域、分段起爆，控制爆破最大单响药量，保证爆破振动对周围被保护建（构）筑物不产生影响。

5.2　烟囱塌落振动

塌落振动对周围建筑物的影响，按照中科院工程力学所提供的塌落振动速度公式计算：

$$v' = 0.08 \times (I^{1/3}/R)^{1.67} \tag{2}$$

$$I = M'(2gH')^{1/2} \tag{3}$$

式中　I——触地冲量；

M'——每次塌落物质量中的最大值，kg；

H'——塌落构件重心落差，m；

R——目标点与构件触地中心的距离，m；

g——重力加速度，9.8 m/s^2。

该烟囱总质量为最大按 40×10^4 kg，R 最近 15 m，落差 H'最大按 30 m，计算振动速度 v'为 $1.14<2.0$ cm/s，故塌落振动不会对烟囱倒塌触地点后的脱硫塔、脱硫塔烟道、液碱罐产生影响。

同时在施工过程中铺设减震土堆来减弱振动影响（图 8）。并且实际砖烟囱倒塌过程中会解体，同时倒塌落地的质量将远小于烟囱总质量。

图 8　减震坝图

5.3　空气冲击波

由于本次爆破总药量不超过 12 kg，且均为钻孔爆破，加上炮孔均用黄泥填塞，且进行覆盖加强防护，警戒范围以外空气冲击波的影响可以忽略不计。

5.4　爆破飞石

个别飞石距离计算公式：

$$R_f = (40/25.4)D \tag{4}$$

式中　D——孔径，mm，本次爆破孔径为 42 mm。

经计算可以得出个别飞石在不采取任何防护措施的情况下最远的距离：$R_f=66.1$ m。

本工程周围环境较为复杂须严格控制飞石产生的影响，故本次爆破施工，在我单位多次安全爆破的经验基础上，拟采取以下技术措施，以确保其安全：

（1）用湿润的炮泥卷进行填塞炮孔，保证堵塞质量，不但要保证堵塞长度，而且要保证堵塞密实（图9）。

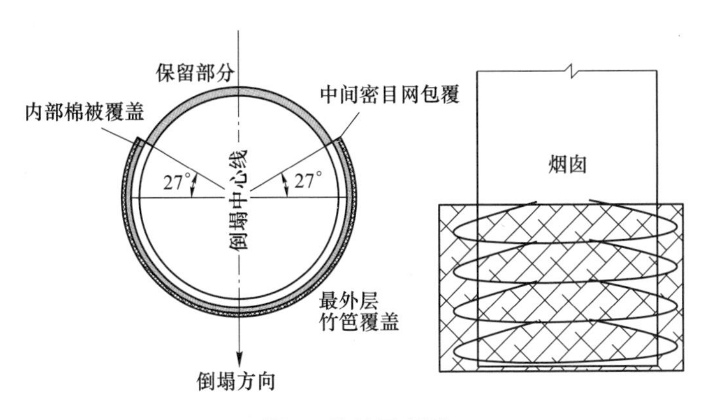

图9　防护示意图

（2）为了确保避免出现飞石等事故，加强覆盖爆破切口面的防护，控制飞石的距离小于2 m。

（3）做好近体防护，用多层厚棉被、多层密目网及竹笆覆盖在爆破切口面并用铁丝进行绑扎防护（图10）。

图10　烟囱防护示意图

（4）做好隔离防护，在脱硫塔烟道、液碱罐周围搭设脚手架并铺上双排竹排进行防护；在脱硫塔周围铺上沙袋并垒至一定高度进行防护（图11）。

图 11　隔离防护示意图

5.5　爆破切口扩张控制

由于待拆除烟囱的结构稳定性差，爆破切口如果不采取措施加以控制，一旦对保留区扩张就会导致爆破切口角度、高度增大，可能导致倒塌方向偏转甚至后坐、原地坍塌。

为控制爆破切口扩张，采取提前开设定向窗并对爆破切口以上设置“预割槽”的办法。定向窗可以保证爆破切口的角度受到限制，预割槽的设置使得爆破影响区扩张至预割槽位置时由于预割槽的约束，有效防止对保留区的进一步影响，保证爆破切口的准确性。定向窗、预割槽的位置如图 12 所示。

图 12　定向窗、预割槽示意图

6 爆破施工

6.1 钻孔作业

钻孔前对定向倒塌的方向和中心线用经纬仪进行校核，将倒塌中心线定位于烟囱爆破部位上。定向窗的开凿和炮孔布置严格按设计定位与烟囱爆破缺口。

钻孔时，采用 YT-28 气腿式钻机，按照设计孔网参数进行钻孔作业。钻杆控制到位并指向烟囱圆心，确保无上下左右偏斜从而保证炮孔方向既指向圆心又垂直于构筑物的表面。

对于钻好的 105 个炮孔，严格按照设计要求检查炮孔深度，同时检查用掏勺清除孔内的粉尘是否干净，逐孔检查验收合格。

6.2 装药作业

采用 ϕ32 mm 的乳化炸药药卷，现场爆破员采用电子秤称量切分的药卷质量，保证炮孔实际装药量符合设计要求。装药时利用炮棍将炸药送入炮孔底部，但要注意不要过分用力挤压药卷，雷管送入炮孔后，严禁挤压脚线和雷管管体。

6.3 堵塞作业

现场使用黏土制作炮泥卷，炮泥卷中不得含有金属、石块等坚硬物体。炮泥卷应当满足“湿、软、黏、弹”的要求，制作好的炮泥卷使用炮棍送入炮孔内，并适当进行挤紧，保证堵塞的质量。堵塞完成后将各爆破区域的数码电子雷管脚线整理好。

6.4 防护作业

通过预先设置好的防护桩固定好悬挂棉被的铁丝，将防护棉被沿着烟囱周围进行搭接防护覆盖，棉被固定好后，采用密目网再次覆盖防护，最后将竹笆围绕烟囱切口进行覆盖防护。覆盖过程中应注意保护雷管脚线。

6.5 连线起爆作业

爆破现场指挥相关人员进行警戒，爆破员对数码电子雷管脚线进行整理，划分好爆破区域后，对雷管进行注册、设置延期时间等操作，操作完成后将爆破母线从切口一端向起爆站位置进行放线，同时将雷管的线夹夹上爆破母线。

待所有雷管线夹夹好后，再次检查是否存在漏连情况，确认无误后人员撤离至起爆站，在保证现场安全的情况下通过组网检测母线是否导通及雷管在线情况。

现场警戒完成后，由总指挥发布充电指令，在“5、4、3、2、1”的倒数后，由总指挥发布起爆指令方可进行起爆。起爆后 15 min 进入现场检查，确认现场安全后解除警戒。

7　爆破效果与监测成果

通过精心组织施工，最终爆破倒塌方向与设计一致，未出现倒塌偏转、后坐及原地坍塌情况。经过详细检查，爆破后脱硫塔、脱硫塔烟道、液碱罐无任何损伤，厂区内被保护建（构）筑物无任何损失。

现场设置的测振仪监测到在距离烟囱 15 m、50 m、100 m、150 m 的振动数据分别为 0. 89 cm/s、0. 42 cm/s、0. 15 cm/s、0. 07 cm/s，符合安全要求。烟囱爆破拆除倒塌过程及爆后现场照片如图 13 所示。

图 13　烟囱爆破拆除倒塌过程及爆后现场照片

8　经验与体会

（1）预割槽、定向窗对于爆破切口的约束作用明显，爆破切口形成瞬间，虽然上部破口部位有砖块塌落，但是切口形状基本与设计一致，最终保证了烟囱按照预设的方向倒塌。建议在类似的存在软弱结构的建（构）筑物拆除中，可以尝试采取预割槽与定向窗综合控制爆破切口向保留区的扩张。

(2) 在烟囱爆破拆除过程中，塌落振动的影响较爆破振动大得多，根据经验公式计算的塌落振动比实测塌落振动大，建议爆协可以征集各爆破单位的实测塌落振动数值进行回归分析，对塌落振动的经验公式进行加权调整。

嘉兴三官堂新材料公司砖结构烟囱定向爆破拆除工程因其自身因炉膛爆炸而受损，结构稳定性差，加之周边环境复杂，被保护建（构）筑物数量多且距离近，施工难度高，对于爆破施工技术水平要求较高。浙江秦核环境建设有限公司在接到业主委托施工后，多次组织工程技术人员对现场进行踏勘，认真研究爆破设计方案，查阅类似工程的施工组织设计，多次询问有类似施工经验的同仁，并在专家论证后及时调整设计和施工方案，保证爆破施工的质量与安全。最终成功完成了本次爆破施工任务。

在本次爆破拆除作业中，工程人员针对这种结构缺陷的被爆体，充分利用受力分析以及旋转铰链的特点，在爆破模拟试验下，研究切口闭合时间长短对破口上部烟囱倒塌方向的影响以及切口上部炮孔爆破的影响范围，充分利用现有条件提高爆破施工的质量。

小高宽比大型框架结构爆破拆除

工程名称： 衢州市西区金桥大酒店爆破拆除项目/赤峰元宝山电厂框架结构锅炉厂房爆破拆除工程
工程地点： 浙江省衢州市柯城区/内蒙古自治区赤峰市
完成单位： 浙江京安爆破工程有限公司/浙江省高能爆破工程有限公司
完成时间： 2015 年 11 月 4 日~12 月 5 日/2013 年 6 月 20 日~7 月 20 日
项目主持人及参加人员： 辛振坤　洪卫良　顾　平　泮红星/蒋跃飞　喻圆圆　汪建忠
撰 稿 人： 辛振坤　泮红星　张少秋/喻圆圆　欧阳光　刘文成　谭　星　张　凯

前　言

框架结构楼房的承重构件是钢筋混凝土立柱，它们和梁连接构成框架，有的还和楼板浇筑为一体。框架结构楼房拆除爆破时必须将立柱一段高度的混凝土进行充分爆破破碎，使它们和钢筋骨架脱离，使柱体上部失去支撑。爆破部位以上的建筑结构物在重力作用下失稳，在重力和重力弯矩作用下，爆破柱体以上的构件将受剪力破坏，同时将向爆破一侧倾斜塌落。如果后排立柱根部和前排柱同时或是延时松动爆破，则建筑物整体将以其支撑点转动塌落。

框架结构拆除爆破容易发生后坐，应引起足够重视。如后排承重立柱不处理，前排立柱爆后，楼房在重力弯矩作用下，将使立柱在一楼和二楼之间折断造成一楼立柱后仰，产生很大后坐；反之，如后排立柱处理过高，则不能形成很好支撑，会造成楼房整体下坐，而失去“爆高差”，影响定向倾倒，许多爆而不倒的事故就是由此而造成的，因此框架结构的楼房爆破一定要注意后排转动铰点的处理，必要时应进行受力验算分析，才能保证这一方法的成功。

框架结构楼房的结构多种多样，考虑拆除工程要求和环境状况，有不同的拆除设计方案。

其中（一）为浙江京安爆破工程有限公司实施完成；（二）为浙江省高能爆破工程有限公司实施完成。

（一）

1　工 程 概 况

金桥大酒店及精品商城占地 40000 m^2，内设四层商场一幢，现主体结顶，地上建筑面积 17024 m^2；办公楼一幢，现已建二层，建筑面积为 7820 m^2，均为钢筋混凝土框架结构。目前该酒店已建地上面积总计为 24844 m^2，地下一层，建筑面积 21514 m^2。

爆破待拆有的商场和酒店办公楼，均为钢筋混凝土框架结构，楼板为钢筋混凝土现浇，外部形状为田字型结构组成，大楼主体基本采用 C35 混凝土。因该楼体为未完工建筑，楼体内仅有立柱和楼板，非承重砖墙均未砌。

待拆商场地上建筑面积 17024 m^2，为四层框架结构，顶层面高度为 20. 7 m，层高为 4. 8 m，商场平面宽 76. 1 m，长 76. 1 m，共 10 跨 10 排 95 根立柱（不包括外挑部分），有 5 个楼梯间和两个电梯井，分别位于楼房两头的四角，为对称结构，电梯尺寸为 2 m×4 m。

待拆商场大楼北面 20 m 为该施工区的围墙，围墙外为花园东大道，花园东大道北侧有居民房（亭川村），距离大楼最近为 90 m。

西侧有两幢新建办公大楼，与待爆大楼平行且分南北而建，距离主楼 48 m，其北楼与待拆商场间有一处车库出入口，距离商场大楼 20 m，再往西为衢州市人民政府办公大楼，距离大楼最近为 182 m。

待爆大楼东侧为保留的未完工施工基坑，约 100 m 为施工围墙，围墙外为三江东路和江滨公园；再往东为衢江，距离大楼为 240 m；位于待爆大楼东北为西安门大桥，距离大楼最近为 330 m。

南面距围墙为 16 m，围墙外为三江东路和江滨公园，待爆楼距衢江为 280 m；位于待爆大楼东南有一高压线电线柱，距离大楼最近为 210 m。拆除大楼平面位置如图 1 所示。

图 1　拆除大楼平面位置图

商场楼立柱断面主要为 500 mm ×500 mm 和 600 mm×600 mm 两种结构尺寸，横梁尺寸 200 mm×400 mm，直梁尺寸 300 mm×700 mm，楼板厚度为 12 cm。

酒店楼的立柱类型主要为 850 mm×850 mm 和 800 mm×900 mm，梁的最小尺寸为 120 mm×300 mm，最大尺寸为 400 mm×800 mm，配筋直径为 6、8、10 等三种型号不同的钢筋。

立柱主筋以 ϕ25 mm 螺纹钢，沿四周布置 12 根，箍筋以 ϕ8 mm 圆钢为主。

2 工程特点、难点

（1）待拆大楼楼层少，重心低，拆除面积大（4.1 万平方米），结构宽度远大于高度，而且为钢筋混凝土现浇框架结构，要让其向某一个方向进行倾倒和充分解体相当困难，而且施工工作量很大。

（2）待拆大楼为未完工的烂尾楼，楼体呈“井”字框架状，没有非承重砖墙，楼体质量相对要轻，预处理工作量相对要少，同时也减少了楼体爆破自身防护，故此，楼体爆破塌落振动相对要小，而爆破时应加强飞石防护。

（3）施工工程中要严格控制施工粉尘、噪声等对周边环境的不利影响，需要做好大楼周边单位的协调工作，尽量减少“扰民”和“民扰”，方能确保大楼拆除作业的顺利实施。

（4）待拆大楼位于主干道附近，西面距离在建建筑物比较近，安全防护工作量比较大；周边有交通主干道，来往车辆较多，因此爆破拆除时社会效应大，需要精心设计、精心组织和精心施工，确保安全。

3 爆破方案选择及设计原则

待爆两楼体若采用“定向倾倒”的爆破方式，商场大楼高约 20 m，宽约 76 m，酒店楼高约 10 m，宽约 55 m，根据此两楼的高宽比分析，相对于宽度来说，高度不足以使楼房解体倒塌，很可能在倾倒的过程中停住使解体不充分，本身又为框架结构，整体性较好，难以在爆破倾倒过程中撕裂；同时，结合楼体低、面积大的特点，若采用定向倾倒爆破，很可能爆破切口外留部分框架仍然未拆分并倾倒在爆碴上，形成爆后爆堆高，机械处理量大，外部形象差的结果。

待爆楼体若采用“原地塌落”的爆破方式，容易出现上层楼房结构整体下坐而不倒塌的现象。结合楼体的周边环境条件，特别是楼体西侧建筑，距离较近，为确保其安全，减少爆后的触地振动，本工程不采用此方案。

通过以上分析，对于这类大体量混凝土结构，根据我们以往的经验，结合楼体的结构、周边环境条件和拆除要求，本楼体采用“逐跨坍塌”爆破拆除方式比较合适，自南向北逐跨坍塌、自上而下按顺序起爆，同时，在楼体的北部留下1~2跨，底部弱爆，以减少北面的爆破飞石风险，这样不仅有利于楼房的充分解体，而且塌落振动小，碴堆外翻少，使后期处理更加方便迅速，对周边建筑物的保护均得到了兼顾，可以取得比较理想的爆破效果。

4　爆破参数设计

4.1　爆破部位

为了保护周边建筑物，使楼房充分解体，对后期处理更加方便迅速，本楼体爆破部位除在楼体的北部保留1~2跨立柱底部弱爆，上部不爆外，其余立柱将全部实施爆破，电梯井剪力墙形成墙柱后也采用爆破方式进行拆除。具体爆破部位如图2所示。

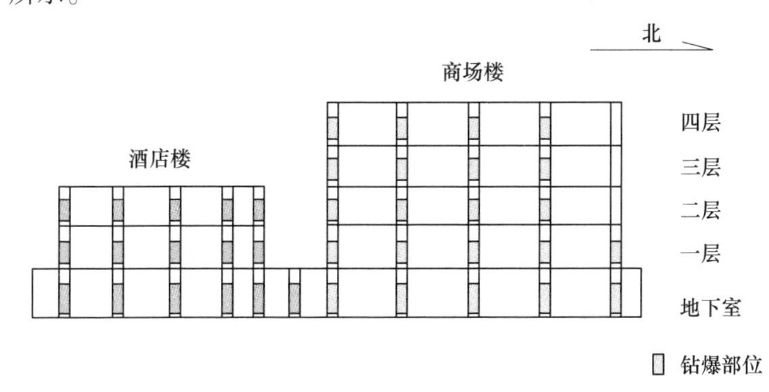

图2　爆破部位图

4.2　立柱炸高

为确保钢筋混凝土框架结构爆破时顺利倒塌，承重立柱的破坏高度常用如下经验公式确定：

$$H = K(B + H_{min}) \tag{1}$$

式中　B——立柱截面的最大边长；

K——经验系数，取1.5~2.0；

H_{min}——失稳的最小高度，$H_{min} = 30d = 30\times0.025 = 0.75(\text{m})$，$d = 25$ mm，经计算各立柱的爆炸高度为H=2.33~3.10 m。

商场楼的各排立柱的炸高，依据爆破部位设计见表1。

表 1　爆破部位内各排立柱炸高

楼层	A 轴	B 轴	C 轴	E 轴	F 轴	G 轴	H 轴	I 轴	J 轴	K 轴
地下一层	3.0 m 6 孔	3.0 m 6 孔	3.0 m 6 孔	3.0 m 6 孔	3.0 m 6 孔	3.0 m 6 孔	3.0 m 6 孔	3.0 m 6 孔	3.0 m 6 孔	3.0 m 6 孔
地上一层	3.0 m 6 孔	3.0 m 6 孔	3.0 m 6 孔	3.0 m 6 孔	3.0 m 6 孔	3.0 m 6 孔	3.0 m 6 孔	3.0 m 6 孔	3.0 m 6 孔	2.0 m 4 孔
地上二层	3.0 m 6 孔	3.0 m 6 孔	3.0 m 6 孔	3.0 m 6 孔	3.0 m 6 孔	3.0 m 6 孔	3.0 m 6 孔	3.0 m 6 孔	3.0 m 6 孔	
地上三层	3.0 m 6 孔	3.0 m 6 孔	3.0 m 6 孔	3.0 m 6 孔	3.0 m 6 孔	3.0 m 6 孔	3.0 m 6 孔	3.0 m 6 孔	3.0 m 6 孔	
地上四层	2.0 m 4 孔	2.0 m 4 孔	2.0 m 4 孔	2.0 m 4 孔	2.0 m 4 孔	2.0 m 4 孔	2.0 m 4 孔	2.0 m 4 孔	2.0 m 4 孔	

酒店楼的各排立柱的炸高，依据爆破部位设计见表 2。

表 2　爆破各排立柱炸高

楼层	1 轴	2 轴	3 轴	4 轴	5 轴	6 轴	7 轴	8 轴	9 轴	10 轴
地下一层	3.6 m 12 孔	3.6 m 12 孔	3.6 m 12 孔	3.6 m 12 孔	3.6 m 12 孔	3.6 m 12 孔	3.6 m 12 孔	3.6 m 12 孔	3.6 m 12 孔	3.6 m 12 孔
地上一层	3.6 m 12 孔	3.6 m 12 孔	3.6 m 12 孔	3.6 m 12 孔	3.6 m 12 孔	3.6 m 12 孔	3.6 m 12 孔	3.6 m 12 孔	3.6 m 12 孔	3.6 m 12 孔
地上二层	3.6 m 12 孔	3.6 m 12 孔	3.6 m 12 孔	3.6 m 12 孔	3.6 m 12 孔	3.6 m 12 孔	3.6 m 12 孔	3.6 m 12 孔	3.6 m 12 孔	3.6 m 12 孔

注：有楼梯间的炸高要略高于设计炸高，梁柱结合部位视情况钻辅助爆破孔。

4.3　炮孔布置

由于该楼为现浇混凝土框架结构，横梁与楼板强度较高，为了便于解体，在各层的横梁上布置少量炮孔，将横梁切断，有利于楼体倾倒解体。立柱、横梁的炮孔布置参数见表 3。

表 3　各梁柱炮孔参数表

布孔对象	断面规格	孔径/mm	孔距/cm	孔深/cm
立柱	80×70、70×70、*D*700	ϕ40	30	43～47
立柱	80×60、80×50	ϕ40	30	35～39
立柱	60×60、50×50	ϕ40	30	32～36
立柱	80×80、85×85、80×90、90×90、100×100	ϕ40	30	53～60
横梁		ϕ40	25	35～40

各立柱布孔如图 3 所示。

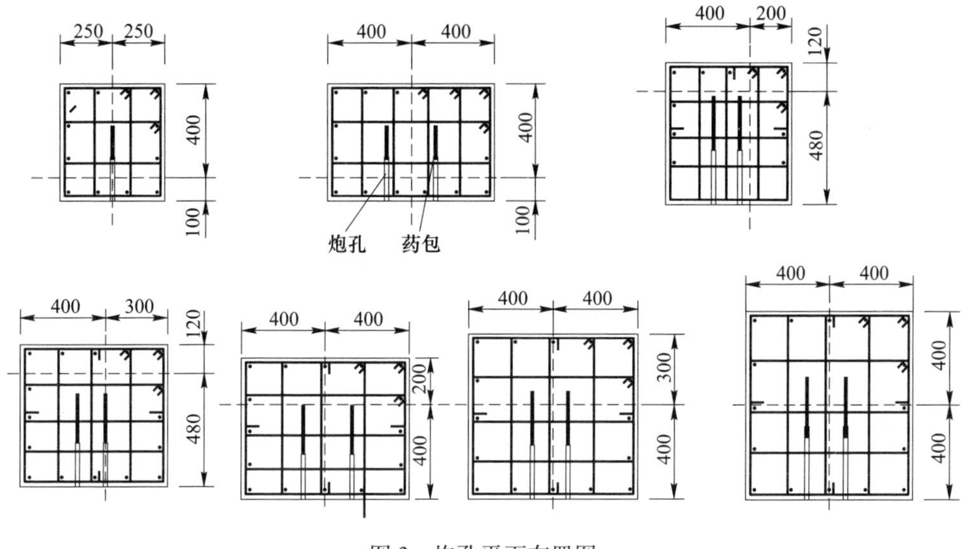

图 3 炮孔平面布置图

4.4 单位炸药消耗量

根据有关资料数据和类似工程经验，商场大楼炸药单耗的选取为地下室取 650 g/m^3，一、二楼取 600 g/m^3，三、四楼取 500 g/m^3；酒店大楼炸药单耗均取 900 g/m^3。个别节点或底部适当加强药量，实施爆破前应进行试爆，以精确调整药量，试爆应不影响大楼结构稳定。

4.5 炮孔间距

在四面临空的钢筋混凝土承重立柱和梁的爆破中，一般炮孔邻近系数取 $m=a/W=1.20\sim1.25$ 为宜，即 $a=(1.20\sim1.25)W$。若 m 值较小时，势必增加炮孔数量及钻爆工作量；若 a 值较大时，虽可减少炮孔数量，但欲爆相同数量的方量，单孔装药量相应增大，则药包能量相对集中，不利于控制爆破危害。

$$a=(1.20\sim1.25)W=0.30\sim0.40(\mathrm{cm})$$

4.6 炮孔深度

当采用水平炮孔且布单排孔时，炮孔深度 $L=0.58D$（D 为正方形的边长）为宜。对于矩形截面的梁、柱，无论采用垂直或水平炮孔且布单排孔时，$L=H-W$（H 为梁、柱截面的高度或长边尺寸）。

当采用水平炮孔且有多排孔时，对于正方形或矩形大截面钢筋混凝土承重立柱，一般两侧边孔深度仍取 $L=H-W$，而中间炮孔的孔深取两侧边孔深的 0.58～0.60 倍。

4.7　单孔装药量

根据以上爆破参数设计，两楼的主要型号立柱的炮孔孔深和单孔药量计算结果见表 4 和表 5。

表 4　商场楼立柱孔深和单孔药量表

代号	KZ6	KZ4	KZ5
截面尺寸/cm×cm	60×60	50×50	*D*50
孔深/cm	36	32	32
地下室单孔药量/g · 孔$^{-1}$	115	80	65
1、2 楼单孔药量/g · 孔$^{-1}$	108	75	60
3、4 楼单孔药量/g · 孔$^{-1}$		62.5	50

表 5　酒店楼立柱孔深和单孔药量表

代号	Z_1	Z_2	Z_3	Z_4	Z_6
截面尺寸/cm×cm	80×90	80×80	80×70	70×70	60×60
装药量/g · 孔$^{-1}$	200	175	150	125	100
孔深/cm	60	50	44	43	36

4.8　剪力墙布孔及单耗选择

楼梯间、电梯井剪力墙布设纵深孔（剪力墙厚度在 27～31 cm），自室内地平 +40 cm 起布孔，孔距为 40 cm，孔内装药以导爆索加小药包形式，空气间隔装药，采用细竹条定位、定向（图 4），单耗为 800～900 g/m^3，为便于布孔，采用人工处理方式预先在剪力墙上开设缺口，形成“墙柱”，缺口总宽不得超过剪力墙周长的 1/2，以保证大楼的爆前结构稳定。

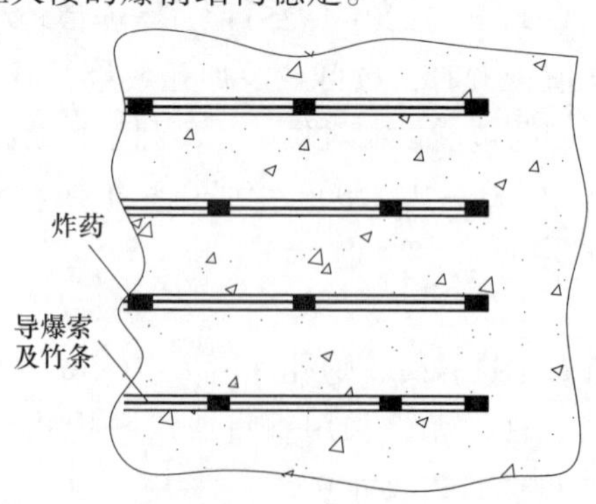

图 4　剪力墙纵深孔布孔装药示意图

4.9　爆破网路设计

由于大楼西面和北面都有建筑物需保护，且距离较近，为减小爆破振动和塌落振动，将两大楼整体自南向北分成 MS-2、MS-9、MS-12、MS-15、MS-16、MS-18、MS-19、MS-20 共八个起爆区段，采用毫秒延时技术进行延时爆破，每区段与区段之间延时间隔约 300 ms；同排立柱采用自上而下按楼层分成 MS-1、MS-2、MS-3 三个起爆区段，上层与下层之间相差 25 ms。爆破次序如图 5 和图 6 所示。这样本楼群爆破共分为 24 次连续起爆，整个楼群自起爆至爆完历时约 2 s，可实

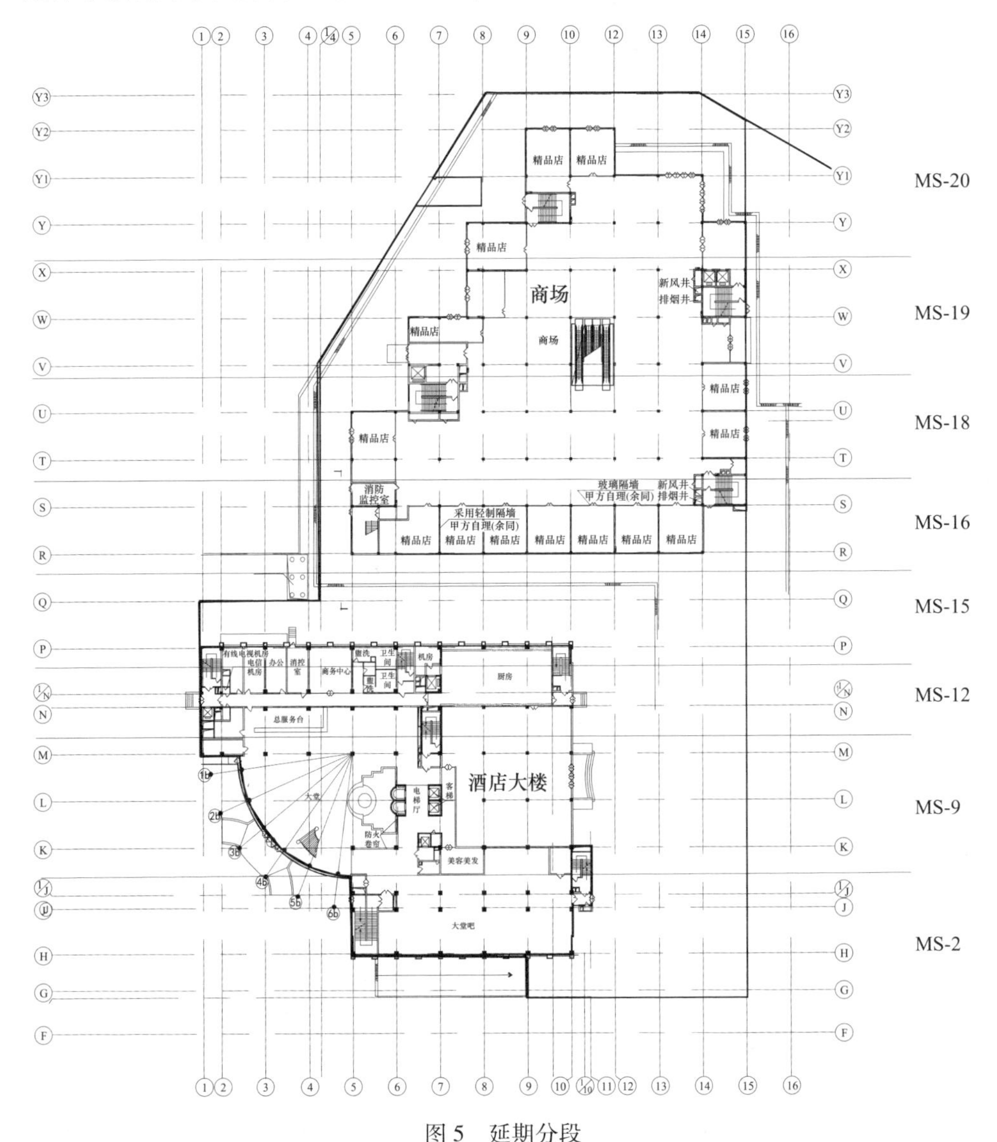

图 5　延期分段

现大楼按设计的起爆顺序先后向南倾倒触地从而有效地控制大楼的塌落振动和规避飞石对北部民房的风险。

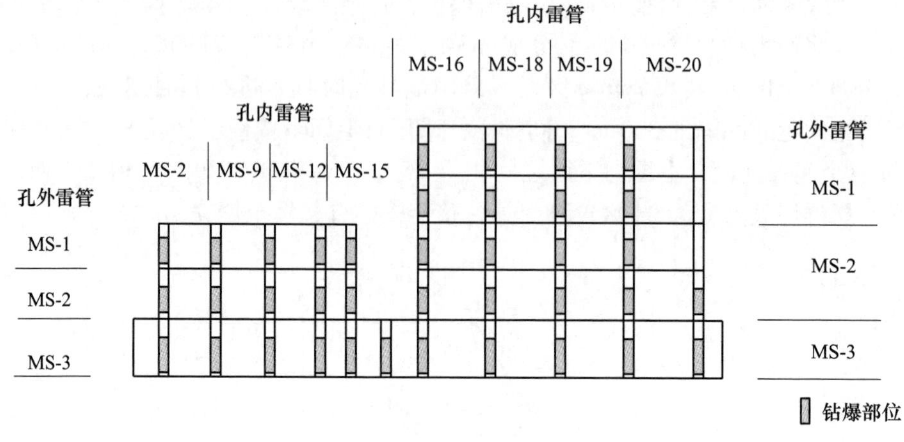

图 6　起爆网路

5　爆破安全设计

5.1　爆破飞石

由于拆除爆破的炮孔深度浅，填塞长度小，爆破部位都是多面临空的梁、柱和墙体，最小抵抗线小，而炸药单耗又较高，产生个别飞石的因素较多，拆除爆破的飞石距离的计算比较困难，参考苏联有关爆破抛掷初速度的计算公式：

$$v_0 = A(Q^{1/3}/W)^2 = A(Q/W^3)^{2/3} = K_1 q^{2/3} \quad (2)$$

对于个别飞石的最大距离，根据汪旭光院士主编的《爆破手册》（2010 版）中提供的个别飞石距离计算公式：

$$R = v_0^2/2g = K(Q/W^3)^{4/3}/2g \quad (3)$$

式中　Q——单孔装药量，kg；

W——最小抵抗线，m；

v_0——碎块初始抛掷速度，m/s；

g——重力加速度，9.8 m/s^2；

K——取决于爆破介质性质的系数，对混凝土 $K=100$。

依据上述公式，结合两楼的爆破参数设计相关数据，计算得：

（1）对于北部的商场大楼，地面上的立柱为 500 mm×500 mm，单孔药量 $Q=0.075$ kg，最小抵抗线 $W=0.25$ m，计算得到爆破飞石的最远距离为：$S_{max}=41$ m。

（2）对于南部的酒店大楼，地面上的立柱主要为 850 mm×850 mm，单孔药量 $Q=0.2$ kg，最小抵抗线 $W=0.35$ m，计算得到爆破飞石的最远距离为：$S_{max}=$

40 m。根据以往的观测和资料记录，飞石的速度为 10~30 m/s，在无防护条件下，拆除爆破个别飞石的外抛距离大致在 50 m 以内。

5.2　爆破振动

对于北部的商场大楼，最大单响药量控制在 30 kg 以内，经计算，距商场楼最近处在西侧的车库出入口的振速 v=0.31 cm/s。

对于南部的酒店大楼，最大单响药量控制在 60 kg 以内，经计算，距酒店楼最近处的西侧在建大楼的振速 v=0.29 cm/s。

5.3　塌落振动

经计算，北部的商场大楼的质量共约 7900 t，大楼爆破时，自南向北分 4 跨次触地，触地时的最大质量约 2.0×10^6 kg，重心高度约为 12.5 m（大楼顶高 20.7 m），计算得在西侧最近处的车库出入口的震速 v_t=1.27 cm/s。

经计算，南部的酒店大楼的重量约 6850 t，本楼爆破时，自南向北分 4 跨次触地，触地时的最大质量约为 1.8×10^6 kg，重心高度约为 7.5 m，距酒店楼最近处的西侧在建大楼的振速 v_t=0.67 cm/s。

本次拆除爆破采用了多孔分散装药、分段延期起爆技术，完全可以将爆破振动和塌落振动控制在许可的安全范围内。

5.4　爆破安全防护措施

5.4.1　飞石防护措施

5.4.1.1　直接覆盖防护

直接覆盖在爆破体上进行的防护，是防止爆破碎块飞散的重要屏障。本楼在所有待爆立柱上进行 1 层竹笆包覆防护，并在外围待爆的立柱采用 3 层竹笆外面包绿网进行包覆防护。

5.4.1.2　近体防护

近体防护一般采用挂有防护材料的围挡排架。本楼在靠近两幢大楼近西侧和北侧的最外一垮，每层搭建毛竹脚手架，竹笆覆盖防护。

5.4.1.3　保护性防护

对在爆破危险区内或爆破点附近的玻璃门窗或重要设施，可以在要保护的物体上进行架空式的遮挡覆盖防护，本楼在靠近两幢大楼西侧搭建钢管双排脚手架，竹笆外面包绿网（或麻袋）进行防护，长约 165 m，高约 12 m；同时，在地下车库出入口等重点爆破部位搭建排架包覆防护。

5.4.2　振动和二次飞溅物防护措施

（1）大楼爆破时，在倒塌触地部位的水泥地上铺设砂土层缓冲，以进一步减小振动影响，确保周围建筑安全，缓冲层可用现场泥土铺设。

（2）爆破作业时委托专业单位进行振动监测，以验证计算结果并作为评判依据。

6　爆 破 施 工

6.1　楼梯间的预处理

楼梯间预拆除、预切割要求拆除应高于同排立柱爆破高度，楼梯内应将钢筋割断，全部拆除，如图 7 所示。

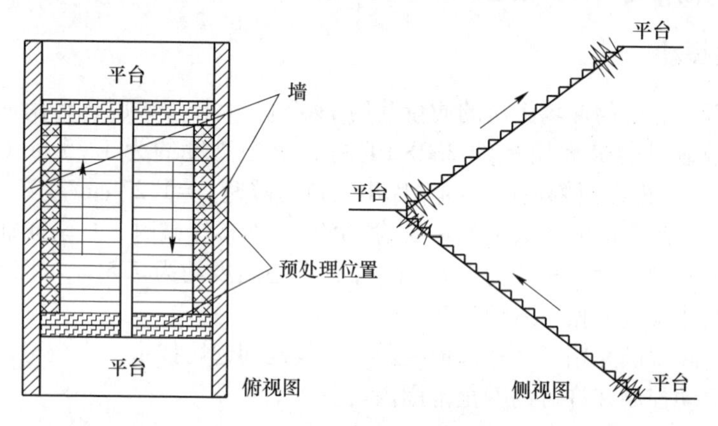

图 7　楼梯间预处理示意图

方法为将每段楼梯与平台以及剪力墙连接处的混凝土打掉（打掉的高度约 30 cm，钢筋裸露，平台不需要处理），然后用气割将连接钢筋割断。

6.2　楼板的预处理

在大楼楼层的楼板上开“十”字口，以释放在楼体倒塌过程中产生的压缩气体。

6.3　试爆方案

在两楼底楼选择一根不影响大楼稳定的承重立柱，按设计装药量进行装药，以确定合理的炸药单耗。

试爆时应做好现场防护工作，无围档时搭设围档排架。

试爆时做好警戒工作，警戒范围控制在围墙内。

7　爆 破 效 果

起爆后约 4 s，两座大楼按设计逐跨坍塌，结构解体充分，振动及飞石等有害效应均得到了有效控制，圆满实现了“爆堆不出围墙、不碎周边建筑一块玻璃”的既定目标（图8）。

图8　爆破效果

8　经验与体会

针对类似面积大、整体性较好、高宽比较小结构建构筑物拆除时，爆破方案的选择尤为重要，若采用“定向倾倒”爆破方式，很可能爆破切口外留部分框架仍然未拆分并倾倒在爆碴上，形成爆后爆堆高，机械处理量大，外部形象差的结果。若采用“原地塌落”爆破方式，容易出现上层楼房结构整体下坐而不倒塌的现象。本工程通过精心设计，采用“逐跨坍塌”爆破方式，取得了较好的效果，可为类似工程提供参考。

（二）

1　工程概况

待拆除锅炉厂房由51根不同规格的钢筋混凝土立柱与梁、楼板连接构成大型钢筋混凝土框架结构，整体对称性极差，东西长58.1 m，南北宽55.85 m，整体呈西高东低，厂房主体部分高度为54 m，中部为大型锅炉、炉架钢结构支撑和其他设备，东侧后两排为框架砖混结构裙楼，裙楼共四层，高16.6 m（图9）。厂房南侧有一独立结构体楼梯，西南侧有一处高6 m的砖混结构进口廊道。

1号锅炉厂房位于电厂中心区域，周围环境复杂，西侧15 m处为厂区主要交通线路，西南侧距离办公楼约43 m；西北侧距离脱硫车间约55 m；南侧与需保留的煤斗间联为一体；北侧距一号机组除尘室4.6 m，除尘室上部结构往北突出，距离北侧墙体不足2 m，且多个部位及管线与主锅炉厂房联通；东侧有一输

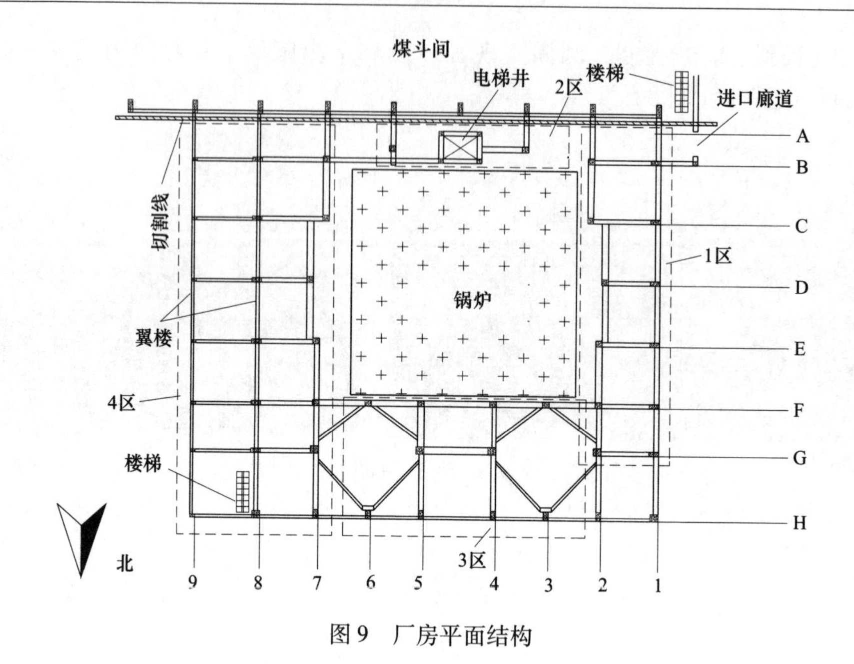

图9　厂房平面结构

煤栈道自南朝北斜上从翼楼上部架空经过，距厂房主体东侧墙体 5 m；翼楼东侧墙体距2号机组锅炉厂房约10 m；在翼楼下部有一条宽约1.5 m的电缆沟贯穿翼楼南北；翼楼北侧1 m处输煤栈桥桥墩有多条管线紧邻桥墩上行通过，爆破时需重点保护。待爆破锅炉厂房周边环境如图10所示。

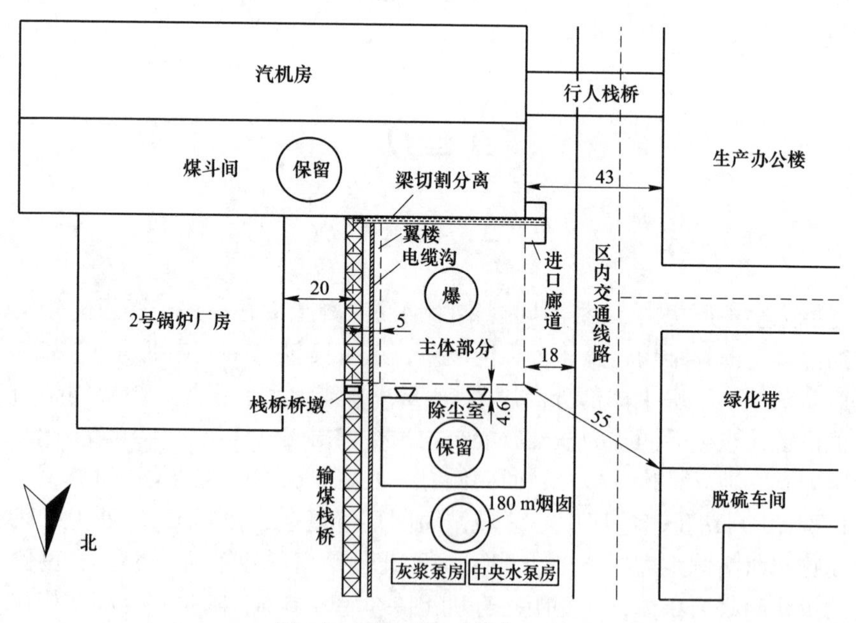

图10　周边环境（单位：m）

2 工程特点、难点

(1) 待爆破锅炉厂房周围环境复杂，必须保证厂房倒塌位置准确，不出现侧偏或反向倒塌，确保万无一失。

(2) 待拆除厂房属于高大建（构）筑物，爆后倒塌时会产生极大的挤压冲击力，所以必须保证厂房爆破解体后碴堆不超出允许范围，以达到对周边建（构）筑物及设施的保护。

(3) 厂房南侧煤斗间需要保留，爆破时必须严格控制爆破界限，做好厂房与煤斗间的切割分离，确保煤斗间不受影响。

(4) 爆破会产生振动、飞散物、噪声、冲击波和粉尘等有害效应，爆破施工中必须严格进行控制，有效降低爆破有害效应。

(5) 由于建（构）筑物在拆除爆破后塌落时的撞击地面的振动一般大于爆破振动，要特别注意控制塌落振动，需要通过合理布药，对厂房的不同楼层和不同部位梁柱进行爆破，控制厂房的解体尺寸。

3 爆破方案选择及设计原则

3.1 爆破方案选择

锅炉厂房四周均有需要保护的建（构）筑物，各方向无足够的定向倒塌空间，经论证采取定向爆破或者多折叠定向爆破均不可行。考虑锅炉厂房的内外部环境决定采用原地坐塌的爆破方案。

3.2 爆破设计原则

为避免原地坐塌出现爆堆过高、后坐，甚至出现局部侧偏或反向倒塌。考虑将厂房主体部分的锅炉设备及钢支撑预先拆除，为厂房倒塌腾出东西长 35.4 m，南北宽 33.6 m 的中部露天空间。

为了充分利用倒塌空间，保护周围建（构）筑物及设施，利用半秒延期雷管对各区、各层、各排的立柱倒塌顺序进行控制，使西侧结构先倒塌，西侧倒塌时的重力拉动南北两侧结构向厂方空间空地内聚倒塌，东侧两排立柱最后倒塌，在倒塌过程中，逐层充分解体。

4　爆破参数设计

4.1　立柱炸高

承重立柱炸高

$$H = K(B + H_{min}) \tag{4}$$

式中　K——经验系数，1.5~2.0；

B——承重立柱最大边长；

H_{min}——立柱临界破坏高度。

根据类似工程实践经验及承重立柱炸高公式，确定承重立柱炸高应大于 1.7 m，即可确保完全失稳。

为确保厂房解体充分，便于破碎和清运，设计适当增加破坏范围，厂房内部各平台处立柱炸高均取 4 m，北侧 H 轴的立柱炸高取 1.5 m。厂房各区各层立柱爆破高度如图 11 所示。

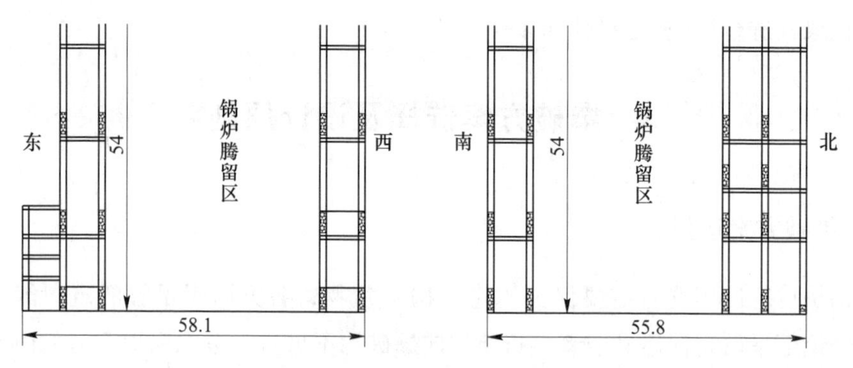

图 11　立柱爆破高度（单位：m）

4.2　炮孔布置方式

本工程立柱均为矩形截面形式，设计沿立柱短边进行水平钻孔。短边长度 600 mm 以内的立柱，沿竖向中心线布置一列炮孔；短边长度超过 600 mm 的立柱，上下布置成两列或三列，并使各孔之间相互错开，形成梅花型布孔。

4.3　孔网参数设计

（1）孔径 d：采用直径 40 mm 钻头对立柱短边面进行钻孔，各孔孔径为 40 mm。

（2）最小抵抗线 W：对短边长度在 600 mm 以内的立柱取短边长度的一半，对短边长度超过 600 mm 的立柱，由短边长度、炮孔排数及爆破经验来确定。

（3）孔间、排间距（a、b）：$a=(1.2\sim1.5)W$，$b=(0.6\sim0.8)a$。

（4）孔深 L：炮孔深度 L 大于最小抵抗线 W，并确保炮泥填塞长度 $L_1\geqslant(1.1\sim1.2)W$，孔深取钻孔方向长轴 H 的 2/3～3/4。

（5）炸药单耗 q：炸药单耗与被爆体结构、规格、自由面、内部钢筋密度、孔距、排距、最小抵抗线等因素有关，钢筋混凝土立柱及梁通常取 $q=0.8\sim3.0\ \mathrm{kg/m^3}$。

（6）单孔药量：可由公式 $Q=qv$ 得到，最终装药量类似经验及试爆效果来确定。

（7）装药结构：本次装药全部采用连续不耦合装药方式。

立柱设计爆破参数见表 6。

表 6 爆破参数

立柱规格 /mm×mm	炮孔排数	最小抵抗线 /mm	孔距 /mm	排距 /mm	孔深 /mm	单孔药量 /g	炸药单耗 /kg · m^{-3}
1200×600	1	300	400	—	900	450	1500
1000×1000	3	220	400	280	750	400	3000
800×800	2	250	400	300	550	300	2000
600×600	1	300	400	—	400	200	1500

4.4 起爆网路设计

待拆除厂房位于电厂中心区域，周边杂散电流较多。为了避免可能引起的早爆或误爆事故，采用孔内半秒延时、孔外瞬发的导爆管网路。

根据爆破总体设计方案，布置各侧立柱雷管段位，第一层各区立柱时差如图 12 所示，其上部各平台立柱随着层数的增加相应增加一个段位的半秒雷管。孔外使用瞬发雷管大把抓接力与四通的连接方法，为避免延时过长造成的线路断路等问题，在各层平台上加两路导爆管作为主线，每隔一段距离将各立柱之间的线路通过四通并入主线，然后将各层主线路并联到双线导爆管起爆线路。

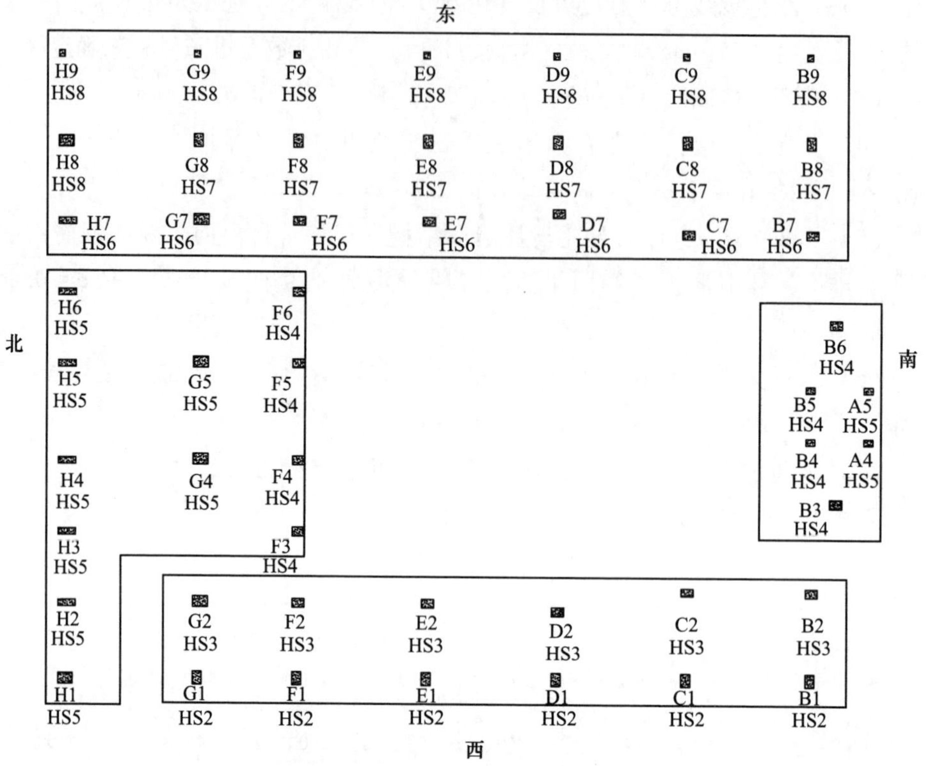

图 12　第一层时差分区示意图

5　爆破安全设计

5.1　爆破振动

拆除爆破振动计算公式：

$$v = K_1 K\left(\frac{Q^{1/3}}{R}\right)^{\alpha} \tag{5}$$

式中　Q——一次单响的允许药量，kg，本工程 $Q=50.4$ kg；

R——爆破中心至保护目标的距离，m；

K——地质条件系数，取 $K=200$；

K_1——折减系数，取 $K_1=0.25$；

v——地面质点振动速度，取安全振速 $v=2.0$ cm/s；

α——衰减指数，取 $\alpha=1.5$。

距离爆破中心 20 m 处为 3.97 cm/s，43 m 处为 1.26 cm/s，55 m 处为

0.87 cm/s。对于距离过近的保护对象采取如下措施避免振动影响：

（1）采用分段、分区及分层的方法，降低最大单响起爆药量，从根源上降低爆破振动危害。

（2）在锅炉厂房的东侧 5 m 处，开挖 2 m 深，1 m 宽的减振沟，从振动的传播机理上改变振动波的频率成分，分散振动能量。

（3）加大对厂房的预处理工作，对不影响厂房整体稳定性的小型立柱尽可能预拆除处理，对厂房的大型立柱进行爆破，尽可能减少厂房一次塌落的质量，从而减小塌落振动的危害。

5.2　爆破飞石

结合类似工程爆破拆除经验及爆破飞石计算公式 $R_f = 70q^{53}$ 估算本次拆除爆破中飞石的飞散距离，经计算无防护条件下飞石距离在 50 m 左右，本次爆破采取以下措施来控制爆破飞石的距离：

（1）采用铁丝捆绑三层草垫对立柱爆破部位进行严密覆盖防护，作为阻挡飞石第一道防护。

（2）爆破前在厂房西侧外围上部窗口包裹密目网；西侧下部第一层用铁皮封堵，外围 30 m 处设 3 m 高铁皮封堵。

（3）对周边较近建筑物的门窗、孔洞进行安全封堵，防止飞石进入建筑物，对爆区范围内的重要机具、设备及实施进行遮挡和覆盖，做到全封闭式防护。

5.3　电缆沟防护

对贯穿翼楼南北的电缆沟进行覆盖防护，直接在其上部覆盖 1 m 高的碎碴，作为承受厂房塌落时的缓冲材料，并在上部加盖预拆除落下的横梁及楼板，以此来减弱厂房肢解后的重物对电缆沟的直接作用。

6　爆破施工

6.1　预处理

由于厂房内部结构的复杂性及与保留部位的关联性，使得本次爆破拆除的预处理量较大。

（1）对厂房中部锅炉、炉架的钢结构支撑和其他设备采用人工气割法全部拆除，南侧独立结构体楼梯踏步也采用人工气割法全部放掉并拆除，只剩四根立柱、连接梁及平台。用气割法对厂房北侧与除尘室联通的管道全部切断，将其与锅炉厂房彻底分离。

（2）锅炉厂房南侧与需要保留的煤斗间墙体之间有钢筋混凝土横梁及楼板等连接，为了减小厂房倒塌时对保留体的拉扯，首先使用风镐对链接处横梁及楼板进行破碎，再用氧切割处理露出的钢筋，并将所有与煤斗间有连接的管路、横梁等全部切割分离。

（3）裙楼外侧立柱及墙体能利用爆后形成的爆堆进行机械拆除，使用炮头机将翼楼三层以下的横梁及墙体全部拆除，对四层以上的墙体使用人工拆除，并用风镐将翼楼西北角与主体部分南侧 H8 立柱连接的墙体切割分离，保留外侧立柱及墙体在爆破时作为一道保护屏障。

（4）厂房东侧翼楼 1~3 层（厂房第一平台下部）在爆前直接用炮头机将其打空只留东侧墙体及立柱；厂房西侧进口处的廊道及厂房北侧第一平台下有楼梯平台，在爆前也用炮头机拆除，以达到“多拆少爆”的目的。

6.2　试爆

选取 E8、G4、F6 三种不同规格的地面立柱进行一次试爆。为了防止爆后厂房局部垮塌影响后续装药及联网工作的安全，只对立柱的一小部分孔进行装药试爆，保证试爆后还有一定的支撑强度。

经试爆观察，立柱的试爆部分无残留混凝土，外部防护用草垫被炸开，且内部钢筋全部撑开，呈灯笼状（图 13）。试爆表明方案设计选择的单耗药量较大，但考虑立柱在厂房内部，有墙体阻挡，不会造成飞散物往外部飞溅，为确保建筑物能够顺利倒塌，决定实际爆破用药量和设计用药量一致。

图 13　试爆效果

6.3　爆破实施

本工程拆除爆破施工严格按照设计方案对锅炉厂房进行了预留部分的切割分离、厂房内部墙柱等预拆除、爆破立柱的钻孔、爆破区域和保护对象的立体防护等工作，经过 20 多天的施工准备，采用了“切割分离，原地坐塌，半秒延期，依次起爆，全封闭防护”的爆破方案，使用炸药 744 kg、毫秒雷管 2100 余发，防护材料 5000 m^2，缓冲垫层土方 500 m^3，顺利实施爆破作业。

7 爆破效果

元宝山发电厂 1 号锅炉厂房爆破拆除于 2014 年 7 月 18 日 9 时 30 分准时实施，整个爆破过程持续时间约 6 s，厂房按设计方案分区分层逐渐解体，爆破振动感觉不明显，爆破飞散物控制在 100 m 范围内。

起爆后经检查，建筑物玻璃无破碎、输煤栈桥顶部钢支架及底部钢筋混凝土立柱支架完好无损、南侧煤斗间完好、周边发电设备及地上地下管路均未遭受破坏。厂房解体较为充分，爆堆最大高度 12 m。爆破飞散物、爆破振动和塌落振动等均得到有效控制，其他机组正常不间断运行。锅炉厂房爆破效果如图 14 所示。

图 14　厂房爆破效果

8 经验与体会

（1）原地坍塌爆破拆除预拆除及钻孔工作量较大，爆破前预拆除工作一定要彻底，特别是一些与厂房有连接的大型钢架结构。如果拆除不完全将会导致爆堆过高，甚至出现不按预定方向倒塌的后果。

（2）保留厂房东侧裙楼外侧立柱及墙体，利用爆后形成的爆堆进行机械拆除。不仅有效缓解了东侧倒塌空间不足的问题，而且阻挡了爆破飞散物、烟尘及爆堆对输煤栈桥桥墩及管道的挤压，很好地充当了2号锅炉厂房、输煤栈桥桥墩及附近管道的保护屏障。

工程获奖情况介绍

发表论文1篇。

大型支撑拆除爆破技术

工程名称： 宁波三宝国际金融大楼项目支撑爆破拆除工程/浙江省人民大会堂地下公共停车库工程支撑拆除工程
工程地点： 宁波市海曙区药行街灵桥路/杭州市省人民大会堂
完成单位： 浙江京安爆破工程有限公司/浙江省高能爆破工程有限公司
完成时间： 2010年5月1日~7月1日/2014年12月26日~2015年3月31日
项目主持人及参加人员： 辛振坤 叶斌元 程才林/蒋跃飞 喻圆圆 叶斌元
撰 稿 人： 辛振坤 泮红星 张少秋/喻圆圆 方 哲 李锦琛 许晓磊

前 言

基坑钢筋混凝土支撑系统一般由灌注桩、围檩、支撑梁、混凝土栈桥等组成。爆破拆除主要针对混凝土支撑梁、混凝土栈桥梁、围檩，栈桥板因较薄可采用机械破碎。有时灌注桩、混凝土连续墙及混凝土压顶梁亦需拆除爆破。

支撑拆除爆破有如下特点：

（1）支撑从浇筑到拆除时间短，因此其强度、完整性很好。

（2）需爆破的支撑均有完整的图纸，浇筑时可现场实地观察，对混凝土强度、布筋等有一定的了解。

（3）支撑大部分位于市区，周边环境对爆破要求很高，爆破设计、施工应精确，安全控制把握度高；对爆破噪声、扬尘等控制提出更高的要求。

（4）支撑拆除工期很紧，一次爆破量可能很大，支撑爆破与楼房施工交叉进行，而且多数为关键工序，对工期要求很紧。

现根据工程实例对支撑爆破拆除做一些介绍，其中（一）由浙江京安爆破工程有限公司实施完成，（二）由浙江省高能爆破工程有限公司实施完成。

（一）

1 工 程 概 况

本工程需爆破拆除宁波三宝国际金融大楼地下三道钢筋混凝土支撑及围檩，总方量为2400 m^3。其中第一道支撑面标高为-2.0 m，需要爆破拆除所有支撑和栈桥；第二道支撑面标高为-6.6 m，需要爆破拆除所有支撑及围檩；第三道支撑面标高-11.2 m，需要爆破拆除所有支撑及围檩。当地下室底板或顶板混凝土浇筑完毕达到强度后，按建设方进度拆除支护。

本工程位于海曙区药行街灵桥路路口。

东：基坑东侧距灵桥路边约 7 m，隔灵桥路为宁波日报报业集团大楼（13F）距离基坑 56 m。

南：基坑南侧距君子街约 14 m，隔君子街为美莱（宁波）整形美容公司大楼和口福川菜馆，距离基坑约 20 m。

西：西侧隔狮子街为金碧大厦，距离基坑为 23 m，金碧大厦一楼临狮子街为店面房，西南角灵桥小区 40 m。

北：基坑距北侧药行街 10 m，隔药行街为在建的环球中心和红光罗浮宫家具馆，距离基坑 50 m。具体工程周边环境如图 1 所示。

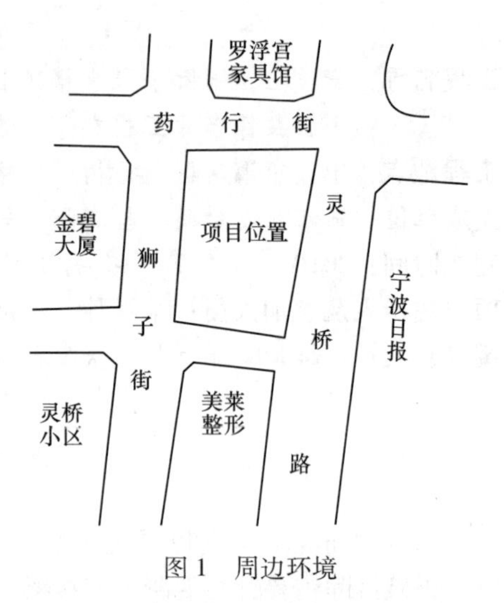

图 1　周边环境

2　工程特点、难点

（1）爆破块度要求高，控制爆体的破碎程度（块度不大于 30 cm），将飞石控制在基坑范围内。

（2）周边环境复杂，爆破作业需要严格控制爆破振动，确保周边建筑物、管线和基坑自身结构稳定和安全。

（3）控制爆破噪声，尽可能做到不扰民、少扰民。

（4）控制爆破扬尘对周边的影响。

3　爆破方案选择及设计原则

针对不同的爆体结构、布筋及位置，采用不同的爆破参数、密孔少药，既保证爆破效果，又严格控制爆破有害效应，对特殊位置的爆体，如靠近塔吊、地下连续墙体或围护桩处的爆体，应采用不对称的炸药单耗，实现一侧炸透，另一侧松动爆破的方法，确保周边设施的安全，当爆体下方或上方距地下室顶板很近时，改变装药位置，保护爆体下方或上方构件免受飞石的冲击。

本工程周边环境复杂，南侧西侧距离建筑物较近，东侧和北侧为主要干道，所以对第二道、第三道支撑以炸松为主；第一道支撑采取孔深加大、少装药，以机械或人工配合方式进行爆破，预期效果为支撑上部留取 15~25 cm 不动，下侧松动。

4　爆破参数设计

4.1　布孔设计

布孔设计包括排间距和孔深两部分设计。两者必须依据钻孔孔径的大小、炸药的品种以及爆体的结构强度等相关参数来设计。本工程采用ϕ40 mm 的炮孔，ϕ32 mm 的乳化炸药，选择孔距 100 cm（节点部位孔距 30~40 cm），排距 20~30 cm，周边抵抗线 W 取 20~30 cm。

成孔方式第一道、第二道支撑采用人工钻孔，第三道支撑采用预埋孔，平均布孔数约为每立方米 5 孔，支撑多排孔布孔以及典型结点布孔如图 2 和图 3 所示。

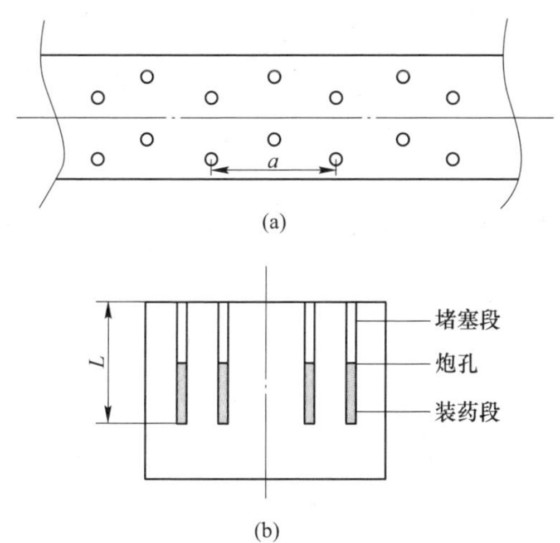

图 2　多排孔布孔

（a）多排孔布孔平面图；（b）多排孔布孔截面图

4.2　药量计算

炸药单耗与爆体混凝土标号、主筋数量及规格、箍筋规格及布设、爆体临空面状况、爆体所处的位置等有密切的关系。一般情况下支撑及连梁直线段等取 600~800 g/m^3，围檩（腰梁）及环梁和节点处取 1000~1300 g/m^3，基本上可获得较为满意的爆破效果。

根据支撑结构的断面尺寸及单耗计算出单孔装药量见表 1。

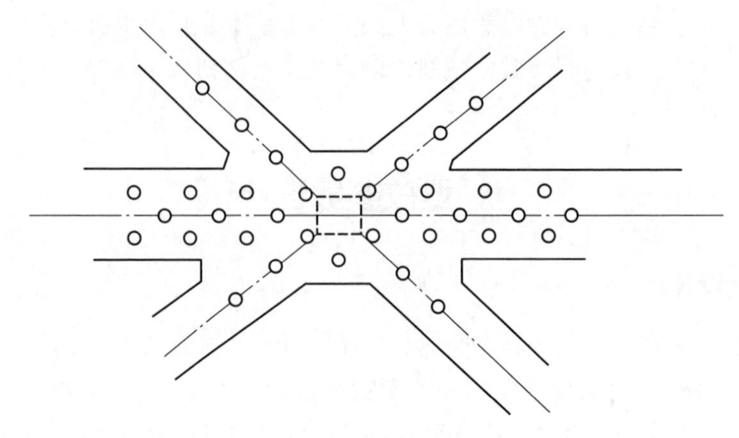

图 3　结点布孔示意图

表 1　单孔装药量计算

序号	梁型	断面尺寸 /mm×mm	孔距 a/m	排数	孔深 L/m	单耗药量 /kg · m^{-3}	堵塞长度 /m	单孔装药量/g	箍筋
1	1-WL1/WL2	1000×700	1	3	0. 6	0. 857	0. 4	200	ϕ8@ 200
2	1-ZC1	600×700	0. 5	1	0. 6	0. 714	0. 45	150	ϕ8@ 200
3	1-ZC2/ZC3	700×700	1	2	0. 6	0. 714	0. 425	175	ϕ8@ 200
4	1-ZC4	800×700	1	2	0. 6	0. 714	0. 4	200	ϕ8@ 200
5	1-LL1	500×700	0. 5	1	0. 6	0. 714	0. 475	125	ϕ8@ 200
6	1-LL2	400×600	0. 5	1	0. 5	0. 625	0. 425	75	ϕ8@ 200
7	2-ZC1	600×800	0. 5	1	0. 56	0. 729	38	175	ϕ8@ 200
8	2-ZC2	700×800	1	2	0. 56	0. 714	0. 36	200	ϕ8@ 200
9	2-ZC3	800×800	1	2	0. 56	0. 703	0. 31	225	ϕ8@ 200
10	2-ZC4	900×800	1	3	0. 56	0. 729	0. 38	175	ϕ8@ 200
11	2-LL1	600×800	0. 5	1	0. 56	0. 729	0. 38	175	ϕ8@ 200
12	1-YL1	1700×700	1	6	0. 55	1. 008	0. 4	200	ϕ8@ 200
13	2-WL1/WL2	1200×800	1	4	0. 6	1. 042	0. 3	250	ϕ8@ 200
14	2-YL1	1900×800	1	6	0. 6	1. 184	0. 3	300	ϕ8@ 200
15	3-YL1	900×800	1	3	0. 6	0. 833	0. 4	200	ϕ8@ 200

4. 3　装药、填塞

孔内采用连续装药结构，药包位于炮孔底部，起爆雷管位于装药全长下部的

1/3~1/2 处。

填塞材料采用带有部分黏土的黄沙，分层装入，用木棍捣实。

4.4　网路设计

本工程采用导爆管雷管传爆网路，孔内高段位非电雷管起爆、孔外低段位非电雷管传爆孔外毫秒微差延期。严格控制单段齐爆药量，最后采用双回路传爆，提高网路可靠性。

网路设计如下：

（1）支撑网路设计。孔内采用 HS-4 段非电雷管，孔外采用 MS-3 段非电雷管，一般 8~10 孔一段位。

（2）腰梁及环梁网路设计。孔内采用 HS-4 段非电雷管，孔外采用 MS-3 段非电雷管，一般 6~8 孔一段位。

（3）支撑节点网路设计。孔内采用 HS-4 段非电雷管，孔外采用 MS-3 段非电雷管，一般 6~8 孔一段位。

5　爆破安全设计

5.1　爆破振动

本工程南侧、西侧、西南角等周围建筑物均为混凝土框架结构，根据《爆破安全规程》对建（构）筑物的安全要求，允许的安全振速为 2 cm/s。

根据萨道夫斯基公式计算得出爆破时距支撑 20 m 位置，齐爆药量为 3 kg 时，振动速度为 0.5 cm/s，小于周边建筑物的振动安全允许标准。

5.2　爆破飞石

本工程位于闹市区，且周边建筑物距离爆区较近，需特别注意爆破飞石对周边的危害，根据《爆破安全规程》（GB 6722—2014）规定在城市控制爆破梁或柱时飞石的飞散距离可按下式计算：

$$R_f = 70q^{0.53} \tag{1}$$

式中　R_f——飞石在无阻挡情况下的最大飞散距离，m；

q——炸药单耗，kg/m^3。

当 $q=1.3\ kg/m^3$ 时（即节点爆破时的单耗），计算得 $R_f=80.44$ m。故应采取防护措施，以便将爆破飞石基本控制在基坑以内。

飞石安全防护是控制爆破中的关键工序，必须从严要求，认真检查验收，不合格禁止爆破。采取措施：本工程采用脱离防护。第二道、第三道支撑爆破防护为正常防护，第一道防护为加强防护。

本工程搭设防护棚将爆区进行封闭，以阻挡爆破飞石，防护棚顶部用 ϕ48 钢管做支撑骨架，顶部防护架第三道支撑防护时顶部钢管架支在第二道支撑上，顶部防护架第二道支撑防护时顶部钢管架支在第一道支撑上，顶部防护架第二道支撑防护时支撑面必须距离爆体 2. 5 m 以上，支撑面钢管的纵横间距为 0. 6 m×1. 5 m，钢管之间用扣件连接牢固；在支撑顶部骨架上铺设二层竹篱笆（加强防护为三层竹笆），在二层竹笆上再铺设一层安全绿网，然后在安全绿网上用“井”字型钢管压牢，压杆须在下部纵横钢管骨架之间，钢管间的纵横距离为 0. 6 m×2 m（加强防护为 0. 6 m×1. 2 m），纵横钢管必须用扣件连接在支撑立杆钢管骨架上，以保证防护棚的牢固性。工程搭设防护棚顶部如图 4 所示。

图 4　防护棚顶部

防护棚侧面距离支撑外侧 2. 0 m 以上（加强防护为 3. 5 m），侧面钢管骨架的横纵间距为 0. 5 m×2. 0 m，横道钢管应放在内侧；两层竹篱笆挂在钢管骨架内侧，并用铁丝加以绑扎，下部竹篱笆距离爆体下口 0. 5 m，以利于卸力，在钢管骨架外侧挂安全绿网；在下部扫地杆 1 m 的位置应和钢立柱连成一体（图 5）。

在支撑内部钢管纵横间距为 2. 5 m×2. 5 m，特殊区域视具体情况而定（如可用斜拉支撑来加固）。

5.3　冲击波及扬尘的影响

由于工程爆破单响药量较小，而且爆破作业处于地表以下，孔内装药用黄泥等进行堵塞，故冲击波对周边环境的影响可以忽略。

针对爆破产生的有害气体及扬尘，爆破结束后，需立即对爆区进行洒水降尘，将烟尘控制在基坑以内，阻止向外扩散。

图5　防护棚侧面

6　爆破施工

6.1　爆前预处理

面板的机械拆除：第一道支撑面板因系薄壁结构，采用爆破方式效果不太理想，飞石难以控制，因此在爆前采用机械拆除。

6.2　爆前准备

底板或地下室顶板浇筑后24 h开始搭设防护架，并对炮孔进行验孔，必要时对炮孔进行清孔、补孔。

6.3　爆破警戒

工地围墙内所有人员撤离。周边室外安全警戒距离不小于50 m；狮子街店面房内人员撤离，美莱（宁波）整形美容公司大楼和口福川菜馆和其他西侧、北侧建筑物内人员不撤离，但告知建筑物内人员不要靠近爆破一侧窗口，药行街、灵桥路、狮子街进行临时封路。

7　爆破效果

通过多次爆破，本工程安全顺利完成。在有效的安全防护措施下，爆破飞石均控制在基坑范围内，爆破振动也均控制在设计范围内，爆破未对周边建构筑物及居民产生影响，同时取得了较好的爆破效果（图6）。

图6　爆破效果照片

8　经验与体会

结合工程现场环境及工作量情况，对部分炮孔采用预埋孔形式，不仅降低了钻孔工作量，还减少钻孔带来的噪音及粉尘影响。

封闭式防护棚对复杂环境支撑爆破拆除尤为重要，能够保证爆破期间周边建构筑物的安全，同时能减少扬尘对周边居民的影响。

（二）

1　工程概况

1.1　工程情况

省人民大会堂拟建地下公共停车库，建设时需要对地下部分采用水平混凝土支撑加固后方可实施地下工程，地下工程实施阶段需完成一部分地下工程，然后向上拆除一部分支撑后再施工作业。该部分支撑拟采用爆破实施拆除。

混凝土支撑梁分上下二道，总方量约 7000 m^3，其中爆破拆除约 6000 m^3，机械拆除约 1000 m^3。

本工程拆除的对象为二道支撑梁、栈桥。第一道、第二道钢筋混凝土支撑及围檩混凝土强度等级均为 C30，钢筋保护层厚度均为 25 mm。栈桥梁板的混凝土强度等级均为 C30。

第一道支撑方量约为 3400 m^3，第二道支撑约 3600 m^3。

支撑梁尺寸及布筋见表 2。

表 2　支撑梁名称尺寸及布筋

序号	名称	宽/m	高/m	布筋（上下/侧面）
1	PDZC-1	0.7	0.7	2×6×ϕ22/2×3×ϕ20
2	WL-1	1.5	0.8	2×6×ϕ20/2×8×ϕ28
3	ZC1-2	0.8	0.8	2×7×ϕ22/2×3×ϕ20
4	ZC1-3	0.6	0.8	2×5×ϕ22/2×3×ϕ20
5	ZC2-2	0.9	0.8	2×8×ϕ22/2×3×ϕ20
6	ZC2-3	0.7	0.8	2×6×ϕ22/2×3×ϕ20

1.2　周围环境

本工程位于省府路与环城西路交叉口西南角。

东侧：东侧环城西路距离基坑边缘 50 m，环城西路宽约 50 m，路东边为多层砖混结构房屋；东北角老年活动中心距离基坑最近处约 11 m，东北角有一配电房；东侧距离基坑约 15 m 位置有三组变压器。

南侧：浙江省联谊俱乐部建筑物距离基坑最近处约 12.8 m，之间有三幢建筑为本工地管理用房，距离基坑边缘约 5 m。浙江省联谊俱乐部西侧为杭州云间柏庐餐饮有限公司，距离基坑最近约 18 m，为砖结构房屋。凤起路距离基坑最近处约 80 m。

西侧：西侧省人民大会堂地下室边缘距离本工程基坑边缘最近处约 9.4 m，管线距离基坑边缘最近处约 3.5 m。管线均为地埋式管线，分别为：电力线、污水管、自来水、天然气管道，其中天然气管道距离基坑边缘约 4 m。天然气变压站距离基坑边缘约 6 m。

北侧：省府路距离基坑边缘 12 m，省府路宽约 18 m，路北为省人民政府大院，建筑物距离基坑最近处约 51 m。

本工程支撑梁周边环境如图 7 所示。

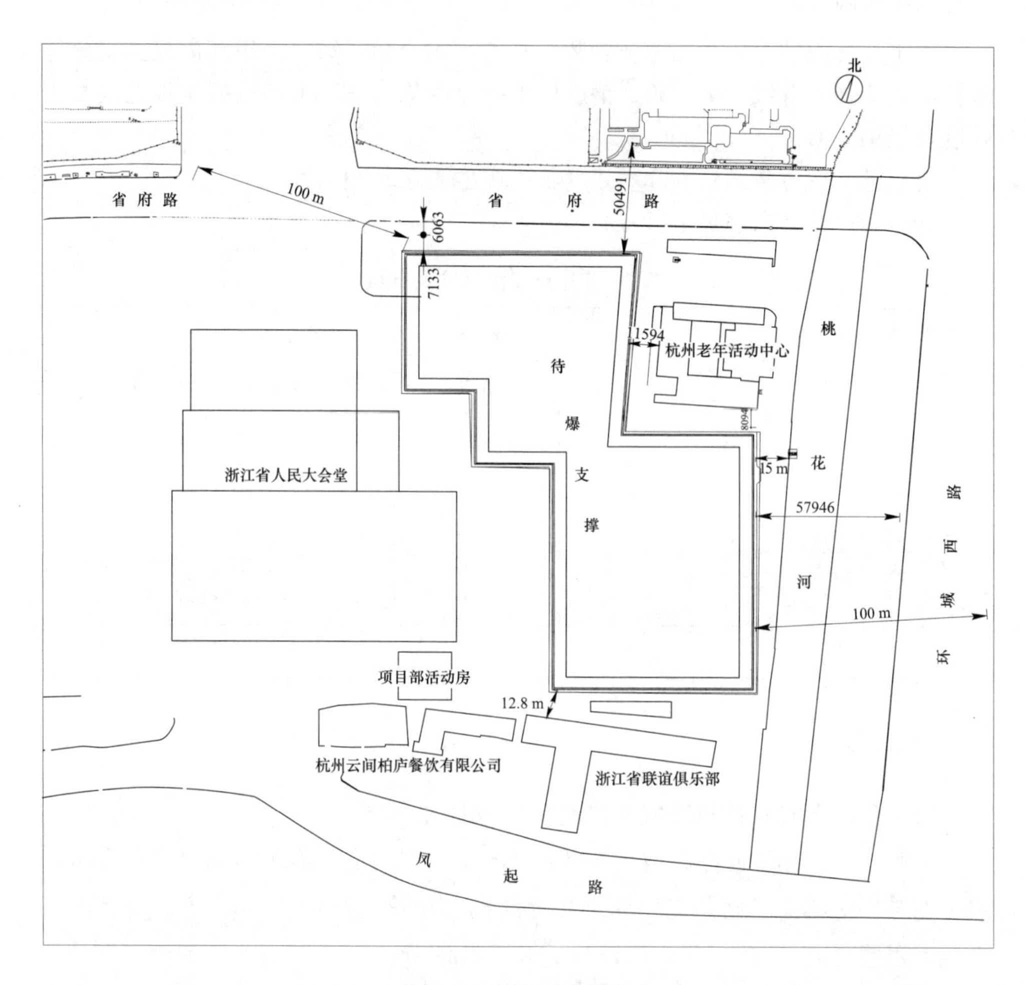

图 7 支撑梁周边环境

2 工程特点、难点

（1）工程位于杭州市繁华闹市区，周边环境复杂，居民区和管线较多，施工中必须严格控制爆破振动、噪声并尽可能减少、控制爆破扬尘对环境的影响。

（2）爆破必须控制爆体的破碎程度（块度不大于 30 cm）和爆堆范围，并将飞石控制在基坑范围内，杜绝飞石伤人、伤物。

（3）必须严格控制布孔位置、布孔方式和爆破参数，确保爆破后钢立柱、地下结构的安全。

3　爆破方案选择及设计原则

常规支撑梁拆除方式有人工凿除、镐头机破碎、爆破、金刚石绳锯切割等四种方式，综合比较四种方式的优劣性，考虑支撑梁拆除过程中对噪音、振动、扬尘等有害效应的控制，本工程选择第一道、第二道支撑爆破拆除，栈桥板部分机械破碎拆除的施工方式对支撑梁予以拆除。

4　爆破方案设计

4.1　爆破参数设计

（1）孔径 d：选择 d=40 mm。

支撑梁爆破成孔方式采用人工预埋孔。预埋纸管材质为外径 ϕ40 mm 的纸管；纸管长度大于设计孔深 15 cm 左右，预埋时 6~8 cm 高于支撑梁顶面，其余部分埋入混凝土中。

炮孔布置方式：采用梅花形布孔。

（2）最小抵抗线 W：由支撑宽度、钻孔的炮孔排数及爆破经验来确定。本工程选择 W=200~300 mm。

（3）孔间、排间距（a、b）：$a=(1.2\sim1.5)W$，$b=(0.6\sim0.8)a$。

（4）孔深 L：炮孔深度 L 大于最小抵抗线 W，并确保炮泥填塞长度 $L_1\geqslant(1.1\sim1.2)W$，孔深取钻孔方向厚度 H 的 2/3 ~ 3/4。

（5）炸药单耗。炸药单耗与爆体混凝土标号、主筋数量及规格、箍筋规格及布设、爆体临空面状况、爆体所处的位置等有密切的关系。本工程支撑及连梁直线段等取 600~750 g/m^3；围檩和节点处取 1150~1350 g/m^3。各支撑梁炮孔布置如图 8 所示。

（6）单孔装药量。单孔药量的计算为：

$$q=kV \tag{2}$$

式中　q——单孔装药量，kg；

k——炸药单耗，kg/m^3；

V——单孔负担爆破体积，m^3。

本工程各支撑爆破参数见表 3。

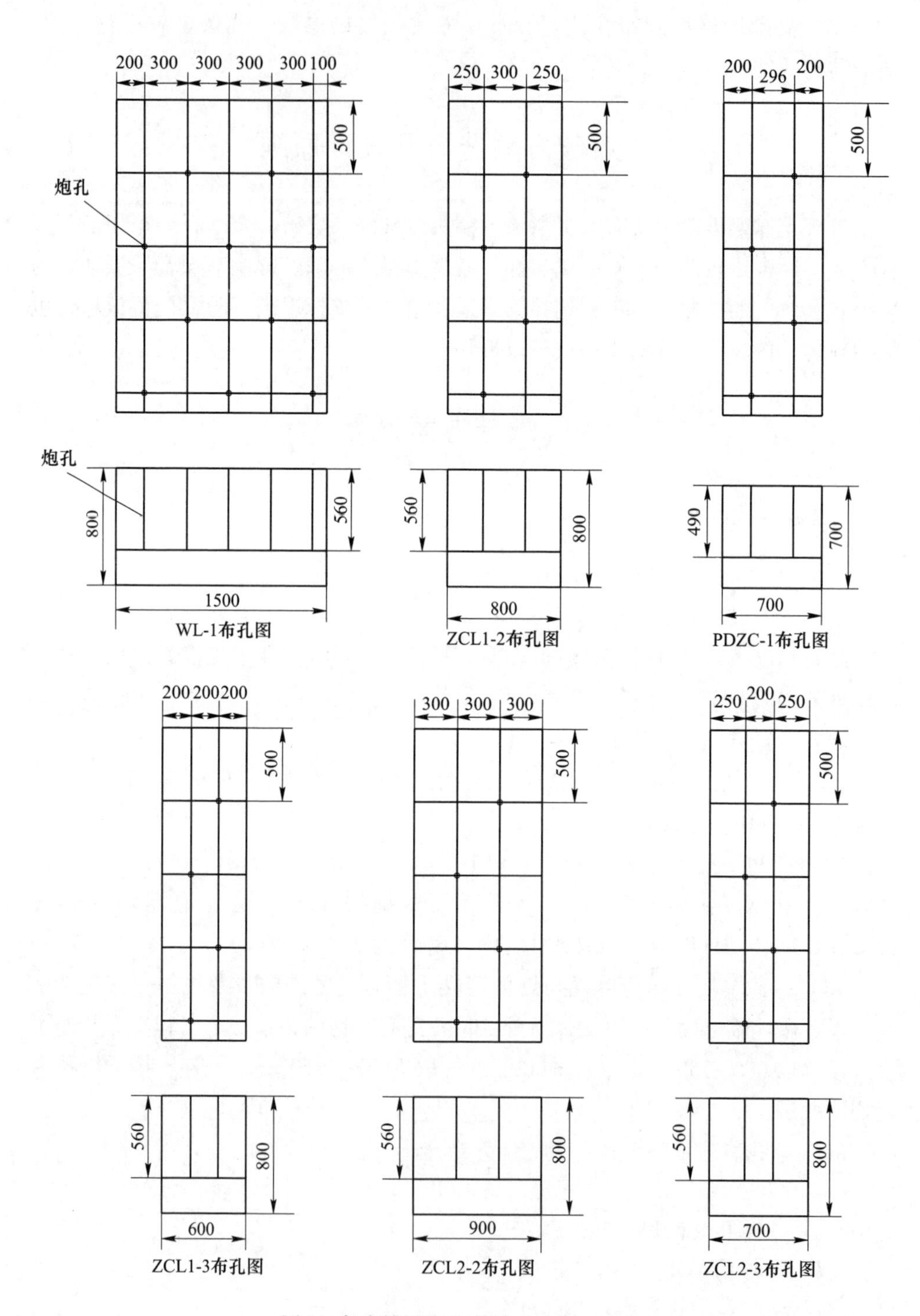

图 8　各支撑梁炮孔布置（单位：mm）

表 3　爆破参数

序号	支撑名称	宽/m	高/m	孔距 a/m	排数	孔深 L/m	抵抗线/m	单孔装药量/g	备注
1	PDZC-1	0.7	0.7	1	2	0.49	0.2	150	
2	WL-1	1.5	0.8	1	5	0.56	0.25	225	排数较多，第一排单孔药量取 200 g
3	ZC1-2	0.8	0.8	1	2	0.56	0.25	175	
4	ZC1-3	0.6	0.8	1	2	0.56	0.25	150	
5	ZC2-2	0.9	0.8	1	2	0.56	0.30	200	
6	ZC2-3	0.7	0.8	1	2	0.56	0.25	150	

（7）爆破分区及爆炸物品用量。根据现场情况，确定支撑梁共分 5 次爆破作业，爆破次序为第二道支撑北部区域——第二道支撑南部区域——第二道支撑中部区域——第一道支撑北部区域——第一道支撑南部区域。爆破分区及爆炸物品计划用量见表 4。

表 4　爆破分区及爆炸物品计划用量

爆破次序	爆破区域	工程量/m^3	炸药使用量/kg	孔数/个	雷管用量/发
第 1 次	第二道支撑北部	约 1000	1000	4800	5800
第 2 次	第二道支撑南部	约 600	600	2500	3200
第 3 次	第二道支撑中部	约 2000	2000	8000	10000
第 4 次	第一道支撑北部	约 1200	1200	6000	7500
第 5 次	第一道支撑南部	约 1200	1200	6000	7500
机械拆除	栈桥板	约 1000	—	—	—
合计		7000	6000	27300	34000

4.2　起爆网路设计

爆破网路采用孔外毫秒延时传爆网路，网路主线采用双雷管传爆。网路设计如下：

（1）支撑网路设计。孔内采用 HS-5（或 HS-4 段）非电雷管，孔外采用 MS-3 段非电雷管，8~10 孔一段位。

（2）围檩网路设计。孔内采用 HS-5（或 HS-4 段）非电雷管，孔外采用 MS-3 段非电雷管簇联，6~7 孔一段位。

（3）支撑结点网路设计。孔内采用 HS-5（或 HS-4 段）非电雷管，孔外采用 MS-3、MS-4、MS-5 段非电雷管簇联，8~10 孔一段位。

起爆网路如图 9 所示。

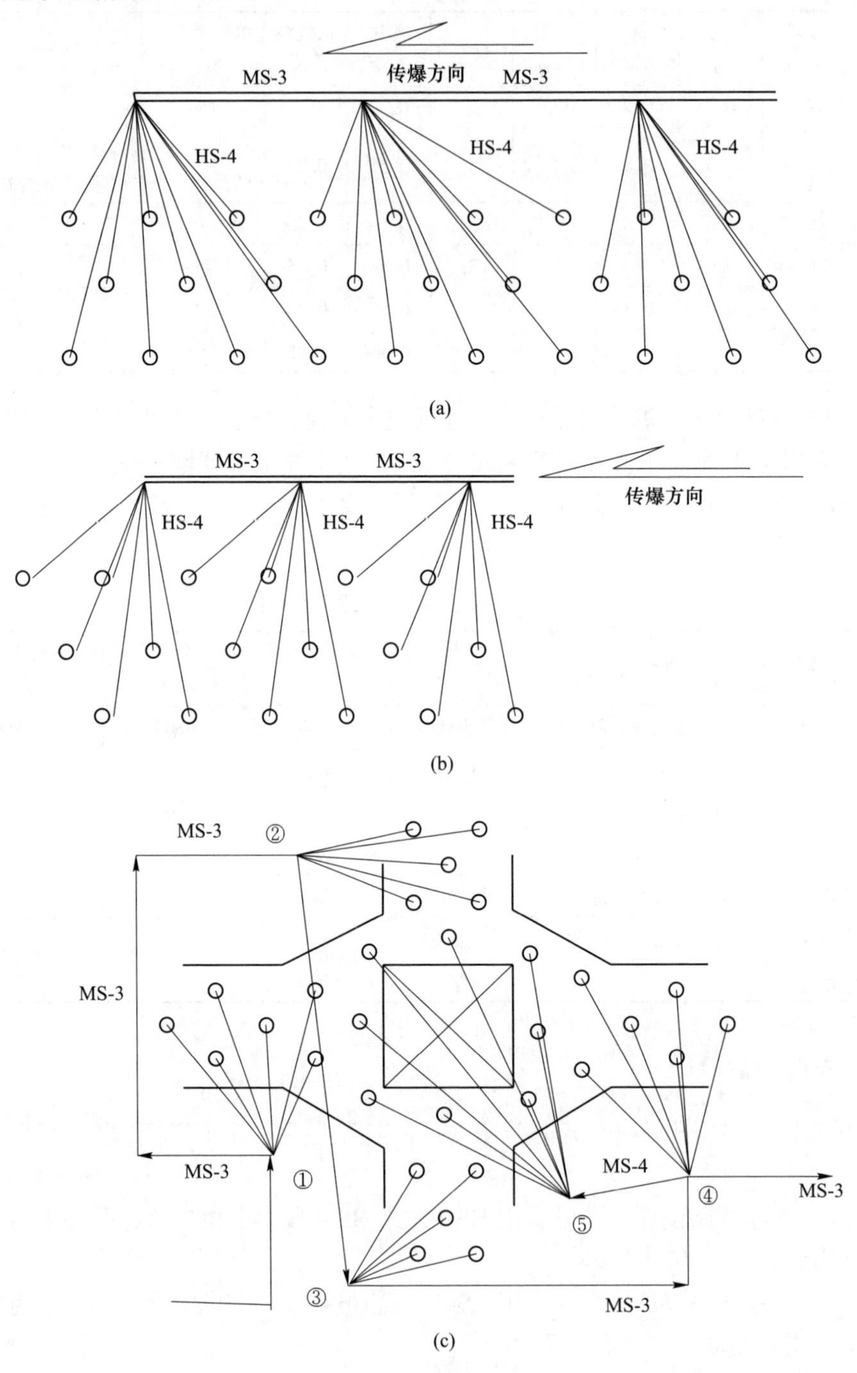

图 9　起爆网路

(a) 支撑网路；(b) 环梁网路；(c) 节点网路

5　爆破安全设计

5.1　爆破振动安全校核

振动速度

$$v = K'K\left(\frac{\sqrt[3]{Q}}{R}\right)^{\alpha} \tag{3}$$

式中　R——爆破振动安全距离；

Q——单响药量，kg；

K，α——与爆破地形、地质条件有关的系数或衰减指数。

本工程支撑爆破 K 值取 250，$\alpha=1.9$；K'取 0.3。

对周边保护对象验算结果见表 5。

表 5　爆破振动安全校核表

序号	保护物名称	方位	距离 /m	单响药量 /kg	计算振速 /cm · s^{-1}	安全振速 /cm · s^{-1}	备注措施
1	老年活动中心（含配电房）	东北	11	2	1.22	2	
2	变压器	东	15	2	0.68	2	
3	浙江省联谊俱乐部	南	12.8	2	0.92	2	
4	杭州云间柏庐餐饮有限公司	南	18	2	0.48	0.5	
5	省人民大会堂	西	9.4	2	1.65	2	
6	电力线、污水管、自来水管、天然气管道	西	4	1	5.38	3	预先将围檩采用机械方式拆除
7	天然气变压站	西	6	1	2.49	3	
8	省人民政府建筑物	北	51	2	0.07	2	

5.2　个别飞石的距离安全校核

5.2.1　个别飞石距离计算

爆破飞石的飞散距离按式（4）计算：

$$R_f = 70q^{0.53} \tag{4}$$

式中　R_f——飞石在无阻挡情况下的最大飞散距离，m；

q——炸药单耗，kg/m^3。

当 $q=1.04$ kg/m^3 时（即围檩爆破时的单耗），计算得 $R_f=71.5$ m。爆破时

采取防护措施，将爆破飞石控制在基坑以内。

5.2.2 爆破防护

5.2.2.1 支撑梁顶面防护

用 ϕ48 mm 钢管做支撑骨架，钢管之间用扣件连接牢固；在顶部骨架上铺设竹篱笆，在竹篱笆上再铺设一层安全绿网，然后在安全绿网上用“井”字形钢管压牢，压杆在下部纵横钢管骨架之间，纵横钢管用扣件连接在一起，以保证防护棚的牢固性（图 10）。

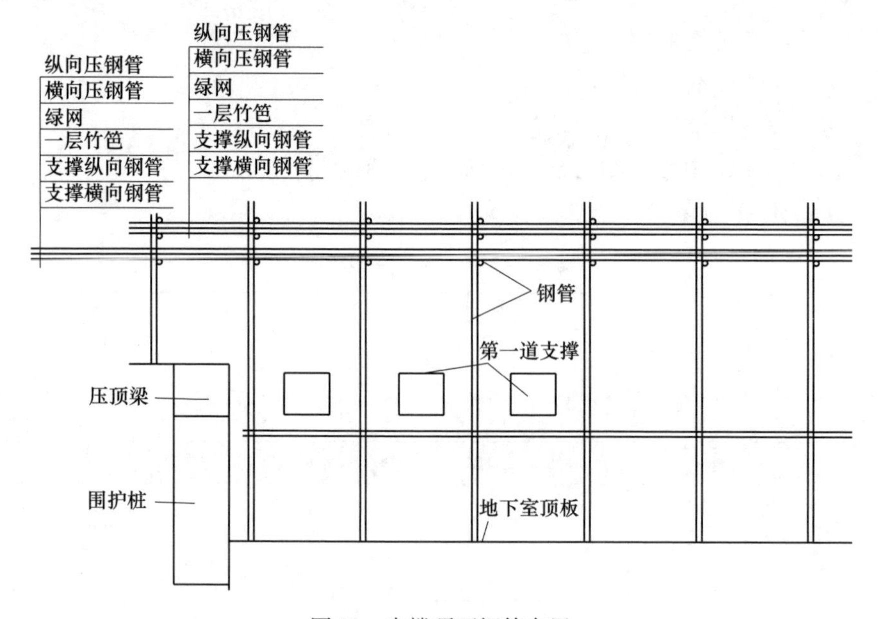

图 10 支撑顶面钢管布置

5.2.2.2 侧向防护

侧向防护棚距支撑外侧 3.0 m，横道钢管应放在内侧；两层竹篱笆挂在钢管骨架内侧，并用铁丝加以绑扎，下部竹笆超过爆体下口 0.5 m，在钢管骨架外侧挂安全绿网；下部扫地杆 1 m 的位置和钢立柱连成一体，如图 11 所示。

6 爆 破 施 工

6.1 爆破施工流程

施工流程：预埋孔、面板钻孔→验收炮孔并登记支撑、围檩及节点炮孔数量→计算爆炸物品用量→搭设防护架→装药→堵塞→连线→起爆→爆后检查→排除盲炮→防护架拆除。

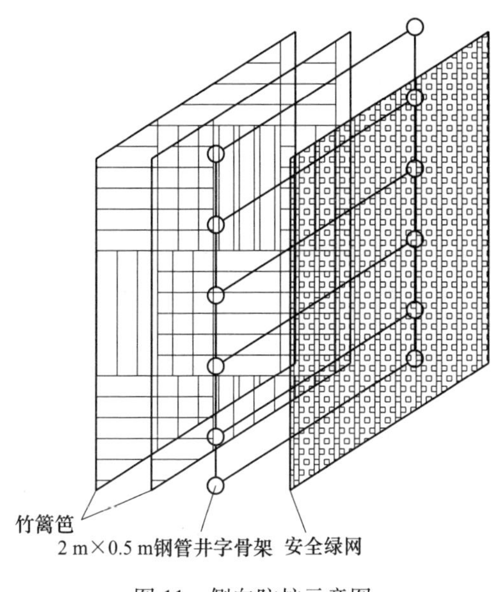

图 11　侧向防护示意图

6.2　炮孔预埋及验孔

在支撑梁混凝土浇筑时，将纸管插入混凝土之中，待混凝土凝固后，爆破孔即成型。在爆破前 4~5 天，采用 2.5 m^3 空压机，采用高压风将纸管内的纸、水及其他杂物吹出，吹孔完毕后应按如下要求进行验孔。

（1）孔位是否与设计符合，如不符合进行补孔。

（2）孔深是否到位，如过浅，采用钻机进行加深；如过深则采用粗砂回填。

6.3　装药、连网及防护

（1）爆破开始前一天完成支撑梁的顶面防护和侧面防护工作。防护工作完成后由项目技术负责人对防护进行检查，确认合格。

（2）由施工组和技术组实施支撑爆破作业。按照设计方案分组进行装药填塞，每组配备 1 名爆破工程技术人员、1 名爆破员、1 名安全员和 1 名保管员。

（3）起爆网路采用。双引线复式起爆毫秒接力网路。全部网路连接完成后，由爆破班长和爆破工程技术人员对总网路从起爆站向各个爆破进行反向检查，确认无误后进行爆点防护。

（4）按照设计要求进行爆点的防护覆盖，覆盖时确保爆破网路不被拉拽和踩踏。

6.4 爆破安全警戒

（1）安全警戒距离 100 m，警戒范围 100 m 内所有人员全部撤离。

（2）共设置 8 个爆破警戒点。

（3）起爆站。设立在视线较好，有隐蔽处能确保起爆人员安全且距离爆区 100 m 以上的位置。

（4）爆破所有警戒人员到位确认安全后向指挥部汇报，指挥部确认警戒到位具备起爆条件后开始发布起爆命令。

7 爆破效果

浙江省人民大会堂地下公共停车库工程支撑拆除工程共分 5 次实施爆破。每次爆破后经检查，周边建筑物及地下管线均未遭受破坏，支撑梁解体充分，爆破飞散物、爆破振动等均得到有效控制，爆破未对周边造成危害。爆破效果照片如图 12 所示。

图 12　爆破效果照片

8 经验与体会

（1）支撑梁炮孔预埋大大降低了钻孔工作量，提高了炮孔的精度，为支撑梁爆破的实施创造了有利条件。

（2）全方位全立体的防护排架搭设是确保爆破效果得以体现的重要环节，也是确保飞石控制在支撑梁爆破区域内的行之有效的安全措施。

（3）合理分区分次爆破，可以大大降低单次起爆总药量及一次单响药量，控制爆破产生的有害效应不对周边保护对象造成损坏。

二、水下构筑物拆除

船坞围堰坞门关闭条件下爆破拆除工程

工程名称： 舟山大神洲船厂围堰拆除爆破工程
工程地点： 浙江省舟山市定海区盘峙岛大神洲船厂
完成单位： 大昌建设集团有限公司
完成时间： 2009年2月27日~7月25日
项目主持人及参加人员： 管志强　张中雷　冯新华　王林桂　杨中树　陈亚建　陈国华　王晓斌　李辰发　陈　鹄　焦　锋　应海剑　高丽君
撰 稿 人： 李厚龙

1　工程概况及环境状况

大神洲船坞围堰坞门关闭条件下爆破拆除工程，位于舟山市定海区盘峙岛西北部。

待拆除围堰全长约90 m，堰顶标高+4.0 m，拆除底标高至-9.8 m，围堰拆除高度13.8 m。围堰爆破拆除工程量16213 m^3，扶壁挡墙拆除及清运299 m^3，块石镇脚1000 m^3。

待拆船坞围堰由下部的天然岩坎及上部的钢筋混凝土扶壁挡墙构成。挡墙外向海侧，天然岩坎上面抛填宕碴。整个堰顶宽度1~2 m，围堰设计拆除宽度（从围堰内侧底部向外至设计水下炸礁区边界宽度）20~50 m。

待拆除围堰东南侧（内侧）为船坞、坞门及坞口设施，围堰岩坎离坞门最近距离只有3 m，经削坡整形预处理后，围堰岩坎距坞门最近距离也只有5.5 m；西北侧（外侧）朝海；西南侧临近围堰有一座工作船码头，30 m处为配电房；东北侧70 m外为正在施工的突堤码头。围堰周边环境十分复杂。爆破周边环境示意图，如图1所示。

爆破时船坞已经启用，坞内有在造船舶，业主要求坞门关闭后再进行围堰拆

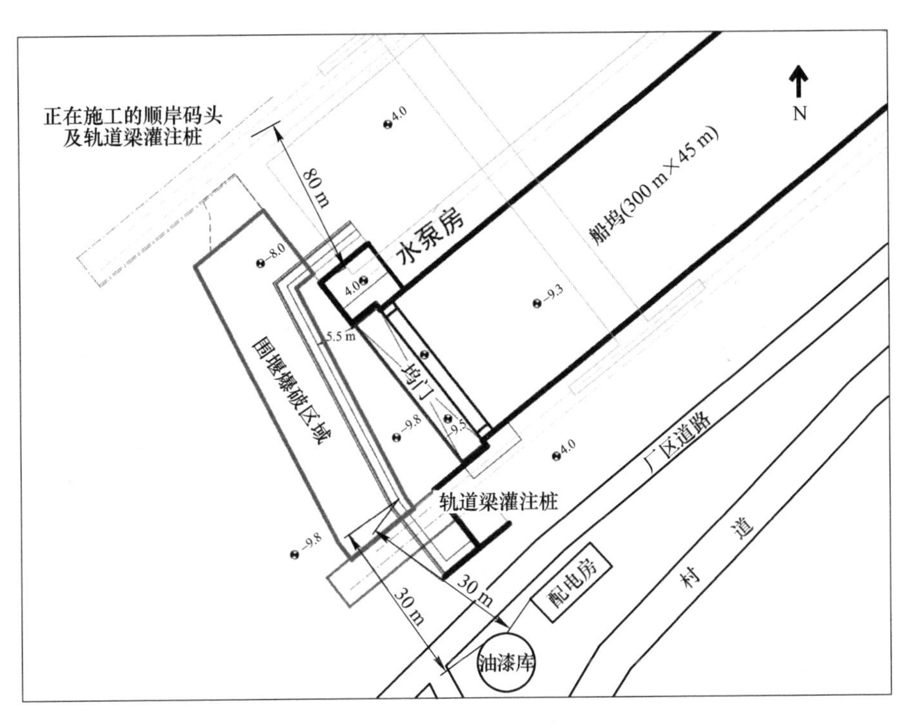

图 1　爆区周边环境

除爆破，对爆破有害效应控制及安全防护提出很高要求。本次爆破创造性地提出了采用砌筑防护墙、内填缓冲材料这种“刚柔相济”的安全防护体系，结合削坡整形预处理措施，确保了坞门及坞内在建船舶的安全。

该拆除爆破工程共使用震源药柱 16. 1 t，普通乳化炸药 0. 55 t，高精度导爆管雷管 1927 发，导爆索 1120 m，总爆破时间 2075 ms，共分为 156 个段。围堰爆破后坞门、坞口设施、坞内在建船舶及周边建（构）筑物安然无恙。

2　工程特点及难点

(1) 爆区周边环境复杂，业主要求坞门关闭后再进行围堰爆破拆除，爆区周边存在坞门、坞墩、水泵房及码头等保护对象，各保护对象距爆区很近。

(2) 围堰北侧（水泵房侧）岩坎离坞门距离只有 3 m，没有钻孔作业空间。

(3) 岩坎围堰预处理后围堰内侧岩坎边界距坞门最近 5. 5 m，且离坞门越近的位置，岩坎越高，爆破必须将围堰充分解体以便于清理打捞，经验算必须采取有效的防护措施，防止爆破堆积体挤压坞门导致坞门损伤。

3 爆破拆除方案选择及设计原则

3.1 设计原则

本工程爆破设计遵循如下原则：

（1）充分论证爆破地震波、水击波、涌浪和动水压力、个别飞石等爆破有害效应对邻近建筑物的影响程度；根据不同类型建筑物的物理特性，制定恰当的爆破安全允许标准；采取必要的安全防护措施，使爆破有害效应控制在允许范围内。特别注意振动对坞墩、坞底板、坞门槛及水泵房的影响。

（2）设计时因地制宜合理制定爆破总体方案。设计中要考虑围堰拆除后爆碴对坞门的挤压，应采取有效的、强有力的安全防护措施。

（3）设计时应保证爆破一次成功。设计中要考虑爆破器材的抗水性、抗海水的腐蚀性；爆破施工过程的安全、可靠及简易性；起爆网路的安全可靠性；爆破参数设计时，须考虑水的因素的影响，一般宜采用高单耗、低单段药量的设计方法。

3.2 爆破拆除方案

根据本工程特点，确定采用缓倾斜深孔为主、垂直浅孔（混凝土扶壁挡墙）为辅，关坞门不充水的一次性爆破拆除方案。

对围堰内侧采用爆破法削坡预处理，将北侧围堰到坞门最近点的距离扩大到5.5 m，为钻孔及防护作业提供空间。

为保护坞墩等周边建筑物，维护围堰两端未拆除部分岩基的稳定，对围堰两端开挖边界实施预裂爆破。

4 岩坎削坡整形预处理

船坞开挖过程中，围堰岩坎段欠挖，且临近围堰的边界未采用光面或预裂爆破技术，导致坞口空间狭窄，围堰岩坎段内侧边坡凹凸不平，浮石、险石较多，围堰靠海侧岩坎段坡脚距船坞坞壁最近只有3 m，作业空间狭窄，若不进行处理，靠海侧围堰岩坎段高风压钻机将无法进行钻孔施工，也无法进行坞门防护墙的砌筑工作，特别是对坞门的安全防护非常不利，所以在围堰拆除爆破实施前，需对围堰岩坎段部分区域进行削坡整形预处理。

为确保围堰岩坎保留部分的完整、稳定，采用预裂爆破技术进行削坡整形。局部比较厚的削坡区段，在预裂线和临空面之间布置辅助浅孔。

4.1　削坡整形爆破参数

预裂孔孔径 90 mm，线装药密度 0.3~0.5 kg/m，底部 1~1.5 m 加强装药，线装药密度 2~3 kg/m；辅助浅孔孔径 42 mm，线装药密度 0.5~0.8 kg/m，预裂孔、辅助孔均采用 ϕ32 mm 普通乳化炸药。

4.2　削坡整形爆破效果

削坡整形爆破后围堰未出现渗水现象，围堰预留岩坎坡面比较完整，预裂面局部能看到半壁孔，爆破后的爆堆大块较多，用机械破碎方式进行二次破碎、整平后，作为钻机钻孔作业平台的垫碴进行主炮孔施工，钻孔完毕后予以清除。爆破后岩坎最近点距离坞门扩大到 5.5 m，基本满足了后续爆破作业的工艺要求，也为坞门防护创造了良好条件（图 2）。

(a)

(b)

图 2　削坡整形预处理效果
（a）削坡整形预处理前；（b）削坡整形预处理后

5　爆破参数设计

5.1　主炮孔

主炮孔共计布置 6 排（A、B、C、D、E、F 排），37 列（1~37 列），其中自南向北的第 1~18 列为平行缓斜孔，其余第 19~37 列主炮孔为扇形孔。炮孔布置平面示意图，如图 3 所示。

平行主炮孔排距 2.0 m，孔距 2.5 m（底部一排炮孔孔距 2.0 m）；扇形主炮孔排距 2.0 m，孔底距 2.5~3.5 m。主炮孔立面布置如图 4 所示。

主炮孔孔径 140 mm，内置 110 mm PVC 塑料套管。根据装药结构的不同，在孔内装 95 mm 或 75 mm 震源药柱；炸药单耗 q=0.9~1.2 kg/m^3。根据孔深不同，单孔药量 12~240 kg。

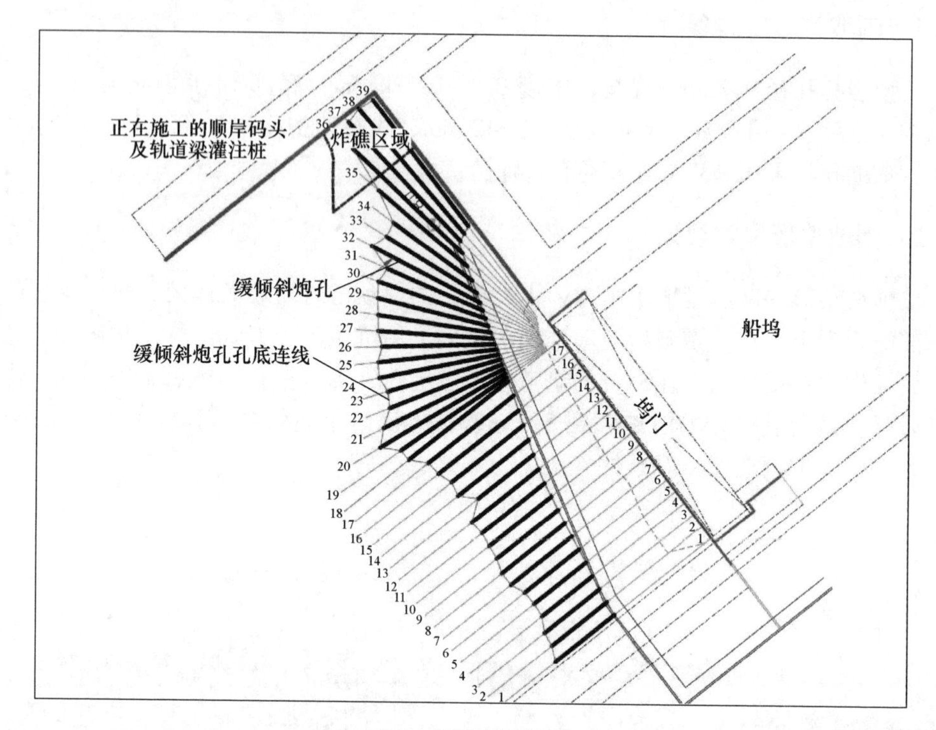

图 3　炮孔布置平面

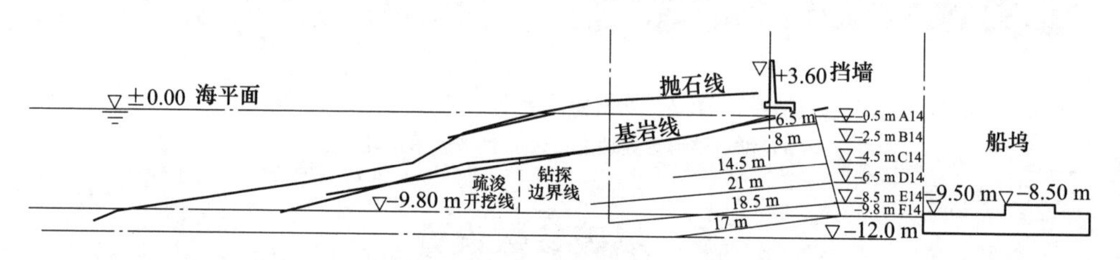

图 4　典型炮孔立面布置

主炮孔一般采用连续装药结构；若校核的爆破有害效应超过设计的安全允许标准，则孔内分段装药，分段起爆，底部先响，上部后响。

主炮孔装药结构根据所在排数细分如下：

（1）第一排（A 排）：炮孔填塞不少于 3 m，装震源药柱 ϕ75 mm 药卷。

（2）第二排（B 排）：平行区炮孔装 ϕ75 mm 震源药柱，填塞不少于 3 m，扇形区炮孔填塞采用间隔交叉法，填塞长度 3. 5 m 或 5. 5 m；填塞 3. 5 m 的主炮孔装 ϕ75 mm 震源药柱，堵塞 5. 5 m 的主炮孔装 ϕ95 mm 震源药柱。

（3）第三、四排（C、D 排）：平行区炮孔填塞 4 m，第 2 ~ 7 列炮孔装

ϕ95 mm 震源药柱，第 8～17 列炮孔间隔交叉装震源药柱 ϕ95 mm 药卷和 ϕ75 mm 药卷；扇形区炮孔填塞采用间隔交叉法，填塞长度 4 m 或 7 m，填塞 4 m 装震源药柱 ϕ75 mm 药卷，填塞 7 m 装震源药柱 ϕ95 mm 药卷。

（4）第五、六排（E、F 排）：平行区炮孔填塞不少于 3 m，炮孔装 ϕ95 mm 震源药柱；扇形区炮孔填塞采用间隔交叉法，填塞长度 3 m 和 6 m，炮孔均装 ϕ95 mm 震源药柱。

5.2　预裂孔

为了在围堰两端岩体保留规整稳定的岩面，同时降低爆破振动对坞墩等保护对象的影响，在围堰南侧拆除边界上布置水平预裂孔，在围堰北侧拆除边界上布置垂直预裂孔。预裂孔孔径 115 mm，孔距 1.0 m，线装药密度 0.4～0.6 kg/m，炮孔底部 1～1.5 m 加强装药，线装药密度 1.5 kg/m，孔口填塞长度 1～2 m。

5.3　扶壁挡墙浅孔

钢筋混凝土扶壁挡墙顶部布置单排垂直孔，底板布置多排垂直孔，孔径 ϕ40 mm，孔距 0.3～0.5 m。扶壁挡墙为钢筋混凝土结构，炸药单耗取 $q=0.6$～0.8 kg/m^3。

6　起爆网路设计

采用高精度导爆管雷管逐孔接力式起爆网路，V 形顺序起爆。为避免爆破堆积体过度集中挤压坞门，将爆破开口位置选在围堰南侧（炮孔断面 7～8 之间）岩坎距坞门距离相对较远处。

起爆网路连接形式：

（1）孔深不超过 20 m 的炮孔孔内装 2 发高精度长延时导爆管雷管，孔深超过 20 m 的炮孔，每孔装 3 发高精度长延时导爆管雷管。

（2）孔间延时采用 25 ms 地表延期雷管，开口处北侧第一个炮孔采用 9 ms 地表延期雷管错段。

（3）排间延时采用 65 ms 地表延期雷管。

（4）对于单孔药量超过最大允许单段药量的炮孔，采用孔内分段装药结构，将孔口部的后爆雷管的脚线上再串接 9 ms 雷管，底部装药段先响，孔口部装药段后响。起爆网路如图 5 所示。

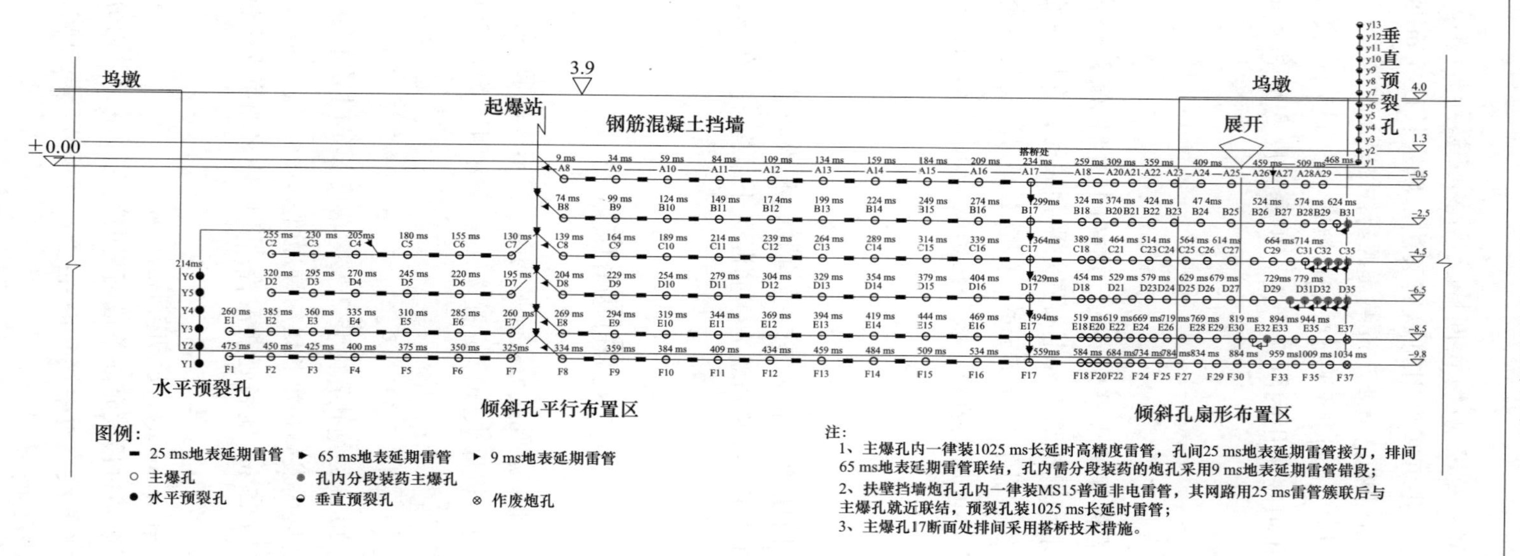
坞墩
3.9
起爆站
钢筋混凝土挡墙
±0.00
坞墩
展开
垂直预裂孔
4.0
1.3
-0.5
-2.5
-4.5
-6.5
-8.5
-9.8
搭桥处
水平预裂孔
倾斜孔平行布置区
倾斜孔扇形布置区
图例:
25 ms地表延期雷管
65 ms地表延期雷管
9 ms地表延期雷管
主爆孔
孔内分段装药主爆孔
水平预裂孔
垂直预裂孔
作废炮孔
注:
1、主爆孔内一律装1025 ms长延时高精度雷管，孔间25 ms地表延期雷管接力，排间65 ms地表延期雷管联结，孔内需分段装药的炮孔采用9 ms地表延期雷管错段；
2、扶壁挡墙炮孔孔内一律装MS15普通非电雷管，其网路用25 ms雷管簇联后与主爆孔就近联结，预裂孔装1025 ms长延时雷管；
3、主爆孔17断面处排间采用搭桥技术措施。

图 5　起爆网路

7　爆破安全设计

7.1　爆破有害效应

该围堰在岩坎和坞门之间没有爆破拆除所需的安全距离。爆破时，在爆炸气体的膨胀作用下，围堰岩体表面隆起，体积变大，大量爆破堆积体将对坞门形成挤压，同时围堰上部岩体在爆炸气体作用下向前运动，崩塌滚落也可能冲击坞门。因此控制爆破堆积体对坞门的冲击和挤压是本工程设计施工中需重点解决的问题。

除此之外，根据本工程周边环境特点及围堰爆破拆除方案，本次爆破需要控制的爆破有害效应主要还有爆破振动和爆破个别飞散物。

7.1.1　爆破堆积体对坞门的冲击和挤压

爆破堆积体对坞门是否挤压，可以通过计算爆破堆积体自然堆积的距离来判断，大量堆积的边缘距离与爆破作用指数有关，根据实际观察结果，岩石性质（弹性或塑性）、容重等，对大量堆积距离也有影响。

对于深孔松动爆破，大量堆积体范围 L(m) 可以采用以下经验公式估算：

$$L=(5\sim7)W$$

式中，W 为最小抵抗线。

按照以上经验公式，取 $W=2\sim2.5$ m，则围堰爆破后堆积体的范围为：

$$L=(5\sim7)W=10\sim14(\mathrm{m})$$

本工程中围堰岩坎到坞门的最近距离只有 3 m，采取削坡后也只有 5.5 m，不能满足围堰爆破堆积体自然堆积的距离要求。因此必须采取可靠措施解决围堰爆破堆积体对坞门的挤压问题。

7.1.2　爆破振动

确定爆区周围水工建筑物的爆破安全振动标准是围堰及岩坎成功爆破的最为关键的一项内容。鉴于当时《爆破安全规程》（GB 6722—2003）对这一部分内容缺乏，为此参照类似工程资料：水泵房、坞墩和坞底板采用振速标准 20 cm/s，码头、坞门槛花岗岩及灌注桩采用振速标准 5 cm/s。

本工程采用以下的安全振速和允许最大单段药量计算公式：

$$v=K\left(\frac{\sqrt[3]{Q}}{R}\right)^{\alpha}\tag{1}$$

$$Q=\left[\left([v]/K\right)^{\frac{1}{\alpha}}R\right]^{3}\tag{2}$$

式中　Q——最大单段药量，kg；

　　v——计算地震波速度，cm/s；

$[v]$——安全允许振速，cm/s；

R——控制点至爆源的距离，m；

K，α——与爆区地形地质有关的系数和衰减系数，参照类似工程实测数据，分别取为55和1.7。

坞墩、坞底板、水泵房、坞门槛花岗岩及正在施工的灌注桩爆破振动速度，按照围堰爆破典型炮孔最大单孔药量计算，其中单孔药量超过200 kg的，采用孔内分段装药措施。

本工程爆破振动控制手段主要有：

（1）采用高精度导爆管雷管逐孔起爆网路、控制最大单段药量等主动安全防护措施。

（2）在围堰北侧水泵房出水口的前端布置垂直预裂孔，在围堰南侧布置水平预裂孔通过预裂爆破形成预裂缝，减弱爆破振动的传播。

7.1.3　爆破个别飞散物

围堰爆破时产生的飞散物对坞门及坞口设施的影响，通过采取沙袋、竹笆、轮胎覆盖等近体防护措施予以解决。

7.2　爆破安全防护

7.2.1　主动防护措施

主动防护措施主要通过调整爆破孔网参数、装药结构、选择爆破器材及起爆顺序、控制炸药单耗等技术手段实现，主动防护是爆破安全防护的主要手段。通过有效的主动防护措施，达到既能使围堰岩坎充分松动、便于清理，又使得爆破堆积体范围最小的目的，最大程度的降低爆破堆积体和飞散物对坞门等坞口设施的挤压和打击。

根据本工程围堰岩坎特点，围堰南侧岩面低且岩石较风化，北侧岩面高且岩石风化程度弱、整体性好，本工程主要采取以下主动防护措施：

（1）采用削坡整形预处理，扩大围堰内侧岩坎到坞口设施的距离，为坞门防护提供空间，为围堰主体爆破提供碎胀空间，减少爆堆对坞门的挤压。

（2）选用高质量的爆破器材，本工程采用高精度毫秒雷管和中密度震源药柱。

（3）采用逐孔起爆，严格控制单段起爆药量，必要时采取孔内分段装药。

（4）合理设计起爆顺序，本次爆破从围堰南侧开口，逐步向北推进，避免爆堆在岩坎距坞门最近处集中。

（5）合理设计炮孔装药结构。总体思路是从第一排到第六排（从上到下）炮孔装药量逐步加大，针对单个炮孔则从孔底到孔口炸药单耗逐步降低，线装药密度为5~8 kg/m，孔口取小值、孔底取大值。

（6）为保证主炮孔较长的填塞长度的同时，充分破碎填塞段岩石，减少大块，在两排相邻的四个主炮孔之间布置孔深约 5 m、孔径为 40 mm 的浅孔，装 ϕ32 mm 普通乳化炸药（间隔装药）。

（7）围堰岩坎南北两侧与保留岩体之间采用预裂爆破，形成预裂缝，可有效降低爆破振动的传播。

（8）因围堰临水侧坡面不规则，临水面表面有厚度不等的淤泥及抛碴层，为创造良好的临空面，在围堰爆破实施前对外侧抛碴进行预开挖，降低抛碴层的厚度，使得围堰爆破时的爆碴尽量抛向临水侧，远离坞门。预开挖选择在临近围堰爆破前，以免过早开挖导致围堰主炮孔漏水加剧。

7.2.2　被动防护措施

被动防护主要分为近体、覆盖和保护性防护三大类，本工程根据不同安全防护部位灵活运用近体、覆盖和保护性防护措施。

7.2.2.1　坞门的防护措施

由于坞门距离围堰岩坎最近只有 5.5 m，且坞内在建船舶等重要设施需要坞门保护，故本次爆破需对坞门重点防护，经过多次论证比较，对坞门采取刚柔相济的防护措施，详见 7.2.3 坞门安全防护体系。

7.2.2.2　水泵房的防护措施

水泵房出水口防护主要采用搭设钢管网，悬挂双层轮胎加双层竹笆防护。

7.2.2.3　配电房的防护措施

配电房窗户采用竹笆等材料覆盖防护，起爆前配电房停电，爆破后经检查确认安全后再合闸送电。

7.2.3　坞门安全防护体系

本次爆破需对坞门靠近围堰一侧采取重点防护，为防止围堰爆破后爆破堆积体的冲击和挤压损伤坞门，经过多方案论证比较，决定在围堰岩坎与坞门之间构筑防护体系，防护体系包括砌筑防护砖墙和填充缓冲材料，以便对坞门采取“刚柔相济”的防护措施。

7.2.3.1　坞门安全防护体系设计

防护体系的作用：围堰爆破后爆破堆积体首先打击和挤压位于围堰和坞门之间的防护墙，使其变形破坏，通过墙体变形和墙体、坞门间缓冲材料的柔性缓冲消耗大量的爆破能量，从而避免爆破堆积体直接打击、挤压坞门造成坞门变形损坏。

防护挡墙设计原则：坞门防护体系中的防护墙必须具有一定刚度。所用材料既能满足一定的刚度要求，又可以适时破坏解体，发挥柔性缓冲材料的作用。

缓冲材料选择原则：围堰爆破后防护材料对海域不造成污染，在保证防护效果的前提下，遵循经济、高效、实用的原则，尽量就地取材，防护材料在爆破后能回收的尽量回收利用。

A　防护挡墙设计

在坞门与堰体之间，沿坞底板前端 1.6 m 处用水泥砖堆筑防护挡墙，防护挡墙呈“目”字形，挡墙宽度 2 m，挡墙高度根据围堰岩坎高度确定，从南到北高度为 6~9.5 m，挡墙每 3 m 高设置一道圈梁，圈梁内置竹筋，圈梁用 C20 混凝土浇筑，便于爆后清碴，挡墙内、外墙均采用混凝土砂浆抹面以提高墙体的整体强度。坞门防护挡墙施工断面如图 6 所示。

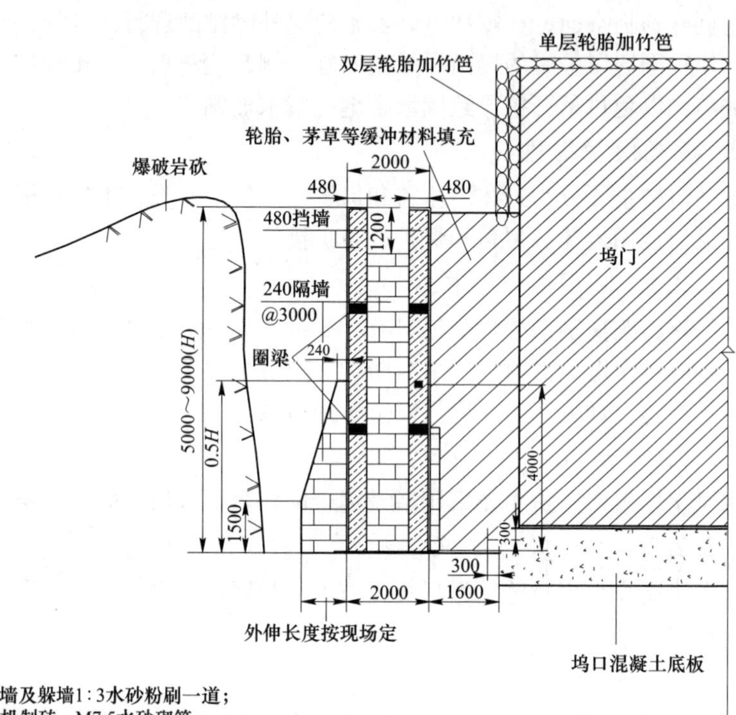

图 6　坞门防护挡墙施工断面（单位：mm）

B　缓冲材料选择与填充

挡墙与坞门之间的净空间 2 m，内置柔性缓冲材料。根据现场实际情况，采用的缓冲材料主要有黄泥、茅草及废轮胎。

(1) 黄泥。考虑到坞门建成后未进行止水试验，为了防止围堰爆破后海水从坞门处涌入船坞，在防护挡墙与坞门间隙处底部填充 2 m 高的黄泥。

(2) 废旧轮胎及茅草。防护挡墙与坞门间隙处底部 2 m 以上部分采用轮胎和茅草填充，北侧坞门 20 m 区域岩坎较高位置以填充轮胎为主、茅草为辅；其他区域以填充茅草为主、轮胎为辅，北侧砖墙间隙处 0~15 m 段采用茅草填充。

C　坞门顶部防护

为减少个别飞石对坞门顶部的破坏，坞门顶部用单层轮胎、单层竹笆再压沙袋的覆盖防护措施，坞门顶面突出部位用轮胎串联防护。

7.2.3.2　设置防护挡墙后的爆堆挤压坞门安全复核

A　挡墙压溃范围估计

根据弹道理论估算，爆堆的水平抛掷距离（非滚落距离）为0.67~4.23 m。因此可以判断，若挡墙与岩坎间距离小于此值，则防护挡墙会受到爆堆的直接冲击作用。由于挡墙为砖砌结构，本身强度较低，且单侧壁厚仅为40 cm，此范围内的挡墙在爆堆的直接冲击及后续爆堆堆积体产生的侧压力作用下，必然产生压溃破坏。

根据挡墙、岩坎的平面布置图可以推断，挡墙的压溃范围为离西北端20 m左右范围。该估计的压溃范围与爆后实际情况比较符合。

B　坞门挤压安全校核

挡墙压溃后，必然在爆堆冲击及后续滚落爆碴作用下往船坞方向继续运动。考虑水平运动抛掷距离为4.23 m，加上挡墙砖砌体净厚度为0.8 m，可得挡墙在爆堆冲击挤压往船坞方向的最远冲击距离约为5 m。

岩坎距离船坞坞门的最小距离为5.5 m，可以判断压溃后的挡墙不会直接冲击坞门。

而挡墙压溃后，由于挡墙和坞门间仍然有0.5 m的补偿空间，其间充填的轮胎及茅草等柔性材料的缓冲作用，有效控制了爆碴及压溃后的挡墙对坞门的挤压破坏作用。

坞门防护挡墙施工状况如图7所示。

图7　坞门防护挡墙施工情况

C　防护效果

起爆后，在爆破开口处附近，爆破堆积体相对集中，前冲明显，有近 20 m 防护墙由于爆堆的挤压而完全破坏，其余挡墙受压向坞门方向整体移动 0.5～1 m。坞门正面未受到明显的损伤，防护效果好。坞门防护效果，如图 8 所示。

图 8　爆后坞门防护体系防护效果

8　爆破效果与监测成果

8.1　爆破效果

本次围堰拆除爆破共使用震源药柱 16.1 t，普通乳化炸药 0.55 t，导爆索 1120 m，高精度毫秒延时雷管 1927 发，分为 156 段，爆破总延时 2075 ms。围堰爆破后坞门、坞内在建船舶、坞口设施及周边建（构）筑物未受影响。爆破后的爆碴粒径均匀，抓斗船清碴效率高，爆破区域无浅点，本工程圆满完成（图 9）。

图 9　爆破效果

8.2　爆破振动监测成果

8.2.1　测点位置

本次爆破一共有 3 个监测点，1 号、2 号布置在水泵房，3 号点布置在坞门顶部。

8.2.2　监测数据

本次测试每个检测点安置两个传感器，一个水平，一个竖直。测试选择最大速度档位进行测试，通过对波形图进行时域分析和频谱分析，得出各测点的实测振动数据，测得的结果列于表1中。1号~3号监测点波形图如图10~图12所示。

表1　工程场地振动测试对比数据

编号	传感器编号	速度值/cm·s^{-1}	主频/Hz	方向	地点
1	V03	30.253	31.738	垂直	水泵房
	H11	26.706	31.738	水平	
2	V06	25.55	39.673	垂直	
	H13	13.777	13.428	水平	
3	E196	5.306	18.921	垂直	坞门顶部
	D396	10.336	26.855	水平	

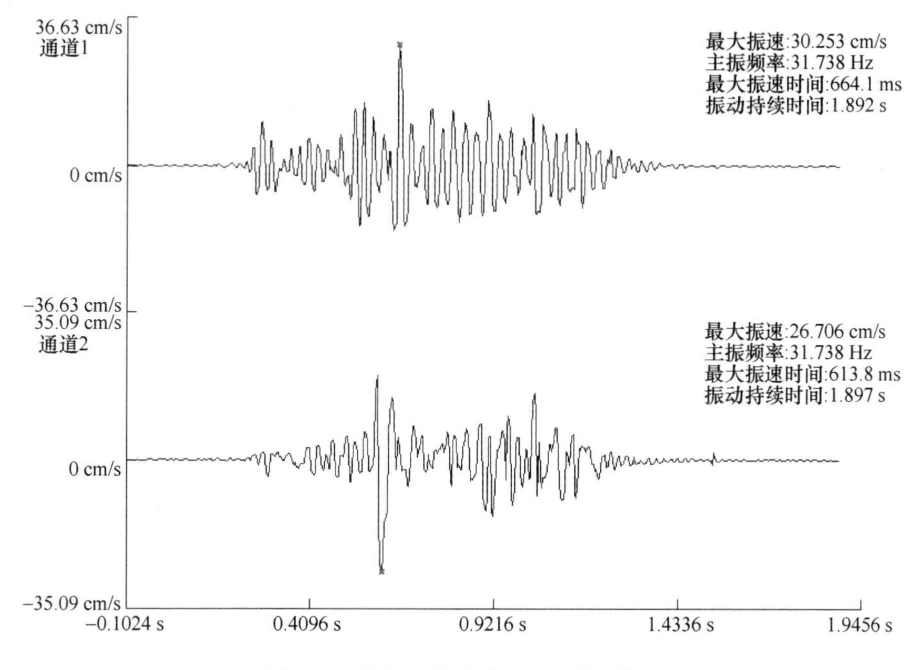

图10　1号测试点波形（水泵房顶部）

8.2.3　数据分析和结论

根据相关围堰爆破采用的安全允许振速标准和类似工程资料，水泵房的安全允许振速20 cm/s。本次围堰爆破时在水泵房布置两个监测点，数据显示：1号监测点（水泵房顶部）垂直方向最大振速为30.2 cm/s，水平方向最大振速为

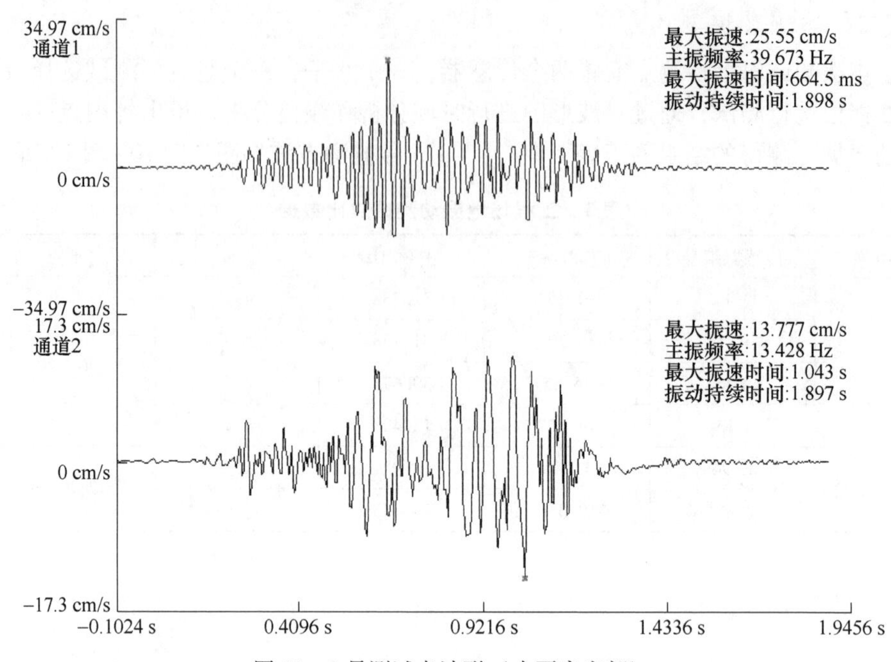

图 11　2 号测试点波形（水泵房底部）

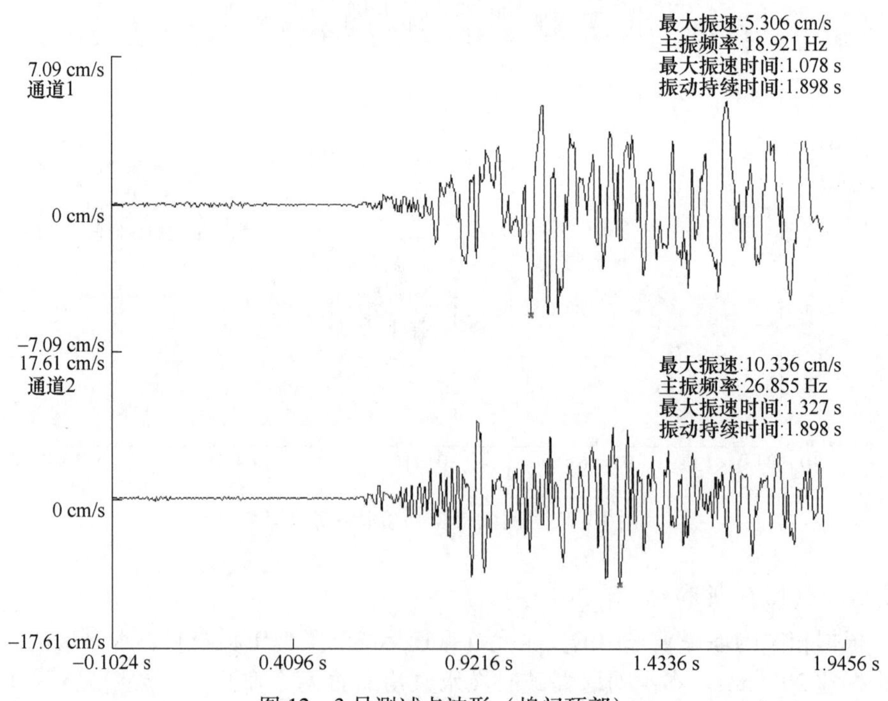

图 12　3 号测试点波形（坞门顶部）

26.7 cm/s；2 号监测点（水泵房底部）垂直方向最大振速为 25.5 cm/s，水平方向最大振速为 13.7 cm/s；围堰爆破后水泵房安然无恙，未出现裂缝等破坏现象，初步分析，原水泵房安全允许振速判据偏于保守，可适当进行调大。

9　经验与体会

（1）采用削坡整形预处理技术，有效地解决了后续作业空间不足的矛盾，改善了主体爆破效果和作业条件。

（2）爆破前对围堰临水面抛碴层预开挖，爆破时能使更多的抛碴抛向海侧，对保护坞门有利，但实施过程中必须动态观察、灵活掌握预开挖的时机，确保爆破之前围堰的稳定。

（3）本次围堰爆破工程实践证明，采用在坞门与围堰间设置砖砌防护挡墙和柔性防护层相结合的防护技术，安全可靠、便于实施。

（4）开口位置选择得当。通过将开口位置选择在离坞门较远的位置，结合防护体系，防止了爆堆对坞门的挤压。

（5）原设计根据相关围堰爆破采用的安全允许振速标准和类似工程资料，船坞水泵房的设计安全允许振速取 20 cm/s，判据偏于保守，可适当进行调大。

工程获奖情况介绍

该工程获全国工程建设优秀质量管理小组二等奖（国家工程建设质量奖审定委员会，2012 年）、国家安全生产监督管理总局第五届安全生产科技成果奖三等奖（2011 年）。“大型船坞围堰爆破拆除关键技术研究及应用”项目获中国工程爆破协会科学技术进步奖特等奖（2012 年）。“大神洲船坞围堰拆除爆破安全设计与防护技术”项目获中国工程爆破协会科学技术进步奖二等奖（2010 年）。“关闭坞门条件下的船坞围堰爆破拆除安全施工工法”获省级工法（浙江省建筑业管理局，2011 年）。获得实用新型专利 2 项、发表论文 1 篇。

50 万吨级船坞复合围堰爆破拆除工程

工程名称： 金海湾船厂船坞围堰拆除爆破工程
工程地点： 浙江省舟山市岱山县小长涂
完成时间： 2007 年 7 月 23 日~12 月 31 日
完成单位： 大昌建设集团有限公司
项目主持人及参加人员： 管志强 张中雷 王晓斌 陈亚建 王林桂 王军海 陈 鹄 熊先林 李辰发 焦 锋 应海剑
撰 稿 人： 李厚龙

1 工程概况

金海湾 50 万吨级船坞位于浙江省岱山县小长涂。船坞尺寸为 510 m（长）×120 m（宽）×14.4 m（深），坞门处宽度 122 m，是当时国内在建的最大船坞。

待拆除围堰是由两端的钻孔嵌岩排桩板式支护体系（人工围堰）与中间的天然岩坎围堰构成的复合型围堰，围堰全长 137 m；堰顶至待拆底板高差 14.5 m，需拆除复合围堰 5.5 万立方米，爆破拆除及清运嵌岩桩 56 根，围堰外侧有 1 座废弃码头需爆破拆除。该围堰不仅拆除规模大，而且结构及爆破作业环境复杂。

围堰西侧为岱山水道，海上过往船舶和工程施工船舶多；东侧为 50 万吨级船坞，由于受自然地质条件的限制，所建围堰和坞体结构较近；岩坎围堰坡脚距坞底板 0~2.5 m，距坞门槛 14~16.5 m；北面待拆除灌注桩与水泵房最近距离 1~7 m，南面待拆除灌注桩距顺岸码头约 7 m。

本次爆破采用了先进的水平缓倾斜深孔逐孔起爆技术，主炮孔最大深度 38 m，使用了先进的高精度导爆管雷管 1700 发，总延时时间 1640 ms，共分 265 个段，使用高威力震源药柱 52 t，爆破拆除围堰 5.5 万立方米，刷新了 2005 年 10 月 31 日舟山万邦永跃船舶修造有限公司（30+10）万吨级船坞围堰爆破拆除工程创造的同类围堰爆破拆除“国内爆破规模最大、结构最复杂、距离被保护建筑最近”的新纪录。

2 工程特点、难点

（1）临水面坡面不规则，临水面表面有厚度不等的淤泥及海水，地形、地质资料欠详。

（2）地质条件较差，岩层破碎，渗水严重，增加了钻孔、装药、网路联接等施工作业的难度。

（3）南北两侧有钻孔嵌岩排桩板式加钢支撑围护体系，在当时国内船坞围堰拆除施工中尚未遇到过。围堰爆破实施前，必须对支护体系进行预处理，否则将会影响爆破效果；若处理不当，可能导致围堰失稳，诱发严重的安全事故。

（4）爆区离坞墩、坞底板、水泵房、花岗岩贴面、坞内存放的坞门等保护对象较近，需严格控制单段起爆药量，同时做好有效的防护措施。

3　爆破方案选择及设计原则

3.1　设计原则

3.1.1　减少对淤泥层的扰动，确保围堰一次爆破拆除

该围堰岩坎部分炸除宽度达30~40 m，临海面上覆淤泥层，严重影响爆破安全和拆除效果。针对这一全新课题，确定减少对淤泥扰动的基本原则，采用围堰一次爆破-中部岩坎超深缓倾斜孔设计，布孔充分考虑岩面不规则及淤泥层和覆盖水的影响等技术对策与措施，确保复合围堰一次爆破拆除。

3.1.2　对钻孔排桩加钢支撑围护体系采取合理的预处理措施

围堰爆破前，在安全分析的基础上，采用安全、简便方法，分期、分部对钻孔排桩加钢支撑围护体系预处理，既保证爆破前围堰稳定，又保证围堰拆除爆破成功。

3.1.3　采取措施解决临水破碎岩层钻孔及装药淤堵难题

针对临水破碎岩层钻孔及装药淤堵难题，采用炮孔内置PVC管、合理选择爆破器材等技术措施，确保了临海复杂环境大面积钻孔爆破的顺利实施。

3.1.4　保证良好的爆破效果，同时确保周边保护对象安全

实施逐孔高精度毫秒延时起爆技术，严格控制最大单段起爆药量，达到降低爆破震动的优良效果，并对保护对象精心做好安全防护。

3.2　爆破拆除方案的确定

船坞围堰拆除爆破方案的确定主要考虑爆破次数、炮孔类型、是否关坞门及是否充水四个方面。

3.2.1　爆破次数

该围堰如果采取分次爆破方案，船坞将不可避免地进水，而极大地改变剩余

堰体的施工工况。因此本工程采用一次爆破的方案。

3.2.2　炮孔类型

该围堰中间部分为天然岩坎，向海倾斜延伸，为了满足坞门关闭条件必须确保炸除宽度达到30~40 m，因此对于人工围堰拆除标高（-10.9 m）以上的岩坎及中间的天然岩坎，采用从围堰内侧向外侧打缓倾斜炮孔的爆破方案。

人工围堰上部的混凝土扶壁挡墙采用浅孔爆破，与主炮孔就近连接起爆。

3.2.3　是否关闭坞门

本工程爆破前，坞门在船坞内建成并存放，在围堰爆破拆除前，不具备关坞门条件，而且该船坞没有关闭坞门的需求。因此选择不关闭坞门方案。

3.2.4　是否充水

爆破时围堰内侧是否充水需要根据工程实际情况确定。本工程为50万吨大型船坞，若采取充水工况，充水时间较长，对爆破网路的安全不利。通过采用低潮位起爆等手段，也能在一定程度上降低动水压力和水石流对保护对象的影响，因此本次爆破采用不充水工况。

综上所述，本次围堰拆除爆破，采用缓倾斜炮孔不关坞门不充水一次爆破方案。设计起爆顺序为从围堰中间顶部开口，由中间向两边V形顺序逐孔起爆。

围堰上部的扶壁挡墙采用浅孔爆破就近与主炮孔同响。为了控制爆破振动对水泵房及其内部设施的影响，在围堰北端灌注桩下部岩坎的水平方向及垂直方向各布置1排预裂孔。

对于剩余的拆除标高（-10.9 m）以上为灌注桩的人工围堰，对灌注桩不爆破，在-10.9 m标高处采取截断预处理。围堰拆除后，倾倒的灌注桩利用挖泥船整体打捞运走。

4　爆破参数设计

4.1　岩坎缓倾斜炮孔

围堰中部岩坎布置缓倾斜炮孔，角度与基岩面倾角大体一致（5°~12°）。采用矩形布孔，孔距×排距=2.5 m×2 m，孔深l=8~37 m。岩坎段共布置7排炮孔，底部炮孔超深2 m（孔底打到-13.0 m标高）。炮孔直径取140 mm，钻孔完毕孔内置ϕ110 mm的PVC塑料套管，装ϕ95 mm震源药柱。

根据类似工程经验，取围堰中部岩坎爆破炸药单耗为q=1.4~1.8 kg/m^3。填塞长度取2.5~3 m。采用连续装药结构，ϕ95 mm震源药柱线装药密度9 kg/m，单孔装药量Q=60~300 kg。当单孔装药量超过最大允许单段药量时，采用分段装药结构。

人工围堰下部的岩坎，倾角根据现场实际情况而定，爆破参数与天然岩坎围堰一致。

4.2 扶壁挡墙浅孔

扶壁挡墙为钢筋混凝土结构。在顶部布置 1 排垂直浅孔，底板布置 1 排水平浅孔。孔径 ϕ 取 42 mm，炸药单耗取 q=0.6~0.8 kg/m^3。

4.3 预裂孔

围堰北端灌注桩下部岩坎垂直方向的预裂孔为扇形布置，孔口距 0.5 m，孔底距 1.5 m，孔深 8~11 m；水平方向的预裂孔为平行布置，倾角 40°，孔底标高-18 m，孔深 10.5 m。

预裂孔线装药密度 0.4~0.6 kg/m；底部 1~1.5 m 加强装药，线装药密度 1.5 kg/m，孔口填塞长度 1.5~2 m。

典型炮孔断面图，如图 1 所示。

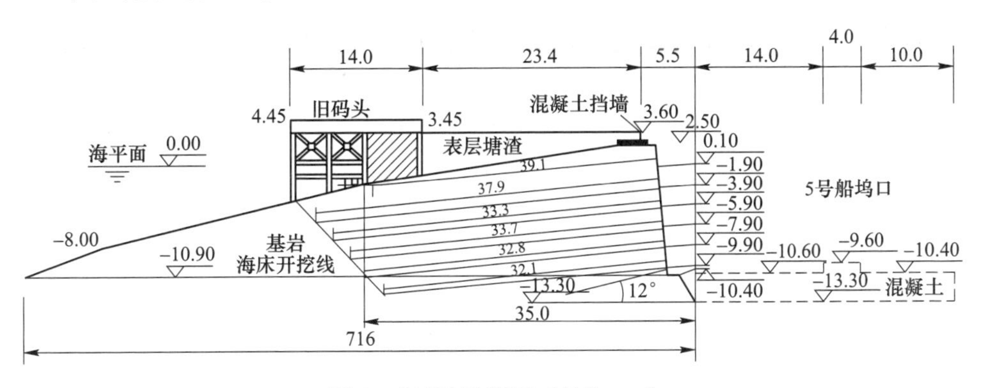

图 1 典型炮孔断面（单位：m）

5 起爆网路设计

根据类似工程施工经验，该围堰爆破采用中间顶部开口、由中间向两侧 V 形顺序传爆、逐孔起爆的高精度导爆管雷管复式起爆网路，具体网路联接形式如下：

（1）根据孔深及炮孔位置，孔内装 2~3 发 600 ms 长延时导爆管雷管，各雷管应该均匀的布置在装药长度范围内。

（2）孔间采用高精度 25 ms 地表延期雷管，开口位置北侧第一个孔采用

42 ms 地表延期雷管，以实现爆区两侧炮孔错段。

（3）排间采用高精度 65 ms 地表延期雷管。整个网路连接完毕，最后绑扎两发电雷管后，用导线引至起爆站，高能起爆器起爆。

（4）扶壁挡墙的浅孔内装 1 发 600 ms 长延时雷管，与主炮孔就近连接，同响。

起爆网路示意图，如图 2 所示。

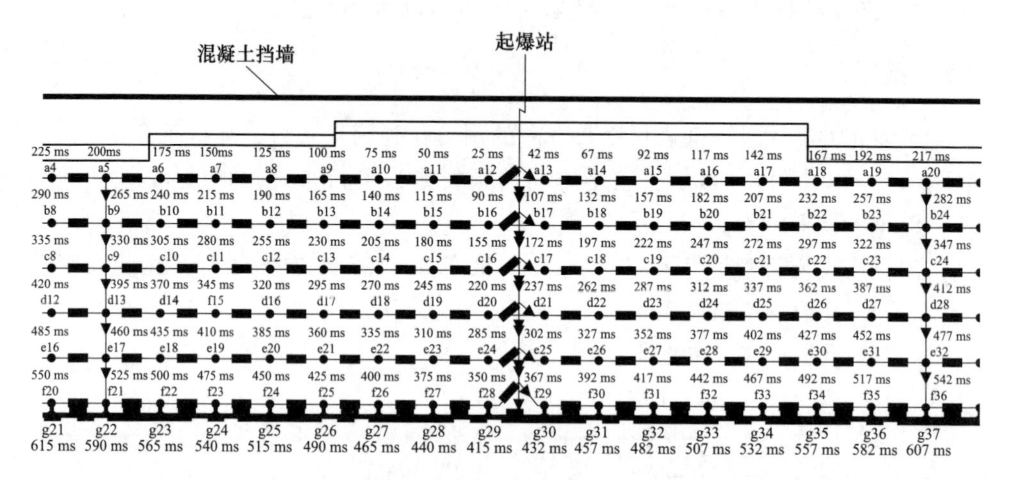

图 2　起爆网路（局部）

中间开口，由中间向两侧 V 形顺序起爆，能够显著缩短爆破传播路径，缩短爆破时间，确保在第一个孔起爆前有更多的炮孔的延期体已经点燃，有利于提高爆破网路的可靠性。

考虑爆破地振波、水击波等有害效应的影响，单段起爆药量受到限制，本次爆破采用逐孔爆破方式。对于单孔药量仍超过其允许最大单段药量时，则对该孔采用分段装药，采用在上部孔内雷管脚线串接 9 ms 地表延期雷管的形式实现底部先响，上部后响。

6　爆破安全设计

6.1　爆破有害效应及控制

本工程主要保护对象为船坞坞墩、坞底板、坞门槛花岗岩贴面、水泵房、管桩码头等，针对上述保护对象，需要控制的爆破有害效应主要有爆破振动、爆破水击波、爆破个别飞散物。在防护设计时还应该考虑不充水工况下的水石流对坞口设施的危害。

6.1.1　爆破振动

根据类似工程的设计及实际监测资料，本工程水泵房、坞墩和坞底板采用振速标准 20 cm/s，码头、坞门槛花岗岩贴面 5 cm/s。

本工程采用的萨道夫斯基公式计算保护对象的爆破质点峰值振动速度和最大单段药量：

$$v = K\left(\frac{\sqrt[3]{Q}}{R}\right)^{\alpha} \tag{1}$$

$$Q = [([v]/K)^{\frac{1}{\alpha}}R]^{3} \tag{2}$$

式中　Q——最大单段药量，kg；

v——计算地震波速度，cm/s；

$[v]$——安全允许振速，cm/s；

R——控制点至爆源的距离，m；

K，α——与爆区地形地质有关的系数和衰减系数，参照类似船坞围堰爆破拆除实测数据，对坞墩、水泵房、码头取 50 和 1.5。

对于爆破振动的控制措施主要有：

（1）根据安全校核结果，采用逐孔起爆网路，严格控制最大单段药量，对于单孔药量仍超过其允许最大单段药量炮孔采用分段装药，并确保每一段的药量不超过允许的最大单段药量。

（2）在围堰北端灌注桩下部岩坎的水平方向及垂直方向各布置 1 排预裂孔，预裂孔先于主炮孔起爆，形成预裂缝，一方面可以对水泵房和坞墩起到降振效果，另一方面可以减弱主炮孔对保留岩体的破坏，得到比较平整的岩面。

6.1.2　爆破水击波

本工程采用《水利水电工程爆破技术规范》（DL/T 5135—2001）中的如下水击波压力计算公式，计算水击波压力值：

$$p = 52.7\frac{Q^{1/3}}{R} \tag{3}$$

式中　p——冲击波压力。为确保管桩码头安全，考虑保险系数，此处管桩 C60 混凝土强度取 30 MPa；

R——药包中心到测点的距离，m；

Q——药包重量，kg。

对于水击波的控制措施主要有：

（1）控制最大单段药量。

（2）保护对象和爆源之间设置气泡帷幕。

由于本工程经验算，通过控制最大单段药量就可以将水击波及超压控制在允许范围内，因此没有采取气泡帷幕措施。

6.1.3　爆破个别飞散物

本工程天然岩坎覆盖水深0~4 m，根据《爆破安全规程》(GB 6722—2003）中的规定水深小于1.5 m的水下爆破，个别飞散物的最小安全距离与地面爆破相同，按设计但不小于200 m。

对于扶壁挡墙浅孔爆破，由于飞石产生的因素难以判定，其爆破个别飞散物距离的计算比较困难，本工程根据类似工程施工经验判断，扶壁挡墙浅孔爆破个别飞散物安全距离不大于200 m，对扶壁挡墙浅孔爆破个别飞散物采取的控制措施主要有：

(1）炮孔孔口覆盖竹笆及沙袋。

(2）扶壁挡墙附近的保护对象采取近体防护措施。

6.1.4　水石流

围堰爆破解体坍塌，海水从堆积体最低缺口处过流，并夹带碎碴形成水石流，可能冲击和磨损坞门槛等保护对象。

对于水石流的防护措施主要有：

(1）采用钢板、沙袋、轮胎和竹笆等材料对保护对象采取覆盖措施。

(2）采用堰内充水爆破方案，降低或者平衡坞内外水位差，减弱或避免过流。

(3）采用堰内不充水爆破方案时，选择低潮位起爆，减弱围堰过流强度。

本围堰爆破选用不充水爆破方案，原设计采用低潮位起爆，以避免形成强烈的水石流。但由于特殊原因，最终起爆时潮位较高，造成大量围堰破碎体被水流冲进船坞，尽管未造成坞体的明显破坏，但大大增加了清碴难度。

6.2　安全防护措施

6.2.1　坞底板和花岗岩贴面

坞底板及坞门槛花岗岩贴面，采用满铺沙袋进行防护，坞底板沙袋厚度1 m，坞门槛花岗岩贴面处沙袋厚度1.5~2 m；坞墩花岗岩贴面（立面）采用双层轮胎加竹笆防护。

6.2.2　坞墩、水泵房

坞墩、水泵房顶面采用竹笆及沙袋防护，立面悬挂两层轮胎中间夹竹笆防护。在水泵房进水口箅子板上覆盖5 mm厚铁板，同时加盖沙包，以防爆破后水石流冲入水泵房水仓，增加后期清理工作量（图3)。

6.2.3　围堰南侧顺岸码头

顺岸码头的爆破有害效应主要有爆破振动和水中冲击波。经校核，本次爆破设计最大单段药量满足码头的爆破振动和水中冲击波的安全要求。

图 3　爆破安全防护场景

7　爆破施工

7.1　钻孔排桩加钢支撑围护体系预处理

该围堰采用钻孔排桩加钢支撑围护体系与天然岩坎围堰相结合的形式，钻孔排桩支护体系与扶壁挡墙天然岩坎围堰之间通过可靠的联系措施成为一个整体。因此对钻孔灌注桩的预处理及钢支撑的拆除必须确保钻孔排桩板式加钢支撑围护体系的稳定，否则可能造成围堰失稳。

为了保证围堰在爆破之前稳定的同时，能够达到围堰爆破施工的工艺要求，经与围堰设计单位、业主及国内有关爆破专家共同研究确定预处理方案。

7.1.1　灌注桩预处理

对于桩底标高在围堰拆除设计标高（-10.9 m）以上的灌注桩，在桩底岩坎布置倾斜炮孔，同岩坎围堰一次爆破。

对于桩底标高在围堰拆除设计标高以下的灌注桩，预先将灌注桩钢筋在拆除水平进行混凝土掏空、钢筋截断处理，掏空部位采用素混凝土回填并对桩体采取临时加固措施，在围堰爆破后倾倒的灌注桩和围堰爆碴一并打捞。本工程中需要截桩预处理的灌注桩共有 13 根。

为保持灌注桩稳定，应采取“间隔处理法”（间隔处理即对预处理的排桩进行间隔跳跃施工方法），待混凝土填充后有一定强度并采取加固措施后，方可进行后续灌注桩的处理。

7.1.2 钢支撑的预拆除

（1）不影响排桩稳定的个别斜撑及立柱前期拆除，便于钻孔施工。

（2）围堰南侧大面积的钢支撑在爆破施工作业（包括炮孔装药、网路连接）期间进行拆除，在不影响施爆时间的前提下，预拆除尽可能接近爆破时间，确保施工安全。

（3）钢支撑拆除时对其附近的爆破网路采取加装防护套管、覆盖沙袋等防护措施。

7.2 钻孔作业的垫碴施工

工程天然岩坎围堰爆破采用履带式高风压钻机钻缓倾斜深孔。履带式高风压钻机自重超过 5 t，钻岩坎上部炮孔时，需要搭建稳固的工作台。

本着经济实用、安全高效的原则，工程采用“垫碴施工法”。具体做法，如图 4 所示：先将钻机摆放在围堰内侧坞门底板上，将下层炮孔钻凿完毕。当上层炮孔高度超过钻机的工作高度时，将粒径 30 mm 以下的石料从围堰顶部用自卸车翻入围堰内侧坞底板上，垫碴达到一定高度便于钻孔后，用挖机简单平整后作为高风压钻机钻孔平台，进行上部钻孔作业。待自下而上钻孔完毕后，将坞口垫碴清除，用毛竹搭设脚手架供装药、网路连接使用。

图 4　钻孔作业的垫碴施工

8　爆破效果与检测成果

8.1　爆破效果

本工程总装药（震源药柱）52 t，使用高精度毫秒延时雷管1700发，爆破总延时1640 ms，分为265段。

爆破网路按预期，从围堰中间开口、V型由中间向两侧传爆。爆破现场录像资料显示，网路全部传爆。监测结果显示各种爆破有害效应均控制在安全允许范围内，各保护对象安然无恙（图5）。

(a)　(b)　(c)　(d)

图5　爆破效果及清碴过程

（a）围堰爆破的起爆瞬间；（b）爆堆形态；（c）候潮陆上清碴作业；（d）抓斗船水下清碴作业

爆堆呈中间高、两端低的“凸”字形，主要集中在围堰轴线外侧，石碴粒径小于50 cm的占75%~80%。由于不充水工况下，起爆潮位较高，爆后过流明显，船坞迅速被水石流充满，给关闭坞门后船坞内的清碴作业带来很大困难。

清碴完成后扫海结果显示，爆破范围内水下清碴一次性达到-11 m，无浅点。

8.2　爆破振动安全监测

8.2.1　测点布置

本次爆破一共布置3个监测点，1号、2号在水泵房，3号点在南坞墩，每个检测点安置两个传感器，一个水平，一个竖直。选择最大速度档位进行测试，通过对波形图进行时域分析和频谱分析，得出各测点的实测振动数据。测试点布置如图6所示。

图6　爆破振动监测点布置

8.2.2　爆破振动测试数据

爆破振动测试对比数据见表1，爆破振动监测点1号~3号振动波形如图7~图9所示。

表1　爆破振动测试对比数据

编号	传感器编号	速度值/cm · s^{-1}	主频/Hz	方向	地点
1	V03	11.52	21.73	垂直	水泵房
	H11	3.83	11.48	水平	
2	V06	8.16	21.48	垂直	
	H13	4.99	11.48	水平	
3	V08	7.64	37.60	垂直	南坞墩
	H14	4.45	7.81	水平	

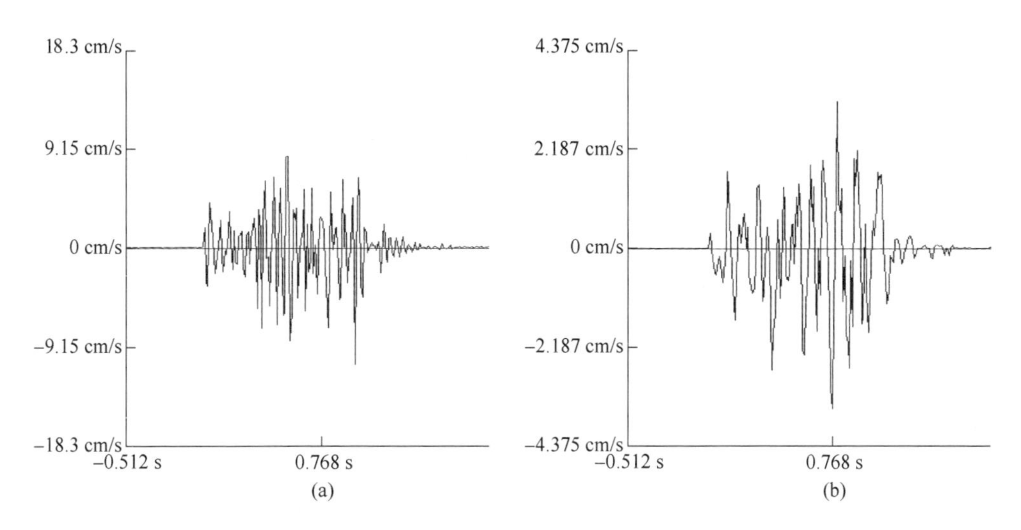

图 7　水泵房 1 号监测点爆破振动波形

（a）垂直向波形；（b）水平向波形

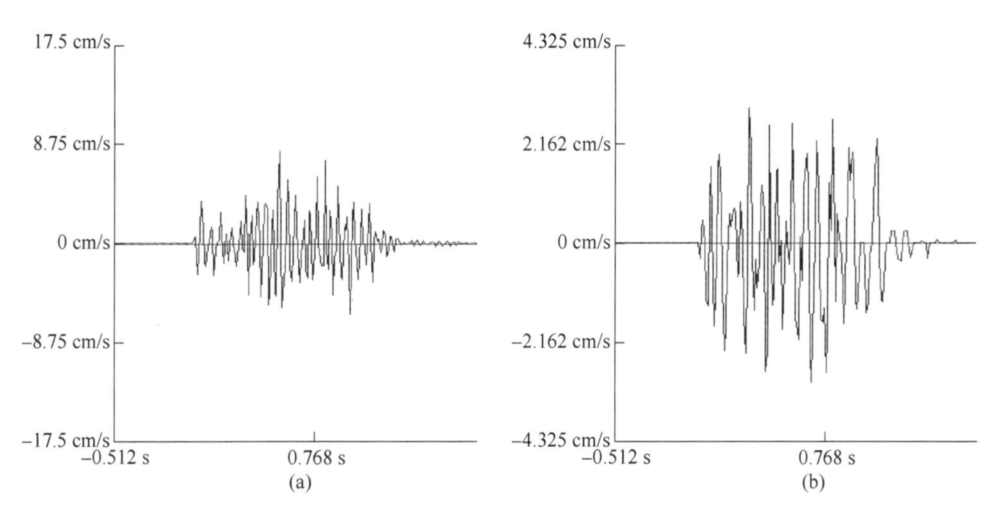

图 8　水泵房 2 号监测点爆破振动波形

（a）垂直向波形；（b）水平向波形

8.2.3　数据分析和结论

本次爆破的爆破振动，实测垂直向最大值为 11.52 cm/s，水平向最大值为 4.99 cm/s，振动主频为 7.81～37.60 Hz。

根据本次测试得到的数据分析，垂直向振动速度和水平向振动速度均小于设计标准，振动频率范围为 7.81～37.60 Hz，高于一般非抗震建筑物自振频率。爆破引起的振动效应对水泵房和坞墩不会造成损伤。

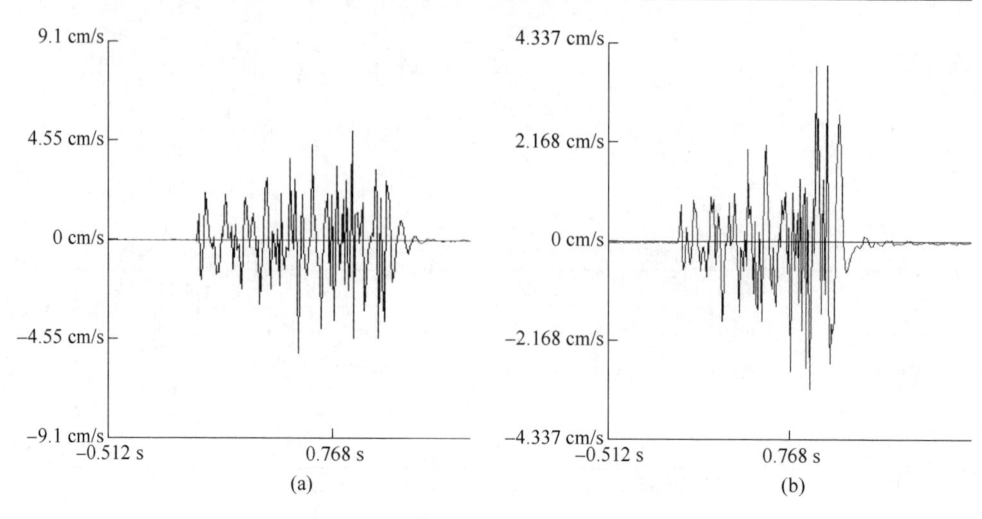

图 9　南坞墩 3 号监测点爆破振动波形

（a）垂直向波形；（b）水平向波形

9　经验与体会

（1）采用超深缓倾斜孔爆破技术，可以实现缓倾斜天然岩坎围堰的一次爆破拆除，减少甚至避免了船坞坞口前沿的炸礁工程施工，缩短了施工工期，有利于船坞的早日投入使用。

（2）对钻孔排桩加钢支撑围护体系预处理应分期、分步实施，既要保证爆破前围堰稳定，又要保证围堰拆除爆破成功。

（3）钻孔作业垫碴施工法，是一种经济实用、安全可靠的钻孔平台搭建方法。

（4）采用不充水爆破方案的围堰拆除爆破，条件具备时宜采用低潮位起爆。

工程获奖情况介绍

“大型船坞围堰爆破拆除关键技术研究及应用”项目获中国工程爆破协会科学技术进步奖特等奖（2012 年）。“金海湾 50 万吨级船坞复合围堰爆破拆除技术”项目获中国工程爆破协会科学技术进步奖一等奖（2008 年）。“50 万吨级船坞复合围堰爆破拆除施工技术”获第九届全国工程爆破学术会议优秀论文奖（中国工程爆破协会、中国力学学会，2008 年）。“大型船坞围堰爆破拆除施工工法”获省级工法（浙江省建筑业管理局，2009 年）。发表论文 2 篇。该项目在 2007 年 10 月 5 日中央电视台新闻联播中报道。

钢支撑灌注桩复合船坞围堰的爆破拆除技术

工程名称： 浙江中基船业船坞围堰爆破拆除工程
工程地点： 舟山市岱山县江南山岛
完成单位： 大昌建设集团有限公司（设计）
浙江省高能爆破工程有限公司（施工）
完成时间： 2009 年 8 月 25 日～10 月 1 日
项目主持人及参加人员： 管志强　张中雷　王晓斌　陈亚建　王林桂　王军海
陈　鹄　熊先林　李辰发　焦　锋　应海剑（设计单位）/
江天生　宋志伟　王宗国（施工单位）
撰 稿 人： 张　军　高　贵　吴　平　丁言坤　郭海涛

1　工程概况及环境状况

1.1　工程概况

舟山中基船业有限公司需一次爆破拆除两个相邻的船坞围堰，其中 1 号船坞围堰长 80 m，2 号船坞围堰长 68 m，两坞相连，中间共用一水泵房。水泵房位于两坞中间宽度为 27 m，其沿船坞纵轴线方向长度为 41 m，水泵房内设备安装完毕。围堰均采用钻孔嵌岩灌注排桩围护体系，灌注排桩采用水平对撑构成水平支撑体系，沿基坑深度方向布置 3 道采用声 609 mm 钢管作水平支撑，3 道支撑同一轴线布置，3 道支撑的中心标高分别为+0. 4 m、-4. 6 m 和-8. 9 m。灌注桩外采用高压旋喷止水帷幕，外侧采用浆砌块石及抛碴回填，两围堰中间部位基岩埋深较深，为-10～-20 m，两侧基岩埋深较浅，为-2～-5 m 左右。如图 1 所示。

1.2　周边环境

爆破区域北面临海，海上为岱山重要水道，过往船只较多；南面为正在建设的钢筋混凝土结构船坞，围堰紧邻坞体结构，最近距离约 1 m，围堰两侧岩坎坡脚距坞底板约 0～1. 5 m，距坞墩约 0～1 m，距坞门槛约 7. 5～10 m，距离水泵房约 15～20 m，需拆除的嵌岩灌注桩距坞底板最近约为 1. 2 m，距坞门槛约为 10 m；西面 500 m 处为厂区车间；东侧无构筑物。

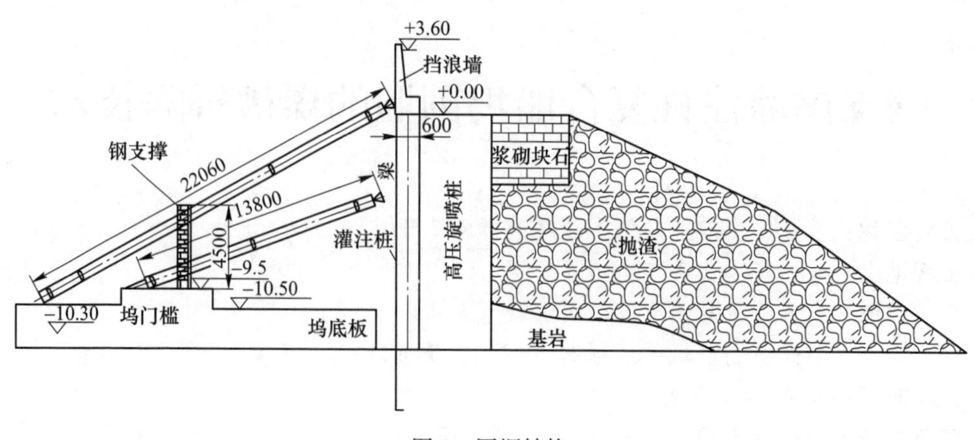

图 1　围堰结构

2　工程特点、难点

2.1　拆除爆破要求高

船坞围堰拆除是一种特殊条件下的爆破拆除，必须一次爆破成功。一旦实施了爆破，整个工作环境就被破坏，不存在补充爆破的条件。同时围堰爆破应达到设计的爆破效果，即灌注桩、高压旋喷、浆砌块石、石碴等能顺利被挖泥船挖运，因此爆破后石碴粒径不得大于 1 m，灌注桩应被破碎成若干段，灌注桩间、灌注桩和基岩间必须相互脱离，保证能顺利清碴。

2.2　围堰周边环境复杂

爆破区域距离需要保护的建构筑物非常近，围堰紧邻坞体结构。围堰爆破实施后，部分坞体将被海水淹没，假如被破坏将造成无法修复的损失，特别是坞底板、水泵房和坞口止水的花岗岩贴面。因此爆破时必须采取有效的措施防止爆破有害效应对这些设施的破坏。

2.3　钢支撑预拆除施工难度大

船坞围堰采用嵌岩灌注桩板式加钢支撑围护，支撑围堰外高压旋喷桩、抛碴、海水等作用力，使围堰成为一个合理的力学平衡支护体系。根据业主的要求，爆破前必须将总计 50 t 的钢管支撑全部拆除和回收。但是，钢支撑提早拆除无疑会破坏围堰整体的稳定性，易造成围堰垮塌等安全事故，因此，经过反复的计算和验证采用围堰内充水，减小内外压力差的方法来安全拆除钢支撑，确保围堰安全和稳定。

2.4　灌注桩爆破拆除施工困难

本工程灌注桩共计147根，直径为1 m，外侧有一层3 mm厚的钢护筒，内部为25根，ϕ25 mm钢筋笼组成的钢筋混凝土结构，每根的长度为10~25 m，是本次爆破拆除围堰的重点。

灌注桩的拆除方法因受工期的限制，有预先人工截桩法和桩内钻孔爆破法两种。考虑到采用预先人工截桩法，会使其失去对围堰的支护作用，可能造成围堰垮塌等安全隐患。因此经过反复研究结合我公司对灌注桩成功爆破拆除的施工经验，决定采用桩内钻孔爆破法拆除。但是采用这种方法对钻孔的精度要求特别的高，同时还要控制装药量，保证不破坏坞底板。

2.5　爆破器材要求质量高

船坞围堰爆破必须确保一次爆破成功，一旦出现盲炮无法处理，因此必须确保炸药、雷管的准爆。围堰炮孔都在海平面以下，孔内灌满了海水，由于围堰装药复杂，往往要求炸药和雷管能够在海水中浸泡3~5 d，因此对于雷管、炸药的耐水、抗压性能要求特别高，必须采用具有特殊性能的爆破器材才能满足施工要求。

3　设计原则及爆破方案选择

该船坞围堰主要由灌注桩、钢支撑、抛填石碴构成，并采用高压旋喷桩进行止水，仅在围堰两侧高程约-7 m以下有少量基岩，结合该围堰爆破拆除特点，拟采用以下拆除方案：

（1）钢支撑对围堰结构的稳定性起着重要的作用，为了保证围堰在爆破实施前的稳定与安全，钢支撑的人工切割、回收应在钻孔及围堰两侧基岩装药全部结束后进行。本工程采用围堰内充水爆破法，降低围堰内外的水头差；通过围堰内水压作用，保证钢支撑切割后整个围堰的稳定。钢支撑采用普通气割及吊车作业的方法实施回收。

（2）灌注桩采用钻孔爆破法，孔深至桩底基岩并适当超深，底部装药将基岩破碎使灌注桩与基岩脱离；上部间隔装药破碎灌注桩之间的高压旋喷混凝土及灌注桩的圈梁，达到爆破后灌注桩相互独立并分成若干段的效果。

（3）围堰两侧基岩采用垂直孔加缓倾斜孔爆破法，开挖边界上采用预裂爆破；灌注桩外的高压旋喷采用垂直中深孔爆破的方法拆除，挡浪墙采用手风枪孔爆破拆除。

（4）采用竖直深孔为主，两侧缓倾斜孔及挡浪墙小孔为辅的一次爆破拆除方法，采用中间开口、V 形、逐孔、局部孔内分段的起爆网路。炸药采用震源药柱及塑料外壳包装的乳化炸药，雷管除水上炮孔采用普通导爆管雷管外，其他全部采用奥瑞凯耐水高精度雷管，保证高压、深水浸泡条件下完全准爆。

4　爆破参数设计

4.1　灌注桩爆破参数设计

本工程灌注桩数量多，是围堰爆破拆除的重点。应保证灌注桩爆破后能被顺利挖运，同时尽可能减少爆破危害效应对周边设施的危害，桩内采用间隔装药的方法。分别在桩与基岩交接处，坞底板的正对面，联系梁三处集中装药，其他部位不装药。根据爆破前的试验情况，灌注桩的炸药单耗为 3.8 kg/m^3，底部装 ϕ60 mm 震源药柱，坞底板前及圈梁处装 86 mm 乳化炸药，间隔装药段不堵塞，顶部堵塞长度为 5 m。图 2 为灌注桩装药结构示意图。

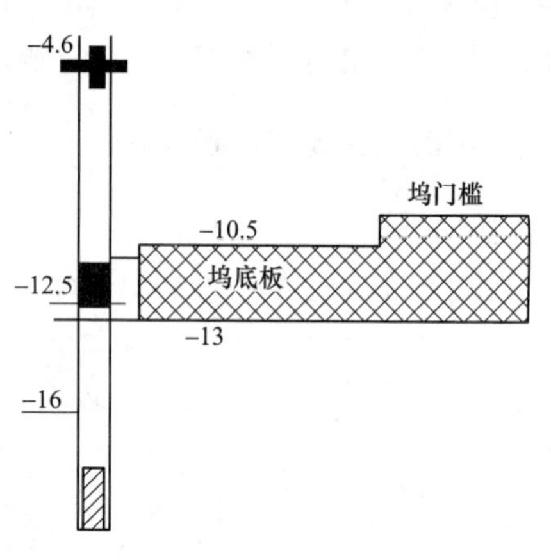

图 2　灌注桩装药结构

4.2　基岩爆破参数设计

围堰两侧基岩采用布竖直孔和缓倾斜孔相结合的方法，围堰基岩钻孔孔径取 ϕ140 mm，矩形布孔，单耗为 $q = 1.0 \sim 1.2$ kg/m^3。孔距 $a = 2.5$ m；排距 $b = 2.0$ m；孔深 $h = 10 \sim 15$ m；确保炮孔竖直超深不小于 2 m。竖直孔堵塞 3 m、倾斜孔堵塞长度 3~5 m。炮孔采用连续装药，装药前对每个炮孔装药量进行安全校核，若爆破振动速度超过控制标准，采用间隔装药、孔内分段起爆。

4.3　高压旋喷桩及浆砌石爆破参数设计

灌注桩外侧的高压旋喷桩止水带中间布一排炮孔，孔距 $a = 2.5$ m，钻孔至设计开挖高程并超深 2 m，炮孔孔径取 ϕ140 mm，装 96 mm 炸药；高压旋喷桩外侧有浆砌石，根据浆砌块石的不同宽度布置 3~9 排炮孔，炮孔孔径取 ϕ140 mm，装 70 mm 炸药。孔距 $a = 2.5$ m；超深 2 m；排距 $b = 2.5$ m；孔深 $h = 7 \sim 15$ m。旋喷桩采用连续耦合装药结构，炮孔堵塞 3 m、浆砌石炮孔堵塞 2.5 m。

4.4　挡浪墙爆破参数设计

挡浪墙为钢筋混凝土，挡墙顶部布垂直孔，拐角布置倾斜孔，底板布垂直孔；孔径取 ϕ42 mm。顶部垂直孔：孔距 a=0.5 m；孔深 2.0 m；单孔药量：Q=400 g；基角斜孔：孔距 a=0.6 m；孔深 h=0.7 m；倾角 45°；单孔药量：Q=200 g；底板垂直孔：孔距 a=0.6 m；排距 3=0.5 m；孔深 h=0.6 m；单孔药量 Q=200 g。挡浪墙炮孔采用连续耦合装药结构，部分炮孔布置如图 3 所示。

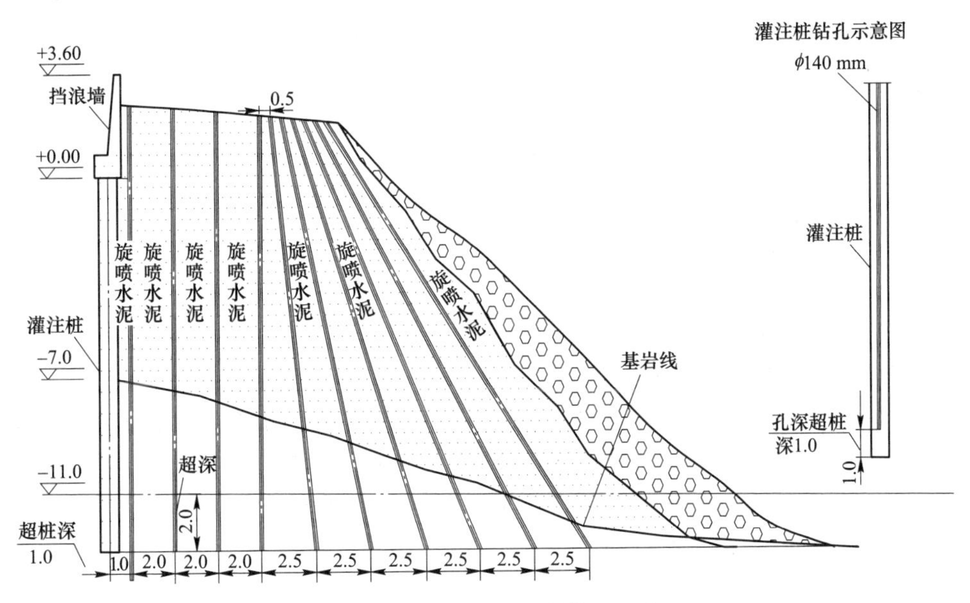

图 3　部分炮孔布置（单位：mm）

4.5　预裂孔爆破参数设计

围堰两侧各布置一排预裂孔，坞底板前布置一排倾斜预裂孔，孔径为 ϕ140 mm，炮孔内置 PVC 塑料套管便于装药。根据类似工程施工经验，预裂孔线装药密度 L=0.4~0.5 kg/m；孔距 a=1.2 m。装药结构如图 4 所示。

4.6　爆破网路设计

4.6.1　爆破器材选择

由于围堰外侧为大海，炮孔中均充满海水，因而炸药全部选用塑料外壳保护包装的 2 号乳化岩石炸药，并在高程−17 m 以部位全部采用震源药柱装药。

深孔内选用奥瑞凯高精度导爆管雷管，每孔不少于 2 发，手风枪浅孔挡墙装 1 发普通导爆管雷管，孔外雷管全部采用奥瑞凯高精度导爆管雷管接力。

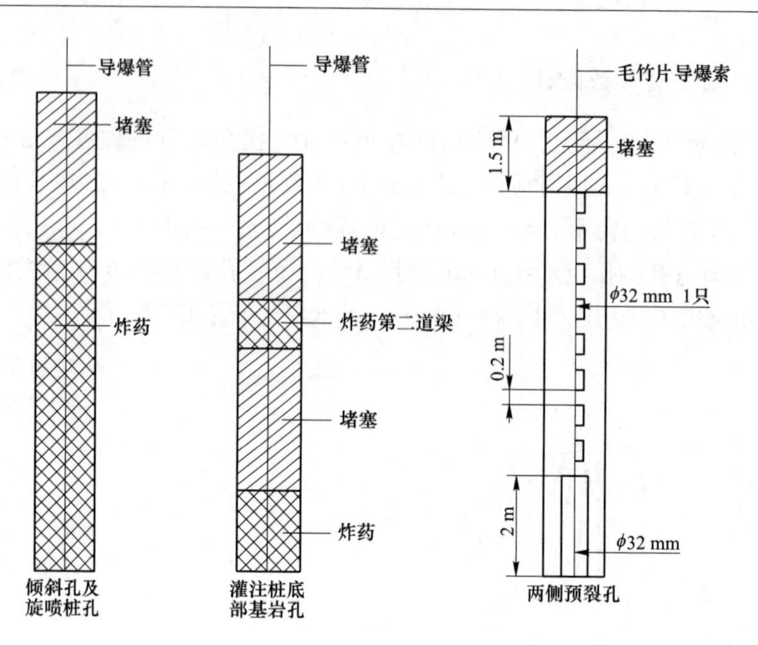

图4　装药结构

4.6.2　围堰拆除爆破网路

围堰爆破采用中间开口、自外而内逐孔向两边推进网路。浅孔及主炮孔孔内全部装 800 ms 雷管；V 形开口处一侧及局部用 9 ms 接力，其余孔间用 25 ms 雷管接力，排间用 65 ms 雷管接力；手风枪浅孔与邻近主炮孔一起起爆，主炮孔逐孔起爆；起爆网路从围堰中间外侧开口、V 形起爆、自外而内一次爆破拆除（图 5）。

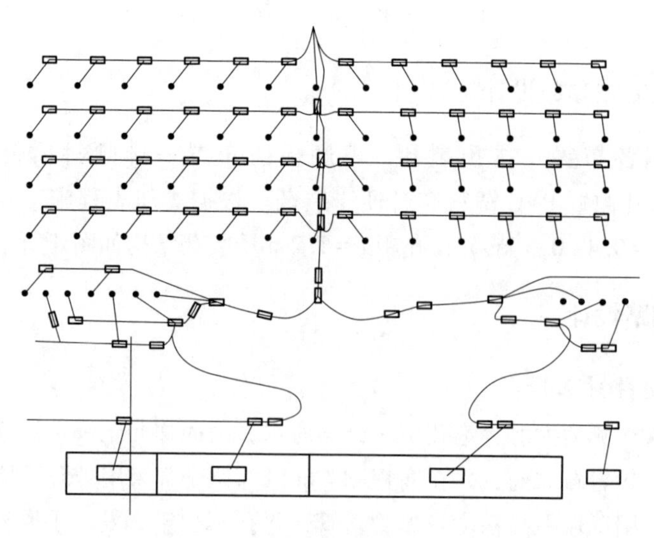

图5　爆破网路

5　爆破安全设计

5.1　安全控制标准

参照长江水利委员会长江科学院对相关围堰及岩坎爆破采用的安全振速允许标准和实际观测资料，以及相关围岩爆破施工经验，结合坞体厚度、结构和混凝土标号，确定坞墩和坞底板振速安全控制标准 20 cm/s、码头 5 cm/s、花岗岩贴面 5 cm/s。

5.2　安全保护措施

本工程对爆破振动进行安全校核，并采用了预裂孔减振等措施，以确保围堰设施的安全；为减少水击波对围堰内设施的危害，在围堰内设置 4 道气泡帷幕；为减小爆破飞石的危害，采用覆盖防护等措施。

5.2.1　花岗岩贴面防护

坞墩两侧花岗岩贴面先悬挂双层轮胎交错放置，再悬挂双层竹笆进行防护，悬挂竹笆的底部用沙袋悬垂并固定；门槛花岗岩贴面先用 3 层轮胎进行覆盖，轮胎外再覆盖 1 层竹笆；轮胎顶部覆盖 1 层钢板和 3 层沙袋。

5.2.2　坞墩防护

坞墩悬挂双层竹笆覆盖，坞底板覆盖 3 层沙袋。

5.2.3　水泵房顶部防护

对水泵房的顶部漏空部位先用枕木或钢管覆盖，再在上面加盖双层竹笆，其余部位直接用 1 层沙袋覆盖，主要防止爆破时产生的飞石。

5.2.4　进水口防护

进水口箅子板用钢板加轮胎覆盖防护。

5.2.5　坞门防护

1 号、2 号船坞坞门已在 2 号船坞内建造完毕，坞门距爆破区 150 m 以上，为防止爆破后水击波冲击坞门碰撞坞体，对坞门进行拴牢固定。

6　爆 破 施 工

6.1　围堰钻孔

6.1.1　钻孔机械选择

根据爆破方案设计，围堰两侧基岩布置缓倾斜炮孔，钻孔直径为 115 mm 或

140 mm，选用支架式潜孔钻机钻孔；灌注桩底部基岩及旋喷桩选用履带式移动潜孔钻机钻孔，挡墙及承台板选用手风枪钻孔。

6.1.2　倾斜孔钻孔作业方式

用钢管搭设钻孔作业平台。该种作业方式放样简单，钻孔定位准确。对于没有下坞通道的船坞来说，选用此种方式，极简单快捷、又省时省力。而且钻孔质量还能保证。

6.1.3　钻孔施工

（1）布孔。布孔由爆破工程师和测量技术人员进行，按照爆破设计参数正确标注每个孔的孔深、倾角及方向；布孔时要注意在底盘抵抗线过大处布孔，以防止在过大的底盘抵抗线情况下产生根底和大块；当地形复杂时，要注意抵抗线的变化，特别是防止因抵抗线过小而出现飞石事故。

（2）钻孔。钻孔凿岩应严格遵守设备维护使用规程，按岗位规程的标准化作业程序进行操作。在进行凿岩作业时，要把质量放在首位，凿岩就是为了给爆破提供高质量的炮孔，孔深、角度、方向都满足设计要求；对于岩石破碎区域，钻孔完后应立即下套管。

（3）炮孔漏水处理。根据类似工程施工经验，因围堰外侧水下基岩面测量误差或钻孔处岩石节理、裂隙发育，在钻倾斜孔时可能出现炮孔渗水或透水现象，处理方法：钻孔施工前根据炮孔孔径事先加工部分圆锥形木楔，木楔底部直径大于孔径，一旦出现炮孔打穿大量透水时，用钻机将木楔打入孔内可起到堵水作用；炮孔渗水时可将炮孔临时封堵，待装药时再将堵塞物取出；爆破前必须备足够水泵抽水，保证钻孔、装药、联网施工的联系性。

6.2　爆破试验

（1）爆破器材性能检验。检验内容包括：炸药的爆轰速度、殉爆距离、临界直径以及雷管的准爆性、起爆时差、导爆索的传爆速度及起爆性能。

（2）爆破器材的浸水试验。选择不小于 10 m 水深的位置，将本次爆破所使用的炸药和导爆管雷管等放入水中，浸水时间不小于围堰爆破装药在水中浸泡时间，随后拿出观测并在类似水中起爆，试验结果应保证起爆爆轰正常。

（3）爆破网路模拟试验。正式爆破前应进行爆破网路模拟试验，爆破网路进行模拟试验时，起爆网路应完全起爆。

6.3　装药及联网

6.3.1　装药

装药前先核对孔深、再核对每孔的炸药品种、数量，然后清理孔口附近浮碴、石块，做好装药准备，核对微差雷管段别，装药时炸药应避免与石碴卡孔，保持装药顺利。

每孔装药量、药卷直径、雷管段别及堵塞长度应与设计一致，堵塞物块度应小于 30 mm，堵塞前用塑料袋装好堵塞材料，然后再推入孔中。堵塞时要防止导爆管被砸断、砸破，堵塞长度应按设计要求进行，不得用石头、木桩堵塞炮孔。

6.3.2　联网

爆破网路联接前绘制详细的爆破网路图，联网前对联网操作人员要进行技术交底，联网操作必须与网路图一致，联网结束后必须经爆破技术负责人及爆破工程师检查，经确认无误后才可起爆。

联网时做好对起爆网路的保护：装药后孔口留 50 cm 不堵塞，将雷管脚线放入孔内，孔口用编织袋堵好，并在脚线上标记好孔号，便于后期联网。

装药、联网、安全防护及安全警戒结束后实施爆破作业。

7　爆破效果与监测成果

本工程装药及连线总耗时 5 天，共计装药 16 t，使用高精度奥瑞凯雷管 3000 发，震源药柱 1 t，导爆索 3000 m。2009 年 9 月 9 日上午 9:00 围堰准时起爆，起爆网路完全按照爆破设计由中间向两侧进行，总共持续约 2. 55 s；爆破后从爆堆形状看效果较好，挡浪墙、浆砌块石、高压旋喷破碎充分，灌注桩全部炸断倾倒。图 6 为爆破瞬间照片图。

图 6　爆破瞬间

根据爆破时测得的爆破振动数值，距离爆破中心最近坞墩顶部位置振动速度为13.9 cm/s，距离爆破中心100 m位置振动速度为1.79 cm/s，符合爆破设计的安全控制标准。爆破后，经过观测没有对围堰内设备造成损害，水泵房没有出现漏水和裂纹等情况，花岗岩贴面也毫发无伤；爆破水激波引起的涌浪，经过4道气泡帷幕削弱后没有掀起大浪，因此围堰内的两扇坞门未受影响。爆破飞散物主要是由上部挡浪墙的手风钻孔形成，集中在爆破区域100 m的范围内，由于事先对无法移动的设备进行了防护，爆破飞散物没有造成设备损伤。

从挖运过程来看，灌注桩经过爆破后，全部都能和基岩脱离，但是由于上部灌注桩之间用联系梁连接成整体，在清碴过程中发现，圈梁部位的灌注桩没有炸透，圈梁与灌注桩相互连接，挖运时造成多根桩相互牵连，只能通过反复拉、压和割的方法将其装运。

8　经验与体会

（1）复合围堰由天然岩坎、混凝土防渗墙、灌注桩、挡浪墙等不同的结构体组合而成，对不同的结构体应该采用不同的爆破方法，才能够取得较好的爆破效果。

（2）围堰爆破拆除由于周边环境非常复杂，对爆破危害效应控制要求非常严格，必须采用高强度、高精度、耐腐蚀、耐水压的雷管，同时在爆破网路的设计上，应确保网路安全、可靠、准爆，在施工中对网路采取必要的保护也是确保爆破网路准爆的措施。

（3）在内外水压较小的情况下，用桩内钻孔爆破法拆除钢支撑灌注桩复合船坞围堰具有效率高、效果好等优势。但除了对灌注桩进行拆除外，还需对桩之间的连系梁进行拆除或者预处理，以便后续挖运。

工程获奖情况介绍

“大型船坞围堰爆破拆除关键技术研究及应用”项目获中国工程爆破协会科学技术进步奖特等奖（2012年）。发表论文1篇。

（30+10）万吨级船坞围堰爆破拆除

工程名称： 舟山马峙岛永跃船厂船坞围堰拆除工程
工程地点： 浙江省舟山市普陀区马峙岛
完成单位： 大昌建设集团有限公司（设计）
浙江省高能爆破工程有限公司（施工）
宁波大学（监理）
完成时间： 2005 年 7 月 3 日～11 月 26 日
项目主持人及参加人员： 管志强　张中雷　李辰发　张海平　熊先林　王晓斌
王林桂　陈　鹄　霍永基　普永发（设计单位）/
张正忠　高胜修　江天生　庞海波（施工单位）/
蒋昭镳　赵　坤　陈　鹄　张洪涛（监理单位）
撰 稿 人： 李厚龙

1　工程概况及环境状况

舟山马峙岛永跃船厂船坞围堰拆除工程位于舟山市普陀区马峙岛西南侧海岸，该围堰由 30 万吨级船坞围堰和 10 万吨级船坞围堰两部分组成，总长度约 170 m，东西方向。围堰顶部标高+3. 5 m，顶部宽约 1. 5～2 m，底部宽约 15～20 m。根据业主要求，30 万吨船坞围堰拆除至-10. 3 m 高程，10 万吨船坞围堰拆除至-8. 5 m 高程，最大拆除深度 13. 8 m，爆破拆除总工程量约 2. 5 万立方米。共使用乳化炸药 23. 46 t，雷管 2726 发，导爆索 1500 m。

在围堰爆破施工期间受“麦莎”台风影响，30 万吨级船坞复合围堰段被台风掀起的大浪击穿，承台板以下被冲开宽约 8 m、高约 6 m 的缺口，导致船坞内充水并与大海连通，进一步增大了拆除设计与施工难度。该工程在当时创下船坞围堰拆除爆破“国内爆破规模最大、结构最复杂、距离被保护建筑最近”三个之最。

1.1　围堰结构

该围堰结构复杂，30 万吨船坞围堰的东部和 10 万吨船坞围堰的西部是复合围堰，其长度分别为 15 m 和 40 m；中间部分是天然岩坎围堰。复合围堰下部为基岩，基岩上部内外两侧采用嵌岩排桩围护，中间为满堂红水泥搅拌桩，桩上端为0.6 m钢筋混凝土承台板，承台板之上为浆砌石挡墙，人工围堰中间夹有混凝土止水墙；天然岩坎围堰下部为基岩，上部是浆砌石挡墙，浆砌石挡墙中间夹有混凝土止水墙。围堰基础为凝灰岩，上部风化层厚1.2~3.5 m，风化程度由浅入深渐弱，裂隙较发育，f=8~10。

围堰结构如图1所示。

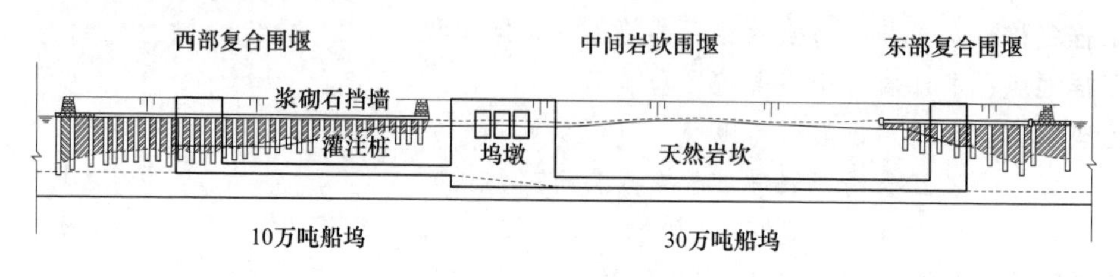

图1　围堰结构

1.2　围堰周边环境

围堰南面朝海，无建（构）筑物；北侧为钢筋混凝土结构坞体。由于受自然地质条件的限制，所建围堰和坞体结构较近，围堰北侧与钢筋混凝土结构坞体（坞墩）底部最近距离约3 m，上部最近距离约6 m，坞墩及坞底板混凝土强度为C30；围堰西端爆区距高桩码头的最近距离约65 m，距护岸约40 m。围堰周边环境如图2所示。

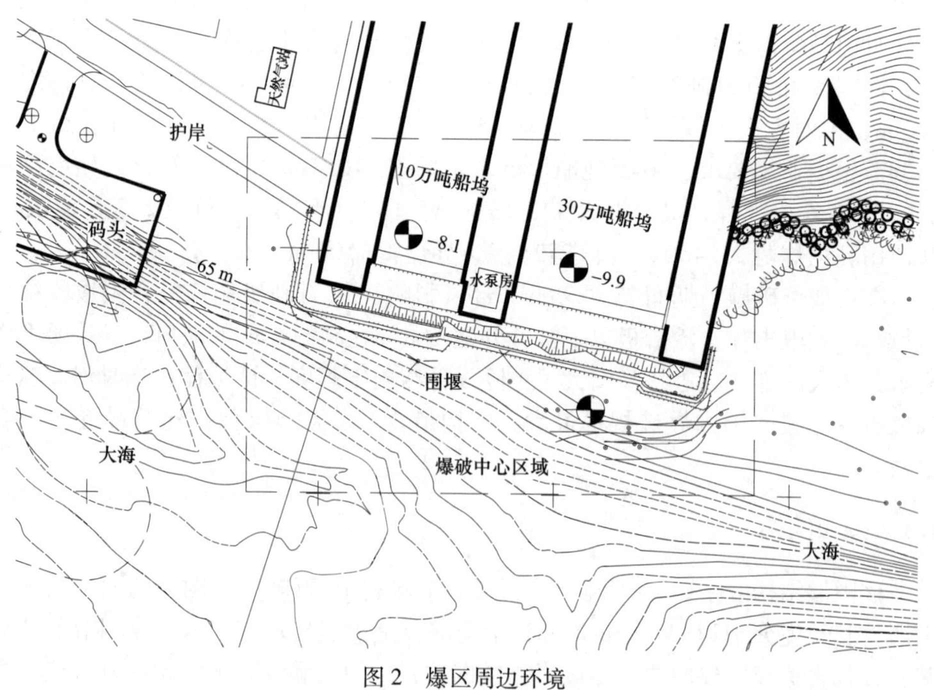

图2　爆区周边环境

2　工程特点及难点

2.1　围堰结构复杂

该围堰由复合围堰和天然岩坎围堰组成，结构复杂。

2.2　围堰周边环境复杂

围堰北部与钢筋混凝土结构坞体最近距离只有 3~6 m，西端距高桩码头的最近距离约 65 m。爆破既要使得围堰充分解体，便于清理打捞，又要采取严密的主动、被动防护措施，确保周边建（构）筑物的安全，尤其是坞门槛花岗岩贴面，一旦损坏将导致坞门无法密闭，必须确保万无一失。

2.3　施工难度大

受台风影响，围堰钻孔期间坞内已经充水，待拆围堰海平面以下部分被海水淹没。围堰底宽顶窄，顶部钻孔难度大，外侧两排孔需用钻爆船在海上施工。复合围堰段钻孔必须穿过钢筋混凝土承台板，废孔率高，炮孔淤堵速度快，成孔必须借助套管，装药前吹孔工作量大。

因爆破防护部位大部分在水面以下，爆破防护施工必须借助潜水员进行，施工难度大。

2.4　爆破网路复杂

为控制爆破有害效应，爆破时必须严格控制单段起爆药量，主炮孔采用逐孔接力起爆网路才能满足施工要求，靠近坞底板炮孔需要实施孔内分段装药。因此雷管数量多，爆破网路连接复杂，孔外接力传爆时间长，网路保护工作量大。

3　爆破方案选择及设计原则

3.1　设计原则

围堰拆除爆破的设计核心是：在确保临近爆区各种已建水工建筑物安全的条件下，使被爆破体一次爆破成功。为此，本工程爆破设计遵循如下原则：

（1）应确保爆破一次成型。本工程围堰结构复杂，人工围堰部分结构稳定性差，应避免多次爆破对围堰结构造成破坏，采用一次爆破拆除方案。

（2）因地制宜地制定合理的爆破总体方案。本工程需要清碴，既要考虑堰体的充分破碎，也要有合理的爆堆形态。

（3）确保周边保护对象安全。针对不同的保护对象，制定恰当的爆破安全技术标准，采取有效的防护措施，将爆破有害效应控制在允许范围内。

（4）采用“高单耗，低单段”的设计原则，即单位炸药消耗量要高，单段起爆药量要低。

3.2 爆破方案

原设计采用垂直深孔为主不充水不关坞门的一次性爆破方案，采用中间开口、V 形顺序传爆、逐孔起爆、局部孔内分段的起爆网路。复合围堰段承台板采用浅孔爆破，就近与主炮孔同时起爆。

受台风影响，东部的复合围堰段被海浪击穿，造成坞内充水后，原设计中对围堰内侧底部的“剥皮”处理、预裂减振孔均无法施工，因此对原爆破设计及防护设计进行如下局部调整：根据工程的实际情况，采用垂直深孔爆破为主，垂直孔和斜孔相结合、主炮孔与辅助孔（浆砌石与复合围堰承台板上的炮孔）相结合的一次爆破拆除方案。在围堰内侧增加一排倾斜孔，主要解决因围堰底部无法进行“剥皮”处理而造成的底盘抵抗线过大问题。

4 爆破参数设计

4.1 爆破器材

4.1.1 炸药

主要采用带塑料外壳、螺纹连接的乳化炸药，药卷规格为 $\phi70$ mm、$\phi95$ mm 和 $\phi120$ mm 三种，辅以蜡纸卷包装的乳化炸药，药卷规格为 $\phi32$ mm。

4.1.2 雷管

澳瑞凯（威海）爆破器材有限公司生产的高精度“EXEL 生产型毫秒雷管”。

4.2 孔网参数

4.2.1 承台板（厚度 60 cm）炮孔

孔径 38 mm；孔网：60 cm×60 cm；孔深取 40 cm，单孔药量 100~150 g。

4.2.2 浆砌石挡墙炮孔

沿挡墙中间布置一排炮孔，孔距 1.5 m，孔径 115 mm。孔深：复合围堰段取 3.5 m，其余 6.5 m。

4.2.3 主炮孔

围堰主炮孔共布置 6~7 排，其中外侧 2 排在水面以下，需用水上钻爆船钻孔，主炮孔平面布置如图 3 所示。

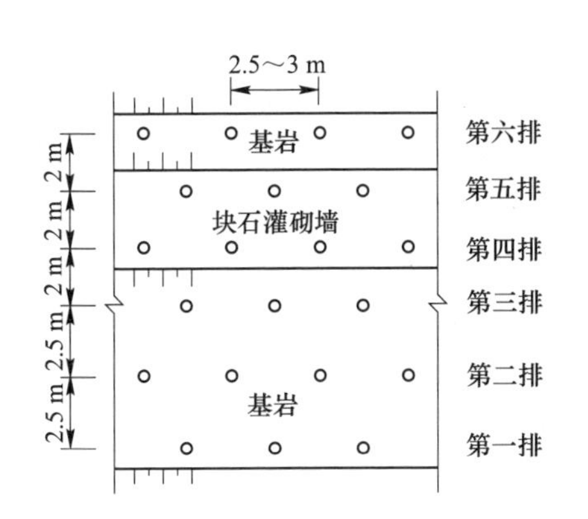

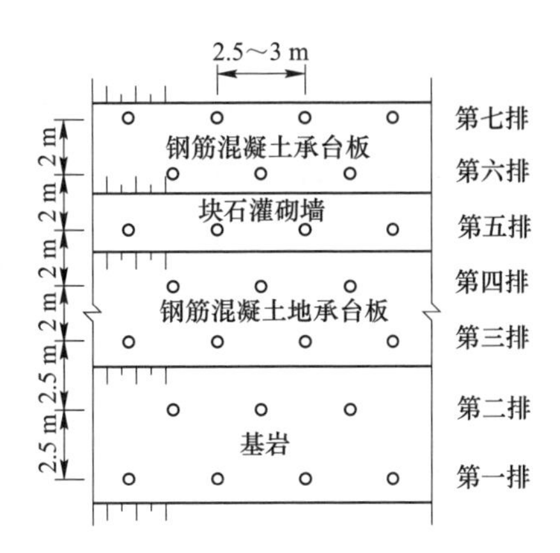

图 3　主炮孔平面布置

4.2.3.1　陆上主炮孔

孔网：2.5 m×2 m、3 m×2.5 m；孔径 115 mm。

孔深：10 万吨船坞段距船坞最近的一排炮孔超深 1.5 m，钻至−10 m 高程，其余超深 2.5 m，钻至−11 m 高程；30 万吨船坞段距船坞最近的一排炮孔超深 2 m，钻至−12.3 m 高程，其余超深 2.5 m，钻至−12.8 m 高程，实际孔深由钻孔位置的标高确定。

复合围堰段由于钻孔、成孔困难，所有灌注桩均布置炮孔，孔距为 2~3 m，其余按 2.5 m×2 m 的孔网布置炮孔，复合围堰段所有炮孔均安装 ϕ110 mm PVC 塑料套管至孔底。

4.2.3.2　水下主炮孔

孔网：3 m×2.5 m；孔径 140 mm；孔深：实际孔深由钻孔位置的标高确定，孔底标高与水面以上主炮孔相同。

4.2.4　辅助斜孔（岩坎围堰内侧）

抵抗线 W：1.5~2 m；倾角：70°~82°；孔深：10~13 m；孔径 115 mm。

4.3　填塞长度

深孔取填塞长度 $L=(20\sim40)d$（其中 d 为孔径），即 $L=2\sim4.5$ m，承台板浅孔根据实际情况，取不小于 0.25 m。

4.4　装药量及装药结构

炸药单耗：取水下和陆上主炮孔的单位炸药消耗量 $q=1.3\sim1.5$ kg/m^3。根据围堰结构及孔径，水面以上炮孔选用 ϕ32 mm、ϕ70 mm 和 ϕ95 mm 三种药卷，围堰外侧用钻爆船施工的 2 排孔选用 ϕ120 mm 药卷。

装药结构：主炮孔采用连续装药结构为主（灌注桩炮孔药量适当减弱），垂直孔底部设减振缓冲层（孔底 0. 30~0. 50 m 不装药），靠近船坞的两排炮孔全部进行孔内分段装药，严格控制单段起爆药量，有效地控制爆破振动对坞墩、坞门、混凝土坞底板、码头等的危害，炮孔装药结构如图 4 所示。

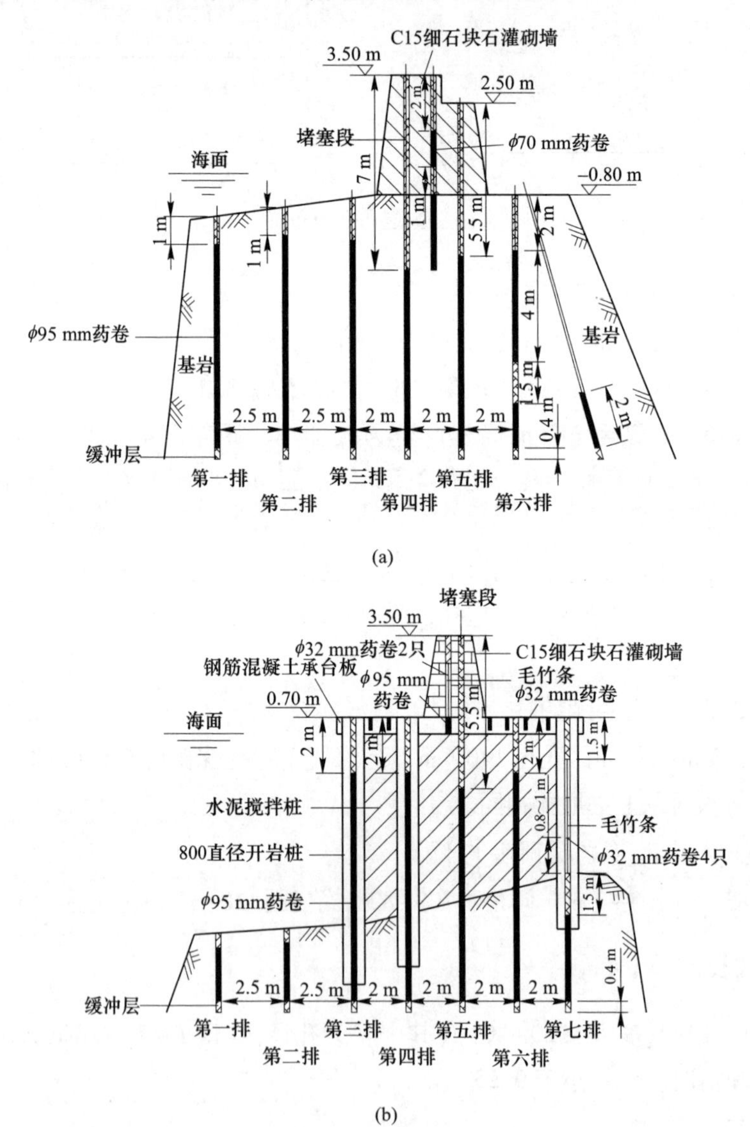

图 4　装药结构

（a）岩坎围堰部分；（b）复合围堰部分

5　爆破网路设计

5.1　爆破网路

考虑爆破地震波、水击波等有害效应的影响，单段起爆药量受到限制，本次爆破采用逐孔起爆网路。整个爆区布置主炮孔 556 个，若采用单头逐孔接力式起爆网路，传爆时间长，网路的可靠性差。因此，将整个爆破区域划分为两个爆区，形成从围堰中间向两边传爆、由围堰外侧向内侧传爆的 V 型爆破切口。

该爆破采用导爆管雷管起爆网路。承台板浅孔装 MS12 普通导爆管雷管，主炮孔均装澳瑞凯 600 ms 延期雷管；爆破网路以主炮孔为主线，承台板浅孔、浆砌石辅助孔和最近的主炮孔一起接入主网路起爆；除 V 形开口处一侧用 MS2 雷管接力外，其余用 MS3 雷管接力，排间用 MS5 雷管接力；为提高网路的可靠性并减少延时误差，排与排之间用 MS5 雷管进行再次桥接；为避免重段，局部借助 9 ms 雷管予以调整。

连线时实测出炮孔布置平面图，详细标明爆破网路的连接方式，现场连线时严格按设计图施工，保证网路连接的准确性，本工程爆破网路示意图如图 5 所示。

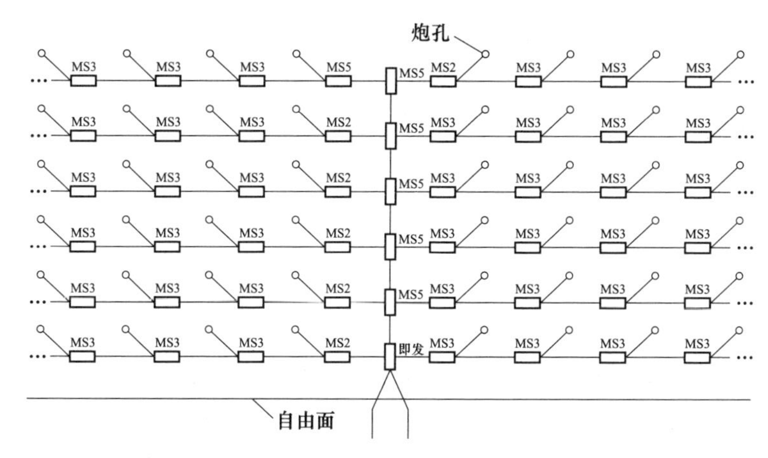

注：1.炮孔内均装双发600 ms奥瑞凯EXEL生产型毫秒雷管(分段时装4发)；
2.孔外接力雷管均采用双发毫秒导爆雷管(段别见图)；
3.导爆管引至起爆站用激发枪起爆。

图 5　爆破网路

5.2　爆破器材性能检验与浸水耐压试验

爆破器材性能检验的主要目的在于确保爆破器材的质量和使用的安全可靠。试验主要内容有：

（1）根据相关要求对进场爆破器材进行抽检。

（2）对爆破器材进行浸水试验，将用于本次爆破的炸药和雷管浸入 10 m 水深，浸水时间 5 天，随后取出检查外观，并在类似水深中起爆，检验其可靠性。

（3）爆破漏斗试验，在松散沙堆上进行爆破漏斗对比试验，结果分析表明，炸药浸水后威力降低 9.7%。

5.3 爆破网路模拟试验

正式爆破前对起爆网路进行了模拟试验，起爆网路完全准爆。

6 爆破安全设计

6.1 爆破有害效应及其控制标准

6.1.1 爆破地震波

鉴于《爆破安全规程》（GB 6722—2003）对这一部分内容缺乏，设计参照长江科学院对相关围堰及岩坎爆破采用的爆破振动速度安全允许标准和实际观测资料。水泵房、坞墩和坞底板采用振速标准 20 cm/s，护岸和码头 5 cm/s。

本工程设计采用萨道夫斯基振动速度和最大单段药量计算公式：

$$v = K\left(\frac{\sqrt[3]{Q}}{R}\right)^{\alpha} \tag{1}$$

$$Q = [([v]/K)^{\frac{1}{\alpha}}R]^3 \tag{2}$$

式中 Q——最大单段药量，kg；

v——计算地震波速度，cm/s；

$[v]$——安全允许振速，cm/s；

R——控制点至爆源的距离，m；

K，α——与爆区地形地质有关的系数和衰减系数，参照类似工程经验，对坞墩、水泵房暂定 70 和 1.7；对码头、护岸暂定 100 和 1.4~1.5。

针对爆破振动与保护对象不同距离炮孔允许最大单段药量见表 1 和表 2。

表 1 针对爆破振动与坞体不同距离炮孔最大单段药量计算

距离/m	5	7	9	11	13	15
最大单段药量/kg	13.7	37.6	80	146	240.8	370

表 2 针对爆破振动与码头、护岸不同距离炮孔最大单段药量计算

距离/m	30	35	40	45	50	55
最大单段药量/kg	67.5	107	160	227	312	416

6.1.2　水击波

根据《水利水电工程爆破施工技术规范》（DL/T 5135—2001），水击波压力计算公式如下：

$$p = 52.7\frac{Q^{1/3}}{R} \tag{3}$$

$$Q = (0.57R)^3 \tag{4}$$

式中　p——冲击波压力，此处取坞墩C30混凝土，抗压强度30 MPa；

R——药包中心到测点的距离，m；

Q——药包质量，kg。

针对水击波与保护对象不同距离炮孔允许最大单段药量见表3。

表3　针对水击波与坞体不同距离炮孔最大单段药量计算

距离/m	5	7	9	11	13	15
最大单段药量/kg	23.15	63.52	102.50	135.00	406.87	625.03

另外，在围堰与坞墩之间设置气泡帷幕两道，能够进一步削减水击波对坞墩的威胁。

6.1.3　爆破飞石

爆破时装药部位主要位于水下，产生大量飞石可能性不大，主要考虑混凝土承台板爆破时产生的个别飞石，在安全防护设计中通过加强覆盖防护措施解决。

6.1.4　爆破后的涌浪及动水压力

为防止涌浪、动水压力对坞内存放的坞门、坞墩的影响，爆破前对坞门使用缆绳固定，防止围堰爆破后涌浪导致坞门发生漂移与坞壁相互撞击。

6.2　爆破安全防护

该围堰拆除爆破保护对象主要包括：坞墩、坞门槛花岗岩贴面、坞底板、水泵房出水口、高桩码头及护岸等，爆破安全防护布置方案如图6所示。

6.2.1　坞墩、坞底板、坞门两侧花岗岩贴面保护措施

主要防止爆破水击波和飞石对坞体的威胁。

坞底板满铺沙袋防护，距离围堰4 m范围内沙袋厚度1.2 m，4 m范围以外沙袋厚度0.6 m。坞门两侧花岗岩贴面处采用沙包防护，沙袋堆垒宽度正面不小于1.5 m，侧面不小于1 m。坞墩水下部分悬挂充沙的高强度土工布吊袋防护，吊袋直径30 cm，坞墩正面3层、侧面2层，形成厚度60~90 cm的充沙吊袋墙；坞墩水上部分用2层竹笆防护。

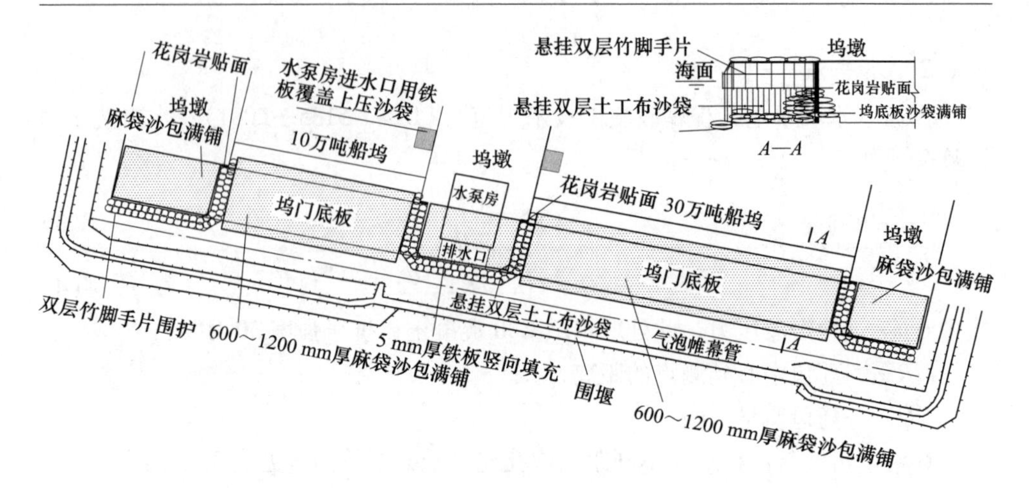

图6　围堰爆破安全防护布置

6.2.2　水泵房的保护措施

顶部：先用枕木覆盖，枕木上面再覆盖竹笆，主要防止承台及浆砌块石爆破时产生的飞石，防护长度不小于15 m，宽度为整个坞墩顶部。

水泵房出水口：悬挂5 mm厚钢板、钢板完全覆盖出水口，钢板与坞墩壁之间加轮胎垫层，钢板外悬挂充沙的土工布吊袋3层防护。

水泵房进水口：水泵房进水口有箅子板的，直接在上面覆盖一层沙袋；没有箅子板的，先在进水口位置铺一层槽钢或钢管，上面再覆盖一层沙袋，以防止爆碴进入进水口。

6.2.3　码头、护岸的保护措施

该部位主要控制爆破地震波对其威胁。主要技术措施是控制最大单段药量和爆破时的起爆方向，减弱地震波的峰值。

6.2.4　防飞石措施

复合围堰混凝土承台板、围堰上部浆砌石挡水墙辅助炮孔多，炮孔较浅，爆破时极易产生飞散物，损坏主爆破网路和周边被保护对象，必须进行防护。

该项防护工作在装药完毕后与爆破网路连接工作穿插进行。承台板辅助孔上方覆盖沙袋1层；浆砌石挡水墙靠近船坞一侧，用钢管脚手架、毛竹、竹笆搭设一道防护屏障，防止爆破飞散物逸出，如图7所示。

6.2.5　敷设气泡帷幕

坞墩部位尤其是花岗岩贴面是本次爆破的重点保护对象。为减少爆破水击波对花岗岩贴面的破坏作用，在坞墩与围堰之间敷设两道气泡帷幕（图8）。

6.2.6　主爆破网路保护措施

本次爆破采用逐孔起爆技术，为防止已爆炮孔产生的飞散物损坏爆破网路，将整个网路采用海绵包裹，确保主爆破网路不受损坏。

图7　覆盖防护

图8　气泡帷幕

7　爆 破 施 工

7.1　钻孔作业

堰上钻孔用钢管脚手架搭建简易临时工作平台，采用高风压钻机和简易潜孔钻机打孔，为确保成孔率，须及时装设塑料套管。

围堰外侧水下钻孔用水下炸礁船进行，炸礁船采用GPS卫星定位系统定位。

考虑到爆破器材的防水能力（按照不超过 7 天控制），围堰外侧 2 排水下孔的钻孔、装药与陆上爆破装药同步进行（图 9）。

图 9　水下钻孔及装药

7.2　装药、联网

围堰外侧水下钻孔、装药用水下炸礁船一次完成。围堰上部炮孔装药在陆上进行，少量炮孔在高潮位时被海水淹没，需潜水员配合作业。

7.3　爆破防护与爆破警戒

爆破安全防护分为被保护对象的防护和爆破体的覆盖防护两部分。坞墩、花岗岩贴面、水泵房等被保护对象的防护工作提前与钻孔工作同步进行，在装药开始前全部结束；围堰的覆盖防护工作在联网工作完毕后进行。爆破安全警戒按设计实施。

8　爆破效果与监测成果

8.1　爆破效果

本工程装药、连线作业历时 5 天，共使用乳化炸药 23.46 t，雷管 2726 发，导爆索 1500 m。爆破时起爆网路完全按照设计预期从中间向两边逐孔推进，整个爆破过程持续时间为 3510 ms。从清碴过程看，围堰爆破后上部破碎较好，清碴顺利；下部局部有欠挖，还需补爆。围堰爆破效果如图 10 所示。

图 10　爆破效果

8.2　爆破有害效应监测成果

（1）爆破飞散物。围堰的外侧朝向大海，未做覆盖防护，现场目测最远飞散物约在 100 m 以内。

（2）涌浪。经现场观测，涌浪高度不超过 2 m。

（3）爆破振动。监测对象主要包括爆区附近坞墩、西侧高桩码头等水工构筑物。爆破振动监测数据如下：中坞墩内水泵房控制室最大振速为 8.35 cm/s，顶部最大振速为 9.80 cm/s，高桩码头最大振速为 1.90 cm/s，均小于设计要求。高桩码头爆破振动监测波形图如图 11 所示。

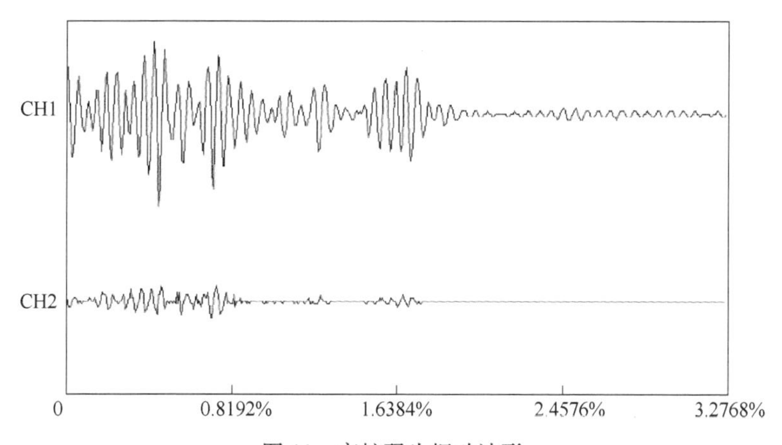

图 11　高桩码头振动波形

（4）爆破水击波。爆破时对不同部位的水击波进行测试，门槛花岗岩贴面处（重点保护部位）水击波超压值 30 万吨船坞为 0.49 MPa、10 万吨船坞为 0.42 MPa，远小于花岗岩的抗剪强度（约为 20 MPa），未对坞体造成危害。

（5）码头位移观测。爆破前后经过连续 10 余天的观测，未发现有明显位移。

9 经验与体会

9.1 个别炮孔拒爆问题

在爆碴清理过程中发现复合围堰段承台灌注桩有拒爆现象，岩坎围堰段也有个别主炮孔拒爆。从清碴船打捞上来的爆破器材观察，炸药外包装基本完好，未发现雷管。

根据现场情况分析，孔内使用的是久经考验的高质量的高精度导爆管雷管，因雷管本身质量问题导致拒爆的可能性极小，分析拒爆的可能原因如下：

（1）复合围堰段承台灌注桩拒爆，可能是前排桩孔先爆导致后排桩错位，致使下部基岩孔内装药起爆后不能传爆至上部桩内炸药。

（2）装药过程中将雷管拉离起爆体，雷管起爆后无法引爆炸药。

（3）装药过程中造成导爆管损坏，无法引爆雷管。

（4）孔口导爆管被爆破飞散物砸坏。

（5）孔内装药不连续。

9.2 爆破后局部清碴困难

清碴过程中发现，局部围堰下部清碴困难，后通过补爆解决。但补爆钻孔时发现，下部已经松动，成孔困难。

可能原因：

（1）该区域产生盲炮，爆破体未能充分破碎和强松动。

（2）因前排炮孔拒爆，造成后排抵抗线过大，爆破体产生过分挤压。

（3）装药时因炮孔变形等原因，药卷未装至设计深度导致欠挖。

（4）局部孔网参数过大，炸药单耗过低。

工程获奖情况介绍

“舟山永跃船舶修造厂（30+10）万吨级船坞围堰爆破拆除技术”获中国工程爆破协会科学技术进步奖一等奖（2006 年）。“舟山马峙岛（30+10）万吨级船坞围堰拆除爆破技术”获中国工程爆破协会青年优秀论文奖（2006 年）。发表论文 2 篇。该工程在《人民日报》（海外版）报道（2005 年）。

千岛湖配水工程进水口围堰拆除爆破设计与施工

工程名称：杭州市第二水源千岛湖配水工程施工1标进水口围堰第二阶段拆除工程
工程地点：淳安县淡竹乡金竹牌
完成单位：淳安千岛湖子龙土石方工程有限公司
完成时间：2019年6月19日~7月23日
项目主持人及参加人员：李永红　翁永明　管晓星　吕跃奇
撰 稿 人：吕跃奇

1　工 程 概 况

1.1　工程简介

千岛湖进水口位于淳安县千岛湖镇境内，布置于国家水上运动中心训练水域外围，金竹牌村西南侧约1.5 km处，距新安江水库大坝直线距离约5.3 km。千岛湖进水口由于工程施工需要，上游侧预留岩坎并设置土石围堰挡水，隧道主体工程完工后需将围堰进行拆除。拆除工程平面图如图1所示。

图1　工程平面

1.2　工程规模

1.2.1　堰内岩坎爆破范围

围堰背水侧堰下 NK0-067.20 桩号开挖揭露岩石面顶高约▽89.0 m，需爆破至进水渠设计底面▽82.0，根据岩石出露部分测量及防渗墙钻孔地质情况推测，岩坎顺水流方向长度约 15.7 m，岩石爆破工程量约 1800 m^3。

1.2.2　混凝土防渗墙爆破范围

根据设计引水渠结构尺寸，引水渠底宽 17.5 m，两侧坡比 1∶2。对应混凝土防渗墙拆除范围为堰 0+00～堰 0+172，长度 172 m。考虑工程设计美观要求，需将引水渠中间的防渗墙爆破至 82.0 m 并开挖至原状土。防渗墙顶部高程 105.0 m，底部高程为 82.0 m，混凝土防渗墙拆除面积为 3013 m^2，体积 2410 m^3。

1.2.3　高压旋喷加固墙爆破范围

进水渠设计范围内防渗墙两侧高压旋喷加固拆除部分为堰 0+15～堰 0+159，拆除部分长度为 144 m，顶部分高程为▽105.0 m，底部高程为▽90.0 m。进水渠防渗墙两侧的高喷爆破至▽93.0 m。对应混凝土高压旋喷加固拆除部分爆破拆除面积约为 3384 m^2（单侧 1692 m^2），体积约 4061 m^3。堰内岩坎及高压旋喷桩三维示意图，如图 2 所示。

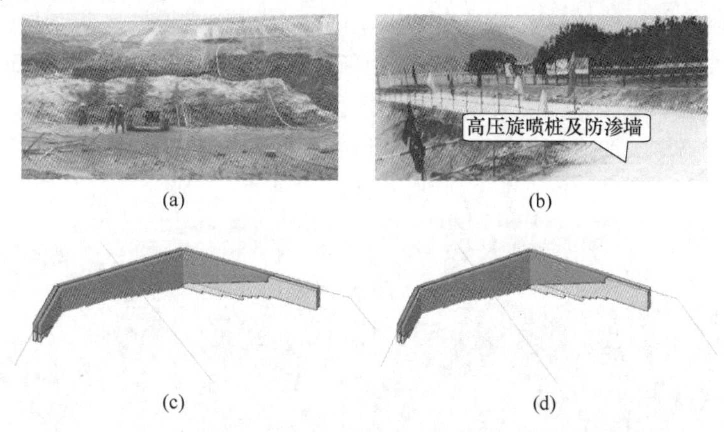

图 2　岩坎及高压旋喷桩现状

（a）岩坎；（b）高压旋喷桩及防渗墙现状图；（c）防渗墙爆破拆除范围三维示意图；（d）围堰高压旋喷爆破拆除范围三维示意图

1.3　地形、地质条件

进水口采用土石围堰挡水，围堰堰顶长约 178 m，堰顶高程▽109 m，顶宽 8.0 m，顶部设置 1.0 m 高的挡浪墙，挡浪墙顶高程 +110.0 m，挡浪墙宽 0.3 m，围堰最大高度约为 19 m。围堰堰体采用土石混合料进行填筑，迎水侧设置水下抛石戗堤，戗堤顶高程▽98.0 m，顶宽 8.0 m，迎水侧边坡为 1∶1.8；戗堤基坑侧采用进水口土石开挖料拼宽加高。围堰基础采用 80 cm 厚的混凝土防渗墙进行防渗，防渗墙施工前，预先在两侧布置 1.2 m 后高压旋喷连续墙进行固壁。

+105 m 高程设置混凝土防渗墙施工平台，平台宽约 21 m，混凝土防渗墙墙底深入基岩内 0.5 m，并在混凝土防渗墙内预埋帷幕灌浆管，防渗墙墙底以下约 15 m 范围进行帷幕灌浆，孔距 2 m；围堰+105 m 高程以上采用双层防渗土工膜防渗，顶部与挡水墙底板衔接。围堰 98 m 高程以上迎水侧采用 20 cm 厚的 C20 混凝土护坡进行保护，围堰背水侧采用喷 10 cm 厚 C25 混凝土护坡保护，并设置相应的排水孔，两侧边坡均为 1∶1.8。

1.4　施工工期及主要技术经济指标

本爆破项目于 2019 年 6 月 19 日开工至 2019 年 7 月 23 日完工。

围堰爆破工程量包括堰内岩坎、混凝土防渗墙、高压旋喷加固墙，爆破拆除方量 8271 m^3，累计使用炸药 8928 kg，雷管 1080 发，塑料导爆管 800 m，导爆索 7000 m。一次爆破完成拆除施工。

1.5　爆区周边环境情况

进水口围堰位于淳安县千岛湖镇境内，距离金竹牌村西南方向约 1.5 km 临湖布置，除进水口结构物及东北面约 200 m 为项目部临时房外，爆破区域 300 m 范围内无其他建筑物。围堰下游主要包含进水口翼墙、沉砂池、拦鱼电栅、分层取水塔等结构物，分层取水塔内设三层共计 6 扇闸门，施爆前已下闸具备挡水条。其中闸门距岩坎 52 m，距防渗墙为 84 m，进水口两侧翼墙距岩坎 7 m（机械凿除），距防渗墙 32 m，为本次爆破的主要防护对象。

2　工程特点、难点及应对措施

2.1　工程特点

2.1.1　爆破介质不均匀

防渗墙两侧高压旋喷桩介质强度不均匀，实际成桩形状变化可能较大，钻孔过程中宜发生掉钻、卡钻等现象；工程地质资料，业主提供了一部分，但未能提供详细的地形图，必须现场实测。

2.1.2　取水口水源地绿色施工及渔业保护

取水口围堰位于淳安县千岛湖风景名胜区，且属于渔业保护区，要求绿色施工，减少且尽量避免对周边水域渔业危害。

2.1.3　安全及防护施工

进水口位于风景名胜区内，基坑布置紧凑，围堰及岩坎与进水口翼墙、闸门及结构物距离相对较近，如何减少爆破有害效应，确保附近保护对象的安全，是施工控制的重难点。

2.1.4　爆破器材质量要求高，爆破网路联接复杂

围堰须一次性爆破拆除，一旦出现盲炮很难处理，所以须采用高精度、高质量的雷管、炸药等爆破器材和可靠的爆破网路，确保万无一失。

2.2　施工难点及应对措施

2.2.1　防渗墙及高压旋喷桩

围堰防渗墙为薄壁高耸墙结构，有效宽度 0.8 m，爆破高程范围为▽105.0~▽82.0 m，考虑3 m 超钻深度，最大钻孔深度达26 m，属于深孔钻进。若钻孔过程发生孔位偏斜，爆破孔上、下游混凝土厚度偏差大，将直接影响爆破效果。防渗墙两侧高压旋喷桩介质强度不均匀，实际成桩形状变化可能较大，钻孔过程中宜发生掉钻、卡钻等现象，是施工控制的重难点。

措施：合理进行钻孔设备选型及资源配置，对防渗墙及高压旋喷加固墙采用地质钻机进行回转钻进，加强施工过程控制，尽量保证钻孔的垂直度和成功率。

2.2.2　岩坎区域地形、地质资料不全

岩坎区域工程地质资料，业主提供了一部分，但未能提供详细的地形图，必须现场实测。目前由于岩坎只有露出一部分，还有部分在防渗墙及高压旋喷内侧的护坡底，坡底线尚未最后确定。

对应措施：先对露出部分的岩坎打竖直孔爆破，开挖后再对剩余部分岩坎打水平孔爆破，钻孔时对个别孔实行打穿探孔。

2.2.3　爆破安全与防护

进水口位于风景名胜区内，基坑布置紧凑，围堰及岩坎与进水口翼墙、闸门及结构物距离相对较近，如何减少爆破有害效应，确保附近保护对象的安全，是施工控制的重难点。

对应措施：一是采用毫秒延时控制爆破技术，合理进行爆破设计，严格控制装药量及起爆网络要求；二是选择安全可靠的爆破器材，采用导爆管雷管，要求单孔单响，降低爆破振动和岩石夹制作用；三是采用炮被覆盖、柔性材料防护等措施分别从控制源头、削弱传播、保护对象 3 个方面进行有效控制；四是积极与渔政部门对接联系，爆破前采用声纳或渔网进行驱鱼，避免或减少对水生物的危害。

3　爆破方案选择及设计原则

3.1　爆破设计原则

（1）确保工程进度符合工期要求。

（2）确保爆破效果符合挖装要求。

（3）确保爆破有害效应不危害周边环境。

（4）确保遵守《民用爆炸物品安全管理条例》《爆破安全规程》（GB 6722—2014）等规程规范要求。

3.2　爆破总体施工方案

围堰岩坎、混凝土防渗墙、两侧高压旋喷加固部分采用深孔毫秒延时爆破方案进行施工。混凝土防渗墙、高压旋喷加固拆除部分与围堰下部占压岩坎同时造孔，分三阶段进行爆破作业。其中围堰岩坎按竖直孔和水平孔先后爆破，混凝土防渗墙和两侧高压旋喷加固部分一次爆破。

4　爆破参数设计

4.1　岩坎竖直孔爆破设计

4.1.1　岩坎竖直孔爆破参数

在+89 m 高程布置4排孔，梯段高度7 m，孔底高程为+80 m，采用三角形布孔方式，孔径 $\phi=90\sim115$ mm，其他爆破设计参数如下：

（1）底盘抵抗线：$W=1.5$ m。

（2）孔距：$a=2.0$ m。

（3）排距：$b=1.5$ m。

（4）孔深：$L=7$ m。

（5）超深：$l=1$ m。

（6）炸药单耗：$q=0.60$ kg/m^3。

（7）单孔装药量 $Q=7\times2\times1.5\times0.6=12.6$ kg。

（8）堵塞长度 $L_2=2.0$ m。

（9）装药结构采用间隔装药方式，下部装药60%，中部装药20%，上部装药10%。将炸药连续绑在竹片上，装入炮孔中，堵塞段用砂子、钻孔岩粉堵塞。

（10）起爆方式：用导爆管雷管起爆。

（11）爆破最大一段起爆药量，取12.60 kg。

4.1.2 岩坎竖直孔布孔、装药及网路设计

4.1.2.1 岩坎竖直孔布孔

岩坎顶部外露部分采用竖直孔爆破，清除岩坎顶部覆盖的土体及浮碴，选择三角形布孔方式，孔间排距2.0 m×1.5 m。布置4排，岩坎钻孔布置如图3、图4所示。

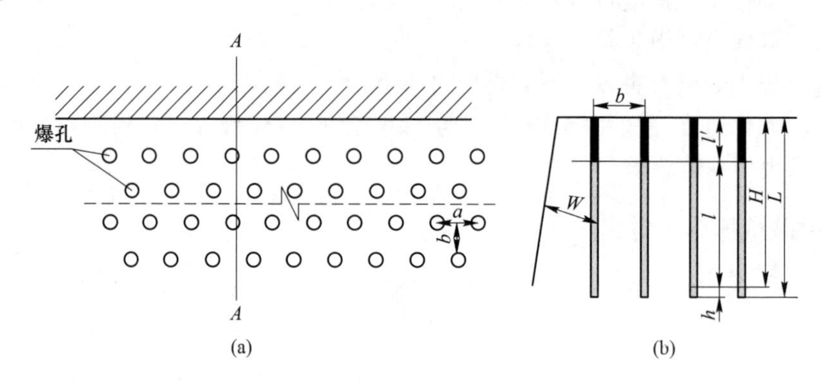

图3　岩坎爆破竖直布孔平面

（a）布孔平面示意图；（b）A—A 断面示意图

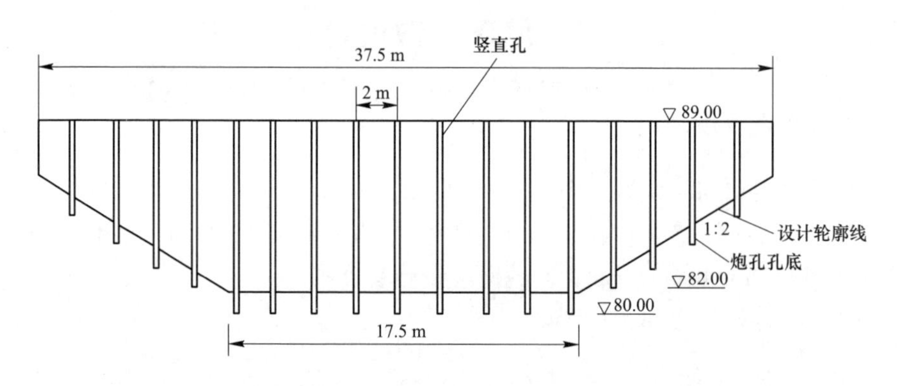

图4　岩坎爆破竖直布孔立面

4.1.2.2 岩坎竖直孔装药

一般采用连续装药结构，局部采用间隔装药结构（根据炸药单耗及炮孔抵抗线大小作适当调整）。每个孔装2发同段别导爆管雷管，起爆药包分别置于装药部分的1/4、3/4两处。

4.1.2.3 岩坎竖直孔爆破网路设计

使用导爆管雷管起爆，竖直孔爆破孔内装MS9段非电毫秒雷管，排间用MS5段毫秒雷管延时，孔间用MS3段毫秒雷管连接。岩坎起爆网络设计如图5所示。

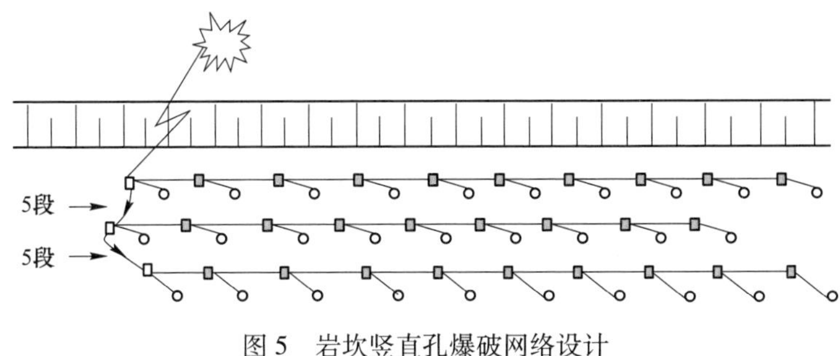

图5　岩坎竖直孔爆破网络设计

○ 炮孔；▣ MS3毫秒雷管；□ 三(四)通

4.2　岩坎水平孔爆破设计

4.2.1　岩坎水平孔爆破参数

布置3排水平孔，在82 m、83.5 m、85.0 m分别布置一排炮孔。孔底连续装药，中间间隔堵塞，间隔距离1.5 m。

（1）底盘抵抗线：$W=1.2$ m。

（2）孔距：$a=2.0$ m。

（3）排距：$b=1.5$ m。

（4）孔深：82 m高程处$L=10.0$ m；83.5 m高程处$L=7.4$ m；85.0 m高程处$L=3.6$ m。

（5）超深：孔底距岩石出露面为1.5 m。

（6）炸药单耗：$q=1.50$ kg/m^3。

（7）单孔装药量：

+82 m高程装药量$Q=10.0\times2.0\times1.5=30$ kg；

+83.5 m高程装药量$Q=7.4\times2.0\times1.5=22.2$ kg；

+85.0 m高程装药量$Q=3.6\times2.0\times1.5=10.8$ kg。

（8）堵塞长度$L_2=1.5\sim2.0$ m。

（9）装药结构采用连续装药方式，将炸药连续绑在竹片上，装入炮孔中，堵塞段用砂子、钻孔岩粉堵塞。

（10）起爆方式：用导爆管雷管起爆。

爆破最大一段起爆药量，取30 kg。

4.2.2　岩坎水平孔布孔、装药及网路设计

4.2.2.1　岩坎布孔

采用水平孔爆破时，沿设计结构边线布置一排光面爆破孔，孔间距1.2 m。根据岩坎揭露坡面高度，共布置2~3排主爆孔，爆破孔采用矩形布孔方式，孔

间排距 2.0 m×1.5 m。光爆破及主爆孔均采用 CM351 型潜孔钻钻孔，钻孔直径 90~115 mm，钻孔前设置先导孔准确探明岩石水平深度。钻孔时为减少根坎，可略微向下倾斜，严格按照设计孔位钻进，确保钻孔精度。岩坎钻孔布置如图 6、图 7 所示。

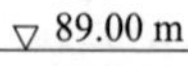

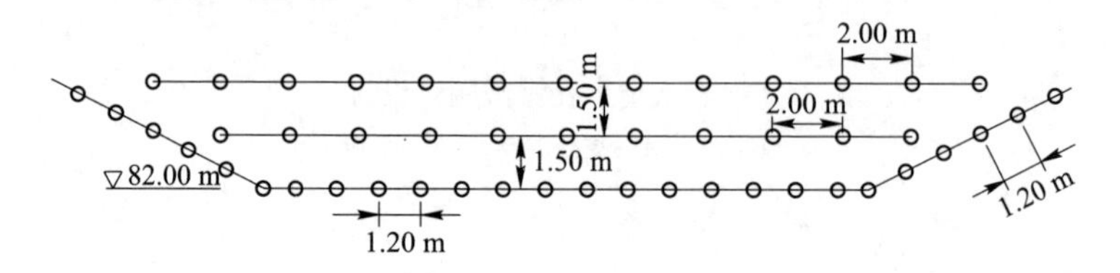

图 6　岩坎爆破水平布孔立面

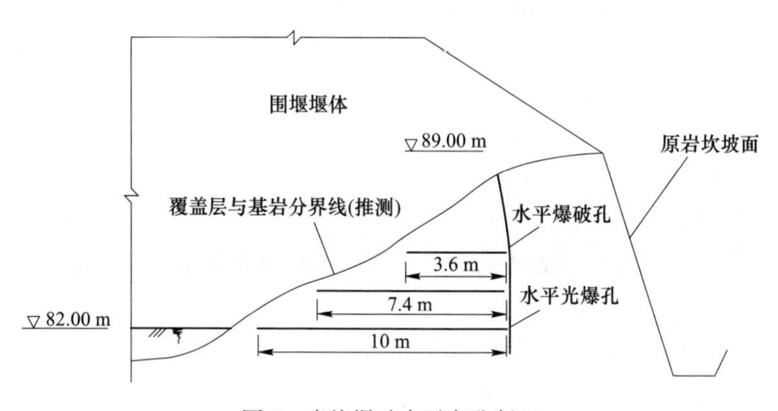

图 7　岩坎爆破水平布孔断面

4.2.2.2　岩坎装药

岩坎光面爆破孔采用间隔装药结构，装 ϕ32 mm 乳化炸药，线装药密度 400 g/m，间隔距离约 30 cm，堵孔长度 1.5 m。主爆破孔采用连续装药，装 ϕ70 mm 乳化炸药，根据计算单孔药量可适当调节炸药间隔，孔口堵塞长度 1.5~2.0 m。在孔外用竹片将药卷用胶布绑扎起来，送入孔底，每个炮孔装 2 发导爆管雷管，并联分别形成两套独立的起爆系统。孔口采用编织袋堵塞。

4.2.2.3　岩坎爆破网路设计

使用导爆管雷管起爆，水平孔爆破整体采用从左到右的斜形方式起爆顺序，先起爆主爆破孔后起爆光面爆破孔，采用单孔单响或者数孔一响，控制最大单段起爆药量不超过 30 kg，段间间隔延时 25 ms，岩坎水平孔爆破起爆顺序如图 8 所示。

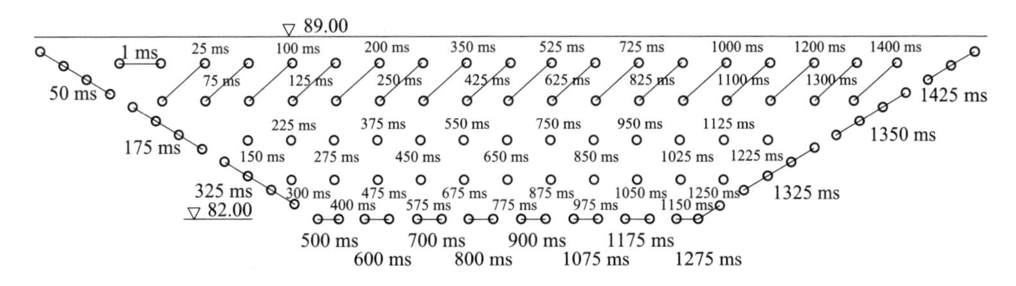

图 8　岩坎水平孔爆破起爆顺序

4.3　防渗墙及高喷爆破设计

4.3.1　防渗墙及高喷爆破参数

4.3.1.1　围堰混凝土防渗墙

（1）孔径：ϕ=110~120 mm，炸药规格 ϕ70 mm。

（2）孔距：a=1.5 m，单排孔。

（3）孔深：L=15~26 m。

（4）超深：l=3 m。

（5）炸药单耗：q=2.0 kg/m^3。

（6）单孔装药量 Q=36~62.4 kg。

（7）堵塞长度 L_2=1.5~2.0 m。

（8）总孔数：115 孔。

（9）起爆方式：用导爆管雷管起爆。

（10）最大单孔起爆药量，取 62.4 kg。

围堰混凝土防渗墙钻孔总长：1962 m。

4.3.1.2　混凝土防渗墙两侧高压旋喷加固部分

（1）孔径：ϕ=110~120 mm，炸药规格 ϕ70 mm。

（2）孔距：a=1.5 m。

（3）孔深：L=8~16 m。

（4）超深：l=1 m。

（5）炸药单耗：q=2.0 kg/m^3。

（6）单孔装药量 Q=28.8~57.6 kg。

（7）堵塞长度 L_2=1.5~2.0 m。

（8）总孔数：98×2=196 孔。

（9）起爆方式：用导爆管雷管起爆。

（10）最大单孔起爆药量，取 57.6 kg。

混凝土防渗墙两侧高压旋喷加固部分钻孔总长：1127×2＝2254 m。

4.3.2 防渗墙及高喷布孔、装药及网路设计

4.3.2.1 防渗墙及高喷布孔

沿围堰混凝土防渗墙及两侧高压旋喷加固拆除部分各布置一排爆破孔，混凝土防渗墙及高压旋喷加固拆除部分孔距均为 1.5 m。混凝土防渗墙炮孔超钻深度 3 m，高压旋喷加固拆除部分超钻深度 1 m。严格控制钻孔精度，通过测斜仪及时纠偏，确保钻孔垂直度。布孔平面示意图如图 9 所示。

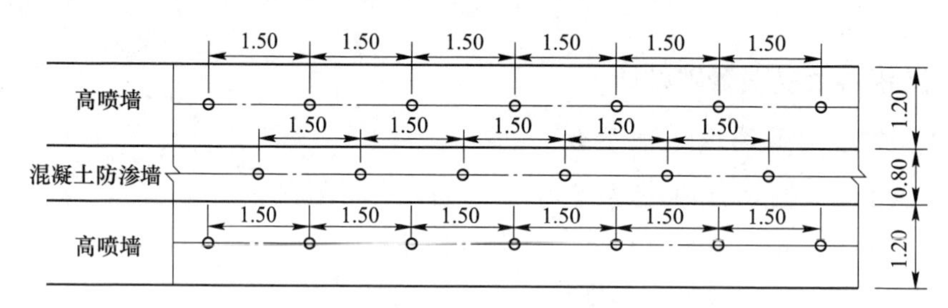

图 9　防渗墙及高压旋喷墙炮孔平面布置（单位：m）

4.3.2.2 防渗墙及高压旋喷墙装药

防渗墙及高压旋喷装药结构底部采用连续装药，上部采用间隔装药方式，装 ϕ70 mm 乳化炸药，堵孔长度均为 1.5~2.0 m。为确保全爆，可在所有的中间装药段增加一发起爆雷管。每个炮孔装 2 发高精度导爆管雷管与导爆索连接，并联分别形成两套独立的起爆系统，孔口堵塞段采用用砂子、钻孔岩粉堵塞，底部连续装药 12 节，中间每间隔 1.5 m 装药 4 节，其中上部分装药 2 节。

4.3.2.3 防渗墙及高喷爆破网路设计

使用高精度导爆管雷管起爆，整体采用从右到左顺序起爆，共分为 115 段，段间间隔延时 30 ms，先起爆防渗墙，随后两侧高压旋喷墙以 V 形起爆方式跟进。三孔一响，控制最大单段起爆药量不超过 177.6 kg。防渗墙及高喷起爆网路设计如图 10 所示。

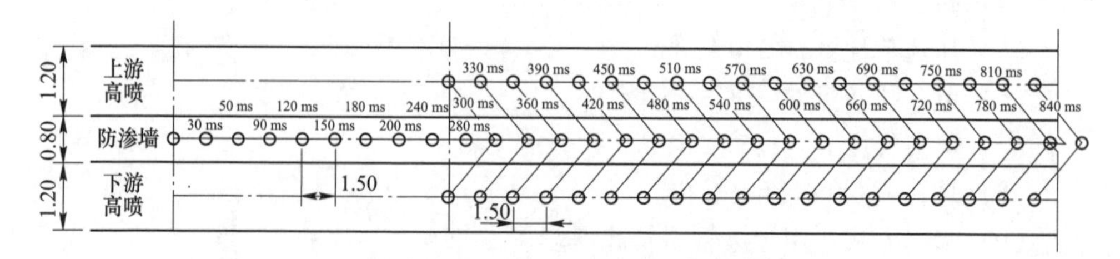

图 10　防渗墙及高压旋喷墙起爆网路

5　爆破安全设计及防护

5.1　飞石安全距离

5.1.1　飞石距离计算，根据飞石经验公式可估算飞石距离

$$R_F \leqslant 40d/2.54 \tag{1}$$

式中　R_F——飞石的飞散距离，m；

d——深孔直径，cm。

经计算，当 $d=12$ cm 时，$R_F \leqslant 189.0$ m。

根据《爆破安全规程》（GB 6722—2014）的规定，爆破时个别飞石对人员的安全距离 R，露天深孔爆破 $R \geqslant 200$ m。最小警戒范围半径为 200 m，设置警戒并在爆破前清场。

5.1.2　为防止飞石影响周边回填施工拟采取如下防护措施

（1）爆破区域覆盖一层专用爆破防护被，可在每个炮孔加压 1～2 个土袋。以削减爆破冲击波及爆破飞石。

（2）为防止爆破飞石破坏，对进水口翼墙造成破坏可采取搭设钢管脚手架挂毛竹片进行防护的措施。对拦污栅及闸门的影响，采用输送皮带制作卷帘防护。

5.2　爆破振动控制

5.2.1　爆破振动安全允许标准

根据《爆破安全操作规程》（GB 6722—2014）有关规定，本工程被保护对象主要为进水口翼墙及进口闸门及隧道（参照考新浇大体积混凝土（C20）爆破安全允许质点振动速度 8～10 cm/s），选取进水口翼墙的安全允许质点振动速度为 10 cm/s，进口闸门及隧道的安全允许质点振动速度为 8 cm/s。

5.2.2　爆破质点振动校核

爆破允许最大单段起爆药量按《爆破安全操作规程》（GB 6722—2014）经验公式计算。

$$Q = R^3 V^{\frac{3}{\alpha}} / K^{\frac{3}{\alpha}} \tag{2}$$

式中，取值 $K=200$，$\alpha=1.5$。

根据计算，在进行爆破开挖时，选择合适的最大单段起爆药量，具体见表 1。

表 1　爆破振速计算

序号	爆破类别	被保护对象	离爆破点距离 /m	最大单段药量 /kg	安全允许振速 /cm · s^{-1}	计算振速 /cm · s^{-1}
1	岩坎竖直孔爆破	闸门及隧道	52	12.6	8.0	1.89
2	岩坎水平孔爆破	闸门及隧道	52	30	8.0	2.92
3	防渗墙及高喷爆破	闸门及隧道	84	177.6	8.0	3.465
		进水口两侧翼墙	32	177.6	10.0	14.72

进水口围堰除进水口结构物外，爆破区域 300 m 范围内无其他建筑物。闸门、隧道及进水口两侧翼墙为本次爆破的主要防护对象。其分别与岩坎竖直孔爆破、岩坎水平孔爆破、防渗墙及高喷爆破的距离及设计最大单段药量情况下计算得出的振速均小于安全允许振速，故爆破振动对周边环境的影响在允许范围内。

由于围堰内侧的岩坎紧靠进水口两侧的翼墙，距离过近，为减少岩坎爆破对进水口两侧翼墙造成振动破坏，在岩坎和两侧翼墙之间机械凿出 7 m 宽 5 m 深的沟槽，并且在岩坎靠近两侧翼墙位置打两排减震孔，以减少爆破地震波造成的影响。

5.3　水击波危害控制

本工程围堰拆除炸药在围堰内部爆炸，与水介质未接触，起爆单响最大药量为 177.6 kg。参照《水运工程爆破技术规范》（JTS 204—2008），水下钻孔爆破水中冲击波对水中人员，施工船舶的安全距离要求，划定以爆破区为中心点 1200 m 区域划分为警戒范围水域。工程施工中，提前与国家水上运动训练中心联系，调整选择其他水上训练赛道。对其他过往船舶，要注意加强瞭望工作，确保过往船舶和游水、潜水人员离开警戒范围内以后再起爆。

5.4　水击波对闸门危害控制

围堰防渗墙及高喷爆破在基坑堰内充水的条件下进行，水击波计算参考以下经验公式：

$$P = 11.47 \times \left(\frac{Q^{\frac{1}{3}}}{R}\right)^{0.95} \tag{3}$$

式中　P——水击波，MPa；

Q——单段最大药量，kg；

R——距爆区的距离，m。

经计算，单段药量最大的为围堰防渗墙部分爆破 177.6 kg，爆破点距离保护建筑物闸门最小距离 84 m，$P=0.879$ MPa，距离翼墙最小距离 32 m，$P=2.198$ MPa。

由于围堰防渗墙及高压旋喷桩不是裸露在水里爆破，边上有土堆阻挡能减少水击波的影响。另外，水击波均远小于闸门及翼墙的强度，因此闸门及翼墙均能抗冲击波能力。

5.5　涌浪危害控制

在海边或湖边进行大型石方爆破时，爆岩落水会产生涌浪，涌浪上岸会影响傍岸建筑物安全。

参考水下爆破的工程经验进行类比，湖北白莲河预留岩坎水下钻孔爆破时，爆区距大坝的距离约 200 m，最大单段药量为 238.5 kg，在大坝迎水面产生的涌浪高度仅 0.4~0.65 m。在三峡三期 RCC 围堰拆除爆破中，集中药室最大单段药量为 690 kg，在距爆区 2.6 km 水域警戒线处实测最大涌浪高度仅 0.35 m。

本工程爆破时单段药量仅为 177.6 kg，防渗墙及高喷爆破位于堰体内部，不会发生抛体滑移现象，千岛湖湖域面积大，产生的涌浪高度不会导致浪涌危害。

5.6　爆破安全监测

围堰第二阶段拆除爆破安全监测由工程专业监测分包范围负责实施，爆破前在重要部位布置爆破振动监测测点，测点布置在便于回收的部位。每个测点测试 3 个方向的质点振动速度，分别是水平径向、水平切向和垂直向。

6　爆破施工

6.1　基坑充水

围堰岩坎爆破后对基坑进行充水平压，基坑充水采用倒虹吸方案，设计充水时长 20 h。倒虹吸采用管内注水方式启动，对应在管道进口安装同规格 DN250 mm 止逆阀，出口安装 DN250 mm 闸阀，管道顶部分别开设 ϕ50 mm 注水孔和排气孔，提前采用水泵充水，当管内充水完成后，打开下游侧闸阀可进行充水，充水完成后拆除充水管道。

6.2　钻孔

钻孔前先测量放样，按照爆破设计钻孔布置图放出钻孔孔位。岩坎采用 CM351 型潜孔钻造孔，钻孔孔径 ϕ90~115 mm；围堰混凝土防渗芯墙、围堰混凝土防渗墙两侧高压旋喷加固部分选用 XY-2 型地质钻机造孔，孔内孔径 110~120 mm，孔内用内径 90 mm PVC 套管护孔壁。

6.3 装药

混凝土防渗墙及高压旋喷加固部分采用高精度导爆管雷管联接网路起爆底部采用连续装药，上部采用间隔装药。

岩坎爆破采用非电导爆管雷管联网网路起爆，一般采用连续装药结构，局部根据单耗采用间隔装药结构。

爆破前，对爆破器材进行同等水深（$H=26$ m）条件下浸泡 24 h 的抗水试验，引爆，以测试爆破器材的抗水性能和抗压能力。

6.4 堵孔

炮孔装药完成后按设计对其进行堵塞，材料为黄土和砂子拌合料，在堵塞料的选择上严禁利用其他材料进行替代，并对其进行干湿度检测，保证堵塞料捏成团后不散。

6.5 敷设网路

由爆破员按爆破设计书进行网路联接，每个炮孔绑扎 2 发高精度导爆管雷管，形成单独的起爆系统，两套起爆系统导线相隔一定距离。连接导线接头及雷管与导线联接处进行防水处理，防止沾水短接。所有高精度导爆管雷管联接好后，按设计好的延时时间进行设置，并对网路进行检查、核实。

6.6 起爆

使用专用起爆器起爆，所有设备和人员撤离至安全区域，并在警戒区外设置警戒。警戒完毕后，警戒人员向指挥长汇报警戒情况。当所有警戒到位，指挥长向各个警戒区进行询问，无异常情况时，发出起爆信号，爆破员充电进行起爆。

7 爆破效果与监测成果

7.1 爆破效果

在围堰爆破拆除中，爆碴的块度以及爆堆的形态对保护建筑物的安全及清碴起着决定作用，围堰爆破拆除需要对爆破效果进行预测和控制，包括有利的爆碴块度分布，良好的爆碴堆积形态等。本次爆破通过出碴情况综合评估，爆堆形状规则、爆破块度均匀，大块率少，在规定工期内出碴完成。图 11 为围堰现状及爆破瞬间照片图。

图11　围堰现状及爆破瞬间

7.2　振动监测成果

本次爆破监测按设计要求，在塔吊平台布置一个监测点并被触发，但各通道振速均未超出允许振速。爆破振动速度监测数据见表2，振动波形如图12所示。

表2　爆破振动速度监测

测点编号	最大速度/cm·s^{-1}			质点距爆破区域水平距离/m	布置位置
	通道 X	通道 Y	通道 Z		
SM1-2	2.945	0.826	1.378	80	门机平台

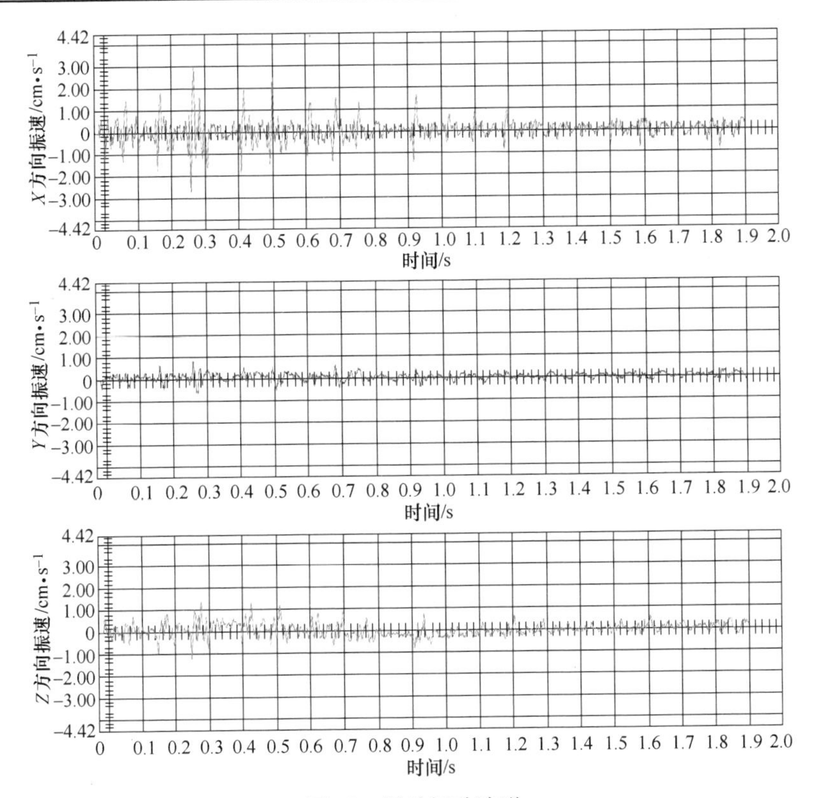

图12　爆破振动波形

8　经验与体会

8.1　爆破施工技术措施

8.1.1　钻孔设备选型及成孔保护

因混凝土防渗墙及高旋喷连续墙均为薄壁结构体，且需要保证起爆体位于结构中心位置，保证爆破破碎效果，所以对成孔要求中心精度较高，误差不得大于5 cm。所以常用的普通风动潜孔钻机及液压钻机均不能达到成孔要求，使用地勘钻机，其使用低功率回旋钻进，成孔精度高，可用泥浆护壁，保证成孔完整。

地勘钻机的缺点是钻孔进度较慢，为保证装药质量，在成孔后采用ϕ90 mm套管护孔。

8.1.2　钻孔取芯地质补勘

利用地勘钻机的特点，在护坡深度10 m以下，钻孔时增加取芯环节，核验地勘报告中地质资料情况及补录地质情况，有利于对堰体爆破拆除后的稳定评估。

8.1.3　预装药

总装药量8928 kg，雷管1080发，导爆索7000 m，按计划进行预装药，7月21日、7月22日预装药，7月23日下午15:30起爆。

8.2　安全防护

8.2.1　水域围网，提前捕鱼

积极与渔政部门对接，爆破前采用声纳或渔网进行驱鱼，避免或减少对水生物的危害。起爆前3天，在围堰外围1200 m进行围网，提前对网圈范围进行驱赶捕捞。围堰爆破前在围堰临湖边布置6个网箱，网箱内放置多条活鱼后沉入湖面水下，待爆破后观察爆破振动、水击波对活鱼的影响。

8.2.2　绿色施工，确保周边保护对象安全

贯彻绿色施工理念，整个施工流程严格控制污水、污油、垃圾进入湖面，保证对千岛湖水体无直接污染；钻孔时泥浆循环带水作业无粉尘污染，洗孔时污水排入专用污水池。

围堰混凝土防渗墙及高旋喷连续墙位于围堰中部，两边有充分的回填料及护坡防护，爆破后冲击波向上无直接危害，爆破后振动经检测单位实测，无有害影响。

8.3　经验体会

（1）鉴于本工程项目特点，围堰下岩坎分别采用垂直孔与水平孔的方式进

行爆破施工，裸露部分竖直造孔，埋在围堰部分采用水平造孔，垂直孔与水平孔先后爆破，取得了较好的爆破效果。

（2）根据围堰岩坎、混凝土防渗墙和高压旋喷的不同爆破部位，采取不同的起爆网路连接模式，确保多项围堰拆除爆破工程一次按时准爆，使爆破振动降至最低。

工程获奖情况介绍

"杭州千岛湖配水工程进水口围堰爆破拆除关键技术"获中国工程爆破协会科学技术进步奖一等奖（2006年）。

宽厚型基岩船坞围堰一次成型拆除爆破技术

工程名称： 舟山金海船业有限公司 2 号船坞围堰拆除爆破工程
工程地点： 舟山白泉镇
完成单位： 浙江省高能爆破工程有限公司
完成时间： 2019 年 3 月 5 日~4 月 30 日
项目主持人及参加人员： 唐小再　张有泽　蒋跃飞　宋志伟　欧阳光　隋显毅
撰 稿 人： 刘　桐　宋志轩　欧阳光　隋显毅

1　工程概况及环境状况

1.1　工程概况

舟山金海船业有限公司白泉屋基园船舶修理基地——2 号船坞于 2009 年开工建设，但在全球金融危机与我国船舶行业产能过剩的双重背景下，未能建造完成。随着国际经济形势好转、航运业逐渐复苏、市场需求回暖，舟山市华丰船舶修造公司先是通过整体租赁金海船业白泉屋基园基地承揽船舶修理业务，而后为了进一步盘活闲置资源，助力推进地方船舶工业重整重组、实现高质量发展，在 2019 年 1 月全资收购了金海船业。华丰船厂综合考虑长远业务需要与已有订单时间节点要求，再次启动了 2 号船坞的修建工作并计划于 2019 年 5 月建成投产，因此其围堰的高效安全爆破拆除迫在眉睫。

待拆除的舟山金海船业有限公司白泉屋基园船舶修理基地项目——2 号船坞位于舟山市白泉镇屋基园正北临海位置，如图 1 所示。

1.2　船坞规格

船坞规格参数见表 1。

表 1　船坞规格参数

规　　格	参　　数
船坞级别/万吨	30
坞内尺寸/m×m×m	380(长)×68(宽)×14.8(深)
坞门底板高程/m	-10.5

续表 1

规　　格	参　　数
坞门坎高程/m	−9.5
船坞底板高程/m	−10.3
坞墩顶面高程/m	+4.7

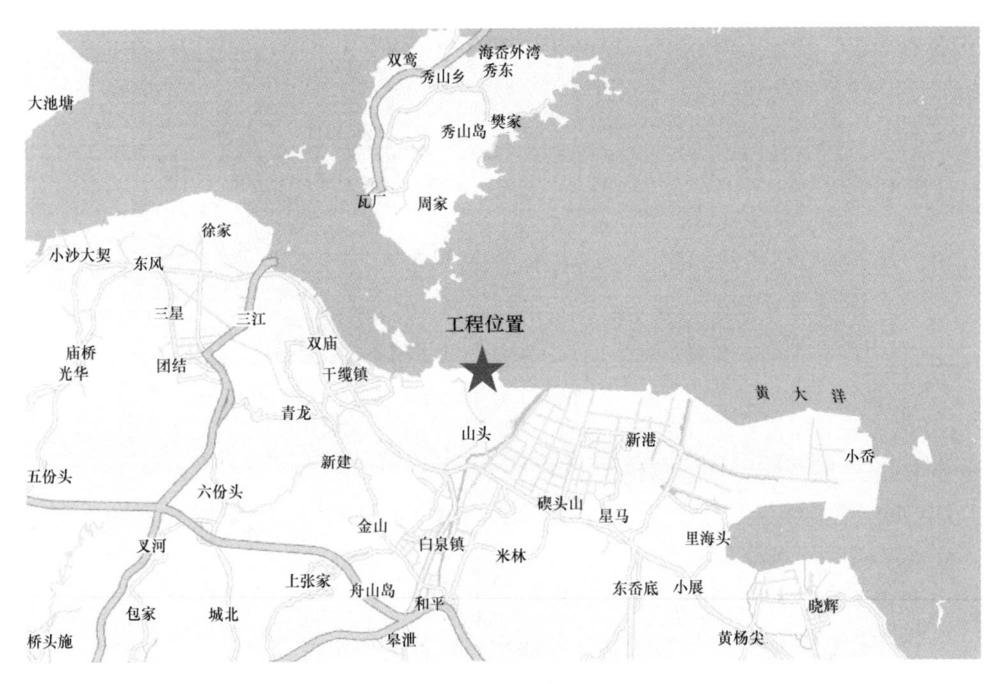

图 1　工程位置

1.3　围堰结构

围堰堰体由浆砌块石及基岩（岩坎）构成，浆砌块石堆砌在−0.8 m 基岩上。坞口基岩呈两边低中间高（最高处高程+1.0～+4.7 m）；堰体上部即为浆砌块石修筑的平台，平台高程+3.8 m，宽度 2.5～3.0 m；平台中段外侧为浆砌块石挡墙，顶部高程+4.8 m，厚度约 0.8 m，西段外侧浆砌块石挡墙部分坍塌（图 2）。

1.4　环境条件

1.4.1　爆破周边环境

1.4.1.1　外部环境

（1）围堰北侧朝海，无建（构）筑物。

（2）围堰南侧为船坞内部空间，坞门搁置在坞内靠南，距离堰体为 290 m。

图 2　围堰全貌

（3）围堰西侧紧挨运营码头，距离仅 9 m。

（4）围堰西南侧为厂区，其中生产办公楼、1 号船坞、食堂距离围堰分别为 330 m、340 m、530 m。

1.4.1.2　内部环境

由于受自然地质条件的限制，围堰和坞体各结构距离较近：

（1）围堰岩坎坡脚距坞底板约 1.7 m。

（2）距坞墩 1.7 m。

（3）距水泵房 17 m。

（4）距坞门槛 11.7 m。

周边环境如图 3、图 4 所示。

1.4.2　海域自然环境

围堰位于舟山本岛北侧中部，西侧水域为钱塘江入海口和杭州湾，东侧水域为开敞的外海；正北方向与岱山岛之间分布了秀山岛和若干小型岛屿（图 5）。因此围堰所临海域一方面属于连接海湾与开敞外海之间的潮汐汊道，一方面还属于岛屿之间的狭窄潮汐通道系统（图 6）。

围堰所处海域主要潮汐特征为非正规半日潮，落潮历时略大于涨潮历时，平均涨潮历时 5.73 h，平均落潮历时 6.68 h。历年最高潮位 4.43 m，历年最低潮位-2.81 m，平均低潮位 0.91 m，平均海面 1.98 m，最大潮差 3.67 m（定海海军高程系统）。潮流以往复流为特征，局部有涡流存在。涨潮流大于退潮流。

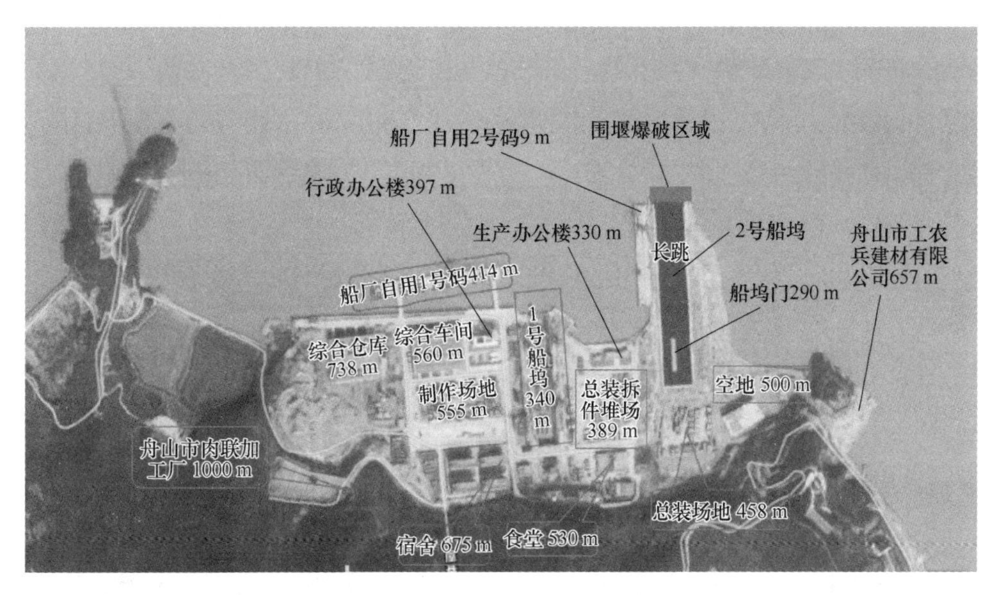

图 3　外部环境

图 4　内部环境

2 号船坞是依突出大陆的“半岛”地势修建，“半岛”呈长方形、面积小，长轴为南北方向，与潮汐水流方向垂直交叉，导致堰体外侧水流很急，在涨落潮时易形成涡流，对于海域水上水下作业非常不利，如图 7 所示。

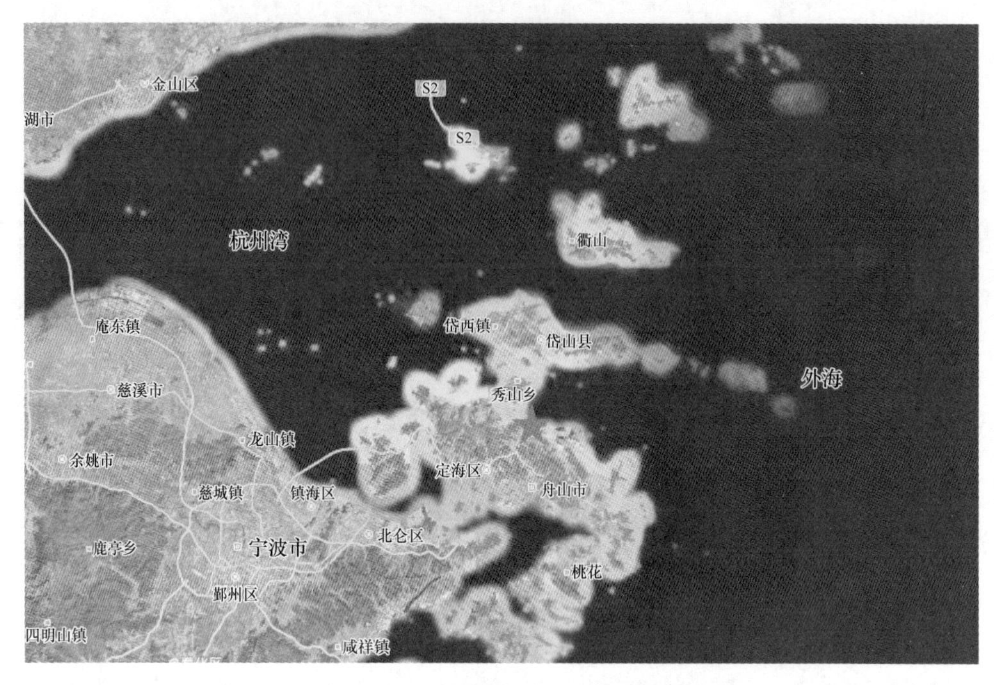

图 5　海湾与外海关系

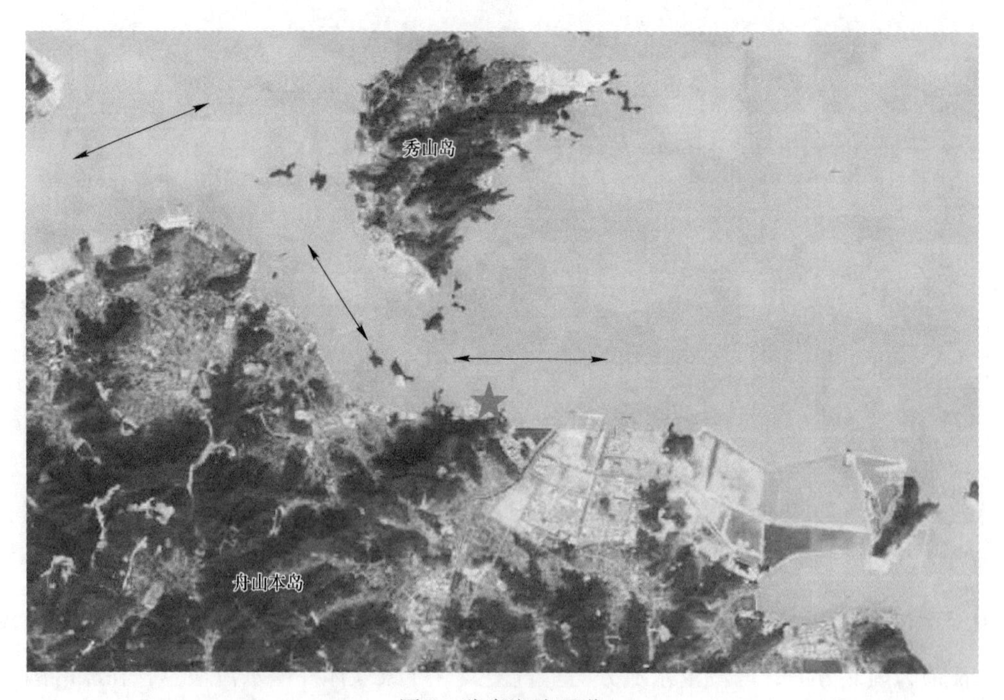

图 6　狭窄潮汐通道

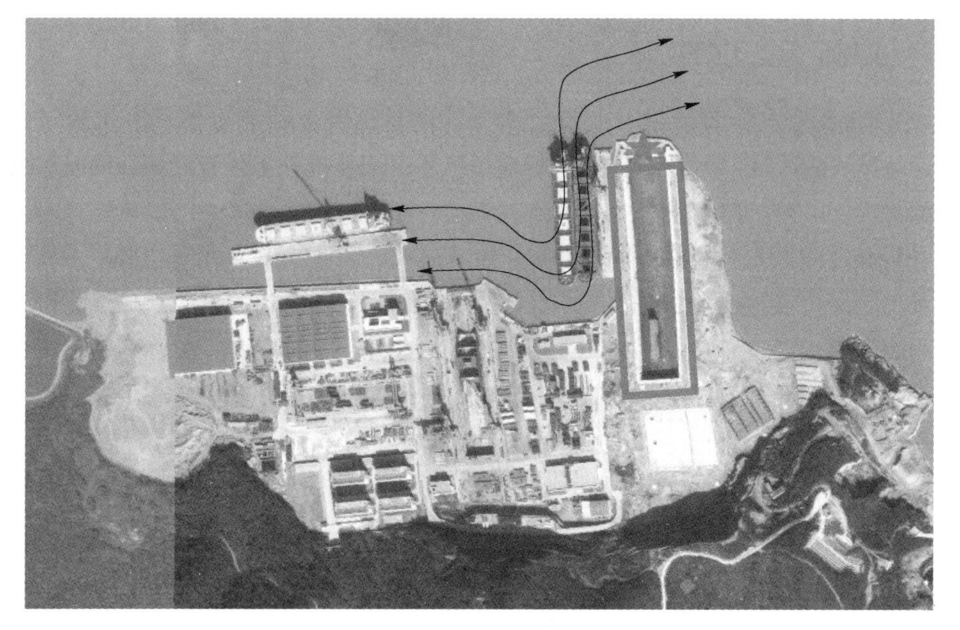

图7　“半岛”地势

2　工程特点、难点

2.1　“宽厚型”基岩围堰

由于本工程中围堰主体结构为基岩岩坎，朝海侧基岩体坡度较缓等天然地形地貌对其形状、规格以及拆除工程量起到了决定性作用，使其在断面上具有“宽厚比”很大的特点：“宽”，意为沿船坞中轴线方向，从围堰内侧原始坡脚至最外侧疏浚开挖线宽度达 55 m，即使在内侧“剥皮”施工后依然达到 47 m；“厚”意为堰体高度 15. 5 m，则堰体“宽厚比”达到了 3. 55。

综合以往类似基岩船坞围堰拆除与清理工程，对比堰体“宽厚比”与工程量，可以发现仅考虑单体船坞，本工程中围堰“宽厚比”最大、工程量最大，因此我们称之为“宽厚型”基岩围堰。

较以往基岩船坞围堰而言，“宽厚型”基岩围堰天然地增加了拆除与清理工程总方量，结合施工工艺复杂程度、施工条件难易程度、施工进度要求、施工安全可靠程度等多方面因素，对于“一次性爆破拆除”和“多次水下爆破”的总体施工方法选择、炸堰区与炸礁区划分、工程量安排等环节如何平衡至最优，提出了很高的要求。

2.2 工程量大、工期紧张

“宽厚型”特点导致总体拆除、水下炸清礁以及爆碴清运各环节工程量骤增，达到 44188 m^3，对比以往类似工程单体基岩围堰拆除工程量最大；同时爆破拆除作为保障船厂按期投产的关键施工节点，为了将其巨额违约赔偿风险降至最低，势必在确保安全的前提下将工期压缩至最短。因此，总体方案选择、爆破方案设计、安全控制技术、高效施工工艺及施工组织安排等各方面的合理优化确定成为了首要难点。

2.3 急流海域制约炸清礁施工

围堰坞口附近海域受到地理环境与潮汐作用共同影响，水流急、易形成涡流，导致炸礁船难以准确抛锚定位，成为炸清礁施工质量、效率与安全的最大制约因素。

2.4 周围环境条件复杂

受环境条件限制，船坞围堰与周边运营码头、坞底板、坞门槛、花岗岩贴面、坞墩、水泵房、坞门、新浇筑的混凝土坞壁等保护对象距离较近。爆破既要使得围堰岩坎充分解体，便于清理打捞，又要充分考虑爆破有害效应对坞口设施的影响，对爆破振动、飞散物、水击波等有害效应须严格控制，确保坞口花岗岩贴面、坞底板、水泵房、坞内放置的坞门及紧挨的码头桩等设施不受破坏。

2.5 爆破时不能引起坞内过流，应为爆后清碴创造条件

水工围堰爆后一般不清碴，并且要求爆破时过流冲碴，冲碴越多越好；船坞围堰要求爆破不能引起坞内过流冲碴，冲碴不仅会造成坞内清碴工程量增大、影响进度，还有可能对坞体尤其对花岗岩贴面造成损坏。

2.6 爆破网路要求高、防护工作量大

因爆破周边环境复杂，须严格控制单段起爆药量，采用逐孔接力甚至孔内分段起爆网路才能满足单响药量控制要求，因此网路连接复杂。围堰堰内充水爆破拆除，一旦出现盲炮很难处理，必须采用高精度、高质量的雷管、炸药等爆破器材和可靠的爆破网路，确保万无一失。爆破前需对坞墩、坞底板、水泵房、坞门槛花岗岩贴面、坞内放置的坞门等离爆区较近设施进行严密防护，需投入大量的人力、物力、财力，爆破防护面积大，成本高。

3　爆破方案选择及设计原则

3.1　关键方案确定

总体方案确定的指导思想：根据工程特点、难点与技术要求，确保坞内放置的坞门及坞口附属设施等保护对象安全，有利于爆破施工并能满足工期要求，力求做到技术可行、安全可靠、经济合理。

船坞围堰爆破总体方案确定为：倾斜孔高充水位开门一次爆破。

3.2　“宽厚型”围堰一次成型拆除爆破方案

本工程中，船坞投产时间节点已明确不可拖延，需确保在5月底具备进船条件，否则船厂将面临巨额违约赔偿风险；堰外的水下地形与潮汐水流致使炸礁船易搁浅、难定位，炸礁无法连续进行、需候潮施工，安全、进度、质量难以保障。基于以上两点，以往的常规缓倾斜孔应用与炸堰、炸礁区划分难以满足本工程“宽厚型”基岩围堰特点与各方面要求，需要对技术设计与施工工艺进行改进优化，目的在于：最终的设计与施工应能确保最大限度增加围堰一次爆破拆除面积与工程量，减少炸礁面积与工程量，即在围堰一次起爆后，使船坞正面底标高“一次成型”，杜绝根坎与浅点，通过挖泥船清碴即可具备船坞进船条件，仅保留坞口两侧少部分“死角”区域作为炸礁区。

为实现上述最优目的，提出“一次成型”拆除爆破方案，将炮孔覆盖船坞正面全部堰体，将常规方案中除两侧以外的炸礁区全部纳入围堰一次拆除爆破区域，围堰拆除段长（断面）47 m，缓倾斜孔角度依地形地势选取较大值为20°，则最大孔深达46 m。

“一次成型”方案存在的主要问题与解决办法：

问题一：缓倾斜孔过长，钻孔精度、效率与成孔质量难控制，可能降低围堰一次成功起爆可靠度。

解决办法：在以往常规缓倾斜孔成功施工经验的基础上，通过优化测量定位、钻机平台布设、钻进精度与质量控制等环节，形成一套高效可靠的超长缓倾斜孔施工工艺。

问题二：一次爆破断面宽度大，底标高易产生根坎和浅点。

解决办法：通过选择较大的炮孔倾角、适当缩小孔网参数，可以显著提高落在底标高的炮孔密集度，底标高更大的炮孔密集度，在保持炸药单耗与局部结构总药量基本一致的前提下，可以实现炸药量分散分布及其做功能量在爆破对象中的均匀分布，进而消除根底与浅点，为“一次成型”提供保障。

4　爆破参数设计

围堰中间平行布置超长缓倾斜孔，东西两侧采用扇形布孔；围堰顶部浆砌块石处布置垂直辅助孔；在扇形孔两翼与炸礁区交界处，设置预裂孔，预裂孔深度控制在 15 m 以内，如图 8 所示。

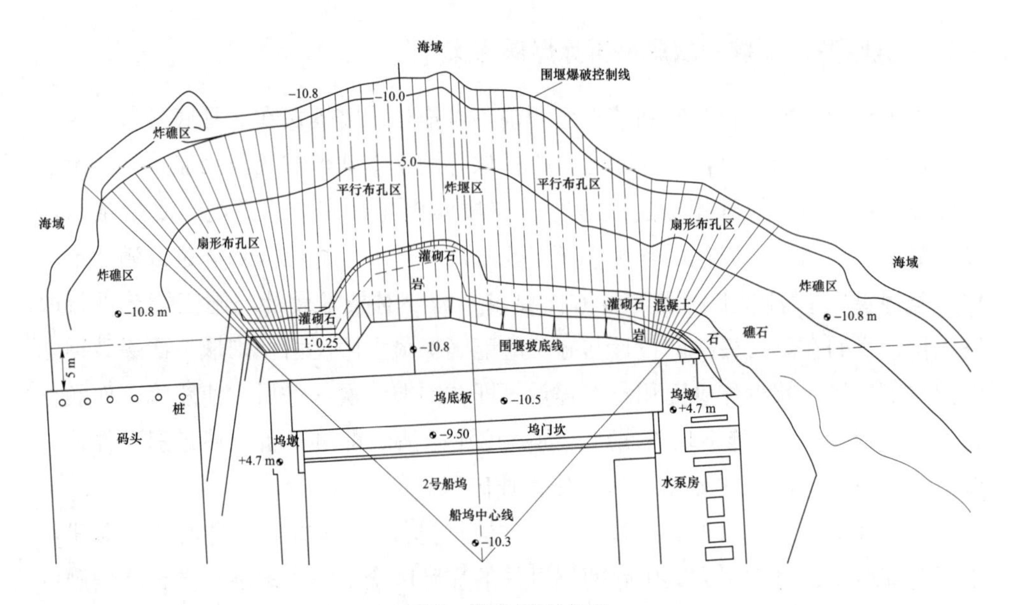

图 8　炮孔平面布置

4.1　围堰基岩爆破参数设计

4.1.1　布孔形式及孔径

围堰岩坎内侧布置超长缓倾斜孔，倾斜角度依岩基自然坡度取大值（16°~20°），为便于施工采用矩形布孔。孔径取 ϕ140 mm。

4.1.2　炸药单耗

围堰爆破时岩坎破碎程度的好坏直接影响后续清碴，决定施工进度；若炸药单耗过小，一次不能完全破碎，二次破碎需在水中进行，施工难度十分大，因此在确保安全的前提下炸药单耗应适当增大，取 $q=1.0\sim1.4\ \mathrm{kg/m^3}$。

4.1.3　孔网参数

孔距 a：$a=2.5$ m；

抵抗线 W：$W=2.0$ m；

排距 b：$b=2$ m；

孔深 L：$L=5\sim46$ m；

炮孔超深 h：$h=2.0\sim2.5$ m。

4.1.4　堵塞长度

超长缓倾斜孔堵塞长度取 2~3 m；

扇形孔堵塞长度取 3~8 m。

4.1.5　装药量及装药结构

炮孔采用连续装药，装药量随孔深变化而变化，单孔药量为 32~344 kg；装药前对每个炮孔装药量再次进行安全校核，若爆破振动速度超过控制标准，采用间隔装药、孔内分段起爆。

4.2　预裂孔爆破参数设计

4.2.1　布孔形式及孔径

坞底板前布倾斜预裂孔、围堰两侧开口布竖直预裂孔；

预裂孔孔径取 ϕ115 mm。

4.2.2　炸药单耗

根据类似工程施工经验，预裂孔线装药密度 L 取：$L=0.3\sim0.35$ kg/m。

4.2.3　孔网参数

孔距 a：$a=1.2$ m；

孔深 h：坞底板前预裂孔取 5 m，坞两侧开口处取 14 m。

4.2.4　堵塞长度

预裂孔堵塞取 1.0~1.5 m。

4.2.5　装药量及装药结构

预裂孔均采用不耦合装药，不耦合系数为 2.8；

围堰两侧预裂孔底部 2 m 连续装药；

其余采用间断不耦合装药，不耦合装药长度 10.5 m，炮孔装药量为 5 kg。

4.3　浆砌石爆破参数设计

4.3.1　布孔形式及孔径

为更好地对围堰顶部浆砌石进行破碎，围堰顶部布一排竖直孔，孔径取

ϕ115 mm。由于浆砌块石较难成孔，也选用潜孔钻机钻孔，采用不耦合装药法爆破，减少飞石的危害。

4.3.2 炸药单耗

浆砌石为非均匀介质，装药量过大在薄弱区域将产生大量飞石，因此炸药单耗不宜过大，取 q=0.25~0.35 kg/m^3。

4.3.3 孔网参数

孔距 a：a=2.5 m；

抵抗线 W：W=2.0 m；

孔深 h：h=4 m。

4.3.4 堵塞长度

堵塞长度取 2.5 m。

4.3.5 装药量及装药结构

采用连续装药，单孔药量为 6 kg。

4.4 起爆网路设计

4.4.1 起爆器材选取

4.4.1.1 炸药

采用定制炸药，参数为：硬质塑料壳包装，直径 96 mm，药卷长度 0.40 m，标定质量为 3 kg。

4.4.1.2 雷管

对于大型围堰装药时间长，经浸水试验检验可知普通雷管导爆管一般满足不了抗水耐压要求，因此起爆网路选用毫秒延期澳瑞凯高精度雷管。

4.4.2 起爆网路最终设计

围堰爆破采用中间开口、自上而下逐孔向两边推进 V 形起爆网路。主爆孔内全部装高段位 600 ms 澳瑞凯高精度雷管，除 V 形开口处一侧及局部用 42 ms 接力外，其余孔间用 25 ms 雷管接力，排间用 65 ms 雷管接力；为提高网路的可靠性并减少延时误差，排与排之间再用 42 ms 和 65 ms 雷管进行两次桥接；底部和两侧预裂孔先起爆，主爆孔后起爆；预裂孔 5 孔一起起爆，主炮孔逐孔起爆。起爆网路从围堰顶部开口、V 形起爆、自上而下一次爆破拆除。爆破起爆网路如图 9 所示。

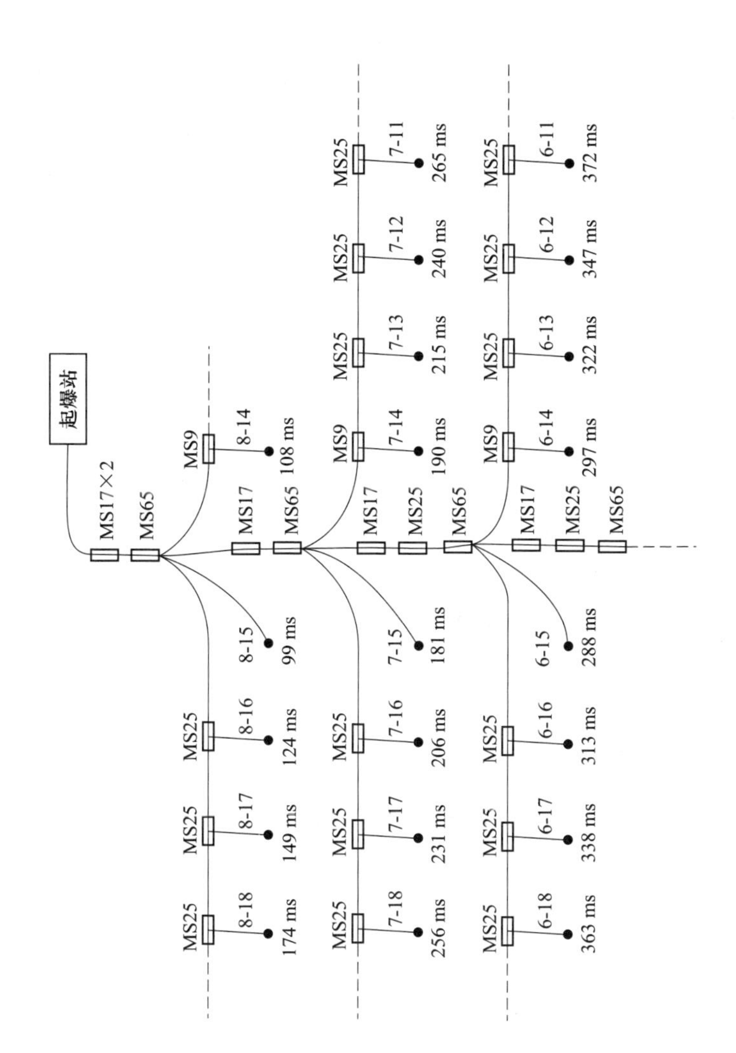

图 9　主爆区起爆网路连接典型节点示意图

5　爆破安全设计

5.1　爆破振动

确定爆区周围水工建筑物的爆破安全振动标准是围堰成功爆破的最为关键的一项内容。鉴于目前《爆破安全规程》（GB 6722—2014）对这一部分内容缺乏，为此，我公司参照长江科学院以及以往类似工程经验相关围堰爆破采用的安全振速允许标准和实际观测资料类比资料：水泵房、坞墩和坞底板采用振速标准 20 cm/s，花岗岩坞门槛采用振速标准 5 cm/s，码头桩采用振速标准 8 cm/s。

采用萨道夫斯基公式计算安全振速和最大单响药量：

$$v = K\left(\frac{\sqrt[3]{Q}}{R}\right)^{\alpha},\ \ Q = [([v]/K)^{\frac{1}{\alpha}}R]^{3} \tag{1}$$

式中　Q——最大单响药量，kg；

v——计算地震波速度，cm/s；

$[v]$——安全允许振速，cm/s；

R——控制点至爆源的距离，m；

K，α——与爆区地形地质有关的系数和衰减系数，参照实测船坞围堰爆破拆除工程实测数据，对坞墩、水泵房、坞底板及坞门槛暂定 55 和 1.7。围堰爆破前再根据预拆除期间的观测成果和监理单位要求对爆破参数进行适当调整。爆区不同岩性的 K、α 值。主爆孔、预裂孔振动安全校核见表 2、表 3。

表 2　主爆孔振动安全校核

保护对象	炮孔长度 /m	最大单响药量/kg	装药中心至保护对象距离/m	安全振速 /cm · s^{-1}	振动速度 /cm · s^{-1}
码头桩	42	312	24.69	8	6.115
坞墩	42	312	24.47	20	6.209
坞底板	46	344	26.5	20	5.73
水泵房	34	248	30.59	20	3.73
坞门槛花岗岩贴面	46	344	36.5	5	3.325

表3　预裂孔振动安全校核

保护对象	炮孔长度/m	最大单响药量/kg	装药中心至保护对象距离/m	安全振速/cm·s^{-1}	振动速度/cm·s^{-1}
码头桩	14	25	13.9	16	3.88
坞墩	14	25	5.55	20	18.50
坞底板	14	25	9.978	20	6.83
水泵房	14	25	15.46	20	3.24
坞门槛花岗岩贴面	14	25	17.09	5	2.73

通过安全校核可知，围堰爆破时不会对周边保护对象产生安全影响。

5.2　爆破水中冲击波

5.2.1　水中冲击波对码头安全控制标准

为保护水下炸礁时水中冲击波对管桩码头的安全，有必要考虑水击波对管桩的影响，根据《水利水电工程爆破技术规范》（DL/T 5135—2013），水击波压力计算公式如下：

$$p = 52.7\frac{Q^{1/3}}{R},\ Q = (0.57R)^3 \tag{2}$$

式中　p——冲击波压力。为确保管桩码头安全，考虑保险系数，此处取管桩C60混凝土强度30 MPa；

R——药包中心到测点的距离，m；

Q——药包质量，kg。

表4为水中冲击波对管桩不同距离单响最大药量计算表。

表4　水击波对管桩不同距离单响最大药量计算

距离 R/m	5	7	9	11	13	15	17	19
单响药量 Q/kg	23.1	63.5	135.0	246.5	406.9	625.0	909.8	1270.2

另外，在管桩码头与围堰爆破区之间设置气泡帷幕，该措施进一步削减水击波对管桩的威胁。

5.2.2　水中冲击波对人员、船舶的安全允许距离

围堰岩坎爆破及水下炸礁爆破时，根据《爆破安全规程》（GB 6722—2014），水中冲击波安全距离遵守下列规定：

（1）在水深不大于30 m的水域内进行水下爆破，当一次爆破总药量小于

1000 kg时，水中冲击波的安全允许距离见表5。

表5　对人员和施工船舶水中冲击波安全允许距离

保护对象	炸药量≤50 kg	炸药量50~200 kg	炸药量200~1000 kg
游泳/m	500	700	1100
潜水/m	600	900	1400
客船/m	1500	1500	1500
木船/m	100	150	250
铁船/m	70	100	150

（2）当一次爆破总药量大于1000 kg，对人员和施工船舶的水中冲击波安全允许距离可按下式计算。

$$R = K_0 \times Q^{1/3} \tag{3}$$

式中　R——水中冲击波的最小安全允许距离，m；

Q——一次起爆的炸药量，kg；

K_0——系数，按表6选取。

表6　K_0值

装药条件	保护人员		保护施工船舶	
	游泳	潜水	木船	铁船
钻孔或药室装药	130	160	25	15

围堰岩坎爆破（一次爆破总药量50000 kg）及水下炸礁爆破（一次爆破总药量2000 kg）时，水中冲击波的最小安全允许距离按表7确定。

表7　水中冲击波安全允许距离

爆破类型	炸药量/kg	人员及船舶状况/m			
		游泳	潜水	木船	铁船
水下炸礁	2000	1638	2016	315	189
围堰岩坎爆破	50000	4789	5894	921	552

5.3　爆破飞石

一般认为水下爆破的飞石安全距离比陆上爆破小，理由是有水的覆盖，爆破块石不可能飞得很远。这种论点是片面的。

水下爆破飞石产生的原因主要有以下三点：

（1）炮孔填塞长度不够，导致石块从钻孔的上部冲出。

（2）炮孔周围的碎石没有清理干净，一旦发生抵抗线过大，迫使炸药能量向上释放，将孔口的碎石向上冲出。

（3）没有临空面或补偿空间过小，导致炸药破碎石块后的能量不能向临空面方向释放，从而向上释放，也会产生飞石。

爆破过程中个别飞石的计算，采用如下公式：

$$R_{\mathrm{f}} = \frac{40}{2.54}D \tag{4}$$

式中　R_{f}——个别飞石最小距离，m；

D——炮孔直径，cm。

深孔爆破时：$D=14$ cm，$R_{\mathrm{f}}=181$ m；$D=14$ cm，$R_{\mathrm{f}}=220$ m。

5.4　爆破动水压力

本工程起爆时全坞充水，应注意动水压力影响。鉴于目前《爆破安全规程》（GB 6722—2014）爆破动水压力对坞门的校核内容缺乏，参照《工程爆破》期刊中《水下爆炸作用时动水压力的实测与计算》对动水压力公式，来评估动水压力影响：

$$P = b_0 + b_1\sqrt{h} + b_2\frac{1}{R} + b_3W^{\frac{1}{3}} \tag{5}$$

式中　P——动水压力，MPa；

b_0——回归系数，取 $b_0=-0.152$；

b_1——回归系数，取 $b_1=0.037$；

b_2——回归系数，取 $b_2=5.917$；

b_3——回归系数，取 $b_3=0.013$；

h——水深，取 $h=10$ m；

R——与坞门的距离，取 $R=290$ m；

W——单段起爆最大药量，取 $W=344$ kg。

计算得最大动水压力 $P=0.0764$ kg/cm^2 $=0.008$ MPa，远小于类似工程资料坞门抗压强度 0.2 MPa，即符合安全要求。

6　爆破施工

6.1　超长缓倾斜孔钻孔技术及精度控制

超长缓倾斜孔是指孔深大于 30 m 的炮孔。超长缓倾斜孔在围堰内侧作业，在临水坡面不规则，地质条件较差的条件下，钻孔难度较大，会出现渗水，掉碴现象影响成孔率，成孔率将直接影响爆破效果和工程进度。

6.1.1　超长缓倾斜孔钻孔施工步骤

超长缓倾斜孔钻孔施工步骤技包括：钻机平台修建、钻机架设、对位、钻孔、下套管及钻孔保护等内容。

6.1.2　钻孔作业平台修建

以往拆除爆破工程中，最常见的钻孔作业平台是以搭设钢管脚手架来设置，然而本工程中的钻孔作业平台往往高达 10 m，履带式液压潜孔钻机自重大、钻孔过程振动大，不利于作业平台稳定，易引起安全事故；若采用钢结构液压作业平台，虽然稳定性有保障，但施工后即废弃，安装拆卸成本过高。

因此，采用“循环垫碴钻孔作业平台”，即采用挖掘机就地利用边坡修整后的废弃石碴铺垫，经层层铺设与碾实后，可以确保安全稳固且经济合理。该方式既可以钻孔前一次将石碴垫至最高，自上而下钻孔，随着钻孔高度的降低进行石碴外运，钻孔和出碴平行作业；还可以自下而上进行，每钻好两排炮孔后垫一次碴，针对钻孔部位可以采用水平方向翻碴移设平台和竖直方向垫碴、出碴等环节同步循环作业。

公司在诸多基岩船坞围堰拆除爆破实践中发现，上部基岩或浆砌块石挡墙自身厚度较薄，经过长时间海水潮汐作用的冲刷破碎带十分发育，极易产生透水孔；从上向下钻孔时，上部炮孔的涌水对下方施工造成很大影响，因此一般采用自下而上的“循环垫碴钻孔作业平台”，如图 10~图 12 所示。

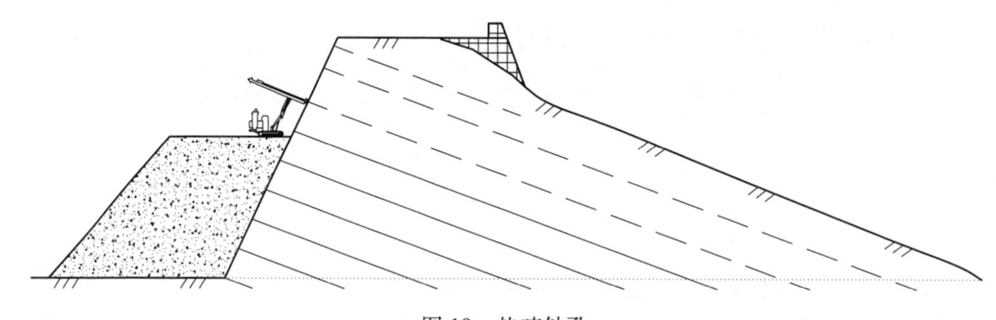

图 10　垫碴钻孔

6.1.3　钻机施工步骤及要领

钻机架设三要素为：钻机要“稳”、对位要“准”、钻杆要“正”。

钻机“稳”是指钻机在平台上要摆平，停放稳定，不能因钻孔冲击产生位移或沉降；对位“准”是指每个孔位要用全站仪定为并用红油漆标在基岩上，并保证在点位上开孔；钻杆“正”是指钻杆要垂直于钻孔工作面、不上下偏移。保证钻孔方向符合设计要求。

钻孔是保证爆破效果和安全的关键工序，应高度重视。钻孔的操作要领：控制轴压、保风压、顶着打、吹净碴；能顺利排碴；软岩慢打、硬岩快打。每钻完一孔立即吹净孔内残碴并下套管，以防止泥沙涌入，孔壁岩石脱落造成孔内堵塞影响套管安装。

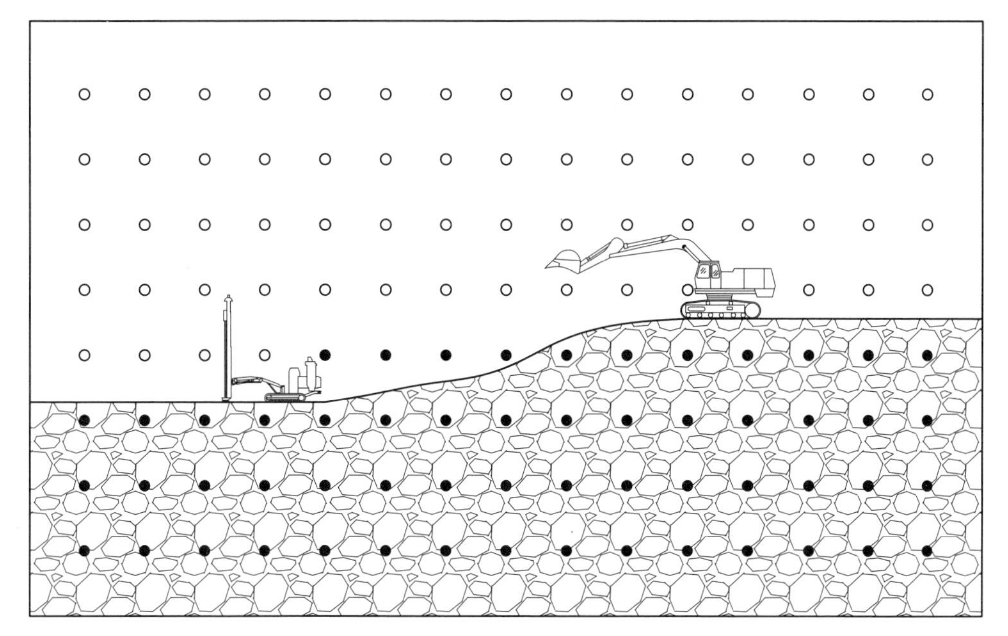

图 11　自下而上循环垫碴钻孔

○—设计孔位；●—成孔

图 12　垫碴钻孔现场

控制轴压是保证钻杆平直的重要手段。由于超长缓倾斜孔长度较大，当轴压过大时，钻杆会产生扭曲变形，造成钻孔方向偏移或卡钻，直接影响钻孔质量和成功率；风压过小不仅影响钻孔速度而且供风量将变小，会出现排碴不畅造成卡钻；顶着打即利用气缸使钻头盯着岩体，单轴压不能太大；吹净碴，超深条件下应随时手钻将石碴吹净，使孔壁光滑，孔内无残碴以利于套管安装。

钻孔后应做好炮孔保护工作，以保证装药工作顺利进行。保护炮孔最主要措施是做好套管的安装工作，套管材料可选取适当长度（如 4 m）的硬质 PVC 管，一般套管直径应小于钻孔直径 20 mm 以上。套管安装方法，先将一端封好的 PVC 管推入孔中，末端预留 50~60 cm，将等径接头内侧涂抹 PVC 胶水后套在预留端，其长度为接头长度一半，再将下节 PVC 管套进等径接头推入孔中。以此类推，将套管对到孔底，孔口预留长度 1.0 m 左右，并用棉布或编织袋扎好，用防水胶带封死。孔口套管周围用竹片或木片填塞牢固，防止套管外移。

在钻孔工作结束后，对所有的炮孔进行再一次检查验收，并绘制成图。验收的内容包括孔深、倾角、方向，对边孔的最大抵抗线和最小抵抗线进行验算，对堵孔、卡孔记录在案，便于装药前的清孔施工。

6.2　围堰内充水施工方案

本工程因采用全坞充水方案，充水量极大，为了提高效率，采用自流充水方案，利用爆前预装药、联网、防护结束后 2~3 天完成充水（图 13）。

图 13　全坞充水实况

6.3　安全防护

6.3.1　安全防护总体布局

从确保爆破防护效果、减少防护工程量、节约成本、减轻水下防护施工难度，加快安全防护施工速度的角度出发，提出对不同防护部位采用不同的防护方法，其防护部位分为：

（1）坞门防护。

（2）坞墩、坞顶及坞底板防护。

（3）水泵房坞墩进、出水口防护。

（4）花岗岩贴面防护。同时，为消减水中冲击波在防护体与爆源之间设两道气泡帷幕。

防护实景如图 14 所示，总体防护布局安全防护平面图与断面，如图 15 所示。

图 14 防护实景（Ⅰ）

6.3.2 气泡帷幕防护水击波

充水爆破时为减弱水中冲击波对坞体危害，尤其是对坞门或花岗岩贴面的破坏，除控制齐次起爆药量，对坞体进行安全防护外，在坞门或花岗岩贴面前 3 m 和 1 m 处设两道气泡帷幕。在直径 48 mm 的软管上钻直径约为 1.5 mm 两排孔（孔间距 50 mm）。充水前将软管铺设在水底设计位置，充水后用空压机供风，每台空压机供给气泡帷幕软管的长度不超过 30 m。有效地降低了水中爆炸冲击波强度。

图 15　防护实景（Ⅱ）

6.3.3　坞门防护

坞内坞门距离爆破区 290 m 以上，因爆破时坞内充水，为确保坞门安全，围堰爆破拆除前仍须将坞门用缆绳定位，并将坞门内充满水，另外由业主单位在爆破前安装橡胶护舷。

6.3.4　坞墩、坞顶及坞底板防护

采用大面积整体挂设竹笆，辅以轮胎和沙袋加强防护。

6.3.5　水泵房坞墩进、出水口防护

对水泵房的顶部镂空部位先用枕木覆盖，再在上面加盖双层竹笆，其余部位直接用竹笆覆盖，主要防止承台及浆砌块石爆破时产生的飞石。防护范围长度为 15 m，宽度为整个坞墩顶部。

水泵房进水口位置有箅子板的，直接在上面覆盖一层沙袋；进水口位置没有箅子板的，先在出水口位置铺一层槽钢，槽钢应完全覆盖出水口，槽钢用铁丝绑紧，槽钢上再覆盖一层沙袋。在围堰上靠近船坞一侧，联网完成后覆盖一层竹笆即可。

在水泵房出水口挂 5 mm 厚钢板，再挂单层轮胎，最外层为一层脚手片；水泵房顶部覆盖搭设钢管架加毛竹片。

6.3.6　花岗岩贴面安全防护

开门爆破时，花岗岩贴面防护是防护重点和难点。此处安全防护必须确保防护措施的有效性，即能确保花岗岩贴面不受损；另外，因爆后门槛花岗岩贴面区域全部靠潜水员在水下人工清碴，安全防护还必须考虑爆后清碴快速简单。坞墩花岗岩立面采用双层轮胎加双层竹排防护，竹排和轮胎用尼龙绳或钢丝绳悬挂，悬挂轮胎的底部用沙袋悬垂并固定。坞门槛立面防护采用双层轮胎加竹排。坞门槛正面（上部）采用钢板压碎石料进行保护。坞门槛内侧水沟表面竹笆防护。

7　爆破效果与监测成果

舟山金海船业有限公司——2号船坞围堰拆除爆破工程历时50余天的夜以继日、团结奋战，于2019年4月23日7时18分爆破成功实施，实际钻孔数量为464个，总钻米数为8100 m，炸药用量为40 t，高精度抗水雷管2063发。

爆堆呈现“中间高、两边低”的堆积形态，起爆点的堆积高度最高，高出围堰顶高程2~3 m；在相对较大倾角的超长缓倾斜孔与堰内高充水位的双重作用下，大量爆碴主要堆积在围堰原始位置靠外，出露石碴块度小且破碎均匀。

高充水位爆破极大地降低了飞散物及扬尘的产生，仅有少量小石块散落于爆区50 m范围内的码头、坞墩处；坞内涌浪较大，浪高约0.6~1 m，坞内漂浮的坞门有较大晃动；船坞内的海水沿着爆堆两端“反向溃坝”处裹挟部分爆碴流出。

经第三方检测：各保护对象均未发现损伤；在水下清碴结束后，业主与第三方测绘单位对坞前底板进行了扫海测量，成果表明无根坎或浅点，开挖底标高均已到达设计要求，无需进行二次水下炸礁，爆破取得圆满成功。爆破前后实景照片，如图16、图17所示。

图16　爆破前

图 17　爆破后

8　经验与体会

（1）本工程中基岩船坞围堰较以往类似工程，具有天然形成的大“宽厚比”特点，导致其拆除与清理面积和工程量大大增加。为了保障关键工期节点，安全高效、高质量地确保船坞按时进船投产，摆脱以往成熟经验限制，借助“天然宽厚”的不利因素提出了“人为宽厚”的围堰拆除爆破“一次成型”总体设计思路与原则。

（2）依据“宽厚型”基岩围堰地貌形态特点，将常规缓倾斜孔优化改进，形成“超长缓倾斜孔爆破设计与施工工艺”，使常规炸礁区纳入一次起爆中得以实现的同时，通过精细测量、精准施工、孔口快速堵漏、临水破碎岩层装药把控等创新技术工艺，来弥补缓倾斜孔的劣势，确保钻孔精度、成孔率以及装药顺利到位；通过调整炮孔倾角与炮孔密集度来避免底标高的根底与浅点产生，为“一次成型”提供有力保障。

（3）高充水位爆破与全面安全防护的设计与应用，在人为增加一次拆除爆破方量与较大起爆总药量的工况下，有效控制了各类爆破有害效应的影响；高充水位对减少坞内冲碴与爆堆堆积位置发挥了有益作用，有利于爆后快速清碴以及船坞按期进船投产。

工程获奖情况介绍

“宽厚型基岩船坞围堰一次成型拆除爆破技术优化及应用”获浙江省爆破行业协会科学技术进步奖一等奖（2021 年）。“基岩船坞围堰拆除爆破超长缓倾斜孔钻孔装药施工工法”获部级工法（中国爆破行业协会，2020 年）。获得实用新型专利 1 项、发表论文 1 篇。

水下混凝土预应力管桩水压爆破拆除施工

工程名称：舟山中船重工船业有限公司船台前沿联络桥拆除工程
工程地点：舟山市定海区白泉镇
完成单位：浙江省第一水电建设集团股份有限公司
完成时间：2012年2月7日~25日
项目主持人及参加人员：李益南　李鲁杭　董涵斌　李　勇
撰 稿 人：李鲁杭

1　工程概况

舟山中船重工船业有限公司船台工程建设已基本完成，联络桥是钢筋混凝土梁板结构，已机械拆除，留下127根直径600 mm，壁厚13 cm的预制AB形管桩（混凝土预应力管桩）。管桩桩长45 m；桩底标高-43 m；桩顶标高2 m。管桩高潮时淹没水下0.5 m左右，低潮时露出水面2.5 m左右。管桩口部0.4 m以下被机械拆除的混凝土碎碴所覆盖。管桩成排布置，每排5根桩，桩距2.5 m×2.5 m，部分为2.5 m×5.0 m，如图1所示。

图1　低潮位时的管桩群

1.1　拆除要求

（1）-8 m以上的直径600 mm管桩炸碎至便于挖泥船施工的碎块，管桩爆破长度为10 m。

（2）直径600 mm预制管桩爆炸后底部钢筋需炸断、上部混凝土碎块与钢筋分开，便于切割。管桩群东面50 m为船台的钢结构坞门；西面为大海；南、北两侧没有建筑物。爆破周围条件较好。管桩内径34 cm，管内充满海水且管身位于水中，选用水中水压爆破法拆除。

1.2　工程要求

（1）-8 m以上的直径600 mm预制管桩炸到便于挖泥船施工的碎块。管桩爆破长度约10 m（包括1 m超深）。

（2）直径600 mm预制管桩爆炸后底部钢筋需炸断，上部混凝土碎块与钢筋分开，便于切割。

1.3　工程规模及工期

127根直径600 mm，壁厚13 cm的预制AB形管桩（混凝土预应力管桩）爆破拆除。施工工期2天。

1.4　爆区周边环境情况

管桩群东面50 m为船台的钢结构坞门；西面为大海；南、北两侧没有建筑物。爆破环境条件较好。

2　工程特点、难点

管桩高潮时淹没水下0.5 m左右，低潮时露出水面2.5 m左右。管桩口部0.4 m以下被机械拆除的混凝土碎碴所覆盖。管桩成排布置，每排5根桩，桩距2.5 m×2.5 m，部分2.5 m×5.0 m。

工期仅2天，因管桩高潮位时淹没水下，故需候潮作业。如何在工期紧张的情况下，保证施工进度与质量，确保爆破施工的安全与效果。

3　爆破方案

3.1　设计原则

（1）投入成本低，操作简易、设备常用。

（2）减少水下人工作业时间和机械拆除高强度混凝土潜水作业。

（3）节省水下钢筋切割施工，采用机械水下收集钢筋。

3.2 方案设计

预制混凝土管桩强度，为便于运输、安装及承受较在荷载的要求，目前一般均采用不少于C80、抗弯承载力强度达到4.0~10.0 MPa的高强度混凝土预应力管桩。这给后续的拆除工作提出了更高要求，对于处于潮水位以下的拆除作业采用传统的机械割除方法拆除高抗压、抗拉、抗弯强度的建筑物显然更为困难、复杂。

水面以上部分可采用机械或爆破拆除，水面以下部分有如下几种拆除方案：

（1）水下机械割除。

（2）传统爆破法。

（3）水压爆破拆除等方案。

由于需拆除的管桩离建筑物的距离（管桩群东面50 m为船台的钢结构坞门；西面为大海；南、北两侧没有建筑物）等现场周围环境、海洋环境、管桩强度等因素综合考虑，该处爆破条件较好且由于管桩内径内充满了海水，最终决定采用水压爆破法方案。

4 爆 破 参 数

4.1 参数计算

根据以上水中水压爆破、高强混凝土钢筋空心管桩及本船坞栈桥所处爆破环境条件计算参数如下：

（1）参照“工程爆破实用手册”，选用“水平断面面积法”计算公式：

$$Q = fA \tag{1}$$

式中 Q——计算装药量，kg；

f——系数，钢筋混凝土取f=0.3~0.35；

A——直径600 mm预制管桩断面积A=3.14×(0.32−0.172)=0.192 m^2。

计算得：Q=0.192×(0.3+0.35)/2=0.062 kg。

（2）根据简化的冲量准则公式：

$$Q = K(K_2\delta)1.6R^{1.4} \tag{2}$$

式中 Q——计算装药量，kg；

K——爆破破碎系数，与结构物材质、强度、破碎程度、碎块飞掷距离等有关的系数，取K=11；

K_2——构筑物内半径R和壁厚δ的比值有关的坚固性系数，K_2=0.69(δ/

R)+0.95=1.478；

δ——构筑物壁厚，$\delta=0.13$ m；

R——构筑物内半径，$R=0.17$ m。

计算得：$Q=K(K_2\delta)1.6R^{1.4}=11\times(1.478\times0.13)1.6\times0.17^{1.4}=0.066$ kg。

（3）考虑构筑物截面面积的药量计算公式（适用用小截面、普通混凝土管状构筑物）：

$$Q=C\pi D\delta \tag{3}$$

式中 Q——计算装药量，g；

D——壁子外径，$D=60$ cm；

δ——管壁厚度，$\delta=13$ cm；

C——装药系数，$C=0.04\sim0.05$ g/cm^2。

计算得：$Q=C\pi D\delta=0.05\times3.142\times60\times13/1000=0.123$ kg。

4.2　爆破参数选用

根据以上三个计算公式计算所得结果，直径 600 mm 普通混凝土管桩单位长度药量为 0.123 kg，但由于上述所述工程为直径 600 mm 高强度混凝土预应力水中管桩拆除，根据爆破条件再作如下调整：

（1）应考虑水中水压爆破特点，拟爆破拆除的管桩不仅管内充满海水，管外也是无限水域的海水，因此爆破药量需较陆上理论计算药量增加 15%~20%的药量。

（2）因预制管桩混凝土强度等级往往在 C80 以上，属于高强度混凝土构筑物，相对于普通 C25 钢筋混凝土，其构筑物破坏的极限抗拉强度、在混凝土中的弹性纵波传播速度均不相同，因此需根据拟拆除构筑物本身的结构材料条件做出调整：

C25 混凝土轴心抗拉强度为 1.78 MPa，弹性纵波的传播速度为 3.5 m/s；

C80 混凝土轴心抗拉强度为 3.11 MPa，弹性纵波的传播速度为 4.25 m/s；

则调整系数 $K_t=(3.11/4.25)\div(1.78/3.5)=1.439$。

（3）综合上述两项考虑因素，直径 600 mm 高强度混凝土管桩单位长度药量为：

$Q_{修}=0.123\times(1+15\%)\times1.439=204$ g，取 200 g/m 装药。

（4）因管桩位于海平面以下，采用潜水员水下机械割除钢筋困难，可采取底部设置加强集中药包将钢筋直接炸断的措施，根据以往施工经验，药量增加 6~7 倍，则底部炸药量为：

$Q_{底}=200\times6=1200$ g，因此在计划拆除部位底部设置 1.0 kg 的集中药包即可将混凝土破碎、钢筋炸断。

5　爆破安全设计

5.1　爆破振动计算

爆破地震波的计算公式：

$$v = K(Q^{1/3}/R)^{\alpha}$$

得

$$Q = R^3(v/K)^{3/\alpha} \tag{4}$$

式中　v——质点振速，cm/s；

Q——最大单段药量，kg；

R——爆心距，m；

K——与岩石性质有关的爆破系数，取150；

α——与岩石和爆破方式有关的爆破作用指数，取1.5。

根据一般水工建（构）筑物的设计要求，结合水运工程爆破技术规范，参照有关类似工程，对于距离最近的船台坞门，取其允许最大振动速度为7 cm/s。表1为不同距离允许最大一次齐爆药量。

表1　不同距离允许最大一次齐爆药量

距离/m	20	30	40	50	60
允许最大单段药量/kg	17.4	58.8	139.3	272	470

本工程距离保护建筑物60 m，结合拟拆除管桩的布置情况，最大一次单段药量拟按保护建筑物20 m考虑即控制起爆药量17.4 kg。起爆时采用延时爆破网路，孔间同段，排间孔外毫秒延时接力，以确保坞门与岸坡及其他建筑物的安全。

5.2　爆破飞石控制

由于采用水下水压爆破，炸药不直接接触管桩壁且位于水中，水深超过6 m可以不考虑飞石，本项目警戒距离确定为100 m。周围环境及爆破警戒如图2所示。

6　爆 破 施 工

6.1　方案审批

（1）根据国家对爆破拆除的规定，组织相关单位和专家进行专家审查，对爆破设计进行安全评估，并根据审查意见继续补充和完善爆破施工方案和警戒方案。

（2）完善后的方案报施工单位的技术负责人签字，并报监理单位、建设单

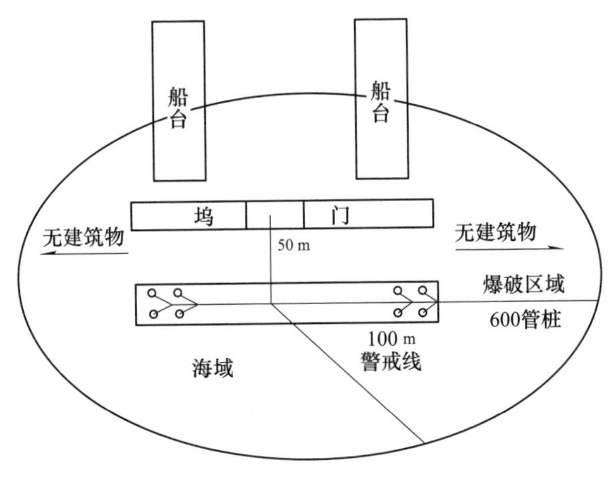

图 2　周围环境及爆破警戒

位审批。

（3）及时向当地公安、海事、渔业等部门汇报，联系交通管制等事宜，相关部门全部审批后方可实施。

6.2　物资准备

按照相关程序采购所需爆破器材，按规定运输至现场时间，做好防护材料、爆破拆除施工机具、通信、警戒所需机具设备和现场拆除施工所需的生产和生活临时设施修建。

6.3　现场清理

对已机械拆除的管桩顶部进行必要清理，清理管桩内部的废碴，保证爆破器材能按爆破设计方案进行布置。拆除现场潮水监测、防潮措施的安排。

6.4　爆破试验

正式爆破实施前，对 1~2 根具有代表性的管桩，根据爆破设计方案进行试爆，确定和调整合理的爆破参数，为爆破工作顺利进行提供依据。

采用连续装药布置，单位用药量为 200 g/m，底部设置一个 1 kg 药包。每根桩装药量 9×0. 2+1＝2. 8 kg(靠近口部 1 m 不装药)。

加工后的长条形药包绑扎在毛竹条上，用两根导爆索连接出孔口，低潮时悬挂于管桩中。

采用导爆雷管起爆网路，孔间两根导爆索连接；考虑冲击波波速远大于导爆管的传播速度，为防止先爆药对后爆药包的影响，段间均采用 3 段毫秒延期雷管连接，最大起爆药量为 11. 2 kg，如图 3 所示。

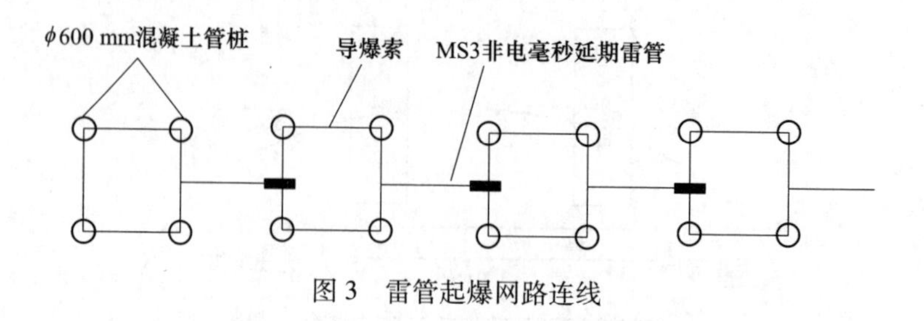

图3　雷管起爆网路连线

6.5　施工工法

采用抗水乳化炸药，充满水的管桩中间悬挂连续装药，利用水中爆炸产生的水中冲击波使管桩产生位移、引起应力、应变，直至裂缝，并在爆炸形成的高压脉动气泡作用产生二次振荡破坏，残压水流又对碎块起到抛掷，进而将桩体破除、粉碎、与钢筋分开；在设计要求拆除深度外超深1000～1500 mm，且底部设置集中加强药包，将桩体混凝土及其钢筋全部炸碎、炸断。图4为装药结构图。

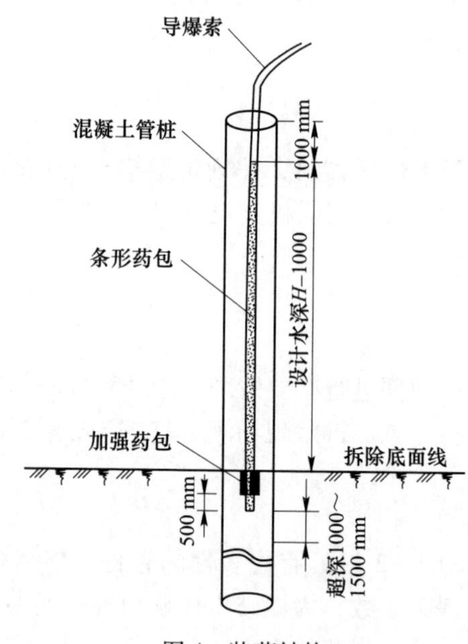

图4　装药结构

工艺流程：水中高强度预应力管桩水压爆破拆除施工流程为：

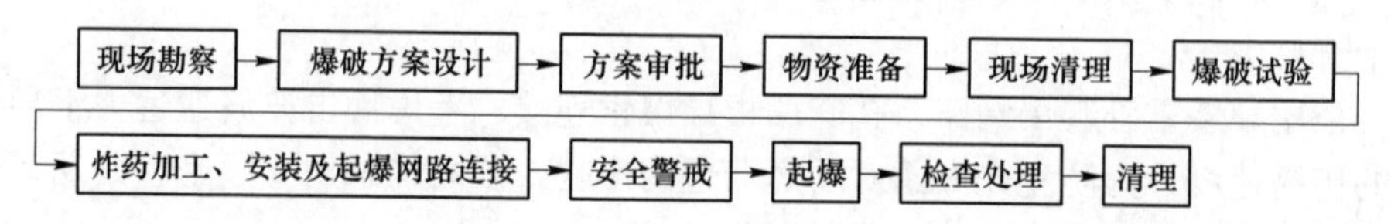

6.6　爆破安全警戒

爆破前由业主组织召开协调会，确定警戒范围及警戒方案，落实经济措施。会同各方协调好爆破的具体时间，并得到公安部门和海事部门的批准。

由业主、公安、海事、当地政府、施工单位联合成立爆破指挥部。

装药爆破前1~3天由爆破指挥部及公安部门联合发布爆破通告，张贴安民告示，明确警戒范围，警戒标志，音响信号和爆破作业时间等。提前做好宣传工作。业主向海事主管部门申请局部水域的交通管制时应与相关利益单位做好有关协调工作。

自爆破器材运至现场开始，对整个装药现场实行警戒，并凭胸牌出入现场，胸牌按各岗位及作业人员分类。

7　爆破效果

在围堰上部拆除采取落潮时作业，减少对海洋的污染，爆破检查无盲炮，无残留炸药对海洋造成污染。安全方面无飞石及振动超标给船厂设备、人员造成危害。爆破瞬间及爆破效果如图5、图6所示。

图5　爆破瞬间

8　经验与体会

（1）在进行爆破设计前首先要对施工现场再进一步调查、勘察，掌握一切可了解的信息。对拟拆除物的结构特征、主要尺寸、材质、混凝土或构件的性能批标等状况进行调查、检测，掌握拆除物最真实、准确的状况。

（2）对施工现场的周围环境进行详细调查、记录，如拆除物地点、拟拆除

图 6　爆破效果

物与永久建筑物的距离、拟拆除物的周围障碍物等覆盖情况、海（河）水位的高程及海洋潮汐规律等进行调查、永久建筑物的保护要求、沿线交通及其他设施的相关情况。

（3）调查拆除物的工程量大小，业主及项目上级部门对拆除爆破的要求，环境、渔业、航道等部门要求。

（4）拆除不需要钻孔且噪声小，也不需要排干水爆破，爆破设计技术性强。

（5）拆除速度快，爆破拆除前的技术及物资设备准备工作可与建筑物施工同步，桩体拆除现场作业时间只需数天工期即可完成，使建筑物尽早投入使用。

（6）不需要动力设备，雷管和炸药及附属器材消耗少，无粉尘产生，有毒气体少，飞石和冲击波非常容易控制，破碎均匀、效果好。

（7）已将该施工工艺申请水利水电工程建设工法证书，方案得到中国水利工程协会的认可。

工程获奖情况介绍

“水下混凝土劳管桩水压爆破拆除施工工法”获水利水电工程建设工法（中国水利工程协会，2012 年）。

610 m长船坞改扩建工程围堰爆破拆除技术

工程名称： 舟山新亚船厂有限公司2号船坞扩建围堰拆除爆破工程
工程地点： 浙江省舟山市普陀区六横镇
完成单位： 浙江凯磊建设有限公司
完成时间： 2019年3月1日~4月28日
项目主持人及参加人员： 张海平　邵友忠　姜晓伟　孙波艇　陈　光　乐沛沛　邵诗琪　章　栋
撰 稿 人： 张海平

1　工程概况

1.1　工程地质及爆破环境

改扩建船坞位于舟山市六横镇东浪咀，船厂始建于2002年，是目前国内船舶修理领域中最大的民营企业。拥有3个生产基地、10个泊位、4座船坞，海岸线长约3600 m。舟山群岛新区政府为减少台风危害，决定实施“六横镇无动力船舶防抗台安全避风池项目”，项目主要利用船厂现有的1号船坞（长369 m、宽54 m、深12.4 m）进行改扩建，建设一个长610 m、宽90.8 m、深12.4 m的避风池和配套堆场，建成后能同时容纳4艘20万吨船泊进入避风，达到平时一坞同时修多船，台风季节用于船舶防台的效果。

1号船坞改扩建围堰拆除爆破工程，位于船坞扩建后坞口。围堰由东、西两部分组成，西侧围堰由新建的钢管钢筋混凝土嵌岩桩、顶部纵横梁、水泥搅拌桩止水挡墙及底部岩坎组成。需拆除围堰结构部分总长70 m，宽10 m，深度至黄海标高-11.5 m。东侧围堰为改造前1号船坞宽度范围，利用原坞门（箱型钢结构）做挡水墙。

工程地质：岩土层上覆地层自上而下为第四系全新海相沉积的淤泥质黏性土，碎石以及残坡积的砂砾夹黏土等。岩体顶板为残坡及含碎石黏土和强风化含角砾玻屑（弱）熔结凝灰岩，平均厚3.00 m，熔结凝灰岩，块状构造。

拆除爆破周边环境：待拆除围堰东侧距原1号船坞坞墩约40 m。东南为原2号船坞坞口，西南为新扩建船坞坞口，围堰内侧一排桩距坞门底板外缘水平距离2.15 m。西南侧围堰紧靠新建坞墩及新建海上作业平台。距水泵房约38 m。围堰西侧距 2 号码头约 50 m。围堰北侧为大海，如图 1 所示。

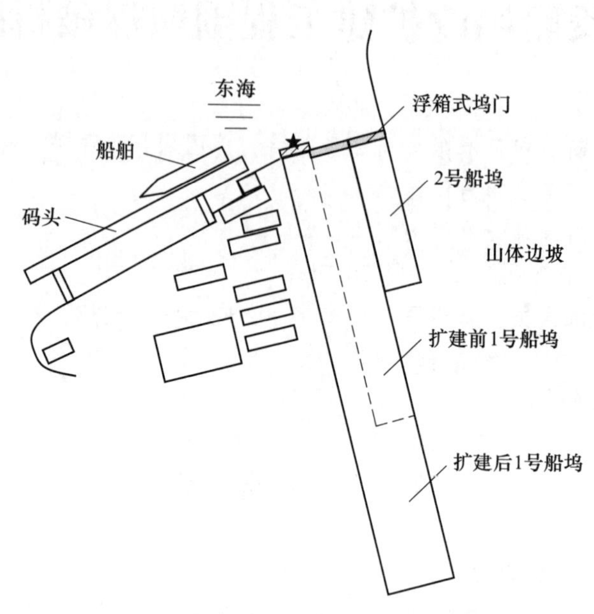

图 1　爆破区域周边环境

★—围堰爆破位置；□—仓库和车间

1.2　爆破范围及工程量

（1）围堰顶部联系梁。桩基顶部采用钢筋混凝土纵横梁连接。纵梁断面为 1.5 m×1.5 m 和 1.5 m×1.8 m 两种规格，配主筋 ϕ22～25 mm，总长约 200 m。横梁断面为 1.8 m×1.8 m，配主筋 ϕ22～25 mm，配筋率均小于 1%，总长约 140 m。其混凝土标号为 C35，保护层厚 70 mm，梁顶标高为+2.0 m，需爆破纵横梁总量约 1000 m^3。

（2）混凝土嵌岩灌注桩：需拆除围堰区域桩基共 86 根，约 1300 m^3。桩基直径 ϕ1000 mm 的 14 根，ϕ1200 mm 的 72 根，长度 10～16 m（部分几根达到 17～19 m），桩基入岩深度为 3～4 m，混凝土为 C40，主筋由 26～28 根 ϕ32 mm 钢筋组成，螺旋筋为 ϕ10@200，箍筋 ϕ25@2000，螺旋筋、箍筋和主筋采用焊接，每根桩身外包 6 mm 厚钢护筒，桩身保护层厚 70 mm。单根桩基最大质量达到 57 t（水下质量约 36 t）。

（3）混凝土搅拌桩止水挡墙：围堰内侧经过填土后，再用水泥做搅拌，形成土质、水泥搅拌止水挡墙，强度相当于混凝土 C10，挡墙净宽约 4.0 m，高度 7～11 m，底部与基岩连接，长度约 75 m，需拆除量约为 2400 m^2。

（4）基岩爆破区域：坞口按设计要求开挖至-9.5 m 标高，需爆破基岩约 400 m^2，为了止水墙充分解体，围堰能彻底倒塌，其开挖标高为-15.0~-5.8 m，开挖面积约 400 m^2，基岩爆破方量约 1500 m^3。

（5）围堰外侧：10 m 内淤泥开挖至-10 m 标高，开挖量约 2400 m^3。

待拆除围堰结构及坞口平面如图 2 所示。

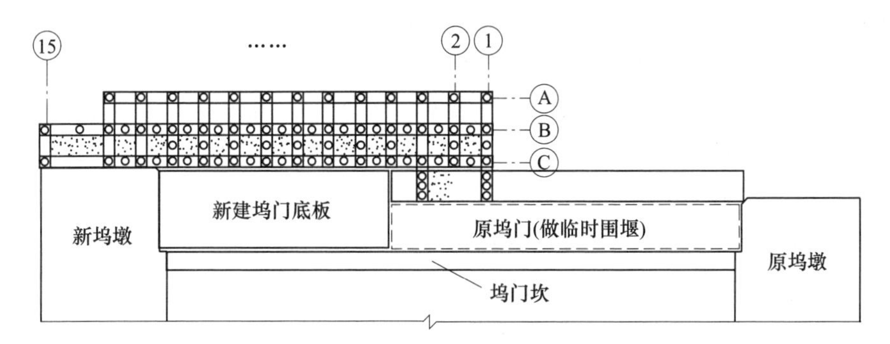

图 2　待拆除围堰结构及坞口平面

（阴影区域为水泥搅拌桩）

2　爆破方案

2.1　工程特点及难点分析

2.1.1　围堰拆除地质资料不详

基岩面标高、桩基嵌岩深度及淤泥层厚度只能参考施工单位打桩记录所得，没有详细的钻探资料及扫海地形图。

2.1.2　爆区周边环境复杂

围堰内侧桩基离新建坞口及原坞口底板外边缘只有 1.15 m，西南侧围堰 11~15 轴线段，紧靠新建坞墩及新建海上作业平台，特别是新建坞门处于扩建后的船坞内。爆破既要使得整体围堰中桩基顶部与联系梁及止水挡墙充分解体，便于清理打捞，又要对爆破振动、水流、涌浪、飞散物和水击波等有害效应实施严格控制，确保附近新建平台、坞墩、坞口底板、水泵房、新建船坞坞门及原船坞的结构等设施不受破坏。

2.1.3　围堰结构复杂

围堰组成结构复杂，主体结构由嵌岩桩，桩顶联系梁，水泥搅拌桩挡水墙组成，嵌岩桩外包 6 mm 钢护筒，水泥搅拌桩挡水墙两侧设 10 mm 钢板墙。

2.1.4 预处理工程量大

（1）因联系梁钢筋很密，无法对桩基实施钻孔，每个桩基在钻孔前，要对联系梁进行取芯成孔，且联系梁高度在 1.5~1.8 m，所以取芯成孔难度很大。

（2）嵌岩桩外包 6 mm 钢护筒，爆破前必须沿桩基轴线对钢护筒实施水下破口切割。

（3）即使实施了围堰底部整体基岩爆破，但爆破后需实施水下桩基（主要是围堰内侧部分桩基）钢筋切割及钢护筒切割，围堰东、西侧桩基由于紧挨保护体，爆后如无法起吊，则要实施水下切割。

（4）B~C 轴中部（挡水墙内）夹有 9 根 1200 mm 灌注桩，无法实施水下钢护筒切割，桩基爆破破碎难度大。

2.1.5 爆破网路连接复杂、爆破器材质量要求高

因爆破区周边环境复杂，爆体分散，爆破时须严格控制单段起爆药量，需孔内分段，采用逐孔接力式起爆网路才能满足单响药量控制要求；钢筋混凝土联系梁断面大、钢筋密，布孔多，联系梁与桩基连接、搅拌桩止水挡墙与桩基及两侧钢板之间、底部斜孔与桩基垂直孔底部交叉，造成复杂的延时起爆网路；围堰爆破拆除，一旦出现盲炮很难处理，必须采用高精度、高质量的雷管、炸药等爆破器材和可靠的爆破网路，确保万无一失。

2.1.6 爆破安全防护成本高

爆破前需对坞墩、坞底板、水泵房、水上平台等离爆区较近设施进行严密防护。为防止水流和涌浪的破坏，对坞内新建的坞门必须采取缆绳固定措施。

2.1.7 施工工期紧、强度大

爆破施工及坞口水下清理、清碴、水下桩基吊装及部分桩基切割工期只有 3 个月，而且坞口开挖及坞口混凝土施工交叉施工 1 个月时间。

2.2 方案的比较与选择

根据待拆除围堰的特点难点、结合周边环境条件的综合考虑方案选择，图 3 是笔者多年来总结的船坞围堰爆破设计施工方案选择和施工流程，经过十几年的类似工程检验，用于方案比选，具有非常好的效果。

2.2.1 爆破前的预处理

（1）为了达到梁与桩基顶部充分解体目的，对桩基顶部以下 1.5 m 处钢护筒进行预切割处理，消除钢护筒对该段桩基爆破的夹制力。

（2）桩基打孔需经联系梁，由于联系梁主筋密布，钻机打孔无法穿越，该段成孔采用取芯方案，切割主筋预成孔后，再用潜孔钻机钻孔。

（3）对围堰内侧非结构性钢结构进行预拆除，包括桩基钢护筒、挡水墙外侧

图3　船坞围堰拆除爆破设计施工流程

钢板。围堰西侧B、C轴的42号、43号、45号、47号及东侧紧挨老坞门的75号桩基底部不爆破，后期采取水下切割处理。70号、74号桩基在爆破前实施预处理。每根桩基及钢板设置浮标，便于后期桩基打捞等工作。

2.2.2　爆破时船坞内是否充水的比选

是否充水优缺点比较见表1。

表1 爆破时船坞内是否充水的优缺点比较

优缺点	坞内充水	坞内不充水
优点	（1）能减少动水压力的危害，减少船坞内的冲击物，大大降低对老坞门及坞内新坞门的冲击破坏，节约坞内清理时间；（2）船坞放水后，船坞稳定性加强，部分联系梁的钢筋连接可以得到有效的处理	爆破危害只考虑飞石及振动的影响，爆破网路的可靠性好，并对爆破器材的要求降低，施工难度相对小，可减少工程费用
缺点	（1）海水会影响爆破网路的可靠性，并对爆破器材的抗水性能要求较高，会增加工程费用；（2）会产生爆破水中冲击波在水介质中传播，水击波有较强的破坏力，并与爆破地震波叠加，对附近需保护的建（构筑物）破坏程度加大，由于船坞底板、坞墩及西侧水上平台很近，爆破难度增大	（1）即使爆破时间选择在低潮位爆破，爆破后还是会产生较大的动水压力，海水瞬时涌入坞内，对坞口设施容易发生动水冲击破坏，并引起老坞门及坞内新坞门快速移动，冲击坞体，对船坞造成次生危害；（2）大量爆炸物冲入坞内，增加坞口的清理工作量及难度，相应延长关坞门时间，坞口防护也相应需增强。该船坞陆上没有出坞通道，坞内清碴难度大

综合分析、比较，设计选择低潮位，船坞内充水起爆的爆破方案。

2.2.3 围堰外淤泥清除

爆破前挖泥船对距围堰外部10 m范围内实施清淤至-10.0 m，可有效减少桩基爆后整体吊装的难度。

2.2.4 爆破方案

本工程采用“竖孔和斜孔结合、坞内充水、低潮位一次性起爆的方案”。采用竖向浅孔爆破使梁与桩解体分离，采用竖向深孔爆破使桩基底部松动和破碎止水挡墙，采用倾斜深孔爆破处理水下岩坎。为减小爆破振动影响以及桩底和岩坎爆破时爆破漏斗对坞口可能产生的破坏，在围堰岩坎与坞体之间设置预裂爆破孔。爆破后采用起重船吊装桩基和破碎效果不佳的联系梁，部分不能爆破的桩基采用水下切割后起吊。采用长臂挖掘机和挖泥船清理水下岩块和淤泥。

围堰体爆破联系梁采用ϕ42 mm孔径，打垂直孔，孔深1.2~1.5 m。桩基及挡水墙采用ϕ90 mm，孔深6~9 m。底部岩坎爆破范围为B~C轴及2~12轴区域，采用ϕ115 mm，斜孔布置3~4排孔，孔底标高至-15.0 m。为降低围堰拆除爆破振动对船坞底板、坞墩及水上平台、水泵房等构筑物的影响，在坞底板外沿与围堰内侧之间设置预裂孔，长度约52 m，预裂孔间距0.8 m，孔径ϕ115 mm，深度5 m。

3　爆破参数及起爆网路

3.1　爆破参数设计

3.1.1　联系梁拆除爆破参数

联系梁为钢筋混凝土结构采用浅孔爆破拆除，ϕ42 mm 的孔径，药卷采用 ϕ32 mm 二号岩石乳化炸药。为了钢筋与混凝土解体充分、梁与桩基钢筋得到分离，以便于后步清理中钢筋回收方便，爆破设计参数中考虑在不同部位设加密孔、分散装药爆破方案。爆破参数和纵横梁炮孔布置见表 2 和如图 4 所示。

表 2　纵横梁和挡水墙爆破参数

位置	规格 /m	孔距 /m	排距 /m	孔深 /m	单孔药量 /kg	填塞长度 /m	总药量 /kg
纵梁	1. 5×1. 5	0. 83	0. 35	1. 20	0. 6	0. 6	1357. 2
	1. 5×1. 8	0. 83	0. 40	1. 50	0. 8	0. 7	
横梁	1. 8×1. 8	0. 83	0. 40	1. 50	0. 8	0. 7	
挡水墙	—	0. 83	—	1. 00	0. 6	0. 4	

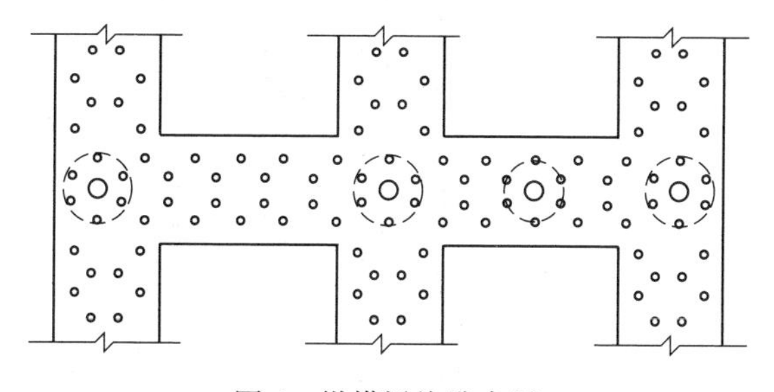

图 4　纵横梁炮孔布置

3.1.2　桩基拆除爆破参数

桩基采取顶部与联系梁分离，底部松动爆破，后期水下拔吊的施工方案，其中有 8 根因离保护目标太近，底部不爆破，后期采取水下切割处理。

3.1.2.1　钻孔及钢护筒处理

桩基钻孔直径为 ϕ90 mm，垂直钻孔到底至桩基底部基岩，上部从联系梁底部开始向下 1. 5 m，切割桩基钢护筒。

3.1.2.2　装药

A 轴、B 轴及 C 轴东侧的未布置倾斜钻孔部位，底部装药 12 kg(30 根

360 kg)。其余布置倾斜钻孔部位及止水墙内桩底部装药 5 kg(56 根 250 kg)，填塞至联系梁底部 1.5 m 处。桩顶部再装药，ϕ1000 mm 桩装药 2 kg（14 根28 kg)，ϕ1200 mm 桩装药 3 kg（72 根 216 kg)，然后再填塞 1.5～1.8 m。桩基装药量 1476 kg。

3.1.3 搅拌桩止水墙爆破参数

水泥搅拌桩止水挡墙钻孔直径 90 mm，炮孔倾角 90°，炮孔孔距 2.5 m，炮孔排距 1.9 m。炮孔底部高程应控制在-9.0 m 内，随围堰底部岩坎斜孔及基岩坡面情况而变化，炮孔深度 8～11 m。填塞长度 2.5 m。采用 ϕ70 mm 乳化炸药，线装药密度 3.85 kg/m。搅拌桩止水墙炮孔为 30 个孔，总药量 762 kg。

3.1.4 围堰底部岩坎爆破参数

主爆孔采用倾斜钻孔，孔径 ϕ115 mm，倾角取围堰外水下基岩坡面的平均角度，钻孔倾角为 25°～56°，炮孔布置矩形。孔距 2.5 m，排距 2.0 m（孔底最大距离)，炮孔底部高程控制在-16 m 内，炮孔长度随围堰底部基岩坡面情况和排数而变化。采用 ϕ90 mm 岩石乳化炸药，线装药密度 7 kg/m。底部岩坎爆破装药量 870 kg，如图 5 所示。

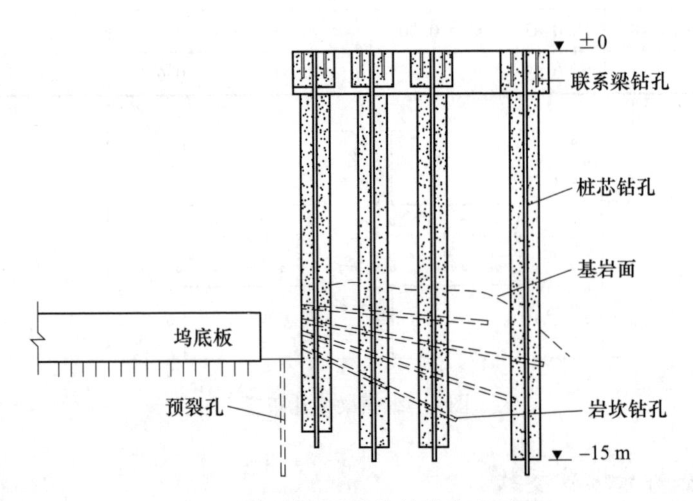

图 5 围堰管桩及岩坎钻孔典型断面

3.1.5 预裂孔爆破参数

为减小爆破振动影响以及桩底和岩坎爆破时爆破漏斗对坞口可能产生的破坏，在围堰岩坎与坞体之间设置预裂爆破孔，距离坞门底板外沿水平距离大于 0.8 m。预裂爆破参数：倾角 90°，孔径 ϕ115 mm，孔距 0.8 m，线装药密度 0.5 kg/m，孔底标高-16.0 m。预裂爆破装药量 130 kg。

3.2　爆破网路设计

3.2.1　爆破器材

本工程选用乳化炸药，高精度毫秒导爆管雷管及防水导爆索。

（1）围堰拆除爆破，对爆破器材的抗水、耐压性能均有较高要求，根据舟山地区类似工程经验，炸药生产厂家可以定做有塑料防水外壳，带螺旋接口的药卷，能够满足工程施工要求。

（2）围堰拆除爆破，一旦出现失误，很难补救，技术方案必须确保安全可靠。为提高爆破网路的传爆可靠度，围堰爆破时孔内选用奥瑞凯（ORIKA）EXCEL长延时非电雷管，孔间、排间延时采用奥瑞凯（ORIKA）EXCEL地表延时非电雷管。该雷管的特点是延时精度高、防水性能好，与传统非电雷管相比具有较高的安全性和可靠性。

（3）爆破器材的防水试验：选择不小于10 m水深的位置，将本次爆破所使用的炸药和导爆管雷管等放入其中。浸水时间不小于围堰爆破装药在水中浸泡时间，随后拿出观测并在类似水深中起爆，试验结果应保证炸药爆轰正常。

3.2.2　爆破网路

根据类似工程施工经验，该围堰爆破采用围堰东端向西端单向传爆，按爆破对象的不同，依次为纵横梁、桩基结构、止水墙结构及围堰底部毫秒延时爆破。考虑爆破地震波、水击波等有害效应的影响，单次起爆药量受到限制，纵横梁、桩基按纵轴线分区分段多孔捆绑，止水墙及岩坎分段逐孔起爆，起爆顺序由东向西，先纵横梁后止水墙最后底部岩坎爆破。

在爆破过程中，借助于高精度雷管的准确延时，通过孔内雷管与地表雷管的合理时间组合，使炮孔由起爆点按顺序依次起爆，每个炮孔的起爆都是相对独立的，当相邻炮孔的延时选取合理时，相邻炮孔间的矿岩在移动过程中会发生相互碰撞挤压，使岩石进一步破碎，从而保证了较好的破碎效果，也降低了爆破有害效应。

起爆网路联接形式：炮孔内一律装奥瑞凯（ORIKA）EXCEL长延时高精度电雷管，延时时间600 ms。各爆破孔起爆雷管具体布置为：

（1）纵横梁每孔装1个起爆体。

（2）桩基松动爆破，每个需爆破的桩基顶部和底部各装一个起爆体，比纵横梁延后一段起爆。

（3）止水墙及岩坎每孔装2个起爆体。

（4）孔间（或区段）延时采用奥瑞凯（ORIKA）EXCEL42 ms地表延时雷管。

（5）排间（或区域）延时采用奥瑞凯（ORIKA）EXCEL 65 ms地表延时

雷管。

（6）对岩砍爆破的网路实施固定保护，以防坞内放水时对网路的冲击破坏。

（7）预裂爆破网路，根据周边保护对象的振动控制标准要求，采用分组分段起爆，各组之间则分别用导爆管毫秒雷管接力传爆，接入主爆破网。

（8）整个网路连接完毕，最后绑扎两发电雷管，用导线引至起爆站，用高能起爆器起爆。围堰爆破起爆网路，如图6所示。

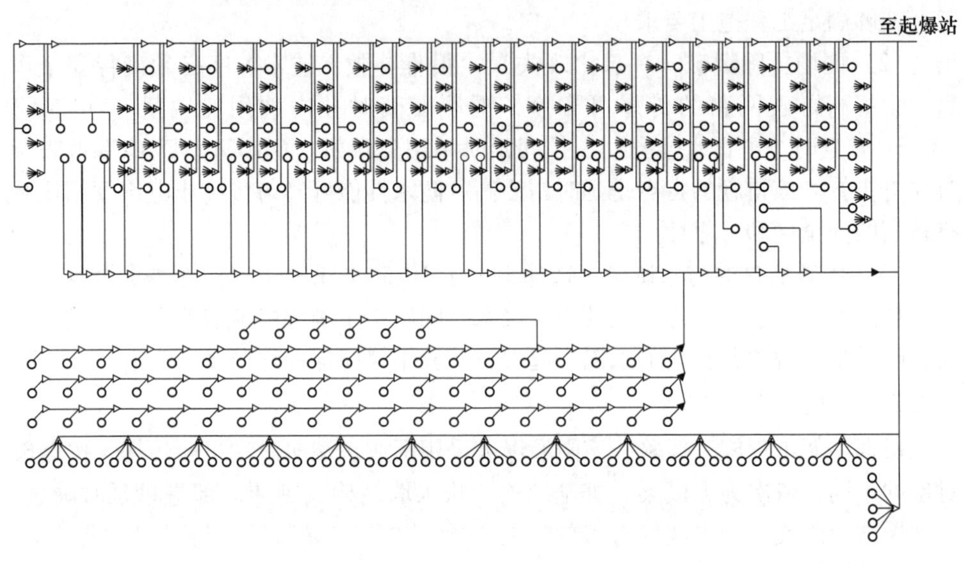

图6　围堰爆破起爆网路

▷42 ms；▶65 ms；⊳9 ms

4　爆破安全

4.1　爆破有害效应的安全校核

4.1.1　爆破振动

船坞围堰拆除（包括水下岩坎爆破）过程中，主要保护对象是距38 m的新建水泵房、50 m的码头、2.15 m的坞门底板和40m的西侧坞墩。

爆破振动安全阈值的设定：参考类似工程经验水泵房和码头选择5 cm/s，坞门底板和坞墩选择20 cm/s。

选用《爆破安全规程》（GB 6722—2014）推荐的预测公式：

$$v = K(Q^{1/3}/R)^{\alpha} \tag{1}$$

式中　v——质点最大振动速度，cm/s；

K，α——与爆区地形地质有关的系数和衰减系数，参照舟山海域类似工程，对于水泵房和码头分别取 70 和 1.8，对于坞底板和坞墩分别取 55 和 1.7。

除第①排桩基底部装药爆破振动略超阈值外，其余满足要求。经过讨论，认为坞墩和坞底板属于大体积钢筋混凝土，计算值略大于阈值不会有大的破坏性影响。

纵横梁由于处在悬空爆破位置，其爆破振动通过桩基传入底部岩坎后再实施传播，相应的爆破振动对坞口的设施影响很小，振动预测与监测见表 3 和表 4。

表 3　爆破振动预测

保护对象名称	距离/m	最大单段药量/kg	安全阈值/$cm\cdot s^{-1}$	预测值/$cm\cdot s^{-1}$	备注
新建水泵房	38	24	5	0.87	岩坎典型炮孔装药中心距离
码头	50	21		0.51	选挡水墙单孔起爆最大药量
坞墩及坞底板	6.15	24	20	15.18	岩坎典型炮孔装药中心距离
	6.50	21		12.81	止水墙炮孔装药中心距离
	3.0	5		21.15	第一排桩基底部装药中心距离

表 4　爆破振动监测

编号	位置	径向/$cm\cdot s^{-1}$	切向/$cm\cdot s^{-1}$	竖直向/$cm\cdot s^{-1}$	爆心距/m	仪器型号
1	坞口西侧坞墩前沿	21.822	34.795	35.224	2	NUBOX-8016 测振范围：0.0047~35 cm/s 4.5~500 Hz
2	坞口西侧码头前沿	2.605	4.601	9.379	18	
3	水泵房上部出入口	6.968	4.174	3.816	42	

监测结果显示有部分测点数据超过设置的阈值，但从爆破后现场检查和船厂半年多的运行看，没有对周边结构造成破坏。

4.1.2　爆破水击波

水击波主要考虑桩基底部爆破、止水墙爆破和岩坎爆破对水下设施坞墩和坞底板的影响。

预测公式采用 Kirkwood 公式：

$$P_m = 52.7(Q^{1/3}/R) \tag{2}$$

式中　P_m——水击波峰值压力，MPa；

Q——最大单段药量，kg；

R——药包中心到保护对象距离，m。

水击波预测结果见表 5。

表 5　爆破水击波预测

编号	位置	最大单段药量/kg	爆心距/m	水击波/MPa	备注
1	桩基底部	5	3.5	25.75	
2	止水墙	21	6.5	22.37	
3	岩坎	24	6.5	23.39	

水下钻孔爆破，水中冲击波的峰值压力将大大降低，约为水中爆炸的10%～15%。

坞墩、坞口底板混凝土为重力式结构整体，其C30混凝土抗压强度30 MPa，均远大于最大冲击波计算压力，符合安全要求。

4.1.3　爆破飞散物

爆破飞散物主要来自纵横梁爆破时的混凝土碎块。钢护筒桩大多在水下，且上部有纵横梁。岩坎部位爆破时水深较大，不会产生飞石。根据《爆破安全规程》（GB 6722—2014）规定浅孔爆破安全距离不小于300 m，设置陆上警戒范围设置为300 m。海上警戒区对船只警戒范围为500 m，对人员警戒范围确定为1000 m。

4.2　保护对象的安全防护

（1）坞墩的保护措施。考虑到坞墩水上部分紧挨纵横梁爆破体，坞墩侧面（朝向围堰水上部分）采取挂竹排防护。

（2）水泵房的保护措施。在水泵箅子板上（进水口）覆盖5 mm厚铁板，同时加盖沙包。

（3）船坞坞门底板保护。为防止围堰爆破体倾倒后砸向坞口底板，同时考虑后期清淤方便，在围堰爆破拆除前，对新建坞门底板进行防护，采用第①层按1.5 m×1.5 m点式放置沙包，第②层放置6 mm厚钢板与点式沙包上，最后在钢板上满堆压0.5 m厚沙包。钢板上应预先设置吊钩及浮标，以便后期打捞。

（4）爆破网路保护措施。围堰上部炮孔孔口是爆破最易产生飞石的位置，对整个爆破网路威胁较大。在防护施工时，特别注意对爆破网路的保护，围堰炮孔孔口可用竹排和沙袋覆盖。围堰底部岩坎爆破的网路拉至水面进行统一连接，并设置固定架子放置线路。

5　爆破效果与结语

5.1　爆破效果

2019年4月28日13：58起爆。爆破后，围堰上部纵横梁与钢护筒连接处以及纵横梁钢筋和混凝土分离效果明显，打捞清碴完毕，坞门顺利关闭。爆破效果，如图 7 所示。

图 7　爆破前后效果对照

5.2　结语

（1）爆破振动监测显示个别数据超过设定的安全阈值，但未见坞口设施破坏。该类爆破有待进一步积累数据，以便将来设定更加合理的爆破振动安全阈值。

（2）此船坞围堰属于老船坞扩建改造工程中的临时挡水构筑物，在国内已经报道的船坞围堰爆破拆除过程中非常少见。本工程的成功实施拓展了拆除爆破在各类围堰拆除工程中的应用。

（3）但是本次爆破因某些原因没有进行水击波监测，非常可惜。新旧两个钢结构坞门分别在坞口和坞内，为水击波观测提供了非常好的工况条件。

工程获奖情况介绍

“舟山六横镇无动力船舶防抗台安全避风池项目 1 号船坞围堰爆破拆除工程”获浙江省爆破行业协会科学技术进步奖一等奖（2021 年）。

第三部分

特种爆破及废旧炮弹销毁

TEZHONG BAOPO
JI FEIJIU PAODAN XIAOHUI

复杂环境下高温炉瘤爆破

工程名称： 衢州元立金属制品有限公司厂区高炉炉瘤爆破
工程地点： 衢州元立金属制品有限公司厂区
完成单位： 浙江利化爆破工程有限公司
完成时间： 2014 年至今
项目主持人及参加人员： 汪艮忠　周　珉　胡伟武　徐克青　胡汪靖　黄焕明　华德鹏　朱振振
撰 稿 人： 胡汪靖

1　工　程　概　况

1.1　概述

衢州元立金属制品有限公司现有五座炼铁高炉（含出铁口），编号 1~5 号高炉（其中两座 450 m^3 高炉、两座 600 m^2 高炉和一座 1050 m^3）。在冶炼及烧结过程中，由于炉料的质量不符合标准和操作技术上的原因，在各种炉膛、炉口常常会沉积产生炉瘤（高温凝结物）。高温凝结物会减少炉膛的有效容积，堵塞炉口、通风口而影响产量，甚至会损坏炉膛和造成炉口无法出料、通风，需及时进行清除。

处理高温凝结物通常采用人工硾击法、重油氧气烧熔法和爆破法。前两种方法的施工工期长，体力劳动强度大，成本高，安全性差。目前一般采用爆破法，其优点是施工进度快、工期短、成本低，安全性较好，对生产影响较小。

1.2　高温凝结物结构及成分

衢州元立金属制品有限公司涉及高温凝结物的设备有：

（1）五座高炉（炼铁炉，含出铁口），编号 1~5 号高炉（其中两座450 m^3 高炉、两座 600 m^2 高炉和一座 1050 m^3）。

（2）两座石灰炉（编号 1~2 号）。

（3）五座转炉。

上述几种炉类型中最容易产生炉瘤及清理频率最高的是炼铁高炉（含出铁口）。

待清理炼铁高炉均为近几年新建，炉高 35 m，外部直径 ϕ8.9 m，炉壁厚

65 cm，容积为450 m^3，高炉炉瘤结构如图1所示。由于在冶炼过程中，因炉料的质量、炉壁的损伤程度及操作技术等原因会在高炉炉膛中产生（图1）的高温凝结物，即炉瘤。

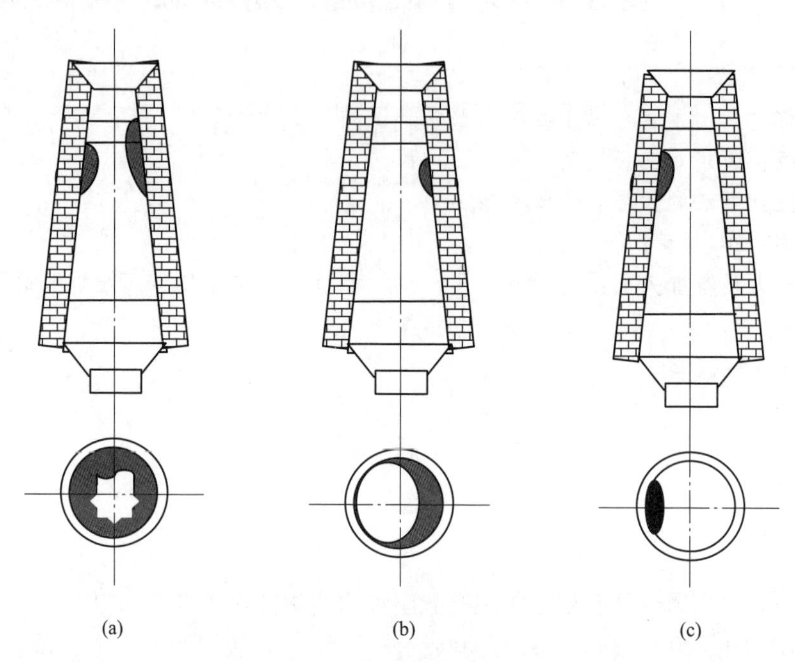

图1　高炉炉瘤结构

（a）环状炉瘤；（b）半环状炉瘤；（c）单侧块状炉瘤

所谓炉瘤，是指高炉在炼铁过程中，贴附在炉壁上的焦炭、矿石和金属之类的残碴凝结在一起的固态物质。炉瘤通常产生在距炉腰以上1~3 m的地方，其形状有环状、半环状和单侧块状，炉瘤的厚度一般在1~1.5 m之间，高温凝结物的温度往往高达800~1000 ℃。具有很强的韧性，较难爆。

1.3　待清除高温凝结物周边环境

炉瘤清除是在高炉的炉膛中进行，因此，爆破清除时，必须要充分考虑到高炉炉膛的安全，确保炉膛不因爆破而被破坏。同时由于高炉是在厂区内，周围管线密布，应采取有效措施保护仪器仪表、人员的安全。

1.3.1　高炉周边环境

五座高炉分布在厂区中部及东北部，其中1~4号高炉位于厂区中部。5号高炉位于厂区东北部（图2）。具体环境如下。

1.3.1.1　1号高炉

1号高炉北侧 20 m 为 4 座并排热风炉（编号 1~4 号），各热风炉相距

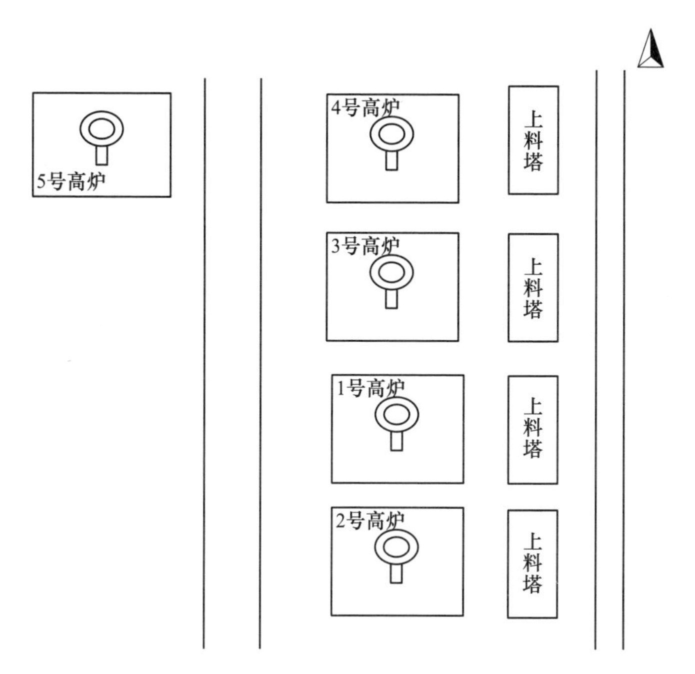

图 2　5 座高炉平面布置图

3 m，热风炉再往北 26 m 为厂区 6 号路（路宽 12 m），西侧 100 m 为 2 号高炉，东侧 80 m 为 3 号高炉，南侧 90 m 为 5 号路。其周围还有其他各类管道、建筑、设施等直接、间接相连或相邻。

1.3.1.2　2 号高炉

2 号高炉北侧 20 m 为 4 座并排热风炉（编号 4 ~ 8 号），各热风炉相距 3 m，热风炉再往北 26 m 为厂区 6 号路（路宽 12 m），西侧 110 m 为厂区 3 号路，东侧 100 m 为 1 号高炉，南侧 90 m 为 5 号路。其周围还有其他各类管道、建筑、设施等直接、间接相连或相邻。

1.3.1.3　3 号高炉

3 号高炉北侧 20 m 为 3 座并排热风炉（编号 9 ~ 11 号），各热风炉相距 3 m，热风炉再往北 26 m 为厂区 6 号路（路宽 12 m），西侧 80 m 为 3 号高炉，东侧 100 m 为 4 号高炉，南侧 90 m 为 5 号路。其周围还有其他各类管道、建筑、设施等直接、间接相连或相邻。

1.3.1.4　4 号高炉

4 号高炉北侧 20 m 为 3 座并排热风炉（编号 12 ~ 14 号），各热风炉相距 3 m，热风炉再往北 26 m 为厂区 6 号路（路宽 12 m），西侧 100 m 为 3 号高炉，东侧 120 m 为厂区联络道，南侧 90 m 为 5 号路。其周围还有其他各类管道、建筑、设施等直接、间接相连或相邻。

1.3.1.5 5号高炉

5号高炉东侧偏北26 m为3座并排热风炉（编号15~17号），各热风炉相距3 m，东侧偏南26 m为TRT配电室及厂房，西侧与厂区联络道相邻，北侧为厂区围墙，南侧4 m为5号主控楼、50 m为厂区7号路。其周围还有其他各类管道、建筑、设施等直接、间接相连或相邻。

1.3.2 石灰窑周边环境

两座石灰窑（编号1~2号）位于厂区西南角，由西向东并排排列，炉间间距21 m。

（1）1号石灰窑北侧50 m为厂区2号路，西侧35 m为石灰厂办公楼，南侧31 m为进入石灰窑的联络道，西侧21 m为2号石灰窑。南侧约35 m为废钢铁堆积棚。其周围均与其他各类建筑、设施等直接、间接相连或相邻。

（2）2号石灰窑北侧50 m为厂区2号路，东侧21 m为1号石灰窑，南侧31 m为进入石灰窑的联络道，东侧20 m为检修房，南侧约35 m为废钢铁堆积棚。其周围均与其他各类建筑、设施等直接、间接相连或相邻。

1.3.3 转炉周边环境

五座转炉（炼钢炉，编号1~5号）均分布在厂区西部的炼钢厂厂房内，由北向南排成一列，跨度约300 m，其中1号转炉与2号转炉相距20 m，2号转炉与3号转炉相距230 m，3号转炉与4号转炉相距20 m，4号转炉与5号转炉相距20 m。其周围均与其他各类建筑、设施等直接、间接相连或相邻。

2 工程特点、难点

（1）工程周边环境复杂，涉及工作人员、施工人员和辅助人员多。

（2）待爆物体为高温凝结物，对普通的爆破材料难以确保安全起爆，必须对爆破材料采取可靠的耐高温措施，并且要精确计算起爆延时时间，确保爆破作业人员安全和顺利起爆。

（3）爆破次数多，要求必须有统一、严密的指挥和协调，确保爆破工作有条不紊地进行。

（4）要精准计算每次爆破的炸药量，确保高炉炉膛的安全。

3 爆破方案选择

采用表面糊炮法和钻孔爆破法相结合进行炉内高温凝结物清除。

方案一：钻孔爆破法。即确定炉瘤部位（精确测量炉瘤的高低和方位），根据炉瘤的大小、形状在高炉的外部相对位置进行布孔和钻孔作业或采用氧气吹孔法直接在高温凝结物上吹烧水平炮孔（利于铁水流出），然后装药爆破。

方案二：表面糊炮法。即打开高炉上部的两个检修口，将事先加工好的炸药包采取滑轨方式、利用铁丝和钢管（滑道）控制药包摆放到合适位置，进行起爆。

以上两种爆破方案除都涉及起爆时间的精确控制，方案一由于在炉体内部布有数量较多的冷却水管，给穿孔作业带来了较大难度，位置会受到一定的限制；方案二爆破效率较低，但是相对比较安全。

炉瘤爆破时间段的选择：

冷却时爆破，即等炉体温度降到正常温度，高炉完全熄火才可对炉瘤进行处理，这种类型影响生产，周期长，成本高，但安全性好。

高温时爆破，即利用检修设备的空档时间，进行炉瘤处理，这种处理方法，时间短，速度快，节约成本，基本不影响生产，但安全性较差，要求有较高的技术要求和防护措施。

综合上述，结合现场实际，通常采用在高温状态下，选用方案一或方案二进行炉瘤清除方法，也可选择方案一和方案二组合使用进行炉瘤清除。

4　爆破参数设计

4.1　炮孔爆破法

（1）孔网参数：首先用气焊把爆破部位的高炉表面的铁板护壁切割开（规格为 ϕ50 mm），然后用凿岩机在炉壁和炉瘤中钻孔（或采用氧气吹孔法直接在高温凝结物上吹烧水平炮孔），从检修口观测炉瘤高度和厚度，控制炮孔位置及深度。炮孔直径为 42 mm（完成钻孔后，高压水洗孔，确保能顺利装药），在炉瘤中的炮孔深度为炉瘤厚度的三分之二。

（2）装药量计算：炉瘤的单孔炸药量的计算公式为：

$$Q = q\left(\frac{2}{3}B - 0.1\right)^3 \tag{1}$$

式中　Q——单孔装药量，kg；

B——炉瘤厚度，m；

q——装药系数，一般取 2~3。

为了保证不损伤炉身的耐火砖衬砌，药包离炉身内壁的最小距离不得小于 10 cm。

（3）装药前应向高温凝结物表面泼水和向炮孔内注水，注水 10 min 进行冷却，然后测量孔底温度，药包应进行隔热处理，确保药包内温度不超过 80 ℃。

爆破前应先做隔热试验，将非电雷管用石棉布严密包裹放入炮孔内，如果雷管在 10 min 内仍未爆则为合格；否则应加厚石棉包裹，重新再做试验，直至合格方可施工。隔热药包制作如图 3 所示。

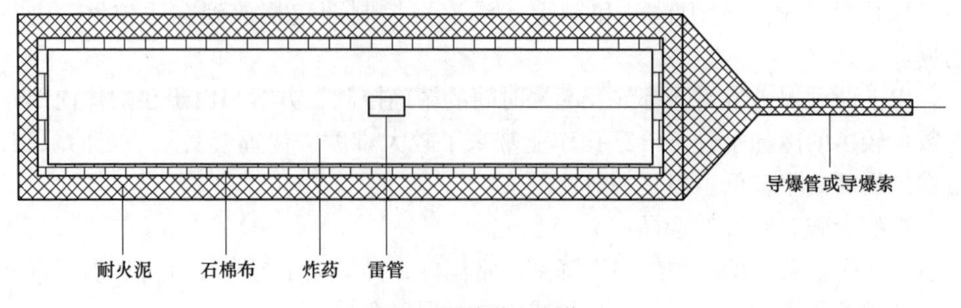

图 3　隔热药包制作

（4）装药人员装药时，在现场负责人指挥下装药，每人装药孔数为 1 个。爆破采用一孔或两孔一次起爆。装药时间不得超过 4 min。为缩短装药时间，炮孔采用非堵塞爆破。炮孔方向必要时提前做好防护措施。装药时人员必须在侧面，偏离炮孔所对方向。装药完成后迅速离开避炮。

（5）参数计算（表 1）。

表 1　爆破参数计算

序号	炉瘤厚度/cm（不含炉壁）	孔深/cm（不含炉壁）	装药长度/cm	装药量/kg
1	80	60	30	0.225
2	100	70	40	0.3
3	120	84	60	0.45

4.2　表面糊炮法

（1）爆前试验。表面糊炮的药包（不装雷管）加工完成后，进行试验，将药包用装药装置放置在指定炉瘤表面，施工人员避炮，当药包装置到位时试验人员开始计时，10 min 后拿出药包且打开药包，测量炸药温度，若温度不超过 80 ℃，则可以按此工艺施工，若超过 80 ℃，应加强耐温防护，加厚石棉及耐火泥，直至炸药温度低于 80 ℃，方可爆破施工。

（2）操作方法。表面糊炮施工方法是用事先加工好的直径 150 mm 左右的薄铁板制作的圆桶经过防高温处理后，由专人将一定数量的炸药和加工好的导爆索、起爆雷管装入其内，上部用耐火泥堵满（图 4）。药包摆放分为侧向放置和上方放置，即将药包利用特殊装置将其引入到事先确定好的爆破点，然后按起爆破器起爆，时间为 8~20 s。

其每次爆破药量一般视炉熘的大小（厚度）和离炉壁的距离，控制在 0.5~2.5 kg，具体要根据炉瘤的实际情况和现场施工经验确定。

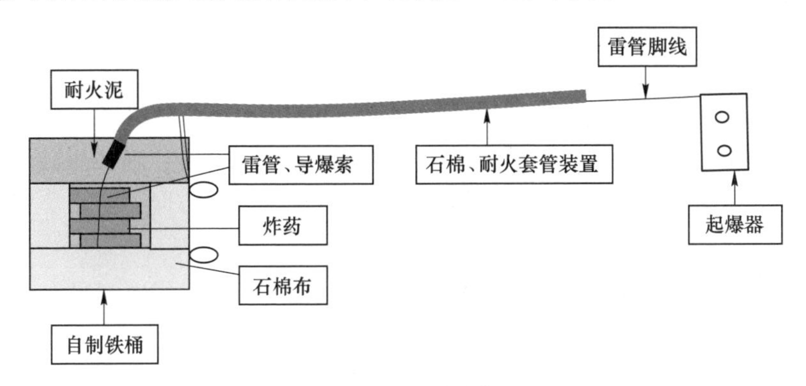

图 4　糊炮法爆破装置

4.3　爆破网路设计

4.3.1　操作时间

操作时间的设计主要考虑两个因素：一是确保有足够的放置药包和操作人员的避炮时间；二是要确保在该时间段内药包不因为炉内高温而造成药包自爆。装药到起爆的操作时间一般取 10 min 左右为宜。

4.3.2　起爆网路连接

无论采用表面糊炮法，还是采用钻孔爆破法爆破清除时，均应用双发雷管与导爆索相结合的起爆方法。因此，所需用的爆破器材包含乳化炸药药卷、导爆索、雷管（非电雷管或电子雷管）。非电雷管起爆网路采用“大把抓”与“四通”元件相结合的方法，电子雷管孔内设置延时起爆网路，爆区范围内采用母线并联的网路连接，连接好后再开始装药，装药过程中要有专人负责网路安全。待装药结束后，迅速撤离。

5　爆破安全设计

5.1　爆破有害效应校核

5.1.1　爆破有害效应校核

每次爆破的规模比较小，一般在 0.5~2.5 kg，且爆破在高炉内进行，因此，爆破振动对高炉影响不大。

5.1.2　个别飞散物的校核

个别飞散物安全允许距离的计算公式为：

$$R = 20n^2WK \tag{2}$$

式中　n——药包的爆破作用指数，取 $n=0.5$；

W——药包的最小抵抗线，取 $W=1$ m；

K——系数，取1.5。

计算得飞石距离 $R=7.5$ m。由于在高炉内进行爆破作业，所以爆破产生的飞石绝大部分是向炉内。人员应远离两个检查口方向和炮孔方向，防止个别飞散物飞出伤人。

5.1.3　爆破冲击波及噪声的校核

爆破空气冲击波安全距离按下式进行校核：

$$R = K_n Q^{1/2} \tag{3}$$

式中　Q——装药量，kg，取2.5 kg；

K_n——爆破作用指数，$K_n=1\sim2$，实取2；

R——空气冲击波最小安全距离，m。

经计算：$R=3.2$ m。爆破冲击波的危害距离极小。

爆破所产生的噪声较大，但是在炼铁厂区内，其噪声的危害可忽略不计。

5.2　安全措施

（1）降温措施。如果条件允许，应在停炉后采取大面积淋水、用鼓风机局部通风以及继续浇水的办法降低炉瘤表面温度。此外，还可对炮孔灌水降温。为改善钻孔、装药作业条件，可在炉瘤上铺盖湿麻袋和搭隔板，并随时对其洒水冷却。

（2）隔热药包的加工。装药爆破之前应对炮孔温度进行反复测量，依据实测数据确定隔热药包形式和隔热层的厚度。加工好的隔热药包应进行空载起爆耐热试验和微量炸药耐热试验，保证10 min内不出现自爆，以确保作业人员安全。

严格按照试验确定的隔热药包技术参数加工药包，炉瘤一般孔底温度最高，应特别注意药包尾部的填塞质量，如果药包底部是黄泥应避免其变干脱落。

（3）有毒气体测定。及时测定炉内有毒气体的浓度，如CO含量超过0.02%、NO含量超过0.005%，应加强通风，使之符合安全标准要求。

（4）钻孔人员防护。高温爆破劳动强度最大的是钻孔作业，施工过程中作业人员应穿戴耐高温服装、目镜和口罩等防护用品，防止作业过程中受到伤害。

（5）装药连线。多孔同时爆破时最好先将爆破网路连接好再开始装药，装药过程中要有专人负责网路安全。一次装药孔数要定量、定号，装药前应试探隔热药包是否能完全顺畅地装入炮孔。总指挥下达装药指令后方可进行装药，如超过许可的装药时间则应及时撤离放弃装药。

（6）警戒。装药前开始实施警戒，起爆后确认无拒爆时才能解除警戒。若有拒爆炮孔，药包一般会在30~45 min内自爆，所以1 h之后方可进入爆区检查处理。

（7）为保证不损坏炉壁内衬，必须严格控制单响药量。

（8）对爆破点附近的设施设备应采取必要的防护措施，并在装药前完成防护工作。

6 爆 破 施 工

6.1 爆破作业流程

高炉炉瘤爆破作业流程如图5所示。

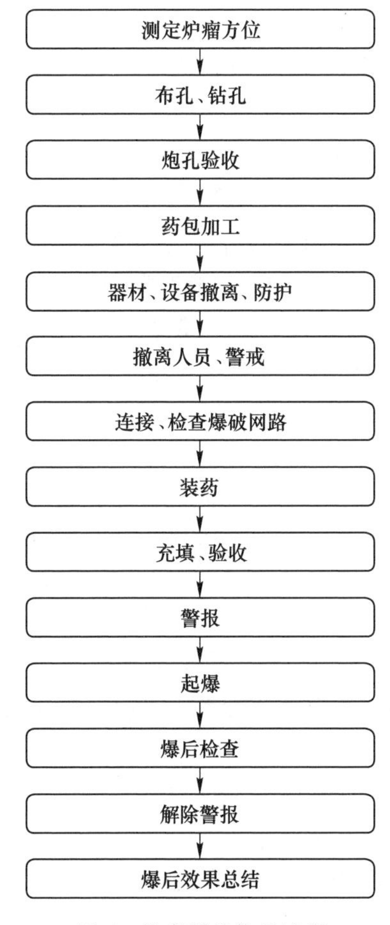

图5　炉瘤爆破作业流程

6.2 爆前准备

6.2.1 爆破器材准备

根据爆破量的情况，确定炸药和其他爆破器材的需求量。爆破器材的数量要留有充分的余地，避免因爆破器材不足影响工程进度。

6.2.2 辅助材料准备

主要有石棉布、耐高温胶带，耐高温套管、高温耐火泥、12~16号铁丝、装药罐、钢管、水等材料。

6.2.3 辅助工具

主要有剪刀、钢丝钳、电工刀等。

6.2.4 爆前降温、检测作业面有害气体浓度

由于被爆物体为800~1000 ℃的高温凝结物，非常坚硬，较难爆，同时为防止因高温引起炸药的自燃、自爆，因此，爆破前应对爆破体采取高压水降温措施，同时采用适当的措施降低高炉的温度至80 ℃，检测作业面有害气体的浓度。以提高爆破效果和安全性。

6.2.5 药包加工

（1）糊炮法爆破药包加工。在准备好的铁皮桶（装药罐）底部铺垫两层石棉布、石棉布上安放炸药，炸药采用雷管或导爆索引爆。安置好炸药、雷管后铁桶内其余空间采用耐火泥填充。非电雷管脚线采用耐高温套管和石棉布包裹，采用高温胶布绑扎，用铁丝辅助（防止雷管脚线被拉断）。

（2）炮孔法爆破药包加工。首先，用雷管和炸药制作成药包柱，然后先将制作好的药包柱用2 mm厚的石棉布包裹一层或用耐高温胶带捆绑，再在其外层包裹一层耐火泥（厚度由炮孔温度决定），确保药包内温度不超过80 ℃。连接起爆用的脚线或导爆索也用石棉布和耐火泥或石棉管进行隔热保护，保护长度应以能在高炉外进行网路连接为准。为装药方便，可在药包上固定一装药手柄，如果手柄为木质的则也要采取隔热措施。

6.3 安全警戒

具备装药条件后，现场提前撤离无关人员，各警戒点提前警戒，达到起爆条件时起爆。

6.4 网路连接、装药、填塞、起爆

警戒完成后，提前将起爆网路铺设至起爆站，并连接好各个起爆药包；装药人员再将制作完成起爆药包，迅速送入孔底，同时，填塞人员用长条形炮泥迅速

堵孔，并撤离至安全避炮点后，立即向起爆站汇报到达指定位置，指挥长下达起爆命令。

7　爆破效果

2014年施工至今，每次爆破均能安全顺利的完成炉内高温凝结物的清除，达到预期目标。

8　经　验

经验如下：

（1）高温爆破与一般的常规爆破在施工工序、爆破器材等方面不同，需要严格按操作流程才能确保施工安全。

（2）高温凝结物爆破非一般控制爆破，对现场爆破过程进行精细化、规范化和流程化管理是必不可少的，要杜绝一切人为因素导致的差错。爆破全过程应提前进行演练，确保施工安全。

（3）对于高温凝结物爆破药量的计算公式目前主要是以经验公式为主，由于高温凝结物组成成分的差异性导致与实际爆破药量有一定误差，药量计算公式需要进一步的总结与归纳，并根据工程实际情况进行适当调整。

工程获奖情况介绍

“氧吹法爆破解体高温金属凝结物施工工法”获部级工法（中国爆破行业协会，2020年）。

废旧炮弹爆破销毁实施方案

工程名称： 衢州市废旧炮弹销毁
工程地点： 衢州市衢江区上方镇大立村石矿
完成单位： 浙江利化爆破工程有限公司
完成时间： 2017 年 9 月
项目主持人及参加人员： 汪良忠　周　珉　胡伟武　徐克青　叶　进　华德鹏　朱振振
撰 稿 人： 周　珉

1　项 目 概 况

在社会建设及日常生产、生活中，经常有挖掘、打捞或收缴到的废旧炮弹，数量繁多，种类复杂，口径尺寸各不相同，需分类计算；安全距离、诱爆药量等也各不相同，而且废旧炮弹一般锈蚀比较严重，性能、结构和含药量难以准确判断。将这些收集的废旧炮弹放在危险物品仓库，数量会越积越多，存在重大安全隐患，对社会公共安全构成极大威胁，需要及时销毁。2016 年 7 月和 2017 年 5 月对衢州市收缴的废旧炮弹进行销毁，其中迫击炮炮弹 60 枚，炮弹尾翼 2 枚，自制鱼雷 556 枚、反坦克地雷 1 枚，手榴弹 62 枚，手雷 16 枚，穿甲弹 2 枚，航弹 1 枚（见表 1）进行了销毁，通过多次销毁废旧炮弹的实践经验，总结了销毁作业各环节的实施流程及方案，为今后类似销毁工作提供参考。

表 1　衢州市废旧炮弹规格

序号	物品名称	特　征
1	航弹	径约 12 cm，长约 60 cm
2	炮弹	弹径约 10 cm，长约 35 cm
3	手雷	弹体尺寸约 6 cm×7 cm
4	手榴弹	弹体尺寸约 6 cm×8 cm
5	穿甲弹	弹体尺寸约 6 cm×18 cm
6	穿甲弹	弹体尺寸约 10 cm×35 cm

2　销毁方案的确定

销毁方案的确定是销毁废旧炮弹工作的关键，方案设计不当会引起火灾、爆炸等事故，造成人员伤亡和财产损失。经鉴定拟销毁的废旧炮弹为非生化类，根据待销毁废旧炮弹的性质和销毁工作要求，为了彻底、安全的销毁废旧炮弹，决定实施坑内爆炸法销毁。开挖一定尺寸的爆破坑，用诱爆药包炸破弹壳，爆轰波引爆弹体内炸药，使其弹体完全破碎分裂，以达到销毁目的。该方法操作简单，销毁彻底。

3　销毁场地的选择

在销毁实施过程中，确定了正确有效的销毁方法，选择与其相适应的销毁地点显得尤为重要。销毁场地选择原则：一是交通便利，路况条件好，便于安全运输和组织施工；二是远离城镇、居民区、高压线等区域，选择人员、车辆、建（构）筑物和公共设施稀少，视野开阔的地方，便于安全警戒和人员撤离及炮烟和空气冲击波的消散；三是销毁坑选择合适的位置，便于安全防护及爆后检查。

根据以往的爆炸法销毁经验，不同销毁地点及各自的优缺点如下所述。

3.1　大型采石场内销毁

（1）优点：

1）场地较空旷，周边环境简单。

2）三面环山有效防止爆破冲击波、爆破振动、爆炸飞散物等有害效应。

3）易于实施安全警戒，防止无关人员进入。

4）销毁效果易检查。

5）利用原有的矿山道路，交通便利。

（2）缺点：

1）三面环山会造成声波、冲击波叠加，噪声较大。

2）路程相对较远，运输距离较远。

3）地面石质较硬易产生飞溅物。

3.2　废弃矿洞内销毁

（1）优点：

1）空间封闭易组织销毁。

2）易检查销毁是否彻底。

3）易实施安全警戒，防止无关人员进入。

4）有效防止爆炸飞散物的扩散。

（2）缺点：

1）产生较大的爆炸声响。

2）空间封闭不易消散炮烟及有毒有害气体，需较长的等待时间才能进入检查爆后效果。

3）爆破振动较大，冲击波、气浪较集中，洞口需加强安全警戒。

4）洞内照明设施较差，对组织施工和销毁检查有一定的影响。

5）不适宜大批量销毁。

6）有大量爆炸火光冲出，有引起火灾的安全隐患。

7）等待检查期间，还需组织相关人员进行危险源监测，警戒不能撤离，增加了人员投入，不利组织实施。

3.3 海涂、海滩销毁

（1）优点：

1）场地空旷，视野辽阔，便于观察。

2）易检查销毁是否彻底。

3）易实施安全警戒，方便人员撤离和防止无关人员进入。

4）防护覆盖材料容易获得。

5）地质松软，有防护，噪声小。

6）有毒有害气体、冲击波等易消散、衰减，可有效缩短等待检查的时间。

7）交通方便，有利于运输装卸。

（2）缺点：

1）有爆炸飞散物产生，不易控制方向，需加大安全警戒的范围。

2）只适用于海边的销毁项目。

3）不利于爆后检查。

3.4 山坳内销毁

（1）优点：

1）四面环山有效防止爆炸冲击波、爆破振动、爆炸飞散物等有害效应的扩散。

2）防护覆盖材料容易获得。

3）地质软，有防护，噪声小。

4）易检查销毁是否彻底。

5）易实施安全警戒，防止无关人员进入。

（2）缺点：

1）不适宜大批量销毁。

2）不易消散炮烟及有毒有害气体。

3）场地不空旷，不易组织施工，视野受到限制，不易观察。

4）周边为山林，杂草多，容易发生火灾，安全警戒难度大，需加强安全警戒，增加人员投入。

经多次踏勘和试验，本次废旧爆炸物品销毁最终选择在一处大型矿山中部的废弃石料堆填区，周边 500 m 范围除了破碎设备和临时工房，无其他需保护的建（构）筑物和公共设施，且视野空旷，交通方便，车辆能直接到达销毁场地，满足销毁场地的要求。

4　销毁参数的设计

4.1　爆破坑的设置

采用挖机或人工在松软的地面开挖爆破坑，爆破坑的大小、形状和深度根据炮弹的种类、口径和数量确定，一般长、宽、深不小于 2.0 m，截面积不宜过大。如果地面下挖深度不够，可在爆破坑周边堆放沙袋，增加爆坑相对深度。同时设置多个爆坑时，爆坑间距不小于 15 m。

4.2　诱爆药包药量确定

每个爆破坑一次销毁炮弹的数量根据现场环境条件确定，一般单坑起爆总药量控制在 40 kg 以下。诱爆药包药量参照表 2 选取。

表 2　爆炸法销毁常规废弃炮弹引爆用药量（按 TNT 当量计）

炮弹直径/mm	单发引爆用药量/kg	成堆引爆用药量/kg
37~76	0.2	0.8~2.0
80~105	0.4	1.6~2.5
105~150	0.6	2.0~3.0
150~200	0.6~1.0	3.0~3.5
200~300	1.0~2.0	3.5~4.0
300~400	2.0~3.0	
400 以上	3 以上	

待销毁的炮弹腐蚀、生锈比较严重，药量难以确定时，诱爆药包药量根据实际情况适当增加药量。

4.3　爆破坑布置和回填防护

布置爆破坑时，把弹壳相对厚的，炸药量小的炮弹放在坑底或周围；弹壳薄的、炸药量大和威力大的炮弹放中间和上层，各炮弹之间并排、交错、紧凑地平放在坑内紧靠一起。

根据炮弹诱爆炸药的数量，将诱爆药包分别布置在弹体、弹头和尾翼上，并在各个诱爆位置加入双发起爆雷管。

各个药包布置完成后，将雷管脚线引至坑外，采用彩条布覆盖一层，然后在彩条布上用沙袋进行回填防护，并在坑口上覆盖厚度 2.0 m 左右的沙土层（图 1）。

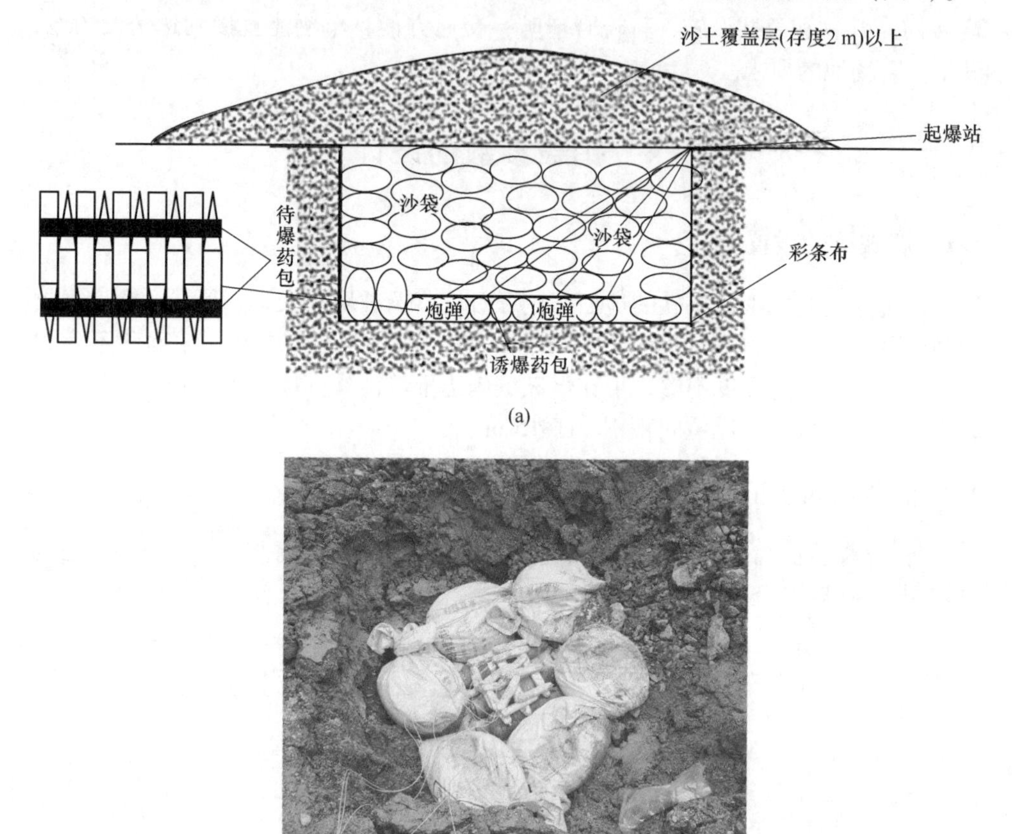

(a)

(b)

图 1　爆破坑布置和回填防护

（a）爆破坑立面布置；（b）爆破坑平面布置

当待销毁炮弹较多时，根据实际施工情况和销毁场地，可分多次进行销毁。每次销毁须安全等待时间 30 min 以上，现场技术人员要仔细检查坑内、外残留物。销毁坑重复利用时，下一次销毁作业之前，要确保坑内温度降至正常温度，并对爆炸坑做相应的修整。

当待销毁炮弹较多时，根据实际施工情况和销毁场地，可分多次进行销毁。

每次销毁须安全等待时间 30 min 以上，现场技术人员要仔细检查坑内、外残留物。

4.4 起爆网路设计

每个诱爆药包均采用双发同段别导爆管雷管起爆。为了确保起爆的同步性和彻底性，坑外采用“大把抓”簇联的方式进行联接，坑与坑之间利用延时 MS5 段雷管进行坑外延时，起爆总线放至 500 m 以外（图 2）。

(a)

(b)

图 2 销毁效果照片

（a）起爆瞬间照片图；（b）爆破后效果图

5 安 全 设 计

5.1 爆破振动校核

根据《爆破安全规程》（GB 6722—2014）规定：“一般民用建筑物”安全允许振速取 $v=1.5$ cm/s，爆破振动安全允许计算公式为：

$$v = K \times (Q^{1/3}/R)^{\alpha} \tag{1}$$

式中 v——保护对象所在地质点振动安全允许速度，cm/s；

R——爆源至保护对象的距离，m；

K，α——与爆点至保护对象间的地形、地质条件有关的系数和衰减指数，销毁时为地表软质岩石，暂取 $K=300$，$\alpha=1.9$；

Q——炸药量，齐发爆破为总药量，延时爆破为最大一段药量，kg。

一般单坑起爆总药量控制在 40 kg 以下，多个坑起爆时，采用毫秒雷管进行延时起爆。500 m 时，代入公式计算得出该位置的地面质点振动速度为 0.023 cm/s，小于规程规定的 1.5 cm/s 的安全振动速度，符合安全要求。

5.2 爆炸冲击波、弹片冲击的最小安全距离

采用地表挖坑爆炸法集中销毁废旧炮弹，必须充分考虑爆炸冲击波以及弹片的冲击杀伤作用。确定安全距离时，要综合考虑每次的销毁数量和引爆方式，以及场地对个别飞散物的阻挡因素，可参考表3选取。

表3　各类废弹爆炸法销毁时限定数量及安全距离

弹药种类	每坑销毁弹数量	爆炸时破片最大飞散距离/m	对一般建筑物玻璃门窗的安全距离/m	警戒安全半径/m
各种手榴弹	100	100~250	1200	500
50 掷榴弹	80	100~250	1200	500
60 迫击炮	40	100~250	1200	500
70 步兵炮榴弹头	20	200~400	1200	500
75 山野炮榴弹	14	200~500	1200	500
81，82 迫击炮弹（轻弹）	20	150~300	1200	500
90 迫击炮弹	20	150~300	1200	500
105 榴弹头	4	500~1000	1200	1500
150 榴弹头	2	600~1250	1200	1500
150 mm 以上榴弹	2	1250~1500	1200 以上	2000
81 烟幕弹	5	50~150	800	400

5.3 运输和搬运安全要求

（1）分装。根据废旧炮弹的种类和危险程度进行分类、分装，确保运输和存放安全。分装原则：

1）带有引信和不带引信的炮弹分装。

2）炮弹和起爆器材分装。

3）各类弹药按不同品种分装。

4）炮弹和燃烧弹单独分装。

5）品种不明的炮弹单独分装。

6）大型航弹和其他炮弹分装。

装废弃炮弹的包装箱应坚固，并将箱内的炮弹装稳卡牢，尤其是带引信的炮弹，在箱内应装有起稳固作用的挡板或引信护罩，防止在装卸搬动或汽车转弯、刹车时发生撞击而出现意外。箱内周围和空隙应用砂或软质不易燃的填充物塞紧垫稳。对于特别敏感的物品，应装在专用的爆炸物品保险箱内运输。

（2）搬运。采用箱体搬运、储存废旧炮弹，箱体一般用木质材料，箱内用泡沫、塑料、砂等材料铺垫，确保炮弹在搬运过程中不与箱体板发生碰撞和挤

压，车厢底部应铺设木板等。

由爆破作业人员进行装卸和押运，在操作工作前，对装卸、运输人员及相关人员进行安全培训，严格控制操作人员数量。

严禁非爆破作业人员接触销毁物品，搬运人员不能携带火柴、打火机等引火物，彼此搬运相距不得少于 5 m。

按操作规程装卸待废旧炮弹，轻拿轻放，禁止拖拉或摩擦；装卸待废旧炮弹时，周边 50 m 设为安全警戒范围，无关人员禁止进入。

（3）运输。运输时，使用性能良好、安全可靠的箱式爆炸物品专用运输车运输，排气管应装配火星熄灭器。车身、车厢要清洁无杂物，配备足够的消防器材，按规定悬挂警示标志，并装有接地装置，按爆炸物品分装原则装运，车厢内不得载人，不准在非指定地点停留；装运的质量宜少不宜多，不能超过核载质量的 2/3。

提前制定好行车路线，避开人流车流高峰时段和重要建（构）筑物区段，禁止在城镇人员密集地带穿行停留。运输炮弹的车辆应派专人押运和护送，押运和护送人员要单独备车，并采用专用车开道，保持安全车速。多辆车辆同时运输时，车距应保持在 50 m 以上。

5.4 安全技术措施

（1）参与销毁爆破作业的人员应持证上岗，应穿全棉工作服、导电鞋，及时释放人体静电。操作人员应关闭手机、对讲机等通讯工具，其他通讯联络器材应距作业点 50 m 以外；安置诱爆药包时应严格控制作业人数，其余人员应撤至安全距离以外；负责销毁设计的爆破工程技术人员应至销毁现场指导爆破作业。

（2）起爆用的导爆管事先应试爆，放线过程中不允许有弯曲、打结，并适当予以固定，导爆管连接四通应采用防水胶带包扎。起爆后至少等候 30 min 方可进入现场作业检查；在销毁彻底结束后，要对灰烬喷水降温、降尘，并对残留灰烬进行清扫、处理，不可留下任何安全隐患。

（3）事先在爆区周围张贴安民告示，爆前应对警戒区域内进行地毯式清场，并按顺序发布预备警报，起爆警报及解除警报，警戒距离为 500 m，制定详细的安全警戒方案和应急救援预案。提前联系消防部门，配置相应的消防器材，准备消防车辆及灭火设施现场待命。对销毁现场四周进行地毯式搜查，确认已无尚未销毁的物品，经全面检查确认已无安全隐患时解除警戒。

6 销毁效果

通过精心的销毁设计和精细的销毁施工，废旧炮弹销毁的爆破坑之间，均采用毫秒延时导爆管雷管，同时击发起爆。爆破后分别形成直径 5 m，深 3 m 和直径 4 m，深 2. 5 m 的大坑，经地毯式检查，销毁彻底，仅残留个别弹片，未留下任何安全隐患。销毁未对周边环境、建（构）筑物及设施造成影响，销毁工作非常成功，如图 2 所示。

7　经验与成果

在衢州多次进行废旧炮弹的销毁工作，均未发生安全事故，达到预期的销毁效果。

（1）根据废旧炮弹的属性，选择坑内爆炸法销毁废旧炮弹，其施工操作方便，安全要求和销毁效果均能得到保证。

（2）销毁场地的选择是销毁工作的重要环节，选择矿山中部的废弃石料堆填区作为销毁场地，不仅满足了销毁施工、安全警戒和运输装卸的要求，有效地控制了爆破有害效应，便于进行爆后检查。

（3）采用毫秒延时导爆管雷管起爆技术，将多个爆破坑进行毫秒延时，同时击发起爆，提高了销毁工作的安全性，减少了爆破有害效应对周边环境和建（构）筑物及公共设施的影响，减少了安全警戒的次数和难度。

（4）废旧炮弹销毁工作具有危险性和特殊性，场地选择、方案制定、装卸搬运、安全警戒、爆后检查等每个环节都非常重要，只有通过精心的设计和精细的施工组织才能保证销毁工作安全顺利的进行。

工程获奖情况介绍

发表论文 1 篇。

废旧炮弹爆炸法销毁实例

工程名称：杭州市废旧炮弹销毁项目
工程地点：浙江省杭州市
完成单位：杭州交通爆破工程有限公司
完成时间：2015 年 1 月 20 日 ~28 日
项目主持人及参加人员：周　平　赵国庆　荆云凯　周振华
撰 稿 人：周　平

1 引　　言

废旧炮弹主要是战争遗留产物，不仅严重影响正常的生产生活，更时刻威胁着人身安全。这就要求在确保人员财产安全又不影响周边的环境的前提下，科学、有效地销毁废旧炮弹。

2015 年 1 月 28 日，公司采用爆炸法成功完成了杭州市收缴的废旧炮弹销毁的任务。

2 销 毁 方 案

销毁的方法一般分为四种：爆炸法、烧毁法、溶解法、化学分解法。本次销毁炮弹 133 枚（图 1），包括常规炮弹、航空炸弹、手榴弹、手雷、地雷、信号弹以及子弹若干。当中大部分在地下掩埋多年，均已严重生锈变形，多数仍未丧失爆炸能力，不宜用烧毁法、溶解法、化学分解法，爆炸法较为操作简单、处理彻底、安全性高。综合考虑场地、运输等因素，本次销毁采用爆炸法销毁。

2.1　销毁场地的选择与准备

选择场地的原则是即确保彻底销毁又保证现场工作人员及周围群众生命财产安全。因此场地应该选择具有天然屏障、人烟稀少的隐蔽地区，远离工矿企业、民用建筑、铁路干线、通信及电力线路等。杭州地区交通发达、人口密集，销毁场地应远离闹市，且交通便利、场地开阔。根据上述要求，并考虑本批销毁是非生化类常规的废旧炮弹，销毁场地经过反复踏勘、比对，此次销毁选在钱塘江退潮后形成的广阔河滩上（图 2）。通过收集钱塘江气象、水文资料，确定合适的销毁爆破作业时间。

图1　待销毁的废旧炮弹

图2　销毁地点及销毁坑

2.2　运输

待销毁废旧炮弹中，部分还有引信，机械感度高，在装卸和运输时，严禁磕、碰、摔、撞、滚、抛掷，做到轻拿轻放。对于引信部位，采用相应的防护措施，保证其不与其他物体发生碰撞。运输路线尽量选择平坦并避开交通高峰时段。

为此，采取如下措施：

（1）专用运输车厢内预先铺不少于 30 mm 的细沙，减轻颠簸。用泡沫板把车厢壁与细沙隔开，避免与车厢壁碰撞（图 3）。

（2）装卸时，每人一次限拿一枚大口径炮弹，小口径炮弹与小体积待销毁品也分别装车。

（3）弹体平放，引信不得相对，弹体间保证一定距离，且至少 3/4 埋入沙中，单层摆放。

（4）运输车速不超过 60 km/h，中途不停车，避免急刹，车距不小于 20 m。

（5）运输时间一般为凌晨，由专用车开道，按预先制定的路线行使。

图 3　废旧炮（航）弹装车

2.3　现场放置

清除坑中积水，在坑中铺上 3 层棉被，再放置弹体。为了均衡每个销毁（诱爆）坑的装药量，把大小不同的炮弹平均布置于每个销毁坑。在弹头（引信部位）和手榴弹、地雷上面摆放引爆炸药，保证都接触引爆炸药。在置坑时疑似空弹壳和小弹放在坑底，大弹放在小弹上，逐个排列，尽量减少空隙，战斗部朝向小尖山方向，与江面平行。

2.4　装药和爆破网路

为减少爆破振动和空气冲击波的影响，采用分段延时起爆。每坑放置不少于 15 个起爆药柱和 45 个单体药柱，药柱均匀密实摆放于弹体之上。安放完成后，上铺3层棉被再回填埋土方，直至盖住为止。采用非电起爆网路复式起爆（图4）。销毁炮弹和航弹所需装药量见表1和表2。

图4 装药及爆破网路

表1 销毁炮弹所需装药量及碎片飞散距离

炮弹直径/mm	所需装药量/kg	碎片飞散距离/m
80~105	0.4	<750
105~150	0.6	<1200
80~105	0.6~0.4	≥1500

表2 销毁航弹所需装药量

航弹质量/kg	25~50	100
所需装药量/kg	0.4	0.6

2.5 爆破安全

2.5.1 空气冲击波

销毁点周边1000 m范围内无重要保护对象，对人员安全防护，应首先考虑个别飞散物和爆破振动安全允许距离。作业区周边空旷，爆破冲击波随着传播距离的增大逐渐衰减，最后以噪声的形式继续传播，直至完全消失。

2.5.2 个别飞散物

爆炸法销毁产生的个别飞散物主要是炮弹爆炸时本身的弹片飞散和爆炸时引起销毁坑周围的淤泥飞溅物。由于弹体自重和滩涂淤泥松陷特性，棉被团将陷入淤泥1.5 m处。根据历年来的施工经验，个别飞散物经过覆盖松土和坑壁的阻挡，飞散安全距离可以控制在200 m范围内。

2.5.3　爆破振动

根据《爆破安全规程》（GB 6722—2014）爆破振动安全允许标准，主要保护对象为钱塘江堤坝，本次振动标准按一般民用建筑物设计并校核，详见表3。

表3　一般民用建筑物爆破振动安全允许标准

序号	保护对象类别	安全允许质点振动速度 v/cm·s^{-1}		
		f≤10 Hz	10 Hz<f≤50 Hz	f>50 Hz
1	土窑洞、土坯房、毛石房屋	0.15~0.45	0.45~0.9	0.9~1.5
2	一般民用建筑物	1.5~2.0	2.0~2.5	2.5~3.0
3	工业和商业建筑物	2.5~3.5	3.5~4.5	4.2~5.0
4	一般古建筑与古迹	0.1~0.2	0.2~0.3	0.3~0.5
5	运行中的水电站及发电厂中心控制室设备	0.5~0.6	0.6~0.7	0.7~0.9
6	水工隧洞	7~8	8~10	10~15
7	交通隧道	10~12	12~15	15~20
8	矿山巷道	15~18	18~25	20~30
9	永久性岩石高边坡	5~9	8~12	10~15
10	新浇大体积混凝土（C20）：			
	龄期：初凝~3 d	1.5~2.0	2.0~2.5	2.5~3.0
	龄期：3~7 d	3.0~4.0	4.0~5.0	5.0~7.0
	龄期：7~28 d	7.0~8.0	8.0~10.0	10.0~12.0

取 $Q=54$ kg（每坑装药不超过24 kg，弹体自重不超过30 kg），$R=1000$ m，$v=0.0075$ cm/s，远小于1.5 cm/s的控制要求，满足对周边钱塘江堤坝的爆破振动要求。

3　销毁效果

爆后检查，爆坑均被扩大、加深，无遗留销毁品，个别弹片最远飞散200 m，爆区有轻微震感，爆破效果较好，达到预期目的。爆破瞬间及爆破效果照片如图5所示。

4　总　　结

（1）采用爆炸法销毁，销毁地点为钱塘江退潮后的广阔滩涂。

（2）根据废旧炮弹的情况和现场作业场地情况，在离堤坝不小于1000 m外，挖掘长、宽不小于1 m，深不小于0.5 m、间距不小于10 m的销毁坑。

图 5　爆破瞬间照片图

（3）对销毁对象进行分类，同类或相似的同坑销毁，每坑销毁装药量 12~24 kg，弹体自重不超过 30 kg。

（4）采用 2 号岩石乳化炸药作为诱爆药，用导爆管雷管组成双起爆网路，每坑起爆时差为 50 ms。

（5）爆破安全警戒距离不小于 1000 m。

（6）销毁作业主要包括：废旧炮弹的鉴别、装车、运输、卸车、搬运、挖坑、装药、安全防护、警戒、爆破、爆后检查。

（7）参与本次销毁的爆破工程技术人员均具有废旧炮弹销毁工作经验。销毁爆破作业严格落实持证上岗、分色着装、全程监控和治安保卫制度。做好安全教育、岗前教育和技术交底。所有爆破作业人员均挂牌才能进入现场。

（8）爆后不少于 15 min 进入现场检查，若现场有遗留未燃、未爆物品及时处理，不留隐患，确认安全后撤除警戒。

公司精心准备、认真作业，思想上高度重视，严格执行预先制定的安全管理制度，销毁工作得以安全、顺利完成。通过多次成功的销毁案例积累了宝贵的销毁爆破作业施工及管理经验。

第四部分

爆破安全评估、监理

BAOPO ANQUAN PINGGU JIANLI

爆破安全评估、监理工作实践与探讨

工程名称： 浙江省爆破安全评估、监理实践
工程地点： 浙江省
完成单位： 浙江省爆破行业协会
完成时间： 2003 年~2023 年
撰 稿 人： 厉建华　赵东波　叶元寿　郑　冰

1　爆破企业相关资质管理历史沿革

从 1984 年起，先后出台建筑施工和设计勘察企业资质管理制度。1989 年 6 月《施工企业资质管理规定》的出台，标志着全国建筑施工企业资质管理工作的全面展开。

1995 年 10 月发布《建筑业企业资质管理规定》（建设部令第 48 号）、《建筑业企业资质等级标准（试行）》建［1995］666 号。建筑业企业按承包工程能力分为总承包企业、施工承包企业和专项分包企业三类。工程总承包企业资质等级分为一级、二级。施工承包企业资质分为 33 项。专项分包企业由省级建设行政主管部门确定。“土石方工程施工企业资质”和“爆破工程施工企业资质”列入施工承包企业资质标准，分为一级、二级、三级。

2001 年资质标准和 2007 年资质标准除增加特级企业资质标准外，没有变化。该资质标准分 12 项总承包资质、60 项专业承包资质和 13 项劳务分包资质。专业承包资质序列中有“爆破与拆除工程专业承包资质”“土石方工程专业承包资质”。爆破企业基本上都申报了“爆破与拆除工程专业承包资质”。由于大型土石方工程往往爆破和装运一并发包，事实上也是密不可分的两道工序，所以大部分爆破企业同时也申报了“土石方工程专业承包资质”。

2006 年《民用爆炸物品安全管理条例》（国务院令第 466 号）规定，爆破作业单位分为非营业性爆破作业单位和营业性爆破作业单位；从事爆破作业的单位应取得公安机关核发的《爆破作业单位许可证》，并按照其资质等级承接爆破作业项目；爆破作业人员应按照其资格等级从事爆破作业。爆破作业的分级管理办法由国务院公安部门规定。

2012 年公安部发布《爆破作业单位资质条件》（GA 990—2012）和《爆破作业项目管理要求》（GA 991—2012）。GA 990 标准将营业性爆破作业单位按照

其拥有的注册资金、专业技术人员、技术装备和业绩等条件，分为一级、二级、三级、四级资质，规定了其从业范围，并设定了爆破作业单位岗位职责和设置要求。要求爆破企业必须取得《爆破作业单位许可证》。明确了营业性爆破作业单位资质等级与从业范围，详见表1。

表1 营业性爆破作业单位资质等级与从业范围对应关系

资质等级	A级爆破作业项目	B级爆破作业项目	C级爆破作业项目	D级及以下爆破作业项目
一级	设计施工 安全评估 安全监理	设计施工 安全评估 安全监理	设计施工 安全评估 安全监理	设计施工 安全评估 安全监理
二级	—	设计施工 安全评估 安全监理	设计施工 安全评估 安全监理	设计施工 安全评估 安全监理
三级	—	—	设计施工 安全监理	设计施工 安全监理
四级	—	—	—	设计施工

注：表中A级、B级、C级、D级为GB 6722中规定的相应级别。

2014年11月6日，住房和城乡建设部以建市［2014］159号文发布《建筑业企业资质标准》。2015年1月22日，住房和城乡建设部令第22号发布新的《建筑业企业资质管理规定》，自2015年3月1日起施行。新的资质标准保留了原资质标准总承包资质和专业承包的分类，将劳务分包变更为施工劳务企业资质且不分专业和等级。但专业承包资质从60项削减为36项，取消了与爆破企业相关的爆破与拆除工程、土石方工程专业承包资质（图1）。

图1 召开“浙江省工程爆破企业转型发展座谈会”

2 爆破行业发展历程

历史上，我国的爆破作业一般从属于采矿、建筑、水利等行业。1994 年 10 月中国工程爆破协会成立，随着中国力学学会、中国水利学会、中国铁道学会等学会工程爆破专业委员会的相继成立，各地爆破专业公司和地方工程爆破协会也跟着成立，20 世纪 90 年代后期逐步从相关行业中细分出来，爆破作为一项工艺、工序或分步分项工程成为一个独立的行业。

爆破行业是一个年轻的行业，起初相关法律法规、标准规范的健全相对滞后。随着先进钻孔机械设备的引进、生产、研发，爆破器材的变革、创新，爆破技术的不断进步等，国家相关部门针对爆破作业风险性高，爆破器材流失造成社会公共安全影响大等特点，适时的出台了相应的管理办法，完善了相关的法律法规及标准规范。爆破行业的发展也从粗放型的管理逐步向规范化管理迈进。

专业爆破公司在我国最早出现大约在 20 世纪 80 年代初，爆破企业主要以大型土石方工程爆破为主，主要从事移山填海、水电工程料场开采爆破，铁路、公路路堑开挖爆破等大型土石方工程爆破工程。改革开放以来，交通、水利、市政等基础设施工程建设的不断推进，房地产行业的暴发式增长，市场对砂石骨料的需求量快速增加，建筑石料矿山的规模也不断变大，爆破规模也随之变大；随着城镇化进程的加快，建（构）筑拆除爆破、复杂环境的场地平整控制爆破施工项目也越来越多；绿色交通概念的提出，铁路、公路隧道项目剧增，隧道爆破工艺不断完善；而且国家工业化进程加快，各行业对资源类矿石的需求大增，爆破作为最经济的手段在露天或地下资源矿开采中得到广泛应用。经济建设的迅猛发展有力地促进了爆破行业的发展。

浙江省工程爆破作为一个新兴行业，起步于 20 世纪 90 年代初期。在此之前，除水电、矿业、地质等大型国有企业涉及零星的爆破工程项目外，省内几乎没有以工程爆破为主营业务的企业。随着浙江省的经济建设进入了快速发展轨道，矿山石料爆破开采开始蓬勃发展，且由于浙江省平原较少，多为山地、滩涂，交通、水利、市政等基础建设及企业用地需求又催生了大量的移山、平地、填海、筑坝、隧道、建筑物拆除等爆破相关工程项目。至 2000 年年初，浙江省已有涉爆工程企业将近百家。2003 年浙江省工程爆破协会成立，之后专业爆破企业逐步增多，至此，浙江省爆破行业进入了有序的、以浙江省特色的民营经济为主流的发展模式快速发展的 20 年，在这 20 多年里，专业爆破企业数量不断增加，规模不断扩大、就业人数不断增加，施工水平、爆破技术也取得了很大的进步。尤其是在工程施工、矿山、平地、填海、筑坝、建筑物拆除等方面为浙江省的经济建设发挥了巨大作用。为控制爆破安全，建设平安浙江作出了贡献。

3 爆破安全评估、监理工作发展历程

随着我国城市化进程的不断推进，工程爆破在我国经济建设（土地平整、高速公路、高速铁路、港口、机场建设、地下空间开发工程）等基础建设中，爆破作业发挥着重要作用，它具有高效、快速、便捷、经济等特点，但与此同时爆破作业过程中的安全问题逐渐突显出来。如何避免或者减少生产建设中的安全事故，防止爆炸物品流失等成为了行业的重点课题。

爆破工程危险性较高，爆破作业产生的有害效应会对周边环境和居民生活带来一定影响，为此人们一直探寻各种方式来控制爆破的有害效应以保证安全，另外爆炸物品的流失会造成重大的公共安全危害。保证安全是进行所有工程爆破的重要前提，而安全评估是实现爆破安全的重要手段，属于先导性工作，可以从第三方角度客观分析认定爆破作业中可能存在的安全风险。科学、全面、细致的爆破安全评估，对爆破工程的安全、质量控制发挥着重要作用，是实现爆破作业安全无事故的有效保障。

爆破安全评估的主要内容是审查爆破作业单位和人员资质条件，核实爆破作业项目的相关资料和现场情况，评定爆破设计施工方案等。评估单位和评估人员以事实为依据，以法规、规章和技术标准为准绳，独立开展调查、研究，作出评估结论，为审批部门、建设单位、爆破作业单位提供专业性、技术性的服务。

3.1 浙江省爆破安全评估、监理工作的4个发展阶段

3.1.1 在全国率先实行爆破安全评估、监理工作

2003年，在浙江省国土厅、民政厅、公安厅、建设厅、安监局、总工会和地勘局等有关政府部门具体帮助和指导下，成立了浙江省工程爆破协会（以下简称“省爆协”），有团体会员单位170余家，包含了全省所有具有一定规模或影响力的爆破作业单位，涉及交通、电力、市政、土建、地矿、建设、核工业、水利、铁道等多个建设领域。

《爆破安全规程》（GB 6722—2003）于2003年9月12日发布，2004年5月1日实施。其中提出了爆破安全评估、安全监理的相关内容和要求。

在全面改革开放后，浙江省的工程爆破（当时俗称的“大爆破”）大幅度增多，存在安全隐患较多且事故频发，地方政府和群众反映强烈，浙江省先是将大爆破纳入省公安厅审批的特别管理方式，快速有效稳定和控制行业秩序；紧接第二步是引入专家组评估机制，达到必须的专业审查水平；第三步是把专家审查作为公安行政审批的前置条件，顺利将行政审批直接下放至项目所在的县级公安机关。这就是现在爆破安全评估制度的雏形。

浙江省爆协结合省工程爆破实际情况，在公安厅指导和支持下率先开展爆破安全评估，成为全国首个实施爆破安全评估的省份。《浙江省工程爆破设计方案公共安全评估工作实施细则及暂行收费标准》（以下简称“细则”）、《浙江省涉爆企业工程爆破资质等级标准暂行规定》（以下简称“规定”）于2004年4月8日正式公布实施。细则中明确了爆破安全评估的基本程序、应提交申请评估资料、公共安全评估单位及人员资格要求、公共安全评估应审查确认的内容、公共安全评估基本规则及评估收费标准等内容。同时，浙江省爆协开始受理省涉爆企业工程爆破资质等级标准评估工作，《浙江日报》于2002年12月20日公布了第一批浙江省涉爆企业爆破作业资质等级企业名单。2004~2008年，省爆协承担了全省爆破作业项目的爆破安全评估工作。爆破安全评估与爆破设计施工、爆破安全监理是工程爆破中必不可少的工作，能够有效地预防爆破事故的发生，是指导爆破工程施工安全的重要途径。

3.1.2　管理制度创新，咨询类企业实施爆破安全评估、监理工作

《民用爆炸物品安全管理条例》（国务院令第466号）于2006年5月10日公布，自2006年9月1日起施行。《民用爆炸物品安全管理条例》第三十五条：城市、风景名胜区和重要工程设施附近实施爆破作业的，应当向爆破作业所在地设区的市级人民政府公安机关提出申请，提交《爆破作业单位许可证》和具有相应资质的安全评估企业出具的爆破设计、施工方案评估报告。受理申请的公安机关应当自受理申请之日起20日内对提交的有关材料进行审查，对符合条件的，作出批准的决定；对不符合条件的，作出不予批准的决定，并书面向申请人说明理由。实施前款规定的爆破作业，应当由具有相应资质的安全监理企业进行监理，由爆破作业所在地县级人民政府公安机关负责组织实施安全警戒。第三十五条中明确了应实施爆破安全评估、监理的爆破作业项目的范围，并要求实施爆破安全评估、监理的单位应具有相应资质。

由于爆破安全评估、监理工作的特殊性，在当时建设主管部门没有相应的爆破评估、监理资质标准，《民用爆炸物品安全管理条例》中也没有相应的资质规定。基础建设和矿山开发的大规模不断推进，都涉及爆破，而爆破作业活动的规范缺乏相关的依据或标准，爆破安全评估、监理工作无从下手，导致无安全条件的爆破作业活动大量存在，民用爆炸物品的流失和安全事故频发。如何借鉴建设项目管理经验，对施工难度大、风险性高、安全因素多的建设项目实行第三方针对性的安全咨询评估和对建设项目的全面监理，在建设过程中提供管理和技术服务，对建设工程施工阶段的质量、安全、进度等方面发挥了重要作用，有效地控制建设过程中的各项风险，确保项目能够按时、按质、按量、安全地完成。

当时法律法规仅对爆破使用单位的使用许可，没有明确爆破作业项目许可的

相关规定，也无对爆破安全评估、监理的单位资质的具体要求。

鉴于爆破作业存在的风险性，规范爆破作业活动迫在眉睫，通过第三方单位的监督规范爆破作业的行为显得尤为必要且势在必行，爆破安全评估、监理的重要性不言而喻。

为进一步规范浙江省爆破安全评估、监理工作，结合建设工程法律法规的相关规定，爆破设计施工与爆破安全评估、爆破安全监理单位相对独立。要求爆破安全评估、监理单位不得与爆破设计施工单位存在利益关系。

2008 年，浙江省公安厅治安总队未雨绸缪、首开先河，指导省爆协制定了《爆破工程评估和监理企业资质等级条件（试行）》办法，明确了爆破安全评估、监理的企业资质条件及对应从业范围、等级等作出了具体的规定，并结合建设工程法律法规的相关规定，爆破设计施工与爆破安全评估、爆破安全监理单位应该相对独立。规定要求爆破安全评估、监理单位不得与编制爆破设计施工方案的爆破作业单位存在利益关系，不得同时为爆破施工单位或爆破安全监理单位。省爆协根据试行办法，认定浙江省民能爆破工程咨询有限公司、浙江省弗斯特爆破咨询有限公司、杭州交通爆破咨询有限公司、舟山宏盛爆破咨询有限公司等四家企业为浙江省从事爆破安全评估和爆破安全监理企业，并颁发了资格证书，证书中注明爆破作业类型及等级：拆除爆破、硐室爆破、中深孔爆破（分 A、B、C、D 4 个等级）。同时规定这 4 家企业不得从事爆破作业项目的爆破设计施工，成为了全国首个由省级爆破协会认定爆破安全评估和爆破安全监理资质的独立咨询类企业，作为当时浙江省对爆破作业活动进行评估、监理的独立的第三方单位，对规范爆破安全评估、监理工作起到了积极的作用。

浙江省爆协在颁发爆破评估、监理资格证书后，及时对爆破安全评估、监理行为进行严格的规范管理。从 2008 年起连续多年召开全省爆破安全评估、监理企业规范管理工作会议，浙江省公安厅治安总队有关领导亲临指导，有效地推动了浙江省爆破安全评估、监理的规范发展。

4 家咨询单位对全省范围内经行政许可的爆破作业项目进行爆破安全评估、监理，规范了全省爆破作业活动。爆破安全评估确保爆破施工组织设计符合国家法律、法规和相关标准的规定，在设计上实现爆破过程的本质安全，有效控制爆破有害效应。对工程爆破存在的风险因素进行识别、定性、定量的分析，提出从爆破设计上采取相应的技术和安全措施，为建设单位、施工单位提供决策参考，为主管审批部门提供技术支撑。爆破安全监理则进一步规范了爆破作业行为，为爆破作业项目的顺利安全实施提供了保障。有效地解决了“民扰”和“扰民”问题，保障了公民生命财产安全和社会公共安全。

实践证明，凡经过爆破安全评估、爆破安全监理的爆破作业项目，均获得了较好的爆破效果，减少了爆破事故发生，取得了较好的社会、经济效益。

3.1.3 贯彻落实公安部两个标准，规范开展资质评审及爆破安全评估、监理工作

2012年5月2日，公安部发布了两个行业标准，即《爆破作业单位资质条件和管理要求》(GA 990—2012)、《爆破作业项目管理要求》(GA 991—2012)，标准中明确了营业性爆破作业单位资质等级与从业范围。为宣传贯彻公安部发布的两个标准，在浙江省公安厅指导下，由省爆协组织专家制定了《爆破作业单位许可管理工作规定》《评审工作细则》及《浙江省爆破作业单位资质申报工作辅导材料》，规范了爆破作业单位申报资质资料，同时，省爆协研究制定了《爆破作业单位资质评审日常事务管理制度》，保证评审日常事务工作有章可循，廉洁自律，为维护良好的评审工作秩序提供了有力保障（图2）。

图2 协会工作指导委员（各地市公安人员）集中讨论浙江省爆破作业单位资质许可工作有关事项

辅导材料中包括了浙江省爆破作业单位许可管理工作规定、申请从事爆破作业单位的申报材料要求、爆破作业单位资质条件评审意见表、浙江省爆破作业单位资质评审工作细则等内容，规范了浙江省爆破作业单位申报材料的内容与格式。同时也进一步细化了爆破作业项目安全评估范围、程序、职责及管理要求，为爆破作业单位开展安全评估提供了行为规范，有力促进了浙江省爆破作业项目安全评估规范、安全、竞争、有序发展，有效遏制了爆破作业安全事故发生。

2013年开始至今，按照公安部两个标准的规定和《浙江省爆破作业单位许可申报工作辅导材料》，对浙江省爆破作业单位申请的非营业性爆破作业单位和营业性爆破作业单位资质材料进行专业评审。

2015年11月13日，公安部颁布了《爆破作业人员资格条件和管理要

求》（GA 53—2015），规范了从业人员的管理，对安全事故的主要因素即人为因素的主体作出了明确要求。公安部先后颁布的3个标准，是对爆破作业项目安全管理工作提出了明确要求，特别是建立了爆破作业项目安全评估与安全监理制度，对加强爆破作业安全发挥了重要的积极作用，有效防范和遏制了爆破作业安全事故的发生。

随着工程爆破技术的进一步发展，爆破安全评估也更加规范化。近年来国内对重大的工程爆破设计施工，逐步进行了爆破安全评估，这促进了爆破作业单位和从业人员严格按照《爆破安全规程》（GB 6722—2022）进行规范作业，同时也强化了社会治理、维护了作业单位和从业人员合法权益。爆破安全评估能够使我国工程爆破呈现出新的面貌，上一个新的台阶。

随着工程爆破技术的进一步发展，爆破安全评估技术要更加规范化，做到依法、诚信、客观、公正等。

3.1.4　爆破安全评估、监理团体标准的颁布实施，进一步规范了评估、监理工作

对于工程爆破中的安全评估问题，根据实践经验，揭示了工程爆破中安全评估的重要性、必要性和科学性。

行业发展，标准先行。大力实施爆破行业标准化战略，全面推进标准化建设，不断探索标准化创新工作，积极探讨团体标准满足行业需要和创新发展的要求，浙江省爆破行业标准的规范编制工作有序进行，稳步推进。浙江省爆协全力推动省爆破行业标准化工作，加强爆炸物品安全管理标准化、规范化建设，由浙江省爆协参与编写的浙江省地方标准“浙江省爆破作业安全管理工作规范”目前已完成了初稿审查会。标准化建设工作对全省爆破行业推行科学管理、推进科技进步、推动爆破行业的高质量发展都将发挥重要作用。为加强行业标准化建设，切实提高爆破作业单位的技术水平、管理水平和从业人员的整体素质，确保爆破作业本质安全和社会公共安全，进一步促进我国爆破行业科技进步和规范化发展。

2016年浙江省爆协组织专家开展《浙江省爆破安全评估工作规范》《浙江省爆破安全监理工作规范》和《浙江省爆破作业现场安全管理规定》3个地方标准的编写工作（图3）。2017年7月完成了3个地方标准的初稿、征求意见稿的专家审查工作，结合从公安监管角度对3个地方标准提出意见和建议，对标准内容进行了进一步的修改完善。

2017年8月，浙江省爆协参加了中国爆破行业协会（以下简称“中爆协”）首批标准编制工作研讨会，参与了《爆破工程技术设计规范》《爆破工程施工组织设计规范》《爆破工程安全评估规范》《爆破工程安全监理规范》《爆破振动监测技术规范》等28项标准的主要起草单位、主要起草人及编制计划等的研讨，并积极承担中国爆破行业协会相关标准立项工作。

图 3　浙江省爆破安全评估、监理、爆破作业现场安全管理规范第一次审稿会

2018 年 3 月，中爆协在杭州召开了《爆破安全评估规范》《爆破安全监理规范》的标准编制工作启动会议（图 4）。来自 35 家单位的 50 余位代表参加了会议。与会代表就《爆破安全评估规范》《爆破安全监理规范》这两项标准的编写内容、进度安排及承担标准制定的意向等进行了研究和探讨。中爆协确定这两项标准由浙江省相关单位主持编写。由浙江省爆破行业协会、浙江省高能爆破工程有限公司、大昌建设集团有限公司、浙江利化爆破工程有限公司作为主要起草单位参加这两项标准的编写。根据各参会单位的标准制定承担意向，进行了分组讨

图 4　《爆破安全评估规范》《爆破安全监理规范》
两项中国爆破行业协会标准编制工作启动会议在杭州顺利召开

论会议，针对标准的起草单位、编制框架、主要内容、进度安排、分工安排进行了进一步细致的探讨。浙江省在爆破安全评估与安全监理工作方面有着丰富的实践经验，省爆协高度重视标准化工作，积极协助主要起草单位参与这两项标准的初稿起草、修改、完善等各项工作，尽全力做出应有的贡献。这两项标准在提升爆破技术水平、促进行业创新发展等方面将发挥重要作用。

2018 年 5 月初稿编写完成，2018 年 6~10 月，浙江省爆协组织专家分别在北京市、舟山市对初稿进行审稿、修改、完善。2018 年 11 月 24 日，中爆协在浙江省遂昌县组织召开了两项标准专家审稿会。会议以《爆破安全评估规范》《爆破安全监理规范》两项标准的初稿为基础，重点围绕两项标准编写内容的原则性、通用性、完整性、适用性、前瞻性 5 个方面展开，对初稿的总则、内容、术语和附录等内容逐句审查，对形成统一意见的内容进行修改，对有不同意见的都作了记录。

2018 年 12 月 20 日，中爆协发布《爆破安全评估规范》《爆破安全监理规范》征求意见函，两项标准于 2019 年 9 月 30 日发布，2019 年 12 月 30 日实施。

2020 年，浙江省对中爆协团标《爆破安全评估规范》《爆破安全监理规范》进行了宣贯解读（图 5）。

图 5　公共安全行业标准《爆破安全评估规范》《爆破安全监理规范》草稿讨论会在浙江省舟山市召开

3.2　爆破安全评估、监理的工作实践

3.2.1　爆破安全评估的范围

实施爆破作业安全评估的爆破作业项目有两类，纳入公安机关爆破作业安全监管工作范畴的是行政许可规定的爆破作业项目安全评估要求。

（1）行政许可规定的项目。凡是在城市、风景名胜区和重要工程设施附近实施的爆破作业项目必须进行安全评估，并且作为公安机关受理爆破作业项目行政许可申请的条件，其依据是《民用爆炸物品安全管理条例》和《爆破作业项目管理要求》（GA 991）。这是一项由行政法规和标准规定的爆破安全评估要求。

（2）根据需要进行的安全评估。除上述情形之外，不在行政许可范畴内的爆破作业活动，根据爆破作业项目业主或建设方的某些决策需要和客观安全要求所进行的安全评估。

3.2.2　爆破安全评估相关法律法规

从事爆破安全评估工作除了遵守《民用爆炸物品安全管理条例》（国务院令第466号）、《爆破安全规程》（GB 6722—2014）和行业标准外，还应掌握涉及爆破作业的法律及法规，避免只从技术层面考虑问题，而忽略了相关法律、法规的规定。如《中华人民共和国电力法》《中华人民共和国石油天然气管道保护法》《铁路运输安全保护条例》《中华人民共和国军事设施保护法实施办法》等法律法规中均明确了禁止从事采矿、采石及爆破作业的范围及距离要求，在这些重要保护对象的一定距离内如需要爆破作业，应事先征得重要保护对象主管部门的同意，采取有效措施减少对重要保护对象的影响，如造成损失的，需要进行赔偿。

根据这些法律、法规，可以发现，除了部分区域严禁爆破之外，在特殊环境条件下也是可以进行爆破作业的，但在爆破安全评估报告中必须给予明确，建设方或爆破设计施工单位需经重要保护对象主管部门同意并签订安全协议等，爆破设计施工方案中应有针对这些重要保护对象的有效措施，保证保护对象的安全。爆破安全评估单位应在报告中明确有效措施的合理性、可行性、安全性及爆破有害效应的监测等内容。

3.2.3　发挥专家团队的技术力量，为公共安全评估提供技术支撑

浙江省爆协充分发挥平台优势，凝聚专家力量，发挥协会的社会纽带作用，组织专家共完成了3000多项爆破工程公共安全评估工作。其中有浙江大学湖滨校区教学楼、西湖文化广场绿都宾馆等高耸建（构）筑物爆破拆除工程；有青田滩坑电站、杭州余杭庄山洛阳矿硐室爆破（其方案评审会见图6）等大型土石方工程；还有舟山与岵岛永跃船厂、舟山嵊泗水下炸礁等水下爆破工程；甬台温铁路、杭千高速公路、杭徽高速公路等一大批省市重点工程。

3.2.4　组织参与重大爆破项目的可行性咨询，为建设单位提供建设性意见

20年来，省爆协组织专家对上百项爆破影响较大的工程立项作技术咨询或技术论证服务，如为杭州地铁建设选线、杭州灵隐寺隧道开挖、钱塘江引水隧道工程（浅埋）穿越居民区的施工方法等项目提供了建设性的意见和建议。

3.2.5　参与爆破设计施工方案论证，为项目顺利实施创造良好条件

20年来，省爆协为省内环境十分复杂的重大爆破工程项目组织专家论证，如宁波滨江大厦爆破拆除、温州高教园区道路、宁波绕城高速公路等重大爆破项

图 6　杭州市余杭区仁和镇洛山矿区硐室爆破方案评审会

目，为爆破项目的顺利实施提供技术支撑。

如宁波滨江大厦爆破拆除项目，大厦主楼 21 层高约 80 m，地处宁波市中心主要金融商贸区，该工程是浙江省当时一次性爆破拆除面积最大、环境最复杂的项目之一，浙江省爆协组织了多次爆破拆除可行性咨询论证（图 7），爆破作业单位中标后，浙江省爆协又组织召开了爆破设计方案专家评审会，为项目的安全实施层层把关。汪旭光院士先后 3 次被浙江省爆协邀请到场指导工作，为建设单位提供科学依据、技术支撑和工程的圆满完成打下了良好的基础。

3.2.6　开展多渠道技术咨询与服务，为政府部门决策提供科学依据

浙江省爆协积极组织专家组参加各地市公安机关组织的废旧炸弹、炮弹的销毁方案的评审工作，出具评审意见，为爆破作业单位安全实施销毁作业提供参考意见和专业保障，为公安机关决策提供技术支撑。

浙江省爆协积极协助地方政府部门，化解、处理爆破施工引起的纠纷与矛盾，先后承担了上虞“舜湖一品”山体爆破工程、象山“02.04”烟花爆竹销毁事故、杭州闲林水库、绍诸高速公路、象山港大桥接线工程等几十个项目爆破施工对周边民房振动影响的评估工作。通过组织专家实地勘查，召开专家论证会议，客观分析爆破振动危害机理，提供合理的理赔依据，缓和了爆破作业单位与当地居民之间的矛盾，避免了爆破作业单位的停工和巨额经济损失。既化解了民事纠纷，减轻上访压力，又避免了爆破作业单位可能带来的停工和其他经济损失，维护了稳定、和谐的社会大局，为构建“和谐浙江”做出了应有的贡献，受到了当地政府部门的好评。

图7　雅戈尔滨江大厦、宁波银行总部大楼拆除爆破项目爆破设计方案专家评审会

3.2.7　爆破安全监理，为爆破作业项目的顺利安全实施保驾护航

较大的、环境复杂的或重要的爆破工程都实行了爆破安全监理，且监理工作按照法规的相关要求严格把关，对浙江省爆破行业的安全高速发展起到至关重要的作用。

爆破安全监理工作分两个阶段，一是施工准备阶段，主要完成现场实地踏勘、收集、核实与项目相关的资料、根据监理任务和实际编写监理规划、实施细则；核验经评估并批准的爆破设计施工方案等技术文件等。二是爆破作业期间的爆破安全监理主要就查验资质、审核爆破设计施工方案、巡视抽查、旁站监理等方面开展工作，对爆破作业单位钻孔放样、钻孔、验孔等工序的施工情况进行巡视，并抽查施工质量；监理员针对民用爆炸物品的领取、加工、爆破试验、装药、清退，以及填塞、网路联接、爆后检查等工序活动进行旁站监理；参与爆破前安全警戒协调会议，监督检查现场安全警戒、安全防护等是否符合规定和要求；在爆破后，监督爆后检查和爆破事故的处理。爆破作业项目结束后，爆破安全监理单位对爆破作业项目进行总结，形成爆破安全监理报告。

对于大多数爆破工程，特别是高大建（构）筑物的拆除爆破，若拆除爆破不成功，可能会对后续的拆除带来更多的不安全因素。爆破设计施工方案切实可行的同时，实际施工必须严格按爆破安全评估通过的方案实施。否则，即使爆破设计施工方案再好，如没有按照设计施工方案进行作业（随意改变设计参数和预拆除的内容或安全防护措施的不到位等），也会导致拆除爆破的失败。通过爆破安全监理的严格把关，层层落实，使施工作业严格按照爆破设计施工方案进行，可以有效保证爆破成功。如镇海电厂烟囱、杭州绿都宾馆、浙江省公安厅5号楼、杭州师范学院医学院教学楼、浙江省医科大学教学楼等拆除项目，在公安机关等有关部门的协调下采用了整合多家爆破单位技术力量共同承担高难度的拆除爆破工程的监理任务，浙江省爆协充分发挥了专家团队的力量，对爆破作业全过程进行旁站，一一核实设计参数与设计施工方案的对应性，核对预拆除或安全防护措施的准确性及到位程度，对爆破作业各环节进行验收，从源头上有效地保证了拆除爆破的施工质量和安全顺利按预定目标倒塌，拆除爆破项目的安全、顺利、成功实施，爆破安全评估和监理起到了极其重要的作用。

浙江省的爆破安全评估、监理在不断摸索中发展。由于对爆破安全评估、监理的资质、内容没有明确的规定和要求，浙江省参照建设工程监理的相关规定，科学、公正、守法、规范地开展爆破安全评估、监理工作。浙江省是我国实行爆破安全监理较早的省份，参照建设工程监理的相关规定，科学、公正、守法、规范地开展爆破安全监理工作，积累了丰富的施工管理经验和监理资料，爆破安全监理工作的发展和不断规范成效显著，为后续爆破安全监理规范的编写奠定了坚实的基础。

4　爆破安全评估、监理工作现状与对策

随着一系列标准、规范的发行实施，浙江省的评估、监理工作全面展开，通过10年左右的实践，也取得了很多的经验和成果，但在深入基层调研和评审爆破作业单位的资质申报材料时找到的问题中发现爆破作业项目安全评估存在一些与法律法规要求不相符的情况，需要进一步改进和完善。结合浙江省工作实际，对爆破作业项目安全评估中存在的问题与对策进行探讨，拟进一步研究完善、规范爆破作业项目安全评估工作，坚决防范因安全评估过错而导致爆破作业安全事故的发生。

4.1　爆破安全评估、监理的现状及存在的问题

4.1.1　相互评估、监理影响了评估、监理的质量

《爆破作业单位资质条件和管理要求》（GA 990—2012）中营业性爆破作业单位是具有独立法人资格，承接爆破作业项目设计施工、安全评估、安全监理的单位。营业性爆破作业单位应按照《爆破作业单位许可证》许可的资质等级、从业范围承接相应等级的爆破作业项目。不应为非法的生产活动实施爆破作业；不应将承接的爆破作业项目转包；不应为本单位或有利害关系的单位承接的爆破作业项目进行安全评估、安全监理；不应在同一爆破作业项目中同时承接设计施工、安全评估和安全监理。也就是说同一爆破作业单位可以承担爆破设计施工、

评估、监理，只是不能在同一爆破作业项目中同时承接设计施工、安全评估和安全监理，正因为如此，导致爆破作业单位之间相互评估、监理情况的发生，特定单位之间不收费或低价收费致使评估质量差、监理的把关不严，有失安全评估的客观性和公正性、监理工作的严肃性，导致爆破作业存在不确定安全隐患。

4.1.2　评估委托方的责任主体问题

大部分评估由爆破作业单位或总包单位委托，委托方不是建设单位，而是与爆破设计施工单位有关系的关联方，责任主体不明确，实际不收费或低价收费而影响了评估质量；中爆协《爆破安全评估规范》中虽然明确了委托方为建设单位，但由于是推荐性标准，实际中难以落实。

4.1.3　安全评估流于形式

爆破安全评估单位人员未到爆破作业现场实地踏勘或仅仅是“走马观花”，未对爆区周围的自然条件和环境状况进行详细调查，没有收集完整的周边环境资料，或是因为相互评估，仅凭爆破设计施工单位提供的资料，“闭门造车”，甚至简单“复制、粘贴”出具爆破安全评估报告，导致报告内容“牛头不对马嘴”，完全与现实不符，也根本不可能作出针对性的评估，致使安全评估流于形式，难以起到应有的作用。

4.1.4　对《爆破安全规程》内容的理解有误

（1）《爆破安全规程》（GB 6722—2022）中规定，一般岩土爆破工程与拆除爆破、城镇浅孔爆破工程的提高一个工程级别的环境条件状况明显不同，实际爆破安全评估中混淆了，自然爆破安全评估的结论就错误了。

（2）按字面理解特别重要的建（构）筑物、设施；重要的建（构）筑物、设施；重要保护对象。其实这三者都属于《民用爆炸物品安全管理条例》第三十五条规定所述及的重要工程设施，规程中只是为了区分距爆区 1000 m、500 m、300 m 的不同范围采用了 3 个不同的词语，字面理解三者是有区别的，实际均可理解为重要保护对象或重要的建（构）筑物、设施，都是《民用爆炸物品安全管理条例》第三十五条规定的重要工程设施附近需行政许可的爆破作业项目，由于片面的理解认为重要保护对象不是重要工程设施，因此错误认定项目不需要行政许可。

（3）对岩土爆破中的分类认定等级出现了偏差。如电力塔基础、桥梁桩基础的爆破开挖，实际爆破安全评估中会认定为露天浅孔爆破、城镇浅孔爆破、桩井爆破三种方式的其中一种，但这三种方式的爆破工程分级与提高工程级别的环境条件有着明显的区别。应结合爆破作业现场周边环境情况选择合理的一种方式确定爆破作业项目的爆破工程级别。

（4）除露天深孔爆破外的其他岩土爆破相应级别在对应药量系数后是否还需要提升工程级别，或满足规程中规定的多个环境条件时，是否可以重复提升爆破工程级别？《爆破安全规程》（GB 6722—2022）中没有明确，但中爆协《爆破安全评估规范》中明确了爆破工程满足多个环境条件时，只能提高一个工程级别。

4.1.5　主观上无规则意识，弄虚作假

为了满足业绩的要求，评估单位存在有意的降低或提高爆破工程等级情况。评估单位故意隐瞒爆破周边环境的重要保护对象，以达到降低项目爆破工程级别，减少爆破作业人员及安全投入，存在重大安全隐患，监理在实际监理过程中也未尽到应有的义务和职责。

4.1.6　安全评估水平有待提高

一些爆破作业单位安全评估人员实践经验不足、业务不熟，对安全评估的内容及要求掌握不够，特别是对爆破作业项目的安全风险、设计方法、设计参数评估不准，出具的安全评估报告内容不够翔实，过于简单。部分安全评估人员对一些限制爆破的法律法规、地方性规章理解不透，难以出具合格有效的安全评估报告，甚至造成爆破作业项目审批后无法正常施工，给相关企业带来一定经济损失。

4.1.7　安全监理委托方的责任主体问题

部分监理单位由总包单位或爆破作业单位委托，委托方不是建设单位，而是与爆破设计施工单位有关系的关联方，监理不是第三方，从而影响了监理职权范围，导致监理流于形式；中爆协《爆破安全监理规范》中虽然在定义中明确了“爆破安全监理单位受建设单位委托，依据国家有关法律法规和强制性标准，对爆破作业项目实施的专业化安全监督管理。”但是，有些项目业主把爆破监理打包给总包方，由总包方委托爆破安全监理，监理在现场监管力度大大降低。

4.2　加强爆破作业项目安全评估管理的建议与对策

爆破作业项目安全评估的真实可靠性直接关系着公安机关对爆破作业项目的行政许可的合法性和合理性，关系着爆破作业本质安全和社会公共安全，影响社会和谐稳定，必须不断完善爆破作业安全评估管理制度，加强爆破作业项目现场安全检查，确保安全评估活动依法、诚信、客观、公正。

4.2.1　加强教育培训，提高专业水平

爆破作业单位应严格按照公安部《民用爆破物品从严管控十条规定》和《爆破作业人员资格条件和管理要求》（GA 53—2015）的要求，对从事安全评估、监理的爆破工程技术人员进行年度必训、违规必训，以案释法宣传教育安全评估的重要意义，加强对法律法规、专业知识特别是新标准、新规定的学习。通过针对性的教育培训促使安全评估人员熟悉掌握爆破作业项目安全评估相关的法律法规、标准及有关要求，准确把握安全评估的内容、程序、职责及要求，依

法、客观、科学地开展爆破安全评估，为公安机关或建设单位决策提供专业意见。

4.2.2　建立抽查机制，严查违规行为

爆破作业项目安全评估专业性较强，公安机关安全监管民警审核把关安全评估报告，在专业上可能存在不足，特别是对爆破设计方法、设计参数是否合理、起爆网路是否可靠、存在的有害效应及可能影响的范围是否全面等专业技术方面难以准确把握。

应建立健全爆破行业专家随机抽查机制，充分发挥爆破行业协会（行业专家）的指导作用，定期组织专家组对一些爆破作业安全评估报告及爆破作业现场实施检查。

对违法违规从事安全评估的单位坚决依法依规查处，并列入诚信体系黑名单，一定期限内停止其从事安全评估活动；对涉及的安全评估人员，除依法依规追责外，应暂停其从业资格，参加安全教育培训合格后方可继续从事安全评估活动。

对安全评估存在故意或重大过失导致发生爆破安全事故且构成犯罪的，依法追究安全评估单位及相关责任人的刑事责任，以严肃的法律追究警示安全评估单位及人员依法依规、客观公正从事安全评估活动。

4.2.3　发挥行业自律，规范评估市场

应充分发挥爆破行业协会行业自律、桥梁纽带作用，结合爆破行业市场实际，制定合理的爆破作业项目安全评估费用标准，指导爆破作业安全评估单位合理收取费用，实现企业间良性竞争。此外，建立行业内诚信管理体系，对故意压低标价、相互串通、抱团经营、地区封锁等恶意竞争的，在行业内通报批评，列入行业诚信警示名单；情节严重或明显违反法律法规的，及时报告属地公安机关查处。应适时组织开展行业内部交流学习，共同学习爆破作业安全法律法规及标准规定，答疑解惑，取长补短，提高爆破作业项目安全评估整体水平，促进行业健康向上发展。

4.2.4　强化评估审查，依法规范审批

公安机关在审批许可爆破作业项目时，应强化对爆破作业项目安全评估报告的核查，审查安全评估报告的评估主体是否合法，评估依据是否充分，安全评估内容是否全面，评估结论是否明确，不能简单依据安全评估报告结论合格就同意审批该爆破作业项目。

对每项申请许可的爆破作业项目，审批公安机关应逐一会同爆破设计施工单位、安全评估单位深入爆破作业现场核查勘验，对爆破作业项目基本情况进行核实，必要时聘请独立第三方专家提供专业咨询，严防安全评估走过场、流于形式。

对环境十分复杂的重大爆破作业项目，应邀请专家咨询论证，并将专家意见编入安全评估报告。制定公安机关安全评估报告审查详单，逐条对照审查，严把安全评估质量关，提高审查效率。

4.2.5 严格执行规定，切实履行职责

工程爆破正在向科学化、精细化和数字化方向发展，紧紧依靠科技进步和创新，转变发展方式，通过技术创新和管理创新，切实降低施工过程中的能耗，注重各类数据收集和分析，提高经济效益；通过新技术推广应用，科学规范的管理，精细的施工全面促进爆破行业施工技术水平的不断提高，提高行业整体素质，更好地为国民经济建设服务。爆破安全评估、监理单位与相关评估人员应加强新技术的学习，紧跟行业前沿技术，依据《民用爆炸物品安全监理条例》《爆破安全规程》（GB 6722—2014）等法律法规及标准规定，从爆破专业角度对爆破作业施工单位的资质、项目等级及爆破设计施工方案的安全性、可行性和合理性进行评估，并提出科学、合理的评估意见，为业主把好爆破安全第一关，为公安机关审批爆破作业项目提供重要的安全依据，遏制重特大爆破安全事故发生。

爆破作业项目安全监理的现场监管程度直接关系着爆破作业项目的操作安全性和合理性，关系着爆破作业本质安全和社会公共安全，影响社会和谐稳定。需尽快完善由建设单位委托爆破安全监理单位，让监理单位切实按照国家有关法律法规和强制性标准，对爆破作业项目实施的专业化安全监督管理，确保监理活动走向正轨。

4.2.6 评估、监理相关标准有待细化完善

爆破作业项目的安全事关人民群众生命财产安全和社会公共安全，事关爆破作业单位的经济效益与可持续发展，事关人民群众生命财产安全和社会公共安全。爆破安全评估、监理单位应进一步提升自身业务水平，准确把握行业动态，深入剖析行业存在的问题，及时采取有效措施，及时堵住管理漏洞，做到防微杜渐。

为更加规范爆破行业发展，建议推动爆破作业项目安全评估、监理等国家或行业标准出台，在法律法规及标准的框架下，形成一套完整的管理与监管体系，进一步促进爆破作业安全评估、监理工作的健康有序，使爆破安全评估、监理工作更加标准化、专业化、规范化，促进爆破行业的健康和可持续发展。

闹市区内独塔单索面预应力斜拉桥爆破拆除爆破安全监理实践

工程名称：金婺大桥爆破拆除工程爆破安全监理
工程地点：金华市宾虹东路金婺大桥
完成单位：核工业井巷建设集团有限公司
完成时间：2019 年 8 月 25 日~12 月 25 日
项目主持人及参加人员：严克伍　吴小光　赵东波　王　帅　张　涛　章彬彬　凡兴禹
撰 稿 人：赵东波　严克伍

爆破安全监理单位通过深度参与爆破设计施工单位斜拉桥失稳倒塌模型试验、在周边复杂环境条件下，全面考虑控制爆破有害效应带来的风险。开发并高效利用低能见度复杂环境下全方位立体实时可视化爆破安全警戒监控搜索系统，取得了较好的效果，圆满完成了此次闹市区内爆破项目监理工作，为后续类似工程爆破监理工作提供了借鉴，为确保爆破作业项目的安全实施，如何有效做好爆破安全监理工作提供了新的思路和作了积极探索。

1　工 程 概 况

金婺大桥位于浙江金华，横跨武义江，西连金华市经济开发区，东连多湖片区，该桥系单塔单索面预应力斜拉桥，全长 260 m，宽 24.7 m，由主塔，墩柱，桥梁，9 对平行对称布置斜拉索组成（30°）。桥面下东侧有 2 对，西侧有 4 对检修立柱。金婺大桥，如图 1 所示。

金婺大桥位于浙江省金华市中心地带，周围环境极其复杂。桥址的两侧为河滨风景带，周边居民楼，管线，设施较为密集。东北侧距燕尾山公园配电房 112 m，距共享单车管理亭 190 m，距城市展览馆（在建）284 m，距金华科技文化广场（在建）289 m；东南侧距融景湾（在建）259 m，距 51 车总部大楼（在建）164 m，距移动信号塔 67 m；西南侧距月亮湾公园主题建筑 186 m，距月亮湾公园配电房 87 m，距公共厕所 123 m，距月亮湾城市花园 233 m；西侧距紫东苑小区 259 m，距燃气管道 226 m；西北侧距中建六局项目部 175 m，距滨虹花园 113 m，距凉亭 60 m；上游距金婺大桥 19 m 有一座钢便桥；下游 27 m 处为直径 1.2 m 过江自来水管（河床下埋深 1 m，混凝土包方，壁厚 10 mm）。大桥东侧桥

图 1　金婺大桥拆除前实拍

头下匝道有伴行重污管道、中国移动光缆、110 kV 高压线缆（西距桥墩 5 m，埋深 1 m）、路灯（最近距离为 5 m）；大桥西侧桥头下武义街有配电箱（最近距离 1 m）、照明灯 9 m、路灯 52 m、监控 5 m。大桥周围具体环境，如图 2 所示。

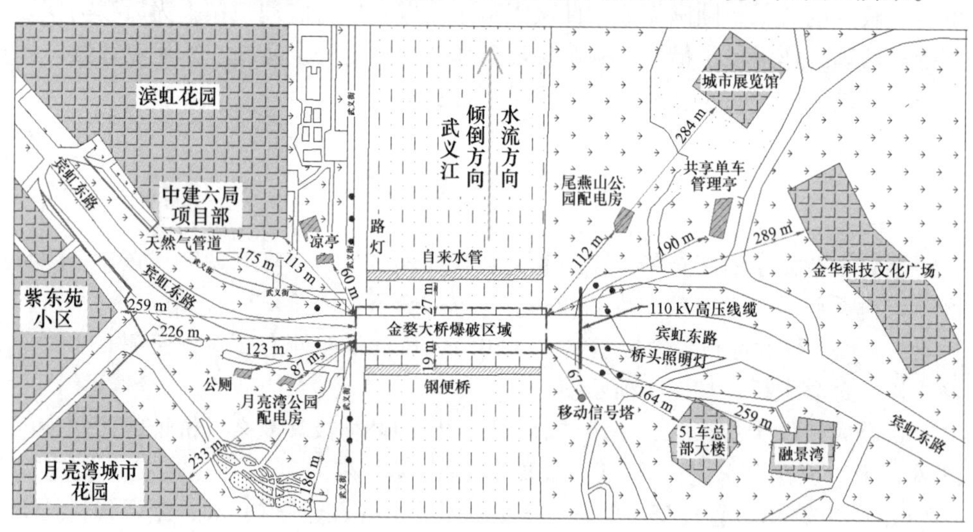

图 2　周围环境

2　总体爆破方案

根据金婺大桥的结构特点和周围环境条件，为确保周围建（构）筑物、人员及地下管网的安全，保证斜拉桥上部结构塌落解体充分，确定采用孔内、孔外延时起爆技术，一次点火起爆，使得主塔垂直桥面向北（下游方向）定向倾倒，主墩与桥面原地坍塌的爆破方案。在主塔、桥体梁块的东、西两侧及主墩共设4个爆破切口，爆破顺序为主塔（1区、2区）→桥面两侧梁块→主墩，如图3所示。爆破瞬间及爆破后效果图如图4所示。

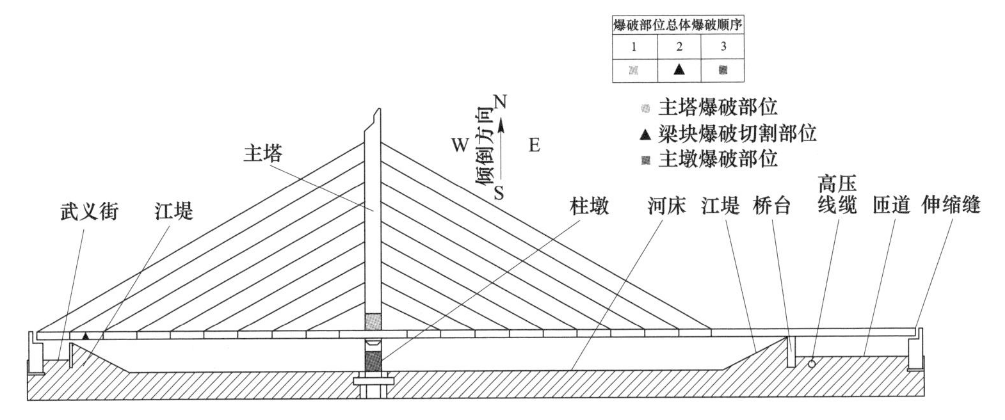

图3　爆破顺序

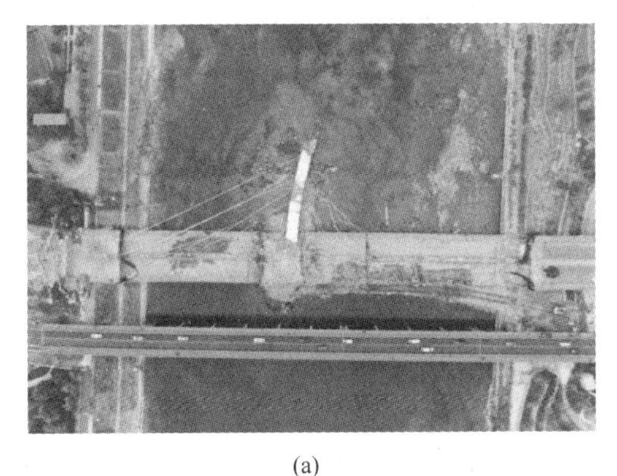

(a)

(b)

图4　爆破完成实拍

（a）爆破瞬间照片图；（b）爆破后效果

（1）对主塔底部（桥面上至主塔人孔下，4.5 m范围内）提前采取预处理措施，使爆破部分与余留支撑部分分开，爆破切口形成后，使主塔垂直桥面向北（下游方向）定向倾倒。

（2）将两侧梁块江堤外侧2 m处设置爆破切口，使梁块的江堤外部分塌落，方便后续机械破碎处理。

（3）主墩6.3 m以下孔内使用半秒延期导爆管雷管（4500 ms），确保主墩炮孔起爆前，主塔已经形成稳定的倾倒趋势，不因主墩爆破影响上部主塔倾倒方向。

3 主要监理措施

除常规的监理工作内容外，爆破安全监理单位主要采用如下监理措施，为该项目爆破设计施工单位爆破拆除工作的顺利实施创造了良好的条件，为项目爆破拆除的安全倒塌及爆破有害效应的控制等方面作了积极的探索，并取得了较好的效果。

3.1 深度参与模型试验

监理合同签订后，监理单位与主管部门、业主及爆破施工单位共同交流探讨该项目重难点工作和相应应对策略，考虑到该项目爆破难度大，位于闹市区，周边环境极其复杂，爆破控制精度高，建议爆破施工单位在项目进场前对该待拆桥梁进行模型试验，根据模型试验结果优化爆破参数设计，并指导爆破安全防护措施的重点布置。爆破施工单位采纳建议，按照 40∶1 比例建立金婺大桥试验模型，如图 5 所示。监理单位全程参与到该模型的建立、试验过程，并及时提供专业化的建议。

图 5 斜拉桥试验模型实物

模型爆破切口缝使用机械切割形成，切口背部部分余留支撑体用石膏代替，石膏具有粘连性强、易成型，可模拟混凝土脆性材料的特性。在石膏与木材连接部位设计卡扣，使得爆破切口形成后，在主塔及桥面自重产生的倾覆力矩作用下，余留支撑体可在石膏填充部位被拉断。在主塔爆破切口处用定紧器（圆头螺母与长螺帽组合）暂时支撑主塔，通过聚四氟乙烯板将集中荷载转换为均布荷载作用在切口的上下面，并可以降低水平摩擦力。通过钢丝绳瞬间拉走顶紧器的方式，模拟主塔爆破切口形成瞬间。爆破切口模拟装置如图 6 所示，模型试验高速摄影实拍如图 7 所示。

图 6　爆破切口模拟装置

图 7　模型试验高速摄影实拍

3.2　全面考虑爆破危害风险

3.2.1　爆破可能产生的有害效应

爆破施工单位原计划测振点设置为 9 处，监理单位通过对周围环境的了解，再结合业主单位提供的附近地下管网分布图，强烈建议并要求爆破施工单位在最近一小区内的浅埋地下自来水管处增设 2 个测振点。爆破完成后该小区出现短暂水压偏低现象，经水务部门排查为该小区内浅埋地下自来水管某处发生渗漏。经走访发现该小区自来水管渗漏时有发生，该新增测振点 7 号和 8 号测点测振数据显示爆破在该处产生的爆破振动在规范允许范围内，由此排除了水管渗漏是由爆破产生的责任，为业主和爆破施工单位合理合法规避了部分风险，减少了不必要的经济赔偿、损失和负面影响。爆破振动监测数据见表 1。

表 1　爆破振动监测数据

测点编号	位置	方向	最大质点振动速度/cm · s^{-1}	主振频率/Hz
1 号	滨虹花园 B 幢	X	0.189	11.561
		Y	0.149	26.316
		Z	0.261	9.390
2 号	滨虹花园东角别墅	X	0.334	13.841
		Y	0.305	10.230
		Z	0.352	12.862
3 号	武义江西堤	X	1.009	16.949
		Y	1.278	18.018
		Z	1.346	22.099
4 号	武义江东堤	X	0.550	17.937
		Y	0.006	70.176
		Z	0.764	21.053
5 号	51 车总部大楼	X	0.128	12.346
		Y	0.060	7.767
		Z	0.123	49.384
6 号	万江社区居委会	X	0.102	7.519
		Y	0.077	7.194
		Z	0.093	11.299
7 号	月亮湾小区浅埋自来水管测点 1	X	0.173	7.752
		Y	0.059	7.859
		Z	0.120	10.101
8 号	月亮湾小区内浅埋自来水管测点 2	X	0.185	7.762
		Y	0.193	7.899
		Z	0.135	10.326
9 号	金华市司法局	X	0.006	18.780
		Y	0.099	11.494
		Z	0.058	9.281

续表 1

测点编号	位置	方向	最大质点振动速度/cm · s⁻¹	主振频率/Hz
10 号	钢便桥东侧桥墩	X	0.338	6.803
		Y	0.246	8.403
		Z	0.188	13.652
11 号	钢便桥西侧桥墩	X	0.340	15.152
		Y	0.239	13.513
		Z	0.380	11.050

3.2.2　爆破作业时可能出现恶劣天气及应对措施

该项目处于闹市区，白天交通压力非常大，周边办公、生产、生活人员特别多，不利用白天实施爆破作业，加之，月亮湾公园、武义江两岸河滨风景带晨练人员特别多等环境情况，当地政府综合考虑，决定于 2019 年 11 月 29 日 5 时实施爆破。

爆破作业区冬季早晚时段经常有大雾天气发生，起雾时能见度差，不利于爆破作业，但拆除的窗口期非常有限，为防止大雾恶劣天气影响爆破作业，监理单位会同相关单位共同研究了针对恶劣天气气象条件下的安全警戒应急系统，经过演练验证，该系统在恶劣天气条件下可有效避免警戒出现盲区，确保安全。

3.3　高效利用监控搜索系统

待拆大桥周边爆破警戒范围地形复杂、障碍物多、人员嘈杂，冬季频繁发生大雾天气容易产生警戒盲点，导致疏散困难甚至遗漏等紧急情况发生。监理单位会同主管部门、业主单位和爆破施工单位，共同开发了一套一种低能见度复杂环境下全方位立体实时可视化爆破安全警戒监控搜索系统（图 8）。该系统前端设备由高空球机、低空摄像机、无人机、红外热成像仪、高空扩音喇叭等组成。该系统解决了现有爆破安全警戒仅依靠人力、肉眼、对讲机，导致指挥不全面、信息传递差、时效性差、效率低；警戒疏散受限于光线、天气、环境等条件，易产

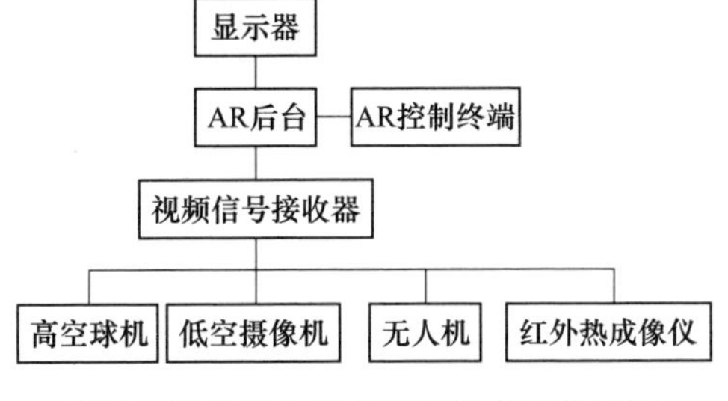

图 8　爆破安全警戒监控搜索系统工作

生盲点、疏漏等缺点，实现了大雨大雾等恶劣天气下警戒区域内无死角、无盲点以及查找快、疏散快、无遗漏等优点。监理单位在指挥部警戒监控室设有办公区域，协助指挥部门完成爆破作业远程监督、爆破警戒疏散、民爆器材监管等工作。

4 监理总结

（1）本工程中监理单位全程参与模型试验并及时提供合理的建议，该模型试验较好地验证了爆破施工单位爆破失稳倒塌方案的可行性，并通过爆破项目的成功完成也反向印证了模型试验的可靠性。在重大项目中，监理单位可提前入场进行前期的准备工作，积极参与到主管部门、业主和爆破施工单位的前期工作中，并将专业化的技术服务及时对接反馈到相关部门、业主和爆破设计施工单位，为爆破项目的顺利进行做好铺垫。

（2）本工程中爆破振动监测为爆破参与各方合理规避了部分风险，为后期可能发生的纠纷提供了专业数据支撑。爆破项目中合理而全面的爆破振动监测计划可有效的把握关键性的数据，为技术和协调工作提供强有力的理论支撑。监理单位应仔细审查爆破设计施工单位报送的爆破设计施工方案和施工组织设计，发现设计中的不足和错误，并指导爆破设计施工单位进行修正。重点对安全防护设计和爆破振动监测设计的审查。

（3）所采用的可视化爆破安全警戒监控搜索系统有效解决了闹市区壁垒和恶劣自然环境制约的安全警戒盲区的问题，极大提高了爆破指挥工作效率，确保了爆破警戒疏散工作高效有序地进行，保证爆破作业准时、安全的开展。监理安全单位作为专业的技术服务团队，有充足的机会和理由将其他行业中先进的技术和方法带入到爆破项目中，打破行业壁垒，提供爆破项目开放性，特别是充分利用好高科技手段，推进高新产业与爆破项目有机结合。

（4）鉴于本爆破项目监理单位的提前进场，有利于爆破顺利实施。爆破监理单位在同业主或建设单位签订合同时，监理工作时间应以签订合同之日起开始前期的准备工作，并主动积极对接业主单位、爆破设计施工单位、爆破安全评估单位，为项目的爆破设计施工方案的优化出谋划策，为后续项目的顺利实施奠定良好的基础和安全保障。

工程获奖情况介绍

“闹市区内独塔单索面预应力斜拉桥精准定向爆破拆除关键技术研究与应用”项目获中国爆破行业协会科技进步奖特等奖（2023 年）。

抽水蓄能电站爆破工程安全监理实践探讨

工程名称：浙江长龙山抽水蓄能电站工程爆破安全监理
工程地点：浙江省安吉县天荒坪镇
完成单位：浙江振冲岩土工程有限公司
完成时间：2015 年 12 月 25 日~2021 年 6 月 30 日
项目主持人及参加人员：朱传贤 陈建国 王明宽 刘云忠 张检查 张万春 李文坡 陈科言 张 良 兰道书 阮九文 张国家
撰 稿 人：张小龙 朱传贤

爆破安全监理是依据国家有关法律法规和强制性标准对爆破作业项目实施的专业化安全监督管理，是对爆破作业期间全过程的安全监督管理。

2015 年，公司中标承担了中国三峡集团建设的浙江省长龙山抽水蓄能电站爆破安全监理项目。通过 5 年多来对爆破安全监理工作的总结，初步形成大中型水电项目爆破安全监理的实践经验，以供爆破同行借鉴。

1 工程概况

浙江省长龙山抽水蓄能电站（以下简称“长龙山电站”）是三峡集团在浙江投资兴建的第一座抽水蓄能新能源电站，当时同类电站装机容量居全国第一。地处我国华东经济发达地区、华东电网负荷中心，位于浙江省安吉县天荒坪镇风景名胜区境内，毗邻已建的天荒坪抽水蓄能电站（图 1）。为日调节纯抽水蓄能电站，在华东电网中承担调峰、填谷、调频、调相及事故备用等任务。

工程主要由挡蓄水工程、输水工程、发电工程、永久公路等组成，电站枢纽主要包括上水库、下水库、输水系统、地下厂房及开关站等建筑物。安装 6 台单机容量为 350 MW 的混流可逆式水泵水轮电动发电机组，装机容量 2100 MW。年均抽水电量 32.47 亿千瓦·时，年均发电量 24.35 亿千瓦·时，总投资 106.8 亿元，如图 2 所示。

2 爆破监理工期

本工程监理工期包含两个合同标。

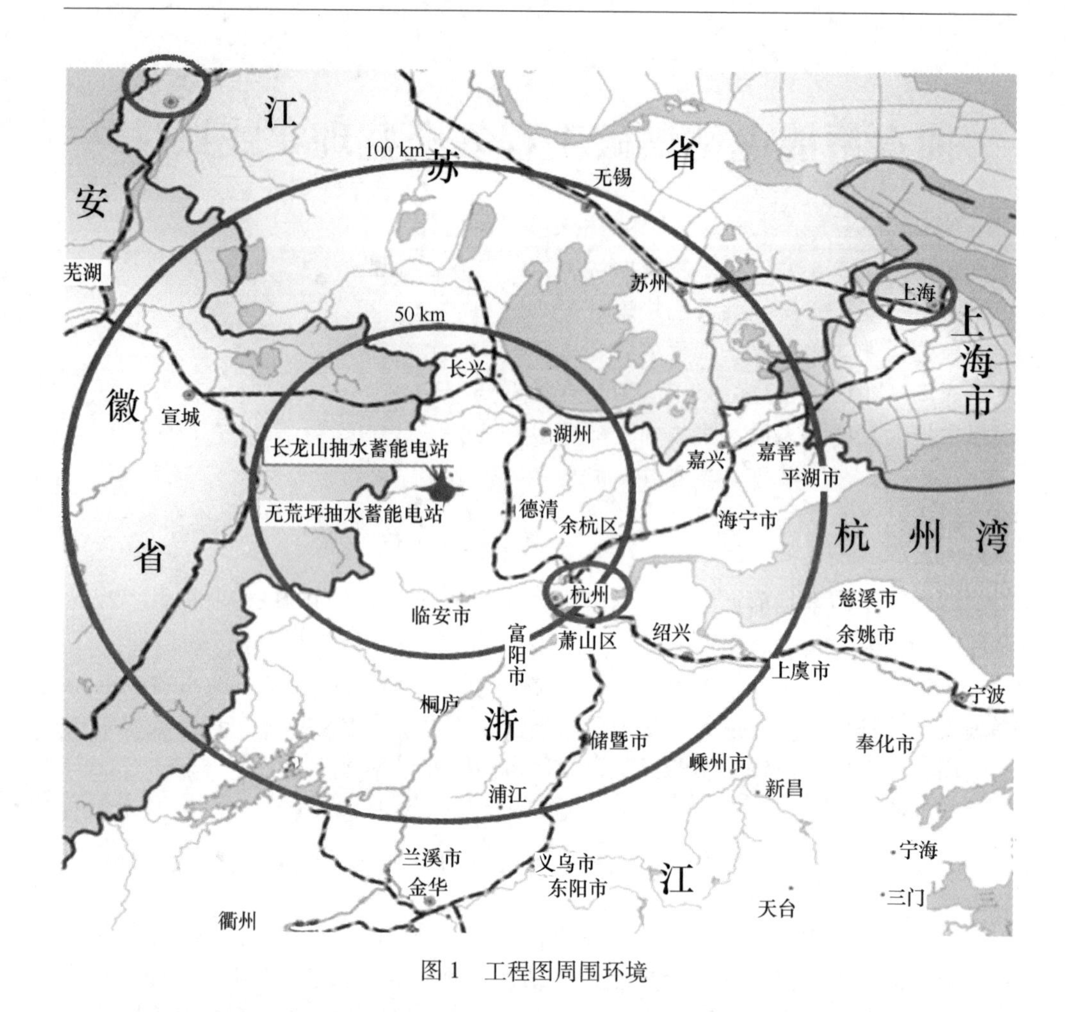

图 1　工程图周围环境

（1）筹建前期标：自 2015 年 12 月 25 日至 2016 年 6 月 30 日。

（2）主标：自 2016 年 6 月 1 日起计划 41 个月（不限）；后经合同变更至 2021 年 6 月 30 日，合计 61 个月。

3　项目工程特点（难点）

3.1　爆破开挖工作量大

整个工程土方明挖约 165 万立方米，石方明挖约 532 万立方米，石方洞挖约 155 万立方米。其中主要工程项目有：上水库主坝、副坝及附属工程；下水库坝体、导流泄放洞、溢洪道及附属工程；输水系统、地下厂房系统及附属工程；开关站、地面附属房屋建筑工程；自流排水洞、施工支洞等工程；场内永久及临时

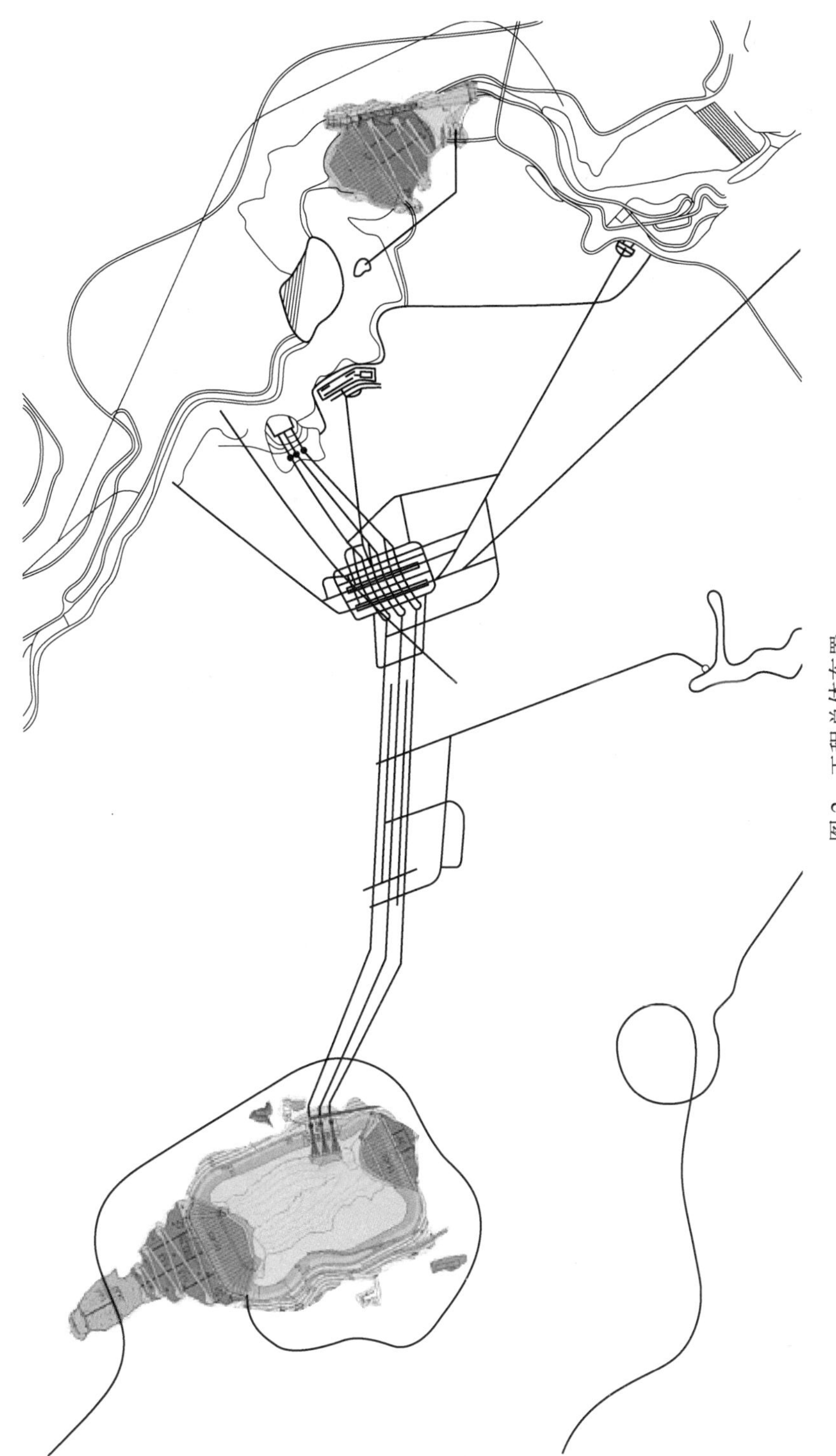

图 2 工程总体布置

交通工程包括：右岸进场公路（含潘村大桥）、下库进出水口连接公路、上坝公路、赤坞交通洞、上下库连接公路（其中勘探路6.7 km）；进厂交通洞及通风兼安全洞工程；其他等。开挖爆破施工共涉及8个标段，均需爆破安全监理。

3.2 点多面广线长，爆破作业方式多样化

水电项目的特点是施工区域作业范围大、施工的点多、各点之间的战线长，尤其是在施工高峰期，同一时段爆破开挖作业面达10多个。作业点彼此的距离，近则数十米，远则数公里，且爆破规模不同，爆破作业级别不等、既有地下爆破，又有露天爆破；既有隧道掘进，又有深孔和浅孔爆破；既有平行作业又有交叉作业等。

3.3 爆破环境复杂，气象条件恶劣

本工程处在风景名胜区，竹林茂密，覆盖整个建设区域。爆破作业点附近电力、通信线路错综复杂，500 kV、35 kV、10 kV 电力设施横穿；旅游旺季，游客、毛竹砍伐、茶叶采摘流动人员较多；部分爆破项目接近村庄和当地水库；同一场地多家施工单位设备、人员交叉作业；山区雷暴、雨雪、大雾天气频发，能见度差；另受地形和面积限制，周边部分施工生产、生活、办公设施在爆破警戒范围之内等。

3.4 爆破质量要求严

爆破不仅仅是开挖，重要的是爆破开挖的石料必须符合坝料级配，所有露天边坡、硐室、隧道结构轮廓面均采用预裂、光面爆破技术，严格控制超欠挖，特别是主厂房岩锚梁岩台及引水斜井的开挖要精确控制药量，防止对基岩的扰动和破坏。

3.5 环境保护标准高

长龙山抽水蓄能电站位于“两山理论”发源地安吉天荒坪镇。对环境保护要求高。爆破作业除了对人员、设备，建构筑物的保护外，还须注意对水土、景区竹木、山体植被的保护，严格控制爆破有害效应，特别是粉尘，振动、噪声对周边的影响。

3.6 参建单位多，管理层次密，协调任务重

本工程除业主单位三峡集团长龙山公司外，参建单位众多，有华东勘测设计院、三峡监理、中南监理、葛洲坝、水电十二局、水电十三局、中铁七局、长江水利委员会爆破所、安吉永安爆破公司等，工作界面交叉，各类例会，协调会，现场会议频繁，监理协调沟通多。

3.7　爆破安全监理工作任务重、时间长、工作面多

根据业主委托和合同授权，本监理项目按《爆破安全规程》（GB 6722—2014）、《爆破作业项目管理要求》（GA 991—2012）明确的爆破安全监理内容，根据爆破作业需要，24 h 旁站，全程监理。

4　因地制宜，从实际出发制定监理实施方案和管理制度

（1）根据工程的特点和难点，依据《爆破安全规程》《民用爆炸物品管理条例》《爆破安全评估报告》爆破设计施工方案等，在坚持依法、诚信、客观、公正的监理行为准则的基础上，认真制定监理实施方案，编报的《监理规划》《监理实施细则》对工程的特点和难点进行充分的分析，重点提出控制措施和解决方案。

（2）建立健全一系列管理制度和组织机构，如安全、环保责任制度；质量控制制度；检查、巡查制度；监理人员岗位责任制，成立“安全、环保”领导小组和“质量管理”领导小组；组织危险源辨识，督促编制有针对性的“爆破安全事故应急处置方案”等。

5　突出过程控制、优化调整改进措施

（1）因爆破施工周期长，爆破作业人员变动较大。公司对此实行动态管理，要求爆破作业单位及时报备、核销进出爆破作业人员。

（2）优化爆破参数。爆破方案确定后，在实施过程中视爆破效果，根据不同的地形地质条件和爆破环境，结合第三方监测数据，召集相关钻、爆单位，采取协调会、现场分析会等形式，协助爆破设计施工单位优化爆破参数，使其满足工程爆破开挖质量需要。如岩锚梁岩台开挖、基本一炮一分析、精确调整药量。

（3）保护对象附近爆破，提前会同爆破设计施工单位及时调整钻爆参数，审核、检查主动、被动防护措施，确保振动、飞石在允许范围内，避免保护对象受到损害。

（4）严格审核、检查明挖爆破设计以及边坡预裂、光面爆破技术措施，保证开挖质量；审核、检查山坡开挖松动爆破技术措施，控制抛石，避免压覆盖，保护自然环境。

（5）积极主动配合主标承包单位建立爆破作业安全“三级”指挥组织体系，明确爆破安全责任人，协助业主指挥协调爆破各项安全措施、安全警戒的落实等工作。

（6）落实检查安全生产责任，制定了现场《爆破安全警戒制度》《相邻洞室群爆破安全管理制度》《残留民爆物品安全管理制度》等，要求实施爆破前严格执行相邻告知制度，各方签认书面告知单。

（7）落实明挖爆破区警示标志、洞挖爆破，洞口设置爆破作业工序牌。

（8）各标段建立爆破作业安全信息联络“微信群”，发布作业信息、交流安全经验和教训，协助业主及施工单位建立爆破安全班前会制度，开展安全教育。

（9）在高压电力线、塔，潘村水库大坝等需保护的建（构）筑物附近爆破时，督促提前与保护对象的管理单位，签订安全协议，制定防护措施；对存在警戒范围内的相邻施工的承包单位，签订爆破安全互保协议。

（10）参加业主、建设监理组织的质量、安全、进度、监理例会等相关会议；组织召开爆破安全专题会、协调会、现场分析会等协调、布置检查爆破安全工作。

（11）通过下发《监理通知》《会议纪要》《工作联系单》《检查通报》《停工令》《复工令》等形式，规范爆破作业行为。

（12）按照主管部门要求，根据现场施工实际，协调现场设立“炸药临时存放点”，并按要求进行检查。

（13）协助业主及施工单位通过有关部门培训爆破作业人员，解决现场爆破作业人员变动大，不足的问题。

6 监理效果与监测成果

（1）在业主和相关部门的大力支持下，实现了全项目（全合同期）、全过程爆破安全。未发生爆破安全事故和民爆物品丢失、被盗、被抢等存储、运输安全事故，流向清晰安全。

（2）2016 年 6 月 1 日至 2021 年 6 月 30 日全程旁站监理 24018 次；2017 年 6 月至 2019 年 12 月为持续高峰期，其中 2018 年 6 月监理爆破 1059 次/月，日最高爆破次数 41 次。

（3）爆破开挖质量合格率 100%，不同标段优良率 89%～93%。岩锚梁岩台爆破开挖，积极配合相关单位和部门，多次研究方案，调整钻爆参数、装药结构，爆破作业全程旁站监督，取得了良好的效果，如图 3 所示。

（4）环境保护、水土保持，根据不同的开挖部位，严格控制药量，分别采取光面（预裂）爆破技术或控制爆破技术，满足了工程质量的严格要求。

（5）合同工期情况。由于受外部环境和内部建设施工组织管理等因素影响，开挖爆破作业项目存在不同程度的延期，导致爆破安全监理服务期延长，同时在服务期内单位时间爆破作业面叠加，增加了爆破安全监理资源投入。

图 3　下水库开关站开挖质量检查

（6）监测成果：经第三方监测，爆破振动监测频次 98%在允许范围内，没有因为爆破作业对边坡和在建工程造成安全影响。

7　经验与体会

（1）长龙山电站项目实行爆破安全监理，对爆破安全监理有一个认识和与原有建设管理监理体制衔接、融合的过程，在此过程中，爆破安全监理单位需积极主动，加强沟通，采取有效措施，提高业主及爆破施工单位对爆破安全监理的认识，支持和配合爆破安全监理的工作，同时明确各自职责，划分爆破安全监理与施工监理的事权，做到既有分工，又有配合，确保爆破施工顺利进行（图 4）。

（2）水电建设项目相较矿山、场坪或公路建设项目，其特点是建设周期长、明挖和洞挖并存，点多面广，监理资源投入多，昼夜爆破。因此，在爆破监理人员有限的情况下，应加强爆破的计划管理，采用分区定时爆破作业制度，合理调配安排监理人员，降低监理成本。

（3）针对爆破环境相对复杂，水利、电力、交通设施、林木及村庄等涉及的保护对象多的情况，爆破设计应根据不同的地形、地质条件、气候气象条件和爆破环境，动态调整，坚持一炮一设计一审核制度，不断优化钻爆参数。必要时还应附防护措施方案，并监督完善、落实。

（4）在建工程多、相邻洞室多，应严格审核爆破设计，执行相邻爆破告知制度，爆破有害效应控制在允许范围。

（5）正确处理爆破安全与环境保护、工程质量、工程进度的相互关系，应

图 4　主副厂房顶部施工

统筹安排，全面考虑。

（6）加强监理部自身素质建设，不断提高监理人员的素质和能力，以适应新的任务，新的要求。合理配置监理资源，落实安全责任制度，树立服务意识。

（7）及时同相关部门、单位沟通，实现信息共享。

（8）严格依法、依规、公正、科学、廉洁监理。